Die

forstlichen Verhältnisse Preußens

von

Otto von Hagen,
w. Oberlandforstmeister.

Dritte Auflage, bearbeitet nach amtlichem Material

von

K. Donner,
Oberlandforstmeister.

In zwei Bänden.

Zweiter Band.

Berlin.
Verlag von Julius Springer.
1894.

ISBN-13:978-3-642-89287-5 e-ISBN-13:978-3-642-91143-9
DOI: 10.1007/978-3-642-91143-9
Softcover reprint of the hardcover 3rd edition 1894

Inhalts-Verzeichniß.

I. Abschnitt.
Statistische Tabellen.

Seite

1. Uebersicht über das Verhältniß der Waldfläche zur Gesammtfläche und zur Fläche der übrigen Kulturarten, sowie Nachweisung des Ergebnisses der Grundsteuer-Einschätzung 2
2. Uebersicht über das Verhältniß der Waldfläche zur Bevölkerungszahl 4
3. Uebersicht über die Vertheilung der Waldfläche nach dem Besitze 5
4. a) Uebersicht über die Mitteltemperaturen für die Monate, Jahreszeiten und das ganze Jahr . . . 6
   b) Uebersicht über die mittlere jährliche Niederschlagshöhe und Zahl der Niederschlagstage 7
   c) Mittlere Zahl der im Jahre stattfindenden Sommertage, Frosttage und Eistage, sowie mittlere Zeit des letzten und ersten Frostes 7
5. Ueberschlagsberechnung der jährlichen Holzerzeugung für die gesammten Waldungen Preußens . . . 8
6. Zusammenstellung des Grundsteuerreinertrages für das ha Wald und Acker 9
7. a) Uebersicht über die Holz-Ein- und Ausfuhr für das deutsche Zollgebiet, umfassend die Jahre 1862 bis 1884 (ganz) und 1885 (theilweise) 10
   b) Uebersicht über die Holz-Ein- und Ausfuhr für das deutsche Zollgebiet, umfassend die Jahre 1885 bis 1893 12
8. a) Uebersicht der Durchschnittspreise, welche für das Festmeter der in den Staatsforsten eingeschlagenen Gesammt-Holzmasse erlangt sind, umfassend die Zeit von 1850 bis 1883/84 14
   b) Uebersicht der Durchschnittspreise, welche für das Festmeter der in den Staatsforsten eingeschlagenen Gesammt-Holzmasse erlangt sind, umfassend die Zeit von 1884/85 bis 1892/93 16
9. a) Uebersicht der Durchschnitte aus den Holztaxen sämmtlicher Königlichen Oberförstereien der einzelnen Bezirke für die Jahre 1837, 1867 und 1880/81 18
   b) Uebersicht über die Holzpreise und Tagelohnsätze, welche in der Zeit von 1800 bis 1879 erzielt, bezw. gezahlt worden sind 20
   c) Uebersicht der durchschnittlichen Versteigerungs-, bezw. Verkaufspreise einiger Holz- und Rinden-Sortimente für die Etatsjahre 1883/84 bis 1892/93 24
10. Uebersicht des Brennmaterialien-Verbrauches von Berlin in den Jahren 1860 bis 1892 29
11. a) Zusammenstellung der in den alten Provinzen ausgegebenen Jagdscheine für 1850/68 34
    b) Zusammenstellung der im ganzen Staate ausgegebenen Jagdscheine für 1868/69 bis 1892/93 . . 35
12. Uebersicht über die Zahl der Personen, welche die Jagd ausüben 36
13. Ertrag der Jagdnutzung in Preußen im Jahre 1885/86 37
14. Uebersicht über die Bildung von Wald-Genossenschaften nach §§ 23 ff. des Gesetzes vom 6. Juli 1875 bis Ende 1893 39
15. Nachweisung über die in Preußen vorhandenen Sandschellen 40
16. Nachweisung der dem Gesetze vom 17. März 1881 unterworfenen gemeinschaftlichen Holzungen . . . 42
17. Uebersicht über die Organisation der Gemeindeforstverwaltung in Westfalen und der Rheinprovinz . . 42
18. a) Zusammenstellung der in den Staatsforsten beim Forst- und Jagdschutze vorgekommenen Tödtungen und Verwundungen für 1817/65 47
    b) Zusammenstellung der in den Staatsforsten beim Forst- und Jagdschutze vorgekommenen Tödtungen und Verwundungen während der Jahre 1866 bis 1893 48
19. a) Zusammenstellung der Holzdiebstahlsfälle in den Jahren 1866 bis 1878 für die alten Provinzen . 49
    b) Uebersicht der Forst-, Jagd- und Fischereifrevel in den Staatsforsten für die Kalenderjahre 1883 bis 1891 50

Seite

20. Nachweisung der in den Rechnungsjahren 1863 bis 1892/93 aufgekommenen Kapitalien für Veräußerung von Domänen- und Forstgrundstücken und für Ablösung von Domänen- und Forstgefällen 51
21. a) Durch Kauf und Tausch vorgekommene Flächenzugänge, sowie durch Verkauf, Tausch und Ablösungen eingetretene Abgänge bei der Domänenverwaltung in der Zeit von 1867 bis 1892/93 52
b) Durch Kauf und Tausch vorgekommene Flächenzugänge, sowie durch Verkauf, Tausch und Ablösungen eingetretene Abgänge bei der Forstverwaltung in der Zeit von 1867 bis 1892/93 52
22. Zusammenstellung des Flächeninhalts der Staatsforsten für die Zeit von 1831 bis 1894/95 53
23. Uebersicht über die Vertheilung der nicht zur Holzzucht bestimmten Fläche der Staatsforsten auf ertragsfähige und ertragslose Flächen nach dem Zustande vom 1. April 1893 57
24. Reihenfolge der einzelnen Bezirke nach der Gesammtfläche des ertragsfähigen Bodens der Staatsforstverwaltung am 1. April 1893 58
25. a) Uebersicht über die Betriebs- und Holzarten, sowie das Altersklassenverhältniß im Hochwalde für die Staatsforsten 59
b) Summarische Altersklassen-Tabelle für den Hochwald nach den Zusammenstellungen des Jahres 1893 132
c) Vergleichung der Jahre 1893, 1881 und 1865 bezüglich der Forstfläche der Holz- und Betriebsarten, sowie des Altersklassenverhältnisses im Hochwalde der Staatsforsten in den alten Provinzen . . . 133
26. Reihenfolge der Regierungsbezirke, geordnet nach dem Flächenumfange der verschiedenen Holzarten im Hochwalde, sowie der übrigen Betriebsarten in den Staatsforsten 134
27. a) Summarische, nach alten und neuen Provinzen getrennte Uebersicht über den Fortgang der Forstservitut- rc Ablösungen in den Staatsforsten für die Jahre 1860 bis 1892, bezw. 1. April 1892/93 136
b) Specielle Uebersicht über den Fortgang der Forstservitut- rc Ablösungen in den einzelnen Regierungsbezirken während der Jahre 1860 bis 1. April 1892/93 137
c) Zusammenstellung der auf Grund des Gesetzes vom 27. April 1872 (Ges.-S. S. 417) und der demselben nachgebildeten (im Band I, Abschnitt IV 3 speciell aufgeführten) Gesetze an die Provinzial-Rentenbanken gezahlten Amortisationsrenten für abgelöste Leistungen der Forstverwaltung an Kirchen, Pfarren, Küstereien, sonstige geistliche Institute, fromme und milde Stiftungen, Wohlthätigkeitsanstalten u. s. w. für 1874 bis 1892/93 155
28. Uebersicht über den Umfang der Oberförstereien in den einzelnen Regierungsbezirken 158
29. Uebersicht über die Staatswaldfläche der einzelnen Provinzen, sowie die Zahl und Durchschnittsgröße der Oberförstereien in denselben 159
30. Reihenfolge der Bezirke nach der Durchschnittsgröße der Oberförstereien und der Schutzbezirke im Staatswalde 160
31. Nachweisung des Flächeninhalts, der Zahl der Schutzbezirke, der Dienstländereien, des Wildstandes, der Holzpreise und der durchschnittlichen Tagelöhne rc der einzelnen Staats-Oberförstereien 161
32. Uebersicht über die Bezirke der Regierungs- und Forsträthe bezw. der Oberforstmeister 224
33. a) Nachweisung des jährlichen Bedarfes an Kiefernsamen in den Staatsforsten und der auf den Königlichen Darren gewonnenen Samenmengen für die Jahre 1852 bis 1893 232
b) Ergebnisse des Betriebes der fiskalischen Kiefern- und Fichten-Samendarren für das Jahr 1. Oktober 1892/93 233
34. a) Uebersicht der Erträge aus der Jagd bei der Staatsforstverwaltung für die Etatsjahre 1883/84 bis 1891/92 234
b) Wildabschuß in den Königlichen Oberförstereien des Preußischen Staates während des Jahres 1. April 1885 bis 31. März 1886 235
35. Nachweisung der von der Staatsforstverwaltung administrirten Torfgräbereien mit besonderen Etats und besonderer Rechnungslegung 236
36. Uebersicht über die Ergebnisse des fiskalischen Sägemühlenbetriebes in den Harzforsten des Regierungsbezirks Hildesheim für 1872 bis 1892/93 237
37. a) Uebersicht über die Abnutzungssätze für das Etatsjahr 1882/83 und den Ist-Einschlag der Staatsforsten im Wirthschaftsjahr 1. Oktober 1879/80 (Rechnungsjahr 1. April 1880/81) 238
b) Uebersicht über die Abnutzungssätze für das Etatsjahr 1894/95 und den Ist-Einschlag der Staatsforsten im Wirthschaftsjahre 1. Oktober 1891/92 (Rechnungsjahr 1. April 1892/93) 240
c) Uebersicht des Materialertrages und der Sortimentsverhältnisse in den Staatsforsten der einzelnen Regierungsbezirke für die Forstwirthschaftsjahre 1. Oktober 1880/81 bis einschließlich 1891/92 (Etatsjahr 1. April 1881/82 bis einschließlich 1892/93) 242
d) Nachweisung der in den einzelnen Königlichen Oberförstereien Ende 1893 gültigen Abnutzungssätze . 250
e) Regierungsbezirksweise Zusammenstellung der in den Preußischen Staatsforsten Ende 1893 gültigen Abnutzungssätze 270

Seite

f) Zusammenstellung der im Wirthschafsjahre 1. Oktober 1891/92 (Rechnungsjahr 1. April 1892/93) erfolgten Materialabnutzung für die Staatsforsten 272

38. a) Uebersicht des Materialertrages und des Sortimentsverhältnisses in den Staatsforsten für die Wirthschaftsjahre 1. Oktober 1829/30 bis 1. Oktober 1882/83 276

b) Uebersicht des Materialertrages und des Sortimentsverhältnisses in den Staatsforsten für die Wirthschaftsjahre 1. Oktober 1883/84 bis 1. Oktober 1891/92, bezw. die Rechnungsjahre 1. April 1884/85 bis 1. April 1892/93 277

39. Nachweisung des in den Staatswaldungen auf 100 fm vom Derbholzeinschlage entfallenden Stock- und Reisigholzes 280

40. Nachweisung der Procentsätze des in den Wirthschaftsjahren 1829/30 bis 1879/80 in den Staatswaldungen eingeschlagenen Nutzholzes im Verhältniß zum Derbholze 281

41. Vergleichung des durchschnittlichen Nutzholzprocentsatzes der Staatsforsten Preußens mit demjenigen anderer Bundesstaaten, der Preußischen Provinz Sachsen und des Regierungsbezirks Düsseldorf . . 282

42. Zusammenstellung der in den Rechnungsjahren 1862 bis 1892/93 in den preußischen Staatsforsten verwertheten Eichenrinde 283

43. a) Uebersicht von dem Flächeninhalte und den Erträgen der Staatsforsten der alten Provinzen für die Jahre 1830 bis 1867 286

b) Uebersicht von dem Flächeninhalte der Staatsforsten und von den Erträgen für die Zeit vom 1. Januar 1868 bis Ende März 1893 288

44. Uebersicht der in den Staatsforsten zum Einschlag gelangten Holzmasse und der dafür gezahlten Werbungs- und Transportkosten für die Forstwirthschaftsjahre 1. Oktober 1880/92 (Etatsjahre 1. April 1881/93) 290

45. a) Uebersicht des Ertrages aus der Holznutzung in den einzelnen Regierungsbezirken für das Hektar der zur Holzzucht bestimmten Fläche, betreffend die Etatsjahre 1850 bis 1. April 1892/93 293

b) Zusammenstellung der Einnahmen für Holz aus den Staatsforsten nach den einzelnen Bezirken in den Jahren 1830 bis 1892/93 296

46. a) Haupt-Uebersicht der Soll-Einnahmen und Ausgaben der Staatsforstverwaltung in den alten Provinzen für die Jahre 1849 bis 1867 310

b) Haupt-Uebersicht der Ist-Einnahmen und Ausgaben der Staatsforstverwaltung für die Jahre 1868 bis 1. April 1892/93 317

47. Vergleichung der Einnahmen und Ausgaben für größere Torfgräbereien der Staatsforstverwaltung während der Jahre 1849 bis 1892/93 328

48. a) Vergleichung der Einnahmen und Ausgaben für größere Wiesenanlagen der Staatsforstverwaltung während der Jahre 1850 bis 1892/93 329

b) Nachweisung der sämmtlichen bis zum Schluß des Jahres 1893 ausgeführten bezw. genehmigten oder in Aussicht genommenen Moordamm-Kulturen, sowie der seit 1890 ausgeführten anderen Wiesen-Meliorationen im Bereiche der Staatsforstverwaltung 330

49. Uebersicht über das Procentverhältniß der einzelnen Ausgabebeträge der Staatsforstverwaltung zur gesammten dauernden Ausgabe für die Etatsjahre 1849 bis 1892/93 331

50. Nachweisung über Roh- und Reinertrag der Staatsforsten in den einzelnen Provinzen für 1892/93 . 332

51. Zusammenstellung der Ist-Einnahmen und Ausgaben, des Reinertrags und der ertragsfähigen Fläche der Staatsforsten in den einzelnen Bezirken für das Etatsjahr 1892/93 333

52. a) Nachweisung der während der Jahre 1866 bis 1893 vorgekommenen erheblicheren Brände in den Staatswaldungen und der hierdurch vernichteten Holzbestände 342

b) Nachweisung der Kosten, welche im Etatsjahre 1. April 1892/93 in den Staatsforsten für Vertilgung der den Forsten schädlichen Thiere entstanden sind 344

53. Uebersicht über das Procentverhältniß der verschiedenen Ausgabebeträge und des Reinertrages zu der Gesammtroheinnahme für die Rechnungsjahre 1849 bis 1892/93 345

54. a) Vergleichung des Flächeninhalts, des Holzeinschlags, der Einnahme, der Ausgabe und des Reinertrages der Staatsforsten in den Jahren 1850 bis 1868 mit den desfallsigen Zahlen des Jahres 1849, letztere gleich 100 gerechnet 346

b) Vergleichung des Flächeninhalts der Etatsjahre 1869 bis 1. April 1894/95, sowie des Holzeinschlags, der Einnahme, der Ausgabe und des Reinertrages in den Jahren 1869 bis 1. April 1892/93 mit den desfallsigen Zahlen des Jahres 1868, letztere gleich 100 gerechnet, für die Staatsforsten . . . 347

55. Uebersicht von der Einnahme, Ausgabe und dem Reinertrage für das ha der ertragsfähigen Staatswaldfläche und von der Derbholzabnutzung für das ha der Holzbodenfläche in den einzelnen Provinzen im Etatsjahre 1892/93 348

Seite

56. a) Nachweisung über die Zahl der Studirenden auf der Forstakademie zu Eberswalde für die Zeit vom Sommer-Semester 1830 bis zum Winter-Semester 1868/69 350
b) Nachweisung über die Zahl der Studirenden auf der Forstakademie zu Eberswalde für die Zeit vom Sommer-Semester 1869 bis zum Sommer-Semester 1894 351
c) Nachweisung über die Zahl der Studirenden auf der Forstakademie zu Münden für die Zeit vom Sommer-Semester 1868 bis zum Sommer-Semester 1894 352
57. a) Zusammenstellung der aus den Staatsforsten erfolgten Abgaben von Streu und Gras, sowie über die gestattete Waldweidenutzung in der Zeit vom 1. April bis Ende Dezember 1893 353
b) Nachweisung von den im Etatsjahre 1893/94 an Gemeinden, öffentliche Anstalten rc und Privatgrundbesitzer aus den Staatswaldungen abgegebenen Holzpflanzen 356
58. Uebersicht der verausgabten Kultur- und Kommunikations-Wegebaugelder bei der Staatsforstverwaltung für die Etatsjahre 1883/84 bis 1891/92. 358
59. Nachweisung über die bei der Staatsforstverwaltung vorgekommenen Erkrankungen von Arbeitern, welchen Unterstützungen gewährt worden sind, sowie über die unter die Reichsgesetze vom 6. Juli 1884, 28. Mai 1885, 5. Mai 1886, 11. Juli 1887 fallenden Betriebsunfälle und über die Ausgaben auf Grund des Alters- und Invaliditätsversicherungsgesetzes vom 22. Juni 1889 für das Etatsjahr 1892/93 361
60. Nachweisung der aus dem Forstbaufonds zu unterhaltenden Gebäude für das Jahr 1894 365
61. Zusammenstellung der vom 1. August 1888 bis dahin 1893 erfolgten Anstellungen und der zum Zeitpunkt des 1. August 1893 notirten Anwärter der Jägerklasse A 368
62. Waldbestand des preußischen Staates nach Holzarten 370
63. Verhältnißzahlen zur Vergleichung früherer deutscher Maße mit den jetzigen deutschen (Meter-) Maßen . 373

II. Abschnitt.

Anhang, enthaltend den Abdruck einiger gesetzlicher und Verwaltungs-Bestimmungen, auf welche im ersten Bande hingewiesen ist.

Anhang A.
a) Gesetz, betreffend die Verwaltung der den Gemeinden und öffentlichen Anstalten gehörigen Holzungen in den Provinzen Preußen, Brandenburg, Pommern, Posen, Schlesien und Sachsen vom 14. August 1876 383
b) Ministerial-Instruktion zur Ausführung des vorbezeichneten Gesetzes, vom 21. Juni 1877. . . . 385
Anhang B.
Instruktion, betreffend die Verwaltung der Waldungen der Gemeinden und öffentlichen Anstalten in den Regierungsbezirken Arnsberg und Minden in Gemäßheit des Gesetzes vom 24. Dezember 1816 und der Allerh. Cabinetsordre vom 28. Mai 1836 390
Anhang C.
Wildschadengesetz vom 11. Juli 1891 394
Anhang D.
a) Allgemeine Bedingungen für die Verpachtung fiskalischer Jagden 396
b) Regulativ über die Befugnisse der Forstbeamten bezüglich der Nutzung der kleinen Wildarten und des Raubzeuges bei Verpachtung der Jagden innerhalb der Königlichen Forsten 398
Anhang E.
a) Vorschriften für die Jägerprüfung vom 2. Februar 1887 400
b) Vorschriften für die Försterprüfung vom 3. Februar 1887 403
Anhang F.
a) Bedingungen zur Aufnahme in das reitende Feldjägercorps 407
b) Bestimmungen über die Ausführung der forstlichen Staatsprüfung vom 13. Januar 1891 . . . 408
Anhang G.
Revidirtes Statut der Forstbetriebskrankenkasse für die Königlichen Oberförstereien Tornau und Söllichau des Regierungsbezirks Merseburg vom 15. November 1892 412

I. Abschnitt.

Statistische Tabellen.

Tabelle

Uebersicht über das Verhältniß der Waldfläche zur Gesammtfläche und zur Fläche der

Bezirk	Nach neueren Ermittelungen[1]) beträgt in Hektaren die Gesammtfläche	die Waldfläche	die Ackerlandfläche	kommen auf je 100 ha Gesammtfläche rund Waldland	Ackerland	Gärten und Weinberge	Wiesen	Weiden und Hutungen	Haus- und Hofraum	Oed- und Unland	Wege und Gewässer
1.	2.	3.	4.	5.							
Königsberg	2 110 846	389 096	1 164 947	18,43	55,19	0,51	10,73	7,04	0,83	2,61	4,66
Gumbinnen	1 587 957	258 567	807 284	16,28	50,84	0,51	13,50	7,67	0,79	2,83	7,58
Danzig	795 323	150 429	408 713	18,91	51,39	0,79	7,72	9,01	0,84	5,31	6,03
Marienwerder	1 756 450	392 851	979 515	22,36	55,77	0,58	5,84	6,13	0,70	3,66	4,96
Berlin	6 339	.	868	.	**13,69**	4,12	2,95	.	34,38	10,41	34,45
Potsdam	2 064 164	619 802	936 055	30,03	45,35	0,65	11,96	3,82	0,82	1,47	5,90
Frankfurt a. O.	1 919 585	698 115	864 226	36,37	45,02	0,56	8,30	2,57	0,81	1,55	4,82
Stettin	1 207 592	228 319	661 409	18,91	54,77	0,49	13,40	5,52	0,79	1,44	4,68
Köslin	1 402 688	319 353	731 010	22,77	52,11	0,48	7,46	7,80	0,59	3,39	5,40
Stralsund	401 016	59 032	254 700	14,72	63,51	0,77	10,24	5,26	0,98	1,54	2,98
Posen	1 751 308	345 832	1 103 127	19,75	62,99	0,74	7,75	3,08	0,95	1,01	3,73
Bromberg	1 145 117	227 570	683 577	19,87	59,69	0,62	8,52	4,68	0,78	1,60	4,24
Breslau	1 348 112	277 756	846 207	20,60	62,77	1,07	9,05	1,29	1,24	0,52	3,46
Liegnitz	1 360 799	499 473	627 400	36,70	46,11	0,83	9,53	1,61	1,17	0,58	3,47
Oppeln	1 322 152	384 138	738 936	29,06	55,89	0,74	7,25	1,67	1,37	0,75	3,27
Magdeburg	1 150 454	245 026	647 638	21,30	56,29	0,63	9,93	4,50	1,05	1,86	4,44
Merseburg	1 020 900	195 111	653 872	19,11	**64,05**	0,90	7,48	1,72	1,32	0,92	4,50
Erfurt	352 994	85 663	216 150	24,27	61,23	0,96	5,28	1,89	1,17	0,59	4,61
Schleswig	1 899 747	124 531	1 070 412	6,55	56,34	0,80	10,80	11,73	0,89	6,01	6,88
Hannover	571 701	83 093	213 452	14,53	37,34	0,80	11,88	12,18	1,01	17,30	4,96
Hildesheim	531 664	187 721	252 164	35,31	47,43	1,08	6,88	3,40	0,98	0,80	4,12
Lüneburg	1 134 256	228 431	344 334	20,14	30,36	0,40	10,03	11,58	0,67	22,42	4,40
Stade	678 681	42 920	183 086	6,32	26,98	0,79	10,86	17,68	0,94	28,45	7,98
Osnabrück	620 471	84 503	141 356	13,62	22,78	0,36	11,03	15,62	0,80	32,15	3,64
Aurich	310 743	7 478	113 070	**2,41**	36,39	0,90	11,85	25,44	1,16	16,29	5,56
Münster	725 294	137 640	286 622	18,98	39,52	1,06	7,17	15,91	1,17	12,79	3,40
Minden (ohne Schaumburg)	525 840	104 766	264 462	19,92	50,29	0,96	10,04	7,76	1,50	5,95	3,58
Arnsberg	769 602	322 183	281 726	**41,86**	36,61	1,31	6,92	7,28	1,49	1,34	3,19
Cassel (mit Schaumburg)	1 007 672	391 942	405 227	38,90	40,21	0,79	11,99	3,88	0,74	0,64	2,85
Wiesbaden	561 707	231 669	208 213	41,24	37,07	1,37	10,81	3,68	1,04	0,64	4,15
Coblenz	620 436	254 934	238 003	41,09	38,36	2,03	8,29	3,45	0,76	2,27	3,75
Düsseldorf	547 251	97 507	288 902	17,82	52,79	2,44	6,07	9,39	2,99	3,01	5,49
Cöln	397 677	120 532	212 069	30,31	53,33	1,86	5,53	1,68	1,86	1,44	3,99
Trier	718 302	248 122	293 453	34,54	40,85	1,29	9,76	6,20	0,73	3,63	3,00
Aachen	415 474	109 997	175 568	26,47	42,26	0,99	7,93	11,45	1,03	6,95	2,92
Hohenzollern[2])	114 228	38 403	51 701	33,62	45,26	0,79	10,56	6,19	0,47	1,07	2,04
Zusammen	[3]) 34 854 542	8 192 505	17 349 454	23,50	49,78	0,80	9,39	6,34	0,98	4,54	4,67

Bemerkungen: [1]) Die Quelle für die Zahlen in den Spalten 2—5 bilden die Erhebungen über die landwirthschaftliche Bodenbenutzung vom Jahre 1893, während die Zahlen für die übrigen Spalten (die Regierungs-Bezirke der Provinz Hannover ausgenommen) mangels neuerer Ermittelungen für die Reinerträge der Holzungen und des Ackerlandes aus der zweiten Auflage dieses Werkes wieder haben übernommen werden müssen. Die Angaben für die hannöverschen Regierungs-Bezirke in den Spalten 6—17 sind vom Königlichen Finanzministerium mitgetheilt.

[2]) Die Grundsteuerveranlagung von Hohenzollern ist nach abweichenden Grundsätzen erfolgt; die betreffenden Zahlen lassen sich hier nicht einfügen.

1.

übrigen Kulturarten, sowie Nachweisung des Ergebnisses der Grundsteuer-Einschätzung.

Aus der Grundsteuer-Veranlagung ergeben sich:												
von der Gesammtfläche			von den Holzungen				vom Ackerlande				für das Verhältniß des Gesammt-Reinertrags vom Walde z. Ges.-Reinertrage des Ackers %	Bezirk
für Hektar	Reinertrag Mk.	durchschnittlich für das Hektar Mk.	für Hektar	Reinertrag Mk.	% des Gesammt-Reinertrags	durchschnittlich für das Hektar Mk.	für Hektar	Reinertrag Mk.	% des Gesammt-Reinertrags	durchschnittlich für das Hektar Mk.		
6.	7.	8.	9.	10.	11.	12.	13.	14.	15.	16.	17.	18.
2 111 218	15 904 137	7,53	421 575	965 226	6,07	2,29	1 084 304	10 770 063	67,72	9,93	8,96	Königsberg.
1 586 576	10 090 308	6,36	272 167	591 591	5,86	2,17	741 429	6 170 784	61,16	8,32	9,59	Gumbinnen.
794 823	7 557 915	9,51	152 934	279 714	3,70	1,83	395 575	5 312 514	70,29	13,43	5,27	Danzig.
1 751 459	11 788 635	6,73	405 444	747 396	6,34	1,84	930 857	9 126 324	77,42	9,80	8,19	Marienwerder.
2 069 451	20 853 597	10,08	603 396	2 460 645	11,80	4,08	955 500	13 507 758	64,77	14,14	18,22	Berlin. Potsdam.
1 919 295	18 432 816	9,60	683 903	2 411 244	13,08	3,53	878 197	12 508 755	67,86	14,24	19,28	Frankfurt a. O.
1 204 169	13 443 972	11,16	227 455	1 086 798	8,08	4,78	656 964	9 628 652	71,62	14,66	11,29	Stettin.
1 403 961	7 962 324	5,67	311 446	529 746	6,65	1,70	730 136	5 915 987	74,30	8,10	8,95	Köslin.
403 206	7 773 234	19,28	57 055	453 114	5,83	7,94	260 462	6 373 634	81,99	24,47	7,11	Stralsund.
1 749 357	14 155 869	8,09	371 324	1 043 379	7,37	2,81	1 071 326	10 829 223	76,50	10,11	9,63	Posen.
1 143 888	9 584 424	8,38	253 994	589 887	6,15	2,32	652 191	7 030 494	73,35	10,78	8,39	Bromberg.
1 346 621	23 979 962	17,81	285 667	1 613 697	6,73	5,65	832 244	18 624 933	77,67	22,38	8,66	Breslau.
1 359 595	16 798 784	12,36	497 952	1 903 725	11,33	3,82	627 483	11 651 085	69,36	18,57	16,34	Liegnitz.
1 319 965	15 285 293	11,58	408 852	1 636 350	10,71	4,00	714 573	11 483 358	75,13	16,07	14,24	Oppeln.
1 149 792	23 458 011	20,40	230 599	1 404 790	5,99	6,09	630 144	18 424 038	78,54	29,24	7,62	Magdeburg.
1 020 645	26 900 934	26,36	189 940	1 478 149	5,49	7,78	643 512	22 415 292	83,33	34,83	6,59	Merseburg.
352 495	7 343 505	20,83	83 797	755 191	10,28	9,01	216 281	5 708 349	77,73	26,39	13,23	Erfurt.
1 883 183	37 609 636	19,97	110 849	1 311 280	3,49	11,83	1 114 185	26 002 638	69,14	23,34	5,04	Schleswig.
578 233	7 778 665	13,45	84 480	699 628	8,99	8,28	208 540	4 779 403	61,44	22,92	14,64	Hannover.
511 559	11 632 647	22,74	183 556	2 295 178	19,73	12,50	235 163	7 619 334	65,50	32,40	30,12	Hildesheim.
1 151 630	9 872 169	8,57	214 002	1 145 469	11,60	5,35	355 377	4 969 726	50,34	13,98	23,05	Lüneburg.
675 036	8 900 679	13,19	35 355	254 054	2,85	7,19	191 318	4 824 887	54,21	25,22	5,27	Stade.
620 560	5 029 943	8,11	80 544	492 335	9,79	6,11	130 957	2 487 456	49,45	18,99	19,79	Osnabrück.
308 772	6 679 543	21,63	5 569	42 839	0,64	7,69	112 444	4 026 447	60,28	35,81	1,06	Aurich.
724 468	9 821 790	13,56	132 838	985 878	10,00	7,42	289 138	6 240 219	63,53	21,58	15,80	Münster.
525 080	9 169 503	17,46	107 294	825 349	9,00	7,69	262 936	6 231 486	67,96	23,70	13,24	Minden.
769 213	12 231 675	15,90	322 186	1 684 075	13,77	5,23	287 779	7 395 927	60,46	25,70	22,76	Arnsberg.
1 011 476	14 971 651	14,80	397 418	2 761 555	18,45	6,95	400 496	8 711 631	58,19	21,75	31,70	Cassel.
557 973	9 338 857	16,74	232 329	2 060 408	22,06	8,87	205 342	5 235 710	56,06	25,50	39,35	Wiesbaden.
619 839	9 120 828	14,71	255 116	1 901 324	20,85	7,45	238 136	5 220 293	57,23	21,92	36,42	Coblenz.
546 696	16 736 571	30,61	100 380	841 287	5,03	8,38	300 231	11 550 366	69,01	38,47	7,28	Düsseldorf.
397 430	10 465 008	26,33	121 189	756 603	7,23	6,24	215 333	8 528 808	81,50	39,61	8,87	Cöln.
717 872	9 026 637	12,57	243 708	1 895 667	21,00	7,78	293 759	4 710 714	52,19	16,04	40,24	Trier.
415 348	9 313 389	22,42	107 394	677 376	7,27	6,31	181 224	6 963 342	74,77	38,42	9,73	Aachen.
.	.	.	.	.	.	.	.	.	.	.	.	Hohenzollern.
34 700 884	449 012 911	12,94	8 191 707	40 580 947	9,04	4,95	17 043 536	310 979 630	69,28	18,25	13,05	

[3]) Der oben nachgewiesenen Flächensumme von 34 854 542 Hektar treten an Meeresflächen hinzu:

Reg.-Bez. Königsberg	172 397
„ Gumbinnen	47 410
„ Danzig	28 186
„ Stettin	93 133
„ Stralsund	60 727
„ Schleswig	257 936
Provinz Hannover	85 228
	35 599 559

Tabelle 2.

Uebersicht über das Verhältniß der Waldfläche zur Bevölkerungszahl.

Bezirk	Einwohnerzahl nach der Zählung vom 1. Dezember 1890	Gesammte Waldfläche ha	Auf den Kopf der Bevölkerung kommt: Waldfläche ha	Auf den Kopf der Bevölkerung kommt: Reinertrag vom Walde nach dem Durchschnitts-Reinertrage der Grundsteuer-Einschätzung Mk.	Einwohnerzahl für 100 qkm	Reihenfolge der Bezirke nach der Bevölkerungs-Dichtigkeit: Bezirk	Reihenfolge der Bezirke nach der Bevölkerungs-Dichtigkeit: Einwohnerzahl für 100 qkm	Reihenfolge der Bezirke nach dem Prozentsatze der Waldfläche von der Gesammtfläche: Bezirk	Reihenfolge der Bezirke nach dem Prozentsatze der Waldfläche von der Gesammtfläche: %
1.	2.	3.	4.	5.	6.	7.		8.	
Königsberg	1 172 149	389 096	0,332	0,76	5 553	1. Lüneburg	3 704	1. Aurich	2,41
Gumbinnen	786 514	258 567	0,329	0,71	4 953	2. Köslin	4 018	2. Stade	6,32
Danzig	589 176	150 429	0,255	0,47	7 408	3. Marienwerder	4 808	3. Schleswig	6,55
Marienwerder	844 505	392 851	0,465	0,86	4 808	4. Osnabrück	4 827	4. Osnabrück	13,62
Berlin	1 578 794	.	.	.	2 490 604	5. Gumbinnen	4 953	5. Hannover	14,53
Potsdam	1 404 626	619 802	0,441	1,80	6 805	6. Stade	4 983	6. Stralsund	14,72
Frankfurt a. O.	1 137 157	698 115	**0,614**	2,17	5 924	7. Stralsund	5 194	7. Gumbinnen	16,28
Stettin	749 017	228 319	0,305	1,46	6 203	8. Bromberg	5 458	8. Düsseldorf	17,82
Köslin	563 569	319 353	0,567	0,96	4 018	9. Königsberg	5 553	9. Königsberg	18,46
Stralsund	208 303	59 032	0,283	2,25	5 194	10. Hohenzollern	5 785	10. Danzig	18,91
Posen	1 126 591	345 832	0,307	0,86	6 433	11. Frankfurt a. O.	5 924	11. Stettin	18,91
Bromberg	625 051	227 570	0,364	0,84	5 458	12. Stettin	6 203	12. Münster	18,98
Breslau	1 599 322	277 756	0,174	0,98	11 863	13. Schleswig	6 419	13. Merseburg	19,11
Liegnitz	1 047 405	499 473	0,477	1,82	7 697	14. Posen	6 433	14. Posen	19,75
Oppeln	1 577 731	384 138	0,243	0,97	11 933	15. Potsdam	6 805	15. Bromberg	19,87
Magdeburg	1 071 421	245 026	0,229	1,39	9 313	16. Aurich	7 019	16. Minden	19,92
Merseburg	1 075 569	195 111	0,181	1,41	10 535	17. Münster	7 393	17. Lüneburg	20,14
Erfurt	433 020	85 663	0,198	1,78	12 267	18. Danzig	7 408	18. Breslau	20,60
Schleswig	1 219 523	124 531	0,102	1,21	6 419	19. Liegnitz	7 697	19. Magdeburg	21,30
Hannover	526 212	83 093	0,158	1,31	9 204	20. Cassel	8 147	20. Marienwerder	22,36
Hildesheim	476 263	187 721	0,394	**4,93**	8 958	21. Hildesheim	8 958	21. Köslin	22,77
Lüneburg	420 093	228 431	0,544	2,91	3 704	22. Hannover	9 204	22. Erfurt	24,27
Stade	338 195	42 920	0,127	0,91	4 983	23. Magdeburg	9 313	23. Aachen	26,47
Osnabrück	299 478	84 503	0,282	1,72	4 827	24. Trier	9 912	24. Oppeln	29,06
Aurich	218 120	7 478	**0,034**	2,64	7 019	25. Coblenz	10 213	25. Potsdam	30,03
Münster	536 241	137 640	0,257	1,91	7 393	26. Minden	10 454	26 Cöln	30,31
Minden (ohne Schaumburg)	549 709	104 766	0,191	1,47	10 454	27. Merseburg	10 535	27. Hohenzollern	33,62
Arnsberg	1 342 711	322 183	0,240	1,26	17 447	28. Breslau	11 863	28. Trier	34,54
Cassel (mit Schaumburg)	820 988	391 942	0,477	3,32	8 147	29. Oppeln	11 933	29. Hildesheim	35,31
Wiesbaden	843 438	231 669	0,275	2,44	15 016	30. Erfurt	12 267	30. Frankfurt a. O.	36,37
Coblenz	633 638	254 934	0,402	2,99	10 213	31. Aachen	13 588	31. Liegnitz	36,70
Düsseldorf	1 973 115	97 507	0,049	**0,41**	36 055	32. Wiesbaden	15 016	32. Cassel	38,90
Cöln	827 074	120 532	0,146	0,91	20 798	33. Arnsberg	17 447	33. Coblenz	41,09
Trier	711 998	248 122	0,348	2,71	9 912	34. Cöln	20 798	34. Wiesbaden	41,24
Aachen	564 566	109 997	0,195	1,23	13 588	35. Düsseldorf	36 055	35. Arnsberg	41,86
Hohenzollern	66 085	38 403	0,581	nicht anzugeben	5 785	36. Berlin	2 490 604	36. Berlin	.
Zusammen	29 957 367	8 192 505	0,273	1,35	8 595		8 595		23,50

Bemerkung: Die Zahlen der Spalte 5 sind durch Multiplikation derjenigen in Spalte 4 dieser Tabelle und Spalte 12 der Tabelle 1 entstanden.

Tabelle 3.

Ueberſicht über die Vertheilung der Waldfläche nach dem Beſitze
(nach den Aufnahmen über die landwirthſchaftliche Bodenbenutzung vom Jahre 1893).

Bezirk	Von der geſammten Waldfläche entfallen auf												Geſammte Waldfläche
	Kronforſten		Staatsforſten [1] [3]		Gemeindeforſten		Stiftungsforſten		Genoſſenſchafts-Waldungen [2]		Privatforſten		
	ha	%	ha	%	ha	%	ha	%	ha	%	ha	%	ha
Königsberg	.	.	182 418	46,9	22 985	5,9	6 390	1,6	3 902	1,0	173 401	44,6	389 096
Gumbinnen	.	.	186 180	72,0	4 435	1,7	19	0,0	578	0,2	67 355	26,1	258 567
Danzig	.	.	104 112	69,2	2 872	1,9	854	0,6	209	0,1	42 382	28,2	150 429
Marienwerder	.	.	198 460	50,5	16 555	4,2	565	0,2	849	0,2	176 422	44,9	392 851
Berlin	.	.	.	.	.	.	.	.	.	.	.	.	.
Potsdam	36 261	5,8	205 072	33,1	52 694	8,5	5 286	0,9	3 174	0,5	317 315	51,2	619 802
Frankfurt a. O.	6 006	0,9	182 082	26,1	51 805	7,4	10 016	1,4	944	0,1	447 262	64,1	698 115
Stettin	5 216	2,3	99 666	43,7	22 159	9,7	2 137	0,9	725	0,3	98 416	43,1	228 319
Köslin	2 930	0,9	58 358	18,3	21 856	6,8	265	0,1	831	0,3	235 113	73,6	319 353
Stralſund	.	.	27 744	47,0	4 930	8,4	722	1,2	138	0,2	25 498	43,2	59 032
Poſen	642	0,2	74 725	21,6	5 818	1,7	3 035	0,9	6 574	1,9	255 038	73,7	345 832
Bromberg	.	.	98 393	43,2	5 591	2,4	1 536	0,7	118	0,1	121 932	53,6	227 570
Breslau	149	0,1	58 515	21,1	13 716	4,9	4 074	1,5	62	0,0	201 240	72,4	277 756
Liegnitz	5 976	1,2	20 795	4,2	68 086	13,6	8 219	1,6	1 043	0,2	395 354	79,2	499 473
Oppeln	5 743	1,5	73 582	19,2	11 490	3,0	1 324	0,3	354	0,1	291 645	75,9	384 138
Magdeburg	2 323	1,0	62 024	25,3	13 777	5,6	2 015	0,8	2 025	0,8	162 862	66,5	245 026
Merſeburg	.	.	71 740	36,7	9 556	4,9	2 495	1,3	6 573	3,4	104 747	53,7	195 111
Erfurt	.	.	36 423	42,5	18 572	21,7	1 724	2,0	9 051	10,6	19 893	23,2	85 663
Schleswig	.	.	34 770	27,9	9 481	7,6	2 497	2,0	465	0,4	77 318	62,1	124 531
Hannover	.	.	29 646	35,7	7 932	9,5	1 571	1,9	17 336	20,9	26 608	32,0	83 093
Hildesheim	.	.	99 726	53,1	18 776	10,0	3 651	2,0	37 352	19,9	28 216	15,0	187 721
Lüneburg	.	.	77 285	33,8	12 407	5,4	2 870	1,3	18 247	8,0	117 622	51,5	228 431
Stade	.	.	17 177	40,0	671	1,5	1 234	2,9	4 320	10,1	19 518	45,5	42 920
Osnabrück	.	.	10 179	12,0	4 119	4,9	731	0,9	2 197	2,6	67 277	79,6	84 503
Aurich	.	.	4 709	63,0	21	0,3	2	0,0	76	1,0	2 670	35,7	7 478
Münſter	.	.	2 632	1,9	1 207	0,9	1 398	1,0	157	0,1	132 246	96,1	137 640
Minden (ohne Schaumburg)	.	.	26 043	24,9	13 748	13,0	271	0,3	823	0,8	63 881	61,0	104 766
Arnsberg	.	.	19 403	6,0	40 958	12,7	1 687	0,5	45 920	14,3	214 215	66,5	322 183
Caſſel (mit Schaumburg)	.	.	212 630	54,3	59 833	15,3	9 450	2,4	27 530	7,0	82 499	21,0	391 942
Wiesbaden	.	.	49 335	21,3	159 933	69,0	1 011	0,4	2 493	1,1	18 897	8,2	231 669
Coblenz	.	.	23 566	9,3	150 940	59,2	1 043	0,4	18 660	7,3	60 725	23,8	254 934
Düſſeldorf	.	.	15 147	15,5	2 778	2,9	771	0,8	276	0,3	78 535	80,5	97 507
Cöln	.	.	14 548	12,1	8 371	6,9	1 384	1,1	902	0,8	95 327	79,1	120 532
Trier	.	.	59 550	24,0	125 493	50,6	1 614	0,7	7 753	3,1	53 712	21,6	248 122
Aachen	.	.	28 122	25,6	41 956	38,1	531	0,5	505	0,5	38 883	35,3	109 997
Hohenzollern	.	.	.	.	20 004	52,1	709	1,9	202	0,5	17 488	45,5	38 403
Zuſammen	65 246	0,8	2 464 757	30,1	1 025 525	12,5	83 101	1,0	222 364	2,7	4 331 512	52,9	8 192 505
(Kron- und Staatsforſten zuſammen)	2 530 003												
Nach dem Beſitzſtande im Jahre 1883	2 469 187			.	977 084	.	88 445	.	237 005	.	4 374 438	.	8 146 159
Mithin gegenwärtig gegen 1883 **mehr**	60 816			.	48 441	.	.	.	.	.	.	.	46 346
weniger	.			.	.	.	5 344	.	14 641	.	42 926	.	.

Bemerkungen: [1]) Einſchl. der antheilig dem Staate gehörigen Waldungen.

[2]) Ausſchl. derjenigen, an welchen der Staat Antheil hat.

[3]) Die Zahlen für die Staatsforſten ſtimmen mit denjenigen des Staatshaushalts-Etats für 1894/95, welche an Holzboden im Ganzen 2464750 nachweiſen (vgl. Tab. 22) nicht genau überein. Die Unterſchiede ſind aber meiſt unerheblich und im Einzelnen theilweis darauf zurückzuführen, daß die Forſtverwaltungs-Bezirke über die Grenzen der Regierungs-Bezirke mehrfach hinausgreifen. Insbeſondere ſind die zum Regierungs-Bezirke Caſſel gehörigen Schaumburg'ſchen Staatsforſten der Regierung in Minden zur Verwaltung zugetheilt und in Tabelle 4 und 22 bei Minden mit aufgeführt. Erheblichere Unterſchiede ergeben ſich daraus, daß eine Zahl von Stiftsforſten, welche unter Staatsverwaltung ſtehen, vorſtehend bei den Staatsforſten aufgeführt ſind; dahin gehören die Forſten des Stifts Haus Büren im Regierungs-Bezirke Minden von 2624 ha Holzboden, die Waldungen des Kloſterfonds zu Hannover von 19 048 ha innerhalb der Provinz Hannover und 266 ha in der Provinz Brandenburg, ferner die Neuzeller Stiftsforſten im Regierungs-Bezirke Frankfurt a. O. mit 11 521 ha. Von einer Abänderung der vorſtehenden Tabelle aus dieſem Anlaß iſt abgeſehen.

Tabelle 4a.

Uebersicht über die Mitteltemperaturen für die Monate, Jahreszeiten und das ganze Jahr.

Provinz	Station	m Höhe über N. N.	Januar	Februar	März	April	Mai	Juni	Juli	August	September	Oktober	November	Dezember	Jahr	Frühling	Sommer	Herbst	Winter
Ostpreußen	Memel . . .	9	−3,2	−2,1	−0,4	4,7	10,0	15,0	17,2	16,5	13,1	7,8	2,3	−1,3	6,6	4,8	16,2	7,7	−2,2
	Tilsit	14	−4,3	−3,2	−0,7	5,3	11,0	16,1	17,7	16,5	12,7	6,9	1,0	−2,8	6,4	5,2	16,8	6,9	−3,4
	Klaußen . . .	138	−5,1	−3,4	−1,1	5,5	12,1	16,4	17,7	16,5	12,9	7,0	0,6	−3,6	6,3	5,5	16,9	6,8	−4,0
	Königsberg . .	23	−3,2	−2,4	−0,1	5,4	10,6	15,5	17,4	16,6	13,1	7,6	1,7	−1,9	6,7	5,3	16,5	7,5	−2,5
Westpreußen	Marienwerder .	34	−3,0	−2,3	1,1	6,7	11,4	16,6	18,2	17,4	13,6	7,8	2,0	−2,3	7,3	6,4	17,4	7,8	−2,5
	Danzig . . .	22	−2,9	−1,6	0,2	5,1	10,2	14,6	17,1	16,6	12,5	6,8	2,4	−1,1	6,8	5,2	16,1	7,2	−1,9
	Konitz . . .	154	−2,8	−2,4	0,2	5,8	11,1	15,8	17,3	16,3	12,6	7,2	1,4	−2,0	6,7	5,7	16,5	7,1	−2,4
Brandenburg	Landsberg a. W.	36	−1,6	−0,5	1,6	7,4	12,1	16,6	17,9	16,9	13,4	7,9	2,9	−0,7	7,8	7,0	17,1	8,1	−0,9
	Frankfurt a. O.	42	−1,2	0,2	2,6	8,0	12,9	17,0	18,4	17,5	14,0	8,9	3,3	0,0	8,5	7,8	17,6	8,7	−0,3
	Berlin . . .	49	−0,4	0,9	3,3	8,5	13,3	17,5	18,9	18,1	14,7	9,4	3,8	0,7	9,1	8,4	18,2	9,3	0,4
Pommern	Lauenburg i. P.	28	−1,3	−1,0	1,4	5,8	10,1	15,1	16,6	16,4	13,0	7,8	2,9	−0,9	7,2	5,8	16,0	7,9	−1,1
	Köslin . . .	46	−1,9	−0,9	1,2	5,8	10,4	15,2	17,0	16,1	12,9	8,0	2,5	−0,7	7,1	5,8	16,1	7,8	−1,2
	Stettin [1]) . .	39	−1,1	0,3	2,4	7,4	12,7	16,7	18,3	17,6	14,1	8,9	3,2	0,2	8,4	7,5	17,5	8,7	−0,2
	Putbus . . .	70	−0,9	−0,4	1,4	5,8	10,6	14,9	16,9	16,3	13,4	8,4	3,1	0,1	7,5	5,9	16,0	8,3	−0,4
Posen	Bromberg . .	50	−2,5	−1,5	1,1	6,9	12,1	16,8	18,3	17,1	13,2	7,9	2,3	−1,2	7,5	6,7	17,4	7,8	−1,7
	Posen	82	−2,0	−0,9	1,8	7,4	12,7	17,2	18,5	17,5	13,7	8,6	2,7	−0,9	8,0	7,3	17,7	8,3	−1,3
Schlesien	Görlitz . . .	217	−1,7	−0,5	2,2	7,5	12,5	16,5	17,9	17,2	13,7	8,7	2,7	−0,8	8,0	7,4	17,2	8,4	−1,0
	Guhrau . . .	114	−2,8	−0,8	1,8	7,2	12,6	16,1	17,9	17,1	13,5	8,2	2,8	−0,7	7,7	7,2	17,0	8,2	−1,4
	Eichberg . . .	348	−2,3	−1,2	1,4	6,5	11,3	15,0	16,5	15,6	12,4	7,4	2,4	−1,7	6,9	6,4	15,7	7,4	−1,7
	Kirche Wang .	870	−3,3	−3,2	−1,6	3,5	8,2	12,1	14,3	13,2	10,1	4,9	0,2	−3,3	4,6	3,4	13,2	5,1	−3,3
	Breslau . . .	147	−1,9	−0,8	2,1	7,8	13,1	17,0	18,5	17,7	14,0	9,1	3,0	−0,8	8,2	7,7	17,7	8,7	−1,2
	Ratibor . . .	196	−2,6	−0,8	2,3	7,9	12,8	17,2	18,6	17,5	13,9	8,9	2,6	−1,7	8,0	7,7	17,8	8,5	−1,7
Sachsen	Torgau . . .	102	−0,6	1,1	3,3	8,3	13,0	17,1	18,7	17,9	14,4	9,3	3,4	0,4	8,9	8,2	17,9	9,0	0,3
	Halle a. S. . .	91	−0,1	0,9	3,4	8,3	13,0	17,2	18,9	18,0	14,5	9,3	3,5	0,6	9,0	8,2	18,0	9,1	0,5
	Wernigerode . .	232	0,1	0,8	3,0	7,1	11,4	15,5	17,1	16,5	13,6	8,8	3,4	0,9	8,2	7,2	16,4	8,6	0,6
	Nordhausen . .	222	−0,7	0,1	2,5	7,5	12,1	16,2	17,4	16,6	13,3	8,1	3,2	−0,2	8,0	7,4	16,7	8,2	−0,3
	Erfurt . . .	200	−1,1	1,1	3,0	7,8	12,1	16,6	17,7	17,1	13,6	8,7	3,1	0,1	8,3	7,6	17,1	8,5	0,0
	Heiligenstadt . .	269	−0,7	1,0	2,7	7,4	11,7	15,8	17,2	16,3	13,1	8,5	3,2	0,2	8,0	7,3	16,4	8,3	0,2
	Langensalza . .	201	−0,6	1,8	3,7	8,2	12,5	16,3	18,1	17,2	14,2	8,6	3,7	0,2	8,7	8,1	17,2	8,8	0,5
Schleswig-Holstein	Kiel	5	0,6	1,2	2,6	6,8	11,0	14,9	16,6	16,2	13,3	9,0	4,0	1,6	8,1	6,8	15,9	8,8	1,1
	Altona . . .	30	0,8	2,0	3,8	8,3	12,1	16,3	17,6	17,2	14,2	9,4	4,6	1,9	9,0	8,1	17,0	9,4	1,6
	Meldorf . . .	9	0,2	0,9	2,9	7,2	11,4	15,5	17,4	16,6	13,6	8,8	3,7	1,1	8,3	7,2	16,5	8,7	0,7
	Westerland (Sylt)	5	1,2	1,0	1,9	6,0	10,3	14,6	16,5	16,0	13,8	9,4	4,9	2,2	8,2	6,1	15,7	9,4	1,5
Hannover	Lüneburg . .	20	0,2	1,0	2,9	7,1	11,3	15,4	16,4	16,0	13,0	8,3	2,9	0,8	7,9	7,1	15,9	8,1	0,7
	Hannover . .	57	0,1	1,1	3,6	7,8	11,4	15,7	17,2	16,6	13,6	8,7	3,4	1,0	8,4	7,6	16,5	8,6	0,7
	Osterode a. H. .	234	−0,3	1,2	3,2	7,9	12,2	16,2	17,6	16,9	14,0	9,2	3,8	0,6	8,5	7,8	16,9	9,0	0,5
	Klausthal . .	590	−2,1	−1,2	0,7	5,1	9,3	13,5	15,0	14,3	11,5	6,8	1,3	−1,4	6,1	5,0	14,3	6,5	−1,6
	Göttingen . .	150	−0,4	1,2	3,5	8,1	12,1	16,1	17,7	16,9	14,0	9,0	3,5	0,5	8,5	7,9	16,9	8,8	0,4
	Otterndorf . .	6	0,8	1,2	3,0	6,8	10,6	14,8	16,5	16,0	13,4	8,8	4,0	1,3	8,1	6,8	15,8	8,7	1,1
	Emden . . .	8	0,5	1,8	3,4	7,5	11,3	15,6	17,3	16,9	13,4	9,2	4,2	1,7	8,5	7,4	16,6	8,9	1,3
Westfalen	Gütersloh . .	81	0,7	2,2	3,9	8,4	12,4	16,3	17,7	16,9	14,0	9,9	4,2	1,6	9,0	8,2	17,0	9,4	1,5
	Münster i. W. .	57	0,0	1,7	3,7	7,8	11,9	15,9	17,4	16,5	13,6	8,9	3,7	1,2	8,5	7,8	16,6	8,7	1,0
	Arnsberg . . .	212	0,8	2,1	3,5	7,7	11,6	15,1	16,9	15,9	13,4	8,6	4,3	1,1	8,4	7,6	16,0	8,8	1,3
Hessen-Nassau	Cassel . . .	204	0,0	1,2	4,2	8,5	12,5	16,0	17,6	16,7	14,3	7,4	4,0	0,5	8,5	8,4	16,8	8,6	0,6
	Frankfurt a. M.	103	0,1	2,4	4,8	9,8	13,9	17,9	19,5	18,7	15,3	9,8	4,2	0,9	9,8	9,5	18,7	9,8	1,1
	Wiesbaden . .	114	0,5	2,9	4,7	9,3	13,5	17,5	19,0	17,9	14,5	9,5	4,6	1,3	9,7	9,2	18,1	9,5	1,6
Rheinprovinz	Boppard . . .	99	1,3	3,1	4,8	9,1	12,3	16,3	17,8	17,2	14,2	9,8	5,1	2,3	9,4	8,7	17,1	9,7	2,2
	Cöln [1]) . . .	60	1,8	3,6	5,3	9,7	13,2	17,1	18,7	18,1	15,3	10,6	5,5	2,7	10,1	9,4	18,0	10,5	2,7
	Aachen . . .	177	2,0	3,1	5,1	9,3	13,2	16,7	17,9	17,5	14,7	10,5	5,8	3,1	9,9	9,2	17,4	10,3	2,7
	Trier	150	1,1	3,1	5,1	9,4	13,3	17,1	18,6	17,9	14,7	9,9	4,9	1,7	9,7	9,3	17,9	9,8	2,0
	Cleve	51	1,4	2,8	4,4	8,4	12,0	16,7	17,2	16,8	14,1	9,5	4,5	2,4	9,2	8,3	16,9	9,4	2,2
Hohenzollern	Hechingen . .	546	−0,8	1,7	3,5	8,0	11,9	15,3	17,4	16,4	13,5	7,9	3,0	−0,6	8,1	7,8	16,4	8,1	0,1
	Sigmaringen .	585	−1,1	0,8	1,9	6,6	10,7	13,7	16,2	15,5	12,9	9,4	2,0	−0,6	7,3	6,4	15,1	8,1	−0,3

[1]) Innere Stadt.

Anm. Die Monats- und Jahresmittel sind theils dem „Statistischen Handbuch für den Preußischen Staat", herausgegeben von dem Königl. Preuß. Statistischen Bureau, Berlin 1893, entnommen und umfassen die Jahre 1848—85, theils beruhen sie auf den vom Königl. Preuß. Meteorolog. Institut bereitwilligst gestatteten Abschriften der dort zusammengestellten und noch nicht gedruckten vieljährigen Mittelwerthe.

Tabelle 4b.

Uebersicht über die mittlere jährliche Niederschlagshöhe und Zahl der Niederschlagstage.

Station	m Höhe über NN.	Mittel des Niederschlags		Zahl der Tage mit Niederschlag	Station	m Höhe über NN.	Mittel des Niederschlags		Zahl der Tage mit Niederschlag	Station	m Höhe über NN.	Mittel des Niederschlages		Zahl der Tage mit Niederschlag
		für n Jahre	in cm Höhe				für n Jahre	in cm Höhe				für n Jahre	in cm Höhe	
Tilsit . . .	14	71	64	156	Kirche Wang .	870	26	123	192	Göttingen . .	150	34	55	157
Claußen . .	138	47	57	171	Breslau . . .	147	32	56	151	Otterndorf . .	6	34	71	161
Königsberg .	23	51	64	167	Ratibor . . .	196	34	60	161	Wilhelmshaven	11	21	65	170
Danzig . .	22	54	54	161	Torgau . . .	102	43	54	151	Emden . . .	8	40	74	174
Konitz . . .	154	37	55	166	Halle a. S. . .	91	40	49	131	Gütersloh . .	81	52	74	176
Frankfurt a. O.	42	41	52	143	Erfurt . . .	200	42	53	157	Münster . .	57	49	70	171
Berlin . . .	49	43	58	148	Heiligenstadt .	269	41	63	162	Arnsberg . .	212	20	88	182
Prenzlau . .	26	33	45	133	Salzwedel . .	23	24	57	165	Cassel . . .	204	30	58	166
Lübbenow . .	50	32	50	145	Kiel	5	39	67	173	Fulda . . .	260	24	62	137
Dahme . . .	86	32	57	145	Segeberg . .	48	24	70	173	Marburg . .	240	22	60	146
Lauenburg i. P.	28	27	62	164	Neumünster .	26	28	70	169	Frankfurt a. M.	103	53	63	153
Köslin . . .	46	40	66	154	Altona . . .	30	26	65	152	Wiesbaden .	114	21	61	154
Regenwalde .	40	30	63	145	Husum . . .	13	23	74	147	Boppard . .	99	45	66	157
Stettin . . .	39	42	51	157	Flensburg . .	45	21	70	151	Cöln . . .	60	43	63	157
Putbus . . .	70	36	55	147	Westerland (Sylt)	5	18	78	156	Crefeld . . .	40	36	67	156
Bromberg . .	49	30	50	154	Apenrade . .	21	33	67	162	Kleve . . .	51	42	79	164
Posen . . .	82	38	50	149	Gramm . . .	20	23	69	130	Aachen . . .	177	38	82	176
Görlitz . . .	217	43	66	173	Lüneburg . .	20	37	60	165	Trier . . .	150	67	68	153
Guhrau . .	114	36	56	159	Hannover . .	62	34	59	165	Hohenzollern (Burg) . .	859	28	81	157
Eichberg . .	348	32	68	146	Klausthal . .	590	36	134	201	Hechingen . .	546	28	69	151

Anm. Die Stationen sind wie in der Tabelle 4a nach den Provinzen geordnet. Die mittleren Niederschläge sind nach den vom Königl. Preuß Meteorol. Institut bereitwilligst gestatteten Abschriften der dort berechneten und noch nicht gedruckten vieljährigen Niederschlagsmitteln angegeben. Die Zahl der Tage mit Niederschlag ist das Mittel für die Jahre 1879—90 und ist von der Hauptstation des forstlichen Versuchswesens berechnet.

Tabelle 4c.

Mittlere Zahl der im Jahre stattfindenden Sommertage[1]), Frosttage[1]) und Eistage[1]), sowie mittlere Zeit des letzten und ersten Frostes.

Station	Zahl der			Tag des Frostes		Station	Zahl der			Tag des Frostes		Station	Zahl der			Tag des Frostes	
	Sommertage	Frosttage	Eistage	letzten	ersten		Sommertage	Frosttage	Eistage	letzten	ersten		Sommertage	Frosttage	Eistage	letzten	ersten
Memel . . .	18	120	49	29. IV.	19. X.	Liegnitz . . .	41	102	29	19. IV.	25. X.	Lüneburg . .	25	98	22	1. V.	22. X.
Claußen . .	26	134	48	7. V.	6. X.	Eichberg . . .	21	137	35	20. V.	8. X.	Hannover . .	22	76	24	13. IV.	29. X.
Königsberg .	24	112	50	30. IV.	22. X.	Schreiberhau .	26	147	41	16. V.	10. X.	Klausthal . .	11	140	39	10. V.	22. X.
Konitz . . .	30	118	40	26. IV.	14. X.	Breslau . . .	36	100	36	20. IV.	26. X.	Göttingen . .	23	83	31	29. IV.	24. X.
Landsberg a. W.	33	99	34	2. V.	22. X.	Ratibor . . .	41	100	35	23. IV.	27. X.	Otterndorf . .	14	82	21	17. IV.	30. X.
Berlin[2]) . .	34	95	24	27. IV.	21. X.	Torgau . . .	41	96	24	20. IV.	24. X.	Emden . . .	20	85	20	23. IV.	30. X.
Lauenburg i. P	23	125	41	15. V.	4. X.	Magdeburg . .	36	86	20	20. IV.	23. X.	Münster . .	32	97	17	29. IV.	24. X.
Köslin . . .	15	118	32	6. V.	12. X.	Halle a. S. . .	36	91	24	24. IV.	28. X.	Cassel . . .	39	80	30	25. IV.	28. X.
Regenwalde .	41	103	26	9. V.	26. X.	Erfurt . . .	24	105	37	4. V.	2. X.	Frankfurt a. M.	40	81	20	7. IV.	2. XI.
Stettin . . .	20	90	32	16. IV.	30. X.	Nordhausen . .	26	98	32	26. IV.	17. X.	Wiesbaden .	37	75	18	10. IV.	4. XI.
Putbus . .	11	94	34	23. IV.	4. XI.	Kiel	5	65	21	10. IV.	9. XI.	Geisenheim .	50	90	20	27. IV.	26. X.
Bromberg . .	29	111	40	30. IV.	16. X.	Meldorf . . .	15	60	22	13. IV.	15. XI.	Cöln . . .	33	52	7	12. IV.	7. XI.
Posen . . .	35	102	32	21. IV.	29. X.	Flensburg . .	4	72	22	16. IV.	14. XI.	Aachen . . .	30	50	8	5. IV.	4. XI.
Fraustadt . .	34	104	31	19. IV.	25. X.	Westerland (Sylt)	5	72	21	12. IV.	31. X.	Trier . . .	42	78	11	3. IV.	7. XI.
Görlitz . . .	30	98	33	23. IV.	24. X.	Helgoland . .	4	62	16	29. III.	18. XI.	Hechingen . .	28	105	26	30. IV.	10. X.

[1]) Sommertage sind die Tage, an welchen das Temperatur-Maximum im Schatten 25° oder mehr betrug, Frosttage die, an welchen das Temperatur-Minimum im Schatten unter 0° lag und Eistage die, an welchen das Temperatur-Maximum im Schatten unter 0° blieb.

[2]) Aeußere Stadt.

Anm. Für die meisten Stationen ist die Höhe über NN. aus Tabelle 4a und 4b ersichtlich. Für Fraustadt ist sie 103 m, für Liegnitz 130 m, für Schreiberhau 633 m, für Magdeburg 54 m, für Helgoland 44 m, für Geisenheim 103 m. — Die Mittelwerthe der Sommer-, Frost- und Eistage, sowie die mittlere Zeit des letzten und ersten Frostes sind von Herrn Dr. Schwalbe vom Königl. Preuß. Meteorol. Institut berechnet und gelten für die meisten Stationen für die Jahre 1849—90.

Tabelle 5.

Ueberschlagsberechnung der jährlichen Holzerzeugung für die gesammten Waldungen Preußens.

Regierungs-Bezirk	Gesammte Waldfläche	Gesammte jährliche Holzerzeugung		Auf den Kopf der Bevölkerung kommen	Reihenfolge der Bezirke nach			
		für das Hektar	im Ganzen		der jährlichen Holzerzeugung	für das Hektar	dem Grundsteuer-Reinertrage des Waldbodens	für das Hektar
	ha	Festmeter		fm		fm		Mk.
1.	2.	3.	4.	5.	6.		7.	
Königsberg	389 096	3,00	1 167 288	0,996	1. Aurich	0,80	1. Köslin	1,70
Gumbinnen	258 567	2,80	723 988	0,921	2. Osnabrück	1,80	2. Danzig	1,83
Danzig	150 429	2,25	338 465	0,574	3. Danzig	2,25	3. Marienwerder	1,84
Marienwerder	392 851	2,80	1 099 983	1,325	4. Köslin	2,50	4. Gumbinnen	2,17
Potsdam mit Berlin	619 802	3,00	1 859 406	0,623	5. Lüneburg	2,50	5. Königsberg	2,29
Frankfurt a. O.	698 115	3,00	2 094 345	1,842	6. Stade	2,50	6. Bromberg	2,32
Stettin	228 319	3,50	799 117	1,067	7. Posen	2,60	7. Posen	2,81
Köslin	319 353	2,50	798 383	1,416	8. Bromberg	2,60	8. Frankfurt a. O.	3,53
Stralsund	59 032	4,00	236 128	1,134	9. Gumbinnen	2,80	9. Liegnitz	3,82
Posen	345 832	2,60	899 163	0,798	10. Marienwerder	2,80	10. Oppeln	4,00
Bromberg	227 570	2,60	591 682	0,947	11. Königsberg	3,00	11. Potsdam	4,08
Breslau	277 756	4,30	1 194 351	0,747	12. Potsdam	3,00	12. Stettin	4,78
Liegnitz	499 473	4,00	1 997 892	1,907	13. Frankfurt a. O.	3,00	13. Arnsberg	5,23
Oppeln	384 138	4,00	1 536 552	0,974	14. Cöln	3,00	14. Lüneburg	5,35
Magdeburg	245 026	3,30	808 586	0,755	15. Arnsberg	3,20	15. Breslau	5,65
Merseburg	195 111	3,60	702 400	0,653	16. Düsseldorf	3,20	16. Magdeburg	6,09
Erfurt	85 663	**4,50**	385 484	0,890	17. Magdeburg	3,30	17. Osnabrück	6,11
Schleswig	124 531	3,30	410 952	0,337	18. Schleswig	3,30	18. Cöln	6,24
Hannover	83 093	4,00	332 372	0,632	19. Cassel	3,40	19. Aachen	6,31
Hildesheim	187 721	4,00	750 884	1,576	20. Aachen	3,40	20. Cassel	6,95
Lüneburg	228 431	2,50	571 078	1,359	21. Stettin	3,50	21. Stade	7,19
Stade	42 920	2,50	107 300	0,317	22. Merseburg	3,60	22. Münster	7,42
Osnabrück	84 503	1,80	152 105	0,508	23. Coblenz	3,70	23. Coblenz	7,45
Aurich	7 478	**0,80**	5 982	**0,027**	24. Trier	3,80	24. Aurich	7,69
Münster	137 640	4,20	578 088	1,078	25. Stralsund	4,00	25. Minden	7,69
Minden ohne Schaumburg	104 766	4,10	429 541	0,781	26. Liegnitz	4,00	26 Merseburg	7,78
Arnsberg	322 183	3,20	1 030 986	0,769	27. Oppeln	4,00	27. Trier	7,78
Cassel mit Schaumburg	391 942	3,40	1 332 603	1,623	28. Hannover	4,00	28. Stralsund	7,94
Wiesbaden	231 669	4,00	926 676	1,099	29. Hildesheim	4,00	29. Hannover	8,28
Coblenz	254 934	3,70	943 256	1,489	30. Wiesbaden	4,00	30. Düsseldorf	8,38
Düsseldorf	97 507	3,20	312 022	0,158	31. Minden	4,10	31. Wiesbaden	8,87
Cöln	120 532	3,00	361 596	0,437	32. Münster	4,20	32. Erfurt	9,01
Trier	248 122	3,80	942 863	1,324	33. Breslau	4,30	33. Schleswig	11,83
Aachen	109 997	3,40	373 990	0,662	34. Hohenzollern	4,30	34. Hildesheim	12,50
Hohenzollern	38 403	4,30	165 133	**2,499**	35. Erfurt	4,50	35. Hohenzollern	.
Staat	8 192 505	3,29	26 960 640	0,900		3,29		4,95

Tabelle 6.

Zusammenstellung des Grundsteuer-Reinertrages für das Hektar Wald und Acker.

Bezirk	Grundsteuer-Reinertrag für das Hektar		Der Reinertrag des Waldes beträgt vom Reinertrag des Ackers	Gegen den Durchschnitt von 27,1% ergiebt Spalte 3		Reihenfolge der Bezirke nach dem Verhältniß des Waldertrages zum Acker-Reinertrage auf gleicher Fläche	
	Wald Mk.	Acker Mk.	%	mehr %	weniger %	Bezirk	Prozentsatz
1.	2.		3.	4.		5.	
Königsberg	2,29	9,93	23,1	.	4,0	1. Danzig	13,6
Gumbinnen	2,17	8,32	26,1	.	1,0	2. Cöln	15,8
Danzig	1,83	13,43	13,6	.	13,5	3. Aachen	16,4
Marienwerder	1,84	9,80	18,8	.	8,3	4. Marienwerder	18,8
Berlin }	4,08	14,14	28,8	1,7	.	5. Arnsberg	20,4
Potsdam }						6. Liegnitz	20,6
Frankfurt a. O.	3,53	14,24	24,8	.	2,3	7. Magdeburg	20,8
Stettin	4,78	14,66	32,6	5,5	.	8. Köslin	21,0
Köslin	1,70	8,10	21,0	.	6,1	9. Bromberg	21,5
Stralsund	7,94	24,47	32,4	5,3	.	10. Aurich	21,5
Posen	2,81	10,11	27,8	0,7	.	11. Düsseldorf	21,8
Bromberg	2,32	10,78	21,5	.	5,6	12. Merseburg	22,3
Breslau	5,65	22,38	25,2	.	1,9	13. Königsberg	23,1
Liegnitz	3,82	18,57	20,6	.	6,5	14 Frankfurt a O.	24,8
Oppeln	4,00	16,07	24,9	.	2,2	15. Oppeln	24,9
Magdeburg	6,09	29,24	20,8	.	6,3	16. Breslau	25,2
Merseburg	7,78	34,83	22,3	.	4,8	17. Gumbinnen	26,1
Erfurt	9,01	26,39	34,1	7,0	.	18. Posen	27,8
Schleswig	11,83	23,34	50,7	23,6	.	19. Stade	28,5
Hannover	8,28	22,92	36,1	9,0	.	20. Berlin }	28,8
Hildesheim	12,50	32,40	38,6	11,5	.	21. Potsdam }	
Lüneburg	5,35	13,98	38,3	11,2	.	22. Cassel	32,0
Stade	7,19	25,22	28,5	1,4	.	23. Osnabrück	32,2
Osnabrück	6,11	18,99	32,2	5,1	.	24. Stralsund	32,4
Aurich	7,69	35,81	21,5	.	5,6	25. Minden	32,4
Münster	7,42	21,58	34,4	7,3	.	26. Stettin	32,6
Minden (ohne Schaumburg)	7,69	23,70	32,4	5,3	.	27. Coblenz	34,0
Arnsberg	5,23	25,70	20,4	.	6,7	28. Erfurt	34,1
Cassel (mit Schaumburg)	6,95	21,75	32,0	4,9	.	29. Münster	34,4
Wiesbaden	8,87	25,50	34,8	7,7	.	30. Wiesbaden	34,8
Coblenz	7,45	21,92	34,0	6,9	.	31. Hannover	36,1
Düsseldorf	8,38	38,47	21,8	.	5,3	32. Lüneburg	38,3
Cöln	6,24	39,61	15,8	.	11,3	33. Hildesheim	38,6
Trier	7,78	16,04	48,5	21,4	.	34. Trier	48,5
Aachen	6,31	38,42	16,4	.	10,7	35. Schleswig	50,7
Hohenzollern	.	.	.	.	.		
Staat	4,95	18,25	27,1	.	.		27,1

Tabelle
Uebersicht über die Holz-Ein- und Ausfuhr für das deutsche Zollgebiet,
Die stehenden Zahlen bezeichnen die

Jahr	Einfuhr in den freien Verkehr und Ausfuhr aus demselben: Brennholz, Reisig, auch Besen von Reisig	Ueberschuß der Einfuhr über die Ausfuhr / *Ueberschuss der Ausfuhr über die Einfuhr* (Spalte 2)	Holzkohle	Ueberschuß der Einfuhr über die Ausfuhr / *Ueberschuss der Ausfuhr über die Einfuhr* (Spalte 4)	Holzborke und Gerberlohe	Ueberschuß der Einfuhr über die Ausfuhr / *Ueberschuss der Ausfuhr über die Einfuhr* (Spalte 6)	Europäisches **hartes** Bau- und Nutzholz in Stämmen und Blöcken (roh oder nur mit der Axt bearbeitet)	Europäisches **weiches** Bau- und Nutzholz in Stämmen und Blöcken (roh oder nur mit der Axt bearbeitet)	Europäische Bohlen, Bretter, Latten, Faßhölzer (**hartes** Holz)	Europäische Bohlen, Bretter, Latten, Faßhölzer (**weiches** Holz)	Außereuropäisches Holz (roh oder nur mit der Axt bearbeitet)	Außereuropäisches Holz (gesägt ꝛc.)
1.	2.	3.	4.	5.	6.	7.	8.	9.	10.	11.	12.	13.
Zollsätze bis Ende Juni 1865												
	Landtransp. frei, Wassertrsp. f. 100 kg 0,0156 Mk.		frei		frei		Landtransport frei, sonst für 100 kg = 0,16 Mk.	Landtransport frei, sonst für 100 kg = 0,0533 Mk.	für 100 kg = 0,3132 Mk.	für 100 kg = 0,1066 Mk.	frei	frei
1862	595 024	241 120	67 177	40 110	62 313	24 119	887 790	10 660 757	1 416 843		59 236	
	353 904	.	*27 067*	.	*38 194*	.	*900 284*	*9 510 499*	*2 307 131*		*2 195*	
1863	542 736	.	38 476	8 763	56 216	20 012	722 585	9 703 424	1 512 506		77 181	
	740 960	*198 224*	*29 713*	.	*36 204*	.	*1 004 289*	*9 961 415*	*2 297 738*		*2 791*	
1864	681 616	344 352	32 310	.	84 312	46 774	867 469	11 013 718	2 211 675		54 279	
	337 264	.	*38 991*	*6 681*	*37 538*	.	*968 755*	*6 658 484*	*2 141 325*		*3 308*	
1865	217 888	.	11 065	4 071	59 571	51 480	237 085	2 474 012	614 794		38 068	
1. Semester	*385 568*	*167 680*	*6 994*	.	*8 091*	.	*352 203*	*3 355 450*	*1 146 675*		*2 193*	
Zollsätze vom 1. Juli 1865 ab												
	frei		frei		frei		frei	frei	frei	frei	frei	frei
1865	809 520	.	35 931	14 166	63 131	34 190	798 705	6 663 777	2 494 181		62 019	
2. Semester	*1 317 216*	*507 696*	*21 765*	.	*28 941*	.	*2 228 288*	*3 011 794*	*1 352 719*		*3 567*	
1865	1 027 408	.	46 996	18 237	122 702	85 670	1 035 790	9 137 789	3 108 975		100 087	
im Ganzen	*1 702 784*	*675 376*	*28 759*	.	*37 032*	.	*2 580 491*	*6 367 244*	*2 499 394*		*5 760*	
1866	1 423 360	360 579	47 194	13 744	108 278	66 455	1 049 198	11 720 298	6 086 044		17 495	
	1 062 781	.	*33 450*	.	*41 823*	.	*1 699 782*	*4 405 462*	*2 783 288*		*12 976*	
1867	2 106 864	714 960	29 533	.	166 333	124 438	2 195 118	9 129 634	4 249 387		117 986	
	1 391 904	.	*41 904*	*12 371*	*41 895*	.	*1 674 940*	*4 468 894*	*2 705 937*		*12 198*	
1868	2 975 104	416 672	32 630	3 441	184 660	149 632	1 187 527	8 826 054	7 454 100		119 102	
	2 558 432	.	*29 189*	.	*35 028*	.	*4 158 319*	*5 343 281*	*2 879 775*		*7 964*	
1869	1 869 056	101 780	39 143	8 714	180 901	134 924	1 308 657	15 368 303	12 452 644		165 306	
	1 767 276	.	*30 429*	.	*45 977*	.	*3 198 675*	*3 061 309*	*2 485 345*		*15 297*	
1870	1 761 018	.	36 510	9 298	197 937	131 641	1 840 589	11 579 191	5 301 450		123 811	
	2 589 044	*828 026*	*27 212*	.	*66 296*	.	*1 379 012*	*2 696 794*	*2 333 529*		*14 552*	
1871	2 638 335	.	49 124	.	176 431	138 376	1 747 189	6 565 845	9 998 455		184 952	
	5 392 832	*2 754 497*	*59 322*	*10 198*	*38 055*	.	*1 693 122*	*4 188 554*	*2 570 794*		*29 235*	
1872	2 295 738	493 210	96 737	49 203	977 768	927 830	3 396 857	16 990 225	14 137 486		434 530	
	1 802 528	.	*47 534*	.	*49 938*	.	*2 546 815*	*5 754 189*	*4 954 964*		*22 679*	
1873	2 178 588	670 984	102 719	23 798	891 042	835 127	3 108 923	22 533 187	14 638 665		229 595	
	1 507 594	.	*78 921*	.	*55 915*	.	*3 254 066*	*4 552 631*	*3 255 241*		*53 462*	
1874	2 510 193	667 702	101 879	.	550 846	438 650	3 521 933	21 612 669	12 826 059		299 329	
	1 842 491	.	*140 032*	*38 153*	*112 196*	.	*2 924 378*	*4 490 668*	*3 826 262*		*38 713*	
1875	3 911 321	2 389 085	68 026	1 833	493 033	414 899	2 058 633	17 436 317	11 817 941		348 139	
	1 522 236	.	*66 193*	.	*78 134*	.	*2 415 771*	*3 966 130*	*4 118 906*		*48 109*	
1876	3 484 100	1 742 856	76 952	10 906	625 843	535 340	2 084 725	17 029 872	12 150 972		327 167	
	1 741 244	.	*66 046*	.	*90 503*	.	*3 199 959*	*5 427 813*	*4 211 696*		*56 752*	
1877	2 158 695	502 215	85 556	23 515	1 029 029	928 173	2 816 531	20 595 734	10 300 854		289 803	
	1 656 480	.	*62 041*	.	*100 856*	.	*2 679 561*	*4 608 230*	*4 078 748*		*43 468*	
1878	2 716 677	1 016 764	57 780	.	676 033	614 342	4 202 139	15 791 589	9 623 182		311 571	
	1 699 913	.	*76 282*	*18 502*	*61 691*	.	*2 563 924*	*4 130 118*	*4 439 623*		*33 723*	
1879	2 175 296	482 581	43 567	.	616 009	551 876	2 625 972	12 649 332	10 248 382		301 233	
	1 692 715	.	*103 269*	*59 702*	*64 133*	.	*2 359 403*	*4 016 735*	*4 697 762*		*34 775*	
Zollsätze vom 1. Oktober 1879 ab												
	frei		frei		für 100 kg = 0,50 Mk.		für 100 kg = 0,10 Mk.	für 100 kg = 0,10 Mk.	für 100 kg = 0,25 Mk.	für 100 kg = 0,25 Mk.	für 100 kg 0,10 Mk.	für 100 kg 0,25 Mk.
1880	1 727 821	.	34 742	.	601 855	558 550	1 231 237	10 847 647	819 773	4 481 248	149 267	120 422
	1 878 741	*150 920*	*192 405*	*157 663*	*43 305*	.	*1 118 688*	*3 501 790*	*1 196 444*	*2 454 439*	*14 200*	
1881	1 493 083	.	29 273	.	625 118	578 735	894 676	12 541 380	840 007	4 663 808	174 585	87 165
	1 622 692	*129 609*	*170 405*	*141 132*	*46 383*	.	*604 513*	*2 001 592*	*995 493*	*2 270 862*	*10 921*	
1882	1 176 742	.	21 573	.	592 637	546 649	884 438	10 184 981	1 030 902	5 247 236	221 680	116 312
	1 569 637	*392 895*	*157 281*	*135 708*	*45 988*	.	*623 562*	*2 129 048*	*1 042 739*	*2 541 946*	*11 487*	
1883	1 691 416	.	21 175	.	598 123	557 024	631 423	11 874 501	1 206 233	5 376 777	202 294	105 593
	1 770 462	*79 046*	*182 510*	*161 335*	*41 099*	.	*590 632*	*2 114 146*	*1 211 024*	*2 246 065*	*7 687*	
1884	1 174 266	.	18 170	.	656 797	607 978	481 092	11 400 783	1 268 827	5 920 520	250 489	144 757
	1 862 646	*688 380*	*181 546*	*163 376*	*48 819*	.	*591 583*	*2 406 010*	*969 070*	*1 971 304*	*5 110*	
1885	1 367 707	.	25 560	.	648 131	613 695	22 048 541					
	1 781 630	*413 923*	*182 442*	*156 882*	*34 436*	.	*3 333 242*					

Für das Jahr 1885 sind hier nur die nach dem Gesetz vom 15. Juli 1879 verzollten Mengen aufgeführt, während die nach dem Gesetz vom 22. Mai 1885

7a.
umfassend die Jahre 1862 bis 1884 (ganz) und 1885 (theilweise).

Einfuhr, die schrägen die Ausfuhr.

in Mengen von 100 Kilogramm netto

Korbweiden und Reifenstäbe (ungeschälte) Faschinen	Korbweiden und Reifenstäbe (geschälte)	Summe der acht Spalten 8 bis incl. 15	Ueberschuß der Einfuhr über die Ausfuhr / *Ueberschuss der Ausfuhr über die Einfuhr* (Spalte 16)	Holz in geschnittenen Fourniren und unverleimte, ungebeizte Parkettbodentheile	Verleimte, auch fournirte Parkettbodentheile, uneingelegt	Ueberschuß der Einfuhr über die Ausfuhr / *Ueberschuss der Ausfuhr über die Einfuhr* (Spalte 18 und 19)	Summe der sechs Spalten 2, 4, 6, 16, 18 und 19	Ueberschuß der Einfuhr über die Ausfuhr / *Ueberschuss der Ausfuhr über die Einfuhr* (Spalte 21)	Nach dem Verhältniß der Einwohnerzahl des Preußischen Staates zu derjenigen des deutschen Zollgebietes treffen von dem Ueberschuß (Spalte 22) auf Preußen (in 100 kg)	Bemerkungen
14.	15.	16.	17.	18.	19.	20.	21.	22.	23.	
in Markwährung (1 Centner = 50 kg).										
Erst vom Jahre 1880 ab getrennt, bis dahin unter den Schnitthölzern (Spalte 10 u. 11) enthalten				für 100 kg = 6 Mk.						
.	.	13 024 626	304 517	4 065		1 759	**13 753 205**	**611 625**	.	
.	.	*12 720 109*	.	*4 306*		.	*13 141 580*	.	.	
.	.	12 015 696	.	4 164		2 668	**12 657 288**	.	.	*Ausfuhr Ueber-*
.	.	*13 266 233*	*1 250 537*	*1 496*		.	*14 074 606*	*1 417 318*	.	*schuss.*
.	.	14 147 141	4 375 269	5 480		4 510	**14 950 859**	**4 764 224**	.	
.	.	*9 771 872*	.	*970*		.	*10 186 635*	.	.	
.	.	3 363 959	.	2 374		1 821	**3 654 857**	.	.	*Ausfuhr Ueber-*
.	.	*4 856 521*	*1 492 562*	*553*		.	*5 257 727*	*1 602 870*	.	*schuss.*
in Markwährung (1 Centner = 50 kg).										
				für 100 kg = 3 Mk.						
.	.	10 018 682	3 422 314	2 856		1 495	**10 930 120**	**2 964 469**	.	
.	.	*6 596 368*	.	*1 361*		.	*7 965 651*	.	.	
.	.	13 382 641	1 929 752	5 230		3 316	**14 584 977**	**1 361 599**	.	
.	.	*11 452 889*	.	*1 914*		.	*13 223 378*	.	.	
.	.	18 953 035	10 051 527	3 436		1 847	**20 535 303**	**10 494 152**	.	
.	.	*8 901 508*	.	*1 589*		.	*10 041 151*	.	.	
.	.	15 692 125	6 830 156	5 011		4 231	**17 999 866**	**7 661 414**	.	
.	.	*8 861 969*	.	*780*		.	*10 338 452*	.	.	
.	.	17 586 783	5 197 444	5 970		2 206	**20 785 147**	**5 769 395**	.	
.	.	*12 389 339*	.	*3 764*		.	*15 015 752*	.	.	
.	.	29 294 910	20 534 284	7 400		3 767	**31 391 410**	**20 783 469**	.	
.	.	*8 760 626*	.	*3 633*		.	*10 607 941*	.	.	
.	.	18 845 041	12 421 154	5 100		3 514	**20 845 606**	**11 737 581**	.	
.	.	*6 423 887*	.	*1 586*		.	*9 108 025*	.	.	
.	.	18 496 441	10 014 736	12 099		8 656	**21 372 430**	**7 397 073**	.	
.	.	*8 481 705*	.	*3 443*		.	*13 975 357*	.	.	
.	.	34 959 098	21 680 451	17 147		12 297	**38 346 488**	**23 162 991**	.	
.	.	*13 278 647*	.	*4 850*		.	*15 183 497*	.	.	
.	.	40 510 370	29 394 970	17 381		13 502	**43 700 100**	**30 938 391**	.	
.	.	*11 115 400*	.	*3 879*		.	*12 761 709*	.	.	
.	.	38 259 990	26 979 969	15 327		10 930	**41 438 145**	**28 059 008**	.	
.	.	*11 280 021*	.	*4 397*		.	*13 379 137*	.	.	
.	.	31 661 030	21 112 114	17 692		14 252	**36 151 102**	**23 932 183**	.	
.	.	*10 548 916*	.	*3 440*		.	*12 218 919*	.	.	
.	.	31 592 736	18 696 516	17 286		12 454	**35 796 917**	**20 998 072**	.	
.	.	*12 896 220*	.	*4 832*		.	*14 798 845*	.	.	
.	.	34 002 922	22 592 915	13 760		10 598	**37 289 962**	**24 057 416**	.	
.	.	*11 410 007*	.	*3 162*		.	*13 232 546*	.	.	
.	.	29 928 481	18 761 093	14 066		11 450	**33 393 037**	**20 385 147**	12 373 784	
.	.	*11 167 388*	.	*2 616*		.	*13 007 890*	.	.	
.	.	25 824 919	14 716 244	16 857		13 996	**28 676 648**	**15 704 995**	9 532 932	
.	.	*11 108 675*	.	*2 861*		.	*12 971 653*	.	.	
laut Reichsgesetz vom 15. Juli 1879.										
für 100 kg = 0,25 Mk.	für 100 kg = 3 Mk.			für 100 kg = 6 Mk.	für 100 kg = 10 Mk.					
33 527	6 089	17 689 210	9 377 009	6 982	636	.	**20 061 246**	**9 622 185**	5 858 635	
14 466	*12 174*	*8 312 201*	.	*12 409*		*4 791*	*10 439 061*	.	.	
30 655	4 801	19 237 077	13 325 730	7 258	397	597	**21 392 206**	**13 634 321**	8 301 494	
18 213	*9 753*	*5 911 347*	.	*7 058*		.	*7 757 885*	.	.	
30 169	6 080	17 721 798	11 349 084	6 368	590	.	**19 519 708**	**11 363 729**	6 919 004	
15 521	*8 411*	*6 372 714*	.	*10 359*		*3 401*	*8 155 979*	.	.	
40 811	8 298	19 445 930	13 242 993	7 249	494	.	**21 764 387**	**13 559 138**	8 250 193	
25 170	*8 213*	*6 202 937*	.	*8 241*		*498*	*8 205 249*	.	.	
45 947	7 006	19 519 421	13 544 821	6 357	522	.	**21 375 533**	**13 297 538**	8 091 016	
21 702	*9 821*	*5 974 600*	.	*10 384*		*3 505*	*8 077 995*	.	.	
53 127	6 600	22 230 595	18 851 318	6 813	565	1 118	**24 279 371**	**18 895 326**	11 537 841	
34 702	*10 617*	*3 379 277*	.	*4 831*	*1 429*	.	*5 384 045*	.	.	

verzollten in Tabelle 7b erscheinen.

*

Tabelle

Uebersicht über die Holz-Ein- und Ausfuhr für das

Die stehenden Zahlen bezeichnen die

Jahr	Einfuhr in den freien Verkehr und Ausfuhr aus demselben								Bau- und			
	Brennholz, Lohkuchen, Reisig und Reisigbesen	Ueberschuß der Einfuhr über die Ausfuhr *Ueberschuss der Ausfuhr über die Einfuhr* (Spalte 2)	Schleifholz und Holz zur Cellulosefabrikation	Ueberschuß der Einfuhr über die Ausfuhr *Ueberschuss der Ausfuhr über die Einfuhr* (Spalte 4)	Holzkohlen einschließlich der Rothkohle	Ueberschuß der Einfuhr über die Ausfuhr *Ueberschuss der Ausfuhr über die Einfuhr* (Spalte 6)	Holzborke und Gerberlohe	Ueberschuß der Einfuhr über die Ausfuhr *Ueberschuss der Ausfuhr über die Einfuhr* (Spalte 8)	roh oder lediglich in der Querrichtung mit Axt oder Säge bearbeitet oder bewaldrechtet	Faßdauben, ungefärbte, auch zu Dauben vorgearbeitete Hölzer (sog. Stäbe, Stabholz) aus Eichenholz	roh ꝛc., für Bewohner und Industrien des Grenzbezirks, mit Zugthieren gefahren direct aus dem Walde	roh ꝛc., in Mengen von nicht mehr als 50 kg, für Bewohner des Grenzbezirks
1.	2.	3.	4.	5.	6.	7.	8.	9.	10.	11.	12.	13.
	Zollsätze nach den Reichsgesetzen vom											
	frei	.	frei		frei		für 100 kg 0,50 Mk.		für 100 kg 0,20 Mk.	für 100 kg 0,20 Mk.	frei	frei
	Für das Jahr 1885 sind hier nur die nach dem Gesetz vom 22. Mai 1885 verzollten Mengen aufgeführt, während											
1885	.	.	9 835	2 656	.	.	.	.	1 044 096	245 641	160 809	.
			7 179				.	.	*546 594*	*100 752*	*in Spalte 10 enthalten*	
	vom 1./7. ab, bis dahin in Spalte 2 der Tab. 7a enthalten.											
1886	1 418 606	.	63 604	55 789	31 686	.	684 196	648 242	10 618 754	567 588	786 970	74
	1 660 030	*241 424*	*7 815*	.	*201 768*	*170 082*	*35 954*	.	*2 483 385*	*155 133*	*in Spalte 10 enthalten*	
1887	1 632 068	.	84 815	66 246	37 965	.	801 622	749 549	12 237 774	582 660	837 337	58
	1 642 290	*10 222*	*18 569*	.	*228 612*	*190 647*	*52 073*	.	*2 553 421*	*174 858*	*in Spalte 10 enthalten*	
1888	1 464 912	.	94 997	87 571	41 192	.	970 002	934 389	15 457 483	495 815	831 700	35
	1 712 482	*247 570*	*7 426*	.	*225 096*	*183 904*	*35 613*	.	*2 169 563*	*120 820*	*in Spalte 10 enthalten*	
1889	1 431 738	.	166 841	57 156	31 412	.	994 502	964 496	19 026 047	492 188	903 023	18
	1 509 995	*78 257*	*109 685*	.	*180 923*	*149 511*	*30 006*	.	*1 807 158*	*30 129*	*in Spalte 10 enthalten*	
1890	1 337 668	.	176 938	.	41 611	.	1 054 410	1 022 603	19 233 176	381 945	849 624	12
	1 386 552	*48 884*	*177 620*	*682*	*167 601*	*125 990*	*31 807*	.	*1 959 670*	*39 395*	*in Spalte 10 enthalten*	
1891	1 428 296	.	119 698	25 164	34 945	.	958 252	928 316	16 435 657	755 712	832 083	25
	1 444 090	*15 794*	*94 534*	.	*166 812*	*131 867*	*29 936*	.	*2 686 068*	*341 976*	*in Spalte 10 enthalten*	
1892	1 471 255	342 925	214 146	88 079	41 452	.	951 030	921 984	20 365 897	745 333	836 033	6
	1 128 330	.	*126 067*	.	*140 256*	*98 804*	*29 046*	.	*2 222 299*	*305 547*	*in Spalte 10 enthalten*	
1893	1 472 970	227 365	340 630	97 047	36 403	.	963 738	917 415	16 143 245	481 726	785 672	16
	1 245 605	.	*243 583*	.	*138 235*	*101 832*	*46 323*	.	*1 603 540*	*32 607*	*in Spalte 10 enthalten*	

Bemerkungen: a) Beim Vergleich mit Tabelle 7a ist zu beachten, daß einige der dort aufgeführten Sortimente, nämlich geschälte Korbweiden, sowie Holz in geschnittenen Fournieren und Parketbodentheile, hier keine Aufnahme gefunden haben.

7 b.

deutsche Zollgebiet, umfassend die Jahre 1885 bis 1893.

Einfuhr, die schrägen die Ausfuhr.

in Mengen von 100 Kilogramm netto. Nutzholz in der Richtung der Längsachse beschlagen ꝛc., Naben, Felgen, Speichen	Faßdauben, ungefärbte, auch zu Dauben vorgearbeitete Hölzer (sog. Stäbe, Stabholz), nicht aus Eichenholz	Korbweiden und Reifenstäbe ungeschält, Faschinen	Nutzholz aus Buchsbaum, Kokos, Ebenholz, Mahagoni roh ꝛc.	in der Richtung der Längsachse gesägt, nicht gehobelte Bretter, gesägte Kanthölzer ꝛc.	Nutzholz aus Buchsbaum, Kokos, Ebenholz, Mahagoni, in der Richtung der Längsachse gesägt ꝛc.	Nutzholz aus Cedern, in der Richtung der Längsachse gesägt ꝛc.	Bruyère- (Erika-) Holz, roh oder in geschnittenen Stücken	Insgesammt Bau- und Nutzholz (Spalten 10 bis 21)	Ueberschuß der Einfuhr über die Ausfuhr (Spalte 22)	Ueberhaupt (Spalten 2, 4, 6, 8 und 22)	Ueberschuß der Einfuhr über die Ausfuhr (Spalte 24)	Nach dem Verhältniß der Einwohnerzahl des Preuß. Staates zu derjenigen des deutschen Zollgebietes treffen von dem Ueberschuß (Sp. 25) auf Preußen (in 100 kg)
14.	15.	16.	17.	18.	19.	20.	21.	22.	23.	24.	25.	26.
15. Juli 1879 und vom 22. Mai 1885												
für 100 kg 0,40 Mk.	für 100 kg 0,40 Mk.	für 100 kg 0,40 Mk.	für 100 kg 0,10 Mk.	für 100 kg 1 Mk.	für 100 kg 0,10 Mk.	für 100 kg 0,25 Mk.	frei					
die nach dem Gesetz vom 15. Juli 1879 verzollten (ausschließlich der Faßdauben) in Tabelle 7a erscheinen.												
992 618	44 741	.	37 459	904 916	.	9 315	1 713	3 444 308	1 493 471	3 451 143	1 496 127	914 790
263 054	*in Spalte 11 enthalten*	.	*604*	*1 036 820*	.	*in Spalte 18 enthalten*	*13*	*1 947 837*	.	*1 955 016*	.	.
								Hierzu in Tab. 7a nachgewiesen			18 895 326	11 537 841
								Mithin überhaupt im Jahre 1885			**20 391 453**	**12 452 631**
2 343 768	112 954	38 066	143 417	3 674 603	Bis zum 1. Juli 1888 in Spalte 18 enthalten	17 310	3 394	18 306 898	13 410 574	20 504 090	**13 703 099**	**8 378 602**
335 824	*in Spalte 11 enthalten*	*20 887*	*2 300*	*1 898 794*		*in Spalte 18 enthalten*	*1*	*4 896 324*	.	*6 801 891*	.	.
3 808 521	80 929	45 278	126 471	4 698 710		19 008	4 968	22 441 714	17 759 011	24 998 184	**18 373 937**	**11 234 532**
159 987	*in Spalte 11 enthalten*	*20 608*	*3 046*	*1 770 781*		*in Spalte 18 enthalten*	*2*	*4 682 703*	.	*6 624 247*	.	.
3 213 896	54 684	48 636	132 468	5 932 974	2 069	13 333	4 229	26 187 327	22 126 435	28 758 430	**22 716 921**	**13 890 000**
91 535	*27 817*	*87 393*	*4 133*	*1 556 723*	*2 562*	*344*	*2*	*4 060 892*	.	*6 041 509*	.	.
3 959 498	47 338	35 931	145 067	7 842 862	2 136	8 178	6 445	32 468 731	29 501 073	35 093 224	**30 294 957**	**18 523 503**
87 468	*39 434*	*7 192*	*14 316*	*976 944*	*2 764*	*2 247*	*6*	*2 967 658*	.	*4 798 267*	.	.
4 810 096	72 056	33 269	239 332	7 176 181	717	4 288	5 161	32 805 857	29 816 999	35 416 484	**30 664 046**	**18 508 204**
68 890	*35 710*	*8 315*	*13 995*	*858 400*	*2 445*	*2 030*	*8*	*2 988 858*	.	*4 752 438*	.	.
7 746 721	59 360	35 580	241 902	7 298 608	1 588	10 496	4 049	33 421 781	25 335 151	35 962 972	**26 141 010**	**15 778 190**
3 300 265	*26 128*	*5 142*	*34 575*	*1 687 536*	*2 255*	*2 629*	*16*	*8 086 590*	.	*9 821 962*	.	.
8 381 036	50 910	25 083	176 511	8 102 984	2 001	6 847	6 315	38 698 956	31 187 049	41 376 839	**32 441 233**	**19 580 879**
3 070 496	*23 160*	*6 513*	*42 266*	*1 837 466*	*1 904*	*2 251*	*5*	*7 511 907*	.	*8 935 606*	.	.
5 605 529	43 509	24 459	252 400	7 425 436	906	6 181	5 288	30 774 367	28 316 771	33 588 108	**29 456 766**	**17 779 515**
68 127	*20 102*	*6 710*	*10 218*	*713 576*	*2 119*	*586*	*11*	*2 457 596*	.	*4 131 342*	.	.

b) Gegenüber den meistbegünstigten Staaten haben folgende, in dem Handels- und Zollvertrage zwischen dem Deutschen Reich und Oesterreich-Ungarn vom 6. Dezember 1891 (Reichs-Gesetzblatt S. 3) festgesetzten Zoll-Ermäßigungen stattgefunden, die nach dem Russischen Handelsvertrage vom $\frac{\text{10. Februar}}{\text{29. Januar}}$ 1894 (Reichs-Gesetzblatt S. 153) auch auf Rußland Anwendung finden:

Bei den in Spalte 8 aufgeführten Sortimenten ist der Zoll gänzlich in Wegfall gekommen, während der Zollsatz für die Gegenstände in Spalte 14, 15 und 16 auf 30 Pf. und für die in Spalte 18 auf 80 Pf. für 100 kg ermäßigt worden ist.

Tabelle

Uebersicht der Durchschnittspreise, welche für das Festmeter der in den Staatsforsten ein=

Bezirk	Das Festmeter Holz ist durchschnittlich verwerthet zu											
	1850	1855	1860	1865	1870	1871	1872	1873	1874	1875	1876	1. Januar 1877 bis Ende März 1878
1. Königsberg	2,31	3,73	2,38	3,12	3,30	4,05	3,66	4,37	4,69	4,89	4,44	4,03
2. Gumbinnen	2,29	2,43	2,08	3,56	2,80	3,63	3,03	3,49	4,26	4,36	3,79	3,61
3. Danzig	2,78	2,37	3,57	4,30	3,03	3,56	3,99	4,20	5,04	4,11	4,14	3,85
4. Marienwerder	2,55	3,49	3,95	4,49	3,57	4,24	4,44	4,89	4,95	5,14	4,48	4,33
5. Potsdam	6,08	6,57	6,61	10,48	7,36	6,84	6,08	8,02	9,26	10,52	9,85	7,79
6. Frankfurt a. O.	4,79	5,87	4,35	8,08	6,40	5,92	6,02	8,06	9,02	10,36	8,55	7,37
7. Stettin	5,38	5,78	6,11	8,31	6,22	5,01	4,94	7,55	8,66	8,98	9,12	7,19
8. Köslin	3,21	3,46	4,37	4,66	4,78	4,25	4,53	5,07	5,51	5,56	5,09	4,58
9. Stralsund	4,12	5,22	4,69	5,04	4,89	4,43	5,14	5,03	5,36	5,58	5,91	5,30
10. Posen	2,79	3,89	4,84	5,78	5,23	5,39	5,38	5,94	6,59	7,09	6,68	5,52
11. Bromberg	2,78	3,84	3,86	5,15	4,41	4,54	3,89	5,58	7,2	6,09	5,54	4,84
12. Breslau	5,14	5,39	5,37	7,21	6,95	6,73	9,03	8,68	8,04	8,19	5,52	5,23
13. Liegnitz	3,02	5,19	5,72	9,80	9,15	7,15	8,50	9,60	9,44	9,94	8,96	8,56
14. Oppeln	4,91	4,39	4,03	5,59	4,77	5,60	6,13	6,89	6,62	6,42	6,20	5,13
15. Magdeburg	7,85	7,45	7,38	8,46	7,09	7,23	6,15	6,42	7,24	6,47	7,47	6,18
16. Merseburg	6,78	7,34	7,39	8,10	10,61	9,19	9,22	6,95	10,73	9,67	8,26	8,26
17. Erfurt	4,09	5,57	4,92	7,29	6,59	6,55	6,35	8,59	6,30	9,51	8,46	8,03
18. Schleswig	.	.	.	.	8,25	7,16	7,50	8,26	8,59	9,16	9,24	8,55
19. Hannover (Provinz)	.	.	.	.	6,63	5,73	6,45	8,11	9,60	8,77	7,16	6,60
20. Münster	9,89	10,73	12,36	10,65	9,09	9,55	9,43	10,69	12,13	13,53	12,68	11,81
21. Minden (von 1870 ab mit Schaumb.)	4,42	4,57	5,18	5,71	5,75	5,24	5,12	6,31	6,31	6,58	6,07	5,88
22. Arnsberg	5,85	5,83	5,68	6,47	5,57	5,12	5,64	6,61	6,51	7,36	7,05	5,35
23. Cassel (ohne Schaumburg)	.	.	.	.	4,21	4,43	4,82	5,21	5,17	5,34	5,44	5,07
24. Wiesbaden	.	.	.	.	7,25	6,95	7,67	8,95	8,75	9,21	7,02	8,02
25. Coblenz	4,99	5,78	7,61	7,30	7,32	7,69	8,00	8,94	8,80	9,99	7,35	8,03
26. Düsseldorf	6,84	7,34	7,55	8,74	8,44	6,19	6,73	6,68	6,98	7,36	7,67	9,96
27. Cöln	6,63	8,03	8,95	6,58	6,74	7,09	7,22	8,07	7,90	9,08	6,24	7,44
28. Trier	5,14	6,57	7,44	9,51	7,47	8,41	7,69	8,49	9,07	9,00	8,80	8,72
29. Aachen	4,21	4,73	5,88	5,92	5,03	4,06	4,62	4,48	4,58	4,88	4,68	4,33
Staat	4,39	4,89	4,94	6,31	5,81	5,55	5,55	6,70	7,08	7,11	6,38	5,89

8a.

geschlagenen Gesammt-Holzmasse erlangt sind, umfassend die Zeit von 1850 bis 1883/84.

Mark im Jahre						1883/84 verglichen mit				Reihenfolge der Bezirke nach den Preisen des Jahres 1883/84 und zwar		
						1850		1851				
1. April 1878/79	1. April 1879/80	1. April 1880/81	1. April 1881/82	1. April 1882/83	1. April 1883/84	höher	niedriger	höher	niedriger		nach dem Preise für das Festmeter Mk.	im Verhältniß zum niedrigsten Preise, gerechnet = 100
						um Prozent						
5,11	4,38	4,45	5,09	4,54	5,04	118	.	53	.	1. Danzig	4,41	100
3,86	3,68	3,77	4,67	3,94	4,54	100	.	62	.	2. Gumbinnen	4,54	103
3,93	3,77	4,00	4,06	4,06	4,41	59	.	46	.	3. Köslin	4,76	108
4,21	4,51	4,88	4,95	4,78	5,59	119	.	57	.	4. Königsberg	5,04	114
6,81	6,95	7,68	6,87	6,62	7,26	19	.	.	1	5. Aachen	5,07	115
6,80	7,19	7,19	6,53	6,59	6,73	41	.	5	.	6. Bromberg	5,37	122
6,85	6,65	7,09	7,10	6,80	7,10	32	.	14	.	7. Cassel	5,39	122
4,58	4,35	4,76	4,55	4,47	4,76	48	.	.	0,1	8. Marienwerder	5,59	127
5,47	5,56	5,73	5,43	5,39	5,75	40	.	18	.	9. Wiesbaden	5,70	129
5,71	6,09	6,28	5,62	4,89	5,73	106	.	10	.	10. Posen	5,73	130
5,00	5,03	5,32	4,99	4,68	5,37	93	.	22	.	11. Stralsund	5,75	130
6,99	6,65	6,93	6,93	7,04	7,29	42	.	5	.	12. Minden	5,82	132
8,37	8,04	9,09	8,02	8,05	8,42	179	.	.	8	13. Arnsberg	5,87	133
5,48	5,27	5,57	5,97	5,97	7,06	44	.	48	.	14. Hannover (Provinz)	6,53	148
6,18	6,41	6,91	6,38	5,92	7,13	.	9	1	.	15. Frankfurt a. O.	6,73	153
7,94	7,36	8,22	8,30	8,79	9,40	38	.	.	11	16. Coblenz	6,81	154
7,78	9,90	8,14	7,07	6,84	7,73	89	.	17	.	17. Oppeln	7,06	160
7,90	7,65	7,50	7,42	6,96	7,57	.	.	.	8	18. Stettin	7,10	161
6,53	6,33	6,36	6,21	5,99	6,53	.	.	.	2	19. Magdeburg	7,13	162
10,22	11,44	11,34	9,21	8,37	8,43	.	15	.	7	20. Trier	7,25	164
5,77	5,88	6,01	5,50	5,34	5,82	32	.	1	.	21. Potsdam	7,26	164
6,50	6,28	6,09	5,72	5,92	5,87	0,3	.	5	.	22. Düsseldorf	7,28	165
4,77	4,62	5,01	4,98	5,19	5,39	.	.	28	.	23. Breslau	7,29	165
7,33	6,63	6,60	5,54	5,25	5,70	.	.	.	21	24. Cöln	7,37	167
7,38	8,34	7,30	6,54	6,68	6,81	36	.	.	7	25. Schleswig	7,57	172
6,97	6,81	6,59	6,62	6,27	7,28	6	.	.	14	26. Erfurt	7,73	175
6,55	6,26	7,09	6,56	6,90	7,37	11	.	9	.	27. Liegnitz	8,42	191
8,05	8,23	7,33	6,92	7,06	7,25	41	.	.	3	28. Münster	8,43	191
4,39	4,77	4,74	4,93	4,67	5,07	20	.	0,7	.	29. Merseburg	9,40	213
5,96	5,79	5,99	5,81	5,76	6,27	43	.	8	.	Durchschnitt	6,27	142

Tabelle

Uebersicht der Durchschnittspreise, welche für das Festmeter der in den Staatsforsten ein-

Der Durchschnittspreis für das Festmeter der verwertheten Gesammt-Holzmasse hat betragen an Mark im

Nr.	Regierungs-bezirk	1. April 1884/85			1. April 1885/86			1. April 1886/87			1. April 1887/88			1. April 1888/89			1. April 1889/90			1. April 1890/91			1. April 1891/92		
		für Bau- und Nutzholz	für Brennholz	im Ganzen	für Bau- und Nutzholz	für Brennholz	im Ganzen	für Bau- und Nutzholz	für Brennholz	im Ganzen	für Bau- und Nutzholz	für Brennholz	im Ganzen	für Bau- und Nutzholz	für Brennholz	im Ganzen	für Bau- und Nutzholz	für Brennholz	im Ganzen	für Bau- und Nutzholz	für Brennholz	im Ganzen	für Bau- und Nutzholz	für Brennholz	im Ganzen
1	Königsberg .	9,25	3,18	5,10	9,41	2,98	4,64	9,22	3,12	4,74	8,92	2,89	4,28	9,31	3,06	4,77	9,63	3,21	5,26	9,75	3,07	5,16	9,85	3,15	5,22
2	Gumbinnen .	9,01	2,95	4,50	8,94	3,16	4,61	8,36	3,19	4,50	7,96	2,86	3,96	8,08	2,82	4,14	7,98	3,00	4,40	8,81	2,97	4,70	8,46	3,19	5,34
3	Danzig . .	7,48	3,27	4,44	7,62	3,33	4,56	7,32	3,37	4,64	6,96	3,12	4,31	7,73	3,09	4,65	7,17	3,19	4,68	8,57	2,90	5,48	7,35	3,29	4,78
4	Marienwerder	8,85	3,45	5,36	8,71	3,51	5,41	8,56	3,47	5,39	8,26	3,25	4,89	9,09	3,29	5,35	9,57	3,55	5,75	9,88	3,47	6,11	8,96	3,64	5,98
5	Potsdam . .	14,24	5,39	7,94	13,14	5,91	8,12	14,45	5,75	8,30	13,71	4,94	7,39	14,75	5,09	7,96	15,15	5,40	8,36	14,88	5,54	8,63	14,25	5,69	8,48
6	Frankfurt a. O.	12,87	4,44	6,90	13,05	4,60	7,00	12,98	4,36	6,75	11,75	4,08	6,59	11,52	4,20	6,98	12,32	4,45	7,71	12,87	4,65	8,34	12,38	4,79	8,15
7	Stettin . .	12,53	4,83	7,35	12,82	5,13	7,61	12,91	5,27	8,02	12,97	4,74	7,51	12,99	4,60	7,68	12,69	5,04	8,43	13,45	5,39	8,88	13,15	5,64	8,66
8	Köslin . . .	10,02	3,26	4,70	10,15	3,08	4,70	9,22	3,31	4,68	9,45	3,18	4,70	9,47	3,34	5,29	7,79	3,36	5,48	9,63	3,28	5,32	9,46	3,44	5,50
9	Stralsund .	13,03	4,17	5,57	12,68	4,43	5,75	13,87	4,60	5,91	13,09	4,25	5,69	11,71	4,35	5,81	10,15	4,41	5,92	11,19	4,32	6,03	11,37	4,61	6,22
10	Posen . . .	9,09	4,44	6,02	9,31	4,47	6,08	9,77	3,81	5,49	9,01	3,45	4,89	8,76	3,58	5,15	9,45	3,80	5,86	9,52	3,89	6,12	8,89	4,36	6,32
11	Bromberg . .	7,97	3,38	4,84	7,48	3,48	4,80	7,35	3,25	4,55	7,50	3,06	4,46	7,74	3,19	4,78	7,83	3,31	5,12	8,66	3,48	5,42	8,28	3,53	5,42
12	Breslau . .	11,39	4,97	7,49	11,04	4,79	7,10	10,59	4,79	7,03	9,80	4,55	6,70	10,70	4,27	6,74	11,73	4,86	8,02	12,26	4,75	8,32	11,53	5,37	8,35
13	Liegnitz . .	12,13	5,13	8,38	11,83	4,90	8,24	12,61	4,70	8,69	10,98	4,55	7,90	12,22	4,72	8,54	13,22	4,66	8,98	14,06	5,59	10,44	12,58	5,30	9,59
14	Oppeln . .	10,64	3,74	7,48	10,32	4,06	7,36	9,33	3,76	6,66	8,50	3,63	6,28	8,84	3,40	6,61	9,96	3,52	7,67	10,62	3,53	8,11	10,45	4,12	7,97
15	Magdeburg .	15,53	4,51	7,05	15,42	4,45	7,12	13,96	4,46	6,67	13,88	4,19	6,43	14,10	4,24	6,76	15,31	4,12	6,94	16,12	4,14	7,08	14,49	4,25	6,83
16	Merseburg .	16,62	5,41	8,90	16,07	5,36	8,94	15,53	5,26	8,68	15,98	4,96	8,44	16,66	4,89	8,72	17,33	4,85	9,25	16,39	4,62	8,72	16,94	4,98	9,13
17	Erfurt . . .	10,62	5,70	7,38	10,65	5,46	7,24	11,21	6,13	7,98	12,10	6,04	8,60	12,30	6,32	8,58	14,39	6,19	9,36	13,49	6,02	8,97	13,78	6,09	9,35
18	Schleswig .	16,02	6,03	7,59	15,96	6,07	7,69	15,34	6,26	7,80	14,90	5,85	7,42	14,66	5,81	7,58	13,93	6,15	7,97	14,32	5,73	7,64	15,08	6,00	7,95
19	Hannover .	10,13	3,63	6,02	9,81	3,77	5,98	9,98	3,75	6,09	9,50	3,52	5,73	9,94	3,73	6,00	10,20	3,77	5,97	11,26	3,80	6,63	11,70	4,20	7,00
20	Hildesheim .	11,87	4,27	7,08	11,26	4,10	6,56	12,89	4,30	7,00	13,52	3,89	7,29	14,02	4,31	8,14	14,54	4,33	8,30	15,07	4,43	8,34	16,36	4,67	8,99
21	Lüneburg .	10,26	3,45	5,79	10,23	3,56	5,77	10,02	3,65	5,78	9,79	3,48	5,58	10,84	3,79	6,33	11,15	4,08	6,70	11,33	3,86	6,52	12,17	4,24	7,16
22	Stade . . .	7,87	2,85	5,12	8,35	2,95	5,29	8,11	3,05	5,34	8,05	2,87	5,22	8,09	2,97	5,36	7,15	2,79	4,80	8,13	3,14	5,44	8,62	3,40	5,65
23	Osnabrück (mit Aurich) . .	7,58	2,83	5,28	8,08	2,70	5,18	8,58	2,42	5,11	9,27	2,42	5,20	9,29	2,41	5,33	9,18	2,61	5,35	10,10	2,65	5,76	10,66	2,73	5,82
24	Münster . .	16,33	3,65	9,20	15,16	3,82	8,93	17,68	3,95	9,88	20,24	3,50	10,33	19,69	3,71	10,07	17,58	4,02	9,90	18,60	4,09	9,84	18,63	4,53	10,43
25	Minden (mit Schaumburg)	10,14	3,16	5,34	10,78	3,21	5,60	10,49	3,19	5,55	9,88	3,01	5,31	10,34	3,11	5,37	10,81	3,15	5,72	10,83	3,22	5,87	11,26	3,40	6,08
26	Arnsberg . .	12,15	3,61	5,95	11,80	3,66	6,00	11,86	3,59	6,15	11,26	3,35	5,76	11,35	3,36	6,18	11,37	3,51	6,37	12,52	3,51	6,54	12,98	3,59	7,00
27	Cassel (ohne Schaumburg)	11,58	4,01	5,26	11,53	4,00	5,36	10,90	4,12	5,42	11,14	3,84	5,13	11,18	3,68	4,94	11,69	3,74	5,15	11,79	3,66	5,32	11,86	3,97	5,70
28	Wiesbaden .	12,31	4,69	5,68	11,95	4,87	5,75	12,22	5,24	6,04	11,66	4,76	5,49	12,32	4,92	5,81	13,43	4,97	5,89	14,74	5,70	6,87	13,60	6,13	7,14
29	Coblenz . .	13,15	4,43	6,72	13,85	4,61	7,05	14,49	4,78	7,04	14,12	4,37	6,57	13,18	4,40	6,56	12,21	4,49	6,49	13,40	5,38	8,00	15,12	4,43	8,85
30	Düsseldorf . .	9,63	3,66	6,94	9,72	3,60	7,14	9,67	3,54	6,73	9,28	3,11	6,45	9,70	3,54	7,17	10,04	3,45	7,16	11,48	4,13	8,19	11,92	4,69	8,59
31	Cöln . . .	12,58	4,47	7,32	10,16	4,35	7,32	11,33	4,61	7,29	12,26	4,08	7,47	12,88	4,20	7,67	13,81	3,96	7,96	14,13	4,01	8,25	15,18	4,01	8,73
32	Trier . . .	16,92	4,53	7,60	17,52	4,53	7,26	15,72	4,76	7,10	14,24	4,34	6,66	13,20	4,24	6,67	13,33	4,40	6,68	13,94	4,33	7,21	15,82	4,76	7,66
33	Aachen . .	10,98	2,53	5,60	11,68	2,79	5,67	11,20	2,91	5,75	10,70	2,61	5,33	11,25	2,72	5,84	11,01	2,68	5,91	11,50	3,02	6,38	12,24	3,38	6,74
	Staat .	11,27	4,14	6,32	11,12	4,19	6,28	11,09	4,22	6,28	10,80	3,88	5,92	11,13	3,93	6,23	11,45	4,07	6,60	11,81	4,10	6,87	11,77	4,41	7,02

8b.

geschlagenen Gesammt-Holzmasse erlangt sind, umfassend die Zeit von 1884/85 bis 1892/93.

Etatsjahre 1. April 1892/93: für Bau- und Nutzholz	für Brennholz	im Ganzen	1892/93 verglichen mit 1850: höher (um Prozent)	1850: niedriger (um Prozent)	1870 (in der Provinz Hannover mit 1884/85): höher (um Prozent)	1870: niedriger (um Prozent)	Reihenfolge der Regierungsbezirke nach den Preisen des Etatsjahres 1892/93, für Bau- und Nutzholz: Regierungsbezirk	nach dem Preise für das fm Mk.	für Brennholz: Regierungsbezirk	nach dem Preise für das fm Mk.	für die Gesammt-Holzmasse: Regierungsbezirk	nach dem Preise für das fm Mk.	im Verhältniß zum niedrigsten Preise gerechnet Mk.	Reihenfolge der Regierungsbezirke nach den durchschnittlichen Marktpreisen des Roggens für die Zeit vom 1. December 1891 bis Ende November 1892: Regierungsbezirk	nach dem Preise für 100 kg Mk.	im Verhältniß zum niedrigsten Preise gerechnet = 100
9,89	3,16	**5,23**	126	.	59	.	1. Danzig . .	7,76	1. Osnabrück .	2,36	1. Danzig . .	4,65	100	1. Stralsund .	17,09	100
8,55	3,14	**4,98**	117	.	78	.	2. Stade . .	8,38	2. Gumbinnen	3,14	2. Gumbinnen	4,98	106	2. Osnabrück u. Aurich . .	17,24	101
7,76	3,18	**4,65**	67	.	53	.	3. Gumbinnen	8,55	3 Königsberg .	3,16	3. Königsberg .	5,23	112	3. Schleswig .	17,47	102
9,45	3,45	**5,78**	127	.	62	.	4. Bromberg .	8,63	4. Danzig . .	3,18	4. Köslin . .	5,27	113	4. Gumbinnen	17,53	102
13,70	5,14	**8,06**	33	.	10	.	5. Posen . .	9,32	5. Stade . .	3,21	5. Osnabrück .	5,50	118	5. Bromberg .	17,76	104
11,24	4,59	**7,76**	62	.	21	.	6. Marienwerd.	9,45	6. Köslin . .	3,30	6. Cassel . .	5,62	121	6. Stettin . .	17,95	105
13,02	5,46	**8,63**	60	.	39	.	7 Lüneburg .	9,86	7. Minden . .	3,43	7. Bromberg .	5,64	121	7. Köslin . .	17,96	105
10,01	3,30	**5,27**	64	.	10	.	8. Königsberg .	9,89	8. Aachen . .	3,44	8. Stade . .	5,68	122	8. Posen . .	17,96	105
11,23	4,39	**6,02**	46	.	23	.	9. Köslin . .	10,01	9. Marienwerd.	3,45	9. Marienwerd.	5,78	124	9. Potsdam .	17,97	105
9,32	4,12	**6,05**	117	.	16	.	10. Osnabrück .	10,21	10. Arnsberg .	3,61	10. Minden . .	5,84	126	10. Hannover .	18,03	106
8,63	3,65	**5,64**	103	.	28	.	11. Minden . .	10,25	11. Cöln . .	3,64	11. Stralsund .	6,02	130	11. Frankf. a. O.	18,07	106
11,64	5,03	**8,16**	59	.	17	.	12. Oppeln . .	10,30	12. Bromberg .	3,65	12. Posen . .	6,05	130	12. Marienwerd.	18,08	106
12,14	5,27	**9,29**	208	.	2	.	13. Hannover .	10,97	13. Düsseldorf .	3,71	13. Lüneburg .	6,14	132	13. Königsberg .	18,21	107
10,30	3,74	**7,60**	55	.	60	.	14. Aachen . .	11,04	14. Oppeln . .	3,74	14. Magdeburg .	6,35	136	14. Magdeburg .	18,42	108
12,71	3,86	**6,35**	.	19	.	10	15. Stralsund .	11,23	15. Lüneburg .	3,78	15. Aachen . .	6,38	137	15. Lüneburg .	18,45	108
17,33	4,99	**9,08**	34	.	.	14	16. Frankf. a. O.	11,24	16. Cassel . .	3,81	16. Hannover .	6,44	138	16. Liegnitz . .	18,53	108
11,83	5,82	**8,49**	108	.	29	.	17. Breslau .	11,64	17. Magdeburg .	3,86	17. Arnsberg .	6,85	147	17. Aachen . .	18,54	108
13,84	5,84	**7,76**	.	.	.	6	18. Erfurt . .	11,83	18. Hannover .	3,88	18. Wiesbaden .	6,93	149	18 Cöln . .	18,56	109
10,97	3,88	**6,44**	.	.	7	.	19. Liegnitz . .	12,14	19. Münster .	3,98	19. Oppeln . .	7,60	163	19. Hildesheim .	18,68	109
14,48	4,58	**8,31**	.	.	*17*	.	20. Cassel . .	12,17	20. Posen . .	4,12	20. Frankf. a. O.	7,76	167	20. Düsseldorf .	18,76	110
9,86	3,78	**6,14**	.	.	*6*	.	21. Düsseldorf .	12,27	21. Stralsund .	4,39	21. Schleswig .	7,76	167	21. Merseburg .	18,77	110
8,38	3,21	**5,68**	.	.	*11*	.	22. Magdeburg .	12,71	22. Hildesheim .	4,58	22. Trier . .	7,86	169	22. Breslau .	18,78	110
10,21	2,36	**5,50**	.	.	*4*	.	23. Stettin . .	13,02	23. Frankf. a. O.	4,59	23. Potsdam .	8,06	173	23. Stade . .	18,83	110
20,71	3,98	**10,26**	4	.	13	.	24. Arnsberg .	13,61	24. Merseburg .	4,99	24. Breslau . .	8,16	175	24. Minden . .	18,86	110
10,25	3,43	**5,84**	32	.	2	.	25. Potsdam .	13,70	25. Breslau . .	5,03	25. Hildesheim .	8,31	179	25. Oppeln . .	19,01	111
13,61	3,61	**6,85**	17	.	23	.	26. Schleswig .	13,84	26. Potsdam .	5,14	26. Düsseldorf .	8,32	179	26. Danzig . .	19,06	112
12,17	3,81	**5,62**	.	.	33	.	27. Wiesbaden .	14,16	27. Trier . .	5,20	27. Cöln . .	8,40	181	27. Cassel . .	19,07	112
14,16	5,72	**6,93**	.	.	.	4	28. Cöln . .	14,34	28. Liegnitz . .	5,27	28. Erfurt . .	8,49	183	28. Arnsberg .	19,23	113
14,45	6,05	**8,78**	76	.	20	.	29. Coblenz . .	14,45	29. Stettin . .	5,46	29. Stettin . .	8,63	186	29. Münster .	19,27	113
12,27	3,71	**8,32**	22	.	.	1	30. Hildesheim .	14,48	30. Wiesbaden .	5,72	30. Coblenz . .	8,78	190	30. Wiesbaden .	19,47	114
14,34	3,64	**8,40**	27	.	25	.	31. Trier . .	15,71	31. Erfurt . .	5,82	31. Merseburg .	9,08	195	31. Trier . .	19,62	115
15,71	5,20	**7,86**	53	.	5	.	32. Merseburg .	17,33	32. Schleswig .	5,84	32. Liegnitz . .	9,29	200	32. Erfurt . .	19,69	115
11,04	3,44	**6,38**	52	.	27	.	33. Münster .	20,71	33. Coblenz . .	6,05	33. Münster .	10,26	221	33. Coblenz . .	19,76	116
11,44	4,19	**6,79**	55	.	17	.		11,44		4,19		6,79	146		18,51	108

Tabelle

Uebersicht der Durchschnitte aus den Holztaxen sämmtlicher Königlichen Ober=

Lfd. Nr.	Regierungs=Bezirk	Die Holztaxe hat betragen im Durchschnitt aller Reviere: für das Festmeter Eichen= Nutzholz in Stämmen von 0,5—1,0 fm Inhalt 1837 Pf.	1867 Pf.	1881 Pf.	für das Festmeter Nadelholz= Nutzholz in Stämmen von 0,5—1,0 fm Inhalt 1837 Pf.	1867 Pf.	1881 Pf.	für das Raummeter Buchen= Scheit=Brennholz 1837 Pf.	1867 Pf.	1881 Pf.	für das Raummeter Nadelholz= Scheit=Brennholz 1837 Pf.	1867 Pf.	1881 Pf.	Die Steigerung der Taxen beträgt beim Eichen=Nutzholz 1837 bis 1867 %	1867 bis 1881 %	1837 bis 1881 %	Nadelholz=Nutzholz 1837 bis 1867 %	1867 bis 1881 %	1837 bis 1881 %	Buchen=Brennholz 1837 bis 1867 %	1867 bis 1881 %	1837 bis 1881 %	Nadelholz=Brennholz 1837 bis 1867 %	1867 bis 1881 %	1837 bis 1881 %
1	Königsberg . .	679	1132	1386	420	744	856	123	266	355	102	201	272	67	22	104	77	15	104	116	34	189	97	35	166
2	Gumbinnen . .	713	1359	1532	356	776	935	138	222	310	93	177	255	91	12	115	118	20	163	61	40	125	90	44	174
3	Danzig	518	841	1306	323	582	759	168	315	378	102	216	261	62	55	152	80	30	135	88	20	125	112	21	156
4	Marienwerder .	841	1132	1412	323	679	847	132	311	356	93	231	267	35	25	67	110	25	162	136	14	170	148	15	187
5	Potsdam . . .	1553	2038	2273	809	1229	1343	362	635	649	255	503	493	31	11	46	52	9	66	75	2	79	97	—2	93
6	Frankfurt . . .	1132	1973	2316	647	1067	1247	257	524	553	174	389	414	74	17	105	65	17	93	104	6	115	124	6	138
7	Stettin	1067	1617	2131	615	970	1156	290	527	570	180	371	393	52	32	100	58	19	88	82	8	97	106	6	118
8	Köslin	970	1100	1450	453	615	750	168	299	360	105	186	250	13	32	50	36	22	66	78	20	114	77	36	138
9	Stralsund . . .	1294	1456	1717	679	906	1083	323	518	588	204	368	372	13	18	33	33	19	59	60	14	82	80	1	82
10	Posen	615	1164	1654	485	841	977	156	395	502	114	294	387	89	42	168	73	16	102	153	27	222	158	32	239
11	Bromberg . . .	679	1067	1340	323	679	813	141	353	422	96	273	335	57	25	97	110	20	152	150	20	200	184	23	249
12	Breslau . . .	1003	1520	1813	518	970	1129	320	446	525	231	329	420	52	19	81	87	16	118	39	18	64	42	27	82
13	Liegnitz . . .	1035	1585	1770	550	1132	1470	339	527	580	219	428	525	53	12	71	106	30	167	56	10	71	95	23	140
14	Oppeln	1003	1197	1654	485	712	880	249	356	413	189	320	349	19	38	64	47	23	81	43	16	66	69	9	85
15	Magdeburg . .	1326	2200	2979	906	1391	1676	479	785	793	308	458	484	66	35	125	53	20	85	64	1	66	49	6	57
16	Merseburg . . .	1003	1973	2373	744	1391	1490	404	665	707	273	512	512	97	20	136	87	7	100	65	5	75	88	0	88
17	Erfurt	1164	1779	2253	873	1520	1564	263	485	712	165	306	439	53	27	93	74	3	79	84	47	171	85	43	166
18	Schleswig . . .	—	—	2175	—	—	1225	—	—	794	—	—	450	—	—	—	—	—	—	—	—	—	—	—	—
19	Hannover (Prov.)	—	2167	2000	—	1856	1442	—	567	567	—	287	305	—	—8	—	—	—28	—	—	0	—	—	6	—
20	Münster . . .	841	1779	2600	841	1456	1350	305	410	460	171	269	300	112	46	209	73	—8	61	34	12	51	57	12	75
21	Minden . . .	1423	2264	2250	1100	1682	1640	251	365	394	141	228	229	59	—1	58	53	—3	49	45	8	57	62	0	62
22	Arnsberg . . .	1067	1714	2350	1100	1747	1606	278	371	398	165	257	253	61	37	120	59	—8	46	33	7	43	56	—2	53
23	Cassel	1109	1645	2099	882	1295	1349	280	393	573	131	258	276	48	28	89	47	4	53	40	46	105	97	7	111
24	Wiesbaden . .	—	1805	2423	—	1240	1257	—	572	692	—	312	374	—	34	—	—	1	—	—	21	—	—	20	—
25	Coblenz . . .	1164	1908	2472	809	1229	1503	425	587	767	273	392	449	64	30	112	52	22	86	38	31	80	44	15	64
26	Düsseldorf . . .	1747	2588	3380	906	1229	1340	314	470	580	177	261	320	48	30	94	36	9	48	50	23	85	47	23	81
27	Cöln	1456	1941	2800	970	1132	1100	339	524	850	216	389	600	33	45	92	17	—3	13	55	62	151	80	54	178
28	Trier	938	1714	2384	776	1132	1592	260	422	478	180	273	298	83	39	154	46	41	105	62	13	84	52	9	66
29	Aachen	712	2005	2150	485	1164	1344	255	386	390	162	243	245	182	7	202	140	16	177	51	1	53	50	1	51
	Durchschnitt:	1040	1661	2084	668	1116	1232	270	449	542	174	312	363	62	28	105	68	13	95	67	22	102	86	16	109

Bemerkungen: 1. In den Taxsätzen sind die durchschnittlichen Werbungskosten mit enthalten.

2. Die Taxsätze für das Nadelholz sind aus dem Durchschnitt der Taxen für sämmtliche in den einzelnen Revieren vorkommenden Nadelhölzer berechnet. Nur wenn eine bestimmte Nadelholzart mehr als $^2/_3$ der gesammten Nadelholzfläche eines Reviers einnimmt, ist lediglich der Taxsatz für diese Holzart maßgebend gewesen.

9 a.

förstereien der einzelnen Bezirke für die Jahre 1837, 1867 und 1880/81.

Reihenfolge der Bezirke und Verhältnißzahlen, den Bezirk mit niedrigstem Preis = 100 gerechnet, für 1881												Reihenfolge der Bezirke nach dem Martini-Durchschnitts-Preise des Roggens für 1881.		
Eichen-Nutzholz			Nadelholz-Nutzholz			Buchen-Scheit-Brennholz			Nadelholz-Scheit-Brennholz					
für das fm Pf.			für das fm Pf.			für das rm Pf.			für das rm Pf.			für das hl Pf.		
1306	Danzig	100	750	Köslin	100	310	Gumbinnen	100	229	Minden	100	596	Gumbinnen	100
1340	Bromberg	102	759	Danzig	101	355	Königsberg	115	245	Aachen	107	619	Königsberg	104
1386	Königsberg	106	813	Bromberg	108	356	Marienwerder	115	250	Köslin	109	632	Oppeln	106
1412	Marienwerder	108	847	Marienwerder	113	360	Köslin	116	253	Arnsberg	110	643	Breslau	108
1450	Köslin	111	856	Königsberg	114	378	Danzig	122	255	Gumbinnen	111	648	Danzig	109
1532	Gumbinnen	116	880	Oppeln	117	390	Aachen	126	261	Danzig	114	651	Posen	110
1654	Posen	126	935	Gumbinnen	124	394	Minden	127	267	Marienwerder	116	661	Marienwerder	111
1654	Oppeln	126	977	Posen	130	398	Arnsberg	128	272	Königsberg	119	664	Bromberg	112
1717	Stralsund	131	1083	Stralsund	144	413	Oppeln	133	276	Cassel	120	678	Stettin	114
1770	Liegnitz	135	1100	Cöln	147	422	Bromberg	136	298	Trier	130	680	Potsdam	114
1813	Breslau	139	1129	Breslau	150	460	Münster	147	300	Münster	131	683	Frankfurt	115
2000	Hannover	153	1156	Stettin	154	478	Trier	152	305	Hannover	133	685	Liegnitz	115
2099	Cassel	160	1225	Schleswig	163	502	Posen	162	320	Düsseldorf	139	689	Stralsund	116
2131	Stettin	163	1247	Frankfurt	166	525	Breslau	170	335	Bromberg	146	691	Köslin	116
2150	Aachen	165	1257	Wiesbaden	168	553	Frankfurt	179	349	Oppeln	152	701	Magdeburg	118
2175	Schleswig	166	1340	Düsseldorf	179	567	Hannover	183	372	Stralsund	162	712	Schleswig	120
2250	Minden	172	1343	Potsdam	179	570	Stettin	184	374	Wiesbaden	163	728	Merseburg	122
2253	Erfurt	172	1344	Aachen	180	573	Cassel	185	387	Posen	169	729	Minden	122
2273	Potsdam	174	1349	Cassel	180	580	Liegnitz	187	393	Stettin	171	729	Cöln	122
2316	Frankfurt	177	1350	Münster	180	580	Düsseldorf	187	414	Frankfurt	180	730	Düsseldorf	122
2350	Arnsberg	180	1442	Hannover	192	588	Stralsund	190	420	Breslau	183	732	Hannover	123
2373	Merseburg	181	1470	Liegnitz	196	649	Potsdam	210	439	Erfurt	191	754	Cassel	125
2384	Trier	183	1490	Merseburg	199	692	Wiesbaden	223	449	Coblenz	196	756	Münster	125
2423	Wiesbaden	185	1503	Coblenz	200	707	Merseburg	228	450	Schleswig	196	767	Arnsberg	128
2472	Coblenz	189	1564	Erfurt	209	712	Erfurt	230	484	Magdeburg	211	773	Erfurt	130
2600	Münster	199	1592	Trier	212	767	Coblenz	247	493	Potsdam	215	776	Trier	130
2800	Cöln	214	1606	Arnsberg	214	793	Magdeburg	256	512	Merseburg	223	777	Aachen	130
2979	Magdeburg	227	1640	Minden	218	794	Schleswig	256	525	Liegnitz	225	784	Wiesbaden	132
3380	Düsseldorf	258	1676	Magdeburg	223	850	Cöln	274	600	Cöln	262	808	Coblenz	136
2084	Durchschnitt	159	1232	Durchschnitt	164	546	Durchschnitt	176	363	Durchschnitt	158	706	Durchschnitt	118

Tabelle

Uebersicht über die Holzpreise und Tagelohnsätze, welche in der

(Zusammengestellt nach den Ermittelungen des vor-

Bemerkung: Die schräg gedruckten

Lfd. Nr.	Bezirk	Preis pro Fest-												
		Eichen									Kie-			
		1800 bis 1809	1810 bis 1819	1820 bis 1829	1830 bis 1839	1840 bis 1849	1850 bis 1859	1860 bis 1869	1870 bis 1874	1875 bis 1879	1800 bis 1809	1810 bis 1819	1820 bis 1829	1830 bis 1839
		Mark												
1.	2.	3.	4.	5.	6.	7.	8.	9.	10.	11.	12.	13.	14.	15.
1	Reg.-Bez. Königsberg . .	11,98	12,41	10,81	9,36	10,83	12,28	13,42	16,75	18,03	*6,33*	*6,14*	*4,91*	*5,62*
2	" " Gumbinnen . .	6,62	7,26	7,77	10,95	12,91	14,57	16,76	18,64	20,40	4,73	5,09	3,68	3,35
3	" " Danzig . . .	*32,00*	*32,00*	12,53	7,01	7,65	9,28	10,47	12,86	15,26	*7,20*	6,06	5,07	4,32
4	" " Marienwerder .	6,80	7,49	7,78	8,20	9,26	9,41	13,07	15,12	15,90	5,36	5,99	5,02	4,79
5	" " Potsdam . . .	14,54	*16,43*	*18,14*	16,40	17,35	20,90	25,43	29,92	29,87	*8,89*	*9,78*	*10,42*	10,25
6	" " Frankfurt . .	10,19	13,18	12,28	11,01	13,78	17,70	26,19	33,34	31,34	*7,07*	*8,04*	*8,39*	8,35
7	" " Stettin . . .	*12,71*	*11,70*	*11,97*	*12,10*	*12,73*	*13,81*	19,71	25,86	26,39	7,11	*7,98*	*7,22*	*6,64*
8	" " Köslin . . .	17,72	16,92	12,19	*11,91*	*12,24*	12,31	13,43	14,92	17,15	4,75	5,89	5,55	*6,46*
9	" " Stralsund . .	.	.	17,35	14,89	15,42	18,59	19,07	22,56	24,46	.	.	8,61	9,26
10	" " Posen	.	*19,80*	*8,85*	*8,21*	*7,43*	9,34	13,60	16,57	17,34	.	*7,63*	*5,46*	*5,44*
11	" " Bromberg . .	.	*9,80*	*8,92*	*6,93*	*9,17*	*10,31*	15,42	15,91	16,97	.	*4,54*	*4,73*	*4,45*
12	" " Breslau . . .	.	*9,28*	*12,49*	*11,47*	*11,57*	15,31	19,73	24,37	24,30	*7,67*	*6,13*	*5,33*	*4,70*
13	" " Liegnitz . . .	.	.	*16,70*	*10,88*	*17,03*	18,40	21,42	27,76	24,50	.	*8,04*	*8,29*	*7,20*
14	" " Oppeln . . .	*4,50*	*7,71*	*11,08*	*11,59*	12,89	17,39	19,86	24,52	23,68	*3,30*	*4,32*	*5,63*	*5,98*
15	" " Magdeburg . .	*17,73*	*16,88*	*16,69*	*17,18*	19,16	21,64	25,62	30,08	32,89	*7,62*	*10,53*	*12,89*	9,37
16	" " Merseburg . .	8,76	*10,49*	*14,24*	13,77	16,91	20,34	25,14	28,62	31,00	*7,21*	8,50	9,97	10,11
17	" " Erfurt . . .	*10,68*	*11,64*	*11,94*	13,62	16,18	17,33	22,16	26,45	30,70	.	.	.	11,30
18	Provinz Schleswig-Holstein	.	.	.	.	15,00	20,24	26,95	25,56	27,46	.	.	.	.
19	" Hannover . . .	*9,91*	*16,19*	*21,08*	*17,20*	*22,66*	21,82	24,15	22,77	24,14	*5,71*	*12,67*	*12,28*	*12,87*
20	Reg.-Bez. Münster . . .	.	.	13,94	15,75	18,02	23,55	31,63	43,83	44,77	.	.	8,32	9,51
21	" " Minden . . .	.	*12,41*	*12,97*	*13,84*	18,70	21,01	23,15	25,83	26,18	.	.	*12,13*	*12,13*
22	" " Arnsberg . . .	.	.	*10,52*	11,23	15,99	20,25	22,87	25,21	29,66	.	.	*8,40*	*11,14*
23	" " Cassel . . .	*6,73*	*10,22*	*10,53*	*12,49*	16,10	18,85	22,98	24,78	25,95	*8,59*	*9,52*	*9,67*	*10,24*
24	" " Wiesbaden . .	.	10,65	9,97	15,41	14,26	15,39	20,42	25,32	26,89	.	5,21	5,75	11,17
25	" " Coblenz . . .	8,41	*7,22*	*9,36*	11,39	13,99	16,95	24,53	27,79	30,84	6,57	*7,22*	*8,70*	9,50
26	" " Düsseldorf . .	3,69	6,10	*13,63*	16,86	22,13	23,15	33,08	47,85	49,59	1,20	1,14	*5,23*	6,85
27	" " Cöln	.	.	14,58	17,84	18,98	23,00	30,90	34,50	32,12	.	.	.	.
28	" " Trier	.	*9,60*	*9,41*	10,40	14,58	18,15	24,91	28,45	32,25	.	.	*5,93*	8,13
29	" " Aachen . . .	16,02	16,02	10,42	11,12	15,71	18,78	24,61	28,64	23,78	.	.	.	*8,87*
30	Hohenzollernsche Lande . .	.	.	.	.	.	20,08	22,45	22,20	26,46	.	.	.	.

9b.

Zeit von 1800 bis 1879 erzielt, bezw. gezahlt worden sind.

maligen Privatdocenten Dr. Eggert zu Göttingen.)

Beträge bezeichnen Taxpreise.

meter Nutzholz														
fern					Fichten									Bezirk
1840 bis 1849	1850 bis 1859	1860 bis 1869	1870 bis 1874	1875 bis 1879	1800 bis 1809	1810 bis 1819	1820 bis 1829	1830 bis 1839	1840 bis 1849	1850 bis 1859	1860 bis 1869	1870 bis 1874	1875 bis 1879	
Mark					Mark									
16.	17.	18.	19.	20.	21.	22.	23.	24.	25.	26.	27.	28.	29.	
6,05	6,18	9,05	9,84	10,38	*5,87*	*6,30*	5,52	6,20	7,05	6,14	9,37	10,58	11,12	Reg.-Bez. Königsberg.
5,00	5,48	8,20	9,31	10,33	4,26	4,71	3,71	4,48	5,81	6,25	8,24	9,98	11,22	„ „ Gumbinnen.
4,86	7,00	7,59	8,55	9,34	.	.	.	.	.	.	.	.	.	„ „ Danzig.
5,04	6,37	8,51	10,22	10,09	.	.	.	.	.	.	.	.	.	„ „ Marienwerder.
11,30	12,54	14,91	17,25	17,58	.	.	.	.	.	.	.	.	.	„ „ Potsdam.
9,07	10,25	14,61	16,74	17,49	.	.	.	.	.	.	13,98	15,71	15,45	„ „ Frankfurt.
7,74	9,40	12,22	14,74	14,75	.	.	.	.	.	.	.	.	.	„ „ Stettin.
6,56	7,03	8,62	9,55	10,42	.	.	.	.	.	.	.	.	.	„ „ Köslin.
8,96	11,52	11,69	12,07	14,58	.	.	.	.	.	.	.	.	.	„ „ Stralsund.
5,60	7,30	10,19	12,64	12,50	.	.	.	.	.	.	.	.	.	„ „ Posen.
5,16	6,53	8,63	9,89	10,21	.	.	.	.	.	.	.	.	.	„ „ Bromberg.
6,70	7,90	12,66	13,50	13,84	.	4,01	5,39	4,80	6,47	6,89	8,95	10,47	10,28	„ „ Breslau.
9,57	*11,74*	14,57	17,89	17,66	.	.	*5,50*	3,94	5,01	7,74	11,46	15,25	14,24	„ „ Liegnitz.
7,58	9,47	11,82	13,81	13,69	*2,69*	*4,06*	*4,73*	*5,04*	6,31	8,27	9,61	11,16	11,46	„ „ Oppeln.
12,20	13,97	15,56	16,99	19,90	.	.	.	.	.	.	.	.	.	„ „ Magdeburg.
11,15	15,12	16,81	19,75	19,07	.	.	*11,16*	*8,92*	11,22	12,10	13,17	14,76	14,00	„ „ Merseburg.
12,90	15,17	15,44	16,47	17,80	*6,05*	*6,27*	*6,77*	*7,79*	10,82	12,29	16,46	16,22	17,34	„ „ Erfurt.
.	.	11,94	13,26	15,17	.	.	.	.	.	.	13,13	11,78	11,56	Provinz Schleswig-Holstein.
15,27	16,30	16,41	14,67	15,22	*4,80*	*10,40*	*10,09*	12,17	13,90	15,67	17,02	16,64	17,37	„ Hannover.
10,76	16,66	22,78	27,01	25,31	.	.	.	.	.	.	.	.	.	Reg.-Bez. Münster.
12,81	15,21	18,60	11,92	13,43	.	*9,18*	*10,64*	*13,22*	15,43	17,25	19,33	19,24	19,40	„ „ Minden.
12,83	13,67	18,01	15,72	19,73	.	.	.	10,09	12,00	16,88	20,10	18,83	18,40	„ „ Arnsberg.
13,07	13,92	16,32	15,54	16,25	*7,51*	*9,92*	*8,88*	*9,45*	12,93	14,07	15,56	15,97	15,81	„ „ Cassel.
8,49	9,74	12,12	11,80	11,74	.	*5,21*	5,75	11,17	8,49	9,74	12,12	11,80	11,74	„ „ Wiesbaden.
11,95	12,67	14,26	13,64	14,35	.	.	*5,30*	*7,00*	*7,26*	10,21	13,52	14,91	17,13	„ „ Coblenz.
7,87	10,64	12,41	15,83	15,46	.	.	.	.	.	.	.	.	.	„ „ Düsseldorf.
10,52	12,96	19,02	18,14	14,50	.	.	.	.	.	.	.	.	.	„ „ Cöln.
14,18	14,15	14,83	16,29	16,64	.	.	*15,36*	10,20	12,75	14,67	20,23	18,47	20,03	„ „ Trier.
11,44	*14,26*	14,10	13,91	10,69	.	.	.	.	.	10,01	*11,78*	12,21	8,63	„ „ Aachen.
.	9,00	9,31	10,21	11,75	.	.	.	.	.	9,50	11,57	10,93	11,44	Hohenzollernsche Lande.

Fortsetzung zu

Uebersicht über die Holzpreise und Tagelohnsätze, welche in der

(Zusammengestellt nach den Ermittelungen des vor-

Bemerkung: Die schräg gedruckten

Lfd. Nr.	Bezirk	Preis pro Raummeter Scheit-Brenn-												
		Buchen									Nadel-			
		1800 bis 1809	1810 bis 1819	1820 bis 1829	1830 bis 1839	1840 bis 1849	1850 bis 1859	1860 bis 1869	1870 bis 1874	1875 bis 1879	1800 bis 1809	1810 bis 1819	1820 bis 1829	1830 bis 1839
		Mark												
		30.	31.	32.	33.	34.	35.	36.	37.	38.	39.	40.	41.	42.
1	Reg.-Bez. Königsberg . .	*1,12*	*1,39*	*1,47*	1,48	2,01	2,48	2,89	3,67	4,12	*0,98*	*1,07*	*0,98*	*1,04*
2	" " Gumbinnen . .	1,15	1,37	1,36	1,44	1,85	2,25	2,21	2,80	3,59	0,82	1,00	0,74	0,93
3	" " Danzig . . .	*1,42*	*1,47*	1,94	1,70	1,94	2,89	3,39	3,46	3,66	*0,97*	*1,00*	0,97	0,93
4	" " Marienwerder .	0,88	0,90	0,95	1,07	1,44	1,79	2,84	3,40	3,74	0,54	1,09	0,78	0,71
5	" " Potsdam . . .	*1,84*	*2,54*	3,14	4,04	5,07	6,02	6,12	6,81	6,74	1,30	*1,65*	2,26	2,66
6	" " Frankfurt . .	1,08	*1,39*	*1,52*	2,14	3,71	4,13	5,37	5,95	6,02	0,96	*1,13*	*1,59*	1,76
7	" " Stettin . . .	*1,82*	*2,59*	*2,77*	*3,13*	*4,02*	*4,21*	5,63	6,16	6,28	*1,42*	*1,58*	*1,79*	*1,83*
8	" " Köslin . . .	1,25	2,29	*2,25*	1,57	1,88	2,40	2,97	3,59	3,92	0,70	1,13	*1,14*	0,93
9	" " Stralsund . .	.	.	3,76	3,80	4,14	5,13	5,55	6,14	6,82	.	.	1,66	*2,01*
10	" " Posen	.	*2,25*	*1,52*	*1,42*	1,85	2,93	4,12	4,83	5,04	*0,68*	*1,30*	*1,25*	*1,27*
11	" " Bromberg . .	.	.	.	*1,50*	*2,01*	2,83	3,99	4,31	5,06	*0,75*	*0,98*	*0,95*	*0,96*
12	" " Breslau . . .	2,11	2,14	2,70	2,59	3,14	3,36	4,58	5,08	5,13	0,88	1,85	1,95	1,91
13	" " Liegnitz . . .	.	3,64	3,41	3,01	3,48	3,78	5,84	6,44	6,27	0,94	*1,67*	*2,05*	2,05
14	" " Oppeln . . .	*1,36*	*1,38*	*2,31*	*2,37*	*3,10*	3,73	3,84	4,76	4,26	0,71	*1,05*	*1,41*	*1,36*
15	" " Magdeburg . .	2,85	4,53	5,09	4,77	5,41	6,87	7,84	8,50	8,53	*1,65*	*2,71*	*3,05*	2,98
16	" " Merseburg . .	2,32	3,18	4,41	5,21	6,07	6,81	8,00	8,25	8,04	1,93	2,14	2,95	3,22
17	" " Erfurt . . .	*1,30*	*3,05*	*2,75*	*2,89*	4,25	4,47	6,54	7,82	9,18	.	*1,66*	*1,59*	*1,70*
18	Provinz Schleswig-Holstein	*4,27*	*4,96*	4,68	6,20	7,44	6,32	6,83	7,45	8,16	.	.	.	.
19	" Hannover . . .	*2,29*	*2,84*	*3,73*	*3,61*	*4,14*	4,93	4,74	5,54	6,12	*1,11*	*1,51*	*1,87*	*1,54*
20	Reg.-Bez. Münster . . .	1,90	2,04	2,91	3,25	3,84	4,19	4,67	4,53	4,27	.	.	1,40	1,56
21	" " Minden . . .	.	*1,81*	*1,65*	*1,85*	2,71	3,28	3,73	4,17	4,27	.	0,52	0,79	1,28
22	" " Arnsberg . . .	*0,69*	0,84	1,86	2,26	3,33	3,96	3,68	2,95	3,57	.	.	.	.
23	" " Cassel	*1,17*	*1,99*	*1,85*	*2,61*	3,45	4,06	4,88	6,05	6,41	*1,42*	*1,75*	*1,30*	*1,75*
24	" " Wiesbaden . .	.	4,46	4,18	5,92	5,95	5,24	5,89	7,75	7,81	.	3,04	2,05	3,04
25	" " Coblenz . . .	.	*3,84*	5,15	4,45	5,42	5,79	6,36	7,29	8,00	.	.	*2,56*	*3,13*
26	" " Düsseldorf . .	2,07	1,25	3,26	2,73	3,81	3,97	4,87	5,60	5,34	1,22	1,07	1,45	1,62
27	" " Cöln	.	.	2,42	2,71	3,97	4,88	5,96	7,42	7,43	.	.	.	1,80
28	" " Trier	.	2,76	2,71	2,75	3,60	4,08	4,47	5,00	5,40	.	3,20	3,00	2,34
29	" " Aachen . . .	2,20	2,20	*2,47*	*2,61*	*2,94*	*3,46*	3,85	3,78	3,40	.	.	.	*1,83*
30	Hohenzollernsche Lande . .	.	.	.	.	.	4,38	6,25	8,01	7,63	.	.	.	.

Tabelle 9b.

Zeit von 1800 bis 1879 erzielt, bezw. gezahlt worden sind.

maligen Privatdocenten Dr. Eggert zu Göttingen.)

Beträge bezeichnen Taxpreise.

Holz					Tagelohn für den Tag									Bezirk
Holz														
1840 bis 1849	1850 bis 1859	1860 bis 1869	1870 bis 1874	1875 bis 1879	1800 bis 1809	1810 bis 1819	1820 bis 1829	1830 bis 1839	1840 bis 1849	1850 bis 1859	1860 bis 1869	1870 bis 1874	1875 bis 1879	
Mark					Mark									
43.	44.	45.	46.	47.	48.	49.	50.	51.	52.	53.	54.	55.	56.	
1,30	1,60	2,05	2,73	2,83	0,47	0,52	0,54	0,51	0,65	0,80	0,90	1,04	1,12	Reg.-Bez. Königsberg.
1,22	1,33	1,73	2,13	2,74	0,40	0,51	0,55	0,56	0,57	0,[illegible]9	0,85	0,96	1,05	" " Gumbinnen.
1,23	1,95	2,20	2,50	2,62	0,42	0,30	0,75	0,62	0,75	0,86	1,00	1,05	1,16	" " Danzig.
1,01	1,37	2,12	2,34	2,54	0,48	0,60	0,55	0,58	0,64	0,70	0,82	1,04	1,07	" " Marienwerder.
3,21	3,91	4,71	5,04	5,74	0,65	0,69	0,80	0,81	0,90	1,02	1,14	1,54	1,50	" " Potsdam.
2,48	3,01	3,86	3,95	4,39	0,57	0,55	0,59	0,77	0,70	0,74	0,89	1,15	1,19	" " Frankfurt.
2,44	2,93	3,77	4,03	4,52	0,50	0,75	0,70	0,83	0,86	0,99	1,17	1,43	1,44	" " Stettin.
1,09	1,50	1,93	2,39	2,62	0,53	0,53	0,55	0,61	0,61	0,80	0,91	1,10	1,14	" " Köslin.
2,25	3,28	3,69	3,74	4,23	.	.	0,72	0,91	0,96	1,04	1,14	1,34	1,61	" " Stralsund.
1,39	2,08	3,03	3,68	3,87	0,40	0,60	0,69	0,70	0,65	0,86	0,82	0,98	0,98	" " Posen.
1,15	1,98	3,06	3,26	3,80	0,50	0,62	0,[illegible]0	0,67	0,68	0,73	0,89	1,03	1,09	" " Bromberg.
2,40	2,66	3,63	4,21	4,19	0,50	0,61	0,61	0,59	0,62	1,69	0,83	0,99	1,00	" " Breslau.
2,74	2,90	4,48	5,37	5,21	0,35	0,47	0,53	0,58	0,61	0,70	0,81	1,05	1,12	" " Liegnitz.
2,19	2,62	2,81	3,35	3,03	0,[illegible]0	0,54	0,55	0,57	0,58	0,61	0,68	0,84	0,91	" " Oppeln.
3,17	4,05	4,66	4,89	5,41	0,66	0,70	0,70	0,73	0,85	0,94	1,12	1,13	1,55	" " Magdeburg.
3,95	4,57	5,18	5,90	5,72	0,60	0,61	0,62	0,69	0,74	0,80	0,95	1,09	1,34	" " Merseburg.
2,26	2,07	3,57	4,15	4,71	0,55	0,60	0,74	0,68	0,69	0,74	0,89	1,18	1,12	" " Erfurt.
.	3,34	3,33	4,22	4,73	0,90	0,71	0,74	0,87	0,98	1,15	1,44	1,60	1,85	Provinz Schleswig-Holstein.
1,93	2,02	2,93	2,89	2,92	0,63	0,68	0,75	0,79	0,88	1,03	1,22	1,52	1,63	" Hannover.
1,89	2,63	3,17	2,98	2,75	0,60	0,70	0,77	0,82	0,91	1,00	1,26	1,56	1,60	Reg.-Bez. Münster.
1,57	1,92	2,71	2,62	2,41	.	0,68	0,65	0,64	1,03	0,83	1,09	1,30	1,43	" " Minden.
4,00	2,94	2,94	1,87	2,45	0,55	0,70	0,74	0,80	1,04	1,20	1,40	1,89	1,90	" " Arnsberg.
2,39	2,59	2,63	3,20	2,96	0,53	0,59	0,61	0,67	0,75	0,81	0,98	1,24	1,33	" " Cassel.
1,61	4,14	3,28	4,53	4,02	.	0,85	0,85	0,77	0,88	1,16	1,23	1,63	1,78	" " Wiesbaden.
3,83	4,15	4,72	4,16	4,14	.	0,95	0,76	0,79	0,92	0,98	1,14	1,46	1,59	" " Coblenz.
1,95	2,23	3,06	3,10	3,17	0,24	0,29	0,52	0,39	0,76	0,88	0,96	1,19	1,33	" " Düsseldorf.
2,76	3,19	4,10	5,01	5,20	0,50	0,60	0,75	0,78	0,98	1,20	1,38	1,74	1,77	" " Cöln.
2,76	2,88	2,95	3,32	3,26	.	0,80	0,82	0,82	0,85	1,16	1,34	1,61	1,68	" " Trier.
1,85	.	.	1,13	2,81	0,70	0,80	0,83	0,93	1,00	1,16	1,40	1,76	1,74	" " Aachen.
.	3,59	4,65	5,99	5,63	.	.	.	.	.	0,98	1,23	1,85	1,81	Hohenzollernsche Lande.

Tabelle 9c.

Uebersicht der durchschnittlichen Versteigerungs- bezw. Verkaufspreise einiger Holz- und Rinden-Sortimente für die Etatsjahre 1883/84 bis 1892/93.

Bemerkungen: Wo die für Bau- und Nutzholz angegebene Grenze von über 0,5 bis einschließlich 1 fm Inhalt mit einer für den betreffenden Bezirk bestehenden Nutzholz-Taxklasse nicht zusammenfällt, sind die Ergebnisse der diesen Inhaltsgrenzen am meisten gleichkommenden Taxklasse durch schrägen Druck angegeben.
Bei der Eichen-Spiegelrinde sind Werbungskosten nicht berücksichtigt worden; im übrigen sind letztere bei den Preisangaben eingeschlossen.

Nr.	Regierungs-Bezirk	Der durchschnittliche Holzversteigerungs- (vom Etatsjahre 1886/87 einschl. ab Holzverkaufs-) Preis hat betragen für das Festmeter des Sortiments Bau- und Nutzholz von über 0,5 bis mit 1 fm Inhalt: Eichen in den Etatsjahren 1883 bis 1884	1884 bis 1885	1885 bis 1886	1886 bis 1887	1887 bis 1888	1888 bis 1889	1889 bis 1890	1890 bis 1891	1891 bis 1892	1892 bis 1893	Buchen (Eschen, Rüstern, Ahorn 2c.) in den Etatsjahren 1883 bis 1884	1884 bis 1885	1885 bis 1886	1886 bis 1887	1887 bis 1888	1888 bis 1889	1889 bis 1890	1890 bis 1891	1891 bis 1892	1892 bis 1893	Nr.
		Mark										Mark										
1	Königsberg	14,56	15,11	14,29	13,77	14,26	15,33	16,94	16,28	17,28	14,65	10,64	9,66	9,09	8,58	8,61	9,87	9,16	10,09	9,97	9,85	1
2	Gumbinnen	19,55	17,15	16,80	15,54	14,10	16,24	16,83	17,92	15,66	17,33	11,75	12,80	13,29	13,02	13,42	13,73	15,73	12,75	11,30	16,19	2
3	Danzig	12,31	13,30	13,90	12,38	13,08	11,04	10,15	10,59	11,26	10,22	11,24	10,81	11,34	9,37	10,92	9,60	8,27	7,24	10,25	9,73	3
4	Marienwerder	15,91	15,45	13,39	14,31	14,22	14,56	15,02	15,63	13,71	14,87	17,47	17,85	12,65	12,59	16,12	14,82	13,86	13,21	14,33	14,63	4
5	Potsdam	28,26	29,42	23,57	25,33	23,69	28,93	23,87	20,94	20,53	20,92	16,44	13,69	12,39	14,66	12,76	15,60	14,15	13,65	13,01	13,36	5
6	Frankfurt a. O.	22,34	22,17	22,51	21,36	24,22	23,53	25,07	24,05	23,67	27,23	16,45	17,76	15,90	18,00	17,56	16,67	16,57	16,60	14,53	15,74	6
7	Stettin	20,53	17,70	20,67	21,69	20,66	22,15	21,63	20,76	20,25	20,40	16,76	15,45	16,75	17,78	16,62	17,29	15,60	17,51	18,26	18,20	7
8	Köslin	*18,79*	*15,80*	*16,69*	15,58	18,01	14,03	15,73	14,07	13,56	13,54	*13,15*	*13,99*	*10,36*	8,32	11,47	10,97	12,11	10,68	10,22	11,14	8
9	Stralsund	25,21	21,82	20,14	23,66	22,18	20,24	22,46	21,57	25,35	24,74	21,55	17,11	16,68	16,16	16,98	16,06	16,06	14,29	14,03	19,19	9
10	Posen	16,03	16,28	16,66	14,60	15,68	13,87	15,60	15,03	15,00	15,04	18,68	14,75	13,11	13,06	11,21	9,00	10,29	10,88	11,74	11,17	10
11	Bromberg	16,31	12,66	14,66	13,22	14,32	13,25	14,35	14,63	12,93	15,03	19,94	20,56	17,10	16,11	12,63	14,01	14,81	13,97	15,43	10,86	11
12	Breslau	23,98	23,85	21,32	20,87	20,43	24,36	26,71	24,48	20,84	22,10	16,14	14,80	14,26	14,07	13,07	14,13	14,43	13,98	13,63	13,32	12
13	Liegnitz	22,23	20,84	21,04	23,10	16,98	16,73	25,05	19,90	18,33	21,05	15,27	11,59	10,00	11,76	12,94	12,19	15,55	13,81	11,60	11,69	13
14	Oppeln	23,12	20,97	21,67	21,12	18,73	20,07	25,85	26,98	33,84	20,16	13,72	14,28	12,08	14,30	11,77	11,06	14,31	14,70	13,97	14,84	14
15	Magdeburg	*25,20*	*25,94*	*23,01*	19,70	21,37	20,49	19,43	20,19	19,52	19,99	*18,37*	*18,02*	*15,93*	16,47	15,03	15,13	18,90	19,41	16,73	19,40	15
16	Merseburg	22,47	22,24	19,53	16,94	18,03	17,62	20,10	20,26	19,49	18,77	20,12	20,00	15,88	16,41	18,74	16,97	18,46	18,43	16,85	15,03	16
17	Erfurt	22,76	21,57	22,50	18,55	18,94	23,54	27,82	*23,92*	*26,13*	22,20	17,11	14,40	14,44	16,29	16,41	18,17	19,90	*16,39*	*16,57*	14,80	17
18	Schleswig	18,33	17,44	19,89	18,61	18,47	18,29	18,85	18,20	17,91	17,26	19,43	18,98	17,11	16,60	15,26	16,76	14,80	14,81	15,37	15,28	18
19	Hannover		18,57	17,22	17,07	16,49	18,27	19,59	21,85	20,40	22,70		13,85	10,50	9,33	9,07	8,89	9,85	9,93	10,43	8,99	19
20	Hildesheim		19,05	17,22	16,65	15,19	16,10	19,46	20,22	19,05	20,33		10,80	10,34	10,89	10,71	12,14	11,19	11,56	11,09	11,65	20
21	Lüneburg	17,70	19,48	18,40	16,98	17,70	17,20	18,75	20,46	20,64	18,68	10,14	12,07	14,17	9,81	12,33	11,29	12,15	12,23	12,60	13,08	21
22	Stade		14,39	15,18	13,90	15,02	17,24	16,55	16,58	19,10	17,06		6,48	6,48	8,75	7,69	12,21	12,33	11,73	12,76	13,40	22
23	Osnabrück mit Aurich		21,61	20,22	19,29	18,44	19,21	19,49	19,19	21,80	20,08		10,34	10,77	8,65	8,97	9,02	9,54	10,37	12,76	12,72	23
24	Münster	19,10	23,76	22,43	19,59	16,96	24,87	*26,25*	*27,86*	*27,23*	*28,91*	7,30	10,06	8,46	9,32	10,30	10,03	*12,87*	*11,07*	*12,83*	*12,62*	24
25	Minden mit Schaumburg	*17,30*	*16,63*	*16,25*	*15,98*	*16,06*	*16,27*	*18,44*	*21,58*	*21,55*	*21,41*	7,23	7,53	7,44	7,84	7,43	*7,68*	*8,32*	*8,82*	*8,93*	*8,13*	25
26	Arnsberg	20,39	19,14	20,52	19,50	18,06	18,14	20,97	22,05	22,51	22,42	8,57	8,73	8,95	9,01	8,73	8,99	7,69	8,19	8,84	8,18	26
27	Cassel ohne Schaumburg	19,12	19,20	18,31	18,10	17,15	18,41	21,89	22,59	21,87	22,58	10,36	9,83	10,01	7,99	9,14	9,38	9,62	9,60	9,56	9,73	27
28	Wiesbaden	*20,11*	*20,50*	*20,72*	*19,90*	*18,00*	*23,01*	*25,27*	*26,93*	*24,98*	*25,54*	*12,80*	*12,62*	*12,04*	*12,55*	*11,68*	*13,77*	*14,12*	*12,41*	*13,10*	*13,19*	28
29	Coblenz	*20,31*	*20,36*	*20,85*	*19,54*	19,78	18,57	18,34	23,76	25,36	26,41	*11,83*	*12,37*	*12,64*	*10,80*	13,98	11,53	7,82	8,45	15,48	10,78	29
30	Düsseldorf	*26,60*	25,75	26,63	25,45	26,42	28,23	29,38	31,13	31,84	29,62	*13,89*	12,69	17,53	15,51	13,67	15,53	15,12	19,45	16,82	19,88	30
31	Cöln	23,11	21,13	23,17	22,41	22,80	24,32	26,31	26,51	28,18	27,61	15,29	12,45	12,56	11,52	11,86	13,56	12,99	13,56	14,03	13,43	31
32	Trier	*18,28*	*18,14*	*18,51*	*18,27*	*17,87*	22,02	19,17	20,55	21,72	21,32	*6,74*	*7,53*	*7,59*	*9,23*	*6,82*	7,53	7,64	7,13	7,44	8,83	32
33	Aachen	19,68	19,11	20,72	18,80	17,20	19,65	20,95	21,56	22,07	19,13	8,03	8,18	7,55	8,42	8,04	7,79	7,60	7,64	8,44	8,67	33
	Staat	19,51	19,32	18,78	17,95	17,90	18,56	20,26	20,43	20,49	20,10	12,46	12,13	11,48	11,08	11,23	11,83	11,33	10,85	11,03	11,32	

(Die Werte 17,70 und 10,14 für 1883/84 gelten durch Klammer zusammengefasst für Nr. 19–23.)

Zu Tabelle 9c.

Der durchschnittliche Holzversteigerungs- (vom Etatsjahre 1886/87 einschl. ab Holzverkaufs-) Preis hat betragen für das Festmeter des Sortiments Bau- und Nutzholz von über 0,5 bis mit 1 Festmeter Inhalt

Nr.	Regierungs-Bezirk	Weiches Laubholz einschl. Birken, in den Etatsjahren: 1883 bis 1884	1884 bis 1885	1885 bis 1886	1886 bis 1887	1887 bis 1888	1888 bis 1889	1889 bis 1890	1890 bis 1891	1891 bis 1892	1892 bis 1893	Fichten, in den Etatsjahren: 1883 bis 1884	1884 bis 1885	1885 bis 1886	1886 bis 1887	1887 bis 1888	1888 bis 1889	1889 bis 1890	1890 bis 1891	1891 bis 1892	1892 bis 1893	Nr.
		Mark										Mark										
1	Königsberg	7,99	8,03	7,60	7,30	7,43	7,46	7,42	7,23	6,91	6,75	8,19	7,96	7,65	6,99	7,00	7,51	6,41	6,78	6,85	6,86	1
2	Gumbinnen	8,70	7,73	9,35	7,52	6,99	5,91	6,42	7,69	6,09	6,98	10,54	9,48	9,69	9,39	8,55	8,54	8,72	9,14	8,88	8,78	2
3	Danzig	8,39	8,78	7,63	9,03	8,40	8,00	5,93	8,55	8,35	8,61	9,39	.	8,82	7,56	8,55	7,07	9,46	9,29	9,41	8,43	3
4	Marienwerder	9,83	8,29	8,33	8,67	9,32	8,01	9,58	9,28	9,22	9,46	.	.	10,00	7,64	.	.	.	7,61	.	.	4
5	Potsdam	14,49	11,32	11,36	11,81	12,17	12,02	12,94	13,36	12,18	11,60	5,00	14,36	10,16	15,34	29,41	6,36	6,35	11,33	10,83	8,57	5
6	Frankfurt a. O.	13,77	13,97	15,01	12,97	13,05	13,03	13,12	12,02	12,43	12,33	10,74	11,67	12,23	12,78	12,08	12,09	12,49	13,60	13,11	12,94	6
7	Stettin	15,39	13,86	12,88	13,65	13,55	13,18	13,63	13,19	13,07	13,84	.	.	13,39	19,16	17,22	.	.	.	.	.	7
8	Köslin	8,84	7,73	6,71	7,04	8,36	7,89	8,00	8,89	8,24	8,12	11,54	10,00	6,50	9,86	11,03	11,39	10,11	11,52	8,58	8,99	8
9	Stralsund	12,75	11,08	11,90	15,31	11,09	13,50	11,80	9,66	10,73	14,29	.	.	.	.	.	10,03	.	.	.	.	9
10	Posen	10,86	10,00	9,78	10,00	10,00	9,09	11,04	9,60	10,55	9,67	9,75	7,93	7,31	7,02	.	7,51	8,26	9,14	9,06	7,73	10
11	Bromberg	13,99	9,95	10,35	10,11	10,32	10,15	10,17	11,57	11,31	9,93	.	.	.	.	.	.	.	.	.	.	11
12	Breslau	14,04	14,52	13,70	14,82	13,77	14,47	16,29	14,61	14,94	13,65	11,99	11,66	10,97	10,41	10,38	10,50	12,94	13,15	11,48	11,70	12
13	Liegnitz	14,28	14,87	15,59	15,36	14,54	10,46	18,53	14,83	18,42	13,99	13,73	9,69	13,80	11,62	10,09	12,14	14,16	12,95	12,69	12,57	13
14	Oppeln	9,90	8,64	11,80	10,73	9,45	10,77	11,91	12,79	11,70	13,51	7,66	8,36	8,08	7,86	7,72	8,15	8,84	10,00	8,84	8,91	14
15	Magdeburg	17,46	17,28	18,03	14,08	16,16	15,19	14,44	15,67	21,07	16,08	6,25	11,68	13,45	10,65	14,72	11,33	10,32	13,90	12,42	12,30	15
16	Merseburg	20,30	16,14	15,53	14,08	14,68	14,86	16,61	15,91	12,97	15,11	13,91	14,38	14,30	13,00	12,04	12,89	13,76	14,32	15,07	15,18	16
17	Erfurt	16,51	14,42	13,84	14,62	16,24	16,19	16,11	15,00	17,14	12,14	11,42	11,49	10,51	12,07	12,01	14,48	17,08	15,35	15,81	11,79	17
18	Schleswig	19,31	17,87	19,56	18,70	12,88	18,59	20,27	18,70	21,64	16,88	8,85	9,93	10,19	9,30	9,38	9,11	9,83	9,37	8,70	8,82	18
19	Hannover		14,34	14,45	15,53	12,63	14,79	15,38	17,01	17,37	17,43		14,02	13,42	12,24	12,52	12,82	15,48	17,81	16,86	15,17	19
20	Hildesheim		8,73	10,28	9,51	10,44	9,04	12,27	10,00	10,80	10,22		17,05	12,05	17,14	16,32	17,29	18,41	18,32	20,22	17,03	20
21	Lüneburg	10,36	11,13	8,64	9,31	9,39	9,15	9,66	9,21	13,66	12,78	13,09	10,07	11,62	11,85	11,22	12,43	13,10	13,35	14,24	13,49	21
22	Stade		7,38	6,20	9,60	8,17	9,41	5,66	6,62	6,30	6,49		10,49	9,24	8,80	9,12	10,47	10,16	9,82	11,56	10,19	22
23	Osnabrück mit Aurich		13,67	11,15	8,74	10,36	13,04	10,39	9,95	14,82	11,29		17,36	16,45	15,10	14,81	14,79	14,04	15,36	15,49	14,51	23
24	Münster	8,83	11,09	11,24	15,67	7,84	12,97	12,94	14,18	18,09	15,66	10,54	12,97	13,25	12,80	14,87	14,60	18,23	13,79	14,96	15,71	24
25	Minden mit Schaumburg	10,16	8,57	9,73	7,63	8,44	7,67	8,63	6,35	10,36	10,81	11,11	11,68	12,85	12,49	11,03	12,13	14,77	15,99	16,42	15,54	25
26	Arnsberg	7,23	6,40	15,88	7,75	11,29	9,59	9,42	9,60	6,95	8,55	11,76	12,02	11,90	11,25	11,32	12,84	14,11	16,26	15,04	14,45	26
27	Cassel ohne Schaumburg	10,27	10,79	10,50	9,94	9,70	9,06	10,21	10,47	9,96	9,41	13,08	12,92	12,08	12,66	13,15	13,16	15,33	16,14	16,59	15,53	27
28	Wiesbaden	15,21	10,42	10,73	11,15	9,52	9,08	9,34	16,45	13,10	13,12	11,84	11,68	11,02	10,25	11,10	13,63	14,34	16,57	14,33	13,41	28
29	Coblenz	8,39	9,38	9,17	11,04	10,14	7,96	10,56	9,65	10,20	10,17	11,57	12,04	11,99	12,22	12,51	13,42	12,32	12,46	13,20	11,28	29
30	Düsseldorf	15,33	12,03	12,41	13,56	11,51	12,55	12,49	13,80	10,02	14,44	7,44	14,86	.	.	9,92	.	.	.	.	.	30
31	Cöln	9,79	11,40	9,77	11,82	10,40	9,38	7,41	7,32	9,56	8,89	7,47	9,15	12,52	7,68	11,03	10,74	11,35	10,70	10,63	12,14	31
32	Trier	11,15	10,52	10,66	9,10	8,30	16,11	11,55	8,12	8,61	12,16	14,51	12,62	11,77	11,14	10,50	13,12	9,02	10,85	11,30	11,64	32
33	Aachen	7,13	10,71	11,15	7,74	10,02	9,41	8,59	10,23	9,27	7,78	11,11	11,51	10,93	9,70	10,60	10,77	10,48	11,57	10,37	10,53	33
	Staat	11,91	10,86	11,29	11,11	11,13	10,42	11,63	11,61	11,33	11,23	11,43	11,08	10,74	12,00	11,96	13,34	14,19	14,11	14,11	12,51	

Zu Tabelle 9c.

Nr.	Regierungs-Bezirk	Der durchschnittliche Holzversteigerungs- (vom Etatsjahre 1886/87 einschl. ab Holzverkaufs-) Preis hat betragen																				Nr.
		für das Festmeter des Sortiments Bau- und Nutzholz von über 0,5 bis mit 1 Festmeter Inhalt										für das Raummeter Brennholz-Scheite (Kloben)										
		Kiefern										Buchen (Eschen, Rüstern, Ahorn ꝛc.)										
		in den Etatsjahren										in den Etatsjahren										
		1883 bis 1884	1884 bis 1885	1885 bis 1886	1886 bis 1887	1887 bis 1888	1888 bis 1889	1889 bis 1890	1890 bis 1891	1891 bis 1892	1892 bis 1893	1883 bis 1884	1884 bis 1885	1885 bis 1886	1886 bis 1887	1887 bis 1888	1888 bis 1889	1889 bis 1890	1890 bis 1891	1891 bis 1892	1892 bis 1893	
		Mark										Mark										
1	Königsberg	7,42	7,15	7,27	7,03	6,90	7,20	8,66	8,66	8,62	8,28	3,26	3,59	3,13	3,05	2,95	3,15	3,45	3,33	3,39	3,23	1
2	Gumbinnen	8,47	7,45	7,50	7,11	7,09	7,53	7,72	8,03	7,58	8,09	2,96	3,88	2,95	2,79	2,78	2,60	2,60	2,57	2,64	2,97	2
3	Danzig	7,23	6,94	7,12	7,21	6,95	7,60	7,59	7,47	7,18	7,32	2,96	3,00	3,39	3,30	2,83	2,97	2,81	2,88	2,96	3,09	3
4	Marienwerder	7,46	7,29	7,44	7,06	6,88	7,74	8,54	9,02	8,01	8,27	3,69	3,68	3,57	3,29	3,48	3,69	3,95	3,93	4,07	3,99	4
5	Potsdam	11,03	11,14	10,47	10,94	11,24	10,10	13,20	12,59	11,78	11,74	4,69	5,08	5,55	5,65	4,68	5,17	5,54	5,19	4,95	4,89	5
6	Frankfurt a. O.	10,98	12,07	11,16	10,87	10,74	11,22	12,26	12,26	11,09	10,88	4,54	4,59	4,46	4,39	3,92	4,34	4,55	4,87	4,31	3,91	6
7	Stettin	9,41	9,31	9,75	10,18	10,66	10,98	11,69	11,69	11,39	11,46	4,94	5,41	5,22	5,46	5,18	4,85	5,06	5,30	5,61	5,33	7
8	Köslin	7,97	7,97	7,64	7,16	7,67	7,97	7,76	7,77	7,61	7,88	3,41	3,23	3,26	3,28	3,29	3,48	3,54	3,51	3,61	3,52	8
9	Stralsund	10,96	10,35	10,32	10,66	10,17	10,03	10,04	11,19	11,19	10,16	5,53	5,52	5,54	5,77	5,41	5,37	5,40	5,53	5,72	5,33	9
10	Posen	8,09	8,48	8,45	8,53	8,10	8,32	9,08	9,60	8,92	9,17	5,09	4,79	4,46	4,67	4,21	4,25	4,31	4,08	4,57	4,43	10
11	Bromberg	7,84	7,49	7,05	6,95	6,80	7,23	7,17	8,08	7,49	7,87	4,71	4,37	4,30	4,20	3,88	3,69	3,62	4,15	4,61	4,17	11
12	Breslau	12,35	12,12	11,75	11,02	11,19	11,64	13,00	13,16	12,24	12,26	4,14	4,26	4,16	3,72	3,50	3,38	3,84	4,12	4,20	3,97	12
13	Liegnitz	13,12	12,16	11,96	13,03	11,79	11,44	13,19	14,32	12,12	12,56	5,23	4,42	4,74	4,77	4,66	4,56	4,89	5,08	5,24	5,39	13
14	Oppeln	9,63	10,35	10,05	9,16	9,42	10,36	12,02	13,60	11,23	12,31	3,44	3,43	2,99	3,33	2,87	2,87	3,31	3,13	3,27	3,03	14
15	Magdeburg	13,19	12,69	11,90	11,56	11,89	12,77	12,41	13,95	11,92	12,11	7,09	6,71	6,83	6,67	6,48	6,37	6,27	6,12	6,76	5,99	15
16	Merseburg	12,92	12,42	12,84	16,25	12,57	13,31	12,95	13,10	13,36	14,26	6,77	6,24	6,15	6,14	6,15	5,91	6,16	5,76	6,14	5,88	16
17	Erfurt	11,87	.	.	12,45	14,52	9,57	13,43	11,21	12,38	10,38	6,49	8,26	6,61	6,90	6,71	7,17	6,98	6,93	7,35	6,84	17
18	Schleswig	9,61	9,17	8,44	9,29	9,91	9,20	10,60	11,02	10,28	9,92	6,68	7,13	6,86	7,29	6,90	6,74	7,16	6,83	6,96	7,19	18
19	Hannover		10,59	10,90	11,22	10,56	11,75	11,70	11,94	13,49	12,87		4,31	4,39	4,41	4,34	4,33	4,46	4,75	4,81	4,58	19
20	Hildesheim		11,09	10,35	10,31	10,84	12,93	10,79	10,21	13,18	10,96		4,35	4,54	4,68	4,36	4,19	4,26	4,46	4,79	3,23	20
21	Lüneburg	9,56	9,86	9,49	10,31	10,41	11,25	12,00	12,52	13,79	12,10	4,24	5,90	5,66	5,79	5,87	6,18	6,58	6,47	7,15	7,02	21
22	Stade		8,57	9,16	7,86	8,08	9,16	8,80	8,72	8,68	8,22		4,15	4,16	4,60	4,32	4,36	4,75	5,03	5,30	5,13	22
23	Osnabrück mit Aurich		11,35	9,89	9,38	9,27	10,23	9,54	9,97	9,82	10,10		3,05	3,24	3,38	3,58	3,74	4,33	4,77	5,45	5,26	23
24	Münster	8,42	9,72	12,64	12,22	9,39	12,28	13,14	13,46	12,69	13,80	3,38	3,44	3,54	3,58	3,64	3,68	3,85	3,79	4,67	4,18	24
25	Minden mit Schaumburg	9,39	11,31	9,61	9,76	8,23	10,32	10,57	12,31	12,89	12,80	2,63	2,78	2,91	2,90	2,86	2,82	2,83	2,90	3,05	3,12	25
26	Arnsberg	7,03	8,16	6,13	7,85	9,07	9,85	8,57	10,95	11,53	10,29	3,34	3,46	3,71	3,70	3,46	3,44	3,78	3,46	3,65	3,70	26
27	Cassel ohne Schaumburg	10,63	10,07	10,06	11,03	10,94	11,01	11,70	12,93	12,89	12,38	3,95	4,39	5,42	4,43	4,67	4,57	4,52	4,39	5,03	4,92	27
28	Wiesbaden	9,92	11,36	10,86	10,07	10,71	11,40	12,46	13,96	12,96	13,59	5,06	4,97	5,13	3,97	5,23	5,35	5,32	5,94	6,66	6,17	28
29	Coblenz	9,38	9,74	9,38	9,82	10,27	10,98	9,96	10,96	10,91	10,22	5,46	5,39	5,16	5,48	5,56	5,10	4,69	5,83	6,84	6,78	29
30	Düsseldorf	9,78	10,57	13,90	14,53	11,76	11,66	12,47	15,16	13,91	13,86	5,53	4,85	5,29	4,88	5,01	5,48	4,76	5,44	6,64	5,91	30
31	Cöln	9,03	7,18	8,43	10,24	8,93	8,00	10,12	10,16	10,88	10,03	6,43	5,86	5,79	5,98	5,52	5,62	5,39	5,55	5,84	5,45	31
32	Trier	6,83	8,08	7,33	8,73	10,69	11,16	9,72	10,66	11,34	8,45	3,96	4,28	4,10	4,18	4,03	3,88	3,77	3,98	4,10	4,74	32
33	Aachen	10,00	10,12	11,19	11,16	10,09	9,71	9,79	12,69	11,00	9,81	2,70	2,65	2,85	3,00	2,98	2,87	2,67	2,66	3,17	3,43	33
	Staat	9,15	9,25	9,24	9,31	9,21	9,46	10,23	10,59	9,92	10,11	4,52	4,75	4,82	4,69	4,61	4,53	4,57	4,65	4,99	4,98	

Zu Tabelle 9c.

Der durchschnittliche Holzversteigerungs- (vom Etatsjahre 1886/87 einschl. ab Holzverkaufs-) Preis hat betragen für das Raummeter Brennholz-Scheite (Kloben)

Nr.	Regierungs-Bezirk	Fichten in den Etatsjahren 1883 bis 1884	1884 bis 1885	1885 bis 1886	1886 bis 1887	1887 bis 1888	1888 bis 1889	1889 bis 1890	1890 bis 1891	1891 bis 1892	1892 bis 1893	Kiefern in den Etatsjahren 1883 bis 1884	1884 bis 1885	1885 bis 1886	1886 bis 1887	1887 bis 1888	1888 bis 1889	1889 bis 1890	1890 bis 1891	1891 bis 1892	1892 bis 1893	Nr.
		Mark										Mark										
1	Königsberg	2,44	2,80	2,67	2,61	2,52	2,76	2,31	2,36	2,46	2,46	2,15	2,36	2,54	2,42	2,06	2,03	2,47	2,52	2,53	2,50	1
2	Gumbinnen	2,61	2,79	2,81	2,77	2,72	2,68	2,50	2,37	2,69	2,72	1,96	2,23	2,43	2,48	2,08	1,98	2,22	2,22	2,38	2,49	2
3	Danzig	3,42	3,20	3,42	3,26	3,31	3,62	3,90	2,56	2,97	3,30	2,50	2,69	2,65	2,82	2,77	2,89	2,82	2,84	2,95	2,75	3
4	Marienwerder	2,79	2,68	1,86	.	2,04	3,00	3,00	4,83	4,48	4,03	2,75	2,63	2,68	2,71	2,60	2,77	2,80	2,79	3,11	3,00	4
5	Potsdam	5,13	4,44	3,99	2,11	5,19	4,95	4,41	5,13	5,46	3,98	4,14	4,60	5,53	5,18	4,24	4,43	4,81	5,34	5,36	4,90	5
6	Frankfurt a. O.	3,67	3,75	4,23	3,83	3,68	3,88	3,68	3,80	3,98	3,88	3,52	3,87	4,08	3,73	3,23	3,58	3,88	4,24	4,35	3,98	6
7	Stettin	2,82	.	.	4,00	3,05	3,20	3,33	4,18	4,06	4,01	3,11	3,65	4,19	4,11	3,71	3,44	4,01	4,54	4,49	4,37	7
8	Köslin	2,28	2,27	2,44	2,29	2,16	2,64	2,40	2,57	2,49	2,55	2,38	2,34	2,31	2,38	2,30	2,43	2,49	2,46	2,63	2,55	8
9	Stralsund	.	.	.	.	.	.	.	.	.	2,99	3,60	3,65	4,11	4,29	3,70	3,54	3,67	3,60	3,84	3,76	9
10	Posen	2,88	2,68	2,73	2,61	.	5,32	3,60	3,45	3,53	3,09	3,39	3,77	3,87	3,32	2,80	3,00	3,33	3,50	3,93	3,52	10
11	Bromberg	4,10	2,50	3,73	2,09	1,77	2,96	3,37	3,64	3,90	3,76	3,28	3,27	3,22	3,04	2,74	2,97	3,30	3,36	3,45	3,44	11
12	Breslau	3,65	4,04	3,93	3,72	3,47	3,53	3,86	4,09	4,34	3,83	3,86	3,97	4,21	4,05	3,66	3,36	3,46	3,41	4,56	4,53	12
13	Liegnitz	5,65	5,98	5,09	4,83	4,68	4,66	5,04	5,17	4,99	4,24	4,50	4,76	4,83	4,60	4,24	4,18	4,48	4,58	4,67	4,66	13
14	Oppeln	2,70	2,84	3,10	2,97	2,87	2,66	2,58	3,02	3,46	3,01	3,10	3,32	3,08	3,34	3,00	2,90	3,10	3,63	3,72	3,08	14
15	Magdeburg	3,65	3,67	2,76	2,83	2,95	3,76	4,50	4,30	3,96	2,61	4,16	4,10	4,20	4,09	3,60	3,55	3,98	3,78	3,74	3,64	15
16	Merseburg	5,38	5,20	5,35	5,37	5,21	5,30	5,01	4,79	4,90	5,40	5,21	4,91	4,95	4,80	4,73	4,53	4,46	4,36	4,77	4,86	16
17	Erfurt	3,84	4,55	3,79	3,74	4,00	4,44	4,25	4,27	4,65	3,82	3,80	3,27	3,98	3,65	3,69	4,03	4,88	4,39	4,75	3,03	17
18	Schleswig	3,75	3,88	4,08	4,59	3,50	3,44	3,77	3,82	3,29	3,55	3,60	3,70	4,21	4,58	4,10	4,34	4,52	4,43	4,14	4,39	18
19	Hannover		2,50	3,33	3,39	2,12	2,33	2,58	3,13	3,40	2,98		2,76	2,87	2,61	2,59	3,02	3,04	3,14	3,58	3,41	19
20	Hildesheim		4,12	3,00	3,31	3,57	2,68	3,67	2,38	4,49	3,29		2,90	2,31	2,53	2,41	2,64	3,03	2,82	3,04	2,80	20
21	Lüneburg	3,56	2,62	2,97	2,95	2,44	2,46	3,20	2,93	2,91	2,57	3,14	3,40	3,56	3,68	3,21	3,30	3,67	3,63	3,91	3,67	21
22	Stade		2,26	1,72	1,87	1,74	2,13	1,93	1,54	2,00	1,83		2,36	2,13	2,59	2,29	2,30	2,45	2,63	2,86	2,51	22
23	Osnabrück mit Aurich		1,79	2,15	2,34	.	1,98	2,66	2,57	3,04	1,97		2,22	1,91	1,62	2,63	1,79	2,34	2,39	2,91	2,63	23
24	Münster	2,57	1,50	.	.	2,12	.	3,39	3,03	2,79	2,57	2,86	2,23	2,32	2,81	1,68	2,58	3,11	3,67	3,70	2,61	24
25	Minden mit Schaumburg	2,20	2,11	1,85	1,71	2,03	2,22	2,52	2,28	3,30	2,55	3,06	2,82	2,89	2,72	2,96	2,48	2,63	2,56	2,84	2,63	25
26	Arnsberg	2,05	2,84	1,84	2,27	2,05	2,08	1,35	1,65	2,06	2,28	2,40	3,18	1,81	2,10	0,95	1,09	1,36	2,75	1,50	1,00	26
27	Cassel ohne Schaumburg	2,36	2,62	2,47	3,10	3,59	2,75	2,39	2,60	2,99	2,58	2,71	2,68	2,88	3,09	1,92	2,96	3,16	3,37	3,68	3,56	27
28	Wiesbaden	2,49	2,67	2,67	2,80	4,61	2,98	3,36	3,10	3,86	3,47	3,67	3,62	3,79	2,85	3,70	3,33	2,99	3,75	3,60	3,86	28
29	Coblenz	3,00	2,39	2,49	5,12	3,13	3,55	3,46	3,62	7,36	8,40	3,41	3,46	3,37	3,34	3,56	3,57	3,40	3,41	4,00	4,64	29
30	Düsseldorf	.	.	.	.	.	.	.	.	.	.	3,65	3,24	3,97	3,70	3,32	3,29	3,73	4,31	4,57	3,84	30
31	Cöln	.	.	.	.	.	.	.	.	.	.	4,18	4,18	4,37	3,95	4,02	4,14	4,67	4,38	4,41	4,22	31
32	Trier	2,09	2,44	2,57	2,75	2,95	2,43	1,69	3,02	2,81	2,19	3,05	3,21	3,46	3,36	3,31	3,34	3,25	3,42	3,68	3,77	32
* 33	Aachen	2,89	2,00	.	2,00	1,67	1,57	2,60	2,31	3,27	2,27	3,37	4,00	4,00	3,00	2,37	4,90	3,97	4,22	4,96	4,89	33
	Staat	2,87	3,31	3,14	3,10	3,01	2,93	2,65	2,89	3,16	2,99	3,17	3,38	3,65	3,53	3,08	3,17	3,39	3,56	3,85	3,62	

Zu Tabelle 9c.

Nr.	Regierungs-Bezirk	Der durchschnittliche Verkaufspreis hat betragen: für den Doppel-Centner (100 Kilogramm) Eichen-Spiegelrinde*) in den Etatsjahren							für das Festmeter Eichen-Borke in den Etatsjahren							für das Festmeter Borke von anderen Holzarten in den Etatsjahren							Nr.
		1886 bis 1887	1887 bis 1888	1888 bis 1889	1889 bis 1890	1890 bis 1891	1891 bis 1892	1892 bis 1893	1886 bis 1887	1887 bis 1888	1888 bis 1889	1889 bis 1890	1890 bis 1891	1891 bis 1892	1892 bis 1893	1886 bis 1887	1887 bis 1888	1888 bis 1889	1889 bis 1890	1890 bis 1891	1891 bis 1892	1892 bis 1893	
		Mark							Mark							Mark							
1	Königsberg	.	.	.	.	.	.	.	.	18,31	18,23	20,00	.	.	.	18,28	18,98	14,25	19,13	13,33	13,33	13,33	1
2	Gumbinnen	.	.	.	.	.	.	.	.	.	.	.	.	.	.	7,01	7,11	6,67	7,80	6,84	6,74	6,33	2
3	Danzig	3,10	3,04	3,00	2,62	2,14	1,96	2,67	.	.	14,99	.	.	.	.	.	.	.	.	.	.	.	3
4	Marienwerder	.	.	.	.	.	.	.	.	.	.	.	.	.	.	.	.	.	.	10,00	.	.	4
5	Potsdam	6,00	6,00	7,62	5,82	.	.	.	28,86	37,50	37,50	37,50	.	.	.	.	.	.	.	.	.	.	5
6	Frankfurt a. O.	2,08	3,06	2,46	3,20	2,72	4,48	.	.	.	.	.	.	.	.	.	.	.	.	.	.	.	6
7	Stettin	.	.	.	.	.	.	.	.	.	.	.	.	.	.	.	.	.	.	.	.	.	7
8	Köslin	4,80	4,60	4,70	4,82	.	.	.	24,00	24,02	24,00	24,00	24,00	21,76	24,00	.	28,57	.	.	.	.	.	8
9	Stralsund	.	.	.	.	.	.	.	.	.	.	.	.	.	.	.	.	.	.	.	.	.	9
10	Posen	3,62	3,36	3,78	3,82	3,96	3,30	3,75	.	.	.	.	.	.	.	.	.	.	.	.	.	.	10
11	Bromberg	.	3,00	3,00	3,00	3,00	3,00	.	30,00	.	.	.	.	.	.	.	.	.	.	.	.	.	11
12	Breslau	3,34	4,48	4,08	4,48	4,20	4,00	4,00	.	.	.	.	.	.	.	.	.	.	.	.	.	.	12
13	Liegnitz	4,68	4,82	4,26	4,78	4,00	4,00	4,00	.	.	.	.	.	.	.	8,26	8,41	9,80	10,11	24,60	10,58	9,31	13
14	Oppeln	2,42	4,80	3,76	3,74	.	.	.	.	.	.	.	.	.	.	.	.	.	.	.	.	.	14
15	Magdeburg	4,68	4,52	4,78	4,58	5,02	4,76	4,58	40,00	40,00	.	37,50	37,50	37,10	.	.	.	.	.	.	.	.	15
16	Merseburg	6,70	5,88	5,80	6,48	6,14	5,94	5,78	.	.	.	.	.	.	.	.	.	.	.	.	.	.	16
17	Erfurt	.	.	.	.	.	.	.	.	.	.	.	.	.	.	12,00	3,81	12,53	12,76	9,94	.	4,25	17
18	Schleswig	4,80	4,80	4,80	4,80	4,80	.	.	.	21,00	.	.	.	.	.	.	.	.	.	.	.	.	18
19	Hannover	4,88	3,95	3,56	3,35	4,33	3,64	3,49	15,26	15,14	14,70	31,35	25,66	30,13	34,29	.	.	.	.	.	.	.	19
20	Hildesheim	4,98	4,60	4,16	3,86	4,52	5,56	4,40	14,28	11,78	13,71	14,59	16,81	12,58	16,20	19,61	23,76	31,51	38,73	21,50	8,56	14,00	20
21	Lüneburg	2,76	3,56	3,66	1,84	3,66	3,74	3,66	16,83	18,27	15,21	15,00	12,50	.	.	.	.	.	.	.	.	.	21
22	Stade	2,02	1,90	2,04	1,76	1,50	2,00	.	13,26	14,50	11,49	12,00	7,49	.	.	.	.	.	.	.	.	.	22
23	Osnabrück mit Aurich	.	.	.	.	.	.	.	.	.	.	.	.	.	.	.	.	.	.	.	.	.	23
24	Münster	.	.	.	.	.	.	.	.	.	.	.	.	.	.	.	.	.	.	.	.	.	24
25	Minden mit Schaumburg	4,06	3,91	2,77	3,43	1,76	1,73	1,77	22,59	36,15	20,18	17,61	16,64	16,00	18,00	.	.	.	.	.	.	.	25
26	Arnsberg	5,00	5,00	5,18	3,20	4,62	4,68	.	.	.	.	.	37,23	.	30,72	.	.	.	.	.	.	.	26
27	Cassel ohne Schaumburg	7,66	7,04	6,07	6,35	6,44	6,60	7,77	16,66	20,43	15,58	17,93	14,11	15,19	21,35	.	.	.	.	10,00	.	.	27
28	Wiesbaden	4,34	4,70	5,56	5,68	3,34	5,26	4,14	.	.	.	.	.	.	.	.	.	.	.	.	.	.	28
29	Coblenz	6,09	6,87	6,69	7,36	7,49	6,99	5,50	.	.	.	.	.	.	.	37,51	.	.	.	.	.	.	29
30	Düsseldorf	5,16	6,10	6,90	4,60	5,56	3,46	4,02	.	.	.	.	.	.	.	.	.	.	.	.	.	.	30
31	Cöln	4,40	4,18	4,20	6,04	7,81	4,47	4,60	53,85	.	.	.	.	.	.	.	.	.	.	.	.	.	31
32	Trier	6,42	8,24	8,04	7,88	7,44	6,48	5,42	.	.	.	44,99	.	.	.	.	.	.	.	.	.	.	32
33	Aachen	6,60	6,42	7,58	6,26	5,44	5,79	5,11	11,67	45,96	11,67	12,75	10,00	11,67	11,67	.	.	.	.	.	.	.	33
	Staat	6,29	6,56	6,44	6,68	6,06	6,43	5,53	18,67	24,83	15,71	19,78	17,54	14,88	24,31	11,42	10,02	14,93	18,81	13,80	8,99	9,74	

*) In den Preisangaben für Eichen-Spiegelrinde sind die Werbungskosten nicht enthalten.

Tabelle 10.

Uebersicht

des

Brennmaterialien-Verbrauches von Berlin

in den Jahren 1860 bis 1892.

Tabelle

Jahr	Ueberschuß der Einfuhr über die								
	auf Wasserwegen an						auf Eisen-		
	Brennholz (darunter in fm)	Torf (darunter in rm)	Braunkohlen	Steinkohlen	Coaks	Mineralkohle (Spalte 4—6 zusammen)	Brennholz (darunter in fm)	Torf (darunter in rm)	Braunkohlen
1.	2.	3.	4.	5.	6.	7.	8.	9.	10.
1860	257 895 (429 825)	125 743 (419 143)	.	.	.	291 572	1 193 (1 989)	115 (384)	.
1861	238 292 (397 154)	110 000 (366 665)	.	.	.	240 502	990 (1 650)	.	.
1862	234 484 (390 806)	100 370 (334 568)	.	.	.	275 184	1 262 (2 104)	14 (47)	.
1863	293 581 (399 302)	118 551 (395 169)	.	.	.	207 249	1 069 (1 781)	3 (10)	.
1864	293 220 (488 700)	119 132 (397 106)	.	.	.	111 484	1 421 (2 368)	5 (17)	.
1865	208 829 (348 049)	102 632 (342 106)	.	.	.	172 542	1 412 (2 354)	5 (17)	.
1866	246 170 (410 284)	115 078 (383 593)	.	.	.	226 936	1 360 (2 267)	.	.
1867	231 128 (385 213)	86 920 (289 732)	.	.	.	174 048	2 102 (3 503)	37 (124)	.
1868	195 736 (326 226)	79 102 (263 673)	.	.	.	192 580	2 233 (3 721)	260 (868)	.
1869	244 057 (406 762)	90 518 (301 726)	.	.	.	195 130	5 540 (9 234)	12 (40)	.
1870	258 985 (431 641)	95 534 (318 446)	.	.	.	175 477	4 720 (7 867)	.	.
1871	252 010 (420 016)	82 019 (273 396)	.	.	.	283 241	5 502 (9 170)	19 (63)	.
1872	285 231 (475 385)	93 357 (311 191)	.	.	.	122 778	1 537 (2 562)	95 (317)	.
1873	295 744 (492 907)	85 618 (285 393)	.	.	.	52 350	4 914 (8 190)	145 (484)	.
1874	282 998 (471 664)	108 977 (363 255)	.	.	.	53 379	5 641 (9 402)	233 (778)	.
1875	275 886 (459 810)	112 453 (374 846)	15 713	30 903	2 763	49 379	60 737 (101 229)	904 (3 014)	194 608
1876	281 003 (468 338)	110 045 (366 817)	12 245	142 061	1 981	156 287	55 672 (92 786)	596 (1 988)	234 416
1877	277 439 (462 398)	85 119 (283 731)	2 434	131 178	3 327	136 939	27 139 (45 232)	50 (168)	221 222
1878	269 399 (448 999)	66 507 (221 690)	1 763	152 610	3 924	158 297	13 786 (22 977)	34 (112)	226 895
1879	291 557 (485 929)	79 207 (264 024)	10 622	129 958	16 749	157 329	8 540 (14 233)	5 (16)	242 753
1880	321 910 (536 517)	50 786 (169 286)	16 183	196 102	9 902	222 187	12 947 (21 578)	50 (165)	257 188
1881	231 752 (386 253)	35 851 (119 503)	16 899	103 390	4 815	125 104	11 925 (19 875)	52 070 (173 567)	212 213

*) **Bemerkung:** Es ist gerechnet worden 1 fm Brennholz = 0,6 Tonnen, 1 rm Torf = 0,3 Tonnen, 1 rm Braunkohlen = 0,75 Tonnen,

10.

Ausfuhr in Tonnen zu 1000 kg*)

bahnen an			zusammen an							
Steinkohlen	Coaks	Mineralkohle (Spalte 10—12 zusammen)	Brennholz (darunter in fm)	Torf (darunter in rm)	Braunkohlen	Steinkohlen	Coaks	Darrsteine (Briquettes)	Mineralkohle (einschl. Darrsteine) (Spalte 16—19 zusammen)	Jahr
11.	12.	13.	14.	15.	16.	17.	18.	19.	20.	21.
.	.	79 841	259 088 (431 814)	125 858 (419 527)	.	.	.	Für Darrsteine, welche überwiegend mit der Bahn zugeführt werden, lassen sich die Zahlen für 1860 bis 1874 überhaupt nicht, und für 1883 bis 1892 nicht gesondert angeben. Sie sind deshalb erst vom Jahre 1875 ab in Spalte 20, und vom Jahre 1883 ab in Spalte 4, 10, 16 und 20 mit berücksichtigt worden.	371 413	1860
.	.	124 989	239 282 (398 804)	110 000 (366 665)	.	.	.		365 491	1861
.	.	200 808	235 746 (392 910)	100 384 (334 615)	.	.	.		475 992	1862
.	.	254 235	240 650 (401 083)	118 554 (395 179)	.	.	.		461 484	1863
.	.	399 545	294 641 (491 068)	119 137 (397 123)	.	.	.		511 029	1864
.	.	424 067	210 241 (350 403)	102 637 (342 123)	.	.	.		596 609	1865
.	.	380 292	247 530 (412 551)	115 078 (383 593)	.	.	.		607 228	1866
.	.	436 026	233 230 (388 716)	86 957 (289 856)	.	.	.		610 074	1867
.	.	530 612	197 969 (329 947)	79 362 (264 541)	.	.	.		723 192	1868
.	.	531 232	249 597 (415 996)	90 530 (301 766)	.	.	.		726 362	1869
.	.	630 581	263 705 (439 508)	95 534 (318 446)	.	.	.		806 058	1870
.	.	609 492	257 512 (429 186)	82 038 (273 459)	.	.	.		892 733	1871
.	.	800 818	286 768 (477 947)	93 452 (311 508)	.	.	.		923 596	1872
.	.	834 883	300 658 (501 097)	85 763 (285 877)	.	.	.		887 233	1873
.	.	864 599	288 639 (481 066)	109 210 (364 033)	.	.	.		917 978	1874
805 832	28 750	1 029 190	336 623 (561 039)	113 357 (377 860)	210 321	836 735	31 513	24 878	1 103 447	1875
837 077	33 571	1 105 064	336 675 (561 124)	110 641 (368 805)	246 661	979 138	35 552	35 388	1 296 739	1876
667 925	20 071	909 218	304 578 (507 630)	85 169 (283 899)	223 656	799 103	23 398	38 095	1 084 252	1877
624 453	19 297	870 645	283 185 (471 976)	66 541 (221 802)	228 658	777 063	23 221	54 292	1 083 234	1878
631 921	24 190	898 864	300 097 (500 162)	79 212 (264 040)	253 375	761 879	40 939	79 877	1 136 070	1879
614 101	25 002	896 291	334 857 (558 095)	50 836 (169 451)	273 371	810 203	34 904	108 874	1 227 352	1880
682 984	32 387	927 584	243 677 (406 128)	87 921 (293 070)	229 112	786 374	37 202	148 874	1 201 562	1881

1 rm Steinkohlen = 0,8 Tonnen, 1 rm Coaks = 0,45 Tonnen, 1 rm Darrsteine = 1,0 Tonnen.

Ueberschuß der Einfuhr über die

Jahr	auf Wasserwegen an						auf Eisen-		
	Brennholz (darunter in fm)	Torf (darunter in rm)	Braun-kohlen	Stein-kohlen	Coaks	Mineralkohle (Spalte 4—6 zusammen)	Brennholz (darunter in fm)	Torf (darunter in rm)	Braun-kohlen
1.	2.	3.	4.	5.	6.	7.	8.	9.	10.
1882	208 124 (346 873)	18 077 (60 257)	23 393	107 097	1 217	131 707	9 343 (15 572)	100 (333)	194 770
1883	160 299 (267 165)	17 128 (57 093)	24 879	113 692	— 27	138 544	8 064 (13 440)	4 525 (15 083)	374 911
1884	155 577 (259 295)	12 242 (40 807)	21 755	144 513	— 1 319	164 949	28 555 (47 592)	5 698 (18 993)	403 360
1885	175 907 (293 178)	9 215 (30 717)	15 397	146 437	1 677	163 511	33 129 (55 215)	5 576 (18 587)	447 279
1886	170 163 (283 605)	8 701 (29 003)	14 891	144 861	2 710	162 462	33 658 (56 097)	6 703 (22 343)	542 799
1887	145 817 (243 028)	6 715 (22 383)	16 554	159 373	2 083	178 010	30 749 (51 248)	6 492 (21 640)	524 848
1888	169 830 (283 050)	5 430 (18 100)	20 587	185 227	— 5 550	200 264	36 529 (60 882)	8 554 (28 513)	589 733
1889	395 375 (658 958)	4 070 (13 567)	18 097	174 427	2 265	194 789	36 024 (60 040)	10 300 (34 333)	616 641
1890	147 117 (245 195)	3 300 (11 000)	24 154	240 198	— 340	264 012	43 556 (72 593)	12 141 (40 470)	588 469
1891	164 514 (274 190)	3 276 (10 920)	27 559	364 951	5 388	397 897	40 996 (68 327)	10 151 (33 837)	715 735
1892	150 384 (250 640)	2 725 (9 083)	21 969	371 035	3 407	396 411	42 409 (70 682)	8 657 (2 857)	771 497

Der Ueberschuß der Einfuhr über die Ausfuhr

1861	.	.	.	.	.	.	.	.	.
1864	.	.	.	.	.	.	.	.	.
1867	.	.	.	.	.	.	.	.	.
1871	.	.	.	.	.	.	.	.	.
1875	.	.	.	.	.	.	.	.	.
1880	.	.	.	.	.	.	.	.	.
1884	.	.	.	.	.	.	.	.	.
1888	.	.	.	.	.	.	.	.	.
1892	.	.	.	.	.	.	.	.	.

10.

Ausfuhr in Tonnen zu 1000 kg										
bahnen an			zusammen an							Jahr
Steinkohlen	Coaks	Mineralkohle (Spalte 10—12 zusammen)	Brennholz (darunter in fm)	Torf (darunter in rm)	Braunkohlen	Steinkohlen	Coaks	Darrsteine (Briquettes)	Mineralkohle (einschl. Darrsteine) (Spalte 16—19 zusammen)	
11.	12.	13.	14.	15.	16.	17.	18.	19.	20.	21.
817 120	55 087	1 066 977	217 467 (362 445)	18 177 (60 590)	218 163	924 217	56 304	158 312	1 356 996	1882
949 105		1 324 016	168 363 (280 605)	21 653 (72 176)	399 790	1 062 770		.	1 462 560	1883
938 442		1 341 802	184 132 (306 887)	17 940 (59 800)	425 115	1 081 636		.	1 506 751	1884
969 555		1 416 834	209 036 (348 393)	14 791 (49 304)	462 676	1 117 669		.	1 580 345	1885
1 029 282		1 572 081	203 821 (339 702)	15 404 (51 346)	557 690	1 176 853		.	1 734 543	1886
1 085 338		1 610 186	176 566 (294 276)	13 207 (44 023)	541 402	1 246 794		.	1 788 196	1887
1 167 420		1 757 153	206 359 (343 932)	13 984 (46 613)	610 320	1 347 097		.	1 957 417	1888
1 243 890		1 860 531	431 399 (718 998)	14 370 (47 900)	634 738	1 420 582		.	2 055 320	1889
1 279 324		1 867 793	190 673 (317 788)	15 441 (51 470)	612 623	1 519 182		.	2 131 805	1890
1 217 703		1 933 438	205 510 (342 517)	13 427 (44 757)	743 294	1 588 042		.	2 331 336	1891
1 142 967		1 914 464	192 793 (321 322)	11 382 (37 940)	793 466	1 517 409		.	2 310 875	1892

betrug danach pro Kopf der Bevölkerung im Jahre

11.	12.	13.	14.	15.	16.	17.	18.	19.	20.	21.
.	.	.	0,45 (0,75)	0,20 (0,67)	.	.	.	.	0,68	1861
.	.	.	0,47 (0,78)	0,19 (0,63)	.	.	.	.	0,81	1864
.	.	.	0,33 (0,55)	0,123 (0,41)	.	.	.	.	0,87	1867
.	.	.	0,31 (0,52)	0,14 (0,45)	.	.	.	.	1,08	1871
.	.	.	0,35 (0,58)	0,117 (0,39)	0,22	0,86	0,03	0,03	1,14	1875
.	.	.	0,31 (0,51)	0,05 (0,15)	0,25	0,74	0,03	0,10	1,12	1880
.	.	.	0,14 (0,23)	0,01 (0,03)	0,33	0,85		.	1,18	1884
.	.	.	0,14 (0,23)	0,01 (0,03)	0,41	0,91		.	1,32	1888
.	.	.	0,12 (0,20)	0,01 (0,03)	0,48	0,91		.	1,39	1892

Tabelle 11a.

Zusammenstellung der in den alten Provinzen ausgegebenen Jagdscheine für 1850/68.

Vom 1. August bis 31. Juli		Preußen	Brandenburg	Pommern	Posen	Schlesien	Sachsen	Westfalen	Rheinprovinz	Im Ganzen
1850/51	entgeltliche . . .	6 727	10 565	3 927	4 104	13 687	12 846	8 732	14 814	75 402
	unentgeltliche . . .	875	714	547	262	1 004	612	442	701	5 187
	zusammen . . .	7 602	11 279	4 474	4 366	14 691	13 458	9 174	15 515	80 559
1851/52	entgeltliche . . .	7 009	10 748	4 433	4 590	14 140	15 092	10 138	15 448	81 598
	unentgeltliche . . .	1 026	775	517	331	1 033	654	509	792	5 637
	zusammen . . .	8 035	11 523	4 950	4 921	15 173	15 746	10 647	16 240	87 235
1852/53	entgeltliche . . .	7 304	10 203	4 479	4 461	14 573	15 458	9 755	15 159	81 392
	unentgeltliche . . .	1 167	837	573	353	1 047	666	360	776	5 779
	zusammen . . .	8 471	11 040	5 052	4 814	15 620	16 124	10 115	15 935	87 171
1853/54	entgeltliche . . .	7 247	9 549	4 139	4 349	13 419	14 559	9 149	14 702	77 113
	unentgeltliche . . .	1 182	928	570	356	1 013	670	437	774	5 930
	zusammen . . .	8 429	10 477	4 709	4 705	14 432	15 229	9 586	15 476	83 043
1854/55	entgeltliche . . .	7 322	9 473	4 243	4 199	13 053	14 176	8 793	14 477	75 736
	unentgeltliche . . .	1 156	878	598	343	987	738	362	795	5 857
	zusammen . . .	8 478	10 351	4 841	4 542	14 040	14 914	9 155	15 272	81 593
1855/56	entgeltliche . . .	6 804	9 008	4 374	3 857	11 109	13 084	8 423	13 938	70 597
	unentgeltliche . . .	1 151	915	588	284	986	637	412	771	5 744
	zusammen . . .	7 955	9 923	4 962	4 141	12 095	13 721	8 835	14 709	76 341
1856/57	entgeltliche . . .	7 389	9 506	4 267	4 196	12 940	14 285	9 184	14 448	76 215
	unentgeltliche . . .	1 116	856	517	322	1 029	649	386	720	5 595
	zusammen . . .	8 505	10 362	4 784	4 518	13 969	14 934	9 570	15 168	81 810
1857/58	entgeltliche . . .	7 640	9 273	4 473	4 474	13 483	14 490	9 637	15 261	78 731
	unentgeltliche . . .	1 189	903	553	307	948	549	391	771	5 611
	zusammen . . .	8 829	10 176	5 026	4 781	14 431	15 039	10 028	16 032	84 342
1858/59	entgeltliche . . .	7 901	9 088	4 461	4 224	12 930	13 702	9 976	15 610	77 892
	unentgeltliche . . .	1 160	892	606	350	955	528	375	758	5 624
	zusammen . . .	9 061	9 980	5 067	4 574	13 885	14 230	10 351	16 368	83 516
1859/60	entgeltliche . . .	8 455	9 712	4 923	4 438	13 963	14 861	10 306	16 105	82 763
	unentgeltliche . . .	1 177	874	504	320	946	598	321	750	5 550
	zusammen . . .	9 632	10 586	5 487	4 758	14 909	15 459	10 627	10 855	88 313
1860/61	entgeltliche . . .	8 740	10 086	4 942	4 728	14 058	14 667	10 577	16 126	83 924
	unentgeltliche . . .	1 142	895	590	317	935	562	361	774	5 576
	zusammen . . .	9 882	10 981	5 532	5 045	14 993	15 229	10 938	16 900	89 500
1861/62	entgeltliche . . .	8 965	10 272	5 058	4 919	13 366	14 522	9 880	15 430	82 412
	unentgeltliche . . .	1 210	800	593	336	968	535	347	715	5 504
	zusammen . . .	10 175	11 072	5 651	5 255	14 334	15 057	10 227	16 145	87 916
1862/63	entgeltliche . . .	8 465	10 396	4 849	5 059	13 986	15 219	10 610	16 043	84 627
	unentgeltliche . . .	1 102	773	581	352	934	467	340	685	5 234
	zusammen . . .	9 567	11 169	5 430	5 411	14 920	15 686	10 950	16 728	89 861
1863/64	entgeltliche . . .	9 142	10 295	4 921	5 443	14 720	15 304	10 772	16 167	86 764
	unentgeltliche . . .	1 076	838	476	283	940	481	357	703	5 154
	zusammen . . .	10 218	11 133	5 397	5 726	15 660	15 785	11 129	16 870	91 918
1864/65	entgeltliche . . .	8 917	10 721	5 150	5 501	14 615	15 453	10 425	16 267	87 049
	unentgeltliche . . .	1 161	812	510	300	839	455	370	658	5 105
	zusammen . . .	10 078	11 533	5 660	5 801	15 454	15 908	10 795	16 925	92 154
1865/66	entgeltliche . . .	8 424	10 772	4 821	5 404	14 230	15 250	11 288	16 333	86 522
	unentgeltliche . . .	1 195	724	535	329	831	416	330	609	4 969
	zusammen . . .	9 619	11 496	5 356	5 733	15 061	15 666	11 618	16 942	91 491
1866/67	entgeltliche . . .	8 447	10 695	4 592	5 424	14 201	15 140	11 204	16 552	86 265
	unentgeltliche . . .	1 135	799	475	355	728	502	354	652	5 000
	zusammen . . .	9 582	11 494	5 067	5 779	14 939	15 642	11 558	17 204	91 265
1867/68	entgeltliche . . .	8 083	10 953	4 847	5 273	14 484	15 392	10 982	17 249	87 263
	unentgeltliche . . .	1 048	791	529	308	723	491	328	689	4 907
	zusammen . . .	9 131	11 744	5 376	5 581	15 207	15 883	11 310	17 938	92 170

Tabelle 11b.

Zusammenstellung der im ganzen Staate ausgegebenen Jagdscheine für 1868/69 bis 1892/93.

Vom 1. August bis 31. Juli		Ostpreußen	Westpreußen	Brandenburg	Pommern	Posen	Schlesien	Sachsen	Schleswig-Holstein	Hannover	Westfalen	Hessen-Nassau	Rheinprovinz	Hohenzollern	im Ganzen	Summa
1868/69	entgeltliche . .	*5 385*	*3 357*	*11 565*	*5 162*	*5 405*	*14 409*	*16 068*	*24*	*9 901*	*11 934*	*2 925*	*17 242*	.	*103 377*	
	unentgeltliche .	*619*	*459*	*837*	*535*	*319*	*729*	*472*	*7*	*53*	*368*	*1 892*	*728*	.	*7 018*	
	zusammen .	6 004	3 816	12 402	5 697	5 724	15 138	16 540	31	9 954	12 302	4 817	17 970	.	110 395	110 395
1869/70	entgeltliche . .	*5 610*	*3 611*	*10 998*	*5 134*	*5 588*	*14 694*	*16 389*	*35*	*10 233*	*11 791*	*6 051*	*17 108*	.	*107 242*	
	unentgeltliche .	*628*	*425*	*758*	*552*	*372*	*755*	*456*	.	*38*	*323*	*3 698*	*722*	.	*8 727*	
	zusammen .	6 238	4 036	11 756	5 686	5 960	15 449	16 845	35	10 271	12 114	9 749	17 830	.	115 969	115 969
1870/71	entgeltliche . .	*4 900*	*2 990*	*9 701*	*4 326*	*4 337*	*11 974*	*13 807*	*25*	*9 340*	*9 918*	*5 548*	*14 847*	.	*91 713*	
	unentgeltliche .	*451*	*404*	*659*	*426*	*295*	*689*	*398*	.	*35*	*278*	*384*	*640*	.	*4 659*	
	zusammen .	5 351	3 394	10 360	4 752	4 632	12 633	14 205	25	9 375	10 196	5 932	15 487	.	96 372	96 372
1871/72	entgeltliche . .	*5 797*	*3 482*	*11 240*	*5 176*	*4 788*	*13 918*	*14 700*	*40*	*10 371*	*11 337*	*6 051*	*16 365*	.	*103 265*	
	unentgeltliche .	*622*	*479*	*777*	*514*	*342*	*687*	*462*	.	*14*	*279*	*627*	*768*	.	*5 571*	
	zusammen .	6 419	3 961	12 017	5 690	5 130	14 605	15 162	40	10 385	11 616	6 678	17 133	.	108 836	108 836
1872/73	entgeltliche . .	*6 772*	*3 969*	*12 643*	*5 700*	*5 838*	*15 165*	*16 108*	*5 705*	*11 113*	*11 858*	*6 938*	*17 372*	*256*	*119 437*	
	unentgeltliche .	*676*	*497*	*783*	*497*	*363*	*665*	*423*	*159*	*40*	*307*	*584*	*669*	*41*	*5 704*	
	zusammen .	7 448	4 466	13 426	6 197	6 201	15 830	16 531	5 864	11 153	12 165	7 522	18 041	297	125 141	125 141
1873/74	entgeltliche . .	*7 153*	*4 018*	*13 038*	*5 982*	*6 106*	*15 784*	*16 406*	*9 033*	*11 712*	*13 055*	*6 942*	*18 670*	*324*	*128 223*	
	unentgeltliche .	*618*	*512*	*789*	*506*	*368*	*713*	*439*	*129*	*36*	*295*	*678*	*691*	*60*	*5 834*	
	zusammen .	7 771	4 530	13 827	6 488	6 474	16 497	16 845	9 162	11 748	13 350	7 620	19 361	384	134 057	134 057
1874/75	entgeltliche . .	*7 948*	*4 398*	*13 886*	*6 511*	*6 858*	*16 938*	*18 463*	*9 216*	*12 206*	*14 525*	*7 107*	*19 393*	*378*	*137 827*	
	unentgeltliche .	*653*	*562*	*833*	*496*	*381*	*770*	*427*	*96*	*32*	*306*	*627*	*747*	*107*	*6 037*	
	zusammen .	8 601	4 960	14 719	7 007	7 239	17 708	18 890	9 312	12 238	14 831	7 734	20 140	485	143 864	143 864
1875/76	entgeltliche . .	*7 873*	*4 936*	*14 213*	*6 556*	*7 102*	*16 519*	*17 363*	*9 349*	*12 647*	*14 282*	*7 167*	*19 416*	*367*	*137 790*	
	unentgeltliche .	*633*	*527*	*802*	*453*	*352*	*742*	*425*	*107*	*24*	*250*	*585*	*660*	*66*	*5 626*	
	zusammen .	8 506	5 463	15 015	7 009	7 454	17 261	17 788	9 456	12 671	14 532	7 752	20 076	433	143 416	143 416
1876/77	entgeltliche . .	*8 266*	*4 950*	*14 698*	*6 838*	*7 212*	*16 624*	*17 747*	*10 235*	*12 776*	*15 022*	*7 096*	*20 345*	*364*	*142 173*	
	unentgeltliche .	*680*	*517*	*696*	*439*	*356*	*698*	*422*	*118*	*15*	*319*	*728*	*709*	*76*	*5 773*	
	zusammen .	8 946	5 467	15 394	7 277	7 568	17 322	18 169	10 353	12 791	15 341	7 824	21 054	440	147 946	147 946
1877/78	entgeltliche . .	*8 102*	*5 244*	*15 219*	*7 135*	*7 684*	*17 624*	*18 750*	*10 168*	*13 214*	*15 236*	*7 362*	*20 806*	*322*	*146 866*	
	unentgeltliche .	*648*	*654*	*749*	*463*	*368*	*778*	*411*	*125*	*14*	*259*	*806*	*663*	*92*	*6 030*	
	zusammen .	8 750	5 898	15 968	7 598	8 052	18 402	19 161	10 293	13 228	15 495	8 168	21 469	414	152 896	152 896
1878/79	entgeltliche . .	*9 160*	*5 417*	*16 303*	*7 581*	*8 329*	*18 066*	*19 562*	*10 578*	*13 173*	*15 187*	*7 155*	*21 395*	*325*	*152 231*	
	unentgeltliche .	*706*	*660*	*763*	*514*	*343*	*744*	*375*	*147*	*26*	*264*	*828*	*676*	*82*	*6 128*	
	zusammen .	9 866	6 077	17 066	8 095	8 672	18 810	19 937	10 725	13 199	15 451	7 983	22 071	407	158 359	158 359
1879/80	entgeltliche . .	*9 140*	*5 821*	*15 923*	*7 638*	*8 062*	*17 100*	*18 041*	*9 935*	*12 535*	*14 962*	*6 435*	*20 368*	*337*	*146 297*	
	unentgeltliche .	*616*	*599*	*730*	*483*	*352*	*711*	*395*	*118*	*20*	*263*	*830*	*650*	*86*	*5 853*	
	zusammen .	9 756	6 420	16 653	8 121	8 414	17 811	18 436	10 053	12 555	15 225	7 265	21 018	423	152 150	152 150
1880/81	entgeltliche . .	*9 290*	*5 683*	*16 191*	*8 015*	*8 293*	*17 857*	*18 118*	*10 283*	*12 263*	*14 575*	*6 446*	*20 664*	*325*	*148 003*	
	unentgeltliche .	*704*	*644*	*811*	*479*	*328*	*717*	*408*	*132*	*14*	*274*	*836*	*670*	*74*	*6 091*	
	zusammen .	9 994	6 327	17 002	8 494	8 621	18 574	19 526	10 415	12 277	14 849	7 282	21 334	399	154 094	154 094
1881/82	entgeltliche . .	*9 913*	*6 045*	*16 711*	*8 122*	*8 887*	*18 642*	*19 130*	*10 166*	*12 392*	*15 282*	*6 826*	*20 959*	*221*	*153 296*	
	unentgeltliche .	*709*	*667*	*793*	*482*	*338*	*762*	*396*	*147*	*11*	*263*	*655*	*683*	*81*	*5 987*	
	zusammen .	10 622	6 712	17 504	8 604	9 225	19 404	19 526	10 313	12 403	15 545	7 481	21 642	302	159 283	159 283
1882/83	entgeltliche . .	*10 899*	*6 364*	*17 120*	*8 288*	*9 016*	*18 771*	*20 055*	*10 867*	*12 827*	*15 642*	*6 686*	*20 867*	*329*	*157 731*	
	unentgeltliche .	*634*	*603*	*848*	*436*	*363*	*752*	*411*	*135*	*10*	*333*	*796*	*629*	*88*	*6 038*	
	zusammen .	11 533	6 967	17 968	8 724	9 379	19 523	20 466	11 002	12 837	15 975	7 482	21 496	417	163 769	163 769
1883/84	entgeltliche . .	*10 417*	*6 184*	*17 355*	*8 382*	*8 853*	*17 906*	*20 012*	*11 052*	*13 495*	*16 553*	*6 907*	*21 682*	*353*	*159 151*	
	unentgeltliche .	*652*	*615*	*762*	*394*	*315*	*773*	*388*	*134*	*10*	*272*	*795*	*613*	*49*	*5 772*	
	zusammen .	11 069	6 799	18 117	8 776	9 168	18 679	20 400	11 186	13 505	16 825	7 702	22 295	402	164 923	164 923
1884/85	entgeltliche . .	*10 854*	*6 245*	*17 399*	*8 452*	*9 090*	*19 186*	*20 470*	*11 365*	*13 245*	*16 477*	*7 503*	*21 865*	*359*	*162 510*	
	unentgeltliche .	*650*	*655*	*781*	*442*	*360*	*763*	*374*	*123*	*1*	*236*	*655*	*610*	*45*	*5 695*	
	zusammen .	11 504	6 900	18 180	8 894	9 450	19 949	20 844	11 488	13 246	16 713	8 158	22 475	404	168 205	168 205

*

Zu Tabelle 11b.

Vom 1. August bis 31. Juli		Ostpreußen	Westpreußen	Brandenburg	Pommern	Posen	Schlesien	Sachsen	Schleswig-Holstein	Hannover	Westfalen	Hessen-Nassau	Rheinprovinz	Hohenzollern	im Ganzen	Summa
1885/86	entgeltliche . .	*11 726*	*6 744*	*18 203*	*8 785*	*9 730*	*19 826*	*21 275*	*12 035*	*13 329*	*16 918*	*7 249*	*22 257*	*355*	*168 432*	
	unentgeltliche .	*578*	*630*	*849*	*427*	*332*	*707*	*370*	*119*	*2*	*223*	*607*	*591*	*53*	*5 488*	
	zusammen .	12 304	7 374	19 052	9 212	10 062	20 553	21 645	12 154	13 331	17 141	7 856	22 848	408	173 920	173 920
1886/87	entgeltliche . .	*11 613*	*6 927*	*18 519*	*9 320*	*9 516*	*18 830*	*21 170*	*12 011*	*13 554*	*16 957*	*7 582*	*22 512*	*343*	*168 854*	
	unentgeltliche .	*598*	*665*	*842*	*469*	*346*	*682*	*360*	*123*	*4*	*233*	*577*	*577*	*52*	*5 528*	
	zusammen .	12 211	7 592	19 361	9 789	9 862	19 512	21 530	12 134	13 558	17 190	8 159	23 089	395	174 382	174 382
1887/88	entgeltliche . .	*11 568*	*6 923*	*19 165*	*9 590*	*9 915*	*20 025*	*21 956*	*12 440*	*14 262*	*17 644*	*7 698*	*23 018*	*359*	*174 563*	
	unentgeltliche .	*612*	*518*	*893*	*459*	*333*	*656*	*382*	*130*	*6*	*242*	*619*	*539*	*57*	*5 446*	
	zusammen .	12 180	7 441	20 058	10 049	10 248	20 681	22 338	12 570	14 268	17 886	8 317	23 557	416	180 009	180 009
1888/89	entgeltliche . .	*11 062*	*6 664*	*18 866*	*9 322*	*10 068*	*19 990*	*22 185*	*12 085*	*14 157*	*17 136*	*7 574*	*22 680*	*382*	*172 171*	
	unentgeltliche .	*672*	*609*	*820*	*439*	*332*	*548*	*348*	*115*	*3*	*233*	*581*	*564*	*47*	*5 311*	
	zusammen .	11 734	7 273	19 686	9 761	10 400	20 538	22 533	12 200	14 160	17 369	8 155	23 244	429	177 482	177 482
1889/90	entgeltliche . .	*11 529*	*7 434*	*19 505*	*10 169*	*10 599*	*20 066*	*22 555*	*12 837*	*15 009*	*18 060*	*8 111*	*22 836*	*386*	*179 096*	
	unentgeltliche .	*581*	*576*	*790*	*448*	*296*	*596*	*369*	*136*	*12*	*227*	*495*	*586*	*65*	*5 177*	
	zusammen .	12 110	8 010	20 295	10 617	10 895	20 662	22 924	12 973	15 021	18 287	8 606	23 422	451	184 273	184 273
1890/91	entgeltliche . .	*12 117*	*8 152*	*20 436*	*10 573*	*10 998*	*20 502*	*23 380*	*13 125*	*15 201*	*18 189*	*8 142*	*23 296*	*414*	*184 525*	
	unentgeltliche .	*634*	*555*	*76*	*422*	*323*	*608*	*325*	*123*	*12*	*221*	*459*	*521*	*52*	*5 018*	
	zusammen .	12 751	8 707	21 199	10 995	11 321	21 110	23 705	13 248	15 213	18 410	8 601	23 817	466	189 543	189 543
1891/92	entgeltliche . .	*12 556*	*8 161*	*20 536*	*10 161*	*11 062*	*20 497*	*23 496*	*13 058*	*14 979*	*17 476*	*8 117*	*23 369*	*384*	*183 852*	
	unentgeltliche .	*585*	*574*	*666*	*366*	*296*	*550*	*310*	*99*	*17*	*198*	*480*	*481*	*50*	*4 672*	
	zusammen .	13 141	8 735	21 202	10 527	11 358	21 047	23 806	13 157	14 996	17 674	8 597	23 850	434	188 524	188 524
1892/93	entgeltliche . .	*12 990*	*8 489*	*21 532*	*10 792*	*11 540*	*21 182*	*24 252*	*13 608*	*15 585*	*18 704*	*8 406*	*24 391*	*403*	*191 874*	
	unentgeltliche .	*628*	*577*	*766*	*364*	*297*	*578*	*346*	*101*	*10*	*222*	*468*	*489*	*54*	*4 900*	
	zusammen .	13 618	9 066	22 298	11 156	11 837	21 760	24 598	13 709	15 595	18 926	8 874	24 880	457	196 774	196 774

Tabelle 12.

Uebersicht über die Zahl der Personen, welche die Jagd ausüben.

Provinz	Es kamen auf je 1000 Personen						Es kamen auf ein Quadrat-Kilometer			Es kamen auf einen Jagdschein		
	der Gesammtbevölkerung			der männlichen über 20 Jahre alten Bevölkerung								
	im Jahre 1865/66	im Jahre 1880/81	im Jahre 1892/93	im Jahre 1865/66	im Jahre 1880/81	im Jahre 1892/93	im Jahre 1865/66	im Jahre 1880/81	im Jahre 1892/93	im Jahre 1865/66	im Jahre 1880/81	im Jahre 1892/93
	Jagdscheine, bezw. Personen, welche die Jagd ausüben									ein Jagdgebiet von Quadrat-Kilometern		
	1.	2.	3.	4.	5.	6.	7.	8.	9.	10.	11.	12.
Ostpreußen . .	3,19	5,17	6,95	12,3	20,8	34,8	0,151	0,270	0,368	6,47	3,70	2,72
Westpreußen . .		4,50	6,32		18,3	25,4		0,248	0,355		4,03	2,81
Brandenburg . .	4,39	4,47	5,41	15,3	17,4	18,9	0,289	0,426	0,559	3,47	2,35	1,79
Pommern . . .	3,72	5,52	7,34	14,3	21,8	28,8	0,178	0,282	0,370	5,63	3,53	2,70
Posen	3,76	5,06	6,76	14,9	21,6	29,1	0,198	0,298	0,409	5,05	3,36	2,45
Schlesien . . .	4,29	4,63	5,15	16,2	18,3	20,6	0,374	0,461	0,540	2,67	2,17	1,85
Sachsen . . .	7,66	8,45	9,53	27,9	31,5	36,1	0,621	0,773	0,974	1,61	1,29	1,03
Schleswig-Holstein	.	9,24	11,24	.	33,0	39,6	.	0,553	0,725	.	1,81	1,38
Hannover . . .	.	5,79	6,85	.	20,7	25,0	.	0,319	0,405	.	3,13	2,47
Westfalen . . .	6,97	7,27	7,79	24,9	26,6	30,1	0,578	0,735	0,937	1,74	1,36	1,07
Hessen-Nassau .	.	4,69	5,33	.	17,8	20,4	.	0,464	0,565	.	2,16	1,77
Rheinprovinz . .	5,07	5,27	5,28	17,9	19,0	19,9	0,632	0,791	0,922	1,58	1,26	1,08
Hohenzollern . .	.	5,87	6,92	.	21	26,3	.	0,349	0,400	.	2,86	2,50
Staat	4,78	5,65	6,57	17,6	21,3	25,0	0,423	0,442	0,565	2,39	2,26	1,77

Tabelle 13.

Ertrag der Jagdnutzung in Preußen im Jahre 1885/86.

(Entnommen dem Statistischen Handbuche für den Preußischen Staat, Band II, 1893.)

Nr.	Wildarten	Abschuß überhaupt im Staate Stück	Abschuß in den einzelnen Provinzen — Ostpreußen	Westpreußen	Stadtkreis Berlin	Brandenburg	Pommern	Posen	Schlesien	Sachsen	Schleswig-Holstein	Hannover	Westfalen	Hessen-Nassau	Rheinland	Hohenzollern	Geldwerth des gesammten abgeschossenen Wildes im Staate Mk.	Nr.
			Stück															
1.	2.	3.	4.	5.	6.	7.	8.	9.	10.	11.	12.	13.	14.	15.	16.	17.	18.	
	a. Haarwild.																	
1	Elchwild . .	9	9	.	.	.	.	.	.	.	.	.	.	.	.	.	442	1
2	Rothwild . .	14 986	204	217	.	4 443	1 111	490	2 804	1 957	289	1 306	427	768	970	.	580 542	2
3	Damwild . .	8 586	351	211	.	3 056	551	89	1 155	1 117	1 638	160	1	129	23	105	185 202	3
4	Rehwild . .	109 702	7 505	3 634	.	16 043	11 234	6 094	24 715	8 977	4 669	6 356	3 927	9 493	6 754	301	1 794 095	4
5	Schwarzwild .	9 391	118	163	.	1 652	567	37	718	881	90	1 230	1 158	956	1 821	.	229 538	5
6	Hasen . . .	2 373 499	102 519	71 488	62	193 527	78 615	211 785	731 484	416 805	78 663	125 268	100 050	50 077	210 679	2 477	5 209 310	6
7	Kaninchen . .	314 116	265	275	7	36 930	1 346	21 891	102 608	76 229	2 856	8 924	12 138	845	49 802	.	157 058	7
8	Füchse . . .	85 247	6 996	5 354	1	10 135	8 662	5 053	6 687	7 395	5 431	7 961	4 435	7 657	8 853	627	340 988	8
9	Dachse . . .	5 098	515	269	.	526	437	291	509	381	444	389	262	482	552	41	20 384	9
10	Fischottern . .	4 102	382	349	2	577	522	216	282	250	318	364	276	238	308	18	49 224	10
11	Wildkatzen . .	626	.	5	.	3	1	2	2	56	.	28	70	151	302	6	2 504	11
12	Baummarder .	5 614	576	280	.	661	603	320	1 020	438	301	337	218	427	387	46	67 368	12
13	Steinmarder .	5 340	296	306	1	561	380	383	864	581	404	393	236	422	453	60	53 400	13
14	Iltisse . . .	27 149	3 591	1 992	.	2 629	3 312	1 897	4 976	1 664	1 754	1 585	1 931	501	1 263	54	54 298	14
15	Wiesel . . .	23 593	469	288	3	1 158	502	898	15 438	1 596	602	631	524	466	963	55	.	15
16	Seehunde . .	592	3	104	.	.	19	.	.	.	285	181	.	.	.	.	5 920	16
17	Biber . . .	17	.	.	.	.	.	.	.	17	.	.	.	.	.	.	510	17
18	Wölfe . . .	4	1	.	.	1	.	.	.	.	.	.	.	.	2	.	.	18
	Zusammen[1])	2 987 671	123 800	84 935	76	271 902	107 862	249 446	893 262 [1])	518 344	97 744	155 113	125 653	72 612	283 132	3 790	8 750 783	

[1]) Einschließlich eines im Kreise Pleß (im Wildparke) erlegten Auerochsen.

Zu Tabelle 13.

Nr.	Wildarten	Abschuß überhaupt im Staate (Stück)	Abschuß in den einzelnen Provinzen (Stück): Ostpreußen	Westpreußen	Stadtkreis Berlin	Brandenburg	Pommern	Posen	Schlesien	Sachsen	Schleswig-Holstein	Hannover	Westfalen	Hessen-Nassau	Rheinland	Hohenzollern	Geldwerth des gesammten abgeschossenen Wildes im Staate Mk.	Nr.
1.	2.	3.	4.	5.	6.	7.	8.	9.	10.	11.	12.	13.	14.	15.	16.	17.	18.	
	b. Federwild.																	
1	Auerwild . .	397	1	3	.	6	5	13	111	11	.	18	122	104	3	.	1 890	1
2	Birkwild . .	6 036	300	19	.	882	3	478	2329	141	4	984	651	36	209	.	14 805	2
3	Haselwild . .	2 252	217	19	.	.	10	24	314	.	.	.	638	131	887	12	4 017	3
4	Feld- (Reb-) Hühner . .	2 521 868	151513	89405	61	206293	138309	292372	739726	328674	100095	142545	102324	35236	194447	868	1 938 871	4
5	Wachteln . .	102 839	6477	4538	1	5197	6736	15973	29037	5098	1247	4590	5743	2182	15625	395	30 852	5
6	Fasanen . .	139 628	2293	536	.	10503	4968	6733	101980	6704	993	494	1675	480	2269	.	508 486	6
7	Trappen . .	818	13	4	.	325	76	86	7	258	20	22	1	.	6	.	2 396	7
8	Waldschnepfen .	41 299	4676	1182	.	1832	4178	1269	5553	1142	5462	4880	5320	1804	3958	43	84 967	8
9	Bekassinen . .	52 011	5454	3622	.	6840	8521	6337	3549	1509	5883	5311	2009	537	2439	.	21 592	9
10	Wilde Schwäne	277	30	37	.	12	96	1	3	2	76	10	6	2	2	.	1 108	10
11	Wilde Gänse .	3 425	110	43	.	915	447	107	77	231	838	632	15	5	5	.	5 142	11
12	Wilde Enten .	270 071	24925	23315	.	43142	36124	25414	29056	12812	40893	26076	3843	1418	2965	88	264 832	12
13	Drosseln (Krametsvögel) .	1 295 702	74897	79080	.	166406	188616	37304	71678	71205	67543	288146	99238	2974	148588	27	194 355	13
14	Reiher . . .	16 400	1269	1376	.	3321	1795	1017	1138	925	2000	2115	404	291	724	25	. .	14
15	Kormorane . .	508	84	110	.	76	28	112	5	1	72	14	3	.	3	.	.	15
16	Stein-, Schrei- und Goldadler	158	31	12	.	18	28	8	41	3	10	3	1	.	3	.	.	16
17	Seeadler . .	34	4	1	.	3	6	1	4	1	8	5	1	.	.	.	.	17
18	Fisch- und Flußadler	50	3	6	.	12	1	.	19	3	4	.	1	.	.	1	.	18
19	Falken, Habichte, Weihen, Sperber, Bussarde	119 320	10666	6012	14	12026	9267	10788	33474	9222	5389	5567	5313	3910	7303	369	.	19
20	Uhus . . .	192	35	30	.	10	29	13	7	12	22	10	4	4	16	.	.	20
21	Sonstige Eulen	349	78	14	.	79	9	30	66	4	2	60	3	3	1	.	.	21
	Zusammen	4 573 634	283076	209364	76	457898	399252	398080	1018174	437958	230561	481482	227315	49117	379453	1 828	3 073 313	
	Hierzu a. Haarwild	2 987 671	123800	84935	76	271902	107862	249446	893262	518344	97744	155113	125653	72612	283132	3 790	8 750 783	
		7 561 305	406876	294299	152	729800	507114	647526	1911436	956302	328305	636595	352968	121729	662585	5 618	11 824 096	

Tabelle 14.

Uebersicht über die Bildung von Wald-Genossenschaften nach §§ 23 ff. des Gesetzes vom 6. Juli 1875 bis Ende 1893.

Regierungs-Bezirk	Das Verfahren zur Bildung von Wald-Genossenschaften ist durchgeführt in	für eine Fläche von
Köslin	1 Fall	120 ha
Posen	1 „	38 „
Merseburg	2 Fällen	135 „
Schleswig	1 Fall	157 „
Hildesheim	2 Fällen	45 „
Stade	4 „	202 „
Osnabrück	9 „	1 117 „
Aurich	1 Fall	53 „
Arnsberg	4 Fällen	343 „
Trier	1 Fall	52 „
im ganzen Staat	26 Fällen	2 262 ha

Tabelle

Nachweisung über die in Preußen

Regierungs-Bezirk	Größe der Sandschellen	Davon sind angrenzenden Ländereien		Nur theilweise oder in geringem Maaße gefahrbringend	Mit Deckungs- resp. Aufforstungs-Arbeiten ist der Anfang gemacht bei	Seit 1881 sind zur Aufforstung gelangt	Von den Sandschellen gehören zum Staatsforstbesitz
		gefährlich	nicht gefährlich				
	ha	ha	ha	ha	ha	ha	ha
Königsberg	2 798,17	1 840,11	958,06	1 223,30	167,12	1 242,40	.
Gumbinnen	3 964,23	1 630,30	2 333,93	877,30	476,25	221,50	.
Danzig	691,07	360,65	330,42	256,51	55,50	92,07	104,80
Marienwerder	5 906,00	1 811,00	4 095,00	44,00	329,00	1 036,00	40,00
Potsdam	2 943,07	914,00	2 029,07	312,09	390,17	1 290,79	10,00
Frankfurt a. O.	2 594,73	1 639,35	955,38	678,23	258,75	1 511,20	.
Stettin	834,15	569,67	264,48	209,42	199,03	219,41	.
Köslin	486,59	200,50	286,09	78,00	119,74	68,68	.
Stralsund	152,75	9,00	143,75	.	4,00	3,00	.
Posen	2 129,00	750,00	1 379,00	294,00	.	583,00	94,00
Bromberg	2 732,19	1 021,78	1 710,41	590,53	222,30	1 069,23	.
Breslau	75,55	25,64	49,91	25,24	7,04	64,95	.
Liegnitz	580,76	305,94	274,82	222,15	212,95	560,09	.
Oppeln	994,60	323,15	671,45	169,32	158,04	6,75	.
Magdeburg	1 091,93	438,20	653,73	180,58	46,95	229,93	.
Merseburg	574,33	151,45	422,88	75,80	13,50	726,98	.
Erfurt	.	.	.	.	.	.	.
Schleswig	850,63	152,99	697,64	64,30	36,57	103,43	96,59
Hannover	2 554,87	90,66	2 464,21	90,50	856,00	370,40	.
Hildesheim	.	.	.	.	.	.	.
Lüneburg	94,18	30,15	64,03	0,20	.	111,94	.
Stade	57,19	2,00	55,19	2,00	10,00	67,12	.
Osnabrück	235,00	112,50	122,50	106,50	81,00	1 705,87	.
Aurich	33,00	.	33,00	.	.	42,00	1,40
Münster	253,00	.	253,00	.	.	49,56	.
Minden	32,12	5,00	27,12	5,00	.	.	.
Arnsberg	0,01	.	0,01	.	.	.	.
Cassel	.	.	.	.	.	.	.
Wiesbaden	.	.	.	.	.	.	.
Coblenz	.	.	.	.	.	.	.
Düsseldorf	111,70	.	111,70	.	.	13,80	.
Cöln	.	.	.	.	.	.	.
Trier	.	.	.	.	.	.	.
Aachen	37,00	.	37,00	.	.	.	.
Sigmaringen	.	.	.	.	.	.	.
	32 807,82	12 384,04	20 423,78	5 504,97	3 643,91	11 390,10	346,79

15.

vorhandenen Sandschellen.

Bezüglich des Umfanges der gesammten Sandschellen folgen die einzelnen Bezirke auf einander, wie nachstehend angegeben:

1.	Marienwerder	mit 5 906,00 ha
2.	Gumbinnen	„ 3 964,23 „
3.	Potsdam	„ 2 943,07 „
4.	Königsberg	„ 2 798,17 „
5.	Bromberg	„ 2 732,19 „
6.	Frankfurt a. O.	„ 2 594,73 „
7.	Hannover	„ 2 554,87 „
8.	Posen	„ 2 129,00 „
9.	Magdeburg	„ 1 091,93 „
10.	Oppeln	„ 994,60 „
11.	Schleswig	„ 850,63 „
12.	Stettin	„ 834,15 „
13.	Danzig	„ 691,07 „
14.	Liegnitz	„ 580,76 „
15.	Merseburg	„ 574,33 „
16.	Köslin	„ 486,59 „
17.	Münster	„ 253,00 „
18.	Osnabrück	„ 235,00 „
19.	Stralsund	„ 152,75 „
20.	Düsseldorf	„ 111,70 „
21.	Lüneburg	„ 94,18 „
22.	Breslau	„ 75,55 „
23.	Stade	„ 57,19 „
24.	Aachen	„ 37,00 „
25.	Aurich	„ 33,00 „
26.	Minden	„ 32,12 „
27.	Arnsberg	„ 0,01 „
28.	Erfurt	„ —
29.	Hildesheim	„ —
30.	Cassel	„ —
31.	Wiesbaden	„ —
32.	Coblenz	„ —
33.	Cöln	„ —
34.	Trier	„ —

Bezüglich des Umfanges der gefahrbringenden Sandschellen folgen die einzelnen Bezirke auf einander, wie nachstehend angegeben:

1.	Königsberg	mit 1 840,11 ha
2.	Marienwerder	„ 1 811,00 „
3.	Frankfurt a. O.	„ 1 639,35 „
4.	Gumbinnen	„ 1 630,30 „
5.	Bromberg	„ 1 021,78 „
6.	Potsdam	„ 914,00 „
7.	Posen	„ 750,00 „
8.	Stettin	„ 569,67 „
9.	Magdeburg	„ 438,20 „
10.	Danzig	„ 360,65 „
11.	Oppeln	„ 323,15 „
12.	Liegnitz	„ 305,94 „
13.	Köslin	„ 200,50 „
14.	Schleswig	„ 152,99 „
15.	Merseburg	„ 151,45 „
16.	Osnabrück	„ 112,50 „
17.	Hannover	„ 90,66 „
18.	Lüneburg	„ 30,15 „
19.	Breslau	„ 25,64 „
20.	Stralsund	„ 9,00 „
21.	Minden	„ 5,00 „
22.	Stade	„ 2,00 „
23.	Erfurt	„ —
24.	Hildesheim	„ —
25.	Aurich	„ —
26.	Münster	„ —
27.	Arnsberg	„ —
28.	Cassel	„ —
29.	Wiesbaden	„ —
30.	Coblenz	„ —
31.	Düsseldorf	„ —
32.	Cöln	„ —
33.	Trier	„ —
34.	Aachen	„ —

Bemerkung: Die im fiskalischen Besitz befindlichen Sandschellen bestehen theils aus kürzlich neu erworbenen Flächen, theils aus Exerzierplätzen, die an die Militär-Verwaltung verpachtet sind, theils aus Aufschüttungen, die vom Ausheben von Kanälen herrühren, ꝛc.

Tabelle 16.

Nachweisung der dem Gesetze vom 17. März 1881 unterworfenen gemeinschaftlichen Holzungen.

Lfd. Nr.	Regierungs-Bezirk	Zahl der gemeinschaftlichen Waldungen	Umfang der gemeinschaftlichen Waldungen ha	Lfd. Nr.	Regierungs-Bezirk	Zahl der gemeinschaftlichen Waldungen	Umfang der gemeinschaftlichen Waldungen ha
					Uebertrag	215	16 272
1	Königsberg	26	2 153	19	Hannover	217	20 390
2	Gumbinnen	5	588	20	Hildesheim	507	47 429
3	Danzig	3	128	21	Lüneburg	682	25 256
4	Marienwerder . . .	15	666	22	Stade	84	3 923
5	Potsdam	12	593	23	Osnabrück	39	3 586
6	Frankfurt a. O. . . .	11	594	24	Aurich	.	.
7	Stettin	13	826	25	Münster	.	.
8	Köslin	3	73	26	Minden	10	1 892
9	Stralsund	.	.	27	Arnsberg	67	6 925
10	Posen	3	70	28	Cassel	267	24 352
11	Bromberg	3	115	29	Wiesbaden	.	.
12	Breslau	2	39	30	Coblenz	131	7 469
13	Liegnitz	3	140	31	Düsseldorf	4	63
14	Oppeln	1	277	32	Cöln	18	1 202
15	Magdeburg	13	730	33	Trier	47	6 215
16	Merseburg	46	1 816	34	Aachen	5	249
17	Erfurt	53	7 415	35	Sigmaringen . . .	.	.
18	Schleswig	3	49				
	Seite	215	16 272		Zusammen	2 293	165 223

Tabelle 17.

Uebersicht über die Organisation der Gemeindeforstverwaltung in Westfalen und der Rheinprovinz.

A. Provinz Westfalen.

a. Regierungs-Bezirk Münster.

Studienfonds-Oberförsterei Münster, verwaltet vom Provinzial-Schulkollegium, 695 ha.
1 Revierförster, 3 Schutzbeamte.

Außerdem sind etwa 1623 ha Gemeinde- und 1214 ha Stiftungsforsten vorhanden. Nur zwei Gemeinden haben technisch gebildete Forstschutzbeamte. Für einen Theil der Waldungen werden jährliche Wirthschaftspläne durch den Königlichen Oberförster in Münster und durch Privatforstbeamte aufgestellt. Die Oberaufsicht seitens der Regierung wird durch den Oberforstmeister zu Minden, der zugleich als solcher für Münster in Thätigkeit ist, wahrgenommen.

b. Regierungs-Bezirk Minden.

I. Forstraths-Bezirk Minden-Paderborn.

1. Gemeinde-Oberförsterei Paderborn, 8079 ha Gemeindewald.
   1 Oberförster, 32 Schutzbeamte und 5 Kgl. Förster im Nebenamt.
2. Stifts-Oberförsterei Büren, 2695 ha.
   1 Kgl. Oberförster, 4 Kgl. Förster.

II. Forstraths-Bezirk (Oberforstmeister-Bezirk) Minden-Minden.

3. Gemeinde-Oberförsterei Hözter, 5719 ha Gemeindewald, 751 ha gemeinschaftliche Holzungen.
   1 Oberförster, 41 Schutzbeamte und 1 Kgl. Förster im Nebenamt.

Zu Tabelle 17.

4. Verwaltungs-Bezirk für die Gemeinde- u. s. w. Waldungen des Kreises Wiedenbrück, 266 ha Gemeinde- und 3 ha Stiftungswald.
1 Revierverwalter (Forstassessor bei der Regierung zu Minden im Nebenamt), 1 Schutzbeamter.

5. Keinem besonderen Verwaltungs-Bezirke sind zugetheilt 178 ha Gemeindewald, 350 ha Stiftungswald und 27 ha gemeinschaftliche Holzungen in den Kreisen Herford, Minden, Lübbecke, Bielefeld und Halle.

III. Forstraths-Bezirk Minden-Schaumburg
(im Regierungs-Bezirk Kassel gelegen).

6. Stifts-Fischbecker Genossenschaftswald, 1065 ha.
1 Revierförster, 1 Schutzbeamter.

7. Unter Verwaltung des Königlichen Oberförsters zu Rumbeck 9 ha gemeinschaftliche Holzung.
8. Unter Verwaltung des Königlichen Oberförsters zu Hessisch-Oldendorf (Oberförsterei Zersen) 22 ha Gemeindewald.
9. Unter Verwaltung des Königlichen Oberförsters zu Obernkirchen 16 ha Stiftungsforst.
10. Unter Verwaltung des Königlichen Oberförsters zu Haste 10 ha Gemeindewald und 67 ha gemeinschaftliche Holzung.

c. Regierungs-Bezirk Arnsberg.

I. Forstraths-Bezirk Arnsberg-Siegen.

1. Gemeinde- und Haubergs-Oberförsterei Olpe (Kreis Olpe), 614 ha Gemeindeforsten, 790 ha Stiftungsforsten und 6596 ha Jahnschaften (Hauberge); außerdem 6031 ha Privatwaldungen, welche nicht zu Jahnschaften vereinigt sind.
1 Oberförster, 2 Schutzbeamte.

2. Gemeinde- und Haubergs-Oberförsterei Siegen (Kreis Siegen), 2196 ha Gemeinde- und Stiftungswaldungen, 34 129 ha Hauberge und 808 ha gemeinschaftliche Holzungen.
1 Oberförster.
Der Forstschutz wird von Haubergsschützen wahrgenommen.

3. Stifts-Oberförsterei Keppel (Kreis Siegen), 444 ha Stiftungsforsten.
1 Kgl. Oberförster im Nebenamt, 1 Schutzbeamter.

4. Außerdem gehören diesem Forstraths-Bezirk im Kreise Olpe 2448 ha gemeinschaftliche Holzungen an.

II. Forstraths-Bezirk Arnsberg-Meschede.

5. Gemeinde-Oberförsterei Warstein für einen Theil des Kreises Arnsberg, etwa 4700 ha Gemeindeforsten.
1 Oberförster, 7 Schutzbeamte.

6. Gemeinde-Oberförsterei Rüthen für einen Theil des Kreises Lippstadt, etwa 4300 ha Gemeindeforsten und 235 ha Stiftswaldungen.
1 Oberförster, 12 Schutzbeamte.

7. Gemeinde-Oberförsterei Brilon für einen Theil des Kreises Brilon, 6404 ha Gemeindeforsten.
1 Oberförster, 13 Schutzbeamte.

8. Gemeinde-Oberförsterei Winterberg für einen Theil des Kreises Brilon und die Gemeinde Wunderthausen im Kreise Wittgenstein, 6223 ha Gemeindeforsten und 1661 ha gemeinschaftliche Holzungen.
1 Oberförster, 18 Schutzbeamte.

9. Gemeinde-Oberförsterei Meschede für einen Theil der Kreise Brilon und Meschede, 6327 ha Gemeindeforsten und 586 ha gemeinschaftliche Holzungen.
1 Oberförster, 17 Schutzbeamte.

10. Gemeinde-Oberförsterei Marsberg für einen Theil des Kreises Brilon, 2297 ha Gemeindeforsten.
1 Kgl. Oberförster im Nebenamt, 9 Schutzbeamte.

11. Die gemeinschaftlichen Holzungen im Kreise Brilon von 1386 ha sind bis auf Weiteres dem Königlichen Oberförster zu Glindfeld unterstellt.
12. Die übrigen innerhalb des Forstraths-Bezirks in den Kreisen Arnsberg, Lippstadt, Meschede, Brilon und Wittgenstein gelegenen Holzungen (257 ha Gemeindeforsten, 707 ha Stiftungsforsten und 454 ha Genossenschaftswaldungen) stehen unter unmittelbarer Aufsicht der Königlichen Regierung bezw. des Regierungs- und Forstrathes.

III. Forstraths-Bezirk (Oberforstmeister-Bezirk) Arnsberg-Arnsberg.

13. Gemeinde-Oberförsterei Arnsberg für Theile der Kreise Arnsberg, Soest und Iserlohn, 4757 ha Gemeindeforsten.
1 Oberförster, 25 Schutzbeamte.

14. Die übrigen unter Aufsicht der Königlichen Regierung stehenden Gemeinde- und Stiftungsforsten in den Kreisen Arnsberg, Soest, Iserlohn, Altena, Hagen, Hamm, Dortmund und Bochum (1664 ha Gemeinde- und 1184 ha Stiftungsforsten) sind zu Gemeinde-Oberförstereien nicht vereinigt. Ein Theil derselben (143 ha Gemeinde- und 682 ha Stiftungsforsten) wird von einem technisch gebildeten städtischen Forstverwalter bezw. dem Gemeinde-Oberförster zu Olpe und durch Königliche Forstbeamte verwaltet; der Rest (2023 ha) steht unter unmittelbarer Aufsicht der Königlichen Regierung bezw. des Regierungs- und Forstrathes.

B. Rheinprovinz.

a. Regierungs-Bezirk Coblenz.

I. Forstraths-Bezirk (Oberforstmeister-Bezirk Coblenz-Soon.)

1. Gemeinde-Oberförsterei Stromberg (Kreis Kreuznach), 5558 ha einschl. 27 ha Stiftungswaldung und 21 ha gemeinschaftliche Holzungen.
1 Oberförster, 8 Schutzbeamte und 1 Kgl. Förster im Nebenamt.

*

Zu Tabelle 17.

2. Gemeinde-Oberförsterei Sobernheim (Kreis Kreuznach), 6020 ha einschl. 18 ha Stiftungswaldung.
1 Oberförster, 9 Schutzbeamte.

3. Gemeindeforsten des vormals Hessen-Homburgischen Oberamtes Meisenheim mit 2964 ha einschl. 9 ha Stiftungswaldung werden durch den Verwalter der Königlichen Oberförsterei Meisenheim mit verwaltet. Der Forstschutz ist den Königlichen Förstern dieser Oberförsterei übertragen.

II. Forstraths-Bezirk Coblenz-Hunsrück.

4. Gemeinde-Oberförsterei Simmern, 8577 ha einschl. 2 ha Stiftungswaldung und 29 ha gemeinschaftliche Holzungen.
1 Oberförster, 14 Schutzbeamte.

5. Gemeinde-Oberförsterei Cappel (Kreis Simmern), 6647 ha einschl. 15 ha Stiftungswaldung.
1 Oberförster, 11 Schutzbeamte und 1 Kgl. Waldwärter im Nebenamt.

6. Gemeinde-Oberförsterei Zell, 10189 ha einschl. 29 ha Stiftungswaldungen.
1 Oberförster, 9 Schutzbeamte und 1 Kgl. Förster im Nebenamt.

7. Gemeinde-Oberförsterei Büchenbeuern (Kreis Zell), 7321 ha einschl. 1 ha Stiftungswaldung.
1 Oberförster, 10 Schutzbeamte.

8 Gemeinde-Oberförsterei St. Goar, 7894 ha einschl. 15 ha Stiftungswaldung.
1 Oberförster, 11 Schutzbeamte.

9. Gemeinde-Oberförsterei Halsenbach (Kreis St. Goar und die auf der rechten Moselseite gelegenen Gemeinde-Waldungen des Kreises Mayen), 9000 ha einschl. 3 ha Stiftungswaldung und 35 ha gemeinschaftliche Holzungen.
1 Oberförster, 12 Schutzbeamte.

III. Forstmeister-Bezirk Coblenz-Eifel.

10. Gemeinde-Oberförsterei Treis (Kreis Cochem), 8753 ha einschl. 53 ha Stiftungswaldung.
1 Oberförster, 11 Schutzbeamte (einschl. eines ständigen Hilfsjägers).

11. Gemeinde-Oberförsterei Cochem, 7767 ha einschl. 20 ha Stiftungswaldung und 30 ha gemeinschaftliche Holzungen.
1 Oberförster, 9 Schutzbeamte.

12. Gemeinde-Oberförsterei Mayen, 8014 ha einschl. 167 ha Stiftungswaldung.
1 Oberförster, 13 Schutzbeamte.

13. Gemeinde-Oberförsterei Coblenz (Stadt- und Landkreis Coblenz und Bürgermeisterei Engers des Kreises Neuwied), 6744 ha einschl. 66 ha Stiftungswaldung.
1 Oberförster, 13 Schutzbeamte (einschl. 2 ständiger Hilfsjäger und 1 Kgl. Waldwärter im Nebenamt).

14. Gemeinde-Oberförsterei Ahrweiler, 5240 ha einschl. 49 ha Stiftungswaldung.
1 Oberförster, 12 Schutzbeamte.

15. Gemeinde-Oberförsterei Adenau, 8144 ha einschl. 184 ha Stiftungswaldung.
1 Oberförster, 8 Schutzbeamte und 1 Kgl. Förster im Nebenamt.

16. Gemeinde-Oberförsterei Kelberg (Kreis Adenau), 7088 ha einschl. 331 ha Stiftungswaldung.
1 Oberförster, 8 Schutzbeamte.

IV. Forstraths-Bezirk Coblenz-Westerwald.

17. Gemeinde-Oberförsterei Rengsdorf (Kreis Neuwied), 5225 ha einschl. 26 ha Stiftungswaldung und 290 ha Märkerwaldung.
1 Oberförster, 7 Schutzbeamte.

18. Gemeinde-Oberförsterei Linz (Kreis Neuwied), 3244 ha einschl. 44 ha Stiftungswaldung.
1 Oberförster, 6 Schutzbeamte.

19. Gemeinde-Oberförsterei Urbach (Kreis Neuwied), 6283 ha einschl. 596 ha Märkerwaldung.
1 Oberförster, 13 Schutzbeamte.

20. Gemeinde-Oberförsterei Altenkirchen, 6055 ha einschl. 197 ha Stiftungswaldung, 683 ha Märkerwaldung und 4781 ha gemeinschaftliche Holzungen. 1 Oberförster, 8 Schutzbeamte.

21. Gemeinde-Oberförsterei Kirchen (Kreis Altenkirchen), 2769 ha einschl. 33 ha Stiftungswaldung und 2573 ha gemeinschaftliche Holzungen, (wird zur Zeit durch den Königlichen Oberförster in Kirchen im Nebenamt mit verwaltet).
4 Schutzbeamte und 5 Kgl. Förster im Nebenamt.

22. Gemeinde-Oberförsterei Wetzlar I, 5146 ha einschl. 146 ha Stiftungswaldung.
1 Oberförster, 8 Schutzbeamte und 1 Kgl. Förster im Nebenamt.

23. Gemeinde-Oberförsterei Braunfels (Kreis Wetzlar), 6810 ha einschl. 4 ha Stiftungswaldung.
1 Oberförster, 13 Schutzbeamte und 1 Kgl. Förster aus dem Regierungs-Bezirk Wiesbaden im Nebenamt.

24. Gemeinde-Oberförsterei Wetzlar II, 5929 ha.
1 Oberförster, 10 Schutzbeamte.

25. Außerdem sind dem Forstraths-Bezirk Coblenz-Westerwald 7763 ha Haubergsforsten in den Bürgermeistereien Kirchen, Daaden und Gebhardshain des Kreises Altenkirchen unterstellt, welche unter der Aufsicht eines Forstsachverständigen stehen. Der Forstschutz wird größtentheils von hierzu angestellten Haubergsschützen, zum Theil aber auch von Gemeindeförstern im Nebenamt wahrgenommen.

b. Regierungs-Bezirk Düsseldorf

mit etwa 3742 ha Gemeinde- und Stiftungsforsten unter der Leitung des Oberforstmeisters der Königlichen Regierung. Besonders zu bemerken sind hiervon:

1. Der Duisburger Stadtwald, etwa 510 ha.
1 Forstverwalter, 1 Schutzbeamter.

Zu Tabelle 17.

2. Der Gemeindewald von Brüggen und Bracht, etwa 750 ha.
   1 Forstverwalter (Kgl. Oberförster) im Nebenamt, 1 Schutzbeamter.
3. Die Bergischen Schulfonds-Waldungen, etwa 75 ha.
   1 Forstverwalter (Kgl. Oberförster) im Nebenamt, 1 Schutzbeamter.
4. Der zum Waisenhaus in Steele gehörige Henrichenburger Wald bei Castrop, etwa 70 ha.
   1 Forstverwalter (Kgl. Oberförster) im Nebenamt, 1 Schutzbeamter.
5. Der Gemeindewald von Barmen, etwa 77 ha.
   1 Schutzbeamter.
6. Der Gemeindewald von Solingen, etwa 60 ha.
   1 Schutzbeamter.
7. Der Gemeindewald von Wermelskirchen, etwa 60 ha.
   1 Schutzbeamter.
8. Der Gemeindewald von Remscheid, etwa 29 ha.
   1 Schutzbeamter.
9. Der Pfarrwald von Lüttringhausen, etwa 32 ha.
   1 Schutzbeamter.

Die übrigen Gemeinde- und Stiftungsforsten des Regierungs-Bezirks sind von geringem Umfang und bilden keine besonderen Verwaltungs-Bezirke. Der Schutz der kleinen getrennt liegenden Abspliße ist den benachbarten Privatförstern oder den Gemeinde-Flurhütern übertragen.

c. Regierungs-Bezirk Cöln.

9800 ha Gemeinde- und Stiftungsforsten unter der Leitung des Oberforstmeisters der Regierung. Hiervon werden nebenamtlich verwaltet:

durch den Königlichen Oberförster zu Siegburg 2130 ha im Kreise Sieg mit 2 Gemeindeförstern und 2 Gemeindeforstaufsehern,
" " " " " Bonn 104 " in der Bürgermeisterei Villip des Landkreises Bonn,
1017 " der Stadt Rheinbach und der Gemeinden Hilberath und Wormersdorf im Kreise Rheinbach mit 1 Gemeindeförster und 1 Kgl. Förster im Nebenamt,
" " " " " Brühl 1558 " im Kreise Bergheim mit 4 Gemeindeförstern,
646 " im Kreise Euskirchen mit 1 Gemeindeförster,
" " " " " Bensberg 76 " der Stadt Bergisch-Gladbach und des Pastorats zu Solingen mit 2 Kgl. Förstern im Nebenamt,
" " Privatforstverwalter zu Schloß Homburg bei Nümbrecht 309 ha des Kreises Gummersbach.

Keinem Verwaltungs-Bezirke zugetheilt sind:

im Landkreise Bonn	232 ha,	
" " Cöln	22 "	
" Kreise Mülheim a. Rh.	422 "	
" " Rheinbach	2554 "	mit 2 Gemeindeförstern,
" " Waldbroel	151 "	
" " Wipperfürth	579 "	

Der Schutz der Abspliße ist zumeist den betreffenden Feldhütern übertragen.

d. Regierungs-Bezirk Trier.

I. Forstraths-Bezirk Trier-Saarbrücken.

1. Gemeinde-Oberförsterei Saarbrücken, 6016 ha (einschl. Kreis Ottweiler).
   1 Oberförster, 15 Schutzbeamte.
2. Gemeinde-Oberförsterei Baumholder, 8969 ha (Kreis St. Wendel).
   1 Oberförster, 14 Schutzbeamte.
3. Gemeinde-Oberförsterei Saarlouis, 4304 ha.
   1 Oberförster, 10 Schutzbeamte.

II. Forstraths-Bezirk Trier-Hochwald.

4. Gemeinde-Oberförsterei Merzig, 6818 ha.
   1 Oberförster, 13 Schutzbeamte.
5. Gemeinde-Oberförsterei Rhaunen, 5280 ha (Kreis Berncastel).
   1 Oberförster, 6 Schutzbeamte.
6. Gemeinde-Oberförsterei Thalfang, 4998 ha (Kreis Berncastel).
   1 Oberförster, 7 Schutzbeamte.
7. Gemeinde-Oberförsterei Berncastel, 6814 ha.
   1 Oberförster, 9 Schutzbeamte.
8. Gemeinde-Schutzbezirk Kempfeld, 227 ha, steht unter Verwaltung des Königlichen Oberförsters zu Kempfeld.

III. Forstraths-Bezirk (Oberforstmeister-Bezirk) Trier-Saarburg.

9. Gemeinde-Oberförsterei Saarburg, 11 795 ha (einschl. 2052 ha Gehöferschaftswaldungen).
   1 Oberförster, 17 Schutzbeamte und 1 Kgl. Förster im Nebenamt.

Zu Tabelle 17.

IV. Forstraths-Bezirk Trier-Trier.

10. Gemeinde-Oberförsterei Trier-West, 7926 ha (einschl. 426 ha Gehöferschaftswaldungen).
1 Oberförster, 14 Schutzbeamte.

11. Gemeinde-Oberförsterei Trier-Ost, 7652 ha (einschl. 338 ha Gehöferschaftswaldungen).
1 Oberförster, 14 Schutzbeamte.

12. Gemeinde-Oberförsterei Hermeskeil, 9307 ha (einschl. 1479 ha Gehöferschaftswaldungen).
1 Oberförster, 9 Schutzbeamte.

13. Gemeinde-Oberförsterei Bitburg, 10 217 ha.
1 Oberförster, 22 Schutzbeamte.

V. Forstraths-Bezirk Trier-Eifel.

14. Gemeinde-Oberförsterei Wittlich, 8774 ha.
1 Oberförster, 12 Schutzbeamte.

15. Gemeinde-Oberförsterei Manderscheid (Kreis Wittlich), 7737 ha.
1 Oberförster, 12 Schutzbeamte.

16. Gemeinde-Oberförsterei Daun, 7662 ha.
1 Oberförster, 7 Schutzbeamte.

17. Gemeinde-Oberförsterei Hillesheim (Kreis Daun) 7958 ha.
1 Oberförster, 9 Schutzbeamte.

18. Gemeinde-Oberförsterei Prüm, 7522 ha.
1 Oberförster, 17 Schutzbeamte und 1 Kgl. Förster im Nebenamt.

Außer den hier aufgeführten Schutzbeamten giebt es noch sogenannte Mitwaldhüter, welche aus der Zahl der Gemeinde-Angehörigen entnommen werden und nur den Forstschutz wahrzunehmen haben.

e. Regierungs-Bezirk Aachen.

I. Forstraths-Bezirk Aachen-Schleiden.

1. Verwaltungs Bezirk Blankenheim (Kreis Schleiden), 7317 ha.
1 Oberförster, 7 Schutzbeamte.

2. Verwaltungs-Bezirk Gemünd (Kreis Schleiden), 1136 ha.
1 Kgl. Oberförster im Nebenamt, 12 Schutzbeamte.

3. Verwaltungs-Bezirk Schleiden, 1244 ha.
1 Kgl. Oberförster im Nebenamt, 11 Schutzbeamte.

4. Verwaltungs-Bezirk Montjoie, 9973 ha.
1 Oberförster, 15 Schutzbeamte.

5. Verwaltungs-Bezirk Burtgenbach (Kreis Malmedy), 6339 ha.
1 Oberförster, 8 Schutzbeamte.

6. Verwaltungs-Bezirk Sct. Vith (Kreis Malmedy), 5989 ha.
1 Oberförster, 4 Schutzbeamte.

7. Verwaltungs-Bezirk Hürtgen (Kreis Düren), 994 ha einschl. 29 ha Kirchenwald.
1 Kgl. Oberförster im Nebenamt, 4 Schutzbeamte.

Der 59 ha große Niederwald der Gemeinde Thum wird vom Gemeindevorstand verwaltet.

II. Forstraths-Bezirk (Oberforstmeister-Bezirk) Aachen-Aachen.

8. Verwaltungs-Bezirk Burtscheid (Kreise Aachen und Eupen), 5564 ha.
1 Oberförster, 21 Schutzbeamte.

9. Verwaltungs-Bezirk Hambach (Kreise Düren, Jülich und Erkelenz), 2413 ha.
1 Kgl. Oberförster im Nebenamt, 4 Schutzbeamte.

10. Verwaltungs-Bezirk Wenau (Kreis Düren), 992 ha.
1 Kgl. Oberförster im Nebenamt, 6 Schutzbeamte.

11.	Verwaltungs-Bezirk	Gangelt	(Kreis Geilenkirchen),	126 ha.	2 Schutzbeamte.
12.	"	Scherpenserl	(" "),	350 "	2 "
13.	"	Brachelen	(" "),	67 "	1 "
14.	"	Havert	(" Heinsberg),	27 "	
15.	"	Wassenberg	(" "),	270 "	1 "
16.	"	Wehr	(" "),	30 "	1 "

Zu 11 bis 16 wird die Verwaltung durch nicht technisch gebildete Personen geführt.

Tabelle 18a.

Zusammenstellung der in den Staatsforsten beim Forst- und Jagdschutze vorgekommenen Tödtungen und Verwundungen für 1817/65.

Jahr	Forstbeamte sind durch Wilddiebe und Holzfrevler				Wild- und Holzdiebe sind durch Forstbeamte bei gerechtfertigtem Waffengebrauch				nicht gerechtfertigtem Waffengebrauch				Zusammen			
	getödtet	schwer verwundet	leicht verwundet	Gesammtzahl der Fälle	getödtet	schwer verwundet	leicht verwundet	Gesammtzahl der Fälle	getödtet	schwer verwundet	leicht verwundet	Gesammtzahl der Fälle	getödtet	schwer verwundet	leicht verwundet	Gesammtzahl der Fälle
1817/27 durchschnittlich jährlich . .	2	11	Angabe fehlt										0,5	0,8	1,5	2,8
1828/36 jährlich	2	5	Angabe fehlt										0,3	1,0	0,7	2
1837	2	4	2	8	.	.	1	1	.	.	.	.	.	.	1	1
1838	1	4	5	10	1	2	4	7	.	.	.	.	1	2	4	7
1839	1	4	.	5	4	1	.	5	1	.	1	2	5	1	1	7
1840	.	7	.	7	1	2	6	9	4	2	2	8	5	4	8	17
1841	2	8	1	11	1	6	9	16	1	6	8	15	2	12	17	31
1842	1	3	3	7	4	2	10	16	1	4	11	16	5	6	21	32
1843	4	4	2	10	5	4	10	19	1	6	10	17	6	10	20	36
1844	2	4	5	11	3	1	8	12	6	4	4	14	9	5	12	26
1845	5	4	2	11	4	3	6	13	3	9	10	22	7	12	16	35
1846	2	4	3	9	3	3	9	15	2	3	12	17	5	6	21	32
1847	1	7	3	11	5	5	5	15	1	1	6	8	6	6	11	23
1848	.	7	4	11	4	3	2	9	1	1	2	4	5	4	4	13
1849	4	10	9	23	7	9	5	21	.	6	6	12	7	15	11	33
1850	1	10	3	14	.	3	7	10	.	4	1	5	.	7	8	15
1851	1	12	5	18	1	3	9	13	.	.	1	1	1	3	10	14
1852	2	4	3	9	.	6	3	9	.	2	2	4	.	8	5	13
1853	2	4	1	7	1	.	.	1	.	.	5	5	1	.	5	6
1854	.	3	1	4	2	3	1	6	.	.	2	2	2	3	3	8
1855	.	5	1	6	.	1	.	1	1	.	1	2	1	1	1	3
1856	4	5	.	9	.	2	1	3	.	1	2	3	.	3	3	6
1857	.	5	1	6	1	1	.	2	.	1	2	3	1	2	2	5
1858	3	3	1	7	.	4	1	5	.	2	2	4	.	6	3	9
1859	1	2	2	5	.	1	5	6	.	2	2	4	.	3	7	10
1860	.	3	.	3	1	4	2	7	.	2	2	4	1	6	4	11
1861	.	1	1	2	2	5	3	10	.	1	1	2	2	6	4	12
1862	1	2	.	3	1	.	1	2	.	.	.	.	1	.	1	2
1863	1	1	1	3	2	2	3	7	.	.	1	1	2	2	4	8
1864	4	2	1	7	.	3	4	7	.	1	.	1	.	4	4	8
1865	2	6	3	11	3	2	3	8	.	1	.	1	3	3	3	9
Zusammen 1837/65	47	138	63	248	56	81	118	255	22	59	96	177	78	140	214	432
also durchschnittlich jährlich . . .	1,62	4,76	2,17	8,55	1,93	2,79	4,07	8,79	0,76	2,03	3,31	6,10	2,69	4,83	7,38	14,90

Für die Jahre 1866/93 ergeben sich die betreffenden Zahlen aus Tabelle 18b.

Tabelle 18b.

Zusammenstellung der in den Staatsforsten beim Forst- und Jagdschutze vorgekommenen Tödtungen und Verwundungen während der Jahre 1866 bis 1893.

Jahr	Forstbeamte sind durch Wilddiebe und Forstfrevler				Bei Ausübung des Forstschutzes in den königlichen Forsten sind außerdem Personen, welche nicht dem zum Waffengebrauche berechtigten Forstschutz-Personale angehörten,				Vom Forstschutz-Personale sind durch Wilddiebe und Forstfrevler zusammen.				Wilddiebe und Forstfrevler sind durch Forstbeamte bei gerechtfertigtem Waffengebrauch				Wilddiebe und Forstfrevler sind durch Forstbeamte bei ungerechtfertigtem Waffengebrauch				Wilddiebe und Forstfrevler sind durch Personen, welche mit Ausübung des Forstschutzes in den kgl. Forsten betraut waren, aber nicht dem zum Waffengebrauch berechtigten Forstschutz-Personale angehörten, im Stande der Nothwehr				dto. ungerechtfertigter Weise				Wilddiebe und Forstfrevler sind zusammen			
	getödtet	schwer verwundet	leicht verwundet	Gesammtzahl der Fälle	getödtet	schwer verwundet	leicht verwundet	Gesammtzahl der Fälle	getödtet	schwer verwundet	leicht verwundet	Gesammtzahl der Fälle	getödtet	schwer verwundet	leicht verwundet	Gesammtzahl der Fälle	getödtet	schwer verwundet	leicht verwundet	Gesammtzahl der Fälle	getödtet	schwer verwundet	leicht verwundet	Gesammtzahl der Fälle	getödtet	schwer verwundet	leicht verwundet	Gesammtzahl der Fälle	getödtet	schwer verwundet	leicht verwundet	Gesammtzahl der Fälle
1866	.	7	1	8	1	3	.	4	1	10	1	12	4	.	3	7	1	.	.	1	.	1	.	1	.	.	.	.	5	1	3	9
1867	3	2	1	6	1	.	.	1	4	2	1	7	3	1	4	8	1	.	1	2	.	.	.	.	.	.	.	.	4	1	5	10
1868	.	5	1	6	1	.	.	1	1	5	1	7	3	6	3	12	.	.	.	.	.	.	.	.	.	.	.	.	3	6	3	12
1869	2	7	1	10	.	.	.	.	2	7	1	10	2	3	4	9	.	2	.	2	.	.	.	.	.	.	.	.	2	5	4	11
1870	2	4	.	6	.	1	.	1	2	5	.	7	2	3	1	6	1	1	1	3	.	.	.	.	.	.	.	.	3	4	2	9
1871	2	1	1	4	.	1	.	1	2	2	1	5	.	.	3	3	.	1	1	2	1	.	.	1	.	.	.	.	1	1	4	6
1872	3	2	1	6	1	3	.	4	4	5	1	10	.	2	3	5	1	2	2	5	.	.	.	.	.	.	.	.	1	4	5	10
1873	3	3	2	8	.	2	.	2	3	5	2	10	4	4	2	10	2	1	.	3	.	.	.	.	.	.	.	.	6	5	2	13
1874	1	3	1	5	.	.	.	.	1	3	1	5	3	3	2	8	.	.	.	.	.	1	.	1	.	.	.	.	3	4	2	9
1875	3	2	1	6	1	.	.	1	4	2	1	7	4	3	4	11	.	.	1	1	.	.	.	.	.	1	1	2	4	4	6	14
1876	1	1	2	4	.	2	.	2	1	3	2	6	1	2	.	3	.	.	.	.	.	.	.	.	.	.	.	.	1	2	.	3
1877	.	3	.	3	1	.	.	1	1	3	.	4	3	3	2	8	1	.	1	2	.	.	.	.	.	.	.	.	4	3	3	10
1878	2	2	2	6	.	.	.	.	2	2	2	6	5	.	4	9	.	.	.	.	.	.	.	.	.	.	.	.	5	.	4	9
1879	.	2	1	3	1	.	.	1	1	2	1	4	2	1	4	7	.	.	.	.	.	.	.	.	.	.	.	.	2	1	4	7
1880	2	2	.	4	.	1	.	1	2	3	.	5	1	2	7	10	.	2	.	2	1	.	.	1	.	.	.	.	2	4	7	13
1881	.	2	1	3	.	.	.	.	.	2	1	3	2	4	2	8	2	.	.	2	.	.	.	.	.	.	.	.	4	4	2	10
1882	1	3	1	5	.	.	.	.	1	3	1	5	4	3	5	12	.	.	.	.	.	2	.	2	.	.	.	.	4	5	5	14
1883	.	2	.	2	.	.	.	.	.	2	.	2	2	5	4	11	1	1	.	2	.	.	.	.	1	.	.	1	4	6	4	14
1884	2	3	.	5	.	.	1	1	2	3	1	6	2	2	1	5	.	1	.	1	.	.	.	.	1	.	.	1	3	3	1	7
1885	2	2	.	4	.	.	.	.	2	2	.	4	3	3	1	7	2	.	.	2	.	.	.	.	.	.	.	.	5	3	1	9
1886	1	2	.	3	.	.	.	.	1	2	.	3	4	2	.	6	.	.	.	.	.	.	.	.	.	.	.	.	4	2	.	6
1887	2	2	1	5	.	.	.	.	2	2	1	5	.	4	2	6	.	.	.	.	.	.	.	.	.	.	.	.	.	4	2	6
1888	.	3	1	4	.	.	.	.	.	3	1	4	.	1	.	1	.	.	.	.	.	.	.	.	.	.	.	.	.	1	.	1
1889	1	.	1	2	.	.	1	1	1	.	2	3	.	1	1	2	.	.	.	.	.	.	.	.	.	.	.	.	.	1	1	2
1890	.	4	1	5	1	1	.	2	1	5	1	7	2	1	.	3	.	.	.	.	.	.	.	.	.	.	.	.	2	1	.	3
1891	.	.	2	2	.	.	.	.	.	.	2	2	1	1	2	4	.	.	.	.	.	.	.	.	.	.	.	.	1	1	2	4
1892	2	1	.	3	.	.	.	.	2	1	.	3	3	5	.	8	.	.	.	.	.	.	.	.	.	.	.	.	3	5	.	8
1893	1	2	1	4	.	.	.	.	1	2	1	4	.	2	.	2	.	.	.	.	.	.	.	.	.	.	.	.	.	2	.	2
Zusammen 1866/93 .	36	72	24	132	8	14	2	24	44	86	26	156	60	67	64	191	12	11	7	30	2	4	.	6	2	1	1	4	76	83	72	231
Also durchschnittlich jährlich . .	1,28	2,57	0,86	4,71	0,29	0,50	0,07	0,86	1,57	3,07	0,93	5,57	2,14	2,39	2,29	6,82	0,43	0,39	0,25	1,07	0,07	0,14	.	0,21	0,07	0,04	0,04	0,15	2,71	2,96	2,58	8,25

Tabelle 19a.

Zusammenstellung der Holzdiebstahlsfälle in den Jahren 1866 bis 1878 für die alten Provinzen.

Jahr	Geltungsbereich der Verordnung vom 2. Januar 1849				Bezirk des Appellationsgerichts Cöln		
	Zahl der Fälle bei den Gerichten erster Instanz	Neu eingeleitete Untersuchungen	Bei den Appellationsgerichten verhandelte Fälle	Dritte und fernere Rückfälle	Zahl der Fälle bei den Gerichten erster Instanz	Neu eingeleitete Untersuchungen	Dritte und fernere Rückfälle
1866	424 507	372 459	232	4 106	53 358	53 092	338
1867	431 272	369 743	243	4 982	42 670	42 422	428
1868	429 328	378 127	234	5 569	41 200	41 031	411
1869	406 662	353 799	244	5 719	48 935	48 733	358
1870	398 746	353 509	200	6 111	43 170	42 905	355
1871	439 288	389 557	209	6 128	52 829	52 524	273
1872	401 280	346 286	228	7 107	40 768	40 597	264
1873	337 112	293 550	175	6 627	33 652	33 529	270
1874	356 859	317 252	148	6 959	40 768	40 768	193
1875	364 574	318 337	158	7 026	37 248	37 068	288
1876	407 941	365 030	176	6 985	38 624	38 483	201
1877	395 696	341 762	154	6 603	42 687	42 545	140
1878	382 087	334 362	151	6 851	28 890	28 789	158

Tabelle 19b.

Uebersicht der Forst-, Jagd- und Fischerei-Frevel in den Staatsforsten für die Kalenderjahre 1883 bis 1891.

Jahr	Zahl der zur Anzeige gebrachten												Zahl der zur Bestrafung gebrachten												Bemerkungen.
	Diebstähle an aufgearbeitetem Holze		Vergehen gegen das Forstdiebstahls-Gesetz vom 15. April 1878		Forstpolizei-Uebertretungen		Jagdvergehen und Uebertretungen		Fischereivergehen		Fälle der Widersetzlichkeit gegen Forstbeamte		Diebstähle an aufgearbeitetem Holze		Vergehen gegen das Forstdiebstahls-Gesetz vom 15. April 1878		Forstpolizei-Uebertretungen		Jagdvergehen und Uebertretungen		Fischereivergehen		Fälle der Widersetzlichkeit gegen Forstbeamte		
	im Ganzen	für 100 ha	im Ganzen	für 100 ha	im Ganzen	für 100 ha	im Ganzen	für 100 ha	im Ganzen	für 100 ha	im Ganzen	für 100 ha	im Ganzen	für 100 ha	im Ganzen	für 100 ha	im Ganzen	für 100 ha	im Ganzen	für 100 ha	im Ganzen	für 100 ha	im Ganzen	für 100 ha	
1883	3808	0,14	134782	5,09	15766	0,60	604	0,02	1368	0,05	205	0,01	3287	0,12	125828	4,75	14592	0,55	465	0,02	1238	0,04	159	0,01	6 Personen wegen Brandstiftung bestraft.
1884	3626	0,14	121316	4,56	14737	0,55	579	0,02	1425	0,05	227	0,01	3115	0,12	116284	4,38	13868	0,52	444	0,02	1279	0,05	176	0,01	1 Person wegen Hehlerei bestraft.
1885	3298	0,12	111685	4,19	13763	0,52	556	0,02	1217	0,05	222	0,01	2764	0,10	104867	3,93	12812	0,48	419	0,02	1148	0,04	177	0,01	6 Personen wegen Brandstiftung bestraft.
1886	3793	0,14	115785	4,32	13659	0,51	691	0,03	1187	0,04	234	0,01	3346	0,09	111691	3,14	12523	0,47	526	0,02	1096	0,04	198	0,01	11 Personen wegen Brandstiftung bestraft.
1887	3297	0,13	97964	3,64	14107	0,53	644	0,02	1148	0,04	251	0,01	2288	0,09	84183	3,13	11544	0,43	396	0,01	1040	0,04	159	0,01	5 Personen wegen Brandstiftung bestraft.
1888	3481	0,13	104428	3,86	13903	0,51	596	0,02	1009	0,04	253	0,01	2941	0,11	99129	3,67	13020	0,48	458	0,02	901	0,03	198	0,01	.
1889	2807	0,12	84817	3,50	12733	0,53	451	0,02	1041	0,04	194	0,01	2404	0,10	81682	3,37	11978	0,49	354	0,01	978	0,04	167	0,01	.
1890	2293	0,09	70606	2,91	12194	0,50	525	0,02	1042	0,04	144	0,01	1927	0,08	68479	2,82	11432	0,47	410	0,02	989	0,04	113	0,01	3 Personen wegen Brandstiftung bestraft
1891	2430	0,10	67930	2,79	11855	0,49	476	0,02	896	0,04	137	0,01	2158	0,09	65349	2,68	11432	0,47	401	0,02	837	0,03	106	0,004	.

Tabelle 20.

Nachweisung der in den Rechnungsjahren 1863 bis 1892/93 aufgekommenen Capitalien für Veräußerung von Domänen- und Forstgrundstücken und für Ablösung von Domänen- und Forstgefällen.

Rechnungsjahr	Aus den älteren Landestheilen sind beim Domänen-Veräußerungsgelder-Fonds vereinnahmt:						Aus den neu erworbenen Landestheilen sind zum Fonds des ehemaligen Staatsschatzes geflossen:					
	aus Anlaß von				Zusammen		aus Anlaß von				Zusammen	
	Veräußerungen		Ablösungen				Veräußerungen		Ablösungen			
	Mk.	Pf.	Mk.	Pf.	Mk.	Pf.	Mk.	Pf.	Mk.	Pf.	Mk.	Pf.
1863	1 193 634	.	829 275	.	2 022 909	.	.	.	.	.	.	.
1864	970 815	.	692 271	.	1 663 086	.	.	.	.	.	.	.
1865	1 371 983	22	1 586 387	69	2 958 370	91	.	.	.	.	.	.
1866	927 920	13	1 323 213	83	2 251 133	96	.	.	.	.	.	.
1867	1 132 203	93	1 314 362	11	2 446 566	04	99 405	43	224 862	57	324 268	.
1868	882 789	35	1 387 999	52	2 270 788	87	290 778	24	1 392 176	03	1 682 954	27
1869	1 205 687	13	1 439 606	64	2 645 293	77	562 169	92	1 392 894	91	1 955 064	83
1870	660 309	30	1 432 389	07	2 092 698	37	1 150 318	51	3 619 138	22	4 769 456	73
1871	1 172 204	48	1 442 854	42	2 615 058	90	2 052 830	74	3 512 466	30	5 565 297	04
1872	2 255 747	83	1 695 701	54	3 951 449	37	3 081 027	36	4 991 317	55	8 072 344	91
1873	2 088 439	88	1 605 193	87	3 693 633	75	5 004 581	66	5 272 551	33	10 277 132	99
1874	3 846 545	77	1 498 978	65	5 345 524	42	5 220 455	55	3 330 775	86	8 551 231	41
1875	2 665 728	60	1 461 755	87	4 127 484	47	4 506 927	87	3 046 797	94	7 553 725	81
1876	3 180 307	47	1 492 280	08	4 672 587	55	3 301 820	80	2 492 571	12	5 794 391	92
1. Quartal 1877	638 187	33	384 343	59	1 022 530	92	488 782	15	1 746 580	60	2 235 362	75
1. April 1877/78	1 765 566	90	1 411 192	72	3 176 759	62	3 698 057	24	2 777 228	75	6 475 285	99
„ 1878/79	3 703 264	45	1 299 697	54	5 002 961	99	4 485 638	06	1 778 667	74	6 264 305	80
„ 1879/80	1 814 347	66	1 427 163	07	3 241 510	73	2 542 204	02	2 233 372	90	4 775 576	92
„ 1880/81	1 961 051	12	1 412 533	14	3 373 584	26	2 570 907	08	1 507 006	32	4 077 913	40
„ 1881/82	1 054 655	84	1 350 415	06	2 405 070	90	1 894 620	91	1 301 009	.	3 195 629	91
„ 1882/83	2 895 897	11	1 475 295	24	4 371 192	35	1 495 482	82	1 060 167	97	2 555 650	79
„ 1883/84	1 521 162	99	1 402 893	03	2 924 056	02	1 297 360	52	972 525	41	2 269 885	93
„ 1884/85	688 004	25	1 424 688	64	2 112 692	89	619 825	78	1 391 465	28	2 011 291	06
„ 1885/86	465 142	61	1 357 796	15	1 822 938	76	504 623	77	1 695 073	09	2 199 696	86
„ 1886/87	521 405	04	1 558 689	17	2 080 094	21	720 554	30	512 234	74	1 232 789	04
„ 1887/88	1 238 727	88	1 374 492	68	2 613 220	56	462 447	90	416 020	15	878 468	05
„ 1888/89	375 558	58	1 360 755	88	1 736 314	46	622 670	85	381 683	64	1 004 354	49
„ 1889/90	3 614 936	71	1 423 146	77	5 038 083	48	660 286	54	843 850	68	1 504 137	22
„ 1890/91	994 254	30	495 026	37	1 489 280	67	719 213	62	563 563	02	1 282 776	64
„ 1891/92	450 260	73	450 919	69	901 180	42	773 096	44	513 193	89	1 286 290	33
„ 1892/93	281 235	75	528 929	48	810 165	23	833 937	53	472 114	67	1 306 052	20
Zusammen	47 537 975	34	39 340 247	51	86 878 222	85	49 660 024	61	49 441 309	68	99 101 334	29

Tabelle 21.

a) Durch Kauf und Tausch vorgekommene Flächenzugänge, sowie durch Verkauf, Tausch und Ablösungen eingetretene Abgänge bei der Domänenverwaltung in der Zeit von 1867 bis 1892/93.

Flächen-Zugang							Flächen-Abgang							
durch Kauf	Gezahltes Kaufgeld für die angekauften Flächen		durch Tausch	Unter Spalte 1 und 3 sind der Domänenvorwerksfläche zugetreten	Grundsteuer-Reinertrag der Flächen in Spalte 1 und 3		durch Verkauf	Betrag des aufgekommenen Kaufgeldes		durch Tausch	in Folge von Ablösungen	Unter Spalte 6, 8 u. 9 sind an Domänenvorwerksfläche enthalten	Grundsteuer-Reinertrag der Flächen in Spalte 6, 8 und 9	
ha	Mk.	Pf.	ha	ha	Mk.	Pf.	ha	Mk.	Pf.	ha	ha	ha	Mk.	Pf.
1.	2.		3.	4.	5.		6.	7.		8.	9.	10.	11.	
580,744	1238914	57	898,623	1 287,080	31 226	90	43 807,634	56098303	70	1 271,683	2 525,429	11 863,439	948 668	03
	Spalte 1 =		580,744							Spalte 8 =	1 271,683			
	Zusammen Zugang		1 479,367							" 6 =	43 807,634			
										Zusammen Abgang	47 604,746			
										Hiervon ab Zugang	1 479,367			
										bleibt Abgang	46 125,379			

b) Durch Kauf und Tausch vorgekommene Flächenzugänge, sowie durch Verkauf, Tausch und Ablösungen eingetretene Abgänge bei der Forstverwaltung in der Zeit von 1867 bis 1892/93.

Flächen-Zugang						Flächen-Abgang						
durch Kauf	Gezahltes Kaufgeld für die angekauften Flächen		durch Tausch	Grundsteuer-Reinertrag der Flächen in Spalte 1 und 3		durch Verkauf	Betrag des aufgekommenen Kaufgeldes		durch Tausch	in Folge von Ablösungen	Grundsteuer-Reinertrag der Flächen in Spalte 5, 7 und 8	
ha	Mk.	Pf.	ha	Mk.	Pf.	ha	Mk.	Pf.	ha	ha	Mk.	Pf.
1.	2.		3.	4.		5.	6.		7.	8.	9.	
134 633,076	22 419 409	24	44 966,353	505 219	84	14 172,292	13 878 462	91	19 017,857	31 198,610	423 307	18
	Spalte 1 =		134 633,076						Spalte 7 =	14 172,292		
	Zusammen Zugang		179 599,429						" 5 =	19 017,857		
	Hiervon ab Abgang		64 388,759						Zusammen Abgang	64 388,759		
	bleibt Zugang		115 210,670									

Tabelle 22.

Zusammenstellung

des

Flächeninhalts der Staatsforsten

für die Zeit von 1831 bis 1894/95

(nach den betreffenden Staatshaushaltsetats).

Bemerkungen: 1. Die Zahlen des Budgets beziehen sich auf den Flächeninhalt beim Beginn des vorhergegangenen Jahres, diejenigen des Budgets für 1894/95 entsprechen also dem Flächenzustand des 1. April 1893.

2. Die Waldungen, welche der Staat gemeinschaftlich mit Gemeinden zc. besitzt, sind in den Flächenangaben mitenthalten.

3. Für das Jahr 1865 gründen sich die Angaben auf eine besondere Feststellung des Flächenbestandes und stimmen mit dem Etat für 1865 nicht genau überein.

Tabelle

Nr.	Bezirke	1831	1835	1840	1845	1850			1855		
		im Ganzen	im Ganzen	im Ganzen	im Ganzen	zur Holzzucht benutzt	nicht zur Holzzucht benutzt	im Ganzen	zur Holzzucht benutzt	nicht zur Holzzucht benutzt	im Ganzen
1	Königsberg . . .	215 171	215 588	220 793	222 003	171 657	50 276	221 933	172 177	54 850	227 027
2	Gumbinnen . . .	263 326	264 976	237 240	237 578	182 857	52 803	235 660	181 610	50 377	231 987
3	Danzig	103 626	103 515	98 962	97 826	88 206	9 620	97 826	87 550	8 513	96 063
4	Marienwerder . .	192 584	191 582	182 607	178 436	163 613	19 366	182 979	163 783	18 462	182 245
5	Potsdam	226 964	226 963	209 088	209 088	202 838	12 978	215 816	203 663	13 753	217 416
6	Frankfurt a. O. . .	189 617	188 891	187 959	188 074	173 102	10 825	183 927	173 582	10 788	184 370
7	Stettin	131 595	131 595	128 348	127 008	120 106	6 899	127 005	116 615	9 897	126 512
8	Köslin	54 077	55 937	54 502	51 526	50 004	1 522	51 526	45 896	5 074	50 970
9	Stralsund . . .	25 161	25 161	26 389	27 187	25 215	1 973	27 188	25 687	2 474	28 161
10	Posen	59 762	50 458	58 303	58 512	55 149	3 987	59 136	56 199	4 468	60 667
11	Bromberg . . .	119 522	121 418	116 064	111 155	102 728	8 428	111 156	100 134	7 876	108 010
12	Breslau	63 016	65 548	64 337	64 444	61 513	2 856	64 369	61 554	3 206	64 760
13	Liegnitz	28 233	29 122	28 691	28 631	26 341	2 227	28 568	26 479	2 299	28 778
14	Oppeln	87 453	85 527	83 998	82 090	78 374	4 103	82 477	76 589	4 417	81 006
15	Magdeburg . . .	68 755	69 012	66 521	65 952	61 941	3 376	65 317	62 360	3 539	65 899
16	Merseburg . . .	87 376	86 320	81 823	82 240	77 663	4 778	82 441	75 915	5 556	81 471
17	Erfurt	37 024	36 377	36 718	36 735	35 644	1 310	36 954	35 708	1 378	37 086
18	Schleswig . . .	.	.	.	.	.	.	.	.	.	.
19	Hannover (Provinz) .	.	.	.	.	.	.	.	.	.	.
20	Münster	3 071	2 895	2 611	2 645	2 229	257	2 486	2 129	257	2 386
21	Minden (von 1870 ab mit Schaumburg) .	35 376	32 536	28 873	28 369	25 495	627	26 122	25 481	700	26 181
22	Arnsberg	16 660	18 438	19 021	19 687	19 037	766	19 803	18 879	723	19 602
23	Cassel (ohne Schaumburg)	.	.	.	.	.	.	.	.	.	.
24	Wiesbaden . . .	.	.	.	.	.	.	.	.	.	.
25	Coblenz	26 648	26 536	26 559	25 656	25 109	576	25 685	25 264	679	25 943
26	Düsseldorf . . .	14 918	16 078	19 816	19 949	16 936	1 239	18 175	16 210	1 199	17 409
27	Cöln	14 423	12 583	12 506	12 448	11 699	697	12 396	11 608	686	12 294
28	Trier	62 698	62 224	63 977	63 146	61 895	1 061	62 956	61 700	1 123	62 823
29	Aachen	31 288	29 272	28 954	28 941	28 299	652	28 951	28 126	793	28 919
	Zusammen	2 158 344	2 157 552	2 084 660	2 069 326	1 867 650	203 202	2 070 852	1 854 898	213 087	2 067 985

Flächeninhalt der Staats-

22.

forsten nach Hektaren laut Budget für:

1860			1865			1870				1875				Nr.
zur Holzzucht benutzt	nicht zur Holzzucht benutzt	im Ganzen	zur Holzzucht benutzt	nicht zur Holzzucht benutzt	im Ganzen	zur Holzzucht benutzt	nicht zur Holzzucht benutzt		im Ganzen	zur Holzzucht benutzt	nicht zur Holzzucht benutzt		im Ganzen	
							nutzbar	unnutzbar			nutzbar	unnutzbar		
172177	54850	227027	173358	57847	231205	174244	26991	31977	233212	173942	25741	35658	235341	1
181610	50377	231987	180553	49895	230448	180072	36322	17834	234228	179846	38391	16256	234493	2
87879	9029	96908	85815	11729	97544	89516	6323	5790	101629	90564	6723	5730	103017	3
162233	19890	182123	167651	16956	184607	166532	8943	8265	183740	170443	8790	7680	186913	4
199590	13531	213121	199038	15670	214708	197849	8618	8750	215217	197847	8543	8785	215175	5
172982	11381	184363	172521	12535	185056	172463	5058	7082	184603	172460	5057	7083	184600	6
114300	11745	126045	112908	10333	123241	112327	8605	2359	123301	97689	7309	2321	107319	7
45698	5192	50890	45444	5074	50518	44911	3638	2069	50618	45580	3951	1371	50902	8
24870	3728	28598	24344	3685	28029	24663	2279	1632	28574	24808	2272	1401	28481	9
55529	4832	60361	52420	6288	58708	63491	4667	1517	69675	66071	4364	1986	72421	10
95891	8336	104227	96114	7229	103343	93900	3616	4176	101692	93799	3521	3811	101131	11
61554	3206	64760	59795	3949	63744	60058	2771	1171	64000	58807	3134	990	62931	12
26479	2298	28777	20616	1947	22563	20629	731	1237	22597	20474	931	571	21976	13
76589	4417	81006	75974	5367	81341	75137	3554	1721	40412	74577	3606	1570	79753	14
60966	3943	64909	61059	3942	65001	61059	2316	1626	65001	60423	2952	1455	64830	15
74880	6089	80969	71011	7638	78649	71788	4955	2092	78835	71819	5362	1489	78670	16
35659	1361	37020	35649	1333	36982	35637	781	565	36983	35409	761	402	36572	17
.	.	.	.	.	.	24816	7173	247	32236	25980	7216	326	33522	18
.	.	.	.	.	.	232201	5827	7046	245074	229166	10252	7935	247353	19
2129	270	2399	2231	235	2466	2232	216	19	2467	2222	219	21	2462	20
23953	1032	24985	22954	1042	23996	35328	550	777	36655	35211	633	671	36515	21
18869	786	19655	19975	802	20777	19468	417	374	20259	19580	445	367	20392	22
.	.	.	.	.	.	216267	2063	4452	222782	216771	2352	4452	223575	23
.	.	.	.	.	.	50118	924	1159	52201	50123	927	1154	52204	24
25189	850	26039	25440	984	26424	25892	472	506	26870	26048	549	196	26793	25
16199	1240	17439	16668	2325	18993	16281	646	972	17899	15931	1288	750	17969	26
11557	780	12337	11523	616	12139	11785	450	119	12354	11705	499	114	12318	27
61432	1582	63014	61370	1612	62982	61365	926	693	62984	61336	1045	698	63079	28
28083	826	28909	28120	750	28870	28113	284	454	28851	28125	307	445	28877	29
1836297	221571	2057868	1822551	229783	2052334	2368152	150116	116681	2634949	2356756	157140	115688	2629584	

Zu Tabelle 22.

Flächeninhalt der Staatsforsten nach Hektaren laut Budget für:

Regierungs-Bezirk	1. April 1880/81				1. April 1885/86				1. April 1890/91				1. April 1894/95			
	zur Holzzucht benutzt	nicht zur Holzzucht benutzt: nutzbar	nicht zur Holzzucht benutzt: unnutzbar	im Ganzen	zur Holzzucht benutzt	nicht zur Holzzucht benutzt: nutzbar	nicht zur Holzzucht benutzt: unnutzbar	im Ganzen	zur Holzzucht benutzt	nicht zur Holzzucht benutzt: nutzbar	nicht zur Holzzucht benutzt: unnutzbar	im Ganzen	zur Holzzucht benutzt	nicht zur Holzzucht benutzt: nutzbar	nicht zur Holzzucht benutzt: unnutzbar	im Ganzen
Königsberg	173 684	22 795	38 767	235 246	176 577	23 042	38 753	238 372	174 264	19 092	38 356	231 712	180 459	20 277	36 861	237 597
Gumbinnen	181 494	34 581	19 919	235 994	187 435	32 509	18 225	238 169	190 923	36 799	18 392	246 114	191 409	36 540	18 643	246 592
Danzig	95 189	6 857	5 696	107 742	99 987	6 340	5 419	111 746	103 534	6 348	5 283	115 165	110 221	6 371	5 607	122 199
Marienwerder . . .	173 421	9 085	7 679	190 185	175 930	9 419	8 898	194 247	181 441	9 483	9 683	200 607	196 051	10 232	10 466	216 749
Potsdam	201 141	8 107	8 889	218 137	198 891	8 545	10 533	217 969	199 039	8 778	10 540	218 357	198 807	9 330	10 386	218 523
Frankfurt a. O. . .	171 637	5 483	5 262	182 382	170 653	6 471	4 892	182 016	170 433	6 923	4 749	182 105	174 817	6 887	5 341	187 045
Stettin	113 218	7 309	2 321	122 848	97 042	7 564	1 731	106 337	102 855	9 374	1 878	114 107	102 486	9 432	2 218	114 136
Köslin	46 162	3 951	1 371	51 484	54 766	3 509	1 568	59 843	59 333	5 298	1 687	66 318	62 763	4 889	1 721	69 373
Stralsund	24 824	2 272	1 401	28 497	25 072	2 021	1 144	28 237	25 166	1 996	1 079	28 241	25 246	1 917	1 027	28 190
Posen	65 344	4 384	1 992	71 720	71 592	4 077	2 239	77 908	72 744	4 838	2 194	79 776	72 188	4 820	2 295	79 303
Bromberg	94 790	3 543	3 806	102 139	97 743	3 530	3 610	104 883	101 031	3 922	3 401	108 354	100 753	4 108	3 183	108 044
Breslau	56 937	3 086	948	60 971	57 382	3 465	785	61 632	57 548	3 283	785	61 616	57 456	3 403	772	61 631
Liegnitz	20 522	925	540	21 987	20 605	934	262	21 801	20 633	997	289	21 919	20 610	1 010	298	21 918
Oppeln	73 365	2 956	641	76 962	73 207	3 161	641	77 009	73 118	3 196	615	76 929	73 003	3 290	612	76 905
Magdeburg	60 597	2 886	1 517	65 000	60 860	3 059	1 136	65 055	60 684	4 050	1 733	66 467	62 901	4 416	1 784	69 101
Merseburg	73 063	4 294	1 294	78 651	73 065	4 187	1 136	78 388	72 249	5 446	1 123	78 818	71 694	5 623	1 086	78 403
Erfurt	35 571	703	430	36 704	35 699	617	392	36 708	35 725	629	395	36 749	35 953	635	340	36 928
Schleswig	29 317	7 098	402	36 817	32 282	6 590	411	39 283	35 391	6 569	896	42 856	35 090	6 871	964	42 925
Hannover									29 060	2 952	695	32 707	29 242	2 668	674	32 584
Hildesheim									102 694	2 327	1 422	106 443	101 345	2 552	1 572	105 469
Lüneburg	239 926	12 672	7 903	260 501	237 986	18 951	4 919	261 856	76 266	6 799	2 373	85 438	76 750	7 119	2 187	86 056
Stade									16 928	4 774	570	22 272	17 376	4 538	586	22 500
Osnabrück (mit Aurich)									14 802	1 055	340	16 197	14 875	1 059	339	16 273
Münster	2 228	213	21	2 462	2 216	206	21	2 443	2 206	210	22	2 438	2 184	197	22	2 403
Minden (mit Schaumburg)	34 722	819	673	36 214	34 305	789	377	35 471	33 696	817	372	34 885	33 256	809	366	34 431
Arnsberg	19 638	454	298	20 390	20 248	414	147	20 809	20 291	422	148	20 861	20 270	433	155	20 858
Cassel (ohne Schaumburg)	213 283	5 318	1 981	220 582	200 339	4 882	2 439	207 660	201 791	4 514	970	207 275	201 242	4 894	916	207 052
Wiesbaden	50 578	1 095	1 197	52 870	50 957	1 213	381	52 551	51 132	1 321	282	52 735	51 107	1 350	264	52 721
Coblenz	26 071	540	196	26 807	26 073	535	195	26 803	26 630	564	196	27 390	26 684	585	160	27 429
Düsseldorf	15 864	1 382	748	17 994	15 897	1 458	850	18 205	16 101	1 462	745	18 308	16 060	1 500	756	18 316
Cöln	11 755	373	114	12 242	11 943	394	118	12 455	12 088	442	119	12 649	12 071	450	123	12 644
Trier	61 227	992	615	62 834	61 031	1 125	641	62 797	61 188	1 208	500	62 896	61 600	1 262	433	63 295
Aachen	28 312	320	417	29 049	28 752	346	477	29 575	28 937	354	476	29 767	28 781	358	474	29 613
Zusammen	2 393 880	154 493	117 038	2 665 411	2 398 535	159 353	112 340	2 670 228	2 429 921	166 242	112 308	2 708 471	2 464 750	169 825	112 631	2 747 206

Tabelle 23.

Uebersicht über die Vertheilung der nicht zur Holzzucht bestimmten Fläche der Staatsforsten in ertragsfähige und ertragslose Flächen nach dem Zustande vom 1. April 1893.

Nr.	Bezirke	Nicht zur Holzzucht benutzte Fläche nach dem Budget für 1. April 1893/94	Diese Fläche zerfällt in		Von der Gesammtfläche beträgt			Von der nicht zur Holzzucht benutzten Fläche sind	
					die nicht zur Holzzucht benutzte Fläche	und zwar sind davon			
			ertragsfähige	ertragslose		ertragsfähige	ertragslose	ertragsfähige	ertragslose
		Hektar			Procent			Procent	
1.	2.	3.	4.	5.	6.	7.	8.	9.	10.
		ohne Berücksichtigung der dem Staate nur antheilig gehörigen Waldungen:							
1	Königsberg	57 138	20 277	36 861	24,0	8,5	15,5	35	65
2	Gumbinnen	55 183	36 540	18 643	22,4	14,8	7,6	66	34
3	Danzig	11 978	6 371	5 607	9,8	5,2	4,6	53	47
4	Marienwerder . . .	20 698	10 232	10 466	9,5	4,7	4,8	49	51
5	Potsdam	19 716	9 330	10 386	9,0	4,3	4,7	47	53
6	Frankfurt a. O. . .	12 228	6 887	5 341	6,5	3,7	2,8	56	44
7	Stettin	11 650	9 432	2 218	10,2	8,3	1,9	81	19
8	Köslin	6 610	4 889	1 721	9,5	7,0	2,5	74	26
9	Stralsund	2 944	1 917	1 027	10,4	6,8	3,6	65	35
10	Posen	7 115	4 820	2 295	9,0	6,1	2,9	68	32
11	Bromberg	7 291	4 108	3 183	6,7	3,8	2,9	56	44
12	Breslau	4 175	3 403	772	6,8	5,5	1,3	82	18
13	Liegnitz	1 308	1 010	298	6,0	4,6	1,4	77	23
14	Oppeln	3 902	3 290	612	5,1	4,3	0,8	84	16
15	Magdeburg	6 200	4 416	1 784	9,0	6,4	2,6	71	29
16	Merseburg	6 709	5 623	1 086	8,6	7,2	1,4	84	16
17	Erfurt	975	635	340	2,6	1,7	0,9	65	35
18	Schleswig	7 835	6 871	964	18,2	16,0	2,2	88	12
19	Hannover	3 342	2 668	674	10,3	8,2	2,1	80	20
20	Hildesheim	4 124	2 552	1 572	3,9	2,4	1,5	62	38
21	Lüneburg	9 306	7 119	2 187	10,8	8,3	2,5	76	24
22	Stade	5 124	4 538	586	22,8	20,2	2,6	89	11
23	Osnabrück mit Aurich .	1 398	1 059	339	8,6	6,5	2,1	76	24
24	Münster	219	197	22	9,1	8,2	0,9	90	10
25	Minden mit Schaumbg.	1 175	809	366	3,4	2,3	1,1	69	31
26	Arnsberg	588	433	155	2,8	2,1	0,7	74	26
		579	*424*	*155*	*2,9*	*2,1*	*0,8*	*73*	*27*
27	Cassel ohne Schaumburg	5 810	4 894	916	2,8	2,4	0,4	84	16
		5 807	*4 891*	*916*	*2,8*	*2,4*	*0,4*	*84*	*16*
28	Wiesbaden	1 614	1 350	264	3,1	2,6	0,5	84	16
29	Coblenz	745	585	160	2,7	2,1	0,6	79	21
30	Düsseldorf	2 256	1 500	756	12,3	8,2	4,1	66	34
31	Cöln	573	450	123	4,5	3,5	1,0	79	21
32	Trier	1 695	1 262	433	2,7	2,0	0,7	74	26
33	Aachen	832	358	474	2,8	1,2	1,6	43	57
	Zusammen	282 456	169 825	112 631	10,3	6,2	4,1	60	40
		282 444	*169 813*	*112 631*	*10,3*	*6,2*	*4,1*	*60*	*40*

Tabelle 24.

Reihenfolge der einzelnen Bezirke nach der Gesammtfläche des ertragsfähigen Bodens der Staatsforstverwaltung am 1. April 1893.

Laufende Nr.	Regierungs-Bezirk	Gesammtfläche des auf dem Etat der Forstverwaltung stehenden ertragsfähigen Bodens nach dem Budget für 1. April 1894/95 Hektar	Verhältniß der Fläche des auf den Forstetats der einzelnen Regierungen stehenden nutzbaren Bodens zur ertragsfähigen Gesammtfläche der fiskalischen Forstverwaltung des ganzen Staates Procent	Bemerkungen
1.	2.	3.	4.	5.
1	Gumbinnen	227 949	8,7	In dem in Spalte 3 nachgewiesenen Flächeninhalte sind die nur antheilig vom Staate besessenen Waldungen mit enthalten.
2	Potsdam	208 137	7,9	
3	Marienwerder	206 283	7,8	
4	Cassel ohne Schaumburg	206 136	7,8	
5	Königsberg	200 736	7,6	
6	Frankfurt a. O.	181 704	6,9	
7	Danzig	116 592	4,4	
8	Stettin	111 918	4,3	
9	Bromberg	104 861	4,0	
10	Hildesheim	103 897	3,9	
11	Lüneburg	83 869	3,2	
12	Merseburg	77 317	2,9	
13	Posen	77 008	2,9	
14	Oppeln	76 293	2,9	
15	Köslin	67 652	2,6	
16	Magdeburg	67 317	2,6	
17	Trier	62 862	2,4	
18	Breslau	60 859	2,3	
19	Wiesbaden	52 457	2,0	
20	Schleswig	41 961	1,6	
21	Erfurt	36 588	1,4	
22	Minden mit Schaumburg	34 065	1,3	
23	Hannover	31 910	1,2	
24	Aachen	29 139	1,1	
25	Coblenz	27 269	1,0	
26	Stralsund	27 163	1,0	
27	Stade	21 914	0,8	
28	Liegnitz	21 620	0,8	
29	Arnsberg	20 703	0,8	
30	Düsseldorf	17 560	0,7	
31	Osnabrück mit Aurich	15 934	0,6	
32	Cöln	12 521	0,5	
33	Münster	2 381	0,1	
	Zusammen	2 634 575	100,0	

Tabelle 25a.

Uebersicht

über die

Betriebs- und Holzarten, sowie das Altersklassenverhältniß im Hochwalde für die Staatsforsten,

geordnet

α. nach Regierungs-Bezirken,

β. nach den einzelnen Oberförstereien.

Vorbemerkung: Die Holzbodenfläche für den Waldzustand

vom 1. April 1893 beträgt	. . . . . =	2 464 750 ha
umstehend sind nachgewiesen	. . . . . =	2 459 992 „
mithin weniger	. . . . .	4 758 ha

Die Differenz findet darin ihre Erklärung, daß für eine größere Zahl von Revieren, für welche Abschätzungswerthe aus neuester Zeit nicht vorliegen, ältere Angaben benutzt werden mußten und ist im Wesentlichen durch neu erworbene Oedlandsflächen hervorgerufen.

*

Tabelle

Im Hochwald=

Laufende Nr.	Regierungs=Bezirk	Gesammte Holzbodenfläche	1. Eichen: über 100 Jahre	81—100 Jahre	61—80 Jahre	41—60 Jahre	21—40 Jahre	1—20 Jahre	Räumden und Blößen	Zusammen Eichen	% des Hochwaldes
			Hektar								
1.	2.	3.	4.	5.	6.	7.	8.	9.	10.	11.	12.
1	Königsberg	180 377	1 317	41	51	19	408	1 310	18	3 164	*2*
2	Gumbinnen	192 122	578	200	39	10	115	467	4	1 413	*1*
3	Danzig	109 577	794	605	561	154	182	140	14	2 450	*2*
4	Marienwerder	191 767	1 241	269	111	92	555	843	46	3 157	*2*
5	Potsdam	198 762	1 670	318	273	227	695	1 405	69	4 657	*2*
6	Frankfurt a. O. . . .	175 378	2 430	105	342	679	651	990	50	5 247	*3*
7	Stettin	102 513	2 503	353	315	946	1 443	857	89	6 506	*7*
8	Köslin	62 651	1 194	720	407	132	372	585	18	3 428	*5*
9	Stralsund	25 121	1 611	372	222	745	929	759	68	4 706	*19*
10	Posen	72 049	699	31	48	55	286	433	.	1 552	*2*
11	Bromberg	101 293	804	57	39	145	270	680	14	2 009	*2*
12	Breslau	57 068	1 515	254	207	517	721	1 026	142	4 382	*9*
13	Liegnitz	20 626	253	50	40	133	345	434	76	1 331	*7*
14	Oppeln	73 142	390	33	39	62	253	469	5	1 251	*2*
15	Magdeburg	62 890	2 023	606	617	1 271	1 592	1 224	1 041	8 374	*15*
16	Merseburg	71 976	2 844	696	497	361	884	1 649	146	7 077	*10*
17	Erfurt	35 954	194	158	103	105	20	7	.	587	*2*
18	Schleswig	34 890	467	474	516	132	141	240	46	2 016	*6*
19	Hannover	29 137	862	460	329	502	492	636	30	3 311	*12*
20	Hildesheim	101 532	1 596	587	543	1 256	727	497	444	5 650	*6*
21	Lüneburg	76 747	1 341	531	609	657	1 230	1 926	103	6 397	*8*
22	Stade	17 265	494	197	291	520	575	426	25	2 528	*15*
23	Osnabrück mit Aurich . .	14 806	77	53	109	188	329	288	9	1 053	*7*
24	Münster	2 206	122	48	109	172	209	234	24	918	*42*
25	Minden mit Schaumburg .	33 254	769	183	509	583	458	818	641	3 961	*12*
26	Arnsberg	19 119	389	141	265	535	573	350	34	2 287	*12*
27	Cassel ohne Schaumburg .	201 533	2 690	2 879	3 533	2 613	1 586	2 152	2 987	18 440	*9*
28	Wiesbaden	51 119	345	196	331	439	815	563	79	2 768	*6*
29	Coblenz	26 695	336	577	710	420	541	630	30	3 244	*14*
30	Düsseldorf	16 070	1 452	689	684	649	817	748	30	5 069	*33*
31	Cöln	12 067	526	478	792	1 347	625	656	91	4 515	*39*
32	Trier	61 453	993	642	1 130	1 186	1 123	1 482	35	6 591	*11*
33	Aachen	28 833	783	45	194	302	808	1 738	136	4 006	*17*
	Zusammen	2 459 992	35 302	13 048	14 565	17 154	20 770	26 662	6 544	134 045	
	Procente der Holzbodenfläche[1] .	.	.	.	.	.	.	.	.	.	
	Procente der Hochwaldfläche[1] .	.	.	.	.	.	.	.	.	5,6% (*5,5%*)	
	Procentuales Altersklassenverhältniß innerhalb der Holzarten des Hochwaldes[1]	.	26% (*30%*)	10% (*10%*)	11% (*10%*)	13% (*13%*)	15% (*15%*)	20% (*17%*)	5% (*5%*)	.	
			100% (Sp.
	Im Jahre 1881 waren vorhanden	2 374 041	37 498	12 072	13 017	16 169	19 079	21 724	6 614	126 173	
	Mithin nach der Zusammenstellung von 1893 mehr .	85 951	.	976	1 548	985	1 691	4 938	.	7 872	
	Mithin nach der Zusammenstellung von 1893 weniger	.	2 196	.	.	.	.	.	70	.	

[1]) *Waldzustand vom Jahre 1881 durch schrägen Druck angedeutet.*

25a α.

betriebe stehende Fläche:

2. Buchen									3. Birken und Erlen									Laufende Nr.
über 100 Jahre	81—100 Jahre	61—80 Jahre	41—60 Jahre	21—40 Jahre	1—20 Jahre	Räumden und Blößen	Zusammen Buchen	% des Hochwaldes	über 100 Jahre	81—100 Jahre	61—80 Jahre	41—60 Jahre	21—40 Jahre	1—20 Jahre	Räumden und Blößen	Zusammen Erlen und Birken	% des Hochwaldes	
Hektar									Hektar									
13.	14.	15.	16.	17.	18.	19.	20.	21.	22.	23.	24.	25.	26.	27.	28.	29.	30.	
1 499	1 543	618	192	303	475	15	4 645	*3*	59	914	5 873	8 418	5 628	3 425	273	24 590	*14*	1
.	1 223	1 247	201	158	340	10	3 179	*2*	.	465	4 004	6 513	3 804	3 284	662	18 732	*10*	2
2 455	3 424	2 905	2 027	1 249	570	10	12 640	*11*	3	14	107	153	113	139	29	558	*1*	3
162	172	230	176	225	188	1	1 154	*1*	.	16	249	345	476	555	134	1 775	*1*	4
1 891	1 203	1 710	1 771	1 441	1 091	3	9 110	*5*	340	739	1 628	1 775	2 174	816	105	7 577	*4*	5
2 161	285	199	781	523	636	188	4 773	*3*	3	11	221	1 022	1 199	500	156	3 112	*2*	6
3 836	1 305	1 697	2 433	2 311	1 603	10	13 195	*13*	.	17	343	1 252	1 345	1 952	97	5 006	*5*	7
3 434	2 031	687	1 274	1 073	841	42	9 382	*15*	.	83	617	749	475	272	55	2 251	*4*	8
1 906	328	239	1 167	882	1 004	8	5 534	*22*	.	.	53	339	700	884	435	2 411	*9*	9
198	10	90	105	91	175	.	669	*1*	.	9	91	315	460	324	26	1 225	*2*	10
.	.	.	.	5	15	.	20	.	.	7	118	292	390	249	15	1 071	*1*	11
378	140	75	298	180	137	5	1 213	*2*	80	456	714	655	327	251	27	2 510	*5*	12
20	5	30	45	23	8	1	132	*1*	.	.	.	22	41	14	3	80	.	13
17	.	11	6	1	2	1	38	.	1	22	118	84	19	19	14	277	.	14
908	602	1 018	1 038	519	575	3	4 663	*8*	33	16	73	651	479	281	373	1 906	*3*	15
1 150	1 371	1 512	892	331	247	3	5 506	*8*	.	1	151	297	319	154	3	925	*2*	16
1 813	1 939	2 801	1 853	1 288	837	1	10 532	*32*	.	.	27	3	3	4	1	38	.	17
3 674	1 970	2 406	1 843	1 496	1 862	12	13 263	*38*	.	.	27	154	350	154	5	690	*2*	18
1 965	1 641	1 375	1 453	1 416	765	4	8 619	*31*	.	7	71	146	27	55	115	421	*1*	19
6 371	8 037	7 943	6 140	7 550	4 329	139	40 509	*41*	5	.	9	38	52	36	23	163	.	20
1 441	593	546	426	781	670	.	4 457	*6*	.	6	197	919	1 346	729	36	3 233	*4*	21
479	261	175	176	227	155	1	1 474	*8*	.	.	.	26	3	27	.	56	.	22
40	107	265	155	139	87	1	794	*6*	.	4	.	27	18	11	.	60	.	23
158	102	91	66	57	36	.	510	*23*	.	.	17	21	12	1	34	85	*4*	24
3 272	3 393	3 646	3 956	2 640	1 878	160	18 945	*58*	.	.	20	133	222	101	.	476	*1*	25
2 403	2 180	2 457	2 212	1 193	466	71	10 982	*58*	.	.	.	18	46	18	10	92	*1*	26
9 955	19 031	21 840	19 189	12 932	10 362	2 868	96 177	*48*	8	5	166	267	276	133	45	900	*1*	27
6 233	6 382	7 875	7 694	4 745	3 793	334	37 056	*76*	.	1	5	84	99	86	2	277	*1*	28
2 123	2 273	2 928	2 160	1 088	1 175	.	11 747	*51*	.	18	176	455	2	.	.	651	*3*	29
280	312	346	307	82	112	.	1 439	*9*	.	.	.	10	80	62	45	197	*1*	30
560	349	225	803	325	496	10	2 768	*24*	.	.	10	18	.	4	.	32	.	31
6 969	5 951	7 275	9 112	4 355	4 633	42	38 337	*66*	6	.	2	105	428	185	37	763	*1*	32
2 531	590	1 148	865	612	508	128	6 382	*26*	.	.	.	120	300	129	3	552	*2*	33
70 282	68 753	75 610	70 816	50 241	40 071	4 071	379 844		538	2 811	15 087	25 426	21 213	14 854	2 763	82 692		
.	.	.	.	.	.	.	% . %		.	.	.	.	.	.	.	.		
.	.	.	.	.	.	.	15,9 (*17,0*)		.	.	.	.	.	.	.	3,5 % (*3,8 %*)		
									43 862									
% % 19 (*18*)	% % 18 (*17*)	% % 20 (*19*)	% % 19 (*19*)	% % 13 (*15*)	% % 10 (*11*)	% % 1 (*1*)	.		% % 1 (*1*)	% % 3 (*3*)	% % 18 (*18*)	% % 31 (*29*)	% % 26 (*26*)	% % 18 (*18*)	% % 3 (*5*)	.		
100 %									100 %									
67 406	65 237	73 591	74 334	57 488	43 697	5 426	387 179		1 056	2 425	15 211	25 452	22 795	15 208	4 435	86 582		
									44 144									
2 876	3 516	2 019	.	.	.	.	.		.	386	.	.	.	.	.	.		
.	.	.	3 518	7 247	3 626	1 355	7 335		518	.	124	26	1 582	354	1 672	3 890		
									282									

Fortgesetzt auf Seite 62 und 63.

Im Hochwaldbetriebe stehende

Laufende Nr.	4. Kiefern und Lärchen: über 100 Jahre	81—100 Jahre	61—80 Jahre	41—60 Jahre	21—40 Jahre	1—20 Jahre	Räumden und Blößen	Zusammen Kiefern und Lärchen	% des Hochwaldes	5. Fichten und …: über 100 Jahre	81—100 Jahre	61—80 Jahre	41—60 Jahre	21—40 Jahre
	Hektar									Hektar				
	31.	32.	33.	34.	35.	36.	37.	38.	39.	40.	41.	42.	43.	44.
1	23 444	20 947	16 028	11 008	14 051	17 820	6 057	109 355	*62*	162	2 983	7 274	5 404	11 209
2	22 154	20 580	14 978	14 634	15 877	18 040	2 253	108 516	*60*	785	1 469	6 643	8 879	12 548
3	5 138	10 127	12 167	17 978	20 476	18 857	8 026	92 769	*85*	.	10	63	45	569
4	22 352	36 311	28 826	24 146	28 831	32 076	12 800	185 342	*96*	.	.	.	.	69
5	28 346	23 921	25 935	31 946	33 046	27 735	1 620	172 549	*89*	.	.	.	2	19
6	32 702	14 580	21 898	30 876	27 849	27 521	2 633	158 059	*92*	28	26	34	27	17
7	16 526	9 445	8 096	13 252	10 032	15 109	967	73 427	*74*	3	.	.	10	119
8	4 292	3 565	4 057	10 498	9 081	12 109	2 504	46 106	*74*	.	5	21	374	432
9	1 301	851	1 360	3 783	2 232	2 130	512	12 169	*49*	.	.	11	13	75
10	8 924	8 467	5 663	9 583	14 760	17 548	2 706	67 651	*95*	19	.	.	3	17
11	12 818	18 302	12 267	15 415	18 487	17 180	3 029	97 498	*97*	.	.	.	.	2
12	4 269	4 917	4 725	5 425	4 399	4 775	249	28 759	*55*	1 775	2 742	3 577	2 486	2 039
13	975	1 766	2 674	1 912	3 225	2 366	201	13 119	*65*	722	1 076	1 014	916	637
14	10 492	8 776	10 435	13 951	9 786	9 406	688	63 534	*88*	1 440	2 460	1 365	408	608
15	2 114	2 932	5 311	11 984	9 681	6 929	2 721	41 672	*72*	.	6	22	119	529
16	3 091	6 873	10 065	12 530	9 671	9 691	679	52 600	*76*	157	199	351	606	686
17	1	18	96	480	493	147	1	1 236	*4*	1 246	3 273	3 877	4 536	3 430
18	.	110	908	1 052	986	4 478	1 170	8 704	*25*	2	14	44	449	2 125
19	47	375	1 361	2 867	4 864	2 827	152	12 493	*44*	.	6	114	1 062	1 430
20	.	.	14	141	288	350	90	883	*1*	1 755	5 238	9 171	11 744	12 550
21	934	2 386	2 774	8 318	23 813	14 184	2 372	54 781	*72*	165	490	346	910	3 531
22	21	71	563	2 801	2 984	4 534	689	11 663	*68*	2	18	44	235	700
23	.	18	916	1 896	4 520	3 172	710	11 232	*76*	.	.	11	153	732
24	3	18	38	100	143	85	2	389	*17*	5	5	.	23	119
25	.	36	77	882	469	215	187	1 866	*6*	.	11	352	1 369	2 821
26	2	3	26	156	32	2	.	221	*1*	.	73	423	1 165	1 472
27	141	477	3 189	18 318	18 469	7 638	1 078	49 310	*25*	1	98	1 660	4 717	6 051
28	64	134	378	1 030	404	333	29	2 372	*5*	18	141	565	1 778	1 647
29	.	29	82	401	88	233	.	833	*4*	6	6	126	1 600	2 664
30	38	189	703	3 441	2 069	1 530	284	8 254	*54*	.	1	5	20	101
31	.	5	177	962	701	870	25	2 740	*24*	.	9	37	125	508
32	38	72	248	690	642	500	22	2 212	*4*	7	29	110	2 233	5 007
33	9	.	203	1 359	558	1 219	314	3 662	*15*	.	.	418	2 298	3 544
	200 236	196 301	196 238	273 815	293 007	281 609	54 770	1495976		8 298	20 388	37 678	53 709	78 007
	.	.	.	.	.	.	.	.		.	.	.	.	.
	.	.	.	.	.	.	.	62,6% (*61,7%*)		.	.	.	.	.
	396 537 (31.–32.)									28 686 (40.–41.)				
	13% (*11*%)	13% (*14*%)	13% (*15*%)	18% (*17*%)	20% (*20*%)	19% (*20*%)	4% (*3*%)	.		3% (*3*%)	7% (*6*%)	13% (*11*%)	18% (*18*%)	26% (*24*%)
	100 % (31.–37.)									100 % (40.–44.)				
	153 623	206 788	208 711	235 053	288 880	277 243	37 507	1 407 805		8 308	17 727	30 752	48 413	65 616
	360 411 (31.–32.)									26 035 (40.–41.)				
	46 613	.	.	38 762	4 127	4 366	17 263	88 171		.	2 661	6 926	5 296	12 391
	36 126 (31.–32.)									2 651 (40.–41.)				
	.	10 487	12 473	.	.	.	.	.		10	.	.	.	.

25a *α*.

Fläche – Tannen: 1—20 Jahre	Räumden und Blößen	Zusammen Fichten und Tannen	% des Hochwaldes	Zusammen Hochwald	% der Holzbodenfläche	Plenterwald	% der Holzbodenfläche	Mittelwald	% der Holzbodenfläche	Niederwald ohne Eichenschälwald und Weidenheeger	% der Holzbodenfläche	Eichenschälwald	% der Holzbodenfläche	Weidenheeger	% der Holzbodenfläche	Reiner dieser Betriebsarten angeschlossene Holzbodenflächen	% der Holzbodenfläche	Laufende Nr.	Regierungs-Bezirk
Hektar				ha		ha		ha		ha		ha		ha		ha			
45.	46.	47.	48.	49.	50.	51.	52.	53.	54.	55.	56.	57.	58.	59.	60.	61.	62.		
6 916	160	34 108	*19*	175 862	*98*	115	.	.	.	4 312	*2*	.	.	21	.	67	.	1	Königsberg.
17 573	950	48 847	*27*	180 687	*95*	.	.	.	.	11 427	*5*	.	.	8	.	.	.	2	Gumbinnen.
341	15	1 043	*1*	109 460	*100*	.	.	.	.	7	.	.	.	110	.	.	.	3	Danzig.
120	.	189	.	191 617	*100*	.	.	.	.	.	.	.	.	141	.	9	.	4	Marienwerder.
512	.	533	.	194 426	*98*	2 829	*1*	.	.	1 490	*1*	4	.	2	.	11	.	5	Potsdam.
33	1	166	.	171 357	*98*	285	.	.	.	3 676	*2*	34	.	26	.	.	.	6	Frankfurt a. O.
367	.	499	*1*	98 633	*96*	2 254	*2*	.	.	517	*1*	.	.	.	.	1 109	*1*	7	Stettin.
479	13	1 324	*2*	62 491	*100*	.	.	.	.	.	.	158	.	2	.	.	.	8	Köslin.
75	1	175	*1*	24 995	*100*	54	.	.	.	.	.	.	.	.	.	72	.	9	Stralsund.
167	6	212	.	71 309	*99*	75	.	.	.	451	*1*	184	.	30	.	.	.	10	Posen.
23	.	25	.	100 623	*99*	.	.	.	.	15	.	.	.	.	.	655	*1*	11	Bromberg.
2 313	125	15 057	*29*	51 921	*91*	1 453	*2*	1 604	*3*	1 180	*2*	382	*1*	378	*1*	150	.	12	Breslau.
908	61	5 334	*27*	19 996	*97*	.	.	146	*1*	108	*1*	283	*1*	93	.	.	.	13	Liegnitz.
865	222	7 368	*10*	72 468	*99*	.	.	443	*1*	12	.	193	.	26	.	.	.	14	Oppeln.
440	6	1 122	*2*	57 737	*92*	22	.	4 088	*7*	902	*1*	60	.	81	.	.	.	15	Magdeburg.
848	113	2 960	*4*	69 068	*97*	149	.	2 041	*3*	306	.	210	.	169	.	33	.	16	Merseburg.
3 621	314	20 297	*62*	32 690	*91*	1 053	*3*	2 194	*6*	17	.	.	.	.	.	.	.	17	Erfurt.
4 818	2 490	9 942	*29*	34 615	*99*	272	*1*	.	.	.	.	.	.	.	.	3	.	18	Schleswig.
671	80	3 363	*12*	28 207	*97*	351	*1*	232	*1*	59	.	173	*1*	.	.	115	.	19	Hannover.
8 585	1 945	50 988	*52*	98 193	*97*	2 052	*2*	716	*1*	152	.	87	.	1	.	331	.	20	Hildesheim.
2 130	97	7 669	*10*	76 537	*100*	.	.	.	.	162	.	.	.	.	.	48	.	21	Lüneburg.
442	51	1 492	*9*	17 213	*100*	52	.	.	.	.	.	.	.	.	.	.	.	22	Stade.
581	136	1 613	*11*	14 752	*100*	53	.	.	.	.	.	.	.	1	.	.	.	23	Osnab. mit Aurich.
142	10	304	*14*	2 206	*100*	.	.	.	.	.	.	.	.	.	.	.	.	24	Münster.
2 561	443	7 557	*23*	32 805	*99*	257	*1*	.	.	10	.	99	.	1	.	82	.	25	Minden mit Schbg.
1 890	278	5 301	*28*	18 883	*99*	.	.	.	.	.	.	236	*1*	.	.	.	.	26	Arnsberg.
14 153	6 817	33 497	*17*	198 324	*99*	194	.	118	.	352	.	2 502	*1*	2	.	41	.	27	Cassel ohne Schbg.
1 621	145	5 915	*12*	48 388	*95*	547	*1*	117	.	688	*1*	1 359	*3*	.	.	20	.	28	Wiesbaden.
1 795	393	6 590	*28*	23 065	*87*	3	.	104	.	33	.	3 490	*13*	.	.	.	.	29	Coblenz.
272	.	399	*3*	15 358	*96*	.	.	.	.	113	*1*	362	*2*	237	*1*	.	.	30	Düsseldorf.
839	.	1 518	*13*	11 573	*96*	20	.	64	*1*	.	.	404	*3*	6	.	.	.	31	Cöln.
2 799	386	10 571	*18*	58 474	*95*	279	.	.	.	356	*1*	2 327	*4*	.	.	17	.	32	Trier.
2 677	740	9 677	*40*	24 279	*84*	.	.	1 782	*6*	273	*1*	2 499	*9*	.	.	.	.	33	Aachen.
81 577	15 998	295 655		2 388 212		12 369		13 649		26 618		15 046		1 335		2 763			Zusammen.
.	.	% . %		97,1% (*96,1%*)		0,5% (*0,5%*)		0,6% (*1,1%*)		1,1% (*1,6%*)		0,6% (*0,6%*)		0,0 (*0,1%*)		*0,1%*			% der Holzbodenfläche.
.	.	12,4 (*12,0*)		.		.		.		.		.		.		.			% der Hochwaldfläche.
% % 28 (*34*)	5% (*4%*)	.		.		.		.		.		.		.		.			Procentuales Altersklassenverhältniß.
92 657	10 943	274 416		2 282 155		11 763		26 349		37 040		14 408		2 326		.			Im Jahre 1881 waren vorhanden.
.	5 055	21 239		106 057		606		.		.		638		.		2 763			mehr } nach der Zusammenstellung von 1893.
11 080	.	.		.		.		12 700		10 422		.		991		.			weniger } nach der Zusammenstellung von 1893.

Tabelle

Ordnungs-Nr.	Oberförsterei	Zur Holzzucht benutzte Flächen und bestimmte Blößen ha	1. Eichen							
			über 100 Jahre	81—100 Jahre	61—80 Jahre	41—60 Jahre	21—40 Jahre	1—20 Jahre	Blößen und Räumden	Zusammen
			Hektar							
1.	2.	3.	4.	5.	6.	7.	8.	9.	10.	11.
			1. Regierungs-Bezirk							
1	Friedrichsfelde	5 281	.	.	.	.	.	.	.	.
2	Puppen	6 458	.	.	.	.	.	.	.	.
3	Ratzeburg	6 375	.	.	.	.	.	.	.	.
4	Reußwalde	4 849	.	.	.	.	.	.	.	.
5	Grüneberge	6 833	.	.	.	.	.	.	.	.
6	Corpellen	4 930	.	.	.	.	.	23	.	23
7	Kaltenborn	5 712	37	7	3	.	.	40	.	87
8	Grünfließ	5 873	.	.	.	.	.	38	.	38
9	Hartigswalde	5 338	.	.	.	.	.	5	.	5
10	Purden	4 800	.	.	.	.	.	.	.	.
11	Ramuck	5 055	.	.	.	.	.	8	.	8
12	Lanskerofen	6 357	90	.	.	3	28	5	.	126
13	Kudippen	4 395	.	9	44	.	.	1	.	54
14	Jablonken	6 337	104	1	.	.	.	6	1	112
15	Taberbrück	8 139	256	5	1	5	.	11	.	278
16	Liebemühl	3 823	16	.	.	.	5	.	.	21
17	Alt-Christburg	6 436	327	.	.	3	7	7	.	344
18	Sadlowo	4 458	.	.	.	.	.	113	.	113
19	Wichertshof	6 579	.	.	.	.	.	.	.	.
20	Pr.-Eylau	4 818	.	.	.	.	.	43	.	43
21	Födersdorf	3 542	227	.	.	.	183	67	.	477
22	Tapiau	5 584	.	.	.	.	24	81	10	115
23	Gauleden	3 971	55	9	.	3	4	70	1	142
24	Drusken	7 383	3	.	.	.	1	193	.	197
25	Alt-Sternberg	4 221	39	.	.	1	100	93	.	233
26	Neu-Sternberg	4 425	.	.	.	.	14	110	6	130
27	Mehlauken	3 720	34	.	.	.	.	52	.	86
28	Pfeil	3 791	.	.	.	.	1	67	.	68
29	Kl.-Naujock	3 328	6	.	.	4	10	92	.	112
30	Nemonien	3 162	.	.	.	.	.	.	.	.
31	Leipen	4 260	.	2	.	.	3	68	.	73
32	Gertlauken	3 829	.	.	.	.	.	49	.	49
33	Greiben	4 790	97	.	.	.	18	10	.	125
34	Fritzen	2 980	16	.	.	.	6	43	.	65
35	Kobbelbude	4 013	.	.	.	.	.	.	.	.
36	Klooschen	2 586	.	.	.	.	2	9	.	11
37	Warnicken	1 946	10	8	3	.	2	6	.	29
	Zusammen	180 377	1 317	41	51	19	408	1 310	18	3 164

25a β.

2. Buchen								3. Erlen und Birken								Ordnungs-Nr.
über 100 Jahre	81—100 Jahre	61—80 Jahre	41—60 Jahre	21—40 Jahre	1—20 Jahre	Blößen und Räumden	Zusammen	über 100 Jahre	81—100 Jahre	61—80 Jahre	41—60 Jahre	21—40 Jahre	1—20 Jahre	Blößen und Räumden	Zusammen	
Hektar								Hektar								
12.	13.	14.	15.	16.	17.	18.	19.	20.	21.	22.	23.	24.	25.	26.	27.	
Königsberg.																
.	.	.	.	.	.	.	.	.	10	85	219	448	215	36	1 013	1
.	.	.	.	.	.	.	.	.	.	.	242	75	.	.	317	2
.	.	.	.	.	.	.	.	.	.	.	16	11	.	.	27	3
.	.	.	.	.	.	.	.	.	.	127	676	129	210	37	1 179	4
.	.	.	.	.	.	.	.	.	.	.	.	.	.	.	.	5
.	73	13	.	15	.	.	101	.	.	.	.	.	.	.	.	6
.	.	.	.	.	.	.	.	.	.	.	8	11	5	.	24	7
.	.	.	.	.	.	.	.	.	.	.	.	.	.	.	.	8
.	.	.	.	.	.	.	.	.	20	34	59	23	35	10	181	9
.	.	.	.	.	.	.	.	.	.	.	16	5	3	1	25	10
.	.	.	62	11	.	.	73	.	.	6	35	9	2	2	54	11
.	.	12	48	.	.	.	60	5	22	59	.	12	2	.	100	12
177	58	17	5	4	44	.	305	.	.	.	5	31	27	5	68	13
16	.	35	12	.	.	.	63	.	.	11	13	109	11	1	145	14
175	66	89	22	.	32	5	389	.	3	4	69	93	18	20	207	15
6	6	21	.	.	3	.	36	.	.	17	14	30	20	11	92	16
102	195	110	14	96	111	2	630	.	4	20	78	78	43	44	267	17
357	21	.	.	11	47	.	436	.	9	142	137	108	39	.	435	18
.	.	.	.	.	.	.	.	.	.	25	242	119	21	.	407	19
.	.	.	.	.	7	.	7	.	9	67	67	16	48	1	208	20
.	37	.	.	2	13	.	52	.	4	14	2	5	7	.	32	21
.	10	.	11	.	14	.	35	.	46	491	426	214	214	6	1 397	22
.	152	2	.	.	11	.	165	.	118	152	76	254	212	3	815	23
25	436	143	.	25	40	.	669	54	108	448	450	570	245	23	1 898	24
362	71	.	.	37	18	8	496	.	94	330	781	353	69	2	1 629	25
140	180	.	.	3	33	.	356	.	87	916	778	366	172	22	2 341	26
82	32	.	.	.	30	.	144	.	.	26	691	327	254	.	1 298	27
10	31	12	.	.	20	.	73	.	38	609	777	641	375	.	2 440	28
.	.	19	.	.	6	.	25	.	.	338	754	570	394	19	2 075	29
.	.	.	.	.	.	.	.	.	.	.	.	.	.	.	.	30
47	80	.	.	29	8	.	164	.	112	310	308	138	29	1	898	31
.	38	.	.	2	11	.	51	.	3	389	412	405	93	7	1 309	32
.	.	.	.	56	21	.	77	.	127	783	571	174	394	.	2 049	33
.	.	.	.	.	.	.	.	.	13	172	161	185	158	.	689	34
.	.	.	.	.	.	.	.	.	.	.	.	15	25	.	40	35
.	.	.	.	.	6	.	6	.	.	25	127	37	12	5	206	36
.	57	145	18	12	.	.	232	.	87	273	208	67	73	17	725	37
1 499	1 543	618	192	303	475	15	4 645	59	914	5 873	8 418	5 628	3 425	273	24 590	

Fortgesetzt auf Seite 66 und 67.

Ordnungs-Nr.	4. Kiefern und Lärchen								5. Fichten und				
	über 100 Jahre	81—100 Jahre	61—80 Jahre	41—60 Jahre	21—40 Jahre	1—20 Jahre	Blößen und Räumden	Zusammen	über 100 Jahre	81—100 Jahre	61—80 Jahre	41—60 Jahre	21—40 Jahre
	Hektar								Hektar				
	28.	29.	30.	31.	32.	33.	34.	35.	36.	37.	38.	39.	40.
													1. Regierungs-Bezirk
1	484	906	835	309	659	921	154	4 268	.	.	.	.	.
2	611	1 622	1 111	1 267	780	750	.	6 141	.	.	.	.	.
3	1 118	1 675	1 173	1 039	711	524	108	6 348	.	.	.	.	.
4	534	792	466	627	521	564	7	3 511	23	43	75	11	3
5	339	1 074	131	310	654	974	3 351	6 833	.	.	.	.	.
6	525	1 746	659	643	669	564	.	4 806	.	.	.	.	.
7	495	1 449	544	325	288	1 605	895	5 601	.	.	.	.	.
8	2 804	739	400	127	394	951	395	5 810	.	.	.	.	.
9	1 218	1 506	719	295	416	997	1	5 152	.	.	.	.	.
10	782	646	1 155	194	684	835	73	4 369	37	263	47	.	51
11	1 538	1 057	657	232	583	616	167	4 850	7	24	13	16	10
12	2 313	492	422	186	1 272	1 254	132	6 071	.	.	.	.	.
13	729	503	334	193	375	1 207	89	3 430	.	93	85	234	60
14	1 771	1 017	1 794	350	147	865	73	6 017	.	.	.	.	.
15	3 235	1 303	289	169	1 266	883	118	7 263	.	.	.	.	.
16	700	711	750	263	564	595	91	3 674	.	.	.	.	.
17	2 448	588	266	487	663	715	27	5 194	.	.	.	1	.
18	566	367	20	82	264	439		1 738	51	489	286	7	128
19	73	401	1 695	985	399	684	4	4 241	37	199	798	490	200
20	283	471	352	491	788	210	1	2 596	7	139	467	30	806
21	382	434	229	262	131	121	11	1 570	.	132	311	155	710
22	12	69	212	107	9	.	.	409	.	423	893	366	1 227
23	73	20	40	130	.	.	2	265	.	147	620	438	744
24	.	32	271	171	127	11	140	752	.	50	458	475	1 792
25	.	21	.	.	.	1	.	22	.	259	347	273	888
26	.	.	.	37	.	1	.	38	.	21	221	421	713
27	1	26	37	178	328	167	68	805	.	147	190	89	100
28	.	.	.	.	.	.	.	.	.	86	272	364	304
29	.	29	52	61	65	5	5	217	.	28	147	202	337
30	.	.	.	.	.	.	.	.	.	.	.	.	.
31	.	.	38	54	63	2	2	159	.	186	466	682	994
32	18	62	173	115	129	16	.	513	.	73	405	366	530
33	94	.	.	.	.	7	.	101	.	175	626	538	747
34	60	68	92	99	128	44	12	503	.	6	541	204	721
35	.	638	787	894	500	480	51	3 350	.	.	.	.	39
36	232	475	315	188	348	719	80	2 357	.	.	6	.	.
37	6	8	10	138	126	93	.	381	.	.	.	42	105
Zus.	23 444	20 947	16 028	11 008	14 051	17 820	6 057	109 355	162	2 983	7 274	5 404	11 209

25a β.

Tannen			Zusammen Hochwald	Plenterwald	Mittelwald	Niederwald ohne Schälwald und Weidenheeger	Eichenschälwald	Weidenheeger	Keinem dieser Betriebe angeschlossene Holzbodenflächen	Die Angaben beziehen sich auf den Waldzustand vom Jahre:	Ordnungs-Nr.	Oberförsterei
1—20 Jahre	Blößen und Räumden	Zusammen										
Hektar			Hektar									
41.	42.	43.	44.	45.	46.	47.	48.	49.	50.	51.		
Königsberg (Fortsetzung).												
.	.	.	5 281	.	.	.	.	.	.	1881	1	Friedrichsfelde.
.	.	.	6 458	.	.	.	.	.	.	dsgl.	2	Puppen.
.	.	.	6 375	.	.	.	.	.	.	dsgl.	3	Ratzeburg.
4	.	159	4 849	.	.	.	.	.	.	1893	4	Reußwalde.
.	.	.	6 833	.	.	.	.	.	.	dsgl.	5	Grüneberge.
.	.	.	4 930	.	.	.	.	.	.	dsgl.	6	Corpellen.
.	.	.	5 712	.	.	.	.	.	.	dsgl.	7	Kaltenborn.
.	.	.	5 848	.	.	25	.	.	.	dsgl.	8	Grünfließ.
.	.	.	5 338	.	.	.	.	.	.	dsgl.	9	Hartigswalde.
5	3	406	4 800	.	.	.	.	.	.	1881	10	Purden.
.	.	70	5 055	.	.	.	.	.	.	dsgl.	11	Ramuck.
.	.	.	6 357	.	.	.	.	.	.	1884	12	Lanskerofen.
65	1	538	4 395	.	.	.	.	.	.	1881	13	Kudippen.
.	.	.	6 337	.	.	.	.	.	.	dsgl.	14	Jablonken.
2	.	2	8 139	.	.	.	.	.	.	dsgl.	15	Taberbrück.
.	.	.	3 823	.	.	.	.	.	.	dsgl.	16	Liebemühl.
.	.	1	6 436	.	.	.	.	.	.	1886	17	Alt-Christburg.
775	.	1 736	4 458	.	.	.	.	.	.	1881	18	Sadlowo.
207	.	1 931	6 579	.	.	.	.	.	.	dsgl.	19	Wichertshof.
515	.	1 964	4 818	.	.	.	.	.	.	1892	20	Pr.-Eylau.
93	10	1 411	3 542	.	.	.	.	.	.	dsgl.	21	Födersdorf.
693	26	3 628	5 584	.	.	.	.	.	.	dsgl.	22	Tapiau.
630	5	2 584	3 971	.	.	.	.	.	.	dsgl.	23	Gauleden.
1 092	.	3 867	7 383	.	.	.	.	.	.	dsgl.	24	Drusken.
67	7	1 841	4 221	.	.	.	.	.	.	dsgl.	25	Alt-Sternberg.
181	3	1 560	4 425	.	.	.	.	.	.	dsgl.	26	Neu-Sternberg.
46	35	607	2 940	.	.	780	.	.	.	dsgl.	27	Mehlauken.
148	36	1 210	3 791	.	.	.	.	.	.	dsgl.	28	Pfeil.
152	12	878	3 307	.	.	.	.	21	.	dsgl.	29	Kl.-Naujock.
.	.	.	.	.	.	3 162	.	.	.	1891	30	Nemonien.
626	12	2 966	4 260	.	.	.	.	.	.	1892	31	Leipen.
526	7	1 907	3 829	.	.	.	.	.	.	dsgl.	32	Gertlauken.
352	.	2 438	4 790	.	.	.	.	.	.	1891	33	Greiben.
181	3	1 656	2 913	.	.	.	.	.	67	1892	34	Fritzen.
124	.	163	3 553	115	.	345	.	.	.	1881	35	Kobbelbude.
.	.	6	2 586	.	.	.	.	.	.	1892	36	Klooschen.
432	.	579	1 946	.	.	.	.	.	.	1881	37	Warnicken.
6 916	160	34 108	175 862	115	.	4 312	.	21	67			

Ordnungs-Nr.	Oberförsterei	Zur Holzzucht benutzte Flächen und bestimmte Blößen ha	1. Eichen: über 100 Jahre	81—100 Jahre	61—80 Jahre	41—60 Jahre	21—40 Jahre	1—20 Jahre	Blößen und Räumden	Zusammen
			Hektar							
1.	2.	3.	4.	5.	6.	7.	8.	9.	10.	11.
										2. Regierungs-Bezirk
1	Wolfsbruch	5 480	.	.	.	.	.	7	.	7
2	Kullik	4 784	.	.	.	.	.	.	.	.
3	Turoscheln	5 170	.	.	.	.	.	.	.	.
4	Kurwien	5 647	.	.	.	.	.	.	.	.
5	Johannisburg	6 038	.	.	.	.	.	.	.	.
6	Breitenheide	6 368	.	.	.	.	.	4	4	8
7	Guszianka	5 813	.	.	.	.	.	.	.	.
8	Cruttinnen	5 842	227	.	.	.	.	.	.	227
9	Nikolaiken	4 461	.	.	.	.	.	.	.	.
10	Pfeilswalde	5 847	132	.	.	.	.	8	.	140
11	Grondowken	7 374	.	.	.	.	.	.	.	.
12	Lyck	4 912	.	.	.	.	.	.	.	.
13	Borken	4 907	.	.	.	.	.	.	.	.
14	Rothebude	4 476	.	.	.	.	.	11	.	11
15	Heydtwalde	4 962	.	.	.	.	.	28	.	28
16	Skallischen	3 791	.	.	.	.	.	.	.	.
17	Szittkehmen	4 827	.	.	.	.	.	.	.	.
18	Goldap	5 104	.	.	.	.	.	30	.	30
19	Nassawen	4 447	.	.	.	.	.	.	.	.
20	Warnen	5 200	.	.	.	.	.	.	.	.
21	Kranichbruch	4 910	.	32	3	1	.	26	.	62
22	Astrawischken	4 555	.	6	.	.	.	7	.	13
23	Tzullkinnen	4 317	8	.	.	.	.	.	.	8
24	Eichwald	4 530	.	.	.	.	.	.	.	.
25	Brödlauken	3 034	45	14	1	2	22	94	.	178
26	Schorellen	5 075	163	138	.	.	43	74	.	418
27	Uszballen	2 333	.	.	.	.	16	5	.	21
28	Weszkallen	3 703	.	.	.	.	5	37	.	42
29	Neu-Lubönen	5 790	.	.	.	.	.	.	.	.
30	Trappönen	5 667	.	.	.	.	.	.	.	.
31	Schmalleningken	5 815	.	.	.	.	.	.	.	.
32	Jura	5 571	.	.	.	.	.	.	.	.
33	Padrojen	6 064	.	10	1	1	28	87	.	127
34	Wilhelmsbruch	4 631	.	.	34	2	1	.	.	37
35	Schnecken	3 584	1	.	.	.	.	.	.	1
36	Dingken	3 087	2	.	.	4	.	49	.	55
37	Tawellningken	6 718	.	.	.	.	.	.	.	.
38	Ibenhorst	3 963	.	.	.	.	.	.	.	.
39	Norkaiten	3 325	.	.	.	.	.	.	.	.
	Zusammen	192 122	578	200	39	10	115	467	4	1 413

25a β.

2. Buchen über 100 Jahre	81—100 Jahre	61—80 Jahre	41—60 Jahre	21—40 Jahre	1—20 Jahre	Blößen und Räumden	Zusammen	3. Erlen und Birken über 100 Jahre	81—100 Jahre	61—80 Jahre	41—60 Jahre	21—40 Jahre	1—20 Jahre	Blößen und Räumden	Zusammen	Ordnungs-Nr.
Hektar								Hektar								
12.	13.	14.	15.	16.	17.	18.	19.	20.	21.	22.	23.	24.	25.	26.	27.	
Gumbinnen.																
.	.	.	.	.	.	.	.	.	.	4	14	11	53	13	95	1
.	.	.	.	.	.	.	.	.	.	96	327	28	260	101	812	2
.	.	.	.	.	.	.	.	.	.	19	123	.	227	.	369	3
.	.	.	8	.	.	.	8	.	.	68	204	49	49	.	370	4
.	.	.	.	.	.	.	.	.	.	.	25	135	75	8	243	5
.	.	.	.	.	.	.	.	.	.	3	15	14	15	14	61	6
.	.	.	.	.	.	.	.	.	.	.	.	.	.	.	.	7
.	.	.	16	.	.	.	16	.	.	.	.	.	.	.	.	8
.	.	.	.	.	.	.	.	.	.	.	.	.	.	160	160	9
.	.	11	9	.	.	.	20	.	.	.	.	22	12	17	51	10
.	.	.	.	.	.	.	.	.	.	.	67	85	36	.	188	11
.	.	.	.	.	.	.	.	.	.	19	75	18	10	6	128	12
.	366	647	53	44	211	10	1 331	.	31	112	114	28	179	13	477	13
.	326	26	31	43	48	.	474	.	.	12	209	225	150	12	608	14
.	166	202	.	4	4	.	376	.	18	297	99	79	105	1	599	15
.	.	.	.	.	.	.	.	.	.	111	298	49	105	130	693	16
.	.	.	.	.	.	.	.	.	.	.	.	.	.	.	.	17
.	25	54	35	29	.	.	143	.	142	554	388	131	.	11	1 226	18
.	.	.	.	.	.	.	.	.	.	28	33	102	9	1	173	19
.	.	.	.	.	.	.	.	.	.	3	41	26	8	.	78	20
.	260	74	.	.	5	.	339	.	84	269	660	441	74	.	1 528	21
.	80	104	39	3	70	.	296	.	51	308	434	55	86	5	939	22
.	.	.	.	.	.	.	.	.	.	340	343	40	26	.	749	23
.	.	.	.	10	1	.	11	.	.	72	217	261	21	5	576	24
.	.	.	.	.	.	.	.	.	.	56	115	47	96	.	314	25
.	.	.	.	.	.	.	.	.	.	542	285	249	44	.	1 120	26
.	.	.	.	.	.	.	.	.	.	11	88	22	8	2	131	27
.	.	.	.	.	.	.	.	.	.	458	139	43	91	.	731	28
.	.	.	.	.	.	.	.	.	102	63	174	139	240	72	790	29
.	.	.	.	.	.	.	.	.	.	18	93	133	52	.	296	30
.	.	.	.	.	.	.	.	.	10	89	202	92	158	8	559	31
.	.	.	.	.	1	.	1	.	.	207	213	136	69	9	634	32
.	.	129	10	25	.	.	164	.	20	90	276	142	20	.	548	33
.	.	.	.	.	.	.	.	.	.	55	221	548	311	4	1 139	34
.	.	.	.	.	.	.	.	.	.	12	505	317	511	47	1 392	35
.	.	.	.	.	.	.	.	.	7	43	287	36	125	21	519	36
.	.	.	.	.	.	.	.	.	.	.	.	.	.	.	.	37
.	.	.	.	.	.	.	.	.	.	.	.	.	.	.	.	38
.	.	.	.	.	.	.	.	.	.	45	229	101	59	2	436	39
.	1 223	1 247	201	158	340	10	3 179	.	465	4 004	6 513	3 804	3 284	662	18 732	

Fortgesetzt auf Seite 70 und 71.

Ordnungs-Nr.	4. Kiefern und Lärchen								5. Fichten und				
	über 100 Jahre	81—100 Jahre	61—80 Jahre	41—60 Jahre	21—40 Jahre	1—20 Jahre	Blößen und Räumden	Zusammen	über 100 Jahre	81—100 Jahre	61—80 Jahre	41—60 Jahre	21—40 Jahre
	Hektar								Hektar				
	28.	29.	30.	31.	32.	33.	34.	35.	36.	37.	38.	39.	40.
													2. Regierungs-Bezirk
1	722	1 798	1 076	670	312	588	4	5 170	55	23	30	5	19
2	689	1 073	607	362	447	513	18	3 719	35	18	84	13	33
3	914	923	787	670	720	761	.	4 775	.	.	18	.	.
4	1 800	1 149	344	749	525	499	.	5 066	.	.	106	60	9
5	1 596	1 565	625	690	415	889	4	5 784	.	.	8	3	.
6	965	1 177	649	904	1 238	1 334	32	6 299	.	.	.	.	.
7	1 861	1 241	366	1 055	401	689	112	5 725	.	.	.	.	.
8	1 047	776	673	614	1 073	1 285	87	5 555	.	.	.	.	.
9	1 236	827	451	347	589	784	5	4 239	.	.	.	.	.
10	1 584	734	1 198	664	669	635	.	5 484	16	.	25	55	8
11	2 143	1 329	595	649	650	1 530	290	7 186	.	.	.	.	.
12	824	358	964	1 033	452	738	118	4 487	.	.	212	2	38
13	2	7	205	150	770	771	50	1 955	.	.	197	184	355
14	82	31	5	39	110	532	4	803	.	10	322	655	451
15	234	27	51	184	833	553	1	1 883	.	37	291	400	358
16	374	239	293	376	700	215	30	2 227	61	322	283	80	21
17	294	137	264	310	504	379	4	1 892	331	208	152	445	1 044
18	37	221	133	23	153	367	3	937	3	83	205	751	203
19	103	24	47	212	155	7	.	548	257	170	498	487	500
20	393	526	448	568	446	451	.	2 832	3	57	638	537	306
21	.	5	146	258	170	.	8	587	.	30	507	368	620
22	54	135	431	280	5	.	.	905	.	217	659	542	789
23	.	12	82	9	.	22	.	125	.	.	285	970	773
24	.	.	37	14	9	2	.	62	.	.	126	1 078	736
25	.	20	138	47	3	15	.	223	.	46	295	576	659
26	4	2	43	40	156	66	507	818	.	8	421	328	905
27	323	156	210	244	267	134	35	1 369	.	10	224	155	306
28	.	70	121	.	144	111	.	446	.	13	65	481	1 391
29	1 383	1 016	215	669	455	653	200	4 591	10	32	38	28	193
30	683	1 207	1 249	793	600	406	222	5 160	2	38	34	1	7
31	1 371	1 517	345	430	622	540	187	5 012	12	88	8	16	49
32	788	1 487	383	609	897	415	131	4 710	.	40	121	25	26
33	.	.	.	12	86	17	.	115	.	17	345	367	1 757
34	.	.	535	94	227	33	5	894	.	.	346	176	758
35	349	226	250	400	382	520	64	2 191	.	.	.	.	.
36	199	213	422	282	220	490	27	1 853	.	2	100	91	234
37	.	.	.	.	.	.	.	.	.	.	.	.	.
38	.	.	.	.	.	.	.	.	.	.	.	.	.
39	100	352	590	184	472	1 086	105	2 889	.	.	.	.	.
Zus.	22 154	20 580	14 978	14 634	15 877	18 040	2 253	108 516	785	1 469	6 643	8 879	12 548

25a β.

Tannen			Zusammen Hochwald	Plenterwald	Mittelwald	Niederwald ohne Schälwald und Weidenheeger	Eichenschälwald	Weidenheeger	Keinem dieser Betriebe angeschlossene Holzbodenflächen	Die Angaben beziehen sich auf den Waldzustand vom Jahre	Ordnungs-Nr.	Oberförsterei
1–20 Jahre	Blößen und Räumden	Zusammen										
Hektar			Hektar									
41.	42.	43.	44.	45.	46.	47.	48.	49.	50.	51.		

Gumbinnen (Fortsetzung).

41.	42.	43.	44.	45.	46.	47.	48.	49.	50.	51.	Nr.	Oberförsterei
69	7	208	5 480	.	.	.	.	.	.	1892	1	Wolfsbruch.
70	.	253	4 784	.	.	.	.	.	.	dsgl.	2	Kullik.
8	.	26	5 170	.	.	.	.	.	.	dsgl.	3	Turoscheln.
26	2	203	5 647	.	.	.	.	.	.	1881	4	Kurwien
.	.	11	6 038	.	.	.	.	.	.	1892	5	Johannisburg.
.	.	.	6 368	.	.	.	.	.	.	1881	6	Breitenheide.
1	.	1	5 726	.	.	87	.	.	.	1892	7	Guszianka.
41	.	41	5 839	.	.	3	.	.	.	1881	8	Cruttinnen.
.	.	.	4 399	.	.	62	.	.	.	dsgl.	9	Nikolaiken.
48	.	152	5 847	.	.	.	.	.	.	dsgl.	10	Pfeilswalde.
.	.	.	7 374	.	.	.	.	.	.	1892	11	Grondowken.
45	.	297	4 912	.	.	.	.	.	.	dsgl.	12	Lyck.
408	.	1 144	4 907	.	.	.	.	.	.	dsgl.	13	Borken.
1 122	20	2 580	4 476	.	.	.	.	.	.	dsgl.	14	Rothebude.
975	15	2 076	4 962	.	.	.	.	.	.	dsgl.	15	Heydtwalde.
95	9	871	3 791	.	.	.	.	.	.	1881	16	Skallischen.
752	3	2 935	4 827	.	.	.	.	.	.	1892	17	Szittkehmen.
1 500	23	2 768	5 104	.	.	.	.	.	.	dsgl.	18	Goldap.
1 783	31	3 726	4 447	.	.	.	.	.	.	1881	19	Naßawen.
651	98	2 290	5 200	.	.	.	.	.	.	dsgl.	20	Warnen.
837	32	2 394	4 910	.	.	.	.	.	.	1892	21	Kranichbruch.
188	7	2 402	4 555	.	.	.	.	.	.	dsgl.	22	Astrawischken.
1 226	181	3 435	4 317	.	.	.	.	.	.	1881	23	Tzullkinnen.
1 589	352	3 881	4 530	.	.	.	.	.	.	dsgl.	24	Eichwald.
743	.	2 319	3 034	.	.	.	.	.	.	1892	25	Brödlauken.
1 034	23	2 719	5 075	.	.	.	.	.	.	dsgl.	26	Schorellen.
103	14	812	2 333	.	.	.	.	.	.	dsgl.	27	Uszballen.
534	.	2 484	3 703	.	.	.	.	.	.	dsgl.	28	Weßkallen.
69	31	401	5 782	.	.	.	.	8	.	dsgl.	29	Neu-Lubönen.
129	.	211	5 667	.	.	.	.	.	.	1881	30	Trappönen.
63	8	244	5 815	.	.	.	.	.	.	1892	31	Schmalleningken.
12	2	226	5 571	.	.	.	.	.	.	dsgl.	32	Jura.
2 624	.	5 110	6 064	.	.	.	.	.	.	dsgl.	33	Padrojen.
696	82	2 058	4 128	.	.	503	.	.	.	1882	34	Wilhelmsbruch.
.	.	.	3 584	.	.	.	.	.	.	1892	35	Schnecken.
132	10	569	2 996	.	.	91	.	.	.	dsgl.	36	Dingken.
.	.	.	.	.	.	6 718	.	.	.	1881	37	Tawellningken.
.	.	.	.	.	.	3 963	.	.	.	dsgl.	38	Ibenhorst.
.	.	.	3 325	.	.	.	.	.	.	1892	39	Norkaiten.
17 573	950	48 847	180 687	.	.	11 427	.	8	.			

Ordnungs-Nr.	Oberförsterei	Zur Holzzucht benutzte Flächen und bestimmte Blößen ha	1. Eichen							
			über 100 Jahre	81—100 Jahre	61—80 Jahre	41—60 Jahre	21—40 Jahre	1—20 Jahre	Blößen und Räumden	Zusammen
			Hektar							
1.	2.	3.	4.	5.	6.	7.	8.	9.	10.	11.
										3. Regierungs-Bezirk
1	Steegen	4 950	.	.	.	.	.	.	.	.
2	Pelplin	4 081	6	.	12	24	28	33	5	108
3	Sobbowitz	4 242	.	.	10	6	7	10	.	33
4	Wilhelmswalde	5 910	.	.	.	.	.	.	.	.
5	Wildungen	7 883	.	.	.	.	.	.	.	.
6	Wirthy	6 065	.	38	35	.	.	20	.	93
7	Hagenort	7 779	.	.	.	.	.	.	.	.
8	Okonin	4 580	.	.	.	.	.	.	.	.
9	Königswiese	6 629	.	.	.	.	.	.	.	.
10	Lorenz	7 438	39	24	1	.	.	4	.	68
11	Buchberg	6 055	95	39	139	.	9	1	.	283
12	Sullenschin [1])	.	.	.	.	.	.	.	.	.
13	Stangenwalde	4 362	14	4	.	.	8	10	.	36
14	Carthaus	6 619	3	7	15	29	82	.	.	136
15	Mirchau	7 776	206	59	272	59	9	.	.	605
16	Oliva	3 663	39	118	5	.	.	14	.	176
17	Kielau	5 729	.	42	70	30	3	29	.	174
18	Gnewau	4 764	81	108	.	2	5	.	.	196
19	Neustadt	5 484	137	166	2	.	31	19	9	364
20	Darslub	5 568	174	.	.	4	.	.	.	178
	Zusammen	109 577	794	605	561	154	182	140	14	2 450
										4. Regierungs-Bezirk
1	Lautenburg	5 858	267	77	.	.	.	21	.	365
2	Ruda	5 843	2	41	2	.	.	.	.	45
3	Gollub	4 060	.	.	.	5	25	44	7	81
4	Strembaczno	3 172	.	47	16	.	.	2	2	67
5	Kosten	3 334	130	.	.	.	45	83	.	258
6	Wilhelmsberg	5 347	.	.	.	.	.	.	.	.
7	Lonkorsz	5 803	.	.	.	.	.	.	.	.
8	Jammi	6 417	50	12	29	7	83	22	.	203
9	Rehhof	7 357	64	.	.	.	.	2	.	66
10	Krausenhof	2 320	6	8	.	1	.	17	.	32
11	Hagen	7 023	.	.	.	.	.	1	.	1
12	Bülowsheide	6 219	.	.	.	.	.	.	.	.
13	Osche	6 632	30	.	.	.	2	.	.	32
14	Charlottenthal	5 880	.	.	.	.	.	.	.	.
15	Lindenbusch	5 530	23	.	.	.	22	15	2	62
16	Junkerhof	6 666	.	.	.	.	.	.	.	.
17	Grünfelde	5 033	.	.	.	.	.	.	.	.
18	Schwiedt	6 102	.	.	.	.	.	.	.	.
19	Woziwoda	6 298	.	.	.	.	.	.	.	.
20	Lutau	4 227	526	74	64	22	274	442	21	1 423
21	Plietnitz	7 164	55	.	.	.	11	1	.	67
22	Schönthal	6 811	.	.	.	4	22	19	.	45
23	Schloppe	5 464	.	.	.	.	.	.	.	.
24	Königsbruch	6 592	.	.	.	.	.	7	.	7
25	Czersk	5 969	.	10	.	.	5	21	.	36
26	Rittel	5 137	.	.	.	.	.	22	4	26
27	Gildon [1])	.	.	.	.	.	.	.	.	.
28	Laska	9 067	.	.	.	.	.	.	.	.
29	Landeck	4 247	.	.	.	.	.	.	.	.
30	Lindenberg	6 573	85	.	.	53	18	77	10	243
31	Eisenbrück	7 165	.	.	.	.	.	.	.	.
32	Pflastermühl	7 329	.	.	.	.	.	.	.	.
33	Zanderbrück	5 416	3	.	.	.	48	47	.	98
34	Hammerstein	5 712	.	.	.	.	.	.	.	.
	Zusammen	191 767	1 241	269	111	92	555	843	46	3 157

[1]) Diese neu gebildeten Oberförstereien bestehen aus Flächen der Forstreviere Buchberg und Mirchau, bezw. Rittel und Laska, sowie aus angekauften Oedländereien. Das Altersklassenverhältniß steht noch nicht fest.

2. Buchen								3. Erlen und Birken								Ordnungs-Nr.
über 100 Jahre	81—100 Jahre	61—80 Jahre	41—60 Jahre	21—40 Jahre	1—20 Jahre	Blößen und Räumden	Zusammen	über 100 Jahre	81—100 Jahre	61—80 Jahre	41—60 Jahre	21—40 Jahre	1—20 Jahre	Blößen und Räumden	Zusammen	
Hektar								Hektar								
12.	13.	14.	15.	16.	17.	18.	19.	20.	21.	22.	23.	24.	25.	26.	27.	
Danzig.																
.	.	.	.	.	.	.	.	.	.	.	.	8	19	.	27	1
.	40	57	78	27	16	.	218	.	.	36	75	2	11	.	124	2
.	106	211	168	306	160	.	951	.	14	64	6	27	36	2	149	3
6	.	.	50	10	27	.	93	.	.	.	39	51	17	23	130	4
.	.	.	.	.	.	.	.	.	.	.	.	.	.	.	.	5
.	.	24	.	.	.	.	24	.	.	.	.	.	.	.	.	6
.	.	.	.	.	.	.	.	.	.	.	.	.	.	.	.	7
.	.	.	.	.	.	.	.	.	.	.	.	.	.	.	.	8
.	.	.	.	.	.	.	.	.	.	.	.	.	.	.	.	9
31	.	.	.	58	.	.	89	.	.	7	10	1	.	.	18	10
20	108	155	8	35	6	.	332	.	.	.	.	.	2	.	2	11
.	.	.	.	.	.	.	.	.	.	.	.	.	.	.	.	12
23	186	184	282	69	73	.	817	.	.	.	11	8	4	.	23	13
136	198	422	363	197	76	.	1 392	.	.	.	.	.	7	.	7	14
59	183	611	300	17	51	.	1 221	.	.	.	2	9	.	3	14	15
350	264	107	98	47	53	.	919	.	.	.	.	.	.	.	.	16
596	835	315	112	86	37	.	1 981	.	.	.	.	1	1	.	2	17
594	783	153	138	265	39	.	1 972	.	.	.	.	.	10	.	10	18
160	571	432	116	7	.	.	1 286	.	.	.	2	5	13	.	20	19
480	150	234	314	125	32	10	1 345	3	.	.	8	1	19	1	32	20
2 455	3 424	2 905	2 027	1 249	570	10	12 640	3	14	107	153	113	139	29	558	
Marienwerder.																
.	1	9	.	.	.	.	10	.	16	18	.	2	.	.	36	1
.	.	9	.	.	.	.	9	.	.	.	.	32	34	.	66	2
.	.	.	.	.	.	.	.	.	.	3	13	15	4	.	35	3
.	.	.	.	.	.	.	.	.	.	7	.	31	1	13	52	4
.	.	.	.	.	.	.	.	.	.	.	.	35	71	.	106	5
.	.	.	.	.	.	.	.	.	.	.	.	.	.	.	.	6
.	.	18	.	.	.	1	19	.	.	3	7	34	55	26	125	7
.	8	116	62	32	33	.	251	.	.	1	11	16	43	8	79	8
.	1	6	5	63	65	.	140	.	.	132	21	20	35	6	214	9
.	.	.	.	6	4	.	10	.	.	.	12	3	12	2	29	10
.	.	.	.	.	.	.	.	.	.	5	24	5	3	7	44	11
.	.	.	.	.	.	.	.	.	.	.	113	139	42	.	294	12
61	.	.	.	.	.	.	61	.	.	.	.	.	.	.	.	13
.	.	.	.	.	.	.	.	.	.	9	.	6	2	.	17	14
23	1	.	31	.	10	.	65	.	.	.	7	2	14	.	23	15
.	.	.	.	.	.	.	.	.	.	.	.	.	.	.	.	16
.	.	.	.	.	11	.	11	.	.	.	.	4	5	.	9	17
.	.	.	.	.	.	.	.	.	.	.	.	.	.	.	.	18
.	.	.	.	.	.	.	.	.	.	.	.	.	.	.	.	19
.	.	.	.	.	.	.	.	.	.	31	76	36	104	6	253	20
.	.	.	.	.	.	.	.	.	.	1	.	3	7	.	11	21
42	17	11	8	.	16	.	94	.	.	17	50	3	28	.	98	22
.	.	.	34	6	.	.	40	.	.	.	1	.	5	.	6	23
.	.	.	.	.	.	.	.	.	.	.	.	.	5	.	5	24
.	.	.	.	3	.	.	3	.	.	21	.	8	68	.	97	25
.	.	.	.	.	8	.	8	.	.	.	.	.	.	.	.	26
.	.	.	.	.	.	.	.	.	.	.	.	.	.	.	.	27
.	.	.	.	.	.	.	.	.	.	.	.	.	.	.	.	28
.	.	.	.	.	.	.	.	.	.	.	.	.	.	.	.	29
21	.	.	.	6	8	.	35	.	.	.	.	.	.	.	.	30
.	.	.	.	6	.	.	6	.	.	.	.	.	.	.	.	31
.	.	.	.	.	.	.	.	.	.	.	.	.	.	.	.	32
15	144	61	36	103	29	.	388	.	.	1	8	65	2	66	142	33
.	.	.	.	.	4	.	4	.	.	.	2	17	15	.	34	34
162	172	230	176	225	188	1	1 154	.	16	249	345	476	555	134	1 775	

Fortgesetzt auf Seite 74 und 75.

Ordnungs-Nr.	4. Kiefern und Lärchen: über 100 Jahre	81—100 Jahre	61—80 Jahre	41—60 Jahre	21—40 Jahre	1—20 Jahre	Blößen und Räumden	Zusammen	5. Fichten und: über 100 Jahre	81—100 Jahre	61—80 Jahre	41—60 Jahre	21—40 Jahre
	Hektar								Hektar				
	28.	29.	30.	31.	32.	33.	34.	35.	36.	37.	38.	39.	40.
											3. Regierungs-Bezirk		
1	193	426	760	787	816	585	1 336	4 903	.	.	.	.	8
2	77	433	749	723	686	660	32	3 360	.	6	19	32	49
3	.	157	912	659	589	392	8	2 717	.	.	39	12	269
4	826	1 487	920	413	1 399	594	20	5 659	.	.	3	.	6
5	572	887	1 304	2 018	2 274	680	148	7 883	.	.	.	.	.
6	179	1 289	973	799	966	1 740	.	5 946	.	.	2	.	.
7	.	1 139	973	1 625	2 606	1 415	21	7 779	.	.	.	.	.
8	11	389	1 235	1 605	428	912	.	4 580	.	.	.	.	.
9	33	354	1 362	1 275	2 065	1 367	173	6 629	.	.	.	.	.
10	364	452	326	367	678	876	4 200	7 263	.	.	.	.	.
11	404	491	230	611	423	2 563	679	5 401	.	.	.	.	36
12	.	.	.	.	.	.	.	.	.	.	.	.	.
13	30	407	322	926	1 082	529	33	3 329	.	4	.	1	64
14	48	174	483	997	1 658	1 422	224	5 006	.	.	.	.	53
15	263	386	477	1 334	1 159	1 679	508	5 806	.	.	.	.	45
16	438	138	148	742	489	603	7	2 565	.	.	.	.	3
17	201	500	220	623	1 038	926	64	3 572	.	.	.	.	.
18	323	159	234	917	479	461	11	2 584	.	.	.	.	.
19	798	163	49	668	904	1 064	128	3 774	.	.	.	.	36
20	378	696	490	889	737	389	434	4 013	.	.	.	.	.
Zus.	5 138	10 127	12 167	17 978	20 476	18 857	8 026	92 769	.	10	63	45	569
											4. Regierungs-Bezirk		
1	468	1 018	728	275	487	504	1 967	5 447	.	.	.	.	.
2	696	1 050	1 254	721	604	612	786	5 723	.	.	.	.	.
3	439	386	642	807	765	817	46	3 902	.	.	.	.	15
4	41	586	210	657	729	677	153	3 053	.	.	.	.	.
5	902	397	364	341	567	399	.	2 970	.	.	.	.	.
6	1 418	778	546	739	866	1 000	.	5 347	.	.	.	.	.
7	93	2 035	834	269	606	1 623	199	5 659	.	.	.	.	.
8	704	1 328	1 240	854	854	895	9	5 884	.	.	.	.	.
9	762	1 999	1 350	1 015	979	823	9	6 937	.	.	.	.	.
10	610	308	245	469	167	262	43	2 104	.	.	.	.	45
11	2 030	1 718	1 114	836	728	543	.	6 969	.	.	.	.	.
12	1 483	1 748	826	565	756	547	.	5 925	.	.	.	.	.
13	1 929	2 228	599	381	713	612	77	6 539	.	.	.	.	.
14	1 184	1 767	1 036	643	676	539	18	5 863	.	.	.	.	.
15	717	1 125	1 243	945	633	644	.	5 307	.	.	.	.	.
16	48	637	1 841	1 707	1 494	816	123	6 666	.	.	.	.	.
17	1 791	948	485	391	523	856	19	5 013	.	.	.	.	.
18	677	1 662	1 584	440	904	748	87	6 102	.	.	.	.	.
19	90	673	1 569	1 112	1 373	1 349	132	6 298	.	.	.	.	.
20	401	588	424	318	360	367	93	2 551	.	.	.	.	.
21	712	1 169	795	904	2 072	1 357	77	7 086	.	.	.	.	.
22	921	713	338	1 395	1 414	1 683	45	6 509	.	.	.	.	9
23	1 074	1 495	374	644	1 012	799	20	5 418	.	.	.	.	.
24	278	683	1 379	1 627	1 376	1 131	106	6 580	.	.	.	.	.
25	148	807	1 025	825	1 322	1 519	187	5 833	.	.	.	.	.
26	417	1 346	514	663	907	1 102	154	5 103	.	.	.	.	.
27	.	.	.	.	.	.	.	.	.	.	.	.	.
28	.	10	179	858	2 138	1 451	4 431	9 067	.	.	.	.	.
29	198	986	809	378	432	1 196	248	4 247	.	.	.	.	.
30	22	1 349	1 361	455	445	1 061	1 602	6 295	.	.	.	.	.
31	237	1 202	2 079	427	873	1 941	395	7 154	.	.	.	.	.
32	1 373	2 500	808	539	745	1 354	10	7 329	.	.	.	.	.
33	489	1 061	951	501	391	1 089	306	4 788	.	.	.	.	.
34	.	11	80	1 445	920	1 760	1 458	5 674	.	.	.	.	.
Zus.	22 352	36 311	28 826	24 146	28 831	32 076	12 800	185 342	.	.	.	.	69

Tannen 1–20 Jahre	Blößen und Räumden	Zusammen	Zusammen Hochwald	Plenterwald	Mittelwald	Niederwald ohne Schälwald und Weidenheeger	Eichenschälwald	Weidenheeger	Keinem dieser Betriebe angeschlossene Holzbodenflächen	Die Angaben beziehen sich auf den Waldzustand vom Jahre:	Ordnungs-Nr.	Oberförsterei
Hektar			Hektar									
41.	42.	43.	44.	45.	46.	47.	48.	49.	50.	51.		
Danzig (Fortsetzung).												
5	.	13	4 943	.	.	7	.	.	.	1892	1	Steegen.
55	.	161	3 971	.	.	.	.	110	.	dsgl.	2	Pelplin.
60	12	392	4 242	.	.	.	.	.	.	dsgl.	3	Sobbowitz.
19	.	28	5 910	.	.	.	.	.	.	1882	4	Wilhelmswalde.
.	.	.	7 883	.	.	.	.	.	.	1889	5	Wildungen.
.	.	2	6 065	.	.	.	.	.	.	1881	6	Wirthy.
.	.	.	7 779	.	.	.	.	.	.	1885	7	Hagenort.
.	.	.	4 580	.	.	.	.	.	.	1881	8	Okonin.
.	.	.	6 629	.	.	.	.	.	.	1892	9	Königswiese.
.	.	.	7 438	.	.	.	.	.	.	dsgl.	10	Lorenz.
1	.	37	6 055	.	.	.	.	.	.	dsgl.	11	Buchberg.
.	.	.	.	.	.	.	.	.	.		12	Sullenschin[1]).
88	.	157	4 362	.	.	.	.	.	.	1881	13	Stangenwalde.
25	.	78	6 619	.	.	.	.	.	.	1892	14	Carthaus.
82	3	130	7 776	.	.	.	.	.	.	dsgl.	15	Mirchau.
.	.	3	3 663	.	.	.	.	.	.	1893	16	Oliva.
.	.	.	5 729	.	.	.	.	.	.	1892	17	Kielau.
2	.	2	4 764	.	.	.	.	.	.	1893	18	Gnewau.
4	.	40	5 484	.	.	.	.	.	.	1892	19	Neustadt.
.	.	.	5 568	.	.	.	.	.	.	dsgl.	20	Darslub.
341	15	1 043	109 460	.	.	7	.	110	.			
Marienwerder (Fortsetzung).												
.	.	.	5 858	.	.	.	.	.	.	1893	1	Lautenburg.
.	.	.	5 843	.	.	.	.	.	.	dsgl.	2	Ruda.
27	.	42	4 060	.	.	.	.	.	.	1892	3	Gollub.
.	.	.	3 172	.	.	.	.	.	.	1881	4	Strembaczno.
.	.	.	3 334	.	.	.	.	.	.	1893	5	Kosten.
.	.	.	5 347	.	.	.	.	.	.	1892	6	Wilhelmsberg.
.	.	.	5 803	.	.	.	.	.	.	1881	7	Lonkorsz.
.	.	.	6 417	.	.	.	.	.	.	1889	8	Jammi.
.	.	.	7 357	.	.	.	.	.	.	1887	9	Rehhof.
.	.	.	2 252	.	.	.	.	68	.	1892	10	Krausenhof.
.	.	.	7 014	.	.	.	.	.	9	1890	11	Hagen.
32	.	77	6 219	.	.	.	.	.	.	dsgl.	12	Bülowsheide.
.	.	.	6 632	.	.	.	.	.	.	1889	13	Osche.
.	.	.	5 880	.	.	.	.	.	.	dsgl.	14	Charlottenthal.
.	.	.	5 457	.	.	.	.	73	.	1892	15	Lindenbusch.
.	.	.	6 666	.	.	.	.	.	.	1884	16	Junkerhof.
.	.	.	5 033	.	.	.	.	.	.	1891	17	Grünfelde.
.	.	.	6 102	.	.	.	.	.	.	1883	18	Schwiedt.
.	.	.	6 298	.	.	.	.	.	.	1889	19	Woziwoda.
.	.	.	4 227	.	.	.	.	.	.	1887	20	Lutau.
.	.	.	7 164	.	.	.	.	.	.	1892	21	Plietnitz.
56	.	65	6 811	.	.	.	.	.	.	dsgl.	22	Schönthal.
.	.	.	5 464	.	.	.	.	.	.	1890	23	Schloppe.
.	.	.	6 592	.	.	.	.	.	.	1892	24	Königsbruch.
.	.	.	5 969	.	.	.	.	.	.	dsgl.	25	Czersk.
.	.	.	5 137	.	.	.	.	.	.	dsgl.	26	Rittel.
.	.	.	.	.	.	.	.	.	.	.	27	Gildon[1]).
.	.	.	9 067	.	.	.	.	.	.	1892	28	Laska.
.	.	.	4 247	.	.	.	.	.	.	1881	29	Landeck.
.	.	.	6 573	.	.	.	.	.	.	dsgl.	30	Lindenberg.
5	.	5	7 165	.	.	.	.	.	.	dsgl.	31	Eisenbrück.
.	.	.	7 329	.	.	.	.	.	.	1892	32	Pflastermühl.
.	.	.	5 416	.	.	.	.	.	.	1881	33	Zanderbrück.
.	.	.	5 712	.	.	.	.	.	.	1892	34	Hammerstein.
120	.	189	191 617	.	.	.	.	141	9			

[1]) Siehe Anmerkung auf Seite 72.

*

5. Regierungs-Bezirk

Ordnungs-Nr.	Oberförsterei	Zur Holzzucht benutzte Flächen und bestimmte Blößen ha	1. Eichen							
			über 100 Jahre	81—100 Jahre	61—80 Jahre	41—60 Jahre	21—40 Jahre	1—20 Jahre	Blößen und Räumden	Zusammen
			Hektar							
1.	2.	3.	4.	5.	6.	7.	8.	9.	10.	11.
1	Cummersdorf	5 310	2	5	2	8	.	12	.	29
2	Woltersdorf	3 961	.	.	9	8	8	5	.	30
3	Zinna	3 035	1	.	1	.	.	.	.	2
4	Cunersdorf	4 210	.	8	12	5	.	.	.	25
5	Lehnin	5 599	28	10	1	.	1	3	.	43
6	Dippmannsdorf	2 968	3	3	12	12	2	2	.	34
7	Grünaue	2 575	.	1	4	2	5	.	.	12
8	Potsdam	5 605	.	1	4	8	3	3	.	19
9	Colpin	4 921	22	.	6	1	5	5	.	39
10	Friedersdorf	6 319	2	.	.	.	.	.	.	2
11	Rüdersdorf	7 418	.	12	11	.	.	7	.	30
12	Cöpenick	7 067	46	18	.	2	.	46	.	112
13	Eberswalde	3 990	6	.	.	7	17	59	.	89
14	Biesenthal	3 784	.	.	1	.	.	33	.	34
15	Freienwalde	4 789	131	9	11	5	62	143	43	404
16	Chorin	4 662	3	3	10	2	37	36	.	91
17	Grunewald	4 003	.	.	.	33	14	3	.	50
18	Tegel	2 631	3	8	6	9	11	33	.	70
19	Falkenhagen	4 205	226	40	5	13	68	144	.	496
20	Schönwalde	5 923	5	.	2	.	3	18	1	29
21	Oranienburg	5 281	.	.	.	.	.	.	.	.
22	Neuholland	4 547	.	14	9	10	15	13	.	61
23	Havelberg	3 624	50	16	27	20	83	190	.	386
24	Rüthnick	4 082	60	.	.	2	13	9	.	84
25	Liebenwalde	5 428	17	27	29	.	28	.	.	101
26	Grimnitz	7 113	151	2	8	.	7	44	.	212
27	Pechteich	5 169	403	48	86	38	38	203	14	830
28	Gr.-Schönebeck	7 662	.	7	.	.	.	41	.	48
29	Glambeck	4 146	2	.	2	21	93	34	5	157
30	Reiersdorf	6 482	.	14	3	.	11	8	.	36
31	Zehdenick	7 258	3	56	10	2	26	34	.	131
32	Gramzow	3 029	42	.	1	.	54	60	.	157
33	Alt-Ruppin	6 571	.	13	.	15	.	11	.	39
34	Neu-Glienicke	6 560	.	.	1	.	.	11	.	12
35	Neuendorf	5 306	.	.	.	3	.	4	.	7
36	Zechlin	5 981	.	.	.	.	5	20	.	25
37	Lüdersdorf	1 487	6	3	.	1	54	132	.	196
38	Himmelpfort	6 215	.	.	.	.	.	.	.	.
39	Neu-Thymen	4 595	.	.	.	.	.	7	.	7
40	Menz	5 251	458	.	.	.	32	32	6	528
	Zusammen	198 762	1 670	318	273	227	695	1 405	69	4 657

25a β.

2. Buchen: über 100 Jahre	81—100 Jahre	61—80 Jahre	41—60 Jahre	21—40 Jahre	1—20 Jahre	Blößen und Räumden	Zusammen	3. Erlen und Birken: über 100 Jahre	81—100 Jahre	61—80 Jahre	41—60 Jahre	21—40 Jahre	1—20 Jahre	Blößen und Räumden	Zusammen	Ordnungs-Nr.
Hektar								Hektar								
12.	13.	14.	15.	16.	17.	18.	19.	20.	21.	22.	23.	24.	25.	26.	27.	
Potsdam.																
.	.	.	.	.	.	.	.	.	.	.	.	.	.	.	.	1
.	.	.	.	.	.	.	.	.	8	69	115	128	56	18	394	2
.	.	.	.	.	.	.	.	.	.	.	3	.	.	.	3	3
.	.	.	.	.	.	.	.	.	.	.	.	.	1	.	1	4
.	.	.	.	.	.	.	.	.	.	.	.	43	15	.	58	5
.	.	.	.	.	.	.	.	.	.	.	7	14	10	.	31	6
.	.	.	.	.	.	.	.	.	.	.	27	153	68	9	257	7
.	.	.	.	.	.	.	.	.	.	.	17	.	8	.	25	8
.	.	.	.	.	.	.	.	.	.	8	.	.	.	.	8	9
.	.	.	.	.	.	.	.	.	.	.	4	2	7	.	13	10
.	.	.	.	.	.	.	.	.	.	3	2	11	.	.	16	11
.	.	.	.	.	.	.	.	.	24	35	14	10	.	.	83	12
8	1	94	15	16	1	.	135	.	.	.	.	.	12	.	12	13
.	.	.	.	15	.	.	15	.	.	.	2	1	4	2	9	14
77	16	243	88	229	53	.	706	.	.	11	.	.	.	.	11	15
205	6	104	394	154	272	3	1 138	.	2	36	3	3	13	2	59	16
.	.	.	.	.	.	.	.	.	.	.	6	.	.	.	6	17
.	5	.	.	.	.	.	5	.	.	5	6	37	39	.	87	18
.	14	.	.	12	32	.	58	.	27	126	481	522	135	.	1 291	19
11	.	9	.	14	.	.	34	.	.	.	.	15	14	1	30	20
.	.	.	.	.	.	.	.	.	.	.	3	20	7	.	30	21
29	4	.	.	.	.	.	33	.	9	69	178	120	136	2	514	22
.	15	5	.	.	8	.	28	.	.	.	15	73	24	.	112	23
.	.	.	.	.	.	.	.	.	.	.	.	.	.	.	.	24
.	.	.	.	.	.	.	.	.	.	203	241	354	34	5	837	25
.	42	51	.	.	.	.	93	83	429	163	75	23	6	.	779	26
14	.	28	57	90	.	.	189	257	32	154	38	10	3	.	494	27
.	.	.	.	.	.	.	.	.	.	3	22	48	5	5	83	28
548	141	199	294	313	339	.	1 834	.	.	27	82	143	80	6	338	29
8	26	.	.	7	.	.	41	.	.	86	105	60	18	48	317	30
.	.	.	.	26	.	.	26	.	206	630	283	249	.	.	1 368	31
270	305	298	431	185	187	.	1 676	.	2	.	17	42	38	3	102	32
71	164	118	.	8	.	.	361	.	.	.	.	9	2	.	11	33
22	89	95	159	.	.	.	365	.	.	.	.	.	.	.	.	34
.	.	.	.	.	.	.	.	.	.	.	9	15	6	.	30	35
337	.	324	108	81	154	.	1 004	.	.	.	2	3	7	1	13	36
67	64	29	119	145	33	.	457	.	.	.	15	28	51	.	94	37
114	50	.	12	.	.	.	176	.	.	.	3	32	10	3	48	38
.	.	.	.	2	.	.	2	.	.	.	.	.	.	.	.	39
110	261	113	94	144	12	.	734	.	.	.	.	6	7	.	13	40
1 891	1 203	1 710	1 771	1 441	1 091	3	9 110	340	739	1 628	1 775	2 174	816	105	7 577	

Fortgesetzt auf Seite 78 und 79.

Ordnungs-Nr.	4. Kiefern und Lärchen								5. Fichten und				
	über 100 Jahre	81—100 Jahre	61—80 Jahre	41—60 Jahre	21—40 Jahre	1—20 Jahre	Blößen und Räumden	Zusammen	über 100 Jahre	81—100 Jahre	61—80 Jahre	41—60 Jahre	21—40 Jahre
	Hektar								Hektar				
	28.	29.	30.	31.	32.	33.	34.	35.	36.	37.	38.	39.	40.
													5. Regierungs-Bezirk
1	340	902	1 010	450	1 140	1 025	60	4 927	.	.	.	.	.
2	582	891	191	382	794	663	.	3 503	.	.	.	.	.
3	462	381	584	612	359	539	9	2 946	.	.	.	.	.
4	356	597	836	791	834	770	.	4 184	.	.	.	.	.
5	817	856	830	979	1 021	651	8	5 162	.	.	.	.	.
6	388	352	684	570	523	305	.	2 822	.	.	.	.	.
7	237	637	323	378	357	338	36	2 306	.	.	.	.	.
8	628	1 180	363	489	866	334	2	3 862	.	.	.	.	.
9	322	450	1 642	841	710	856	53	4 874	.	.	.	.	.
10	1 077	482	1 032	1 403	1 410	900	.	6 304	.	.	.	.	.
11	1 165	1 215	1 273	970	1 384	1 365	.	7 372	.	.	.	.	.
12	634	476	1 233	1 140	1 674	1 715	.	6 872	.	.	.	.	.
13	393	688	366	757	734	570	2	3 510	.	.	.	.	.
14	562	452	415	468	945	764	9	3 615	.	.	.	.	.
15	175	705	707	1 009	548	449	20	3 613	.	.	.	.	.
16	618	390	458	756	500	439	10	3 171	.	.	.	1	7
17	936	554	710	652	727	336	32	3 947	.	.	.	.	.
18	717	498	441	434	147	232	.	2 469	.	.	.	.	.
19	563	320	405	225	305	303	8	2 129	.	.	.	.	.
20	729	868	1 247	1 282	874	819	11	5 830	.	.	.	.	.
21	636	930	711	1 301	997	639	37	5 251	.	.	.	.	.
22	877	545	609	728	573	607	.	3 939	.	.	.	.	.
23	47	356	455	1 060	555	625	.	3 098	.	.	.	.	.
24	561	714	1 052	723	569	379	.	3 998	.	.	.	.	.
25	529	315	397	532	871	887	87	3 618	.	.	.	.	.
26	2 047	437	372	818	1 441	655	259	6 029	.	.	.	.	.
27	192	360	262	596	1 139	950	157	3 656	.	.	.	.	.
28	1 293	699	1 171	1 608	993	1 518	207	7 489	.	.	.	.	.
29	290	87	112	349	523	408	17	1 786	.	.	.	.	.
30	1 147	372	542	1 062	1 488	1 217	236	6 064	.	.	.	.	.
31	1 366	1 254	374	677	1 013	553	149	5 386	.	.	.	.	12
32	199	49	143	350	129	199	.	1 069	.	.	.	1	.
33	699	793	1 655	1 288	1 035	655	35	6 160	.	.	.	.	.
34	1 237	951	908	793	1 543	717	34	6 183	.	.	.	.	.
35	760	645	793	1 498	712	766	54	5 228	.	.	.	.	.
36	567	517	225	1 695	1 031	878	26	4 939	.	.	.	.	.
37	169	218	71	43	175	53	11	740	.	.	.	.	.
38	1 537	693	757	1 058	1 003	928	5	5 981	.	.	.	.	.
39	1 081	656	522	677	644	946	15	4 541	.	.	.	.	.
40	1 411	436	54	502	760	782	31	3 976	.	.	.	.	.
Zus.	28 346	23 921	25 935	31 946	33 046	27 735	1 620	172 549	.	.	.	2	19

25a β.

Tannen												
1—20 Jahre	Blößen und Räumden	Zusammen	Zusammen Hochwald	Plenter-wald	Mittel-wald	Nieder-wald ohne Schälwald und Weidenheeger	Eichen-schälwald	Weiden-heeger	Keinem dieser Betriebe angeschlossene Holzbodenflächen	Die Angaben beziehen sich auf den Waldzustand vom Jahre	Ord-nungs-Nr.	Oberförsterei
Hektar			Hektar									
41.	42.	43.	44.	45.	46.	47.	48.	49.	50.	51.		

Potsdam (Fortsetzung).

.	.	.	4 956	.	.	354	.	.	.	1892	1	Cummersdorf.
34	.	34	3 961	.	.	.	.	.	.	1886	2	Woltersdorf.
.	.	.	2 951	.	.	84	.	.	.	1893	3	Zinna.
.	.	.	4 210	.	.	.	.	.	.	1881	4	Cunersdorf.
.	.	.	5 263	.	.	336	.	.	.	1889	5	Lehnin.
.	.	.	2 887	.	.	81	.	.	.	1881	6	Dippmannsdorf.
.	.	.	2 575	.	.	.	.	.	.	dsgl.	7	Grünaue.
.	.	.	3 906	1 699	.	.	.	.	.	1887	8	Potsdam.
.	.	.	4 921	.	.	.	.	.	.	1893	9	Colpin.
.	.	.	6 319	.	.	.	.	.	.	1890	10	Friedersdorf.
.	.	.	7 418	.	.	.	.	.	.	1892	11	Rüdersdorf.
.	.	.	7 067	.	.	.	.	.	.	dsgl.	12	Cöpenick.
3	.	3	3 749	221	.	18	.	2	.	dsgl.	13	Eberswalde.
3	.	3	3 676	13	.	95	.	.	.	dsgl.	14	Biesenthal.
.	.	.	4 734	24	.	31	.	.	.	1884	15	Freienwalde.
.	.	8	4 467	.	.	191	4	.	.	1892	16	Chorin.
.	.	.	4 003	.	.	.	.	.	.	dsgl.	17	Grunewald.
.	.	.	2 631	.	.	.	.	.	.	dsgl.	18	Tegel.
.	.	.	3 974	.	.	231	.	.	.	dsgl.	19	Falkenhagen.
.	.	.	5 923	.	.	.	.	.	.	1890	20	Schönwalde.
.	.	.	5 281	.	.	.	.	.	.	1881	21	Oranienburg.
.	.	.	4 547	.	.	.	.	.	.	1890	22	Neuholland.
.	.	.	3 624	.	.	.	.	.	.	1889	23	Havelberg.
.	.	.	4 082	.	.	.	.	.	.	1888	24	Rüthnick.
.	.	.	4 556	872	.	.	.	.	.	1881	25	Liebenwalde.
.	.	.	7 113	.	.	.	.	.	.	1886	26	Grimnitz.
.	.	.	5 169	.	.	.	.	.	.	dsgl.	27	Pechteich.
42	.	42	7 662	.	.	.	.	.	.	1892	28	Gr.-Schönebeck.
.	.	.	4 115	.	.	31	.	.	.	1884	29	Glambeck.
24	.	24	6 482	.	.	.	.	.	.	1886	30	Reiersdorf.
335	.	347	7 258	.	.	.	.	.	.	1884	31	Zehdenick.
13	.	14	3 018	.	.	.	.	.	11	dsgl.	32	Gramzow.
.	.	.	6 571	.	.	.	.	.	.	1886	33	Alt-Ruppin.
.	.	.	6 560	.	.	.	.	.	.	dsgl.	34	Neu-Glienicke.
41	.	41	5 306	.	.	.	.	.	.	1892	35	Neuendorf.
.	.	.	5 981	.	.	.	.	.	.	1887	36	Zechlin.
.	.	.	1 487	.	.	.	.	.	.	dsgl.	37	Lüdersdorf.
10	.	10	6 215	.	.	.	.	.	.	1891	38	Himmelpfort.
7	.	7	4 557	.	.	38	.	.	.	1892	39	Neu-Thymen.
.	.	.	5 251	.	.	.	.	.	.	1881	40	Menz.
512	.	533	194 426	2 829	.	1 490	4	2	11			

Ordnungs-Nr.	Oberförsterei	Zur Holzzucht benutzte Flächen und bestimmte Blößen ha	1. Eichen							
			über 100 Jahre	81—100 Jahre	61—80 Jahre	41—60 Jahre	21—40 Jahre	1—20 Jahre	Blößen und Räumden	Zusammen
			Hektar							
1.	2.	3.	4.	5.	6.	7.	8.	9.	10.	11.
										6. Regierungs-Bezirk
1	Sorau	2 966	2	.	.	13	7	1	.	23
2	Christianstadt	7 169	2	5	.	.	.	17	.	24
3	Braschen	5 184	54	16	3	17	30	35	.	155
4	Jänschwalde	2 936	.	.	8	2	.	.	.	10
5	Crossen	4 813	.	1	.	.	26	13	26	66
6	Lagow	5 119	578	7	1	21	72	190	.	869
7	Reppen	6 982	8	2	.	.	3	9	.	22
8	Limmritz	7 009	21	.	.	1	.	1	.	23
9	Grünhaus	5 598	.	.	.	.	14	2	.	16
10	Dobrilugk	4 384	.	.	.	.	6	2	.	8
11	Tauer	9 284	300	1	.	.	.	11	.	312
12	Börnichen	6 891	.	.	.	.	.	.	.	.
13	Dammendorf	4 308	78	.	.	29	.	26	.	133
14	Müllrose	5 074	.	3	10	.	8	34	.	55
15	Neubrück	5 585	17	6	7	2	14	.	.	46
16	Hangelsberg	3 660	4	.	.	11	18	.	.	33
17	Hammerheide	4 872	.	.	.	.	.	.	24	24
18	Lubiathfließ	4 840	.	.	2	47	6	9	.	64
19	Driesen	5 572	220	.	18	.	16	86	.	340
20	Steinspring	4 213	38	.	206	265	200	124	.	833
21	Hochzeit	4 226	6	.	.	.	.	.	.	6
22	Regenthin	5 388	69	.	.	98	71	68	.	306
23	Marienwalde	3 737	41	.	20	2	.	83	.	146
24	Neumühl	6 418	4	.	.	69	73	6	.	152
25	Lietzegöricke	4 928	.	.	.	.	.	13	.	13
26	Wildenow	4 907	3	2	.	49	.	.	.	54
27	Cladow	6 392	20	.	18	.	.	33	.	71
28	Neuhaus	5 269	752	.	2	47	39	82	.	922
29	Carzig	5 728	120	.	1	.	17	59	.	197
30	Hohenwalde	5 644	.	1	.	.	.	.	.	1
31	Lichtefleck	3 971	.	.	37	.	.	.	.	37
32	Massin	8 759	93	61	9	6	27	86	.	282
33	Zicher	3 552	.	.	.	.	4	.	.	4
	Zusammen	175 378	2 430	105	342	679	651	990	50	5 247

25a β.

2. Buchen								3. Erlen und Birken								Ordnungs-Nr.
über 100 Jahre	81—100 Jahre	61—80 Jahre	41—60 Jahre	21—40 Jahre	1—20 Jahre	Blößen und Räumden	Zusammen	über 100 Jahre	81—100 Jahre	61—80 Jahre	41—60 Jahre	21—40 Jahre	1—20 Jahre	Blößen und Räumden	Zusammen	
Hektar								Hektar								
12.	13.	14.	15.	16.	17.	18.	19.	20.	21.	22.	23.	24.	25.	26.	27.	
Frankfurt a. O.																
.	.	18	18	3	.	.	39	.	.	.	9	9	4	.	22	1
.	.	.	.	.	.	.	.	.	.	.	4	.	.	9	13	2
.	.	.	.	.	.	.	.	.	.	.	.	144	66	.	210	3
.	.	.	.	.	.	.	.	.	.	.	.	9	3	.	12	4
.	.	2	.	.	.	.	2	.	.	.	32	78	33	.	143	5
436	.	67	204	158	135	.	1 000	.	.	.	1	1	5	.	7	6
.	.	.	.	.	.	.	.	.	.	8	6	35	8	23	80	7
3	.	.	.	.	.	.	3	.	.	7	60	42	23	12	144	8
.	.	.	.	.	.	.	.	.	.	.	13	42	7	.	62	9
8	.	.	.	.	.	.	8	.	.	.	5	4	5	.	14	10
.	.	.	.	.	.	.	.	.	.	.	.	.	.	.	.	11
.	.	.	.	.	.	.	.	.	.	.	20	8	26	.	54	12
14	.	.	11	.	.	.	25	.	.	.	1	3	.	.	4	13
.	15	10	.	.	.	.	25	.	.	.	40	20	55	.	115	14
.	.	.	.	8	.	.	8	.	.	.	8	83	1	13	105	15
.	.	.	.	.	.	.	.	.	.	.	4	3	4	5	16	16
4	.	.	10	.	.	.	14	.	.	.	5	60	9	.	74	17
20	.	.	16	32	.	.	68	.	.	.	25	94	36	.	155	18
.	.	.	.	.	.	.	.	.	.	.	43	6	3	.	52	19
.	.	.	.	.	.	.	.	.	.	47	192	11	2	.	252	20
88	.	.	111	51	91	.	341	.	.	2	.	4	.	.	6	21
440	11	31	99	185	124	.	890	.	.	.	55	10	9	.	74	22
83	6	27	42	49	21	4	232	.	.	36	85	113	86	31	351	23
.	.	.	.	.	.	.	.	.	.	8	9	59	1	.	77	24
.	.	.	.	.	.	.	.	.	.	.	2	.	.	.	2	25
308	6	3	107	3	.	.	427	.	.	6	42	17	28	2	95	26
195	6	22	24	1	.	.	248	.	11	9	11	8	6	7	52	27
359	79	.	83	.	244	184	949	.	.	.	.	3	2	.	5	28
46	84	.	56	.	.	.	286	.	.	27	51	23	10	10	121	29
20	.	6	.	8	15	.	49	.	.	30	176	207	48	34	495	30
4	30	11	.	.	.	.	45	.	.	.	48	18	5	9	80	31
33	48	2	.	25	6	.	114	3	.	41	72	59	2	.	177	32
.	.	.	.	.	.	.	.	.	.	.	3	26	13	1	43	33
2 161	285	199	781	523	636	188	4 773	3	11	221	1 022	1 199	500	156	3 112	

Fortgesetzt auf Seite 82 und 83.

Ordnungs-Nr.	4. Kiefern und Lärchen: über 100 Jahre	81—100 Jahre	61—80 Jahre	41—60 Jahre	21—40 Jahre	1—20 Jahre	Blößen und Räumden	Zusammen	5. Fichten und: über 100 Jahre	81—100 Jahre	61—80 Jahre	41—60 Jahre	21—40 Jahre
	Hektar								Hektar				
	28.	29.	30.	31.	32.	33.	34.	35.	36.	37.	38.	39.	40.

6. Regierungs-Bezirk

Ordnungs-Nr.	28.	29.	30.	31.	32.	33.	34.	35.	36.	37.	38.	39.	40.
1	269	475	559	482	465	477	18	2 745	28	23	34	24	15
2	207	1 514	867	1 615	1 382	1 373	174	7 132	.	.	.	.	.
3	441	396	395	1 294	997	1 295	1	4 819	.	.	.	.	.
4	402	332	457	463	609	627	15	2 905	.	.	.	.	.
5	690	311	305	604	1 198	1 326	32	4 466	.	.	.	.	.
6	518	81	302	709	904	721	8	3 243	.	.	.	.	.
7	1 162	462	846	1 732	1 460	1 111	107	6 880	.	.	.	.	.
8	470	804	1 547	1 493	1 677	843	5	6 839	.	.	.	.	.
9	326	552	1 489	739	925	1 207	280	5 518	.	2	.	.	.
10	208	306	1 105	1 351	819	532	6	4 327	.	1	.	3	.
11	708	832	1 035	1 869	2 320	2 165	43	8 972	.	.	.	.	.
12	384	385	904	579	1 051	854	96	4 253	.	.	.	.	.
13	163	585	153	476	673	1 154	942	4 146	.	.	.	.	.
14	459	664	1 174	843	665	1 047	27	4 879	.	.	.	.	.
15	991	1 130	631	980	745	886	63	5 426	.	.	.	.	.
16	678	545	498	344	273	1 172	101	3 611	.	.	.	.	.
17	1 197	544	635	790	957	637	.	4 760	.	.	.	.	.
18	1 001	192	119	760	890	1 528	57	4 547	.	.	.	.	.
19	1 742	223	423	1 083	959	739	11	5 180	.	.	.	.	.
20	378	522	620	785	498	310	15	3 128	.	.	.	.	.
21	1 836	304	138	654	390	551	.	3 873	.	.	.	.	.
22	1 131	450	631	884	631	385	6	4 118	.	.	.	.	.
23	999	273	487	680	277	270	17	3 003	.	.	.	.	.
24	1 899	189	793	907	1 580	744	50	6 162	.	.	.	.	.
25	978	471	396	784	926	1 269	63	4 887	.	.	.	.	.
26	1 877	419	158	1 021	348	500	8	4 331	.	.	.	.	.
27	2 446	68	674	1 030	570	663	75	5 526	.	.	.	.	.
28	1 693	478	61	480	160	521	.	3 393	.	.	.	.	.
29	1 836	138	690	947	732	541	240	5 124	.	.	.	.	.
30	1 485	204	649	1 246	737	384	72	4 777	.	.	.	.	.
31	1 232	98	384	887	401	338	68	3 408	.	.	.	.	.
32	2 073	452	1 885	1 753	1 110	898	5	8 176	.	.	.	.	.
33	823	181	888	612	520	453	28	3 505	.	.	.	.	2
Zus.	32 702	14 580	21 898	30 876	27 849	27 521	2 633	158 059	28	26	34	27	17

Tannen 1—20 Jahre	Blößen und Räumden	Zusammen	Zusammen Hochwald	Plenterwald	Mittelwald	Niederwald ohne Schälwald und Weidenheeger	Eichenschälwald	Weidenheeger	Keinem dieser Betriebe angeschlossene Holzbodenflächen	Die Angaben beziehen sich auf den Waldzustand vom Jahre:	Ordnungs-Nr.	Oberförsterei
Hektar			Hektar									
41.	42.	43.	44.	45.	46.	47.	48.	49.	50.	51.		
Frankfurt a. O. (Fortsetzung).												
12	1	137	2 966	.	.	.	.	.	.	1892	1	Sorau.
.	.	.	7 169	.	.	.	.	.	.	1889	2	Christianstadt.
.	.	.	5 184	.	.	.	.	.	.	1881	3	Braschen.
.	.	.	2 927	.	.	.	7	2	.	dsgl.	4	Jänschwalde.
.	.	.	4 677	.	.	112	.	24	.	dsgl.	5	Crossen.
.	.	.	5 119	.	.	.	.	.	.	1892	6	Lagow.
.	.	.	6 982	.	.	.	.	.	.	dsgl.	7	Reppen.
.	.	.	7 009	.	.	.	.	.	.	1882	8	Limmritz.
.	.	2	5 598	.	.	.	.	.	.	1881	9	Grünhaus.
2	.	6	4 363	21	.	.	.	.	.	dsgl.	10	Dobrilugk.
.	.	.	9 284	.	.	.	.	.	.	dsgl.	11	Tauer.
.	.	.	4 307	264	.	2 320	.	.	.	dsgl.	12	Börnichen.
.	.	.	4 308	.	.	.	.	.	.	1892	13	Dammendorf.
.	.	.	5 074	.	.	.	.	.	.	1881	14	Müllrose.
.	.	.	5 585	.	.	.	.	.	.	1892	15	Neubrück.
.	.	.	3 660	.	.	.	.	.	.	1888	16	Hangelsberg.
.	.	.	4 872	.	.	.	.	.	.	1890	17	Hammerheide.
6	.	6	4 840	.	.	.	.	.	.	dsgl.	18	Lubiathfließ.
.	.	.	5 572	.	.	.	.	.	.	1892	19	Driesen.
.	.	.	4 213	.	.	.	.	.	.	1891	20	Steinspring.
.	.	.	4 226	.	.	.	.	.	.	1887	21	Hochzeit.
.	.	.	5 388	.	.	.	.	.	.	dsgl.	22	Regenthin.
5	.	5	3 737	.	.	.	.	.	.	1889	23	Marienwalde.
.	.	.	6 391	.	.	.	27	.	.	1893	24	Neumühl.
.	.	.	4 902	.	.	26	.	.	.	dsgl.	25	Lietzegöricke.
.	.	.	4 907	.	.	.	.	.	.	1888	26	Wildenow.
.	.	.	5 897	.	.	495	.	.	.	1887	27	Cladow.
.	.	.	5 269	.	.	.	.	.	.	dsgl.	28	Neuhaus.
.	.	.	5 728	.	.	.	.	.	.	dsgl.	29	Carzig.
.	.	.	5 322	.	.	322	.	.	.	1886	30	Hohenwalde.
.	.	.	3 570	.	.	401	.	.	.	dsgl.	31	Lichtefleck.
8	.	10	8 759	.	.	.	.	.	.	1885	32	Massin.
.	.	.	3 552	.	.	.	.	.	.	1888	33	Zicher.
33	1	166	171 357	285	.	3 676	34	26	.			

*

Ordnungs-Nr.	Oberförsterei	Zur Holzzucht benutzte Flächen und bestimmte Blößen ha	1. Eichen							
			über 100 Jahre	81—100 Jahre	61—80 Jahre	41—60 Jahre	21—40 Jahre	1—20 Jahre	Blößen und Räumden	Zusammen
			Hektar							
1.	2.	3.	4.	5.	6.	7.	8.	9.	10.	11.
										7. Regierungs-Bezirk
1	Kehrberg	3 045	35	.	.	.	107	.	.	142
2	Jacobshagen	3 650	68	100	9	84	247	81	.	589
3	Mühlenbeck	3 628	.	2	30	57	139	.	.	228
4	Klütz	2 689	5	.	.	11	53	15	.	84
5	Friedrichswalde	5 839	.	.	.	.	.	1	.	1
6	Pütt	4 772	.	.	.	.	.	.	.	.
7	Rothenfier	4 269	2	7	3	2	2	26	.	42
8	Stepenitz	4 414	49	.	11	2	3	.	1	66
9	Hohenbrück	5 031	1 203	233	210	642	615	549	63	3 515
10	Grünhaus	1 835	25	.	32	2	9	36	.	104
11	Warnow	4 818	39	.	.	.	12	13	2	66
12	Misdroy	4 499	23	.	.	.	.	.	.	23
13	Friedrichsthal	3 921	57	.	.	.	20	.	.	77
14	Pudagla	2 585	.	.	1	2	24	1	.	28
15	Falkenwalde	4 343	183	.	.	34	68	15	.	300
16	Ziegenort	4 441	40	.	2	2	2	12	2	60
17	Mützelburg	6 156	.	.	.	.	3	.	.	3
18	Neuenkrug	4 889	74	.	.	.	.	.	.	74
19	Rothemühl	4 301	559	.	.	.	59	40	10	668
20	Torgelow	4 267	16	.	.	.	9	16	.	41
21	Eggesin	6 058	.	.	1	.	.	.	.	1
22	Rieth	4 334	26	.	.	.	.	11	10	47
23	Jädkemühl	5 002	45	.	.	.	2	.	.	47
24	Golchen	2 164	54	10	9	45	38	17	.	173
25	Grammentin	1 563	.	1	7	63	31	24	1	127
	Zusammen	102 513	2 503	353	315	946	1 443	857	89	6 506
										8. Regierungs-Bezirk
1	Balster	4 896	7	.	.	.	4	.	.	11
2	Neuhof	5 600	520	4	.	.	44	42	13	623
3	Linichen	5 549	.	.	.	.	.	.	.	.
4	Neustettin	4 993	.	7	.	.	40	30	.	77
5	Claushagen	4 133	21	.	2	8	5	107	.	143
6	Oberfier	6 138	151	145	69	19	37	104	4	529
7	Karnkewitz	2 694	73	8	1	15	68	10	1	176
8	Neu-Krakow	4 090	3	14	2	21	27	78	.	145
9	Zerrin	6 214	39	152	186	.	13	14	.	404
10	Borntuchen	6 583	160	106	.	.	45	36	.	347
11	Stolp	3 492	218	265	146	39	74	46	.	788
12	Alt-Krakow	4 291	2	10	1	30	15	113	.	177
13	Treten	3 978	.	9	.	.	.	5	.	14
	Zusammen	62 651	1 194	720	407	132	372	585	18	3 428
										9. Regierungs-Bezirk
1	Jägerhof	4 236	32	.	4	46	36	37	.	155
2	Poggendorf	2 280	48	89	27	65	176	25	.	430
3	Abtshagen	4 583	786	73	54	189	186	301	8	1 597
4	Schuenhagen	5 386	657	172	69	334	508	372	60	2 172
5	Darß	4 582	9	2	.	73	10	.	.	94
6	Werder	4 054	79	36	68	38	13	24	.	258
	Zusammen	25 121	1 611	372	222	745	929	759	68	4 706

25a β.

2. Buchen: über 100 Jahre	81—100 Jahre	61—80 Jahre	41—60 Jahre	21—40 Jahre	1—20 Jahre	Blößen und Räumden	Zusammen	3. Erlen und Birken: über 100 Jahre	81—100 Jahre	61—80 Jahre	41—60 Jahre	21—40 Jahre	1—20 Jahre	Blößen und Räumden	Zusammen	Ordnungs-Nr.
Hektar								Hektar								
12.	13.	14.	15.	16.	17.	18.	19.	20.	21.	22.	23.	24.	25.	26.	27.	
Stettin.																
70	112	57	6	13	3	.	261	.	16	1	41	12	36	.	106	1
342	9	8	546	252	260	.	1 417	.	.	59	214	26	33	.	332	2
602	422	641	646	359	422	.	3 092	.	.	.	12	3	10	.	25	3
370	64	297	293	303	95	.	1 422	.	.	.	4	2	2	.	8	4
16	.	.	.	70	11	.	97	.	.	.	.	.	.	.	.	5
.	.	.	.	.	.	.	.	.	.	.	3	.	2	.	5	6
212	124	10	3	13	30	.	392	.	.	106	252	125	35	7	525	7
23	.	.	.	.	.	.	23	.	.	17	55	113	234	47	466	8
181	135	58	231	457	100	6	1 168	.	.	5	67	71	24	25	192	9
70	25	87	.	20	32	.	234	.	.	.	2	24	6	.	32	10
7	9	4	3	.	.	.	23	.	.	.	.	.	.	.	.	11
78	.	.	100	88	23	.	289	.	.	6	37	14	16	.	73	12
325	.	100	89	36	23	.	573	.	.	9	36	58	55	.	158	13
80	3	.	33	27	123	2	268	.	1	20	75	75	55	9	235	14
39	47	.	.	3	1	.	90	.	.	.	27	16	102	7	152	15
109	.	.	.	.	30	.	139	.	.	8	22	83	112	.	225	16
47	.	.	2	.	72	.	121	.	.	.	27	209	307	.	543	17
13	.	.	.	.	27	.	40	.	.	5	11	18	57	.	91	18
338	120	214	219	320	221	.	1 432	.	.	6	26	7	43	.	82	19
4	.	.	.	.	21	.	25	.	.	73	30	97	131	.	331	20
68	.	.	.	.	.	.	68	.	.	16	11	51	108	.	186	21
20	1	.	.	.	10	.	31	.	.	5	43	66	54	4	172	22
.	.	.	.	.	2	.	2	.	.	.	233	182	323	.	738	23
350	121	73	151	122	32	.	849	.	.	4	19	18	72	.	113	24
472	113	148	111	228	65	2	1 139	.	.	.	5	75	135	1	216	25
3 836	1 305	1 697	2 433	2 311	1 603	10	13 195	.	17	343	1 252	1 345	1 952	97	5 006	
Köslin.																
.	5	16	24	.	.	.	45	.	.	7	11	39	3	.	60	1
27	.	21	56	48	55	1	208	.	.	24	4	.	.	.	28	2
.	.	.	.	.	.	.	.	.	.	.	.	.	.	.	.	3
285	4	102	129	127	101	.	748	.	.	42	97	108	39	16	302	4
978	351	127	155	200	58	.	1 869	.	42	3	32	19	12	2	110	5
507	70	33	58	112	71	.	851	.	.	24	16	17	68	.	125	6
183	1	65	67	133	29	2	480	.	23	11	112	17	53	3	219	7
481	258	101	241	86	59	.	1 226	.	17	240	122	83	40	28	530	8
156	700	13	29	56	.	.	954	.	.	11	18	.	.	1	30	9
130	64	59	18	144	125	.	540	.	.	.	5	11	6	.	22	10
339	262	69	274	61	277	.	1 282	.	.	66	110	13	.	.	189	11
243	145	51	162	45	60	16	722	.	1	189	222	159	51	5	627	12
105	171	30	61	61	6	23	457	.	.	.	.	9	.	.	9	13
3 434	2 031	687	1 274	1 073	841	42	9 382	.	83	617	749	475	272	55	2 251	
Stralsund.																
120	14	40	93	59	28	2	356	.	.	.	28	198	97	30	353	1
153	99	54	182	41	109	.	638	.	.	16	74	35	99	6	230	2
509	43	48	270	378	352	4	1 604	.	.	26	40	34	138	83	321	3
233	151	36	159	56	298	2	935	.	.	.	106	309	155	189	759	4
17	21	9	4	2	.	.	53	.	.	11	76	119	373	52	631	5
874	.	52	459	346	217	.	1 948	.	.	.	15	5	22	75	117	6
1 906	328	239	1 167	882	1 004	8	5 534	.	.	53	339	700	884	435	2 411	

Fortgesetzt auf Seite 86 und 87.

Ordnungs-Nr.	4. Kiefern und Lärchen								5. Fichten und				
	über 100 Jahre	81—100 Jahre	61—80 Jahre	41—60 Jahre	21—40 Jahre	1—20 Jahre	Blößen und Räumden	Zusammen	über 100 Jahre	81—100 Jahre	61—80 Jahre	41—60 Jahre	21—40 Jahre
	Hektar								Hektar				
	28.	29.	30.	31.	32.	33.	34.	35.	36.	37.	38.	39.	40.
									7. Regierungs-Bezirk				
1	279	649	556	472	282	296	2	2 536	.	.	.	.	.
2	21	29	70	558	404	63	4	1 149	.	.	.	.	24
3	39	59	46	64	31	20	4	263	.	.	.	.	.
4	148	187	130	268	304	131	6	1 174	.	.	.	.	1
5	690	927	527	816	959	1 729	93	5 741	.	.	.	.	.
6	904	57	225	245	641	2 684	11	4 767	.	.	.	.	.
7	580	544	482	866	462	306	48	3 288	.	.	.	.	5
8	988	670	390	874	452	460	25	3 859	.	.	.	.	.
9	.	.	5	13	59	68	11	156	.	.	.	.	.
10	11	52	48	174	104	73	4	466	.	.	.	.	15
11	813	263	337	570	524	557	32	3 096	.	.	.	.	.
12	1 634	583	132	432	793	427	113	4 114	.	.	.	.	.
13	977	373	128	567	311	193	9	2 558	.	.	.	.	.
14	116	467	276	201	284	127	.	1 471	.	.	.	.	.
15	977	274	392	833	400	829	82	3 787	.	.	.	.	14
16	779	1 017	670	679	400	456	16	4 017	.	.	.	.	.
17	1 061	342	288	753	903	1 831	311	5 489	.	.	.	.	.
18	1 649	447	466	827	522	747	26	4 684	.	.	.	.	.
19	658	321	277	220	158	465	.	2 099	.	.	.	.	.
20	1 178	294	683	660	454	595	6	3 870	.	.	.	.	.
21	1 158	914	522	1 256	515	1 309	96	5 770	.	.	.	.	16
22	528	464	702	803	489	1 062	36	4 084	.	.	.	.	.
23	1 259	268	500	835	490	577	28	3 957	.	.	.	.	24
24	79	209	241	253	84	104	4	974	3	.	.	10	20
25	.	35	3	13	7	.	.	58	.	.	.	.	.
Zus.	16 526	9 445	8 096	13 252	10 032	15 109	967	73 427	3	.	.	10	119
									8. Regierungs-Bezirk				
1	1 032	274	367	896	999	1 089	123	4 780	.	.	.	.	.
2	1 187	280	426	1 089	646	946	129	4 703	.	.	.	.	37
3	807	597	623	1 318	1 132	1 043	13	5 533	.	.	.	.	.
4	104	110	306	984	299	1 157	735	3 695	.	.	.	.	102
5	59	160	235	938	260	167	16	1 835	.	.	.	94	28
6	75	82	126	622	742	2 095	834	4 576	.	.	.	4	29
7	245	157	301	393	435	266	13	1 810	.	.	.	.	3
8	.	253	360	836	402	239	24	2 114	.	.	.	.	14
9	209	645	182	970	2 096	620	30	4 752	.	.	.	.	62
10	417	431	295	646	962	2 368	331	5 450	.	.	.	.	37
11	21	123	229	339	106	185	.	1 003	.	.	.	62	75
12	.	308	455	977	374	248	43	2 405	.	5	21	214	45
13	136	145	152	490	628	1 686	213	3 450	.	.	.	.	.
Zus.	4 292	3 565	4 057	10 498	9 081	12 109	2 504	46 106	.	5	21	374	432
									9. Regierungs-Bezirk				
1	531	252	181	1 027	998	380	3	3 372	.	.	.	.	.
2	.	.	68	392	192	165	.	817	.	.	11	1	15
3	1	2	39	390	342	277	10	1 061	.	.	.	.	.
4	.	59	78	871	210	238	14	1 470	.	.	.	12	28
5	769	500	931	394	338	591	195	3 718	.	.	.	.	32
6	.	38	63	709	152	479	290	1 731	.	.	.	.	.
Zus.	1 301	851	1 360	3 783	2 232	2 130	512	12 169	.	.	11	13	75

25a β.

Tannen: 1–20 Jahre	Tannen: Blößen und Räumden	Tannen: Zusammen	Zusammen Hochwald	Plenterwald	Mittelwald	Niederwald ohne Schälwald und Weidenheeger	Eichenschälwald	Weidenheeger	Keinem dieser Betriebe angeschlossene Holzbodenflächen	Die Angaben beziehen sich auf den Waldzustand vom Jahre	Ordnungs-Nr.	Oberförsterei
Hektar			Hektar									
41.	42.	43.	44.	45.	46.	47.	48.	49.	50.	51.		
Stettin (Fortsetzung).												
.	.	.	3 045	.	.	.	.	.	.	1885	1	Kehrberg.
139	.	163	3 650	.	.	.	.	.	.	1881	2	Jacobshagen.
20	.	20	3 628	.	.	.	.	.	.	1890	3	Mühlenbeck.
.	.	1	2 689	.	.	.	.	.	.	1881	4	Klütz.
.	.	.	5 839	.	.	.	.	.	.	dsgl.	5	Friedrichswalde.
.	.	.	4 772	.	.	.	.	.	.	1889	6	Pütt.
17	.	22	4 269	.	.	.	.	.	.	1881	7	Rothenfier.
.	.	.	4 414	.	.	.	.	.	.	1892	8	Stepenitz.
.	.	.	5 031	.	.	.	.	.	.	1882	9	Hohenbrück.
18	.	33	869	.	.	.	.	.	966	1892	10	Grünhaus.
.	.	.	3 185	1 572	.	61	.	.	.	dsgl.	11	Warnow.
.	.	.	4 499	.	.	.	.	.	.	1881	12	Misdroy.
.	.	.	3 366	99	.	456	.	.	.	1883	13	Friedrichsthal.
.	.	.	2 002	583	.	.	.	.	.	1881	14	Pudagla.
.	.	14	4 343	.	.	.	.	.	.	1893	15	Falkenwalde.
.	.	.	4 441	.	.	.	.	.	.	1891	16	Ziegenort.
.	.	.	6 156	.	.	.	.	.	.	1892	17	Mützelburg.
.	.	.	4 889	.	.	.	.	.	.	1889	18	Neuenkrug.
20	.	20	4 301	.	.	.	.	.	.	1892	19	Rothemühl.
.	.	.	4 267	.	.	.	.	.	.	1890	20	Torgelow.
17	.	33	6 058	.	.	.	.	.	.	1888	21	Eggesin.
.	.	.	4 334	.	.	.	.	.	.	dsgl.	22	Rieth.
91	.	115	4 859	.	.	.	.	.	143	1891	23	Jädkemühl.
22	.	55	2 164	.	.	.	.	.	.	1892	24	Golchen.
23	.	23	1 563	.	.	.	.	.	.	dsgl.	25	Grammentin.
367	.	499	98 633	2 254	.	517	.	.	1 109			
Köslin (Fortsetzung).												
.	.	.	4 896	.	.	.	.	.	.	1892	1	Balster.
1	.	38	5 600	.	.	.	.	.	.	dsgl.	2	Neuhof.
16	.	16	5 549	.	.	.	.	.	.	dsgl.	3	Linichen.
69	.	171	4 993	.	.	.	.	.	.	dsgl.	4	Neustettin.
53	1	176	4 133	.	.	.	.	.	.	dsgl.	5	Claushagen.
1	2	36	6 117	.	.	.	21	.	.	dsgl.	6	Oberfier.
4	.	7	2 692	.	.	.	.	2	.	dsgl.	7	Karnkewitz.
61	.	75	4 090	.	.	.	.	.	.	dsgl.	8	Neu-Krakow.
12	.	74	6 214	.	.	.	.	.	.	dsgl.	9	Zerrin.
50	.	87	6 446	.	.	.	137	.	.	dsgl.	10	Borntuchen.
93	.	230	3 492	.	.	.	.	.	.	dsgl.	11	Stolp.
73	8	366	4 291	.	.	.	.	.	.	dsgl.	12	Alt-Krakow.
46	2	48	3 978	.	.	.	.	.	.	dsgl.	13	Treten.
479	13	1 324	62 491	.	.	.	158	2				
Stralsund (Fortsetzung).												
.	.	.	4 236	.	.	.	.	.	.	1892	1	Jägerhof.
66	.	93	2 208	.	.	.	.	.	72	dsgl.	2	Poggendorf.
.	.	.	4 583	.	.	.	.	.	.	dsgl.	3	Abtshagen.
9	1	50	5 386	.	.	.	.	.	.	1889	4	Schuenhagen.
.	.	32	4 528	54	.	.	.	.	.	1892	5	Darß.
.	.	.	4 054	.	.	.	.	.	.	dsgl.	6	Werder.
75	1	175	24 995	54	.	.	.	.	72			

Ordnungs-Nr.	Oberförsterei	Zur Holzzucht benutzte Flächen und bestimmte Blößen ha	1. Eichen							
			über 100 Jahre	81—100 Jahre	61—80 Jahre	41—60 Jahre	21—40 Jahre	1—20 Jahre	Blößen und Räumden	Zusammen
			Hektar							
1.	2.	3.	4.	5.	6.	7.	8.	9.	10.	11.

10. Regierungs-Bezirk

1	Grenzheide	5 589	11	.	.	.	.	5	.	16
2	Mauche	6 184	79	.	.	.	.	31	.	110
3	Ludwigsberg	3 816	4	.	.	12	12	41	.	69
4	Buchwerder	3 768	67	.	.	.	170	149	.	386
5	Brätz	3 959	.	.	37	.	.	28	.	65
6	Grünheide	4 773	355	31	.	11	2	32	.	431
7	Eckstelle	3 495	163	.	11	32	58	89	.	353
8	Hartigsheide[1]	6 481	.	.	.	.	9	13	.	22
9	Hundeshagen	8 560	.	.	.	.	.	.	.	.
10	Zirke	7 539	5	.	.	.	32	45	.	82
11	Birnbaum	5 191	15	.	.	.	1	.	.	16
12	Waice	6 400	.	.	.	.	2	.	.	2
13	Schwerin a. W.[2]	6 294	.	.	.	.	.	.	.	.
	Zusammen	72 049	699	31	48	55	286	433	.	1 552

[1]) Für den Waldzustand vom 1. April 1893 stellt sich das Altersklassenverhältniß der Kiefernbestände wie folgt: über 100jährig = zusammen = 6015 ha.

[2]) Für den Waldzustand vom 1. April 1893 stellt sich das Altersklassenverhältniß der Kiefernbestände wie folgt: über 100jährig = Räumden und Blößen = 8 ha, zusammen = 6440 ha.

11. Regierungs-Bezirk

1	Glinke	5 610	.	.	.	.	.	3	.	3
2	Jagdschütz	5 113	.	.	.	.	.	7	.	7
3	Bartelsee	5 632	.	.	.	.	.	.	.	.
4	Mirau	5 703	37	47	.	.	40	223	.	347
5	Schirpitz	6 691	.	.	.	.	.	.	.	.
6	Argenau	6 519	.	.	.	.	.	.	.	.
7	Wodek	6 242	.	.	.	.	.	.	.	.
8	Kirschgrund	4 687	.	.	.	.	.	4	.	4
9	Schulitz	5 438	.	.	.	.	.	.	.	.
10	Korschin	5 071	123	.	.	.	8	20	.	151
11	Taubenwalde	4 516	71	.	.	.	.	15	.	86
12	Stefanswalde	5 267	99	.	.	.	35	147	7	288
13	Wtelno	4 202	.	.	.	.	16	6	2	24
14	Stronnau	4 592	31	.	.	55	19	19	.	124
15	Rosengrund	5 267	.	.	.	.	.	.	.	.
16	Selgenau	5 662	234	10	39	62	101	141	2	589
17 18	Durowo Podanin	8 939	209	.	.	28	51	95	3	386
19	Schönlanke	6 142	.	.	.	.	.	.	.	.
	Zusammen	101 293	804	57	39	145	270	680	14	2 009

25a β.

2. Buchen								3. Erlen und Birken								Ordnungs-Nr.
über 100 Jahre	81—100 Jahre	61—80 Jahre	41—60 Jahre	21—40 Jahre	1—20 Jahre	Blößen und Räumden	Zusammen	über 100 Jahre	81—100 Jahre	61—80 Jahre	41—60 Jahre	21—40 Jahre	1—20 Jahre	Blößen und Räumden	Zusammen	
Hektar								Hektar								
12.	13.	14.	15.	16.	17.	18.	19.	20.	21.	22.	23.	24.	25.	26.	27.	
Posen.																
.	.	.	.	.	.	.	.	.	.	.	3	28	8	.	39	1
.	.	.	.	.	4	.	4	.	.	13	81	24	36	.	154	2
.	.	.	6	1	.	.	7	.	.	.	10	49	2	4	65	3
86	.	.	.	.	47	.	133	.	.	4	68	32	30	.	134	4
2	.	10	.	.	1	.	13	.	5	.	39	96	61	.	201	5
.	.	10	.	.	9	.	19	.	.	21	21	2	6	.	50	6
109	.	61	77	70	81	.	398	.	4	40	20	31	49	14	158	7
1	10	1	.	.	2	.	14	.	.	5	51	181	69	.	306	8
.	.	.	.	.	.	.	.	.	.	.	1	5	30	.	36	9
.	.	8	22	8	31	.	69	.	.	.	.	.	.	.	.	10
.	.	.	.	12	.	.	12	.	.	8	12	6	11	4	41	11
.	.	.	.	.	.	.	.	.	.	.	1	.	.	.	1	12
.	.	.	.	.	.	.	.	.	.	.	8	6	22	4	40	13
198	10	90	105	91	175	.	669	.	9	91	315	460	324	26	1 225	

1658 ha, 81—100jährig = 852 ha, 61—80jährig = 619 ha, 41—60jährig = 871 ha, 21—40jährig = 940 ha, —20jährig = 1075 ha,

662 ha, 81—100jährig = 830 ha, 61—80jährig = 914 ha, 41—60jährig = 1412 ha, 21—40jährig = 1660 ha, —20jährig = 954 ha,

12.	13.	14.	15.	16.	17.	18.	19.	20.	21.	22.	23.	24.	25.	26.	27.	Ordnungs-Nr.
Bromberg.																
.	.	.	.	.	.	.	.	.	.	11	.	.	13	.	24	1
.	.	.	.	.	.	.	.	.	.	.	.	.	.	.	.	2
.	.	.	.	.	.	.	.	.	.	.	.	.	.	.	.	3
.	.	.	.	.	.	.	.	.	.	6	33	1	36	.	76	4
.	.	.	.	.	.	.	.	.	.	.	.	.	.	.	.	5
.	.	.	.	.	.	.	.	.	.	.	.	.	.	4	4	6
.	.	.	.	.	.	.	.	.	.	.	.	.	.	.	.	7
.	.	.	.	.	.	.	.	.	.	.	.	.	.	.	.	8
.	.	.	.	.	.	.	.	.	.	10	4	.	.	1	15	9
.	.	.	.	.	.	.	.	.	7	20	30	17	18	2	94	10
.	.	.	.	4	14	.	18	.	.	.	5	29	12	6	52	11
.	.	.	.	1	.	.	1	.	.	.	.	.	.	.	.	12
.	.	.	.	.	1	.	1	.	.	.	.	.	.	.	.	13
.	.	.	.	.	.	.	.	.	.	.	1	3	3	.	7	14
.	.	.	.	.	.	.	.	.	.	.	.	.	.	.	.	15
.	.	.	.	.	.	.	.	.	.	.	.	4	3	.	7	16
.	.	.	.	.	.	.	.	.	.	4	51	16	4	.	75	17, 18
.	.	.	.	.	.	.	.	.	.	67	168	320	160	2	717	19
.	.	.	.	5	15	.	20	.	7	118	292	390	249	15	1 071	

Fortgesetzt auf Seite 90 und 91.

Ordnungs-Nr.	4. Kiefern und Lärchen								5. Fichten und				
	über 100 Jahre	81—100 Jahre	61—80 Jahre	41—60 Jahre	21—40 Jahre	1—20 Jahre	Blößen und Räumden	Zusammen	über 100 Jahre	81—100 Jahre	61—80 Jahre	41—60 Jahre	21—40 Jahre
	Hektar								Hektar				
	28.	29.	30.	31.	32.	33.	34.	35.	36.	37.	38.	39.	40.
									10. Regierungs-Bezirk				
1	290	1 183	245	601	1 351	1 600	219	5 489	19	.	.	.	4
2	125	171	428	1 143	897	2 195	822	5 781	.	.	.	.	.
3	611	352	382	910	747	359	13	3 374	.	.	.	.	.
4	675	696	237	399	441	637	30	3 115	.	.	.	.	.
5	306	314	526	598	666	1 210	3	3 623	.	.	.	.	.
6	853	921	499	610	724	664	2	4 273	.	.	.	.	.
7	219	176	812	380	384	310	19	2 300	.	.	.	3	3
8	1 483	1 410	297	942	798	1 031	68	6 029[1])	.	.	.	.	10
9	202	103	4	674	3 204	3 298	1 037	8 522	.	.	.	.	.
10	2 876	570	60	1 083	1 282	1 423	82	7 376	.	.	.	.	.
11	705	876	603	741	1 157	966	70	5 121	.	.	.	.	.
12	172	362	613	686	1 896	2 375	290	6 394	.	.	.	.	.
13	407	1 333	957	816	1 213	1 477	51	6 254[2])	.	.	.	.	.
Zus.	8 924	8 467	5 663	9 583	14 760	17 548	2 706	67 651	19	.	.	3	17

[1]) Für den Waldzustand vom 1. April 1893 stellt sich das Altersklassenverhältniß der Kiefernbestände der Oberförsterei Hartigsheide,

[2]) Für den Waldzustand vom 1. April 1893 stellt sich das Altersklassenverhältniß der Kiefernbestände der Oberförsterei Schwerin a. W.,

11. Regierungs-Bezirk

Ordnungs-Nr.	28.	29.	30.	31.	32.	33.	34.	35.	36.	37.	38.	39.	40.
1	1 737	1 185	375	424	846	886	130	5 583	.	.	.	.	.
2	811	1 345	157	647	922	1 050	174	5 106	.	.	.	.	.
3	649	1 116	879	262	1 031	1 376	319	5 632	.	.	.	.	.
4	1 060	1 944	284	902	710	334	26	5 260	.	.	.	.	.
5	17	1 007	602	2 403	897	971	139	6 036	.	.	.	.	.
6	96	1 490	1 466	978	1 303	1 120	62	6 515	.	.	.	.	.
7	255	1 759	812	1 483	656	1 087	190	6 242	.	.	.	.	.
8	1 008	487	1 142	826	555	648	2	4 668	.	.	.	.	.
9	431	866	1 981	355	790	882	118	5 423	.	.	.	.	.
10	610	668	758	719	870	1 167	30	4 822	.	.	.	.	2
11	745	875	531	632	762	803	12	4 360	.	.	.	.	.
12	1 107	693	234	266	453	1 616	609	4 978	.	.	.	.	.
13	660	550	112	272	963	865	754	4 176	.	.	.	.	.
14	840	720	569	679	928	426	299	4 461	.	.	.	.	.
15	210	1 438	870	358	1 469	916	6	5 267	.	.	.	.	.
16	821	818	248	811	1 617	724	27	5 066	.	.	.	.	.
17 } 18	1 177	742	885	1 960	2 216	1 370	128	8 478	.	.	.	.	.
19	584	599	362	1 438	1 499	939	4	5 425	.	.	.	.	.
Zus.	12 818	18 302	12 267	15 415	18 487	17 180	3 029	97 498	.	.	.	.	2

Tannen 1–20 Jahre	Blößen und Räumden	Zusammen	Zusammen Hochwald	Plenterwald	Mittelwald	Niederwald ohne Schälwald und Weidenheeger	Eichenschälwald	Weidenheeger	Keinem dieser Betriebe angeschlossene Holzbodenflächen	Die Angaben beziehen sich auf den Waldzustand vom Jahre:	Ordnungs-Nr.	Oberförsterei
Hektar			Hektar									
41.	42.	43.	44.	45.	46.	47.	48.	49.	50.	51.		

Posen (Fortsetzung).

16	6	45	5 589	.		.	.	.	.	1892	1	Grenzheide.
6	.	6	6 055	.	.	129	.	.	.	dsgl.	2	Mauche.
15	.	15	3 530	75	.	.	184	27	.	1889	3	Ludwigsberg.
.	.	.	3 768	.	.	.	.	.	.	1885	4	Buchwerder.
.	.	.	3 902	.	.	57	.	.	.	1892	5	Brätz.
.	.	.	4 773	.	.	.	.	.	.	1884	6	Grünheide.
15	.	21	3 230	.	.	265	.	.	.	1888	7	Eckstelle.
99	.	109	6 480	.	.	.	.	1	.	1881 ¹)	8	Hartigsheide.
.	.	.	8 558	.	.	.	.	2	.	1892	9	Hundeshagen.
12	.	12	7 539	.	.	.	.	.	.	1886	10	Zirke.
1	.	1	5 191	.	.	.	.	.	.	1892	11	Birnbaum.
3	.	3	6 400	.	.	.	.	.	.	dsgl.	12	Waice.
.	.	.	6 294	.	.	.	.	.	.	1881 ²)	13	Schwerin a. W.
167	6	212	71 309	75	.	451	184	30	.			

wie in der vorseitigen Anmerkung zu 1 angegeben ist.
wie in der vorseitigen Anmerkung zu 2 angegeben ist.

Bromberg (Fortsetzung).

.	.	.	5 610	.	.	.	.	.	.	1892	1	Glinke.
.	.	.	5 113	.	.	.	.	.	.	dsgl.	2	Jagdschütz.
.	.	.	5 632	.	.	.	.	.	.	1889	3	Bartelsee.
20	.	20	5 703	.	.	.	.	.	.	1890	4	Mirau.
.	.	.	6 036	.	.	.	.	.	655	1892	5	Schirpitz.
.	.	.	6 519	.	.	.	.	.	.	dsgl.	6	Argenau.
.	.	.	6 242	.	.	.	.	.	.	dsgl.	7	Wodek.
.	.	.	4 672	.	.	15	.	.	.	dsgl.	8	Kirschgrund.
.	.	.	5 438	.	.	.	.	.	.	dsgl.	9	Schulitz.
2	.	4	5 071	.	.	.	.	.	.	dsgl.	10	Korschin.
.	.	.	4 516	.	.	.	.	.	.	1888	11	Taubenwalde.
.	.	.	5 267	.	.	.	.	.	.	1892	12	Stefanswalde.
1	.	1	4 202	.	.	.	.	.	.	dsgl.	13	Wtelno.
.	.	.	4 592	.	.	.	.	.	.	dsgl.	14	Stronnau.
.	.	.	5 267	.	.	.	.	.	.	1881	15	Rosengrund.
.	.	.	5 662	.	.	.	.	.	.	1888	16	Selgenau.
.	.	.	8 939	.	.	.	.	.	.	1892	17 18	Durowo. Podanin.
.	.	.	6 142	.	.	.	.	.	.	1887	19	Schönlanke.
23	.	25	100 623	.	.	15	.	.	655			

Ordnungs-Nr.	Oberförsterei	Zur Holzzucht benutzte Flächen und bestimmte Blößen ha	1. Eichen über 100 Jahre	81—100 Jahre	61—80 Jahre	41—60 Jahre	21—40 Jahre	1—20 Jahre	Blößen und Räumden	Zusammen
			Hektar							
1.	2.	3.	4.	5.	6.	7.	8.	9.	10.	11.
	12. Regierungs-Bezirk									
1	Nesselgrund	4 691	.	.	.	.	.	.	.	.
2	Reinerz	3 437	.	.	.	.	.	.	.	.
3	Carlsberg	3 605	.	.	.	.	.	.	.	.
4	Woidnig	3 753	30	.	18	26	59	17	5	155
5	Kuhbrück	4 361	.	.	.	.	.	5	.	5
6	Kath. Hammer	5 425	.	.	.	.	.	.	.	.
7	Nimkau	3 293	650	89	105	180	195	337	20	1 576
8	Schöneiche	3 586	277	46	39	10	109	140	39	660
9	Namslau	3 962	107	74	3	.	.	11	2	197
10	Stoberau	4 435	48	21	8	1	100	141	.	319
11	Rogelwitz	4 792	330	6	.	20	83	57	.	496
12	Peisterwitz	5 358	57	15	26	117	93	293	29	630
13	Kottwitz	3 647	16	3	4	161	82	25	26	317
14	Zobten	2 723	.	.	4	2	.	.	21	27
	Zusammen	57 068	1 515	254	207	517	721	1 026	142	4 382
	13. Regierungs-Bezirk									
1	Ullersdorf	3 273	.	.	.	.	.	.	.	.
2	Reichenau	2 485	.	.	.	.	.	.	.	.
3	Panten	3 003	147	12	22	51	101	135	.	468
4	Tschiefer	4 277	106	38	18	82	244	299	76	863
5	Hoyerswerda	7 588	.	.	.	.	.	.	.	.
	Zusammen	20 626	253	50	40	133	345	434	76	1 331
	14. Regierungs-Bezirk									
1	Rybnik	6 113	6	5	.	.	.	1	.	12
2	Cosel	2 344	.	.	.	5	61	345	1	412
3	Ottmachau	963	63	1	11	11	.	15	.	101
4	Kraschеow	4 645	.	.	.	26	.	2	.	28
5	Dembio	6 228	.	.	.	.	.	.	.	.
6	Grudschütz	4 970	.	.	.	.	.	.	.	.
7	Schelitz	6 881	.	.	.	.	75	30	.	105
8	Proskau	4 670	282	5	.	.	34	.	.	321
9	Jelowa	5 612	.	.	.	.	.	.	.	.
10	Kupp	4 417	.	.	.	.	.	.	.	.
11	Murow	4 237	.	.	.	.	1	4	.	5
12	Poppelau	4 691	39	22	28	10	69	65	4	237
13	Creuzburgerhütte	5 557	.	.	.	.	11	2	.	13
14	Dombrowka	5 940	.	.	.	.	.	.	.	.
15	Bodland	5 874	.	.	.	10	2	5	.	17
	Zusammen	73 142	390	33	39	62	253	469	5	1 251

25a β.

2. Buchen: über 100 Jahre	81—100 Jahre	61—80 Jahre	41—60 Jahre	21—40 Jahre	1—20 Jahre	Blößen und Räumden	Zusammen	3. Erlen und Birken: über 100 Jahre	81—100 Jahre	61—80 Jahre	41—60 Jahre	21—40 Jahre	1—20 Jahre	Blößen und Räumden	Zusammen	Ordnungs-Nr.
Hektar								Hektar								
12.	13.	14.	15.	16.	17.	18.	19.	20.	21.	22.	23.	24.	25.	26.	27.	
Breslau.																
2	14	.	.	.	4	.	20	.	.	.	.	.	.	.	.	1
.	.	.	.	.	.	.	.	.	.	.	.	.	.	.	.	2
6	10	18	.	.	11	.	45	.	.	.	.	62	.	.	62	3
101	.	.	.	5	14	5	125	.	.	.	52	82	12	5	151	4
98	21	4	93	39	5	.	260	.	.	.	15	6	1	.	22	5
156	19	20	138	109	67	.	509	.	9	10	28	13	19	7	86	6
.	.	.	.	.	.	.	.	.	.	.	27	5	12	.	44	7
9	.	.	.	.	.	.	9	.	.	11	40	70	51	12	184	8
.	.	.	.	.	.	.	.	.	.	4	16	41	5	.	66	9
.	.	7	34	.	.	.	41	.	22	173	52	27	33	.	307	10
6	.	.	23	27	14	.	70	2	96	189	180	13	4	.	484	11
.	55	16	.	.	22	.	93	23	129	142	26	8	97	2	427	12
.	.	.	.	.	.	.	.	55	200	185	217	.	17	1	675	13
.	21	10	10	.	.	.	41	.	.	.	2	.	.	.	2	14
378	140	75	298	180	137	5	1 213	80	456	714	655	327	251	27	2 510	
Liegnitz.																
4	.	4	2	7	.	.	17	.	.	.	.	1	.	.	1	1
7	3	23	33	5	6	1	78	.	.	.	.	.	.	.	.	2
.	.	.	.	.	.	.	.	.	.	.	11	6	5	.	22	3
9	2	3	10	11	2	.	37	.	.	.	.	31	9	3	43	4
.	.	.	.	.	.	.	.	.	.	.	11	3	.	.	14	5
20	5	30	45	23	8	1	132	.	.	.	22	41	14	3	80	
Oppeln.																
.	.	11	.	.	.	.	11	.	2	.	.	1	.	.	3	1
.	.	.	6	.	2	1	9	1	1	8	1	1	5	8	25	2.
.	.	.	.	.	.	.	.	.	.	.	.	.	.	.	.	3
.	.	.	.	.	.	.	.	.	.	3	.	2	.	.	5	4
.	.	.	.	.	.	.	.	.	.	15	.	.	.	2	17	5
.	.	.	.	.	.	.	.	.	.	.	.	.	.	.	.	6
.	.	.	.	.	.	.	.	.	.	43	37	.	.	.	80	7
.	.	.	.	.	.	.	.	.	.	.	5	.	1	.	6	8
.	.	.	.	.	.	.	.	.	8	4	18	.	3	4	37	9
.	.	.	.	.	.	.	.	.	.	.	.	.	.	.	.	10
17	.	.	.	.	.	.	17	.	.	.	.	12	2	.	14	11
.	.	.	.	.	.	.	.	.	.	25	7	3	1	.	36	12
.	.	.	.	.	.	.	.	.	.	10	2	.	.	.	12	13
.	.	.	.	1	.	.	1	.	.	.	11	.	.	.	11	14
.	.	.	.	.	.	.	.	.	11	10	3	.	7	.	31	15
17	.	11	6	1	2	1	38	1	22	118	84	19	19	14	277	

Fortgesetzt auf Seite 94 und 95.

Ordnungs-Nr.	4. Kiefern und Lärchen								5. Fichten und				
	über 100 Jahre	81—100 Jahre	61—80 Jahre	41—60 Jahre	21—40 Jahre	1—20 Jahre	Blößen und Räumden	Zusammen	über 100 Jahre	81—100 Jahre	61—80 Jahre	41—60 Jahre	21—40 Jahre
	Hektar								Hektar				
	28.	29.	30.	31.	32.	33.	34.	35.	36.	37.	38.	39.	40.
													12. Regierungs-Bezirk
1	.	.	.	.	19	21	.	40	525	761	1 327	573	651
2	.	.	.	.	.	.	.	.	485	509	403	700	458
3	.	.	.	.	.	.	.	.	349	448	1 076	800	413
4	430	327	377	234	564	699	109	2 740	.	.	.	.	.
5	827	571	772	971	303	589	35	4 068	.	.	.	.	5
6	586	542	730	963	661	1 171	11	4 664	.	.	5	4	.
7	.	.	221	450	205	196	.	1 072	.	.	.	.	.
8	436	412	292	265	387	656	23	2 471	.	.	.	.	.
9	160	531	695	881	762	280	5	3 314	96	61	11	13	14
10	388	715	592	487	430	307	7	2 926	58	276	185	109	39
11	322	658	256	602	568	159	19	2 584	262	282	275	133	66
12	828	799	517	381	116	300	4	2 945	.	50	29	11	88
13	68	121	75	59	158	396	36	913	.	.	.	.	.
14	224	241	198	132	226	1	.	1 022	.	355	266	143	305
Zus.	4 269	4 917	4 725	5 425	4 399	4 775	249	28 759	1 775	2 742	3 577	2 486	2 039
													13. Regierungs-Bezirk
1	14	.	43	30	83	34	1	205	370	574	519	528	358
2	.	74	26	43	.	9	1	153	350	502	495	388	266
3	218	279	330	494	439	300	17	2 077	.	.	.	.	.
4	505	366	354	636	684	530	66	3 144	.	.	.	.	.
5	238	1 047	1 921	709	2 019	1 493	116	7 543	2	.	.	.	13
Zus.	975	1 766	2 674	1 912	3 225	2 366	201	13 119	722	1 076	1 014	916	637
													14. Regierungs-Bezirk
1	455	938	906	1 164	484	550	80	4 577	218	392	246	76	206
2	115	325	269	392	136	256	13	1 506	65	41	44	74	46
3	22	34	51	46	112	154	.	419	.	.	.	.	.
4	915	554	598	1 084	608	667	27	4 453	87	23	11	14	1
5	525	917	1 337	975	1 114	626	83	5 577	33	204	230	35	35
6	571	810	916	1 020	710	843	100	4 970	.	.	.	.	.
7	1 070	804	870	1 300	860	1 350	33	6 287	40	90	15	32	92
8	706	509	1 053	972	640	374	24	4 278	43	15	6	.	1
9	707	535	942	1 368	509	558	105	4 724	67	332	230	46	65
10	608	459	883	738	812	843	38	4 381	17	.	1	.	18
11	1 067	558	459	874	425	350	80	3 813	115	93	104	.	54
12	822	432	380	764	819	592	65	3 874	63	95	86	42	33
13	942	746	283	1 192	620	827	.	4 610	152	473	194	12	11
14	937	412	307	1 306	1 190	660	30	4 842	500	267	138	44	29
15	1 030	743	1 181	756	747	756	10	5 223	40	435	60	33	17
Zus.	10 492	8 776	10 435	13 951	9 786	9 406	688	63 534	1 440	2 460	1 365	408	608

25a β.

Tannen			Zusammen Hochwald	Plenterwald	Mittelwald	Niederwald ohne Schälwald und Weidenheeger	Eichenschälwald	Weidenheeger	Keinem dieser Betriebe angeschlossene Holzbodenflächen	Die Angaben beziehen sich auf den Waldzustand vom Jahre	Ordnungs-Nr.	Oberförsterei
1—20 Jahre	Blößen und Räumden	Zusammen										
Hektar			Hektar									
41.	42.	43.	44.	45.	46.	47.	48.	49.	50.	51.		
Breslau (Fortsetzung).												
782	12	4 631	4 691	.	.	.	.	.	.	1892	1	Nesselgrund.
445	62	3 062	3 062	375	.	.	.	. .	.	1881	2	Reinerz.
390	22	3 498	3 605	.	.	.	.	.	.	1892	3	Carlsberg.
.	.	.	3 171	.	.	582	.	.	.	1881	4	Woidnig.
1	.	6	4 361	.	.	.	.	.	.	1892	5	Kuhbrück.
12	.	21	5 280	58	.	.	87	.	.	dsgl.	6	Kath. Hammer.
.	.	.	2 692	.	.	253	107	91	150	dsgl.	7	Nimkau.
.	.	.	3 324	.	.	197	.	65	.	1881	8	Schöneiche.
61	8	264	3 841	.	.	121	.	.	.	dsgl.	9	Namslau.
175	.	842	4 435	.	.	.	.	.	.	1889	10	Stoberau.
140	.	1 158	4 792	.	.	.	.	.	.	1881	11	Rogelwitz.
48	.	226	4 321	998	.	.	.	39	.	1892	12	Peisterwitz.
.	.	.	1 905	.	1 532	27	.	183	.	dsgl.	13	Kottwitz.
259	21	1 349	2 441	22	72	.	188	.	.	1883	14	Zobten.
2 313	125	15 057	51 921	1 453	1 604	1 180	382	378	150			
Liegnitz (Fortsetzung).												
657	44	3 050	3 273	.	.	.	.	.	.	1892	1	Ullersdorf.
220	17	2 238	2 469	.	.	.	16	.	.	dsgl.	2	Reichenau.
.	.	.	2 567	.	146	108	160	22	.	dsgl.	3	Panten.
15	.	15	4 099	.	.	.	107	71	.	dsgl.	4	Tschiefer.
16	.	31	7 588	.	.	.	.	.	.	dsgl.	5	Hoyerswerda.
908	61	5 334	19 996	.	146	108	283	93	.			
Oppeln (Fortsetzung).												
220	152	1 510	6 113	.	.	.	.	.	.	1892	1	Rybnik.
75	6	351	2 303	.	.	12	29	.	.	dsgl.	2	Cosel.
.	.	.	520	.	443	.	.	.	.	dsgl.	3	Ottmachau.
20	3	159	4 645	.	.	.	.	.	.	dsgl.	4	Krascheow.
88	9	634	6 228	.	.	.	.	.	.	1881	5	Dembio.
.	.	.	4 970	.	.	.	.	.	.	1889	6	Grudschütz.
140	.	409	6 881	.	.	.	.	.	.	1892	7	Schelitz.
.	.	65	4 670	.	.	.	.	.	.	1881	8	Proskau.
87	24	851	5 612	.	.	.	.	.	.	dsgl.	9	Jelowa.
.	.	36	4 417	.	.	.	.	.	.	1892	10	Kupp.
22	.	388	4 237	.	.	.	.	.	.	1881	11	Murow.
30	5	354	4 501	.	.	.	164	26	.	1892	12	Poppelau.
80	.	922	5 557	.	.	.	.	.	.	1888	13	Creuzburgerhütte.
85	23	1 086	5 940	.	.	.	.	.	.	1881	14	Dombrowka.
18	.	603	5 874	.	.	.	.	.	.	1887	15	Bodland.
865	222	7 368	72 468	.	443	12	193	26	.			

Ordnungs-Nr.	Oberförsterei	Zur Holzzucht benutzte Flächen und bestimmte Blößen ha	1. Eichen							
			über 100 Jahre	81—100 Jahre	61—80 Jahre	41—60 Jahre	21—40 Jahre	1—20 Jahre	Blößen und Räumden	Zusammen
			Hektar							
1.	2.	3.	4.	5.	6.	7.	8.	9.	10.	11.
										15. Regierungs-Bezirk
1	Lödderitz	2 688	7	25	.	5	8	36	.	81
2	Grünewalde	2 025	116	28	46	53	130	179	2	554
3	Schweinitz	4 970	76	1	.	17	27	12	.	133
4	Magdeburgerfort . . .	2 469	2	5	.	12	88	10	1	118
5	Biederitz	1 038	214	86	106	134	259	94	.	893
6	Altenplathow	4 387	8	.	8	42	225	43	23	349
7	Weißewarte	1 394	66	.	.	30	5	8	.	109
8	Thale	3 896	73	71	.	.	6	31	83	264
9	Heteborn	1 364	.	.	82	620	103	.	.	805
10	Dingelstedt	1 582	177	157	118	61	22	5	.	540
11	Schermke	835	71	77	29	83	104	45	.	409
12	Bischofswald	3 430	217	52	101	72	293	187	19	941
13	Colbitz	5 338	271	9	.	1	48	122	.	451
14	Planken	5 152	392	21	.	19	30	58	884	1 404
15	Burgstall	5 393	.	5	.	.	25	51	29	110
16	Letzlingen	5 982	213	8	52	20	50	232	.	575
17	Jävenitz	5 768	1	.	.	3	72	15	.	91
18	Clötze	3 216	117	55	67	62	60	88	.	449
19	Diesdorf	1 963	2	6	8	37	37	8	.	98
	Zusammen	62 890	2 023	606	617	1 271	1 592	1 224	1 041	8 374
										16. Regierungs-Bezirk
1	Elsterwerda	4 892	.	.	.	.	.	22	2	24
2	Liebenwerda	4 089	101	.	15	4	22	.	.	142
3	Hohenbucko	3 242	72	47	.	.	.	.	.	119
4	Rosenfeld	4 741	.	.	.	.	.	31	.	31
5	Annaburg	4 333	.	.	6	.	.	.	.	6
6	Thiergarten	4 840	.	.	.	4	22	.	.	26
7	Glücksburg	5 061	.	9	.	1	7	10	.	27
8	Sitzenroda	2 947	.	.	.	.	1	.	.	1
9	Doberschütz	3 861	.	.	.	.	.	.	.	.
10	Falkenberg	4 666	44	.	.	.	.	15	.	59
11	Söllichau	3 271	38	3	.	.	.	8	.	49
12	Tornau	4 254	187	3	.	1	44	109	.	344
13	Zöckeritz	1 780	4	2	.	1	.	.	.	7
14	Rothehaus	4 128	40	.	.	28	71	171	.	310
15	Schkeuditz	1 551	.	.	.	.	.	.	.	.
16	Zeitz	1 867	18	10	79	23	3	21	1	155
17	Freyburg a. U.	1 659	467	139	133	92	166	117	21	1 135
18	Heldrungen	1 781	113	44	54	157	59	130	.	557
19	Ziegelrode	3 433	464	45	134	8	274	480	11	1 416
20	Bischofsrode	1 360	502	89	21	10	74	222	111	1 029
21	Pölsfeld	2 635	313	141	33	8	71	106	.	672
22	Annarode	1 585	481	164	22	24	70	207	.	968
	Zusammen	71 976	2 844	696	497	361	884	1 649	146	7 077

25a β.

2. Buchen								3. Erlen und Birken								Ordnungs-Nr.
über 100 Jahre	81—100 Jahre	61—80 Jahre	41—60 Jahre	21—40 Jahre	1—20 Jahre	Blößen und Räumden	Zusammen	über 100 Jahre	81—100 Jahre	61—80 Jahre	41—60 Jahre	21—40 Jahre	1—20 Jahre	Blößen und Räumden	Zusammen	
Hektar								Hektar								
12.	13.	14.	15.	16.	17.	18.	19.	20.	21.	22.	23.	24.	25.	26.	27.	
Magdeburg.																
.	.	.	.	.	.	.	.	.	.	.	.	5	16	.	21	1
.	.	8	197	66	.	3	274	.	.	.	.	6	1	.	7	2
.	.	.	.	.	.	.	.	.	.	.	1	.	.	.	1	3
23	.	.	17	19	.	.	59	.	.	13	119	67	33	.	232	4
.	.	4	42	5	.	.	51	.	.	.	.	.	.	.	.	5
.	.	.	.	.	.	.	.	.	.	27	49	74	80	18	248	6
.	.	.	.	.	2	.	2	.	.	.	50	96	90	.	236	7
342	329	414	399	115	283	.	1 882	.	.	6	63	29	8	21	127	8
.	.	.	.	.	.	.	.	32	12	8	274	166	.	.	492	9
255	100	232	101	76	43	.	807	.	.	.	.	.	.	.	.	10
76	113	85	11	29	25	.	339	.	.	.	11	8	.	.	19	11
192	30	255	222	193	137	.	1 029	.	4	15	3	2	19	.	43	12
.	.	.	.	1	.	.	1	.	.	.	14	9	2	11	36	13
.	.	.	.	.	.	.	.	1	.	.	.	.	.	214	215	14
.	.	.	.	.	.	.	.	.	.	4	2	.	17	109	132	15
.	.	.	.	.	.	.	.	.	.	.	.	7	3	.	10	16
.	.	.	.	.	.	.	.	.	.	.	.	.	.	.	.	17
19	30	20	47	14	84	.	214	.	.	.	61	10	5	.	76	18
1	.	.	2	1	1	.	5	.	.	.	4	.	7	.	11	19
908	602	1 018	1 038	519	575	3	4 663	33	16	73	651	479	281	373	1 906	
Merseburg.																
.	.	.	.	.	.	.	.	.	.	3	81	87	47	.	218	1
.	.	.	.	.	.	.	.	.	.	.	.	.	.	.	.	2
.	.	.	.	.	.	.	.	.	.	.	.	.	.	.	.	3
.	.	.	.	.	.	.	.	.	.	11	8	7	.	.	26	4
.	.	.	.	.	.	.	.	.	.	.	.	.	.	.	.	5
.	.	5	21	14	21	.	61	.	.	.	6	8	.	.	14	6
.	.	14	.	6	.	.	20	.	.	112	102	57	14	.	285	7
1	38	3	.	.	.	.	42	.	.	5	3	7	28	.	43	8
.	.	.	.	.	.	.	.	.	.	.	.	2	23	.	25	9
.	46	13	.	.	.	.	59	.	.	4	7	27	16	.	54	10
40	2	13	86	.	9	3	153	.	.	.	.	.	.	.	.	11
142	72	42	35	65	1	.	357	.	.	.	.	2	2	.	4	12
.	.	.	.	.	.	.	.	.	.	.	.	1	8	.	9	13
.	1	44	15	109	8	.	177	.	1	16	66	119	16	3	221	14
.	.	.	.	.	.	.	.	.	.	.	.	.	.	.	.	15
8	28	16	.	.	.	.	52	.	.	.	.	2	.	.	2	16
31	53	184	98	7	19	.	392	.	.	.	.	.	.	.	.	17
128	226	155	86	6	23	.	624	.	.	.	.	.	.	.	.	18
367	309	458	222	.	4	.	1 360	.	.	.	24	.	.	.	24	19
.	.	64	28	17	112	.	221	.	.	.	.	.	.	.	.	20
392	477	389	210	83	47	.	1 598	.	.	.	.	.	.	.	.	21
41	119	112	91	24	3	.	390	.	.	.	.	.	.	.	.	22
1 150	1 371	1 512	892	331	247	3	5 506	.	1	151	297	319	154	3	925	

Fortgesetzt auf Seite 98 und 99.

Ordnungs-Nr.	4. Kiefern und Lärchen								5. Fichten und				
	über 100 Jahre	81—100 Jahre	61—80 Jahre	41—60 Jahre	21—40 Jahre	1—20 Jahre	Blößen und Räumden	Zusammen	über 100 Jahre	81—100 Jahre	61—80 Jahre	41—60 Jahre	21—40 Jahre
	Hektar								Hektar				
	28.	29.	30.	31.	32.	33.	34.	35.	36.	37.	38.	39.	40.
													15. Regierungs-Bezirk
1	.	36	81	222	117	97	16	569	.	.	.	.	.
2	14	18	25	478	164	127	2	828	.	.	.	.	.
3	115	548	679	577	891	1 543	483	4 836	.	.	.	.	.
4	256	530	387	497	157	186	17	2 030	.	.	.	.	30
5	.	.	.	.	.	.	.	.	.	.	.	.	.
6	237	419	632	1 121	496	550	.	3 455	.	.	.	1	.
7	.	24	44	270	135	110	15	598	.	.	.	.	.
8	.	.	.	.	115	55	2	172	.	4	.	88	387
9	.	.	.	.	.	.	.	.	.	.	.	.	.
10	.	.	.	22	12	4	.	38	.	.	.	23	11
11	.	.	19	23	.	.	.	42	.	.	10	7	.
12	.	4	123	467	409	233	9	1 245	.	2	11	.	97
13	58	60	636	1 682	1 263	655	491	4 845	.	.	.	.	.
14	58	107	292	1 401	956	715	4	3 533	.	.	.	.	.
15	162	437	620	1 543	933	623	63	4 381	.	.	.	.	.
16	264	439	386	1 095	945	659	1 575	5 363	.	.	.	.	4
17	944	220	1 213	1 475	1 014	768	43	5 677	.	.	.	.	.
18	.	.	25	848	1 289	313	1	2 476	.	.	1	.	.
19	6	90	149	263	785	291	.	1 584	.	.	.	.	.
Zus.	2 114	2 932	5 311	11 984	9 681	6 929	2 721	41 672	.	6	22	119	529
													16. Regierungs-Bezirk
1	59	781	720	746	673	1 321	83	4 383	.	4	9	13	5
2	17	816	847	600	869	771	27	3 947	.	.	.	.	.
3	277	444	829	526	512	503	30	3 121	.	.	.	.	.
4	168	465	742	1 416	875	884	134	4 684	.	.	.	.	.
5	60	354	1 137	1 106	536	1 063	64	4 320	.	.	.	.	.
6	224	449	828	1 844	481	733	157	4 716	.	.	.	.	.
7	353	339	638	1 130	869	1 360	27	4 716	.	.	.	.	2
8	268	283	711	602	653	332	.	2 849	.	.	.	.	.
9	282	447	523	817	1 054	517	106	3 746	.	.	.	.	.
10	599	671	992	814	909	509	.	4 494	.	.	.	.	.
11	142	513	702	680	411	546	23	3 017	.	.	.	.	.
12	350	577	787	749	623	463	.	3 549	.	.	.	.	.
13	19	75	63	169	159	115	.	600	.	.	.	.	.
14	169	607	413	1 068	742	368	11	3 378	.	.	.	.	.
15	100	35	89	79	186	88	4	581	.	.	.	.	.
16	4	17	44	30	8	6	.	109	157	195	341	344	210
17	.	.	.	.	.	.	.	.	.	.	.	.	27
18	.	.	.	38	17	100	12	167	.	.	.	23	11
19	.	.	.	116	94	12	1	223	.	.	.	46	164
20	.	.	.	.	.	.	.	.	.	.	1	33	57
21	.	.	.	.	.	.	.	.	.	.	.	57	138
22	.	.	.	.	.	.	.	.	.	.	.	90	72
Zus.	3 091	6 873	10 065	12 530	9 671	9 691	679	52 600	157	199	351	606	686

25a β.

Tannen			Zusammen Hochwald	Plenterwald	Mittelwald	Niederwald ohne Schälwald und Weidenheeger	Eichenschälwald	Weidenheeger	Keinem dieser Betriebe angeschlossene Holzbodenflächen	Die Angaben beziehen sich auf den Waldzustand vom Jahre:	Ordnungs-Nr.	Oberförsterei
1—20 Jahre	Blößen und Räumden	Zusammen										
Hektar			Hektar									
41.	42.	43.	44.	45.	46.	47.	48.	49.	50.	51.		

Magdeburg (Fortsetzung).

.	.	.	671	.	1 898	119	.	.	.	1881	1	Lödderitz.
.	.	.	1 663	.	300	56	.	6	.	1892	2	Grünewalde.
.	.	.	4 970	.	.	.	.	.	.	dsgl.	3	Schweinitz.
.	.	30	2 469	.	.	.	.	.	.	1883	4	Magdeburgerfort.
.	.	.	944	.	.	.	19	75	.	1892	5	Biederitz.
11	.	12	4 064	.	.	323	.	.	.	1885	6	Altenplathow.
.	.	.	945	.	449	.	.	.	.	1884	7	Weißewarte.
382	6	867	3 312	.	380	204	.	.	.	1892	8	Thale.
.	.	.	1 297	.	67	.	.	.	.	1891	9	Heteborn.
4	.	38	1 423	.	.	159	.	.	.	dsgl.	10	Dingelstedt.
9	.	26	835	.	.	.	.	.	.	1892	11	Schermke.
21	.	131	3 389	.	.	.	41	.	.	1881	12	Bischofswald.
5	.	5	5 338	.	.	.	.	.	.	1890	13	Colbitz.
.	.	.	5 152	.	.	.	.	.	.	dsgl.	14	Planken.
.	.	.	4 623	.	770	.	.	.	.	dsgl.	15	Burgstall.
8	.	12	5 960	22		.	.	.	.	dsgl.	16	Letzlingen.
.	.	.	5 768	.	.	.	.	.	.	dsgl.	17	Jävenitz.
.	.	1	3 216	.	.	.	.	.	.	1881	18	Clötze.
.	.	.	1 698	.	224	41	.	.	.	1882	19	Diesdorf.
440	6	1 122	57 737	22	4 088	902	60	81	.			

Merseburg (Fortsetzung).

169	67	267	4 892	.	.	.	.	.	.	1892	1	Elsterwerda.
.	.	.	4 089	.	.	.	.	.	.	dsgl.	2	Liebenwerda.
.	.	.	3 240	2	.	.	.	.	.	dsgl.	3	Hohenbucko.
.	.	.	4 741	.	.	.	.	.	.	1889	4	Rosenfeld.
.	.	.	4 326	.	.	.	.	7	.	1892	5	Annaburg.
.	.	.	4 817	23	.	.	.	.	.	1890	6	Thiergarten.
3	.	5	5 053	.	.	.	.	8	.	1892	7	Glücksburg.
.	.	.	2 935	.	.	.	.	.	12	1881	8	Sitzenroda.
.	.	.	3 771	.	.	.	.	90	.	dsgl.	9	Doberschütz.
.	.	.	4 666	.	.	.	.	.	.	dsgl.	10	Falkenberg.
.	.	.	3 219	.	.	31	.	.	21	1892	11	Söllichau.
.	.	.	4 254	.	.	.	.	.	.	1881	12	Tornau.
.	.	.	616	.	1 079	.	81	4	.	dsgl.	13	Zöckeritz.
.	.	.	4 086	.	.	.	.	42	.	1888	14	Rothehaus.
.	.	.	581	70	812	72	.	16	.	1892	15	Schkeuditz.
226	22	1 495	1 813	54	.	.	.	.	.	dsgl.	16	Zeitz.
76	7	110	1 637	.	.	.	20	2	.	dsgl.	17	Freyburg a. U.
118	11	163	1 511	.	150	120	.	.	.	1881	18	Heldrungen.
117	.	327	3 350	.	.	83	.	.	.	1892	19	Ziegelrode.
13	6	110	1 360	.	.	.	.	.	.	dsgl.	20	Bischofsrode.
61	.	256	2 526	.	.	.	109	.	.	1881	21	Pölsfeld.
65	.	227	1 585	.	.	.	.	.	.	1884	22	Annarode.
848	113	2 960	69 068	149	2 041	306	210	169	33			

*

Ordnungs-Nr.	Oberförsterei	Zur Holzzucht benutzte Flächen und bestimmte Blößen ha	1. Eichen über 100 Jahre	81—100 Jahre	61—80 Jahre	41—60 Jahre	21—40 Jahre	1—20 Jahre	Blößen und Räumden	Zusammen
			Hektar							
1.	2.	3.	4.	5.	6.	7.	8.	9.	10.	11.
	17. Regierungs-Bezirk									
1	Schleusingen	2 358	.	.	1	1	.	.	.	2
2	Hinternah	3 040	.	.	.	.	.	.	.	.
3	Erlau	2 831	.	.	.	.	.	.	.	.
4	Schmiedefeld	4 319	.	.	.	.	.	.	.	.
5	Suhl	3 590	.	.	.	.	.	.	.	.
6	Dietzhausen	2 861	.	.	.	.	19	.	.	19
7	Schwarza	3 361	.	.	.	6	1	.	.	7
8	Erfurt	1 235	.	.	.	3	.	.	.	3
9	Benneckenstein	1 506	.	.	.	.	.	.	.	.
10	Ershausen	3 320	50	37	15	.	.	.	.	102
11	Leinefelde	1 952	106	96	78	41	.	5	.	326
12	Worbis	1 386	14	25	.	.	.	.	.	39
13	Lohra	2 131	24	.	9	54	.	2	.	89
14	Königsthal	2 064	.	.	.	.	.	.	.	.
	Zusammen	35 954	194	158	103	105	20	7	.	587
	18. Provinz									
1	Trittau	2 905	24	.	40	59	22	20	3	168
2	Quickborn	3 907	16	35	30	8	16	32	35	172
3	Reinfeld	1 832	99	2	69	4	13	35	1	223
4	Segeberg	4 660	30	13	10	4	11	3	.	71
5	Drage	1 403	24	3	1	3	5	5	.	41
6 7	Cismar Neumünster	3 535	63	123	49	.	9	12	6	262
8	Barlohe	2 034	16	160	156	.	.	19	.	351
9	Bordesholm	1 204	54	56	45	15	16	9	.	195
10	Rendsburg	2 485	6	41	80	.	.	3	.	130
11	Schleswig	1 987	72	4	15	16	.	5	.	112
12	Flensburg	2 931	20	26	1	.	6	58	.	111
13	Sonderburg	1 571	36	2	20	13	18	.	.	89
14	Apenrade	2 958	7	9	.	10	7	38	1	72
15	Hadersleben	1 478	.	.	.	.	18	1	.	19
	Zusammen	34 890	467	474	516	132	141	240	46	2 016
	19. Regierungs-Bezirk									
1	Polle	877	10	15	16	.	1	63	.	105
2	Grohnde	1 398	33	.	2	1	.	13	1	50
3	Coppenbrügge	2 988	126	63	28	17	11	15	4	264
4	Hameln	307	25	2	.	5	6	14	.	52
5	Springe	2 234	46	10	8	8	.	16	.	88
6	Lauenau	3 200	39	25	11	29	.	.	.	104
7	Rehburg	1 431	48	14	24	60	27	16	2	191
8	Hannover	1 731	125	73	22	127	116	59	.	522
9	Dedensen	1 348	201	39	29	45	130	126	8	578
10	Nienburg	2 943	.	6	11	22	38	150	.	227
11	Uchte	871	24	12	26	4	22	34	1	123
12	Diepholz	1 335	23	53	18	44	22	22	.	182
13	Binnen	2 112	16	14	6	33	34	19	.	122
14	Memsen	1 239	66	85	81	71	36	50	4	393
15	Neubruchhausen	1 741	.	4	7	7	1	3	.	22
16	Syke	1 547	9	9	16	11	27	2	.	74
17	Harpstedt	1 835	71	36	24	18	21	34	10	214
	Zusammen	29 137	862	460	329	502	492	636	30	3 311

2. Buchen: über 100 Jahre	81—100 Jahre	61—80 Jahre	41—60 Jahre	21—40 Jahre	1—20 Jahre	Blößen und Räumden	Zusammen	3. Erlen und Birken: über 100 Jahre	81—100 Jahre	61—80 Jahre	41—60 Jahre	21—40 Jahre	1—20 Jahre	Blößen und Räumden	Zusammen	Ordnungs-Nr.
Hektar								Hektar								
12.	13.	14.	15.	16.	17.	18.	19.	20.	21.	22.	23.	24.	25.	26.	27.	
Erfurt.																
.	3	.	.	.	.	.	3	.	.	.	.	.	.	.	.	1
261	21	40	267	156	117	.	862	.	.	.	.	.	.	.	.	2
106	7	.	8	156	128	.	405	.	.	.	.	.	.	.	.	3
144	3	10	64	164	108	.	493	.	.	.	.	.	.	.	.	4
40	.	.	34	29	4	.	107	.	.	.	.	.	.	.	.	5
12	23	54	.	.	15	.	104	.	.	.	.	.	.	.	.	6
16	97	508	136	83	73	.	913	.	.	27	3	.	.	.	30	7
1	.	.	.	.	.	.	1	.	.	.	.	.	.	.	.	8
.	.	.	.	.	.	.	.	.	.	.	.	3	4	1	8	9
399	815	865	546	217	16	.	2 858	.	.	.	.	.	.	.	.	10
309	146	241	237	98	68	.	1 099	.	.	.	.	.	.	.	.	11
70	239	489	217	99	75	.	1 189	.	.	.	.	.	.	.	.	12
310	415	475	259	205	146	.	1 810	.	.	.	.	.	.	.	.	13
145	170	119	85	81	87	1	688	.	.	.	.	.	.	.	.	14
1 813	1 939	2 801	1 853	1 288	837	1	10 532	.	.	27	3	3	4	1	38	
Schleswig-Holstein.																
624	14	49	267	261	186	3	1 404	.	.	.	.	27	14	.	41	1
88	45	143	27	75	125	.	503	.	.	.	8	62	35	1	106	2
320	115	203	390	175	251	1	1 455	.	.	.	21	37	.	.	58	3
456	124	106	20	108	38	.	852	.	.	.	8	6	24	.	38	4
.	19	47	68	5	18	.	157	.	.	.	.	.	.	.	.	5
267	212	87	53	147	134	3	903	.	.	.	7	57	12	.	76	6, 7
90	340	520	.	9	130	.	1 089	.	.	.	9	27	21	.	57	8
201	194	79	136	22	79	.	711	.	.	.	3	19	.	3	25	9
218	124	198	92	146	23	.	801	.	.	.	13	2	7	.	22	10
235	147	180	428	175	201	.	1 366	.	.	.	4	7	2	.	13	11
434	85	183	58	89	106	1	956	.	.	3	40	9	19	.	71	12
200	375	313	121	131	257	.	1 397	.	.	7	11	27	10	.	55	13
258	106	118	157	101	203	3	946	.	.	17	29	66	6	1	119	14
283	70	180	26	52	111	1	723	.	.	.	1	4	4	.	9	15
3 674	1 970	2 406	1 843	1 496	1 862	12	13 263	.	.	27	154	350	154	5	690	
Hannover.																
138	176	73	67	57	150	1	662	.	.	.	.	.	.	.	.	1
115	174	157	264	124	65	.	899	.	.	.	.	.	.	.	.	2
299	350	232	397	403	127	3	1 811	.	.	.	2	.	.	.	2	3
29	1	.	21	6	2	.	59	.	.	.	.	.	.	.	.	4
419	273	275	135	216	82	.	1 400	.	.	.	.	.	.	.	.	5
634	368	455	392	438	294	.	2 581	.	.	.	5	.	.	.	5	6
4	84	24	1	16	9	.	138	.	.	.	21	1	.	.	22	7
33	.	.	.	.	.	.	33	.	.	.	41	16	.	2	59	8
.	.	3	.	.	.	.	3	.	.	.	19	.	.	.	19	9
54	102	70	44	11	1	.	282	.	.	.	24	5	2	.	31	10
16	2	.	2	.	.	.	20	.	.	.	4	.	4	49	57	11
8	35	6	14	4	2	.	69	.	7	20	11	4	41	64	147	12
71	5	5	3	52	15	.	151	.	.	8	13	.	2	.	23	13
4	16	29	25	14	7	.	95	.	.	.	.	.	.	.	.	14
57	2	10	10	15	2	.	96	.	.	42	2	1	2	.	47	15
21	23	15	40	31	3	.	133	.	.	1	4	.	1	.	6	16
63	30	21	38	29	6	.	187	.	.	.	.	.	3	.	3	17
1 965	1 641	1 375	1 453	1 416	765	4	8 619	.	7	71	146	27	55	115	421	

Fortgesetzt auf Seite 102 und 103.

Ordnungs-Nr.	4. Kiefern und Lärchen: über 100 Jahre	81—100 Jahre	61—80 Jahre	41—60 Jahre	21—40 Jahre	1—20 Jahre	Blößen und Räumden	Zusammen	5. Fichten und …: über 100 Jahre	81—100 Jahre	61—80 Jahre	41—60 Jahre	21—40 Jahre
	Hektar								Hektar				
	28.	29.	30.	31.	32.	33.	34.	35.	36.	37.	38.	39.	40.
17. Regierungs-Bezirk													
1	.	.	10	36	42	6	.	94	67	584	487	337	310
2	.	.	12	51	2	17	.	82	185	390	491	440	248
3	.	.	.	46	20	.	.	66	160	369	408	542	382
4	.	.	.	.	.	.	.	.	51	542	640	1 127	693
5	.	.	.	51	3	.	.	54	400	490	544	548	531
6	.	.	.	2	176	7	.	185	328	469	508	542	363
7	.	.	.	241	142	7	.	390	22	150	352	452	412
8	1	18	60	5	42	13	1	140	.	.	8	72	1
9	.	.	.	.	.	.	.	.	33	279	374	314	251
10	.	.	.	.	12	46	.	58	.	.	20	20	2
11	.	.	9	17	39	21	.	86	.	.	17	45	90
12	.	.	2	.	1	12	.	15	.	.	8	38	57
13	.	.	3	26	.	16	.	45	.	.	19	37	16
14	.	.	.	5	14	2	.	21	.	.	1	22	74
Zus.	1	18	96	480	493	147	1	1 236	1 246	3 273	3 877	4 536	3 430
18. Provinz													
1	.	17	45	238	197	419	93	1 009	.	.	5	15	62
2	.	30	365	194	210	1 251	737	2 787	.	.	.	59	71
3	.	.	.	.	.	.	.	.	.	.	.	5	28
4	.	58	58	372	407	1 606	185	2 686	2	.	.	33	370
5	.	.	83	4	38	438	152	715	.	.	17	83	135
6 } 7 }	.	.	214	176	111	303	.	804	.	13	5	52	124
8	.	2	64	15	10	5	.	96	.	.	.	12	332
9	.	1	30	42	.	.	.	73	.	.	.	29	49
10	.	2	32	1	.	409	.	444	.	.	.	.	61
11	.	.	17	.	.	8	3	28	.	.	.	5	42
12	.	.	.	7	2	4	.	13	.	1	.	42	342
13	.	.	.	.	.	.	.	.	.	.	.	.	22
14	.	.	.	.	11	18	.	29	.	.	17	50	168
15	.	.	.	3	.	17	.	20	.	.	.	64	319
Zus.	.	110	908	1 052	986	4 478	1 170	8 704	2	14	44	449	2 125
19. Regierungs-Bezirk													
1	.	.	.	.	.	.	.	.	.	.	.	12	21
2	.	.	.	.	.	.	.	.	.	.	1	30	351
3	.	.	.	.	.	.	.	.	.	.	15	474	283
4	.	.	.	.	.	.	.	.	.	.	19	40	124
5	.	.	.	.	.	.	.	.	.	5	4	117	52
6	.	.	.	.	1	.	.	1	.	.	72	178	171
7	10	52	49	61	451	320	32	975	.	.	.	48	27
8	20	18	53	288	181	21	.	581	.	.	.	17	152
9	.	2	59	166	88	277	22	614	.	.	.	94	12
10	.	14	322	413	1 040	450	14	2 253	.	.	2	23	63
11	17	61	70	123	194	162	8	635	.	.	.	15	19
12	.	19	46	166	236	266	62	795	.	1	1	11	88
13	.	69	280	367	663	311	14	1 704	.	.	.	3	50
14	.	26	32	174	196	217	.	645	.	.	.	.	.
15	.	36	186	429	658	216	.	1 525	.	.	.	.	17
16	.	21	123	346	571	273	.	1 334	.	.	.	.	.
17	.	57	141	334	585	314	.	1 431	.	.	.	.	.
Zus.	47	375	1 361	2 867	4 864	2 827	152	12 493	.	6	114	1 062	1 430

Tannen: 1–20 Jahre	Tannen: Blößen und Räumden	Tannen: Zusammen	Zusammen Hochwald	Plenterwald	Mittelwald	Niederwald ohne Schälwald und Weidenheeger	Eichenschälwald	Weidenheeger	Keinem dieser Betriebe angeschlossene Holzbodenflächen	Die Angaben beziehen sich auf den Waldzustand vom Jahre	Ordnungs-Nr.	Oberförsterei
Hektar			Hektar									
41.	42.	43.	44.	45.	46.	47.	48.	49.	50.	51.		

Erfurt (Fortsetzung).

41.	42.	43.	44.	45.	46.	47.	48.	49.	50.	51.	Nr.	Oberförsterei
417	57	2 259	2 358	.	.	.	.	.	.	1881	1	Schleusingen.
198	32	1 984	2 928	112	.	.	.	.	.	1892	2	Hinternah.
381	13	2 255	2 726	105	.	.	.	.	.	1881	3	Erlau.
555	40	3 648	4 141	178	.	.	.	.	.	dsgl.	4	Schmiedefeld.
486	52	3 051	3 212	361	.	17	.	.	.	1892	5	Suhl.
322	21	2 553	2 861	.	.	.	.	.	.	1891	6	Dietzhausen.
566	40	1 994	3 334	27	.	.	.	.	.	1892	7	Schwarza.
.	.	81	225	.	1 010	.	.	.	.	1881	8	Erfurt.
200	47	1 498	1 506	.	.	.	.	.	.	1887	9	Benneckenstein.
103	.	145	3 163	157	.	.	.	.	.	1892	10	Ershausen.
244	10	406	1 917	35	.	.	.	.	.	1893	11	Leinefelde.
14	.	117	1 360	26	.	.	.	.	.	1891	12	Worbis.
63	.	135	2 079	52	.	.	.	.	.	1893	13	Lohra.
72	2	171	880	.	1 184	.	.	.	.	1881	14	Königsthal.
3 621	314	20 297	32 690	1 053	2 194	17	.	.	.			

Schleswig-Holstein (Fortsetzung).

41.	42.	43.	44.	45.	46.	47.	48.	49.	50.	51.	Nr.	Oberförsterei
164	4	250	2 872	30	.	.	.	.	3	1892	1	Trittau.
158	.	288	3 856	51	.	.	.	.	.	dsgl.	2	Quickborn.
63	.	96	1 832	.	.	.	.	.	.	1888	3	Reinfeld.
588	20	1 013	4 660	.	.	.	.	.	.	1892	4	Segeberg.
178	77	490	1 403	.	.	.	.	.	.	dsgl.	5	Drage.
443	853	1 490	3 535	.	.	.	.	.	.	1887	6 7	Cismar. Neumünster.
86	11	441	2 034	.	.	.	.	.	.	1888	8	Barlohe.
24	.	102	1 106	98	.	.	.	.	.	1892	9	Bordesholm.
835	192	1 088	2 485	.	.	.	.	.	.	1887	10	Rendsburg.
322	6	375	1 894	93	.	.	.	.	.	1892	11	Schleswig.
1 195	200	1 780	2 931	.	.	.	.	.	.	1887	12	Flensburg.
7	1	30	1 571	.	.	.	.	.	.	1885	13	Sonderburg.
550	1 007	1 792	2 958	.	.	.	.	.	.	1886	14	Apenrade.
205	119	707	1 478	.	.	.	.	.	.	dsgl.	15	Hadersleben.
4 818	2 490	9 942	34 615	272	.	.	.	.	3			

Hannover (Fortsetzung).

41.	42.	43.	44.	45.	46.	47.	48.	49.	50.	51.	Nr.	Oberförsterei
41	22	96	863	14	.	.	.	.	.	1881	1	Polle.
66	1	449	1 398	.	.	.	.	.	.	1887	2	Grohnde.
94	45	911	2 988	.	.	.	.	.	.	dsgl.	3	Coppenbrügge.
13	.	196	307	.	.	.	.	.	.	dsgl.	4	Hameln.
127	6	311	1 799	248	155	.	.	.	32	1891	5	Springe.
86	2	509	3 200	.	.	.	.	.	.	1892	6	Lauenau.
30	.	105	1 431	.	.	.	.	.	.	1884	7	Rehburg.
3	.	172	1 367	89	77	.	115	.	83	1892	8	Hannover.
17	.	123	1 337	.	.	.	11	.	.	dsgl.	9	Dedensen.
62	.	150	2 943	.	.	.	.	.	.	dsgl.	10	Nienburg.
2	.	36	871	.	.	.	.	.	.	dsgl.	11	Uchte.
37	4	142	1 335	.	.	.	.	.	.	dsgl.	12	Diepholz.
59	.	112	2 112	.	.	.	.	.	.	dsgl.	13	Binnen.
.	.	.	1 133	.	.	59	47	.	.	dsgl.	14	Memsen.
34	.	51	1 741	.	.	.	.	.	.	dsgl.	15	Neubruchhausen.
.	.	.	1 547	.	.	.	.	.	.	dsgl.	16	Syke.
.	.	.	1 835	.	.	.	.	.	.	dsgl.	17	Harpstedt.
671	80	3 363	28 207	351	232	59	173	.	115			

Ordnungs-Nr.	Oberförsterei	Zur Holzzucht benutzte Flächen und bestimmte Blößen ha	1. Eichen über 100 Jahre	81—100 Jahre	61—80 Jahre	41—60 Jahre	21—40 Jahre	1—20 Jahre	Blößen und Räumden	Zusammen
			Hektar							
1.	2.	3.	4.	5.	6.	7.	8.	9.	10.	11.
										20. Regierungs-Bezirk
1	Elend	4 726	.	.	.	3	.	.	.	3
2	Lauterberg	3 301	5	1	22	4	.	20	.	52
3	Kupferhütte	3 544	4	4	4	12	6	.	4	34
4	Oderhaus	2 814	.	.	.	.	.	.	.	.
5	St. Andreasberg	3 588	.	.	.	.	.	.	.	.
6	Sieber	3 579	.	.	.	.	.	.	.	.
7	Lonau	3 890	8	.	4	21	1	21	1	56
8	Osterode	2 522	14	1	6	9	6	.	.	36
9	Torfhaus	2 552	.	.	.	.	.	.	.	.
10	Altenau	3 485	.	.	.	.	.	.	.	.
11	Riefensbeek	3 356	.	.	.	.	.	.	.	.
12	Clausthal	2 561	.	.	.	.	.	.	.	.
13	Schulenberg	2 981	.	.	.	.	.	.	.	.
14	Zellerfeld	2 549	.	.	.	.	.	.	.	.
15	Westerhof	1 588	13	13	4	.	3	1	2	36
16	Grund	2 431	.	.	.	29	.	.	.	29
17	Lautenthal	4 298	.	.	.	4	3	.	.	7
18	Liebenburg	1 088	.	6	.	5	6	.	.	17
19	Sillium	605	12	.	5	13	1	5	.	36
20	Wendhausen	379	.	5	.	.	16	.	.	21
21	Peine	455	69	67	39	.	16	42	1	234
22	Ebergötzen	1 457	27	5	3	8	2	1	.	46
23	Reinhausen	1 182	14	4	5	2	2	.	4	31
24	Mollenfelde	906	.	7	21	3	.	.	.	31
25	Escherode	1 330	25	36	37	29	.	.	.	127
26	Cattenbühl	1 822	64	6	6	.	.	.	.	76
27	Bramwald	2 755	143	23	4	92	13	77	57	409
28	Adelebsen	950	.	2	10	.	7	.	.	19
29	Hardegsen	3 228	70	46	42	53	39	12	.	262
30	Herzberg	848	8	.	15	6	28	19	.	76
31	Catlenburg	1 481	54	30	.	13	7	81	.	185
32	Bovenden	1 334	6	3	5	5	.	4	3	26
33	Rotenkirchen	1 345	98	.	40	.	28	1	2	169
34	Alfeld	1 277	.	1	.	.	.	.	.	1
35	Weenzen	2 551	136	50	31	51	74	35	2	379
36	Dieckholzen	1 161	.	.	.	.	.	9	.	9
37	Uslar	2 129	83	6	17	131	74	2	28	341
38	Nienover	2 758	199	17	36	144	144	16	3	559
39	Winnefeld	3 155	333	36	116	305	67	38	18	913
40	Knobben	3 932	39	141	55	82	106	23	294	740
41	Neuhaus	2 692	18	9	.	118	11	3	.	159
42	Seelzerthurm	3 766	128	58	13	40	57	87	25	408
43	Dassel	3 181	26	10	3	74	10	.	.	123
	Zusammen	101 532	1 596	587	543	1 256	727	497	444	5 650

25a β.

2. Buchen: über 100 Jahre	81—100 Jahre	61—80 Jahre	41—60 Jahre	21—40 Jahre	1—20 Jahre	Blößen und Räumden	Zusammen	3. Erlen und Birken: über 100 Jahre	81—100 Jahre	61—80 Jahre	41—60 Jahre	21—40 Jahre	1—20 Jahre	Blößen und Räumden	Zusammen	Ordnungs-Nr.
Hektar								Hektar								
12.	13.	14.	15.	16.	17.	18.	19.	20.	21.	22.	23.	24.	25.	26.	27.	
Hildesheim.																
.	.	.	.	.	.	.	.	5	.	.	.	.	.	.	5	1
398	314	536	104	512	382	16	2 262	.	.	.	.	.	.	.	.	2
511	485	579	339	475	114	7	2 510	.	.	.	.	.	.	.	.	3
113	16	65	10	20	20	.	244	.	.	.	.	.	.	.	.	4
118	82	9	8	35	17	9	278	.	.	.	.	.	.	.	.	5
122	175	212	38	56	45	.	648	.	.	.	.	.	.	.	.	6
317	269	361	224	602	105	1	1 879	.	.	.	1	.	.	.	1	7
46	68	19	13	126	49	.	321	.	.	.	3	11	.	.	14	8
.	.	.	.	.	.	.	.	.	.	.	.	.	.	.	.	9
11	.	.	.	.	.	.	11	.	.	1	2	2	.	.	5	10
36	90	.	31	5	.	.	162	.	.	.	.	.	.	.	.	11
.	.	.	.	70	13	1	84	.	.	.	.	5	.	.	5	12
.	.	2	.	6	.	.	8	.	.	.	.	.	.	.	.	13
.	.	.	.	.	.	.	.	.	.	.	.	.	.	.	.	14
62	58	170	61	60	35	1	447	.	.	.	.	.	.	.	.	15
25	97	172	60	48	19	.	421	.	.	.	.	6	.	.	6	16
82	63	111	162	256	50	.	724	.	.	.	.	7	5	.	12	17
108	53	132	123	96	67	.	579	.	.	.	.	.	.	.	.	18
113	124	37	53	75	63	.	465	.	.	.	.	.	.	.	.	19
8	38	13	43	96	18	.	216	.	.	.	.	.	.	.	.	20
3	4	18	7	6	.	.	38	.	.	.	.	4	16	.	20	21
81	343	218	106	275	154	.	1 177	.	.	.	.	.	.	.	.	22
107	260	92	172	93	92	9	825	.	.	.	.	.	.	.	.	23
.	125	176	148	182	122	8	761	.	.	.	.	.	.	.	.	24
176	66	166	165	168	54	.	795	.	.	.	.	.	.	.	.	25
178	44	291	168	161	197	.	1 039	.	.	.	.	.	.	.	.	26
229	388	312	282	249	119	8	1 587	.	.	.	.	1	.	.	1	27
10	203	198	65	125	98	.	699	.	.	.	.	.	.	.	.	28
263	392	387	363	325	409	.	2 139	.	.	.	.	.	11	10	21	29
16	276	32	.	49	90	1	464	.	.	.	.	.	.	.	.	30
346	147	25	154	303	117	.	1 092	.	.	.	.	.	.	.	.	31
343	242	38	70	288	234	2	1 217	.	.	.	.	.	.	.	.	32
139	211	184	156	166	47	.	903	.	.	.	.	.	.	.	.	33
207	110	121	293	207	181	.	1 119	.	.	.	.	.	.	.	.	34
267	213	276	124	264	100	.	1 244	.	.	.	3	.	.	.	3	35
77	74	110	163	143	71	.	638	.	.	.	.	.	.	.	.	36
213	303	201	367	148	170	.	1 402	.	.	.	.	.	.	.	.	37
53	505	651	366	165	47	.	1 787	.	.	.	.	.	.	.	.	38
262	392	383	246	276	162	9	1 730	.	.	.	.	.	1	.	1	39
282	545	805	365	397	346	37	2 777	.	.	8	1	.	.	.	9	40
611	56	104	290	322	106	.	1 489	.	.	.	.	.	.	.	.	41
238	781	329	492	441	291	30	2 602	.	.	.	.	16	3	.	19	42
200	425	408	309	259	125	.	1 726	.	.	.	28	.	.	13	41	43
6 371	8 037	7 943	6 140	7 550	4 329	139	40 509	5	.	9	38	52	36	23	163	

Fortgesetzt auf Seite 106 und 107.

Ordnungs-Nr.	4. Kiefern und Lärchen								5. Fichten und				
	über 100 Jahre	81—100 Jahre	61—80 Jahre	41—60 Jahre	21—40 Jahre	1—20 Jahre	Blößen und Räumden	Zusammen	über 100 Jahre	81—100 Jahre	61—80 Jahre	41—60 Jahre	21—40 Jahre
	Hektar								Hektar				
	28.	29.	30.	31.	32.	33.	34.	35.	36.	37.	38.	39.	40.
												20. Regierungs-Bezirk	
1	.	.	.	.	.	.	.	.	39	345	1 388	991	1 064
2	.	.	.	.	.	.	.	.	9	62	127	204	219
3	.	.	.	.	.	.	.	.	36	94	112	233	270
4	.	.	.	.	.	.	.	.	198	276	539	675	504
5	.	.	.	.	.	.	.	.	275	398	647	689	594
6	.	.	.	.	.	.	.	.	133	126	521	1 123	488
7	.	.	.	.	.	.	.	.	48	132	479	570	329
8	.	.	.	.	.	.	.	.	26	294	452	452	541
9	.	.	.	.	.	.	.	.	177	214	324	673	561
10	.	.	.	.	.	.	.	.	138	509	624	566	561
11	.	.	.	.	.	.	.	.	141	343	687	823	518
12	.	.	.	.	.	.	.	.	26	245	332	774	646
13	.	.	.	.	.	.	.	.	85	693	592	473	516
14	.	.	.	.	.	.	.	.	16	386	470	591	316
15	.	.	.	.	.	.	.	.	177	100	196	225	222
16	.	.	.	.	.	.	.	.	133	383	239	282	448
17	.	.	.	.	.	.	.	.	98	572	930	533	795
18	.	.	.	1	.	.	.	1	.	.	.	3	78
19	.	.	.	.	7	1	.	8	.	.	2	9	60
20	.	.	.	.	.	.	.	.	.	.	.	.	61
21	.	.	.	32	37	10	.	79	.	.	.	5	38
22	.	.	.	.	44	6	.	50	.	.	1	8	135
23	.	.	1	53	41	.	6	101	.	9	22	22	121
24	.	.	.	.	2	38	9	49	.	8	.	.	6
25	.	.	.	.	17	.	.	17	.	.	.	35	226
26	.	.	.	7	8	.	.	15	.	27	5	41	501
27	.	.	.	7	9	60	19	95	.	.	31	48	344
28	.	.	.	.	7	24	.	31	.	2	8	13	78
29	.	.	.	10	20	188	37	255	.	.	15	99	158
30	.	.	.	.	.	.	.	.	.	.	.	.	96
31	.	.	.	.	9	9	.	18	.	1	.	14	133
32	.	.	.	.	10	4	.	14	.	.	7	4	39
33	.	.	.	.	.	.	.	.	.	10	17	23	138
34	.	.	.	2	18	3	.	23	.	.	23	47	25
35	.	.	13	9	44	.	.	66	.	.	42	158	455
36	.	.	.	.	.	.	.	.	.	1	32	92	80
37	.	.	.	1	6	1	.	8	.	.	.	10	105
38	.	.	.	.	4	.	.	4	.	.	16	49	199
39	.	.	.	19	5	6	.	30	.	.	19	62	122
40	.	.	.	.	.	.	.	.	.	.	.	111	110
41	.	.	.	.	.	.	.	.	.	8	128	318	204
42	.	.	.	.	.	.	19	19	.	.	72	112	180
43	.	.	.	.	.	.	.	.	.	.	72	584	226
Zus.	.	.	14	141	288	350	90	883	1 755	5 238	9 171	11 744	12 550

25a β.

Tannen			Zusammen Hochwald	Plenterwald	Mittelwald	Niederwald ohne Schälwald und Weidenheeger	Eichenschälwald	Weidenheeger	Keinem dieser Betriebe angeschlossene Holzbodenflächen	Die Angaben beziehen sich auf den Waldzustand vom Jahre:	Ordnungs-Nr.	Oberförsterei
1—20 Jahre	Blößen und Räumden	Zusammen										
Hektar			Hektar									
41.	42.	43.	44.	45.	46.	47.	48.	49.	50.	51.		
Hildesheim (Fortsetzung).												
591	143	4 561	4 569	49	.	107	.	1	.	1892	1	Elend.
215	151	987	3 301	.	.	.	.	.	.	dsgl.	2	Lauterberg.
179	76	1 000	3 544	.	.	.	.	.	.	1888	3	Kupferhütte.
331	47	2 570	2 814	.	.	.	.	.	.	dsgl.	4	Oderhaus.
346	56	3 005	3 283	286	.	.	.	.	19	1892	5	St. Andreasberg.
378	162	2 931	3 579	.	.	.	.	.	.	1889	6	Sieber.
237	101	1 896	3 832	11	.	.	.	.	47	1892	7	Lonau.
325	52	2 142	2 513	.	.	.	.	.	9	1887	8	Osterode.
166	104	2 219	2 219	333	.	.	.	.	.	1892	9	Torfhaus.
327	26	2 751	2 767	621	.	.	.	.	97	dsgl.	10	Altenau.
290	86	2 888	3 050	306	.	.	.	.	.	dsgl.	11	Riefensbeek.
355	94	2 472	2 561	.	.	.	.	.	.	1888	12	Clausthal.
326	80	2 765	2 773	49	.	.	.	.	159	1892	13	Schulenberg.
392	71	2 242	2 242	307	.	.	.	.	.	1888	14	Zellerfeld.
172	13	1 105	1 588	.	.	.	.	.	.	1884	15	Westerhof.
422	68	1 975	2 431	.	.	.	.	.	.	1888	16	Grund.
569	58	3 555	4 298	.	.	.	.	.	.	1890	17	Lautenthal.
5	.	86	683	.	405	.	.	.	.	1892	18	Liebenburg.
8	.	79	588	17	.	.	.	.	.	dsgl.	19	Sillium.
32	.	93	330	.	.	45	4	.	.	1886	20	Wendhausen.
20	.	63	434	21	.	.	.	.	.	1892	21	Peine.
40	.	184	1 457	.	.	.	.	.	.	dsgl.	22	Ebergötzen.
37	14	225	1 182	.	.	.	.	.	.	dsgl.	23	Reinhausen.
41	10	65	906	.	.	.	.	.	.	1886	24	Mollenfelde.
127	3	391	1 330	.	.	.	.	.	.	1885	25	Escherode.
101	.	675	1 805	17	.	.	.	.	.	1892	26	Cattenbühl.
196	44	663	2 755	.	.	.	.	.	.	1886	27	Bramwald.
100	.	201	950	.	.	.	.	.	.	1885	28	Adelebsen.
259	20	551	3 228	.	.	.	.	.	.	1892	29	Hardegsen.
59	5	160	700	19	129	.	.	.	.	1890	30	Herzberg.
38	.	186	1 481	.	.	.	.	.	.	1892	31	Catlenburg.
11	.	61	1 318	16	.	.	.	.	.	dsgl.	32	Bovenden.
80	5	273	1 345	.	.	.	.	.	.	dsgl.	33	Rotenkirchen.
34	5	134	1 277	.	.	.	.	.	.	1889	34	Alfeld.
200	4	859	2 551	.	.	.	.	.	.	1892	35	Weenzen.
44	.	249	896	.	182	.	83	.	.	dsgl.	36	Dieckholzen.
135	128	378	2 129	.	.	.	.	.	.	1885	37	Uslar.
139	5	408	2 758	.	.	.	.	.	.	1892	38	Nienover.
195	83	481	3 155	.	.	.	.	.	.	dsgl.	39	Winnefeld.
133	52	406	3 932	.	.	.	.	.	.	dsgl.	40	Knobben.
279	107	1 044	2 692	.	.	.	.	.	.	dsgl.	41	Neuhaus.
330	24	718	3 766	.	.	.	.	.	.	1886	42	Seelzerthurm.
321	48	1 291	3 181	.	.	.	.	.	.	1892	43	Dassel.
8 585	1 945	50 988	98 193	2 052	716	152	87	1	331			

*

Ord-nungs-Nr.	Oberförsterei	Zur Holzzucht benutzte Flächen und bestimmte Blößen ha	1. Eichen							
			über 100 Jahre	81—100 Jahre	61—80 Jahre	41—60 Jahre	21—40 Jahre	1—20 Jahre	Blößen und Räumden	Zusammen
			Hektar							
1.	2.	3.	4.	5.	6.	7.	8.	9.	10.	11.
										21. Regierungs-Bezirk
1	Fallersleben	2 468	242	44	90	30	68	29	42	545
2	Gifhorn	1 920	209	56	61	29	100	124	11	590
3	Uetze	3 004	57	59	79	58	177	142	22	594
4	Helmerkamp	1 838	4	30	14	15	11	42	.	116
5	Knesebeck	4 203	.	4	10	2	9	.	.	25
6	Sprakensehl	4 855	37	80	40	2	42	160	14	375
7	Eschede	5 986	26	30	61	52	3	3	.	175
8	Fuhrberg	3 664	.	.	8	19	16	25	.	68
9	Miele	3 217	1	.	1	4	9	7	.	22
10	Wardböhmen	2 088	.	.	.	.	.	2	.	2
11	Walsrode	1 450	25	33	16	7	15	27	.	123
12	Munster	5 671	2	6	4	13	9	66	.	100
13	Garlstorf	2 060	26	11	.	53	51	28	.	169
14	Harburg	3 183	24	6	17	52	18	57	.	174
15	Langeloh	5 387	8	3	4	2	6	261	4	288
16	Lüchow	3 821	122	48	33	33	300	229	.	765
17	Göhrde-Ost	3 798	175	.	11	4	34	241	.	465
18	Göhrde-West	3 892	178	.	8	.	4	66	.	256
19	Medingen	2 529	16	23	15	44	43	32	.	173
20	Carrenzien	3 608	48	32	54	72	98	179	2	485
21	Bleckede	2 173	22	4	23	84	49	22	4	208
22	Ebstorf	2 311	65	17	24	47	39	59	1	251
23	Scharnebeck	1 868	51	42	28	24	125	115	3	388
24	Winsen a. d. Luhe . . .	1 753	3	3	8	11	4	10	.	39
	Zusammen	76 747	1 341	531	609	657	1 230	1 926	103	6 397
										22. Regierungs-Bezirk
1	Rotenburg	3 349	194	34	64	168	119	53	1	633
2	Zeven	1 643	63	47	35	53	29	30	3	260
3	Harsefeld	1 665	20	25	35	43	206	20	3	352
4	Bremervörde	1 941	106	34	83	56	74	129	8	490
5	Kuhstedt	3 393	21	1	22	34	76	137	8	299
6	Arstedt	1 514	31	3	10	39	28	29	2	142
7	Bederkesa	3 760	59	53	42	127	43	28	.	352
	Zusammen	17 265	494	197	291	520	575	426	25	2 528
										23. Regierungs-Bezirk
1	Palsterkamp	2 207	20	23	28	38	55	68	.	232
2	Bersenbrück	2 838	.	22	5	26	4	40	.	97
3	Lingen	4 140	.	.	10	8	1	21	.	40
4	Friedeburg	1 332	5	4	31	35	27	54	4	160
5	Aurich	4 289	52	4	35	81	242	105	5	524
	Zusammen	14 806	77	53	109	188	329	288	9	1 053

25a β.

2. Buchen								3. Erlen und Birken								Ordnungs-Nr.
über 100 Jahre	81—100 Jahre	61—80 Jahre	41—60 Jahre	21—40 Jahre	1—20 Jahre	Blößen und Räumden	Zusammen	über 100 Jahre	81—100 Jahre	61—80 Jahre	41—60 Jahre	21—40 Jahre	1—20 Jahre	Blößen und Räumden	Zusammen	
Hektar								Hektar								
12.	13.	14.	15.	16.	17.	18.	19.	20.	21.	22.	23.	24.	25.	26.	27.	
Lüneburg.																
78	47	23	22	88	.	.	258	.	.	.	9	374	154	.	537	1
8	.	.	.	.	.	.	8	.	.	30	1	.	3	.	34	2
.	.	.	12	.	.	.	12	.	.	.	76	162	68	.	306	3
6	9	5	.	3	10	.	33	.	.	13	117	25	8	.	163	4
.	.	.	.	7	.	.	7	.	.	.	3	13	2	.	18	5
72	.	.	.	2	18	.	92	.	.	4	.	8	18	.	30	6
149	53	60	.	21	14	.	297	.	.	.	17	16	14	.	47	7
.	.	.	.	.	.	.	.	.	.	.	4	70	.	.	74	8
.	.	.	.	.	.	.	.	.	.	.	.	.	32	.	32	9
56	25	33	48	35	41	.	238	.	.	.	.	.	.	.	.	10
75	17	6	42	26	35	.	201	.	.	.	.	.	22	.	22	11
.	6	.	3	.	.	.	9	.	.	.	.	3	19	.	22	12
181	83	67	126	92	71	.	620	.	.	.	24	-	.	.	24	13
144	63	154	69	87	300	.	817	.	.	20	.	.	1	.	21	14
15	.	3	19	10	9	.	56	.	.	1	.	.	2	.	3	15
.	.	1	3	.	.	.	4	.	.	.	336	205	208	.	749	16
.	.	.	1	16	.	.	17	.	6	70	.	.	.	.	76	17
88	27	.	.	95	.	.	210	.	.	55	13	5	.	.	73	18
235	70	76	44	84	88	.	597	.	.	4	18	7	2	.	31	19
8	.	1	.	.	.	.	9	.	.	.	292	292	77	27	688	20
37	129	4	9	25	18	.	222	.	.	.	5	4	.	.	9	21
193	48	59	11	81	23	.	415	.	.	.	1	1	.	.	2	22
46	8	43	17	47	29	.	190	.	.	.	.	94	34	9	137	23
50	8	11	.	62	14	.	145	.	.	.	3	67	65	.	135	24
1 441	593	546	426	781	670	.	4 457	.	6	197	919	1 346	729	36	3 233	
Stade.																
151	35	41	26	55	32	1	341	.	.	.	24	2	3	.	29	1
62	57	5	42	42	8	.	216	.	.	.	.	.	.	.	.	2
74	97	33	17	35	45	.	301	.	.	.	1	.	.	.	1	3
127	33	32	38	42	42	.	314	.	.	.	1	1	8	.	10	4
26	12	10	5	15	17	.	85	.	.	.	.	.	5	.	5	5
22	12	10	1	9	1	.	55	.	.	.	.	.	.	.	.	6
17	15	44	47	29	10	.	162	.	.	.	.	.	11	.	11	7
479	261	175	176	227	155	1	1 474	.	.	.	26	3	27	.	56	
Osnabrück mit Aurich.																
37	87	226	123	122	83	1	679	.	.	.	1	.	.	.	1	1
2	14	2	4	5	2	.	29	.	.	.	.	1	.	.	1	2
1	.	32	17	4	.	.	54	.	.	.	.	.	6	.	6	3
.	.	.	1	.	1	.	2	.	.	.	.	1	.	.	1	4
.	6	5	10	8	1	.	30	.	4	.	26	16	5	.	51	5
40	107	265	155	139	87	1	794	.	4	.	27	18	11	.	60	

Fortgesetzt auf Seite 110 und 111.

Ord-nungs-Nr.	4. Kiefern und Lärchen: über 100 Jahre	81—100 Jahre	61—80 Jahre	41—60 Jahre	21—40 Jahre	1—20 Jahre	Blößen und Räumden	Zusammen	5. Fichten und: über 100 Jahre	81—100 Jahre	61—80 Jahre	41—60 Jahre	21—40 Jahre
	Hektar								Hektar				
	28.	29.	30.	31.	32.	33.	34.	35.	36.	37.	38.	39.	40.
													21. Regierungs-Bezirk
1	.	8	.	1	148	564	3	724	.	.	.	.	254
2	32	17	84	229	424	256	7	1 049	.	.	.	6	199
3	.	33	114	299	973	345	16	1 780	.	5	35	18	200
4	31	51	127	257	474	267	40	1 247	10	3	3	36	105
5	223	494	350	1 065	819	867	89	3 907	21	82	5	33	75
6	9	11	102	679	1 991	1 308	4	4 104	29	10	55	34	112
7	.	56	61	193	3 065	1 721	15	5 111	.	22	2	70	73
8	366	265	334	667	946	781	46	3 405	.	12	42	10	61
9	73	205	261	275	676	1 119	72	2 681	.	98	61	82	89
10	.	62	61	258	423	224	5	1 033	34	59	18	222	263
11	.	17	39	117	349	159	108	789	8	7	.	19	87
12	.	30	92	745	2 629	955	1 003	5 454	.	.	8	41	39
13	.	10	72	286	407	132	3	910	.	.	37	47	196
14	.	46	179	447	666	153	2	1 493	.	9	13	130	255
15	30	50	74	181	2 380	1 622	331	4 668	63	6	.	78	107
16	32	188	124	158	798	627	202	2 129	.	.	.	.	12
17	.	131	58	445	1 040	1 246	181	3 101	.	26	64	26	20
18	63	172	96	467	1 484	624	133	3 039	.	150	.	15	41
19	.	3	74	190	579	251	12	1 109	.	.	.	.	345
20	57	488	232	123	834	509	2	2 245	.	.	.	2	134
21	18	11	185	167	1 069	70	4	1 524	.	.	.	27	102
22	.	.	.	556	457	44	.	1 057	.	1	.	9	459
23	.	17	39	113	715	190	.	1 074	.	.	.	.	60
24	.	21	16	400	467	150	94	1 148	.	.	3	5	243
Zus.	934	2 386	2 774	8 318	23 813	14 184	2 372	54 781	165	490	346	910	3 531
													22. Regierungs-Bezirk
1	6	16	159	601	382	542	361	2 067	.	.	23	83	94
2	.	16	147	495	232	172	.	1 062	2	11	12	13	40
3	.	8	15	212	482	226	18	961	.	.	1	5	16
4	.	2	29	401	210	275	50	967	.	.	.	15	133
5	15	10	144	339	891	1 227	121	2 747	.	7	.	26	128
6	.	9	19	126	230	710	80	1 174	.	.	.	4	82
7	.	10	50	627	557	1 382	59	2 685	.	.	8	89	207
Zus.	21	71	563	2 801	2 984	4 534	689	11 663	2	18	44	235	700
													23. Regierungs-Bezirk
1	.	1	16	165	176	89	5	452	.	.	8	92	423
2	.	1	463	796	663	511	75	2 509	.	.	.	.	148
3	.	15	295	735	2 076	729	181	4 031	.	.	.	5	4
4	.	.	19	111	290	275	40	735	.	.	1	33	44
5	.	1	123	89	1 315	1 568	409	3 505	.	.	2	23	113
Zus.	.	18	916	1 896	4 520	3 172	710	11 232	.	.	11	153	732

25a β.

Tannen			Zusammen Hochwald	Plenter-wald	Mittel-wald	Nieder-wald ohne Schälwald und Weidenheeger	Eichen-schälwald	Weiden-heeger	Keinem dieser Betriebe angeschlossene Holzbodenflächen	Die Angaben beziehen sich auf den Waldzustand vom Jahre	Ordnungs-Nr.	Oberförsterei
1—20 Jahre	Blößen und Räumden	Zusammen										
Hektar			Hektar									
41.	42.	43.	44.	45.	46.	47.	48.	49.	50.	51.		
Lüneburg (Fortsetzung).												
148	2	404	2 468	.	.	.	.	.	.	1886	1	Fallersleben.
34	.	239	1 920	.	.	.	.	.	.	1892	2	Gifhorn.
48	6	312	3 004	.	.	.	.	.	.	dsgl.	3	Uetze.
122	.	279	1 838	.	.	.	.	.	.	1890	4	Helmerkamp.
28	2	246	4 203	.	.	.	.	.	.	1892	5	Knesebeck.
68	1	254	4 855	.	.	.	.	.	.	dsgl.	6	Sprakensehl.
132	4	356	5 986	.	.	.	.	.	.	dsgl.	7	Eschede.
32	.	117	3 664	.	.	.	.	.	.	1891	8	Fuhrberg.
136	35	482	3 217	.	.	.	.	.	.	1886	9	Miele.
172	4	815	2 088	.	.	.	.	.	.	1889	10	Wardböhmen.
143	33	315	1 450	.	.	.	.	.	.	1886	11	Walsrode.
6	.	86	5 671	.	.	.	.	.	.	1892	12	Munster.
86	.	337	2 060	.	.	.	.	.	.	1891	13	Garlstorf.
237	10	678	3 183	.	.	.	.	.	.	1890	14	Harburg.
105	.	372	5 387	.	.	.	.	.	.	1892	15	Langeloh.
.	.	12	3 659	.	.	162	.	.	.	1888	16	Lüchow.
67	.	139	3 798	.	.	.	.	.	.	1887	17	Göhrde-Ost.
44	.	314	3 892	.	.	.	.	.	.	dsgl.	18	Göhrde-West.
274	.	619	2 529	.	.	.	.	.	.	1892	19	Medingen.
45	.	181	3 608	.	.	.	.	.	.	dsgl.	20	Carrenzien.
33	.	162	2 125	.	.	.	.	.	48	1891	21	Bleckede.
116	.	585	2 311	.	.	.	.	.	.	1892	22	Ebstorf.
19	.	79	1 868	.	.	.	.	.	.	dsgl.	23	Scharnebeck.
35	.	286	1 753	.	.	.	.	.	.	dsgl.	24	Winsen a. d. Luhe.
2 130	97	7 669	76 537	.	.	162	.	.	48			
Stade (Fortsetzung).												
64	6	270	3 340	9	.	.	.	.	.	1892	1	Rotenburg.
23	4	105	1 643	.	.	.	.	.	.	1891	2	Zeven.
25	3	50	1 665	.	.	.	.	.	.	1881	3	Harsefeld.
12	.	160	1 941	.	.	.	.	.	.	1893	4	Bremervörde.
95	1	257	3 393	.	.	.	.	.	.	dsgl.	5	Kuhstedt.
50	7	143	1 514	.	.	.	.	.	.	1881	6	Arstedt.
173	30	507	3 717	43	.	.	.	.	.	1892	7	Bederkesa.
442	51	1 492	17 213	52	.	.	.	.	.			
Osnabrück mit Aurich (Fortsetzung).												
267	4	794	2 158	48	.	.	.	1	.	1892	1	Palsterkamp.
49	.	197	2 833	5	.	.	.	.	.	dsgl.	2	Bersenbrück.
.	.	9	4 140	.	.	.	.	.	.	dsgl.	3	Lingen.
242	114	434	1 332	.	.	.	.	.	.	dsgl.	4	Friedeburg.
23	18	179	4 289	.	.	.	.	.	.	dsgl.	5	Aurich.
581	136	1 613	14 752	53	.	.	.	1	.			

Ordnungs-Nr.	Oberförsterei	Zur Holzzucht benutzte Flächen und bestimmte Blößen ha	1. Eichen							
			über 100 Jahre	81—100 Jahre	61—80 Jahre	41—60 Jahre	21—40 Jahre	1—20 Jahre	Blößen und Räumden	Zusammen
			Hektar							
1.	2.	3.	4.	5.	6.	7.	8.	9.	10.	11.
										24. Regierungs-Bezirk
1	Münster	2 206	122	48	109	172	209	234	24	918
										25. Regierungs-Bezirk
1	Hardehausen	5 135	263	23	30	53	10	85	24	488
2	Wünnenberg	2 414	111	.	7	58	27	59	6	268
3	Böddeken	3 954	5	1	.	1	2	11	.	20
4	Neuenheerse	4 364	15	3	4	3	16	20	12	73
5	Altenbeken	4 102	25	.	40	180	40	27	6	318
6	Rumbeck bei Fuhlen . .	2 664	14	3	3	1	16	33	21	91
7	Zersen	2 593	8	27	31	7	9	9	55	146
8	Obernkirchen	2 432	17	.	20	1	.	16	19	73
9	Haste	2 337	249	93	346	188	130	391	224	1 621
10	Minden	3 259	62	33	28	91	208	167	274	863
	Zusammen	33 254	769	183	509	583	458	818	641	3 961
										26. Regierungs-Bezirk
1	Siegen	1 894	137	25	72	63	123	1	.	421
2	Hainchen	2 245	3	5	14	.	.	16	.	38
3	Hilchenbach	2 868	14	23	49	46	93	54	.	279
4	Glindfeld	2 517	1	.	.	.	17	4	.	22
5	Bredelar	1 480	90	38	64	89	60	65	.	406
6	Rumbeck bei Oeventrop .	3 179	.	.	5	78	84	10	.	177
7	Obereimer	3 322	2	30	41	110	41	116	26	366
8	Himmelpforten	1 614	142	20	20	149	155	84	8	578
	Zusammen	19 119	389	141	265	535	573	350	34	2 287

25a β.

2. Buchen								3. Erlen und Birken								Ordnungs-Nr.
über 100 Jahre	81—100 Jahre	61—80 Jahre	41—60 Jahre	21—40 Jahre	1—20 Jahre	Blößen und Räumden	Zusammen	über 100 Jahre	81—100 Jahre	61—80 Jahre	41—60 Jahre	21—40 Jahre	1—20 Jahre	Blößen und Räumden	Zusammen	
Hektar								Hektar								
12.	13.	14.	15.	16.	17.	18.	19.	20.	21.	22.	23.	24.	25.	26.	27.	
Münster.																
158	102	91	66	57	36	.	510	.	.	17	21	12	1	34	85	1
Minden.																
890	408	648	690	506	247	33	3 422	.	.	.	38	.	.	.	38	1
88	658	208	140	200	158	.	1 452	.	.	.	.	.	4	.	4	2
727	403	677	921	336	373	.	3 437	.	.	.	.	.	.	.	.	3
288	314	300	467	366	270	6	2 011	.	.	.	1	138	1	.	140	4
772	326	420	418	337	236	12	2 521	.	.	.	32	.	1	.	33	5
152	560	419	469	192	95	4	1 891	.	.	.	1	.	.	.	1	6
74	439	641	428	403	241	34	2 260	.	.	.	.	.	.	.	.	7
150	181	254	216	220	155	71	1 247	.	.	20	48	.	.	.	68	8
3	70	36	44	21	18	.	192	.	.	.	10	84	92	.	186	9
128	34	43	163	59	85	.	512	.	.	.	3	.	3	.	6	10
3 272	3 393	3 646	3 956	2 640	1 878	160	18 945	.	.	20	133	222	101	.	476	
Arnsberg.																
65	103	327	86	134	47	2	764	.	.	.	.	.	.	.	.	1
114	336	476	466	32	56	28	1 508	.	.	.	.	.	.	.	.	2
254	305	297	378	56	38	.	1 328	.	.	.	8	42	18	.	68	3
883	122	9	454	288	143	32	1 931	.	.	.	.	.	.	.	.	4
114	27	227	199	34	35	.	636	.	.	.	.	3	.	.	3	5
347	605	496	161	431	69	4	2 113	.	.	.	6	1	.	.	7	6
576	458	415	250	120	42	5	1 866	.	.	.	4	.	.	10	14	7
50	224	210	218	98	36	.	836	.	.	.	.	.	.	.	.	8
2 403	2 180	2 457	2 212	1 193	466	71	10 982	.	.	.	18	46	18	10	92	

Fortgesetzt auf Seite 114 und 115.

Ordnungs-Nr.	4. Kiefern und Lärchen								5. Fichten und				
	über 100 Jahre	81—100 Jahre	61—80 Jahre	41—60 Jahre	21—40 Jahre	1—20 Jahre	Blößen und Räumden	Zusammen	über 100 Jahre	81—100 Jahre	61—80 Jahre	41—60 Jahre	21—40 Jahre
	Hektar								Hektar				
	28.	29.	30.	31.	32.	33.	34.	35.	36.	37.	38.	39.	40.
													24. Regierungs-Bezirk
1	3	18	38	100	143	85	2	389	5	5	.	23	119
													25. Regierungs-Bezirk
1	.	.	.	.	.	.	.	.	.	.	10	82	368
2	.	.	.	6	.	.	.	6	.	.	.	99	329
3	.	.	.	.	.	.	.	.	.	.	16	38	293
4	.	.	2	.	31	.	3	36	.	.	16	382	1 052
5	.	.	1	.	.	.	.	1	.	.	39	410	402
6	.	.	12	49	106	.	2	169	.	10	72	75	110
7	.	.	.	.	.	.	.	.	.	.	16	22	63
8	.	.	27	170	83	13	6	299	.	1	142	235	73
9	.	.	3	4	1	.	1	9	.	.	6	11	5
10	.	36	32	653	248	202	175	1 346	.	.	35	15	126
Zus.	.	36	77	882	469	215	187	1 866	.	11	352	1 369	2 821
													26. Regierungs-Bezirk
1	2	3	.	14	12	.	.	31	.	.	52	142	104
2	.	.	.	.	.	.	.	.	.	31	34	176	248
3	.	.	.	.	.	.	.	.	.	7	101	178	347
4	.	.	.	.	.	.	.	.	.	.	163	154	146
5	.	.	.	.	.	.	.	.	.	35	42	120	58
6	.	.	6	.	6	.	.	12	.	.	.	89	224
7	.	.	14	62	.	2	.	78	.	.	31	289	333
8	.	.	6	80	14	.	.	100	.	.	.	17	12
Zus.	2	3	26	156	32	2	.	221	.	73	423	1 165	1 472

25a β.

Tannen			Zusammen Hochwald	Plenter-wald	Mittel-wald	Nieder-wald ohne Schälwald und Weidenheeger	Eichen-schälwald	Weiden-heeger	Keinem dieser Betriebe angeschlossene Holzbodenflächen	Die Angaben beziehen sich auf den Waldzustand vom Jahre:	Ordnungs-Nr.	Oberförsterei
1—20 Jahre	Blößen und Räumden	Zusammen										
Hektar			Hektar									
41.	42.	43.	44.	45.	46.	47.	48.	49.	50.	51.		
Münster (Fortsetzung).												
142	10	304	2 206	.	.	.	.	.	.	1892	1	Münster.
Minden (Fortsetzung).												
609	118	1 187	5 135	.	.	.	.	.	.	1881	1	Hardehausen.
238	18	684	2 414	.	.	.	.	.	.	dsgl.	2	Wünnenberg.
148	2	497	3 954	.	.	.	.	.	.	dsgl.	3	Böddeken.
591	63	2 104	4 364	.	.	.	.	.	.	dsgl.	4	Neuenheerse.
316	62	1 229	4 102	.	.	.	.	.	.	dsgl.	5	Altenbeken.
135	6	408	2 560	.	.	10	12	.	82	1892	6	Rumbeck b. Fuhlen.
56	30	187	2 593	.	.	.	.	.	.	dsgl.	7	Zersen.
254	39	744	2 431	.	.	.	.	1	.	dsgl.	8	Obernkirchen.
144	90	256	2 264	73	.	.	.	.	.	dsgl.	9	Haste.
70	15	261	2 988	184	.	.	87	.	.	dsgl.	10	Minden.
2 561	443	7 557	32 805	257	.	10	99	1	82			
Arnsberg (Fortsetzung).												
139	5	442	1 658	.	.	.	236	.	.	1881	1	Siegen.
191	19	699	2 245	.	.	.	.	.	.	1892	2	Hainchen.
470	90	1 193	2 868	.	.	.	.	.	.	1890	3	Hilchenbach.
81	20	564	2 517	.	.	.	.	.	.	1892	4	Glindfeld.
170	10	435	1 480	.	.	.	.	.	.	dsgl.	5	Bredelar.
514	43	870	3 179	.	.	.	.	.	.	1881	6	Rumbeck bei Oeventrop.
265	80	998	3 322	.	.	.	.	.	.	1892	7	Obereimer.
60	11	100	1 614	.	.	.	.	.	.	1881	8	Himmelpforten.
1 890	278	5 301	18 883	.	.	.	236	.	.			

*

Ordnungs-Nr.	Oberförsterei	Zur Holzzucht benutzte Flächen und bestimmte Blößen ha	1. Eichen über 100 Jahre	81—100 Jahre	61—80 Jahre	41—60 Jahre	21—40 Jahre	1—20 Jahre	Blößen und Räumden	Zusammen
			Hektar							
1.	2.	3.	4.	5.	6.	7.	8.	9.	10.	11.

27. Regierungs-Bezirk

A. Cassel-

Ordnungs-Nr.	Oberförsterei	3.	4.	5.	6.	7.	8.	9.	10.	11.
1	Flörsbach	1 874	9	12	.	.	.	17	3	41
2	Burgjoß	3 326	16	.	293	60	107	137	87	700
3	Bieber	2 590	11	6	40	12	.	17	.	86
4	Kassel	3 308	66	74	174	117	186	153	4	774
5	Wolfgang	2 472	48	216	115	127	44	36	2	588
6	Hanau	635	5	27	176	114	9	34	3	368
7	Orb	.	.	.	.	.	.	.	.	.
8	Salmünster	2 767	148	78	110	97	157	219	6	815
9	Marjoß	4 187	31	35	38	9	14	35	76	238
10	Steinau	1 327	.	11	2	.	.	4	.	17
11	Oberzell	2 770	6	.	.	8	.	3	.	17
12	Sterbfritz	2 755	42	114	94	12	44	78	44	428
13	Neuhof	3 341	.	40	25	23	3	4	.	95
14	Niederkalbach	1 984	14	23	.	244	15	6	.	302
15	Gersfeld	1 688	.	7	.	.	.	.	.	7
16	Giesel	3 753	.	.	29	16	6	.	.	51
17	Großenlüder	1 869	.	.	19	14	61	15	.	109
18	Hilders	1 787	.	.	.	.	2	.	.	2
19	Thiergarten	2 185	6	30	8	.	13	36	.	93
20	Fulda	3 632	.	18	49	105	15	.	6	193
21	Mackenzell	2 043	.	1	7	55	10	.	6	79
22	Burghaun	2 139	.	.	8	.	.	24	.	32
23	Hersfeld-Wippershain	2 445	.	.	.	.	.	.	.	.
24	Heringen	4 024	.	.	2	21	24	.	.	47
25	Friedewald	4 034	.	17	28	.	.	74	71	190
26	Schmalkalden	.	.	.	.	.	.	.	.	.
27	Brotterode	360	.	.	.	.	.	.	.	.
28	Hersfeld-Meckbach	3 088	.	.	37	25	10	28	.	100
29	Wildeck	2 156	11	30	.	.	.	32	.	73
30	Niederaula	2 798	.	18	.	.	.	31	4	53
31	Hersfeld	2 966	24	52	17	.	13	9	.	115
32	Neuenstein	2 994	.	.	.	.	.	.	.	.
33	Rotenburg-Lüdersdorf	2 220	.	.	.	.	.	15	.	15
34	Nentershausen	1 609	15	69	26	.	.	43	.	153
35	Rotenburg-Ost	1 738	6	2	.	11	.	.	.	19
36	Rotenburg-West	2 284	.	.	2	3	.	8	.	13
37	Rengshausen	2 471	.	5	47	1	.	.	.	53
38	Reichensachsen	895	27	138	79	.	2	17	.	263
39	Bischhausen	1 473	.	.	218	22	.	.	12	252
40	Stölzingen	1 578	2	.	.	2	.	2	10	16
41	Wannfried	1 376	.	.	.	.	61	.	.	61
42	Allendorf a. d. Werra	2 237	68	103	85	72	46	41	.	415
43	Meißner	2 233	21	74	59	.	.	.	.	154
44	Witzenhausen	2 687	35	14	46	48	40	19	212	414
	Zusammen	100 098	611	1 214	1 833	1 218	882	1 137	546	7 441

2. Buchen								3. Erlen und Birken								Ordnungs-Nr.
über 100 Jahre	81—100 Jahre	61—80 Jahre	41—60 Jahre	21—40 Jahre	1—20 Jahre	Blößen und Räumden	Zusammen	über 100 Jahre	81—100 Jahre	61—80 Jahre	41—60 Jahre	21—40 Jahre	1—20 Jahre	Blößen und Räumden	Zusammen	
Hektar								Hektar								
12.	13.	14.	15.	16.	17.	18.	19.	20.	21.	22.	23.	24.	25.	26.	27.	
Cassel.																
Ost.																
202	301	121	217	154	217	6	1 218	.	.	.	.	.	.	.	.	1
2	25	28	104	3	98	.	260	.	.	.	.	.	.	.	.	2
236	329	300	285	195	102	52	1 499	.	.	.	.	.	.	.	.	3
228	158	105	61	12	52	2	618	.	.	.	.	.	.	.	.	4
14	32	100	119	44	30	.	339	.	.	.	16	89	2	6	113	5
.	13	18	11	11	.	.	53	.	.	.	.	1	.	1	2	6
.	.	.	.	.	.	.	.	.	.	.	.	.	.	.	.	7
149	79	307	33	46	94	.	708	.	.	.	.	.	.	.	.	8
672	604	427	192	430	287	12	2 624	.	.	2	10	.	.	1	13	9
211	154	344	225	103	98	6	1 141	.	.	.	.	.	.	.	.	10
320	447	360	629	403	205	31	2 395	.	.	.	.	.	.	.	.	11
261	226	405	417	175	138	10	1 632	.	.	4	.	.	.	.	4	12
59	159	485	495	110	45	10	1 363	.	.	.	15	.	.	.	15	13
.	10	68	243	68	4	.	393	.	.	.	9	.	.	.	9	14
99	198	301	79	62	2	19	760	.	.	.	.	.	.	.	.	15
8	78	352	256	81	.	3	778	.	.	.	13	.	.	.	13	16
.	15	104	96	44	16	.	275	.	.	.	.	.	.	.	.	17
309	125	249	52	174	82	.	991	.	.	.	.	.	.	.	.	18
4	214	353	230	96	125	29	1 051	.	.	.	.	2	.	.	2	19
.	99	407	330	4	7	14	861	.	.	.	.	.	.	.	.	20
.	51	557	311	126	108	.	1 153	.	.	.	.	.	.	.	.	21
.	.	35	303	210	57	.	605	.	.	.	.	.	.	.	.	22
.	17	90	192	9	21	6	335	.	.	.	.	.	.	.	.	23
78	224	168	327	388	192	57	1 434	.	.	.	.	.	.	.	.	24
26	623	225	438	940	199	.	2 451	.	.	8	10	.	.	.	18	25
.	.	.	.	.	.	.	.	.	.	.	.	.	.	.	.	26
.	.	.	.	.	.	.	.	.	.	.	.	.	.	.	.	27
15	146	314	381	400	73	55	1 384	.	.	.	.	.	.	.	.	28
187	348	223	102	23	39	.	922	.	.	.	.	.	.	.	.	29
8	152	339	102	13	5	14	633	.	.	.	4	4	.	.	8	30
54	286	190	214	227	129	5	1 105	.	.	.	.	6	.	.	6	31
126	236	292	271	276	144	1	1 346	.	.	.	.	.	.	.	.	32
.	83	365	494	312	65	201	1 520	.	.	.	.	.	.	6	6	33
98	288	124	89	29	93	6	727	.	.	.	.	.	.	.	.	34
6	70	288	266	46	14	41	731	.	.	.	6	.	.	.	6	35
59	358	276	184	106	25	32	1 040	.	.	.	.	.	.	7	7	36
243	584	133	197	31	99	.	1 287	.	.	.	.	.	.	.	.	37
.	9	58	135	96	37	.	335	.	.	.	.	.	.	.	.	38
.	11	350	3	32	34	22	452	.	.	.	.	.	.	.	.	39
.	18	299	172	35	36	.	560	.	.	.	.	1	.	.	1	40
.	.	121	280	67	110	.	578	.	.	.	.	.	.	.	.	41
37	369	222	157	79	139	.	1 003	.	.	.	.	.	.	.	.	42
108	415	226	88	26	162	.	1 025	.	.	.	.	.	.	.	.	43
7	215	328	378	273	174	.	1 375	.	.	.	.	.	.	.	.	44
3 826	7 769	10 057	9 158	5 959	3 557	634	40 960	.	.	14	83	103	2	21	223	

Fortgesetzt auf Seite 118 und 119.

Ord-nungs-Nr.	4. Kiefern und Lärchen								5. Fichten und				
	über 100 Jahre	81—100 Jahre	61—80 Jahre	41—60 Jahre	21—40 Jahre	1—20 Jahre	Blößen und Räumden	Zusammen	über 100 Jahre	81—100 Jahre	61—80 Jahre	41—60 Jahre	21—40 Jahre
	Hektar								Hektar				
	28.	29.	30.	31.	32.	33.	34.	35.	36.	37.	38.	39.	40.
	27. Regierungs-Bezirk												
	A. Cassel-												
1	.	.	.	233	105	29	.	367	.	.	5	13	83
2	.	.	181	538	241	38	32	1 030	.	16	21	64	163
3	.	.	33	322	112	172	7	646	.	.	.	22	170
4	.	11	93	627	427	233	3	1 394	.	.	19	93	108
5	79	164	414	379	139	205	12	1 392	.	6	.	.	12
6	.	.	31	37	30	10	15	123	.	.	.	.	14
7	.	.	.	.	.	.	.	.	.	.	.	.	.
8	.	2	63	544	272	24	2	907	.	.	.	39	13
9	.	.	8	544	124	120	.	796	.	.	.	55	176
10	.	.	18	31	62	.	.	111	.	.	.	6	15
11	.	.	.	82	6	4	.	92	.	.	13	38	115
12	.	.	56	337	62	35	.	490	.	.	.	.	90
13	.	20	16	589	729	188	17	1 559	.	.	.	26	40
14	.	23	31	593	229	68	51	995	.	3	.	38	62
15	.	.	82	323	30	52	.	487	.	4	.	11	102
16	.	10	146	1 170	995	235	28	2 584	.	7	25	12	22
17	.	1	137	812	305	105	.	1 360	.	.	12	24	25
18	9	4	17	59	23	8	.	120	.	4	36	18	36
19	.	26	30	184	429	29	.	698	.	.	.	32	39
20	4	.	127	1 080	939	221	.	2 371	.	4	14	9	17
21	.	.	41	285	297	35	.	658	.	.	2	6	34
22	.	.	137	593	466	67	.	1 263	.	.	.	.	5
23	.	.	51	627	552	302	.	1 532	.	.	.	101	.
24	.	4	36	395	580	339	8	1 362	.	.	3	97	224
25	.	.	.	63	267	60	.	390	.	.	19	88	166
26	.	.	.	.	.	.	.	.	.	.	.	.	.
27	.	.	57	70	117	83	.	327	.	.	.	.	.
28	.	.	10	232	518	57	3	820	.	.	4	62	103
29	28	55	75	368	204	115	2	847	1	.	4	23	123
30	.	.	136	564	735	288	42	1 765	.	.	2	51	6
31	.	32	16	623	386	262	5	1 324	.	.	4	126	40
32	.	.	8	351	550	91	.	1 000	.	15	30	117	42
33	.	.	.	90	235	184	36	545	.	.	.	28	22
34	5	.	55	42	155	258	5	520	.	.	.	.	41
35	.	.	.	85	453	195	.	733	.	.	2	25	77
36	.	.	15	367	228	72	2	684	.	2	7	209	57
37	.	.	16	187	392	341	19	955	.	.	16	31	6
38	.	.	.	2	9	20	.	31	.	.	.	.	13
39	.	.	11	13	11	11	13	59	.	.	.	.	.
40	.	.	7	190	309	320	.	826	.	.	7	4	62
41	.	.	.	.	.	.	.	.	.	.	.	.	.
42	.	.	3	20	63	52	24	162	.	.	.	4	38
43	.	.	.	20	63	.	.	83	.	2	58	29	103
44	.	.	.	32	41	74	.	147	.	.	14	241	287
Zus.	125	352	2 157	13 703	11 890	5 002	326	33 555	1	63	317	1 742	2 751

Tannen			Zusammen Hochwald	Plenterwald	Mittelwald	Niederwald ohne Schälwald und Weidenheeger	Eichenschälwald	Weidenheeger	Keinem dieser Betriebe angeschlossene Holzbodenflächen	Die Angaben beziehen sich auf den Waldzustand vom Jahre	Ordnungs-Nr.	Oberförsterei
1—20 Jahre	Blößen und Räumden	Zusammen										
Hektar			Hektar									
41.	42.	43.	44.	45.	46.	47.	48.	49.	50.	51.		
Cassel (Fortsetzung).												
Ost.												
114	33	248	1 874	.	.	.	.	.	.	1890	1	Flörsbach.
734	32	1 030	3 020	.	.	306	.	.	.	1891	2	Burgjoß.
157	10	359	2 590	.	.	.	.	.	.	dsgl.	3	Bieber.
300	2	522	3 308	.	.	.	.	.	.	1892	4	Kassel.
22	.	40	2 472	.	.	.	.	.	.	1893	5	Wolfgang.
37	2	53	599	.	.	.	27	2	7	1892	6	Hanau.
.	.	.	.	.	.	.	.	.	.	.	7	Orb.
195	32	279	2 709	.	.	.	58	.	.	dsgl.	8	Salmünster.
250	35	516	4 187	.	.	.	.	.	.	dsgl.	9	Marjoß.
37	.	58	1 327	.	.	.	.	.	.	dsgl.	10	Steinau.
77	23	266	2 770	.	.	.	.	.	.	dsgl.	11	Oberzell.
110	1	201	2 755	.	.	.	.	.	.	dsgl.	12	Sterbfritz.
243	.	309	3 341	.	.	.	.	.	.	1882	13	Neuhof.
132	50	285	1 984	.	.	.	.	.	.	1883	14	Niederkalbach.
206	111	434	1 688	.	.	.	.	.	.	1887	15	Gersfeld.
232	29	327	3 753	.	.	.	.	.	.	1882	16	Giesel.
58	6	125	1 869	.	.	.	.	.	.	1883	17	Großenlüder.
359	221	674	1 787	.	.	.	.	.	.	1887	18	Hilders.
270	.	341	2 185	.	.	.	.	.	.	1885	19	Thiergarten.
163	.	207	3 632	.	.	.	.	.	.	dsgl.	20	Fulda.
108	3	153	2 043	.	.	.	.	.	.	1886	21	Mackenzell.
109	125	239	2 139	.	.	.	.	.	.	dsgl.	22	Burghaun.
164	313	578	2 445	.	.	.	.	.	.	1884	23	Hersfeld-Wippersh.
455	402	1 181	4 024	.	.	.	.	.	.	dsgl.	24	Heringen.
457	255	985	4 034	.	.	.	.	.	.	dsgl.	25	Friedewald.
.	.	.	.	.	.	.	.	.	.	.	26	Schmalkalden.
32	1	33	360	.	.	.	.	.	.	1881	27	Brotterode.
252	363	784	3 088	.	.	.	.	.	.	1884	28	Hersfeld-Meckbach.
154	9	314	2 156	.	.	.	.	.	.	1892	29	Wildeck.
200	80	339	2 798	.	.	.	.	.	.	1886	30	Niederaula.
176	70	416	2 966	.	.	.	.	.	.	dsgl.	31	Hersfeld.
211	233	648	2 994	.	.	.	.	.	.	dsgl.	32	Neuenstein.
84	.	134	2 220	.	.	.	.	.	.	1882	33	Rotenburg-Lüdersd.
163	5	209	1 609	.	.	.	.	.	.	1892	34	Nentershausen.
102	22	228	1 717	.	21	.	.	.	.	1881	35	Rotenburg-Ost.
265	.	540	2 284	.	.	.	.	.	.	1892	36	Rotenburg-West.
71	52	176	2 471	.	.	.	.	.	.	1884	37	Rengshausen.
19	.	32	661	.	.	.	234	.	.	1890	38	Reichensachsen.
48	17	65	828	.	.	46	599	.	.	1882	39	Bischhausen.
102	.	175	1 578	.	.	.	.	.	.	1881	40	Stölzingen.
.	.	.	639	.	.	.	705	.	32	1892	41	Wannfried.
146	22	210	1 790	48	.	.	399	.	.	1892	42	Allendorf a. d. W.
245	124	561	1 823	.	.	.	410	.	.	dsgl.	43	Meißner.
206	3	751	2 687	.	.	.	.	.	.	1888	44	Witzenhausen.
7 465	2 686	15 025	97 204	48	21	352	2 432	2	39			

Ordnungs-Nr.	Oberförsterei	Zur Holzzucht benutzte Flächen und bestimmte Blößen ha	1. Eichen über 100 Jahre	81—100 Jahre	61—80 Jahre	41—60 Jahre	21—40 Jahre	1—20 Jahre	Blößen und Räumden	Zusammen
			Hektar							
1.	2.	3.	4.	5.	6.	7.	8.	9.	10.	11.
										B. Cassel-
45	Oberaula	3 236	3	61	27	7	.	3	29	130
46	Neukirchen	3 003	50	81	78	36	2	67	262	576
47	Wallenstein	1 857	4	.	.	.	.	7	.	11
48	Mengsberg	2 410	76	36	36	8	10	55	32	253
49	Todenhausen	1 458	76	35	35	26	4	54	28	258
50	Jesberg	2 165	.	.	.	.	22	22	9	53
51	Densberg	2 317	.	.	39	11	.	.	.	50
52	Roßberg	914	59	87	.	.	.	72	2	220
53	Marburg	2 915	13	7	.	.	.	12	.	32
54	Ellnhausen	999	29	137	53	.	9	24	.	252
55	Neustadt	2 714	246	315	280	94	75	67	51	1 128
56	Rauschenberg	1 507	130	114	62	.	.	41	14	361
57	Oberrosphe	3 710	13	4	6	11	3	.	3	40
58	Treisbach	1 456	.	1	3	38	.	5	38	85
59	Bracht	3 565	111	16	13	37	23	21	4	225
60	Rosenthal	2 384	.	15	67	8	12	.	.	102
61	Wolkersdorf	2 773	15	.	34	48	53	5	1	156
62	Frankenberg	3 769	7	.	88	34	24	10	76	239
63	Frankenau	2 031	2	7	7	5	.	30	.	51
64	Altenlotheim	2 324	.	.	5	.	43	6	.	54
65	Vöhl	2 349	.	.	4	.	52	22	9	87
66	Morschen	2 817	.	15	16	8	2	.	36	77
67	Spangenberg	2 443	.	.	.	4	5	.	.	9
68	Melsungen	1 824	16	47	4	6	.	13	12	98
69	Eiterhagen	3 052	.	.	13	2	.	2	.	17
70	Lichtenau	2 673	.	100	63	16	17	4	.	200
71	Wellerode	3 727	5	129	170	167	70	137	85	763
72	Rottebreite	3 437	265	54	154	31	45	163	.	712
73	Felsberg	1 275	.	17	15	17	.	29	.	78
74	Fritzlar	248	3	.	.	.	.	.	1	4
75	Naumburg	1 236	.	18	16	44	.	.	.	78
76	Sand	879	19	1	3	.	.	.	.	23
77	Kirchditmold	2 454	2	121	61	.	.	26	241	451
78	Ehlen	2 065	3	3	35	4	.	.	.	45
79	Ehrsten	914	17	9	27	.	.	3	1	57
80	Gahrenberg	4 498	33	85	94	38	5	7	207	469
81	Veckerhagen	3 589	7	.	.	11	.	.	101	119
82	Hombressen	3 735	156	92	134	525	83	44	338	1 372
83	Hofgeismar	2 438	138	12	38	116	20	37	314	675
84	Gottsbüren	3 190	346	.	.	.	39	.	.	385
85	Carlshafen	2 867	153	7	14	30	65	3	308	580
86	Oedelsheim	2 218	82	39	6	13	21	24	239	424
	Zusammen Cassel-West	101 435	2 079	1 665	1 700	1 395	704	1 015	2 441	10 999
	Hierzu Cassel-Ost	100 098	611	1 214	1 833	1 218	882	1 137	546	7 441
	Zusammen Cassel	201 533	2 690	2 879	3 533	2 613	1 586	2 152	2 987	18 440

2. Buchen								3. Erlen und Birken								Ordnungs-Nr.
über 100 Jahre	81—100 Jahre	61—80 Jahre	41—60 Jahre	21—40 Jahre	1—20 Jahre	Blößen und Räumden	Zusammen	über 100 Jahre	81—100 Jahre	61—80 Jahre	41—60 Jahre	21—40 Jahre	1—20 Jahre	Blößen und Räumden	Zusammen	
Hektar								Hektar								
12.	13.	14.	15.	16.	17.	18.	19.	20.	21.	22.	23.	24.	25.	26.	27.	
West.																
113	341	181	286	202	289	11	1 423	.	.	.	.	.	.	.	.	45
118	289	288	250	318	199	2	1 464	.	.	.	.	16	.	.	16	46
102	346	282	244	199	128	18	1 319	.	.	.	.	.	.	.	.	47
78	161	218	260	53	75	.	845	.	.	.	.	2	.	.	2	48
82	276	104	75	14	98	.	649	.	.	.	.	.	.	.	.	49
163	244	291	336	122	160	28	1 344	.	.	.	.	.	.	.	.	50
110	338	439	454	275	276	52	1 944	.	.	.	.	.	.	.	.	51
57	72	142	223	83	85	.	662	.	.	.	.	.	.	.	.	52
98	253	256	272	431	199	32	1 541	.	.	.	.	.	.	.	.	53
19	144	91	233	98	35	.	620	.	.	.	.	.	.	.	.	54
88	86	172	205	111	38	8	708	.	.	.	.	.	.	.	.	55
60	178	140	61	74	85	.	598	.	.	.	.	.	.	.	.	56
113	390	281	87	135	76	.	1 082	.	.	.	2	.	.	.	2	57
23	61	168	149	201	142	71	815	.	.	.	3	.	.	2	5	58
229	441	329	154	400	342	5	1 900	.	.	.	.	.	.	.	.	59
2	235	479	200	64	151	3	1 134	.	.	.	.	15	14	3	32	60
25	189	286	80	12	128	.	720	.	.	10	66	17	.	.	93	61
182	751	561	430	271	329	152	2 676	.	.	.	.	.	.	.	.	62
11	325	297	385	193	165	.	1 376	.	.	.	.	.	.	.	.	63
450	309	396	438	181	195	.	1 969	.	.	.	.	.	.	.	.	64
105	240	307	169	101	10	97	1 029	.	.	.	.	.	.	.	.	65
.	206	506	431	199	96	11	1 449	.	.	.	.	.	.	.	.	66
.	199	322	424	346	192	29	1 512	.	.	.	.	.	.	.	.	67
235	354	209	122	151	118	8	1 197	.	.	.	.	.	.	.	.	68
.	234	558	472	236	410	472	2 382	.	.	.	.	.	.	.	.	69
.	633	247	101	173	249	206	1 609	.	.	.	.	.	.	.	.	70
94	344	484	103	255	128	56	1 464	.	.	.	9	21	.	4	34	71
358	38	313	281	115	218	272	1 595	.	.	.	.	12	.	.	12	72
.	88	112	66	18	78	114	476	.	.	.	.	.	.	.	.	73
.	.	.	.	.	.	.	.	.	.	.	.	14	10	.	24	74
15	175	206	131	34	116	62	739	.	.	.	.	.	.	.	.	75
.	46	175	156	19	151	38	585	.	.	.	.	.	.	.	.	76
146	305	226	106	104	152	52	1 091	.	.	.	.	4	32	.	36	77
119	254	206	312	119	126	.	1 136	.	.	.	.	.	4	.	4	78
.	223	315	61	63	132	28	822	.	.	.	.	.	.	.	.	79
984	260	299	458	288	253	68	2 610	8	5	116	.	.	.	.	129	80
1 312	494	189	430	229	121	118	2 893	.	.	.	.	.	.	.	.	81
131	323	238	115	87	53	.	947	.	.	22	90	14	.	.	126	82
138	236	326	294	212	190	38	1 434	.	.	.	14	57	.	.	71	83
.	522	623	341	193	519	.	2 198	.	.	.	.	1	71	.	72	84
218	357	396	399	198	173	121	1 862	.	.	4	.	.	.	15	19	85
151	302	125	237	396	125	62	1 398	.	.	.	.	.	.	.	.	86
6 129	11 262	11 783	10 031	6 973	6 805	2 234	55 217	8	5	152	184	173	131	24	677	
3 826	7 769	10 057	9 158	5 959	3 557	634	40 960	.	.	14	83	103	2	21	223	
9 955	19 031	21 840	19 189	12 932	10 362	2 868	96 177	8	5	166	267	276	133	45	900	

Fortgesetzt auf Seite 122 und 123.

Ord-nungs-Nr.	4. Kiefern und Lärchen über 100 Jahre	81—100 Jahre	61—80 Jahre	41—60 Jahre	21—40 Jahre	1—20 Jahre	Blößen und Räumden	Zusammen	5. Fichten und über 100 Jahre	81—100 Jahre	61—80 Jahre	41—60 Jahre	21—40 Jahre
	Hektar								Hektar				
	28.	29.	30.	31.	32.	33.	34.	35.	36.	37.	38.	39.	40.
													B. Cassel=
45	.	10	153	245	556	219	6	1 189	.	3	39	113	54
46	.	10	70	170	320	37	3	610	.	.	8	24	28
47	.	7	.	12	101	24	.	144	.	.	32	11	35
48	5	43	132	227	408	276	20	1 111	.	3	83	6	15
49	.	.	38	117	147	142	.	444	.	2	.	.	49
50	.	.	14	199	73	90	.	376	.	.	60	26	61
51	.	.	.	9	4	.	.	13	.	.	6	2	59
52	.	.	.	1	.	2	.	3	.	.	1	.	1
53	.	.	31	381	286	110	.	808	.	.	38	35	90
54	.	.	13	2	9	16	.	40	.	.	4	10	60
55	.	27	102	152	67	161	30	539	.	.	28	16	.
56	11	8	10	154	121	14	4	322	.	10	7	11	54
57	.	.	94	484	1 126	204	68	1 976	.	.	44	100	24
58	.	.	.	76	112	.	26	214	.	.	33	36	9
59	.	.	49	215	366	97	129	856	.	.	48	178	69
60	.	.	45	180	281	249	113	868	.	1	10	78	15
61	.	20	21	460	433	346	216	1 496	.	.	126	10	.
62	.	.	7	63	61	.	8	139	.	.	24	112	119
63	.	.	7	66	80	10	.	163	.	.	6	63	53
64	.	.	.	21	93	.	.	114	.	.	7	38	25
65	.	.	7	224	226	17	9	483	.	2	8	178	139
66	.	.	1	157	668	118	78	1 022	.	.	11	83	71
67	.	.	15	160	145	61	17	398	.	.	49	121	93
68	.	.	48	50	76	35	6	215	.	.	37	63	60
69	.	.	6	119	103	.	.	228	.	.	65	121	134
70	.	.	14	115	199	54	.	382	.	.	10	123	64
71	.	.	28	174	164	26	19	411	.	.	7	176	202
72	.	.	64	36	51	112	.	263	.	.	99	240	308
73	.	.	22	85	23	119	.	249	.	.	.	239	216
74	.	.	.	.	26	.	.	26	.	.	.	.	32
75	.	.	5	79	76	93	.	253	.	.	40	28	2
76	.	.	6	.	121	.	.	127	.	.	26	14	12
77	.	.	.	5	.	.	.	5	.	8	146	57	35
78	.	.	.	.	16	.	.	16	.	.	49	9	14
79	.	.	.	10	.	2	.	12	.	.	.	.	.
80	.	.	20	40	.	2	.	62	.	6	128	263	441
81	.	.	.	.	.	.	.	.	.	.	18	110	115
82	.	.	.	.	10	.	.	10	.	.	22	35	227
83	.	.	.	8	7	.	.	15	.	.	12	22	73
84	.	.	.	.	21	.	.	21	.	.	.	92	29
85	.	.	.	14	3	.	.	17	.	.	4	36	149
86	.	.	10	105	.	.	.	115	.	.	8	96	64
	16	125	1 032	4 615	6 579	2 636	752	15 755	.	35	1 343	2 975	3 300
	125	352	2 157	13 703	11 890	5 002	326	33 555	1	63	317	1 742	2 751
	141	477	3 189	18 318	18 469	7 638	1 078	49 310	1	98	1 660	4 717	6 051

Tannen			Zusammen Hochwald	Plenterwald	Mittelwald	Niederwald ohne Schälwald und Weidenheeger	Eichenschälwald	Weidenheeger	Keinem dieser Betriebe angeschlossene Holzbodenflächen	Die Angaben beziehen sich auf den Waldzustand vom Jahre	Ordnungs-Nr.	Oberförsterei
1—20 Jahre	Blößen und Räumden	Zusammen										
Hektar			Hektar									
41.	42.	43.	44.	45.	46.	47.	48.	49.	50.	51.		
West (Fortsetzung).												
204	81	494	3 236	.	.	.	.	.	.	1886	45	Oberaula.
155	122	337	3 003	.	.	.	.	.	.	1885	46	Neukirchen.
119	186	383	1 857	.	.	.	.	.	.	dsgl.	47	Wallenstein.
85	7	199	2 410	.	.	.	.	.	.	1892	48	Mengsberg.
56	.	107	1 458	.	.	.	.	.	.	dsgl.	49	Todenhausen.
235	10	392	2 165	.	.	.	.	.	.	dsgl.	50	Jesberg.
182	61	310	2 317	.	.	.	.	.	.	1885	51	Densberg.
22	5	29	914	.	.	.	.	.	.	1886	52	Roßberg.
215	156	534	2 915	.	.	.	.	.	.	1885	53	Marburg.
13	.	87	999	.	.	.	.	.	.	1892	54	Ellnhausen.
284	11	339	2 714	.	.	.	.	.	.	dsgl.	55	Neustadt.
108	21	211	1 492	.	.	.	13	.	2	dsgl.	56	Rauschenberg.
173	269	610	3 710	.	.	.	.	.	.	1885	57	Oberrosphe.
122	137	337	1 456	.	.	.	.	.	.	dsgl.	58	Treisbach.
132	157	584	3 565	.	.	.	.	.	.	1884	59	Bracht.
46	98	248	2 384	.	.	.	.	.	.	dsgl.	60	Rosenthal.
56	116	308	2 773	.	.	.	.	.	.	dsgl.	61	Wolkersdorf.
357	77	689	3 743	.	.	.	26	.	.	dsgl.	62	Frankenberg.
284	35	441	2 031	.	.	.	.	.	.	1892	63	Frankenau.
99	18	187	2 324	.	.	.	.	.	.	1891	64	Altenlotheim.
398	.	725	2 324	25	.	.	.	.	.	dsgl.	65	Böhl.
103	1	269	2 817	.	.	.	.	.	.	1882	66	Morschen.
140	121	524	2 443	.	.	.	.	.	.	1884	67	Spangenberg.
140	14	314	1 824	.	.	.	.	.	.	1892	68	Melsungen.
105	.	425	3 052	.	.	.	.	.	.	1883	69	Eiterhagen.
285	.	482	2 673	.	.	.	.	.	.	1884	70	Lichtenau.
536	134	1 055	3 727	.	.	.	.	.	.	1892	71	Wellerode.
208	.	855	3 437	.	.	.	.	.	.	1887	72	Rottebreite.
17	.	472	1 275	.	.	.	.	.	.	1885	73	Felsberg.
61	4	97	151	.	97	.	.	.	.	1892	74	Fritzlar.
96	.	166	1 236	.	.	.	.	.	.	1887	75	Naumburg.
47	45	144	879	.	.	.	.	.	.	1885	76	Sand.
80	448	774	2 357	97	.	.	.	.	.	1892	77	Kirchditmold.
27	765	864	2 065	.	.	.	.	.	.	dsgl.	78	Ehlen.
21	2	23	914	.	.	.	.	.	.	1885	79	Ehrsten.
251	84	1 173	4 443	24	.	.	31	.	.	1892	80	Gahrenberg.
250	84	577	3 589	.	.	.	.	.	.	dsgl.	81	Veckerhagen.
491	505	1 280	3 735	.	.	.	.	.	.	dsgl.	82	Hombressen.
109	27	243	2 438	.	.	.	.	.	.	1889	83	Hofgeismar.
91	302	514	3 190	.	.	.	.	.	.	1881	84	Gottsbüren.
178	22	389	2 867	.	.	.	.	.	.	1888	85	Carlshafen.
107	6	281	2 218	.	.	.	.	.	.	1892	86	Oedelsheim.
6 688	4 131	18 472	101 120	146	97	.	70	.	2	Zusammen Cassel-West.		
7 465	2 686	15 025	97 204	48	21	352	2 432	2	39	Hierzu Cassel-Ost.		
14 153	6 817	33 497	198 324	194	118	352	2 502	2	41	Zusammen Cassel.		

*

Ordnungs-Nr.	Oberförsterei	Zur Holzzucht benutzte Flächen und bestimmte Blößen ha	1. Eichen über 100 Jahre	81—100 Jahre	61—80 Jahre	41—60 Jahre	21—40 Jahre	1—20 Jahre	Blößen und Räumden	Zusammen
			Hektar							
1.	2.	3.	4.	5.	6.	7.	8.	9.	10.	11.
										28. Regierungs-Bezirk
1	Homburg	1 120	11	9	.	18	9	9	1	57
2	Hofheim	902	.	.	.	.	.	8	.	8
3	Cronberg	.	.	.	.	.	.	.	.	.
4	Königstein	2 111	.	.	.	.	104	15	2	121
5	Oberems	1 112	.	.	.	.	.	.	.	.
6	Usingen	785	.	.	19	5	12	2	.	38
7	Neuweilnau	839	.	.	.	.	.	3	.	3
8	Rod a. d. Weil	961	5	6	10	13	21	26	.	81
9	Brandoberndorf	658	19	12	11	9	44	5	.	100
10	Rambach	659	.	.	48	18	5	28	.	99
11	Idstein	360	.	.	.	11	5	3	.	19
12	Wiesbaden	1 347	.	.	.	.	.	.	.	.
13	Chausseehaus	1 198	.	.	10	6	4	14	.	34
14	Eltville	48	.	2	.	.	.	.	.	2
15	Oestrich	.	.	.	.	.	.	.	.	.
16	Lorch	1 953	.	.	15	.	9	.	.	24
17	Caub	200	.	.	5	10	4	.	.	19
18	Schwalbach	.	.	.	.	.	.	.	.	.
19	Kemel	1 006	.	.	6	15	10	.	.	31
20	Nastätten	.	.	.	.	.	.	.	.	.
21	Katzenelnbogen	1 184	28	.	13	35	63	46	1	186
22	St. Goarshausen	106	.	.	.	.	.	.	.	.
23	Nassau	4	.	.	.	.	.	.	.	.
24	Braubach	544	.	.	.	40	.	41	.	81
25	Diez	797	13	.	.	8	.	.	.	21
26	Breithardt	187	.	.	.	.	.	.	.	.
27	Wörsdorf	318	.	.	2	.	.	.	.	2
28	Hahnstätten	519	.	.	12	8	2	10	2	34
29	Weilmünster	685	2	.	.	7	16	23	.	48
30	Weilburg	638	26	7	1	15	4	13	1	67
31	Runkel	12	.	.	.	.	.	.	.	.
32	Merenberg	1 640	.	.	.	13	24	7	.	44
33	Hadamar	94	.	.	.	.	12	.	.	12
34	Welschneudorf	1 002	.	.	.	.	.	28	.	28
35	Neuhäusel	1 147	.	16	16	52	30	31	.	145
36	Wallmerod	.	.	.	.	.	.	.	.	.
37	Montabaur	88	.	.	.	.	.	3	.	3
38	Selters	784	.	.	.	7	26	23	.	56
39	Herschbach	89	.	6	.	2	23	.	.	31
40	Westerburg	.	.	.	.	.	.	.	.	.
41	Hachenburg	358	.	.	5	8	7	11	1	32
42	Kroppach	980	1	20	21	63	37	49	10	201
43	Johannisburg	1 510	.	9	5	.	28	6	.	48
44	Herborn	1 393	.	.	.	17	17	3	.	37
45	Driedorf	893	.	.	.	.	15	.	.	15
46	Rennerod	585	.	.	1	.	18	42	26	87
47	Oberscheld	2 707	.	.	.	.	.	3	.	3
48	Dillenburg	1 860	36	39	9	16	61	38	12	211
49	Haiger	1 173	.	.	3	.	.	3	.	6
50	Ebersbach	1 542	34	7	13	11	11	17	2	95
51	Strupbach	735	12	5	29	.	17	20	.	83
52	Gladenbach	979	4	.	.	.	.	.	.	4
53	Katzenbach	1 765	12	.	15	8	23	.	2	60
54	Biedenkopf	702	.	.	19	.	.	.	.	19
55	Hatzfeld	3 222	.	.	.	12	67	.	2	81
56	Battenberg	2 581	124	58	41	12	78	24	12	349
57	Elbrighausen	3 037	18	.	2	.	9	9	5	43
	Zusammen	51 119	345	196	331	439	815	563	79	2 768

2. Buchen								3. Erlen und Birken								Ordnungs-Nr.
über 100 Jahre	81—100 Jahre	61—80 Jahre	41—60 Jahre	21—40 Jahre	1—20 Jahre	Blößen und Räumden	Zusammen	über 100 Jahre	81—100 Jahre	61—80 Jahre	41—60 Jahre	21—40 Jahre	1—20 Jahre	Blößen und Räumden	Zusammen	
Hektar								Hektar								
12.	13.	14.	15.	16.	17.	18.	19.	20.	21.	22.	23.	24.	25.	26.	27.	
Wiesbaden.																
11	43	67	142	99	35	6	403	.	1	3	2	4	4	.	14	1
64	115	169	169	209	39	8	773	.	.	.	.	4	4	.	8	2
.	.	.	.	.	.	.	.	.	.	.	.	.	.	.	.	3
182	405	269	279	89	158	17	1 399	.	.	.	.	.	.	.	.	4
148	43	211	204	256	62	5	929	.	.	.	.	.	.	.	.	5
98	26	40	109	73	58	5	409	.	.	.	.	.	.	.	.	6
84	139	161	222	49	87	.	742	.	.	.	.	.	.	.	.	7
.	95	62	223	31	59	.	470	.	.	.	.	.	.	.	.	8
.	4	69	122	16	16	.	227	.	.	.	.	.	.	.	.	9
132	102	104	67	36	41	.	482	.	.	.	.	.	.	.	.	10
119	22	32	29	27	29	.	258	.	.	.	.	.	.	.	.	11
234	238	145	231	124	111	.	1 083	.	.	.	42	.	.	.	42	12
193	189	131	220	18	89	.	840	.	.	.	.	.	.	.	.	13
12	3	1	22	.	2	.	40	.	.	.	.	.	.	.	.	14
.	.	.	.	.	.	.	.	.	.	.	.	.	.	.	.	15
212	128	486	361	165	157	.	1 509	.	.	.	.	.	.	.	.	16
45	28	30	35	13	21	.	172	.	.	.	.	.	.	.	.	17
.	.	.	.	.	.	.	.	.	.	.	.	.	.	.	.	18
35	124	312	127	98	69	.	765	.	.	.	.	.	.	.	.	19
.	.	.	.	.	.	.	.	.	.	.	.	.	.	.	.	20
59	89	197	257	119	70	5	796	.	.	1	2	1	.	.	4	21
19	.	.	29	.	.	.	48	.	.	.	.	.	.	.	.	22
.	2	.	1	.	1	.	4	.	.	.	.	.	.	.	.	23
1	8	171	152	24	9	.	365	.	.	.	.	.	.	.	.	24
61	74	80	187	125	75	.	602	.	.	.	.	.	.	.	.	25
10	23	23	28	14	24	.	122	.	.	.	.	.	.	.	.	26
52	94	74	13	29	37	.	299	.	.	.	.	.	.	.	.	27
31	13	160	87	54	20	2	367	.	.	.	.	.	.	.	.	28
47	103	71	181	62	103	.	567	.	.	.	.	.	.	.	.	29
35	182	63	97	83	38	8	506	.	.	.	.	3	7	.	10	30
.	.	.	.	.	.	.	.	.	.	.	.	.	.	.	.	31
122	300	238	233	228	122	52	1 295	.	.	.	.	.	4	.	4	32
.	8	49	20	.	3	2	82	.	.	.	.	.	.	.	.	33
51	148	175	160	93	139	.	766	.	.	.	.	30	35	.	65	34
101	97	53	127	127	61	25	591	.	.	.	.	4	5	2	11	35
.	.	.	.	.	.	.	.	.	.	.	.	.	.	.	.	36
.	.	10	.	17	.	.	27	.	.	.	.	.	.	.	.	37
70	79	101	59	28	97	.	434	.	.	.	4	.	18	.	22	38
.	.	.	.	.	19	.	19	.	.	.	.	25	6	.	31	39
.	.	.	.	.	.	.	.	.	.	.	.	.	.	.	.	40
44	6	148	18	5	39	.	260	.	.	.	.	.	.	.	.	41
170	98	15	49	92	37	.	461	.	.	.	.	5	.	.	5	42
187	364	297	231	96	162	15	1 352	.	.	.	.	.	.	.	.	43
274	212	290	183	143	109	.	1 211	.	.	.	.	.	.	.	.	44
170	181	93	63	64	110	13	694	.	.	.	4	.	3	.	7	45
30	18	135	66	61	36	.	346	.	.	1	2	2	.	.	5	46
463	424	546	330	313	211	48	2 335	.	.	.	.	.	.	.	.	47
282	351	217	128	137	73	4	1 192	.	.	.	.	.	.	.	.	48
300	146	205	117	76	41	.	885	.	.	.	27	21	.	.	48	49
277	169	195	125	119	71	.	956	.	.	.	.	.	.	.	.	50
10	79	137	229	100	64	.	619	.	.	.	.	.	.	.	.	51
54	114	187	209	142	108	.	814	.	.	.	.	.	.	.	.	52
70	169	261	371	141	188	10	1 210	.	.	.	.	.	.	.	.	53
1	142	113	126	140	23	5	550	.	.	.	.	.	.	.	.	54
545	329	598	565	297	216	47	2 597	.	.	.	.	.	.	.	.	55
471	289	157	345	137	195	23	1 617	.	.	.	1	.	.	.	1	56
657	367	527	346	376	259	34	2 566	.	.	.	.	.	.	.	.	57
6 233	6 382	7 875	7 694	4 745	3 793	334	37 056	.	1	5	84	99	86	2	277	

Fortgesetzt auf Seite 126 und 127.

28. Regierungs-Bezirk

Ordnungs-Nr.	4. Kiefern und Lärchen: über 100 Jahre	81—100 Jahre	61—80 Jahre	41—60 Jahre	21—40 Jahre	1—20 Jahre	Blößen und Räumden	Zusammen	5. Fichten und: über 100 Jahre	81—100 Jahre	61—80 Jahre	41—60 Jahre	21—40 Jahre
	Hektar								Hektar				
	28.	29.	30.	31.	32.	33.	34.	35.	36.	37.	38.	39.	40.
1	3	13	50	96	9	2	.	173	.	21	70	74	58
2	.	.	.	1	12	.	.	13	.	.	4	.	8
3	.	.	.	.	.	.	.	.	.	.	.	.	.
4	.	28	20	.	.	.	.	48	.	.	134	44	53
5	.	.	.	.	22	.	.	22	.	.	13	6	95
6	.	.	.	.	23	2	.	25	.	5	25	68	103
7	.	.	.	.	.	.	.	.	3	6	6	.	31
8	.	.	39	33	31	.	.	103	.	.	.	83	132
9	.	.	2	7	10	8	.	27	.	1	2	1	13
10	.	.	.	8	21	.	.	29	.	.	.	.	9
11	.	.	.	7	1	.	.	8	.	.	.	34	5
12	.	9	11	71	11	.	5	107	1	.	3	6	42
13	.	.	12	.	6	.	.	18	.	4	32	33	46
14	.	.	.	.	.	.	.	.	.	.	.	.	.
15	.	.	.	.	.	.	.	.	.	.	.	.	.
16	.	.	5	32	16	9	.	62	.	.	.	2	36
17	.	.	.	4	2	.	.	6	.	.	.	1	1
18	.	.	.	.	.	.	.	.	.	.	.	.	.
19	.	.	33	11	.	.	.	44	.	.	20	9	48
20	.	.	.	.	.	.	.	.	.	.	.	.	.
21	.	.	12	29	9	11	.	61	.	.	7	56	44
22	.	.	7	.	.	.	.	7	.	.	.	.	.
23	.	.	.	.	.	.	.	.	.	.	.	.	.
24	.	.	3	4	.	5	.	12	.	.	.	.	1
25	.	.	.	.	2	3	.	5	.	.	.	.	.
26	.	8	32	17	.	.	.	57	.	1	.	.	1
27	.	.	.	.	3	7	.	10	.	.	.	.	6
28	.	.	10	3	6	11	.	30	6	.	.	.	11
29	.	.	.	.	2	27	.	29	.	.	.	21	2
30	.	7	.	19	.	2	.	28	.	.	.	.	7
31	.	.	.	.	.	.	.	.	.	.	.	.	.
32	.	10	.	.	17	53	.	80	.	.	18	6	40
33	.	.	.	.	.	.	.	.	.	.	.	.	.
34	.	.	.	17	15	2	.	34	.	.	.	12	72
35	.	.	18	51	11	46	.	126	.	.	.	.	.
36	.	.	.	.	.	.	.	.	.	.	.	.	.
37	.	.	.	13	.	.	.	13	.	.	.	19	.
38	.	.	.	69	.	24	.	93	.	.	.	91	37
39	.	.	5	.	.	.	.	5	.	.	.	.	3
40	.	.	.	.	.	.	.	.	.	.	.	.	.
41	.	.	.	.	.	.	.	.	.	.	.	29	15
42	.	.	7	18	.	1	.	26	.	.	20	39	58
43	.	7	18	5	.	3	.	33	.	.	3	12	20
44	18	.	.	10	.	.	.	28	.	.	5	20	19
45	.	.	.	.	.	.	.	.	.	.	.	64	48
46	.	13	.	14	.	.	.	27	.	.	5	27	44
47	17	4	1	78	5	4	3	112	6	37	30	80	35
48	1	16	.	42	6	8	1	74	2	21	1	156	39
49	.	.	19	3	3	.	.	25	.	11	5	39	91
50	.	.	.	40	11	.	.	51	.	5	3	199	142
51	.	.	.	.	.	14	.	14	.	.	.	3	14
52	.	.	.	2	11	.	.	13	.	.	1	3	4
53	6	1	8	91	18	28	8	160	.	.	20	124	31
54	.	.	.	5	40	33	.	78	.	.	.	13	16
55	6	3	8	42	21	18	6	104	.	21	81	142	22
56	13	13	52	132	44	12	4	270	.	8	55	75	50
57	.	2	6	56	16	.	2	82	.	.	2	187	26
Zus.	64	134	378	1 030	404	333	29	2 372	18	141	565	1 778	1 647

Tannen 1—20 Jahre	Blößen und Räumden	Zusammen	Zusammen Hochwald	Plenterwald	Mittelwald	Niederwald ohne Schälwald und Weidenheeger	Eichenschälwald	Weidenheeger	Keinem dieser Betriebe angeschlossene Holzbodenflächen	Die Angaben beziehen sich auf den Waldzustand vom Jahre:	Ordnungs-Nr.	Oberförsterei
Hektar			Hektar									
41.	42.	43.	44.	45.	46.	47.	48.	49.	50.	51.		
Wiesbaden (Fortsetzung).												
45	18	286	933	167	.	.	.	.	20	1892	1	Homburg.
5	.	17	819	.	.	28	55	.	.	dsgl.	2	Hofheim.
.	.	.	.	.	.	.	.	.	.	.	3	Cronberg.
94	12	337	1 905	133	.	.	73	.	.	1892	4	Königstein.
47	.	161	1 112	.	.	.	.	.	.	dsgl.	5	Oberems.
68	2	271	743	.	.	42	.	.	.	dsgl.	6	Usingen.
10	2	58	803	24	.	12	.	.	.	1889	7	Neuweilnau.
92	.	307	961	.	.	.	.	.	.	1892	8	Rod a. d. Weil.
41	1	59	413	.	.	61	184	.	.	dsgl.	9	Brandoberndorf.
5	.	14	624	.	.	.	35	.	.	dsgl.	10	Rambach.
.	.	39	324	20	.	4	12	.	.	dsgl.	11	Idstein.
32	1	85	1 317	.	.	30	.	.	.	dsgl.	12	Wiesbaden.
44	4	163	1 055	120	.	.	23	.	.	dsgl.	13	Chausseehaus.
.	.	.	42	5	.	.	1	.	.	dsgl.	14	Eltville.
.	.	.	.	.	.	.	.	.	.	.	15	Oestrich.
67	6	111	1 706	78	.	44	125	.	.	1893	16	Lorch.
1	.	3	200	.	.	.	.	.	.	1892	17	Caub.
.	.	.	.	.	.	.	.	.	.	.	18	Schwalbach.
65	4	146	986	.	.	.	20	.	.	1893	19	Kemel.
.	.	.	.	.	.	.	.	.	.	.	20	Nastätten.
30	.	137	1 184	.	.	.	.	.	.	1892	21	Katzenelnbogen.
6	.	6	61	.	.	31	14	.	.	1886	22	St. Goarshausen.
.	.	.	4	.	.	.	.	.	.	1881	23	Nassau.
5	1	7	465	.	.	.	79	.	.	1892	24	Braubach.
8	.	8	636	.	.	136	25	.	.	1882	25	Diez.
6	.	8	187	.	.	.	.	.	.	1892	26	Breithardt.
1	.	7	318	.	.	.	.	.	.	dsgl.	27	Wörsdorf.
35	2	54	485	.	.	34	.	.	.	1891	28	Hahnstätten.
15	.	38	682	.	.	3	.	.	.	1892	29	Weilmünster.
6	.	13	624	.	.	14	.	.	.	1891	30	Weilburg.
.	.	.	.	.	.	12	.	.	.	1891	31	Runkel.
49	.	113	1 536	.	.	104	.	.	.	1892	32	Merenberg.
.	.	.	94	.	.	.	.	.	.	dsgl.	33	Hadamar.
21	4	109	1 002	.	.	.	.	.	.	dsgl.	34	Welschneudorf.
77	11	157	1 030	.	117	.	.	.	.	1892	35	Neuhäusel.
.	.	.	.	.	.	.	.	.	.	.	36	Wallmerod.
6	.	25	68	.	.	20	.	.	.	1883	37	Montabaur.
51	.	179	784	.	.	.	.	.	.	1892	38	Selters.
.	.	3	89	.	.	.	.	.	.	dsgl.	39	Herschbach.
.	.	.	.	.	.	.	.	.	.	.	40	Westerburg.
2	.	46	338	.	.	20	.	.	.	1883	41	Hachenburg.
78	12	207	900	.	.	.	80	.	.	1892	42	Kroppach.
11	1	47	1 480	.	.	30	.	.	.	dsgl.	43	Johannisburg.
45	1	90	1 366	.	.	20	7	.	.	dsgl.	44	Herborn.
62	3	177	893	.	.	.	.	.	.	dsgl.	45	Driedorf.
44	.	120	585	.	.	.	.	.	.	1891	46	Rennerod.
44	25	257	2 707	.	.	.	.	.	.	1892	47	Oberscheld.
77	10	306	1 783	.	.	42	35	.	.	dsgl.	48	Dillenburg.
60	3	209	1 173	.	.	.	.	.	.	dsgl.	49	Haiger.
90	1	440	1 542	.	.	.	.	.	.	dsgl.	50	Ebersbach.
2	.	19	735	.	.	.	.	.	.	dsgl.	51	Strupbach.
23	.	31	862	.	.	1	116	.	.	dsgl.	52	Gladenbach.
50	8	233	1 663	.	.	.	102	.	.	dsgl.	53	Katzenbach.
20	1	50	697	.	.	.	5	.	.	1881	54	Biedenkopf.
35	6	307	3 089	.	.	.	133	.	.	1892	55	Hatzfeld.
19	3	210	2 447	.	.	.	134	.	.	dsgl.	56	Battenberg.
27	3	245	2 936	.	.	.	101	.	.	dsgl.	57	Elbrighausen.
1 621	145	5 915	48 388	547	117	688	1 359	.	20			

Ord-nungs-Nr.	Oberförsterei	Zur Holzzucht benutzte Flächen und bestimmte Blößen ha	1. Eichen							
			über 100 Jahre	81—100 Jahre	61—80 Jahre	41—60 Jahre	21—40 Jahre	1—20 Jahre	Blößen und Räumden	Zusammen
			Hektar							
1.	2.	3.	4.	5.	6.	7.	8.	9.	10.	11.
			29. Regierungs-Bezirk							
1	Entenpfuhl	4 656	14	64	52	49	33	135	.	347
2	Neupfalz	4 707	11	107	65	12	84	58	6	343
3	Meisenheim	1 137	41	2	17	33	79	34	.	206
4	Kirchberg	2 703	3	63	255	147	57	62	4	591
5	Castellaun	2 446	9	43	67	7	77	40	8	251
6	Coblenz	2 495	14	15	52	57	39	67	.	244
7	Adenau	4 443	4	5	13	33	42	27	.	124
8	Kirchen	2 593	240	235	185	71	92	200	12	1 035
9	Krofdorf	1 515	.	43	4	11	38	7	.	103
	Zusammen	26 695	336	577	710	420	541	630	30	3 244
			30. Regierungs-Bezirk							
1	Benrath	2 499	335	101	14	77	164	314	7	1 012
2	Hiesfeld	3 064	504	33	135	91	92	175	4	1 034
3	Xanten	3 331	113	28	89	192	162	117	5	706
4	Cleve	6 651	465	510	421	286	393	136	14	2 225
5	Rheinwarden	236	.	.	.	.	.	.	.	.
6	Thiergarten zu Cleve	289	35	17	25	3	6	6	.	92
	Zusammen	16 070	1 452	689	684	649	817	748	30	5 069
			31. Regierungs-Bezirk							
1	Siebengebirge	1 963	.	8	36	192	21	11	.	268
2	Kottenforst	3 539	285	228	520	616	201	420	3	2 273
3	Ville	3 215	212	179	102	344	271	174	10	1 292
4	Königsforst	3 350	29	63	134	195	132	51	78	682
	Zusammen	12 067	526	478	792	1 347	625	656	91	4 515
			32. Regierungs-Bezirk							
1	Carlsbrunn	5 237	158	141	260	140	245	51	17	1 012
2	Saarbrücken	3 665	.	.	.	66	63	272	.	401
3	Neunkirchen	4 234	134	190	259	77	72	94	.	826
4	Fischbach	3 787	35	.	24	19	111	54	.	243
5	Saarlouis (Lebach)	2 073	32	29	107	82	56	35	.	341
6	St. Wendel	2 539	91	68	79	42	84	59	.	423
7	Kempfeld	3 488	.	.	.	4	12	14	.	30
8	Morbach	5 491	110	9	39	128	10	97	.	393
9	Dhronecken	6 935	.	37	21	150	64	39	3	314
10	Wadern	3 175	83	2	41	116	121	272	.	635
11	Saarburg	2 536	151	11	39	54	7	78	.	340
12	Osburg	3 172	1	.	.	3	5	8	.	17
13	Trier	2 752	144	122	145	73	31	42	.	557
14	Wittlich	4 093	3	33	69	107	158	186	.	556
15	Daun	4 282	1	.	.	72	2	174	15	264
16	Balesfeld	3 994	50	.	47	53	82	7	.	239
	Zusammen	61 453	993	642	1 130	1 186	1 123	1 482	35	6 591
			33. Regierungs-Bezirk							
1	Schleiden (Reifferscheid)	4 294	5	.	.	69	.	1	.	75
2	Höven	4 518	.	.	.	2	.	11	.	13
3	Gemünd (Heimbach)	3 678	4	.	.	2	2	20	.	28
4	Hürtgen	4 216	26	.	37	89	50	301	28	531
5	Rötgen (Mulartshütte)	3 134	191	.	40	51	161	173	5	621
6	Eupen	4 667	9	40	51	41	452	987	63	1 643
7	Wenau (Schevenhütte)	2 735	542	5	57	28	133	235	40	1 040
8	Hambach	1 591	6	.	9	20	10	10	.	55
	Zusammen	28 833	783	45	194	302	808	1 738	136	4 006

2. Buchen								3. Erlen und Birken								Ordnungs-Nr.
über 100 Jahre	81—100 Jahre	61—80 Jahre	41—60 Jahre	21—40 Jahre	1—20 Jahre	Blößen und Räumden	Zusammen	über 100 Jahre	81—100 Jahre	61—80 Jahre	41—60 Jahre	21—40 Jahre	1—20 Jahre	Blößen und Räumden	Zusammen	
Hektar								Hektar								
12.	13.	14.	15.	16.	17.	18.	19.	20.	21.	22.	23.	24.	25.	26.	27.	
Coblenz.																
435	388	802	564	154	268	.	2 611	.	18	66	166	.	.	.	250	1
808	654	506	163	98	231	.	2 460	.	.	91	270	2	.	.	363	2
16	126	102	9	.	13	.	266	.	.	.	.	.	.	.	.	3
48	47	215	141	30	53	.	534	.	.	17	12	.	.	.	29	4
67	392	326	202	59	96	.	1 142	.	.	2	7	.	.	.	9	5
115	180	276	257	240	148	.	1 216	.	.	.	.	.	.	.	.	6
401	291	423	369	292	201	.	1 977	.	.	.	.	.	.	.	.	7
79	63	66	202	64	33	.	507	.	.	.	.	.	.	.	.	8
154	132	212	253	151	132	.	1 034	.	.	.	.	.	.	.	.	9
2 123	2 273	2 928	2 160	1 088	1 175	.	11 747	.	18	176	455	2	.	.	651	
Düsseldorf.																
183	202	117	98	21	71	.	692	.	.	.	3	80	52	40	175	1
31	9	145	23	.	9	.	217	.	.	.	7	.	10	.	17	2
28	15	9	42	17	.	.	111	.	.	.	.	.	.	5	5	3
33	76	65	142	42	25	.	383	.	.	.	.	.	.	.	.	4
.	.	.	.	.	.	.	.	.	.	.	.	.	.	.	.	5
5	10	10	2	2	7	.	36	.	.	.	.	.	.	.	.	6
280	312	346	307	82	112	.	1 439	.	.	.	10	80	62	45	197	
Cöln.																
60	38	11	261	137	8	.	515	.	.	.	.	.	.	.	.	1
174	36	51	216	55	105	.	637	.	.	.	18	.	4	.	22	2
271	71	106	273	57	356	.	1 134	.	.	.	.	.	.	.	.	3
55	204	57	53	76	27	10	482	.	.	10	.	.	.	.	10	4
560	349	225	803	325	496	10	2 768	.	.	10	18	.	4	.	32	
Trier.																
752	299	529	1 453	188	62	15	3 298	.	.	2	.	.	.	.	2	1
145	226	881	1 225	452	105	.	3 034	.	.	.	.	.	.	.	.	2
325	596	816	617	125	437	.	2 916	.	.	.	.	.	.	.	.	3
167	548	1 145	1 074	189	347	.	3 470	.	.	.	.	.	.	.	.	4
97	188	333	349	226	168	.	1 361	.	.	.	.	.	.	.	.	5
112	461	230	309	165	310	.	1 587	.	.	.	.	.	.	.	.	6
652	321	258	530	148	284	.	2 193	.	.	.	.	32	12	.	44	7
662	349	364	323	219	320	27	2 264	.	.	.	26	249	171	.	446	8
1 214	707	624	519	809	456	.	4 329	.	.	.	.	.	.	.	.	9
558	359	438	254	313	206	.	2 128	.	.	.	.	2	.	.	2	10
188	200	260	288	200	403	.	1 539	.	.	.	.	.	.	.	.	11
557	409	423	452	325	300	.	2 466	.	.	.	5	10	2	2	19	12
142	279	93	178	100	127	.	919	.	.	.	.	.	.	.	.	13
454	354	375	627	361	265	.	2 436	.	.	.	.	.	.	.	.	14
580	288	245	498	273	390	.	2 274	6	.	.	31	46	.	35	118	15
364	367	261	416	262	453	.	2 123	.	.	.	43	89	.	.	132	16
6 969	5 951	7 275	9 112	4 355	4 633	42	38 337	6	.	2	105	428	185	37	763	
Aachen.																
374	290	398	200	139	180	40	1 621	.	.	.	.	.	.	.	.	1
495	63	22	188	25	42	35	870	.	.	.	.	.	.	.	.	2
371	77	406	286	192	130	.	1 462	.	.	.	.	.	.	.	.	3
366	30	41	88	128	6	.	659	.	.	.	48	16	62	.	126	4
468	17	57	.	53	.	.	595	.	.	.	39	32	.	.	71	5
.	28	83	33	6	1	47	198	.	.	.	29	248	56	.	333	6
301	37	92	47	54	123	2	656	.	.	.	4	1	.	.	5	7
156	48	49	23	15	26	4	321	.	.	.	.	3	11	3	17	8
2 531	590	1 148	865	612	508	128	6 382	.	.	.	120	300	129	3	552	

Fortgesetzt auf Seite 130 und 131.

Ordnungs-Nr.	4. Kiefern und Lärchen: über 100 Jahre	81—100 Jahre	61—80 Jahre	41—60 Jahre	21—40 Jahre	1—20 Jahre	Blößen und Räumden	Zusammen	5. Fichten und: über 100 Jahre	81—100 Jahre	61—80 Jahre	41—60 Jahre	21—40 Jahre
	Hektar								Hektar				
	28.	29.	30.	31.	32.	33.	34.	35.	36.	37.	38.	39.	40.
													29. Regierungs-Bezirk
1	.	.	.	11	.	14	.	25	3	.	12	223	570
2	.	.	.	.	.	.	.	.	.	.	24	437	383
3	.	2	.	.	3	10	.	15	.	.	23	12	39
4	.	23	39	93	45	105	.	305	.	.	3	218	591
5	.	1	26	2	2	2	.	33	.	.	2	355	174
6	.	.	.	60	.	46	.	106	.	.	.	58	159
7	.	2	.	195	38	42	.	277	3	1	40	227	559
8	.	1	17	40	.	14	.	72	.	5	22	58	147
9	.	.	.	.	.	.	.	.	.	.	.	12	42
Zus.	.	29	82	401	88	233	.	833	6	6	126	1 600	2 664
													30. Regierungs-Bezirk
1	2	40	106	78	40	77	.	343	.	.	.	16	89
2	13	24	269	548	344	520	78	1 796	.	.	.	.	.
3	6	49	151	831	486	405	163	2 091	.	1	.	.	8
4	13	28	155	1 942	1 186	496	43	3 863	.	.	5	4	4
5	.	.	.	.	.	.	.	.	.	.	.	.	.
6	4	48	22	42	13	32	.	161	.	.	.	.	.
Zus.	38	189	703	3 441	2 069	1 530	284	8 254	.	1	5	20	101
													31. Regierungs-Bezirk
1	.	.	42	319	111	181	8	661	.	9	23	31	148
2	.	.	35	62	77	127	.	301	.	.	.	37	68
3	.	.	.	56	151	23	10	240	.	.	.	43	210
4	.	5	100	525	362	539	7	1 538	.	.	14	14	82
Zus.	.	5	177	962	701	870	25	2 740	.	9	37	125	508
													32. Regierungs-Bezirk
1	33	63	71	145	136	129	12	589	.	1	2	12	228
2	.	.	.	.	.	.	.	.	.	.	48	54	37
3	.	.	9	70	29	9	.	117	7	.	.	93	133
4	.	.	7	13	3	5	.	28	.	.	.	16	5
5	.	.	27	92	10	30	.	159	.	.	.	.	82
6	5	4	.	33	7	12	.	61	.	11	2	81	165
7	.	.	.	.	41	.	.	41	.	.	36	178	429
8	.	.	.	.	73	.	.	73	.	.	1	435	1 058
9	.	.	.	.	.	.	.	.	.	11	7	337	1 054
10	.	.	.	6	4	1	.	11	.	.	.	114	139
11	.	.	6	28	9	34	10	87	.	.	.	6	53
12	.	.	.	.	.	19	.	19	.	.	.	66	294
13	.	5	63	148	268	218	.	702	.	.	.	2	119
14	.	.	50	70	38	43	.	201	.	.	6	26	273
15	.	.	7	85	7	.	.	99	.	.	3	408	646
16	.	.	8	.	17	.	.	25	.	6	5	405	292
Zus.	38	72	248	690	642	500	22	2 212	7	29	110	2 233	5 007
													33. Regierungs-Bezirk
1	.	.	.	5	.	.	.	5	.	.	253	975	601
2	.	.	.	1	6	2	.	9	.	.	.	353	1 198
3	.	.	.	90	6	56	.	152	.	.	.	61	43
4	.	.	148	685	17	174	67	1 091	.	.	37	173	638
5	.	.	.	5	12	16	.	33	.	.	128	436	523
6	.	.	.	363	478	924	234	1 999	.	.	.	176	290
7	9	.	55	210	35	47	12	368	.	.	.	124	247
8	.	.	.	.	4	.	1	5	.	.	.	.	4
Zus.	9	.	203	1 359	558	1 219	314	3 662	.	.	418	2 298	3 544

Tannen 1—20 Jahre	Tannen Blößen und Räumden	Tannen Zusammen	Zusammen Hochwald	Plenterwald	Mittelwald	Niederwald ohne Schälwald und Weidenheeger	Eichenschälwald	Weidenheeger	Keinem dieser Betriebe angeschlossene Holzbodenflächen	Die Angaben beziehen sich auf den Waldzustand vom Jahre:	Ordnungs-Nr.	Oberförsterei
Hektar			Hektar									
41.	42.	43.	44.	45.	46.	47.	48.	49.	50.	51.		
Coblenz (Fortsetzung).												
243	115	1 166	4 399	.	.	.	257	.	.	1881	1	Entenpfuhl.
472	50	1 366	4 532	.	.	.	175	.	.	1892	2	Neupfalz.
44	.	118	605	.	.	.	532	.	.	dsgl.	3	Meisenheim.
319	37	1 168	2 627	3	.	.	73	.	.	dsgl.	4	Kirchberg.
181	5	717	2 152	.	.	33	261	.	.	dsgl.	5	Castellaun.
116	26	359	1 925	.	.	.	570	.	.	1891	6	Coblenz.
216	48	1 094	3 472	.	.	.	971	.	.	1892	7	Adenau.
180	112	524	2 138	.	.	.	455	.	.	1890	8	Kirchen.
24	.	78	1 215	.	104	.	196	.	.	1892	9	Krofdorf.
1 795	393	6 590	23 065	3	104	33	3 490	.	.			
Düsseldorf (Fortsetzung).												
58	.	163	2 385	.	.	113	.	1	.	1892	1	Benrath.
.	.	.	3 064	.	.	.	.	.	.	1889	2	Hiesfeld.
47	.	56	2 969	.	.	.	362	.	.	1892	3	Xanten.
167	.	180	6 651	.	.	.	.	.	.	1884	4	Cleve.
.	.	.	.	.	.	.	.	236	.	1881	5	Rheinwarden.
.	.	.	289	.	.	.	.	.	.	1884	6	Thiergart zu Cleve.
272	.	399	15 358	.	.	113	362	237	.			
Cöln (Fortsetzung).												
134	.	345	1 789	20	.	.	149	5	.	1892	1	Siebengebirge.
19	.	124	3 357	.	.	.	181	1	.	dsgl.	2	Kottenforst.
222	.	475	3 141	.	.	.	74	.	.	dsgl.	3	Ville.
464	.	574	3 286	.	64	.	.	.	.	dsgl.	4	Königsforst.
839	.	1 518	11 573	20	64	.	404	6	.			
Trier (Fortsetzung).												
80	13	336	5 237	.	.	.	.	.	.	1881	1	Carlsbrunn.
91	.	230	3 665	.	.	.	.	.	.	dsgl.	2	Saarbrücken.
142	.	375	4 234	.	.	.	.	.	.	1892	3	Neunkirchen.
17	8	46	3 787	.	.	.	.	.	.	dsgl.	4	Fischbach.
130	.	212	2 073	.	.	.	.	.	.	dsgl.	5	Saarlouis (Lebach).
71	.	330	2 401	.	.	.	138	.	.	dsgl.	6	St. Wendel.
353	.	996	3 304	58	.	126	.	.	.	1881	7	Kempfeld.
766	.	2 260	5 436	.	.	.	55	.	.	dsgl.	8	Morbach.
264	109	1 782	6 425	221	.	230	59	.	.	dsgl.	9	Dhronecken.
27	5	285	3 061	.	.	.	114	.	.	1886	10	Wadern.
44	25	128	2 094	.	.	.	425	.	17	1892	11	Saarburg.
180	10	550	3 071	.	.	.	101	.	.	dsgl.	12	Osburg.
62	.	183	2 361	.	.	.	391	.	.	dsgl.	13	Trier.
243	1	549	3 742	.	.	.	351	.	.	1881	14	Wittlich.
128	81	1 266	4 021	.	.	.	261	.	.	1892	15	Daun.
201	134	1 043	3 562	.	.	.	432	.	.	dsgl.	16	Balesfeld.
2 799	386	10 571	58 474	279	.	356	2 327	.	17			
Aachen (Fortsetzung).												
512	110	2 451	4 152	.	.	.	142	.	.	1892	1	Schleiden (Reifferscheid).
769	339	2 659	3 551	.	.	273	694	.	.	1881	2	Höven.
85	16	205	1 847	.	462	.	1 369	.	.	1892	3	Gemünd (Heimbach).
673	37	1 558	3 965	.	.	.	251	.	.	1893	4	Hürtgen.
482	231	1 800	3 120	.	.	.	14	.	.	dsgl.	5	Rötgen (Mulartshütte).
23	5	494	4 667	.	.	.	.	.	.	1891	6	Eupen.
133	2	506	2 575	.	160	.	.	.	.	1893	7	Wenau (Schevenhütte).
.	.	4	402	.	1 160	.	29	.	.	1881	8	Hambach.
2 677	740	9 677	24 279	.	1 782	273	2 499	.	.			

Tabelle 25b.

Summarische Altersklassen-Tabelle für den Hochwald nach den Zusammenstellungen des Jahres 1893.

Lfd. Nr.	Regierungs-Bezirk	Im Hochwaldbetriebe stehende Fläche	Altersklassen-Tabelle für den Hochwald: über 100 Jahre alt	% der gesammten Hochwaldfläche	81—100 Jahre alt	% der gesammten Hochwaldfläche	61—80 Jahre alt	% der gesammten Hochwaldfläche	41—60 Jahre alt	% der gesammten Hochwaldfläche	21—40 Jahre alt	% der gesammten Hochwaldfläche	1—20 Jahre alt	% der gesammten Hochwaldfläche	Räumden und zur Holzzucht bestimmte Blößen	% der gesammten Hochwaldfläche
		Hektar														
1	Königsberg	175 862	26 481	15	26 428	15	29 844	17	25 041	14	31 599	18	29 946	17	6 523	4
2	Gumbinnen	180 687	23 517	13	23 937	13	26 911	15	30 237	17	32 502	18	39 704	22	3 879	2
3	Danzig	109 460	8 390	8	14 180	13	15 803	14	20 357	19	22 589	21	20 047	18	8 094	7
4	Marienwerder	191 617	23 755	12	36 768	19	29 416	15	24 759	13	30 156	16	33 782	18	12 981	7
5	Potsdam	194 426	32 247	17	26 181	14	29 546	15	35 721	18	37 375	19	31 559	16	1 797	1
6	Frankfurt a. O.	171 357	37 324	22	15 007	9	22 694	13	33 385	19	30 239	18	29 680	17	3 028	2
7	Stettin	98 633	22 868	23	11 120	12	10 451	11	17 893	18	15 250	15	19 888	20	1 163	1
8	Köslin	62 491	8 920	14	6 404	10	5 789	9	13 027	21	11 433	19	14 286	23	2 632	4
9	Stralsund	24 995	4 818	19	1 551	6	1 885	8	6 047	24	4 818	19	4 852	20	1 024	4
10	Posen	71 309	9 840	14	8 517	12	5 892	8	10 061	14	15 614	22	18 647	26	2 738	4
11	Bromberg	100 623	13 622	14	18 366	18	12 424	12	15 852	16	19 154	19	18 147	18	3 058	3
12	Breslau	51 921	8 017	15	8 509	16	9 298	18	9 381	19	7 666	15	8 502	16	548	1
13	Liegnitz	19 996	1 970	10	2 897	14	3 758	19	3 028	15	4 271	21	3 730	19	342	2
14	Oppeln	72 468	12 340	17	11 291	16	11 968	16	14 511	20	10 667	15	10 761	15	930	1
15	Magdeburg	57 737	5 078	9	4 162	7	7 041	12	15 063	26	12 800	22	9 449	17	4 144	7
16	Merseburg	69 068	7 242	11	9 140	13	12 576	18	14 686	22	11 891	17	12 589	18	944	1
17	Erfurt	32 690	3 254	10	5 388	17	6 904	21	6 977	21	5 234	16	4 616	14	317	1
18	Schleswig	34 615	4 143	12	2 568	7	3 901	11	3 630	11	5 098	15	11 552	33	3 723	11
19	Hannover	28 207	2 874	10	2 489	9	3 250	12	6 030	22	8 229	29	4 954	17	381	1
20	Hildesheim	98 193	9 727	10	13 862	14	17 680	18	19 319	20	21 167	21	13 797	14	2 641	3
21	Lüneburg	76 537	3 881	5	4 006	5	4 472	6	11 230	14	30 701	40	19 639	27	2 608	3
22	Stade	17 213	996	6	547	3	1 073	6	3 758	22	4 489	26	5 584	33	766	4
23	Osnabrück mit Aurich	14 752	117	1	182	1	1 301	9	2 419	16	5 738	39	4 139	28	856	6
24	Münster	2 206	288	13	173	8	255	12	382	17	540	24	498	23	70	3
25	Minden mit Schaumburg	32 805	4 041	13	3 623	11	4 604	14	6 923	21	6 610	20	5 573	17	1 431	4
26	Arnsberg	18 883	2 794	15	2 397	13	3 171	17	4 086	21	3 316	18	2 726	14	393	2
27	Cassel ohne Schaumburg	198 324	12 795	7	22 490	11	30 388	15	45 104	23	39 314	20	34 438	17	13 795	7
28	Wiesbaden	48 388	6 660	14	6 854	14	9 154	19	11 025	23	7 710	16	6 396	13	589	1
29	Coblenz	23 065	2 465	11	2 903	13	4 022	16	5 036	22	4 383	19	3 833	17	423	2
30	Düsseldorf	15 358	1 770	12	1 191	8	1 738	11	4 427	29	3 149	20	2 724	18	359	2
31	Cöln	11 573	1 086	9	841	7	1 241	11	3 255	28	2 159	19	2 865	25	126	1
32	Trier	58 474	8 013	14	6 694	11	8 765	15	13 326	23	11 555	20	9 599	16	522	1
33	Aachen	24 279	3 323	13	635	3	1 963	8	4 944	20	5 822	24	6 271	26	1 321	6
	Zusammen	2 388 212	314 656	13	301 301	13	339 178	14	440 920	18	463 238	19	444 773	19	84 146	4
			615 957 = 26%													
	Altersklassenverhältniß i. J. 1881	2 282 155	267 891	12	304 249	13	341 282	15	399 421	18	453 858	20	450 529	20	64 925	2
			46 765		572 110 = 25%											
	Es sollten normal vorhanden sein bei 110jähr. Umtrieb			9,00		18,02		18,02		18,02		18,02		18,02		0,9
	" " " " " " 100jähr. "			.		19,8		19,8		19,8		19,8		19,8		1,0

Tabelle 25c.

Vergleichung der Jahre 1893, 1881 und 1865 bezüglich der Forstfläche, der Holz- und Betriebsarten, sowie des Altersklassen-Verhältnisses im Hochwalde der Staatsforsten in den alten Provinzen.

I. Vergleichung der Vertheilung der Staatsforstfläche auf die verschiedenen Holz- und Betriebsarten.

	Gesammtfläche	Zur Holzzucht bestimmt	Kiefern und Lärchen		Fichten und Tannen		Eichen		Buchen		Erlen und Birken		Zusammen Hochwald		Plenter- und Mittelwald		Niederwald ohne Eichenschälwald u. Weidenheeger		Eichenschälwald		Weidenheeger		Keinem dieser Betriebe angeschloss. Holzbodenflächen	
	ha	ha	ha	%	ha	%	ha	%	ha	%	ha	%	ha	%	ha	%	ha	%	ha	%	ha	%	ha	%
	1.	2.	3.		4.		5.		6.		7.		8		9.		10.		11.		12.		13.	
Im Jahre 1865 waren in den damals zur Monarchie gehörigen Bezirken vorhanden .	2052153	1822392	1213131	70,0	161652	9,3	81733	4,7	182978	10,5	94968	5,5	1734462	92,5	33501	1,8	42769	2,3	8578	0,5	3082	0,2	.	.
In denselben Bezirken waren im Jahre 1881 vorhanden	2078266	1844168	1265288	71,7	172647	9,8	78967	4,5	170098	9,6	78268	4,4	1765268	95,7	31716	1,7	34471	1,9	10389	0,6	2324	0,1	.	.
Im Jahre 1881 mithin { mehr	26113	21776	52157	1,7	10995	0,5	.	.	.	.	.	.	30806	0,5	.	.	.	.	1811	0,1	.	.	.	.
			63152 ha																					
{ weniger	.	.	.	.	.	.	2766	0,2	12880	0,9	16700	1,1	.	.	1785	0,1	8298	0,4	.	.	758	0,1	.	.
In denselben Bezirken waren nach der Zusammenstellung des Jahres 1893 vorhanden		1921800	1344046	72,2	179463	9,7	89745	4,8	171639	9,2	76637	4,1	1861530	96,9	21241	1,1	25195	1,3	10381	0,5	1330	0,1	2123	0,1
Mithin gegen das Jahr 1881 { mehr		77632	78758	4,2	6816	0,4	10778	0,6	1541	0,1	.	.	96262	5,0	.	.	.	.	.	.	.	.	2123	0,1
			85574 ha																					
{ weniger		.	.	.	.	.	.	.	.	.	1631	0,1	.	.	10475	5,5	9276	0,5	8	.	994	0,1	.	.

II. Vergleichung des Altersklassen-Verhältnisses im Hochwald der Staatsforstfläche in den Jahren 1865, 1881 und 1893 für die im Jahre 1865 zur Monarchie gehörigen Bezirke.

	Gesammtfläche	Zur Holzzucht bestimmt	Davon im Hochwaldbetrieb stehend	über 80 Jahre		41—80 Jahre		1—40 Jahre		Räumden und Blößen zur Holzzucht bestimmt	
	ha	ha	ha	ha	%	ha	%	ha	%	ha	%
Im Jahre 1865 waren in den damals zur Monarchie gehörigen Bezirken vorhanden	2 052 153	1 822 392	1 734 462	401 282	23	599 792	35	674 406	39	58 982	3
In denselben Bezirken waren im Jahre 1881 vorhanden	2 078 266	1 844 168	1 765 268	478 540	27	575 081	33	671 310	38	40 337	2
Im Jahre 1881 mithin { mehr	26 113	21 776	30 806	77 258	4	.	.	.	.	.	.
{ weniger	.	.	.	.	.	24 711	2	3 096	1	18 645	1
In denselben Bezirken waren nach der Zusammenstellung des Jahres 1893 vorhanden		1 921 800	1 861 530	519 528	28	602 141	32	681 676	37	58 185	3
Mithin gegen das Jahr 1881 { mehr		77 632	96 262	40 988	2,2	27 060	1,5	10 366	0,6	17 848	1,0
{ weniger		.	.	.	.	.	.	.	.	.	.

Tabelle

Reihenfolge der Regierungs-Bezirke, geordnet nach dem Flächenumfange der verschiedenen

Nr.	Eichen-Hochwaldbestände	ha	Buchen-Hochwaldbestände	ha	Erlen- und Birken-Hochwaldbestände	ha	Kiefern- und Lärchen-Hochwaldbestände	ha	Fichten- und Tannen-Hochwaldbestände	ha
1	Cassel ohne Schbg.	18 440	Cassel ohne Schbg.	96 177	Königsberg	24 590	Marienwerder	185 342	Hildesheim	50 988
2	Magdeburg	8 374	Hildesheim	40 509	Gumbinnen	18 732	Potsdam	172 549	Gumbinnen	48 847
3	Merseburg	7 077	Trier	38 337	Potsdam	7 577	Frankfurt a. O.	158 059	Königsberg	34 108
4	Trier	6 591	Wiesbaden	37 056	Stettin	5 006	Königsberg	109 355	Cassel ohne Schbg.	33 497
5	Stettin	6 506	Minden mit Schbg.	18 945	Lüneburg	3 233	Gumbinnen	108 516	Erfurt	20 297
6	Lüneburg	6 397	Schleswig	13 263	Frankfurt a. O.	3 112	Bromberg	97 498	Breslau	15 057
7	Hildesheim	5 650	Stettin	13 195	Breslau	2 510	Danzig	92 769	Trier	10 571
8	Frankfurt a. O.	5 247	Danzig	12 640	Stralsund	2 411	Stettin	73 427	Schleswig	9 942
9	Düsseldorf	5 069	Coblenz	11 747	Köslin	2 251	Posen	67 651	Aachen	9 677
10	Stralsund	4 706	Arnsberg	10 982	Magdeburg	1 906	Oppeln	63 534	Lüneburg	7 669
11	Potsdam	4 657	Erfurt	10 532	Marienwerder	1 775	Lüneburg	54 781	Minden mit Schbg.	7 557
12	Cöln	4 515	Köslin	9 382	Posen	1 225	Merseburg	52 600	Oppeln	7 368
13	Breslau	4 382	Potsdam	9 110	Bromberg	1 071	Cassel ohne Schbg.	49 310	Coblenz	6 590
14	Aachen	4 006	Hannover	8 619	Merseburg	925	Köslin	46 106	Wiesbaden	5 915
15	Minden mit Schbg.	3 961	Aachen	6 382	Cassel ohne Schbg.	900	Magdeburg	41 672	Liegnitz	5 334
16	Köslin	3 428	Stralsund	5 534	Trier	763	Breslau	28 759	Arnsberg	5 301
17	Hannover	3 311	Merseburg	5 506	Schleswig	690	Liegnitz	13 119	Hannover	3 363
18	Coblenz	3 244	Frankfurt a. O.	4 773	Coblenz	651	Hannover	12 493	Merseburg	2 960
19	Königsberg	3 164	Magdeburg	4 663	Danzig	558	Stralsund	12 169	Osnab. mit Aurich	1 613
20	Marienwerder	3 157	Königsberg	4 645	Aachen	552	Stade	11 663	Cöln	1 518
21	Wiesbaden	2 768	Lüneburg	4 457	Minden mit Schbg.	476	Osnab. mit Aurich	11 232	Stade	1 492
22	Stade	2 528	Gumbinnen	3 179	Hannover	421	Schleswig	8 704	Köslin	1 324
23	Danzig	2 450	Cöln	2 768	Oppeln	277	Düsseldorf	8 254	Magdeburg	1 122
24	Arnsberg	2 287	Stade	1 474	Wiesbaden	277	Aachen	3 662	Danzig	1 043
25	Schleswig	2 016	Düsseldorf	1 439	Düsseldorf	197	Cöln	2 740	Potsdam	533
26	Bromberg	2 009	Breslau	1 213	Hildesheim	163	Wiesbaden	2 372	Stettin	499
27	Posen	1 552	Marienwerder	1 154	Arnsberg	92	Trier	2 212	Düsseldorf	399
28	Gumbinnen	1 413	Osnab. mit Aurich	794	Münster	85	Minden mit Schbg.	1 866	Münster	304
29	Liegnitz	1 331	Posen	669	Liegnitz	80	Erfurt	1 236	Posen	212
30	Oppeln	1 251	Münster	510	Osnab. mit Aurich	60	Hildesheim	883	Marienwerder	189
31	Osnab. mit Aurich	1 053	Liegnitz	132	Stade	56	Coblenz	833	Stralsund	175
32	Münster	918	Oppeln	38	Erfurt	38	Münster	389	Frankfurt a. O.	166
33	Erfurt	587	Bromberg	20	Cöln	32	Arnsberg	221	Bromberg	25

26.

Holzarten im Hochwalde sowie der übrigen Betriebsarten in den Staatsforsten.

Plenterwald	ha	Mittelwald	ha	Eichenschälwald	ha	Weidenheeger	ha	Niederwald ohne Eichenschälwald und ohne Weidenheeger	ha	Nr.
Potsdam . . .	2 829	Magdeburg . .	4 088	Coblenz . . .	3 490	Breslau . . .	378	Gumbinnen . .	11 427	1
Stettin	2 254	Erfurt	2 194	Cassel ohne Schbg.	2 502	Düsseldorf . . .	237	Königsberg . .	4 312	2
Hildesheim . .	2 052	Merseburg . . .	2 041	Aachen	2 499	Merseburg . . .	169	Frankfurt a. O. .	3 676	3
Breslau . . .	1 453	Aachen	1 782	Trier	2 327	Marienwerder .	141	Potsdam . . .	1 490	4
Erfurt	1 053	Breslau . . .	1 604	Wiesbaden . .	1 359	Danzig . . .	110	Breslau . . .	1 180	5
Wiesbaden . .	547	Hildesheim . .	716	Cöln	404	Liegnitz	93	Magdeburg . .	902	6
Hannover . . .	351	Oppeln	443	Breslau . . .	382	Magdeburg . .	81	Wiesbaden . .	688	7
Frankfurt a. O. .	285	Hannover . . .	232	Düsseldorf . . .	362	Posen	30	Stettin	517	8
Trier	279	Liegnitz . . .	146	Liegnitz . . .	283	Oppeln	26	Posen	451	9
Schleswig . . .	272	Cassel ohne Schbg.	118	Arnsberg . . .	236	Frankfurt a. O. .	26	Trier	356	10
Minden mit Schbg.	257	Wiesbaden . .	117	Merseburg . . .	210	Königsberg . .	21	Cassel ohne Schbg.	352	11
Cassel ohne Schbg.	194	Coblenz . . .	104	Oppeln	193	Gumbinnen . .	8	Merseburg . . .	306	12
Merseburg . . .	149	Cöln	64	Posen	184	Cöln	6	Aachen	273	13
Königsberg . .	115			Hannover . . .	173	Potsdam . . .	2	Lüneburg . . .	162	14
Posen	75			Köslin	158	Köslin	2	Hildesheim . .	152	15
Stralsund . . .	54			Minden mit Schbg.	99	Cassel ohne Schbg.	2	Düsseldorf . . .	113	16
Osnab. mit Aurich	53			Hildesheim . .	87	Hildesheim . .	1	Liegnitz . . .	108	17
Stade	52			Magdeburg . .	60	Osnab. mit Aurich	1	Hannover . . .	59	18
Magdeburg . .	22			Frankfurt a. O. .	34	Minden mit Schbg.	1	Coblenz . . .	33	19
Cöln	20			Potsdam . . .	4			Erfurt	17	20
Coblenz . . .	3							Bromberg . . .	15	21
								Oppeln	12	22
								Minden mit Schbg.	10	23
								Danzig . . .	7	24

Tabelle 27a.

Summarische, nach alten und neuen Provinzen getrennte Uebersicht über den Fortgang der Forstservitut- ꝛc. Ablösungen in den Staatsforsten für die Jahre 1860 bis 1892, bezw. 1. April 1892/93.

(Die neuen Provinzen sind erst vom Jahre 1868 ab berücksichtigt.)

Nr.	Jahr	1. In den alten Provinzen						2. In den neuen Provinzen					
		Anzahl der		Als Abfindung sind gegeben				Anzahl der		Als Abfindung sind gegeben			
		bearbeiteten	abgeschlossenen	Forstland		Kapital	Renten	bearbeiteten	abgeschlossenen	Forstland		Kapital	Renten
		Sachen		ha	dec	Mk.	Mk.	Sachen		ha	dec	Mk.	Mk.
1	1860	2 450	547	2 573	368	801 978	343 860	.	.	.	.	.	.
2	1861	2 205	483	2 188	010	1 140 337	387 027	.	.	.	.	.	.
3	1862	2 015	406	1 439	486	1 143 416	417 497	.	.	.	.	.	.
4	1863	1 940	333	2 768	804	1 395 850	486 763	.	.	.	.	.	.
5	1864	1 891	354	1 504	740	1 081 436	516 015	.	.	.	.	.	.
6	1865	1 875	374	2 354	706	1 226 781	563 174	.	.	.	.	.	.
7	1866	1 834	357	1 857	106	1 056 846	666 340	.	.	.	.	.	.
8	1867	1 745	411	2 147	356	1 857 547	655 596	.	.	.	.	.	.
9	1868	1 526	317	1 422	889	1 749 782	661 698	.	.	.	.	7 265	1 000
10	1869	1 416	294	2 488	249	1 539 401	701 378	344	28	286	448	254 762	19 317
11	1870	1 342	267	1 671	106	1 538 857	674 258	598	32	589	101	441 979	53 848
12	1871	1 266	302	1 687	189	1 616 256	674 403	888	300	606	554	248 324	83 266
13	1872	1 096	226	1 116	081	11 422 752	493 201	936	266	1 293	835	2 001 268	93 140
14	1873	933	144	802	965	767 600	174 345	1 262	625	1 130	703	432 200	30 231
15	1874	949	161	651	045	1 344 591	197 276	1 233	516	432	011	791 980	43 413
16	1875	863	111	523	153	1 241 340	142 223	1 280	500	1 059	999	796 949	54 499
17	1876	801	136	412	379	422 107	109 053	1 227	463	204	907	452 964	57 548
18	1877 bezw. 1. April 1877/78	755	108	683	563	677 379	207 373	1 312	293	558	356	691 216	102 251
19	1878 „ „ 1878/79	724	104	644	495	744 286	186 626	1 258	465	2 208	311	728 986	157 090
20	1879 „ „ 1879/80	674	129	792	820	1 293 933	76 234	938	211	68	518	1 642 648	183 528
21	1880 „ „ 1880/81	636	126	516	409	790 243	112 217	844	238	404	588	1 283 467	126 411
22	1881 „ „ 1881/82	630	103	413	083	689 771	70 147	850	148	2 910	386	632 364	110 086
23	1882 „ „ 1882/83	558	105	570	132	837 344	104 958	756	110	805	503	1 013 322	117 770
24	1883 „ „ 1883/84	486	107	179	351	1 122 778	80 413	757	128	543	131	1 002 149	112 781
25	1884 „ „ 1884/85	437	77	305	706	409 903	46 156	690	189	848	070	1 884 286	110 077
26	1885 „ „ 1885/86	404	62	83	893	366 849	40 887	491	130	314	260	2 328 041	143 422
27	1886 „ „ 1886/87	385	78	175	922	776 072	29 771	412	211	595	142	1 322 045	188 081
28	1887 „ „ 1887/88	354	98	47	971	636 025	21 182	239	127	1 285	315	3 756 387	104 441
29	1888 „ „ 1888/89	287	51	81	196	129 348	19 148	144	35	478	381	337 529	35 661
30	1889 „ „ 1889/90	269	54	98	746	1 214 937	9 856	181	89	701	317	926 305	31 328
31	1890 „ „ 1890/91	237	63	65	175	559 891	3 765	127	17	995	019	378 509	15 680
32	1891 „ „ 1891/92	195	43	70	404	573 330	7 805	133	51	299	842	59 720	15 595
33	1892 „ „ 1892/93	177	39	177	752	650 263	4 868	109	30	380	463	753 340	17 154
	Zusammen in 33 Jahren	6 708	6 570	32 515	250	42 819 229	8 885 513	5 281	5 202	19 000	160	24 168 005	2 007 618

Bemerkung: Hiernach sind seit 1865 rund 22 041 ha in den alten Provinzen als Abfindung gegeben worden.

Tabelle 27 b.

Specielle Uebersicht

über den

Fortgang der Forstservitut- 2c. Ablösungen

in den

einzelnen Regierungs-Bezirken während der Jahre 1860 bis 1. April 1892/93.

(Die neuen Provinzen sind erst von 1868 ab berücksichtigt.)

Bemerkungen: 1. In den Beträgen, welche die Kapital-Abfindungen darstellen, sind die Ablösungskapitalien für Reallasten und Passivrenten mit enthalten.

2. Von den in der Zeit vom Jahre 1871 bis einschließlich 1875 nachgewiesenen Kapital-Abfindungen sind 15018260 Mk. auf Grund besonderer Bewilligungen aus nicht forstfiskalischen Fonds entnommen worden und erscheinen daher in Tabelle 46 b Spalte 82 nicht.

Zu Tabelle 27b.

Nr.	Jahr	Im Regierungs-Bezirk **Königsberg** sind bearbeitet	abgeschlossen	als Abfindung gegeben: Forstland		Kapital	Rente	Im Regierungs-Bezirk **Gumbinnen** sind bearbeitet	abgeschlossen	als Abfindung gegeben: Forstland		Kapital	Rente
		Sachen		ha	dec	Mk.	Mk.	Sachen		ha	dec	Mk.	Mk.
1	1860	157	35	403	723	45 727	4 713	181	93	63	070	82 699	.
2	1861	137	34	111	346	36 522	13 239	106	46	38	298	96 738	7 667
3	1862	111	24	160	499	55 054	6 199	103	45	92	435	72 731	7 505
4	1863	97	17	18	924	59 366	18 398	75	12	2	553	58 364	6 588
5	1864	98	7	32	681	35 176	13 193	63	14	8	170	47 095	6 698
6	1865	124	21	41	362	72 165	15 763	73	21	66	614	108 289	9 388
7	1866	127	15	28	341	50 755	12 876	54	6	7	044	47 739	3 710
8	1867	126	40	151	151	190 495	25 403	46	7	.	.	38 505	3 392
9	1868	73	22	100	346	82 762	13 015	39	6	.	.	8 139	3 566
10	1869	57	8	26	643	53 561	4 757	36	6	.	.	33 311	2 533
11	1870	53	6	112	043	56 556	11 556	36	2	4	457	14 756	2 239
12	1871	58	11	57	788	134 782	11 986	35	10	3	149	15 608	2 359
13	1872	50	21	78	954	304 695	6 594	26	8	42	341	103 154	2 125
14	1873	30	6	.	.	14 806	.	20	4	61	836	1 465	101
15	1874	26	4	6	195	30 169	.	17	.	.	.	4 579	2
16	1875	24	2	5	701	16 360	.	17	1	.	.	.	.
17	1876	32	4	3	081	25 491	.	17	.	70	559	210	.
18	1877 bezw. 1. April 1877/78	36	9	.	.	71 459	.	17	2	.	.	8 128	.
19	1878 „ „ 1878/79	35	3	51	411	58 245	1 695	16	1	.	.	49 134	.
20	1879 „ „ 1879/80	33	5	37	651	22 684	700	16	.	.	.	4 504	.
21	1880 „ „ 1880/81	34	8	25	179	22 370	1 600	15	.	.	.	4 789	.
22	1881 „ „ 1881/82	36	8	5	865	57 810	298	15	3	.	.	4	.
23	1882 „ „ 1882/83	32	8	24	408	31 665	.	12	2	.	.	26 887	.
24	1883 „ „ 1883/84	24	6	11	951	7 841	.	12	.	.	.	3 322	.
25	1884 „ „ 1884/85	21	5	.	862	29 703	.	12	1	.	.	28	.
26	1885 „ „ 1885/86	18	1	.	.	6 823	.	13	.	.	.	1 848	.
27	1886 „ „ 1886/87	20	5	72	040	25 625	.	15	1	.	.	24 814	.
28	1887 „ „ 1887/88	20	3	.	781	5 508	.	20	6	.	.	21 238	.
29	1888 „ „ 1888/89	19	3	.	.	6 933	.	20	7	.	.	16 600	.
30	1889 „ „ 1889/90	19	5	.	.	78 018	.	23	4	.	.	5 359	.
31	1890 „ „ 1890/91	18	.	.	.	85 941	.	20	6	25	977	72 825	.
32	1891 „ „ 1891/92	19	3	.	.	43 472	.	19	6	.	.	27 671	.
33	1892 „ „ 1892/93	17	2	6	952	56 507	.	17	1	.	.	1 687	.
	Zusammen	.	351	1 575	878	1 875 046	161 985	.	321	486	503	1 002 220	57 863

Zu Tabelle 27b.

Nr.	Jahr	Im Regierungs-Bezirk **Danzig** sind						Im Regierungs-Bezirk **Marienwerder** sind					
		bearbeitet	abgeschlossen	als Abfindung gegeben				bearbeitet	abgeschlossen	als Abfindung gegeben			
				Forstland		Kapital	Rente			Forstland		Kapital	Rente
		Sachen		ha	dec	Mk.	Mk.	Sachen		ha	dec	Mk.	Mk.
1	1860	139	48	78	800	41 829	301	133	47	55	821	111 888	20 609
2	1861	139	40	54	687	37 123	2 984	110	32	199	594	70 743	20 419
3	1862	105	35	174	035	15 749	4 460	98	29	93	329	87 779	23 115
4	1863	93	29	287	358	4 094	3 612	77	14	9	793	65 549	19 123
5	1864	99	30	166	066	5 754	3 937	67	17	57	545	65 539	16 178
6	1865	93	20	206	193	11 712	4 868	87	18	91	815	69 932	16 769
7	1866	127	40	102	970	27 630	5 202	102	25	140	877	69 272	15 174
8	1867	125	36	113	589	55 257	6 388	121	35	28	685	134 694	18 918
9	1868	97	33	39	164	33 230	6 256	110	23	41	479	92 728	17 206
10	1869	75	18	86	898	53 396	5 828	119	38	12	516	81 807	13 491
11	1870	59	20	256	988	24 408	4 408	111	34	47	511	67 599	13 703
12	1871	48	13	123	624	18 394	4 948	103	38	155	381	33 775	16 020
13	1872	37	8	98	870	87 838	5 791	99	38	86	970	409 966	7 613
14	1873	29	1	9	132	352	444	73	21	.	.	78 945	713
15	1874	26	8	94	398	3 180	349	70	27	15	258	37 582	.
16	1875	19	2	56	171	200	1 424	67	22	3	779	36 038	.
17	1876	17	3	5	123	9 160	101	61	23	17	130	39 139	.
18	1877 bezw. 1. April 1877/78	14	.	2	407	1 595	.	56	20	61	916	61 432	.
19	1878 " " 1878/79	15	1	32	101	8 720	.	42	11	.	.	39 901	4 110
20	1879 " " 1879/80	14	6	19	760	6 427	.	38	6	26	352	35 992	3 257
21	1880 " " 1880/81	8	2	.	.	1 007	.	41	9	23	747	49 844	30 829
22	1881 " " 1881/82	6	2	2	471	58	.	34	8	.	.	49 905	10 984
23	1882 " " 1882/83	4	1	12	040	1	.	26	5	.	.	29 153	9 845
24	1883 " " 1883/84	3	1	.	.	45 132	.	23	3	.	.	20 680	13 023
25	1884 " " 1884/85	2	1	3	674	185	.	25	9	.	.	13 836	10 500
26	1885 " " 1885/86	1	.	.	.	.	.	29	1	.	.	9 272	10 315
27	1886 " " 1886/87	1	.	.	.	.	.	43	6	.	.	275 118	3 232
28	1887 " " 1887/88	6	.	.	.	.	.	45	11	.	.	111 396	1 215
29	1888 " " 1888/89	14	1	.	.	.	.	43	17	8	485	34 720	2 033
30	1889 " " 1889/90	14	1	.	701	1 252	.	30	3	.	.	27 012	1 030
31	1890 " " 1890/91	13	2	.	.	5 935	.	36	14	.	937	52 931	521
32	1891 " " 1891/92	14	4	.	.	4 953	.	22	5	13	161	5 565	2 185
33	1892 " " 1892/93	10	.	9	.	.	.	23	4	30	778	36 013	709
	Zusammen	.	406	2 036	220	504 571	61 301	.	613	1 222	859	2 405 745	331 839

*

Zu Tabelle 27b.

Nr.	Jahr	Im Regierungs-Bezirk **Potsdam** sind bearbeitet	abgeschlossen	als Abfindung gegeben: Forstland		Kapital	Rente	Im Regierungs-Bezirk **Frankfurt a. O.** sind bearbeitet	abgeschlossen	als Abfindung gegeben: Forstland		Kapital	Rente
		Sachen		ha	dec	Mk.	Mk.	Sachen		ha	dec	Mk.	Mk.
1	1860	390	87	212	183	58 045	86 280	408	51	244	695	70 470	60 219
2	1861	367	97	50	914	92 662	87 963	358	30	10	447	113 591	68 199
3	1862	367	97	65	158	123 136	126 449	328	48	121	028	142 726	73 815
4	1863	430	109	214	833	159 931	146 968	280	38	137	419	133 413	73 714
5	1864	416	103	7	468	140 328	155 292	282	65	170	216	122 084	94 470
6	1865	388	117	99	047	206 124	176 723	237	33	241	600	186 728	110 019
7	1866	344	100	155	764	172 307	221 514	228	40	46	327	244 214	95 786
8	1867	306	98	273	064	258 373	200 433	187	15	164	422	157 094	88 015
9	1868	274	72	143	332	265 192	193 901	175	19	46	037	228 739	89 642
10	1869	237	72	147	227	232 680	191 212	156	19	265	324	266 928	100 004
11	1870	202	34	224	406	228 839	182 809	207	64	196	295	329 774	89 887
12	1871	274	48	157	152	239 041	215 729	173	66	166	883	459 212	82 953
13	1872	283	51	218	399	3 291 813	180 834	130	23	36	803	1 259 260	55 856
14	1873	271	39	30	202	155 926	62 658	115	23	6	932	142 501	23 612
15	1874	273	58	92	573	344 295	59 491	115	24	136	.	202 252	14 935
16	1875	237	40	97	829	242 803	57 999	96	11	.	255	264 686	5 901
17	1876	212	45	32	380	82 606	52 063	91	17	27	467	35 375	10 049
18	1877 bezw. 1. April 1877/78	192	31	147	918	228 434	68 164	85	16	152	642	92 248	6 843
19	1878 " " 1878/79	235	44	21	699	205 471	125 486	71	11	35	875	106 394	8 939
20	1879 " " 1879/80	204	63	12	952	414 477	45 731	66	8	330	002	116 402	4 094
21	1880 " " 1880/81	178	54	102	720	398 665	36 187	68	16	95	856	46 982	5 361
22	1881 " " 1881/82	143	31	37	113	285 533	32 308	198	14	205	006	49 011	7 545
23	1882 " " 1882/83	114	29	19	774	407 999	47 810	196	36	324	518	145 859	7 880
24	1883 " " 1883/84	92	28	3	615	216 292	31 795	180	45	59	848	227 266	18 793
25	1884 " " 1884/85	64	7	7	123	213 997	11 816	174	34	77	922	113 946	9 134
26	1885 " " 1885/86	58	6	22	914	119 713	13 577	157	37	35	581	148 728	3 260
27	1886 " " 1886/87	52	12	79	864	294 157	11 878	140	32	20	693	20 259	1 601
28	1887 " " 1887/88	41	27	28	541	324 499	5 641	119	22	18	649	107 007	1 877
29	1888 " " 1888/89	15	2	.	.	41 521	3 241	101	11	58	972	17 622	1 674
30	1889 " " 1889/90	13	4	3	110	32 070	.	98	20	30	219	19 025	1 124
31	1890 " " 1890/91	10	3	.	.	94 152	.	85	22	38	261	9 783	419
32	1891 " " 1891/92	7	2	.	.	10 304	.	64	18	42	756	79 985	2 694
33	1892 " " 1892/93	5	2	.	.	12 570	.	48	13	.	.	9 635	1 466
	Zusammen	.	1 612	2 709	274	9 593 955	2 831 952	.	941	3 544	950	5 669 199	1 219 780

Zu Tabelle 27b.

Nr.	Jahr	Im Regierungs-Bezirk Stettin sind: bearbeitet (Sachen)	Stettin: abgeschlossen (Sachen)	Stettin: als Abfindung gegeben: Forstland ha	Stettin: Forstland dec	Stettin: Kapital Mk.	Stettin: Rente Mk.	Im Regierungs-Bezirk Köslin sind: bearbeitet (Sachen)	Köslin: abgeschlossen (Sachen)	Köslin: als Abfindung gegeben: Forstland ha	Köslin: Forstland dec	Köslin: Kapital Mk.	Köslin: Rente Mk.
1	1860	130	17	188	543	26 191	12 859	110	33	290	458	59 142	22 300
2	1861	130	39	575	430	68 825	14 468	120	18	379	429	39 748	20 496
3	1862	109	22	270	728	58 258	13 128	102	20	230	505	36 917	20 296
4	1863	108	16	502	277	50 061	45 031	113	26	267	874	28 827	19 150
5	1864	109	25	216	762	72 845	62 184	103	22	63	067	39 100	19 435
6	1865	109	33	91	454	113 814	46 873	94	20	308	403	67 452	18 873
7	1866	122	14	183	588	36 790	52 849	103	31	382	740	43 345	17 334
8	1867	130	49	107	801	115 065	54 312	134	32	180	422	43 726	17 165
9	1868	116	43	140	525	167 333	68 581	112	22	20	704	45 236	17 517
10	1869	104	24	67	555	121 316	61 246	130	30	118	397	20 573	17 527
11	1870	103	35	88	319	55 133	58 065	104	14	256	054	20 072	21 509
12	1871	79	16	70	197	64 433	57 629	83	17	14	364	11 649	21 406
13	1872	70	16	83	310	1 103 125	27 132	54	6	41	006	355 318	12 105
14	1873	32	5	69	825	7 235	8 137	47	5	30	862	21 037	3 422
15	1874	27	3	7	486	72 040	15 458	46	4	5	863	2 572	3 393
16	1875	36	7	15	275	17 711	17 467	46	1	1	122	24 029	3 494
17	1876	40	7	1	522	17 133	7 315	30	4	23	402	19 095	2 893
18	1877 bezw. 1. April 1877/78	44	2	.	.	7 540	74 444	28	3	29	731	35 855	2 395
19	1878 " " 1878/79	37	4	139	660	12 670	4 679	24	4	47	279	6 492	2 326
20	1879 " " 1879/80	39	.	.	.	23 333	6 010	20	6	41	648	17 899	2 252
21	1880 " " 1880/81	35	5	.	.	83 485	7 487	15	3	.	980	5 184	2 252
22	1881 " " 1881/82	30	6	.	.	98 404	6 783	15	1	7	982	8 491	2 235
23	1882 " " 1882/83	27	2	.	.	13 001	4 847	14	2	61	528	389	2 235
24	1883 " " 1883/84	25	9	7	339	38 846	5 372	12	3	2	442	33 348	2 627
25	1884 " " 1884/85	17	1	.	.	2 171	5 247	9	2	.	045	4 397	2 450
26	1885 " " 1885/86	18	3	1	038	10 380	4 692	7	.	.	.	7 687	2 378
27	1886 " " 1886/87	17	8	.	.	6 195	4 264	7	1	.	541	8 756	2 235
28	1887 " " 1887/88	13	2	.	.	7 666	3 758	6	2	.	.	258	2 235
29	1888 " " 1888/89	11	4	.	103	835	3 486	4	1	.	.	76	2 232
30	1889 " " 1889/90	8	.	.	.	5 423	3 601	3	.	5	847	5 937	2 247
31	1890 " " 1890/91	8	2	.	.	3 730	45	2	.	.	.	51 071	.
32	1891 " " 1891/92	13	1	8	237	803	495	2	.	.	.	25	.
33	1892 " " 1892/93	20	3	1	545	2 261	495	4	.	.	.	720	.
	Zusammen	.	423	2 838	519	2 484 051	758 439	.	333	2 812	695	1 064 423	288 414

Zu Tabelle 27b.

Nr.	Jahr	Im Regierungs-Bezirk **Stralsund** sind						Im Regierungs-Bezirk **Posen** sind					
		bearbeitet	abgeschlossen	als Abfindung gegeben				bearbeitet	abgeschlossen	als Abfindung gegeben			
				Forstland		Kapital	Rente			Forstland		Kapital	Rente
		Sachen		ha	dec	Mk.	Mk.	Sachen		ha	dec	Mk.	Mk.
1	1860	14	6	.	.	1	204	55	8	47	490	15 614	4 010
2	1861	9	3	.	748	6 506	180	51	5	98	695	25 069	6 217
3	1862	6	1	.	.	.	180	51	6	26	287	34 389	9 692
4	1863	6	.	.	.	.	180	69	14	.	.	18 861	7 831
5	1864	6	3	.	.	6 286	180	57	11	192	539	14 119	6 502
6	1865	8	4	2	919	8 230	180	61	12	4	698	26 266	11 727
7	1866	5	2	.	.	15 866	180	52	9	4	596	32 234	11 412
8	1867	7	3	.	932	306	239	52	16	.	.	56 440	24 865
9	1868	8	.	1	348	23 650	2 409	36	13	24	622	78 236	18 542
10	1869	7	2	.	.	5 400	2 819	24	9	58	418	80 309	24 920
11	1870	5	.	.	.	5 400	4 486	20	9	.	.	50 714	22 874
12	1871	5	1	.	.	6 199	4 176	14	2	.	.	36 123	20 065
13	1872	4	.	.	.	88 636	2 380	11	4	.	.	373 983	19 323
14	1873	4	.	.	.	280	.	8	4	.	.	12 444	1 844
15	1874	4	.	.	.	160	3 148	6	1	.	.	3 908	6 180
16	1875	8	3	.	.	1 962	2 874	7	1	.	.	528	1 725
17	1876	3	.	.	.	2	2 394	6	1	.	.	16	3 736
18	1877 bezw. 1. April 1877/78	4	1	.	.	5 536	2 510	5	1	.	.	59 344	3 025
19	1878 „ „ 1878/79	3	1	.	.	113 591	2 418	4	.	.	.	2 400	615
20	1879 „ „ 1879/80	3	1	.	.	40 617	451	5	.	.	.	69 496	877
21	1880 „ „ 1880/81	3	1	.	.	2 341	518	8	3	.	.	2 965	98
22	1881 „ „ 1881/82	2	.	.	.	2 082	218	5	2	.	.	28 610	53
23	1882 „ „ 1882/83	3	.	.	.	327	111	3	.	.	.	.	1 416
24	1883 „ „ 1883/84	3	.	.	.	.	150	3	.	.	.	4 655	.
25	1884 „ „ 1884/85	3	1	.	.	2	119	5	2	.	.	110	.
26	1885 „ „ 1885/86	2	1	.	.	6 600	100	3	.	4	595	41 425	.
27	1886 „ „ 1886/87	2	.	2	784	845	96	3	.	.	.	.	.
28	1887 „ „ 1887/88	2	1	.	.	.	91	3	2	.	.	41	.
29	1888 „ „ 1888/89	1	.	.	.	.	117	1	.	.	.	.	.
30	1889 „ „ 1889/90	1	.	.	.	.	127	2	1	.	.	730 639	.
31	1890 „ „ 1890/91	1	.	.	.	3 264	.	2	1	.	.	2 247	.
32	1891 „ „ 1891/92	1	.	.	.	.	.	1	1	.	.	1 300	.
33	1892 „ „ 1892/93	1	.	.	.	.	.	.	.	.	.	.	.
	Zusammen	.	35	8	731	344 089	33 235	.	138	461	940	1 802 485	207 549

Zu Tabelle 27b.

Nr.	Jahr	Im Regierungs-Bezirk **Bromberg** sind						Im Regierungs-Bezirk **Breslau** sind					
		bearbeitet	abgeschlossen	als Abfindung gegeben				bearbeitet	abgeschlossen	als Abfindung gegeben			
				Forstland		Kapital	Rente			Forstland		Kapital	Rente
		Sachen		ha	dec	Mk.	Mk.	Sachen		ha	dec	Mk.	Mk.
1	1860	56	8	186	963	12 270	264	143	6	50	771	23 916	1 640
2	1861	48	5	88	646	57 918	264	152	17	20	227	59 884	1 089
3	1862	43	5	.	.	65 329	476	156	7	116	163	20 439	1 169
4	1863	38	4	1	553	83 601	6 734	154	9	94	834	206 492	1 165
5	1864	34	3	.	.	65 278	4 580	152	15	117	448	63 803	1 090
6	1865	41	11	27	246	19 998	4 130	164	9	265	524	34 302	951
7	1866	53	7	.	.	32 100	9 194	155	14	213	169	17 343	5 883
8	1867	49	14	33	579	108 814	9 507	143	12	145	915	130 040	11 474
9	1868	55	7	50	535	84 698	6 414	136	20	44	681	129 378	5 388
10	1869	102	13	171	240	58 390	5 977	120	15	262	497	53 583	5 333
11	1870	120	22	37	603	91 366	15 083	111	11	97	252	19 779	3 066
12	1871	111	24	167	748	171 744	14 136	94	24	79	405	26 270	7 013
13	1872	101	12	77	404	312 414	10 818	70	9	113	500	46 492	2 558
14	1873	91	6	44	467	4 789	11 337	67	10	320	767	11 133	642
15	1874	110	5	.	.	14 198	90	60	7	121	530	43 985	8 831
16	1875	107	2	86	587	30 375	177	53	9	10	872	96 801	100
17	1876	107	7	.	.	38 301	.	48	13	38	298	9 310	230
18	1877 bezw. 1. April 1877/78	102	13	24	128	12 024	.	39	4	11	194	12 446	.
19	1878 „ „ 1878/79	87	8	31	075	54 237	.	36	9	122	616	6 672	.
20	1879 „ „ 1879/80	80	19	16	678	9 528	.	30	5	148	025	201	.
21	1880 „ „ 1880/81	64	7	43	793	39 190	.	27	8	84	256	336	.
22	1881 „ „ 1881/82	57	10	.	.	9 481	.	19	2	.	.	.	.
23	1882 „ „ 1882/83	53	6	60	071	8 487	.	17	3	.	.	12	.
24	1883 „ „ 1883/84	47	.	.	.	4 500	.	14	5	77	090	8 558	.
25	1884 „ „ 1884/85	54	5	69	435	10 198	2	9	1	37	304	762	.
26	1885 „ „ 1885/86	54	4	.	.	6 539	.	8	3	19	765	.	49
27	1886 „ „ 1886/87	50	5	.	.	16 416	.	5	.	.	.	.	49
28	1887 „ „ 1887/88	45	15	.	.	51 140	.	5	2	.	.	.	49
29	1888 „ „ 1888/89	30	2	.	.	10 749	.	3	.	.	.	.	49
30	1889 „ „ 1889/90	29	8	58	869	28 329	.	4	1	.	.	177	49
31	1890 „ „ 1890/91	21	6	.	.	35 083	.	3	3	.	.	6 831	90
32	1891 „ „ 1891/92	15	.	.	.	43 197	.	1	.	.	.	.	49
33	1892 „ „ 1892/93	15	8	97	336	2 946	.	2	.	.	.	.	90
	Zusammen	.	271	1 374	956	1 593 627	99 183	.	253	2 613	103	1 028 945	58 096

Zu Tabelle 27b.

Nr.	Jahr	Im Regierungs-Bezirk **Liegnitz** sind						Im Regierungs-Bezirk **Oppeln** sind					
		bearbeitet	abgeschlossen	als Abfindung gegeben				bearbeitet	abgeschlossen	als Abfindung gegeben			
				Forstland		Kapital	Rente			Forstland		Kapital	Rente
		Sachen		ha	dec	Mk.	Mk.	Sachen		ha	dec	Mk.	Mk.
1	1860	60	38	18	020	9 562	.	110	3	406	473	78 144	40 264
2	1861	22	2	.	.	1 200	.	110	9	226	427	39 459	48 820
3	1862	22	9	.	.	17 114	54	102	6	41	393	141 335	44 052
4	1863	13	2	580	990	73 722	18	98	5	484	618	117 942	46 733
5	1964	42	1	.	.	51	128	94	8	166	795	63 419	49 850
6	1865	41	4	31	352	5 500	36	86	5	728	804	92 022	52 292
7	1866	38	3	15	012	33 374	36	89	9	458	559	87 207	55 539
8	1867	34	.	277	835	9 209	54	84	6	510	982	87 621	37 729
9	1868	38	3	372	244	45 246	11	81	8	377	432	152 408	48 919
10	1869	13	.	432	189	15 230	3 600	70	9	383	762	165 374	59 420
11	1870	15	.	.	.	1 942	4 253	56	2	332	977	221 712	40 257
12	1871	10	4	3	830	113 141	854	45	6	527	507	99 923	26 943
13	1872	4	.	.	.	121 140	.	40	6	236	770	242 549	17 371
14	1873	4	.	.	.	1 350	.	33	2	156	.	41 380	10 130
15	1874	4	1	.	.	1 662	.	28	1	49	300	17 668	10 094
16	1875	5	3	.	.	189	.	23	4	31	450	14 437	7 645
17	1876	3	1	.	.	901	.	16	2	15	500	19 462	7 208
18	1877 bezw. 1. April 1877/78	2	.	11	157	.	.	10	.	11	058	5 973	6 868
19	1878 „ „ 1878/79	1	1	.	.	.	.	10	.	13	727	3 261	4 997
20	1879 „ „ 1879/80	.	.	.	.	151	.	11	2	.	.	9 539	4 712
21	1880 „ „ 1880/81	.	.	.	.	541	.	13	3	.	.	37 316	2 727
22	1881 „ „ 1881/82	3	.	.	.	.	.	10	3	.	.	21 523	729
23	1882 „ „ 1882/83	3	.	.	.	61	631	7	5	.	.	6 435	111
24	1883 „ „ 1883/84	3	1	.	.	4 053	118	2	.	.	.	4 329	.
25	1884 „ „ 1884/85	2	1	.	.	.	5	2	.	.	.	.	.
26	1885 „ „ 1885/86	1	.	.	.	14	.	3	.	.	.	.	.
27	1886 „ „ 1886/87	1	.	.	.	13	.	3	1	.	.	.	.
28	1887 „ „ 1887/88	1	.	.	.	226	.	2	1	.	.	3 875	.
29	1888 „ „ 1888/89	1	1	.	.	.	.	1	.	6	876	78	.
30	1889 „ „ 1889/90	.	.	.	.	.	.	2	1	.	.	.	.
31	1890 „ „ 1890/91	.	.	.	.	.	.	1	.	.	.	.	.
32	1891 „ „ 1891/92	.	.	.	.	.	.	1	.	6	250	2 000	.
33	1892 „ „ 1892/93	.	.	.	.	.	.	1	1	6	454	.	.
	Zusammen	.	75	1 742	629	455 592	9 798	.	108	5 179	114	1 776 391	623 410

Zu Tabelle 27b.

Nr.	Jahr	Im Regierungs-Bezirk **Magdeburg** sind: bearbeitet	abgeschlossen	als Abfindung gegeben: Forstland		Kapital	Rente	Im Regierungs-Bezirk **Merseburg** sind: bearbeitet	abgeschlossen	als Abfindung gegeben: Forstland		Kapital	Rente
		Sachen		ha	dec	Mk.	Mk.	Sachen		ha	dec	Mk.	Mk.
1	1860	27	10	102	357	2 374	3 776	96	24	113	260	84 663	76 084
2	1861	24	2	.	.	22 268	4 925	88	18	191	571	125 447	70 045
3	1862	22	6	22	820	3 274	5 082	74	17	.	.	162 367	74 497
4	1863	16	4	16	036	19 768	6 329	64	12	20	186	269 853	75 738
5	1864	18	3	2	304	9 798	15 214	53	3	261	829	235 155	56 237
6	1865	17	2	.	.	5 322	13 841	55	10	101	682	150 496	49 409
7	1866	16	1	.	.	2 508	13 101	48	5	108	570	94 953	82 725
8	1867	16	1	47	053	48 029	8 941	43	1	68	181	319 861	67 836
9	1868	19	2	.	.	15 055	9 436	41	1	20	440	142 503	63 747
10	1869	19	10	43	494	45 010	7 147	42	2	56	633	163 454	72 097
11	1870	9	1	2	553	52 329	6 714	42	4	14	648	176 710	63 281
12	1871	9	3	.	.	6 221	5 470	39	3	58	148	95 857	57 582
13	1872	6	.	.	.	59 631	3 846	36	17	.	.	658 702	27 349
14	1873	10	4	6	979	.	3 564	20	6	.	.	43 844	24 722
15	1874	9	2	6	383	11 272	12 201	14	3	55	250	24 150	21 223
16	1875	6	1	3	743	17 481	2 337	11	1	.	.	28 325	16 561
17	1876	5	.	.	.	5	1 597	10	2	.	.	2 896	15 366
18	1877 bezw. 1. April 1877/78	5	.	.	.	4 326	1 544	8	1	55	278	31 870	10 545
19	1878 „ „ 1878/79	5	.	.	.	3 426	1 417	7	2	81	956	24 145	3 334
20	1879 „ „ 1879/80	6	.	.	.	865	1 332	6	2	.	.	52 314	3 506
21	1880 „ „ 1880/81	7	.	39	900	8 347	1 248	14	2	10	083	8 233	3 639
22	1881 „ „ 1881/82	7	2	.	.	3 972	976	12	3	4	642	29 159	2 948
23	1882 „ „ 1882/83	5	2	39	077	473	162	9	1	28	716	949	2 948
24	1883 „ „ 1883/84	3	1	.	853	711	163	8	.	.	.	2 421	4 684
25	1884 „ „ 1884/85	2	.	.	.	.	163	8	5	.	.	.	4 684
26	1885 „ „ 1885/86	2	.	.	.	.	163	3	.	.	.	.	4 417
27	1886 „ „ 1886/87	3	1	.	.	7 080	163	3	.	.	.	672	4 417
28	1887 „ „ 1887/88	2	.	.	.	.	163	3	1	.	.	.	4 417
29	1888 „ „ 1888/89	3	.	.	.	.	163	2	.	.	.	12	4 417
30	1889 „ „ 1889/90	5	3	.	.	2 244	42	2	2	.	.	712	.
31	1890 „ „ 1890/91	2	1	.	.	4 076	1	.	.	.	.	108 735	1 486
32	1891 „ „ 1891/92	3	1	.	.	75	.	1	.	.	.	750	1 483
33	1892 „ „ 1892/93	3	2	9	232	51 739	.	1	.	.	.	.	.
	Zusammen	.	65	342	784	407 679	131 221	.	148	1 251	073	3 039 208	971 424

Zu Tabelle 27b.

Nr.	Jahr	Im Regierungs-Bezirk **Erfurt** sind						Im Regierungs-Bezirk **Schleswig** sind					
		bearbeitet	abgeschlossen	als Abfindung gegeben				bearbeitet	abgeschlossen	als Abfindung gegeben			
				Forstland		Kapital	Rente			Forstland		Kapital	Rente
		Sachen		ha	dec	Mk.	Mk.	Sachen		ha	dec	Mk.	Mk.
1	1860	50	.	22	508	15 753	136	.	.	.	.	.	.
2	1861	50	17	.	.	8	137	.	.	.	.	.	.
3	1862	36	11	.	.	27 702	136	.	.	.	.	.	.
4	1863	25	6	.	.	13 562	137	.	.	.	.	.	.
5	1864	20	7	.	.	25 654	136	.	.	.	.	.	.
6	1865	16	6	.	.	10 230	137	.	.	.	.	.	.
7	1866	11	5	.	.	2 250	136	.	.	.	.	.	.
8	1867	8	6	3	175	62 089	80	.	.	.	.	.	.
9	1868	5	2	.	.	98 767	.	.	.	.	.	.	965
10	1869	6	5	.	.	.	.	3	2	.	.	9 780	1 158
11	1870	2	2	.	.	90	.	4	3	.	.	36 555	1 043
12	1871	.	.	.	.	6 900	.	2	2	.	.	3 996	1 078
13	1872	.	.	.	.	3 317	40	6	5	.	492	5 856	2 528
14	1873	.	.	.	.	182	39	7	2	48	319	119	2 112
15	1874	1	.	.	.	176	31	6	2	.	.	5 960	2 175
16	1875	2	1	.	.	72	31	6	4	492	679	25 327	3 166
17	1876	2	1	.	.	1	31	2	2	128	.	10 486	55
18	1877 bezw. 1. April 1877/78	2	1	.	.	10 000	8	5	3	.	.	639	17
19	1878 " " 1878/79	1	.	.	.	482	.	8	1	25	119	14 706	32
20	1879 " " 1879/80	1	.	.	.	5	.	5	4	.	.	1 356	16
21	1880 " " 1880/81	8	3	.	.	25 279	.	9	7	334	179	33	938
22	1881 " " 1881/82	6	1	.	.	31	.	6	4	.	.	34	936
23	1882 " " 1882/83	5	.	.	.	1 212	816	4	2	53	884	611	925
24	1883 " " 1883/84	6	2	2	525	3	582	5	2	.	.	1 219	926
25	1884 " " 1884/85	4	1	.	.	165	.	7	5	.	.	543	926
26	1885 " " 1885/86	3	1	.	.	800	.	4	2	.	.	15 830	926
27	1886 " " 1886/87	1	.	.	.	230	.	2	1	.	.	799	926
28	1887 " " 1887/88	3	.	.	.	442	.	1	.	.	.	.	753
29	1888 " " 1888/89	3	.	.	.	.	.	1	1	4	.	9 058	875
30	1889 " " 1889/90	3	1	.	.	254	.	1	.	.	.	484	838
31	1890 " " 1890/91	2	.	.	.	.	.	1	.	.	.	1 141	864
32	1891 " " 1891/92	2	.	.	.	.	.	3	.	.	.	.	864
33	1892 " " 1892/93	2	.	.	.	.	.	3	3	.	.	2 696	595
	Zusammen	.	79	28	208	305 656	2 613	.	57	1 086	672	147 228	25 637

Zu Tabelle 27b.

Nr.	Jahr	In der Provinz **Hannover** (vom Jahre 1885, bezw. 1. April 1885/86 ab im Reg.-Bez. Hannover) sind: bearbeitet	abgeschlossen	als Abfindung gegeben: Forstland		Kapital	Rente	Im Regierungs-Bezirk **Hildesheim** sind: bearbeitet	abgeschlossen	als Abfindung gegeben: Forstland		Kapital	Rente
		Sachen		ha	dec	Mk.	Mk.	Sachen		ha	dec	Mk.	Mk.
1	1860	.	.	.	.	.	.						
2	1861	.	.	.	.	.	.						
3	1862	.	.	.	.	.	.						
4	1863	.	.	.	.	.	.						
5	1864	.	.	.	.	.	.						
6	1865	.	.	.	.	.	.						
7	1866	.	.	.	.	.	.						
8	1867	.	.	.	.	.	.						
9	1868	.	.	.	.	7 265	.						
10	1869	22	4	47	300	220 645	7 857						
11	1870	240	5	45	508	255 286	39 086						
12	1871	461	272	17	082	222 496	66 902	Bis einschl. zum Jahre 1884, bezw. 1. April 1884/85 für die ganze Provinz Hannover nebenstehend nachgewiesen.					
13	1872	507	241	.	.	1 617 239	77 102						
14	1873	800	571	20	288	323 073	21 260						
15	1874	651	462	30	541	754 813	38 167						
16	1875	728	414	1	056	641 251	50 564						
17	1876	626	429	2	824	342 323	53 635						
18	1877 bezw. 1. April 1877/78	688	241	1	035	500 882	93 561						
19	1878 „ „ 1878/79	660	428	1	683	514 082	123 400						
20	1879 „ „ 1879/80	358	172	5	729	1 298 080	136 019						
21	1880 „ „ 1880/81	259	161	65	996	513 575	83 914						
22	1881 „ „ 1881/82	131	51	1	648	193 169	55 776						
23	1882 „ „ 1882/83	101	23	.	165	421 801	66 927						
24	1883 „ „ 1883/84	93	27	67	985	179 734	60 806						
25	1884 „ „ 1884/85	104	46	376	685	915 456	56 178						
26	1885 „ „ 1885/86	15	1	.	.	.	23 079	52	9	70	245	1 136 564	54 012
27	1886 „ „ 1886/87	14	5	359	614	444 145	27 660	97	73	.	.	122 021	82 750
28	1887 „ „ 1887/88	9	3	68	232	266 095	3 221	78	62	19	695	2 029 561	49 940
29	1888 „ „ 1888/89	7	3	.	.	2 000	125	40	24	317	430	199 469	15 425
30	1889 „ „ 1889/90	3	1	.	.	10 696	3 646	83	68	150	437	596 817	16 196
31	1890 „ „ 1890/91	13	2	.	.	.	5 698	29	2	961	933	316 332	3 396
32	1891 „ „ 1891/92	11	4	.	546	9 873	3 993	38	10	45	024	2 087	4 811
33	1892 „ „ 1892/93	7	3	.	.	27 405	1 996	51	16	181	119	592 765	8 401
	Zusammen	.	3 569	1 113	917	9 681 384	1 100 572	.	264	1 745	883	4 995 616	234 931

*

Zu Tabelle 27b.

Nr.	Jahr	Im Regierungs-Bezirk **Lüneburg** sind						Im Regierungs-Bezirk **Stade** sind					
		bearbeitet	abgeschlossen	als Abfindung gegeben				bearbeitet	abgeschlossen	als Abfindung gegeben			
				Forstland		Kapital	Rente			Forstland		Kapital	Rente
		Sachen		ha	dec	Mk.	Mk.	Sachen		ha	dec	Mk.	Mk.
1	1860												
2	1861												
3	1862												
4	1863												
5	1864												
6	1865												
7	1866												
8	1867												
9	1868												
10	1869												
11	1870												
12	1871	Bis einschl. zum Jahre 1884, bezw. 1. April						Bis einschl. zum Jahre 1884, bezw. 1. April					
13	1872	1884/85 für die ganze Provinz Hannover auf						1884/85 für die ganze Provinz Hannover auf					
14	1873	Seite 147 nachgewiesen.						Seite 147 nachgewiesen.					
15	1874												
16	1875												
17	1876												
18	1877 bezw. 1. April 1877/78												
19	1878 „ „ 1878/79												
20	1879 „ „ 1679/80												
21	1880 „ „ 1880/81												
22	1881 „ „ 1881/82												
23	1882 „ „ 1882/83												
24	1883 „ „ 1883/84												
25	1884 „ „ 1884/85												
26	1885 „ „ 1885/86	8	2	.	.	32 370	5 720	.	.	.	.	.	.
27	1886 „ „ 1886/87	6	1	.	.	2 363	5 418	.	.	.	.	.	.
28	1887 „ „ 1887/88	5	4	.	.	69 198	3 995	.	.	.	.	134	.
29	1888 „ „ 1888/89	1	1	.	.	12 359	1 937	.	.	.	.	166	.
30	1889 „ „ 1889/90	.	.	.	.	9 083	2 138	.	.	.	.	.	.
31	1890 „ „ 1890/91	1	.	.	.	5 332	1 240	.	.	.	.	.	.
32	1891 „ „ 1891/92	3	.	.	.	118	1 235	.	.	.	.	.	.
33	1892 „ „ 1892/93	5	1	.	.	156	1 228	.	.	.	.	.	.
	Zusammen	.	9	.	.	130 979	22 911	.	.	.	.	300	.

Zu Tabelle 27b.

Nr.	Jahr	In den Regierungs-Bezirken **Osnabrück und Aurich** sind						Im Regierungs-Bezirk **Münster** sind					
		bearbeitet	abgeschlossen	als Abfindung gegeben				bearbeitet	abgeschlossen	als Abfindung gegeben			
				Forstland		Kapital	Rente			Forstland		Kapital	Rente
		Sachen		ha	dec	Mk.	Mk.	Sachen		ha	dec	Mk.	Mk.
1	1860							1	.	.	.	.	.
2	1861							2	2	.	.	.	.
3	1862							3	.	.	.	.	.
4	1863							3	.	.	.	.	.
5	1864							3	.	.	.	.	.
6	1865							4	.	.	.	.	.
7	1866							4	1	.	.	12 420	.
8	1867							3	1	.	.	.	.
9	1868							3	3	.	.	.	.
10	1869							.	.	.	.	660	.
11	1870							.	.	.	.	.	.
12	1871	Bis einschl. zum Jahre 1884, bezw. 1. April						.	.	.	.	.	303
13	1872	1884/85 für die ganze Provinz Hannover auf						.	.	.	.	6 069	.
14	1873	Seite 147 nachgewiesen.						.	.	.	.	.	.
15	1874							.	.	.	.	.	.
16	1875							.	.	.	.	.	.
17	1876							.	.	.	.	.	.
18	1877 bezw. 1. April 1877/78							.	.	.	.	120	.
19	1878 „ „ 1878/79							.	.	.	.	.	.
20	1879 „ „ 1879/80							.	.	.	.	.	.
21	1880 „ „ 1880/81							.	.	.	.	.	.
22	1881 „ „ 1881/82							.	.	.	.	.	.
23	1882 „ „ 1882/83							.	.	.	.	.	.
24	1883 „ „ 1883/84							.	.	.	.	.	.
25	1884 „ „ 1884/85							.	.	.	.	.	.
26	1885 „ „ 1885/86	.	.	.	.	.	.	.	.	.	.	.	.
27	1886 „ „ 1886/87	.	.	.	.	.	.	.	.	.	.	.	.
28	1887 „ „ 1887/88	.	.	.	.	.	.	.	.	.	.	.	.
29	1888 „ „ 1888/89	.	.	.	.	.	.	.	.	.	.	200	.
30	1889 „ „ 1889/90	.	.	.	.	3	.	.	.	.	.	246 736	.
31	1890 „ „ 1890/91	1	.	.	.	.	.	.	.	.	.	.	.
32	1891 „ „ 1891/92	1	.	.	.	.	.	.	.	.	.	349 998	.
33	1892 „ „ 1892/93	1	.	.	.	.	.	.	.	.	.	450 000	.
	Zusammen	.	.	.	.	3	.	.	7	.	.	1 066 203	303

Zu Tabelle 27b.

Nr.	Jahr	Im Regierungs-Bezirk **Minden** sind (seit 1868 mit Einschluß der Grafsch. Schaumburg)						Im Regierungs-Bezirk **Arnsberg** sind					
		bearbeitet	abgeschlossen	als Abfindung gegeben				bearbeitet	abgeschlossen	als Abfindung gegeben			
				Forstland		Kapital	Rente			Forstland		Kapital	Rente
		Sachen		ha	dec	Mk.	Mk.	Sachen		ha	dec	Mk.	Mk.
1	1860	26	2	49	935	21 142	5 531	34	2	.	.	7 276	.
2	1861	25	5	110	044	94 537	5 440	32	32	.	.	480	4 888
3	1862	20	4	16	779	52 664	464	33	.	.	.	7 675	.
4	1863	22	.	47	300	19 645	212	34	2	.	.	8 210	1 422
5	1864	22	1	2	834	6 450	129	40	5	.	.	29 868	1 019
6	1865	22	.	13	877	10 436	798	36	3	.	.	16 272	937
7	1866	21	1	.	.	3 923	1 040	33	7	.	.	21 256	677
8	1867	19	.	12	430	13 799	987	26	1	10	558	9 735	830
9	1868	29	1	.	.	18 063	742	26	2	.	.	5 234	610
10	1869	34	.	6	792	33 957	4 780	24	11	.	.	7 054	940
11	1870	34	1	.	.	16 469	3 155	13	5	.	.	37 732	687
12	1871	43	3	97	892	8 403	3 100	8	8	.	.	20 110	848
13	1872	44	1	1	754	178 637	2 113	.	.	.	.	29 900	1 660
14	1873	52	5	65	963	15 934	818	.	.	.	.	6 013	120
15	1874	86	7	32	240	93 621	2 892	.	.	.	.	.	120
16	1875	79	.	210	369	2 927	2 049	.	.	.	.	2	120
17	1876	81	5	162	598	121 372	1 961	.	.	.	.	330	220
18	1877 bezw. 1. April 1877/78	86	2	30	345	26 649	8 167	.	.	.	.	.	120
19	1878 " " 1878/79	87	1	7	037	49 045	3 750	.	.	.	.	.	120
20	1879 " " 1879/80	85	6	159	752	27 389	2 776	.	.	.	.	.	120
21	1880 " " 1880/81	78	1	63	157	43 469	10 735	.	.	.	.	.	120
22	1881 " " 1881/82	78	4	472	860	45 865	6 591	2	.	.	.	.	120
23	1882 " " 1882/83	78	2	146	676	67 149	5 935	2	.	.	.	.	120
24	1883 " " 1883/84	77	7	27	721	38 023	7 398	2	.	.	.	.	120
25	1884 " " 1884/85	70	6	126	683	21 844	6 479	3	.	.	.	.	120
26	1885 " " 1885/86	66	10	148	445	124 784	7 618	3	.	.	.	5 493	120
27	1886 " " 1886/87	56	3	150	121	38 271	10 700	3	2	.	.	.	120
28	1887 " " 1887/88	53	14	414	854	3 345	10 800	4	.	.	.	.	120
29	1888 " " 1888/89	39	.	152	510	23 759	7 488	4	2	6	128	.	120
30	1889 " " 1889/90	41	7	449	291	22 720	4 059	2	.	.	.	.	120
31	1890 " " 1890/91	36	4	33	086	12 994	3 898	2	2	.	.	3 000	60
32	1891 " " 1891/92	32	5	106	170	8 876	4 119	.	.	.	.	.	.
33	1892 " " 1892/93	27	4	98	147	15 318	1 327	.	.	.	.	.	.
	Zusammen	.	112	3 417	662	1 281 479	138 051	.	84	16	686	215 640	16 718

Zu Tabelle 27b.

Nr.	Jahr	Im Regierungs-Bezirk **Cassel** mit Ausschluß der Grafschaft **Schaumburg** sind						Im Regierungs-Bezirk **Wiesbaden** sind					
		bearbeitet	abgeschlossen	als Abfindung gegeben				bearbeitet	abgeschlossen	als Abfindung gegeben			
				Forstland		Kapital	Rente			Forstland		Kapital	Rente
		Sachen		ha	dec	Mk.	Mk.	Sachen		ha	dec	Mk.	Mk.
1	1860	.	.	.	.	.	.	.	.	.	.	.	.
2	1861	.	.	.	.	.	.	.	.	.	.	.	.
3	1862	.	.	.	.	.	.	.	.	.	.	.	.
4	1863	.	.	.	.	.	.	.	.	.	.	.	.
5	1864	.	.	.	.	.	.	.	.	.	.	.	.
6	1865	.	.	.	.	.	.	.	.	.	.	.	.
7	1866	.	.	.	.	.	.	.	.	.	.	.	.
8	1867	.	.	.	.	.	.	.	.	.	.	.	.
9	1868	.	.	.	.	.	22	.	.	.	.	.	13
10	1869	226	19	239	148	24 336	10 285	93	3	.	.	.	17
11	1870	239	20	464	180	150 138	13 702	115	4	79	413	.	17
12	1871	253	22	589	472	18 503	15 150	172	4	.	.	3 329	136
13	1872	254	14	1 214	743	361 900	12 971	169	6	78	600	16 273	539
14	1873	319	51	1 062	096	92 677	6 859	136	1	.	.	16 331	.
15	1874	441	49	401	470	29 667	3 071	135	3	.	.	1 540	.
16	1875	402	50	444	694	91 074	769	144	32	121	570	39 297	.
17	1876	462	26	74	083	52 053	3 018	137	6	.	.	48 102	840
18	1877 bezw. 1. April 1877/78	492	39	282	855	171 102	6 551	127	10	274	466	18 593	2 122
19	1878 „ „ 1878/79	482	28	1 875	036	176 987	30 354	108	8	306	473	23 211	3 304
20	1879 „ „ 1879/80	475	28	25	553	334 568	37 931	100	7	37	236	8 644	9 562
21	1880 „ „ 1880/81	483	59	4	413	765 794	31 314	93	11	.	.	4 065	10 245
22	1881 „ „ 1881/82	564	81	2 408	358	436 759	35 231	82	10	171	603	10	12 251
23	1882 „ „ 1882/83	511	73	471	259	584 897	31 511	72	10	133	519	13	13 171
24	1883 „ „ 1883/84	531	86	261	706	820 721	32 946	62	8	199	407	323	13 275
25	1884 „ „ 1884/85	462	125	344	702	942 230	33 403	56	7	.	.	4 213	13 790
26	1885 „ „ 1885/86	281	106	95	570	1 009 447	32 206	49	5	.	.	9 045	20 560
27	1886 „ „ 1886/87	178	106	85	407	725 380	31 974	44	22	.	.	4 635	29 352
28	1887 „ „ 1887/88	76	36	782	534	1 021 889	21 827	22	10	.	.	366 167	14 604
29	1888 „ „ 1888/89	46	6	5	073	66 656	651	13	.	.	.	24 064	9 859
30	1889 „ „ 1889/90	40	13	101	589	85 591	220	15	.	.	.	200 911	4 930
31	1890 „ „ 1890/91	27	5	.	.	51 825	79	22	4	.	.	767	1 204
32	1891 „ „ 1891/92	24	16	148	102	35 766	68	24	17	.	.	6 232	1 204
33	1892 „ „ 1892/93	9	4	83	946	44 152	2 200	8	.	17	251	70 848	2 106
	Zusammen	.	1 062	11 465	989	8 094 112	394 313	.	188	1 419	538	866 613	163 101

Zu Tabelle 27b.

Nr.	Jahr	Im Regierungs-Bezirk **Coblenz** sind: bearbeitet	abgeschlossen	als Abfindung gegeben: Forstland		Kapital	Rente	Im Regierungs-Bezirk **Düsseldorf** sind: bearbeitet	abgeschlossen	als Abfindung gegeben: Forstland		Kapital	Rente
		Sachen		ha	dec	Mk.	Mk.	Sachen		ha	dec	Mk.	Mk.
1	1860	33	22	.	.	7 679	450	9	.	.	.	.	.
2	1861	23	9	.	.	5 930	805	9	1	25	532	.	558
3	1862	21	11	.	.	10 659	452	8	.	.	.	.	465
4	1863	22	6	.	.	30	566	8	1	.	.	.	465
5	1864	16	2	.	.	6 258	566	7	1	25	532	.	466
6	1865	29	2	3	301	929	566	6	.	25	240	3 300	466
7	1866	27	1	.	.	.	566	8	1	9	549	.	465
8	1867	27	15	.	.	.	1 059	7	1	1	241	3 840	465
9	1868	16	7	.	.	6 145	4 128	6	.	.	.	300	465
10	1869	8	.	.	.	3 726	6 743	6	.	348	664	.	465
11	1870	8	.	.	.	22 403	8 257	6	.	.	.	.	465
12	1871	8	1	.	.	3 045	6 199	4	1	.	.	4 916	466
13	1872	8	3	.	.	146 845	5 237	3	.	.	.	11 560	465
14	1873	6	.	.	.	13 439	2 241	3	.	.	.	1 600	.
15	1874	6	3	.	.	31 917	23 099	3	.	.	.	1 511	.
16	1875	3	.	.	.	446 414	18 383	3	.	.	.	.	.
17	1876	3	.	.	.	10	.	3	.	.	.	1 292	.
18	1877 bezw. 1. April 1877/78	4	1	.	.	600	.	3	1	.	.	.	.
19	1878 „ „ 1878/79	3	.	.	.	.	.	3	2	21	052	.	.
20	1879 „ „ 1879/80	3	.	.	.	.	.	2	.	.	.	.	.
21	1880 „ „ 1880/81	3	.	.	.	.	.	5	1	26	738	9 900	.
22	1881 „ „ 1881/82	3	.	.	.	.	.	4	.	.	.	.	.
23	1882 „ „ 1882/83	5	2	.	.	25 893	.	4	.	.	.	.	.
24	1883 „ „ 1883/84	3	1	.	.	48	.	4	.	.	.	.	.
25	1884 „ „ 1884/85	2	1	.	.	20 403	.	4	.	.	.	.	.
26	1885 „ „ 1885/86	1	.	.	.	1 028	.	4	.	.	.	.	.
27	1886 „ „ 1886/87	1	.	.	.	.	.	4	4	.	.	77 023	.
28	1887 „ „ 1887/88	1	.	.	.	.	.	.	.	.	.	15	.
29	1888 „ „ 1888/89	1	.	.	.	.	.	.	.	.	.	.	.
30	1889 „ „ 1889/90	1	.	.	.	.	.	.	.	.	.	.	.
31	1890 „ „ 1890/91	1	.	.	.	.	.	.	.	.	.	.	.
32	1891 „ „ 1891/92	1	.	.	.	.	.	.	.	.	.	.	.
33	1892 „ „ 1892/93	1	.	.	.	.	.	.	.	.	.	.	.
	Zusammen	.	87	3	301	753 401	79 317	.	14	483	548	115 257	5 676

Zu Tabelle 27b.

Nr.	Jahr	Im Regierungs-Bezirk Cöln sind: bearbeitet	abgeschlossen	als Abfindung gegeben: Forstland		Kapital	Rente	Im Regierungs-Bezirk Trier sind: bearbeitet	abgeschlossen	als Abfindung gegeben: Forstland		Kapital	Rente
		Sachen		ha	dec	Mk.	Mk.	Sachen		ha	dec	Mk.	Mk.
1	1860	8	1	38	298	.	.	77	6	.	.	27 593	4 220
2	1861	9	9	5	975	.	.	77	4	.	.	145 679	8 224
3	1862	9	1	5	975	.	.	76	.	.	.	8 119	5 811
4	1863	8	1	82	256	.	.	77	3	.	.	1 079	6 649
5	1864	8	2	11	697	5 437	.	74	4	1	787	12 339	8 531
6	1865	6	1	.	.	2 400	549	71	22	3	575	4 862	27 879
7	1866	5	.	.	.	5 786	482	49	20	.	.	3 574	60 459
8	1867	5	.	.	.	8 820	328	32	22	16	341	5 735	77 176
9	1868	5	.	.	.	120	203	11	4	.	.	840	81 218
10	1869	5	.	.	.	120	199	9	2	.	.	43 563	100 863
11	1870	5	1	.	.	120	9 944	9	.	.	.	14 204	99 610
12	1871	6	.	.	.	.	9 939	8	3	.	.	9 760	97 836
13	1872	6	1	.	.	5 100	9 939	5	1	.	.	2 093 083	89 654
14	1873	5	1	.	.	188 453	14 651	4	1	.	.	2 638	4 734
15	1874	4	3	28	569	.	254	3	.	.	.	403 694	13 456
16	1875	1	.	.	.	.	47	4	.	.	.	.	.
17	1876	1	1	15	319	.	.	4	.	.	.	.	.
18	1877 bezw. 1. April 1877/78	.	.	.	.	.	.	4	.	145	789	.	18 529
19	1878 " " 1878/79	.	.	.	.	.	.	3	.	.	.	.	18 529
20	1879 " " 1879/80	.	.	.	.	.	.	4	.	.	.	366 210	.
21	1880 " " 1880/81	.	.	.	.	.	.	4	.	.	.	.	.
22	1881 " " 1881/82	.	.	.	.	.	.	4	.	.	.	.	.
23	1882 " " 1882/83	.	.	.	.	.	.	4	1	.	.	.	23 723
24	1883 " " 1883/84	.	.	.	.	.	.	3	.	.	.	462 593	.
25	1884 " " 1884/85	.	.	.	.	.	.	3	.	.	.	.	.
26	1885 " " 1885/86	.	.	.	.	.	.	3	.	.	.	.	.
27	1886 " " 1886/87	.	.	.	.	.	.	3	.	.	.	.	.
28	1887 " " 1887/88	.	.	.	.	.	.	4	1	.	.	2 712	.
29	1888 " " 1888/89	.	.	.	.	.	.	3	.	.	.	.	.
30	1889 " " 1889/90	.	.	.	.	.	.	3	.	.	.	18 000	.
31	1890 " " 1890/91	.	.	.	.	.	.	3	1	.	.	.	.
32	1891 " " 1891/92	.	.	.	.	.	.	2	.	.	.	.	.
33	1892 " " 1892/93	.	.	.	.	.	.	2	.	.	.	26 185	1 309
	Zusammen	.	22	188	089	216 356	46 535	.	95	167	492	3 652 462	748 410

Zu Tabelle 27b.

Nr.	Jahr	Im Regierungs-Bezirk **Aachen** sind: bearbeitet	abgeschlossen	als Abfindung gegeben: Forstland		Kapital	Rente	Für den ganzen Staat sind bei der Staatsforst-Verwaltung: bearbeitet	abgeschlossen	als Abfindung gegeben: Forstland		Kapital	Rente
		Sachen		ha	dec	Mk.	Mk.	Sachen		ha	dec	Mk.	Mk.
1	1860	3	.	.	.	.	.	2 450	547	2 573	368	801 978	343 860
2	1861	7	7	.	.	.	.	2 205	483	2 188	010	1 140 337	387 027
3	1862	10	2	2	352	.	.	2 015	406	1 439	486	1 143 416	417 497
4	1863	10	3	.	.	3 480	.	1 940	333	2 768	804	1 395 850	486 763
5	1864	8	2	.	.	9 600	.	1 891	354	1 504	740	1 081 436	516 015
6	1865	7	.	.	.	.	.	1 875	374	2 354	706	1 226 781	563 174
7	1866	13	.	.	.	.	.	1 834	357	1 857	106	1 056 846	666 340
8	1887	15	.	.	.	.	.	1 745	411	2 147	356	1 857 547	655 596
9	1868	15	4	.	.	25 780	9 782	1 526	317	1 422	889	1 757 047	662 698
10	1869	13	1	.	.	.	9 487	1 760	322	2 774	697	1 794 163	720 695
11	1870	12	.	.	.	30 750	7 950	1 940	299	2 260	207	1 980 836	728 106
12	1871	9	.	4	121	30 750	6 443	2 154	602	2 293	743	1 864 580	757 669
13	1872	9	1	.	.	129 525	2 398	2 032	492	2 409	916	13 424 020	586 341
14	1873	9	1	.	.	1 854	416	2 195	769	1 933	668	1 199 800	204 576
15	1874	11	.	.	.	.	2 029	2 182	677	1 083	056	2 136 571	240 689
16	1875	9	.	.	.	.	3 889	2 143	611	1 583	152	2 038 289	196 722
17	1876	9	.	.	.	.	3 889	2 028	599	617	286	875 071	166 601
18	1877 bezw. 1. April 1877/78	9	.	.	.	1 800	4 211	2 067	401	1 241	919	1 368 595	309 624
19	1878 " " 1878/79	9	1	39	007	.	4 211	1 982	569	2 852	806	1 473 272	343 716
20	1879 " " 1879/80	8	.	.	.	75 900	416	1 612	340	861	338	2 936 581	259 762
21	1880 " " 1880/81	8	.	.	.	.	416	1 480	364	920	997	2 073 710	238 628
22	1881 " " 1881/82	8	5	5	921	2 224	4 251	1 480	251	3 323	469	1 322 135	180 233
23	1882 " " 1882/83	3	.	.	.	77 392	1 604	1 314	215	1 375	635	1 850 666	222 728
24	1883 " " 1883/84	3	.	.	.	309	416	1 243	235	722	482	2 124 927	193 194
25	1884 " " 1884/85	3	.	109	341	.	1 217	1 127	266	1 153	776	2 294 189	156 233
26	1885 " " 1885/86	3	.	.	.	500	1 117	895	192	398	153	2 694 890	184 309
27	1886 " " 1886/87	3	.	.	.	3 300	1 017	797	289	771	064	2 098 117	217 852
28	1887 " " 1887/88	4	.	.	.	.	917	593	225	1 333	286	4 392 412	125 623
29	1888 " " 1888/89	4	.	.	.	.	917	431	86	559	577	466 877	54 809
30	1889 " " 1889/90	4	.	.	.	13 750	817	450	143	800	063	2 141 242	41 184
31	1890 " " 1890/91	4	.	.	.	10 405	444	364	80	1 060	194	938 400	19 445
32	1891 " " 1891/92	4	1	.	.	.	200	328	94	370	246	633 050	23 400
33	1892 " " 1892/93	3	2	16	455	.	100	286	69	558	215	1 403 603	22 022
	Zusammen	.	30	177	197	417 319	68 554	.	11 772	51 515	410	66 987 234	10 893 131

Bemerkung: Nach einer während des Druckes fertig gestellten Nachweisung wurden im Jahre 1893 bezw. 1. April 1893/94 an Abfindungen gewährt: an Kapital 637 612 Mk. und an Land 376,216 ha. Bei den noch zu bearbeitenden Sachen sind 76 Oberförstereien betheiligt. Welcher Betrag in dieser Zeit als Rente gewährt ist, stand zur Zeit des Druckes noch nicht fest. Abgeschlossen wurden im Jahre 1893: 56 Ablösungen.

Tabelle 27c.

Zusammenstellung

der auf

Grund des Gesetzes vom 27. April 1872 (Ges.=S. S. 417) und der denselben nachgebildeten, in Band I, Abschnitt IV 3 bei den Reallasten speciell aufgeführten Gesetze an die Provinzial=Rentenbanken gezahlten Amortisationsrenten für abgelöste Leistungen der Forstverwaltung an Kirchen, Pfarren, Küstereien, sonstige geistliche Institute, fromme und milde Stiftungen, Wohlthätigkeits=Anstalten u. s. w. für 1874 bis 1892/93.

*

Tabelle

Nr.	Regierungs-Bezirk	1874		1875		1876		1877/78		1878/79		1879/80		1880/81		1881/82		1882/83	
		Mk.	Pf.	Mk.	Pf.	Mk.	Pf.	Mk.	Pf.	Mk.	Pf.	Mk.	Pf.	Mk.	Pf.	Mk.	Pf.	Mk.	Pf.
1	Königsberg . .																		
2	Gumbinnen .	3 461	78	16 549	63	27 322	91	39 850	26	45 439	70	47 957	36	53 916	64	61 121	.	68 180	70
3	Danzig . . .																		
4	Marienwerder .																		
5	Potsdam . .	697	40	8 297	58	17 901	65	32 110	45	37 480	35	43 246	.	46 940	85	48 345	70	49 968	85
6	Frankfurt a. O.																		
7	Stettin . . .																		
8	Köslin . . .	4 631	45	36 710	.	62 845	22	66 626	15	68 648	37	67 924	39	67 924	39	68 277	04	68 399	69
9	Stralsund . .																		
10	Posen . . .	5 247	43	26 335	50	32 253	20	35 663	15	35 885	90	35 885	90	36 354	90	36 480	95	36 485	90
11	Bromberg . .																		
12	Breslau . .																		
13	Liegnitz . . .	8 656	45	14 346	02	20 934	20	30 207	36	37 220	41	39 401	01	39 553	11	40 049	46	40 514	06
14	Oppeln . . .																		
15	Magdeburg .																		
16	Merseburg . .	8 922	72	22 994	96	28 418	03	31 837	87	32 643	02	36 450	47	38 618	22	39 454	82	39 944	22
17	Erfurt . . .																		
18	Schleswig . .	.	.	2 070	54	4 256	26	5 390	90	5 458	50	5 468	25	5 498	38	5 882	36	6 040	50
19	Hannover . .																		
20	Hildesheim . .																		
21	Lüneburg . .	.	.	.	.	2 382	85	20 136	65	34 516	20	49 970	85	56 908	10	59 474	90	96 086	56
22	Stade . . .																		
23	Osnabrück mit Aurich . .																		
24	Münster . .																		
25	Minden . . .																		
26	Arnsberg . .																		
27	Cassel . . .																		
28	Wiesbaden . .	47	78	928	07	1 173	72	1 173	72	1 390	87	22 652	62	72 667	62	86 524	17	99 104	37
29	Coblenz . . .																		
30	Düsseldorf . .																		
31	Cöln . . .																		
32	Trier . . .																		
33	Aachen . . .																		
	Zusammen	31 665	01	128 232	30	197 488	04	262 996	51	298 683	32	348 956	85	418 382	21	445 610	40	504 724	85

Gesammtbetrag der für die Staatsforsten seit 1874 bis 1892/93 zur

27c.

1883/84		1884/85		1885/86		1886/87		1887/88		1888/89		1889/90		1890/91		1891/92		1892/93		Nr.	Regierungs-Bezirk
Mk.	Pf.	Mk.	Pf.	Mk.	Pf.	Mk.	Pf.	Mk.	Pf.	Mk.	Pf.	Mk.	Pf.	Mk.	Pf.	Mk.	Pf.	Mk.	Pf.		
69 504	20	70 459	10	70 583	70	70 754	45	70 760	60	70 765	35	70 789	45	70 811	80	70 815	30	70 854	.	1 2 3 4	Königsberg. Gumbinnen. Danzig. Marienwerder.
50 307	65	51 079	.	51 079	.	57 958	04	51 079	.	51 079	.	51 079	.	51 079	.	51 079	.	51 079	.	5 6	Potsdam. Frankfurt a. O.
68 404	19	68 404	19	68 895	24	69 429	79	70 030	76	70 085	39	70 085	39	70 076	69	70 126	49	70 126	49	7 8 9	Stettin. Köslin. Stralsund.
36 485	90	38 048	13	37 572	05	36 617	50	36 617	50	36 617	50	36 617	50	18 334	90	.	.	.	.	10 11	Posen. Bromberg.
40 514	06	40 514	06	40 514	06	40 514	06	40 514	06	40 514	06	40 514	06	40 514	06	40 514	06	40 514	06	12 13 14	Breslau. Liegnitz. Oppeln.
40 678	.	41 828	32	41 828	32	41 828	32	41 828	32	41 828	02	41 827	72	41 827	72	41 827	72	41 827	72	15 16 17	Magdeburg. Merseburg. Erfurt.
6 040	50	7 589	95	9 139	25	9 174	20	9 174	20	9 174	20	9 174	20	9 174	20	9 174	20	9 174	20	18	Schleswig.
65 415	95	65 792	90	65 792	90	65 792	90	65 912	20	65 912	20	65 912	20	65 912	20	65 912	20	65 912	20	19 20 21 22 23	Hannover. Hildesheim. Lüneburg. Stade. Osnabrück mit Aurich.
101 143	92	102 055	22	102 604	22	102 639	57	102 676	22	103 039	92	109 724	27	90 768	02	90 768	02	73 928	40	24 25 26 27 28 29 30 31 32 33	Münster. Minden. Arnsberg. Cassel. Wiesbaden. Coblenz. Düsseldorf. Cöln. Trier. Aachen.
478 494	37	485 770	87	488 008	74	494 708	83	488 592	86	489 015	64	495 723	79	458 498	59	440 216	99	423 416	07		Zusammen

Zahlung gelangten Amortisationsrenten 7 379 186 Mk. 24 Pf.

Tabelle 28.

Uebersicht über den Umfang der Oberförstereien in den einzelnen Regierungs-Bezirken.

Nr.	Regierungs-Bezirk	Oberförstereien mit einem Flächeninhalt an Gesammtfläche von bezw. *an Holzboden von* (Anzahl)																						Gesammtzahl der Oberförstereien	Durchschnittsgröße einer Oberförsterei (ha)	
		bis zu 1000 ha		1001 bis 2000 ha		2001 bis 3000 ha		3001 bis 4000 ha		4001 bis 5000 ha		5001 bis 6000 ha		6001 bis 7000 ha		7001 bis 8000 ha		8001 bis 9000 ha		9001 bis 10 000 ha		10 001 bis 11 000 ha			an Gesammtfläche	*an Holzboden*
1	Königsberg	.	—	.	*1*	1	*2*	1	*8*	6	*11*	5	*6*	11	*7*	6	*1*	3	*1*	3	—	1	—	37	6 422	*4 877*
2	Gumbinnen	.	—	.	—	.	*1*	.	*7*	3	*13*	12	*14*	15	*3*	6	*1*	3	—	.	—	.	—	39	6 323	*4 908*
3	Danzig	.	—	.	—	.	—	1	*1*	3	*7*	7	*7*	4	*2*	2	*3*	3	—	.	—	.	—	20	6 110	*5 511*
4	Marienwerder	.	—	.	—	1	*1*	1	*1*	2	*3*	5	*12*	13	*10*	11	*7*	.	—	1	—	.	—	34	6 375	*5 766*
5	Potsdam	.	—	1	*1*	2	*3*	3	*6*	10	*10*	11	*10*	6	*5*	3	*5*	3	—	1	—	.	—	40	5 463	*4 970*
6	Frankfurt a. O.	.	—	.	—	.	*2*	4	*4*	6	*9*	13	*11*	4	*3*	4	*2*	.	*1*	2	*1*	.	—	33	5 668	*5 297*
7	Stettin	.	—	1	*2*	4	*3*	2	*4*	9	*11*	6	*3*	2	*2*	1	—	.	—	.	—	.	—	25	4 565	*4 099*
8	Köslin	.	—	.	—	1	*1*	1	*2*	2	*5*	6	*2*	2	*3*	1	—	.	—	.	—	.	—	13	5 336	*4 828*
9	Stralsund	.	—	.	—	1	*1*	.	—	3	*4*	2	*1*	.	—	.	—	.	—	.	—	.	—	6	4 698	*4 208*
10	Posen	.	—	.	—	.	—		*4*	4	*1*	3	*2*	2	*4*	2	*1*	2	*1*	.	—	.	—	13	6 100	*5 553*
11	Bromberg	.	—	.	—	.	—	.	—	3	*5*	8	*10*	8	*4*	.	—	.	—	.	—	.	-	19	5 687	*5 303*
12	Breslau	.	—	.	—	1	*1*	3	*7*	6	*3*	4	*3*	.	—	.	—	.	—	.	—		—	14	4 402	*4 104*
13	Liegnitz	.	—	.	—	1	*2*	2	*1*	1	*1*	.	—	.	—	.	*1*	1	—	.	—	.	—	5	4 384	*4 122*
14	Oppeln	.	*1*	1	—	1	*1*	.	—	4	*6*	4	*4*	4	*3*	1	—	.	—	.	—	.	—	15	5 127	*4 867*
15	Magdeburg	1	*1*	4	*5*	2	*3*	4	*3*	2	*2*	5	*5*	1	—	.	—		—	.	—	.	—	19	3 637	*3 311*
16	Merseburg	.	—	6	—	2	*2*	4	*4*	5	*8*	4	*1*	1	—	.	—	.	—	.	—	.	—	22	3 564	*3 259*
17	Erfurt	.	—	3	*4*	6	*5*	4	*4*	1	*1*	.	—	.	—	.	—	.	—	.	—	.	—	14	2 638	*2 568*
18	Schleswig	1	*1*	5	*6*	2	*6*	5	*1*	.	*1*	2	—	.	—	.	—	.	—	.	—	.	—	15	2 862	*2 339*
19	Hannover	.	—	6	*7*	5	*4*	4	*4*	1	*2*	1	—	.	—	.	—	.	—	.	—	.	—	17	2 783	*2 586*
20	Hildesheim	.	—	.	—	15	*17*	20	*18*	4	*5*	4	*3*	.	—	.	—	.	—	.	—	.	—	43	3 597	*3 501*
21	Lüneburg	.	—	1	*5*	9	*6*	6	*8*	4	*2*	2	*3*	2	—	.	—	.	—	.	—	.	—	24	3 586	*3 198*
22	Stade	.	—	3	*3*	.	*1*	3	*3*	.	—	.	—	1	—	.	—	.	—	.	—	.	—	7	3 214	*2 482*
23	Osnabrück mit Aurich	.	—	1	*1*	2	*2*	.	—	2	*2*	.	—	.	—	.	—	.	—	.	—	.	—	5	3 255	*2 975*
24	Münster	.	—	.	—	1	*1*	.	—	.	—	.	—	.	—	.	—	.	—	.	—	.	—	1	2 403	*2 184*
25	Minden mit Schaumburg	.	—	.	—	5	*5*	1	*2*	3	*2*	1	*1*	.	—	.	—	.	—	.	—	.	—	10	3 456	*3 338*
26	Arnsberg	.	—	3	*3*	3	*3*	2	*2*	.	—	.	—	.	—	.	—	.	—	.	—	.	-	8	2 607	*2 534*
27	Cassel ohne Schaumburg	.	—	.	*1*	25	*30*	47	*42*	12	*12*	2	*1*	.	—	.	—	.	—	.	—	.	—	86	3 382	*3 314*
28	Wiesbaden	.	—	.	—	2	*2*	33	*33*	19	*20*	2	*1*	.	—	.	—	1	*1*	.	—	.	—	57	3 836	*3 808*
29	Coblenz	.	—	2	*2*	4	*4*	.	—	3	*3*	.	—	.	—	.	—	.	—	.	—	.	—	9	3 048	*2 965*
30	Düsseldorf	.	*1*	1	—	1	*1*	2	*2*	.	—	.	—	1	*1*	.	—	.	—	.	—	.	—	5	3 663	*3 212*
31	Cöln	.	—	.	—	1	*1*	3	*3*	.	—	.	—	.	—	.	—	.	—	.	—	.	—	4	3 161	*3 018*
32	Trier	.	—	.	—	4	*4*	4	*5*	5	*4*	2	*2*	.	*1*	1	—	.	-		—	.	—	16	3 956	*3 850*
33	Aachen	.	—	1	*1*	1	*1*	2	*2*	4	*4*	.	—	.	—	.	—	.	-	.	—	.	—	8	3 702	*3 598*
	Staat	2	*4*	39	*49*	103	*116*	162	*181*	127	*156*	111	*102*	77	*48*	37	*20*	16	*4*	7	*1*	1	—	683	4 482	*4 068*

Bemerkungen: a) Bei den Regierungs-Bezirken Arnsberg und Cassel sind die zu den einzelnen Oberförstereien gehörigen Waldungen, welche Fiscus gemeinschaftlich mit Gemeinden 2c. besitzt, bezw. für Hannover, Hildesheim, Minden, Cassel und Wiesbaden auch die von den Staatsforstbeamten mit verwalteten Gemeinde- 2c. Forsten berücksichtigt worden.

b) Die Bemerkung zu Tabelle 29 gilt auch für diese Uebersicht.

Tabelle 29.

Uebersicht über die Staatswaldfläche der einzelnen Provinzen, sowie die Zahl und Durchschnittsgröße der Oberförstereien in denselben.

Nr.	Provinz	Staatswaldfläche		Zahl der Oberförstereien	Durchschnittsgröße an Staatswald (also ohne Berücksichtigung der den Oberförstereien zugetheilten Gemeinde- 2c. Forsten)		Durchschnittsgröße mit Einschluß der den Oberförstereien zugetheilten Gemeinde- 2c. Forsten
		Gesammtfläche	Holzbodenfläche		Gesammtfläche	Holzbodenfläche	Gesammtfläche
		Hektar			Hektar		Hektar
1	Ostpreußen	484 189	371 868	76	6 371	4 893	.
2	Westpreußen	338 948	306 272	54	6 277	5 672	.
3	Brandenburg	405 568	373 624	73	5 556	5 118	.
4	Pommern	211 699	190 495	44	4 811	4 329	.
5	Posen	187 347	172 941	32	5 855	5 404	.
6	Schlesien	160 454	151 069	34	4 719	4 443	.
7	Sachsen	184 432	170 548	55	3 353	3 101	.
8	Schleswig-Holstein	42 925	35 090	15	2 862	2 339	.
9	Hannover	262 882	239 588	96	2 738	2 496	3 404
10	Westfalen mit Schaumburg	57 692	55 710	19	3 036	2 932	3 043
11	Hessen-Nassau ohne Schaumburg	259 773	252 349	143	1 817	1 765	3 563
12	Rheinprovinz	151 297	145 196	42	3 602	3 457	.
	Staat	2 747 206	2 464 750	683	4 022	3 609	4 482

Bemerkung: Die Klosterforsten der Provinz Hannover (7 Oberförstereien und 2 stelbständige Revierförstereien mit 19694 ha), sowie die vom 1. Juli 1894 ab im Regierungs-Bezirk Marienwerder neu eingerichtete Oberförsterei Chotzenmühl sind hier unberücksichtigt geblieben.

Tabelle 30.

Reihenfolge der Bezirke nach der Durchschnittsgröße der Oberförstereien und der Schutzbezirke im Staatswalde.

Durchschnittsfläche der Oberförstereien				Durchschnittsfläche der Schutzbezirke			
an Gesammtfläche	ha	an zur Holzzucht bestimmter Fläche	ha	an Gesammtfläche	ha	an zur Holzzucht bestimmter Fläche	ha
1. Königsberg	6 422	1. Marienwerder	5 766	1. Gumbinnen	1 158	1. Bromberg	969
2. Marienwerder	6 375	2. Posen	5 553	2. Königsberg	1 051	2. Gumbinnen	899
3. Gumbinnen	6 323	3. Danzig	5 511	3. Bromberg	1 039	3. Frankfurt a. O.	896
4. Danzig	6 110	4. Bromberg	5 303	4. Marienwerder	981	4. Marienwerder	887
5. Posen	6 100	5. Frankfurt a. O.	5 297	5. Danzig	978	5. Danzig	882
6. Bromberg	5 687	6. Potsdam	4 970	6. Frankfurt a. O.	959	6. Köslin	860
7. Frankfurt a. O.	5 668	7. Gumbinnen	4 908	7. Köslin	950	7. Stettin	840
8. Potsdam	5 463	8. Königsberg	4 877	8. Stettin	935	8 Potsdam	825
9. Köslin	5 336	9. Oppeln	4 867	9. Potsdam	907	9. Königsberg	798
10. Oppeln	5 127	10. Köslin	4 828	10. Posen	862	10. Posen	785
11. Stralsund	4 698	11. Stralsund	4 208	11. Oppeln	754	11. Oppeln	716
12. Stettin	4 565	12. Liegnitz	4 122	12. Lüneburg	688	12. Magdeburg	623
13. Breslau	4 402	13. Breslau	4 104	13. Magdeburg	684	13. Lüneburg	614
14. Liegnitz	4 384	14. Stettin	4 099	14. Stralsund	656	14. Aachen	600
15. Trier	3 956	15. Trier	3 850	15. Aachen	617	15. Wiesbaden *einschl. 40 685 ha Gemeinde- etc. Forsten.*	588
16. Wiesbaden *einschl. 165 933 ha Gemeinde- etc. Forsten.*	3 836	16. Wiesbaden *einschl. 165 933 ha Gemeinde- etc. Forsten.*	3 808	16. Wiesbaden *einschl. 40 685 ha Gemeinde- etc. Forsten.*	599	16. Stralsund	587
17. Aachen	3 702	17. Aachen	3 598	17. Liegnitz	592	17. Liegnitz	557
18. Düsseldorf	3 663	18. Hildesheim *einschl. 49 186 ha Gemeinde- etc. Forsten.*	3 501	18. Merseburg	589	18. Breslau	542
19. Magdeburg	3 637	19. Minden mit Schaumbg. *einschl. 124 ha Gemeinde- etc. Forsten.*	3 338	19. Breslau	581	19. Merseburg	539
20. Hildesheim *einschl. 49 186 ha Gemeinde- etc. Forsten.*	3 597	20. Cassel ohne Schaumbg. *einschl. 83 765 ha Gemeinde- etc. Forsten.*	3 314	20. Stade	563	20. Hildesheim *ohne Gemeinde- etc. Forsten.*	539
21. Lüneburg	3 586	21. Magdeburg	3 311	21. Hildesheim *ohne Gemeinde- etc. Forsten.*	561	21. Cassel ohne Schaumbg. *einschl. 22 186 ha Gemeinde- etc. Forsten.*	533
22. Merseburg	3 564	22. Merseburg	3 259	22. Osnabrück mit Aurich	561	22. Trier	518
23. Minden mit Schaumbg. *einschl. 124 ha Gemeinde- etc. Forsten.*	3 456	23. Düsseldorf	3 212	23. Cassel ohne Schaumbg. *einschl 22 186 ha Gemeinde- etc. Forsten.*	547	23. Osnabrück mit Aurich	513
24. Cassel ohne Schaumbg. *einschl. 83 765 ha Gemeinde- etc. Forsten.*	3 382	24. Lüneburg	3 198	24. Schleswig	543	24. Cöln	503
25. Osnabrück mit Aurich	3 255	25. Cöln	3 018	25. Trier	532	25. Erfurt	499
26. Stade	3 214	26. Osnabrück mit Aurich	2 975	26. Cöln	527	26. Arnsberg	483
27. Cöln	3 161	27. Coblenz	2 965	27. Erfurt	513	27. Minden mit Schaumbg. *ohne Gemeinde- etc. Forsten.*	468
28. Coblenz	3 048	28. Hannover *einschl. 14 728 ha Gemeinde- etc. Forsten.*	2 586	28. Arnsberg	497	28. Schleswig	444
29. Schleswig	2 862	29. Erfurt	2 568	29. Minden mit Schaumbg. *ohne Gemeinde- etc. Forsten.*	485	29. Stade	434
30. Hannover *einschl. 14 728 ha Gemeinde- etc. Forsten.*	2 783	30. Arnsberg	2 534	30. Düsseldorf	482	30. Düsseldorf	423
31. Erfurt	2 638	31. Stade	2 482	31. Hannover *ohne Gemeinde- etc. Forsten.*	412	31. Hannover *ohne Gemeinde- etc. Forsten.*	370
32. Arnsberg	2 607	32. Schleswig	2 339	32. Coblenz	339	32. Coblenz	329
33. Münster	2 403	33. Münster	2 184	33. Münster	185	33. Münster	168
Durchschnitt *einschl. 313 736 ha Gemeinde- etc. Forsten.*	4 482	Durchschnitt *einschl. 313 736 ha Gemeinde- etc. Forsten.*	4 068	Durchschnitt *einschl. 62 871 ha Gemeinde- etc. Forsten.*	748	Durchschnitt *einschl. 62 871 ha Gemeinde- etc. Forsten.*	672

Im Ganzen 683 Oberförstereien und 3759 Schutzbezirke, also kommen auf eine Oberförsterei durchschnittlich 5—6 Schutzbezirke.

Tabelle 31.

Nachweisung

des

Flächeninhaltes, der Zahl der Schutzbezirke, der Dienstländereien, des Wildstandes, der Holzpreise und der durchschnittlichen Tagelöhne 2c.

der einzelnen Staats-Oberförstereien.

Vorbemerkungen:

1. Die Zahlen, welche den Wildstand an Roth-, Dam- und Rehwild und den jährlichen Abschuß für die genannten Wildarten, sowie für Schwarzwild, Auer-, Birk- und Haselwild und Fasanen angeben, sind den etatsmäßigen Beschußplänen entnommen.

   Wo wegen Verpachtung der vollen Jagd Beschußpläne nicht aufgestellt sind, ist der gegenwärtige Bestand und durchschnittlich jährliche Abschuß nach Schätzung des Revierverwalters eingetragen. Die betreffenden Zahlen sind durch schrägen Druck gekennzeichnet.

2. Die Zahlen, welche den Abschuß an Hasen, Hühnern und Enten für die Zeit vom 1. April 1885 bis zum 31. März 1886 angeben, sowie die in der Spalte „Fasanen" schräg gedruckten Zahlen sind aus Band XCIII der Preußischen Statistik (Amtliches Quellenwerk) entnommen. In denselben ist der Ertrag der den Jagdbezirken benachbarten Gemeinden angeschlossenen bezw. nicht an die Revierverwalter (anderweit) verpachteten fiskalischen Forstparzellen nicht enthalten. Dagegen ist der Abschuß auf den Seitens der Regierung angepachteten angrenzenden Jagdbezirken und auf den den Jagdbezirken einiger Oberförstereien angeschlossenen domänenfiskalischen Ländereien in diesen Zahlen mit einbegriffen.

   Für einige Bezirke stellen sich die Abschußresultate an Hasen und Hühnern wegen der einer starken Vermehrung der genannten Wildarten günstigen Witterung vor und während der Erhebungsperiode als außergewöhnlich hoch dar.

   Insoweit das vorliegende statistische Material sich als unzureichend erwies, haben Erhebungen über den gegenwärtigen durchschnittlich jährlichen Abschuß stattgefunden und sind die bezüglichen Zahlen durch schrägen Druck kenntlich gemacht.

3. Wo gesonderte Taxen für Kiefern- und Fichtenholz bestehen, sind beide in der Spalte „Nadelholz" verzeichnet. Die obere Zahl giebt den Taxpreis für Kiefernholz, die untere denjenigen für Fichtenholz an.

   Für den Regierungs-Bezirk Wiesbaden beziehen sich die Preise für gewöhnliches Bau- und Nutzholz auf die Taxklasse 0,5—2 fm, für die Inspektion Minden-Paderborn auf diejenige von 0,6—1 fm, für die Inspektion Trier-Saarbrücken bei Eichen auf diejenige von über 24—36 cm mittlerer Stärke, bei Nadelholz auf die Taxklasse von 31 cm und darunter mittlerer Stärke.

4. Beim Namen der Oberförsterei bedeuten: †) Dienstwohnung fehlt, ††) Dienstwohnung im Bau begriffen, ***) ganz oder größtentheils eingegattertes Hofjagdgehege oder der Benutzung Sr. Majestät des Kaisers und Königs vorbehaltenes Pürsch-Revier, **) ganz oder größtentheils eingegattert, aber nicht zum Hofjagdgehege gehörig, *) zum Theil eingegattert.

Tabelle

Laufende Nummer	Oberförsterei	**Gesammtfläche** der Staatsforsten (*darunter zur Holzzucht bestimmte Fläche*)	Zahl der **Schutzbezirke** im Staatswalde	Den Oberförstereien zur Verwaltung angeschlossene nicht fiskalische (Gemeinde- zc.) Waldungen (Zahl der Gemeinden zc.)	Nachweisung der den etatsmäßigen Forstbeamtenstellen zugetheilten nutzbaren **Dienstlandsflächen**: Gesammt-Größe		Dienstländereien der **Oberförsterstelle**: Gärten		Aecker		Wiesen		Weiden		Gesammt-Größe		Nutzungsgeld (*künftig*)		**Jagd**: Der **Wildstand** an Roth-, Dam- u. Rehwild beträgt: Roth-wild	Dam-wild	Rehe
		ha		ha	ha	dc	ha	dc	ha	dc	ha	dc	ha	dc	ha	dc	Mk.	Pf.	Stück		
	1. Regierungs-Bezirk																				
1	Friedrichsfelde . . .	6 146 *5 266*	7	.	146	1	.	4	20	1	25	1	.	.	45	6	118	.	.	.	173
2	Puppen	7 271 *6 401*	5	.	127	9	1	4	24	6	19	8	.	.	45	8	162	.	.	.	280
3	Ratzeburg	8 026 *6 372*	6	.	124	7	.	1	9	1	17	9	2	9	30	.	140	.	.	1	175
4	Reußwalde	6 044 *4 849*	7	.	135	3	.	5	12	4	17	1	.	.	30	.	133	.	.	.	168
5	Grüneberge †) . . .	8 056 *6 833*	6	.	104	3	noch nicht überwiesen												.	.	48
6	Corpellen [1])	6 784 *4 930*	5	.	97	5	.	3	9	4	10	9	1	1	21	7	164	.	.	.	155
7	Kaltenborn ††) . . .	6 013 *5 704*	5	.	100	.	.	6	9	9	11	8	.	.	22	3	76	.	.	.	157
8	Grünfließ	6 386 *5 881*	5	.	106	2	1	3	9	3	10	5	.	4	21	5	139	.	.	.	100
9	Hartigswalde . . .	6 421 *5 338*	5	.	108	3	.	2	16	3	18	.	.	.	34	5	100	.	.	.	220
10	Purden	6 283 *4 808*	6	.	101	9	.	.	8	9	9	5	.	.	18	4	62	.	.	.	80
11	Ramuck	6 942 *5 120*	5	.	107	1	.	5	24	.	6	6	.	.	31	1	155	.	13	.	85
12	Lanskerofen	8 143 *6 369*	8	.	125	8	.	.	15	3	12	8	.	2	28	3	104	.	4	.	141
13	Kudippen	4 924 *4 395*	8	.	139	1	.	.	20	4	7	.	12	7	40	1	{ 103 { *132*	. .	.	.	150
14	Jablonken	7 422 *6 314*	7	.	142	.	.	3	22	1	6	1	8	8	37	3	270	.	73	.	115
15	Taberbrück	9 842 *8 104*	8	.	132	3	.	2	12	7	13	8	.	.	26	7	170	.	120	.	130
16	Liebemühl	6 490 *3 864*	7	.	119	5	1	.	10	1	9	.	.	.	20	1	110	.	17	.	84
17	Alt-Christburg . . .	10 483 *6 430*	7	.	136	8	.	4	30	.	10	5	2	7	43	6	690	.	64	.	90
18	Sadlowo	9 006 *4 456*	6	.	136	8	.	3	18	1	12	.	.	8	31	2	263	.	.	.	121
19	Wichertshof	7 126 *6 556*	9	.	155	1	.	8	26	6	11	3	1	1	39	8	414	.	.	.	210
20	Pr.-Eylau [2])	5 102 *4 788*	8	.	136	5	1	1	23	5	6	9	5	5	37	.	500	.	.	.	85
21	Födersdorf	4 042 *3 538*	8	.	167	9	2	8	35	8	4	5	2	9	46	.	451	.	.	.	141
22	Tapiau	6 202 *5 584*	7	.	141	8	1	1	9	8	2	.	3	5	16	4	360	.	{ . { 9 Elche	27	107
23	Gauleden	6 746 *3 971*	5	.	116	9	.	8	9	6	6	1	9	1	25	6	422	.	{ . { 24 Elche	.	110
24	Druskeu	9 132 *7 382*	8	.	182	.	1	2	25	1	7	9	.	5	34	7	523	.	.	.	560
25	Alt-Sternberg . . .	4 823 *4 221*	4	.	97	2	.	3	10	6	12	.	.	.	22	9	420	.	.	.	265
26	Neu-Sternberg . . .	5 237 *4 427*	5	.	120	4	.	3	14	1	13	2	.	5	28	1	242	.	.	.	670

[1]) Die Jagd im Schutzbezirk Schleusenwald ist anderweit verpachtet. [2]) Desgl. die Jagd in zwei größeren Parzellen auf etwa 500 ha anderweit verpachtet.

31.

Verhältnisse

Der jährliche **Abschuß** beträgt: Rothwild: Hirsche	Rothwild: Kahlwild u. Spießer	Damwild: Hirsche	Damwild: Kahlwild u. Spießer	Rehe	Schwarzwild	Auerwild	Birkwild	Haselwild	Fasanen	In der Zeit vom 1. 4. 1885 bis 1. 4. 1886 wurden erlegt: Hasen	Rebhühner	Enten	**Holzpreise** nach den Holztaxen von 1893 (einschl. der Werbungskosten): Gewöhnliches **Bau- u. Nutzholz** (Taxklasse von 0,5—1 fm für das fm): Eichen Mk.	Pf.	Nadelholz Mk.	Pf.	**Scheitholz** (für das rm): Buchen Mk.	Pf.	Nadelholz Mk.	Pf.	Durchschnittlicher **Tagelohn** im Jahre 1891/92 für den Männertag Mk.	Pf.	Frauentag Mk.	Pf.	**Bemerkungen** über am Wohnorte des Oberförsters oder in der Nähe befindliche **höhere Bildungsanstalten** (G. = Gymnasium, RG. = Realgymnasium, PG. = Progymnasium, RPG. = Realprogymnasium)
Stück																									
Königsberg.																									
.	.	.	.	13	.	.	1	1	.	270	.	5	13	.	10 7	. .	2	50	2 1	. 60	.	90	.	70	
.	.	.	.	14	4	.	2	4	.	60	18	26	13	.	10 6	. .	2	50	1 1	80 60	.	90	.	60	
.	.	.	1	11	.	.³)	4	2	.	20	.	.	12	.	9 6	. .	2	20	1 1	80 60	.	80	.	60	
.	.	.	.	14	.	.	.	.	.	*105*	.	.	13	.	10 6	. .	2	50	2 1	. 80	.	80	.	60	
.	.	.	.	8	.	.	1	.	.	*80*	.	*30*	13	.	10 6	. .	3	20	2 2	20 .	.	90	.	60	
.	.	.	.	10	.	.	.	.	.	*80*	.	*40*	13	.	10 6	. .	3	20	2 2	20 .	1	.	.	60	
.	.	.	.	10	.	.	.	.	.	*90*	.	*20*	13	.	9 6	. .	3	.	2 1	20 80	1	.	.	60	
.	.	.	.	8	.	.	.	.	.	*130*	.	.	13	.	9 6	. .	3	.	2 1	20 80	1	10	.	70	
.	.	.	.	12	1	.	1	.	.	*100*	.	*71*	12	.	9 6	. .	2	50	2 1	. 80	1	.	.	60	
.	.	.	.	8	.	.	.	:	.	98	.	45	14	.	10 7	. .	2	50	2 2	20 .	1	10	.	70	
1	1	.	.	6	8	.	.	.	.	40	.	15	14	.	11 8	. .	2	50	2 2	20 .	1	10	.	60	
2	1	.	.	9	4	.	.	1	.	36	6	31	16	.	11 8	. .	2	50	2 2	20 .	1	10	.	60	
.	.	.	.	8	.	.	.	.	.	111	.	14	16	.	10 8	. .	3	.	2 2	60 50	1	30	.	65	G. in Allenstein, etwa 8 km entfernt.
4	4	.	.	8	1	.	.	.	.	61	.	15	18	.	13 10	. .	3	50	2 2	60 50	1	40	.	70	
3	3	.	.	13	.	.	.	.	.	142	.	26	18	.	13 10	. .	3	50	3 2	. 50	1	10	.	70	
2	1	.	.	6	.	.	.	.	.	218	.	104	18	.	13 10	. .	4	50	3 3	50 .	1	20	.	70	
3	1	.	.	11	.	.	.	.	.⁴)	110	.	120	18	.	13 10	. .	4	50	3 3	50 .	1	40	.	80	
.	.	.	.	10	.	.	.	10	.	163	52	42	15	.	9 8	. .	3	40	2 2	80 50	1	20	.	70	
.	.	.	.	11	.	.	1	2	.	114	.	.	15	.	9 7	. .	3	50	2 2	80 50	1	20	.	70	
.	.	.	.	6	2	.	1	2	.	110	.	11	19	.	9 8	. .	4	20	3 3	60 .	1	30	.	80	
.	.	.	.	12	.	.	.	5	.	139	5	.	19	.	8	.	4	.	3 3	40 .	1	20	.	85	
.	.	3	.	10	13	.	1	5	.	215	32	60	18	.	7 9	. .	4	.	2 2	50 80	1	50	.	80	
.	.	.	.	11	15	.	2	6	.	43	.	.	18	.	7 10	. .	3	50	2 2	50 40	1	20	.	80	
.	.	.	.	32	.	.	5	15	.	92	.	.	17	.	10 9	. .	3	.	2	50	1	10	.	75	
.	.	.	.	12	.	.	.	6	.	65	8	.	16	.	9 8	. .	3	50	2	50	1	20	.	80	
.	.	.	.	17	.	.	3	10	.	8	3	.	16	.	9 8	. .	3	50	2	50	1	10	.	70	

³) In neuerer Zeit ist mit Erfolg Auerwild ausgesetzt worden. ⁴) Außerdem 3 Schwäne.

*

Laufende Nummer	Oberförsterei	Gesammtfläche der Staatsforsten (darunter zur Holzzucht bestimmte Fläche) ha	Zahl der Schutzbezirke im Staatswalde	Den Oberförstereien zur Verwaltung angeschlossene nicht fiskalische (Gemeinde- 2c.) Waldungen (Zahl der Gemeinden 2c.) ha	Nachweisung der den etatsmäßigen Forstbeamtenstellen zugetheilten nutzbaren Dienstlandsflächen: Gesammt-Größe ha	dc	Dienstländereien der Oberförsterstelle: Gärten ha	dc	Aecker ha	dc	Wiesen ha	dc	Weiden ha	dc	Gesammt-Größe ha	dc	Nutzungsgeld (künftig) Mk.	Pf.	Jagd=: Der Wildstand an Roth-, Dam- u. Rehwild beträgt: Rothwild Stück	Damwild Stück	Rehe Stück
27	Mehlauken	7 551 *3 721*	5	.	90	.	.	4	3	3	5	5	.	.	9	2	77	.	. 7 Elche	.	330
28	Pfeil	7 080 *3 791*	5	.	114	5	.	2	10	5	15	4	1	7	27	8	290	.	. 16 Elche	.	260
29	Kl.-Naujock	5 116 *3 328*	5	.	116	1	.	4	10	7	14	4	4	8	30	3	400	.	. 7 Elche	.	135
30	Nemonien	7 783 *3 162*	5	.	92	2	.	5	8	.	19	1	.	.	27	6	760	.	.	.	31
31	Leipen	4 756 *4 264*	6	.	150	.	.	5	23	1	5	8	16	1	45	5	660 *690*	. .	.	3	160
32	Gertlauken	4 938 *3 829*	6	.	137	8	.	7	18	1	5	1	.	.	23	9	144	.	.	.	200
33	Greiben [1])	5 324 *4 790*	6	.	143	1	.	6	24	8	4	5	.	5	30	4	525	.	. 40 Elche	.	105
34	Fritzen [2])	3 692 *2 978*	6	.	146	2	1	2	24	1	11	1	3	7	40	1	417	.	. 10 Elche	.	340
35	Kobbelbude [3]) . . .	4 808 *4 065*	6	.	140	5	1	3	28	.	13	7	.	.	43	.	544	.	.	.	80
36	Klooschen	5 268 *2 574*	7	.	179	7	.	3	30	7	11	1	1	2	43	3	496 *520*	. .	.	.	108
37	Warnicken	2 190 *1 952*	2	.	73	1	.	8	35	6	3	3	2	4	42	1	586	.	30	.	160
	Zusammen	237 598 *180 355*	226	.	4 692	6	22	8	644	7	391	3	83	1	1 141	9	11 190	.	321 (113 Elche[4])	31	6 529

2. Regierungs-Bezirk

Laufende Nummer	Oberförsterei	Gesammtfläche ha	Schutzbezirke	Nicht fiskalische Waldungen ha	Gesammt-Größe ha	dc	Gärten ha	dc	Aecker ha	dc	Wiesen ha	dc	Weiden ha	dc	Gesammt-Größe ha	dc	Nutzungsgeld Mk.	Pf.	Rothwild	Damwild	Rehe
1	Wolfsbruch	7 260 *5 068*	4	.	81	3	.	3	.	.	13	5	.	.	13	8	44	.	.	.	80
2	Kullik	6 049 *4 781*	4	.	92	2	.	8	7	9	16	8	1	7	27	2	96	.	.	.	210
3	Turoscheln	5 685 *5 034*	4	.	84	9	.	1	7	9	13	7	.	.	21	7	66	.	.	.	132
4	Kurwien	6 252 *5 663*	4	.	95	4	.	.	10	3	17	4	.	.	27	7	133	.	.	.	270
5	Johannisburg . . .	6 959 *5 615*	5	.	83	9	.	1	.	.	3	7	.	.	3	8	24	.	.	.	29
6	Breitenheide	8 675 *6 423*	4	.	87	1	.	7	3	8	15	9	.	.	20	4	68	.	.	.	110
7	Guszianka	6 385 *5 807*	5	.	108	3	.	3	7	1	15	3	.	.	22	7	150	.	.	.	95
8	Cruttinnen	7 587 *5 820*	5	.	121	2	.	5	22	4	14	1	1	5	38	5	193	.	.	.	60
9	Nikolaiken	5 479 *4 500*	5	.	98	1	.	4	5	9	5	5	.	.	11	8	147	.	.	.	142
10	Pfeilswalde	6 743 *5 832*	5	.	142	.	.	6	9	2	22	3	4	.	36	1	172 *120*	. .	.	.	83
11	Grondowken	8 099 *7 532*	6	.	119	3	.	5	10	7	12	3	.	.	23	5	177	.	.	.	212
12	Lyck	5 382 *4 916*	8	.	149	1	.	2	9	8	12	4	.	3	22	7	178	.	.	.	157

[1]) Die Jagd im Schutzbez. Brandt ist anderweit verpachtet. [2]) Die Jagd im Schutzbez. Wilky ist anderweit verpachtet. [3]) Die Jagd in den Schutzbez. Margen und

31.

Verhältnisse

Der jährliche Abschuß beträgt: Rothwild: Hirsche	Rothwild: Kahlwild u. Spießer	Damwild: Hirsche	Damwild: Kahlwild u. Spießer	Rehe	Schwarzwild	Auerwild	Birkwild	Haselwild	Fasanen	In der Zeit vom 1. 4. 1885 bis 1. 4. 1886 wurden erlegt: Hasen	Rebhühner	Enten	Holzpreise nach den Holztaxen von 1893 (einschl. der Werbungskosten): Gewöhnliches Bau- u. Nutzholz (Taxklasse von 0,5—1 fm für das fm): Eichen Mk.	Eichen Pf.	Nadelholz Mk.	Nadelholz Pf.	Scheitholz (für das rm): Buchen Mk.	Buchen Pf.	Nadelholz Mk.	Nadelholz Pf.	Durchschnittlicher Tagelohn im Jahre 1891/92 für den Männertag Mk.	Männertag Pf.	Frauentag Mk.	Frauentag Pf.	Bemerkungen über am Wohnorte des Oberförsters oder in der Nähe befindliche höhere Bildungsanstalten (G. = Gymnasium, RG. = Realgymnasium, PG. = Progymnasium, RPG. = Realprogymnasium)
Stück																									
.	.	.	.	20	.	.	6	4	.	70	10	15	18	.	9	.	3	50	2	50	1	40	.	90	
.	.	.	.	18	.	.	10	10	.	45	20	2	17	.	9 8	. .	3	50	2	50	1	20	.	80	
.	.	.	.	10	.	.	2	2	.	200	40	50	19	.	9	.	4	.	2 3	80 .	1	40	.	85	
.	.	.	.	5	.	.	3	.	.	23	26	35	.	.	9	.	3	.	2	50	1	50	1	20	
.	.	2	1	12	.	.	5	5	.	80	.	.	17	.	10	.	4	.	3	.	1	30	.	72	
.	.	.	.	12	.	.	2	10	.	60	10	.	17	.	9	.	4	.	3	.	1	20	.	80	
.	.	.	.	10	.	.	.	.	.	318	4	.	15	.	8	.	4	.	3	.	1	30	.	80	
.	.	.	.	24	.	.	.	.	.	280	25	2	16	.	10 9	. .	4	50	3	50	1	60	.	80	
.	.	.	.	9	.	.	.	.	.	132	42	12	18	.	8	.	5	50	3	30	1	60	.	90	
.	.	.	.	9	.	.	6	.	.	7	15	.	12	.	7	.	4	.	2	80	1	20	.	80	
2	.	.	.	14	.	.	.	.	.	120	20	6	16	.	11 13	. .	4	.	3	.	1	30	.	80	
17 5 Elche[4])	11	5	2	433	48	.	56	100	.	4 035	336	797	.	.	.	.	.	.	.	.	.	.	.	.	

Gumbinnen.

.	.	.	.	6	.	.	.	.	.	90	18	30	9	.	7	.	1	80	1	70	1	.	.	70	
.	.	.	.	12	.	.	10	8	.	100	6	.	9	.	7	.	1	80	1	70	1	10	.	70	
.	.	.	.	7	.	.	.	.	.	85	.	.	9	.	7	.	1	80	1	70	1	20	.	70	
.	.	.	.	18	.	.	6	1	.	14	5	.	9	.	7	.	1	80	1	70	1	20	.	80	
.	.	.	.	2	.	.	1	.	.	40	3	8	9	.	7	.	1	80	1	70	1	10	.	70	
.	.	.	.	12	.	.	1	.	.	.	.	.	9	.	7	.	1	80	1	70	1	.	.	60	
.	.	.	.	12	.	.	2	.	.	30	.	50	11	.	7	.	2	.	1	70	1	10	.	70	
.	.	.	.	7	.	.	.	.	.	2	20	2	11	.	7	.	2	.	1	70	1	.	.	65	
.	.	.	.	14	.	.	5	.	.	70	10	10	11	.	7	.	3	.	2	.	1	20	.	70	
.	.	.	.	8	.	.	.	2	.	74	2	8	11	.	7	.	2	40	1	70	1	10	.	70	
.	.	.	.	17	.	.	10	.	.	124	.	20	13	.	8	.	3	.	2	20	1	.	.	80	
.	.	.	.	12	.	.	.	.	.	104	30	13	13	.	10	.	3	60	3	.	1	10	.	70	G. in Lyck.

Bärwalde ist an den Oberforstbeamten verpachtet. [4]) Hier ist der Bestand am 1. Mai 1893 und der für den Herbst 1893 ministeriell genehmigte Abschuß verzeichnet.

Laufende Nummer	Oberförsterei	Gesammtfläche der Staatsforsten (*darunter zur Holzzucht bestimmte Fläche*)	Zahl der Schutzbezirke im Staatswalde	Den Oberförstereien zur Verwaltung angeschlossene nicht fiskalische (Gemeinde- zc.) Waldungen (Zahl der Gemeinden zc.)	Nachweisung der den etatsmäßigen Forstbeamtenstellen zugetheilten nutzbaren Dienstlandsflächen: Gesammt-Größe		Dienstländereien der Oberförsterstelle: Gärten		Aecker		Wiesen		Weiden		Gesammt-Größe		Nutzungsgeld (*künftig*)		Jagd-: Der Wildstand an Roth-, Dam- u. Rehwild beträgt: Rothwild	Damwild	Rehe
		ha		ha	ha	dc	ha	dc	ha	dc	ha	dc	ha	dc	ha	dc	Mk.	Pf.	Stück		
13	Borken	5 571 *4 907*	4	.	102	2	.	2	20	9	5	7	.	6	27	4	338	.	.	.	112
14	Rothebude	6 191 *4 476*	6	.	130	4	.	3	17	.	12	5	.	.	29	8	172	.	.	.	195
15	Heydtwalde	5 488 *4 957*	6	.	115	1	.	2	16	6	6	9	.	.	23	7	147	.	.	.	90
16	Skallischen	5 060 *3 769*	5	.	124	.	.	3	11	2	12	1	.	5	24	1	419	.	.	.	120
17	Szittkehmen ***) . .	5 592 *4 833*	5	.	129	4	.	5	13	8	20	9	.	.	35	2	355	.	167	24	75
18	Goldap ***) . . .	5 947 *5 098*	5	.	96	9	.	.	1	6	3	7	.	.	5	3	78	.	104	10	50
19	Nassawen ***) . . .	6 654 *4 440*	5	.	118	5	.	5	18	.	10	9	4	8	34	2	360	.	290	11	57
20	Warnen ***) . . .	5 690 *5 165*	5	.	127	9	4	5	24	.	14	8	20	.	63	3	525	.	235	.	105
21	Kranichbruch	6 254 *4 910*	5	.	123	8	1	3	9	8	14	9	7	1	33	1	330	.	.	.	700
22	Astrawischken . . .	5 297 *4 554*	5	.	127	2	.	6	18	1	8	6	4	9	32	2	764[1]	.	.	41	600
23	Tzullkinnen	5 400 *4 357*	5	.	119	8	1	2	20	8	6	6	.	.	28	6	276	.	.	.	140
24	Eichwald	5 414 *4 564*	5	.	116	5	.	5	17	9	8	1	.	.	26	5	282	.	.	.	160
25	Brödlauken [2]) . . .	4 102 *3 034*	5	.	140	.	.	3	21	4	11	.	.	7	33	4	392	.	.	.	215
26	Schorellen	7 211 *5 075*	6	.	145	9	.	7	34	3	12	.	.	.	47	.	705	.	.	.	350
27	Ußballen	4 840 *2 333*	4	.	98	4	.	.	18	9	17	8	.	4	37	1	374	.	.	.	140
28	Weßkallen	4 721 *3 693*	5	.	138	6	1	.	28	7	13	3	.	5	43	5	404	.	.	.	210
29	Neu-Lubönen . . .	6 628 *5 791*	7	.	123	9	.	2	8	9	10	.	.	.	19	1	502	.	.	.	85
30	Trappönen	6 364 *5 698*	6	.	131	4	.	6	10	.	6	4	.	.	17	.	399	.	.	15	195
31	Schmalleningken . .	6 702 *5 802*	6	.	117	1	.	8	5	4	11	.	.	.	17	2	300	.	.	.	140
32	Jura	6 262 *5 572*	7	.	143	.	.	6	15	3	6	9	1	4	24	2	361	.	.	.	140
33	Padrojen	7 760 *6 064*	11	.	214	4	.	5	18	7	5	8	5	.	30	.	189	.	.	.	400
34	Wilhelmsbruch . . .	7 503 *4 631*	8	.	169	6	1	4	14	6	7	6	.	.	23	6	409	.	.	.	210
35	Schnecken	6 569 *3 608*	5	.	140	8	.	8	21	.	.	3	9	2	31	3	600 *550*	. .	.	.	410
36	Dingken	6 430 *3 083*	6	.	140	8	.	3	25	5	9	2	1	8	36	8	290 *310*	. .	.	.	88
37	Tawellningken . . .	8 533 *6 718*	7	.	146	6	.	1	.	7	18	.	.	.	18	8	400	.	. 60 Elche	.	20
38	Ibenhorst	6 642 *3 961*	5	.	111	.	.	4	4	.	20	3	1	.	25	7	327	.	. 100 Elche	.	455
39	Norkaiten	7 212 *3 325*	5	.	137	3	1	.	16	9	21	1	5	4	44	4	370	.	.	.	200
	Zusammen	246 592 *191 409*	213	.	4 793	3	23	3	529	.	459	3	70	8	1 082	4	11 516	.	796 160 Elche[3])	101	7 242

[1]) Einschl. 157 Mk. Meliorationszinsen. [2]) Die Jagd im Schutzbez. Buylien und auf dem Packledinner Moor ist an den Oberforstbeamten verpachtet.

31.

Verhältnisse: Der jährliche Abschuß beträgt: Rothwild		Damwild								In der Zeit vom 1. 4. 1885 bis 1. 4. 1886 wurden erlegt:			Holzpreise nach den Holztaxen von 1893 (einschl. der Werbungskosten): Gewöhnliches Bau- u. Nutzholz (Taxklasse von 0,5—1 fm für das fm)				Scheitholz (für das rm)				Durchschnittlicher Tagelohn im Jahre 1891/92 für den				Bemerkungen über am Wohnorte des Oberförsters oder in der Nähe befindliche höhere Bildungsanstalten (G. = Gymnasium, RG. = Realgymnasium, PG. = Progymnasium, RPG. = Realprogymnasium)
Hirsche	Kahlwild u. Spießer	Hirsche	Kahlwild u. Spießer	Rehe	Schwarzwild	Auerwild	Birkwild	Haselwild	Fasanen	Hasen	Rebhühner	Enten	Eichen		Nadelholz		Buchen		Nadelholz		Männertag		Frauentag		
Stück													Mk.	Pf.	Mk.	Pf.	Mk.	Pf.	Mk.	Pf.	Mk.	Pf.	Mk.	Pf.	
.	.	.	.	12	1	.	1	.	.	17	20	11	13	.	8	.	2	.	2	20	1	10	.	70	
.	.	.	.	15	2	.	4	10	.	26	4	20	13	.	8	.	2	50	2	20	1	.	.	70	
.	.	.	.	12	12	.	2	6	.	37	.	.	13	.	8	.	2	50	2	20	1	20	.	70	
.	.	.	.	14	.	.	.	.	.	121	36	.	13	.	8	.	3	50	2	50	1	50	.	70	
9	21	2	.	6	.	.[4])	2	1	.	35	5	.	24	.	10	.	2	30	2	40	1	.	.	70	
9	9	2	.	5	.	.	6	5	.	40	4	2	26	.	11	.	3	.	2	90	1	20	.	80	
14	21	2	.	4	.	.	8	5	.	59	.	20	24	.	11	.	3	.	2	60	1	20	.	80	
8	16	.	.	9	.	.	2	2	.	74	20	2	24	.	10	.	3	60	2	90	1	25	.	70	
.	.	.	.	40	10	.	6	3	.	110	15	.	18	.	10	.	3	50	2	70	1	20	.	80	
.	.	3	6	42	8	.	3	3	.	130	11	1	18	.	10	.	3	50	2	50	1	40	.	80	
.	.	.	.	20	.	.	5	5	.	123	21	.	15	.	10	.	4	50	3	50	1	20	.	80	
.	.	.	.	13	.	.	8	5	.	126	15	10	17	.	11	.	4	50	3	50	1	30	.	80	G. und RG. in Insterburg, etwa 8 km entfernt.
.	.	.	.	34	.	.	.	.	.	195	8	.	21	.	11	.	4	50	4	.	1	30	.	80	G. und RG. in Insterburg, mit 16 Min. Eisenbahnfahrzeit zu erreichen.
.	.	.	.	27	.	.	8	3	.	200	30	5	24	.	9	.	4	.	3	10	1	50	.	80	
.	.	.	.	10	.	.	3	3	.	180	40	40	24	.	9	.	4	.	3	10	1	30	.	80	
.	.	.	.	8	.	.	5	5	.	150	20	12	16	.	10	.	2	60	2	40	1	20	.	80	
.	.	.	.	5	.	.	4	4	.	42	6	.	9	.	7	.	2	50	2	80	1	20	.	80	
.	.	.	.	10	.	.	1	1	.	150	12	.	9	.	7	.	2	50	2	80	1	40	.	80	
.	.	.	.	9	.	1	8	3	.	40	20	.	9	.	6	.	3	.	2	60	1	10	.	65	
.	.	.	.	9	.	1	2	2	.	64	4	10	9	.	6	.	3	.	2	60	1	20	.	70	
.	.	.	.	18	.	.	8	1	1	282	210	5	19	.	12	.	4	.	3	.	1	20	.	80	G. und RG. in Insterburg, etwa 8 km entfernt.
.	.	.	.	14	.	.	10	1	.	36	6	14	19	.	8	.	4	.	3	.	1	20	.	80	
.	.	.	.	32	.	.	8	.	.	200	80	20	18	.	8	.	4	40	3	30	1	40	.	90	
.	.	.	.	9	.	.	2	.	.	248	88	.	20	.	8	.	4	20	3	20	1	10	.	80	
. 2 Elche	.	.	.	10	.	.	.	.	.	21	.	126	16	.	8	.	3	50	3	.	2	.	1	50	
. 4 Elche	.	.	.	50	.	.	5	.	.	29	20	42	16	.	8	.	4	.	3	.	1	50	1	.	
.	.	.	.	12	.	.	4	.	.	63	56	9	12	.	8	.	4	.	2	70	1	30	.	70	
40 6 Elche[3])	67	9	6	576	33	2	150	79	1	3 531	845	490	.	.	.	.	.	.	.	.	.	.	.	.	

[3]) Vgl. Anm. 4, S. 165. [4]) In neuester Zeit ist Auerwild ausgesetzt worden.

Laufende Nummer	Oberförsterei	Gesammtfläche der Staatsforsten (*darunter zur Holzzucht bestimmte Fläche*) ha	Zahl der Schutzbezirke im Staatswalde	Den Oberförstereien zur Verwaltung angeschlossene nicht fiskalische (Gemeinde- rc.) Waldungen (Zahl der Gemeinden rc.) ha	Nachweisung der den etatsmäßigen Forstbeamtenstellen zugetheilten nutzbaren Dienstlandsflächen: Gesammt-Größe ha	dc	Dienstländereien der Oberförsterstelle: Gärten ha	dc	Aecker ha	dc	Wiesen ha	dc	Weiden ha	dc	Gesammt-Größe ha	dc	Nutzungsgeld (*künftig*) Mk.	Pf.	Jagd: Der Wildstand an Roth-, Dam- u. Rehwild beträgt: Rothwild Stück	Damwild Stück	Rehe Stück
	3. Regierungs-Bezirk																				
1	Steegen [1])	5 376 *4 945*	7	.	72	3	.	2	16	3	1	2	.	.	17	7	540	.	.	.	232
2	Pelplin	4 576 *4 066*	10	.	149	9	.	5	15	1	4	1	.	.	19	7	315	.	.	.	300
3	Sobbowitz	4 774 *4 238*	9	.	188	3	.	5	32	2	7	6	.	.	40	3	484	.	.	.	240
4	Wilhelmswalde	6 982 *5 907*	6	.	146	8	.	7	29	5	15	7	.	.	45	9	148	.	.	.	147
5	Wildungen	8 964 *7 881*	6	.	123	.	.	5	9	2	4	8	5	1	19	6	44	.	.	.	216
6	Wirthy	7 001 *6 093*	6	.	126	1	.	8	28	3	4	6	.	.	33	7	[2]) 422 *443*	. .	.	.	199
7	Hagenort	8 745 *7 762*	5	.	114	3	.	4	12	2	15	9	.	.	28	5	135	.	.	.	181
8	Okonin	4 928 *4 597*	5	.	95	3	.	2	13	7	5	1	.	.	19	.	86	.	.	.	241
9	Königswiese	7 306 *6 766*	7	.	111	1	.	6	17	.	11	7	.	.	29	3	156	.	.	.	207
10	Lorenz	8 237 *7 649*	6	.	90	9	.	7	10	1	6	4	.	.	17	2	125	.	.	.	34
11	Buchberg	5 514 *5 027*	6	.	114	4	.	5	15	8	6	8	3	1	26	2	216	.	.	.	88
12	Sullenschin	5 663 *4 713*	5	.	63	8	noch nicht überwiesen												.	.	[4]) *40*
13	Stangenwalde	5 126 *4 371*	6	.	153	5	.	6	34	9	9	.	.	6	45	1	417	.	.	.	102
14	Carthaus	6 258 *5 359*	7	.	106	5	1	2	9	9	8	3	.	.	19	4	100	.	.	.	96
15	Mirchau	6 513 *5 729*	6	.	142	6	.	7	22	9	8	.	7	.	38	6	420	.	.	.	130
16	Oliva	3 889 *3 646*	5	.	88	7	.	5	11	5	5	1	.	.	17	1	202	.	.	.	210
17	Kielau	5 875 *5 729*	7	.	100	3	.	3	4	7	7	3	.	.	12	3	57	.	.	.	95
18	Gnewau [3])	5 041 *4 764*	5	.	100	3	.	1	26	2	2	7	.	.	29	.	410	.	.	.	190
19	Neustadt †)	6 091 *5 575*	6	.	83	.	.	.	4	9	1	8	.	.	6	7	48	.	.	.	209
20	Darslub	5 947 *5 569*	6	.	92	1	.	8	10	5	5	7	.	.	17	.	290	.	.	.	228
	Zusammen	122 806 *110 386*	126	.	2 263	2	9	8	324	9	131	8	15	8	482	3	4 615	.	.	.	3 385

[1]) Die Jagd im Schutzbez. Neufähr ist anderweit verpachtet. [2]) Einschl. 103 Mk. Meliorationszinsen. [3]) Die Jagd im Waldwärterbez Lusin ist anderweit verpachtet.

31.

Verhältnisse: Der jährliche Abschuß beträgt: Rothwild: Hirsche	Rothwild: Kahlwild u. Spießer	Damwild: Hirsche	Damwild: Kahlwild u. Spießer	Rehe	Schwarzwild	Auerwild	Birkwild	Haselwild	Fasanen	In der Zeit vom 1. 4. 1885 bis 1. 4. 1886 wurden erlegt: Hasen	Rebhühner	Enten	Holzpreise nach den Holztaxen von 1893 (einschl. der Werbungskosten): Gewöhnliches Bau- u. Nutzholz (Taxklasse von 0,5—1 fm für das fm): Eichen Mk.	Pf.	Nadelholz Mk.	Pf.	Scheitholz (für das rm): Buchen Mk.	Pf.	Nadelholz Mk.	Pf.	Durchschnittlicher Tagelohn im Jahre 1891/92 für den Männertag Mk.	Pf.	Frauentag Mk.	Pf.	Bemerkungen über am Wohnorte des Oberförsters oder in der Nähe befindliche höhere Bildungsanstalten (G. = Gymnasium, RG. = Realgymnasium, PG. = Progymnasium, RPG. = Realprogymnasium)
Stück																									
Danzig.																									
.	.	.	.	19	.	.	.	.	.	85	.	.	20	.	12 11	. .	5	70	4	20	1	40	.	90	
.	.	.	.	25	.	.	.	.	.	345	9	.	17	.	9 8	. .	4	50	3	80	1	40	.	80	PG. in Pelplin, etwa 1,5 km entfernt.
.	.	.	.	16	.	.	.	.	.	238	30	28	16	.	9 8	. .	4	.	2	50	1	60	1	.	
.	.	.	.	13	.	.	.	.	.	112	42	40	15	.	8 7	. .	4	.	2 2	50 40	1	20	.	70	
.	.	.	.	13	.	.	2	.	.	12	.	2	14	.	7	.	3	.	2 2	20 40	1	20	.	80	
.	.	.	.	12	.	.	2	.	.	83	10	20	15	.	7	.	3	50	2 2	50 40	1	20	.	70	
.	.	.	.	8	.	.	2	.	.	80	2	191	14	.	8 7	. .	3	.	2 2	20 40	1	20	.	70	
.	.	.	.	13	.	.	1	.	.	138	8	25	14	.	8 7	. .	3	.	2 2	50 40	1	20	.	80	
.	.	.	.	10	.	.	1	.	.	39	.	10	13	.	8 7	. .	3	.	2 2	50 40	1	30	.	80	
.	.	.	.	2	.	.	.	.	.	66	18	57	13	.	8 7	. .	3	.	2 2	40 20	1	20	.	80	
.	.	.	.	7	.	.	.	.	.	100	10	10	13	.	8 7	. .	3	.	2 2	40 20	1	30	.	80	PG. in Berent, etwa 2 km entfernt.
.	.	.	.	4 [4)]	.	.	.	.	.	60	10	15	11	.	6 5	. .	2	20	1	80	1	30	.	80	
.	.	.	.	11	.	.	.	.	.	140	23	.	13	.	7	.	4	.	2	50	1	50	.	80	
.	.	.	.	5	.	1	.	1	.	51	4	2	12	.	7	.	3	40	2	60	1	30	.	80	
.	.	.	.	4	29	3	.	5	.	35	.	2	11	.	6 5	. .	2	20	1	80	1	10	.	65	
.	.	.	.	14	.	.	.	.	.	120	.	.	16	.	8	.	4	60	3	50	1	50	.	80	G. und RG. in Danzig, mit 17 Min. Eisenbahnfahrzeit zu erreichen.
.	.	.	.	8	.	.	.	5	.	30	.	.	15	.	7	.	3	50	3	.	1	50	.	80	
.	.	.	.	15	.	1	.	20	.	37	.	.	14	.	7	.	3	80	2	80	1	20	.	60	G. in Neustadt, etwa 7 km entfernt.
.	.	.	.	9	6	.	.	1	.	14	.	.	14	.	7	.	3	80	2	80	1	30	.	80	G. in Neustadt.
.	.	.	.	12	4	2	.	1	.	62	10	.	12	.	7	.	3	50	2	40	1	20	.	80	
.	.	.	.	220	39	7	8	33	.	1 847	176	402	.	.	.	.	.	.	.	.	.	.	.	.	

4) Ein Beschußplan ist noch nicht aufgestellt.

Laufende Nummer	Oberförsterei	Gesammtfläche der Staatsforsten (*darunter zur Holzzucht bestimmte Fläche*) ha	Zahl der Schutzbezirke im Staatswalde	Den Oberförstereien zur Verwaltung angeschlossene nicht fiskalische (Gemeinde- 2c.) Waldungen (Zahl der Gemeinden 2c.) ha	Nachweisung der den etatsmäßigen Forstbeamtenstellen zugetheilten nutzbaren Dienstlandsflächen: Gesammt-Größe ha	dc	Dienstländereien der Oberförsterstelle: Gärten ha	dc	Aecker ha	dc	Wiesen ha	dc	Weiden ha	dc	Gesammt-Größe ha	dc	Nutzungsgeld (*künftig*) Mk.	Pf.	Jagd-: Der Wildstand an Roth-, Dam- u. Rehwild beträgt: Rothwild Stück	Damwild Stück	Rehe Stück
	4. Regierungs-Bezirk																				
1	Lautenburg	6 531 *5 138*	6	.	134	7	.	6	26	9	2	4	.	.	29	9	142	.	.	.	200
2	Ruda	6 249 *5 731*	6	.	122	3	.	8	12	4	14	4	1	.	28	6	120	.	.	.	221
3	Gollub	4 798 *4 068*	8	.	175	3	.	4	28	8	13	8	2	8	45	8	380	.	.	.	120
4	Strembaczno	3 598 *3 152*	5	.	115	6	.	2	21	6	15	.	.	.	36	8	259	.	.	16	78
5	Kosten †)	3 893 *etwa 3 665*	7	.	125	.	noch nicht überwiesen												.	.	65
6	Wilhelmsberg	6 588 *5 347*	8	.	148	1	.	5	32	6	1	5	1	1	35	7	178	.	2	.	380
7	Lonkorß	6 600 *5 803*	7	.	148	4	.	4	41	5	2	8	.	.	44	7	249	.	35	.	280
8	Jammi	6 927 *6 400*	10	.	179	5	.	6	29	2	4	6	.	.	34	4	495	.	.	.	124
9	Rehhof [1])	7 972 *7 360*	10	.	185	5	.	6	27	8	6	7	.	.	35	1	272	.	.	.	202
10	Krausenhof	2 520 *2 318*	4	.	104	1	.	7	27	7	11	2	.	.	39	6	295	.	.	.	110
11	Hagen	7 334 *7 023*	6	.	114	6	.	4	15	2	6	5	.	.	22	1	165	.	.	.	212
12	Bülowsheide	6 928 *6 219*	7	.	131	2	.	8	10	.	11	8	.	.	22	6	84	.	.	.	302
13	Osche	7 063 *6 619*	7	.	154	9	.	4	30	8	12	2	.	.	43	4	264	.	.	.	167
14	Charlottenthal	6 166 *5 889*	7	.	157	5	.	2	29	2	.	4	11	4	41	2	230	.	.	.	350
15	Lindenbusch [2])	6 135 *5 530*	7	.	144	6	1	3	24	1	7	2	9	8	42	4	280	.	.	.	191
16	Junckerhof	7 183 *6 667*	5	.	119	.	.	5	23	8	8	7	.	.	33	.	150	.	.	.	160
17	Grünfelde	5 535 *5 045*	6	.	125	7	.	5	35	5	8	5	.	.	44	5	342	.	.	.	139
18	Schwiedt	6 509 *6 102*	7	.	130	1	2	3	18	4	7	5	.	.	28	2	153	.	.	.	166
19	Woziwoda	6 746 *6 298*	5	.	81	5	.	9	6	.	11	9	4	4	23	2	115	.	.	.	240
20	Lutau	5 532 *4 228*	6	.	135	1	1	.	17	1	15	2	.	.	33	3	292	.	.	86	185
21	Plietnitz	7 413 *7 165*	6	.	151	5	.	4	29	4	3	5	12	6	45	9	220	.	121	.	167
22	Schönthal	7 349 *6 838*	7	.	150	9	.	3	9	.	21	6	.	.	30	9	204	.	105	.	161
23	Schloppe	5 771 *5 464*	8	.	122	5	1	5	10	.	6	8	1	2	19	5	134	.	16	.	86
24	Königsbruch	7 263 *6 591*	7	.	124	.	.	3	21	5	7	7	.	.	29	5	105	.	.	.	104
25	Czersk	6 611 *5 989*	7	.	131	.	.	7	16	2	5	.	.	.	21	9	180	.	.	.	142
26	Rittel	5 544 *5 137*	5	.	106	6	.	4	17	9	8	6	2	8	29	7	239	.	.	.	328

[1]) Die Jagd in den Schutzbez. Gunthen und Halbersdorf ist an den Oberforstbeamten verpachtet. [2]) Die Jagd im Schutzbez. Nonnenkämpe ist anderweit verpachtet.

31.

Verhältnisse

Der jährliche Abschuß beträgt: Rothwild – Hirsche	Rothwild – Kahlwild u. Spießer	Damwild – Hirsche	Damwild – Kahlwild u. Spießer	Rehe	Schwarzwild	Auerwild	Birkwild	Haselwild	Fasanen	In der Zeit vom 1. 4. 1885 bis 1. 4. 1886 wurden erlegt: Hasen	Rebhühner	Enten	Holzpreise nach den Holztaxen von 1893 (einschl. der Werbungskosten) – Gewöhnliches Bau- u. Nutzholz (Taxklasse von 0,5—1 fm für das fm) – Eichen Mk.	Pf.	Nadelholz Mk.	Pf.	Scheitholz (für das rm) – Buchen Mk.	Pf.	Nadelholz Mk.	Pf.	Durchschnittlicher Tagelohn im Jahre 1891/92 für den Männertag Mk.	Pf.	Frauentag Mk.	Pf.	Bemerkungen über am Wohnorte des Oberförsters oder in der Nähe befindliche höhere Bildungsanstalten (G. = Gymnasium, RG. = Realgymnasium, PG. = Progymnasium, RPG. = Realprogymnasium)
Stück																									
Marienwerder.																									
.	.	.	.	16	.	.	.	.	.	*90*	.	.	15	.	7	.	2	70	2 / 2	50 / 30	1	20	.	70	
.	.	.	.	15	.	.	.	.	.	*180*	*15*	*20*	13	.	7	.	2	60	2 / 2	30 / 20	1	20	.	80	
.	.	.	.	15	.	.	.	.	.	150	20	.	15	.	8 / 9	. / .	4	.	3 / 3	30 / 20	1	05	.	80	
.	.	1	.	10	.	.	.	.	.	123	17	15	18	.	8	.	4	.	3 / 3	50 / .	1	20	.	80	
.	.	.	.	8	.	.	.	.	.	*16*	.	*3*	15	50	7 / 8	50 / .	3	.	2 / 2	70 / 30	1	20	.	80	
.	2	.	.	22	.	.	.	.	.	150	.	50	15	.	10 / 9	. / .	3	20	2	80	1	20	.	80	
5	6	.	.	18	.	.	.	.	.	*140*	*10*	20	16	.	8 / 9	. / .	3	40	3	.	1	20	.	80	
.	.	.	.	14	.	.	.	.	.	286	16	14	18	.	8	.	5	.	3 / 3	60 / .	1	30	.	80	
.	.	.	.	24	.	.	.	.	.	341	24	33	14	.	10	.	5	.	4 / 3	. / 50	1	40	.	90	
.	.	.	.	12	.	.	.	.	.	150	2	2	17	.	10	.	5	.	4 / 3	. / 50	1	60	.	70	
.	.	.	.	13	.	.	.	.	.	54	.	32	14	.	8 / 7	. / .	3	50	3 / 2	. / 50	1	20	.	70	
.	.	.	.	22	.	.	.	.	.	120	10	60	14	.	8 / 7	. / .	3	50	3 / 2	. / 50	1	20	.	80	
.	.	.	.	17	.	.	.	.	.	72	46	28	13	.	10 / 7	. / .	3	.	3 / 2	. / 50	1	20	.	80	
.	.	.	.	22	.	.	.	.	.	140	5	10	13	.	9 / 7	. / .	3	.	3 / 2	. / 50	1	20	.	65	
.	.	.	.	12	.	.	.	.	.	123	74	110	19	.	9 / 7	. / .	4	.	3 / 2	. / 50	1	20	.	60	
.	.	.	.	14	.	.	2	.	.	.	.	4	12	.	8 / 7	. / .	3	50	2 / 2	50 / .	1	20	.	70	
.	.	.	.	8	.	.	.	.	.	63	15	48	17	.	11 / 7	. / .	3	60	3 / 2	. / 50	1	10	.	75	
.	.	.	.	12	.	.	.	.	.	96	2	2	15	.	9 / 7	. / .	3	60	2 / 2	60 / 30	1	10	.	70	
.	.	.	.	24	.	.	8	.	.	50	5	48	12	.	7	.	2	50	2	10	1	20	.	80	
.	.	4	6	24	.	.	.	.	.	354	185	35	18	.	9	.	4	50	3	50	1	10	.	60	
5	6	.	.	11	.	.	2	.	.	79	.	36	19	.	10 / 8	. / .	4	50	2 / 2	50 / .	1	20	.	70	
4	7	.	.	15	.	.	.	.	.	122	14	15	18	.	10	.	4	50	2 / 2	50 / .	1	20	.	80	
4	.	.	.	8	.	.	.	.	.	115	5	18	16	.	8	.	4	.	3 / 2	. / 50	1	25	.	85	
.	.	.	.	10	.	.	2	.	.	61	6	15	12	.	7	.	2	50	2	30	1	30	.	70	
.	.	.	.	16	.	.	.	.	.	90	15	6	13	.	7	.	2	50	2	30	1	30	.	80	
.	.	.	.	16	.	.	1	.	.	*85*	*2*	*15*	12	.	8 / 7	. / .	2	50	2	50	1	40	.	90	

*

Laufende Nummer	Oberförsterei	Gesammtfläche der Staatsforsten (*darunter zur Holzzucht bestimmte Fläche*) ha	Zahl der Schutzbezirke im Staatswalde	Den Oberförstereien zur Verwaltung angeschlossene nicht fiskalische (Gemeinde- ꝛc.) Waldungen (Zahl der Gemeinden ꝛc.) ha	Nachweisung der den etatsmäßigen Forstbeamtenstellen zugetheilten nutzbaren **Dienstlandsflächen**: Gesammt-Größe ha	dc	Dienstländereien der **Oberförsterstelle**: Gärten ha	dc	Aecker ha	dc	Wiesen ha	dc	Weiden ha	dc	Gesammt-Größe ha	dc	Nutzungsgeld (*künftig*) Mk.	Pf.	**Jagd-**: Der **Wildstand** an Roth-, Dam- u. Rehwild beträgt: Rothwild (Stück)	Damwild (Stück)	Rehe (Stück)
27	Gildon	6 855 *6 137*	4	.	79	9	.	2	20	2	6	8	.	.	27	2	95	.	.	.	20
28	Laska	7 975 *7 474*	5	.	140	6	.	7	18	7	14	.	3	4	36	8	274	.	.	.	26
29	Landeck	4 416 *4 223*	5	.	84	4	1	4	8	6	11	1	.	.	21	1	120	.	.	.	178
30	Lindenberg	9 958 *6 784*	6	.	120	5	.	7	25	5	6	1	.	7	33	.	303	.	.	.	172
31	Eisenbrück	7 734 *7 167*	7	.	139	7	.	4	16	.	19	5	.	.	35	9	90	.	.	.	325
32	Pflastermühl	7 704 *7 329*	7	.	145	8	1	4	21	4	8	3	4	3	35	4	140	.	8	.	180
33	Zanderbrück	5 776 *5 375*	6	.	123	6	.	7	9	8	8	3	.	.	18	8	96	.	2	.	222
34	Hammerstein	6 297 *5 712*	7	.	150	1	1	5	14	.	13	1	.	.	28	6	182	.	.	.	170
	Zusammen	217 473 *195 977*	221	.	4 503	8	23	7	696	8	302	7	55	5	1 078	7	6 847	.	289	102	6 173

5. Regierungs-Bezirk

Laufende Nummer	Oberförsterei	Gesammtfläche ha	Schutzbezirke	Nicht fisk. Waldungen ha	Gesammt-Größe ha	dc	Gärten ha	dc	Aecker ha	dc	Wiesen ha	dc	Weiden ha	dc	Gesammt-Größe ha	dc	Nutzungsgeld Mk.	Pf.	Rothwild	Damwild	Rehe
1	Cummersdorf	5 908 *5 289*	9	.	116	8	1	.	10	5	12	6	.	.	24	1	154	.	71	283	190
2	Woltersdorf	4 585 *3 946*	6	.	90	2	.	7	11	4	10	5	.	.	22	6	216	.	.	3	180
3	Zinna	3 338 *3 035*	4	.	49	6	1	1	7	5	9	.	.	.	17	6	182	.	.	8	39
4	Cunersdorf	4 484 *4 251*	5	.	89	2	3	9	10	4	8	8	.	.	23	1	216	.	.	197	85
5	Lehnin	5 970 *5 599*	7	.	112	8	1	2	13	3	13	.	.	.	27	5	240	.	.	74	51
6	Dippmannsdorf [1])	3 072 *2 964*	7	.	77	3	.	4	9	4	13	2	.	.	23	.	230	.	.	9	47
7	Grünaue	2 733 *2 578*	3	.	58	8	1	2	9	8	8	6	4	.	23	6	146	.	68	.	96
8	Potsdam [2])	6 142 *5 592*	10	.	115	8	.	6	5	3	18	6	.	.	24	5	256	.	.	80	103
9	Colpin	5 103 *4 921*	7	.	74	7	1	8	10	.	14	5	2	1	28	4	174	.	35	.	80
10	Friedersdorf	6 582 *6 319*	5	.	85	4	2	4	10	9	13	6	.	4	27	3	235	.	30	.	30
11	Rüdersdorf	8 089 *7 420*	8	.	123	6	.	5	9	8	27	8	.	.	38	1	500	.	71	1	150
12	Cöpenick	7 942 *7 048*	9	.	160	1	1	1	8	3	21	.	.	.	30	4	246	.	32	.	137
13	Eberswalde	4 128 *3 990*	4	.	71	2	.	1	.	.	2	5	.	.	2	6	30	.	129	.	155
14	Biesenthal †)	4 213 *3 784*	4	.	65	4	.	.	.	.	2	7	.	.	2	7	30	.	202	.	180
15	Freienwalde †)	5 022 *4 801*	6	.	71	2	.	.	.	.	.	.	.	.	.	.	.	.	60	.	106

[1]) Die Jagd auf rund 250 ha ist anderweit verpachtet. [2]) Die Jagd auf Hasen und Rebhühner wird administrirt.

31.

Verhältnisse													Holzpreise nach den Holztaxen von 1893 (einschl. der Werbungskosten)								Durchschnittlicher Tagelohn im Jahre 1891/92 für den				Bemerkungen über am Wohnorte des Oberförsters oder in der Nähe befindliche höhere Bildungsanstalten (G. = Gymnasium, RG. = Realgymnasium, PG. = Progymnasium, RPG. = Realprogymnasium)
Der jährliche Abschuß beträgt:										In der Zeit vom 1. 4. 1885 bis 1. 4. 1886 wurden erlegt:			Gewöhnliches Bau- u. Nutzholz (Taxklasse von 0,5—1 fm für das fm)				Scheitholz (für das rm)								
Rothwild		Damwild																							
Hirsche	Kahlwild u. Spießer	Hirsche	Kahlwild u. Spießer	Rehe	Schwarzwild	Auerwild	Birkwild	Haselwild	Fasanen	Hasen	Rebhühner	Enten	Eichen		Nadelholz		Buchen		Nadelholz		Männertag		Frauentag		
Stück													Mk.	Pf.	Mk.	Pf.	Mk.	Pf.	Mk.	Pf.	Mk.	Pf.	Mk.	Pf.	
.	.	.	.	4	.	.	1	.	.	*50*	*15*	*70*	12	.	8 7	.	2	50	2	50	1	20	.	80	
.	.	.	.	2	.	.	1	.	.	*20*	*2*	*25*	12	.	6	.	2	20	2	.	1	20	.	80	
.	.	.	.	11	.	.	.	.	.	94	.	15	14	.	9 8	.	4	.	2	60	1	20	.	80	
.	.	.	.	16	.	.	.	.	.	158	15	10	15	.	8	.	4	50	2	60	1	15	.	75	
.	.	.	.	30	8	.	.	.	.	100	6	32	12	.	6	.	2	20	2	.	1	20	.	80	
1	.	.	.	18	.	.	.	.	.	85	11	13	12	.	8	.	2	60	2	.	1	20	.	80	
2	.	.	.	25	.	.	.	.	.	110	20	5	12	.	8	.	2	60	2	.	1	20	.	80	
.	.	.	.	13	.	.	.	.	.	*100*	*8*	*25*	12	.	8	.	2	60	2	.	1	30	.	90	
21	21	5	6	517	8	.	17	.	.	3 967	565	834	.	.	.	.	.	.	.	.	.	.	.	.	
Potsdam.																									
1	8	8	18	17	.	.	4	.	.	245	12	40	20	.	14	.	6	.	4	50	1	50	.	70	
.	.	1	2	21	.	.	6	.	.	262	130	44	20	.	14	.	6	.	4	50	1	40	.	90	RPG. in Luckenwalde, etwa 3 km entfernt.
.	.	1	1	3	.	.	2	.	.	90	10	.	20	.	14	.	5	50	4	50	1	50	.	95	
.	.	7	26	9	1	.	.	.	.	52	.	101	19	.	12	.	5	50	4	50	1	70	.	80	
.	.	3	9	7	1	.	10	.	6	88	15	98	20	.	14	.	5	50	4	50	1	20	.	75	
.	.	.	1	5	2	.	2	.	3	47	.	5	20	.	14	.	5	50	4	50	1	20	.	80	
3	9	.	.	11	7	.	.	.	.	50	4	17	20	.	14	.	5	50	4	50	1	50	.	80	RPG. in Rathenow, etwa 3 km entfernt.
.	.	3	11	6	2	.	.	.	.	133	47	19	19	.	12	.	7	.	6	.	2	.	1	.	G. und RG. in Potsdam.
1	3	.	.	15	.	.	.	.	.	230	5	3	18	.	13	.	6	.	5	.	1	40	.	80	G. in Fürstenwalde, etwa 9 km entfernt.
2	3	.	.	5	.	.	.	.	.	84	1	8	18	.	12	.	7	.	5	.	1	80	.	80	
4	8	1	.	17	2	.	.	.	.	108	.	101	18	.	12	.	7	.	6	.	2	.	.	90	
2	4	.	.	15	.	.	1	.	1	320	7	109	18	.	14	.	8	.	6	.	2	.	1	.	Berlin mit 40 Min. Eisenbahnfahrzeit zu erreichen.
4	11	.	.	14	5	.	.	.	.	170	10	3	25	.	12	.	5	.	5	.	1	75	1	.	G. in Eberswalde.
10	20	.	.	16	.	.	.	.	.	53	.	9	25	.	12	.	5	.	5	.	1	70	.	90	G. in Eberswalde.
5	8	.	.	13	11	.	.	.	.	210	6	10	25	.	12	.	5	.	5	.	1	60	.	90	G. in Freienwalde.

Laufende Nummer	Oberförsterei	Gesammtfläche der Staatsforsten (*darunter zur Holzzucht bestimmte Fläche*) ha	Zahl der Schutzbezirke im Staatswalde	Den Oberförstereien zur Verwaltung angeschlossene nicht fiskalische (Gemeinde- ꝛc.) Waldungen (Zahl der Gemeinden ꝛc.) ha	Nachweisung der den etatsmäßigen Forstbeamtenstellen zugetheilten nutzbaren **Dienstlandsflächen**: Gesammt-Größe ha	dc	Dienstländereien der **Oberförsterstelle**: Gärten ha	dc	Aecker ha	dc	Wiesen ha	dc	Weiden ha	dc	Gesammt-Größe ha	dc	Nutzungsgeld (*künftig*) Mk.	Pf.	**Jagd-**: Der **Wildstand** an Roth-, Dam- u. Rehwild beträgt: Rothwild Stück	Damwild Stück	Rehe Stück
16	Chorin	5 339 *4 657*	5	.	114	2	2	9	18	5	8	1	.	.	29	5	500	.	100	.	100
17	Grunewald ***) [1]) . .	4 393 *4 042*	4	.	70	1	.	3	21	8	5	.	.	.	27	1	465	.	.	1 150	48
18	Tegel	2 821 *2 631*	5	.	70	.	1	4	10	.	7	7	.	.	19	1	285	.	10	.	167
19	Falkenhagen [1]) [2]) . .	4 503 *4 213*	6	.	124	3	.	7	12	1	12	2	.	.	25	.	270	.	.	76	240
20	Schönwalde	6 212 *5 923*	8	.	124	1	2	3	28	.	11	3	1	2	42	8	570	.	137	4	120
21	Oranienburg . . .	5 659 *5 285*	7	.	113	.	.	7	15	5	20	3	.	.	36	5	624 *660*	.	68	7	110
22	Neuholland	4 957 *4 547*	6	.	121	4	.	4	10	8	12	4	.	.	23	6	460	.	.	91	122
23	Havelberg	4 117 *3 624*	7	.	98	1	.	2	11	7	6	.	.	.	17	9	516	.	44	.	72
24	Rüthnick	4 260 *4 106*	4	.	82	1	.	5	15	6	7	9	.	.	24	.	256	.	59	200	215
25	Liebenwalde	5 590 *5 403*	6	.	113	1	1	2	14	2	6	7	.	.	22	1	210	.	80	1	96
26	Grimnitz ***) . . .	9 279 *7 103*	7	.	136	2	1	.	8	6	14	3	.	.	23	9	216	.	900	300	105
27	Pechteich ***) . . .	5 723 *5 154*	5	.	123	9	1	2	27	5	9	4	.	.	38	1	585	.	263	148	70
28	Gr.-Schönebeck ***) .	8 430 *7 661*	6	.	140	1	1	.	31	2	12	5	.	.	44	7	620	.	850	315	100
29	Glambeck	4 584 *4 146*	5	.	83	1	.	7	10	.	2	7	.	.	13	4	195	.	180	5	225
30	Reiersdorf ***) . . .	7 051 *6 482*	6	.	116	1	.	4	9	8	10	5	.	.	20	7	110	.	390	260	124
31	Zehdenick ***) . . .	8 510 *7 232*	9	.	193	7	1	9	18	4	7	5	.	.	27	8	143	.	82	130	108
32	Gramzow	3 281 *3 018*	5	.	79	4	.	7	12	5	2	6	.	.	15	8	248	.	68	.	160
33	Alt-Ruppin	6 975 *6 571*	7	.	148	3	1	.	12	8	14	3	.	.	28	1	342	.	188	.	220
34	Neu-Glienicke . . .	6 713 *6 566*	5	.	96	6	1	6	5	.	9	.	.	.	15	6	40	.	105	.	147
35	Neuendorf	5 485 *5 306*	6	.	91	5	1	2	26	4	7	1	7	3	42	.	315	.	156	.	128
36	Zechlin	6 896 *5 981*	7	.	156	8	1	.	32	2	13	6	.	.	46	8	400	.	176	.	95
37	Lüdersdorf	1 603 *1 487*	5	.	54	4	1	4	13	4	4	5	.	.	19	3	283	.	3	.	96
38	Himmelpfort . . .	7 156 *6 215*	5	.	120	.	1	6	23	8	10	1	.	.	35	5	191	.	126	65	110
39	Neu-Thymen . . .	5 924 *4 595*	6	.	101	.	1	1	21	7	9	4	.	.	32	2	305	.	95	100	220
40	Menz	5 752 *5 261*	6	.	86	6	.	5	8	.	5	2	.	.	13	7	115	.	190	40	170
	Zusammen	218 524 *198 746*	242	.	4 120	2	42	9	536	1	406	7	15	.	1 000	7	11 119	.	4 968	3 547	4 997

[1]) Die Jagd auf Hasen und Rebhühner wird administrirt. [2]) Die Jagd im Schutzbez. Jäglitz ist an das Hofjagdamt verpachtet.

31.

Verhältnisse

Der jährliche **Abschuß** beträgt: Rothwild: Hirsche	Rothwild: Kahlwild u. Spießer	Damwild: Hirsche	Damwild: Kahlwild u. Spießer	Rehe	Schwarzwild	Auerwild	Birkwild	Haselwild	Fasanen	In der Zeit vom 1. 4. 1885 bis 1. 4. 1886 wurden erlegt: Hasen	Rebhühner	Enten	**Holzpreise** nach den Holztaxen von 1893 (einschl. der Werbungskosten): Gewöhnliches **Bau- u. Nutzholz** (Taxklasse von 0,5—1 fm für das fm): Eichen Mk.	Eichen Pf.	Nadelholz Mk.	Nadelholz Pf.	**Scheitholz** (für das rm): Buchen Mk.	Buchen Pf.	Nadelholz Mk.	Nadelholz Pf.	Durchschnittlicher **Tagelohn** im Jahre 1891/92 für den Männertag Mk.	Männertag Pf.	Frauentag Mk.	Frauentag Pf.	**Bemerkungen** über am Wohnorte des Oberförsters oder in der Nähe befindliche **höhere Bildungsanstalten** (G. = Gymnasium, RG. = Realgymnasium, PG. = Progymnasium, RPG. = Realprogymnasium)
Stück																										
6	14	.	.	10	.	.	.	.	.	151	.	57	24	.	12	.	5	.	5	.	1	60	.	80	G. in Eberswalde, etwa 8 km entfernt.
.	.	63	187	8	.	.	.	.	.	147	71	159	25	.	11	.	8	.	6	.	2	50	1	20	G. und RG. in Steglitz, mit 10 Min. Eisenbahnfahrzeit von dem etwa 1 km entfernten Zehlendorf zu erreichen.
1	3	.	.	18	.	.	.	.	.	86	5	18	25	.	12	.	7	.	6	.	2	40	1	20	Berlin mit 30 Min. Eisenbahnfahrzeit zu erreichen.
.	.	1	7	19	.	.	4	.	1	116	33	.	27	.	11	.	6	.	6	.	2	20	1	.	
7	19	.	4	18	.	.	.	.	.	105	6	2	24	.	11	.	6	.	6	.	1	60	.	90	
2	9	.	2	10	.	.	.	.	.	92	.	18	21	.	12	.	6	.	6	.	1	80	1	.	Berlin mit Eisenbahnfahrzeit von 45 Min. zu erreichen.
.	.	4	11	10	.	.	.	.	.	42	21	1	21	.	12	.	6	.	5	50	1	80	1	.	
2	7	.	.	10	.	.	.	.	.	73	.	.	21	.	11	.	5	.	4	.	1	50	1	.	RPG. in Havelberg.
2	6	7	23	18	10	.	.	.	.	11	.	.	22	.	11	.	6	.	5	20	1	50	.	80	
7	9	1	.	14	2	.	3	.	.	149	58	18	25	.	13	.	5	50	5	50	1	80	.	90	
51	97	26	80	15	.	.	.	.	.	50	12	50	25	.	13	.	5	50	5	50	1	50	.	90	
12	40	15	37	22	.	.	.	.	.	194	31	94	25	.	13	.	5	50	5	50	1	50	.	80	
44	101	25	70	11	.	.	2	.	.	118	45	40	25	.	13	.	5	50	5	50	1	75	.	90	
9	20	1	4	20	17	.	.	.	.	50	.	45	25	.	13	.	5	50	5	50	2	.	1	.	
26	30	27	50	15	3	.	.	.	.	40	.	16	25	.	13	.	5	50	5	50	1	40	.	80	
7	6	10	24	12	.	.	7	.	.	40	5	10	25	.	13	.	5	.	5	50	1	75	1	.	
3	9	.	.	20	.	.	.	.	.	67	6	26	28	.	14	.	6	.	5	50	1	60	.	90	
6	22	.	.	15	13	.	.	.	.	10	.	2	22	.	13	.	5	.	4	50	1	50	.	80	G. in Neu-Ruppin, etwa 4 km entfernt.
4	12	.	.	12	4	.	.	.	.	27	.	.	22	.	12	.	4	50	5	.	1	40	.	80	
6	19	.	.	10	5	.	.	.	.	32	.	13	24	.	12	.	5	.	3	50	1	40	.	80	G. in Wittstock, etwa 6,5 km entfernt.
5	12	.	.	9	16	.	.	.	.	36	10	15	24	.	12	.	5	.	5	.	1	30	.	75	
1	2	.	.	12	.	.	.	.	.	60	.	15	25	.	12	.	6	.	4	50	2	.	1	.	
3	11	2	8	15	.	.	.	.	.	40	.	10	24	.	13	.	6	.	5	.	1	50	1	.	
3	11	6	13	19	8	.	.	.	.	74	34	115	24	.	13	.	6	.	5	.	1	40	.	85	
6	22	2	4	19	14	.	.	.	.	58	.	12	24	.	14	.	5	.	5	.	1	60	1	.	
245	555	214	592	535	123	.	41	.	11	4 010	584	1 303	.	.	.	.	.	.	.	.	.	.	.	.	

Laufende Nummer	Oberförsterei	Gesammtfläche der Staatsforsten (*darunter zur Holzzucht bestimmte Fläche*)	Zahl der Schutzbezirke im Staatswalde	Den Oberförstereien zur Verwaltung angeschlossene nicht fiskalische (Gemeinde- zc.) Waldungen (Zahl der Gemeinden zc.)	Nachweisung der den etatsmäßigen Forstbeamtenstellen zugetheilten nutzbaren Dienstlandsflächen: Gesammt-Größe		Dienstländereien der Oberförsterstelle: Gärten		Aecker		Wiesen		Weiden		Gesammt-Größe		Nutzungsgeld (*künftig*)		Jagd-: Der Wildstand an Roth-, Dam- u. Rehwild beträgt: Rothwild	Damwild	Rehe
		ha		ha	ha	dc	ha	dc	ha	dc	ha	dc	ha	dc	ha	dc	Mk.	Pf.	Stück		
																			6. Regierungs-Bezirk		
1	Sorau	3 062 *2 964*	6	.	60	3	.	3	.	9	8	4	.	.	9	6	144	.	.	.	25
2	Christianstadt	7 793 *7 141*	7	.	113	.	.	5	23	8	9	5	.	.	33	8	481	.	61	.	90
3	Braschen	5 716 *5 167*	6	.	105	4	.	2	6	4	16	7	.	.	23	3	200	.	63	.	85
4	Jänschwalde	3 089 *2 946*	5	.	66	9	.	1	7	5	8	4	1	6	17	6	218	.	2	.	68
5	Crossen	5 126 *4 754*	6	.	93	3	.	6	6	5	9	2	.	.	16	3	160	.	40	.	120
6	Lagow	5 680 *5 123*	8	.	146	9	1	8	23	.	6	9	.	.	31	7	547	.	25	.	173
7	Reppen	7 308 *7 035*	7	.	112	6	.	4	8	4	11	.	.	.	19	8	200	.	58	.	82
8	Limmritz	7 386 *6 996*	10	.	143	9	.	7	9	5	6	3	3	2	19	7	300	.	72	.	110
9	Grünhaus	5 884 *5 596*	7	.	82	8	.	3	11	3	15	6	.	.	27	2	201	.	63	.	56
10	Dobrilugk	4 539 *4 383*	5	.	66	1	2	3	10	8	5	5	.	.	18	6	254	.	50	.	44
11	Tauer	9 506 *9 251*	8	.	115	6	.	2	7	8	17	.	.	.	25	.	270	.	46	.	136
12	Börnichen [1]	7 248 *6 862*	10	.	139	8	.	7	5	7	19	6	.	.	26	.	182 *200*	.	43	.	285
13	Dammendorf	4 441 *4 307*	5	.	72	.	.	5	9	1	4	5	.	.	14	1	87	.	18	.	56
14	Müllrose [2]	5 342 *5 150*	5	.	80	5	.	7	9	3	2	5	.	.	12	5	91	.	69	.	100
15	Neubrück	5 981 *5 581*	6	.	121	8	1	2	18	8	19	8	.	.	39	8	331 *416*	.	60	.	115
16	Hangelsberg [3]	3 799 *3 655*	4	.	76	.	1	2	23	2	10	7	.	3	35	4	300	.	64	.	79
17	Hammerheide †)	5 167 *4 862*	5	.	68	7	.	.	.	.	.	.	.	.	.	.	.	.	15	.	94
18	Lubiathfließ	5 158 *4 821*	5	.	100	.	.	9	24	6	8	.	.	.	33	5	417	.	22	.	65
19	Driesen	5 788 *5 572*	5	.	98	6	.	4	11	8	13	1	.	.	25	3	390	.	111	.	190
20	Steinspring	4 322 *4 213*	4	.	71	5	.	2	17	4	2	5	.	.	20	1	241	.	40	.	66
21	Hochzeit	4 374 *4 226*	4	.	75	6	.	3	4	4	7	9	.	.	12	6	225	.	95	.	100
22	Regenthin	5 930 *5 375*	6	.	129	2	.	4	26	5	10	2	.	.	37	1	302	.	109	.	110
23	Marienwalde	4 527 *3 736*	4	.	97	1	.	6	30	4	7	5	.	.	38	5	701 [4])	.	4	.	260
24	Neumühl	6 697 *6 418*	6	.	113	.	.	4	22	6	8	6	.	.	31	6	450	.	152	.	90
25	Lietzegöricke	5 420 *4 928*	6	.	97	4	.	5	9	9	5	6	.	.	16	.	486 *540*	.	131	.	85
26	Wildenow	5 603 *4 907*	5	.	110	1	1	9	20	1	12	5	.	.	34	5	243	.	89	.	160

[1]) Die Jagd im Oberspreewald und im Schutzbez. Ellerborn ist anderweit verpachtet. [2]) Die Jagd im Schutzbez. Junkerfeld ist an den Oberforstbeamten verpachtet.

31.

Verhältnisse

Der jährliche Abschuß beträgt: Rothwild – Hirsche	Rothwild – Kahlwild u. Spießer	Damwild – Hirsche	Damwild – Kahlwild u. Spießer	Rehe	Schwarzwild	Auerwild	Birkwild	Haselwild	Fasanen	In der Zeit vom 1. 4. 1885 bis 1. 4. 1886 wurden erlegt: Hasen	Reb-hühner	Enten	Holzpreise nach den Holztaxen von 1893 (einschl. der Werbungskosten) – Gewöhnliches Bau- u. Nutzholz (Taxklasse von 0,5—1 fm für das fm) – Eichen Mk.	Pf.	Nadel-holz Mk.	Pf.	Scheitholz (für das rm) – Buchen Mk.	Pf.	Nadel-holz Mk.	Pf.	Durchschnittlicher Tagelohn im Jahre 1891/92 für den Männer-tag Mk.	Pf.	Frauen-tag Mk.	Pf.	Bemerkungen über am Wohnorte des Oberförsters oder in der Nähe befindliche höhere Bildungsanstalten (G. = Gymnasium, RG. = Realgymnasium, PG. = Progymnasium, RPG. = Realprogymnasium)
Stück																									
Frankfurt a. O.																									
.	.	.	.	6	.	2	.	.	.	285	146	.	24	.	14 13	. .	6	.	4	50	1	50	.	80	G. in Sorau.
7	11	.	.	15	.	.	10	.	.	127	74	20	17	.	16	.	5	50	4 3	. 50	1	20	.	70	
4	13	.	.	8	.	.	.	.	.	261	41	15	16	.	13 11	. .	6	.	4	.	.	90	.	60	
1	1	.	.	11	2	.	3	.	.	187	9	.	20	.	12	.	4	50	4	.	1	20	.	80	
5	10	.	.	18	2	.	.	.	3	171	178	105	15	.	11	.	4	50	4 3	. 50	1	20	.	70	PG. und RPG. in Crossen, etwa 8 km entfernt.
4	4	.	.	36	4	.	.	.	.	80	14	25	19	.	11 9	. .	4	50	3	50	1	40	.	70	
8	10	.	.	16	.	.	.	.	.	64	1	3	20	.	12	.	5	.	4	30	1	50	.	75	
8	12	.	.	12	4	.	.	.	.	220	.	.	20	.	12	.	5	50	4	50	1	.	.	90	
6	4	.	.	8	.	3	2	.	.	59	.	14	30	.	15 13	. .	6	.	4 3	20 50	1	50	.	80	
4	4	.	.	6	.	2	.	.	.	220	20	6	30	.	15 13	. .	6	.	4 3	20 50	1	20	.	90	
6	16	.	.	12	10	.	.	.	.	81	.	.	23	.	14 13	. .	5	.	4 4	80 .	1	50	1	.	
6	7	.	.	20	2	.	3	.	2	190	10	10	28	.	13	.	5	50	4	.	1	30	.	80	RPG. in Lübben, etwa 4 km entfernt.
3	3	.	.	4	2	.	.	.	.	60	.	2	22	.	12	.	5	.	3 3	60 .	1	25	.	70	
5	10	.	.	12	4	.	.	.	.	182	18	61	26	.	12	.	6	.	4 4	80 .	1	50	.	80	
5	20	.	.	13	.	.	.	.	.	110	.	150	26	.	12	.	6	.	4 4	80 .	1	50	.	80	
8	19	.	.	13	3	.	1	.	.	22	11	2	25	.	13	.	6	.	5 4	50 50	1	70	1	10	G. in Fürstenwalde, mit 13 Min. Eisenbahnfahrzeit zu erreichen.
4	3	.	.	10	.	.	.	.	.	35	.	2	22	.	10	.	5	50	4	.	1	20	.	80	Privatschule bis Sekunda in Driesen.
3	6	.	.	13	.	.	.	.	.	55	20	6	22	.	10	.	5	50	4	.	1	.	.	75	
3	9	.	.	12	.	.	.	.	.	70	.	.	25	.	11	.	5	.	3	.	1	50	.	80	Privatschule bis Sekunda in Driesen.
3	6	.	.	8	.	.	.	.	.	40	.	2	23	.	10	.	5	.	3	.	1	40	.	80	Privatschule bis Sekunda in Driesen, etwa 3 km entfernt.
5	15	.	.	20	5	.	.	.	.	62	.	10	35	.	11	.	4	50	3	50	1	40	.	80	
4	8	.	.	12	6	.	.	.	.	60	.	17	38	.	11 8	. .	4	50	3	.	1	35	.	70	
3	1	.	.	36	4	.	.	.	.	105	20	15	30	.	10		5	.	3	50	1	25	.	70	
6	18	.	.	12	.	.	.	.	.	128	.	12	18	.	12 10	. .	6	.	5	.	1	50	.	80	
8	15	.	.	12	.	.	.	.	.	110	.	30	14	.	11 10	. .	6	.	4 4	50 .	1	50	.	80	
7	18	.	.	28	10	.	.	.	.	50	.	50	28	.	12	.	5	.	3	80	1	50	.	80	G. in Friedeberg, etwa 5,5 km entfernt.

[3]) Die Jagd im Schutzbez. Berkenbrück ist anderweit verpachtet. [4]) Einschl. 101 Mk. Meliorationszinsen.

Laufende Nummer	Oberförsterei	Gesammtfläche der Staatsforsten (*darunter zur Holzzucht bestimmte Fläche*) ha	Zahl der Schutzbezirke im Staatswalde	Den Oberförstereien zur Verwaltung angeschlossene nicht fiskalische (Gemeinde- &c.) Waldungen (Zahl der Gemeinden &c.) ha	Nachweisung der den etatsmäßigen Forstbeamtenstellen zugetheilten nutzbaren Dienstlandsflächen: Gesammt-Größe ha	dc	Dienstländereien der Oberförsterstelle: Gärten ha	dc	Aecker ha	dc	Wiesen ha	dc	Weiden ha	dc	Gesammt-Größe ha	dc	Nutzungsgeld (*künftig*) Mk.	Pf.	Jagd-: Der Wildstand an Roth-, Dam- u. Rehwild beträgt: Rothwild Stück	Damwild Stück	Rehe Stück
27	Cladow	6 798 *6 380*	6	.	108	8	1	1	11	4	6	6	.	.	19	1	381 *600*	. .	93	.	80
28	Neuhaus	5 828 *5 257*	6	.	153	8	1	.	27	6	17	3	.	.	45	9	421 *474*	. .	129	.	82
29	Carzig	6 197 *5 725*	6	.	123	8	.	5	20	1	9	2	.	.	29	8	550	.	127	.	83
30	Hohenwalde	6 521 *5 691*	6	.	143	.	1	4	34	3	10	.	.	.	45	7	516	.	157	.	400
31	Lichtefleck	4 304 *3 970*	4	.	77	6	.	3	8	1	8	7	.	.	17	1	160	.	52	.	110
32	Massin	9 181 *8 759*	8	.	141	2	1	8	15	1	10	4	.	.	27	3	511	.	143	.	160
33	Zicher	3 810 *3 548*	4	.	89	7	.	5	25	3	7	7	.	.	33	5	700	.	68	.	70
	Zusammen	187 525 *175 299*	195	.	3 396	.	23	9	491	6	317	4	5	1	838	.	10 660	.	2 271	.	3 829

7. Regierungs-Bezirk

Laufende Nummer	Oberförsterei	Gesammtfläche ha	Schutzbezirke	Nicht fiskalische Waldungen ha	Gesammt-Größe ha	dc	Gärten ha	dc	Aecker ha	dc	Wiesen ha	dc	Weiden ha	dc	Gesammt-Größe ha	dc	Nutzungsgeld Mk.	Pf.	Rothwild	Damwild	Rehe
1	Kehrberg	3 207 *3 048*	5	.	91	2	.	7	22	4	9	7	.	.	32	8	638 *650*	. .	80	14	58
2	Jacobshagen [1])	4 058 *3 622*	8	.	129	5	1	1	8	.	7	9	.	.	17	.	257	.	.	.	143
3	Mühlenbeck	3 764 *3 627*	4	.	87	3	1	.	11	.	8	4	.	.	20	4	310	.	64	.	67
4	Klütz	2 923 *2 706*	5	.	83	9	1	.	9	8	10	4	.	.	21	2	570 *580*	. .	4	.	82
5	Friedrichswalde [2])	6 106 *5 837*	5	.	108	4	.	3	10	2	14	3	.	.	24	8	285	.	85	.	68
6	Pütt	4 824 *4 772*	4	.	49	8	.	5	7	9	9	7	.	.	18	1	150	.	97	.	57
7	Rothenfier	4 895 *4 373*	7	.	156	4	.	5	14	8	19	5	.	.	34	8	358	.	87	.	220
8	Stepenitz	5 416 *4 414*	5	.	99	2	.	6	8	7	18	5	.	6	28	4	362	.	26	.	225
9	Hohenbrück	5 226 *5 032*	5	.	103	1	.	4	14	1	7	8	.	.	22	3	86	.	243	.	240
10	Grünhaus	2 317 *1 835*	3	.	54	1	.	8	6	4	10	.	.	.	17	2	312	.	.	.	136
11	Warnow	5 411 *4 818*	6	.	121	.	.	6	9	2	9	.	8	5	27	3	400	.	88	.	80
12	Misdroy	4 661 *4 475*	6	.	99	5	.	2	1	3	18	1	.	.	19	6	150	.	81	.	50
13	Friedrichsthal	4 730 *3 935*	6	.	113	8	.	2	16	8	22	8	.	9	40	7	800	.	50	.	250
14	Pudagla	2 984 *2 584*	4	.	70	.	.	6	8	4	15	8	.	5	25	3	174 *204*	. .	62	.	120
15	Falkenwalde [3])	4 816 *4 343*	5	.	99	.	.	6	9	5	11	1	.	.	21	2	180	.	74	.	230
16	Ziegenort	4 832 *4 441*	4	.	80	4	.	4	11	1	10	6	.	.	22	1	280	.	81	.	118

[1]) Die Jagd im Schutzbez. Dölitz ist an den Oberforstbeamten verpachtet. [2]) Die Jagd in dem südlich der Eisenbahn Stettin-Posen belegenen Reviertheile ist anderweit verpachtet.

Verhältnisse

Der jährliche Abschuß beträgt: Rothwild: Hirsche	Rothwild: Kahlwild u. Spießer	Damwild: Hirsche	Damwild: Kahlwild u. Spießer	Rehe	Schwarzwild	Auerwild	Birkwild	Haselwild	Fasanen	In der Zeit vom 1. 4. 1885 bis 1. 4. 1886 wurden erlegt: Hasen	Rebhühner	Enten	Holzpreise nach den Holztaxen von 1893 (einschl. der Werbungskosten): Gewöhnliches Bau- u. Nutzholz (Taxklasse von 0,5—1 fm für das fm): Eichen Mk.	Pf.	Nadelholz Mk.	Pf.	Scheitholz (für das rm): Buchen Mk.	Pf.	Nadelholz Mk.	Pf.	Durchschnittlicher Tagelohn im Jahre 1891/92 für den Männertag Mk.	Pf.	Frauentag Mk.	Pf.	Bemerkungen über am Wohnorte des Oberförsters oder in der Nähe befindliche höhere Bildungsanstalten (G. = Gymnasium, RG. = Realgymnasium, PG. = Progymnasium, RPG. = Realprogymnasium)
Stück																									
10	10	.	.	20	10	.	.	.	5	58	20	191	24	.	12	.	5	.	4	.	1	20	.	70	G. und RG. in Landsberg a. W., etwa 7,5 km entfernt.
11	25	.	.	20	5	.	.	.	.	55	2	25	26	.	11	.	5	.	3	70	1	20	.	70	
11	26	.	.	20	9	.	.	.	.	170	30	35	24	.	12	.	5	.	3	50	1	40	.	80	
8	20	.	.	41	2	.	.	.	5	190	15	210	22	.	12	.	5	.	3	50	1	30	.	90	G. und RG. in Landsberg a. W., etwa 10 km entfernt.
5	16	.	.	14	.	.	.	.	.	133	40	28	24	.	12	.	4	50	3	50	1	30	.	80	
6	29	.	.	36	10	.	.	.	.	310	16	120	31	.	12	.	5	.	4	50	1	20	.	90	
8	14	.	.	16	5	.	.	.	1	100	.	8	16	.	12	.	6	.	5	.	1	50	.	80	
185	383	.	.	540	99	7	19	.	16	4 050	685	1 174	.	.	.	.	.	.	.	.	.	.	.	.	

Stettin.

Rothwild: Hirsche	Rothwild: Kahlwild u. Spießer	Damwild: Hirsche	Damwild: Kahlwild u. Spießer	Rehe	Schwarzwild	Auerwild	Birkwild	Haselwild	Fasanen	Hasen	Rebhühner	Enten	Eichen Mk.	Pf.	Nadelholz Mk.	Pf.	Buchen Mk.	Pf.	Nadelholz Mk.	Pf.	Männertag Mk.	Pf.	Frauentag Mk.	Pf.	Bemerkungen
4	16	.	3	6	.	.	.	.	.	74	.	10	25	.	12	.	7	.	4	.	1	10	.	70	
.	.	.	.	10	.	.	.	.	.	130	.	7	25	.	13	.	5	50	4	.	1	20	.	80	
4	4	.	.	4	.	.	.	.	.	74	.	.	30	.	15	.	6	50	4	.	1	40	.	80	
2	2	.	.	8	.	.	.	.	.	108	10	14	24	.	15	.	6	50	4	.	1	70	1	.	
6	8	.	.	10	.	.	.	.	.	23	11	.	18	.	12	.	5	50	4	.	1	50	.	80	
6	16	.	.	3	.	.	.	.	.	40	.	.	15	.	13	.	.	.	4	40	1	40	.	80	
5	6	.	.	18	2	.	.	.	.	203	8	.	21	.	9	.	3	80	3	10	1	30	.	80	
2	3	.	.	18	8	.	.	.	.	48	13	15	19	.	10	.	5	.	4	.	1	50	.	90	
6	9	.	.	11	11	.	.	.	.	20	.	.	19	.	10	.	5	.	4	.	1	60	.	90	
.	.	.	.	10	.	.	.	.	1	32	10	3	20	.	11	.	5	50	4	.	1	50	1	.	G. in Treptow a. R., etwa 4 km entfernt.
3	6	.	.	8	.	.	.	.	.	45	.	26	25	.	12	.	5	.	4	.	1	50	.	80	
4	4	.	.	6	.	.	.	.	.	60	6	.	25	.	12	.	5	.	4	.	1	75	1	.	
3	4	.	.	14	.	.	.	.	.	10	12	22	21	.	11	.	5	.	4	50	1	70	1	10	
2	2	.	.	6	.	.	.	.	.	30	.	24	22	.	11	.	6	.	4	.	1	55	1	.	
3	5	.	.	14	.	.	.	.	.	76	28	46	19	.	11	.	5	.	4	.	1	50	.	80	
3	5	.	.	8	3	.	.	.	.	20	12	.	22	.	12	.	5	50	4	.	1	50	.	80	

[1]) Die Jagd im Schutzbez. Lienken ist an den Regierungs- und Forstrath verpachtet.

*

Laufende Nummer	Oberförsterei	Gesammtfläche der Staatsforsten (*darunter zur Holzzucht bestimmte Fläche*)	Zahl der Schutzbezirke im Staatswalde	Den Oberförstereien zur Verwaltung angeschlossene nicht fiskalische (Gemeinde- rc.) Waldungen (Zahl der Gemeinden rc.)	Nachweisung der den etatsmäßigen Forstbeamtenstellen zugetheilten nutzbaren Dienstlandsflächen: Gesammt-Größe		Dienstländereien der Oberförsterstelle: Gärten		Aecker		Wiesen		Weiden		Gesammt-Größe		Nutzungsgeld (*künftig*)		Jagd-: Der Wildstand an Roth-, Dam- u. Rehwild beträgt: Rothwild	Damwild	Rehe
		ha		ha	ha	dc	ha	dc	ha	dc	ha	dc	ha	dc	ha	dc	Mk.	Pf.	Stück		
17	Mützelburg	6 968 *6 156*	4	.	89	6	.	7	6	8	12	4	5	9	25	8	200	.	150	.	240
18	Neuenkrug	5 170 *4 892*	5	.	99	2	.	4	7	6	7	2	7	2	22	4	100	.	135	.	125
19	Rothemühl	4 515 *4 301*	5	.	102	4	.	4	15	3	11	.	3	6	30	3	272	.	159	18	99
20	Torgelow	4 615 *4 266*	5	.	86	7	.	2	7	3	6	4	1	8	15	7	120	.	100	.	150
21	Eggesin	7 266 *6 081*	6	.	137	.	.	4	7	9	4	9	11	5	24	7	210 *244*	.	208	.	331
22	Rieth	5 088 *4 334*	4	.	94	.	.	8	9	8	18	9	.	.	29	5	260 *440*	.	116	.	220
23	Jädkemühl	5 567 *5 002*	5	.	103	9	.	4	4	8	11	4	9	7	26	3	240 *280*	.	177	.	170
24	Golchen	2 273 *2 164*	3	.	70	4	.	4	17	4	4	9	8	7	31	4	795	.	4	.	64
25	Grammentin . . .	1 742 *1 563*	3	.	70	7	.	4	30	8	2	8	.	.	34	.	1 020	.	6	98	115
	Torfgräberei Carolinenhorst	835	.	.	.	.	.	.	.	.	.	.	.	.	.	.	.	.	.	.	.
	Zusammen	114 209 *102 631*	122	.	2 400	5	13	6	277	3	283	5	58	9	633	3	8 529	.	2 177	130	3 658

8. Regierungs-Bezirk

Laufende Nummer	Oberförsterei	Gesammtfläche ha	Schutzbezirke	Nicht fiskalische Waldungen ha	Gesammt-Größe ha	dc	Gärten ha	dc	Aecker ha	dc	Wiesen ha	dc	Weiden ha	dc	Gesammt-Größe ha	dc	Nutzungsgeld Mk.	Pf.	Rothwild	Damwild	Rehe
1	Balster	5 489 *4 894*	3	.	70	5	.	4	10	4	16	8	1	3	28	9	80	.	37	.	100
2	Neuhof	5 825 *5 600*	5	.	79	8	.	3	12	4	4	2	.	.	16	9	218	.	51	.	53
3	Linichen	5 763 *5 550*	4	.	77	5	.	3	16	5	5	6	.	.	22	4	200	.	50	.	42
4	Neustettin	5 479 *4 988*	7	.	102	3	.	4	1	1	9	1	.	.	10	6	80	.	22	.	145
5	Claushagen	5 053 *4 131*	7	.	99	.	.	4	12	6	6	2	.	.	19	2	206	.	107	.	120
6	Oberfier	6 753 *6 138*	8	.	111	5	.	5	18	4	6	3	2	5	27	7	152	.	39	.	192
7	Karnkewitz	2 983 *2 694*	3	.	59	2	.	2	8	6	8	9	.	.	17	7	206	.	1	.	193
8	Neu-Krakow . . .	4 582 *4 090*	4	.	81	7	.	4	11	.	11	7	.	.	23	1	371 *389*	.	.	.	300
9	Zerrin	6 909 *6 214*	8	.	159	8	1	1	20	7	13	9	.	.	35	7	178	.	.	.	110
10	Borntuchen	7 212 *6 702*	7	.	120	7	.	5	15	7	3	6	.	.	19	8	143	.	2	.	302
11	Stolp	3 637 *3 492*	6	.	87	9	.	1	.	.	.	.	.	.	.	1	4	.	.	.	65
12	Alt-Krakow	4 547 *4 291*	5	.	94	5	.	1	16	9	10	6	1	4	29	.	300	.	.	.	169
13	Treten	5 141 *3 979*	6	.	69	3	.	7	12	7	5	2	.	.	18	6	204	.	10	10	103
	Zusammen	69 373 *62 763*	73	.	1 213	7	5	4	157	.	102	1	5	2	269	7	2 342	.	319	10	1 894

Verhältnisse

Der jährliche Abschuß beträgt: Rothwild: Hirsche	Rothwild: Kahlwild u. Spießer	Damwild: Hirsche	Damwild: Kahlwild u. Spießer	Rehe	Schwarzwild	Auerwild	Birkwild	Haselwild	Fasanen	In der Zeit vom 1. 4. 1885 bis 1. 4. 1886 wurden erlegt: Hasen	Rebhühner	Enten	Holzpreise nach den Holztaxen von 1893 (einschl. der Werbungskosten): Gewöhnliches Bau- u. Nutzholz (Taxklasse von 0,5—1 fm für das fm): Eichen Mk.	Pf.	Nadelholz Mk.	Pf.	Scheitholz (für das rm): Buchen Mk.	Pf.	Nadelholz Mk.	Pf.	Durchschnittlicher Tagelohn im Jahre 1891/92 für den Männertag Mk.	Pf.	Frauentag Mk.	Pf.	Bemerkungen über am Wohnorte des Oberförsters oder in der Nähe befindliche höhere Bildungsanstalten (G. = Gymnasium, RG. = Realgymnasium, PG. = Progymnasium, RPG. = Realprogymnasium)
Stück																									
5	14	.	.	13	.	.	.	.	.	30	10	20	20	.	10	.	5	.	4	.	1	45	.	90	
5	12	.	.	11	.	.	.	.	.	50	.	20	22	.	11	.	5	.	4	.	1	60	.	80	
4	16	1	1	10	.	.	.	.	.	15	.	4	30	.	11	.	6	.	4	50	1	40	.	80	
3	5	.	.	11	1	.	.	.	.	1	.	4	22	.	12	.	5	.	4	.	1	60	.	90	
5	9	.	.	17	.	.	.	.	.	10	.	35	20	.	12	.	5	.	4	50	2	.	.	80	
4	8	.	.	14	.	.	.	.	.	*20*	*10*	*50*	20	.	10	.	5	.	4	.	1	50	.	90	
5	19	.	.	11	5	.	.	.	.	13	4	2	20	.	12	.	5	.	4	.	1	50	.	80	
4	.	.	.	7	7	.	.	.	*2*	40	36	25	28	.	11	.	5	40	4	.	1	60	1	.	
2	4	5	12	10	.	.	.	.	*8*	50	27	15	25	.	13	.	5	50	3	50	1	50	1	.	
.	.	.	.	.	.	.	.	.	.	.	.	.	.	.	.	.	.	.	.	.	.	.	.	.	
90	177	6	16	258	37	.	.	.	11	1 222	197	342	.	.	.	.	.	.	.	.	.	.	.	.	

Köslin.

Rothwild: Hirsche	Rothwild: Kahlwild u. Spießer	Damwild: Hirsche	Damwild: Kahlwild u. Spießer	Rehe	Schwarzwild	Auerwild	Birkwild	Haselwild	Fasanen	Hasen	Rebhühner	Enten	Eichen Mk.	Pf.	Nadelholz Mk.	Pf.	Buchen Mk.	Pf.	Nadelholz Mk.	Pf.	Männertag Mk.	Pf.	Frauentag Mk.	Pf.	Bemerkungen
2	3	.	.	18	1	.	.	.	.	35	.	.	13	.	9	.	3	50	2	50	1	20	.	80	
5	3	.	.	8	7	.	.	.	.	*58*	*4*	*14*	17	.	9 8	. .	3	50	2 2	20 .	1	10	.	70	
7	4	.	.	8	2	.	1	.	.	*25*	*5*	*5*	16	.	9 8	. .	3	30	2	20	1	10	.	70	
2	2	.	.	20	.	.	.	.	.	82	4	9	16	.	8	.	3	80	2 2	60 50	1	25	.	83	G. in Neustettin.
7	12	.	.	19	.	.	.	.	.	95	.	25	14	.	8 7	. .	2	60	2	.	1	25	.	80	
4	7	.	.	35	7	.	.	.	.	100	2	20	15	.	7	.	3	.	2	.	1	30	.	80	
1	.	.	.	23	.	.	.	.	.	123	.	22	17	.	8	.	5	.	3	.	1	30	.	75	
.	.	.	.	35	.	.	.	.	.	90	9	5	18	.	9 10	. .	4	20	2	70	1	40	.	90	
.	.	.	.	15	.	.	.	.	.	87	60	25	12	.	6	.	3	.	2	.	1	20	.	80	
2	.	.	.	27	10	1	2	.	.	93	6	13	11	.	8	.	3	.	2 2	30 .	1	30	.	80	
.	.	.	.	15	5	1	.	.	.	62	5	.	13	.	8	.	4	50	2	50	1	30	.	90	G. und RPG. in Stolp.
.	.	.	.	18	.	.	.	.	.	89	.	2	18	.	8	.	4	20	3 2	. 80	1	20	.	80	
1	1	1	1	15	5	1	.	.	.	23	13	5	11	.	8	.	3	.	2	.	1	.	.	70	
31	32	1	1	256	37	3	3	.	.	962	108	145	.	.	.	.	.	.	.	.	.	.	.	.	

Laufende Nummer	Oberförsterei	Gesammtfläche der Staatsforsten (darunter zur Holzzucht bestimmte Fläche) ha	Zahl der Schutzbezirke im Staatswalde	Den Oberförstereien zur Verwaltung angeschlossene nicht fiskalische (Gemeinde- 2c.) Waldungen (Zahl der Gemeinden 2c.) ha	Nachweisung der den etatsmäßigen Forstbeamtenstellen zugetheilten nutzbaren Dienstlandsflächen: Gesammt-Größe ha	dc	Dienstländereien der Oberförsterstelle: Gärten ha	dc	Aecker ha	dc	Wiesen ha	dc	Weiden ha	dc	Gesammt-Größe ha	dc	Nutzungsgeld (künftig) Mk.	Pf.	Jagd-: Der Wildstand an Roth-, Dam- u. Rehwild beträgt: Rothwild Stück	Damwild Stück	Rehe Stück
	9. Regierungs-Bezirk																				
1	Jägerhof	4 738 *4 236*	6	.	147	1	.	5	20	1	17	9	.	4	38	9	604 *643*	. .	41	42	117
2	Poggendorf	2 576 *2 280*	6	.	125	7	.	5	26	6	2	6	.	.	29	7	553 *680*	. .	47	.	180
3	Abtshagen	4 822 *4 583*	8	.	165	4	.	8	21	.	9	4	.	.	31	2	640[1]	.	34	.	133
4	Schuenhagen[2]	5 840 *5 387*	10	.	212	1	.	7	19	4	13	2	.	.	33	3	752[3]	.	258	.	330
5	Darß	5 580 *4 703*	6	.	135	1	.	8	7	2	19	7	6	5	34	2	232 *277*	. .	311	.	100
6	Werder	4 635 *4 057*	7	.	127	2	.	3	26	5	13	1	.	.	39	9	560[4] *603*	. .	141	59	136
	Zusammen	28 191 *25 246*	43	.	912	6	3	6	120	8	75	9	6	9	207	2	3 341	.	832	101	996
	10. Regierungs-Bezirk																				
1	Grenzheide	5 945 *5 588*	7	.	131	9	.	6	11	6	13	2	.	.	25	4	200	.	30	.	59
2	Mauche	7 437 *6 182*	6	.	120	3	1	6	14	8	12	8	2	1	31	3	338	.	21	.	316
3	Ludwigsberg[5]	4 217 *3 812*	10	.	143	6	.	8	16	8	5	.	.	.	22	6	183	.	4	.	60
4	Buchwerder[6]	4 090 *3 766*	5	.	98	9	.	7	10	.	7	5	.	.	18	2	176	.	.	.	134
5	Brätz	4 384 *3 959*	5	.	103	7	.	3	9	6	6	6	.	.	16	5	113	.	28	.	107
6	Grünheide[7]	5 118 *4 751*	8	.	135	7	.	8	22	.	11	5	.	.	34	3	320[8]	.	.	1	102
7	Eckstelle	4 058 *3 493*	7	.	139	4	.	8	16	8	10	.	.	.	27	6	356	.	.	.	122
8	Hartigsheide	7 682 *6 498*	9	.	155	3	.	7	15	.	9	5	.	.	25	2	390	.	.	.	143
9	Hundeshagen	8 924 *8 562*	7	.	110	4	.	6	11	4	5	3	.	.	17	3	150	.	147	.	102
10	Zirke	8 339 *7 538*	9	.	153	1	.	4	20	4	16	5	.	.	37	3	290	.	62	.	82
11	Birnbaum	5 564 *5 191*	7	.	96	1	.	6	9	9	8	1	.	.	18	6	280	.	22	.	89
12	Waice	6 583 *6 400*	6	.	78	.	.	1	17	2	3	6	.	7	21	6	241	.	58	.	90
13	Schwerin a. W.	6 961 *6 448*	7	.	105	9	.	3	.	.	5	.	.	.	5	3	66	.	87	.	195
	Zusammen	79 302 *72 188*	93	.	1 572	3	8	3	175	5	114	6	2	8	301	2	3103	.	459	1	1 601

[1]) Einschl. 150 Mk. Meliorationszinsen. [2]) Die Jagd in den Schutzbez. Pennin und Moysall ist an den Oberforstbeamten verpachtet. [3]) Einschl. 112 Mk. Meliorationszinsen. [4]) Außerdem bis 1902 = 376 Mk. Meliorationszinsen.

31.

Verhältnisse: Der jährliche Abschuß beträgt: Rothwild Hirsche	Rothwild Kahlwild u. Spießer	Damwild Hirsche	Damwild Kahlwild u. Spießer	Rehe	Schwarzwild	Auerwild	Birkwild	Haselwild	Fasanen	In der Zeit vom 1. 4. 1885 bis 1. 4. 1886 wurden erlegt: Hasen	Rebhühner	Enten	Holzpreise nach den Holztaxen von 1893 (einschl. der Werbungskosten): Gewöhnliches Bau- u. Nutzholz (Taxklasse von 0,5—1 fm für das fm) Eichen Mk.	Pf.	Nadelholz Mk.	Pf.	Scheitholz (für das rm) Buchen Mk.	Pf.	Nadelholz Mk.	Pf.	Durchschnittlicher Tagelohn im Jahre 1891/92 für den Männertag Mk.	Pf.	Frauentag Mk.	Pf.	Bemerkungen über am Wohnorte des Oberförsters oder in der Nähe befindliche höhere Bildungsanstalten (G. = Gymnasium, RG. = Realgymnasium, PG. = Progymnasium, RPG. = Realprogymnasium)
Stück																									
Stralsund.																									
2	6	2	11	13	19	.	.	.	.	39	6	3	18	.	10	.	6	50	3	60	1	50	.	90	RPG. in Wolgast, etwa 7 km entfernt.
2	5	.	.	20	10	.	.	.	3	15	4	14	18	.	12	.	6	.	3	70	1	50	1	.	
2	8	.	.	23	19	.	.	.	.	50	.	.	22	.	14	.	6	.	3	20	1	80	1	.	
10	50	.	.	40	20	.	.	.	.	23	12	16	15	.	9	.	5	.	3	50	1	80	1	.	
14	66	.	.	15	.	.	.	.	.	15	1	72	18	.	11	.	6	.	4	.	1	80	1	20	
8	14	6	12	16	.	.	.	.	45	68	.	12	18	.	12	.	5	.	4	.	1	60	1	10	
38	149	8	23	127	68	.	.	.	48	210	23	117	.	.	.	.	.	.	.	.	.	.	.	.	
Posen.																									
2	3	.	.	9	.	.	3	.	.	388	145	.	14	.	8	.	3	50	3	.	1	.	.	60	
2	2	.	.	30	.	.	2	.	.	380	35	6	16	.	11	.	4	.	3	50	1	.	.	60	
2	2	.	.	10	.	.	1	.	.	153	12	16	16	.	10	.	4	50	3	50	1	30	.	60	
.	.	.	.	24	.	.	.	.	.	250	110	10	20	.	11	.	6	.	4	.	1	10	.	75	
3	4	.	.	16	.	.	4	.	.	137	30	15	19	.	11	.	5	.	4	.	1	10	.	70	
.	.	1	.	17	.	.	.	.	.	471	16	24	16	.	10	.	4	50	3	50	1	20	.	70	
.	.	.	.	18	.	.	.	.	.	505	14	93	16	.	9	.	4	50	3	50	1	20	.	70	
.	.	.	.	16	.	.	.	.	.	186	45	12	15	.	9	.	4	50	3	80	1	25	.	75	
7	14	.	.	8	.	.	4	.	.	24	.	.	19	.	10	.	5	.	4	.	1	30	.	80	
6	8	.	.	12	.	.	.	.	.	80	.	50	18	.	10	.	5	50	4	.	1	20	.	80	
3	4	.	.	10	.	.	.	.	.	80	.	10	18	.	10	.	6	.	4	.	1	.	.	70	
2	8	.	.	10	.	.	1	.	.	14	.	.	15	.	10	.	5	.	4	.	1	10	.	75	
6	13	.	.	16	4	.	.	.	.	86	.	10	15	.	10	.	6	.	4	.	1	.	.	80	Städt. höhere Knabenschule (mit Gymnas.-Cursus bis III A einschl.)
33	58	1	.	196	4	.	15	.	.	2 754	407	246	.	.	.	.	.	.	.	.	.	.	.	.	

[5]) Die Jagd im Waldwärterbez. Louisenhain ist an den Oberforstbeamten verpachtet.
[7]) Die Jagd in den Schutzbez. Seehorst und Streitort ist an den Oberforstbeamten verpachtet.
[6]) Die Niedere Jagd im Schutzbez. Hammer ist anderweit verpachtet.
[8]) Einschl. 110 Mk. Meliorationszinsen.

Laufende Nummer	Oberförsterei	Gesammtfläche der Staatsforsten (*darunter zur Holzzucht bestimmte Fläche*) ha	Zahl der Schutzbezirke im Staatswalde	Den Oberförstereien zur Verwaltung angeschlossene nicht fiskalische (Gemeinde- ꝛc.) Waldungen (Zahl der Gemeinden ꝛc.) ha	Nachweisung der den etatsmäßigen Forstbeamtenstellen zugetheilten nutzbaren Dienstlandsflächen: Gesammt-Größe ha	dc	Dienstländereien der Oberförsterstelle: Gärten ha	dc	Aecker ha	dc	Wiesen ha	dc	Weiden ha	dc	Gesammt-Größe ha	dc	Nutzungsgeld (*künftig*) Mk.	Pf.	Jagd=: Der Wildstand an Roth=, Dam= u. Rehwild beträgt: Rothwild Stück	Damwild Stück	Rehe Stück
	11. Regierungs-Bezirk																				
1	Glinke	5 961 *5 693*	6	.	140	1	.	5	35	9	8	7	.	.	45	1	312	.	.	.	120
2	Jagdschütz †) [1] . . .	5 254 *5 104*	6	.	79	8	.	.	.	.	.	.	.	.	.	.	.	.	.	.	106
3	Bartelsee †)	5 737 *5 631*	6	.	77	1	.	.	.	.	.	.	.	.	.	.	.	.	.	.	85
4	Mirau	6 701 *5 703*	6	.	135	7	.	7	14	2	6	7	.	5	22	1	236	.	.	.	112
5	Schirpitz	6 333 *6 130*	5	.	66	1	1	2	14	5	7	2	.	.	22	9	115	.	.	.	95
6	Argenau †)	6 647 *6 519*	5	.	69	.	.	2	4	5	.	9	.	.	5	6	140	.	.	.	120
7	Wodek	6 478 *6 238*	5	.	104	7	.	7	33	8	7	3	.	.	41	8	211	.	.	.	95
8	Kirschgrund	5 035 *4 687*	4	.	89	7	.	3	19	1	5	9	.	.	25	3	270	.	.	.	90
9	Schulitz †)	5 635 *5 437*	4	.	48	1	.	.	.	.	.	.	.	.	.	.	.	.	.	.	63
10	Korschin	6 218 *5 071*	6	.	149	5	1	1	36	7	8	2	.	.	46	.	294	.	.	.	95
11	Taubenwalde . . .	5 064 *4 497*	6	.	134	3	.	5	30	3	12	6	.	.	43	4	228 *265*	. .	.	.	90
12	Stefanswalde . . .	5 559 *5 261*	7	.	147	1	.	4	28	5	.	9	.	.	29	8	173 *239*	. .	.	.	205
13	Wtelno	4 604 *4 202*	4	.	92	4	.	4	40	2	3	7	.	.	44	3	930 *940*	. .	.	.	116
14	Stronnau	4 862 *4 589*	6	.	96	9	.	1	.	.	.	.	.	.	.	1	3	.	.	.	170
15	Rosengrund	5 630 *5 262*	5	.	100	9	.	2	13	5	3	2	15	7	32	6	200	.	.	.	125
16	Selgenau [2])	6 100 *5 644*	8	.	176	.	.	7	30	2	9	1	.	.	40	.	440	.	.	.	129
17	Durowo	4 361 *3 056*	4	.	94	5	1	7	27	5	1	7	.	.	30	9	350	.	.	.	80
18	Podanin	6 033 *5 883*	5	.	109	4	.	3	24	4	7	.	.	.	31	7	262 *294*	. .	.	.	42
19	Schönlanke	6 564 *6 137*	6	.	128	7	3	.	22	2	4	8	.	.	30	.	452	.	40	.	67
	Zusammen	108 776 *100 744*	104	.	2 040	.	12	.	375	5	87	9	16	2	491	6	4 616	.	40	.	2 005

[1]) Die Jagd im Waldwärterbez. Suchorencz ist an den Oberforstbeamten verpachtet. [2]) Die Jagd im Schutzbez. Grüneberg ist an den Oberforstbeamten verpachtet.

31.

Verhältnisse: Der jährliche **Abschuß** beträgt: Rothwild: Hirsche	Rothwild: Kahlwild u. Spießer	Damwild: Hirsche	Damwild: Kahlwild u. Spießer	Rehe	Schwarzwild	Auerwild	Birkwild	Haselwild	Fasanen	In der Zeit vom 1. 4. 1885 bis 1. 4. 1886 wurden erlegt: Hasen	Rebhühner	Enten	**Holzpreise** nach den Holztaxen von 1893 (einschl. der Werbungskosten): Gewöhnliches **Bau- u. Nutzholz** (Taxklasse von 0,5—1 fm für das fm): Eichen Mk.	Pf.	Nadelholz Mk.	Pf.	**Scheitholz** (für das rm): Buchen Mk.	Pf.	Nadelholz Mk.	Pf.	Durchschnittlicher **Tagelohn** im Jahre 1891/92 für den Männertag Mk.	Pf.	Frauentag Mk.	Pf.	**Bemerkungen** über am Wohnorte des Oberförsters oder in der Nähe befindliche **höhere Bildungsanstalten** (G. = Gymnasium, RG. = Realgymnasium, PG. = Progymnasium, RPG. = Realprogymnasium)
Stück																									
Bromberg.																									
.	.	.	.	9	.	.	.	.	.	87	9	8	10	.	7	50	4	50	3	80	1	60	.	90	G. und RG. in Bromberg, etwa 3,5 km entfernt.
.	.	.	.	9	.	.	.	.	.	*150*	*10*	.	13	.	8	.	4	50	4	.	1	60	.	90	G. und RG. in Bromberg.
.	.	.	.	7	.	.	.	.	.	30	.	.	10	.	{7 {7	50 .	4	.	3	60	1	50	.	90	G. und RG. in Bromberg.
.	.	.	.	14	.	.	.	.	.	320	120	50	18	.	{6 {7	50 .	4	50	{3 {3	50 .	1	25	.	80	
.	.	.	.	10	.	.	2	.	.	*200*	*20*	.	10	.	6	.	4	.	3	.	1	50	1	.	
.	.	.	.	8	.	.	.	.	.	*150*	.	.	10	.	6	.	3	50	3	10	1	30	1	.	
.	.	.	.	9	.	.	.	.	.	*50*	*24*	.	10	.	6	50	3	50	2	90	1	20	.	90	
.	.	.	.	8	.	.	.	.	.	*150*	10	*10*	10	.	7	50	3	50	3	25	1	40	.	90	
.	.	.	.	7	.	.	.	.	.	*55*	.	*40*	10	.	7	.	3	50	3	20	1	40	1	.	G. und RG. in Bromberg, mit 27 Min. Eisenbahnfahrzeit zu erreichen.
.	.	.	.	12	.	.	.	.	.	420	12	10	12	.	8	.	4	50	3	50	1	20	.	80	
.	.	.	.	7	.	.	.	.	.	180	40	14	12	.	8	50	4	20	3	50	1	20	.	80	
.	.	.	.	21	.	.	.	.	.	365	80	10	15	.	8	.	4	70	3	50	1	25	.	85	
.	.	.	.	9	.	.	.	.	.	*160*	*50*	*10*	14	50	8	.	4	.	3	50	1	30	.	80	
.	.	.	.	21	.	.	.	.	.	145	50	30	15	50	8	.	4	20	3	25	1	20	.	90	
.	.	.	.	11	.	.	.	.	.	98	4	10	13	.	8	.	4	.	3	.	1	20	.	85	
.	.	.	.	18	.	.	.	.	.	233	38	15	18	.	9	.	4	50	{3 {2	. 50	1	50	1	.	
.	.	.	.	11	.	.	.	.	.	*150*	*60*	*10*	17	.	9	.	4	20	3	.	1	20	.	80	G. in Wongrowitz, etwa 4 km entfernt.
.	.	.	.	6	.	.	.	.	.	*150*	.	.	17	.	9	.	4	20	3	.	1	20	.	80	
3	2	.	.	7	.	.	.	.	.	120	3	40	16	.	10	.	4	50	{3 {3	50 .	1	50	.	90	
3	2	.	.	204	.	.	2	.	.	3 213	530	257	.	.	.	.	.	.	.	.	.	.	.	.	

Laufende Nummer	Oberförsterei	Gesammtfläche der Staatsforsten (*darunter zur Holzzucht bestimmte Fläche*) ha	Zahl der Schutzbezirke im Staatswalde	Den Oberförstereien zur Verwaltung angeschlossene nicht fiskalische (Gemeinde- 2c.) Waldungen (Zahl der Gemeinden 2c.) ha	Nachweisung der den etatsmäßigen Forstbeamtenstellen zugetheilten nutzbaren Dienstlandsflächen: Gesammt-Größe ha	dc	Dienstländereien der Oberförsterstelle: Gärten ha	dc	Aecker ha	dc	Wiesen ha	dc	Weiden ha	dc	Gesammt-Größe ha	dc	Nutzungsgeld (*künftig*) Mk.	Pf.	Jagd-: Der Wildstand an Roth-, Dam- u. Rehwild beträgt: Rothwild Stück	Damwild Stück	Rehe Stück
	12. Regierungs-Bezirk																				
1	Nesselgrund	5 233 *5 122*	8	.	78	4	.	8	9	9	10	8	6	4	27	9	120	.	139	.	100
2	Reinerz	3 590 *3 428*	7	.	69	2	.	1	4	.	7	.	.	.	11	1	170	.	170	.	150
3	Carlsberg	3 730 *3 605*	6	.	54	5	.	.	10	5	10	6	.	.	21	1	140	.	71	.	115
4	Woidnig	4 210 *3 747*	8	.	161	9	.	6	21	.	9	7	.	.	31	3	686	.	38	.	270
5	Kuhbrück	4 620 *4 385*	7	.	116	5	1	1	17	7	6	8	.	.	25	6	420[1])	.	52	.	123
6	Kath. Hammer[2]) . .	5 638 *5 424*	8	.	115	2	.	5	8	7	9	3	.	.	18	5	228	.	124	.	61
7	Nimkau	3 520 *3 354*	10	.	118	6	.	4	18	.	3	9	.	.	22	3	500	.	.	.	215
8	Schöneiche	4 241 *3 545*	7	.	111	3	.	4	10	.	11	4	.	.	21	8	261	.	17	.	219
9	Namslau †)	4 089 *3 965*	8	.	121	9	.	.	9	8	6	6	5	.	21	4	297	.	3	.	193
10	Stoberau	4 853 *4 435*	8	.	142	7	.	6	17	2	5	5	.	.	23	3	500	.	23	.	180
11	Rogelwitz	5 053 *4 757*	6	.	131	.	1	1	30	6	15	2	.	.	46	9	800	.	103	.	106
12	Peisterwitz[3])	5 980 *5 354*	7	.	121	.	.	2	15	.	6	6	.	.	21	8	650	.	49	.	71
13	Kottwitz[4])	4 020 *3 632*	9	.	131	3	1	.	16	5	8	.	.	.	25	5	500	.	19	.	228
14	Zobten[5])	2 854 *2 703*	7	.	81	5	.	4	15	.	4	8	.	.	20	2	645	.	.	.	36
	Zusammen	61 631 *57 456*	106	.	1 555	.	7	2	203	9	116	2	11	4	338	7	5 917	.	808	.	2 067
	13. Regierungs-Bezirk																				
1	Ullersdorf	3 433 *3 271*	10	.	91	7	.	3	10	6	3	9	.	.	14	8	192	.	3	.	205
2	Reichenau	2 608 *2 486*	6	.	76	.	.	2	23	.	9	9	.	.	33	1	400	.	37	.	104
3	Panten[6])	3 287 *2 988*	6	.	139	3	2	1	32	9	1	5	.	.	36	5	745	.	9	.	141
4	Tschiefer	4 573 *4 277*	6	.	104	.	1	1	15	8	14	9	.	.	31	8	550 *600*	. .	1	45	127
5	Hoyerswerda . . .	8 017 *7 588*	9	.	101	3	.	5	3	2	3	5	.	.	7	2	143 *144*	50 .	13	.	100
	Zusammen	21 918 *20 610*	37	.	512	3	4	2	85	5	33	7	.	.	123	4	2 030	50	63	45	677

[1]) Darunter 104 Mk. Meliorationszinsen. [2]) Die Jagd im Schutzbez. Buchwald ist an den Reg.- und Forstrath verpachtet. [3]) Die Jagd im Oberwald ist an das Hofjagdamt verpachtet.

31.

Verhältnisse

Rothwild: Hirsche	Rothwild: Kahlwild u. Spießer	Damwild: Hirsche	Damwild: Kahlwild u. Spießer	Rehe	Schwarzwild	Auerwild	Birkwild	Haselwild	Fasanen	Hasen	Rebhühner	Enten	Eichen Mk.	Eichen Pf.	Nadelholz Mk.	Nadelholz Pf.	Buchen Mk.	Buchen Pf.	Nadelholz Mk.	Nadelholz Pf.	Männertag Mk.	Männertag Pf.	Frauentag Mk.	Frauentag Pf.	Bemerkungen über am Wohnorte des Oberförsters oder in der Nähe befindliche höhere Bildungsanstalten (G. = Gymnasium, RG. = Realgymnasium, PG. = Progymnasium, RPG. = Realprogymnasium)
Der jährliche **Abschuß** beträgt:										In der Zeit vom 1. 4. 1885 bis 1. 4. 1886 wurden erlegt:			**Holzpreise** nach den Holztaxen von 1893 (einschl. der Werbungskosten): Gewöhnliches **Bau- u. Nutzholz** (Taxklasse von 0,5—1 fm für das fm)				**Scheitholz** (für das rm)				Durchschnittlicher **Tagelohn** im Jahre 1891/92 für den				
Stück																									
Breslau.																									
14	24	.	.	17	.	4	.	.	.	36	1	.	.	.	9	.	3	50	3	50	1	10	.	70	
10	29	.	.	16	.	1	.	.	.	10	.	.	.	.	9	.	3	50	3	50	1	20	.	80	
3	7	.	.	12	.	2	.	.	.	31	8	.	13	.	9	.	4	.	4	.	1	20	.	80	
3	5	.	.	31	.	.	.	.	.	265	6	92	19	.	14 13	. .	5	.	5	50	1	20	.	60	RG. in Rawitsch, etwa 9 km entfernt.
4	3	.	.	10	.	.	.	.	.	48	.	.	14	.	11 9	. .	4	50	3 4	50 .	1	.	.	60	
7	10	.	.	8	.	.	.	.	.	47	9	.	17	.	13 9	. .	4	50	3 4	50 .	1	.	.	60	
.	.	.	.	62	.	.	.	.	*62*	1 000	15	4	24	.	14 9	. .	4	.	3 4	50 .	1	40	.	70	G. in Wohlau.
1	6	.	.	47	.	.	.	.	*27*	617	106	34	24	.	13 10	. .	3	50	3 4	50 .	1	.	.	55	G. in Wohlau, etwa 8 km entfernt.
1	2	.	.	19	.	.	.	.	*5*	976	56	.	20	.	10 9	. .	4	.	3 3	50 .	1	20	.	70	
3	4	.	.	17	.	.	.	.	*3*	512	23	20	17	.	11 8	. .	3	50	3	.	1	.	.	60	
8	14	.	.	15	.	.	.	.	5	501	.	3	30	.	11 9	. .	4	.	3 3	. 20	1	10	.	70	
6	9	.	.	14	.	.	.	.	*784*	1 189	200	55	20	.	11 9	. .	4	.	3	.	1	20	.	80	G. in Ohlau, etwa 8 km entfernt.
1	4	.	.	22	.	.	2	.	*157*	1 982	135	109	18	.	13 12	. .	5	.	4 3	50 50	1	20	.	70	
.	.	.	.	6	.	.	.	.	*5*	377	118	.	24	.	10	.	5	.	4	70	1	50	.	80	
61	117	.	.	296	.	7	2	.	1048	7 591	677	317	.	.	.	.	.	.	.	.	.	.	.	.	
Liegnitz.																									
1	2	.	.	29	.	.	1	.	.	163	10	.	15	.	12	.	5	.	4	50	1	25	.	80	
2	1	.	.	20	.	.	.	.	.	106	5	.	15	.	12	.	5	.	4	50	1	20	.	80	
1	2	.	.	22	.	.	2	.	7	126	.	.	19	.	13	.	4	50	5	50	1	20	.	60	G. in Liegnitz, etwa 4 km entfernt.
.	1	4	6	25	4	.	.	.	15	150	20	100	20	.	14	.	4	50	5	.	1	30	.	70	
1	.	.	.	7	.	2	4	.	.	50	3	40	20	.	14	.	5	50	4	50	1	40	.	80	
5	6	4	6	103	4	2	7	.	22	595	38	140	.	.	.	.	.	.	.	.	.	.	.	.	

[4]) Die niedere Jagd im Schutzbez. Mehltheuer ist z. Z. administrirt. [5]) Die Jagd in einigen größeren Forstparzellen ist anderweit verpachtet. [6]) Die Jagd im Schutzbez. Fuchsberg ist anderweit verpachtet.

*

Laufende Nummer	Oberförsterei	**Gesammtfläche** der Staatsforsten (*darunter zur Holzzucht bestimmte Fläche*) ha	Zahl der **Schutzbezirke** im Staatswalde	Den Oberförstereien zur Verwaltung angeschlossene nicht fiskalische (Gemeinde- 2c.) Waldungen (Zahl der Gemeinden 2c.) ha	Nachweisung der den etatsmäßigen Forstbeamtenstellen zugetheilten nutzbaren **Dienstlandsflächen**: Gesammt-Größe ha	dc	Dienstländereien der **Oberförsterstelle**: Gärten ha	dc	Aecker ha	dc	Wiesen ha	dc	Weiden ha	dc	Gesammt-Größe ha	dc	Nutzungsgeld (*künftig*) Mk.	Pf.	**Jagd**: Der **Wildstand** an Roth-, Dam- u. Rehwild beträgt: Rothwild Stück	Damwild Stück	Rehe Stück
																					14. Regierungs-Bezirk
1	Rybnik	6 359 *6 113*	11	.	169	8	.	5	10	1	13	.	.	.	23	6	190	.	62	.	114
2	Cosel	2 477 *2 344*	4	.	71	6	.	5	22	1	2	2	.	.	24	8	468 *500*	. .	1	.	180
3	Ottmachau	1 086 *964*	4	.	62	.	.	2	13	3	2	6	.	.	16	1	450	.	.	.	135
4	Krascheow	4 821 *4 645*	6	.	116	9	1	3	10	5	16	2	.	2	28	2	312	.	13	.	100
5	Dembio	6 524 *6 233*	9	.	172	3	1	6	11	2	11	.	6	4	30	2	300	.	19	.	116
6	Grudschütz	5 178 *4 970*	7	.	139	2	.	8	15	8	11	4	.	.	28	.	695	.	66	.	370
7	Schelitz *)	7 536 *6 881*	9	.	172	7	.	5	23	3	8	9	.	.	32	7	760	.	140	27	51
8	Proskau *)	4 832 *4 671*	6	.	117	3	1	1	9	5	7	9	.	.	18	5	323 *440*	. .	91	17	85
9	Jelowa	5 771 *5 580*	6	.	109	7	.	5	7	6	8	8	.	.	16	9	200	.	38	.	61
10	Kupp	4 602 *4 398*	5	.	100	5	.	7	10	8	11	8	.	.	23	3	330	.	1	.	110
11	Murow	4 423 *4 199*	5	.	101	8	.	3	9	4	8	5	.	.	18	2	120	.	44	.	150
12	Poppelau	5 066 *4 661*	7	.	131	7	.	4	24	5	8	2	.	.	33	1	760	.	11	.	114
13	Creuzburgerhütte	5 797 *5 557*	7	.	128	3	.	3	10	9	6	3	.	.	17	5	82 *90*	50 .	65	.	122
14	Dombrowka	6 267 *5 920*	7	.	139	5	1	4	11	5	15	2	.	.	28	1	582	.	135	.	320
15	Bodland [1])	6 166 *5 867*	9	.	139	9	.	3	22	5	10	.	.	.	32	8	324	.	23	.	65
	Zusammen	76 905 *73 003*	102	.	1 873	2	10	4	213	.	142	.	6	6	372	.	5 896	50	709	44	2 093
																					15. Regierungs-Bezirk
1	Lödderitz [2])	3 256 *2 680*	6	.	89	1	.	9	8	.	21	5	.	.	30	4	1 060	.	286	.	224
2	Grünewalde [3])	3 294 *2 049*	6	.	82	9	.	6	20	8	7	9	.	.	29	3	790 *840*	. .	.	.	200
3	Schweinitz	5 426 *4 970*	6	.	79	7	.	7	12	9	10	.	.	.	23	6	441	.	2	57	98
4	Magdeburgerforth	2 578 *2 459*	5	.	98	6	1	1	15	1	23	3	.	6	40	1	400	.	.	.	240
5	Biederitz †) [4])	1 512 *1 064*	3	.	47	4	.	.	8	1	11	8	.	.	19	9	680	.	.	.	127
6	Altenplathow	4 836 *4 388*	8	.	123	6	2	8	12	6	25	7	.	.	41	1	516 *576*	. .	2	95	303
7	Weißewarte	1 582 *1 393*	2	.	64	.	.	5	~~26~~ 11	~~8~~	~~11~~ 24	5	.	.	38	3	~~279~~ 493	.	.	.	150
8	Thale *)	4 132 *3 897*	7	.	42	1	.	1	16	1	1	7	.	.	17	9	489	.	173	.	72

[1]) Die Jagd auf ca. 889 ha ist anderweit verpachtet. [2]) Die Jagd auf 5 Parzellen im Begang Rosenberg ist anderweit verpachtet. [3]) Die Jagd im Schutzbez.

Verhältnisse

Der jährliche Abschuß beträgt: Rothwild: Hirsche	Rothwild: Kahlwild u. Spießer	Damwild: Hirsche	Damwild: Kahlwild u. Spießer	Rehe	Schwarzwild	Auerwild	Birkwild	Haselwild	Fasanen	In der Zeit vom 1. 4. 1885 bis 1. 4. 1886 wurden erlegt: Hasen	Rebhühner	Enten	Holzpreise nach den Holztaxen von 1893 (einschl. der Werbungskosten). Gewöhnliches Bau- u. Nutzholz (Taxklasse von 0,5—1 fm für das fm): Eichen Mk.	Pf.	Nadelholz Mk.	Pf.	Scheitholz (für das rm): Buchen Mk.	Pf.	Nadelholz Mk.	Pf.	Durchschnittlicher Tagelohn im Jahre 1891/92 für den Männertag Mk.	Pf.	Frauentag Mk.	Pf.	Bemerkungen über am Wohnorte des Oberförsters oder in der Nähe befindliche höhere Bildungsanstalten (G. = Gymnasium, RG. = Realgymnasium, PG. = Progymnasium, RPG. = Realprogymnasium)
Stück																									
Oppeln.																									
4	4	.	.	10	2	.	.	.	2	212	37	2	17	.	9 8	. .	3	50	3 3	50 .	1	20	.	60	
1	.	.	.	20	.	.	.	.	5	832	10	.	19	.	10 9	. .	3	50	4 3	. .	1	30	.	75	PG. (Privat-Anstalt) zu Cosel, etwa 4 km entfernt.
.	.	.	.	27	.	.	.	.	50	379	51	28	20	.	12 10	. .	5	50	5 4	50 80	1	20	.	80	
2	.	.	.	12	.	.	.	.	1	531	29	6	12	.	9 8	. .	3	.	3	.	1	10	.	60	
2	1	.	.	9	.	.	.	.	8	842	.	.	15	.	10 8	. .	3	50	3	.	1	.	.	60	
3	6	.	.	20	.	.	.	.	15	450	20	.	13	.	10 8	. .	3	50	3	.	1	20	.	70	G. in Oppeln, etwa 5 km entfernt.
7	17	1	7	8	14	.	.	.	9	421	28	11	23	.	11 9	. .	4	50	3 3	50 .	.	85	.	55	
6	13	.	4	8	16	.	.	.	.	397	129	4	23	.	11 9	. .	4	50	3 3	50 .	1	10	.	60	
4	4	.	.	9	.	.	.	.	8	302	145	2	15	.	9 7	. .	3	50	3	.	1	.	.	50	
1	.	.	.	11	.	.	.	.	.	405	15	1	15	.	9 7	. .	4	.	3	.	1	20	.	70	
3	3	.	.	15	.	.	.	.	3	105	6	.	15	.	9 7	. .	3	50	3	.	1	20	.	70	
1	1	.	.	18	.	.	.	.	45	500	90	30	16	.	10 8	. .	3	50	3	.	1	.	.	70	
5	7	.	.	13	.	.	.	.	1	155	20	.	15	.	9 7	. .	3	50	3	.	1	20	.	76	
7	15	.	.	30	.	.	.	.	13	363	.	3	15	.	9 7	. .	3	50	3	.	1	20	.	80	
3	3	.	.	7	.	.	.	.	.	230	9	.	15	.	9 7	. .	4	.	3	.	1	20	.	70	
49	74	1	11	217	32	.	.	.	160	6 124	589	87	.	.	.	.	.	.	.	.	.	.	.	.	
Magdeburg.																									
12	50	.	.	34	.	.	.	.	27	150	14	43	20	.	8	.	6	.	4	50	1	80	1	.	
.	.	.	.	40	.	.	.	.	40	180	200	12	20	.	13	.	6	60	5	.	2	.	1	.	RPG. in Schönebeck a. E., etwa 1 km Fähre.
.	2	3	11	13	14	.	.	.	.	30	6	.	20	.	10	.	6	.	3	50	1	50	.	80	
.	.	.	.	30	.	.	.	.	.	56	12	12	22	.	12	.	5	50	3	50	1	60	.	80	
.	.	.	.	23	.	.	.	.	4	255	74	86	25	.	.	.	7	.	4	.	1	90	1	.	Schul. jed. Art in Magdeburg.
1	1	5	23	51	.	.	.	.	.	200	27	200	22	.	10	.	6	30	5	.	1	50	.	80	PG. in Genthin, etwa 1,5 km entfernt.
.	.	.	.	12	3	.	2	.	.	20	10	30	25	.	15	.	5	.	4	50	1	80	.	75	
28	44	.	.	15	19	.	.	.	.	22	.	2	22	.	13	.	6	.	3	50	2	.	1	.	

Grüneberg ist anderweit verpachtet. [4]) Die Jagd im Biederitzer Busche ist anderweit verpachtet.

Laufende Nummer	Oberförsterei	Gesammtfläche der Staatsforsten (*darunter zur Holzzucht bestimmte Fläche*) ha	Zahl der Schutzbezirke im Staatswalde	Den Oberförstereien zur Verwaltung angeschlossene nicht fiskalische (Gemeinde- ꝛc.) Waldungen (Zahl der Gemeinden ꝛc.) ha	Nachweisung der den etatsmäßigen Forstbeamtenstellen zugetheilten nutzbaren Dienstlandsflächen: Gesammt-Größe ha	dc	Dienstländereien der Oberförsterstelle: Gärten ha	dc	Aecker ha	dc	Wiesen ha	dc	Weiden ha	dc	Gesammt-Größe ha	dc	Nutzungsgeld (*künftig*) Mk.	Pf.	Jagd-: Der Wildstand an Roth-, Dam- u. Rehwild beträgt: Rothwild Stück	Damwild Stück	Rehe Stück
9	Heteborn [1])	1 409 *1 364*	4	.	32	1	.	6	17	2	.	.	.	.	17	8	553	.	.	.	86
10	Dingelstedt [2])	1 664 *1 582*	5	.	29	9	.	5	7	8	3	9	.	.	12	2	453	.	.	.	127
11	Schermke [3]) †) . . .	892 *835*	3	.	22	7	.	.	12	6	.	.	.	.	12	6	471	.	.	.	23
12	Bischofswald	3 629 *3 426*	9	.	98	.	.	8	19	5	8	4	.	2	28	9	529	.	67	.	230
13	Colbitz ***)	5 449 *5 338*	6	.	107	7	.	5	10	.	13	.	.	.	23	5	{363 {*578*	. .	40	1 002	101
14	Planken ***) . . .	5 337 *5 152*	6	.	78	3	.	7	14	9	8	2	.	.	23	8	{373 {*410*	. .	55	1 402	141
15	Burgstall [4]) ***) . .	5 911 *5 393*	5	.	96	.	1	5	11	7	17	.	.	.	30	2	{342 {*388*	. .	62	270	120
16	Letzlingen ***) . . .	6 184 *5 982*	5	.	109	9	.	5	11	.	17	2	.	.	28	7	359	.	113	1 832	70
17	Jävenitz ***) . . .	5 915 *5 764*	5	.	90	5	.	5	18	9	8	3	.	.	27	7	257	.	269	860	82
18	Clötze	3 285 *3 217*	5	.	59	8	.	5	10	.	5	8	.	.	16	3	{128 {*133*	. .	.	.	140
19	Diesdorf	2 810 *1 948*	5	.	86	2	.	7	35	4	8	3	.	.	44	4	896	.	.	.	*50*
	Zusammen	69 101 *62 901*	101	.	1 438	5	13	5	288	9	203	5	.	8	506	7	9 379	.	1 069	5 518	2 584

16. Regierungs-Bezirk

1	Elsterwerda	6 257 *4 893*	7	.	102	1	.	6	8	1	9	8	.	.	18	5	204	.	31	.	88
2	Liebenwerda	4 731 *4 088*	6	.	80	3	.	3	7	9	8	9	.	.	17	1	136	.	43	.	84
3	Hohenbucko [5]) . . .	3 930 *3 289*	4	.	62	8	.	2	.	.	11	.	.	.	11	2	111	.	36	25	57
4	Rosenfeld	5 064 *4 741*	6	.	103	9	.	7	15	.	8	8	.	.	24	5	638	.	65	.	52
5	Annaburg	4 463 *4 324*	5	.	75	1	.	8	8	.	6	4	.	.	15	2	439	.	87	.	208
6	Thiergarten	5 091 *4 839*	6	.	88	8	.	9	10	4	7	9	.	.	19	2	227	.	75	.	120
7	Glücksburg	5 661 *5 060*	9	.	115	5	.	3	19	8	12	5	.	.	32	6	{369 {*434*	. .	89	.	159
8	Sitzenroda	3 082 *2 922*	5	.	67	2	.	1	9	2	9	2	.	.	18	5	650	.	16	.	20
9	Doberschütz	4 289 *3 864*	6	.	77	7	.	4	8	.	8	5	.	.	16	9	433	.	55	.	99
10	Falkenberg	5 033 *4 662*	6	.	85	7	.	5	12	8	9	1	.	.	22	4	653	.	88	1	120
11	Söllichau	3 416 *3 271*	5	.	69	7	.	8	8	8	7	7	.	.	17	3	675	.	37	.	62
12	Tornau	4 399 *4 262*	6	.	67	8	.	8	7	9	9	1	.	.	17	8	348	.	27	2	49

[1]) Die Jagd im Schutzbez. Egeln ist anderweit verpachtet. [2]) Die Jagd im Forstorte Regenstein ist anderweit verpachtet. [3]) Die Jagd auf ca. 661 ha ist ander-

Verhältnisse

Der jährliche Abschuß beträgt: Rothwild Hirsche	Rothwild Kahlwild u. Spießer	Damwild Hirsche	Damwild Kahlwild u. Spießer	Rehe	Schwarzwild	Auerwild	Birkwild	Haselwild	Fasanen	In der Zeit vom 1. 4. 1885 bis 1. 4. 1886 wurden erlegt: Hasen	Rebhühner	Enten	Holzpreise nach den Holztaxen von 1893 (einschl. der Werbungskosten) Gewöhnliches Bau- u. Nutzholz (Taxklasse von 0,5—1 fm für das fm) Eichen Mk.	Pf.	Nadelholz Mk.	Pf.	Scheitholz (für das rm) Buchen Mk.	Pf.	Nadelholz Mk.	Pf.	Durchschnittlicher Tagelohn im Jahre 1891/92 für den Männertag Mk.	Pf.	Frauentag Mk.	Pf.	Bemerkungen über am Wohnorte des Oberförsters oder in der Nähe befindliche höhere Bildungsanstalten (G. = Gymnasium, RG. = Realgymnasium, PG. = Progymnasium, RPG. = Realprogymnasium)
Stück																									
.	.	.	.	12	.	.	.	.	.	175	8	.	33	.	.	.	8	.	.	.	1	70	1	20	
.	.	.	.	20	.	.	.	.	.	149	.	.	20	.	12	.	8	.	3	50	1	80	1	.	
.	.	.	.	7	.	.	.	.	7	191	.	.	24	.	10	.	7	.	3	50	2	.	1	.	
5	12	.	.	40	.	.	.	.	10	82	2	4	20	.	12	.	7	.	4	.	1	60	1	.	
3	3	39	91	12	31	.	.	.	.	25	.	.	25	.	12	.	6	.	4	.	1	50	.	80	
3	5	50	117	16	35	.	.	.	.	22	.	.	25	.	14	.	7	.	4	.	1	80	1	.	
2	8	14	29	18	.	.	2	.	.	36	.	21	22	.	12	.	6	.	4	.	1	75	.	80	
9	12	111	130	11	66	.	.	.	.	8	.	.	25	.	12	.	6	.	4	.	1	80	1	.	
10	32	45	55	10	50	.	.	.	.	4	.	1	19	.	12	.	6	.	4	.	1	80	1	.	
.	.	.	.	26	7	.	.	.	.	25	.	.	24	.	13	.	7	.	4	.	1	75	1	20	
.	.	.	.	5	.	.	.	.	.	82	7	50	20	.	14	.	7	50	4	50	1	60	1	.	
73	169	267	456	395	225	.	4	.	88	1 712	360	461	.	.	.	.	.	.	.	.	.	.	.	.	

Merseburg.

4	3	.	.	17	.	3	12	.	.	200	.	.	23	.	11	.	8	.	4	50	1	50	.	80	
2	3	.	.	12	.	1	.	.	.	104	64	6	22	.	14 13	. .	6	.	4	50	1	50	.	80	
3	1	2	.	8	.	2	.	.	.	21	23	.	23	.	14 10	. .	5	.	4	20	1	20	.	70	
3	11	.	.	8	.	.	.	.	.	197	163	31	23	.	12	.	5	50	4	50	1	20	.	70	G. in Torgau, etwa 6 km entfernt.
5	14	.	.	23	.	.	1	.	4	34	.	.	23	.	13	.	7	.	4	.	1	50	.	84	
6	15	.	.	20	.	.	5	.	.	106	2	2	30	.	13	.	10	.	4	50	1	40	.	80	
7	18	.	.	12	.	.	3	.	.	300	21	2	25	.	14	.	7	30	5	.	1	40	.	80	
1	4	.	.	3	.	.	.	.	.	50	.	.	21	.	11	.	6	.	5	50	1	50	.	80	
5	18	.	.	20	.	.	.	.	.	125	1	39	25	.	13	.	5	50	5	50	1	40	.	80	
4	7	1	.	14	.	.	.	.	.	220	.	32	26	.	14	.	6	.	5	.	1	50	.	70	
3	4	.	.	9	.	.	.	.	.	38	.	.	24	.	12	.	5	.	4	50	1	50	.	80	
4	5	.	2	11	1	.	.	.	.	19	4	1	22	.	17 15	. .	6	.	5 4	. .	1	50	.	70	

weit verpachtet. [4]) Ein größerer Theil des Reviers liegt außerhalb des Gatters. [5]) Die Niederjagd in der Obermünze ist administrirt.

Laufende Nummer	Oberförsterei	Gesammtfläche der Staatsforsten (*darunter zur Holzzucht bestimmte Fläche*) ha	Zahl der Schutzbezirke im Staatswalde	Den Oberförstereien zur Verwaltung angeschlossene nicht fiskalische (Gemeinde- 2c.) Waldungen (Zahl der Gemeinden 2c.) ha	Nachweisung der den etatsmäßigen Forstbeamtenstellen zugetheilten nutzbaren Dienstlandsflächen: Gesammt-Größe ha	dc	Dienstländereien der Oberförsterstelle: Gärten ha	dc	Aecker ha	dc	Wiesen ha	dc	Weiden ha	dc	Gesammt-Größe ha	dc	Nutzungsgeld (*künftig*) Mk.	Pf.	Jagd-: Der Wildstand an Roth-, Dam- u. Rehwild beträgt: Rothwild Stück	Damwild Stück	Rehe Stück
13	Zöckeritz	1 971 *1 678*	6	.	76	3	.	2	9	5	8	7	.	.	18	4	408	.	.	1	199
14	Rothehaus	4 474 *4 126*	8	.	121	6	1	2	19	3	18	3	.	.	38	8	636	.	51	27	72
15	Schkeuditz	1 778 *1 551*	9	.	57	1	.	2	.	.	13	1	.	.	13	3	715	.	.	.	130
16	Zeitz	2 048 *1 867*	5	.	42	6	.	1	6	7	7	1	.	.	13	9	{488 {*550*	. .	11	.	76
17	Freyburg a. U.	1 701 *1 659*	7	.	30	7	.	.	1	9	.	.	.	.	1	9	33	.	.	.	54
18	Heldrungen	1 659 *1 598*	5	.	46	1	3	7	8	1	2	6	.	.	14	4	566	.	.	.	123
19	Ziegelrode	3 541 *3 433*	7	.	57	5	.	4	10	.	1	8	.	.	12	2	363	.	155	.	172
20	Bischofrode	1 414 *1 360*	4	.	44	9	.	6	19	.	.	7	.	.	20	3	{408 {*680*	. .	.	.	100
21	Pölsfeld	2 714 *2 622*	6	.	68	6	.	3	9	9	5	3	.	.	15	5	384	.	10	.	58
22	Annarode	1 688 *1 585*	5	.	40	8	.	3	10	.	2	8	.	.	13	1	252	.	2	.	135
	Zusammen	78 404 *71 694*	133	.	1 582	8	13	4	210	3	169	3	.	.	393	.	9 136	.	878	56	2 237

17. Regierungs-Bezirk

Laufende Nummer	Oberförsterei	Gesammtfläche ha	Schutzbezirke	Gemeinde- 2c. Waldungen ha	Gesammt-Größe ha	dc	Gärten ha	dc	Aecker ha	dc	Wiesen ha	dc	Weiden ha	dc	Gesammt-Größe ha	dc	Nutzungsgeld Mk.	Pf.	Rothwild	Damwild	Rehe
1	Schleusingen	2 440 *2 389*	4	.	28	4	.	.	.	.	5	5	.	.	5	5	188	.	14	.	34
2	Hinternah	3 093 *3 040*	5	.	21	4	.	1	1	4	2	2	.	.	3	7	85	.	58	.	51
3	Erlau	2 921 *2 871*	4	.	31	6	.	2	3	5	6	4	.	.	10	1	91	.	95	.	69
4	Schmiedefeld	4 397 *4 280*	6	.	42	3	.	1	2	2	8	.	.	.	10	3	95	.	79	.	90
5	Suhl †)	3 725 *3 595*	6	.	30	6	.	.	3	5	.	6	.	.	4	1	26	.	42	.	57
6	Dietzhausen	2 919 *2 875*	5	.	25	7	.	2	.	7	3	4	.	.	4	3	15	.	43	.	84
7	Schwarza	3 411 *3 361*	4	.	34	3	.	1	5	7	3	7	.	.	9	5	200	.	55	.	20
8	Erfurt †)	1 281 *1 236*	4	.	26	5	.	.	8	8	2	9	.	.	11	7	{271 {*350*	. .	1	.	72
9	Benneckenstein	1 571 *1 506*	3	.	31	8	.	.	.	.	13	7	.	.	13	7	159	.	41	.	44
10	Ershausen	3 364 *3 320*	9	.	21	2	.	1	1	3	.	.	.	.	1	4	20	.	.	.	62
11	Leinefelde	2 022 *1 957*	4	.	45	8	.	2	5	9	4	1	.	.	10	2	210	.	.	.	80
12	Worbis	1 417 *1 386*	5	.	18	.	.	3	1	8	.	3	.	.	2	4	66	.	.	.	46
13	Lohra [1])	2 205 *2 078*	6	.	49	2	2	2	13	1	2	6	3	1	21	.	320	.	.	.	69
14	Königsthal	2 162 *2 059*	7	.	54	3	.	9	19	8	4	4	.	.	25	1	390	.	.	.	19
	Zusammen	36 928 *35 953*	72	.	461	1	4	4	67	7	57	8	3	1	133	.	2 136	.	428	.	797

[1]) Die Jagd im Unterforste Wollersleben und in Theilen des Schutzbez. Kleinberndten ist anderweit verpachtet.

31.

Verhältnisse													Holzpreise nach den Holztaxen von 1893 (einschl. der Werbungskosten)								Durchschnittlicher Tagelohn im Jahre 1891/92 für den				Bemerkungen über am Wohnorte des Oberförsters oder in der Nähe befindliche höhere Bildungsanstalten (G. = Gymnasium, RG. = Realgymnasium, PG. = Progymnasium, RPG. = Realprogymnasium)
Der jährliche Abschuß beträgt:										In der Zeit vom 1. 4. 1885 bis 1. 4. 1886 wurden erlegt:			Gewöhnliches Bau- u. Nutzholz (Taxklasse von 0,5—1 fm für das fm)				Scheitholz (für das rm)								
Rothwild		Damwild		Rehe	Schwarzwild	Auerwild	Birkwild	Haselwild	Fasanen	Hasen	Rebhühner	Enten	Eichen		Nadelholz		Buchen		Nadelholz		Männertag		Frauentag		
Hirsche	Kahlwild u. Spießer	Hirsche	Kahlwild u. Spießer										Mk.	Pf.	Mk.	Pf.	Mk.	Pf.	Mk.	Pf.	Mk.	Pf.	Mk.	Pf.	
Stück																									
.	.	.	1	39	.	.	.	.	6	294	44	3	25	.	15	.	7	50	6	.	1	80	.	80	Realschule in Bitterfeld, etwa 4,5 km entfernt.
4	11	4	8	18	1	.	.	.	20	95	26	26	24	.	13	.	6	.	4	50	1	50	.	80	
.	.	.	.	20	.	.	.	.	40	286	13	32	23	.	13	.	7	.	6	.	2	.	1	.	
1	4	.	.	10	.	.	.	.	.	60	50	2	20	.	14	.	7	.	5	80	2	.	1	.	G. in Zeitz.
.	.	.	.	10	.	.	.	.	.	107	.	.	21	.	{12 {15	. .	9	.	4	.	1	70	1	20	
.	.	.	.	14	.	.	.	.	.	136	2	.	15	.	{10 {12	. .	8	.	5		1	30	1	.	
7	24	.	.	24	.	.	.	.	.	125	.	1	14	.	{8 {10	. .	7	.	3	.	1	60	.	95	G. in Roßleben, etwa 5,5 km entfernt.
.	.	.	.	20	.	.	.	.	.	331	33	.	18	.	15	.	7	60	4	50	1	80	.	92	G. und RPG. in Eisleben, etwa 5,5 km entfernt.
2	8	.	.	16	2	.	.	.	.	32	.	.	16	.	12	.	7	.	{3 {4	50 .	1	80	.	80	G. in Sangerhausen, etwa 7 km entfernt.
1	1	.	.	18	3	.	.	.	.	66	.	.	13	.	11	.	7	.	{4 {4	. 50	1	80	.	80	
62	151	7	11	346	7	6	21	.	70	2 946	446	177	.	.	.	.	.	.	.	.	.	.	.	.	
Erfurt.																									
1	3	.	.	5	.	1	.	.	.	15	.	1	20	.	{10 {13	. .	6	.	{3 {4	. .	1	60	.	90	G. in Schleusingen.
4	5	.	.	4	.	.	.	.	.	33	20	.	20	.	{10 {14	. .	6	.	{3 {4	50 .	1	60	1	.	G. in Schleusingen, etwa 3 km entfernt.
5	9	.	.	6	.	1	.	.	.	6	.	.	20	.	{10 {14	. .	6	.	{4 {4	. 50	1	60	1	.	G. in Schleusingen, etwa 4 km entfernt.
6	5	.	.	6	.	1	.	.	.	20	2	.	20	.	{10 {14	. .	6	.	{3 {5	. .	1	80	1	.	
3	5	.	.	6	.	1	.	.	.	27	1	.	20	.	{10 {15	. .	6	.	{3 {5	50 .	1	60	1	.	Privatschule für Knaben bis Tertia einschl.
4	5	.	.	7	.	.	.	.	.	49	5	.	20	.	{10 {14	. .	6	.	{3 {5	. .	1	50	.	80	
4	10	.	.	2	.	.	.	.	.	32	.	.	20	.	{12 {15	. .	6		{3 {4	50 50	1	60	.	80	
.	1	.	.	11	.	.	.	.	.	186	4	.	20	.	14	.	10	.	{6 {7	. .	2	.	1	10	G. in Erfurt.
4	8	.	.	9	.	.	.	.	.	9	.	.	20	.	16	.	.	.	4	.	2	25	1	.	
.	.	.	.	12	.	.	.	.	.	109	.	.	20	.	{12 {14	. .	7	.	4	.	1	60	1	10	
.	.	.	.	12	.	.	.	.	.	63	32	.	20	.	{12 {14	. .	8	.	{3 {4	50 .	1	50	.	80	
.	.	.	.	6	.	.	.	.	.	61	.	.	20	.	{12 {14	. .	7	50	4	.	1	50	1	.	
.	.	.	.	7	.	.	.	.	.	52	2	.	20	.	{12 {14	. .	7	.	3	50	1	35	.	80	
.	.	.	.	6	.	.	.	.	.	136	5	7	20	.	{12 {14	. .	7	.	3	.	1	50	.	80	
31	51	.	.	99	.	4	.	.	.	798	71	8	.	.	.	.	.	.	.	.	.	.	.	.	

Laufende Nummer	Oberförsterei	Gesammtfläche der Staatsforsten (darunter zur Holzzucht bestimmte Fläche) ha	Zahl der Schutzbezirke im Staatswalde	Den Oberförstereien zur Verwaltung angeschlossene nicht fiskalische (Gemeinde- 2c.) Waldungen (Zahl der Gemeinden 2c.) ha	Nachweisung der den etatsmäßigen Forstbeamtenstellen zugetheilten nutzbaren Dienstlandsflächen: Gesammt-Größe ha	dc	Dienstländereien der Oberförsterstelle: Gärten ha	dc	Aecker ha	dc	Wiesen ha	dc	Weiden ha	dc	Gesammt-Größe ha	dc	Nutzungsgeld (künftig) Mk.	Pf.	Jagd-: Der Wildstand an Roth-, Dam- u. Rehwild beträgt: Rothwild Stück	Damwild Stück	Rehe Stück
	18. Regierungs-Bezirk																				
1	Trittau	3 219 *2 901*	7	.	99	4	1	9	10	8	12	3	.	.	25	.	566	.	16	.	165
2	Quickborn	5 677 *3 939*	7	.	72	3	.	4	9	6	7	1	.	5	17	6	300	.	1	.	145
3	Reinfeld [1])	1 997 *1 832*	9	.	74	7	.	4	9	5	1	4	.	.	11	3	577	.	.	49	109
4	Segeberg	5 311 *4 684*	7	.	81	2	1	2	9	6	10	.	.	.	20	8	189	.	62	77	60
5	Drage	1 595 *1 547*	1	.	22	4	.	5	9	7	4	2	.	.	14	4	242	.	.	.	39
6	Cismar	851 *790*	2	.	25	1	.	6	9	8	2	2	.	.	12	6	484	.	.	36	19
7	Neumünster †)	2 902 *2 743*	6	.	45	8	.	.	.	.	.	.	.	.	.	.	.	.	1	2	58
8	Barlohe	3 280 *2 034*	4	.	71	5	.	7	16	8	.	.	.	.	17	5	166	.	36	.	65
9	Bordesholm	1 897 *1 204*	6	.	70	5	.	3	10	4	2	9	.	.	13	6	301	.	.	.	103
10	Rendsburg [2]) †)	3 726 *2 485*	5	.	38	2	.	.	.	.	.	.	.	.	.	.	.	.	.	.	35
11	Schleswig	2 168 *1 987*	6	.	75	2	1	.	4	4	8	1	.	.	13	5	550	.	.	.	155
12	Flensburg †)	3 395 *2 938*	5	.	74	8	.	.	.	.	.	.	.	.	.	.	.	.	.	.	220
13	Sonderburg [3])	1 756 *1 571*	4	.	44	3	1	.	10	9	1	9	.	.	13	8	468	.	.	.	50
14	Apenrade	3 571 *2 959*	5	.	68	3	.	3	7	8	2	6	.	.	10	7	265	.	.	.	120
15	Hadersleben	1 580 *1 476*	4	.	39	7	.	6	9	2	.	9	.	.	10	7	285	.	.	.	90
	Zusammen	42 925 *35 090*	78	.	903	4	8	9	118	5	53	6	.	5	181	5	4 393	.	116	164	1 433
	19. Regierungs-Bezirk																				
1	Polle	916 *878*	2	1 818 (7)	21	4	.	6	6	4	2	3	.	.	9	3	455	.	.	.	76
2	Grohnde	1 445 *1 398*	5	2 901 (25)	23	9	1	6	10	6	.	7	.	.	12	9	545	.	.	.	99
3	Coppenbrügge	3 105 *3 005*	6	542 (13)	25	1	1	8	7	7	.	5	.	.	10	.	307	.	1	.	90
4	Hameln †)	323 *307*	3	3 292 (28)	9	.	1	3	.	4	1	7	.	.	3	4	241	.	.	.	1
5	Springe***)	2 370 *2 234*	6	1 327 (11)	31	5	.	2	9	4	1	9	.	.	11	5	350	.	111	162	235
6	Lauenau	3 326 *3 196*	6	665 (6)	30	5	.	7	6	8	2	6	.	.	10	1	440	.	140	.	85
7	Rehburg	1 687 *1 431*	4	1 198 (16)	31	3	.	9	4	8	7	.	.	.	12	7	343	.	.	.	91
8	Hannover	1 932 *1 732*	5	359 (47)	52	9	.	8	.	3	.	.	.	.	1	1	50	.	.	130	118
9	Dedensen [4])	2 372 *1 348*	4	536 (29)	23	2	.	8	2	7	4	9	.	.	8	4	305	.	.	.	69

[1]) Die Jagd im Forstorte Ochsenkoppel ist anderweit verpachtet. [2]) Die Jagd auf ca. 1430 ha ist an den Oberforstbeamten verpachtet.

31.

Verhältnisse

Rothwild: Hirsche	Rothwild: Kahlwild u. Spießer	Damwild: Hirsche	Damwild: Kahlwild u. Spießer	Rehe	Schwarzwild	Auerwild	Birkwild	Haselwild	Fasanen	Hasen	Reb-hühner	Enten	Holzpreise: Bau- u. Nutzholz, Eichen Mk.	Pf.	Bau- u. Nutzholz, Nadel-holz Mk.	Pf.	Scheitholz, Buchen Mk.	Pf.	Scheitholz, Nadel-holz Mk.	Pf.	Tagelohn: Männer-tag Mk.	Pf.	Frauen-tag Mk.	Pf.	Bemerkungen
Der jährliche **Abschuß** beträgt: (Stück)										In der Zeit vom 1. 4. 1885 bis 1. 4. 1886 wurden erlegt:			**Holzpreise** nach den Holztaxen von 1893 (einschl. der Werbungskosten): Gewöhnliches **Bau- u. Nutzholz** (Taxklasse von 0,5—1 fm für das fm)				**Scheitholz** (für das rm)				Durchschnittlicher **Tagelohn** im Jahre 1891/92 für den				**Bemerkungen** über am Wohnorte des Oberförsters oder in der Nähe befindliche **höhere Bildungsanstalten** (G. = Gymnasium, RG. = Realgymnasium, PG. = Progymnasium, RPG. = Realprogymnasium)
Schleswig.																									
2	4	.	.	13	.	.	.	.	2	187	32	10	20	.	9	.	6	.	4 3	. 50	2	10	1	10	
1	.	.	.	20	.	.	.	.	.	312	57	6	24	.	10	.	8	50	4	.	2	.	1	40	
.	.	5	4	17	.	.	.	.	7	40	4	.	20	.	10	.	8	.	3	50	1	80	1	20	
4	4	2	20	8	.	.	.	.	.	145	12	.	18	.	10 9	. .	6	.	4 3	. 50	1	80	1	20	
.	.	.	.	6	.	.	.	.	.	35	6	.	24	.	8 9	. .	7	.	4 4	50 .	2	.	1	30	
.	.	2	5	4	.	.	.	.	.	16	2	.	17	.	10 8	. .	6	50	4 3	. 60	1	50	1	05	
1	.	1	1	13	.	.	.	.	.	80	35		17	.	10 8	. .	6	50	4 3	. 60	2	.	1	30	PG. und RPG. in Neumünster.
3	3	.	.	16	.	.	.	.	.	80	6	2	17	.	10 8	. .	6	50	4 3	. 60	1	80	1	50	
.	.	.	.	12	.	.	.	.	.	56	.	.	17	.	10 8	. .	6	50	4 3	 60	2	.	1	20	
.	.	.	.	4	.	.	.	.	.	92	23	7	27	.	13 10	. .	7	.	4	.	1	90	1	20	G. und RG. in Rendsburg.
.	.	.	.	16	.	.	.	.	.	192	.	.	19	.	11	.	7	.	5	.	2	.	1	40	G. und RPG. in Schleswig.
.	.	.	.	20	.	.	.	.	.	106	6	10	17	.	10	.	7	.	4	.	2	.	1	40	G. und RG. in Flensburg.
.	.	.	.	6	.	.	.	.	.	61	.	14	18	.	17 11	. .	8	.	4	.	1	80	1	20	RPG. in Sonderburg, etwa 4 km entfernt.
.	.	.	.	14	.	.	.	.	.	60	15	.	20	.	9	.	6	.	3	.	2	.	1	40	
.	.	.	.	11	.	.	.	.	.	41	.	.	18	.	9	.	7	.	3	50	2	.	1	40	G. und RPG. in Hadersleben, 2,5 km entfernt.
11	11	10	30	180	.	.	.	.	9	1 503	198	49	.	.	.	.	.	.	.	.	.	.	.	.	
Hannover.																									
.	.	.	.	8	.	.	.	.	.	21	.	1	19	.	10 11	. .	4	.	2 2	50 .	1	50	1	.	
.	.	.	.	11	1	.	.	.	.	14	.	.	23	.	9 14	. .	4	.	2 2	50 .	1	80	1	.	
1	.	.	.	10	1	.	.	.	.	26	.	.	18	.	11 16	. .	4	.	2 3	50 .	1	80	1	20	
.	.	.	.	1	.	.	.	.	.	32	.	.	18	.	11 14	. .	4	50	3 2	. 50	1	50	1	.	G. und RPG. in Hameln.
7	12	9	24	23	231	.	.	.	.	70	10	.	18	.	11 16	. .	4	50	2	50	1	80	1	.	
7	21	.	.	10	6	.	.	.	.	23	.	.	19	.	10 15	. .	4	50	3	.	1	90	1	.	
.	.	.	.	18	.	.	.	.	.	66	12	3	16	.	10 13	. .	4	50	2	50	1	50	1	.	
.	.	9	25	15	.	.	1	.	.	105	.	.	19	.	12 14	. .	6	.	3 2	. 50	2	25	1	.	G. und RG. in Hannover.
.	.	.	.	13	.	.	.	.	.	50	.	.	15	.	10 13	. .	5	.	3 2	. .	2	.	1	1	

³) Die Jagd im Schutzbez. Süderholz ist anderweit verpachtet. ⁴) Die Jagd auf Hasen im Forstorte Fohlenstall wird administrirt.

*

Laufende Nummer	Oberförsterei	Gesammtfläche der Staatsforsten (*darunter zur Holzzucht bestimmte Fläche*) ha	Zahl der Schutzbezirke im Staatswalde	Den Oberförstereien zur Verwaltung angeschlossene nicht fiskalische (Gemeinde- ꝛc.) Waldungen (Zahl der Gemeinden ꝛc.) ha	Nachweisung der den etatsmäßigen Forstbeamtenstellen zugetheilten nutzbaren **Dienstlandsflächen**: Gesammt-Größe ha	dc	Dienstländereien der **Oberförsterstelle**: Gärten ha	dc	Aecker ha	dc	Wiesen ha	dc	Weiden ha	dc	Gesammt-Größe ha	dc	Nutzungsgeld (*künftig*) Mk.	Pf.	**Jagd**: Der **Wildstand** an Roth-, Dam- u. Rehwild beträgt: Rothwild Stück	Damwild Stück	Rehe Stück
10	Nienburg	3 368 *2 943*	8	1 765 (57)	66	5	.	2	5	9	2	8	.	.	8	9	447	.	.	.	103
11	Uchte	1 242 *962*	4	279 (2)	22	4	.	9	5	1	4	3	.	.	10	3	170	.	.	.	10
12	Diepholz†)	1 567 *1 336*	6	.	28	6	.	.	.	.	1	8	.	.	1	8	42	.	.	.	30
13	Binnen	2 175 *2 111*	3	.	29	8	.	4	5	.	3	4	1	7	10	5	298	.	.	.	64
14	Memsen	1 306 *1 239*	5	.	33	4	.	4	6	9	3	3	.	1	10	7	414	.	.	.	38
15	Neubruchhausen	1 872 *1 741*	4	.	41	8	.	8	7	2	3	5	.	.	11	5	280	.	.	.	39
16	Syke	1 629 *1 547*	4	19 (1)	38	.	.	5	7	.	6	1	.	.	13	6	402	.	.	.	46
17	Harpstedt	1 949 *1 834*	4	.	36	2	1	1	5	5	4	7	.	2	11	5	221	.	.	.	17
	Zusammen	32 584 *29 242*	79	14 728 (242)	545	5	13	.	91	7	51	5	2	.	158	2	5 310	.	252	292	1 211
	20. Regierungs-Bezirk																				
1	Elend**)	4 920 *4 729*	7	.	83	6	.	1	.	3	21	7	.	.	22	1	{110 {*195*	.	190	.	69
2	Lauterberg**)	36 81 *3 509*	6	319 (6)	58	.	.	9	3	2	12	8	.	.	16	9	315	.	134	.	100
3	Kupferhütte**)	3 712 *3 535*	5	310 (3)	36	9	.	8	1	9	5	1	.	2	8	.	125	.	130	.	73
4	Oderhaus**)	2 880 *2 814*	4	.	23	3	.	6	.	4	7	9	.	.	8	9	60	.	125	.	33
5	St. Andreasberg**)	3 600 *3 392*	5	.	32	1	.	.	.	.	5	8	.	.	5	8	40	.	113	.	42
6	Sieber**)	3 676 *3 575*	5	.	26	4	.	1	2	4	3	9	.	.	6	4	50	.	173	.	34
7	Lonau**)	4 013 *3 890*	6	744 (1)	65	8	1	1	9	4	9	4	.	.	19	9	667	.	212	.	85
8	Osterode**)	2 628 *2 478*	4	.	42	9	.	4	6	6	8	3	.	1	15	4	318	.	79	.	45
9	Torfhaus**)	2 796 *2 551*	2	.	18	3	.	1	.	.	7	3	.	.	7	4	39	.	86	.	3
10	Altenau**)	3 618 *3 483*	4	.	21	1	.	1	2	7	5	1	.	.	7	9	50	.	124	.	11
11	Riefensbeek**)	3 450 *3 353*	3	.	20	5	.	1	.	1	5	9	.	.	6	1	40	.	175	.	26
12	Clausthal**)	2 678 *2 602*	3	.	16	.	.	1	.	3	7	1	.	.	7	5	80	.	103	.	32
13	Schulenberg**)	3 069 *2 972*	3	.	16	1	.	1	.	.	5	3	.	.	5	4	22	.	184	.	35
14	Zellerfeld**)	2 659 *2 549*	3	.	14	8	.	1	.	.	4	1	.	.	4	2	40	.	110	.	24
15	Westerhof	1 659 *1 582*	6	2031 (24)	42	4	.	6	7	6	2	7	.	.	10	9	383	.	.	.	66
16	Grund	2 493 *2 431*	3	.	15	1	.	2	.	8	3	7	.	.	4	7	60	.	65	.	44
17	Lautenthal***)	4 406 *4 298*	5	.	28	1	.	4	.	.	9	.	.	.	9	4	125	.	296	.	50

31.

Verhältnisse

Der jährliche Abschuß beträgt: Rothwild Hirsche	Rothwild Kahlwild u. Spießer	Damwild Hirsche	Damwild Kahlwild u. Spießer	Rehe	Schwarzwild	Auerwild	Birkwild	Haselwild	Fasanen	In der Zeit vom 1. 4. 1885 bis 1. 4. 1886 wurden erlegt: Hasen	Rebhühner	Enten	Holzpreise nach den Holztaxen von 1893 (einschl. der Werbungskosten) — Gewöhnliches Bau- u. Nutzholz (Taxklasse von 0,5—1 fm für das fm) Eichen Mk.	Pf.	Nadelholz Mk.	Pf.	Scheitholz (für das rm) Buchen Mk.	Pf.	Nadelholz Mk.	Pf.	Durchschnittlicher Tagelohn im Jahre 1891/92 für den Männertag Mk.	Pf.	Frauentag Mk.	Pf.	Bemerkungen über am Wohnorte des Oberförsters oder in der Nähe befindliche höhere Bildungsanstalten (G. = Gymnasium, RG. = Realgymnasium, PG. = Progymnasium, RPG. = Realprogymnasium)
Stück																									
.	.	.	.	17	.	.	.	.	.	64	.	2	13	.	9 13	.	5	.	2 2	70 20	1	90	1	10	PG. und RPG. in Nienburg.
.	.	.	.	1	.	.	.	.	.	141	65	.	20	.	14 16	.	4	.	1 2	80 .	1	40	1	10	
.	.	.	.	3	.	.	.	.	.	104	.	9	18	.	13 14	.	5	.	2	.	1	80	1	50	
.	.	.	.	9	.	.	.	.	.	65	10	.	16	.	13 14	.	5	50	3 2	. 50	1	70	1	10	PG. und RPG. in Nienburg, etwa 9 km entfernt.
.	.	.	.	6	.	.	.	.	.	48	.	.	19	.	13 17	.	7	.	3	50	1	80	1	20	
.	.	.	.	4	.	.	.	.	.	19	.	.	14	.	13 15	.	5	50	2 3	60 .	1	70	1	20	
.	.	.	.	4	.	.	.	.	.	81	10	2	20	.	13 15	.	6	50	3 3	50 .	2	.	1	40	
.	.	.	.	3	4	.	.	.	.	36	11	3	15	.	12 13	.	5	50	2	70	1	80	1	30	
15	33	18	49	156	243	.	1	.	.	965	118	20	.	.	.	.	.	.	.	.	.	.	.	.	

Hildesheim.

Rothwild Hirsche	Rothwild Kahlwild u. Spießer	Damwild Hirsche	Damwild Kahlwild u. Spießer	Rehe	Schwarzwild	Auerwild	Birkwild	Haselwild	Fasanen	Hasen	Rebhühner	Enten	Eichen Mk.	Pf.	Nadelholz Mk.	Pf.	Buchen Mk.	Pf.	Nadelholz Mk.	Pf.	Männertag Mk.	Pf.	Frauentag Mk.	Pf.	Bemerkungen
12	22	.	.	12	1	.	.	.	.	2	.	.	17	.	11 15	.	4	50	2	50	2	20	1	.	
10	16	.	.	14	.	.	.	.	.	18	.	3	17	.	11 15	.	4	50	2	50	1	80	1	.	
11	15	.	.	10	.	.	.	.	.	*22*	.	.	17	.	11 15	.	4	50	2	50	1	70	1	.	
11	17	.	.	3	1	1	.	.	.	*2*	.	.	17	.	11 15	.	4	50	2	50	2	.	1	.	
11	14	.	.	3	.	1	.	.	.	*4*	.	.	17	.	11 15	.	4	50	2	50	2	.	1	.	
12	20	.	.	4	.	1	.	.	.	*7*	.	.	17	.	11 15	.	4	50	2	50	2	.	.	90	
14	26	.	.	7	11	.	.	.	.	29	.	1	17	.	11 15	.	4	50	2	50	2	.	.	80	RG. in Osterode, v. Herzberg mit ein. Eisenbahnfahrzeit von 20 Min. zu erreichen.
7	12	.	.	5	5	.	.	.	.	*25*	.	*10*	18	.	15	.	5	.	4	.	2	.	1	.	RG. in Osterode.
7	13	.	.	.	1	1	.	.	.	.	.	.	.	.	15	.	5	.	4	.	2	.	1	20	
13	13	.	.	2	1	1	.	.	.	*3*	.	.	.	.	15	.	5	.	4	.	2	.	1	.	
15	20	.	.	3	3	1	.	.	.	*3*	.	.	.	.	15	.	5	.	4	.	2	30	1	30	
7	8	.	.	2	.	.	.	.	.	*2*	.	*6*	.	.	15	.	5	.	4	.	2	.	.	90	G. in Clausthal.
10	17	.	.	4	.	.	.	.	.	.	.	.	.	.	15	.	5	.	4	.	2	25	1	10	
3	9	.	.	4	.	.	.	.	.	.	.	.	.	.	15	.	5	.	4	.	2	25	1	.	G. in Clausthal, 2 km entfernt.
.	.	.	.	9	.	.	.	.	.	18	.	.	19	.	16 20	.	6	.	3 8	.	1	60	.	90	
4	10	.	.	4	.	.	.	.	.	2	.	.	20	.	14 17	.	6	.	4 5	.	1	80	1	.	
12	29	.	.	6	3	.	.	.	.	3	.	.	20	.	12 17	.	6	.	4 5	.	2	.	1	.	G. in Clausthal. Die Eisenbahn-Fahrzeit bis zum Bahnhof Zellerfeld-Clausthal beträgt 40 Minuten.

Laufende Nummer	Oberförsterei	Gesammtfläche der Staatsforsten (*darunter zur Holzzucht bestimmte Fläche*) ha	Zahl der Schutzbezirke im Staatswalde	Den Oberförstereien zur Verwaltung angeschlossene nicht fiskalische (Gemeinde- ꝛc.) Waldungen (Zahl der Gemeinden ꝛc.) ha	Nachweisung der den etatsmäßigen Forstbeamtenstellen zugetheilten nutzbaren Dienstlandsflächen: Gesammt-Größe ha	dc	Dienstländereien der Oberförsterstelle: Gärten ha	dc	Aecker ha	dc	Wiesen ha	dc	Weiden ha	dc	Gesammt-Größe ha	dc	Nutzungsgeld (*künftig*) Mk.	Pf.	Jagd-: Der Wildstand an Roth-, Dam- u. Rehwild beträgt: Rothwild Stück	Damwild Stück	Rehe Stück
18	Liebenburg	1 167 *1 088*	5	3 350 (45)	44	9	.	2	7	6	2	9	.	.	10	7	522	.	.	.	119
19	Sillium[1])	640 *604*	5	4 730 (37)	21	4	1	1	5	3	2	1	.	.	8	5	290	.	.	.	*20*
20	Wendhausen	396 *379*	7	4 712 (74)	9	2	.	3	1	1	1	4	.	.	2	8	60	.	.	.	3
21	Peine	480 *455*	3	2 049 (36)	16	5	1	1	4	.	1	.	.	.	6	1	180	.	.	.	35
22	Ebergötzen	1 558 *1 489*	5	2 411 (24)	41	8	2	.	8	5	4	1	.	.	14	6	400	.	.	.	43
23	Reinhausen	1 219 *1 182*	3	1 451 (15)	27	4	.	7	6	8	3	5	.	1	11	1	450	.	.	.	25
24	Mollenfelde	948 *906*	2	1 291 (14)	28	8	.	3	8	6	3	1	.	.	12	.	210	.	.	.	35
25	Escherode	1 357 *1 328*	4	2 370 (17)	25	6	.	1	6	4	6	.	.	1	12	6	271	.	2	.	105
26	Cattenbühl	1 906 *1 822*	4	605 (6)	47	2	.	3	2	6	1	5	.	.	4	4	227	.	2	.	59
27	Bramwald	2 858 *2 755*	5	1 559 (18)	32	.	.	4	6	5	2	8	.	.	9	7	424	.	.	.	135
28	Adelebsen	981 *952*	3	2 817 (21)	17	6	.	1	.	3	2	8	.	.	3	2	76	.	.	.	43
29	Hardegsen*)	3 292 *3 208*	6	.	44	3	.	1	4	.	5	9	.	.	10	.	329	.	15	.	85
30	Herzberg	972 *852*	4	2 448 (24)	63	.	2	6	8	.	10	4	.	.	21	.	551	.	.	.	113
31	Catlenburg	1 563 *1 494*	5	1 373 (17)	47	8	.	9	11	6	3	1	.	.	15	6	625	.	.	.	45
32	Bovenden	1 369 *1 318*	5	2 027 (17)	35	4	.	4	6	3	1	7	.	.	8	4	306	.	.	.	53
33	Rotenkirchen (Grubenhagen)	1 342 *1 274*	3	1 492 (15)	36	4	.	5	8	9	3	7	1	1	14	2	560	.	1	.	84
34	Alfeld[2])	1 327 *1 277*	5	4 638 (33)	32	5	.	2	.	.	1	5	.	.	1	7	145	.	.	.	66
35	Weenzen	2 648 *2 565*	6	1 052 (19)	28	7	.	3	4	8	2	7	.	.	7	8	220	.	4	.	76
36	Diekholzen	1 183 *1 159*	5	3 825 (47)	19	9	.	5	4	8	1	5	.	.	6	8	199	.	.	.	44
37	Uslar	2 206 *2 113*	3	132 (5)	32	5	.	9	5	.	4	1	.	.	10	.	274	.	.	.	41
38	Nienover	2 895 *2 762*	4	.	51	7	3	2	9	4	10	7	.	.	23	3	500	.	.	.	100
39	Winnefeld	3 299 *3 155*	4	.	52	.	.	9	12	5	7	5	.	.	20	9	314	.	5	.	69
40	Knobben*)†)	3 941 *3 881*	4	.	39	5	.	.	.	.	.	.	.	.	.	.	.	.	66	.	42
41	Neuhaus*)	2 871 *2 697*	4	.	34	3	.	2	9	5	4	5	.	.	14	2	200	.	95	.	91
42	Seelzerthurm	3 854 *3 792*	5	.	52	4	1	.	7	5	3	5	.	.	12	.	480	.	151	.	144
43	Dassel*)	3 259 *3 072*	5	1 450 (16)	32	8	.	5	5	5	1	4	.	.	7	4	222	.	72	.	120
	Zusammen	105 469 *101 322*	188	49 186 (534)	1 477	.	24	6	191	2	218	5	1	6	435	9	10 559	.	2 712	.	2 567

[1]) Die Jagd auf 410 ha ist anderweit verpachtet. [2]) Die Jagd im Forstorte Herrenholz ist anderweit verpachtet.

31.

Verhältnisse

Der jährliche **Abschuß** beträgt: Rothwild: Hirsche	Rothwild: Kahlwild u. Spießer	Damwild: Hirsche	Damwild: Kahlwild u. Spießer	Rehe	Schwarzwild	Auerwild	Birkwild	Haselwild	Fasanen	In der Zeit vom 1. 4. 1885 bis 1. 4. 1886 wurden erlegt: Hasen	Rebhühner	Enten	**Holzpreise** nach den Holztaxen von 1893 (einschl. der Werbungskosten): Gewöhnliches **Bau- u. Nutzholz** (Taxklasse von 0,5—1 fm für das fm): Eichen Mk.	Pf.	Nadelholz Mk.	Pf.	**Scheitholz** (für das rm): Buchen Mk.	Pf.	Nadelholz Mk.	Pf.	Durchschnittlicher **Tagelohn** im Jahre 1891/92 für den Männertag Mk.	Pf.	Frauentag Mk.	Pf.	**Bemerkungen** über am Wohnorte des Oberförsters oder in der Nähe befindliche **höhere Bildungsanstalten** (G. = Gymnasium, RG. = Realgymnasium, PG. = Progymnasium, RPG. = Realprogymnasium)
Stück																									
.	.	.	.	25	.	.	.	.	1	66	4	.	20	.	10 16	. .	7	.	4 4	. 50	1	90	1	.	
.	.	.	.	4	.	.	.	.	.	7	.	.	20	.	10 15	. .	6	.	4 4	. 50	1	80	1	.	
.	.	.	.	3	.	.	.	.	.	5	.	.	18	.	10 14	. .	7	.	4 4	. 50	1	50	1	.	G. in Hildesheim, etwa 9 km entfernt.
.	.	.	.	7	.	.	.	.	.	5	.	.	20	.	15 20	. .	8	50	4 4	. 50	1	70	1	15	Braunschweig u. Hannover sind mit einer Eisenbahnfahrzeit von 40 bezw. 50 Min. zu erreichen.
.	.	.	.	8	.	.	.	.	.	80	12	.	20	.	10 12	. .	6	.	3	.	1	50	1	.	
.	.	.	.	4	.	.	.	.	.	14	.	.	18	.	10 13	. .	6	.	3	.	1	50	.	90	
.	.	.	.	6	.	.	.	.	.	19	.	.	18	.	10 14	. .	5	50	2	50	1	50	.	90	
1	1	.	.	9	3	1	.	.	.	6	.	.	18	.	10 14	. .	4	.	2	.	1	50	1	.	
1	1	.	.	12	5	.	.	.	.	14	.	.	21	.	9 14	. .	4	50	2 2	. 50	1	50	1	.	PG. und RPG. in Münden.
.	.	.	.	18	6	.	.	.	.	18	10	.	20	.	8 11	. .	4	.	1 2	50 .	1	50	1	.	
.	.	.	.	8	4	.	.	.	.	14	.	.	20	.	11 13	. .	4	50	2	.	1	45	1	.	
1	2	.	.	14	.	.	.	.	.	9	.	.	20	.	10 14	. .	3	70	2	.	1	50	1	.	
.	.	.	.	17	.	.	.	.	.	40	.	4	20	.	12 14	. .	6	.	3	.	1	50	.	80	RG. in Osterode mit einer Eisenbahnfahrzeit von 20 Min. zu erreichen.
.	.	.	.	6	.	.	.	.	.	36	.	.	17	.	10 15	. .	5	50	2 3	. .	1	60	1	.	
.	.	.	.	9	.	.	.	.	.	31	.	.	17	.	10 13	. .	5	50	2	50	1	50	.	90	G. und Univ. in Göttingen mit ein. Eisenbahnfahrzeit von 10 Min. zu erreichen.
.	1	.	.	9	1	.	.	.	.	35	.	.	20	.	10 18	. .	4	50	2	.	1	50	1	.	RPG. in Einbeck, etwa 7,5 km entfernt.
.	.	.	.	11	.	.	.	.	.	18	.	.	20	.	10 16	. .	4	50	2 1	50 50	1	50	.	80	
1	3	.	.	12	4	.	.	.	.	25	.	.	18	.	12 14	. .	4	50	3 2	. .	1	50	1	.	
.	.	.	.	8	.	.	.	.	.	.	.	.	22	.	9 14	. .	5	50	2	.	1	80	1	.	
.	.	.	.	6	.	.	.	.	.	18	.	.	16	.	10 15	. .	3	40	1	50	1	50	.	90	
.	.	.	.	14	.	.	.	.	.	19	.	8	16	.	10 15	. .	3	40	1	50	1	50	1	.	
1	4	.	.	14	3	.	.	.	.	14	.	.	16	.	10 15	. .	3	40	1	50	1	50	.	90	
5	7	.	.	7	.	.	.	.	.	9	.	.	16	.	10 15	. .	3	40	1	50	1	50	1	.	
8	10	.	.	10	1	.	.	.	.	8	4	.	16	.	10 15	. .	3	40	1	50	1	55	.	90	
8	18	.	.	18	5	.	.	.	.	16	.	.	16	.	10 15	. .	3	40	1	50	1	40	.	80	
4	9	.	.	19	3	2	.	.	.	28	.	.	16	.	10 15	.	3	40	1	50	1	60	.	95	
189	317	.	.	370	61	9	.	.	1	694	30	32	.	.	.	.	.	.	.	.	.	.	.	.	

Laufende Nummer	Oberförsterei	**Gesammtfläche** der Staatsforsten (*darunter zur Holzzucht bestimmte Fläche*) ha	Zahl der **Schutzbezirke** im Staatswalde	Den Oberförstereien zur Verwaltung angeschlossene nicht fiskalische (Gemeinde- 2c.) Waldungen (Zahl der Gemeinden 2c.) ha	Nachweisung der den etatsmäßigen Forstbeamtenstellen zugetheilten nutzbaren **Dienstlandsflächen**: Gesammt-Größe ha	dc	Dienstländereien der **Oberförsterstelle**: Gärten ha	dc	Aecker ha	dc	Wiesen ha	dc	Weiden ha	dc	Gesammt-Größe ha	dc	Nutzungsgeld (*künftig*) Mk.	Pf.	**Jagd**: Der **Wildstand** an Roth-, Dam- u. Rehwild beträgt: Rothwild Stück	Damwild Stück	Rehe Stück
																			21. Regierungs-Bezirk		
1	Fallersleben	2 882 *2 477*	5	.	65	2	1	.	7	2	7	2	.	.	15	4	650	.	2	.	210
2	Gifhorn ††)	3 254 *1 920*	6	.	50	2	1	.	.	2	5	9	.	.	7	1	155	.	.	.	60
3	Uetze	3 225 *3 004*	7	.	80	6	.	2	9	8	7	6	.	.	17	6	400	.	4	.	130
4	Helmerkamp [1]) . . .	2 097 *1 838*	4	.	68	4	.	8	8	.	21	.	1	1	30	9	378	.	.	.	72
5	Knesebeck	4 885 *4 203*	6	.	70	3	1	1	9	4	5	8	.	2	16	5	306	.	.	.	100
6	Sprakensehl	5 049 *4 854*	6	.	77	5	.	4	13	8	3	9	.	3	18	4	171	.	59	.	64
7	Eschede	6 309 *5 986*	5	.	91	6	.	4	9	3	4	3	. Haide = 29	7 9	44	6	160	.	83	.	65
8	Fuhrberg [2])	4 416 *3 664*	6	.	59	7	.	7	2	7	9	2	2	3	14	9	108	.	77	.	95
9	Miele	3 606 *3 217*	5	.	41	8	.	4	5	8	5	7	.	.	11	9	130	.	5	.	120
10	Wardböhmen . . .	2 149 *2 088*	6	.	20	1	.	3	1	4	2	8	.	.	4	5	120	.	.	.	15
11	Walsrode	2 570 *1 445*	4	.	37	.	1	2	4	4	6	6	.	5	12	7	260	.	1	.	41
12	Munster	5 951 *5 671*	6	.	61	1	.	7	7	.	2	6	.	.	10	3	140	.	74	.	48
13	Garlstorf	2 101 *2 060*	5	.	34	1	.	5	4	1	2	.	1	3	7	9	110	.	.	.	23
14	Harburg	3 521 *3 181*	6	.	47	7	.	.	.	2	2	6	.	.	2	8	70	.	.	.	67
15	Langeloh	6 382 *5 388*	3	.	68	6	.	6	16	3	11	7	.	.	28	6	224	.	9	.	54
16	Lüchow	4 306 *3 821*	10	.	124	7	.	2	6	8	5	.	.	.	12	.	290	.	.	.	151
17	Göhrde-Ost ***) [3]) . .	3 966 *3 798*	4	.	34	9	1	.	10	2	4	4	.	3	15	9	333	.	234	.	39
18	Göhrde-West ***) [3]) .	4 071 *3 891*	4	.	43	1	.	7	6	9	3	5	.	.	11	1	200	.	234	.	45
19	Medingen	2 647 *2 529*	7	.	67	6	2	9	9	9	6	.	.	.	18	8	450	.	.	.	78
20	Carrenzien	3 841 *3 608*	6	.	73	7	.	3	7	.	2	3	.	.	9	6[4])	256	.	12	.	172
21	Bleckede	2 329 *2 173*	4	.	51	2	.	2	9	1	8	1	1	4	18	8	700	.	.	.	63
22	Ebstorf	2 404 *2 311*	4	.	36	7	.	5	10	2	3	6	.	.	14	3	440	.	.	.	140
23	Scharnebeck †) . . .	1 961 *1 870*	3	.	38	3	.	.	.	.	6	8	.	.	6	8	208	.	.	.	116
24	Winsen a. L. . . .	2 134 *1 753*	3	.	43	1	.	6	5	7	4	4	2	1	12	8	260	.	.	.	150
	Zusammen	86 056 *76 750*	125	.	1 387	2	15	7	165	4	143	.	40	1	364	2	6 519	.	794	.	2 118

[1]) Die Jagd im Neustädter Holz ist anderweit verpachtet. [2]) Die Jagd im Müggenburger Moor und Hülsufergeheege ist anderweit verpachtet. [3]) Dem Revier-

Verhältnisse

Der jährliche **Abschuß** beträgt: Rothwild, Damwild; In der Zeit vom 1. 4. 1885 bis 1. 4. 1886 wurden erlegt: — **Holzpreise** nach den Holztaxen von 1893 (einschl. der Werbungskosten): Gewöhnliches **Bau- u. Nutzholz** (Taxklasse von 0,5—1 fm für das fm); **Scheitholz** (für das rm) — Durchschnittlicher **Tagelohn** im Jahre 1891/92 für den — **Bemerkungen** über am Wohnorte des Oberförsters oder in der Nähe befindliche **höhere Bildungsanstalten** (G. = Gymnasium, RG. = Realgymnasium, PG. = Progymnasium, RPG. = Realprogymnasium)

Rothwild Hirsche	Rothwild Kahlwild u. Spießer	Damwild Hirsche	Damwild Kahlwild u. Spießer	Rehe	Schwarzwild	Auerwild	Birkwild	Haselwild	Fasanen	Hasen	Rebhühner	Enten	Bau- u. Nutzholz Eichen Mk.	Pf.	Bau- u. Nutzholz Nadelholz Mk.	Pf.	Scheitholz Buchen Mk.	Pf.	Scheitholz Nadelholz Mk.	Pf.	Männertag Mk.	Pf.	Frauentag Mk.	Pf.	Bemerkungen
Stück																									
Lüneburg.																									
1	1	.	.	27	.	.	2	.	.	86	46	5	19	.	13 14	. .	6	50	3	50	1	80	1	20	
.	.	.	.	8	.	.	1	.	.	58	.	4	18	.	12	.	6	50	4 3	. 50	1	80	1	20	
1	3	.	.	15	5	.	.	.	.	30	1	.	18	.	14 15	. .	6	.	4 3	. 50	2	.	1	20	
.	.	.	.	11	3	.	.	.	.	128	201	4	18	.	12 13	. .	6	.	4 3	. 50	1	80	1	20	
.	.	.	.	10	1	.	2	.	.	31	6	2	19	.	12 13	. .	5	.	3	50	1	60	1	.	
9	1	.	.	8	9	.	1	.	.	14	.	.	18	.	12 13	. .	5	.	3	50	1	80	1	.	
12	8	.	.	8	21	.	2	.	.	6	.	.	18	.	12 13	. .	5	.	3	50	2	.	1	.	
6	11	.	.	10	.	.	.	.	.	8	.	.	18	.	11 12	. .	4	.	3 2	. 50	1	80	1	20	
2	3	.	.	12	.	.	2	.	.	20	6	.	20	.	13	.	5	.	3	.	2	.	1	20	
.	.	.	.	2	.	.	.	.	.	16	.	.	18	.	12	.	5	.	2	50	2	.	1	.	
1	.	.	.	11	.	.	.	.	.	81	11	3	18	.	12	.	5	50	3	.	2	30	1	50	
5	5	.	.	5	.	.	.	.	.	27	.	12	18	.	10 12	. .	4	.	2 2	50 .	1	80	1	.	
.	.	.	.	3	.	.	.	.	.	33	.	.	18	.	11 13	. .	6	.	3	.	1	50	1	.	
.	.	.	.	7	.	.	.	.	.	75	.	.	18	.	12 13	. .	6	70	4 3	. 50	2	.	1	40	RG. in Harburg.
1	1	.	.	8	5	.	.	.	.	21	.	2	18	.	12 13	. .	4	.	2	50	1	70	1	20	
.	.	.	.	24	4	.	.	.	.	95	59	44	21	.	14	.	7	.	3 3	50 .	1	50	1	10	
22	26	.	.	5	116	.	.	.	.	23	12	.	20	.	13	.	6	.	3	50	1	80	1	20	
22	26	.	.	4	114	.	.	.	.	32	.	.	20	.	13	.	6	.	3	50	1	80	1	20	
.	.	.	.	12	.	.	.	.	.	51	.	.	20	.	13 12	. .	6	.	4 3	. .	1	70	1	.	
6	6	.	.	16	.	.	.	.	3	60	89	1	24	.	9 11	. .	5	.	3 3	50 .	1	80	1	.	
.	.	.	.	8	2	.	.	.	1	50	75	80	20	.	13	.	7	.	5 4	. .	1	75	1	25	
.	.	.	.	12	.	.	.	.	.	47	19	.	17	.	13 14	. .	6	.	3	.	1	60	1	.	
.	.	.	.	11	.	.	.	.	.	55	5	.	16	.	12 13	. .	7	50	4 3	. 50	1	60	1	.	G. und RG. in Lüneburg.
.	.	.	.	12	.	.	.	.	.	58	4	6	16	.	12 13	. .	7	50	4 3	. 50	2	.	1	40	
88	91	.	.	249	280	.	10	.	4	1 105	534	163	.	.	.	.	.	.	.	.	.	.	.	.	

verwalter ist die niedere Jagd nur außerhalb des Gatters verpachtet. [4]) Der Revierverwalter hat außerdem 11,6 ha für 413,30 Mk. von der Domänenverwaltung gepachtet.

Laufende Nummer	Oberförsterei	Gesammtfläche der Staatsforsten (*darunter zur Holzzucht bestimmte Fläche*) ha	Zahl der Schutzbezirke im Staatswalde	Den Oberförstereien zur Verwaltung angeschlossene nicht fiskalische (Gemeinde- ꝛc.) Waldungen (Zahl der Gemeinden ꝛc.) ha	Nachweisung der den etatsmäßigen Forstbeamtenstellen zugetheilten nutzbaren **Dienstlandsflächen**: Gesammt-Größe ha	dc	Dienstländereien der **Oberförsterstelle**: Gärten ha	dc	Aecker ha	dc	Wiesen ha	dc	Weiden ha	dc	Gesammt-Größe ha	dc	Nutzungsgeld (*künftig*) Mk.	Pf.	**Jagd**: Der **Wildstand** an Roth-, Dam- u. Rehwild beträgt: Rothwild Stück	Damwild Stück	Rehe Stück
	22. Regierungs-Bezirk																				
1	Rotenburg	3 698 *3 352*	7	.	71	2	.	8	6	3	6	5	.	4	14	.	198	.	.	.	334
2	Zeven	1 715 *1 643*	5	.	59	2	.	2	6	7	7	5	2	1	16	5	118	.	.	.	34
3	Harsefeld	1 804 *1 665*	4	.	42	.	.	4	4	6	6	8	.	.	11	8	200	.	.	.	110
4	Bremervörde	3 337 *1 941*	4	.	46	.	.	4	2	7	7	6	4	2	14	9	247	.	.	.	97
5	Kuhstedt	3 616 *3 393*	6	.	61	1	.	2	8	1	5	7	6	3	20	3	213	.	.	.	192
6	Arstedt	1 873 *1 550*	5	.	63	9	.	8	.	3	12	5	5	3	18	9	365	.	.	.	66
7	Bederkesa	6 457 *3 760*	8	.	54	2	.	3	7	4	9	9	.	.	17	6	320	.	.	.	156
	Zusammen	22 500 *17 304*	39	.	397	6	3	1	36	1	56	5	18	3	114	.	1 661	.	.	.	989
	23. Regierungs-Bezirk																				
1	Palsterkamp	2 347 *2 280*	7	.	36	5	.	6	6	8	3	4	.	.	10	8	200	.	.	.	10
2	Bersenbrück[1])	2 939 *2 842*	6	.	20	4	.	3	4	3	2	7	.	.	7	3	187	.	.	.	74
3	Lingen	4 276 *4 132*	5	.	8	7	.	5	.	.	1	1	.	.	1	6	24	.	.	.	51
4	Friedeburg	1 717 *1 332*	2	.	39	2	.	7	2	2	4	3	5	5	12	7	251	.	.	.	114
5	Aurich	4 994 *4 289*	9	.	99	.	.	1	.	.	10	.	.	.	10	1	155	.	.	.	80
	Zusammen	16 273 *14 875*	29	.	203	8	2	2	13	2	21	5	5	5	42	5	817	.	.	.	329
	24. Regierungs-Bezirk																				
1	Münster†)	2 403 *2 184*	13	.	53	5	.	1	.	.	5	7	.	.	5	8	{108 {*140*	. .	.	.	*42*

[1]) Die Jagd auf 608 ha ist an den Oberforstbeamten verpachtet.

31.

Verhältnisse

Der jährliche Abschuß beträgt: Rothwild: Hirsche	Rothwild: Kahlwild u. Spießer	Damwild: Hirsche	Damwild: Kahlwild u. Spießer	Rehe	Schwarzwild	Auerwild	Birkwild	Haselwild	Fasanen	In der Zeit vom 1. 4. 1885 bis 1. 4. 1886 wurden erlegt: Hasen	Rebhühner	Enten	Holzpreise nach den Holztaxen von 1893 (einschl. der Werbungskosten): Gewöhnliches Bau- u. Nutzholz (Taxklasse von 0,5—1 fm für das fm): Eichen Mk.	Pf.	Nadelholz Mk.	Pf.	Scheitholz (für das rm): Buchen Mk.	Pf.	Nadelholz Mk.	Pf.	Durchschnittlicher Tagelohn im Jahre 1891/92 für den Männertag Mk.	Pf.	Frauentag Mk.	Pf.	Bemerkungen über am Wohnorte des Oberförsters oder in der Nähe befindliche höhere Bildungsanstalten (G. = Gymnasium, RG. = Realgymnasium, PG. = Progymnasium, RPG. = Realprogymnasium)
Stück																									
Stade.																									
.	.	.	.	28	.	.	.	.	.	105	11	9	15	.	10 12	. .	4	50	2 2	50 .	2	.	1	50	
.	.	.	.	5	.	.	.	.	.	34	.	1	12	.	10 12	. .	3	.	2 2	50 .	1	50	1	20	
.	.	.	.	10	.	.	.	.	.	52	.	.	15	.	10 12	. .	4	50	2 2	50 .	1	80	1	20	
.	.	.	.	9	.	.	.	.	.	90	3	3	15	.	10 12	. .	4	50	2 2	50 .	2	.	1	40	
.	.	.	.	20	.	.	.	.	.	22	11	38	15	.	10 12	. .	4	.	2 2	50 .	1	90	1	40	
.	.	.	.	8	.	.	.	.	.	41	8	.	15	.	10 12	. .	4	50	2 2	50 .	2	.	1	30	
.	.	.	.	19	.	.	.	.	.	183	33	65	15	.	10 12	. .	4	50	2 2	50 .	2	20	1	50	
.	.	.	.	99	.	.	.	.	.	527	66	116	.	.	.	.	.	.	.	.	.	.	.	.	
Osnabrück (mit Aurich).																									
.	.	.	.	2	6	.	.	.	.	22	18	.	20	.	14 16	. .	4	.	1 2	80 .	1	60	.	.	
.	.	.	.	7	.	.	.	.	.	46	2	.	16	.	10 14	. .	5	50	2	.	1	70	1	20	
.	.	.	.	4	.	.	.	.	.	17	1	.	16	.	9 15	. .	5	.	3	.	1	60	1	20	G. in Lingen.
.	.	.	.	7	.	.	2	.	.	36	11	.	15	.	9 12	. .	3	.	2 2	. 50	2	.	1	20	
.	.	.	.	9	.	.	.	.	.	256	30	200	25	.	13 14	. .	5	50	2 3	50 .	1	50	1	.	G. in Aurich.
.	.	.	.	29	6	.	2	.	.	377	62	200	.	.	.	.	.	.	.	.	.	.	.	.	
Münster.																									
.	.	.	.	9	.	.	.	.	.	95	.	.	26	.	12 15	. .	4	50	2	50	1	80	1	30	G. und RG. in Münster.

*

Laufende Nummer	Oberförsterei	Gesammtfläche der Staatsforsten (darunter zur Holzzucht bestimmte Fläche) ha	Zahl der Schutzbezirke im Staatswalde	Den Oberförstereien zur Verwaltung angeschlossene nicht fiskalische (Gemeinde- rc.) Waldungen (Zahl der Gemeinden rc.) ha	Nachweisung der den etatsmäßigen Forstbeamtenstellen zugetheilten nutzbaren Dienstlandsflächen: Gesammt-Größe ha	dc	Dienstländereien der Oberförsterstelle: Gärten ha	dc	Aecker ha	dc	Wiesen ha	dc	Weiden ha	dc	Gesammt-Größe ha	dc	Nutzungsgeld (künftig) Mk.	Pf.	Jagd-: Der Wildstand an Roth-, Dam- u. Rehwild beträgt: Rothwild Stück	Damwild Stück	Rehe Stück
	25. Regierungs-Bezirk																				
1	Hardehausen . . .	5 342 *5 169*	10	.	85	1	.	8	10	2	1	5	2	5	15	.	266	.	104	.	174
2	Wünnenberg . . .	2 488 *2 408*	3	.	31	5	.	2	7	4	1	7	.	.	9	3	140	.	.	.	95
3	Böddeken	4 086 *3 929*	7	.	68	.	.	5	9	2	2	2	2	5	14	4	161	.	.	.	82
4	Neuenheerse	4 563 *4 363*	9	.	76	5	.	4	1	7	11	.	.	.	13	1	156	.	18	.	66
5	Altenbeken	4 148 *4 075*	8	.	56	2	.	2	11	.	.	.	2	5	13	7	155	.	71	.	154
6	Rumbeck (bei Fuhlen) .	2 735 *2 664*	6	9 (1)	18	1	.	5	1	7	3	1	.	.	5	3	250	.	.	.	101
7	Zersen [1])	2 649 *2 593*	6	22 (1)	18	3	.	1	.	4	2	9	.	.	3	4	70	.	2	.	74
8	Obernkirchen [2]) . . .	2 521 *2 432*	5	16 (1)	22	3	.	7	.	.	3	5	.	.	4	2	180	.	.	.	65
9	Haste [3]) *)	2 516 *2 364*	5	77 (2)	48	1	.	6	5	8	11	.	.	.	17	4	577	.	.	.	409
10	Minden †)	3 383 *3 259*	12	.	39	9	.	.	.	.	3	1	.	.	3	1	165	.	.	.	133
	Zusammen	34 431 *33 256*	71	124 (5)	464	.	4	.	47	4	40	.	7	5	98	9	2 120	.	195	.	1 353
	26. Regierungs-Bezirk																				
1	Siegen	1 922 *1 888*	8	.	23	7	.	1	1	3	3	.	.	.	4	4	155	.	.	.	26
2	Hainchen	2 336 *2 240*	3	.	37	8	.	1	1	1	2	2	.	1	3	5	51	.	2	.	38
3	Hilchenbach	2 991 *2 869*	7	.	42	9	.	1	2	5	3	.	.	.	5	6	82	.	5	.	48
4	Glindfeld	2 570 *2 517*	6	.	42	5	.	6	5	3	8	5	.	9	15	3	{159 {*200*	. .	.	.	74
5	Bredelar	1 524 *1 482*	3	.	27	2	.	3	9	2	3	1	.	.	12	6	60	.	. .	.	73
6	Rumbeck (bei Oeventrop)	3 234 *3 175*	5	.	34	3	.	1	2	3	4	8	.	.	7	2	122	.	5	.	65
7	Obereimer [4]) . . .	3 463 *3 349*	6	.	46	1	.	5	4	5	4	.	2	5	11	5	250	.	9	.	124
8	Himmelpforten [5]) †) .	1 694 *1 635*	4	.	23	2	.	.	.	.	.	.	.	.	.	.	.	.	22	.	50
	Zusammen	19 734 *19 155*	42	.	277	7	1	8	26	2	28	6	3	5	60	1	879	.	43	.	498

[1]) Die Jagd auf etwa 460 ha ist anderweit verpachtet. [2]) Die Jagd auf etwa 942 ha ist anderweit verpachtet. [3]) Die Jagd auf Hasen und Rebhühner ist

31.

Verhältnisse

Der jährliche Abschuß beträgt: Rothwild Hirsche	Rothwild Kahlwild u. Spießer	Damwild Hirsche	Damwild Kahlwild u. Spießer	Rehe	Schwarzwild	Auerwild	Birkwild	Haselwild	Fasanen	In der Zeit vom 1. 4. 1885 bis 1. 4. 1886 wurden erlegt: Hasen	Rebhühner	Enten	Holzpreise nach den Holztaxen von 1893 (einschl. der Werbungskosten): Gewöhnliches Bau- u. Nutzholz (Taxklasse von 0,5—1 fm für das fm) Eichen Mk.	Pf.	Nadelholz Mk.	Pf.	Scheitholz (für das rm) Buchen Mk.	Pf.	Nadelholz Mk.	Pf.	Durchschnittlicher Tagelohn im Jahre 1891/92 für den Männertag Mk.	Pf.	Frauentag Mk.	Pf.	Bemerkungen über am Wohnorte des Oberförsters oder in der Nähe befindliche höhere Bildungsanstalten (G. = Gymnasium, RG. = Realgymnasium, PG. = Progymnasium, RPG. = Realprogymnasium)
Stück																									
Minden.																									
6	18	.	.	26	7	.	.	.	.	62	26	.	23	.	13 15	. .	3	20	2 2	30 10	1	60	1	.	
.	.	.	.	17	18	1	.	1	.	12	.	.	21	.	12 14	. .	3	.	2 2	10 .	1	70	1	.	
.	.	.	.	14	.	.	.	.	7	137	1	.	23	.	10 14	. .	3	30	2 2	10 .	1	50	1	10	
1	1	.	.	14	7	.	.	.	.	37	.	.	21	.	10 15	. .	4	20	2 2	20 30	1	60	1	.	
3	7	.	.	18	11	.	.	.	.	48	16	.	21	.	12 14	. .	3	50	2 2	20 .	2	20	1	20	
.	.	.	.	15	7	.	.	.	.	100	.	.	21	.	12 20	. .	4	.	2 2	50 .	1	50	1	20	
.	2	.	.	13	.	.	.	.	.	60	.	.	20	.	12 15	. .	3	50	2	.	1	50	1	20	
.	.	.	.	10	.	.	.	.	.	100	1	.	20	.	12 15	. .	3	50	2 1	50 50	2	.	1	20	
.	.	.	.	70	.	.	.	.	.	167	13	24	21	.	15 18	. .	4	.	3 2	. .	1	50	.	90	
.	.	.	.	20	.	.	.	.	6	161	.	.	23	.	13 14	. .	5	.	3	.	2	.	1	20	G. und RG. in Minden.
10	28	.	.	217	50	1	.	1	13	884	57	24	.	.	.	.	.	.	.	.	.	.	.	.	
Arnsberg.																									
.	.	.	.	7	2	.	.	.	.	31	1	.	25	.	15 16	. .	4	40	3	.	2	50	1	30	RG. in Siegen.
1	1	.	.	9	5	3	.	.	.	22	.	.	22	.	14 16	. .	3	20	2	.	2	.	1	30	
3	2	.	.	8	8	.	.	.	.	25	.	.	25	.	14 15	. .	3	20	2	.	2	20	1	35	
.	.	.	.	13	2	4	.	.	.	16	.	.	20	.	14	.	3	.	2	50	1	80	1	.	
.	.	.	.	11	3	.	.	.	.	9	.	.	20	.	14	.	4	.	2 2	. 50	2	10	1	20	
1	2	.	.	10	12	6	.	.	.	16	.	.	24	.	10 12	. .	4	.	2 3	50 .	2	30	1	20	G. in Arnsberg, etwa 4,5 km entfernt.
2	4	.	.	10	2	1	.	.	.	47	6	3	22	.	11 14	. .	4	.	2	50	2	25	1	30	G. in Arnsberg, etwa 1,3 km entfernt.
4	5	.	.	9	5	.	.	.	.	58	.	.	20	.	12 15	. .	4	.	2	50	2	50	1	20	Höhere Bürgerschule in Neheim. Arnsberg von Bahnhof Neheim-Hüsten mit 14 Min. Eisenbahnfahrzeit zu erreichen.
11	14	.	.	77	39	14	.	.	.	224	7	3	.	.	.	.	.	.	.	.	.	.	.	.	

administrirt. [4]) Die Jagd auf etwa 774 ha ist anderweit verpachtet. [5]) Die Jagd im Moosfelder Walde ist anderweit verpachtet.

Laufende Nummer	Oberförsterei	Gesammtfläche der Staatsforsten (*darunter zur Holzzucht bestimmte Fläche*) ha	Zahl der Schutzbezirke im Staatswalde	Den Oberförstereien zur Verwaltung angeschlossene nicht fiskalische (Gemeinde- ꝛc.) Waldungen (Zahl der Gemeinden ꝛc.) ha	Nachweisung der den etatsmäßigen Forstbeamtenstellen zugetheilten nutzbaren Dienstlandsflächen: Gesammt-Größe ha	dc	Dienstländereien der Oberförsterstelle: Gärten ha	dc	Aecker ha	dc	Wiesen ha	dc	Weiden ha	dc	Gesammt-Größe ha	dc	Nutzungsgeld (*künftig*) Mk.	Pf.	Jagd-: Der Wildstand an Roth-, Dam- u. Rehwild beträgt: Rothwild Stück	Damwild Stück	Rehe Stück
	27. Regierungs-Bezirk																				
	A. Oberforstmeister-Bezirk																				
1	Flörsbach	1 879 *1 874*	4	1 746 (3)	5	2	.	2	.	.	1	1	.	.	1	3	67	.	2	.	128
2	Burgjoß	3 486 *3 447*	6	503 (3)	23	2	.	.	2	7	2	4	.	.	5	1	101	.	49	.	281
3	Bieber	2 604 *2 591*	5	2 183 (9)	7	5	.	1	1	1	3	.	.	.	4	2	103	.	1	.	157
4	Kassel	3 262 *3 187*	7	.	21	4	.	2	1	6	5	5	.	.	7	3	185	.	3	.	165
5	Wolfgang	2 600 *2 501*	6	2 426 (14)	36	6	.	2	5	5	7	9	.	.	13	6	166	.	.	.	274
6	Hanau	674 *634*	3	4 147 (24)	18	6	.	1	2	5	5	.	.	2	7	8	364	.	.	.	24
7	Orb	. .	.	3 182 (9)	.	.	.	3	.	.	2	8	.	.	3	1	153	.	.	.	.
8	Salmünster	2 817 *2 767*	6	1 312 (5)	33	.	.	1	3	2	8	8	.	.	12	1	656	.	66	.	91
9	Marjoß	4 320 *4 193*	7	.	39	9	.	1	2	6	8	3	.	2	11	2	141	.	2	.	200
10	Steinau	1 372 *1 324*	4	2 829 (31)	18	7	1	2	1	8	5	6	.	.	8	6	255	.	2	.	35
11	Oberzell	2 982 *2 770*	6	67 (2)	34	9	1	.	4	1	4	8	.	.	9	9	234	.	.	.	444
12	Sterbfritz	2 913 *2 755*	7	174 (2)	27	8	.	5	1	9	4	1	.	.	6	5	171	70	2	.	145
13	Neuhof [1])	3 415 *3 355*	6	111 (4)	27	.	.	2	3	6	3	.	.	.	6	8	139	.	5	.	75
14	Niederkalbach [2])	2 111 *1 988*	5	770 (14)	29	2	.	2	3	1	8	7	.	.	12	.	273	.	.	.	106
15	Gersfeld	1 756 *1 686*	4	363 (12)	16	3	.	.	.	.	2	2	.	.	2	2	66	.	.	.	50
16	Giesel [3])	3 811 *3 753*	7	31 (2)	36	3	.	1	7	1	2	7	.	.	9	9	108	.	6	.	28
17	Großenlüder	1 938 *1 862*	5	770 (7)	34	.	.	5	10	4	3	.	.	.	13	9	349	.	2	.	91
18	Hilders	2 153 *1 794*	4	585 (19)	11	8	.	1	.	2	1	8	.	.	2	1	136	.	.	.	47
19	Thiergarten	2 289 *2 180*	6	356 (13)	36	4	.	2	7	8	6	9	.	.	14	9	184	.	.	.	*40*
20	Fulda	3 666 *3 632*	6	345 (9)	29	9	.	1	3	8	4	1	.	.	8	.	133	.	.	.	210
21	Mackenzell	2 104 *2 043*	4	1 217 (19)	29	6	.	7	3	4	5	1	.	.	9	2	196	.	.	.	90
22	Burghaun	2 196 *2 139*	8	1 519 (28)	32	9	.	2	3	3	2	9	.	.	6	4	180	.	.	.	126
23	Hersfeld-Wippershain	2 465 *2 426*	5	222 (5)	22	5	.	6	1	4	3	.	.	.	5	.	182	.	.	.	132
24	Heringen [4])	4 063 *4 005*	6	188 (7)	31	3	.	2	.	7	3	3	.	.	4	2	69	.	5	.	150
25	Friedewald	4 053 *4 007*	6	42 (1)	29	.	.	2	1	9	6	.	.	.	8	1	101	.	6	.	168

[1]) Die Jagd auf etwa 1133 ha ist anderweit verpachtet. [2]) Die Jagd auf etwa 428 ha ist anderweit verpachtet. [3]) Die Jagd auf etwa 1320 ha ist anderweit

31.

Verhältnisse

Rothwild: Hirsche	Rothwild: Kahlwild u. Spießer	Damwild: Hirsche	Damwild: Kahlwild u. Spießer	Rehe	Schwarzwild	Auerwild	Birkwild	Haselwild	Fasanen	1.4.1885 bis 1.4.1886 erlegt: Hasen	Rebhühner	Enten	Bau- u. Nutzholz: Eichen Mk.	Pf.	Nadelholz Mk.	Pf.	Scheitholz: Buchen Mk.	Pf.	Nadelholz Mk.	Pf.	Tagelohn: Männertag Mk.	Pf.	Frauentag Mk.	Pf.	Bemerkungen
Der jährliche **Abschuß** beträgt: Stück										In der Zeit vom 1. 4. 1885 bis 1. 4. 1886 wurden erlegt: Stück			**Holzpreise** nach den Holztaxen von 1893 (einschl. der Werbungskosten): Gewöhnliches **Bau- u. Nutzholz** (Taxklasse von 0,5—1 fm für das fm)				**Scheitholz** (für das rm)				Durchschnittlicher **Tagelohn** im Jahre 1891/92 für den				**Bemerkungen** über am Wohnorte des Oberförsters oder in der Nähe befindliche **höhere Bildungsanstalten** (G. = Gymnasium, RG. = Realgymnasium, PG. = Progymnasium, RPG. = Realprogymnasium)

Cassel.

Cassel-Ost.

1	1	.	.	21	.	2	.	.	.	10	.	.	31	.	8 / 12	. / .	4	50	2 / 3	60 / .	1	30	1	.	
5	15	.	.	23	1	6	5	.	.	10	.	.	24	.	9 / 10	50 / .	3	50	3	.	1	40	1	.	
1	.	.	.	24	.	1	.	.	.	10	4	.	30	.	10 / 12	. / .	4	50	2	60	1	60	1	.	
3	.	.	.	30	.	3	.	.	.	38	4	.	30	.	12 / 11	. / .	6	.	4		1	40	1	.	
.	.	.	.	25	.	.	.	.	8	70	20	2	22	.	12	.	8	50	5	.	1	80	1	20	G. in Hanau, etwa 4 km entfernt.
.	.	.	.	4	.	.	.	.	9	90	10	2	22	.	12	.	8	.	5 / 5	50 / .	1	50	1	20	G. in Hanau.
.	.	.	.	.	.	.	.	.	.	.	.	.	.	.	.	.	.	.	.	.	.	.	.	.	
6	10	.	.	13	3	2	1	.	.	24	.	.	30	.	12	.	5	.	3	.	1	45	1	10	
1	1	.	.	27	.	2	.	.	.	31	.	.	27	.	12	.	5	.	3	.	1	40	1	.	
.	2	.	.	9	.	.	.	.	.	30	.	.	25	.	13	.	5	50	3	.	1	98	1	.	
.	.	.	.	40	.	.	.	.	.	38	.	.	24	.	12	.	5	.	3	.	1	40	.	90	
1	1	.	.	18	.	2	.	.	.	75	5	3	27	.	13	.	5	.	3	.	1	35	.	95	
1	4	.	.	11	.	2	.	.	.	82	.	.	24	.	13	.	5	.	3	.	1	70	1	10	
.	.	.	.	13	.	6	.	.	.	35	.	.	24	.	14	.	5	.	3	.	1	40	1	.	
.	.	.	.	8	.	3	.	.	.	25	.	.	22	.	13	.	5	.	3	20	1	50	1	.	
1	5	.	.	4	.	3	.	.	.	10	.	.	21	.	16	.	6	.	4	.	1	80	1	.	
2	.	.	.	6	.	3	.	.	.	18	4	.	22	.	15	.	6	.	4	.	2	.	1	.	
.	.	.	.	6	.	.	.	.	.	12	6	.	24	.	12	.	4	50	3	.	1	50	1	.	
.	.	.	.	8	.	2	.	.	.	114	.	2	26	.	16	.	5	50	3	.	1	50	1	.	
.	.	.	.	20	.	5	1	.	.	50	8	.	26	.	16	.	6	.	4	.	1	50	1	.	G. in Fulda.
.	.	.	.	22	.	4	.	.	.	32	2	.	25	.	16	.	6	.	3	50	1	50	.	90	
.	.	.	.	21	.	3	1	.	.	76	10	.	24	.	16	.	6	50	3	50	1	50	.	90	
.	.	.	.	22	.	3	1	.	.	40	20	2	24	.	16	.	6	.	3	50	1	70	.	85	G. und RPG. in Hersfeld.
3	2	.	.	28	.	2	.	.	.	36	.	.	24	.	16	.	6	.	3	50	1	70	.	90	
3	3	.	.	33	.	1	1	.	.	39	.	.	24	.	16	.	6	.	3	50	1	60	.	90	

verpachtet. [4]) Die Jagd auf etwa 1245 ha ist anderweit verpachtet.

Laufende Nummer	Oberförsterei	Gesammtfläche der Staatsforsten (*darunter zur Holzzucht bestimmte Fläche*) ha	Zahl der Schutzbezirke im Staatswalde	Den Oberförstereien zur Verwaltung angeschlossene nichtfiskalische (Gemeinde- ꝛc.) Waldungen (Zahl der Gemeinden ꝛc.) ha	Nachweisung der den etatsmäßigen Forstbeamtenstellen zugetheilten nutzbaren **Dienstlandsflächen**: Gesammt-Größe ha	dc	Dienstländereien der **Oberförsterstelle**: Gärten ha	dc	Aecker ha	dc	Wiesen ha	dc	Weiden ha	dc	Gesammt-Größe ha	dc	Nutzungsgeld (*künftig*) Mk.	Pf.	**Jagd-** Der **Wildstand** an Roth-, Dam- u. Rehwild beträgt: Rothwild Stück	Damwild Stück	Rehe Stück
26	Schmalkalden . . .	7 .	.	2 668 (54)	6	8	.	8	4	4	1	6	.	.	6	8	285	.	.	.	.
27	Brotterode ¹) †) . . .	379 *360*	1	2 461 (2)	3	6	.	.	.	.	2	7	.	.	2	7	116	.	*35*	.	*10*
28	Hersfeld-Meckbach . .	3 106 *3 089*	4	. .	18	1	.	5	1	5	3	.	.	.	5	.	161	.	.	.	270
29	Wildeck	2 286 *2 157*	5	162 (5)	37	2	1	9	7	2	4	4	.	.	13	5	261	.	3	.	98
30	Niederaula	2 852 *2 798*	5	313 (15)	23	5	.	2	3	8	2	2	.	.	6	2	258	.	.	.	81
31	Hersfeld	3 020 *2 973*	5	107 (3)	20	7	.	5	.	8	4	3	.	.	5	6	126	.	.	.	146
32	Neuenstein	3 066 *2 997*	6	396 (6)	40	4	1	1	5	.	8	.	.	1	14	2	139	.	4	.	280
33	Rotenburg-Lüdersdorf†)	2 246 *2 217*	4	919 (5)	22	7	.	.	4	2	3	6	.	.	7	8	300	.	4	.	98
34	Nentershausen . . .	1 689 *1 609*	3	703 (14)	28	1	1	4	1	8	4	.	.	1	7	3	107	60	.	.	163
35	Rotenburg-Ost †) . .	1 819 *1 750*	5	617 (10)	29	7	.	1	3	8	5	3	.	.	9	2	197	.	2	.	114
36	Rotenburg-West †) . .	2 342 *2 284*	4	20 (3)	26	1	.	.	5	4	3	8	.	.	9	2	222	.	6	.	99
37	Rengshausen . . .	2 568 *2 495*	5	767 (13)	28	7	.	3	1	2	6	8	.	.	8	3	98	.	3	.	330
38	Reichensachsen . . .	933 *895*	3	1 531 (23)	22	8	1	1	7	.	1	7	.	8	10	6	517	.	.	.	120
39	Bischhausen	1 548 *1 476*	5	784 (28)	22	5	.	2	3	3	2	7	.	.	6	2	194	.	*1*	.	*102*
40	Stölzingen	1 590 *1 508*	4	689 (13)	30	6	.	6	7	2	3	9	.	.	11	7	292	.	4	.	75
41	Wannfried	1 403 *1 378*	3	846 (22)	20	7	.	2	4	8	2	5	.	.	7	5	293	.	.	.	81
42	Allendorf a. d. Werra .	1 860 *1 816*	8	1 618 (22)	29	7	.	3	.	.	2	7	.	.	3	.	95	.	.	.	230
43	Meißner	2 296 *2 167*	5	631 (12)	24	6	.	3	.	.	5	5	.	.	5	8	78	.	.	.	73
44	Witzenhausen . . .	2 744 *2 684*	6	1 076 (12)	25	4	.	2	.	.	.	.	.	.	.	2	10	.	3	.	121
	Zusammen	102 683 *99 566*	214	41 396 (504)	1 094	9	17	.	135	1	180	7	1	4	334	2	8 462	30	216	.	5 748
	B. Oberforstmeister-Bezirk																				
45	Oberaula	3 298 *3 235*	6	794 (10)	36	1	.	2	3	7	6	.	.	.	9	9	71	.	1	.	265
46	Neukirchen	3 119 *3 002*	7	867 (15)	43	6	.	4	4	5	4	2	.	.	9	1	260	.	.	.	164
47	Wallenstein	1 962 *1 873*	5	844 (15)	27	6	.	1	1	2	4	6	.	.	5	9	163	.	.	.	200
48	Mengsberg	2 436 *2 408*	5	1 765 (14)	17	7	.	3	1	7	1	8	.	.	3	8	68	.	.	.	57
49	Todenhausen . . .	1 510 *1 457*	5	1 872 (32)	18	9	.	5	.	5	2	8	.	.	3	8	152	.	.	.	87

¹) Die Jagd in den Staatsforsten ist anderweit verpachtet. Der Abtswald ist eingegattert.

31.

Verhältnisse

Der jährliche **Abschuß** beträgt: Rothwild: Hirsche	Rothwild: Kahlwild u. Spießer	Damwild: Hirsche	Damwild: Kahlwild u. Spießer	Rehe	Schwarzwild	Auerwild	Birkwild	Haselwild	Fasanen	In der Zeit vom 1. 4. 1885 bis 1. 4. 1886 wurden erlegt: Hasen	Rebhühner	Enten	**Holzpreise** nach den Holztaxen von 1893 (einschl. der Werbungskosten): Gewöhnliches **Bau- u. Nutzholz** (Taxklasse von 0,5—1 fm für das fm): Eichen Mk.	Pf.	Nadelholz Mk.	Pf.	**Scheitholz** (für das rm): Buchen Mk.	Pf.	Nadelholz Mk.	Pf.	Durchschnittlicher **Tagelohn** im Jahre 1891/92 für den Männertag Mk.	Pf.	Frauentag Mk.	Pf.	**Bemerkungen** über am Wohnorte des Oberförsters oder in der Nähe befindliche **höhere Bildungsanstalten** (G. = Gymnasium, RG. = Realgymnasium, PG. = Progymnasium, RPG. = Realprogymnasium)
Stück																									
.	.	.	.	.	.	.	.	.	.	.	.	.	.	.	.	.	.	.	.	.	.	.	.	.	RPG. in Schmalkalden.
5	*5*	.	.	*2*	.	.	.	.	.	6	.	.	24	.	12	.	6	.	3	50	1	50	.	90	
.	.	.	.	33	.	4	2	.	.	11	.	6	24	.	16	.	6	.	3	50	1	50	.	90	G. und RPG. in Hersfeld.
1	2	.	.	16	.	2	.	.	.	17	.	1	24	.	16	.	6	.	3	50	1	40	.	90	
.	.	.	.	15	15	2	.	.	.	30	.	.	25	.	11	.	5	.	2	50	1	50	1	.	
.	.	.	.	19	.	4	2	.	.	12	2	.	25	.	12	.	5	.	2	50	1	30	.	90	G. und RPG. in Hersfeld.
2	2	.	.	40	.	3	.	.	.	27	.	.	27	.	12	.	4	50	2	20	1	20	.	90	
1	3	.	.	17	.	3	.	.	.	22	.	.	20	.	13	.	5	.	2	20	1	20	.	90	
.	.	.	.	30	.	2	.	.	.	12	7	.	25	.	14	.	6	.	2	50	1	40	.	90	
.	2	.	.	18	2	.	.	.	.	14	.	.	28	.	12	.	5	50	2	30	1	40	.	90	
2	4	.	.	25	.	2	.	.	.	19	.	.	18	.	13	.	5	.	2	20	1	30	.	90	
1	2	.	.	55	.	2	.	.	.	18	.	.	18	.	12	.	4	20	2	50	1	30	1	.	
.	.	.	.	20	.	.	.	.	.	15	4	.	21	.	13	.	6	.	3	.	1	40	.	90	
.	*1*	.	.	*17*	*1*	.	.	.	.	26	.	.	21	.	15	.	7	.	3	.	1	20	.	80	
2	2	.	.	12	4	2	.	.	.	12	.	.	22	.	15	.	6	.	3	.	1	50	.	80	
.	.	.	.	7	.	.	.	.	.	83	.	.	21	.	12	.	8	.	3	.	1	50	1	.	
.	.	.	.	40	.	.	.	.	.	95	.	.	20	.	13	.	6	.	2	50	1	50	1	.	
.	.	.	.	18	2	.	.	.	.	16	.	.	21	.	15	.	6	.	3	.	1	50	.	80	
2	1	.	.	17	10	.	.	.	.	48	.	.	22	.	14	.	5	.	3	.	1	50	.	90	
44	68	.	.	837	38	81	14	.	17	1 478	106	18	.	.	.	.	.	.	.	.	.	.	.	.	

Cassel-West.

Rothwild: Hirsche	Rothwild: Kahlwild u. Spießer	Damwild: Hirsche	Damwild: Kahlwild u. Spießer	Rehe	Schwarzwild	Auerwild	Birkwild	Haselwild	Fasanen	Hasen	Rebhühner	Enten	Eichen Mk.	Pf.	Nadelholz Mk.	Pf.	Buchen Mk.	Pf.	Nadelholz Mk.	Pf.	Männertag Mk.	Pf.	Frauentag Mk.	Pf.	Bemerkungen
1	.	.	.	25	2	4	.	.	.	71	.	.	21	.	15	.	4	50	2	50	1	50	1	.	
.	.	.	.	22	.	1	.	.	.	54	3	.	25	.	13	.	4	50	2	50	1	30	1	.	
.	.	.	.	20	.	.	.	.	.	36	1	.	24	.	14	.	4	50	2	.	1	30	1	.	
.	.	.	.	9	1	1	.	.	.	8	.	.	20	.	11	.	4	50	2	50	1	40	1	.	
.	.	.	.	14	.	.	.	.	.	40	15	.	18	.	12	.	6	.	2	50	1	30	1	.	

Laufende Nummer	Oberförsterei	Gesammtfläche der Staatsforsten (*darunter zur Holzzucht bestimmte Fläche*)	Zahl der Schutzbezirke im Staatswalde	Den Oberförstereien zur Verwaltung angeschlossene nicht fiskalische (Gemeinde- 2c.) Waldungen (Zahl der Gemeinden 2c.)	Nachweisung der den etatsmäßigen Forstbeamtenstellen zugetheilten nutzbaren **Dienstlandsflächen**																Jagd=		
					Gesammt-Größe		Dienstländereien der **Oberförsterstelle**														Der **Wildstand** an Roth-, Dam- u. Rehwild beträgt:		
							Gärten		Aecker		Wiesen		Weiden		Gesammt-Größe		Nutzungsgeld (*künftig*)		Rothwild	Damwild	Rehe
		ha		ha	ha	dc	ha	dc	ha	dc	ha	dc	ha	dc	ha	dc	Mk.	Pf.	Stück		
50	Jesberg	2 284 *2 165*	4	1 130 (7)	28	5	.	2	5	8	3	5	.	.	9	5	236	.	.	.	114
51	Densberg	2 391 *2 255*	4	1 484 (8)	27	8	.	4	6	2	4	1	.	4	11	1	223	.	.	.	172
52	Roßberg	938 *914*	3	2 660 (22)	14	8	.	1	4	2	4	6	.	.	8	9	105	.	.	.	45
53	Marburg	3 014 *2 903*	5	57 (3)	24	.	.	6	5	9	1	.	.	.	7	5	119	.	.	.	136
54	Ellnhausen	1 021 *999*	3	2 812 (43)	17	.	2	.	2	6	2	8	.	.	7	4	183	.	1	.	30
55	Neustadt ††)	2 761 *2 712*	5	1 933 (12)	23	.	.	3	2	8	3	7	.	.	6	8	178	.	.	.	87
56	Rauschenberg	1 531 *1 508*	4	1 113 (8)	17	2	1	1	4	2	2	9	.	.	8	2	145	.	.	.	*35*
57	Oberrosphe	3 735 *3 702*	6	200 (5)	27	.	.	8	.	8	4	2	.	.	5	8	113	.	.	.	190
58	Treisbach	1 454 *1 434*	3	1 274 (8)	16	8	.	.	2	3	3	2	.	.	5	5	56	.	.	.	86
59	Bracht	3 702 *3 552*	6	47 (2)	23	1	.	1	.	6	2	6	.	.	3	3	185	.	.	.	184
60	Rosenthal	2 411 *2 366*	4	1 671 (6)	22	2	1	.	4	8	2	4	.	5	8	7	163	.	.	.	300
61	Wolkersdorf	2 836 *2 769*	5	820 (9)	25	5	.	5	3	4	3	4	.	.	7	3	182	.	.	.	150
62	Frankenberg	3 812 *3 743*	6	21 (2)	28	5	.	5	2	8	4	4	.	.	7	7	174	.	.	.	310
63	Frankenau	2 115 *2 031*	5	79 (1)	28	4	.	2	.	6	3	5	.	.	4	3	134	.	.	.	108
64	Altenlotheim	2 367 *2 324*	4	113 (5)	13	2	.	1	.	9	3	3	.	1	4	4	162	.	.	.	100
65	Böhl	2 439 *2 369*	7	390 (15)	38	.	.	2	6	1	3	2	.	.	9	5	237	.	.	.	97
66	Morschen	2 853 *2 821*	6	912 (13)	24	7	.	5	3	2	1	8	.	.	5	5	96	.	3	.	106
67	Spangenberg	2 467 *2 436*	6	976 (8)	18	2	.	5	4	8	1	7	.	1	7	1	73	.	3	.	78
68	Melsungen	1 847 *1 823*	4	584 (2)	10	4	.	3	1	6	2	2	.	.	4	1	196	.	1	.	128
69	Eiterhagen	3 075 *3 051*	6	191 (3)	25	9	.	3	1	.	6	5	.	.	7	8	95	.	3	.	218
70	Lichtenau	2 781 *2 722*	6	765 (17)	29	.	.	3	3	2	3	2	.	.	6	7	64	.	5	.	150
71	Wellerode	3 834 *3 735*	7	51 (3)	34	.	.	2	.	.	6	.	.	.	6	2	138	.	3	.	520
72	Rottebreite	3 494 *3 437*	6	120 (4)	26	.	.	4	1	8	6	5	.	.	8	7	183	.	15	.	222
73	Felsberg	1 300 *1 271*	5	1 823 (28)	8	7	.	1	1	6	2	5	.	.	4	2	153	.	.	.	*120*
74	Fritzlar [1])	279 *248*	1	2 885 (25)	9	8	.	3	3	8	1	9	.	.	6	.	311	.	.	.	.
75	Naumburg	1 268 *1 237*	3	3 861 (13)	21	2	.	4	5	5	4	6	.	.	10	5	319	.	.	.	143

[1]) Die Jagd in den Staatsforsten ist anderweit verpachtet.

31.

Verhältnisse

Der jährliche **Abschuß** beträgt: Rothwild: Hirsche	Rothwild: Kahlwild u. Spießer	Damwild: Hirsche	Damwild: Kahlwild u. Spießer	Rehe	Schwarzwild	Auerwild	Birkwild	Haselwild	Fasanen	In der Zeit vom 1. 4. 1885 bis 1. 4. 1886 wurden erlegt: Hasen	Rebhühner	Enten	**Holzpreise** nach den Holztaxen von 1893 (einschl. der Werbungskosten): Gewöhnliches **Bau- u. Nutzholz** (Taxklasse von 0,5—1 fm für das fm): Eichen Mk.	Eichen Pf.	Nadelholz Mk.	Nadelholz Pf.	**Scheitholz** (für das rm): Buchen Mk.	Buchen Pf.	Nadelholz Mk.	Nadelholz Pf.	Durchschnittlicher **Tagelohn** im Jahre 1891/92 für den Männertag Mk.	Männertag Pf.	Frauentag Mk.	Frauentag Pf.	**Bemerkungen** über am Wohnorte des Oberförsters oder in der Nähe befindliche **höhere Bildungsanstalten** (G. = Gymnasium, RG. = Realgymnasium, PG. = Progymnasium, RPG. = Realprogymnasium)
Stück																									
.	.	.	.	12	.	.	.	.	.	15	.	.	20	.	10	.	4	50	2	50	1	50	1	.	
.	.	.	.	10	13	.	.	.	.	22	.	.	18	.	10	.	4	50	2	40	1	40	1	.	
.	.	.	.	6	.	.	.	.	.	4	2	.	24	.	14	.	5	50	3	50	1	50	1	.	
.	.	.	.	8	.	1	.	.	.	30	.	.	20	.	14	.	6	.	3	.	1	40	1	.	G. und Universität in Marburg.
.	1	.	.	5	.	.	.	.	.	44	22	.	20	.	14	.	5	.	3	50	1	80	1	.	G. und Universität in Marburg, etwa 6 m entfernt.
.	.	.	.	17	1	3	.	.	.	26	9	.	24	.	12	.	5	50	3	50	1	40	1	.	
.	.	.	.	*6*	.	*1*	.	.	.	36	.	.	22	.	13	.	6	.	3	30	1	50	1	.	
.	.	.	.	20	.	2	.	.	.	24	.	.	20	.	12	.	5	.	3	.	1	50	1	.	
.	.	.	.	8	2	.	.	.	.	27	.	.	20	.	14	.	5	.	3	.	1	50	1	.	
.	.	.	.	14	.	.	.	.	.	.	.	.	25	.	14	.	5	.	3	.	1	50	1	.	
.	.	.	.	18	.	.	.	.	.	10	.	.	25	.	13	.	4	.	2	.	1	50	1	20	
.	.	.	.	18	.	.	.	.	.	18	.	.	25	.	13	.	4	.	2	.	1	80	1	.	
.	.	.	.	23	.	.	.	.	.	23	.	.	25	.	13	.	4	50	2	.	1	50	1	.	
.	.	.	.	10	.	.	.	.	.	19	.	.	20	.	11	.	4	.	2	.	1	50	1	.	
.	.	.	.	15	.	.	.	.	.	15	.	.	20	.	13	.	3	50	2	.	1	50	1	.	
.	.	.	.	12	.	.	.	.	.	15	2	.	25	.	14	.	4	50	2	.	1	50	1	.	
1	2	.	.	18	2	1	.	.	.	33	3	.	21	.	14	.	5	.	2	50	1	20	.	85	
1	2	.	.	13	2	.	.	.	.	53	.	.	18	.	10	.	5	.	2	50	1	50	1	.	
.	1	.	.	12	.	.	.	.	.	18	.	.	20	.	10	.	5	.	2	50	1	40	1	.	2 höhere Privatschulen mit Vorbereitung für alle Klassen des Gymnasiums und Realgymnasiums.
.	3	.	.	24	.	.	.	.	.	4	.	.	16	.	18	.	5	.	3	.	1	40	1	.	
1	4	.	.	25	.	.	.	.	.	31	.	.	20	.	15	.	5	.	2	50	1	50	1	.	
1	2	.	.	50	.	.	.	.	.	68	.	.	17	.	18	.	5	.	2	50	1	50	1	.	Schulen jeder Art in Cassel, etwa 4 km Pferdebahnverbindung.
5	10	.	.	32	6	1	.	.	.	50	.	.	18	.	14	.	5	.	2	50	1	55	1	.	
.	.	.	.	*17*	.	*1*	.	.	.	12	.	.	25	.	12	.	5	50	2	50	1	88	.	98	
.	.	.	.	.	.	.	.	.	.	23	.	.	25	.	12	.	7	.	4	.	1	50	1	.	
.	.	.	.	16	.	.	.	.	.	7	1	.	22	.	12	.	5	.	2	50	1	50	.	90	

*

Laufende Nummer	Oberförsterei	Gesammtfläche der Staatsforsten (darunter zur Holzzucht bestimmte Fläche)	Zahl der Schutzbezirke im Staatswalde	Den Oberförstereien zur Verwaltung angeschlossene nicht fiskalische (Gemeinde- ꝛc.) Waldungen (Zahl der Gemeinden ꝛc.)	Nachweisung der den etatsmäßigen Forstbeamtenstellen zugetheilten nutzbaren Dienstlandsflächen														Jagd-		
					Gesammt-Größe		Dienstländereien der Oberförsterstelle												Der Wildstand an Roth-, Dam- u. Rehwild beträgt:		
							Gärten		Aecker		Wiesen		Weiden		Gesammt-Größe		Nutzungsgeld (künftig)		Rothwild	Damwild	Rehe
		ha		ha	ha	dc	ha	dc	ha	dc	ha	dc	ha	dc	ha	dc	Mk.	Pf.	Stück		
76	Sand	943 *878*	3	2 194 (19)	24	3	.	2	4	.	5	3	.	.	9	5	241	.	.	.	125
77	Kirchditmold	2 587 *2 453*	6	661 (10)	39	5	.	4	2	4	5	4	.	.	8	2	187	.	.	.	120
78	Ehlen	2 104 *2 066*	4	1 644 (9)	30	.	.	2	8	8	3	5	.	.	12	5	318	.	1	.	148
79	Ehrsten	924 *899*	3	2 978 (18)	15	3	.	2	.	4	2	5	.	.	3	1	85	.	.	.	73
80	Gahrenberg*)	4 661 *4 498*	8	26 (1)	34	3	.	4	.	.	2	2	.	.	2	6	67	.	94	.	58
81	Veckerhagen*)	3 661 *3 603*	6	.	34	8	.	1	5	7	3	7	.	.	9	5	346	.	155		105
82	Hombressen*)	3 852 *3 735*	5	.	30	8	.	1	5	1	3	6	.	.	8	8	302	.	180		88
83	Hofgeismar	2 513 *2 438*	5	616 (5)	27	3	.	3	6	5	2	5	.	.	9	3	526		.	.	235
84	Gottsbüren	3 258 *3 174*	5	.	30	6	.	4	3	9	4	8	.	.	9	1	130	.	6	.	66
85	Carlshafen	2 904 *2 847*	5	136 (2)	26	4	.	2	3	9	3	.	.	.	7	1	202	.	4	.	160
86	Oedelsheim	2 237 *2 195*	4	.	29	5	.	2	6	5	7	2	.	.	13	9	575	.	.	.	180
	Zusammen Cassel-West	103 978 *101 288*	206	42 369 422)	1 049	6	15	6	139	3	152	8	1	1	308	8	7 916	.	475	.	5 960
	Hierzu Cassel-Ost	102 683 *99 566*	214	41 396 (504)	1 094	9	17	.	135	1	180	7	1	4	334	2	8 462	30	216	.	5 748
	Zusammen	206 661 *200 854*	420	83 765 (926)	2 144	5	32	6	274	4	333	5	2	5	643	.	16 378	30	691	.	11 708

28. Regierungs-Bezirk

1	Homburg	1 159 *1 120*	7	2 138 (12)	6	2	.	2	.	.	.	.	.	.	.	2	16	.	67	.	47
2	Hofheim	913 *902*	3	2 368 (19)	5	.	.	1	.	.	.	.	.	.	.	1	4	.	.	.	41
3	Cronberg	. .	.	3 993 (29)	.	04	.	04	.	.	.	.	.	.	.	04	3	.	.	.	.
4	Königstein	2 151 *2 111*	6	1 092 (11)	14	1	.	3	.	6	2	8	.	.	3	7	249	.	36	.	62
5	Oberems	1 196 *1 112*	3	3 182 (16)	5	9	.	1	.	1	.	3	.	.	.	5	12	.	12	.	51
6	Usingen	798 *785*	3	3 453 (12)	4	5	.	1	.	4	.	.	.	.	.	5	24	.	27	.	44
7	Neuweilnau	859 *847*	3	3 407 (18)	6	6	.	2	.	4	1	1	.	1	1	8	48	.	.	.	19
8	Rod a. d. Weil	977 *961*	3	3 497 (14)	14	6	.	1	.	4	1	.	.	.	1	5	36	.	.	.	67
9	Brandoberndorf	667 *658*	3	3 710 (9)	5	3	.	1	.	.	2	1	.	.	2	2	107	.	.	.	40
10	Weilmünster	708 *684*	3	3 487 (14)	7	5	.	1	.	.	1	.	.	.	1	1	52	.	.	.	11
11	Weilburg	672 *639*	5	3 117 (18)	12	4	.	8	6	5	2	4	.	.	9	7	183	.	.	20	20

31.

Verhältnisse

Der jährliche **Abschuß** beträgt:										In der Zeit vom 1. 4. 1885 bis 1. 4. 1886 wurden erlegt:			**Holzpreise** nach den Holztaxen von 1893 (einschl. der Werbungskosten)								Durchschnittlicher **Tagelohn** im Jahre 1891/92 für den				**Bemerkungen** über am Wohnorte des Oberförsters oder in der Nähe befindliche **höhere Bildungsanstalten** (G. = Gymnasium, RG. = Realgymnasium, PG. = Progymnasium, RPG. = Realprogymnasium)
Rothwild		Damwild											Gewöhnliches **Bau- u. Nutzholz** (Taxklasse von 0,5—1 fm für das fm)				**Scheitholz** (für das rm)								
Hirsche	Kahlwild u. Spießer	Hirsche	Kahlwild u. Spießer	Rehe	Schwarzwild	Auerwild	Birkwild	Haselwild	Fasanen	Hasen	Rebhühner	Enten	Eichen		Nadelholz		Buchen		Nadelholz		Männertag		Frauentag		
Stück													Mk.	Pf.	Mk.	Pf.	Mk.	Pf.	Mk.	Pf.	Mk.	Pf.	Mk.	Pf.	
.	.	.	.	12	.	.	.	.	.	24	.	.	22	.	15	.	6	.	2	50	1	60	1	.	
.	.	.	.	20	.	.	.	.	.	59	1	.	22	.	16	.	6	50	3	.	1	80	1	.	Schulen jeder Art in Cassel, etwa 4 km entfernt.
1	.	.	.	19	.	.	.	.	.	25	.	.	22	.	16	.	6	.	2	50	1	60	1	.	
.	.	.	.	7	1	.	.	.	.	8	.	.	24	.	14	.	6	.	2	50	1	40	.	90	
11	13	.	.	11	15	.	.	.	.	16	6	.	20	.	14	.	4	20	3	.	1	50	.	90	PG. und RPG. in Münden.
13	19	.	.	15	32	.	.	.	.	4	.	.	17	.	15	.	4	.	2	50	1	50	1	.	
10	25	.	.	12	36	.	.	.	.	6	.	2	17	.	14	.	4	.	2	10	1	40	.	90	PG. in Hofgeismar, etwa 6 km entfernt.
.	.	.	.	22	.	.	.	.	.	90	.	2	21	.	16	.	4	50	2	70	1	50	1	.	PG. in Hofgeismar.
3	3	.	.	11	9	.	.	.	.	10	.	.	18	.	14	.	4	.	2	.	1	50	1	.	
1	3	.	.	14	3	.	.	.	.	55	2	8	18	.	14	.	4	.	2	10	1	60	1	.	
.	.	.	.	20	2	.	.	.	.	30	.	.	17	.	15	.	4	.	2	.	1	40	.	90	
49	88	.	.	662	127	16	.	.	.	1 163	67	12	.	.	.	.	.	.	.	.	.	.	.	.	
44	68	.	.	837	38	81	14	.	17	1 478	106	18	.	.	.	.	.	.	.	.	.	.	.	.	
93	156	.	.	1499	165	97	14	.	17	2 641	173	30	.	.	.	.	.	.	.	.	.	.	.	.	

Wiesbaden.

6	9	.	.	8	.	.	.	.	.	12	.	.	26	.	15	.	9	50	5	.	2	20	1	40	PG. und RPG. in Homburg.
.	.	.	.	4	.	.	.	.	.	16	4	.	36	.	22	.	8	.	4	50	2	30	1	50	
.	.	.	.	.	.	.	.	.	.	.	.	.	.	.	.	.	.	.	.	.	.	.	.	.	
3	4	.	.	8	.	.	.	.	.	32	.	.	36	.	15	.	7	50	4	50	2	.	1	20	
1	3	.	.	8	.	.	.	.	.	21	.	.	34	.	14	.	7	.	4	.	1	80	1	10	
2	4	.	.	8	.	.	.	.	.	19	1	.	28	.	14	.	7	50	3	50	1	90	1	25	
.	.	.	.	3	.	.	.	.	.	6	.	.	26	.	14	.	6	50	3	.	1	70	1	10	
.	.	.	.	7	.	.	.	.	.	10	.	.	24	.	13	.	7	50	4	.	1	80	1	.	
.	.	.	.	5	.	.	.	.	.	12	.	.	24	.	12	.	8	.	3	50	1	60	1	20	
.	.	.	.	3	.	.	.	.	.	8	.	.	26	.	14	.	6	50	3	.	1	80	1	.	
.	.	2	1	5	.	.	.	.	.	14	.	.	24	.	12	.	7	.	3	50	1	80	1	.	G. in Weilburg, etwa 2 km entfernt.

Laufende Nummer	Oberförsterei	Gesammtfläche der Staatsforsten (*darunter zur Holzzucht bestimmte Fläche*)	Zahl der Schutzbezirke im Staatswalde	Den Oberförstereien zur Verwaltung angeschlossene nicht fiskalische (Gemeinde- ꝛc.) Waldungen (Zahl der Gemeinden ꝛc.)	Nachweisung der den etatsmäßigen Forstbeamtenstellen zugetheilten nutzbaren **Dienstlandsflächen**														Jagd-		
					Gesammt-Größe		Dienstländereien der **Oberförsterstelle**												Der **Wildstand** an Roth-, Dam- u. Rehwild beträgt:		
							Gärten		Aecker		Wiesen		Weiden		Gesammt-Größe		Nutzungsgeld (*künftig*)		Rothwild	Damwild	Rehe
		ha		ha	ha	dc	ha	dc	ha	dc	ha	dc	ha	dc	ha	dc	Mk.	Pf.	Stück		
12	Rambach	699 *659*	3	2 802 (15)	8	1	.	03	.	.	.	.	.	.	.	03	2	.	.	.	18
13	Idstein	365 *360*	2	3 883 (14)	.	4	.	.	.	.	.	4	.	.	.	4	19	.	1	.	9
14	Wörsdorf	321 *318*	2	3 874 (15)	2	5	.	02	.	.	.	.	.	.	.	02	1	.	.	.	23
15	Breithardt†)	190 *187*	2	4 016 (13)	.	.	.	.	.	.	.	.	.	.	.	.	.	.	.	.	6
16	Wiesbaden	1 492 *1 342*	3	1 476 (3)	13	5	.	5	4	9	2	3	.	2	7	9	136	.	114	.	41
17	Chausseehaus	1 218 *1 197*	2	1 831 (7)	10	1	.	2	2	5	4	7	.	.	7	4	82	.	44	.	24
18	Eltville	49 *48*	1	3 753 (7)	.	2	.	2	.	.	.	.	.	.	.	2	21	.	.	.	.
19	Oestrich	. .	.	4 056 (10)	.	5	.	2	.	3	.	.	.	.	.	5	30	.	.	.	.
20	Lorch	2 000 *1 953*	3	2 255 (5)	18	.	.	.	.	.	.	.	.	.	.	.	.	.	.	.	67
21	Caub	204 *200*	1	3 999 (13)	2	.	.	.	.	.	1	2	.	.	1	2	35	.	.	.	8
22	Schwalbach†)	. .	.	4 048 (15)	.	.	.	.	.	.	.	.	.	.	.	.	.	.	.	.	.
23	Erlenhof (Kemel)	1 076 *1 006*	3	3 224 (15)	19	6	.	5	8	4	5	5	.	.	14	4	132	.	.	.	75
24	Hahnstätten†)	523 *519*	3	3 542 (25)	.	5	.	.	.	.	.	5	.	.	.	5	4	.	.	.	20
25	Katzenelnbogen†)	1 204 *1 183*	3	2 271 (20)	14	.	.	.	2	2	.	6	.	.	2	8	85	.	.	.	76
26	Naſtätten	. .	.	3 778 (20)	.	2	.	1	.	1	.	.	.	.	.	2	9	.	.	.	.
27	St. Goarshausen	112 *105*	1	3 540 (26)	.	06	.	06	.	.	.	.	.	.	.	06	3	.	.	.	.
28	Runkel	13 *12*	1	4 183 (26)	.	07	.	07	.	.	.	.	.	.	.	07	3	.	.	.	.
29	Diez	806 *796*	2	2 762 (29)	4	7	.	.	.	4	.	.	.	.	.	4	4	.	.	.	62
30	Nassau	5 *4*	.	3 535 (22)	.	04	.	04	.	.	.	.	.	.	.	04	2	.	.	.	.
31	Braubach	589 *544*	3	4 413 (16)	.	8	.	2	.	6	.	.	.	.	.	8	75	.	.	.	26
32	Hadamar	99 *94*	1	3 006 (25)	.	3	.	3	.	.	.	.	.	.	.	3	17	.	.	.	.
33	Montabaur	91 *88*	1	3 839 (32)	.	3	.	1	.	.	.	1	.	1	.	3	7	.	.	.	.
34	Welschneudorf	1 100 *1 002*	2	2 675 (18)	13	5	.	1	.	.	5	.	.	.	5	1	{ 58 { *100*	.	.	.	85
35	Neuhäusel	1 210 *1 147*	3	2 613 (13)	25	7	.	.	4	9	1	4	.	.	6	3	96	.	21	.	82
36	Wallmerod	1 .	.	3 254 (48)	1	2	.	4	.	8	.	.	.	.	1	2	30	.	.	.	.

31.

Verhältnisse

Der jährliche Abschuß beträgt: Rothwild: Hirsche	Rothwild: Kahlwild u. Spießer	Damwild: Hirsche	Damwild: Kahlwild u. Spießer	Rehe	Schwarzwild	Auerwild	Birkwild	Haselwild	Fasanen	In der Zeit vom 1. 4. 1885 bis 1. 4. 1886 wurden erlegt: Hasen	Rebhühner	Enten	Holzpreise nach den Holztaxen von 1893 (einschl. der Werbungskosten): Gewöhnliches Bau- u. Nutzholz (Taxklasse von 0,5—1 fm für das fm): Eichen Mk.	Pf.	Nadelholz Mk.	Pf.	Scheitholz (für das rm): Buchen Mk.	Pf.	Nadelholz Mk.	Pf.	Durchschnittlicher Tagelohn im Jahre 1891/92 für den Männertag Mk.	Pf.	Frauentag Mk.	Pf.	Bemerkungen über am Wohnorte des Oberförsters oder in der Nähe befindliche höhere Bildungsanstalten (G. = Gymnasium, RG. = Realgymnasium, PG. = Progymnasium, RPG. = Realprogymnasium)
Stück																									
.	.	.	.	2	.	.	.	.	.	14	.	.	30	.	14	.	7	.	4	30	2	.	1	30	G. in Wiesbaden, etwa 3 km entfernt.
1	.	.	.	1	.	.	.	.	.	11	3	.	22	.	13	.	5	.	4	.	2	.	1	40	
.	.	.	.	3	.	.	.	.	.	20	10	.	22	.	14	.	8	.	4	.	2	.	1	30	
.	.	.	.	1	.	.	.	.	.	2	.	.	22	.	14	.	5	.	4	.	1	80	1	30	
4	14	.	.	4	.	.	.	.	.	8	.	.	22	.	14	.	6	50	5	70	2	30	1	30	G. in Wiesbaden, etwa 6 km entfernt.
2	6	.	.	2	.	.	.	.	.	1	.	.	22	.	14	.	6	.	4	.	2	.	1	20	
.	.	.	.	.	.	.	.	.	.	.	.	.	22	.	13	.	5	.	4	.	2	.	1	30	
.	.	.	.	.	.	.	.	.	.	.	.	.	.	.	.	.	.	.	.	.	.	.	.	.	
.	.	.	.	9	.	.	.	.	.	12	.	.	30	.	11	.	4	20	3	10	1	90	1	25	
.	.	.	.	1	.	.	.	.	.	6	.	.	22	.	11	.	5	30	3	10	1	70	1	20	
.	.	.	.	.	.	.	.	.	.	.	.	.	.	.	.	.	.	.	.	.	.	.	.	.	
.	.	.	.	12	.	.	.	.	.	6	.	.	29	.	12	.	5	50	3	.	1	80	1	30	
.	.	.	.	4	.	.	.	.	.	.	.	.	20	.	16	.	7	50	4	.	2	.	1	30	
.	.	.	.	13	.	.	.	.	.	9	.	.	19	.	13	.	7	.	4	.	2	.	1	40	
.	.	.	.	.	.	.	.	.	.	.	.	.	.	.	.	.	.	.	.	.	.	.	.	.	
.	.	.	.	.	.	.	.	.	.	.	.	.	15	.	8	.	7	.	4	50	2	.	1	50	Knaben-Erzieh.-Institut mit Berechtigung zum einj.-freiw. Milit.-Dienst.
.	.	.	.	.	.	.	.	.	.	.	.	.	20	.	11	.	8	.	3	50	2	.	1	10	
.	.	.	.	10	.	.	.	.	.	10	.	.	28	.	13	.	7	50	4	.	1	75	1	10	RPG. in Diez.
.	.	.	.	.	.	.	.	.	.	.	.	.	15	.	10	.	6	.	3	50	2	20	1	50	
.	.	.	.	4	.	.	.	.	.	16	.	.	18	.	10	.	6	.	2	50	2	.	1	30	G. in Coblenz, mit 10 Min. Eisenbahnfahrzeit zu erreichen.
.	.	.	.	.	.	.	.	.	.	.	.	.	25	.	11	.	10	.	6	.	1	70	1	20	G. in Hadamar.
.	.	.	.	.	.	.	.	.	.	18	.	.	30	.	15	.	8	.	5	.	2	.	1	.	G. in Montabaur.
.	.	.	.	9	.	.	.	.	.	18	18	.	22	.	10	.	6	.	4	.	2	.	1	.	G. in Montabaur.
3	2	.	.	9	.	.	.	.	.	17	.	.	30	.	12	.	7	.	6	.	2	20	1	20	
.	.	.	.	.	.	.	.	.	.	.	.	.	.	.	.	.	.	.	.	.	.	.	.	.	

Laufende Nummer	Oberförsterei	Gesammtfläche der Staatsforsten (darunter zur Holzzucht bestimmte Fläche)	Zahl der Schutzbezirke im Staatswalde	Den Oberförstereien zur Verwaltung angeschlossene nicht fiskalische (Gemeinde- ꝛc.) Waldungen (Zahl der Gemeinden ꝛc.)	Nachweisung der den etatsmäßigen Forstbeamtenstellen zugetheilten nutzbaren Dienstlandsflächen: Gesammt-Größe		Dienstländereien der Oberförsterstelle: Gärten		Aecker		Wiesen		Weiden		Gesammt-Größe		Nutzungsgeld (künftig)		Jagd-: Der Wildstand an Roth-, Dam- u. Rehwild beträgt: Rothwild	Damwild	Rehe
		ha		ha	ha	dc	ha	dc	ha	dc	ha	dc	ha	dc	ha	dc	Mk.	Pf.	Stück		
37	Selters[1])	800 *784*	2	3 653 (26)	8	7	.	2	.	.	.	.	.	.	.	2	12	.	.	.	*70*
38	Herschbach	94 *88*	1	4 360 (20)	3	6	.	6	.	3	2	7	.	.	3	6	116	.	.	.	.
39	Westerburg †)	. .	.	2 168 (35)	.	.	.	.	.	.	.	.	.	.	.	.	.	.	.	.	.
40	Hachenburg	374 *358*	1	3 570 (22)	6	8	.	.	.	.	.	.	.	.	.	.	.	.	.	.	6
41	Kroppach	1 076 *980*	4	2 427 (32)	5	9	.	2	.	.	.	.	.	.	.	2	5	.	.	.	12
42	Merenberg	1 713 *1 635*	5	1 990 (15)	16	1	.	.	.	.	.	7	.	.	.	7	22	.	.	.	62
43	Johannisburg	1 540 *1 510*	3	1 836 (16)	20	.	.	1	4	8	5	.	.	.	9	9	97	.	.	.	88
44	Herborn	1 423 *1 393*	3	2 141 (11)	8	.	.	1	.	.	.	.	.	.	.	1	8	.	.	.	83
45	Driedorf	906 *893*	3	2 313 (20)	5	5	.	1	.	5	2	8	.	.	3	4	96	.	.	.	56
46	Rennerod	603 *585*	3	2 493 (36)	.	8	.	1	.	.	.	7	.	.	.	8	7	.	.	.	15
47	Oberscheld	2 790 *2 707*	7	1 166 (7)	16	6	.	1	.	.	.	.	.	.	.	1	8	.	.	.	133
48	Dillenburg	1 925 *1 859*	4	1 371 (7)	10	3	.	2	.	.	.	.	.	.	.	2	13	.	.	.	110
49	Haiger	1 184 *1 173*	2	2 667 (16)	7	8	.	1	.	1	.	.	.	.	.	2	8	.	.	.	57
50	Ebersbach	1 578 *1 542*	4	3 366 (22)	10	7	.	1	.	7	1	4	.	.	2	2	50	.	.	.	123
51	Strupbach	761 *735*	3	3 149 (15)	20	3	.	1	4	3	5	2	.	.	9	6	303	.	.	.	7
52	Gladenbach	1 025 *979*	5	3 632 (35)	11	.	.	2	3	9	3	.	.	.	7	1	232	.	.	.	3
53	Katzenbach	1 786 *1 765*	6	1 958 (10	12	2	.	1	.	7	.	7	.	.	1	5	34	.	.	.	54
54	Biedenkopf	711 *702*	1	4 619 (15)	3	5	.	2	2	5	.	5	.	.	3	2	68	.	.	.	32
55	Hatzfeld	3 256 *3 222*	6	270 (5)	16	8	2	1	.	3	2	2	.	.	4	6	142	.	.	.	125
56	Battenberg	2 621 *2 581*	6	526 (4)	27	9	.	1	3	7	2	4	.	.	6	2	101	.	.	.	200
57	Elbrighausen	3 088 *3 037*	5	186 2)	44	9	.	2	3	1	4	3	.	.	7	6	114	.	1	.	145
	Zusammen	52 721 *51 111*	155	165 933 (995)	475	8	10	.	58	4	64	.	.	4	132	8	3 021	.	323	20	2 405

[1]) Die Jagd in den Staatsforsten ist anderweit verpachtet.

31.

Verhältnisse

Der jährliche Abschuß beträgt: Rothwild Hirsche	Rothwild Kahlwild u. Spießer	Damwild Hirsche	Damwild Kahlwild u. Spießer	Rehe	Schwarzwild	Auerwild	Birkwild	Haselwild	Fasanen	In der Zeit vom 1. 4. 1885 bis 1. 4. 1886 wurden erlegt: Hasen	Rebhühner	Enten	Holzpreise nach den Holztaxen von 1893 (einschl. der Werbungskosten) Gewöhnliches Bau- u. Nutzholz (Taxklasse von 0,5—1 fm für das fm) Eichen Mk.	Pf.	Nadelholz Mk.	Pf.	Scheitholz (für das rm) Buchen Mk.	Pf.	Nadelholz Mk.	Pf.	Durchschnittlicher Tagelohn im Jahre 1891/92 für den Männertag Mk.	Pf.	Frauentag Mk.	Pf.	Bemerkungen über am Wohnorte des Oberförsters oder in der Nähe befindliche höhere Bildungsanstalten (G. = Gymnasium, RG. = Realgymnasium, PG. = Progymnasium, RPG. = Realprogymnasium)
Stück																									
.	.	.	.	12	.	.	.	1	1	15	.	.	25	.	12	.	8	.	5	.	2	.	1	20	
.	.	.	.	.	.	.	.	.	.	6	.	.	25	.	13	.	6	.	4	.	1	73	1	20	
.	.	.	.	.	.	.	.	.	.	.	.	.	.	.	.	.	.	.	.	.	.	.	.	.	
.	.	.	.	2	.	.	.	.	.	2	.	.	27	.	12	.	6	.	3	.	1	60	1	.	
.	.	.	.	2	.	.	.	.	.	13	10	1	27	.	15	.	6	.	3	.	1	80	1	20	
.	.	.	.	10	.	.	.	.	.	25	.	.	25	.	14	.	8	50	4	70	2	.	1	20	G. in Weilburg.
.	.	.	.	15	.	.	.	.	.	29	.	.	25	.	12	.	6	10	2	50	1	80	1	.	
.	.	.	.	14	.	.	.	.	.	15	.	.	21	.	12	.	5	70	3	.	1	80	1	10	
.	.	.	.	10	.	.	.	.	.	.	.	.	21	.	11	.	5	80	2	70	1	60	1	20	
.	.	.	.	4	.	.	.	.	.	15	.	.	17	.	12	.	7	50	4	90	1	70	1	10	
.	.	.	.	24	.	.	.	.	.	90	5	.	22	.	15	.	5	10	2	10	1	80	1	.	G. in Dillenburg.
.	.	.	.	19	3	.	.	.	.	94	18	.	24	.	13	.	6	.	3	.	2	.	1	20	G. in Dillenburg.
.	.	.	.	10	2	.	.	.	.	11	.	.	24	.	13	.	4	30	2	20	1	80	1	10	
.	.	.	.	20	2	1	.	.	.	10	5	.	26	.	14	.	5	.	2	20	2	.	1	10	
.	.	.	.	2	.	.	.	.	.	28	.	.	30	.	16	.	8	50	4	.	1	80	1	.	
.	.	.	.	1	.	.	.	.	.	43	.	.	30	.	16	.	6	.	3	.	1	40	1	.	
.	.	.	.	10	1	.	.	.	.	12	.	.	28	.	16	.	5	.	3	.	1	80	1	.	RPG. in Biedenkopf.
.	.	.	.	3	.	1	.	.	.	5	.	.	28	.	15	.	4	.	3	.	2	.	1	.	RPG. in Biedenkopf.
.	.	.	.	14	1	1	.	.	.	39	7	.	25	.	15	.	4	.	2	.	1	40	1	.	
.	.	.	.	20	8	.	.	.	.	50	.	.	25	.	15	.	3	50	2	50	1	50	1	.	
1	.	.	.	20	4	.	.	.	.	11	2	6	25	.	10	.	3	.	2	.	1	50	.	90	
23	42	2	1	355	21	3	.	1	1	831	83	7	.	.	.	.	.	.	.	.	.	.	.	.	

Laufende Nummer	Oberförsterei	Gesammtfläche der Staatsforsten (darunter zur Holzzucht bestimmte Fläche) ha	Zahl der Schutzbezirke im Staatswalde	Den Oberförstereien zur Verwaltung angeschlossene nichtfiskalische (Gemeinde- 2c.) Waldungen (Zahl der Gemeinden 2c.) ha	Nachweisung der den etatsmäßigen Forstbeamtenstellen zugetheilten nutzbaren Dienstlandsflächen: Gesammt-Größe ha	dc	Dienstländereien der Oberförsterstelle: Gärten ha	dc	Aecker ha	dc	Wiesen ha	dc	Weiden ha	dc	Gesammt-Größe ha	dc	Nutzungsgeld (künftig) Mk.	Pf.	Jagd-: Der Wildstand an Roth-, Dam- u. Rehwild beträgt: Rothwild Stück	Damwild Stück	Rehe Stück
	29. Regierungs-Bezirk																				
1	Entenpfuhl	4 777 *4 653*	8	.	51	1	.	5	4	7	6	5	.	.	11	7	139	.	204	.	121
2	Neupfalz¹)	4 875 *4 707*	8	.	58	.	.	2	3	6	5	9	.	.	9	7	60	.	195	.	140
3	Meisenheim†)	1 158 *1 136*	9	.	10	6	.	.	1	5	3	2	.	.	4	7	80	.	.	.	13
4	Kirchberg	2 778 *2 703*	9	.	40	7	.	1	.	4	3	5	.	.	4	.	92	.	.	.	142
5	Castellaun	2 511 *2 446*	8	.	40	4	.	1	2	5	4	5	.	.	7	1	120	.	.	.	51
6	Coblenz	2 544 *2 495*	11	.	39	2	.	.	1	.	3	3	.	7	5	.	103	.	*1*	.	*100*
7	Adenau	4 581 *4 436*	13	.	87	.	.	2	3	1	2	7	.	.	6	.	87	.	.	.	84
8	Kirchen	2 652 *2 594*	11	.	46	9	.	2	3	2	3	9	.	.	7	3	120	.	.	.	52
9	Krofdorf	1 553 *1 514*	4	.	25	9	.	1	.	1	4	9	.	.	5	1	88	.	55	.	72
	Zusammen	27 429 *26 684*	81	.	399	8	1	4	20	1	38	4	.	7	60	6	889	.	455	.	775
	30. Regierungs-Bezirk																				
1	Benrath²)	2 662 *2 509*	8	.	33	9	.	4	.	.	3	7	.	.	4	1	83	.	.	.	91
2	Hiesfeld	3 191 *3 074*	6	.	55	7	.	5	4	3	2	6	3	3	10	7	195	.	26	.	20
3	Xanten	3 419 *3 326*	8	.	49	4	.	1	.	.	2	1	.	.	2	2	90	.	.	.	139
4	Cleve	6 739 *6 647*	9	.	62	3	.	6	4	2	2	4	.	.	7	2	{255 *270*	70 .	150	.	130
5	Rheinwarden†)	1 910 *215*	7	.	33	3	.	.	.	.	7	7	.	.	7	7	390	.	.	.	.
6	Thiergarten zu Cleve	395 *289*	.	.	.	.	.	.	.	.	.	.	.	.	.	.	.	.	.	.	.
	Zusammen	18 316 *16 060*	38	.	234	6	1	6	8	5	18	5	3	3	31	9	1 013	70	176	.	380
	31. Regierungs-Bezirk																				
1	Siebengebirge†)	2 060 *1 965*	4	.	40	5	.	.	2	8	4	3	.	.	7	1	225	.	.	.	105
2	Kottenforst	3 633 *3 539*	7	.	59	5	.	.	1	1	1	9	.	.	3	.	63	.	.	4	144
3	Ville³)	3 409 *3 213*	5	.	38	1	.	2	5	7	.	.	.	.	5	9	287	.	.	.	290
4	Königsforst	3 542 *3 354*	9	.	68	.	.	4	5	3	2	6	.	.	8	6	342	.	45	.	236
	Zusammen	12 644 *12 071*	25	.	206	1	.	6	14	9	9	1	.	.	24	6	917	.	45	4	775

¹) Die Jagd im Schutzbez. Hochsteinchen (etwa 417 ha) ist anderweit verpachtet. ²) Die niedere Jagd auf etwa 1094 ha ist an den Revierverwalter, im übrigen ist die volle Jagd anderweit verpachtet.

31.

Verhältnisse

Der jährliche **Abschuß** beträgt: Rothwild: Hirsche	Rothwild: Kahlwild u. Spießer	Damwild: Hirsche	Damwild: Kahlwild u. Spießer	Rehe	Schwarzwild	Auerwild	Birkwild	Haselwild	Fasanen	In der Zeit vom 1. 4. 1885 bis 1. 4. 1886 wurden erlegt: Hasen	Rebhühner	Enten	**Holzpreise** nach den Holztaxen von 1893 (einschl. der Werbungskosten). Gewöhnliches **Bau- u. Nutzholz** (Taxklasse von 0,5—1 fm für das fm): Eichen Mk.	Eichen Pf.	Nadelholz Mk.	Nadelholz Pf.	**Scheitholz** (für das rm): Buchen Mk.	Buchen Pf.	Nadelholz Mk.	Nadelholz Pf.	Durchschnittlicher **Tagelohn** im Jahre 1891/92 für den Männertag Mk.	Männertag Pf.	Frauentag Mk.	Frauentag Pf.	**Bemerkungen** über am Wohnorte des Oberförsters oder in der Nähe befindliche **höhere Bildungsanstalten** (G. = Gymnasium, RG. = Realgymnasium, PG. = Progymnasium, RPG. = Realprogymnasium)
Stück																									
Coblenz.																									
14	26	.	.	12	5	.	.	.	.	34	1	.	24	.	12	.	6	.	3	.	1	60	1	.	
14	21	.	.	10	3	.	.	.	.	28	.	.	27	.	{7 11	.	6	.	2	50	1	50	1	.	
.	.	.	.	3	.	.	.	.	.	180	38	.	24	.	{10 12	.	7	50	{6 5	.	1	50	1	20	
.	.	.	.	12	2	.	.	.	.	110	10	.	23	.	{11 14	.	7	50	4	.	1	40	.	95	
.	.	.	.	10	1	.	.	.	.	40	.	.	25	.	{10 12	.	6	50	3	50	1	80	1	.	
.	*1*	.	.	*17*	*1*	.	.	.	.	76	.	.	25	.	{10 14	.	6	.	{3 3	50 .	2	.	1	20	G. und RG. in Coblenz.
.	.	.	.	14	4	.	.	.	.	31	.	.	16	.	{10 12	.	4	.	2	50	1	80	1	10	
.	.	.	.	6	.	.	.	.	.	37	3	.	24	.	{11 15	.	5	70	3	50	2	50	1	20	
4	3	.	.	6	.	.	.	.	.	27	.	.	24	.	15	.	8	.	4	.	1	50	1	20	G. u. Universität in Gießen, etwa 6 km entfernt.
32	51	.	.	90	16	.	.	.	.	563	52	.	.	.	.	.	.	.	.	.	.	.	.	.	
Düsseldorf.																									
.	.	.	.	16	.	.	.	.	*4*	375	32	19	30	.	12	.	4	50	3	.	2	.	1	20	
4	3	.	.	2	.	.	.	.	.	89	4	.	30	.	12	.	4	.	2	.	2	.	1	20	
.	.	.	.	15	.	.	.	.	2	435	.	.	27	.	13	.	4	.	3	.	1	50	1	.	Städt. Rektoratsschule mit Vorbereitung für U. II (Gymnasium).
12	31	.	.	17	.	.	.	.	.	270	11	.	35	.	14	.	5	.	3	50	1	50	1	.	G. in Cleve, etwa 2 km entfernt.
.	.	.	.	.	.	.	.	.	.	151	112	8	.	.	.	.	.	.	.	.	1	80	1	20	G. in Cleve.
.	.	.	.	.	.	.	.	.	.	.	.	.	.	.	.	.	.	.	.	.	.	.	.	.	
16	34	.	.	50	.	.	.	.	6	1 320	159	27	.	.	.	.	.	.	.	.	.	.	.	.	
Cöln.																									
.	.	.	.	11	2	.	.	.	.	116	5	.	25	.	11	.	6	.	4	.	2	.	1	20	G. in Siegburg.
.	.	1	3	24	10	.	.	.	3	223	.	.	25	.	10	.	5	.	4	.	1	90	1	20	G. und Universität in Bonn.
.	.	.	.	40	2	.	.	.	*2*	254	.	.	25	.	11	.	6	.	3	.	2	.	1	20	PG. in Brühl.
4	8	.	.	36	.	.	.	.	.	150	.	.	24	.	11	.	5	.	4	.	2	10	1	10	
4	8	1	3	111	14	.	.	.	5	743	5	.	.	.	.	.	.	.	.	.	.	.	.	.	

[3]) Die niedere Jagd auf etwa 1255 ha ist an den Revierverwalter, im Schutzbez. Königsdorf an den Oberforstbeamten, im übrigen ist die volle Jagd anderweit verpachtet.

*

Laufende Nummer	Oberförsterei	Gesammtfläche der Staatsforsten (*darunter zur Holzzucht bestimmte Fläche*) ha	Zahl der Schutzbezirke im Staatswalde	Den Oberförstereien zur Verwaltung angeschlossene nicht fiskalische (Gemeinde- 2c.) Waldungen (Zahl der Gemeinden 2c.) ha	Nachweisung der den etatsmäßigen Forstbeamtenstellen zugetheilten nutzbaren Dienstlandsflächen: Gesammt-Größe ha	dc	Dienstländereien der Oberförsterstelle: Gärten ha	dc	Aecker ha	dc	Wiesen ha	dc	Weiden ha	dc	Gesammt-Größe ha	dc	Nutzungsgeld (*künftig*) Mk.	Pf.	Jagd-: Der Wildstand an Roth-, Dam- u. Rehwild beträgt: Rothwild Stück	Damwild Stück	Rehe Stück
	32. Regierungs-Bezirk																				
1	Carlsbrunn	5 387 *5 237*	9	.	58	.	.	8	4	4	4	8	.	.	10	.	94	.	.	.	203
2	Saarbrücken †) . . .	3 791 *3 650*	6	.	43	.	.	.	.	7	4	1	.	.	4	8	42	.	.	.	283
3	Neunkirchen	4 492 *4 245*	8	.	59	6	.	1	3	8	4	.	.	.	7	9	67 *86*	. .	.	.	284
4	Fischbach[1])	4 059 *3 776*	6	.	47	.	1	7	5	6	3	9	.	.	11	2	100	.	.	.	60
5	Saarlouis †) (Lebach) .	2 126 *2 058*	6	.	34	3	.	.	5	3	.	4	.	.	5	7	29	.	.	.	57
6	St. Wendel	2 603 *2 539*	8	.	56	3	.	.	4	3	3	4	.	.	7	7	55 *86*	. .	.	.	49
7	Kempfeld *)	3 551 *3 492*	5	.	30	3	.	1	2	2	5	2	.	.	7	5	54	.	103	.	105
8	Morbach *)	5 537 *5 492*	9	.	17	9	.	2	.	2	.	.	.	.	.	4	11	.	205	.	101
9	Dhronecken *) . . .	7 099 *6 930*	10	.	55	2	.	2	.	5	2	5	.	.	3	2	20	.	320	.	88
10	Wadern	3 221 *3 175*	6	.	35	7	.	1	.	.	8	4	.	.	8	5	70	.	21	.	32
11	Saarburg	2 621 *2 536*	5	.	35	5	.	2	3	5	3	.	.	.	6	7	34 *70*	. .	2	.	86
12	Osburg	3 195 *3 172*	4	.	21	1	.	3	.	.	1	9	.	.	2	2	21 *25*	. .	29	.	74
13	Trier †)	2 840 *2 752*	8	.	37	9	.	.	4	1	.	.	.	.	4	1	30	.	.	.	85
14	Wittlich	4 154 *4 093*	7	.	41	6	.	.	3	7	2	7	.	.	6	4	59	.	.	.	142
15	Daun	4 347 *4 282*	11	.	40	9	.	2	.	2	3	7	.	.	4	1	20	.	15	.	120
16	Balesfeld †)	4 272 *4 171*	11	.	37	6	.	.	.	.	.	.	.	.	.	.	.	.	.	.	92
	Zusammen	63 295 *61 600*	119	.	651	9	3	9	38	5	48	.	.	.	90	4	706	.	695	.	1 861
	33. Regierungs-Bezirk																				
1	Schleiden (Reifferscheid)	4 382 *4 296*	8	.	32	1	.	1	.	.	2	6	.	.	2	7	21	.	.	.	365
2	Höven	4 723 *4 614*	7	.	38	3	.	2	4	8	1	3	.	.	6	3	65	.	.	.	310
3	Gemünd (Heimbach) .	3 769 *3 678*	5	.	26	8	.	.	.	.	1	3	.	.	1	3	16	.	.	.	343
4	Hürtgen	4 336 *4 216*	7	.	33	7	.	1	3	2	5	.	.	.	8	3	106	.	.	.	242
5	Rötgen (Mulartshütte) .	3 201 *3 134*	4	.	13	2	.	1	.	.	1	5	.	.	1	6	13	.	.	.	128
6	Eupen	4 720 *4 521*	8	.	45	.	.	1	.	.	7	9	.	.	8	.	111	.	33	.	258
7	Wenau (Schevenhütte) .	2 821 *2 735*	5	.	17	8	.	.	.	.	1	4	.	.	1	4	49	.	.	.	188
8	Hambach	1 660 *1 591*	4	.	30	7	.	2	5	8	3	2	.	.	9	2	274	.	.	.	184
	Zusammen	29 612 *28 785*	48	.	237	6	.	8	13	8	24	2	.	.	38	8	655	.	33	.	2 018

[1]) Die Jagd auf etwa 627 ha ist anderweit verpachtet.

31.

Verhältnisse

Der jährliche Abschuß beträgt: Rothwild: Hirsche	Rothwild: Kahlwild u. Spießer	Damwild: Hirsche	Damwild: Kahlwild u. Spießer	Rehe	Schwarzwild	Auerwild	Birkwild	Haselwild	Fasanen	In der Zeit vom 1. 4. 1885 bis 1. 4. 1886 wurden erlegt: Hasen	Rebhühner	Enten	Holzpreise nach den Holztaxen von 1893 (einschl. der Werbungskosten): Gewöhnliches Bau- u. Nutzholz (Taxklasse von 0,5—1 fm für das fm): Eichen Mk.	Pf.	Nadelholz Mk.	Pf.	Scheitholz (für das rm): Buchen Mk.	Pf.	Nadelholz Mk.	Pf.	Durchschnittlicher Tagelohn im Jahre 1891/92 für den Männertag Mk.	Pf.	Frauentag Mk.	Pf.	Bemerkungen über am Wohnorte des Oberförsters oder in der Nähe befindliche höhere Bildungsanstalten (G. = Gymnasium, RG. = Realgymnasium, PG. = Progymnasium, RPG. = Realprogymnasium)
Stück																									
Trier.																									
.	.	.	.	20	12	.	.	.	.	180	.	.	25	.	10	.	5	.	4	.	2	50	1	20	
.	.	.	.	15	.	.	.	.	.	80	.	.	22	.	10	.	5	.	3	50	2	60	1	10	G. in Saarbrücken.
.	.	.	.	22	.	.	.	.	.	250	6	.	23	.	10 14	. .	5	.	3	.	2	40	.	90	
.	.	.	.	11	2	.	.	.	.	116	.	.	25	.	12 15	. .	5	.	3	.	2	60	1	.	
.	.	.	.	6	7	.	.	.	.	109	.	.	25	.	12	.	5	.	3	.	2	20	1	.	PG. in Saarlouis, etwa 2 km entfernt.
.	.	.	.	10	4	.	.	.	.	121	13	.	28	.	13	.	5	.	3	.	2	.	1	.	PG. in St. Wendel.
8	30	.	.	12	4	.	.	.	.	12	.	.	20	.	12 14	. .	4	50	2 2	. 50	1	50	1	.	
16	54	.	.	12	10	.	.	.	.	17	.	.	22	.	10 12	. .	5	.	2 2	50 .	1	60	1	.	
12	63	.	.	7	2	.	.	.	.	22	.	.	20	.	12 14	. .	4	.	2 2	. 50	1	80	1	.	
2	2	.	.	6	5	.	.	.	.	33	.	.	18	.	8 12	. .	4	.	2	40	1	50	1	.	
1	1	.	.	10	3	.	.	.	.	75	11	.	23	.	10 15	. .	5	.	3	.	1	80	1	20	
5	2	.	.	8	10	.	.	.	.	21	10	.	19	.	11 12	. .	3	50	2	50	1	70	1	10	
.	.	.	.	10	11	.	.	.	.	157	.	.	20	.	11 12	. .	4	50	3	.	2	.	1	.	G. und RG. in Trier.
.	.	.	.	14	3	.	.	.	.	22	.	.	25	.	11	.	5	.	2	50	1	60	1	10	
1	1	.	.	14	10	.	.	.	.	40	.	.	20	.	9 12	. .	3	50	3	.	1	50	1	10	
.	.	.	.	12	7	.	.	.	.	45	1	.	22	.	9 10	. .	4	20	2	50	1	70	1	.	
45	153	.	.	189	90	.	.	.	.	1 300	41	.	.	.	.	.	.	.	.	.	.	.	.	.	
Aachen.																									
.	.	.	.	41	10	.	.	3	.	55	.	.	19	.	10 14	. .	3	.	2	.	1	60	1	10	
.	.	.	.	42	6	.	4	2	.	62	20	.	14	.	6 11	. .	2	50	1 2	50 .	1	80	1	10	
.	.	.	.	79	4	.	.	.	.	40	8	.	15	.	9 14	. .	2	25	2	.	1	70	1	10	
.	.	.	.	38	1	.	.	.	.	43	10	.	12	.	11 13	. .	3	.	2	.	1	80	1	10	
.	.	.	.	10	7	.	1	1	.	2	.	.	26	.	9 11	. .	4	.	3	.	2	.	1	.	
3	.	.	.	60	14	.	1	3	.	66	.	.	16	.	9 8	. .	4	.	5 2	. 50	2	.	1	30	PG. in Eupen, etwa 3 km entfernt.
.	.	.	.	36	2	.	.	.	.	96	1	2	25	.	12 15	. .	4	.	3	.	2	.	1	.	
.	.	.	.	35	1	.	.	.	.	195	2	.	18	.	14 16	. .	6	50	4 4	. 80	1	50	1	.	PG. in Jülich, etwa 7,5 km entfernt.
3	.	.	.	341	45	.	6	9	.	559	41	2	.	.	.	.	.	.	.	.	.	.	.	.	

Laufende Nummer	Regierungs-Bezirk	Gesammtfläche der Staatsforsten ha	(daneben zur Holzzucht bestimmte Fläche) ha	Zahl der Schutzbezirke im Staatswalde	Den Oberförstereien zur Verwaltung angeschlossene, nicht fiskalische (Gemeinde- rc.) Waldungen (Zahl der Gemeinden rc.) ha	Nachweisung der den etatsmäßigen Forstbeamtenstellen zugetheilten nutzbaren **Dienstlandsflächen**: Gesammt-Größe ha	dc	Dienstländereien der **Oberförsterstellen**: Gärten ha	dc	Aecker ha	dc	Wiesen ha	dc	Weiden ha	dc	Gesammt-Größe ha	dc	Nutzungsgeld Mk.	Pf.
1	Königsberg	237 598	*180 355*	226	.	4 692	6	22	8	644	7	391	3	83	1	1 141	9	11 190	.
2	Gumbinnen	246 592	*191 409*	213	.	4 793	3	23	3	529	.	459	3	70	8	1 082	4	11 516	.
3	Danzig	122 806	*110 386*	126	.	2 263	2	9	8	324	9	131	8	15	8	482	3	4 615	.
4	Marienwerder . . .	217 473	*195 977*	221	.	4 503	8	23	7	696	8	302	7	55	5	1 078	7	6 847	.
5	Potsdam	218 524	*198 746*	242	.	4 120	2	42	9	536	1	406	7	15	.	1 000	7	11 119	.
6	Frankfurt a. O. . .	187 525	*175 299*	195	.	3 396	.	23	9	491	6	317	4	5	1	838	.	10 660	.
7	Stettin	114 209	*102 631*	122	.	2 400	5	13	6	277	3	283	5	58	9	633	3	8 529	.
8	Köslin	69 373	*62 763*	73	.	1 213	7	5	4	157	.	102	1	5	2	269	7	2 342	.
9	Stralsund	28 191	*25 246*	43	.	912	6	3	6	120	8	75	9	6	9	207	2	3 341	.
10	Posen	79 302	*72 188*	93	.	1 572	3	8	3	175	5	114	6	2	8	301	2	3 103	.
11	Bromberg	108 776	*100 744*	104	.	2 040	.	12	.	375	5	87	9	16	2	491	6	4 616	.
12	Breslau	61 631	*57 456*	106	.	1 555	.	7	2	203	9	116	2	11	4	338	7	5 917	.
13	Liegnitz	21 918	*20 610*	37	.	512	3	4	2	85	5	33	7	.	.	123	4	2 030	50
14	Oppeln	76 905	*73 003*	102	.	1 873	2	10	4	213	.	142	.	6	6	372	.	5 896	50
15	Magdeburg	69 101	*62 901*	101	.	1 438	5	13	5	288	9	203	5	.	8	506	7	9 379	.
16	Merseburg	78 404	*71 694*	133	.	1 582	8	13	4	210	3	169	3	.	.	393	.	9 136	.
17	Erfurt	36 928	*35 953*	72	.	461	1	4	4	67	7	57	8	3	1	133	.	2 136	.
18	Schleswig	42 925	*35 090*	78	.	903	4	8	9	118	5	53	6	.	5	181	5	4 393	.
19	Hannover	32 584	*29 242*	79	14 728 (242)	545	5	13	.	91	7	51	5	2	.	158	2	5 310	.
20	Hildesheim	105 469	*101 322*	188	49 186 (534)	1 477	.	24	6	191	2	218	5	1	6	435	9	10 559	.
21	Lüneburg	86 056	*76 750*	125	.	1 387	2	15	7	165	4	143	.	40	1	364	2	6 519	.
22	Stade	22 500	*17 304*	39	.	397	6	3	1	36	1	56	5	18	3	114	.	1 661	.
23	Osnabrück mit Aurich .	16 273	*14 875*	29	.	203	8	2	2	13	3	21	5	5	5	42	5	817	.
24	Münster	2 403	*2 184*	13	.	53	5	.	1	.	.	5	7	.	.	5	8	108	.
25	Minden (mit Schaumbg.)	34 431	*33 256*	71	124 (5)	464	.	4	.	47	4	40	.	7	5	98	9	2 120	.
26	Arnsberg	19 734	*19 155*	42	.	277	7	1	8	26	2	28	6	3	5	60	1	879	.
27	Cassel (ohne Schaumbg.)	206 661	*200 854*	420	83 765 (926)	2 144	5	32	6	274	4	333	5	2	5	643	.	16 378	30
28	Wiesbaden	52 721	*51 111*	155	165 933 (995)	475	8	10	.	58	4	64	.	.	4	132	8	3 021	.
29	Coblenz	27 429	*26 684*	81	.	399	8	1	4	20	1	38	4	.	7	60	6	889	.
30	Düsseldorf	18 316	*16 060*	38	.	234	6	1	6	8	5	18	5	3	3	31	9	1 013	70
31	Cöln	12 644	*12 071*	25	.	206	1	.	6	14	9	9	1	.	.	24	6	917	.
32	Trier	63 295	*61 600*	119	.	651	9	3	9	38	5	48	.	.	.	90	4	706	.
33	Aachen	29 612	*28 785*	48	.	237	6	.	8	13	8	24	2	.	.	38	8	655	.
	Zusammen	[1] 2 748 309	[1] *2 463 714*	[2] 3 759	313 736 (2 702)	[3] 49 391	1	366	7	6 516	9	4 550	3	443	1	11 877	.	168 319	.
																durchschnittlich für das ha =		14	17

[1]) Die Differenz von + 2 618 ha bei der Gesammtfläche und von + 467 ha bei der Holzbodenfläche gegen den Waldzustand vom 1. 4. 1893 erklärt sich dadurch, daß sich die Angaben der vorstehenden Nachweisung auf den Waldzustand zu Ende 1893 beziehen. [2]) Dazu 36 Schutzbezirke in den Klosterforsten giebt 3 795 Förster- und Waldwärterstellen in Uebereinstimmung mit dem Etatsentwurf 1894/95.

Tabelle 31.

Jagd-Verhältnisse

Der Wildstand an Roth-, Dam- und Rehwild beträgt: Roth-wild	Dam-wild	Rehe	Der jährliche Abschuß beträgt: Rothwild Hirsche	Rothwild Kahlwild und Spießer	Damwild Hirsche	Damwild Kahlwild und Spießer	Rehe	Schwarz-wild	Auer-wild	Birkwild	Hasel-wild	Fasanen	In der Zeit vom 1.4.1885 bis zum 1.4.1886 wurden erledigt: Hasen	Reb-hühner	Enten	Zahl der Oberförster	Zahl der Reg.- und Forsträthe und der Oberforstmeister
Stück																	
321 (113 Elche)	31	6 529	17 (5 Elche)	11	5	2	433	48	.	56	100	.	4 035	336	797	37	6
796 (160 Elche)	101	7 242	40 (6 Elche)	67	9	6	576	33	2	150	79	1	3 531	845	490	39	6
.	.	3 385	.	.	.	.	220	39	7	8	33	.	1 847	176	402	20	3
289	102	6 173	21	21	5	6	517	8	.	17	.	.	3 967	565	834	34	6
4 968	3 547	4 997	245	555	214	592	535	123	.	41	.	11	4 010	584	1 303	40	6
2 271	.	3 829	185	383	.	.	540	99	7	19	.	16	4 050	685	1 174	33	5
2 177	130	3 658	90	177	6	16	258	37	.	.	.	11	1 222	197	342	25	4
319	10	1 894	31	32	1	1	256	37	3	3	.	.	962	108	145	13	2
832	101	996	38	149	8	23	127	68	.	.	.	48	210	23	117	6	1
459	1	1 601	33	58	1	.	196	4	.	15	.	.	2 754	407	246	13	3
40	.	2 005	3	2	.	.	204	.	.	2	.	.	3 213	530	257	19	3
808	.	2 067	61	117	.	.	296	.	7	2	.	1 048	7 591	677	317	14	3
63	45	677	5	6	4	6	103	4	2	7	.	22	595	38	140	5	1
709	44	2 093	49	74	1	11	217	32	.	.	.	160	6 124	589	87	15	3
1 069	5 518	2 584	73	169	267	456	395	225	.	4	.	88	1 712	360	461	19	3
878	56	2 237	62	151	7	11	346	7	6	21	.	70	2 946	446	177	22	4
428	.	797	31	51	.	.	99	.	4	.	.	.	798	71	8	14	3
116	164	1 433	11	11	10	30	180	.	.	.	.	9	1 503	198	49	15	3
252	292	1 211	15	33	18	49	156	243	.	1	.	.	965	118	20	17	4
2 712	.	2 567	189	317	.	.	370	61	9	.	.	1	694	30	32	43	7
794	.	2 118	88	91	.	.	249	280	.	10	.	4	1 105	534	163	24	4
.	.	989	.	.	.	.	99	.	.	.	.	.	527	66	116	7	1
.	.	329	.	.	.	.	29	6	.	2	.	.	377	62	200	5	1
.	.	42	.	.	.	.	9	.	.	.	.	.	95	.	.	1	.
195	.	1 353	10	28	.	.	217	50	1	.	1	13	884	57	24	10	3
43	.	498	11	14	.	.	77	39	14	.	.	.	224	7	3	8	3
691	.	11 708	93	156	.	.	1 499	165	97	14	.	17	2 641	173	30	86	14
323	20	2 405	23	42	2	1	355	21	3	.	1	1	831	83	7	57	7
455	.	775	32	51	.	.	90	16	.	.	.	.	563	52	.	9	4
176	.	380	16	34	.	.	50	.	.	.	.	6	1 320	159	27	5	1
45	4	775	4	8	1	3	111	14	.	.	.	5	743	5	.	4	1
695	.	1 861	45	153	.	.	189	90	.	.	.	.	1 300	41	.	16	5
33	.	2 018	3	.	.	.	341	45	.	6	9	.	559	41	2	8	2
22 957 (273 Elche)	10 166	83 226	1 524 (11 Elche)	2 961	559	1 213	9 339	1 794	162	378	223	1 531	63 898	8 263	7 970	683 [4]	122

[3]) Dazu 52,3 ha Dienstländereien der Verwalter von Forstnebenbetriebsanstalten 2c. giebt im Ganzen 49 443,4 ha den etatsmäßigen Forstbeamtenstellen zugetheilte nutzbare Dienstlandsflächen (nach dem Stande vom 15. September 1893). [4]) Dazu 7 Klosteroberförstereien und eine neue Stelle (Chotzenmühl) im Regierungs-Bezirk Marienwerder giebt zusammen 691 Oberförsterstellen in Uebereinstimmung mit dem Etatsentwurf 1894/95.

Tabelle 32.

Uebersicht über die Bezirke der Regierungs- und Forsträthe bezw. der Oberforstmeister.

(Anmerkung: Die schräg gedruckten Zahlen beziehen sich auf Waldungen, die dem Staate nur antheilig gehören.)

Die Forstraths- bezw. Oberforstmeisterstelle	umfaßt die Oberförstereien	Anzahl der Kgl. Oberförstereien	Staatswald Gesammtfläche ha	Staatswald darunter zur Holzzucht benutzt ha	Name des gegenwärtigen Stelleninhabers
1. Regierungs-Bezirk Königsberg, Oberforstmeister Schmiedel.					
1. Königsberg-Ortelsburg	Friedrichsfelde, Puppen, Ratzeburg, Reußwalde, Grüneberge, Corpellen, Kaltenborn, Grünfließ, Hartigswalde	9	61 146	51 675	Liebrecht.
2. „ Allenstein	Purden, Ramuck, Lanskerofen, Kudippen, Jablonken, Taberbrück, Liebemühl, Alt-Christburg	8	60 529	45 404	Siewert.
3. „ Pr.-Eylau	Sadlowo, Wichertshof, Pr.-Eylau, Födersdorf, Tapiau, Gauleden	6	38 224	28 893	Arndt.
4. „ Labiau	Drusken, Alt-Sternberg, Neu-Sternberg, Mehlauken, Pfeil, Klein-Naujock, Nemonien	7	46 722	30 035	Kühn.
5. „ Königsberg	Leipen, Gertlauken, Greiben, Fritzen, Kobbelbude, Klooschen	6	28 786	22 500	Bock.
6. „ Warnicken	Warnicken	1	2 190	1 952	Schmiedel (Oberforstmeister).
		37	237 597	180 459	
2. Regierungs-Bezirk Gumbinnen, Oberforstmeister Hellwig.					
1. Gumbinnen-Johannisburg	Wolfsbruch, Kullik, Turoscheln, Kurwien, Johannisburg, Breitenheide, Guszianka, Cruttinnen, Nicolaiken, Pfeilswalde	10	67 074	54 543	Fitzau.
2. „ Lyck	Grondowken, Lyck, Borken, Rothebude, Heydtwalde, Skallischen	6	35 791	30 558	Gercke.
3. „ Goldap	Szittkehmen, Goldap, Nassawen, Warnen, Kranichbruch, Astrawischken, Tzullkinnen, Eichwald	8	46 248	37 920	Ochwadt.
4. „ Gumbinnen	Brödlauken	1	4 102	3 034	Hellwig (Oberforstmeister).
5. „ Lasdehnen	Schorellen, Uszballen, Weszkallen, Neu-Luboenen, Trappönen, Schmalleningken, Jura, Padrojen	8	50 488	40 028	Hempel.
6. „ Tilsit	Wilhelmsbruch, Schnecken, Dingken, Tawellningken, Ibenhorst, Norkaiten	6	42 889	25 326	Dunkelbeck.
		39	246 592	191 409	
3. Regierungs-Bezirk Danzig, Oberforstmeister Deckmann.					
1. Danzig-Elbing	Steegen, Pelplin, Sobbowitz	3	14 726	13 249	Deckmann (Oberforstmeister).
2. „ Stargardt	Wilhelmswalde, Wildungen, Wirthy, Hagenort, Okonin, Königswiese, Lorenz, Buchberg	8	58 862	52 904	Schulze.
3. „ Neustadt	Sullenschin, Stangenwalde, Carthaus, Mirchau, Oliva, Kielau, Gnewau, Neustadt, Darslub	9	48 611	44 068	Goullon.
		20	122 199	110 221	
4. Regierungs-Bezirk Marienwerder, Oberforstmeister Tiburtius.					
1. Marienwerder-Strasburg	Lautenburg, Ruda, Gollub, Strembaczno, Kosten, Wilhelmsberg, Lonkorß, Jammi	8	44 460	39 367	Grueneberg.
2. „ Marienwerder	Rehhof	1	7 972	7 360	Tiburtius (Oberforstmeister).
3. „ Osche	Krausenhof, Hagen, Bülowsheide, Osche, Charlottenthal, Lindenbusch, Junkerhof	7	43 329	40 265	Feddersen.
4. „ Deutsch-Krone	Grünfelde, Schwiedt, Woziwoda, Lutau, Plietnitz, Schönthal, Schloppe	7	44 855	41 140	Boruttau.
5. „ Konitz	Königsbruch, Czersk, Rittel, Gildon, Laska	5	34 248	31 328	Schede.
6. „ Hammerstein	Landeck, Lindenberg, Eisenbrück, Pflastermühl, Zanderbrück, Hammerstein	6	41 885	36 590	Carganico.
		34	216 749	196 050	

Bemerkung: Die zum 1. Juli 1894 neu eingerichtete Oberförsterei Chotzenmühl ist hier unberücksichtigt geblieben.

Zu Tabelle 32.

Die Forstraths- bezw. Oberforstmeisterstelle	umfaßt die Oberförstereien	Anzahl der Kgl. Oberförstereien	Staatswald Gesammtfläche ha	Staatswald darunter zur Holzzucht benutzt ha	Name des gegenwärtigen Stelleninhabers
5. Regierungs-Bezirk Potsdam, Oberforstmeister von Alvensleben.					
1. Potsdam-Beelitz	Cummersdorf, Woltersdorf, Zinna, Cunersdorf, Lehnin, Dippmannsdorf, Grünaue	7	30 090	27 734	Godbersen.
2. „ Potsdam	Potsdam	1	6 142	5 592	von Alvensleben (Oberforstmeister).
2. „ Cöpenick	Colpin, Friedersdorf, Rüdersdorf, Cöpenick, Eberswalde, Biesenthal, Freienwalde, Chorin	8	46 418	42 929	Priem.
4. „ Oranienburg	Grunewald, Tegel, Falkenhagen, Schönwalde, Oranienburg, Neuholland, Havelberg, Rüthnick	8	36 921	34 370	Stahl.
5. „ Joachimsthal	Liebenwalde, Grimnitz, Pechteich, Groß-Schönebeck, Glambeck, Reiersdorf, Zehdenick, Gramzow	8	52 448	46 199	John.
6. „ Rheinsberg	Alt-Ruppin, Neu-Glienicke, Neuendorf, Zechlin, Lüdersdorf, Himmelpfort, Neu-Thymen, Menz	8	46 504	41 983	Hauschild.
		40	218 523	198 807	
6. Regierungs-Bezirk Frankfurt a. O., Oberforstmeister Guse.					
1. Frankfurt a. O.-Guben	Sorau, Christianstadt, Braschen, Jänschwalde, Crossen, Lagow, Reppen, Limmritz	8	45 160	42 127	Mühl.
2. „ Lübben	Grünhaus, Dobrilugk, Tauer, Börnichen, Dammendorf, Müllrose, Neubrück	7	42 941	41 130	Schönian.
3. „ Frankfurt	Hangelsberg	1	3 799	3 655	Guse (Oberforstmeister).
4. „ Woldenberg	Hammerheide, Lubiathfließ, Driesen, Steinspring, Hochzeit, Regenthin, Marienwalde, Neumühl, Lietzegöricke	9	46 903	43 669	Graf Bethusy-Huc.
5. „ Landsberg a. W.	Wildenow, Cladow, Neuhaus, Carzig, Hohenwalde, Lichtefleck, Massin, Zicher	8	48 242	44 236	Hoernigk.
		33	187 045	174 817	
7. Regierungs-Bezirk Stettin, Oberforstmeister von Varendorff.					
1. Stettin-Stargardt	Kehrberg, Jacobshagen, Mühlenbeck, Klütz, Friedrichswalde, Pütt	6	25 717	23 613	von Wedel.
2. „ Wollin	Rothenfier, Stepenitz, Hohenbrück, Grünhaus, Warnow, Misdroy, Friedrichsthal	8	35 640	31 466	Vollmer.
3. „ Torgelow	Falkenwalde, Ziegenort, Mützelburg, Neuenkrug, Rothemühl, Torgelow, Eggesin, Rieth, Jaedkemühl	9	48 764	43 680	Krüger.
4. „ Demmin	Golchen, Grammentin	2	4 015	3 727	von Varendorff (Oberforstmeister).
		25	114 136	102 486	
8. Regierungs-Bezirk Köslin, Oberforstmeister Küster.					
1. Köslin-West	Balster, Neuhof, Linichen, Neustettin, Claushagen, Oberfier, Karnkewitz, Neu-Krakow	8	41 927	38 085	Nicolovius.
2. „ Ost	Zerrin, Borntuchen, Stolp, Alt-Krakow, Treten	5	27 446	24 678	Küster (Oberforstmeister).
		13	69 373	62 763	
9. Regierungs-Bezirk Stralsund, Oberforstmeister Küster.					
1. Stralsund	Jägerhof, Poggendorf, Abtshagen, Schuenhagen, Darß, Werder	6	28 190	25 246	Küster (Oberforstmeister).
10. Regierungs-Bezirk Posen, Oberforstmeister Dittmer.					
1. Posen-Wollstein	Grenzheide, Mauche, Ludwigsberg, Buchwerder, Brätz	5	26 074	23 307	Werner.
2. „ Posen	Grünheide, Eckstelle, Hartigsheide	3	16 858	14 741	Dittmer (Oberforstmeister).
3. „ Birnbaum	Hundeshagen, Zirke, Birnbaum, Waice, Schwerin a. W.	5	36 371	34 140	Schwieger.
		13	79 303	72 188	

Zu Tabelle 32.

Die Forstraths- bezw. Oberforstmeisterstelle	umfaßt die Oberförstereien	Anzahl der Kgl. Oberförstereien	Staatswald Gesammtfläche ha	Staatswald darunter zur Holzzucht benutzt ha	Name des gegenwärtigen Stelleninhabers
11. Regierungs-Bezirk Bromberg, Oberforstmeister Hollweg.					
1. Bromberg-Bromberg	Glinke, Jagdschütz	2	11 215	10 798	Hollweg (Oberforstmeister).
2. " Inowrazlaw	Bartelsee, Mirau, Schirpitz, Argenau, Wodek, Kirschgrund, Schulitz, Korschin	8	48 784	45 417	Koyen.
3. " Schneidemühl	Taubenwalde, Stefanswalde, Wtelno, Stronnau, Rosengrund, Selgenau, Durowo, Podanin, Schönlanke	9	48 045	44 538	Paetsch.
		19	108 044	100 753	
12. Regierungs-Bezirk Breslau, Oberforstmeister Schirmacher.					
1. Breslau-Glatz	Nesselgrund, Reinerz, Carlsberg, Woidnig, Kuhbrück, Katholisch-Hammer	6	27 021	25 712	Kayser.
2. " Breslau	Nimkau, Schöneiche	2	7 761	6 899	Schirmacher (Oberforstmeister).
3. " Brieg	Namslau, Stoberau, Rogelwitz, Peisterwitz, Kottwitz, Zobten	6	26 849	24 845	Richter.
		14	61 631	57 456	
13. Regierungs-Bezirk Liegnitz, Oberforstmeister Freiherr von Schleinitz.					
Liegnitz	Ullersdorf, Reichenau, Panten, Tschiefer, Hoyerswerda	5	21 918	20 610	Frhr. von Schleinitz (Oberforstmeister).
14. Regierungs-Bezirk Oppeln, Oberforstmeister von Kujawa.					
1. Oppeln-Süd	Rybnik, Cosel, Ottmachau, Krascheow, Dembio, Grudschütz	6	26 445	25 269	Bosfeldt.
2. " Oppeln	Schelitz, Proskau	2	12 368	11 553	von Kujawa (Oberforstmeister).
3. " Nord	Jelowa, Kupp, Murow, Poppelau, Creuzburgerhütte, Dombrowka, Bodland	7	38 092	36 181	Euen.
		15	76 905	73 003	
15. Regierungs-Bezirk Magdeburg, Oberforstmeister Freiherr von Salmuth.					
1. Magdeburg-Magdeburg	Lödderitz, Grünewalde, Schweinitz, Magdeburgerforth, Biederitz, Altenplathow, Weißewarte	7	22 484	19 003	Sachsenroeder.
2. " Halberstadt	Thale, Heteborn, Dingelstedt, Schermke	4	8 097	7 678	Frhr. von Salmuth (Oberforstmeister).
3. " Letzlingen	Bischofswald, Colbitz, Planken, Burgstall, Letzlingen, Jävenitz, Clötze, Diesdorf	8	38 520	36 220	Hauschild.
		19	69 101	62 901	
16. Regierungs-Bezirk Merseburg, Oberforstmeister Müller.					
1. Merseburg-Annaburg	Elsterwerda, Liebenwerda, Hohenbucko, Rosenfeld, Annaburg, Thiergarten, Glücksburg	7	35 196	31 234	Jacobi von Wangelin.
2. " Düben	Sitzenroda, Doberschütz, Falkenberg, Söllichau, Tornau, Zöckeritz, Rothehaus	7	26 664	24 785	von Reichenau.
3. " Merseburg	Schkeuditz	1	1 778	1 551	Müller (Oberforstmeister).
4. " Wendelstein	Zeitz, Freyburg a. Unstrut, Heldrungen, Ziegelrode, Bischofrode, Pölsfeld, Annarode	7	14 765	14 124	von Krogh.
		22	78 403	71 694	
17. Regierungs-Bezirk Erfurt, Oberforstmeister Meyer.					
1. Erfurt-Schleusingen	Schleusingen, Hinternah, Erlau, Schmiedefeld, Suhl, Dietzhausen, Schwarza	7	22 906	22 411	Kleyensteuber.
2. " Erfurt	Erfurt, Benneckenstein	2	2 852	2 742	Meyer (Oberforstmeister).
3. " Worbis	Ershausen, Leinefelde, Worbis, Lohra, Königsthal	5	11 170	10 800	Frese.
		14	36 928	35 953	
18. Regierungs-Bezirk Schleswig, Oberforstmeister Hahn.					
1. Schleswig-Trittau	Trittau, Quickborn, Reinfeld, Segeberg, Drage	5	17 799	14 902	Krumhaar.
2. " Kiel	Cismar, Neumünster, Barlohe, Bordesholm	4	8 930	6 772	Hahn (Oberforstmeister).
3. " Schleswig	Rendsburg, Schleswig, Flensburg, Sonderburg, Apenrade, Hadersleben	6	16 196	13 416	Wesener.
		15	42 925	35 090	

Zu Tabelle 32.

Die Forstrath- bezw. Oberforstmeisterstelle	umfaßt die Oberförstereien	Anzahl der Kgl. Oberförstereien	Staatswald: Gesammt-Waldfläche ha	Staatswald: darunter zur Holzzucht benutzt ha	Name des gegenwärtigen Stelleninhabers
19. Regierungs-Bezirk Hannover, Oberforstmeister von Wurmb.					
1. Hannover-Springe	Polle, Grohnde, Coppenbrügge, Hameln, Springe, Lauenau, Rehburg; Gemeindeforsten 11 743 ha	7	13 172	12 449	von Schlebrügge.
2. „ Hannover	Hannover, Dedensen; Gemeindeforsten 922 ha	2	4 304	3 080	von Wurmb (Oberforstmeister).
3. „ Nienburg	Nienburg, Uchte, Diepholz, Binnen, Memsen, Neubruchhausen, Syke, Harpstedt; Gemeindeforsten 2 063 ha	8	15 108	13 713	Hartig.
4. Klosterforsten der Provinz Hannover	Ilfeld, Göttingen, Goslar, Lamspringe, Wennigsen, Niebeck (Revierförsterei), Burgsittensen (Revierförsterei), Lüneburg, Osnabrück. 7 Kloster-Oberförstereien und 2 selbständige Kloster-Revierförstereien, 19 694 ha Kloster- und Stiftsforsten, 588 ha Gemeindeforsten im Regierungsbezirk Hannover.	.	.	.	Deckert.
	Klosterforsten 19 694 ha; Gemeindeforsten 15 316	17	32 584	29 242	
20. Regierungs-Bezirk Hildesheim, Oberforstmeister Hassenstein.					
1. Hildesheim-Lauterberg	Elend, Lauterberg, Kupferhütte, Oderhaus, St. Andreasberg, Sieber, Lonau; Gemeindeforsten 1 373 ha	7	26 482	25 443	Schneidewind.
2. „ Clausthal	Osterode, Torfhaus, Altenau, Riefensbeek, Clausthal, Schulenberg, Zellerfeld	7	20 898	19 988	Betzhold.
3. „ Lautenthal	Westerhof, Grund, Lautenthal, Liebenburg, Sillium, Wendhausen, Peine; Gemeindeforsten 16 872 ha	7	11 241	10 838	Mühlig-Hofmann.
4. „ Münden	Ebergötzen, Reinhausen, Mollenfelde, Escherode, Cattenbühl, Bramwald, Adelebsen, Hardegsen; Gemeindeforsten 12 504 ha	8	14 119	13 643	Rüther.
5. „ Northeim	Herzberg, Catlenburg, Bovenden, Grubenhagen, Alfeld, Weenzen, Diekholzen; Gemeindeforsten 16 855 ha	7	10 404	9 939	Wallmann.
6. „ Solling	Uslar, Nienover, Winnefeld, Knobben, Neuhaus, Seelzerthurm, Dassel; Gemeindeforsten 1 582 ha	7	22 325	21 494	Müller.
	Gemeindeforsten 49 186 ha	43	105 469	101 345	
21. Regierungs-Bezirk Lüneburg, Oberforstmeister von Blum.					
1. Lüneburg-Gifhorn	Fallersleben, Gifhorn, Uetze, Helmerkamp, Knesebeck, Sprakensehl, Eschede	7	27 701	24 282	Heyder.
2. „ Munster	Fuhrberg, Miele, Wardböhmen, Walsrode, Munster, Garlstorf, Harburg, Langeloh	8	30 696	26 714	Reisch.
3. „ Göhrde	Lüchow, Göhrde-Ost, Göhrde-West, Medingen, Carrenzien, Bleckede, Ebstorf	7	23 564	22 131	von Windheim.
4. „ Lüneburg	Scharnebeck, Winsen an der Luhe	2	4 095	3 623	von Blum (Oberforstmeister).
		24	86 056	76 750	

Zu Tabelle 32.

Die Forstraths- bezw. Oberforstmeisterstelle	umfaßt die Oberförstereien	Anzahl der Kgl. Oberförstereien	Staatswald Gesammtfläche ha	Staatswald darunter zur Holzzucht benutzt ha	Name des gegenwärtigen Stelleninhabers
22. Regierungs-Bezirk Stade, Oberforstmeister Balthasar.					
1. Stade	Rotenburg, Zeven, Harsefeld, Bremervörde, Kuhstedt, Arstedt, Bederkesa	7	22 500	17 376	Balthasar (Oberforstmeister).
23. Regierungs-Bezirke Osnabrück und Aurich, Oberforstmeister Grunert.					
1. Osnabrück	Palsterkamp, Bersenbrück, Lingen, Friedeburg, Aurich . .	5	16 273	14 875	Grunert (Oberforstmeister).
24. Regierungs-Bezirk Münster, Oberforstmeister Wolff (siehe Minden).					
1. Münster	Münster . . . . der Oberforstmeister in Minden fungirt für Münster als Oberforst- und Inspektionsbeamter auch für die Stiftungs- und Gemeindeforsten von . . . . 3 837 ha	1	2 403	2 184	Wolff (Oberforstmeister).
25. Regierungs-Bezirk Minden, Oberforstmeister Wolff.					
1. Minden-Paderborn . .	Hardehausen, Wünnenberg, Böddeken, Neuenheerse, Altenbeken . . . . und die Gemeinde-Oberförsterei Paderborn in den Kreisen Paderborn, Büren und Warburg mit . . . . 8 079 ha (Außerdem die Stifts-Oberförsterei Büren mit 2 695	5	20 627	19 944	Uth.
2. „ Schaumburg . .	Rumbeck, Zersen, Obernkirchen, Haste . . . . Stifts-Fischbecker Genossenschaftswald und die sonstigen Gemeinde- 2c. Forsten . . . . 1 189 ha	4	10 421	10 053	Dobbelstein.
3. „ Minden . . .	Minden . . . . Gemeinde-Oberförsterei Höxter und die übrigen unter Staatsaufsicht stehenden Gemeinde- 2c. Forsten . . . . 7 294 ha	1	3 383	3 259	Wolff (Oberforstmeister).
	19 257 ha	10	34 431	33 256	
26. Regierungs-Bezirk Arnsberg, Oberforstmeister Schlieckmann.					
1. Arnsberg-Siegen . . .	Siegen, Hainchen, Hilchenbach . . . . und die Gemeinde- 2c. Forsten in den Kreisen Siegen und Olpe . . . . 54 056 ha	3	7 249	6 997	Hüffer.
2. „ Meschede . .	Glindfeld, Bredelar . . . . und die Gemeinde-Oberförstereien Warstein, Rüthen, Brilon, Winterberg, Meschede, Marsberg, sowie die gemeinschaftlichen Holzungen und die übrigen Gemeinde-, Stiftungs- und Genossenschaftswaldungen in den Kreisen Arnsberg, Lippstadt, Meschede, Brilon und Wittgenstein . . . . . . 35 537 ha	2	4 094 *1 124*	3 999 *1 115*	Conrades.
3. „ Arnsberg . .	Rumbeck, Obereimer, Himmelpforten . . . . und die Gemeinde-Oberförsterei Arnsberg, sowie die Gemeinde- und Stiftungsforsten der Kreise Arnsberg, Soest, Iserlohn, Altena, Hagen, Hamm, Dortmund und Bochum . . . . 7 605 ha	3	8 391	8 159	Schlieckmann (Oberforstmeister).
	97 198 ha	8	19 734 *1 124*	19 155 *1 115*	

Zu Tabelle 32.

Die Forstrath- bezw. Oberforstmeisterstelle	umfaßt die Oberförstereien	Anzahl der Kgl. Oberförstereien	Staatswald: Gesammtfläche ha	Staatswald: darunter zur Holzzucht benutzt ha	Name des gegenwärtigen Stelleninhabers
	27. Regierungs-Bezirk Cassel.				
	A. Oberforstmeister-Bezirk Cassel-Ost, Oberforstmeister Hintz.				
1. Cassel-Hanau	Flörsbach, Burgjoß, Bieber, Kassel, Wolfgang, Hanau, Orb . . . . Gemeinde- 2c. Forsten . . . . 14 187 ha	7	14 505	14 234	Mühlhausen.
2. " Schlüchtern . . .	Salmünster, Marjoß, Steinau, Oberzell, Sterbfritz, Neuhof, Niederkalbach . . . . Gemeinde- 2c. Forsten . . . . 5 263 ha	7	19 930	19 152	Zangemeister.
3. " Fulda	Gersfeld, Giesel, Großenlüder, Hilders, Thiergarten, Fulda, Mackenzell . . . . Gemeinde- 2c. Forsten . . . . 3 667 ha	7	17 717	16 950	Burckhardt.
4. " Friedewald . . .	Burghaun, Hersfeld-Wippershain, Heringen, Friedewald, Schmalkalden, Brotterode, Hersfeld-Meckbach, Wildeck . . . . Gemeinde- 2c. Forsten . . . . 7 262 ha	8	18 555	18 183	Söllig.
5. " Rotenburg . . .	Niederaula, Hersfeld, Neuenstein, Rotenburg-Lüdersdorf, Nentershausen, Rotenburg-Ost, Rotenburg-West, Rengshausen . . . . Gemeinde- 2c. Forsten . . . . 3 842 ha	8	19 602	19 123	Mehlburger.
6. " Eschwege	Reichensachsen, Bischhausen, Stölzingen, Wannfried, Allendorf a. W., Meißner, Witzenhausen . . . . Gemeinde- 2c. Forsten . . . . 7 175 ha	7	12 374 *391*	11 924 *388*	Boy.
	Zusammen A. . . . . Gemeinde- 2c. Forsten 41 396 ha	44	102 683 *391*	99 566 *388*	
	B. Oberforstmeister-Bezirk Cassel-West, Oberforstmeister Schwarz.				
1. Cassel-Treysa	Oberaula, Neukirchen, Wallenstein, Mengsberg, Todenhausen, Jesberg, Densberg . . . . Gemeinde- 2c. Forsten . . . . 8 757 ha	7	17 000	16 396	Brinckmann.
2. " Marburg . . .	Roßberg, Marburg, Ellnhausen, Neustadt, Rauschenberg, Oberrosphe, Treisbach . . . . Gemeinde- 2c. Forsten . . . . 10 049 ha	7	14 454	14 170	Krause.
3. " Frankenberg . .	Bracht, Rosenthal, Wolkersdorf, Frankenberg, Frankenau, Altenlotheim, Vöhl . . . . Gemeinde- 2c. Forsten . . . . 3 141 ha	7	19 682	19 154	Graf von der Schulenburg-Angern.
4. " Söhre	Morschen, Spangenberg, Melsungen, Eiterhagen, Lichtenau, Wellerode, Rottebreite . . . . Gemeinde- 2c. Forsten . . . . 3 599 ha	7	20 351	20 026	Weyland.
5. " Habichtswald . .	Felsberg, Fritzlar, Naumburg, Sand, Kirchditmold, Ehlen, Ehrsten . . . . Gemeinde- 2c. Forsten . . . . 16 045 ha	7	9 405	9 052	Rundspaden.
6. " Reinhardswald . .	Gahrenberg, Veckerhagen, Hombressen, Hofgeismar, Gottsbüren, Carlshafen, Oedelsheim . . . . Gemeinde- 2c. Forsten . . . . 778 ha	7	23 086	22 490	Graßhoff.
	Zusammen B. . . . . Gemeinde- 2c. Forsten 42 369 ha Hierzu Summe A. . 41 396 "	42 44	103 978 102 683 *391*	101 288 99 566 *388*	
	Zusammen für Cassel . . . . Gemeinde- 2c. Forsten 83 765 ha	86	206 661 *391*	200 854 *388*	

Zu Tabelle 32.

Die Forstraths- bezw. Oberforstmeisterstelle	umfaßt die Oberförstereien		Anzahl der Kgl. Oberförstereien	Staatswald Gesammtfläche ha	Staatswald darunter zur Holzzucht benutzt ha	Name des gegenwärtigen Stelleninhabers
28. Regierungs-Bezirk Wiesbaden.						
A. Oberforstmeister-Bezirk Wiesbaden-Wiesbaden, Oberforstmeister von Bornstedt.						
1. Wiesbaden-Homburg	Homburg		1	1 159	1 120	von Bornstedt (Oberforstmeister).
	Gemeindeforsten	2 138 ha				
2. " Königstein	Hofheim, Cronberg, Königstein, Oberems, Usingen, Neuweilnau, Rod a. d. Weil, Brandoberndorf, Weilmünster, Weilburg		10	8 941	8 697	Wery.
	Gemeinde- rc. Forsten	31 306 ha				
3. " Wiesbaden	Rambach, Idstein, Wörsdorf, Breithardt, Wiesbaden, Chausseehaus, Eltville, Oestrich, Lorch, Caub		10	6 538	6 259	Leo.
	Gemeinde- rc. Forsten	31 945 ha				
4. " Nastätten	Schwalbach, Erlenhof, Hahnstätten, Katzenelnbogen, Nastätten, St. Goarshausen, Runkel, Diez, Nassau, Braubach		10	4 328	4 172	Kalk.
	Gemeinde- rc. Forsten	35 296 ha				
5. " Hachenburg	Hadamar, Montabaur, Welschneudorf, Neuhäusel, Wallmerod, Selters, Herschbach, Westerburg, Hachenburg, Kroppach		10	4 845	4 541	Denzin.
	Gemeinde- rc. Forsten	31 565 ha				
6. " Dillenburg	Merenburg, Johannisburg, Herborn, Driedorf, Rennerod, Oberscheld, Dillenburg, Haiger, Ebersbach		9	13 662	13 297	Nemnich.
	Gemeinde- rc. Forsten	19 343 ha				
	Summa A.		50	39 473	38 086	
	Gemeinde- rc. Forsten	151 593 ha				
B. Oberforstmeister-Bezirk Wiesbaden-Biedenkopf, Oberforstmeister Professor Dr. Borggreve.						
1. Wiesbaden-Biedenkopf	Strupbach, Gladenbach, Katzenbach, Biedenkopf, Hatzfeld, Battenberg, Elbrighausen		7	13 248	13 021	Professor Dr. Borggreve (Oberforstmeister).
	Gemeinde- rc. Forsten	14 340 ha				
	Zusammen B.	14 340 ha	7	13 248	13 021	
	Hierzu Summe A.	151 593 "	50	39 473	38 086	
	Zusammen für Wiesbaden		57	52 721	51 107	
	Gemeinde- rc. Forsten	165 933 ha				
29. Regierungs-Bezirk Coblenz, Oberforstmeister Eigenbrodt.						
1. Coblenz-Soon	Entenpfuhl, Neupfalz, Meisenheim		3	10 810	10 496	Eigenbrodt (Oberforstmeister).
	Gemeinde-Oberförstereien Stromberg, Sobernheim, sowie die Gemeindeforsten im Oberamt Meisenheim	14 542 ha				
2. " Hunsrück	Kirchberg, Castellaun		2	5 289	5 148	Ramsthal.
	Gemeinde-Oberförstereien Simmern, Cappel, Zell, Büchenbeuern, St. Goar, Halsenbach	49 628 ha				
3. " Eifel	Coblenz, Adenau		2	7 125	6 932	Bublitz.
	Gemeinde-Oberförstereien Treis, Cochem, Mayen, Coblenz, Ahrweiler, Adenau, Kelberg	51 750 ha				
4. " Westerwald	Kirchen, Krofdorf		2	4 205	4 108	Illgen.
	Gemeinde-Oberförstereien Rengsdorf, Linz, Urbach, Altenkirchen, Kirchen, Wetzlar I, Braunfels, Wetzlar II, sowie die Hauberge in den Bürgermeistereien Kirchen, Daaden und Gebhardshain des Kreises Altenkirchen	49 224 ha				
	Gemeinde- rc. Forsten	165 144 ha	9	27 429	26 684	

Zu Tabelle 32.

Die Forstraths- bezw. Oberforstmeisterstelle	umfaßt die Oberförstereien	Anzahl der Kgl. Oberförstereien	Staatswald Gesammtfläche ha	Staatswald darunter zur Holzzucht benutzt ha	Name des gegenwärtigen Stelleninhabers
30. Regierungs-Bezirk Düsseldorf, Oberforstmeister von Groote.					
1. Düsseldorf	Benrath, Hiesfeld, Xanten, Cleve, Rheinwarden; Gemeinde- ꝛc. Forsten 3 742 ha	5	18 316	16 060	von Groote (Oberforstmeister).
31. Regierungs-Bezirk Cöln, Oberforstmeister Lenders.					
1. Cöln	Siebengebirge, Kottenforst, Ville, Königsforst; Gemeinde- ꝛc. Forsten 9 800 ha	4	12 644	12 071	Lenders (Oberforstmeister).
32. Regierungs-Bezirk Trier, Oberforstmeister von Ulrici.					
1. Trier-Saarbrücken	Carlsbrunn, Saarbrücken, Neunkirchen, Fischbach, Saarlouis, St. Wendel; Gemeinde-Oberförstereien Saarbrücken, Baumholder, Saarlouis 19 289 ha	6	22 458	21 505	Wegener.
2. „ Hochwald	Kempfeld, Morbach, Dhronecken, Wadern; Gemeinde-Oberförstereien Merzig, Rhaunen, Thalfang, Berncastel und Gemeinde-Schutzbezirk Kempfeld 24 137 ha	4	19 408	19 089	Kaiser.
3. „ Saarburg	Saarburg; Gemeinde-Oberförsterei Saarburg 11 795 ha	1	2 621	2 536	von Ulrici (Oberforstmeister).
4. „ Trier	Osburg, Trier; Gemeinde-Oberförstereien Trier-West, Trier-Ost, Hermeskeil, Bitburg 35 102 ha	2	6 035	5 924	von Bentheim.
5. „ Eifel	Wittlich, Daun, Balesfeld; Gemeinde-Oberförstereien Wittlich, Manderscheid, Daun, Hillesheim, Prüm 39 653 ha	3	12 773	12 546	Witzell.
	129 976 ha	16	63 295	61 600	
33. Regierungs-Bezirk Aachen, Oberforstmeister Polch.					
1. Aachen-Schleiden	Schleiden, Hoeven, Gemünd, Hürtgen, Roetgen; Gemeinde- ꝛc. Forsten 33 051 ha	5	20 412	19 934	Reuß.
2. „ Aachen	Eupen, Wenau, Hambach; Gemeinde- ꝛc. Forsten 9 839 ha	3	9 201	8 847	Polch (Oberforstmeister).
	42 890 ha	8	29 613	28 781	

Tabelle 33a.

Nachweisung des jährlichen Bedarfes an Kiefernsamen in den Staatsforsten und der auf den Königlichen Darren gewonnenen Samenmengen für die Jahre 1852 bis 1893.

Bedarfsquantum zu den Kulturen für	kg	dcm	Selbstgewonnen sind im Winter vorher kg	dcm	Selbst-Kostenpreis für das Kilogramm einschl. des Betrages für Verzinsung und Tilgung des Bau-Kapitals Mark	Pf.	Bemerkungen
1852	78 068	50	92 087	50	2	02	Für Verzinsung und Tilgung des Bau-Kapitals der Darrgebäude sind nach Anleitung des Rund-Erlasses vom 8. Juli 1864 IIb 10548/63 für das Kilogramm 0,40 Mark dem aus den Darr-Rechnungen sich ergebenden Kostenpreise zugesetzt worden.
1853	68 001	50	65 944	.	2	26	
1854	71 174	50	77 309	.	2	06	
1855	63 522	.	41 372	.	2	38	
1856	48 417	.	33 827	.	2	24	
1857	51 825	.	27 412	.	2	50	
1858	64 724	.	55 307	50	2	32	
1859	59 838	.	64 900	.	2	60	
1860	60 282	50	109 357	50	2	46	
1861	51 903	.	80 009	.	2	30	
1862	49 263	50	62 150	.	1	98	
1863	46 049	50	45 773	.	2	24	
1864	52 169	.	46 420	50	2	48	
1865	52 374	.	45 325	.	2	44	
1866	64 801	.	33 883	50	2	70	
1867	51 991	50	19 817	.	3	43	
1868	49 134	.	110 256	60	2	52	
1869	62 032	50	65 735	60	2	60	
1870	53 150	.	17 860	50	3	25	
1871	41 005	50	30 456	.	3	82	
1872	42 380	.	17 621	.	4	31	
1873	33 260	.	39 412	.	4	82	
1874	36 214	.	41 775	.	4	51	
1875	43 629	.	69 313	.	3	95	
1876	40 369	.	25 703	.	4	91	
1877	31 812	.	41 838	.	5	06	
1878	39 770	.	62 316	.	3	95	
1879	41 910	.	41 089	.	3	92	
1880	48 114	.	11 048	.	3	99	
1881	34 891	.	85 722	.	3	25	
1882	46 096	.	38 731	.	3	62	
1883	46 980	.	59 294	.	3	52	
1884	45 526	.	13 685	.	4	34	
1885	46 098	.	87 952	.	3	26	
1886	46 870	.	48 607	.	3	51	
1887	47 452	.	60 884	.	3	52	
1888	49 725	.	12 700	.	4	38	
1889	36 244	.	90 455	.	3	60	
1890	58 336	.	23 955	.	3	41	
1891	43 506	.	38 902	.	4	04	
1892	48 049	.	34 763	.	4	63	
1893	50 727	.	51 022	.	4	67	

Tabelle 33b.

Ergebnisse des Betriebes der fiskalischen Kiefern- und Fichten-Samendarren für das Jahr 1. October 1892/93.

Laufende Nr.	Regierungs-Bezirk	Eingelieferte Zapfen: aus dem Herbste 1892/93 hl	dc	Eingelieferte Zapfen: aus früheren Jahren hl	dc	Dafür gezahlter Preis: zusammen M	₰	für das hl M	₰	Im Ganzen sind abgedarrt hl	dc	Davon gewonnener entflügelter Samen kg	dc	Mithin durchschnittlich vom hl kg	dc	Der gewonnene Samen ist nach der Darrrechnung belastet mit einer Ausgabe von M	₰	Danach beträgt der Selbstkostenpreis für das kg M	₰	Bestand an Samen aus früheren Jahren kg	dc	Zu den Kulturen in den Königlichen Forsten sind im Ganzen abgegeben: an die Regierungen	kg	dc	Keimfähigkeits-%	An Gemeinden, Private ꝛc. sind verkauft: kg	dc	Zu einem Preise von: im Ganzen M	₰	für das kg M	₰	Im Bestand verblieben: Samen kg	dc	Zapfen hl	dc
1.	2.	3.				4.				5.		6.		7.		8.		9.		10.		11.				12.						13.			
	A. Kiefern-Samendarren.																																		
1	Königsberg .	7550	15	673	.	25099	88	3	05	5446	15	3872	40	.	71	17993	26	4	65	772	17	Königsberg .	3176	10	81/88	.	.	.	.	.	.	1468	47	2777	.
2	Gumbinnen	3595	93	.	.	10501	65	2	92	2962	63	2067	.	.	70	9259	94	4	48	.	.	Gumbinnen .	1409	30	65/80	.	.	.	.	.	.	657	70	633	30
3	Danzig . .	937	70	.	.	2974	75	3	35	937	70	848	50	.	91	3083	88	3	65	222	50	Danzig	678	.	60/66	30	20	24	16	.	80	362	80	.	.
4	Marienwerd.	12544	25	26	.	41388	09	3	29	11518	50	8632	20	.	75	40987	29	4	75	398	47	Marienwerder	4391	61	78/94	16	.	86	40	5	40	4623	06	1051	75
5	Potsdam .	7015	17	78	25	23129	76	3	26	7019	42	6852	25	.	98	25049	82	3	66	1262	37	Potsdam, Königsberg u. Frankf. a. O.	5842	71	61/83	.	.	.	.	.	.	2271	91	74	.
6	Frankf.a.O.	5333	85	497	.	19132	95	3	28	5290	85	4422	.	.	84	19141	33	4	33	1053	96	Frankfurt a.O.	4459	34	72/90	.	.	.	.	.	.	1016	62	540	.
7	Stettin . .	6053	03	.	.	16998	86	2	81	5839	03	5089	25	.	87	18100	58	3	56	1106	07	Stettin und Gumbinnen	4339	91	73/86	157	20	137	40	.	81	1698	21	214	.
8	Köslin . .	2128	50	.	.	7886	45	3	71	1773	50	1258	.	.	71	7020	15	5	58	.	.	Köslin . . .	357	.	86	.	.	.	.	.	.	901	.	355	.
9	Stralsund .	1229	.	.	.	4314	90	3	51	1229	.	1062	.	.	86	4642	50	4	37	60	80	Stralsund . .	714	67	92/96	.	.	.	.	.	.	408	13	.	.
10	Posen . .	2472	50	.	.	8543	50	3	46	1606	.	1311	50	.	81	6029	52	4	59	72	30	Posen . . .	1054	35	75	17	50	79	98	4	57	311	95	866	50
11	Bromberg .	2534	50	20	.	9943	80	3	89	2395	50	2031	.	.	85	9911	82	4	88	5	50	Bromberg . .	1073	35	78/83	.	.	.	.	.	.	963	15	159	.
12	Breslau .	263	55	.	.	921	55	3	50	263	55	162	50	.	62	1124	10	6	92	378	20	Breslau .	493	50	74/94	.	.	.	.	.	.	47	20	.	.
13	Oppeln . .	309	43	9	75	1214	70	3	81	319	18	243	.	.	76	1281	10	5	27	.	.	Oppeln . .	224	80	80/83	.	.	.	.	.	.	18	20	.	.
14	Magdeburg	4230	50	.	.	13772	55	3	26	4230	50	3949	30	.	93	14862	57	3	76	.	.	Magdeburg u. Oppeln	2806	90	75/90	.	.	.	.	.	.	1142	40	.	.
15	Merseburg .	7025	85	.	.	25707	74	3	66	7025	85	6607	45	.	94	27837	70	4	21	1317	95	Merseburg, Königsberg u. Köslin	5092	80	66/95	.	.	.	.	.	.	2832	60	.	.
16	Osnabrück .	980	25	.	.	3691	84	3	77	980	25	865	.	.	88	4118	54	4	76	26	65	Osnabrück, Lüneburg u. Aurich	889	30	74	.	.	.	.	.	.	.	.	.	.
17	Cassel . .	1649	50	.	.	6802	70	4	12	1649	50	1748	15	1	06	7168	94	4	10	86	50	Cassel . . .	1804	15	82	.	.	.	.	.	.	30	50	.	.
	Zusammen	65853	66	1304	.	222025	67	3	37	60487	11	51021	50	.	84	217613	04	4	27	6763	44	.	38807	79	.	220	90	.	.	.	.	18753	90	6670	55
	B. Fichten-Samendarren.																																		
1	Gumbinnen	.	.	.	.	.	.	.	.	.	.	.	.	.	.	.	.	.	.	398	.	Gumbinnen .	385	80	55/70	.	.	.	.	.	.	12	20	59	.
2	Marienwerd.	.	.	.	.	.	.	.	.	.	.	.	.	.	.	.	.	.	.	.	.	.	.	.	.	.	.	.	.	.	.	.	.	.	.
3	Breslau .	.	.	.	.	.	.	.	.	.	.	.	.	.	.	.	.	.	.	1	10	Breslau . .	1	10	70/75	.	.	.	.	.	.	.	.	.	.
4	Oppeln . .	.	.	.	.	.	.	.	.	.	.	.	.	.	.	.	.	.	.	.	.	.	.	.	.	.	.	.	.	.	.	.	.	.	.
5	Hildesheim .	.	.	.	.	.	.	.	.	.	.	.	.	.	.	.	.	.	.	542	35	Hildesheim .	541	80	62	.	.	.	.	.	.	.	55	.	.
	Zusammen	.	.	.	.	.	.	.	.	.	.	.	.	.	.	.	.	.	.	941	45	.	928	70	.	.	.	.	.	.	.	12	75	59	.

Tabelle 34a.

Ueberſicht der Erträge aus der Jagd bei der Staats-Forſtverwaltung für die Etatsjahre 1883/84 bis 1891/92.

Etats-jahr	Einnahmen: durch Verpachtung M	₰	Einnahmen: durch Administrations-Abſchuß ſind erlegt Stück: Elchwild: Hirſche	Elchwild: weibliches Wild	Rothwild: Hirſche	Rothwild: weibliches Wild	Damwild: Hirſche	Damwild: weibliches Wild	Rehe: Böcke	Rehe: Ricken	Schwarzwild	Auerwild	Birkwild	Faſanen	Haſelwild	Schwäne	Trappen	Haſen	Rebhühner	Biber	Für das durch Administrations-abſchuß erlegte Wild ſind zur Forſtkaſſe gezahlt M	₰	Zuſammen Geld-Einnahme (Spalte 2 und 21) M	₰	Ausgaben: für angepachtete Jagden M	₰	Administrations-koſten, inſoweit dieſelben nicht vom Oberförſter zu beſtreiten ſind M	₰	Betrag der Geld-Ausgabe (Spalte 23 und 24) M	₰	Rein-Ertrag (Spalte 22 weniger 25) M	₰
1.	2.		3.	4.	5.	6.	7.	8.	9.	10.	11.	12.	13.	14.	15.	16.	17.	18.	19.	20.	21.		22.		23.		24.		25.		26.	
1. April 1883/84	138988	95	4	2	1 777	1 781	798	1184	7 620	1 013	1923	68	148	154	87	.	1	1492	794	.	193267	71	332256	66	28325	61	50456	14	78781	75	253474	91
1. April 1884/85	134646	17	2	2	2 112	2 147	957	1162	8 133	1 104	2465	63	165	171	132	1	.	1309	220	1	215056	18	349702	35	27415	26	42036	03	69451	29	280251	06
1. April 1885/86	129273	83	4	.	1 967	2 338	961	1240	8 383	1 242	2779	102	178	234	54	.	.	1380	608	.	221040	57	350314	40	26486	44	59952	69	86439	13	263875	27
1. April 1886/87	130156	82	5	1	1 966	2 130	1017	1425	7 350	1 035	1720	99	189	192	103	1	.	1425	430	.	204933	82	335089	96	27399	61	55116	64	82516	25	252573	71
1. April 1887/88	122960	59	7	1	1 912	2 354	1130	1625	8 069	979	2317	92	212	245	61	2	3	1299	621	.	226091	70	349052	29	25827	77	67995	08	93822	85	255229	44
1. April 1888/89	117188	49	5	1	1 802	2 513	1005	1804	6 182	764	1850	95	183	220	70	3	1	928	297	.	206309	44	323497	93	26549	99	49106	08	75656	07	247841	86
1. April 1889/90	121439	73	9	1	1 726	2 033	818	1346	7 134	882	1596	102	198	368	167	1	.	1166	670	1	191338	86	312778	59	25379	11	49093	43	74472	54	238306	05
1. April 1890/91	122222	89	7	2	1 880	2 457	898	1403	7 593	971	1883	108	253	404	141	.	1	1195	464	.	214021	80	336244	69	26686	42	68001	74	94688	16	241556	53
1. April 1891/92	122669	74	4	5	2 045	2 926	722	1337	7 778	1 106	2126	104	245	304	111	2	2	629	226	3	226517	79	349187	53	24520	20	36530	30	61050	50	288137	03

Bemerkung: Die Nutzung der niederen Jagd (wozu in dieſem Falle die Jagd auf Rehe nicht gehört) iſt der Regel nach an den betr. Revierverwalter verpachtet. Eine Ausnahme hiervon machen die Oberförſtereien Potsdam, Grunewald und Falkenhagen im Regierungs-Bezirk Potsdam, Hannover und Dedenſen im Regierungs-Bezirk Hannover, Göhrde-Oſt und Weſt im Regierungs-Bezirk Lüneburg, Haſte im Regierungs-Bezirk Minden und Homburg im Regierungs-Bezirk Wiesbaden, in denen die niedere Jagd ganz oder theilweiſe adminiſtrirt wird.

Tabelle 34b.

Wildabschuß in den Königlichen Oberförstereien des Preußischen Staates während des Jahres 1. April 1885 bis 31. März 1886.

(Entnommen der Preußischen Statistik [amtliches Quellenwerk] 1887. XCIII).

Laufende Nummer	Regierungs-Bezirk	Von der administrirten Jagd									Von der niederen Jagd				
		Elchwild	Rothwild	Damwild	Rehwild	Schwarzwild	Auerwild	Birkwild	Haselwild	Fasanen	Hasen	Rebhühner	Schnepfen	Enten	Füchse
		Stück									Stück				
1	Königsberg	1	24	5	568	59	.	7	24	.	3 836	351	504	750	607
2	Gumbinnen	2	80	.	750	15	1	93	27	.	3 439	840	469	490	556
3	Danzig	.	.	.	196	38	1	3	8	4	1 810	167	73	339	161
4	Marienwerder	.	28	1	333	18	2	5	.	2	3 845	552	189	800	447
5	Potsdam	.	892	1 392	553	154	.	28	.	272	4 817	768	248	1 554	561
6	Frankfurt a. O.	.	424	.	468	163	3	14	.	29	4 068	691	219	1 019	327
7	Stettin	.	141	15	303	17	.	.	.	11	1 228	187	323	297	314
8	Köslin	.	19	.	194	42	.	.	.	.	923	99	84	204	149
9	Stralsund	.	114	13	166	33	.	.	.	28	210	23	292	117	110
10	Posen	.	81	.	191	4	.	7	.	.	2 754	407	56	246	155
11	Bromberg	.	2	.	141	.	.	.	.	1	2 750	467	58	261	207
12	Breslau	.	149	1	442	2	7	31	40	1 051	7 591	677	401	317	114
13	Liegnitz	.	12	9	102	1	1	2	.	13	595	38	12	140	59
14	Oppeln	.	76	4	167	26	.	30	30	160	6 124	589	237	87	75
15	Magdeburg	.	201	677	462	212	1	6	.	83	1 712	360	151	461	269
16	Merseburg	.	351	13	522	22	4	16	.	124	2 940	446	71	177	291
17	Erfurt	.	104	.	127	5	3	.	.	.	804	71	27	8	207
18	Schleswig	.	26	33	170	.	.	.	.	10	1 503	198	273	49	231
19	Hannover	.	36	41	159	288	.	3	.	.	965	118	81	20	221
20	Hildesheim	.	551	.	360	287	11	.	.	3	702	30	104	32	538
21	Lüneburg	.	206	.	308	315	.	39	.	1	1 105	534	117	163	295
22	Stade	.	1	.	79	4	.	.	.	.	527	66	115	116	106
23	Osnabrück mit Aurich	.	.	.	17	7	.	.	.	.	377	62	38	200	51
24	Münster	.	.	.	3	.	.	.	.	.	95	.	20	.	10
25	Minden	.	35	.	274	94	.	.	1	8	884	57	81	24	172
26	Arnsberg	.	38	.	98	129	9	.	23	.	224	7	66	3	109
27	Cassel	.	209	.	1 336	389	72	4	6	8	2 641	173	380	28	1 238
28	Wiesbaden	.	87	10	410	83	1	.	15	2	831	83	103	7	256
29	Coblenz	.	107	.	77	41	.	.	13	.	563	52	67	.	155
30	Düsseldorf	.	74	.	51	.	.	.	.	5	1 320	159	54	27	91
31	Cöln	.	9	.	113	35	.	.	4	2	743	5	25	.	104
32	Trier	.	251	.	189	173	.	.	10	.	1 300	41	91	.	191
33	Aachen	.	3	.	336	74	.	2	12	2	559	41	178	2	124
	Zusammen	3	4 331	2 214	9 665	2 730	116	290	213	1 819	63 785	8 359	5 211	7 938	8 501

*

Tabelle 35.

Nachweisung der von der Staatsforst-Verwaltung administrirten Torfgräbereien mit besonderen Etats und besonderer Rechnungslegung.

Regierungs-Bezirk	Oberförsterei	Größe der Moore	Besondere Beamte			Oberförster als Verwalter	Etatsmäßige		
			Ver-walter	Meister	Wärter		Einnahme	Taxverlust	Ausgabe
		ha					ℳ	ℳ	ℳ
Königsberg	Klooschen	5 252	.	2	1	1	18 070	3 600	7 040
Gumbinnen	Broedlauken	523	.	1	1	1	10 220	4 819	10 800
	Dingken	2 913	.	2	.	1	35 320	1 154	12 870
Stettin	Friedrichswalde, Torfverwaltung Carolinenhorst . . .	835	1	2	1	.	62 200	594	26 270

Bemerkung. Der angegebene Taxverlust betrifft fast durchweg taxfreie Torfabgaben an Schulen auf Grund der Schulordnung für die Elementarschulen der Provinz Preußen vom 11. December 1845.

Tabelle 36.

Uebersicht der Ergebnisse des fiskalischen Sägemühlenbetriebes in den Harzforsten des Regierungs-Bezirks Hildesheim für 1872 bis 1892/93.

	Verschnittenes Material auf volle Festmeter abgerundet	Ist-Einnahme nach den Rechnungs-Abschlüssen		Hierzu Taxverlust für an Berechtigte abgegebenes Material rund	Summe der Einnahme		Ist-Ausgabe nach den Rechnungs-Abschlüssen		Darunter an Kaufgeldern für Bloche abgerundet auf volle	Zahl der administrirten Sägemühlen
		ℳ	₰	ℳ	ℳ	₰	ℳ	₰	ℳ	
1872	22 040	580 965	91	30 175	611 140	91	532 538	89	391 775	9
1873	23 281	761 540	69	44 935	806 475	69	770 179	02	583 482	9
1874	21 878	695 491	.	37 212	732 703	.	734 553	99	538 439	9
1875	22 187	743 344	35	37 728	781 072	35	612 283	51	499 700	9
1876	22 580	683 717	49	35 237	718 954	49	618 393	26	505 404	9
1. Januar 1877 bis Ende März 1878 .	32 356	831 002	71	29 103	860 105	71	690 163	31	563 683	9
1. April 1878/79 . .	26 455	609 012	76	6 275	615 287	76	648 193	65	506 167	8
1. April 1879/80 . .	22 540	523 516	16	3 997	527 513	16	531 942	84	418 424	8
1. April 1880/81 . .	22 889	558 370	72	2 325	560 695	72	538 369	85	426 581	8
1. April 1881/82 . .	22 007	542 030	70	3 325	545 355	70	543 641	93	406 789	8
1. April 1882/83 . .	22 450	514 288	67	2 700	516 988	67	530 392	84	413 553	8
1. April 1883/84 . .	23 641	623 952	67	3 473	627 425	67	571 636	93	438 127	8
1. April 1884/85 . .	19 646	539 761	84	3 771	543 532	84	478 364	40	364 896	8
1. April 1885/86 . .	14 290	421 825	05	3 449	425 274	05	312 933	26	245 318	7
1. April 1886/87 . .	13 829	369 798	29	1 281	371 079	29	301 929	45	234 496	6
1. April 1887/88 . .	14 798	385 786	87	1 978	387 764	87	287 146	46	269 556	6
1. April 1888/89 . .	12 316	322 785	99	1 007	323 792	99	310 748	22	238 681	5
1. April 1889/90 . .	9 804	288 815	21	543	289 358	21	254 722	70	198 687	5
1. April 1890/91 . .	7 165	205 565	84	308	205 873	84	180 135	15	153 200	3
1. April 1891/92 . .	7 047	185 295	78	515	185 810	78	192 148	41	152 860	3
1. April 1892/93 . .	8 249	189 059	75	673	189 732	75	196 898	40	159 912	3
Zusammen	391 448	10 575 928	45	250 010	10 825 938	45	9 837 316	47	7 709 730	
Nach Abrechnung der Ist-Ausgabe mit					9 837 316	47				
ergiebt sich mithin ein Ueberschuß von					988 621	98	für 21¼ Jahre			
oder für ein Jahr					46 523	49				

Es berechnet sich hiernach durchschnittlich für 1 Festmeter Blochholz:

a) die Einnahme für das geschnittene Material . 27,66 Mk.,
b) die Ausgabe . . . . 25,13 „

c) der Ueberschuß . . . . 2,53 Mk.,
d) das Kaufgeld für das Blochholz . . . . . 19,69 „

Ein Festmeter Blochholz ist mithin unter Anrechnung des in die Forstkassen geflossenen Kaufgeldes und des Rein-Ueberschusses der Sägemühlen verwerthet zu . . . 22,22 Mk.

Tabelle

Ueberſicht über die Abnutzungsſätze für das Etatsjahr 1882/83 und den Iſt=Einſchlag der

Lfde. Nr.	Regierungs=Bezirk bezw. Provinz.	Fläche des zur Holzzucht beſtimmten Bodens nach dem Budget für 1. April 1882/83 (Zuſtand am 1. April 1881) *darunter dem Staate antheilig gehörige Waldungen*	Schätzungsmäßige Abnutzungsſätze des Budgets für 1. April 1882/83			für das ha Holzboden		
			Derbholz	Stock= und Reiſigholz	Zuſammen	Derbholz	Stock= und Reiſigholz	Zuſammen
		Hektar	Feſtmeter			Feſtmeter		
1.	2.	3.	4.	5.	6.	7.	8.	9.
1	Königsberg	175 445	436 306	79 364	515 670	2,49	0,45	2,94
2	Gumbinnen	183 796	420 452	75 859	496 311	2,29	0,41	2,70
3	Danzig	98 634	166 244	33 912	200 156	1,69	0,34	2,03
4	Marienwerder	174 540	394 309	59 898	454 207	2,26	0,34	2,60
5	Potsdam	198 749	421 349	106 974	528 323	2,12	0,54	2,66
6	Frankfurt a. O.	170 761	367 119	80 402	447 521	2,15	0,47	2,62
7	Stettin	96 712	269 067	51 613	320 680	2,78	0,53	3,31
8	Köslin	48 871	95 087	16 307	111 394	1,95	0,33	2,28
9	Stralſund	25 036	63 419	52 885	116 304	2,53	2,11	4,64
10	Poſen	68 357	127 004	36 831	163 835	1,86	0,54	2,40
11	Bromberg	93 672	156 485	33 066	189 551	1,67	0,35	2,02
12	Breslau	57 445	189 531	41 153	230 684	3,30	0,72	4,02
13	Liegnitz	20 492	39 959	14 550	54 509	1,95	0,71	2,66
14	Oppeln	73 388	225 882	53 399	279 281	3,08	0,73	3,81
15	Magdeburg	61 049	113 160	99 708	212 868	1,85	1,63	3,48
16	Merſeburg	72 904	157 655	80 334	237 989	2,16	1,10	3,26
17	Erfurt	35 527	114 306	52 933	167 239	3,22	1,49	4,71
18	Schleswig	30 111	65 848	31 492	97 340	2,19	1,04	3,23
19	Hannover	235 074 *896*	589 499	265 121	854 620	2,51	1,13	3,64
20	Münſter	2 218	6 955	2 041	8 996	3,14	0,92	4,06
21	Minden mit Schaumburg	34 826	83 632	40 797	124 429	2,40	1,17	3,57
22	Arnsberg	20 145 *1 115*	45 546	19 993	65 539	2,26	0,99	3,25
23	Caſſel ohne Schaumburg	202 188 *4 372*	400 988	241 321	642 309	1,88	1,19	3,17
24	Wiesbaden	50 815 *427*	125 736	69 222	194 958	2,47	1,36	3,83
25	Coblenz	26 025	63 861	41 725	105 586	2,45	1,60	4,05
26	Düſſeldorf	15 870	34 516	19 993	54 509	2,17	1,26	3,43
27	Cöln	11 766	20 279	9 575	29 854	1,72	0,81	2,53
28	Trier	61 152	164 561	53 024	217 585	2,69	0,87	3,56
29	Aachen	28 471	61 911	35 705	97 616	2,18	1,25	3,44
	Zuſammen 1—17, 20—22, 25—29 (alte Provinzen und Schaumburg)	1 855 851 *1 115*	4 238 595	1 192 041	5 430 636	2,28	0,64	2,92
	Zuſammen 18, 19, 23 und 24 (neue Provinzen ohne Schaumburg)	518 188 *5 695*	1 182 071	607 156	1 789 227	2,28	1,17	3,45
	Geſammtbetrag	2 374 039 *6 810*	5 420 666	1 799 197	7 219 863	2,28	0,76	3,04

Bemerkungen. In dem Holz=Ertrage iſt auch der Geſammt=Einſchlag aus den dem Staate antheilig gehörigen Waldungen enthalten.

Nur die Zahlen in Spalte 6 ſtimmen genau mit dem Budget überein, wogegen behufs Feſtſtellung der in Spalte 4 **Derbholz**=Mengen (lediglich nach der Fläche bewirthſchafteter Niederwald und Unterholz vom Mittelwald) ausgeſchieden und

37a.

Staatsforsten im Wirthschaftsjahr 1. October 1879/80 (Rechnungsjahr 1. April 1880/81).

Fläche des zur Holzzucht bestimmten Bodens nach dem Budget für 1. April 1880/81 (Zustand am 1. April 1879) *darunter dem Staate antheilig gehörige Waldungen*	Ist-Einschlag im Wirthschaftsjahre 1. October 1879/80 (Rechnungsjahr 1. April 1880/81)					
				für das ha Holzboden		
	Derbholz	Stock- und Reisigholz	Zusammen	Derbholz	Stock- und Reisigholz	Zusammen
Hektar	Festmeter			Festmeter		
10.	11.	12.	13.	14.	15.	16.
173 684	481 034	128 192	609 226	2,77	0,74	3,51
181 494	483 422	142 612	626 034	2,66	0,79	3,45
95 189	163 005	42 961	205 966	1,71	0,45	2,16
173 421	408 229	77 260	485 489	2,35	0,45	2,80
201 141	446 262	128 913	575 175	2,22	0,64	2,86
171 637	383 271	126 592	509 863	2,23	0,74	2,97
113 218	323 672	75 440	399 112	2,86	0,67	3,53
46 162	107 349	34 610	141 959	2,33	0,75	3,08
24 824	66 886	33 831	100 717	2,70	1,36	4,06
65 344	129 303	40 180	169 483	1,98	0,61	2,59
94 790	170 817	60 484	231 301	1,80	0,64	2,44
56 937	196 224	55 406	251 630	3,45	0,97	4,42
20 522	45 769	20 112	65 881	2,23	0,98	3,21
73 365	260 689	52 568	313 257	3,55	0,72	4,27
60 597	109 223	123 480	232 703	1,80	2,04	3,84
73 063	173 972	150 890	324 862	2,38	2,07	4,45
35 571	94 396	45 515	139 911	2,65	1,28	3,93
29 317	66 555	34 873	101 428	2,27	1,19	3,46
239 926 *4 660*	589 124	306 420	895 544	2,45	1,28	3,73
2 228	7 150	3 217	10 367	3,21	1,44	4,65
34 722	91 118	41 401	132 519	2,62	1,19	3,81
19 638	50 547	15 981	66 528	2,57	0,81	3,38
213 283 *21 232*	410 923	265 117	676 040	1,93	1,24	3,17
50 578 *862*	128 008	66 209	194 217	2,53	1,31	3,84
26 071	54 319	37 252	91 571	2,08	1,43	3,51
15 864	35 517	26 558	62 075	2,24	1,67	3,91
11 755	19 172	16 586	35 758	1,63	1,41	3,04
61 227	179 655	61 858	241 513	2,93	1,01	3,94
28 312	74 728	39 458	114 186	2,64	1,39	4,03
1 860 776	4 555 729	1 581 357	6 137 086	2,45	0,85	3,30
533 104 *26 754*	1 194 610	672 619	1 867 229	2,24	1,26	3,50
2 393 880 *26 754*	5 750 339	2 253 976	8 004 315	2,40	0,94	3,34

und 5 aufgeführten Zahlen von den im Budget für das **nicht controlfähige** Material angegebenen Beträgen die darin enthaltenen dem controlfähigen Derbholz hinzugerechnet worden sind, und zwar mit im Ganzen 60 000 fm.

Tabelle

Uebersicht über die Abnutzungssätze für das Etatsjahr 1894/95 und den Ist-Einschlag der

Laufende Nummer	Regierungs-Bezirk	Fläche des zur Holzzucht bestimmten Bodens nach dem Budget für 1. April 1894/95 (Stand vom 1. April 1893)	Schätzungsmäßige Abnutzungssätze des Budgets für 1. April 1894/95					
						für das ha Holzboden		
			Derbholz	Stock- und Reisigholz	Zusammen	Derbholz	Stock- und Reisigholz	Zusammen
		Hektar	Festmeter			Festmeter		
1.	2.	3.	4.	5.	6.	7.	8.	9.
1	Königsberg	180 459	484 932	91 080	576 012	2,68	0,50	3,19
2	Gumbinnen	191 409	477 035	119 382	596 417	2,49	0,62	3,11
3	Danzig	110 221	207 883	46 310	254 193	1,89	0,42	2,31
4	Marienwerder	196 051	476 934	95 341	572 275	2,43	0,49	2,92
5	Potsdam	198 807	496 785	140 378	637 163	2,50	0,71	3,21
6	Frankfurt a. O. . . .	174 817	457 297	91 232	548 529	2,62	0,52	3,14
7	Stettin	102 486	318 036	57 037	375 073	3,10	0,56	3,66
8	Köslin	62 763	137 951	32 926	170 877	2,20	0,52	2,72
9	Stralsund	25 246	58 595	36 004	94 599	2,32	1,43	3,75
10	Posen	72 188	150 534	49 609	200 143	2,08	0,69	2,77
11	Bromberg	100 753	230 545	70 867	301 412	2,29	0,70	2,99
12	Breslau	57 456	219 484	50 578	270 062	3,82	0,88	4,70
13	Liegnitz	20 610	68 191	24 390	92 581	3,31	1,18	4,49
14	Oppeln	73 003	242 902	58 470	301 372	3,33	0,80	4,13
15	Magdeburg	62 901	124 850	84 233	209 083	1,98	1,34	3,32
16	Merseburg	71 694	178 724	91 139	269 863	2,49	1,27	3,76
17	Erfurt	35 953	127 764	51 719	179 483	3,55	1,44	4,99
18	Schleswig	35 090	86 824	35 681	122 505	2,47	1,02	3,49
19	Hannover	29 242	95 481	40 343	135 824	3,27	1,38	4,65
20	Hildesheim	101 345	332 411	96 276	428 687	3,28	0,95	4,23
21	Lüneburg	76 750	111 021	79 573	190 594	1,44	1,04	2,48
22	Stade	17 376	34 173	16 882	51 055	1,97	0,97	2,94
23	Osnabrück mit Aurich .	14 875	18 573	9 314	27 887	1,24	0,63	1,87
24	Münster	2 184	7 540	3 803	11 343	3,45	1,74	5,19
25	Minden mit Schaumburg	33 256	96 008	45 912	141 920	2,89	1,38	4,27
26	Arnsberg	20 270	48 998	17 317	66 315	2,42	0,85	3,27
27	Cassel ohne Schaumburg	201 242	447 943	274 826	722 769	2,23	1,36	3,59
28	Wiesbaden	51 107	141 358	74 003	215 361	2,76	1,45	4,21
29	Coblenz	26 684	65 379	35 914	101 293	2,45	1,35	3,80
30	Düsseldorf	16 060	46 709	24 732	71 441	2,91	1,54	4,45
31	Cöln	12 071	25 848	19 740	45 588	2,14	1,64	3,78
32	Trier	61 600	174 627	55 378	230 005	2,83	0,90	3,73
33	Aachen	28 781	63 888	35 470	99 358	2,22	1,23	3,45
	Zusammen	2 464 750	6 255 223	2 055 859	8 311 082	2,54	0,83	3,37

Die Bemerkung auf Seite 238/9 trifft auch für Tabelle 37b zu. Nur sind hier dem controlfähigen Derbholze im Ganzen 54 410 fm zugerechnet worden.

37 b.

Staatsforsten im Wirthschaftsjahre 1. October 1891/92 (Rechnungsjahr 1. April 1892/93).

Fläche des zur Holzzucht bestimmten Bodens nach dem Budget für 1. April 1892/93 (Stand vom 1. April 1891)	Ist-Einschlag im Wirthschaftsjahre 1. October 1891/92 (Rechnungsjahr 1. April 1892/93)						Regierungs-Bezirk	Laufende Nummer
				für das ha Holzboden				
	Derbholz	Stock- und Reisigholz	Zusammen	Derbholz	Stock- und Reisigholz	Zusammen		
Hektar	Festmeter			Festmeter				
10.	11.	12.	13.	14.	15.	16.	17.	18.
175 038	566 675	100 038	666 713	3,24	0,57	3,81	Königsberg	1
191 088	484 322	110 904	595 226	2,53	0,58	3,11	Gumbinnen	2
108 436	243 732	74 405	318 137	2,25	0,68	2,93	Danzig	3
188 728	480 233	122 392	602 625	2,54	0,65	3,19	Marienwerder . . .	4
198 917	601 950	143 878	745 828	3,03	0,72	3,75	Potsdam	5
174 857	631 842	113 172	745 014	3,61	0,65	4,26	Frankfurt a. O. . . .	6
102 626	364 178	48 345	412 523	3,55	0,47	4,02	Stettin	7
61 729	167 676	39 644	207 320	2,72	0,64	3,36	Köslin	8
25 126	65 517	24 840	90 357	2,61	0,99	3,60	Stralsund	9
72 176	170 043	58 989	229 032	2,35	0,82	3,17	Posen	10
101 268	256 790	85 539	342 329	2,54	0,84	3,38	Bromberg	11
57 426	226 152	51 330	277 482	3,94	0,89	4,83	Breslau	12
20 628	67 448	17 286	84 734	3,27	0,84	4,11	Liegnitz	13
73 085	273 491	55 694	329 185	3,74	0,76	4,50	Oppeln	14
62 531	180 749	83 086	263 835	2,89	1,33	4,22	Magdeburg	15
72 240	215 046	79 312	294 358	2,98	1,09	4,07	Merseburg	16
35 886	162 890	45 183	208 073	4,54	1,26	5,80	Erfurt	17
34 887	93 572	35 203	128 775	2,68	1,01	3,69	Schleswig	18
29 121	120 003	38 661	158 664	4,12	1,33	5,45	Hannover	19
101 585	367 938	106 937	474 875	3,62	1,05	4,67	Hildesheim	20
76 779	154 321	69 623	223 944	2,01	0,91	2,91	Lüneburg	21
17 183	51 837	17 416	69 253	3,02	1,01	4,03	Stade	22
14 805	22 334	13 288	35 622	1,51	0,90	2,41	Osnabrück mit Aurich .	23
2 206	8 650	4 274	12 924	3,92	1,94	5,86	Münster	24
33 322	157 699	48 770	206 469	4,73	1,46	6,19	Minden mit Schaumburg	25
20 283	63 768	17 197	80 965	3,14	0,85	3,99	Arnsberg	26
201 463	492 861	310 250	803 111	2,45	1,54	3,99	Cassel ohne Schaumburg	27
51 129	159 450	90 528	249 978	3,12	1,77	4,89	Wiesbaden	28
26 649	68 753	35 846	104 599	2,58	1,35	3,93	Coblenz	29
16 071	48 219	26 850	75 069	3,00	1,67	4,67	Düsseldorf	30
12 112	31 719	20 180	51 899	2,62	1,66	4,28	Cöln	31
61 248	222 407	55 595	278 002	3,63	0,91	4,54	Trier	32
28 945	72 351	35 963	108 314	2,50	1,24	3,74	Aachen	33
2 449 573	7 294 616	2 180 618	9 475 234	2,98	0,88	3,86	Zusammen	

Tabelle

Uebersicht des Materialertrages und der Sortimentsverhältnisse in den Staatsforsten der einzelnen

(Etatsjahre 1. April 1881/82

Laufende Nummer	Regierungs-Bezirk	Die Material-							
		im Forstwirthschaftsjahre 1. October 1880/81 (Etatsjahre 1881/82)						im Forstwirth- (Etats-	
		Derbholz	Stockholz	Reiserholz	Zusammen	Hiervon (Spalte 6) sind verwerthet als Nutzholz	Das Nutzholz beträgt vom Derbholz	Derbholz	Stockholz
		Festmeter					%	Fest-	
1.	2.	3.	4.	5.	6.	7.	8.	9.	10.
1	Königsberg	587 294	31 264	77 981	**696 539**	142 270	24	556 672	37 427
2	Gumbinnen	529 749	13 642	113 576	**656 967**	110 748	21	475 142	19 832
3	Danzig	163 200	8 391	33 398	**204 989**	39 432	24	183 272	9 426
4	Marienwerder	457 026	21 635	57 226	**535 887**	130 112	28	443 577	25 092
5	Potsdam	492 319	63 281	81 064	**636 664**	93 437	19	514 469	66 362
6	Frankfurt a. O.	403 504	35 147	101 803	**540 454**	106 797	26	403 041	33 442
7	Stettin	373 729	25 452	57 595	**456 776**	116 371	31	354 426	25 767
8	Köslin	116 110	2 500	27 465	**146 075**	26 326	23	109 771	2 042
9	Stralsund	74 144	2 201	29 012	**105 357**	10 767	15	69 169	2 907
10	Posen	129 870	14 360	28 898	**173 128**	38 338	30	148 387	15 467
11	Bromberg	193 303	20 441	46 125	**259 869**	56 216	29	188 451	22 552
12	Breslau	212 845	24 266	30 506	**267 617**	80 247	38	229 156	21 404
13	Liegnitz	57 187	7 415	17 219	**81 821**	32 438	57	51 168	7 781
14	Oppeln	282 164	29 698	28 929	**340 791**	113 896	40	274 598	35 985
15	Magdeburg	119 621	17 570	91 840	**229 031**	32 602	27	134 084	15 537
16	Merseburg	175 272	19 285	79 867	**274 424**	65 830	38	173 014	19 697
17	Erfurt	115 351	14 462	31 453	**161 266**	46 135	40	126 530	11 745
18	Schleswig	71 427	2 374	30 725	**104 526**	11 858	17	74 114	2 480
19	Hannover								
20	Hildesheim								
21	Lüneburg	606 757	35 731	270 208	**912 696**	271 173	45	667 978	29 983
22	Stade								
23	Osnabrück mit Aurich . .								
24	Münster	8 902	1	4 669	**13 572**	4 673	52	9 150	.
25	Minden mit Schaumburg .	99 263	1 093	38 380	**138 736**	35 002	35	99 152	1 519
26	Arnsberg	49 765	114	15 374	**65 253**	14 246	29	53 086	74
27	Cassel ohne Schaumburg .	362 111	17 953	239 016	**619 080**	65 915	18	378 115	17 137
28	Wiesbaden	129 566	3 519	70 750	**203 835**	20 428	16	135 620	3 303
29	Coblenz	67 316	1 372	40 417	**109 105**	19 931	30	70 321	1 501
30	Düsseldorf	37 032	1 589	24 579	**63 200**	10 159	27	40 678	1 376
31	Cöln	17 954	4	13 639	**31 597**	7 816	44	17 634	8
32	Trier	170 108	487	67 219	**237 814**	45 256	27	166 422	164
33	Aachen	63 603	.	42 406	**106 009**	30 215	48	69 347	28
	Zusammen	6 166 492	415 247	1 791 339	**8 373 078**	1 778 634	29	6 216 544	430 038

(The values in row 21 are printed against a brace joining rows 19–23.)

37c.

Regierungs-Bezirke für die Forstwirthschaftsjahre 1. October 1880/81 bis einschl. 1892/93.

bis einschl. 1892/93.)

Abnutzung hat betragen:

schaftsjahre 1. October 1881/82 jahr 1882/83)				im Forstwirthschaftsjahre 1. October 1882/83 (Etatsjahr 1883/84)					
Reiserholz	Zusammen	Hiervon (Spalte 12) sind verwerthet als Nutzholz	Das Nutzholz beträgt vom Derbholz	Derbholz	Stockholz	Reiserholz	Zusammen	Hiervon (Spalte 18) sind verwerthet als Nutzholz	Das Nutzholz beträgt vom Derbholz
meter			%	Festmeter					%
11.	12.	13.	14.	15.	16.	17.	18.	19.	20.
83 711	**677 810**	150 788	27	588 888	24 267	73 937	**687 092**	212 433	36
108 024	**602 998**	109 786	23	410 705	9 611	66 055	**486 371**	110 899	27
35 986	**228 684**	50 010	27	176 519	7 718	29 827	**214 064**	60 086	34
59 886	**528 555**	140 413	32	434 481	14 062	58 661	**507 204**	186 807	43
60 808	**641 639**	119 454	23	472 826	67 087	70 302	**610 215**	162 264	34
72 928	**509 411**	116 622	29	400 417	31 356	85 160	**516 933**	143 936	36
52 210	**432 403**	113 517	32	354 148	16 911	48 638	**419 697**	130 559	37
28 595	**140 408**	25 207	23	107 332	1 592	28 978	**137 902**	31 582	29
28 047	**100 123**	12 389	18	63 067	3 640	29 194	**95 901**	13 441	21
31 456	**195 310**	39 018	26	129 746	14 115	26 134	**169 995**	57 370	44
45 208	**256 211**	61 705	33	199 245	11 232	48 914	**259 391**	90 070	45
31 577	**282 137**	77 039	34	184 392	19 523	30 165	**234 080**	78 850	43
14 913	**73 862**	29 181	57	56 428	7 965	18 062	**82 455**	35 431	63
35 038	**345 621**	125 424	46	242 740	13 951	27 575	**284 266**	135 096	55
91 047	**240 668**	31 422	23	118 510	13 653	82 047	**214 210**	44 574	38
67 497	**260 208**	74 513	43	172 009	18 469	66 323	**256 801**	84 551	49
30 668	**168 943**	58 487	46	129 184	11 550	33 826	**174 560**	57 018	44
29 580	**106 174**	13 487	18	70 595	1 659	28 143	**100 397**	15 494	22
242 602	**940 563**	295 434	44	647 514	29 863	231 637	**909 014**	319 652	49
4 133	**13 283**	5 398	59	7 956	.	3 447	**11 403**	4 846	61
35 430	**136 101**	38 031	38	98 402	2 023	33 627	**134 052**	45 463	46
14 719	**67 879**	17 993	34	54 422	70	13 258	**67 750**	17 627	32
222 860	**618 112**	78 758	21	387 708	16 418	202 298	**606 424**	99 530	26
72 103	**211 026**	22 464	17	140 146	2 552	72 968	**215 666**	26 878	19
39 244	**111 066**	23 165	33	75 205	763	40 090	**116 058**	27 019	36
26 568	**68 622**	10 872	27	43 649	1 623	21 075	**66 347**	34 995	80
13 047	**30 689**	8 398	48	17 403	4	12 043	**29 450**	9 100	52
53 680	**220 266**	50 138	30	179 110	264	55 679	**235 053**	56 786	24
37 880	**107 255**	34 267	49	60 068	12	33 897	**93 977**	31 852	53
1 669 445	**8 316 027**	1 933 380	31	6 022 815	341 953	1 571 960	**7 936 728**	2 324 209	39

Laufende Nummer	Regierungsbezirk	Die Material- im Forstwirthschaftsjahre 1. October 1883/84 (Etatsjahr 1884/85) Derbholz	Stockholz	Reiserholz	Zusammen	Hiervon (Spalte 26) sind verwerthet als Nutzholz	Das Nutzholz beträgt vom Derbholz	im Forstwirth- (Etats- Derbholz	Stockholz
		Festmeter					%	Fest-	
21.	22.	23.	24.	25.	26.	27.	28.	29.	30.
1	Königsberg	500 256	34 055	91 121	**625 432**	192 077	38	483 497	33 670
2	Gumbinnen	410 778	18 570	90 673	**520 021**	128 465	31	444 333	18 819
3	Danzig	183 754	10 498	32 413	**226 665**	63 144	34	196 954	9 157
4	Marienwerder	464 473	12 997	65 538	**553 008**	194 733	42	476 836	18 880
5	Potsdam	500 073	69 318	83 304	**652 695**	187 802	38	508 219	67 387
6	Frankfurt a. O.	406 890	30 869	80 847	**518 606**	153 656	38	450 764	30 937
7	Stettin	369 358	16 362	45 164	**430 884**	141 390	38	366 855	13 183
8	Köslin	123 364	2 444	32 170	**157 978**	33 600	27	126 346	2 010
9	Stralsund	71 964	2 537	32 054	**106 555**	15 310	21	63 299	1 837
10	Posen	144 055	15 516	31 507	**191 078**	65 805	46	152 381	14 940
11	Bromberg	205 746	24 621	57 824	**288 191**	91 527	44	225 562	18 742
12	Breslau	210 827	27 426	34 889	**273 142**	98 837	47	230 046	24 762
13	Liegnitz	68 170	8 562	18 237	**94 969**	43 449	64	70 140	5 977
14	Oppeln	262 648	24 196	31 080	**317 924**	168 069	64	243 346	23 574
15	Magdeburg	130 685	13 903	85 519	**230 107**	52 017	40	134 384	11 672
16	Merseburg	189 544	23 774	72 216	**285 534**	92 375	49	180 164	18 455
17	Erfurt	150 746	12 317	40 170	**203 233**	69 158	46	143 767	12 614
18	Schleswig	74 918	1 949	29 338	**106 205**	16 559	22	74 304	1 623
19	Hannover							95 505	588
20	Hildesheim							336 982	8 978
21	Lüneburg	801 091	19 585	257 010	**1 077 686**	393 005	49	146 338	6 746
22	Stade							38 559	68
23	Osnabrück mit Aurich							21 294	67
24	Münster	8 187	.	3 343	**11 530**	5 052	62	7 573	.
25	Minden mit Schaumburg	95 850	2 134	39 690	**137 674**	42 996	45	97 586	2 159
26	Arnsberg	56 643	80	15 303	**72 026**	19 622	35	56 032	56
27	Cassel ohne Schaumburg	419 970	18 338	230 169	**668 477**	104 650	25	427 456	19 216
28	Wiesbaden	145 973	2 691	81 274	**229 938**	30 083	21	145 105	2 007
29	Coblenz	74 216	736	43 712	**118 664**	31 015	42	72 437	754
30	Düsseldorf	51 231	1 607	24 036	**76 874**	42 251	82	50 578	1 565
31	Cöln	24 388	2	18 197	**42 587**	14 498	59	43 728	5
32	Trier	184 459	636	53 574	**238 669**	56 648	31	182 975	344
33	Aachen	62 105	.	35 086	**97 191**	35 204	57	68 845	.
	Zusammen	6 392 362	405 723	1 755 458	**8 553 543**	2 582 997	40	6 362 185	370 792

(Die Werte in Spalten 23–28 für Nr. 19–23 sind durch Klammer zusammengefasst.)

37c.

Abnutzung hat betragen:

schaftsjahre 1. October 1884/85 jahr 1885/86)				im Forstwirthschaftsjahre 1. October 1885/86 (Etatsjahr 1886/87)					
Reiserholz	Zusammen	Hiervon (Spalte 32) sind verwerthet als Nutzholz	Das Nutzholz beträgt vom Derbholz	Derbholz	Stockholz	Reiserholz	Zusammen	Hiervon (Spalte 38) sind verwerthet als Nutzholz	Das Nutzholz beträgt vom Derbholz
meter			%	Festmeter					%
31.	32.	33.	34.	35.	36.	37.	38.	39.	40.
93 045	**610 212**	155 163	32	496 247	30 578	70 332	**597 157**	157 633	32
88 684	**551 836**	137 683	31	436 859	19 928	76 299	**533 086**	136 575	31
36 872	**242 983**	69 740	35	198 803	8 414	41 523	**248 740**	79 246	40
70 867	**566 583**	201 308	42	484 377	17 349	69 899	**571 625**	207 406	43
87 335	**662 941**	202 334	40	533 372	66 764	85 095	**685 231**	201 995	38
86 958	**568 659**	161 632	36	497 698	29 895	85 275	**612 868**	168 801	35
47 967	**428 005**	138 008	38	343 793	14 937	37 841	**396 571**	142 358	41
30 429	**158 785**	36 175	29	133 863	1 632	30 491	**165 986**	38 665	29
29 486	**94 622**	14 790	23	64 933	1 189	28 161	**94 283**	13 260	20
39 380	**206 701**	68 948	45	155 141	14 852	45 282	**215 275**	59 224	38
59 338	**303 642**	99 653	44	247 805	15 622	62 588	**326 015**	99 896	40
38 432	**293 240**	105 229	46	233 998	23 263	31 631	**288 892**	107 610	46
17 858	**93 975**	45 332	65	72 240	6 573	16 468	**95 281**	46 532	64
29 274	**296 194**	155 138	64	240 877	20 158	29 666	**290 701**	151 576	63
80 245	**226 301**	55 313	41	137 989	13 127	89 265	**240 381**	53 278	39
68 385	**267 004**	89 647	50	185 187	16 411	64 467	**266 065**	89 811	48
40 567	**196 948**	67 270	47	129 534	12 411	34 316	**176 261**	64 255	50
30 162	**106 089**	17 335	23	73 370	1 779	29 671	**104 820**	17 745	24
39 646	**135 739**	49 753	52	98 300	631	38 652	**137 583**	51 785	53
71 943	**417 903**	168 513	50	366 655	13 174	98 494	**478 323**	150 959	41
96 503	**249 587**	82 768	57	134 037	6 008	92 053	**232 098**	77 454	58
15 902	**54 529**	23 615	61	39 051	78	15 610	**54 739**	24 743	63
11 507	**32 868**	15 281	72	21 048	51	10 148	**31 247**	13 465	64
3 165	**10 738**	4 842	64	7 629	.	2 728	**10 357**	4 473	59
40 728	**140 473**	44 359	45	103 371	3 034	33 777	**140 182**	47 011	45
14 514	**70 602**	19 908	36	55 242	24	15 027	**70 293**	21 751	39
234 177	**680 844**	115 770	27	458 189	18 146	237 502	**713 837**	134 484	29
83 116	**230 228**	28 491	20	145 774	2 218	83 777	**231 769**	26 569	18
41 366	**114 557**	29 381	41	71 144	695	43 964	**115 803**	26 965	38
24 192	**76 335**	44 157	87	46 868	1 511	23 568	**71 947**	37 508	80
17 605	**61 338**	31 497	72	28 578	.	14 121	**42 699**	17 481	61
59 765	**243 084**	51 248	28	185 414	209	57 892	**243 515**	52 070	28
35 885	**104 730**	33 823	49	57 322	2	32 332	**89 656**	30 825	54
1 765 298	**8 498 275**	2 564 104	40	6 484 708	360 663	1 727 915	**8 573 286**	2 553 409	39

Zu Tabelle

Laufende Nummer	Regierungs-Bezirk	Die Material- im Forstwirthschaftsjahre 1. October 1886/87 (Etatsjahr 1887/88) Derbholz	Stockholz	Reiserholz	Zusammen	Hiervon (Spalte 46) sind verwerthet als Nutzholz	Das Nutzholz beträgt vom Derbholz	im Forstwirth- (Etats- Derbholz	Stockholz
		Festmeter					%	Fest-	
41.	42.	43.	44.	45.	46.	47.	48.	49.	50.
1	Königsberg	564 419	34 667	94 254	**693 340**	151 748	27	487 330	23 165
2	Gumbinnen	462 490	24 515	107 811	**594 816**	123 171	27	489 459	16 539
3	Danzig	214 493	9 390	52 766	**276 649**	84 616	39	182 102	7 662
4	Marienwerder	503 100	19 455	83 324	**605 879**	195 412	39	466 302	16 450
5	Potsdam	532 234	58 229	83 179	**673 642**	189 037	35	535 350	56 000
6	Frankfurt a. O.	518 686	33 429	86 404	**638 519**	208 520	40	520 640	32 684
7	Stettin	385 631	17 254	45 508	**448 393**	150 343	39	357 068	12 920
8	Köslin	142 057	1 723	34 508	**178 288**	43 418	31	141 641	1 657
9	Stralsund	68 906	1 502	29 211	**99 619**	16 184	23	70 426	1 383
10	Posen	166 980	16 238	43 486	**226 704**	59 469	36	172 755	16 190
11	Bromberg	263 147	16 407	63 465	**343 019**	108 625	41	253 260	11 616
12	Breslau	242 198	20 706	33 903	**296 807**	115 888	48	243 694	21 392
13	Liegnitz	75 517	5 765	16 781	**98 063**	51 174	68	66 239	4 616
14	Oppeln	288 792	17 548	43 147	**349 487**	183 889	64	285 789	17 621
15	Magdeburg	148 786	12 658	78 585	**240 029**	53 958	36	151 374	13 005
16	Merseburg	189 752	16 608	68 514	**274 874**	86 255	45	197 523	16 393
17	Erfurt	157 795	11 951	32 803	**202 549**	85 410	54	139 964	8 095
18	Schleswig	76 693	1 547	32 776	**111 016**	19 191	25	78 929	1 533
19	Hannover	112 156	551	45 803	**158 510**	58 452	52	103 179	441
20	Hildesheim	381 192	16 850	112 645	**510 687**	180 385	47	395 699	9 683
21	Lüneburg	141 649	5 235	96 206	**243 090**	80 812	57	132 975	4 095
22	Stade	43 558	101	18 629	**62 288**	28 220	65	43 797	67
23	Osnabrück mit Aurich	21 842	39	10 138	**32 019**	13 411	61	21 794	45
24	Münster	8 323	.	3 773	**12 096**	4 896	59	8 899	.
25	Minden mit Schaumburg	112 047	2 838	43 764	**158 649**	54 398	49	106 574	1 542
26	Arnsberg	57 106	89	17 652	**74 847**	22 871	40	62 236	26
27	Cassel ohne Schaumburg	485 383	18 087	282 187	**785 657**	138 038	28	482 125	14 623
28	Wiesbaden	163 158	2 053	98 658	**263 869**	28 005	17	150 908	1 904
29	Coblenz	82 477	596	49 384	**132 457**	29 622	36	80 054	704
30	Düsseldorf	48 118	1 539	24 230	**73 887**	40 032	83	52 572	1 430
31	Cöln	24 457	.	14 781	**39 238**	16 281	67	23 037	.
32	Trier	204 590	273	64 860	**269 723**	61 937	33	212 433	130
33	Aachen	60 968	2	37 856	**98 826**	33 266	55	62 658	28
	Zusammen	6 948 700	367 845	1 950 991	**9 267 536**	2 716 934	39	6 778 785	313 569

37c.

Abnutzung hat betragen:

schaftsjahre 1. October 1887/88 jahr 1888/89)				im Forstwirthschaftsjahre 1. October 1888/89 (Etatsjahr 1889/90)					
Reiserholz	Zusammen	Hiervon (Spalte 52) sind verwerthet als Nutzholz	Das Nutzholz beträgt vom Derbholz	Derbholz	Stockholz	Reiserholz	Zusammen	Hiervon (Spalte 58) sind verwerthet als Nutzholz	Das Nutzholz beträgt vom Derbholz
meter			%	Festmeter					%
51.	52.	53.	54.	55.	56.	57.	58.	59.	60.
60 998	**571 493**	165 069	34	606 971	21 993	63 492	**692 456**	217 604	36
103 696	**609 694**	157 661	32	628 280	18 203	92 008	**738 491**	198 473	32
37 068	**226 832**	77 571	43	215 118	7 124	49 588	**271 830**	102 253	48
70 578	**553 330**	197 955	42	522 889	18 819	87 979	**629 687**	226 652	43
85 425	**676 775**	199 683	39	577 704	54 322	98 527	**730 553**	221 830	39
78 119	**631 443**	239 231	46	539 772	30 557	83 465	**653 794**	267 355	50
41 664	**411 652**	151 780	43	358 875	12 301	39 755	**410 931**	181 646	51
31 711	**175 009**	56 600	40	166 002	1 500	35 050	**202 552**	66 712	40
26 409	**98 218**	19 450	28	68 275	1 281	25 288	**94 844**	24 802	36
43 550	**232 495**	71 127	41	177 521	16 334	48 445	**242 300**	88 481	50
62 902	**327 778**	115 371	46	258 669	13 784	65 908	**338 361**	135 073	52
31 516	**296 532**	109 376	44	235 923	17 976	32 607	**286 506**	121 662	52
16 874	**87 729**	43 445	66	63 011	4 052	11 448	**78 511**	40 748	65
35 720	**339 130**	194 009	68	316 771	12 641	36 623	**366 035**	233 268	73
74 757	**239 136**	61 037	40	153 842	20 879	74 748	**249 469**	62 899	41
69 041	**282 957**	89 498	45	204 101	14 812	66 381	**285 294**	100 227	49
35 686	**183 745**	69 437	50	129 427	12 040	37 701	**179 168**	67 915	52
32 099	**112 561**	22 532	29	80 652	1 725	33 807	**116 184**	26 964	33
40 408	**144 028**	52 668	51	108 935	507	44 946	**154 388**	52 658	48
92 074	**497 456**	199 028	50	415 018	12 958	102 100	**530 076**	206 063	49
76 619	**213 689**	77 178	58	129 408	3 460	71 994	**204 862**	75 837	59
20 778	**64 642**	30 100	69	43 534	88	24 142	**67 764**	31 381	72
11 412	**33 251**	14 125	65	20 449	60	11 107	**31 616**	13 159	64
4 126	**13 025**	5 183	58	8 495	.	3 527	**12 022**	5 208	61
44 492	**152 608**	47 932	45	114 551	640	41 108	**156 299**	51 804	45
16 219	**78 481**	26 985	43	68 202	16	16 911	**85 129**	30 988	45
296 092	**792 840**	133 515	28	486 935	13 965	307 170	**808 070**	143 761	30
95 105	**247 917**	29 333	19	151 151	1 923	91 037	**244 111**	26 129	17
46 212	**126 970**	30 400	38	87 041	531	41 764	**129 336**	33 589	38
20 797	**74 799**	44 046	84	48 942	1 595	22 229	**72 766**	40 911	83
14 064	**37 101**	14 845	64	26 526	.	16 284	**42 810**	17 386	65
68 790	**281 353**	76 222	36	230 478	117	64 184	**294 779**	75 335	33
34 099	**96 785**	35 367	56	71 745	1	35 009	**106 755**	41 384	58
1 819 100	**8 911 454**	2 857 759	42	7 315 213	316 204	1 876 332	**9 507 749**	3 230 157	44

Laufende Nummer	Regierungs-Bezirk	Die Material-							
		im Forstwirthschaftsjahre 1. Oktober 1889/90 (Etatsjahr 1890/91)						im Forstwirth- (Etats-	
		Derbholz	Stockholz	Reiserholz	Zusammen	Hiervon (Spalte 66) sind verwerthet als Nutzholz	Das Nutzholz beträgt vom Derbholz	Derbholz	Stockholz
		Festmeter					%	Fest-	
61.	62.	63.	64.	65.	66.	67.	68.	69.	70.
1	Königsberg	580 939	29 959	101 708	**712 606**	213 645	37	509 530	21 522
2	Gumbinnen	506 441	24 474	103 331	**634 246**	193 166	38	463 705	12 942
3	Danzig	218 204	8 563	59 509	**286 276**	112 980	52	207 237	5 846
4	Marienwerder	506 347	25 336	92 999	**624 682**	255 701	50	460 743	17 110
5	Potsdam	527 537	47 944	93 241	**668 722**	221 291	42	560 821	45 831
6	Frankfurt a. O.	527 738	35 504	84 006	**647 248**	287 108	54	521 578	32 854
7	Stettin	358 141	14 173	41 312	**401 138**	178 560	50	348 638	8 790
8	Köslin	167 920	1 833	36 439	**206 192**	66 266	39	159 828	1 134
9	Stralsund	67 737	1 685	25 018	**106 928**	23 387	35	64 226	923
10	Posen	189 080	17 238	51 061	**257 379**	102 346	54	158 332	16 146
11	Bromberg	288 618	17 115	72 746	**378 479**	141 586	49	262 176	13 120
12	Breslau	242 410	19 069	29 392	**290 871**	137 037	57	227 511	15 478
13	Liegnitz	65 635	4 364	10 997	**80 996**	46 420	71	64 005	4 010
14	Oppeln	302 397	17 233	31 675	**351 305**	226 849	75	222 949	13 177
15	Magdeburg	156 897	12 792	70 009	**239 698**	58 594	37	160 111	12 886
16	Merseburg	266 168	14 275	57 470	**337 913**	116 694	43	244 233	12 335
17	Erfurt	124 573	11 054	37 334	**172 961**	68 436	55	121 035	9 021
18	Schleswig	85 316	1 666	35 991	**122 973**	27 197	31	93 686	836
19	Hannover	111 193	617	41 518	**153 328**	58 205	52	109 343	515
20	Hildesheim	373 935	17 511	105 415	**496 861**	182 538	49	354 768	13 968
21	Lüneburg	123 768	2 943	74 086	**200 797**	71 492	58	122 354	2 971
22	Stade	40 192	49	19 727	**59 968**	27 705	69	41 608	26
23	Osnabrück mit Aurich	19 600	45	9 733	**29 378**	12 262	63	18 941	77
24	Münster	8 828	.	4 336	**13 164**	5 218	59	8 540	.
25	Minden mit Schaumburg	130 608	355	41 777	**172 740**	60 648	46	137 939	571
26	Arnsberg	73 086	35	19 724	**92 845**	31 153	43	68 708	12
27	Cassel ohne Schaumburg	505 082	13 688	304 978	**823 748**	168 164	33	496 698	11 132
28	Wiesbaden	151 860	2 053	86 118	**240 031**	30 968	20	160 179	1 213
29	Coblenz	86 174	568	40 216	**126 958**	42 446	49	69 282	498
30	Düsseldorf	47 297	1 426	21 604	**70 327**	38 863	82	47 829	1 198
31	Cöln	28 766	.	17 854	**46 620**	19 563	68	27 683	.
32	Trier	236 086	231	35 228	**271 545**	90 472	32	245 567	80
33	Aachen	75 162	.	33 084	**108 246**	41 752	56	68 647	8
	Zusammen	7 193 735	343 798	1 889 636	**9 427 169**	3 358 706	47	6 828 430	276 230

37c.

Abnutzung hat betragen:

schaftsjahre 1. Oktober 1890/91 jahr 1891/92)				im Forstwirthschaftsjahre 1. Oktober 1891/92 (Etatsjahr 1892/93)					
Reiserholz	Zusammen	Hiervon (Spalte 72) sind verwerthet als Nutzholz	Das Nutzholz beträgt vom Derbholz	Derbholz	Stockholz	Reiserholz	Zusammen	Hiervon (Spalte 78) sind verwerthet als Nutzholz	Das Nutzholz beträgt vom Derbholz
meter			%	Festmeter					%
71.	72.	73.	74.	75.	76.	77.	78.	79.	80.
63 682	**594 734**	187 398	37	566 675	28 150	71 888	**666 713**	203 868	36
84 222	**560 869**	185 178	40	484 322	14 685	96 219	**595 226**	201 059	42
49 426	**262 509**	99 269	48	243 732	7 773	66 632	**318 137**	95 237	39
9 519	**487 372**	249 900	54	480 233	27 672	94 720	**602 625**	233 324	49
86 414	**693 066**	226 302	40	601 950	47 075	96 803	**745 828**	254 407	42
78 718	**633 150**	280 201	54	631 842	35 959	77 213	**745 014**	352 925	56
33 972	**391 400**	157 702	45	364 178	11 922	36 423	**412 523**	173 077	48
33 325	**194 287**	66 455	42	167 676	1 261	38 383	**207 320**	60 722	36
24 047	**89 196**	21 280	33	65 517	946	23 894	**90 357**	21 868	33
35 230	**209 708**	90 546	57	170 043	17 001	41 988	**229 032**	84 531	50
67 011	**342 307**	136 839	52	256 790	19 703	65 836	**342 329**	132 230	51
27 175	**270 164**	131 176	56	226 152	17 511	33 819	**277 482**	130 330	58
12 207	**80 222**	47 324	74	67 448	4 347	12 939	**84 734**	49 731	74
27 655	**263 781**	160 836	72	273 491	16 464	39 230	**329 185**	196 144	72
69 657	**242 654**	61 075	38	180 749	10 782	72 304	**263 835**	74 916	41
60 240	**316 808**	109 654	45	215 046	13 606	65 706	**294 358**	97 243	45
38 626	**168 682**	64 197	53	162 890	12 042	33 141	**208 073**	92 749	57
35 816	**130 338**	28 101	30	93 572	784	34 455	**128 775**	30 850	33
40 671	**150 529**	56 210	51	120 003	599	38 062	**158 664**	57 216	48
86 421	**455 157**	169 994	48	367 938	20 166	86 771	**474 875**	176 850	48
61 323	**186 648**	68 734	56	154 321	2 327	67 296	**223 944**	87 032	56
20 912	**62 546**	26 927	65	51 837	107	17 309	**69 253**	33 114	64
10 489	**29 507**	11 503	61	22 334	53	13 235	**35 622**	14 260	64
3 897	**12 437**	5 039	59	8 650	.	4 274	**12 924**	4 855	51
41 910	**180 420**	61 515	45	157 699	1 216	47 554	**206 469**	73 029	46
17 978	**86 698**	31 527	46	63 768	12	17 185	**80 965**	26 221	41
283 936	**791 766**	173 681	35	492 861	12 965	297 285	**803 111**	173 727	35
86 609	**248 001**	33 522	21	159 450	1 775	88 753	**249 978**	35 942	23
36 599	**106 379**	31 126	45	68 753	898	34 948	**104 599**	33 922	49
22 056	**71 083**	38 399	80	48 219	1 400	25 450	**75 069**	40 401	84
18 495	**46 178**	19 518	71	31 719	.	20 180	**51 899**	23 220	73
60 647	**306 294**	80 348	33	222 407	183	55 412	**278 002**	70 297	25
30 982	**99 637**	37 801	55	72 351	8	35 955	**108 314**	41 886	58
1 659 867	**8 764 527**	3 149 277	46	7 294 616	329 356	1 851 262	**9 475 234**	2 377 183	46

Tabelle 37d.

Nachweisung der in den einzelnen Königlichen Oberförstereien Ende 1893 gültigen Abnutzungssätze.

Laufende Nummer	Oberförsterei	Zur Holzzucht bestimmte Fläche Ende 1893 ha	Abnutzungssatz an controlfähigem Material, fm Derbholz: Hauptnutzung des Hochwaldes einschl. des Oberholzes im Mittelwalde und des Plänterwaldes (darunter M = Oberholz im Mittelwalde, P = Plänterwald)					Vornutzung des Hochwaldes					Abnutzungssatz an nicht controlfähigem Material in fm:			Derbholz-Abnutzungssatz		Der Abnutzungssatz ist gültig seit:
			Eichen	Buchen	Weichholz	Nadelholz	Zusammen Hauptnutzung	Eichen	Buchen	Weichholz	Nadelholz	Zusammen Vornutzung	Derbholz	Stockholz	Reisig	im Ganzen fm	für das ha fm	
	1. Regierungs-Bezirk Königsberg.																	
1	Friedrichsfelde .	5 266	29	.	2 102	6 930	9 061	6	.	202	701	909	.	.	883	9 970	1,9	1869
2	Puppen . . .	6 401	194	10	1 078	11 230	12 512	.	.	.	981	981	.	.	820	13 493	2,1	1869
3	Ratzeburg . .	6 372	.	.	10	13 037	13 047	.	.	.	545	545	.	.	2 150	13 592	2,1	1869
4	Reußwalde . .	4 849	200	.	3 500	6 778	10 478	4	.	170	1 994	2 168	.	662	905	12 646	2,6	1893
5	Grüneberge .	6 833	9	.	193	3 678	3 880	1	.	10	512	523	.	311	612	4 403	0,6	1893
6	Corpellen . .	4 930	239	480	40	8 551	9 310	.	.	10	496	506	.	686	587	9 816	2,0	1893
7	Kaltenborn . .	5 704	569	53	263	10 327	11 212	6	.	47	2 445	2 498	.	279	644	13 710	2,4	1893
8	Grünfließ . .	5 881	208	71	425	11 995	12 699	15	.	106	3 168	3 289	.	480	954	15 988	2,7	1893
9	Hartigswalde .	5 338	217	4	309	7 342	7 872	.	.	3	2 909	2 912	.	197	630	10 784	2,0	1893
10	Purden . . .	4 808	24	73	35	8 466	8 598	.	.	65	1 822	1 887	.	.	1 573	10 485	2,2	1868
11	Ramuck . . .	5 120	269	89	482	12 050	12 890	.	.	215	1 155	1 370	.	.	1 411	14 260	2,8	1866
12	Lanskerofen .	6 369	1 474	750	1 778	14 063	18 065	183	89	315	5 032	5 619	.	191	4 184	23 684	3,9	1884
13	Kudippen . .	4 395	145	1 073	362	8 953	10 533	19	197	75	1 557	1 848	.	.	1 714	12 381	2,8	1866
14	Jablonken . .	6 314	1 108	183	543	13 174	15 008	28	10	209	2 271	2 518	.	.	2 853	17 526	2,8	1867
15	Taberbrück . .	8 104	1 785	1 923	1 937	18 685	24 330	387	213	707	5 977	7 284	.	2 242	4 803	31 614	3,9	1876
16	Liebemühl . .	3 864	69	105	319	9 514	10 007	4	27	62	1 733	1 826	.	1 028	1 147	11 833	3,1	1875
17	Alt-Christburg .	6 430	1 568	2 353	788	10 435	15 144	231	199	237	3 767	4 434	.	1 978	3 861	19 578	3,0	1886
18	Sadlowo . .	4 456	5	1 293	1 041	6 903	9 242	.	119	690	145	954	.	.	1 281	10 196	2,3	1868
19	Wichertshof . .	6 556	935	371	1 450	17 791	20 547	4	108	303	4 272	4 687	.	1 993	2 339	25 234	3,8	1878
20	Pr.-Eylau . .	4 788	457	121	2 227	6 695	9 500	50	20	977	2 453	3 500	.	950	3 450	13 000	2,7	1892
21	Födersdorf . .	3 538	1 090	486	1 170	7 603	10 349	50	55	508	2 638	3 251	.	1 209	3 671	13 600	3,8	1892
22	Tapiau . . .	5 584	947	277	5 631	6 387	13 242	.	5	1 408	2 255	3 668	.	1 425	3 637	16 910	3,0	1890
23	Gauleden . .	3 971	855	731	3 807	3 365	8 758	27	27	1 026	1 920	3 000	.	281	1 838	11 758	3,0	1890
24	Drusken . .	7 382	744	2 949	9 601	4 532	17 826	7	92	1 136	1 243	2 478	.	483	3 280	20 304	2,8	1884
25	Alt-Sternberg .	4 221	1 104	1 758	7 093	2 275	12 230	19	123	1 386	919	2 447	.	219	1 810	14 677	3,5	1886
26	Neu-Sternberg	4 427	944	1 847	7 560	1 502	11 853	.	149	1 656	831	2 636	.	367	1 249	14 489	3,3	1886
27	Mehlauken . .	3 721	692	583	4 631	1 294	7 200	.	.	565	350	915	.	406	2 332	8 115	2,2	1884
28	Pfeil	3 791	207	541	4 963	2 007	7 718	2	14	1 627	957	2 600	.	433	1 263	10 318	2,7	1888
29	Kl.-Naujock .	3 328	443	107	5 865	2 143	8 558	10	2	1 035	603	1 650	.	612	3 614	10 208	3,1	1886
30	Nemonien . .	3 162	.	.	8 732	.	8 732	.	.	156	5	161	.	20	1 245	8 893	2,8	1890
31	Leipen . . .	4 264	205	624	4 446	3 644	8 919	1	69	1 193	1 852	3 115	.	647	2 334	12 034	2,8	1889
32	Gertlauken . .	3 829	199	377	4 636	3 832	9 044	.	10	1 351	1 320	2 681	.	103	2 002	11 725	3,1	1889
33	Greiben . .	4 790	1 942	442	6 455	3 195	12 034	5	32	1 746	1 741	3 524	.	1 543	2 559	15 558	3,3	1891
34	Fritzen . . .	2 978	512	100	3 179	2 875	6 666	11	.	549	1 004	1 564	.	769	2 214	8 230	2,8	1891
35	Kobbelbude . .	4 065	75	60	175	6 690	7 000	5	.	75	2 920	3 000	.	1 850	2 100	10 000	2,4	1886
36	Klooschen . .	2 574	1	.	463	3 127	3 591	.	.	76	1 278	1 354	.	239	430	4 945	1,9	1889
37	Warnicken . .	1 952	857	438	3 110	52	4 457	100	100	513	130	843	.	270	1 670	5 300	2,7	1877
	Zusammen	180 355	20 321	20 272	100 399	261 120	402 112	1 175	1 640	20 429	65 901	89 145	.	21 873	74 049	491 257	2,7	

Zu Tabelle 37d.

Laufende Nummer	Oberförsterei	Zur Holzzucht bestimmte Fläche Ende 1893 ha	Abnutzungssatz an controlfähigem Material, fm Derbholz: Hauptnutzung des Hochwaldes einschl. des Oberholzes im Mittelwalde und des Plänterwaldes (darunter M = Oberholz im Mittelwalde, P = Plänterwald)					Vornutzung des Hochwaldes					Abnutzungssatz an nicht controlfähigem Material in fm:			Derbholz-Abnutzungssatz		Der Abnutzungssatz ist gültig seit:
			Eichen	Buchen	Weichholz	Nadelholz	Zusammen Hauptnutzung	Eichen	Buchen	Weichholz	Nadelholz	Zusammen Vornutzung	Derbholz	Stockholz	Reisig	im Ganzen fm	für das ha fm	
	2. Regierungs-Bezirk Gumbinnen.																	
1	Wolfsbruch	5 068	2	3	304	9 105	9 414	.	.	43	4 240	4 283	.	30	331	13 697	2,7	1892
2	Kullik	4 781	10	.	1 620	8 620	10 250	5	.	130	1 725	1 860	.	.	559	12 110	2,5	1873
3	Turoscheln	5 034	.	.	915	10 065	10 980	.	.	5	2 315	2 320	.	.	1 120	13 300	2,6	1873
4	Kurwien	5 663	60	10	2 235	11 975	14 280	10	.	140	2 370	2 520	.	.	802	16 800	3,0	1873
5	Johannisburg	5 615	.	.	140	12 180	12 320	.	.	.	4 270	4 270	.	.	489	16 590	3,0	1873
6	Breitenheide	6 423	.	.	480	10 640	11 120	.	.	80	1 750	1 830	.	.	510	12 950	2,0	1873
7	Guszianka	5 807	90	.	360	14 940	15 390	.	.	.	1 900	1 900	.	.	764	17 290	3,0	1873
8	Cruttinnen	5 820	1 135	60	590	11 025	12 810	55	.	60	1 005	1 120	.	.	1 999	13 930	2,4	1872
9	Nikolaiken	4 500	490	.	120	15 040	15 650	.	.	.	3 250	3 250	.	.	2 109	18 900	4,0	1873
10	Pfeilswalde	5 832	1 000	10	720	12 570	14 300	15	.	70	1 115	1 200	.	.	1 757	15 500	2,7	1873
11	Grondowken	7 532	.	.	149	11 851	12 000	.	.	3	4 997	5 000	.	272	1 299	17 000	2,3	1892
12	Lyck	4 916	11	3	210	12 717	12 941	.	1	72	1 327	1 400	.	1 406	2 882	14 341	2,9	1880
13	Borken	4 907	13	999	3 973	3 015	8 000	.	34	545	921	1 500	.	20	2 630	9 500	1,9	1888
14	Rothebude	4 476	6	888	3 503	3 603	8 000	.	29	200	1 187	1 416	.	541	2 732	9 416	2,1	1889
15	Heydtwalde	4 957	.	790	4 840	5 545	11 175	.	84	604	1 777	2 465	.	310	1 853	13 640	2,8	1890
16	Skallischen	3 769	.	.	1 106	7 469	8 575	.	.	58	3 114	3 172	.	675	2 115	11 747	3,1	1885
17	Szittkehmen	4 833	.	.	300	4 000	4 300	.	.	65	455	520	.	.	859	4 820	1,0	1885
18	Goldap	5 098	.	776	4 830	1 107	6 713	.	.	285	143	428	.	.	890	7 141	1,4	1865
19	Nassawen	4 440	.	.	727	3 481	4 208	.	.	90	179	269	.	.	749	4 477	1,0	1865
20	Warnen	5 165	44	110	2 243	5 529	7 926	.	7	200	673	880	.	.	1 446	8 806	1,7	1875
21	Kranichbruch	4 910	1 015	1 395	5 813	2 774	10 997	19	24	607	350	1 000	.	800	5 000	11 997	2,4	1884
22	Astrawischken	4 554	1 479	1 497	4 239	4 358	11 573	49	85	1 074	1 953	3 161	.	1 000	3 500	14 734	3,2	1884
23	Tzullkinnen	4 357	526	.	4 959	3 842	9 327	.	.	809	1 186	1 995	.	1 508	2 013	11 322	2,6	1879
24	Eichwald	4 564	507	31	3 979	3 917	8 434	.	1	437	1 380	1 818	.	1 236	9 096	10 252	2,2	1881
25	Brödlauken	3 034	1 608	70	3 847	4 452	9 977	56	4	600	1 298	1 958	.	1 000	4 500	11 935	3,9	1885
26	Schorellen	5 075	831	30	7 902	3 248	12 011	30	.	1 170	800	2 000	.	497	5 996	14 011	2,8	1880
27	Ußballen	2 333	.	.	642	3 465	4 107	.	.	570	815	1 385	.	140	1 525	5 492	2,4	1880
28	Weßkallen	3 693	.	6	3 971	2 855	6 832	2	3	1 649	997	2 651	.	343	6 102	9 483	2,6	1882
29	Neu-Lubönen	5 791	.	.	1 570	12 615	14 185	.	.	59	2 357	2 416	.	299	6 123	16 601	2,9	1878
30	Trappönen	5 698	.	.	829	11 513	12 342	.	.	12	2 542	2 554	.	984	4 544	14 896	2,6	1880
31	Schmalleningken	5 802	.	.	1 168	7 142	8 310	.	.	434	3 319	3 753	.	335	4 165	12 063	2,1	1885
32	Jura	5 572	.	.	981	7 477	8 458	.	.	127	2 897	3 024	.	802	2 116	11 482	2,1	1885
33	Padrojen	6 064	266	625	4 666	3 743	9 300	3	25	262	1 010	1 300	.	700	4 700	10 600	1,7	1882
34	Wilhelmsbruch	4 631	280	.	4 000	5 220	9 500	10	.	250	940	1 200	30	535	4 922	10 730	2,3	1882
35	Schnecken	3 608	12	.	1 645	5 457	7 114	.	.	181	778	959	.	1 116	2 275	8 073	2,2	1882
36	Dingken	3 083	212	.	2 611	3 763	6 586	15	.	281	468	764	57	400	1 381	7 407	2,4	1880
37	Tawellningken	6 718	.	.	.	.	.	.	.	.	.	.	13 236	.	6 600	13 236	2,0	1880
38	Ibenhorst	3 961	.	5	365	930	1 300	.	.	.	.	.	9 909	25	1 232	11 209	2,9	1889
39	Norkaiten	3 325	.	.	721	2 216	2 937	.	.	59	813	872	.	191	340	3 809	1,1	1890
	Zusammen	191 409	9 597	7 308	83 273	263 464	363 642	269	297	11 231	62 616	74 413	23 232	15 165	104 025	461 287	2,4	

*

Zu Tabelle 37d.

Laufende Nummer	Oberförsterei	Zur Holzzucht bestimmte Fläche Ende 1893 ha	Abnutzungssatz an controlfähigem Material, fm Derbholz: Hauptnutzung des Hochwaldes einschl. des Oberholzes im Mittelwalde und des Plänterwaldes (*darunter M = Oberholz im Mittelwalde, P = Plänterwald*): Eichen	Buchen	Weichholz	Nadelholz	Zusammen Hauptnutzung	Vornutzung des Hochwaldes: Eichen	Buchen	Weichholz	Nadelholz	Zusammen Vornutzung	Abnutzungssatz an nicht controlfähigem Material in fm: Derbholz	Stockholz	Reisig	Derbholz-Abnutzungssatz: im Ganzen fm	für das ha fm	Der Abnutzungssatz ist gültig seit:

3. Regierungs-Bezirk Danzig.

Laufende Nummer	Oberförsterei	ha	Eichen	Buchen	Weichholz	Nadelholz	Zusammen Hauptnutzung	Eichen	Buchen	Weichholz	Nadelholz	Zusammen Vornutzung	Derbholz	Stockholz	Reisig	im Ganzen fm	für das ha fm	gültig seit
1	Steegen . . .	4 945	.	.	59	5 552	5 611	.	.	3	406	409	57	2 127	1 702	6 077	1,2	1879
2	Pelplin . . .	4 066	286	646	911	8 824	10 667	7	21	285	2 062	2 375	.	1 360	2 660	13 042	3,2	1886
3	Sobbowitz . .	4 238	138	1 739	1 272	6 791	9 940	5	21	148	2 792	2 966	.	1 539	2 632	12 906	3,0	1886
4	Wilhelmswalde	5 907	22	85	89	13 421	13 617	.	10	150	1 850	2 010	.	1 110	1 943	15 627	2,6	1882
5	Wildungen . .	7 881	32	.	153	8 789	8 974	.	.	24	1 010	1 034	.	75	1 466	10 008	1,3	1889
6	Wirthy . . .	6 093	184	19	17	9 574	6 794	.	.	.	2 561	2 561	.	606	1 481	12 355	2,0	1877
7	Hagenort . .	7 762	.	.	104	9 418	9 522	.	.	10	1 978	1 988	.	79	1 904	11 510	1,5	1885
8	Okonin . .	4 597	120	.	130	13 377	13 627	.	.	.	1 930	1 930	.	.	507	15 557	3,4	1877
9	Königswiese .	6 766	159	.	.	4 934	5 093	11	.	.	1 382	1 393	.	65	1 167	6 486	1,0	1886
10	Lorenz . . .	7 649	419	261	185	5 275	6 140	25	30	25	1 420	1 500	.	150	840	7 640	1,0	1890
11	Buchberg . .	5 027	936	2 028	110	4 658	7 732	71	54	95	1 680	1 900	.	273	1 577	9 632	1,9	1893
12	Sullenschin . .	4 713	344	241	32	1 831	2 448	152	248	58	362	820	.	49	569	3 268	0,7	1893
13	Stangenwalde	4 371	196	1 976	404	4 266	6 842	5	21	60	1 512	1 598	.	63	1 479	8 440	1,9	1881
14	Carthaus . .	5 359	481	2 062	149	4 308	7 000	11	81	448	1 660	2 200	.	205	3 663	9 200	1,7	1893
15	Mirchau . .	5 729	1 368	1 629	273	6 522	9 792	180	468	54	1 098	1 800	.	.	2 000	11 592	2,0	1893
16	Oliva . . .	3 646	1 820	1 181	305	5 444	8 750	107	104	208	524	943	.	1 318	2 733	9 693	2,7	1877
17	Kielau . . .	5 729	1 897	2 656	449	6 114	11 116	127	658	294	653	1 732	.	1 747	3 623	12 848	2,2	1877
18	Gnewau . .	4 764	1 917	2 801	769	6 010	11 497	55	216	139	1 228	1 638	.	1 200	3 300	13 135	2,8	1877
19	Neustadt . .	5 575	1 146	1 598	290	7 326	10 360	110	395	120	1 149	1 774	.	240	810	12 134	2,2	1889
20	Darslub . .	5 569	1 675	2 600	830	5 921	11 026	65	715	180	1 425	2 385	.	92	1 102	13 411	2,4	1890
	Zusammen	110 386	13 140	21 522	6 531	138 355	179 548	931	3 042	2 301	28 682	34 956	57	12 298	37 158	214 561	1,9	

Zu Tabelle 37d.

Laufende Nummer	Oberförsterei	Zur Holzzucht bestimmte Fläche Ende 1893 ha	Abnutzungssatz an controlfähigem Material, fm Derbholz: Hauptnutzung des Hochwaldes einschl. des Oberholzes im Mittelwalde und des Plänterwaldes (darunter M = Oberholz im Mittelwalde, P = Plänterwald): Eichen	Buchen	Weichholz	Nadelholz	Zusammen Hauptnutzung	Vornutzung des Hochwaldes: Eichen	Buchen	Weichholz	Nadelholz	Zusammen Vornutzung	Abnutzungssatz an nicht controlfähigem Material in fm: Derbholz	Stockholz	Reisig	Derbholz-Abnutzungssatz im Ganzen fm	für das ha fm	Der Abnutzungssatz ist gültig seit:
	4. Regierungs-Bezirk Marienwerder.																	
1	Lautenburg	5 138	768	216	561	10 461	12 006	25	.	20	3 385	3 430	.	708	2 317	15 436	3,1	1874
2	Ruda	5 731	1 765	202	1 646	12 056	15 669	40	.	120	4 171	4 331	.	667	3 081	20 000	3,5	1874
3	Gollub	4 068	2	25	644	14 006	14 677	.	.	77	1 286	1 363	.	1 637	1 604	16 040	3,9	1877
4	Strembaczno	3 152	285	25	458	7 369	8 137	5	.	31	1 009	1 045	.	1 102	1 377	9 182	2,9	1879
5	Kosten	Der Abnutzungssatz ist noch nicht festgestellt.																
6	Wilhelmsberg	5 347	372	327	468	13 258	14 425	8	4	93	1 830	1 935	.	1 000	1 300	16 360	3,1	1880
7	Lonkorß	5 803	.	.	140	14 980	15 120	.	1	16	2 860	2 877	.	400	500	17 997	3,1	1893
8	Jammi	6 400	1 436	594	504	17 331	19 865	100	66	155	6 069	6 390	.	2 000	5 900	26 255	4,1	1889
9	Rehhof	7 360	1 185	640	1 195	17 080	20 100	50	20	540	3 790	4 400	.	3 430	4 900	24 500	3,3	1887
10	Krausenhof	2 318	572	26	295	7 119	8 012	13	1	43	1 531	1 588	.	1 139	1 354	9 600	4,1	1880
11	Hagen	7 023	.	.	175	10 325	10 500	.	.	10	3 990	4 000	.	900	2 000	14 500	2,1	1890
12	Bülowsheide	6 219	.	.	202	9 870	10 072	.	.	20	3 980	4 000	.	714	2 814	14 072	2,3	1890
13	Osche	6 619	164	276	337	9 557	10 334	10	5	250	4 365	4 630	.	748	2 993	14 964	2,3	1889
14	Charlottenthal	5 889	130	10	576	10 667	11 383	10	.	160	3 830	4 000	.	1 538	2 307	15 383	2,6	1889
15	Lindenbusch	5 530	190	280	400	9 290	10 160	4	18	205	3 695	3 922	.	1 088	2 074	14 082	2,5	1882
16	Junckerhof	6 667	.	.	140	11 535	11 675	.	.	50	2 275	2 325	.	1 400	2 100	14 000	2,1	1884
17	Grünfelde	5 045	17	.	176	15 388	15 581	.	.	66	4 434	4 500	.	1 406	3 615	20 081	4,0	1891
18	Schwiedt	6 102	95	.	38	13 014	13 147	4	.	13	3 983	4 000	.	560	2 585	17 147	2,8	1883
19	Woziwoda	6 298	.	.	47	5 733	5 780	.	.	16	2 526	2 542	.	150	1 015	8 322	1,3	1889
20	Lutau	4 228	2 779	482	1 566	7 578	12 405	437	74	804	2 688	4 003	.	596	1 766	16 408	3,9	1887
21	Plietnitz	7 165	275	.	84	11 436	11 795	132	.	199	3 241	3 572	.	554	2 072	15 367	2,1	1885
22	Schönthal	6 838	2	436	589	12 885	13 912	4	28	220	3 214	3 466	.	298	3 380	17 378	2,5	1886
23	Schloppe	5 464	5	11	88	12 330	12 434	.	70	50	4 380	4 500	.	1 693	2 540	16 934	3,1	1890
24	Königsbruch	6 591	68	.	287	11 006	11 361	2	.	11	1 002	1 015	.	412	1 035	12 376	1,9	1879
25	Czersk	5 989	112	70	366	10 244	10 792	7	1	180	1 509	1 697	.	249	2 066	12 489	2,1	1886
26	Rittel	5 137	.	.	4	10 055	10 059	.	.	.	5 280	5 280	.	500	1 800	15 339	3,0	1892
27	Gildon	6 137	.	.	.	4 000	4 000	.	.	.	1 130	1 130	.	.	1 200	5 130	0,8	1893
28	Laska	Der Abnutzungssatz ist noch nicht festgestellt.																
29	Landeck	4 223	1	.	4	9 846	9 851	.	.	2	1 257	1 259	.	333	666	11 110	2,6	1875
30	Lindenberg	6 784	1 293	150	119	13 918	15 480	123	17	81	2 002	2 223	.	651	2 062	17 703	2,6	1879
31	Eisenbrück	7 167	148	39	213	12 712	13 112	6	3	26	2 033	2 068	.	150	1 500	15 180	2,1	1881
32	Pflastermühl	7 329	370	20	60	16 500	16 950	.	.	.	2 550	2 550	.	200	1 200	19 500	2,7	1880
33	Zanderbrück	5 375	489	624	544	10 201	11 858	15	39	44	1 354	1 452	.	532	932	13 310	2,3	1880
34	Hammerstein	5 712	25	67	23	296	411	.	.	11	1 497	1 508	.	238	3 493	1 919	0,3	1891
	Zusammen	184 848	12 548	4 520	11 949	352 046	381 063	995	347	3 513	92 146	97 001	.	26 993	69 548	478 064	2,6	

Zu Tabelle 37d.

Laufende Nummer	Oberförsterei	Zur Holzzucht bestimmte Fläche Ende 1893 ha	Abnutzungssatz an controlfähigem Material, fm Derbholz: Hauptnutzung des Hochwaldes einschl. des Oberholzes im Mittelwalde und des Plänterwaldes (darunter M = Oberholz im Mittelwalde, P = Plänterwald): Eichen	Buchen	Weichholz	Nadelholz	Zusammen Hauptnutzung	Vornutzung des Hochwaldes: Eichen	Buchen	Weichholz	Nadelholz	Zusammen Vornutzung	Abnutzungssatz an nicht controlfähigem Material in fm: Derbholz	Stockholz	Reisig	Derbholz-Abnutzungssatz im Ganzen fm	für das ha fm	Der Abnutzungssatz ist gültig seit:
	5. Regierungs-Bezirk Potsdam.																	
1	Cummersdorf	5 289	62	6	1 060	8 757	9 885	32	5	135	1 473	1 645	.	2 102	959	11 530	2,2	1878
2	Woltersdorf	3 946	45	.	914	6 167	7 126	17	.	120	1 807	1 944	.	1 451	2 268	9 070	2,3	1886
3	Zinna	3 035	5	1	17	3 966	3 989	.	.	11	400	411	365	917	1 642	4 765	1,6	1875
4	Cunersdorf	4 251	150	.	15	6 835	7 000	15	.	15	1 970	2 000	.	1 344	2 147	9 000	2,1	1879
5	Lehnin	5 599	202	.	249	10 194	10 645	10	.	20	2 670	2 700	731	2 660	3 077	14 076	2,5	1889
6	Dippmannsdorf	2 964	61	12	171	6 039	6 283	9	4	57	1 230	1 300	321	890	1 504	7 904	2,7	1876
7	Grünaue	2 578	161	9	559	5 071	5 800	22	2	72	804	900	.	646	906	6 700	2,6	1875
8	Potsdam	5 592	376	94	560	8 894	9 924	26	.	42	2 234	2 302	.	1 834	2 323	12 226	2,2	1887
9	Colpin	4 921	15	.	14	7 171	7 200	4	.	15	781	800	.	620	1 320	8 000	1,6	1876
10	Friedersdorf	6 319	.	.	20	8 407	8 427	1	.	1	2 604	2 606	.	1 289	2 756	11 033	1,8	1890
11	Rüdersdorf	7 420	9	.	127	14 631	14 767	8	.	15	3 851	3 874	.	1 717	3 626	18 641	2,5	1889
12	Cöpenick	7 048	10	.	286	7 034	7 330	40	.	14	1 166	1 220	.	2 646	1 489	8 550	1,2	1877
13	Eberswalde	3 990	216	524	104	9 336	10 180	8	94	49	2 414	2 565	23	1 200	2 000	12 768	3,2	1888
14	Biesenthal	3 784	13	190	85	9 611	9 899	.	1	23	1 494	1 518	276	1 640	1 811	11 693	3,1	1888
15	Freienwalde	4 801	1 462 P = 20	1 173 P = 67	346 P = 1	12 107 P = 2	15 088 P = 90	156	574	65	2 171	2 966	100	1 800	2 743	18 154	3,8	1884
16	Chorin	4 657	467	3 102	707	7 644	11 920	47	668	56	2 533	3 304	672	1 000	4 218	15 896	3,4	1888
17	Grunewald	4 042	114	.	.	7 386	7 500	40	.	4	2 456	2 500	.	750	1 500	10 000	2,5	1888
18	Tegel	2 631	84	3	27	5 693	5 807	17	7	111	1 811	1 946	.	1 030	370	7 753	3,0	1892
19	Falkenhagen	4 213	368	144	3 538	6 502	10 552	200	.	700	1 600	2 500	1 240	1 629	1 881	14 292	3,4	1892
20	Schönwalde	5 923	11	400	35	9 254	9 700	2	30	10	2 958	3 000	.	1 780	1 660	12 700	2,2	1890
21	Oranienburg	5 285	12	.	46	7 796	7 854	11	.	40	1 549	1 600	.	1 742	2 691	9 454	1,8	1877
22	Neuholland	4 547	43	204	1 059	6 694	8 000	15	4	181	2 800	3 000	.	1 600	1 000	11 000	2,4	1890
23	Havelberg	3 624	380	164	851	4 227	5 622	132	41	160	1 667	2 000	.	350	1 000	7 622	2,1	1889
24	Rüthnick	4 106	790	.	50	8 160	9 000	60	.	30	2 910	3 000	.	1 250	1 750	12 000	2,9	1888
25	Liebenwalde	5 403	240 P = 95	165 P = 80	2 430 P = 550	9 765 P = 2075	12 600 P = 2800	120	10	340	2 030	2 500	.	1 350	1 350	15 100	2,8	1881
26	Grimnitz	7 103	683	42	1 208	9 095	11 028	38	19	224	2 695	2 976	.	1 400	1 680	14 004	2,0	1886
27	Pechteich	5 154	1 455	98	1 420	2 690	5 663	125	31	148	1 441	1 745	.	1 239	1 440	7 408	1,4	1887
28	Gr.-Schönebeck	7 661	59	.	210	12 625	12 894	8	.	17	32 58	3 283	.	3 085	1 715	16 177	2,1	1886
29	Glambeck	4 146	1 361	4 460	1 595	3 404	10 820	255	1 131	379	712	2 477	.	382	2 446	13 297	3,2	1884
30	Reiersdorf	6 482	100	50	807	11 643	12 600	106	12	106	2 254	2 478	.	2 111	1 177	15 078	2,3	1886
31	Zehdenick	7 232	240	260	3 640	10 360	14 500	200	20	1 500	2 080	3 800	.	2 200	1 830	18 300	2,5	1884
32	Gramzow	3 018	1 685	3 835	380	2 430	8 330	50	1 205	130	615	2 000	.	994	1 715	10 330	3,4	1884
33	Alt-Ruppin	6 571	129	1 219	62	12 390	13 800	20	100	108	5 272	5 500	.	2 603	4 218	19 300	2,9	1886
34	Neu-Glienicke	6 566	123	804	230	13 843	15 000	30	180	150	4 760	5 120	.	2 774	7 433	20 120	3,1	1886
35	Neuendorf	5 306	14	23	237	10 479	10 753	.	1	23	2 959	2 983	.	2 058	3 567	13 736	2,6	1887
36	Zechlin	5 981	447	2 950	32	7 809	11 238	3	766	19	1 613	2 401	.	1 909	2 318	13 639	2,3	1887
37	Lüdersdorf	1 487	9	821	597	2 403	3 830	25	.	161	987	1 480	.	637	637	5 310	3,6	1887
38	Himmelpfort	6 215	458	628	115	13 642	14 843	8	307	83	3 568	3 757	.	1 652	765	18 600	3,0	1891
39	Neu-Thymen	4 595	83	189	104	9 324	9 700	3	98	41	2 456	2 500	.	1 527	1 277	12 200	2,7	1891
40	Menz	5 261	2 533	1 803	174	10 781	15 291	361	3	188	2 435	3 300	.	.	2 120	18 591	3,5	1881
	Zusammen	198 746	14 675 P = 115	23 337 P = 147	24 081 P = 551	330 259 P = 2077	392 388 P = 2890	2 221	5 629	5 563	86 488	99 901	3 728	59 808	82 329	496 017	2,5	

Zu Tabelle 37d.

Laufende Nummer	Oberförsterei	Zur Holzzucht bestimmte Fläche Ende 1893 ha	Abnutzungssatz an controlfähigem Material, fm Derbholz: Hauptnutzung des Hochwaldes einschl. des Oberholzes im Mittelwalde und des Plänterwaldes (darunter M = Oberholz im Mittelwalde, P = Päulterwald)					Vornutzung des Hochwaldes					Abnutzungssatz an nicht controlfähigem Material in fm:			Derbholz-Abnutzungssatz		Der Abnutzungssatz ist gültig seit:
			Eichen	Buchen	Weichholz	Nadelholz	Zusammen Hauptnutzung	Eichen	Buchen	Weichholz	Nadelholz	Zusammen Vornutzung	Derbholz	Stockholz	Reisig	im Ganzen fm	für das ha fm	
	6. Regierungs-Bezirk Frankfurt.																	
1	Sorau . . .	2 964	126	76	95	4 908	5 205	9	31	82	1 116	1 238	.	720	2 748	6 443	2,2	1889
2	Christianstadt .	7 141	26	2	36	5 565	5 629	1	.	20	1 327	1 348	.	1 348	3 070	6 977	1,0	1889
3	Braschen . .	5 167	717	3	558	6 631	7 909	148	9	10	1 024	1 191	.	924	1 213	9 100	1,8	1875
4	Jänschwalde .	2 946	2	.	21	3 274	3 297	.	.	2	638	640	.	470	639	3 937	1,3	1878
5	Crossen . . .	4 754	32	.	358	7 927	8 317	13	.	35	1 120	1 168	350	1 352	842	9 835	2,1	1875
6	Lagow . . .	5 123	4 468	4 250	237	4 995	13 950	200	250	20	1 630	2 100	.	.	1 660	16 050	3,1	1882
7	Reppen . . .	7 035	233	50	218	10 938	11 439	88	4	47	952	1 091	.	.	6 066	12 530	1,8	1873
8	Limmritz . .	6 996	313	29	388	7 540	8 270	.	.	68	2 646	2 714	.	1 152	2 213	10 984	1,6	1882
9	Grünhaus . .	5 596	26	.	144	9 907	10 077	10	.	20	1 600	1 630	.	1 230	1 540	11 707	2,1	1875
10	Dobrilugk . .	4 383	17	66	64	5 523	5 670	4	4	13	959	980	.	998	799	6 650	1,5	1876
11	Tauer . . .	9 251	2 868	.	3	14 063	16 934	350	.	.	1 906	2 256	.	.	2 938	19 190	2,1	1874
12	Börnichen . .	6 862	57 P = 51	194 P = 194	412 P = 252	4 988 .	5 651 P = 497	1	.	11	1 273	1 285	7 353	767	1 828	14 289	2,1	1879
13	Dammendorf .	4 307	582	36	62	4 483	5 163	49	1	14	1 284	1 348	.	670	716	6 511	1,5	1874
14	Müllrose . .	5 150	423	61	147	7 951	8 582	58	.	82	1 870	2 010	.	.	3 202	10 592	2,1	1870
15	Neubrück . .	5 581	652	6	94	9 907	10 659	18	5	81	2 524	2 628	.	1 462	2 392	13 287	2,4	1891
16	Hangelsberg .	3 655	25	.	90	6 635	6 750	13	.	7	1 593	1 613	.	1 254	1 673	8 363	2,3	1888
17	Hammerheide .	4 862	18	69	115	7 733	7 935	.	.	9	2 405	2 414	.	766	1 190	10 349	2,1	1890
18	Lubiathfließ .	4 821	48	207	225	6 392	6 872	14	19	66	1 625	1 724	.	636	989	8 596	1,8	1890
19	Driesen . . .	5 572	1 501	113	506	10 931	13 051	45	28	95	3 855	4 023	.	854	1 707	17 074	3,0	1892
20	Steinspring .	4 213	670	150	864	4 925	6 609	505	102	399	4 044	5 050	.	500	2 000	11 659	2,8	1891
21	Hochzeit . . .	4 226	276	598	94	10 275	11 243	.	93	360	3 520	3 973	.	1 000	1 648	15 216	3,6	1887
22	Regenthin . .	5 375	4 352	4 668	332	6 601	15 953	371	186	371	4 256	5 184	.	500	1 500	21 137	3,9	1887
23	Marienwalde .	3 736	678	1 389	1 236	6 967	10 270	23	41	404	4 117	4 585	.	500	850	14 855	4,0	1889
24	Neumühl . .	6 418	37	.	126	13 919	14 082	129	.	31	4 151	4 311	9	1 862	3 020	18 402	2,9	1893
25	Lietzegöricke .	4 928	66	.	37	8 201	8 304	3	.	2	791	796	.	.	1 873	9 100	1,8	1875
26	Wildenow . .	4 907	824	2 332	303	9 122	12 581	13	84	55	3 982	4 134	.	2 210	946	16 715	3,4	1888
27	Cladow . . .	6 380	606	2 573	285	15 199	18 663	79	157	79	7 550	7 865	2 530	1 435	2 010	29 058	4,6	1887
28	Neuhaus . .	5 257	5 602	5 047	359	11 177	22 185	56	301	18	2 123	2 498	.	1 448	1 486	24 683	4,7	1887
29	Carzig . . .	5 725	1 054	2 053	864	11 520	15 491	112	233	3	4 464	4 812	.	812	1 218	20 303	3,5	1887
30	Hohenwalde .	5 691	27	256	1 056	11 267	12 606	12	29	569	6 347	6 957	591	455	2 098	20 154	3,5	1887
31	Lichtefleck . .	3 970	40	523	362	8 276	9 201	57	38	222	4 143	4 460	1 369	1 229	1 914	15 030	3,8	1886
32	Massin . . .	8 759	1 509	1 416	1 000	18 661	22 586	342	56	399	4 897	5 694	.	1 572	3 181	28 280	3,2	1886
33	Zicher . . .	3 548	.	.	127	8 037	8 164	.	.	.	2 338	2 338	.	1 155	1 050	10 502	3,0	1888
	Zusammen	175 299	27 875 P = 51	26 167 P = 194	10 818 P = 252	284 438 .	349 298 P = 497	2 723	1 671	3 594	88 070	96 058	12 202	29 281	62 219	457 558	2,6	

Zu Tabelle 37d.

Laufende Nummer	Oberförsterei	Zur Holzzucht bestimmte Fläche Ende 1893 ha	Abnutzungssatz an controlfähigem Material, fm Derbholz: Hauptnutzung des Hochwaldes einschl. des Oberholzes im Mittelwalde und des Plänterwaldes (darunter M = Oberholz im Mittelwalde, P = Plänterwald)					Vornutzung des Hochwaldes					Abnutzungssatz an nicht controlfähigem Material in fm:			Derbholz-Abnutzungssatz		Der Abnutzungssatz ist gültig seit:
			Eichen	Buchen	Weichholz	Nadelholz	Zusammen Hauptnutzung	Eichen	Buchen	Weichholz	Nadelholz	Zusammen Vornutzung	Derbholz	Stockholz	Reisig	im Ganzen fm	für das ha fm	
	7. Regierungs-Bezirk Stettin.																	
1	Kehrberg	3 048	568	800	201	6 901	8 470	4	118	114	2 019	2 255	.	906	1 045	10 725	3,5	1885
2	Jacobshagen	3 622	484	3 704	1 268	2 244	7 700	589	354	230	1 427	2 600	.	257	3 321	10 300	2,8	1885
3	Mühlenbeck	3 627	95	6 653	472	492	7 712	70	4 643	340	360	5 413	.	.	5 056	13 125	3,6	1890
4	Klütz	2 706	390	4 400	34	1 752	6 576	2	169	6	217	394	.	.	1 488	6 970	2,6	1867
5	Friedrichswalde	5 837	142	223	.	8 640	9 005	.	.	.	588	588	.	.	1 349	9 593	1,6	1877
6	Pütt	4 772	10	.	.	5 153	5 163	.	.	.	558	558	.	800	710	5 721	1,2	1890
7	Rothenfier	4 373	603	1 672	1 772	7 423	11 470	63	303	678	3 101	4 145	.	153	1 991	15 615	3,6	1885
8	Stepenitz	4 414	1 633	866	1 296	9 886	13 681	175	74	129	1 981	2 359	.	1 005	1 422	16 040	3,6	1881
9	Hohenbrück	5 032	1 306	650	622	12 249	14 827	160	20	270	1 550	2 000	.	961	3 807	16 827	3,3	1883
10	Grünhaus	1 835	202	983	207	488	1 880	30	14	115	697	856	29	80	1 361	2 765	1,5	1888
11	Warnow	4 818	2 362 P = 1999	1 631 P = 1367	159 P = 10	9 822 P = 2336	13 974 P = 5712	9	39	14	1 514	1 576	.	1 457	1 514	15 550	3,2	1881
12	Misdroy	4 475	555	534	316	10 671	12 076	44	134	32	1 842	2 052	.	1 379	1 720	14 128	3,2	1881
13	Friedrichsthal	3 935	1 149	2 060	549	6 530 P = 45	10 288 P = 45	16	208	63	1 396	1 683	1 708	200	774	13 679	3,5	1883
14	Pudagla	2 584	176 P = 51	1 895 P = 505	928 P = 48	4 110 P = 1042	7 109 P = 1646	7	60	41	809	917	.	358	616	8 026	3,1	1879
15	Falkenwalde	4 343	1 276	173	419	8 373	10 241	137	39	24	2 078	2 278	.	1 377	1 753	12 519	2,9	1875
16	Ziegenort	4 441	1 004	788	353	8 001	10 146	117	17	92	2 883	3 109	.	406	827	13 255	3,0	1891
17	Mützelburg	6 156	115	520	190	9 003	9 828	8	6	27	3 500	3 541	.	829	1 270	13 369	2,2	1888
18	Neuenkrug	4 892	1 604	207	214	11 449	13 474	91	4	78	3 169	3 342	.	1 078	1 647	16 816	3,4	1889
19	Rothemühl	4 301	5 440	3 560	500	6 630	16 130	600	900	300	2 200	4 000	.	520	3 720	20 130	4,7	1887
20	Torgelow	4 266	988	284	822	9 628	11 722	80	35	265	3 620	4 000	.	912	880	15 722	3,7	1890
21	Eggesin	6 081	510	720	330	14 440	16 000	30	10	50	4 910	5 000	.	776	2 038	21 000	3,5	1888
22	Rieth	4 334	343	346	442	6 977	8 108	.	.	77	2 810	2 887	.	660	770	10 995	2,5	1888
23	Jädkemühl	5 002	1 010	465	2 561	11 212	15 248	75	10	415	3 100	3 600	.	934	1 263	18 848	3,8	1891
24	Golchen	2 164	508	3 069	701	3 257	7 535	165	143	344	1 301	1 953	.	170	942	9 488	4,4	1881
25	Grammentin	1 563	287	3 836	558	507	5 188	206	612	144	161	1 123	.	138	397	6 311	4,0	1885
	Zusammen	102 631	22 760 P = 2050	40 039 P = 1872	14 914 P = 58	175 838 P = 3423	253 551 P = 7403	2 678	7 912	3 848	47 791	62 229	1 737	15 356	41 681	317 517	3,1	
	8. Regierungs-Bezirk Köslin.																	
1	Balster	4 894	65	49	89	4 920	5 123	.	14	2	657	673	.	.	427	5 796	1,2	1869
2	Neuhof	5 600	2 795	350	693	11 432	15 270	65	110	78	2 381	2 634	.	122	3 053	17 904	3,2	1884
3	Linichen	5 550	62	1	41	9 642	9 746	.	.	21	1 871	1 892	.	109	1 345	11 638	2,1	1883
4	Neustettin	4 988	813	1 568	556	2 613	5 550	95	70	4	505	674	.	.	1 111	6 224	1,2	1872
5	Clausshagen	4 131	123	5 709	1 780	2 915	10 527	12	645	27	1 221	1 905	.	19	4 219	12 432	3,0	1887
6	Oberfier	6 138	2 101	1 810	612	1 960	6 483	192	312	86	440	1 030	59	120	1 320	7 572	1,2	1876
7	Karnkewitz	2 694	627	762	951	4 008	6 348	111	243	278	1 268	1 900	.	300	1 000	8 248	3,1	1888
8	Neu-Krakow	4 090	973	4 296	2 483	3 273	11 025	27	746	1 703	3 089	5 565	.	332	4 581	16 590	4,1	1889
9	Zerrin	6 214	1 087	1 547	339	8 013	10 986	150	500	89	1 325	2 064	.	310	2 979	13 050	2,1	1877
10	Borntuchen	6 702	2 035	1 222	62	6 733	10 052	90	191	5	1 176	1 462	178	.	2 438	11 692	1,7	1886
11	Stolp	3 492	1 421	1 675	914	2 886	6 896	18	195	277	321	811	.	.	2 572	7 707	2,2	1872
12	Alt-Krakow	4 291	741	2 251	2 111	6 251	11 354	29	49	291	1 716	2 085	.	494	4 631	13 439	3,1	1881
13	Treten	3 979	242	1 497	154	2 697	4 590	14	209	13	769	1 005	.	184	1 260	5 595	1,4	1888
	Zusammen	62 763	13 085	22 737	10 785	67 343	113 950	803	3 284	2 874	16 739	23 700	237	1 990	30 936	137 887	2,2	
	9. Regierungs-Bezirk Stralsund.																	
1	Jägerhof	4 236	580	789	394	7 270	9 033	104	221	50	1 287	1 662	.	797	7 461	10 695	2,5	1882
2	Poggendorf	2 280	760	1 777	748	2 537	5 822	213	376	53	14	656	.	126	3 693	6 478	2,8	1886
3	Abtshagen	4 583	3 554	4 047	809	2 882	11 292	541	764	179	.	1 484	296	611	4 703	13 072	2,9	1887
4	Schuenhagen	5 387	3 834	2 777	1 574	3 323	11 508	873	296	310	419	1 898	.	578	7 928	13 406	2,5	1889
5	Darß	4 703	177	720	1 210	4 454	6 561	62	12	.	909	983	.	202	984	7 544	1,6	1890
6	Werder	4 057	145	3 983	258	1 702	6 088	117	438	10	484	1 049	.	101	3 904	7 137	1,8	1892
	Zusammen	25 246	9 050	14 093	4 993	22 168	50 304	1 910	2 107	602	3 113	7 732	296	2 415	28 673	58 332	2,3	

Zu Tabelle 37d.

Laufende Nummer	Oberförsterei	Zur Holzzucht bestimmte Fläche Ende 1893 ha	Abnutzungssatz an controlfähigem Material, fm Derbholz: Hauptnutzung des Hochwaldes einschl. des Oberholzes im Mittelwalde und des Plänterwaldes (darunter M = Oberholz im Mittelwalde, P = Plänterwald) Eichen	Buchen	Weichholz	Nadelholz	Zusammen Hauptnutzung	Vornutzung des Hochwaldes Eichen	Buchen	Weichholz	Nadelholz	Zusammen Vornutzung	Abnutzungssatz an nicht controlfähigem Material in fm: Derbholz	Stockholz	Reisig	Derbholz-Abnutzungssatz im Ganzen fm	für das ha fm	Der Abnutzungssatz ist gültig seit:
	10. Regierungs-Bezirk Posen.																	
1	Grenzheide . .	5 588	196	2	137	8 671	9 006	28	.	79	2 043	2 150	.	1 317	1 782	11 156	2,0	1886
2	Mauche . . .	6 182	526	.	592	5 459	6 577	53	.	141	1 574	1 768	.	1 141	2 303	8 345	1,3	1881
3	Ludwigsberg .	3 812	627	17	366	9 315	10 325	14	5	113	2 339	2 471	102	1 239	3 135	12 898	3,4	1889
4	Buchwerder . .	3 766	840	454	1 320	7 003	9 617	18	28	256	1 094	1 396	.	1 262	2 552	11 013	2,9	1885
5	Brätz . . .	3 959	180	99	447	7 723	8 449	5	5	105	1 602	1 717	129	1 037	1 445	10 295	2,6	1885
6	Grünheide . .	4 751	2 017	51	843	9 160	12 071	158	2	172	2 373	2 705	.	1 803	2 828	14 776	3,1	1884
7	Eckstelle . . .	3 493	1 478	1 147	1 451	3 262	7 338	40	130	900	2 800	3 870	381	741	2 959	11 589	3,3	1888
8	Hartigsheide .	6 498	6	102	588	12 994	13 690	.	1	47	2 910	2 958	.	2 715	1 482	16 648	2,6	1881
9	Hundeshagen .	8 562	.	.	20	2 649	2 669	.	.	.	500	500	.	321	2 777	3 169	0,4	1886
10	Zirke . . .	7 538	135	.	303	16 242	16 680	.	.	.	3 000	3 000	.	2 156	2 858	19 680	2,6	1886
11	Birnbaum . .	5 191	116	1	143	9 560	9 820	.	.	.	2 000	2 000	.	1 516	2 378	11 820	2,3	1890
12	Waice . . .	6 400	.	.	.	4 258	4 258	.	.	.	1 200	1 200	.	555	4 035	5 458	0,9	1890
13	Schwerin a. W.	6 448	.	.	50	11 249	11 299	.	.	32	2 356	2 388	.	1 634	1 638	13 687	2,1	1877
	Zusammen	72 188	6 121	1 873	6 260	107 545	121 799	316	171	1 845	25 791	28 123	612	17 437	32 172	150 534	2,1	
	11. Regierungs-Bezirk Bromberg.																	
1	Glinke . . .	5 693	3	.	42	10 967	11 012	.	.	45	2 382	2 427	.	1 087	2 005	13 439	2,4	1890
2	Jagdschütz . .	5 104	2	.	1	8 569	8 572	.	.	19	1 232	1 251	.	1 887	2 334	9 823	1,9	1886
3	Bartelsee . .	5 631	.	.	.	5 347	5 347	.	.	.	866	866	.	449	1 243	6 213	1,1	1889
4	Mirau . . .	5 703	1 440	.	1 360	18 904	21 704	85	.	1 246	6 537	7 868	.	1 722	2 587	29 572	5,2	1890
5	Schirpitz . .	6 130	.	.	3	6 989	6 992	.	.	.	498	498	.	576	3 517	7 490	1,2	1887
6	Argenau . .	6 519	.	.	3	10 717	10 720	.	.	2	1 509	1 511	.	714	5 206	12 231	1,9	1887
7	Wodeck . . .	6 238	4	.	2	10 114	10 120	.	.	3	1 709	1 712	.	372	805	11 832	1,9	1887
8	Kirschgrund . .	4 687	.	.	25	9 301	9 326	.	.	.	847	847	.	3 000	3 829	10 173	2,2	1887
9	Schulitz . . .	5 437	.	.	20	9 747	9 767	.	.	18	1 031	1 049	.	407	735	10 816	2,0	1887
10	Korschin . .	5 071	1 278	13	911	8 569	10 771	38	.	190	1 448	1 676	.	2 465	2 075	12 447	2,5	1881
11	Taubenwalde .	4 497	984	.	560	10 157	11 701	10	.	131	4 586	4 727	.	932	1 754	16 428	3,6	1888
12	Stefanswalde .	5 261	326	.	114	8 913	9 353	19	.	64	2 259	2 342	.	901	1 799	11 695	2,2	1889
13	Wtelno . . .	4 202	42	.	37	5 856	5 935	2	.	9	862	873	.	902	1 366	6 808	1,6	1886
14	Stronnau . .	4 589	314	1	177	7 659	8 151	4	.	31	1 474	1 509	.	1 302	3 299	9 660	2,1	1886
15	Rosengrund .	5 262	261	7	317	9 635	10 220	27	.	89	2 273	2 389	.	2 163	3 245	12 609	2,4	1881
16	Selgenau . .	5 644	1 539	132	114	9 457	11 242	92	9	150	3 340	3 591	.	866	3 777	14 833	2,6	1888
17	Durowo . .	3 056	2 300	30	215	4 955	7 500	50	.	100	1 850	2 000	.	400	3 000	9 500	3,1	1893
18	Podanin . .	5 883	.	.	34	8 966	9 000	.	.	10	4 990	5 000	.	700	3 500	14 000	2,4	1893
19	Schönlanke . .	6 137	6	401	1 739	8 993	11 139	.	12	385	3 700	4 097	.	599	3 086	15 236	2,5	1887
	Zusammen	100 744	8 499	584	5 674	173 815	188 572	327	21	2 492	43 393	46 233	.	21 444	49 162	234 805	2,3	

Zu Tabelle 37d.

Laufende Nummer	Oberförsterei	Zur Holzzucht bestimmte Fläche Ende 1893 ha	Abnutzungssatz an controlfähigem Material, fm Derbholz: Hauptnutzung des Hochwaldes einschl. des Oberholzes im Mittelwalde und des Plänterwaldes (darunter M = Oberholz im Mittelwalde, P = Plänterwald): Eichen	Buchen	Weichholz	Nadelholz	Zusammen Hauptnutzung	Vornutzung des Hochwaldes: Eichen	Buchen	Weichholz	Nadelholz	Zusammen Vornutzung	Abnutzungssatz an nicht controlfähigem Material in fm: Derbholz	Stockholz	Reisig	Derbholz-Abnutzungssatz: im Ganzen fm	für das ha fm	Der Abnutzungssatz ist gültig seit:

12. Regierungs-Bezirk Breslau.

Lfd. Nr.	Oberförsterei	ha	Eichen	Buchen	Weichholz	Nadelholz	Zus. Hauptnutzung	Eichen	Buchen	Weichholz	Nadelholz	Zus. Vornutzung	Derbholz	Stockholz	Reisig	im Ganzen fm	für das ha fm	gültig seit
1	Nesselgrund .	5 122	.	909	45	11 046	12 000	.	100	300	4 600	5 000	.	2 210	3 400	17 000	3,3	1878
2	Reinerz . . .	3 428	.	1 962	43	11 995	14 000	.	238	157	5 605	6 000	.	500	2 500	20 000	5,8	1878
3	Carlsberg . .	3 605	34	784	112	10 017	10 947	7	142	254	2 654	3 057	.	1 128	1 893	14 004	3,9	1887
4	Woidnig . .	3 747	1 094	1 000	890	4 931	7 915	70	30	210	2 200	2 510	214	1 100	1 413	10 639	2,8	1879
5	Kuhbrück . .	4 385	181	1 305	419	14 235	16 140	87	142	213	4 668	5 110	.	1 731	1 327	21 250	4,9	1892
6	Kath. Hammer	5 424	521	2 577	282	16 830	20 210	1	291	85	3 154	3 531	128	2 144	2 500	23 869	4,4	1886
7	Nimkau . . .	3 354	2 376	475	412	1 942	5 205	419	25	187	479	1 110	59	1 263	2 173	6 374	1,9	1880
8	Schöneiche . .	3 545	2 060	170	620	6 150	9 000	440	30	280	3 250	4 000	1 065	1 200	2 935	14 065	4,0	1880
9	Namslau . .	3 965	818	17	1 204	6 263	8 302	304	6	439	2 386	3 135	.	1 060	1 160	11 437	2,9	1879
10	Stoberau . .	4 435	527	304	939	10 709	12 479	200	70	625	4 780	5 675	.	1 130	1 430	18 154	4,1	1889
11	Rogelwitz . .	4 757	2 796	590	3 216	7 884	14 486	.	51	730	2 269	3 050	.	2 003	1 364	17 536	3,7	1874
12	Peisterwitz . .	5 354	5 098	2 270	4 620	6 611	18 599	355	55	598	3 150	4 158	.	1 518	2 455	22 757	4,3	1886
13	Kottwitz . .	3 632	5 347 M = 4746	491 M = 379	681 M = 340	3 110 M = 218	9 629 M = 5683	127	1	8	266	402	477	1 397	5 947	10 508	2,9	1884
14	Zobten . . .	2 703	401 M = 292	507 M = 4	157 M = 11	8 187 M = 1	9 252 M = 308	.	.	33	2 075	2 108	531	657	1 040	11 891	4,4	1883
	Zusammen	57 456	21 253 M = 5038	13 361 M = 383	13 640 M = 351	119 910 M = 219	168 164 M = 5991	2 010	1 181	4 119	41 536	48 846	2 474	19 041	31 537	219 484	3,8	

13. Regierungs-Bezirk Liegnitz.

Lfd. Nr.	Oberförsterei	ha	Eichen	Buchen	Weichholz	Nadelholz	Zus. Hauptnutzung	Eichen	Buchen	Weichholz	Nadelholz	Zus. Vornutzung	Derbholz	Stockholz	Reisig	im Ganzen fm	für das ha fm	gültig seit
1	Ullersdorf . .	3 271	.	889	3	22 132	23 024	.	16	7	2 561	2 584	.	1 975	3 073	25 608	7,8	1883
2	Reichenau . .	2 486	7	903	4	11 451	12 365	7	172	21	1 646	1 846	.	1 311	1 847	14 211	5,7	1882
3	Panten . . .	2 988	1 356 M = 116	191 M = 131	116 M = 48	5 255 .	6 918 M = 295	37	.	42	1 006	1 085	36	1 740	5 121	8 039	2,7	1884
4	Tschiefer . .	4 277	1 167	552	193	6 000	7 912	427	52	46	1 500	2 025	.	1 841	1 872	9 937	2,3	1881
5	Hoyerswerda .	7 588	1	.	50	8 621	8 672	.	.	.	1 724	1 724	.	2 276	3 334	10 396	1,4	1882
	Zusammen	20 610	2 531 M = 116	2 535 M = 131	366 M = 48	53 459 .	58 891 M = 295	471	240	116	8 437	9 264	36	9 143	15 247	68 191	3,3	

Zu Tabelle 37d.

Laufende Nummer	Oberförsterei	Zur Holzzucht bestimmte Fläche Ende 1893 ha	Abnutzungssatz an controlfähigem Material, fm Derbholz: Hauptnutzung des Hochwaldes einschl. des Oberholzes im Mittelwalde und des Plänterwaldes (darunter M = Oberholz im Mittelwalde, P = Plänterwald): Eichen	Buchen	Weichholz	Nadelholz	Zusammen Hauptnutzung	Vornutzung des Hochwaldes: Eichen	Buchen	Weichholz	Nadelholz	Zusammen Vornutzung	Abnutzungssatz an nicht controlfähigem Material in fm: Derbholz	Stockholz	Reisig	Derbholz-Abnutzungssatz: im Ganzen fm	für das ha fm	Der Abnutzungssatz ist gültig seit:
	14. Regierungs-Bezirk Oppeln.																	
1	Rybnik . . .	6 113	141	179	261	15 961	16 542	153	43	1 100	4 704	6 000	.	343	2 116	22 542	3,7	1885
2	Cosel . . .	2 344	17	17	394	5 601	6 029	32	8	60	1 400	1 500	.	592	1 403	7 529	3,2	1885
3	Ottmachau . .	964	610 *M = 370*	60 *M = 40*	50 *M = 20*	1 530 .	2 250 *M = 430*	10	5	5	230	250	.	252	1 028	2 500	2,6	1882
4	Kraschеow . .	4 645	4	6	390	12 800	13 200	.	.	100	1 800	1 900	.	2 220	1 280	15 100	3,2	1883
5	Dembio . . .	6 233	127	38	569	13 566	14 300	23	6	644	3 727	4 400	.	1 200	2 500	18 700	3,0	1875
6	Grudschütz . .	4 970	15	1	53	11 176	11 245	2	.	111	2 387	2 500	.	962	1 924	13 745	2,8	1889
7	Schelitz . . .	6 881	131	.	411	15 282	15 824	46	.	189	2 176	2 411	.	2 874	3 842	18 235	2,7	1875
8	Proskau . .	4 671	1 666	2	310	10 502	12 480	247	1	141	2 981	3 370	.	2 592	3 434	15 850	3,4	1875
9	Jelowa . . .	5 580	9	141	878	14 037	15 065	4	46	211	3 018	3 279	.	2 569	951	18 344	3,3	1874
10	Kupp . . .	4 398	3	.	21	11 836	11 860	18	.	22	1 289	1 329	.	2 261	754	13 189	3,0	1874
11	Murow . . .	4 199	320	306	683	11 579	12 888	87	106	571	2 968	3 732	.	2 191	1 187	16 620	4,0	1874
12	Poppelau . .	4 661	700	150	650	14 000	15 500	60	20	220	3 200	3 500	16	2 303	1 343	19 016	4,1	1884
13	Creuzburgerhütte	5 557	265	480	375	14 145	15 265	60	150	400	5 430	6 040	.	600	1 500	21 305	3,8	1888
14	Dombrowka .	5 920	148	362	734	14 300	15 544	109	238	734	4 602	5 683	.	3 650	4 776	21 227	3,6	1875
15	Bodland . .	5 867	197	110	397	14 296	15 000	30	24	287	3 659	4 000	.	800	4 810	19 000	3,2	1887
	Zusammen	73 003	4 353 *M = 370*	1 852 *M = 40*	6 176 *M = 20*	180 611 .	192 992 *M = 430*	881	647	4 795	43 571	49 894	16	25 409	32 848	242 902	3,3	
	15. Regierungs-Bezirk Magdeburg.																	
1	Lödderitz . .	2 680	2 525 *M = 772*	749 *M = 566*	44 *M = 8*	1 266 .	4 584 *M = 1346*	58	1	1	140	200	52	177	4 816	4 836	1,8	1881
2	Grünewalde .	2 049	1 744 *M = 671*	1 188 *M = 468*	86 *M = 5*	605 .	3 623 *M = 1144*	207	77	23	228	535	.	245	1 855	4 158	2,0	1883
3	Schweinitz . .	4 970	1 347	.	116	5 885	7 348	95	.	54	3 613	3 762	.	1 210	1 433	11 110	2,2	1892
4	Magdeburgerforth	2 459	161	163	475	5 901	6 700	50	40	150	1 760	2 000	.	1 073	2 043	8 700	3,5	1883
5	Biederitz . .	1 064	1 552	544	.	.	2 096	233	12	.	.	245	5	275	3 502	2 346	2,2	1881
6	Altenplathow .	4 388	74	2	252	8 031	8 359	103	.	80	2 407	2 590	956	1 600	4 477	11 905	2,7	1885
7	Weißewarte .	1 393	403 *M = 116*	47 *M = 37*	292 .	1 334 .	2 076 *M = 153*	4	.	27	283	314	692	375	2 680	3 082	2,2	1884
8	Thale . . .	3 897	1 523 *M = 279*	4 714 *M = 46*	286 *M = 17*	147 *M = 1*	6 670 *M = 343*	36	609	13	191	849	69	52	4 500	7 588	1,9	1890
9	Heteborn . .	1 364	2 502 *M = 178*	170 *M = 118*	129 *M = 14*	. .	2 801 *M = 310*	614	19	84	.	717	.	31	1 307	3 518	2,6	1891
10	Dingelstedt . .	1 582	1 183	2 221	28	.	3 432	132	384	8	32	556	102	25	3 416	4 090	2,6	1891
11	Schermke . .	835	495	938	260	312	2 005	81	64	15	27	187	.	63	1 908	2 192	2,6	1885
12	Bischofswald .	3 426	2 455	2 374	410	2 183	7 422	203	277	17	631	1 128	8	860	6 320	8 558	2,5	1879
13	Colbitz . . .	5 338	1 677	1	1 040	2 166	4 884	16	1	14	3 603	3 634	.	959	3 744	8 518	1,6	1890
14	Planken . . .	5 152	2 872	73	1 013	2 023	5 981	105	1	25	3 169	3 300	.	980	2 592	9 281	1,8	1890
15	Burgstall . .	5 393	354 *M = 314*	34 *M = 34*	114 .	4 710 .	5 212 *M = 348*	16	1	110	2 373	2 500	1 261	980	4 694	8 973	1,7	1890
16	Letzlingen . .	5 982	1 298	32	948	5 104	7 382	178	.	110	2 762	3 050	.	1 586	3 161	10 432	1,7	1890
17	Jävenitz . .	5 764	39	.	2	8 677	8 718	.	.	.	3 500	3 500	.	1 707	6 254	12 218	2,1	1890
18	Clötze . . .	3 217	608	393	333	1 757	3 091	275	98	72	911	1 356	.	.	8 800	4 447	1,4	1877
19	Diesdorf . .	1 948	190 *M = 105*	47 *M = 9*	116 *M = 33*	1 617 *M = 148*	1 970 *M = 295*	11	1	8	179	199	365	462	3 595	2 534	1,3	1883
	Zusammen	62 901	23 002 *M = 2435*	13 690 *M = 1278*	5 944 *M = 77*	51 718 *M = 149*	94 354 *M = 3939*	2 417	1 585	811	25 809	30 622	3 510	12 660	71 097	128 486	2,0	

*

Zu Tabelle 37d.

Laufende Nummer	Oberförsterei	Zur Holzzucht bestimmte Fläche Ende 1893 ha	Abnutzungssatz an controlfähigem Material, fm Derbholz: Hauptnutzung des Hochwaldes einschl. des Oberholzes im Mittelwalde und des Plänterwaldes (darunter M = Oberholz im Mittelwalde, P = Päulterwald): Eichen	Buchen	Weichholz	Nadelholz	Zusammen Hauptnutzung	Vornutzung des Hochwaldes: Eichen	Buchen	Weichholz	Nadelholz	Zusammen Vornutzung	Abnutzungssatz an nicht controlfähigem Material in fm: Derbholz	Stockholz	Reisig	Derbholz-Abnutzungssatz: im Ganzen fm	für das ha fm	Der Abnutzungssatz ist gültig seit:
	16. Regierungs-Bezirk Merseburg.																	
1	Elsterwerda	4 893	42	.	269	9 027	9 338	.	.	70	1 485	1 555	.	2 054	2 801	10 893	2,2	1890
2	Liebenwerda	4 088	40	.	7	6 504	6 551	38	.	2	884	924	.	1 681	3 275	7 475	1 8	1890
3	Hohenbucko	3 289	34	.	12	5 787	5 833	87	.	5	573	665	71	808	1 798	6 569	2,0	1871
4	Rosenfeld	4 741	21	1	143	7 069	7 234	4	1	7	2 088	2 100	.	920	4 257	9 334	2,0	1889
5	Annaburg	4 324	28	.	21	7 053	7 102	13	.	13	1 516	1 542	.	1 035	2 256	8 644	2,0	1889
6	Thiergarten	4 839	46	.	162	6 417	6 625	11	.	5	1 657	1 673	.	1 035	4 287	8 298	1,7	1890
7	Glücksburg	5 060	38	28	1 322	7 153	8 541	.	3	45	1 589	1 637	.	832	2 560	10 178	2,0	1891
8	Sitzenroda	2 922	23	117	162	6 715	7 017	14	14	43	1 076	1 147	.	1 315	2 971	8 164	2,8	1875
9	Doberschütz	3 864	44	40	45	7 975	8 104	27	3	5	789	824	.	1 587	4 952	8 928	2,3	1873
10	Falkenberg	4 662	129	526	96	11 499	12 250	14	31	25	1 513	1 583	353	1 697	5 050	14 186	3,0	1875
11	Söllichau	3 271	848	1 063	181	6 552	8 644	16	46	50	1 241	1 353	.	972	3 368	9 997	3,1	1882
12	Tornau	4 262	2 496	1 776	63	5 597	9 932	74	57	34	1 870	2 035	.	.	5 400	11 967	2,8	1874
13	Zöckeritz	1 678	1 010	518	413	1 345	3 286	.	.	2	112	114	509	152	2 949	3 909	2,3	1875
			M = 971	M = 511	M = 383	.	M = 1865											
14	Rothehaus	4 126	704	381	538	8 947	10 570	70	70	47	1 662	1 849	.	1 436	4 614	12 419	3,0	1888
15	Schkeuditz	1 551	1 643	907	233	1 904	4 687	10	.	1	295	306	.	794	2 076	4 993	3,2	1880
			M = 1578	M = 907	M = 222	.	M = 2707											
16	Zeitz	1 867	391	366	138	7 090	7 985	72	44	4	1 409	1 529	.	1 209	2 844	9 514	5,1	1886
			P = 42	P = 21	P = 15	.	P = 78											
17	Freyburg a. U.	1 659	1 441	728	124	5	2 298	196	121	13	12	342	21	157	1 956	2 661	1,6	1885
18	Heldrungen	1 598	1 865	1 606	107	99	3 677	188	221	10	48	467	321	144	2 646	4 465	2,8	1881
			M = 286	M = 104	M = 24	.	M = 414											
19	Ziegelrode	3 433	6 973	3 235	709	83	11 000	106	520	103	523	1 252	14	423	5 352	12 266	3,6	1893
20	Bischofrode	1 360	3 046	360	235	20	3 661	.	.	.	.	.	.	.	2 137	3 661	2,7	1872
21	Pölsfeld	2 622	3 090	3 369	194	357	7 010	310	389	135	98	932	.	209	3 547	7 942	3,0	1881
22	Annarode	1 585	1 899	892	282	4	3 077	34	111	22	88	255	.	68	1 467	3 332	2,1	1885
	Zusammen	71 694	25 851	15 913	5 456	107 202	154 422	1 284	1 631	641	20 528	24 084	1 289	18 528	72 563	179 795	2,5	
			M = 2835	M = 1522	M = 629	.	M = 4986											
			P = 42	P = 21	P = 15	.	P = 78											
	17. Regierungs-Bezirk Erfurt.																	
1	Schleusingen	2 389	7	176	23	8 376	8 582	1	12	5	1 280	1 298	.	2 668	1 481	9 880	4,1	1890
2	Hinternah	3 040	.	4 191	.	8 142	12 333	.	337	.	2 146	2 483	.	930	2 815	14 816	4,9	1890
3	Erlau	2 871	.	2 114	.	8 561	10 675	.	86	.	1 903	1 989	.	1 779	2 675	12 664	4,4	1890
4	Schmiedefeld	4 280	.	2 645	.	10 950	13 595	.	195	.	2 927	3 122	.	2 327	3 075	16 717	3,9	1890
5	Suhl	3 595	.	613	.	10 943	11 556	.	54	.	2 903	2 957	4	3 500	1 996	14 517	4,0	1880
6	Dietzhausen	2 875	60	401	5	10 296	10 762	14	80	3	1 844	1 941	.	1 584	1 474	12 703	4,4	1891
7	Schwarza	3 361	308	2 174	437	4 050	6 969	1	373	4	1 091	1 469	.	848	4 443	8 438	2,5	1889
8	Erfurt	1 236	1 073	252	310	951	2 586	.	.	.	170	170	.	258	2 799	2 756	2,2	1887
			M = 1070	M = 223	M = 310	.	M = 1603											
9	Benneckenstein	1 506	.	5 865	17	4 567	4 584	.	.	.	1 173	1 173	.	1 001	462	5 757	3,8	1887
10	Ershausen	3 320	253	.	20	429	6 567	.	1 918	.	41	1 959	.	85	3 308	8 526	2,6	1890
11	Leinefelde	1 957	350	3 275	124	285	4 034	.	550	.	50	600	.	76	2 122	4 634	2,4	1886
			M = 213	M = 380	M = 92	.	M = 685											
			P = 2	P = 750	.	P = 83	P = 835											
12	Worbis	1 386	144	3 100	12	230	3 486	.	644	.	36	680	.	25	1 625	4 166	3,1	1891
13	Lohra	2 078	136	5 004	82	100	5 322	3	650	32	65	750	.	60	3 681	6 072	2,9	1889
			M = 128	M = 733	M = 72	.	M = 933											
			P = 1	P = 214	P = 4	.	P = 219											
14	Königsthal	2 059	816	4 884	113	13	5 826	.	222	3	71	296	.	430	4 188	6 122	3,0	1880
			M = 781	M = 2133	M = 111	.	M = 3025											
	Zusammen	35 953	3 147	34 694	1 143	67 893	106 877	19	5 121	47	15 700	20 887	4	15 571	36 144	127 768	3,6	
			M = 2192	M = 3469	M = 585	.	M = 6246											
			P = 3	P = 964	P = 4	P = 83	P = 1054											

Zu Tabelle 37d.

Laufende Nummer	Oberförsterei	Zur Holzzucht bestimmte Fläche Ende 1893 ha	Abnutzungssatz an controlfähigem Material, fm Derbholz: Hauptnutzung des Hochwaldes einschl. des Oberholzes im Mittelwalde und des Plänterwaldes (darunter M = Oberholz im Mittelwalde, P = Plänterwald): Eichen	Buchen	Weichholz	Nadelholz	Zusammen Hauptnutzung	Vornutzung des Hochwaldes: Eichen	Buchen	Weichholz	Nadelholz	Zusammen Vornutzung	Abnutzungssatz an nicht controlfähigem Material in fm: Derbholz	Stockholz	Reisig	Derbholz-Abnutzungssatz: im Ganzen fm	für das ha fm	Der Abnutzungssatz ist gültig seit:
	18. Regierungs-Bezirk Schleswig.																	
1	Trittau	2 901	779	4 714	231	1 072	6 796	149	376	68	719	1 312	.	138	3 744	8 108	2,8	1886
2	Quickborn	3 939	1 013	1 726	140	2 939	5 818	302	185	50	1 078	1 615	.	153	2 069	7 433	1,9	1889
3	Reinfeld	1 832	1 112	5 068	185	56	6 421	468	927	46	52	1 493	.	479	2 890	7 914	4,3	1888
4	Segeberg	4 684	402	2 825	159	1 631	5 017	26	402	32	1 023	1 483	.	21	1 733	6 500	1,4	1889
5	Drage	1 547	362	340	24	1 369	2 095	59	64	2	447	572	.	30	1 193	2 667	1,7	1888
6	Cismar	790	210	2 238	32	289	2 769	174	357	125	134	790	.	328	1 319	3 559	4,5	1887
7	Neumünster	2 743	692	1 526	63	2 207	4 488	177	200	22	479	878	.	518	956	5 366	2,0	1887
8	Barlohe	2 034	2 169	3 151	348	818	6 486	520	490	70	520	1 600	.	10	2 904	8 086	4,0	1888
9	Bordesholm	1 204	283	2 098	109	449	2 939	206	206	33	219	664	.	66	1 518	3 603	3,0	1886
			P = 3	*P = 232*			*P = 235*											
10	Rendsburg	2 485	897	2 784	130	336	4 147	187	426	36	108	757	.	22	1 999	4 904	2,0	1888
11	Schleswig	1 987	879	3 738	96	274	4 987	120	509	80	124	833	.	57	2 727	5 820	2,9	1886
12	Flensburg	2 938	401	4 200	347	450	5 398	94	486	38	314	932	.	9	3 764	6 330	2,2	1887
13	Sonderburg	1 571	637	5 745	266	9	6 657	214	1 015	193	43	1 465	.	298	2 705	8 122	5,2	1885
14	Apenrade	2 959	513	2 809	494	122	3 938	30	440	40	158	668	.	11	1 134	4 606	1,6	1886
15	Hadersleben	1 476	174	2 505	229	219	3 127	17	397	41	224	679	.	42	2 844	3 806	2,6	1886
	Zusammen	35 090	10 523	45 467	2 853	12 240	71 083	2 743	6 480	876	5 642	15 741	.	2 182	33 499	86 824	2,5	
			P = 3	*P = 232*			*P = 235*											
	19. Regierungs-Bezirk Hannover.																	
1	Polle	878	205	3 410	.	92	3 707	2	634	.	29	665	.	24	843	4 372	5,0	1878
2	Grohnde	1 398	371	3 000	7	203	3 581	4	701	.	176	881	.	10	1 469	4 462	3,2	1887
3	Coppenbrügge	3 005	678	7 860	26	1 133	9 697	18	1 150	2	587	1 757	.	45	1 593	11 454	3,8	1887
4	Hameln	307	346	293	.	336	975	7	24	.	67	98	.	10	569	1 073	3,5	1887
5	Springe	2 234	1 023	7 769	2	242	9 036	68	2 394	.	254	2 716	11	22	3 462	11 763	5,3	1891
			M = 478	*M = 6*	*M = 2*	*M = 2*	*M = 488*											
6	Lauenau	3 196	203	10 602	31	96	10 932	70	3 348	11	574	4 003	.	140	2 010	14 935	4,7	1885
7	Rehburg	1 431	525	989	207	1 684	3 405	109	61	1	649	820	.	46	2 839	4 225	3,0	1884
8	Hannover	1 732	1 816	676	337	1 182	4 011	470	53	17	1 136	1 676	216	82	2 901	5 903	3,4	1885
			M = 222	*M = 9*	*M = 7*		*M = 238*											
9	Dedensen	1 348	2 039	148	297	951	3 435	249	4	8	478	739	27	72	2 378	4 201	3,1	1887
10	Nienburg	2 943	280	753	214	4 580	5 827	98	257	52	1 033	1 440	.	36	4 938	7 267	2,5	1887
11	Uchte	962	229	331	64	1 432	2 056	73	11	.	666	750	.	.	917	2 806	3,0	1892
12	Diepholz	1 336	279	374	577	1 705	2 935	184	80	55	526	845	.	10	2 464	3 780	2,8	1889
13	Binnen	2 111	274	720	312	2 334	3 640	43	113	10	1 301	1 467	.	3	2 380	5 107	2,4	1889
14	Memsen	1 239	1 030	103	479	1 107	2 719	240	50	10	240	540	.	137	2 452	3 259	2,6	1886
15	Neubruchhausen	1 741	155	456	261	2 979	3 851	Keine Sonderung in Haupt- und Vornutzung wegen der umfangreichen Wurzelfäule der dortigen Kiefernbestände					.	185	2 782	3 851	2,2	1887
16	Syke	1 547	175	474	41	2 414	3 104						.	57	3 042	3 104	2,0	1886
17	Harpstedt	1 834	715	938	17	2 198	3 868						.	.	2 476	3 868	2,1	1886
	Zusammen	29 242	10 343	38 896	2 872	24 668	76 779	1 635	8 880	166	7 716	18 397	254	879	39 515	95 430	3,2	
			M = 700	*M = 15*	*M = 9*	*M = 2*	*M = 726*											

Zu Tabelle 37d.

Laufende Nummer	Oberförsterei	Zur Holzzucht bestimmte Fläche Ende 1893 ha	Abnutzungssatz an controlfähigem Material, fm Derbholz: Hauptnutzung des Hochwaldes einschl. des Oberholzes im Mittelwalde und des Plänterwaldes (darunter M = Oberholz im Mittelwalde, P = Plänterwald)					Vornutzung des Hochwaldes					Abnutzungssatz an nicht controlfähigem Material in fm:			Derbholz-Abnutzungssatz		Der Abnutzungssatz ist gültig seit:
			Eichen	Buchen	Weichholz	Nadelholz	Zusammen Hauptnutzung	Eichen	Buchen	Weichholz	Nadelholz	Zusammen Vornutzung	Derbholz	Stockholz	Reisig	im Ganzen fm	für das ha fm	
	20. Regierungs-Bezirk Hildesheim.																	
1	Elend	4 729	.	53	356	14 933	15 342	.	10	7	5 013	5 030	.	1 984	1 278	20 372	4,3	1889
2	Lauterberg	3 509	407	7 798	68	1 116	9 389	17	1 986	12	744	2 759	.	78	2 477	12 148	3,5	1890
3	Kupferhütte	3 535	109	7 999	24	1 051	9 183	16	2 586	12	775	3 389	.	115	2 553	12 572	3,6	1892
4	Oderhaus	2 814	.	1 997	.	5 327	7 324	.	171	.	2 362	2 533	.	639	1 003	9 857	3,5	1888
5	Andreasberg	3 392	.	1 781	3	6 783	8 567	.	276	.	2 424	2 700	.	950	1 615	11 267	3,3	1888
6	Sieber	3 575	.	3 620	.	6 646	10 266	.	527	.	1 888	2 415	.	598	1 880	12 681	3,5	1889
7	Lonau	3 890	77	6 193	13	3 699	9 982	22	1 870	.	1 649	3 541	.	165	2 250	13 523	3,5	1891
8	Osterode	2 478	204	1 372	64	7 010	8 650	14	189	.	2 178	2 381	.	1 625	1 185	11 031	4,4	1887
9	Torfhaus	2 551	.	67	28	3 205	3 300	.	.	.	700	700	.	615	1 029	4 000	1,6	1879
10	Altenau	3 483	.	214	12	7 166	7 392	.	5	.	2 190	2 195	.	1 331	1 895	9 587	2,7	1890
11	Riefensbeek	3 353	.	1 711	.	7 790	9 501	.	159	.	2 965	3 124	.	1 741	2 194	12 625	3,8	1888
12	Clausthal	2 602	.	22	8	5 456	5 486	.	41	.	1 759	1 800	.	1 157	1 609	7 286	2,8	1888
13	Schulenberg	2 972	.	.	.	7 851	7 851	.	5	.	2 818	2 823	.	1 144	889	10 674	3,6	1890
14	Zellerfeld	2 549	.	.	.	5 755	5 755	.	.	.	2 040	2 040	.	1 133	1 619	7 795	3,1	1888
15	Westerhof	1 582	231	2 062	.	4 486	6 779	26	553	5	2 020	2 604	.	578	1 120	9 383	5,9	1884
16	Grund	2 431	41	1 062	8	5 311	6 422	25	378	.	1 224	1 627	.	719	1 265	8 049	3,3	1888
17	Lautenthal	4 298	124	1 646	18	8 971	10 759	.	600	.	2 625	3 225	.	1 119	2 581	13 984	3,3	1890
18	Liebenburg	1 088	134	1 749	5	4	1 892	8	337	.	34	379	.	83	2 331	2 271	2,1	1886
			M = 59	M = 203	M = 4	M = 4	M = 270											
19	Sillium	604	161	1 462	6	12	1 641	23	255	.	34	312	.	.	630	1 953	3,2	1891
20	Wendhausen	379	159	558	1	22	740	7	143	1	47	198	.	54	633	938	2,5	1886
21	Peine	455	516	153	7	27	703	12	38	4	51	105	.	43	602	808	1,8	1889
22	Ebergötzen	1 489	399	2 112	35	37	2 583	8	640	10	132	790	.	71	2 003	3 373	2,3	1887
23	Reinhausen	1 182	439	1 385	14	531	2 369	.	659	.	229	888	.	.	1 520	3 257	2,8	1892
24	Mollenfelde	906	149	1 975	6	200	2 330	19	577	13	120	729	.	31	1 162	3 059	3,4	1886
25	Escherode	1 328	291	2 523	4	93	2 911	92	721	2	133	948	.	6	1 681	3 859	2,9	1885
26	Cattenbühl	1 822	812	3 572	13	314	4 711	48	413	1	161	623	.	39	2 051	5 334	2,9	1885
27	Bramwald	2 755	1 644	4 364	9	381	6 398	45	1 449	1	376	1 871	.	.	2 163	8 269	3,0	1886
28	Adelebsen	952	232	1 845	7	66	2 150	4	554	29	63	650	.	24	1 142	2 800	2,9	1885
29	Hardegsen	3 208	1 012	6 907	9	579	8 507	13	1 170	.	117	1 300	.	591	3 971	9 807	3,1	1880
30	Herzberg	852	456	1 289	98	2	1 845	17	240	100	28	385	.	2	1 686	2 230	2,6	1890
			M = 140	M = 41	M = 36	M = 2	M = 219											
31	Catlenburg	1 494	717	2 961	390	37	4 105	23	420	22	28	493	.	319	2 106	4 598	3,1	1878
32	Bovenden	1 318	320	3 099	114	23	3 556	15	480	30	15	540	.	252	1 703	4 096	3,1	1886
33	Rotenkirchen	1 274	337	2 439	2	337	3 115	63	589	62	179	893	.	65	1 902	4 008	3,1	1892
34	Alfeld	1 277	75	3 684	.	348	4 107	9	907	2	202	1 120	.	78	2 599	5 227	4,1	1889
35	Weenzen	2 565	934	4 554	36	1 798	7 322	204	930	63	351	1 548	.	66	2 397	8 870	3,5	1892
36	Diekholzen	1 159	410	1 460	67	768	2 705	19	507	6	199	731	6	100	2 475	3 442	3,0	1891
			M = 109	M = 91	M = 60	.	M = 260											
37	Uslar	2 113	696	3 821	15	32	4 564	114	888	14	114	1 130	.	2	1 974	5 694	2,7	1885
38	Nienover	2 762	1 031	4 317	6	27	5 381	150	1 938	3	234	2 325	.	.	2 105	7 706	2,8	1892
39	Winnefeld	3 155	1 858	6 487	49	369	8 763	359	1 554	29	112	2 054	.	16	1 380	10 817	3,4	1880
40	Knobben	3 881	355	7 610	50	175	8 190	307	2 256	5	285	2 853	.	20	2 223	11 043	2,8	1881
41	Neuhaus	2 697	81	5 266	63	1 708	7 118	34	991	.	859	1 884	.	.	.	9 002	3,3	1892
42	Seelzerthurm	3 792	1 180	7 198	257	123	8 758	144	2 467	88	731	3 430	.	9	3 315	12 188	3,2	1886
43	Dassel	3 072	726	5 383	84	1 109	7 302	10	1 014	40	962	2 026	.	71	3 079	9 328	3,0	1880
	Zusammen	101 322	16 317	125 770	1 949	111 678	255 714	1 767	31 493	561	41 270	75 091	6	17 633	77 275	330 811	3,3	
			M = 308	M = 335	M = 100	M = 6	M = 749											

Zu Tabelle 37d.

Laufende Nummer	Oberförsterei	Zur Holzzucht bestimmte Fläche Ende 1893 ha	Abnutzungssatz an controlfähigem Material, fm Derbholz: Hauptnutzung des Hochwaldes einschl. des Oberholzes im Mittelwalde und des Plänterwaldes (darunter M = Oberholz im Mittelwalde, P = Plänterwald): Eichen	Buchen	Weichholz	Nadelholz	Zusammen Hauptnutzung	Vornutzung des Hochwaldes: Eichen	Buchen	Weichholz	Nadelholz	Zusammen Vornutzung	Abnutzungssatz an nicht controlfähigem Material in fm: Derbholz	Stockholz	Reisig	Derbholz-Abnutzungssatz im Ganzen fm	für das ha fm	Der Abnutzungssatz ist gültig seit:
	21. Regierungs-Bezirk Lüneburg.																	
1	Fallersleben .	2 477	1 585	863	641	5	3 094	150	300	150	100	700	.	138	5 554	3 794	1,5	1886
2	Gifhorn . .	1 920	1 757	159	506	1 535	3 957	106	4	11	333	454	.	436	5 792	4 411	2,3	1877
3	Uetze . . .	3 004	996	336	1 134	2 602	5 068	200	20	150	2 130	2 500	.	120	3 780	7 568	2,5	1889
4	Helmerkamp .	1 838	186	189	688	1 985	3 048	45	30	60	765	900	.	100	1 245	3 948	2,2	1890
5	Knesebeck . .	4 203	113	150	133	6 744	7 140	36	11	88	2 215	2 350	.	132	1 898	9 490	2,3	1888
6	Sprakensehl .	4 854	407	561	31	1 351	2 350	47	19	26	1 549	1 641	.	58	1 568	3 991	0,8	1889
7	Eschede . . .	5 986	447	971	123	1 083	2 624	105	133	79	634	951	.	.	5 541	3 575	0,6	1887
8	Fuhrberg . .	3 664	183	.	326	5 203	5 712	10	.	20	1 570	1 600	.	339	2 925	7 312	2,0	1891
9	Miele . . .	3 217	13	12	62	3 864	3 951	25	13	83	985	1 106	.	270	481	5 057	1,6	1887
10	Wardböhmen .	2 088	64	921	23	2 236	3 244	25	320	35	920	1 300	.	45	955	4 544	2,2	1889
11	Walsrode . .	1 445	295	320	34	1 347	1 996	197	170	47	708	1 122	.	32	3 043	3 118	2,2	1886
12	Munster . .	5 671	55	15	19	1 931	2 020	.	9	2	91	102	.	.	754	2 122	0,4	1887
13	Garlstorf . .	2 060	249	1 411	124	1 235	3 019	161	719	36	865	1 781	.	4	2 202	4 800	2,3	1891
14	Harburg . .	3 181	230	1 750	111	3 065	5 156	40	180	19	805	1 044	.	70	4 250	6 200	2,0	1890
15	Langeloh . .	5 388	138	214	23	2 356	2 731	.	.	.	.	.	.	9	301	2 731	0,5	1887
16	Lüchow . . .	3 821	714	160	1 117	2 367	4 358	229	77	74	1 500	1 880	6	341	2 573	6 244	1,7	1888
17	Göhrde-Ost .	3 798	121	8	100	1 293	1 522	5	5	.	600	610	.	179	6 128	2 132	0,6	1887
18	Göhrde-West .	3 891	172	249	100	2 166	2 687	20	35	10	500	565	.	418	5 690	3 252	0,8	1887
19	Medingen . .	2 529	410	2 776	102	1 162	4 450	102	253	24	665	1 044	.	333	9 308	5 494	2,2	1886
20	Carrenzien .	3 608	946	304	1 991	2 077	5 318	300	89	121	716	1 226	.	587	2 724	6 544	1,8	1889
21	Bleckede . . .	2 173	454	538	113	1.715	2 820	349	280	20	736	1 385	.	252	4 794	4 205	1,9	1891
22	Ebstorf . . .	2 311	379	1 386	38	1 240	3 043	20	132	4	685	841	.	.	3 982	3 884	1,7	1888
23	Scharnebeck .	1 870	560	539	433	1 770	3 302	135	117	52	772	1 076	.	209	3 648	4 378	2,4	1892
24	Winsen a. L. .	1 753	70	305	88	1 153	1 616	16	94	5	547	662	.	200	1 365	2 278	1,3	1892
	Zusammen	76 750	10 544	14 137	8 060	51 485	84 226	2 323	3 010	1 116	20 391	26 840	6	4 272	80 501	111 072	1,4	
	22. Regierungs-Bezirk Stade.																	
1	Rotenburg .	3 352	1 003	1 359	150	1 497	4 009	202	106	21	1 592	1 921	.	.	2 580	5 930	1,8	1886
2	Zeven . . .	1 643	394	902	5	3 103	4 404	80	805	32	998	1 915	.	.	759	6 319	3,9	1891
3	Harsefeld . .	1 665	967	1 993	79	933	3 972	150	100	10	340	600	.	39	2 528	4 572	2,7	1879
4	Bremervörde .	1 941	1 833	2 169	92	1 218	5 312	162	186	12	390	750	.	5	2 681	6 062	3,1	1879
5	Kuhstedt . .	3 393	258	203	5	2 434	2 900	77	16	12	1 353	1 458	.	.	2 066	4 358	1,3	1889
6	Arstedt . . .	1 550	377	730	6	849	1 962	103	17	6	228	354	.	.	1 061	2 316	1,5	1881
7	Bederkesa . .	3 760	750	631	5	1 730	3 116	316	159	5	1 020	1 500	.	66	5 097	4 616	1,3	1887
	Zusammen	17 304	5 582	7 987	342	11 764	25 675	1 090	1 389	98	5 921	8 498	.	110	16 772	34 173	2,0	
	23. Regierungs-Bezirk Osnabrück und Aurich.																	
1	Palsterkamp .	2 280	695	2 974	44	1 187	4 900	35	402	11	670	1 118	.	.	3 117	6 018	2,6	1888
2	Bersenbrück .	2 842	67	50	32	4 000	4 149	37	29	69	1 014	1 149	.	103	2 495	5 298	1,9	1887
3	Lingen . . .	4 132	10	8	2	4 080	4 100	1	5	1	437	444	.	90	2 004	4 544	1,1	1891
4	Friedeburg .	1 332	83	6	1	406	496	21	2	10	138	171	.	.	354	667	0,5	1884
5	Aurich . . .	4 289	241	81	171	953	1 446	205	43	48	304	600	.	.	1 151	2 046	0,5	1884
	Zusammen	14 875	1 096	3 119	250	10 626	15 091	299	481	139	2 563	3 482	.	193	9 121	18 537	1,2	

Zu Tabelle 37d.

Laufende Nummer	Oberförsterei	Zur Holzzucht bestimmte Fläche Ende 1893 ha	Abnutzungssatz an controlfähigem Material, fm Derbholz: Hauptnutzung des Hochwaldes einschl. des Oberholzes im Mittelwalde und des Plänterwaldes (darunter *M* = *Oberholz im Mittelwalde*, *P* = *Plänterwald*): Eichen	Buchen	Weichholz	Nadelholz	Zusammen Hauptnutzung	Vornutzung des Hochwaldes: Eichen	Buchen	Weichholz	Nadelholz	Zusammen Vornutzung	Abnutzungssatz an nicht controlfähigem Material in fm: Derbholz	Stockholz	Reisig	Derbholz-Abnutzungssatz im Ganzen fm	für das ha fm	Der Abnutzungssatz ist gültig seit:

24. Regierungs-Bezirk Münster.

1	Münster . .	2 184	2 200	3 144	439	1 061	6 844	314	274	30	78	696	.	.	3 803	7 540	3,5	1882

25. Regierungs-Bezirk Minden.

1	Hardehausen .	5 169	1 481	9 620	94	1 208	12 403	50	1 924	21	205	2 200	.	.	4 452	14 603	2,8	1879
2	Wünnenberg .	2 408	1 252	4 160	158	340	5 910	127	477	250	256	1 110	.	.	1 120	7 020	2,9	1881
3	Bödbeken . .	3 929	257	10 448	.	1 167	11 872	35	2 162	30	273	2 500	9	.	5 321	14 381	3,7	1881
4	Neuenheerse .	4 363	408	6 865	340	1 534	9 147	19	451	30	500	1 000	.	101	3 146	10 147	2,3	1879
5	Altenbeken . .	4 075	269	10 310	22	939	11 540	14	1 031	3	569	1 617	2	.	2 500	13 159	3,2	1879
6	Rumbeck (bei Fuhlen) . .	2 664	523	2 978	20	488	4 009	7	832	10	142	991	.	250	4 000	5 000	1,9	1877
7	Zersen . . .	2 593	867	4 937	7	499	6 310	23	1 567	1	19	1 610	172	250	4 800	8 092	3,1	1878
8	Obernkirchen .	2 432	515	2 836	200	1 882	5 433	18	696	13	317	1 044	1 037	293	5 347	7 514	3,1	1877
9	Haste . . .	2 364	2 626	1 190	404	186	4 406	1 001	197	16	12	1 226	.	242	2 128	5 632	2,4	1881
10	Minden . .	3 259	1 775 *P* = 448	1 743 *P* = 275	219 *P* = 73	5 394 .	9 131 *P* = 796	131	327	11	809	1 278	51	69	11 893	10 460	3,2	1885
	Zusammen	33 256	9 973 *P* = 448	55 087 *P* = 275	1 464 *P* = 73	13 637 .	80 161 *P* = 796	1 425	9 664	385	3 102	14 576	1 271	1 205	44 707	96 008	2,9	

26. Regierungs-Bezirk Arnsberg.

1	Siegen . .	1 888	1 363	1 825	11	1 262	4 461	307	306	2	182	797	93	23	2 962	5 351	2,8	1877
2	Hainchen . .	2 240	354	3 769	30	937	5 090	6	300	3	126	435	.	164	1 965	5 525	2,5	1876
3	Hilchenbach . .	2 869	542	2 587	29	2 029	5 187	121	603	16	522	1 262	.	6	2 311	6 449	2,3	1890
4	Glindfeld . .	2 517	30	5 631	5	498	6 164	5	729	3	219	956	.	20	837	7 120	2,8	1878
5	Bredelar . .	1 482	914	942	49	554	2 459	20	66	6	120	212	.	36	872	2 671	1,8	1874
6	Rumbeck (bei Oeventrop) .	3 175	117	7 276	47	857	8 297	38	1 324	8	191	1 561	.	36	3 185	9 858	3,1	1881
7	Obereimer . .	3 349	443	5 238	249	666	6 596	55	532	35	158	780	.	.	1 604	7 376	2,2	1875
8	Himmelpforten	1 635	1 495	1 936	25	242	3 698	366	390	55	137	948	.	21	3 273	4 646	2,8	1878
	Zusammen	19 155	5 258	29 204	445	7 045	41 952	918	4 250	128	1 655	6 951	93	306	17 079	48 996	2,6	

Zu Tabelle 37d.

Laufende Nummer	Oberförsterei	Zur Holzzucht bestimmte Fläche Ende 1893 ha	Abnutzungssatz an controlfähigem Material, fm Derbholz: Hauptnutzung des Hochwaldes einschl. des Oberholzes im Mittelwalde und des Plänterwaldes (darunter M = Oberholz im Mittelwalde, P = Plänterwald): Eichen	Hauptnutzung: Buchen	Hauptnutzung: Weichholz	Hauptnutzung: Nadelholz	Hauptnutzung: Zusammen Hauptnutzung	Vornutzung des Hochwaldes: Eichen	Vornutzung: Buchen	Vornutzung: Weichholz	Vornutzung: Nadelholz	Vornutzung: Zusammen Vornutzung	Abnutzungssatz an nicht controlfähigem Material in fm: Derbholz	Stockholz	Reisig	Derbholz-Abnutzungssatz im Ganzen fm	für das ha fm	Der Abnutzungssatz ist gültig seit:

27. Regierungs-Bezirk Cassel.

A. Cassel-Ost.

Laufende Nummer	Oberförsterei	ha	Haupt. Eichen	Haupt. Buchen	Haupt. Weichholz	Haupt. Nadelholz	Zusammen Hauptnutzung	Vor. Eichen	Vor. Buchen	Vor. Weichholz	Vor. Nadelholz	Zusammen Vornutzung	Derbholz	Stockholz	Reisig	im Ganzen fm	für das ha fm	gültig seit
1	Flörsbach . .	1 874	330	1 770	50	550	2 700	25	690	15	370	1 100	.	.	1 000	3 800	2,0	1890
2	Burgjoß . .	3 447	1 013	323	178	2 736	4 250	147	146	22	992	1 307	106	.	2 167	5 663	1,6	1891
3	Bieber . . .	2 591	248	2 450	179	561	3 438	24	779	47	828	1 678	.	.	1 137	5 116	2,0	1891
4	Kassel . . .	3 187	1 953	2 307	100	2 280	6 640	90	170	70	740	1 070	.	10	2 000	7 710	2,1	1885
5	Wolfgang . .	2 501	1 155	645	251	3 999	6 050	480	528	158	1 537	2 703	.	683	11 003	8 753	3,5	1878
6	Hanau . . .	634	456	118	125	343	1 042	98	49	29	82	258	.	404	1 852	1 300	2,1	1881
7	Orb	.	.	.	.	.	.	.	.	.	.	.	.	.	.	.	.	.
8	Salmünster .	2 767	4 043	2 976	42	1 681	8 742	211	716	.	593	1 520	.	50	2 258	10 262	3,7	1879
9	Marjoß . . .	4 193	2 227	6 115	392	882	9 616	21	1 315	110	537	1 983	.	580	2 784	11 599	2,8	1878
10	Steinau . .	1 324	146	1 994	13	274	2 427	1	564	10	86	661	.	58	1 241	3 088	2,3	1883
11	Oberzell . .	2 770	302	6 009	15	280	6 606	4	2 681	236	161	3 082	.	350	4 500	9 688	3,5	1883
12	Sterbfritz . .	2 755	1 625	2 650	98	623	4 996	79	1 106	23	422	1 630	.	332	3 635	6 626	2,4	1883
13	Neuhof . . .	3 355	617	3 862	245	1 446	6 170	3	251	113	944	1 311	.	1 000	5 000	7 481	2,2	1882
14	Niederkalbach .	1 988	542	540	141	733	1 956	75	74	73	826	1 048	.	200	3 000	3 004	1,5	1883
15	Gersfeld . .	1 686	212	1 669	15	1 365	3 261	9	426	2	255	692	.	200	2 500	3 953	2,3	1887
16	Giesel . . .	3 753	324	2 142	177	2 751	5 394	4	210	103	1 448	1 765	.	1 000	6 000	7 159	1,9	1882
17	Großenlüder .	1 862	485	1 038	42	2 097	3 662	44	87	16	2 051	2 198	.	300	3 000	5 860	3,1	1883
18	Hilders . .	1 794	4	3 089	51	819	3 963	.	520	17	87	624	.	100	2 285	4 587	2,6	1887
19	Thiergarten .	2 180	528	2 300	170	837	3 835	13	577	10	393	993	.	338	4 200	4 828	2,2	1885
20	Fulda . . .	3 632	647	788	65	2 214	3 714	89	544	20	1 249	1 902	.	1 215	6 312	5 616	1,5	1885
21	Mackenzell . .	2 043	215	1 644	108	731	2 698	62	655	63	351	1 131	.	383	4 595	3 829	1,9	1886
22	Burghaun . .	2 139	93	708	29	2 522	3 352	2	145	1	420	568	.	274	4 704	3 920	1,8	1886
23	Hersfeld-Wippershain	2 426	159	576	39	1 743	2 517	.	78	16	503	597	.	280	3 737	3 114	1,3	1884
24	Heringen . .	4 005	333	3 417	117	1 393	5 260	8	317	38	644	1 007	.	526	3 134	6 267	1,6	1884
25	Friedewald . .	4 007	173	5 329	167	469	6 138	22	768	20	279	1 089	.	723	5 419	7 227	1,8	1884
26	Schmalkalden .	.	.	.	.	.	.	.	.	.	.	.	.	.	.	.	.	.
27	Brotterode . .	360	.	.	.	181	181	.	.	.	.	.	.	.	585	181	0,5	1870
28	Hersfeld-Meckbach .	3 089	469	2 622	70	302	3 463	28	417	84	579	1 108	.	335	3 566	4 571	1,5	1884
29	Wildeck . . .	2 157	394	1 618	231	1 042	3 285	.	95	40	279	414	.	428	2 624	3 699	1,7	1879
30	Niederaula . .	2 798	365	974	107	1 980	3 426	.	308	10	710	1 028	.	472	3 848	4 454	1,6	1886
31	Hersfeld . .	2 973	952	2 034	83	1 917	4 986	.	509	42	698	1 249	.	775	3 676	6 235	2,1	1885
32	Neuenstein . .	2 997	467	2 914	108	1 950	5 439	1	722	13	750	1 486	.	514	3 657	6 925	2,3	1885
33	Rotenburg-Lüdersdorf .	2 217	117	1 714	122	74	2 027	.	234	79	153	466	.	270	1 900	2 493	1,1	1881
34	Nentershausen .	1 609	550	1 270	47	308	2 175	10	340	20	230	600	.	277	2 581	2 775	1,7	1890
35	Rotenburg-Ost .	1 750	419	1 186	92	397	2 094	1	40	40	391	472	114	250	2 000	2 680	1,5	1880
36	Rotenburg-West	2 284	58	1 500	164	350	2 072	1	321	19	445	786	7	180	2 800	2 865	1,3	1882
37	Rengshausen .	2 495	306	2 649	112	752	3 819	16	563	.	398	977	.	240	2 974	4 796	1,9	1884
38	Reichensachsen .	895	243	150	5	53	451	17	34	4	8	63	96	57	1 556	610	0,7	1890
39	Bischhausen .	1 476	286	714	8	196	1 204	31	49	1	9	90	389	58	2 149	1 683	1,1	1882
40	Stölzingen . .	1 508	52	481	93	550	1 176	.	10	24	220	254	.	150	1 000	1 430	0,9	1880
41	Wannfried . .	1 378	204	595	4	33	836	.	.	.	.	.	297	110	792	1 133	0,8	1884
42	Allendorf a. W.	1 816	941	1 139	23	5	2 108	65	232	10	40	347	60	5	3 518	2 515	1,4	1892
			P = 35	*P = 24*	.	.	*P = 59*											
43	Meißner . .	2 167	365	1 630	20	434	2 449	44	344	.	158	546	139	.	3 351	3 134	1,4	1877
44	Witzenhausen .	2 684	953	2 258	90	245	3 546	88	782	11	475	1 356	.	21	4 223	4 902	1,8	1888
	Zus. Cassel-Ost	99 566	24 971	79 907	4 188	44 098	153 164	1 813	18 396	1 609	21 341	43 159	1 208	12 148	134 263	197 531	2,0	
			P = 35	*P = 24*	.	.	*P = 59*											

Laufende Nummer	Oberförsterei	Zur Holzzucht bestimmte Fläche Ende 1893 ha	Abnutzungssatz an controlfähigem Material, fm Derbholz: Hauptnutzung des Hochwaldes einschl. des Oberholzes im Mittelwalde und des Plänterwaldes (darunter *M = Oberholz im Mittelwalde, P = Plänterwald*): Eichen	Buchen	Weichholz	Nadelholz	Zusammen Hauptnutzung	Vornutzung des Hochwaldes: Eichen	Buchen	Weichholz	Nadelholz	Zusammen Vornutzung	Abnutzungssatz an nicht controlfähigem Material in fm: Derbholz	Stockholz	Reisig	Derbholz-Abnutzungssatz: im Ganzen fm	für das ha fm	Der Abnutzungssatz ist gültig seit:
	B. Cassel-West.																	
45	Oberaula	3 235	470	3 740	124	2 174	6 508	44	1 037	36	762	1 879	.	132	6 393	8 387	2,6	1886
46	Neukirchen	3 002	1 332	3 000	300	548	5 180	84	1 343	11	463	1 901	.	607	6 004	7 081	2,3	1886
47	Wallenstein	1 873	164	2 047	186	164	2 561	30	815	20	168	1 033	.	180	3 000	3 594	1,9	1885
48	Mengsberg	2 408	599	1 835	125	2 527	5 086	61	392	6	350	809	.	1 171	2 252	5 895	2,4	1885
49	Todenhausen	1 457	1 068	1 276	32	326	2 702	60	219	14	233	526	.	450	2 272	3 228	2,2	1886
50	Jesberg	2 165	227	3 405	7	628	4 267	1	266	14	91	372	.	525	1 941	4 639	2,2	1884
51	Densberg	2 255	389	4 615	24	132	5 160	26	574	5	12	617	.	561	2 712	5 777	2,6	1885
52	Roßberg	914	625	1 660	19	49	2 353	23	568	3	7	601	.	294	1 270	2 954	3,2	1886
53	Marburg	2 903	210	2 710	66	1 319	4 305	14	513	3	413	943	.	346	3 688	5 248	1,5	1885
54	Ellnhausen	999	464	638	.	273	1 375	88	297	3	49	437	.	127	1 812	1 812	1,8	1886
55	Neustadt	2 712	1 757	882	246	1 597	4 482	105	246	20	165	536	.	304	3 424	5 018	1,9	1881
56	Rauschenberg	1 508	751	1 212	22	853	2 838	146	224	12	222	604	.	415	3 160	3 442	2,3	1886
57	Oberrosphe	3 702	182	3 078	134	2 606	6 000	23	773	4	1 500	2 300	.	650	3 500	8 300	2,2	1885
58	Treisbach	1 434	203	1 024	64	457	1 748	29	186	24	99	338	.	94	1 806	2 086	1,4	1885
59	Bracht	3 552	1 216	5 440	48	1 296	8 000	82	1 064	33	921	2 100	.	450	5 995	10 100	2,8	1891
60	Rosenthal	2 366	819	3 795	115	771	5 500	67	804	14	615	1 500	.	100	4 000	7 000	3,0	1884
61	Wolkersdorf	2 769	887	2 699	287	2 477	6 350	95	459	16	830	1 400	.	60	2 300	7 750	2,8	1884
62	Frankenberg	3 743	894	5 698	23	405	7 020	78	687	1	183	949	.	309	4 512	7 969	2,1	1884
63	Frankenau	2 031	207	1 877	33	538	2 655	15	487	9	164	675	.	208	2 498	3 330	1,6	1886
64	Altenlotheim	2 324	49	3 839	10	226	4 124	2	1 069	8	140	1 219	.	.	1 816	5 343	2,3	1891
65	Vöhl	2 369	172	1 429	23	891	2 515	3	164	10	215	392	.	.	2 907	2 907	1,2	1891
66	Morschen	2 821	241	2 883	63	317	3 504	30	1 035	31	987	2 083	.	559	3 352	5 587	1,9	1882
67	Spangenberg	2 436	126	2 509	24	987	3 646	2	265	5	92	364	.	441	3 609	4 010	1,6	1884
68	Melsungen	1 823	122	4 389	.	355	4 866	61	421	6	125	613	.	548	1 917	5 479	3,0	1883
69	Eiterhagen	3 051	422	4 946	6	2 093	7 467	1	386	1	240	628	.	696	3 810	8 095	2,7	1883
70	Lichtenau	2 722	438	3 999	42	728	5 207	27	477	16	198	718	.	178	2 965	5 925	2,2	1884
71	Wellerode	3 735	1 073	4 372	139	1 809	7 393	141	1 011	6	650	1 808	.	736	1 840	9 201	2,5	1878
72	Rottebreite	3 437	1 157	3 155	114	1 578	6 004	84	893	8	659	1 644	.	229	4 206	7 648	2,2	1887
73	Felsberg	1 271	321	1 404	67	636	2 428	20	121	3	472	616	.	91	1 431	3 044	2,4	1885
74	Fritzlar	248	113 *M = 310*	1 *M = 3*	27 *M = 40*	100 *M = 4*	241 *M = 357*	4	.	9	18	31	.	26	131	272	1,1	1884
75	Naumburg	1 237	322	915	18	480	1 735	38	484	3	221	746	.	82	1 910	2 481	2,0	1887
76	Sand	878	440	1 017	22	241	1 720	3	88	4	95	190	.	86	1 413	1 910	2,2	1885
77	Kirchditmold	2 453	1 518	3 011	111	1 100	5 740	97	389	19	154	659	.	256	1 920	6 399	2,6	1878
78	Ehlen	2 066	514	3 870	71	234	4 689	1	506	18	62	587	.	505	2 557	5 276	2,6	1885
79	Ehrsten	899	372	1 452	18	11	1 853	43	255	11	18	327	.	145	1 295	2 180	2,4	1885
80	Gahrenberg	4 498	2 396	13 744	530	793	17 463	242	1 839	53	533	2 667	.	1 092	4 314	20 130	4,5	1875
81	Veckerhagen	3 603	399	8 730	154	131	9 414	2	2 989	61	217	3 269	.	13	2 029	12 683	3,5	1892
82	Hombressen	3 735	2 189	2 102	524	734	5 549	152	513	57	222	944	.	260	974	6 493	1,7	1888
83	Hofgeismar	2 438	1 990	2 324	105	431	4 850	165	1 223	41	212	1 641	.	65	1 947	6 491	2,7	1889
84	Gottsbüren	3 174	1 226	7 644	7	.	8 877	.	734	.	136	870	.	464	2 032	9 747	3,1	1875
85	Carlshafen	2 847	2 216	2 749	83	292	5 340	66	1 607	3	393	2 069	.	148	2 223	7 409	2,6	1888
86	Oedelsheim	2 195	2 188	1 747	68	180	4 183	48	1 049	29	623	1 749	.	30	1 777	5 932	2,7	1891
	Zus. Cassel-West	101 288	32 468 *M = 310*	132 862 *M = 3*	4 081 *M = 40*	33 487 *M = 4*	202 898 *M = 357*	2 303	28 472	650	13 929	45 354	.	13 633	114 914	248 252	2,5	
	Hierzu Cassel-Ost	99 566	24 971 *P = 35*	79 907 *P = 24*	4 188 .	44 098 .	153 164 *P = 59*	1 813	18 396	1 609	21 341	43 159	1 208	12 148	134 263	197 531	2,0	
	Zusammen	200 854	57 439 *M = 310* *P = 35*	212 769 *M = 3* *P = 24*	8 269 *M = 40* .	77 585 *M = 4* .	356 062 *M = 357* *P = 59*	4 116	46 868	2 259	35 270	88 513	1 208	25 781	249 177	445 783	2,2	

Zu Tabelle 37d.

Laufende Nummer	Oberförsterei	Zur Holzzucht bestimmte Fläche Ende 1893 ha	Abnutzungssatz an controlfähigem Material, fm Derbholz: Hauptnutzung des Hochwaldes einschl. des Oberholzes im Mittelwalde und des Plänterwaldes (darunter M = Oberholz im Mittelwalde, P = Päulterwald): Eichen	Buchen	Weichholz	Nadelholz	Zusammen Hauptnutzung	Vornutzung des Hochwaldes: Eichen	Buchen	Weichholz	Nadelholz	Zusammen Vornutzung	Abnutzungssatz an nicht controlfähigem Material in fm: Derbholz	Stockholz	Reisig	Derbholz-Abnutzungssatz im Ganzen fm	für das ha fm	Der Abnutzungssatz ist gültig seit:
	28. Regierungs-Bezirk Wiesbaden.																	
1	Homburg	1 120	222	264	79	853	1 418	16	28	8	148	200	.	150	1 462	1 618	1,4	1885
2	Hofheim	902	186	1 603	6	19	1 814	.	520	35	5	560	.	250	1 295	2 374	2,6	1888
3	Cronberg	.	.	.	.	.	.	.	.	.	.	.	.	.	.	.	.	.
4	Königstein	2 111	221	3 450	51	1 624	5 346	16	1 036	21	350	1 423	.	408	2 337	6 769	3,2	1888
5	Oberems	1 112	200	1 713	1	201	2 115	.	204	.	9	213	.	20	1 315	2 328	2,1	1889
6	Usingen	785	165	938	32	145	1 280	31	289	37	204	561	.	143	865	1 841	2,3	1884
7	Neuweilnau	847	305	1 391	8	362	2 066	12	447	8	28	495	.	40	1 199	2 561	3,0	1889
8	Rod a. d. Weil	961	171	701	6	722	1 600	21	191	16	218	446	.	116	1 237	2 046	2,1	1889
9	Brandoberndorf	658	346	125	2	61	534	54	125	9	36	224	312	50	1 336	1 070	1,6	1887
10	Weilmünster	684	257	1 268	14	82	1 621	2	223	5	41	271	.	.	1 340	1 892	2,8	1890
11	Weilburg	639	432	757	95	154	1 438	97	706	99	156	1 058	.	27	1 323	2 496	3,9	1891
12	Rambach	659	209	1 168	16	7	1 400	129	318	10	44	501	.	50	1 214	1 901	2,9	1887
13	Idstein	360	58	960	8	5	1 031	4	304	3	85	396	.	60	613	1 427	4,0	1890
14	Wörsdorf	318	90	631	1	47	769	60	221	1	21	303	.	.	446	1 072	3,4	1899
15	Breithardt	187	19	153	.	264	436	.	71	.	87	158	.	20	269	594	3,1	1891
16	Wiesbaden	1 342	45	3 006	89	160	3 300	11	752	17	149	929	.	.	2 414	4 229	3,2	1886
17	Chausseehaus	1 197	37	2 464	5	844	3 350	16	473	28	33	550	.	.	1 953	3 900	3,3	1886
18	Eltville	48	13	124	5	12	154	1	28	3	.	32	.	.	87	186	3,9	1892
19	Oestrich	.	.	.	.	.	.	.	.	.	.	.	.	.	.	.	.	.
20	Lorch	1 953	709	2 599	6	159	3 473	32	265	63	15	375	.	.	1 540	3 848	2,0	1887
21	Caub	200	3	304	1	.	308	6	27	15	4	52	.	10	297	360	1,8	1886
22	Schwalbach	.	.	.	.	.	.	.	.	.	.	.	.	.	.	.	.	.
23	Erlenhof (Kemel)	1 006	298	820	65	379	1 562	26	319	32	46	423	.	50	1 575	1 985	2,0	1883
24	Hahnstätten	519	84	649	10	199	942	115	186	16	57	374	.	63	705	1 316	2,5	1891
25	Katzenelnbogen	1 183	247	1 050	95	435	1 827	41	340	74	90	545	.	50	1 808	2 372	2,0	1890
26	Nastätten	.	.	.	.	.	.	.	.	.	.	.	.	.	.	.	.	.
27	St. Goarshausen	105	7	254	.	27	288	.	4	.	2	6	.	.	320	294	2,9	1886
28	Runkel	12	.	.	.	.	.	.	.	.	.	.	21	.	41	21	1,8	1880
29	Diez	796	352	1 065	11	.	1 428	9	282	14	2	307	86	78	1 267	1 821	2,3	1882
30	Nassau	4	3	.	.	.	3	2	1	.	5	8	.	.	6	11	2,8	1870
31	Braubach	544	170	732	37	30	969	31	233	15	3	282	5	.	1 090	1 256	2,2	1890
32	Hadamar	94	8	97	7	5	117	6	63	6	.	75	.	11	135	192	2,0	1891
33	Montabaur	88	3	6	6	150	165	.	11	1	24	36	.	40	169	201	2,4	1883
34	Welschneudorf	1 002	108	2 037	38	46	2 229	27	1 027	5	46	1 105	.	141	2 015	3 334	3,3	1884
35	Neuhäusel	1 147	411	1 543	79	282	2 315	141	634	36	44	855	.	220	1 500	3 170	2,8	1892
			M = 68	M = 33	M = 11	M = 2	M = 114											
36	Wallmerod	.	.	.	.	.	.	.	.	.	.	.	.	.	.	.	.	.
37	Selters	784	142	1 362	24	339	1 867	9	571	5	191	776	.	127	1 587	2 643	3,4	1892
38	Herschbach	88	56	19	31	26	132	43	5	4	19	71	.	2	200	203	2,3	1892
39	Westerburg	.	.	.	.	.	.	.	.	.	.	.	.	.	.	.	.	.
40	Hachenburg	358	104	961	2	.	1 067	34	235	4	117	390	.	.	417	1 457	4,1	1884
41	Kroppach	980	204	1 166	109	358	1 837	70	526	20	99	715	.	.	1 504	2 552	2,6	1884
42	Merenberg	1 635	174	2 604	31	588	3 397	39	705	25	117	886	99	86	2 847	4 382	2,7	1888
43	Johannisburg	1 510	163	3 813	25	512	4 513	11	1 448	46	112	1 617	.	.	2 305	6 130	4,1	1890
44	Herborn	1 393	348	2 198	32	611	3 189	22	837	71	95	1 025	.	.	1 991	4 214	3,0	1889
45	Driedorf	893	3	2 887	73	66	3 029	.	436	9	99	544	.	.	1 291	3 573	4,0	1890
46	Rennerod	585	19	394	69	1 126	1 608	3	170	24	51	248	.	.	1 042	1 856	3,2	1891
47	Oberscheld	2 707	285	4 758	24	2 685	7 752	22	1 494	27	283	1 826	.	.	3 221	9 578	3,5	1887
48	Dillenburg	1 859	1 202	2 414	75	1 125	4 816	76	910	43	370	1 399	26	.	2 350	6 241	3,4	1886
49	Haiger	1 173	406	1 421	152	173	2 152	19	465	16	67	567	.	.	1 718	2 719	2,3	1885
50	Ebersbach	1 542	1 099	1 721	13	302	3 135	16	784	9	174	983	.	.	2 375	4 118	2,7	1886
51	Strupbach	735	461	865	1	51	1 378	1	192	1	30	224	.	200	850	1 602	2,2	1887
52	Gladenbach	979	121	1 093	5	56	1 275	10	550	8	30	598	.	120	1 451	1 873	1,8	1888
53	Katzenbach	1 765	73	1 955	14	718	2 760	15	297	7	111	430	31	270	1 831	3 221	1,8	1883
54	Biedenkopf	702	34	870	1	4	909	3	142	2	15	162	.	61	621	1 071	1,5	1881
55	Hatzfeld	3 222	134	6 065	31	613	6 843	3	700	3	193	899	.	794	2 901	7 742	2,4	1889
56	Battenberg	2 581	871	4 000	46	1 378	6 295	59	828	2	229	1 118	8	714	2 704	7 421	3,0	1890
57	Elbrighausen	3 037	455	7 409	2	74	7 940	4	2 126	15	187	2 332	5	10	3 243	10 277	3,5	1890
	Zusammen	51 111	11 733	79 847	1 533	18 079	111 192	1 365	22 749	918	4 541	29 573	593	4 381	69 622	141 358	2,8	
			M = 68	M = 33	M = 11	M = 2	M = 114									*		

Zu Tabelle 37d.

29. Regierungs-Bezirk Coblenz.

Laufende Nummer	Oberförsterei	Zur Holzzucht bestimmte Fläche Ende 1893 ha	Abnutzungssatz an controlfähigem Material, fm Derbholz: Hauptnutzung des Hochwaldes einschl. des Oberholzes im Mittelwalde und des Plänterwaldes (darunter M = Oberholz im Mittelwalde, P = Plänterwald): Eichen	Buchen	Weichholz	Nadelholz	Zusammen Hauptnutzung	Vornutzung des Hochwaldes: Eichen	Buchen	Weichholz	Nadelholz	Zusammen Vornutzung	Abnutzungssatz an nicht controlfähigem Material in fm: Derbholz	Stockholz	Reisig	Derbholz-Abnutzungssatz: im Ganzen fm	für das ha fm	Der Abnutzungssatz ist gültig seit:
1	Entenpfuhl .	4 653	1 611	5 112	1 584	1 271	9 578	103	729	226	267	1 325	7	94	5 274	10 910	2,3	1879
2	Neupfalz . .	4 707	1 762	8 785	770	1 793	13 110	240	1 736	113	1 111	3 200	45	74	3 447	16 355	3,5	1892
3	Meisenheim .	1 136	434	564	3	252	1 253	50	91	1	22	164	.	46	2 191	1 417	1,2	1887
4	Kirchberg . .	2 703	1 242	1 066	412	1 292	4 012	363	181	169	451	1 164	.	66	892	5 176	1,9	1891
			M = 1	M = 4	.	M = 12	M = 17											
5	Castellaun . .	2 446	819	1 841	128	1 102	3 890	250	850	50	750	1 900	16	38	2 907	5 806	2,4	1892
6	Coblenz . . .	2 495	626	2 267	9	398	3 300	129	1 025	12	168	1 334	.	.	7 774	4 634	1,9	1891
7	Adenau . . .	4 436	481	5 391	29	3 259	9 160	17	853	68	404	1 342	1 136	89	7 889	11 638	2,6	1879
8	Kirchen . . .	2 594	2 290	1 439	187	802	4 718	531	291	5	143	970	.	.	4 838	5 688	2,2	1890
9	Krofdorf . .	1 514	589	2 316	.	217	3 122	36	534	.	40	610	.	.	3 659	3 732	2,5	1890
			M = 244	M = 1	.	M = 132	M = 377											
	Zusammen	26 684	9 854	28 781	3 122	10 386	52 143	1 719	6 290	644	3 356	12 009	1 204	407	38 871	65 356	2,4	
			M = 245	M = 5	.	M = 144	M = 394											

30. Regierungs-Bezirk Düsseldorf.

Laufende Nummer	Oberförsterei	Zur Holzzucht bestimmte Fläche Ende 1893 ha	Abnutzungssatz an controlfähigem Material, fm Derbholz: Hauptnutzung des Hochwaldes einschl. des Oberholzes im Mittelwalde und des Plänterwaldes (darunter M = Oberholz im Mittelwalde, P = Plänterwald): Eichen	Buchen	Weichholz	Nadelholz	Zusammen Hauptnutzung	Vornutzung des Hochwaldes: Eichen	Buchen	Weichholz	Nadelholz	Zusammen Vornutzung	Abnutzungssatz an nicht controlfähigem Material in fm: Derbholz	Stockholz	Reisig	Derbholz-Abnutzungssatz: im Ganzen fm	für das ha fm	Der Abnutzungssatz ist gültig seit:
1	Benrath . . .	2 509	2 270	1 610	210	2 830	6 920	520	980	200	400	2 100	627	.	3 569	9 647	3,8	1889
2	Hiesfeld . .	3 074	2 060	1 190	740	5 350	9 340	290	200	70	650	1 210	.	.	2 620	10 550	3,4	1889
3	Xanten . . .	3 326	1 424	788	99	7 764	10 075	198	51	2	1 249	1 500	136	228	4 482	11 711	3,5	1889
4	Cleve . . .	6 647	1 206	476	54	9 892	11 628	650	177	11	1 623	2 461	.	1 558	8 972	14 089	2,1	1884
5	Rheinwarden .	215	.	.	.	.	.	.	.	.	.	.	18	.	2 817	18	0,1	1864
6	Thiergarten zu Cleve . .	289	245	107	5	337	694	.	.	.	.	.	.	102	384	694	2,4	1884
	Zusammen	16 060	7 205	4 171	1 108	26 173	38 657	1 658	1 408	283	3 922	7 271	781	1 888	22 844	46 709	2,9	

31. Regierungs-Bezirk Cöln.

Laufende Nummer	Oberförsterei	Zur Holzzucht bestimmte Fläche Ende 1893 ha	Abnutzungssatz an controlfähigem Material, fm Derbholz: Hauptnutzung des Hochwaldes einschl. des Oberholzes im Mittelwalde und des Plänterwaldes (darunter M = Oberholz im Mittelwalde, P = Plänterwald): Eichen	Buchen	Weichholz	Nadelholz	Zusammen Hauptnutzung	Vornutzung des Hochwaldes: Eichen	Buchen	Weichholz	Nadelholz	Zusammen Vornutzung	Abnutzungssatz an nicht controlfähigem Material in fm: Derbholz	Stockholz	Reisig	Derbholz-Abnutzungssatz: im Ganzen fm	für das ha fm	Der Abnutzungssatz ist gültig seit:
1	Siebengebirge .	1 965	157	418	95	1 579	2 249	200	364	112	525	1 201	63	.	3 973	3 513	1,8	1877
2	Kottenforst . .	3 539	2 789	2 326	343	881	6 339	553	682	231	211	1 677	41	.	6 890	8 057	2,3	1879
3	Ville . . .	3 213	2 146	3 149	124	749	6 168	225	422	50	166	863	.	.	4 818	7 031	2,2	1879
4	Königsforst .	3 354	994	675	36	4 016	5 721	420	401	26	679	1 526	.	.	4059	7 247	2,2	1890
			M = 49	M = 37	M = 7	.	M = 93											
	Zusammen	12 071	6 086	6 568	598	7 225	20 477	1 398	1 869	419	1 581	5 267	104	.	19 740	25 848	2,1	
			M = 49	M = 37	M = 7	.	M = 93											

Zu Tabelle 37d.

Laufende Nummer	Oberförsterei	Zur Holzzucht bestimmte Fläche Ende 1893 ha	Abnutzungssatz an controlfähigem Material, fm Derbholz: Hauptnutzung des Hochwaldes einschl. des Oberholzes im Mittelwalde und des Plänterwaldes (darunter *M* = *Oberholz im Mittelwalde*, *P* = *Plänterwald*)					Vornutzung des Hochwaldes					Abnutzungssatz an nicht controlfähigem Material in fm:			Derbholz-Abnutzungssatz		Der Abnutzungssatz ist gültig seit:
			Eichen	Buchen	Weichholz	Nadelholz	Zusammen Hauptnutzung	Eichen	Buchen	Weichholz	Nadelholz	Zusammen Vornutzung	Derbholz	Stockholz	Reisig	im Ganzen fm	für das ha fm	
	32. Regierungs-Bezirk Trier.																	
1	Carlsbrunn .	5 237	2 906	6 872	941	2 162	12 881	109	815	576	180	1 680	.	.	4 212	14 561	2,8	1868
2	Saarbrücken .	3 650	1 785	8 820	230	646	11 481	32	1 440	201	39	1 712	.	.	3 128	13 193	3,6	1876
3	Neunkirchen .	4 245	1 991	10 162	235	753	13 141	82	1 213	601	48	1 944	.	.	3 296	15 085	3,6	1871
4	Fischbach . .	3 776	4 224	7 894	159	95	12 372	35	3 909	83	13	4 040	.	.	2 877	16 412	4,3	1870
5	Saarlouis (Lebach) . . .	2 058	2 010	2 164	50	326	4 550	373	934	11	132	1 450	.	.	1 750	6 000	2,9	1892
6	St. Wendel .	2 539	1 035	3 797	263	261	5 356	180	721	122	18	1 041	.	.	2 047	6 397	2,5	1886
7	Kempfeld . .	3 492	393	5 618	310	654	6 975	14	778	27	336	1 155	.	62	1 738	8 130	2,3	1880
8	Morbach . .	5 492	669	8 404	549	618	10 240	10	52	25	19	106	129	.	4 355	10 475	1,9	1772
9	Dhronecken .	6 930	235	13 786	535	900	15 456	117	1 581	123	597	2 418	220	2	3 434	18 094	2,6	1881
10	Wadern . .	3 175	2 145	6 122	18	212	8 497	282	2 911	20	344	3 557	15	50	3 444	12 069	3,8	1886
11	Saarburg . .	2 536	2 980	3 118	17	35	6 150	336	822	8	104	1 270	229	.	2 844	7 649	3,0	1889
12	Osburg . . .	3 172	227	9 418	100	39	9 784	59	1 706	11	224	2 000	269	.	3 067	12 053	3,8	1888
13	Trier	2 752	1 595	3 052	4	936	5 587	893	689	21	498	2 101	405	30	3 684	8 093	2,9	1888
14	Wittlich . . .	4 093	1 452	6 411	104	680	8 647	18	485	18	16	537	1 340	123	4 849	10 524	2,6	1878
15	Daun . . .	4 282	542	6 775	28	811	8 156	6	433	4	58	501	966	114	5 841	9 623	2,2	1873
16	Balesfeld . .	4 171	623	5 765	45	221	6 654	8	415	.	56	479	592	14	4 202	7 725	1,9	1877
	Zusammen	61 600	24 812	108 178	3 588	9 349	145 927	2 554	18 904	1 851	2 682	25 991	4 165	395	54 768	176 083	2,9	
	33. Regierungs-Bezirk Aachen.																	
1	Schleiden . . (Reifferscheid)	4 296	436	4 989	61	3 233	8 719	77	674	26	933	1 710	.	.	2 573	10 429	2,4	1880
2	Höven . . .	4 614	69	4 600	37	1 369	6 075	1	206	2	573	782	437	.	6 634	7 294	1,6	1875
3	Gemünd . . (Heimbach)	3 678	446 *M = 393*	4 842 *M = 17*	. .	582 *M = 9*	5 870 *M = 419*	4	310	.	24	338	907	.	5 681	7 115	1,9	1877
4	Hürtgen . .	4 216	464	2 767	263	2 786	6 280	7	207	60	286	560	884	.	4 163	7 724	1,8	1877
5	Rötgen . . . (Mulartshütte)	3 134	2 539	4 010	362	915	7 826	255	549	312	932	2 048	491	.	2 815	10 365	3,3	1878
6	Eupen . . .	4 521	2 646	707	1 254	3 599	8 206	179	81	236	779	1 275	.	.	3 537	9 481	2,1	1888
7	Wenau . . . (Schevenhütte)	2 735	2 464	1 968	232	795	5 459	45	99	17	121	282	424	.	5 106	6 165	2,3	1874
8	Hambach . .	1 591	1 851 *M = 1549*	1 899 *M = 14*	168 *M = 13*	147 *M = 18*	4 065 *M = 1594*	97	448	9	5	559	679	24	4 949	5 303	3,3	1875
	Zusammen	28 785	10 915 *M = 1942*	25 782 *M = 31*	2 377 *M = 13*	13 426 *M = 27*	52 500 *M = 2013*	665	2 574	662	3 653	7 554	3 822	24	35 458	63 876	2,2	

Tabelle

Regierungsbezirksweise Zusammenstellung der in den Preußischen

Laufende Nummer	Regierungs-Bezirk	Holzbodenfläche ha	Abnutzungssatz an controlfähigem Material: Hauptnutzung des Hochwaldes einschließlich des Oberholzes im Mittelwalde und des Plänterwaldes (darunter M = Oberholz im Mittelwalde und P = Plänterwald): Eichen	Buchen	Weichholz	Nadelholz	Zusammen Hauptnutzung	Vornutzung des: Eichen	Buchen	Weichholz
1	Königsberg	180 355	20 321	20 272	100 399	261 120	402 112	1 175	1 640	20 429
2	Gumbinnen	191 409	9 597	7 308	83 273	263 464	363 642	269	297	11 231
3	Danzig	110 386	13 140	21 522	6 531	138 355	179 548	931	3 042	2 301
4	Marienwerder	184 848	12 548	4 520	11 949	352 046	381 063	995	347	3 513
5	Potsdam	198 746	14 675	23 373	24 081	330 259	392 388	2 221	5 629	5 563
			P = 115	*P = 147*	*P = 551*	*P = 2077*	*P = 2890*			
6	Frankfurt a. O.	175 299	27 875	26 167	10 818	284 438	349 298	2 723	1 671	3 594
			P = 51	*P = 194*	*P = 252*	.	*P = 497*			
7	Stettin	102 631	22 760	40 039	14 914	175 838	253 551	2 678	7 912	3 848
			P = 2050	*P = 1872*	*P = 58*	*P = 3423*	*P = 7403*			
8	Köslin	62 763	13 085	22 737	10 785	67 343	113 950	803	3 284	2 874
9	Stralsund	25 246	9 050	14 093	4 993	22 168	50 304	1 910	2 107	602
10	Posen	72 188	6 121	1 873	6 260	107 545	121 799	316	171	1 845
11	Bromberg	100 744	8 499	584	5 674	173 815	188 572	327	21	2 492
12	Breslau	57 456	21 253	13 361	13 640	119 910	168 164	2 010	1 181	4 119
			M = 5038	*M = 383*	*M = 351*	*M = 219*	*M = 5991*			
13	Liegnitz	20 610	2 531	2 535	366	53 459	58 891	471	240	116
			M = 116	*M = 131*	*M = 48*	.	*M = 295*			
14	Oppeln	73 003	4 353	1 852	6 176	180 611	192 992	881	647	4 795
			M = 370	*M = 40*	*M = 20*	.	*M = 430*			
15	Magdeburg	62 901	23 002	13 690	5 944	51 718	94 354	2 417	1 585	811
			M = 2435	*M = 1278*	*M = 77*	*M = 149*	*M = 3939*			
16	Merseburg	71 694	25 851	15 913	5 456	107 202	154 422	1 284	1 631	641
			M = 2835	*M = 1522*	*M = 629*	.	*M = 4986*			
			P = 42	*P = 21*	*P = 15*	.	*P = 78*			
17	Erfurt	35 953	3 147	34 694	1 143	67 893	106 877	19	5 121	47
			M = 2192	M = *3469*	*M = 585*	*P = 83*	*M = 6246*			
			P = 3	*P = 964*	*P = 4*	.	*P = 1054*			
18	Schleswig	35 090	10 523	45 467	2 853	12 240	71 083	2 743	6 480	876
			P = 3	*P = 232*	.	.	*P = 235*			
19	Hannover	29 242	10 343	38 896	2 872	24 668	76 779	1 635	8 880	166
			M = 700	*M = 15*	*M = 9*	*M = 2*	*M = 726*			
20	Hildesheim	101 322	16 317	125 770	1 949	111 678	255 714	1 767	31 493	561
			M = 308	*M = 335*	*M = 100*	*M = 6*	*M = 749*			
21	Lüneburg	76 750	10 544	14 137	8 060	51 485	84 226	2 323	3 010	1 116
22	Stade	17 304	5 582	7 987	342	11 764	25 675	1 090	1 389	98
23	Osnabrück (mit Aurich)	14 875	1 096	3 119	250	10 626	15 091	299	481	139
24	Münster	2 184	2 200	3 144	439	1 061	6 844	314	274	30
25	Minden (mit Schaumburg)	33 256	9 973	55 087	1 464	13 637	80 161	1 425	9 664	385
			P = 448	*P = 275*	*P = 73*	.	*P = 796*			
26	Arnsberg	19 155	5 258	29 204	445	7 045	41 952	918	4 250	128
27	Cassel (ohne Schaumburg)	200 854	57 439	212 769	8 269	77 585	356 062	4 116	46 868	2 259
			M = 310	*M = 3*	*M = 40*	*M = 4*	*M = 357*			
			P = 35	*P = 24*	.	.	*P = 59*			
28	Wiesbaden	51 111	11 733	79 847	1 533	18 079	111 192	1 365	22 749	918
			M = 68	*M = 33*	*M = 11*	*M = 2*	*M = 114*			
29	Coblenz	26 684	9 854	28 781	3 122	10 386	52 143	1 719	6 290	644
			M = 245	*M = 5*	.	*M = 144*	*M = 394*			
30	Düsseldorf	16 060	7 205	4 171	1 108	26 173	38 657	1 658	1 408	283
31	Cöln	12 071	6 086	6 568	598	7 225	20 477	1 398	1 869	419
			M = 49	*M = 37*	*M = 7*	.	*M = 93*			
32	Trier	61 600	24 812	108 178	3 588	9 349	145 927	2 554	18 904	1 851
33	Aachen	28 785	10 915	25 782	2 377	13 426	52 500	665	2 574	662
			M = 1942	*M = 31*	*M = 13*	*M = 27*	*M = 2013*			
	Zusammen	2 452 575¹)	437 688	1 053 440	351 671	3163 611	5 006 410	47 419	203 109	79 356
	dazu die neu gebildeten Oberförstereien		9 %	21 %	7 %	63 %	.	4 %	17 %	7 %
	Kosten etwa =	3 665	100 %					100 %		
	und Laska =	7 474								
	giebt	2 463 714								
	Holzbodenfläche vom 1. 4. 93 = (ohne gemeinschaftl. Waldungen)	2 463 247	*M = 16608*	*M = 7282*	*M = 1890*	*M = 553*	*M = 26333*			
	Differenz	467²)	*P = 2747*	*P = 3729*	*P = 953*	*P = 5583*	*P = 13012*			
	% vom gesammten Abnutzungssatz	.	.	.	.	.	60 %	.	.	.

¹) Nicht miteinbegriffen sind hierin die Holzbodenflächen der neueingerichteten Oberförstereien Kosten (= etwa 3 665 ha) und Laska (= 7 474 ha), deren Einrichtungsarbeiten noch nicht abgeschlossen, und für welche noch keine Abnutzungssätze festgestellt sind.

²) Die Differenz erklärt sich dadurch, daß sich die Angaben der vorstehenden Nachweisung auf den Waldzustand zu Ende 1893 beziehen.

37 e.

Staatsforsten Ende 1893 gültigen Abnutzungssätze.

fm Derbholz Hochwaldes		Abnutzungssatz an nicht controlfähigem Material in fm:			Derbholz-Abnutzungssatz		Abnutzungssatz an Stockholz und Reisig zusammen		Gesammter Abnutzungssatz an Derbholz und Nichtderbholz zusammen	
Nadelholz	Zusammen Vornutzung	Derbholz	Stockholz	Reisig	im Ganzen fm	für das ha Holzbodenfläche fm	im Ganzen fm	für das ha Holzbodenfläche fm	im Ganzen fm	für das ha Holzbodenfläche fm
65 901	89 145	.	21 873	74 049	491 257	2,7	95 922	0,5	587 179	3,2
62 616	74 413	23 232	15 165	104 025	461 287	2,4	119 190	0,6	580 477	3,0
28 682	34 956	57	12 298	37 158	214 561	1,9	49 456	0,5	264 017	2,4
92 146	97 001	.	26 993	69 548	478 064	2,6	96 541	0,5	574 605	3,1
86 488	99 901	3 728	59 808	82 329	496 017	2,5	142 137	0,7	638 154	3,2
88 070	96 058	12 202	29 281	62 219	457 558	2,6	91 500	0,5	549 058	3,1
47 791	62 229	1 737	15 356	41 681	317 517	3,1	57 037	0,6	374 554	3,7
16 739	23 700	237	1 990	30 936	137 887	2,2	32 926	0,5	170 813	2,7
3 113	7 732	296	2 415	28 673	58 332	2,3	31 088	1,2	89 420	3,5
25 791	28 123	612	17 437	32 172	150 534	2,1	49 609	0,7	200 143	2,8
43 393	46 233	.	21 444	49 162	234 805	2,3	70 606	0,7	305 411	3,0
41 536	48 846	2 474	19 041	31 537	219 484	3,8	50 578	0,9	270 062	4,7
8 437	9 264	36	9 143	15 247	68 191	3,3	24 390	1,2	92 581	4,5
43 571	49 894	16	25 409	32 848	242 902	3,3	58 257	0,8	301 159	4,1
25 809	30 622	3 510	12 660	71 097	128 486	2,0	83 757	1,3	212 243	3,3
20 528	24 084	1 289	18 528	72 563	179 795	2,5	91 091	1,3	270 886	3,8
15 700	20 887	4	15 571	36 144	127 768	3,6	51 715	1,4	179 483	5,0
5 642	15 741	.	2 182	33 499	86 824	2,5	35 681	1,0	122 505	3,5
7 716	18 397	254	879	39 515	95 430	3,2	40 394	1,4	135 824	4,6
41 270	75 091	6	17 633	77 275	330 811	3,3	94 908	0,9	425 719	4,2
20 391	26 840	6	4 272	80 501	111 072	1,4	84 773	1,1	195 845	2,5
5 921	8 498	.	110	16 772	34 173	2,0	16 882	1,0	51 055	3,0
2 563	3 482	.	193	9 121	18 573	1,2	9 314	0,6	27 887	1,8
78	696	.	.	3 803	7 540	3,5	3 803	1,7	11 343	5,2
3 102	14 576	1 271	1 205	44 707	96 008	2,9	45 912	1,4	141 920	4,3
1 655	6 951	93	306	17 009	48 996	2,6	17 315	0,9	66 311	3,5
35 270	88 513	1 208	25 781	249 177	445 783	2,2	274 958	1,4	720 741	3,6
4 541	29 573	593	4 381	69 622	141 358	2,8	74 003	1,4	215 361	4,2
3 356	12 009	1 204	407	38 871	65 356	2,4	39 278	1,5	104 634	3,9
3 922	7 271	781	1 888	22 844	46 709	2,9	24 732	1,5	71 441	4,4
1 581	5 267	104	.	19 740	25 848	2,1	19 740	1,6	45 588	3,7
2 682	25 991	4 165	395	54 768	176 083	2,9	55 163	0,9	231 246	3,8
3 653	7 554	3 822	24	35 458	63 876	2,2	35 482	1,2	99 358	3,4
859 654	1 189 538	62 937	384 068	1 684 070	6 258 885	2,55	2 068 138	0,85	8 327 023	3,40
72 %	.	.	6 %	27 %	.	.	= 33 % der gesammten Derbholzmasse	.	.	.
			der gesammten Derbholzmasse							
.	14 %	1 %	5 %	20 %	.	.	25 %	.	100 %	.

Tabelle

Zusammenstellung der im Wirthschaftsjahre 1. October 1891/92 (Rechnungs-

Bemerkung: Die schräg gedruckten Zahlen

Nr.	Regierungs-Bezirk	Zur Controle zu vom Hoch-									
		Hauptnutzung					Vornutzung				
		Ab-nutzungs-Satz	Control-buchs-Soll	Ist-Einschlag	Mithin gegen das Controlbuchs-Soll mehr	Mithin gegen das Controlbuchs-Soll weniger	Ab-nutzungs-Satz	Control-buchs-Soll	Ist-Einschlag	Mithin gegen das Controlbuchs-Soll mehr	Mithin gegen das Controlbuchs-Soll weniger
		Festmeter					Festmeter				
1.	2.	3.	4.	5.	6.	7.	8.	9.	10.	11.	12.
1	Königsberg	398 511	783 827	391 520	.	392 307	85 850	*758 234*	175 004	933 238	.
2	Gumbinnen	389 798	763 751	370 890	.	392 861	92 418	*174 194*	113 343	287 537	.
3	Danzig	174 441	260 153	162 928	.	97 225	33 385	*86 098*	80 804	166 902	.
4	Marienwerder . . .	376 827	576 483	350 264	.	226 219	88 472	*252 437*	129 969	382 406	.
5	Potsdam	392 736	626 141	358 848	.	267 293	99 265	*301 941*	239 488	541 429	.
6	Frankfurt a. O. . . .	347 538	546 832	444 441	.	102 391	94 410	*304 041*	179 654	483 695	.
7	Stettin	253 551	294 897	244 442	.	50 455	62 748	*207 515*	118 193	325 708	.
8	Köslin	113 950	183 954	116 971	.	66 983	23 700	*89 721*	50 658	140 379	.
9	Stralsund	51 039	51 438	53 068	1 630	.	7 260	*5 727*	11 887	17 614	.
10	Posen	121 020	150 868	123 584	.	27 284	28 123	*50 130*	44 789	94 919	.
11	Bromberg	187 893	194 459	178 994	.	15 465	41 973	*120 350*	77 796	198 146	.
12	Breslau	164 633	200 323	158 903	.	41 420	48 736	*73 226*	60 224	133 450	.
13	Liegnitz	58 596	83 777	55 588	.	28 189	9 264	*11 624*	11 309	22 933	.
14	Oppeln	195 689	235 700	196 570	.	39 130	49 897	*104 989*	76 452	181 441	.
15	Magdeburg	89 292	96 642	83 273	.	13 369	28 060	*92 805*	89 508	182 313	.
16	Merseburg	144 040	76 587	145 139	68 552	.	22 905	*117 471*	60 690	178 161	.
17	Erfurt	97 626	129 848	123 459	.	6 389	19 246	*23 747*	31 882	55 629	.
18	Schleswig	71 083	82 288	73 065	.	9 223	15 741	7 866	20 507	12 641	.
19	Hannover	75 340	73 139	87 039	13 900	.	17 864	*40 018*	32 494	72 512	.
20	Hildesheim	260 479	306 320	266 558	.	39 762	71 110	*195 111*	100 585	295 696	.
21	Lüneburg	84 407	92 802	105 470	12 668	.	26 214	*2 376*	48 324	50 700	.
22	Stade	25 675	29 921	27 215	.	2 706	8 498	*30 112*	24 622	54 734	.
23	Osnabrück mit Aurich .	15 091	14 581	13 982	.	599	3 482	*903*	8 352	9 255	.
24	Münster	6 844	6 806	6 603	.	203	696	*5 202*	2 047	7 249	.
25	Minden mit Schaumburg	80 161	116 653	97 272	.	19 381	14 576	*136 033*	60 341	196 374	.
26	Arnsberg	41 952	46 670	40 098	.	6 572	6 953	*87 226*	23 409	110 635	.
27	Cassel ohne Schaumburg	356 798	621 402	321 409	.	299 993	87 810	*110 267*	168 708	278 975	.
28	Wiesbaden	111 123	123 287	109 403	.	13 884	28 509	*30 115*	48 737	78 852	.
29	Coblenz	50 342	51 208	52 437	1 229	.	8 928	*73 056*	14 470	87 526	.
30	Düsseldorf	38 657	42 515	34 581	.	7 934	7 271	*3 224*	13 471	16 695	.
31	Cöln	20 384	29 765	22 260	.	7 505	5 267	6 380	9 330	2 950	.
32	Trier	144 852	209 529	150 010	.	59 519	25 359	*356 943*	70 204	427 147	.
33	Aachen	49 236	102 810	41 924	.	60 886	7 554	*84 084*	23 058	107 142	.
	Zusammen	4 989 604	7 205 376	5 008 208	97 979	2 295 147	1 171 544	*3 928 920*	2 220 309	6 134 983	.
								14 246			
						2 197 168		*3 914 674*			

37 f.

jahr 1. April 1892/93) erfolgten Materialabnutzung für die Staatsforsten.

bezeichnen ein negatives Controlbuchs-Soll.

ziehendes Material										
walde					Vom Baumholz im Mittelwalde					Nr.
Zusammen vom Hochwalde										
Abnutzungs-Satz	Controlbuchs-Soll	Ist-Einschlag	Mithin gegen das Controlbuchs-Soll mehr	weniger	Abnutzungs-Satz	Controlbuchs-Soll	Ist-Einschlag	Mithin gegen das Controlbuchs-Soll mehr	weniger	
Festmeter					Festmeter					
13.	14.	15.	16.	17.	18.	19.	20.	21.	22.	
484 361	25 593	566 524	540 931	.	.	.	.	.	.	1
482 216	589 557	484 233	.	105 324	.	.	.	.	.	2
207 826	174 055	243 732	69 677	.	.	.	.	.	.	3
465 299	324 046	480 233	156 187	.	.	.	.	.	.	4
492 001	324 200	598 336	274 136	.	917	1 721	641	.	1 080	5
441 948	242 791	624 095	381 304	.	.	.	.	.	.	6
316 299	87 382	362 635	275 253	.	.	.	.	.	.	7
137 650	94 233	167 629	73 396	.	.	.	.	.	.	8
58 299	45 711	64 955	19 244	.	.	.	.	.	.	9
149 143	100 738	168 373	67 635	.	779	353	365	12	.	10
229 866	74 109	256 790	182 681	.	.	.	.	.	.	11
213 369	127 097	219 127	92 030	.	5 991	8 855	4 394	.	4 461	12
67 860	72 153	66 897	.	5 256	295	10	393	383	.	13
245 586	130 711	273 022	142 311	.	430	254	433	179	.	14
117 352	3 837	172 781	168 944	.	3 939	1 627	4 885	3 258	.	15
166 945	*40 884*	205 829	246 713	.	8 647	4 950	8 831	3 881	.	16
116 872	106 101	155 341	49 240	.	7 300	1 428	7 544	6 116	.	17
86 824	90 154	93 572	3 418	.	.	.	.	.	.	18
93 204	33 121	119 533	86 412	.	726	539	218	.	321	19
331 589	111 209	367 143	255 934	.	973	253	751	498	.	20
110 621	90 426	153 794	63 368	.	.	.	.	.	.	21
34 173	*191*	51 837	52 028	.	.	.	.	.	.	22
18 573	13 678	22 334	8 656	.	.	.	.	.	.	23
7 540	1 604	8 650	7 046	.	.	.	.	.	.	24
94 737	*19 380*	157 613	176 993	.	.	.	.	.	.	25
48 905	*40 556*	63 507	104 063	.	.	.	.	.	.	26
444 608	511 135	490 117	.	21 018	844	3 716	255	.	3 461	27
139 632	93 172	158 140	64 968	.	314	979	455	.	524	28
59 270	*21 848*	66 907	88 755	.	744	476	1 109	665	32	29
45 928	39 291	48 052	8 761	.	.	.	.	.	.	30
25 651	36 145	31 590	.	4 555	93	8	129	121	.	31
170 211	*147 414*	220 214	367 628	.	.	.	.	.	.	32
56 790	18 726	64 982	46 256	.	3 264	1 711	4 620	2 909	.	33
6 161 148	3 560 975	7 228 517	4 073 968	136 153	35 256	26 880	35 023	18 022	9 879	
	270 273		3 937 815					8 143		
	3 290 702									

Zu Tabelle 37f.

Nr.	Zur Controle zu ziehendes Material							Nicht zur Con-		
	Zusammen vom Hoch- und Mittelwalde							Vom Hochwalde und vom Baumholze des Mittelwaldes		
	Ab-nutzungs-Satz	Controlbuchs-Soll	Ist-Einschlag	Mithin gegen das Controlbuchs-Soll mehr	Mithin gegen das Controlbuchs-Soll weniger	Unter dem Ist-Einschlage ist an Nutzholz enthalten		Stockholz	Reiserholz	Unter dem Stock- und Reiserholz sind Nutzholz
	Festmeter					Festmeter	Procent	Festmeter		
	23.	24.	25.	26.	27.	28.	29.	30.	31.	32.
1	484 361	25 593	566 524	540 931	.	201 596	36	28 150	71 763	2 272
2	482 216	589 557	484 233	.	105 324	193 824	40	14 673	89 443	6 170
3	207 826	174 055	243 732	69 677	.	89 707	37	7 773	66 632	5 530
4	465 299	324 046	480 233	156 187	.	230 193	48	27 672	93 813	2 224
5	492 918	325 921	598 977	273 056	.	251 642	42	47 008	96 056	1 810
6	441 948	242 791	624 095	381 304	.	348 638	56	35 852	76 624	1 453
7	316 299	87 382	362 635	275 253	.	171 764	47	11 919	36 350	578
8	137 650	94 233	167 629	73 396	.	60 506	36	1 261	38 377	190
9	58 299	45 711	64 955	19 244	.	21 247	33	946	22 641	535
10	149 922	101 091	168 738	67 647	.	84 040	50	16 955	39 423	109
11	229 866	74 109	256 790	182 681	.	130 119	51	19 703	65 836	2 111
12	219 360	135 952	223 521	87 569	.	119 767	54	17 477	28 660	7 171
13	68 155	72 163	67 290	.	4 873	47 668	70	4 344	11 809	1 817
14	246 016	130 965	273 455	142 490	.	194 788	71	16 464	38 838	1 330
15	121 291	5 464	177 666	172 202	.	70 922	40	10 750	65 980	2 209
16	175 592	*35 934*	214 660	250 594	.	95 534	44	13 581	58 870	1 257
17	124 172	107 529	162 885	55 356	.	91 265	56	12 042	30 482	1 454
18	86 824	90 154	93 572	3 418	.	29 850	32	748	34 455	1 000
19	93 930	33 660	119 751	86 091	.	54 246	45	587	36 014	2 705
20	332 562	111 462	367 894	256 432	.	171 942	47	20 165	83 695	4 730
21	110 621	90 426	153 794	63 368	.	80 991	53	2 306	66 640	5 744
22	34 173	*191*	51 837	52 028	.	30 748	59	107	17 309	2 366
23	18 573	13 678	22 334	8 656	.	13 800	62	53	13 235	460
24	7 540	1 604	8 650	7 046	.	4 799	56	.	4 274	56
25	94 737	*19 380*	157 613	176 993	.	70 492	45	1 214	47 078	2 398
26	48 905	*40 556*	63 507	104 063	.	25 213	39	12	15 840	756
27	445 452	514 851	490 372	.	24 479	167 805	34	12 965	284 678	4 164
28	139 946	94 151	158 595	64 444	.	33 525	21	1 773	85 090	2 105
29	60 014	*21 372*	68 016	89 388	.	31 163	46	891	25 116	1 499
30	45 928	39 291	48 052	8 761	.	38 248	80	1 400	23 300	1 083
31	25 744	36 153	31 719	.	4 434	22 193	70	.	19 661	895
32	170 211	*147 414*	220 214	367 628	.	67 505	32	178	51 484	1 407
33	60 054	20 437	69 602	49 165	.	37 002	53	8	24 987	1 712
	6 196 404	3 582 429	7 263 540	4 085 068	139 110	3 282 742	45	328 977	1 764 453	71 300
		264 847		3 945 958						
		3 317 582								

Zu Tabelle 37f.

trole zu ziehendes Material										
Vom Schlagholze im Mittel- und Niederwalde					Unter dem nicht zur Controle zu ziehenden Material sind im Ganzen an Nutzholz enthalten	Unter dem vorstehenden Material ist enthalten Gerberrinde vom		Verlust gegen die Taxe durch die in Abtheilung A der Naturalrechnung verrechneten Holzabgaben	Nr.	Regierungs-Bezirk
Derbholz	darunter an Nutzholz	Stockholz	Reiserholz	Unter dem Stock- und Reiserholz sind Nutzholz		Baumholze	Schlagholze			
Festmeter						Doppel-Centner		Mark		
33.	34.	34.	35.	36.	37.	38.	39.	40.		
151	.	.	125	.	2 272	19	.	189 169	1	Königsberg.
89	.	12	6 776	1 065	7 235	363	.	180 365	2	Gumbinnen.
.	.	.	.	.	5 530	78	.	69 000	3	Danzig.
.	.	.	907	907	3 131	.	.	122 890	4	Marienwerder.
2 973	950	67	747	5	2 765	.	.	72 397	5	Potsdam.
7 747	2 832	107	589	2	4 287	.	.	55 224	6	Frankfurt a. O.
1 543	735	3	73	.	1 313	.	.	41 613	7	Stettin.
47	26	.	6	.	216	199	.	12 398	8	Köslin.
562	39	.	1 253	47	621	.	.	11 564	9	Stralsund.
1 305	260	46	2 565	122	491	.	716	21 261	10	Posen.
.	.	.	.	.	2 111	.	.	22 202	11	Bromberg.
2 631	803	34	5 159	2 589	10 563	.	787	29 063	12	Breslau.
158	100	3	1 130	146	2 063	1 815	345	11 021	13	Liegnitz.
36	.	.	392	26	1 356	.	.	30 333	14	Oppeln.
3 083	845	32	6 324	940	3 994	.	831	26 781	15	Magdeburg.
386	176	25	6 836	276	1 709	.	400	31 792	16	Merseburg.
5	.	.	2 659	30	1 484	702	.	18 893	17	Erfurt.
.	.	.	.	.	1 000	.	.	15 146	18	Schleswig.
252	42	12	2 048	223	2 970	2 099	297	18 236	19	Hannover.
44	17	1	3 076	161	4 908	2 705	172	334 482	20	Hildesheim.
527	145	21	656	152	6 041	148	.	22 789	21	Lüneburg.
.	.	.	.	.	2 366	.	.	4 339	22	Stade.
.	.	.	.	.	460	.	.	2 135	23	Osnabrück (mit Aurich).
.	.	.	.	.	56	.	.	803	24	Münster.
86	60	2	476	79	2 537	635	486	30 913	25	Minden (mit Schaumb).
261	252	.	1 345	.	1 008	.	43	3 335	26	Arnsberg.
2 489	1 081	.	12 607	677	5 922	1 636	4 569	288 283	27	Cassel (ohne Schaumb).
855	189	2	3 663	123	2 417	.	2 331	35 561	28	Wiesbaden.
737	588	7	9 832	672	2 759	.	4 912	9 354	29	Coblenz.
167	96	.	2 150	974	2 153	.	778	3 432	30	Düsseldorf.
.	.	.	519	132	1 027	.	185	2 056	31	Cöln.
2 193	997	5	3 928	388	2 792	.	3 441	30 182	32	Trier.
2 749	2 479	.	10 968	693	4 884	198	6 066	1 484	33	Aachen.
31 076	12 712	379	86 809	10 429	94 441	10 597	26 359	1 748 496		

Tabelle 38a.

Uebersicht des Materialertrages und des Sortiments-Verhältnisses in den Staatsforsten für die Wirthschaftsjahre 1. October 1829/30 bis 1. October 1882/83.

Wirthschafts-Jahr	Rechnungsmäßiger Ist-Einschlag: Derbholz	Stockholz	Reisigholz	Zusammen	Hiervon sind verwerthet als Nutzholz	Auf je 100 fm Derbholz entfielen: Nutzholz	Stockholz	Reisigholz	Zur Holzzucht bestimmter Boden	Die Abnutzung hat für das ha Holzbodenfläche betragen: Derbholz	Stock- u. Reisigholz	Zusammen	
	Festmeter				Festmeter	Festmeter			Hektar	Festmeter			
1.	2.	3.	4.	5.	6.	7.	8.	9.	10.	11.	12.	13.	
1. Oct. 1829/30	3 519 541	92 260	410 235	4 022 036	677 872	19,3	3	12	1 937 270	1,82	0,26	2,08	Die neuen Provinzen sind erst vom Wirthschaftsjahre 1867/68 einschl. ab berücksichtigt.
„ 1830/31	3 311 043	97 397	385 514	3 793 954	637 807	19,3	3	12	1 953 301	1,69	0,25	1,94	
„ 1831/32	3 265 152	110 553	375 367	3 751 072	653 156	20,0	3	11	1 952 364	1,67	0,25	1,92	
„ 1832/33	3 202 885	105 804	355 190	3 663 879	690 097	21,5	3	11	1 950 049	1,64	0,24	1,88	
„ 1833/34	3 762 514	108 739	343 642	4 214 895	784 482	20,8	3	9	1 951 732	1,93	0,23	2,16	
„ 1834/35	2 763 825	101 954	313 836	3 179 615	585 799	21,2	4	11	1 952 584	1,42	0,21	1,63	
„ 1835/36	2 772 789	103 680	335 751	3 212 220	631 624	22,8	4	12	1 935 694	1,43	0,23	1,66	
„ 1836/37	3 035 172	111 255	373 953	3 520 380	668 962	22,0	4	12	1 932 825	1,57	0,25	1,82	
„ 1837/38	2 883 078	114 047	407 278	3 404 403	590 641	20,5	4	14	1 928 398	1,50	0,27	1,77	
„ 1838/39	3 101 478	169 971	395 286	3 666 735	648 595	20,9	5	13	1 907 946	1,62	0,30	1,92	
„ 1839/40	2 922 477	185 188	432 931	3 540 596	656 629	22,5	6	15	1 886 618	1,55	0,33	1,88	
„ 1840/41	2 731 612	191 367	436 321	3 359 300	691 956	25,3	7	16	1 885 386	1,45	0,33	1,78	
„ 1841/42	2 441 800	225 783	464 423	3 132 006	711 421	29,1	9	19	1 885 264	1,29	0,37	1,66	
„ 1842/43	2 639 107	232 475	435 224	3 306 806	724 776	27,5	9	16	1 884 979	1,40	0,35	1,75	
„ 1843/44	2 954 611	208 863	450 639	3 614 113	781 370	26,4	7	15	1 884 979	1,57	0,35	1,92	
„ 1844/45	2 896 172	210 313	543 469	3 649 954	717 992	24,8	7	19	1 872 740	1,55	0,40	1,95	
„ 1845/46	2 822 576	270 194	502 856	3 595 626	700 494	24,8	10	18	1 870 065	1,51	0,41	1,92	
„ 1846/47	2 801 704	241 979	489 016	3 532 699	734 012	26,2	9	17	1 868 392	1,50	0,39	1,89	
„ 1847/48	2 688 152	251 030	475 928	3 415 110	700 379	26,1	9	18	1 868 195	1,44	0,39	1,83	
„ 1848/49	2 832 117	212 042	438 966	3 483 125	600 385	21,2	7	15	1 867 650	1,51	0,35	1,86	
„ 1849/50	2 775 968	211 950	455 004	3 442 022	708 446	25,5	8	16	1 867 650	1,48	0,36	1,84	
„ 1850/51	2 934 981	234 817	477 977	3 647 775	689 943	23,5	8	16	1 858 238	1,58	0,38	1,96	
„ 1851/52	2 892 560	237 500	535 646	3 665 706	762 770	26,4	8	19	1 857 883	1,56	0,41	1,97	
„ 1852/53	2 759 656	231 301	507 951	3 498 908	727 949	26,4	8	18	1 859 654	1,48	0,40	1,88	
„ 1853/54	2 809 034	238 680	564 516	3 612 230	744 648	26,5	8	20	1 858 132	1,51	0,43	1,94	
„ 1854/55	2 849 219	196 566	548 954	3 594 739	779 724	27,4	7	19	1 854 898	1,54	0,40	1,94	
„ 1855/56	3 854 254	284 504	585 953	4 724 711	991 322	25,7	7	15	1 854 898	2,08	0,47	2,55	
„ 1856/57	3 679 692	219 983	568 911	4 468 586	1 027 592	27,9	6	15	1 845 433	1,99	0,43	2,42	
„ 1857/58	3 756 947	226 122	570 492	4 553 561	1 030 118	27,4	6	15	1 840 760	2,04	0,43	2,47	
„ 1858/59	3 423 242	203 438	555 577	4 182 257	916 023	26,8	6	16	1 838 801	1,86	0,41	2,27	
„ 1859/60	3 168 369	187 871	529 572	3 885 812	905 353	28,6	6	17	1 836 297	1,73	0,39	2,12	
„ 1860/61	3 418 090	215 702	619 192	4 252 984	986 002	28,8	6	18	1 832 277	1,87	0,45	2,32	
„ 1861/62	3 900 053	255 171	664 889	4 820 113	1 115 644	28,6	7	17	1 832 277	2,13	0,50	2,63	
„ 1862/63	4 151 342	318 782	714 027	5 184 151	1 150 817	27,7	8	17	1 822 498	2,28	0,56	2,84	
„ 1863/64	3 620 593	313 795	796 251	4 730 639	1 117 831	30,9	9	22	1 822 498	1,99	0,61	2,60	
„ 1864/65	3 419 305	302 086	815 438	4 536 829	1 081 777	31,6	9	24	1 822 551	1,88	0,61	2,49	
„ 1865/66	3 315 740	366 327	847 791	4 529 858	1 046 658	31,6	11	26	1 815 851	1,82	0,67	2,49	
„ 1866/67	3 177 616	289 946	788 526	4 256 088	932 437	29,3	9	25	1 816 556	1,75	0,59	2,34	
„ 1867/68	4 823 195	449 232	1 442 984	6 715 411	1 401 514	29,1	9	30	2 347 096	2,05	0,81	2,86	mit Einschluß der neuen Provinzen.
„ 1868/69	5 985 064	393 585	1 273 286	7 651 935	1 781 582	29,8	7	21	2 366 873	2,53	0,70	3,23	
„ 1869/70	4 923 608	356 667	1 370 025	6 650 300	1 454 180	29,5	7	28	2 368 152	2,08	0,73	2,81	
„ 1870/71	5 027 846	322 349	1 508 579	6 858 774	1 274 542	25,3	6	30	2 367 881	2,12	0,77	2,89	
„ 1871/72	5 880 681	385 743	1 836 167	8 102 591	1 475 969	25,1	7	31	2 370 546	2,48	0,94	3,42	
„ 1872/73	5 230 938	398 478	1 741 330	7 370 746	1 637 714	31,3	8	33	2 368 544	2,21	0,90	3,11	
„ 1873/74	5 000 537	388 155	1 711 596	7 100 288	1 701 614	34,0	8	34	2 355 164	2,12	0,89	3,01	
„ 1874/75	5 025 535	414 066	2 026 531	7 466 132	1 518 925	30,2	8	40	2 356 756	2,13	1,04	3,17	
„ 1875/76	6 132 829	419 733	2 074 436	8 626 998	1 803 082	29,4	7	34	2 351 208	2,61	1,06	3,67	
„ 1876/77	5 661 679	487 505	1 889 375	8 038 559	1 544 776	27,3	9	33	2 354 318	2,40	1,01	3,41	
„ 1877/78	5 438 752	423 496	1 732 238	7 594 486	1 521 213	28,0	8	32	2 388 443	2,28	0,90	3,18	
„ 1878/79	5 347 049	407 110	1 829 308	7 583 467	1 542 720	28,9	8	34	2 398 907	2,23	0,93	3,16	
„ 1879/80	5 750 339	432 059	1 821 917	8 004 315	1 668 420	29,0	8	32	2 393 880	2,40	0,94	3,34	
„ 1880/81	6 166 492	415 247	1 791 339	8 373 078	1 778 634	28,8	7	29	2 379 329	2,59	0,93	3,52	
„ 1881/82	6 216 544	430 038	1 669 445	8 316 027	1 933 380	31,1	7	27	2 374 039	2,61	0,88	3,49	
„ 1882/83 (Rechnungsjahr 1. April 1883/84)	6 022 815	341 953	1 571 960	7 936 728	2 324 209	38,6	6	26	2 378 147	2,53	0,81	3,34	

Die Fortsetzung ist in der Tabelle 38b enthalten.

Tabelle 38b.

Uebersicht

des

Materialertrages und des Sortiments-Verhältnisses in den Staatsforsten

für die

Wirthschaftsjahre 1. October 1883/84 bis 1. October 1891/92, bezw. Rechnungsjahre 1. April 1884/85 bis 1. April 18892/93.

Tabelle 38b.

Laufende Nummer	Wirthschaftsjahr	Rechnungsmäßiger Ist-Einschlag: Bau- und Nutzholz einschließlich der Nutzrinde: Derbholz	Reisig	Zusammen (Spalte 2 und 3)	Brennholz: Derbholz	Stockholz	Reisig	Zusammen (Spalte 5, 6 und 7)	Zusammen Bau-, Nutz- und Brennholz (Spalte 4 und 8)	Darunter sind enthalten: Derbholz (Spalte 2 und 5)	Reisig (Spalte 3 und 7)	Auf je 100 fm des Gesammt-Einschlages entfallen: Bau- und Nutzholz: Derbholz	Reisig	Zusammen (Spalte 12 und 13)	Brennholz: Derbholz	Stockholz	Reisig	Zusammen (Spalte 15, 16 und 17)	Derb-, Nutz- und Brennholz (Spalte 12 und 15)	Reisig (Nutz- und Brennholz) (Spalte 13 und 17)
		Festmeter										Festmeter								
	1.	2.	3.	4.	5.	6.	7.	8.	9.	10.	11.	12.	13.	14.	15.	16.	17.	18.	19.	20.
1	1. October 1883/84 (Rechnungsjahr 1884/85)	2482378	100619	**2582997**	3909984	405723	1654839	**5970546**	**8553543**	6392362	1755458	29,02	1,18	**30,20**	45,71	4,74	19,35	**69,80**	74,73	20,53
2	1. October 1884/85 (Rechnungsjahr 1885/86)	2469093	95011	**2564104**	3893092	370792	1670287	**5934171**	**8498275**	6362185	1765298	29,05	1,12	**30,17**	45,81	4,36	19,66	**69,83**	74,86	20,78
3	1. October 1885/86 (Rechnungsjahr 1886/87)	2468693	84716	**2553409**	4016015	360663	1643199	**6019877**	**8573286**	6484708	1727915	28,79	0,99	**29,78**	46,84	4,21	19,17	**70,22**	75,63	20,16
4	1. October 1886/87 (Rechnungsjahr 1887/88)	2628394	88540	**2716934**	4320306	367845	1862451	**6550602**	**9267536**	6948700	1950991	28,36	0,96	**29,32**	46,62	3,96	20,10	**70,68**	74,98	21,06
5	1. October 1887/88 (Rechnungsjahr 1888/89)	2784332	73427	**2857759**	3994453	313569	1745673	**6053695**	**8911454**	6778785	1819100	31,25	0,82	**32,07**	44,82	3,52	19,59	**67,93**	76,07	20,41
6	1. October 1888/89 (Rechnungsjahr 1889/90)	3143682	86475	**3230157**	4171531	316204	1789857	**6277592**	**9507749**	7315213	1876332	33,06	0,91	**33,97**	43,87	3,33	18,83	**66,03**	76,93	19,74
7	1. October 1889/90 (Rechnungsjahr 1890/91)	3265755	92951	**3358706**	3927980	343798	1796685	**6068463**	**9427169**	7193735	1889636	34,64	0,99	**35,63**	41,67	3,64	19,06	**64,37**	76,31	20,05
8	1. October 1890/91 (Rechnungsjahr 1891/92)	3065744	83533	**3149277**	3762686	276230	1576334	**5615250**	**8764527**	6828430	1659867	34,97	0,97	**35,94**	42,93	3,15	17,98	**64,06**	77,90	18,95
9	1. October 1891/92 (Rechnungsjahr 1892/93)	3295454	81729	**3377183**	3999162	329356	1769533	**6098051**	**9475234**	7294616	1851262	34,78	0,86	**35,64**	42,21	3,48	18,67	**64,36**	76,99	19,53

Fortsetzung auf Seite 279.

Fortsetzung zu Tabelle 38b.

Auf je 100 fm Derbholz entfallen: Derb-Nutzholz	Nutzholz überhaupt	Derb-Brennholz	Stockholz	Brennholz-Reisig	Reisig überhaupt	Zur Holzzucht bestimmte Fläche	Die Abnutzung hat für das Hektar der Holzbodenfläche betragen: Bau- und Nutzholz: Derbholz	Reisig	Zusammen (Spalte 28 und 29)	Brennholz: Derbholz	Stockholz	Reisig	Zusammen (Spalte 30, 31 und 32)	Zusammen Bau-, Nutz- und Brennholz (Spalte 30 und 34)	Derb-, Nutz- und Brennholz (Spalte 28 und 31)	Reisig-, Nutz- und Brennholz (Spalte 29 und 33)	Von dem Derbholz-Einschlage entfallen: auf das controlfähige Material vom Hoch- und Pläntерwalde: Hauptnutzung: Festmeter	Procente des gesammten controlfähigen Materials	Vornutzung: Festmeter	Procente des gesammten controlfähigen Materials	Procente der Hauptnutzung	vom Mittelwalde: Festmeter	Procente des gesammten controlfähigen Materials	Zusammen (Spalte 38, 40 u. 43)	auf das nicht controlfähige Material des Mittel- und Niederwaldes	Laufende Nummer
Festmeter						Hektar	Festmeter																	Festmeter		
21.	22.	23.	24.	25.	26.	27.	28.	29.	30.	31.	32.	33.	34.	35.	36.	37.	38.	39.	40.	41.	42.	43.	44.	45.	46.	
38,83	**40,40**	61,17	6,35	25,89	27,46	2 387 806	1,04	0,04	1,08	1,64	0,17	0,69	2,50	**3,58**	2,68	0,73	**4 812 022**	75,9	**1 472 966**	23,2	30,6	58 985	0,9	6 343 973	48 389	1
38,81	**40,30**	61,19	5,83	26,25	27,74	2 401 724	1,03	0,04	1,07	1,62	0,15	0,70	2,47	**3,54**	2,65	0,74	**4 786 619**	76,0	**1 460 619**	23,2	30,6	49 814	0,8	6 297 052	65 133	2
38,07	**39,38**	61,93	5,56	25,24	26,55	2 410 878	1,02	0,04	1,06	1,67	0,15	0,68	2,50	**3,56**	2,69	0,72	**4 865 995**	75,8	**1 500 058**	23,4	30,8	49 754	0,8	6 415 807	68 901	3
37,83	**39,10**	62,17	5,30	26,80	28,07	2 414 407	1,09	0,04	1,13	1,79	0,15	0,77	2,71	**3,84**	2,88	0,81	**4 892 714**	71,1	**1 940 878**	28,2	39,7	49 186	0,7	6 882 778	65 922	4
41,07	**42,16**	58,93	4,63	25,75	26,84	2 419 126	1,15	0,03	1,18	1,65	0,13	0,72	2,50	**3,68**	2,80	0,75	**4 792 014**	71,3	**1 877 520**	28,0	39,2	46 495	0,7	6 716 029	62 756	5
42,97	**44,16**	57,03	4,32	24,47	25,66	2 424 771	1,30	0,04	1,34	1,72	0,13	0,73	2,58	**3,92**	3,02	0,77	**5 027 404**	69,3	**2 183 280**	30,1	43,4	42 928	0,6	7 253 612	61 601	6
45,40	**46,69**	54,60	4,78	24,98	26,27	2 429 921	1,34	0,04	1,38	1,62	0,14	0,74	2,50	**3,88**	2,96	0,78	**5 005 706**	70,1	**2 092 130**	29,3	41,8	39 727	0,6	7 137 563	56 172	7
44,90	**46,12**	55,10	4,05	23,09	24,31	2 438 832	1,26	0,03	1,29	1,54	0,11	0,65	2,30	**3,59**	2,80	0,68	**4 828 533**	71,2	**1 915 430**	28,2	39,7	40 060	0,6	6 784 023	44 407	8
45,18	**46,30**	54,82	4,52	24,26	25,38	2 449 573	1,35	0,03	1,38	1,63	0,13	0,72	2,48	**3,86**	2,98	0,75	**5 008 208**	68,9	**2 220 309**	30,6	44,3	35 023	0,5	7 263 540	31 076	9

Tabelle 39.

Nachweisung des in den Staatswaldungen auf 100 fm vom Derbholzeinschlage entfallenden Stock- und Reisigholzes.

Laufende Nummer	Provinz	Auf 100 fm Derbholzeinschlag sind vereinnahmt in den Rechnungen für											
		1830	1865	1868	1. April 1880/81	1. April 1885/86	1. April 1892/93	1830	1865	1868	1. April 1880/81	1. April 1885/86	1. April 1892/93
		also im Wirthschaftsjahre 1. October						also im Wirthschaftsjahre 1. October					
		1829/30	1864/65	1867/68	1879/80	1884/85	1891/92	1829/30	1864/65	1867/68	1879/80	1884/85	1891/92
		Stockholz						Reisigholz					
		Festmeter											
1	Königsberg	2	9	15	7	7	5	8	12	20	20	19	13
2	Gumbinnen	2	7	4	3	4	3	18	24	31	27	20	20
3	Danzig	0,4	6	6	5	5	3	4	18	18	22	19	27
4	Marienwerder	0,5	5	5	5	4	6	4	11	13	14	15	20
5	Potsdam	1	16	14	13	13	8	3	11	12	16	17	16
6	Frankfurt a. O. . . .	1	10	10	10	7	6	0,3	11	12	23	19	12
7	Stettin	1	9	10	10	4	3	1	13	8	13	13	10
8	Köslin	0,3	0,8	2	2	2	1	1	13	13	30	24	23
9	Stralsund	2	4	4	5	3	1	53	98	107	45	47	36
10	Posen	1	15	15	11	10	10	5	20	16	20	26	25
11	Bromberg	0,2	8	8	11	8	8	9	20	15	24	27	26
12	Breslau	3	9	12	13	11	8	17	17	18	15	17	15
13	Liegnitz	13	20	17	12	9	6	19	22	21	32	25	19
14	Oppeln	2	9	10	10	10	6	0,4	9	9	10	12	14
15	Magdeburg	10	18	21	20	8	6	35	97	93	93	59	40
16	Merseburg	7	9	15	16	10	6	19	30	40	71	38	31
17	Erfurt	21	20	19	21	9	7	18	28	30	28	28	20
18	Schleswig	Angabe	fehlt	6	3	2	1	Angabe	fehlt	48	49	41	37
19	Hannover					1	0,5					42	32
20	Hildesheim					3	5					21	24
21	Lüneburg	=	=	4	6	4	1	=	=	31	46	66	44
22	Stade					0,2	0,2					41	33
23	Osnabrück (mit Aurich) .					0,3	0,2					54	59
24	Münster	.	0,1	.	0,03	.	.	9	56	52	45	42	49
25	Minden mit Schaumburg .	0,04	0,5	0,5	1,5	2	1	6	45	44	44	42	30
26	Arnsberg	0,5	1	0,7	0,2	0,1	0,02	24	69	57	31	26	27
27	Cassel ohne Schaumburg .	Angabe	fehlt	14	4	4	3	Angabe	fehlt	61	60	55	60
28	Wiesbaden	=	=	15	2	1	1	=	=	53	49	57	56
29	Coblenz	1	6	6	2	1	1	60	100	94	67	57	51
30	Düsseldorf	.	5	5	5	3	3	99	63	77	70	48	53
31	Cöln	.	0,3	0,4	0,07	0,01	.	26	129	148	86	40	64
32	Trier	0,5	0,8	0,7	0,3	0,2	0,1	10	29	36	34	33	25
33	Aachen	.	0,7	0,1	0,02	.	0,01	26	90	94	53	52	50
	Staat	3	9	9	8	6	5	12	24	30	32	28	25

Tabelle 40.

Nachweisung der Procentsätze des in den Wirthschaftsjahren 1829/30 bis 1879/80 in den Staatswaldungen eingeschlagenen Nutzholzes im Verhältniß zum Derbholze.

Lfde. Nr.	Regierungs-Bezirk bezw. Provinz	Auf 100 Festmeter Derbholz sind an Nutzholz verwerthet in den Forstwirthschaftsjahren 1. October							
		1829/30 bis 1833/34	1834/35 bis 1838/39	1850/51 bis 1858/59	1860/61 bis 1864/65	1865/66 bis 1869/70	1870/71 bis 1874/75	1875/76 bis 1879/80	1879/80
		Festmeter							
1.	2.	3.	4.	5.	6.	7.	8.	9.	10.
1	Königsberg	12,7	18,7	25,6	17,5	20,0	23,4	24,1	25,9
2	Gumbinnen	25,9	27,9	19,9	21,3	14,2	22,5	18,3	18,2
3	Danzig	18,7	21,3	19,4	27,3	24,4	28,4	21,5	21,5
4	Marienwerder	24,2	30,1	35,3	36,2	31,2	26,4	27,2	29,4
5	Potsdam	19,7	21,0	24,3	30,8	26,7	21,1	21,2	21,2
6	Frankfurt	19,9	21,2	30,0	36,5	35,9	27,2	29,3	31,0
7	Stettin	22,8	23,8	30,7	33,6	26,7	21,9	29,7	31,9
8	Köslin	25,7	27,4	35,7	36,5	33,1	25,4	24,4	23,6
9	Stralsund	32,2	23,5	23,1	32,7	26,7	24,2	17,1	17,0
10	Posen	21,3	19,4	21,8	31,5	29,7	29,3	29,7	35,4
11	Bromberg	14,4	19,2	24,5	32,6	26,0	26,0	29,0	31,2
12	Breslau	20,1	22,2	28,3	36,1	36,3	48,7	36,0	35,7
13	Liegnitz	23,0	25,1	27,9	42,6	42,7	43,9	41,9	54,5
14	Oppeln	20,1	23,0	33,4	41,5	36,5	39,9	38,3	39,2
15	Magdeburg	26,8	27,5	35,3	41,9	43,2	36,8	27,9	31,1
16	Merseburg	21,6	23,1	29,9	38,3	35,3	34,1	35,2	39,0
17	Erfurt	29,6	29,8	29,1	35,2	37,9	36,9	38,8	42,9
18	Schleswig	.	.	.	.	24,4	22,8	18,5	15,2
19	Hannover	.	.	.	.	44,9	43,2	43,2	43,6
20	Münster	32,9	29,4	35,1	44,1	45,4	47,6	51,8	51,6
21	Minden (von 1867/68 ab mit Schaumburg)	10,7	7,8	10,1	18,9	23,0	24,6	34,6	34,1
22	Arnsberg	11,8	13,2	16,0	20,4	28,7	30,4	30,5	29,7
23	Cassel (ohne Schaumburg)	.	.	.	.	17,0	21,4	19,3	16,5
24	Wiesbaden	.	.	.	.	14,8	15,3	16,1	13,9
25	Coblenz	10,6	8,4	10,5	15,2	24,4	23,0	24,3	24,3
26	Düsseldorf	30,4	24,5	34,7	41,2	47,8	46,7	32,7	31,1
27	Cöln	13,0	13,6	25,4	41,6	39,2	54,7	25,1	40,0
28	Trier	11,3	11,0	17,7	29,0	33,7	28,7	26,3	24,0
29	Aachen	17,0	13,9	13,3	37,4	54,4	57,0	49,7	42,9
	Für den ganzen Staat	20,2	21,5	26,0	29,5	29,9	29,2	28,5	29,0

Bemerkungen. Die in Spalte 7 bei Schleswig, Hannover, Cassel und Wiesbaden aufgeführten Zahlen geben den Durchschnitt für die 3 Jahre 1. October 1867/68 bis 1. October 1869/70 an.

Für die Zeit vom Forstwirthschaftsjahre 1. October 1880/81 ab bis einschl. 1. October 1891/92 sind die entsprechenden Zahlen in der Tabelle 37c enthalten.

Tabelle 41.

Vergleichung des durchschnittlichen Nutzholz-Procentsatzes der Staatsforsten Preußens mit demjenigen anderer Bundesstaaten, der Preußischen Provinz Sachsen und des Regierungs-Bezirks Düsseldorf.

Jahr	Auf 100 fm Derbholz sind verwerthet in den Staatswaldungen von				Jahr	Auf 100 fm Derbholz sind verwerthet in den Staatswaldungen von			
	Preußen	Bayern	Sachsen	der Provinz Sachsen		Preußen	Bayern	Sachsen	der Provinz Sachsen
1831/37 . .	21	16	26	25	1867 . . .	29	23	59	38
1838/48 . .	25	16	31	28	1868 . . .	29	27	62	40
1849 . . .	21	16	35	28	1869 . . .	30	29	63	40
1850/55 . .	26	17	37	32	1870 . . .	30	32	61	39
1856 . . .	26	19	43	32	1871 . . .	25	33	61	29
1857 . . .	28	19	48	32	1872 . . .	25	38	62	31
1858 . . .	27	19	50	32	1873 . . .	31	40	68	37
1859 . . .	27	18	46	30	1874 . . .	34	41	68	49
1860 . . .	29	19	45	28	1875 . . .	30	38	67	35
1861 . . .	29	21	52	33	1876 . . .	29	37	65	34
1862 . . .	29	23	56	40	1877 . . .	27	34	65	32
1863 . . .	28	26	58	42	1878 . . .	28	35	72	30
1864 . . .	31	27	60	43	1879 . . .	29	34	72	36
1865 . . .	32	26	64	37	1880 . . .	29	32	75	38
1866 . . .	32	25	62	40					

Jahr	Auf 100 fm Derbholz sind verwerthet in Staatswaldungen von							
	Preußen	Bayern	Sachsen	Württemberg	Baden	Hessen	der Provinz Sachsen	dem Regierungs-Bezirke Düsseldorf
1881 . . .	29	36	75	44	37	21	35	27
1882 . . .	31	38	77	47	41	22	38	27
1883 . . .	39	41	78	48	41	30	44	80
1884 . . .	40	42	76	47	39	26	43	82
1885 . . .	40	43	80	47	39	25	45	87
1886 . . .	39	42	80	46	38	25	45	80
1887 . . .	39	42	79	48	36	22	44	83
1888 . . .	42	43	79	50	38	25	44	84
1889 . . .	44	44	80	51	39	26	47	83
1890 . . .	47	45	80	54	42	28	45	82
1891 . . .	46	54	79	51	39	27	45	80
1892 . . .	46	.	79	54	39	29	47	84

Tabelle 42.

Zusammenstellung der in den Rechnungsjahren 1862 bis 1892/93 in den preußischen Staatsforsten verwertheten Eichenrinde.

Lfd. Nr.	Provinz	1862 grobe Rinde	1862 Spiegel-Rinde	1863 grobe Rinde	1863 Spiegel-Rinde	1864 grobe Rinde	1864 Spiegel-Rinde	1865 grobe Rinde	1865 Spiegel-Rinde	1866 grobe Rinde	1866 Spiegel-Rinde	1867 grobe Rinde	1867 Spiegel-Rinde
		Doppel-Centner (100 kg)											
1	Ostpreußen	2 243	.	2 244	.	1 169	.	1 190	.	1 015	.	1 252	25
2	Westpreußen	1 204	120	978	.	1 754	33	1 147	.	1 151	.	1 300	.
3	Brandenburg	6 657	588	5 949	489	5 304	808	5 493	345	4 728	231	5 148	1 091
4	Pommern	7 381	.	7 049	.	9 462	.	11 033	.	10 698	13	8 647	.
5	Posen	1 652	140	796	126	521	.	730	55	477	185	1 390	354
6	Schlesien	1 879	409	1 628	579	1 000	720	855	672	1 181	2 480	1 752	2 224
7	Sachsen	6 005	1 233	3 271	1 106	4 530	1 066	3 493	2 467	2 827	1 121	2 417	1 120
8	Westfalen	533	925	573	667	462	633	579	868	789	740	598	640
9	Rheinprovinz	2 297	14 619	2 906	18 129	6 330	21 055	6 311	17 563	8 810	15 789	7 032	16 418
	Zusammen	29 851	18 034	25 394	21 096	30 532	24 315	30 831	21 970	31 676	20 559	29 536	21 872
		47 885		46 490		54 847		52 801		52 235		51 408	

Fortsetzung auf Seite 284 und 285.

Lfd. Nr.	Provinz	1868		1869		1870		1871		1872		1873	
		grobe	Spiegel-	grobe	Spiegel-	grobe	Spiegel-	grobe	Spiegel-	grobe	Spiegel-	grobe	Spiegel-
		Rinde		Rinde		Rinde		Rinde		Rinde		Rinde	
		Doppel-Centner (100 kg)											
1	Ostpreußen	644	.	459	.	1 126	.	1 248	.	522	1 433	39	.
2	Westpreußen	582	.	1	.	1 630	.	943	.	765	.	129	453
3	Brandenburg	3 899	588	2 884	151	2 769	295	1 718	493	985	885	1 097	485
4	Pommern	5 369	.	3 265	.	881	.	2 036	.	2 640	357	1 712	.
5	Posen	1 214	356	.	94	60	84	.	357	144	276	135	383
6	Schlesien	1 244	2 230	766	449	1 116	1 213	3 364	4 429	3 363	1 162	1 175	1 102
7	Sachsen	3 187	1 204	3 032	863	2 074	908	3 578	885	1 861	1 276	1 584	2 200
8	Schleswig-Holstein	990	177	218	151	289	.	554	.	313	.	.	.
9	Hannover	31 641	2 213	20 048	1 070	18 627	831	19 509	714	21 130	376	17 561	1 451
10	Westfalen	508	793	817	505	1 240	475	618	438	4 534	986	3 505	955
11	Hessen-Nassau	22 804	6 046	18 467	8 851	12 313	4 927	13 890	5 235	13 522	5 753	11 547	6 558
12	Rheinprovinz	7 226	17 293	4 694	18 279	5 327	15 462	5 409	14 542	6 474	16 680	6 377	14 428
	Zusammen 1—7, 10 u. 12 (alte Provinzen)	23 873	22 434	15 918	20 341	16 223	18 437	18 914	21 144	21 288	23 055	15 753	20 006
		46 307		36 259		34 660		40 058		44 343		35 759	
	Zusammen 8, 9 und 11 (neue Provinzen)	55 435	8 436	38 733	10 072	31 229	5 758	33 953	5 949	34 965	6 129	29 108	8 009
		63 871		48 805		36 987		39 902		41 094		37 117	
	Gesammtbetrag	79 308	30 870	54 651	30 413	47 452	24 195	52 867	27 093	56 253	29 184	44 861	28 015
		110 178		85 064		71 647		79 960		85 437		72 876	

Lfd. Nr.	Provinz	Rechnungsjahr 1. April 1880/81 (Wirthschaftsjahr 1. October 1879/80)		Rechnungsjahr 1. April 1881/82 (Wirthschaftsjahr 1. October 1880/81)		Rechnungsjahr 1. April 1882/83 (Wirthschaftsjahr 1. October 1881/82)		Rechnungsjahr 1. April 1883/84 (Wirthschaftsjahr 1. October 1882/83)		Rechnungsjahr 1. April 1884/85 (Wirthschaftsjahr 1. October 1883/84)		Rechnungsjahr 1. April 1885/86 (Wirthschaftsjahr 1. October 1884/85)	
		grobe	Spiegel-	grobe	Spiegel-	grobe	Spiegel-	grobe	Spiegel-	grobe	Spiegel-	grobe	Spiegel-
		Rinde		Rinde		Rinde		Rinde		Rinde		Rinde	
		Doppel-Centner (100 kg)											
1	Ostpreußen	1 472	.	1 760	.	2 026	.	550	590	2 926	.	1 341	.
2	Westpreußen	27	.	62	.	192	.	.	132	.	538	.	277
3	Brandenburg	169	1 587	166	1 456	160	1 584	43	1 068	.	1 440	96	1 686
4	Pommern	570	304	568	.	474	39	304	461	311	367	244	183
5	Posen	82	952	.	655	.	462	.	278	135	489	63	619
6	Schlesien	373	3 357	18	6 617	60	2 872	2 095	2 803	1 920	2 669	2 124	1 858
7	Sachsen	215	2 987	24	2 139	81	3 135	462	3 041	205	2 313	.	2 452
8	Schleswig-Holstein	.	57	.	43	.	50	.	83	.	69	.	110
9	Hannover	10 638	1 873	9 825	2 219	8 658	1 911	10 191	1 924	7 703	1 526	4 901	871
10	Westfalen	2 071	1 341	1 877	1 252	2 333	1 761	2 026	2 200	1 477	2 256	1 807	2 603
11	Hessen-Nassau	2 832	4 127	3 219	4 173	4 348	6 404	2 693	6 191	2 640	6 976	2 575	6 421
12	Rheinprovinz	1 140	16 392	1 102	20 087	874	19 247	1 106	17 637	911	21 723	1 332	21 585
	Zusammen 1—7, 10 u. 12 (alte Provinzen)	6 119	26 920	5 577	32 206	6 200	29 100	6 586	28 210	7 885	31 795	7 007	31 263
		33 039		37 783		35 300		34 796		39 680		38 270	
	Zusammen 8, 9 und 11 (neue Provinzen)	13 470	6 057	13 044	6 435	13 006	8 365	12 884	8 198	10 343	8 571	7 476	7 402
		19 527		19 479		21 371		21 082		18 914		14 878	
	Gesammtbetrag	19 589	32 977	18 621	38 641	19 206	37 465	19 470	36 408	18 228	40 366	14 483	38 665
		52 566		57 262		56 671		55 878		58 594		53 148	

42.

1874 grobe Rinde	1874 Spiegel-Rinde	1875 grobe Rinde	1875 Spiegel-Rinde	1876 grobe Rinde	1876 Spiegel-Rinde	Rechnungsjahr 1. April 1877/78 (Wirthschaftsjahr 1. October 1876/77) grobe Rinde	Spiegel-Rinde	Rechnungsjahr 1. April 1878/79 (Wirthschaftsjahr 1. October 1877/78) grobe Rinde	Spiegel-Rinde	Rechnungsjahr 1. April 1879/80 (Wirthschaftsjahr 1. October 1878/79) grobe Rinde	Spiegel-Rinde	Lfd. Nr.	Provinz
Doppel-Centner (100 kg)													
611	.	655	.	1 440	.	1 150	.	942	.	1 560	.	1	Ostpreußen.
81	.	.	.	532	.	71	42	417	9	105	.	2	Westpreußen.
792	138	1 683	167	1 653	162	1 486	145	354	839	299	1 056	3	Brandenburg.
677	.	1 357	.	1 296	140	1 170	508	333	240	257	268	4	Pommern.
194	1 198	4	949	5	909	18	419	98	396	135	669	5	Posen.
7 209	507	175	4 457	55	4 223	.	3 010	863	2 951	382	3 046	6	Schlesien.
693	2 018	634	2 155	9 952	1 669	2 814	482	1 320	3 537	202	2 999	7	Sachsen.
40	.	.	79	107	104	53	182	9	79	12	87	8	Schleswig-Holstein.
17 968	642	8 633	1 824	20 370	2 137	14 672	2 602	14 415	1 826	13 793	668	9	Hannover.
2 727	1 127	2 834	1 251	3 106	1 325	2 626	1 527	3 086	1 420	3 186	1 444	10	Westfalen.
9 958	5 737	6 337	7 067	7 629	3 619	5 968	3 435	5 820	3 046	3 891	4 423	11	Hessen-Nassau.
7 168	16 377	2 448	18 593	2 199	14 130	698	18 013	416	16 985	395	16 668	12	Rheinprovinz.
20 152	21 365	9 790	27 572	20 238	22 558	10 033	24 146	7 829	26 377	6 521	26 150		Zusammen 1—7, 10 und 12 (alte Provinzen).
41 517		37 362		42 796		34 179		34 206		32 671			
27 966	6 379	14 970	8 970	28 106	5 860	20 693	6 219	20 244	4 951	17 696	5 178		Zusammen 8, 9 und 11 (neue Provinzen).
34 345		23 940		33 966		26 912		25 195		22 874			
48 118	27 744	24 760	36 542	48 344	28 418	30 726	30 365	28 073	31 328	24 217	31 328		Gesammtbetrag.
75 862		61 302		76 762		61 091		59 401		55 545			

Rechnungsjahr 1. April 1886/87 (Wirthschaftsjahr 1. October 1885/86) grobe Rinde	Spiegel-Rinde	Rechnungsjahr 1. April 1887/88 (Wirthschaftsjahr 1. October 1886/87) grobe Rinde	Spiegel-Rinde	Rechnungsjahr 1. April 1888/89 (Wirthschaftsjahr 1. October 1887/88) grobe Rinde	Spiegel-Rinde	Rechnungsjahr 1. April 1889/90 (Wirthschaftsjahr 1. October 1888/89) grobe Rinde	Spiegel-Rinde	Rechnungsjahr 1. April 1890/91 (Wirthschaftsjahr 1. October 1889/90) grobe Rinde	Spiegel-Rinde	Rechnungsjahr 1. April 1891/92 (Wirthschaftsjahr 1. October 1890/91) grobe Rinde	Spiegel-Rinde	Rechnungsjahr 1. April 1892/93 (Wirthschaftsjahr 1. October 1891/92) grobe Rinde	Spiegel-Rinde	Laufende Nummer
Doppel-Centner (100 kg)														
1 868	.	1 831	.	161	.	7	.	.	.	.	.	.	.	1
.	587	.	801	66	741	.	795	.	833	.	395	.	78	2
2	1 557	1 522	171	2	1 275	2	762	.	557	.	30	.	.	3
151	114	284	186	335	96	698	138	390	.	353	.	199	.	4
75	515	.	1 140	.	799	.	1 002	.	1 249	.	1 086	.	716	5
410	273	2 993	2 522	.	2 698	.	1 616	.	1 369	.	727	.	1 132	6
.	2 186	.	2 459	.	2 054	25	1 672	23	1 764	67	1 368	.	1 231	7
.	53	8	78	.	44	.	48	.	69	.	.	.	.	8
5 520	1 876	6 041	1 437	5 175	1 621	4 004	1 201	4 358	869	3 315	644	3 272	783	9
712	2 417	1 560	4 478	1 747	1 410	817	457	630	588	660	464	678	486	10
2 873	6 075	3 137	9 299	3 944	7 482	3 324	7 708	3 862	7 576	3 345	7 181	1 713	6 823	11
1 002	19 519	330	23 015	220	20 539	236	18 956	300	16 457	15	14 847	198	15 382	12
4 220	27 168	8 520	34 772	2 531	29 612	1 785	25 398	1 343	22 817	1 095	18 917	1 075	19 025	Zus. 1—7, 10 u. 12.
31 388		43 292		32 143		27 183		24 160		20 012		20 100		
8 393	8 004	9 186	10 814	9 119	9 147	7 328	8 957	8 220	8 514	6 660	7 825	4 985	7 606	Zus. 8, 9 und 11.
16 397		20 000		18 266		16 285		16 734		14 485		12 591		
12 613	35 172	17 706	45 586	11 650	38 759	9 113	34 355	9 563	31 331	7 755	26 742	6 060	26 631	Gesammtbetrag.
47 785		63 292		50 409		43 468		40 894		34 497		32 691		

Tabelle

Uebersicht von dem Flächeninhalte und den Erträgen der Staats-

Jahr	Flächen-Inhalt			Material-Abnutzung (Holzertrag)			Geldertrag für Holz			
	Zur Holzzucht bestimmter Boden	Nicht zur Holzzucht bestimmter Boden	Zusammen	Derbholz	Stock- und Reisigholz	Zusammen	Baarer, zur Kasse gelangter Erlös	Taxverlust durch Freiholzabgaben	Zusammen	für das ha Holzboden
	Hektar			Festmeter			M			
1.	2.	3.	4.	5.	6.	7.	8.	9.	10.	11.
1830	1 937 270	203 360	2 140 630	3 519 541	502 495	4 022 036	11 677 203	1 463 055	13 140 258	6,78
1831	1 953 301	205 043	2 158 344	3 311 043	482 911	3 793 954	10 800 150	1 463 055	12 263 205	6,28
1832	1 952 364	204 944	2 157 308	3 265 152	485 920	3 751 072	11 015 226	1 463 055	12 478 281	6,39
1833	1 950 049	204 701	2 154 750	3 202 885	460 994	3 663 879	11 274 711	1 463 055	12 737 766	6,53
1834	1 951 732	204 878	2 156 610	3 762 514	452 381	4 214 895	11 212 968	1 463 055	12 676 023	6,49
1835	1 952 584	204 968	2 157 552	2 763 825	415 790	3 179 615	10 105 230	1 463 055	11 568 285	5,92
1836	1 935 694	203 195	2 138 889	2 772 789	439 431	3 212 220	10 449 138	1 463 055	11 912 193	6,15
1837	1 932 825	202 893	2 135 718	3 035 172	485 208	3 520 380	11 342 094	1 495 038	12 837 132	6,64
1838	1 928 398	201 428	2 129 826	2 883 078	521 325	3 404 403	11 220 195	1 558 371	12 778 566	6,63
1839	1 907 946	200 282	2 108 228	3 101 478	565 257	3 666 735	12 082 833	1 582 449	13 665 282	7,16
1840	1 886 618	198 042	2 084 660	2 922 477	618 119	3 540 596	12 365 403	1 527 945	13 893 348	7,36
1841	1 885 386	197 914	2 083 300	2 731 612	627 688	3 359 300	13 095 411	1 532 427	14 627 838	7,76
1842	1 885 264	197 901	2 083 165	2 441 800	690 206	3 132 006	13 079 379	1 467 981	14 547 360	7,72
1843	1 884 979	197 871	2 082 850	2 639 107	667 699	3 306 806	12 887 292	1 445 643	14 332 935	7,60
1844	1 884 979	197 871	2 082 850	2 954 611	659 502	3 614 113	13 813 431	1 445 643	15 259 074	8,10
1845	1 872 740	196 586	2 069 326	2 896 172	753 782	3 649 954	13 758 522	1 394 553	15 153 075	8,09
1846	1 870 065	196 305	2 066 370	2 822 576	773 050	3 595 626	14 156 145	1 417 500	15 573 645	8,33
1847	1 868 392	196 129	2 064 521	2 801 704	730 995	3 532 699	14 411 799	1 458 510	15 870 309	8,49
1848	1 868 195	196 109	2 064 304	2 688 152	726 958	3 415 110	12 529 623	1 462 767	13 992 390	7,49
1849	1 867 650	203 202	2 070 852	2 832 117	651 008	3 483 125	12 422 871	1 401 117	13 823 988	7,40
1850	1 867 650	203 202	2 070 852	2 775 968	666 954	3 442 922	13 934 727	1 174 242	15 108 969	8,09
1851	1 858 238	208 425	2 066 663	2 934 981	712 794	3 647 775	14 219 175	1 146 651	15 365 826	8,27
1852	1 857 883	208 780	2 066 663	2 892 560	773 146	3 665 706	14 764 650	1 169 856	15 934 506	8,58
1853	1 859 654	209 194	2 068 848	2 759 656	739 252	3 498 908	14 774 877	1 146 867	15 921 744	8,56
1854	1 858 132	210 204	2 068 336	2 809 034	803 196	3 612 230	15 372 912	1 151 772	16 524 684	8,89
1855	1 854 898	213 087	2 067 985	2 849 219	745 520	3 594 739	16 369 398	1 207 095	17 576 493	9,48
1856	1 854 898	213 087	2 067 985	3 854 254	870 457	4 724 711	19 119 612	1 217 343	20 336 955	10,96
1857	1 845 433	219 076	2 064 509	3 679 692	788 894	4 468 586	20 159 046	1 238 931	21 397 977	11,60
1858	1 840 760	219 448	2 060 208	3 756 947	796 614	4 553 561	19 049 187	1 316 295	20 365 482	11,06
1859	1 838 801	220 626	2 059 427	3 423 242	759 015	4 182 257	18 073 395	1 320 933	19 394 328	10,55
1860	1 836 297	221 571	2 057 868	3 168 369	717 443	3 885 812	17 966 241	1 222 131	19 188 372	10,45
1861	1 832 277	225 491	2 057 768	3 418 090	834 894	4 252 984	20 879 046	1 179 498	22 058 544	12,04
1862	1 832 277	225 491	2 057 768	3 900 053	920 060	4 820 113	23 998 527	1 142 967	25 141 494	13,72
1863	1 822 498	229 725	2 052 223	4 151 342	1 032 809	5 184 151	25 321 659	1 237 767	26 559 426	14,57
1864	1 822 498	229 725	2 052 223	3 620 593	1 110 046	4 730 639	25 389 231	1 208 889	26 598 120	14,59
1865	1 822 551	229 783	2 052 334	3 419 305	1 117 524	4 536 829	27 386 622	1 256 214	28 642 836	15,72
1866	1 815 851	236 493	2 052 344	3 315 740	1 214 118	4 529 858	25 615 754	1 189 851	26 805 605	14,76
1867	1 816 556	236 607	2 053 163	3 177 616	1 078 472	4 256 088	24 335 798	1 116 090	25 451 888	14,01

Bemerkung: Bei den Einnahmen ist überall die Soll-Einnahme und Ausgabe, nicht die Ist-Einnahme und Ausgabe in Ansatz gebracht, da letztere wegen der für 1830 bis 1867 noch geführten, nach einzelnen Titeln nicht getrennten Restverwaltung nachträglich nicht entsprechend zu sondern war.

43 a.

Forsten der alten Provinzen für die Jahre 1830 bis 1867.

Ein Festmeter einschließl. Stock- und Reisigholz ist verwerthet mit	Sonstige Einnahmen für Nebennutzungen, Jagd und Anderes	Gesammter Roh-Ertrag		Dauernde Ausgaben		Rein-Ertrag		Einmalige und außerordentliche Ausgaben	Bleibt Rein-Ertrag	Der Rein-Ertrag ohne Berücksichtigung / nach Abzug der einmaligen und außerordentlichen Ausgaben beträgt vom Roh-Ertrage		Jahr
		Im Ganzen	Für das ha Gesammtfläche	Im Ganzen	Für das ha Gesammtfläche	Im Ganzen	Für das ha Gesammtfläche			ohne Berücksichtigung	nach Abzug	
M	M	M		M		M		M	M	%		
12.	13.	14.	15.	16.	17.	18.	19.	20.	21.	22.	23.	
3,27	2 177 982	15 318 240	7,16	5 945 979	2,78	9 372 261	4,38	.	.	61,2		1830
3,23	2 261 970	14 525 175	6,73	6 332 808	2,93	8 192 367	3,80	.	.	56,4		1831
3,33	1 854 948	14 333 229	6,64	6 078 921	2,82	8 254 308	3,82	.	.	57,6		1832
3,48	1 833 024	14 570 790	6,76	6 144 177	2,85	8 426 613	3,91	.	.	57,8		1833
3,01	1 464 693	14 140 716	6,56	6 427 998	2,99	7 712 718	3,57	.	.	54,5		1834
3,64	1 654 320	13 222 605	6,13	6 262 959	2,90	6 959 646	3,23	.	.	52,6		1835
3,71	2 100 618	14 012 811	6,55	5 927 166	2,77	8 085 645	3,78	.	.	57,7		1836
3,65	2 018 313	14 855 445	6,96	6 364 776	2,98	8 490 669	3,98	.	.	57,2		1837
3,75	2 478 888	15 257 454	7,16	6 422 823	3,01	8 834 631	4,15	.	.	57,9		1838
3,73	2 523 777	16 189 059	7,68	7 207 215	3,42	8 981 844	4,26	.	.	55,5		1839
3,92	2 573 334	16 466 682	7,90	7 477 545	3,59	8 989 137	4,31	.	.	54,6		1840
4,35	2 461 518	17 089 356	8,20	7 117 380	3,41	9 971 976	4,79	.	.	58,4		1841
4,64	2 382 033	16 929 393	8,13	7 403 748	3,56	9 525 645	4,57	.	.	56,3		1842
4,33	2 558 544	16 891 479	8,11	8 541 393	4,10	8 350 086	4,01	.	.	49,4		1843
4,22	2 354 568	17 613 642	8,46	8 707 860	4,18	8 905 782	4,28	.	.	50,6		1844
4,15	2 332 758	17 485 833	8,45	8 839 479	4,27	8 646 354	4,18	.	.	49,4		1845
4,33	2 436 336	18 009 981	8,72	9 185 691	4,45	8 824 290	4,27	.	.	49,0		1846
4,49	2 148 831	18 019 140	8,73	9 614 076	4,66	8 405 064	4,07	.	.	46,6		1847
4,10	1 628 988	15 621 378	7,57	9 033 477	4,38	6 587 901	3,19	.	.	42,2		1848
3,97	1 599 231	15 423 219	7,45	7 960 197	3,85	7 463 022	3,60	344 992	7 118 030	48,4	46,2	1849
4,39	2 115 426	17 224 395	8,32	7 652 140	3,70	9 572 255	4,62	94 334	9 477 921	55,6	55,0	1850
4,21	2 190 978	17 556 804	8,50	7 864 460	3,81	9 692 344	4,69	95 332	9 597 012	55,2	54,7	1851
4,35	1 998 540	17 933 046	8,67	7 945 642	3,84	9 987 404	4,83	184 848	9 802 556	55,7	54,7	1852
4,55	1 958 307	17 880 051	8,64	7 961 878	3,85	9 918 173	4,79	189 197	9 728 976	55,5	54,4	1853
4,57	1 944 174	18 468 858	8,93	8 670 951	4,19	9 797 907	4,74	346 383	9 451 524	53,1	51,2	1854
4,89	2 098 368	19 674 861	9,51	8 830 610	4,27	10 844 251	5,24	403 021	10 441 230	55,1	53,1	1855
4,30	2 215 410	22 552 365	10,91	9 937 232	4,81	12 615 133	6,10	470 305	12 144 828	55,9	53,8	1856
4,79	2 445 675	23 843 652	11,55	9 445 551	4,58	14 398 101	6,97	490 161	13 907 940	60,4	58,3	1857
4,47	2 820 504	23 185 986	11,25	9 915 094	4,81	13 270 892	6,44	490 496	12 780 396	57,2	55,1	1858
4,64	2 584 203	21 978 531	10,67	9 890 538	4,80	12 087 993	5,87	491 268	11 596 725	55,0	52,8	1859
4,94	2 593 884	21 782 256	10,58	9 859 455	4,79	11 922 801	5,79	491 517	11 431 284	54,7	52,5	1860
5,19	2 729 622	24 788 166	12,05	10 282 092	5,00	14 506 074	7,05	1 226 751	13 279 323	58,5	53,6	1861
5,22	2 915 445	28 056 939	13,64	10 695 150	5,20	17 361 789	8,44	1 046 262	16 315 527	61,9	58,2	1862
5,12	3 007 578	29 567 004	14,41	11 154 942	5,44	18 412 062	8,97	1 303 035	17 109 027	62,3	57,9	1863
5,62	3 214 422	29 812 542	14,53	11 310 894	5,51	18 501 648	9,02	1 060 875	17 440 773	62,1	58,5	1864
6,31	3 466 578	32 109 414	15,65	11 382 879	5,55	20 726 535	10,10	1 238 511	19 488 024	64,6	60,7	1865
5,92	3 253 268	30 058 873	14,65	11 834 676	5,77	18 224 197	8,88	1 271 749	16 952 448	60,6	56,4	1866
5,98	3 256 590	28 708 478	13,98	12 318 557	6,00	16 389 921	7,98	1 840 741	14 549 180	57,1	50,7	1867

Tabelle

Uebersicht von dem Flächeninhalt der Staatsforsten und von den

Jahr	Flächen-Inhalt: Zur Holzzucht bestimmter Boden	Nicht zur Holzzucht bestimmter Boden: nutzbar	Nicht zur Holzzucht bestimmter Boden: unnutzbar	Zusammen nutzbarer Boden	Gesammt-Fläche	Abnutzung an Holz: Derbholz	Stock- und Reisigholz	Zusammen	Geldertrag für Holz: Baarer zur Kasse gelangter Erlös	Taxverlust durch Freiholz-Abgaben	Zusammen	Für das Hektar Holzboden
	Darunter dem Staate antheilig gehörige Waldungen											
	Hektar					Festmeter			ℳ			
1.	2.	3.	4.	5.	6.	7.	8.	9.	10.	11.	12.	13.
1868	2 347 096	134 768	123 564	2 481 864	2 605 428	4 823 195	1 892 216	6 715 411	36 160 167	2 470 728	38 630 895	16,46
1869	2 366 873	145 239	118 610	2 512 112	2 630 722	5 985 064	1 666 871	7 651 935	37 661 055	1 512 245	40 173 300	16,97
	33 507	*516*	*6*	*34 023*	*34 029*							
1870	2 368 152	150 116	116 681	2 518 268	2 634 949	4 923 608	1 726 692	6 650 300	36 226 237	2 370 261	38 596 498	16,30
	33 236	*519*		*33 755*	*33 755*							
1871	2 367 881	151 651	115 362	2 519 532	2 634 894	5 027 846	1 830 928	6 858 774	36 025 535	2 041 122	38 066 657	16,08
	33 236	*519*		*33 755*	*33 755*							
1872	2 370 546	153 234	115 518	2 523 780	2 639 298	5 880 681	2 221 910	8 102 591	42 940 197	2 025 285	44 965 482	18,97
	33 221	*519*		*33 740*	*33 740*							
1873	2 368 544	154 673	116 891	2 523 217	2 640 108	5 230 938	2 139 808	7 370 746	47 451 415	1 905 198	49 356 613	20,84
	31 368	*445*		*31 813*	*31 813*							
1874	2 355 164	154 288	115 994	2 509 452	2 625 446	5 000 537	2 099 751	7 100 288	48 287 664	2 030 904	50 318 568	21,37
	31 368	*445*		*31 813*	*31 813*							
1875	2 356 756	157 140	115 688	2 513 896	2 629 584	5 025 535	2 440 597	7 466 132	51 124 369	1 971 562	53 095 931	22,53
	29 016	*445*		*29 461*	*29 461*							
1876	2 351 208	160 654	111 292	2 511 862	2 623 154	6 132 829	2 494 169	8 626 998	52 654 877	2 388 673	55 043 550	23,41
	22 221	*185*	*112*	*22 406*	*22 518*							
1. April 1877/78	2 354 318	162 944	111 292	2 517 262	2 628 554	5 661 679	2 376 880	8 038 559	45 139 133	2 208 272	47 347 405	20,11
	22 221	*185*	*112*	*22 406*	*22 518*							
1878/79	2 388 443	162 344	111 017	2 550 787	2 661 804	5 438 752	2 155 734	7 594 486	42 942 046	2 297 007	45 239 053	18,94
	28 788	*185*	*112*	*28 973*	*29 085*							
1879/80	2 398 907	154 493	117 038	2 553 400	2 670 438	5 347 049	2 236 418	7 583 467	41 865 749	2 047 898	43 913 647	18,31
	28 431	*185*	*112*	*28 616*	*28 728*							
1880/81	2 393 880	154 493	117 038	2 548 373	2 665 411	5 750 339	2 253 976	8 004 315	45 787 884	2 161 507	47 949 391	20,03
	26 754	*185*	*112*	*26 939*	*27 051*							
1881/82	2 379 329	161 679	114 597	2 541 008	2 655 605	6 166 492	2 206 586	8 373 078	46 484 141	2 146 422	48 630 563	20,44
	15 990	*125*	*106*	*16 115*	*16 221*							
1882/83	2 374 039	161 485	114 368	2 535 524	2 649 892	6 216 544	2 099 483	8 316 027	45 460 394	2 122 759	47 583 153	20,04
	6 810	*23*	*32*	*6 833*	*6 865*							
1883/84	2 378 147	159 834	112 758	2 537 981	2 650 739	6 022 815	1 913 913	7 936 728	48 067 914	2 072 394	50 140 308	21,08
	4 633	*28*	*19*	*4 661*	*4 680*							
1884/85	2 384 095	160 854	112 715	2 544 949	2 657 664	6 392 362	2 161 181	8 553 543	51 783 790	2 032 859	53 816 649	22,57
	3 711	*25*	*15*	*736*	*3 751*							
1885/86	2 398 535	159 353	112 340	2 557 888	2 670 228	6 362 185	2 136 090	8 498 275	52 283 731	1 980 548	54 264 279	22,62
	3 189	*27*	*2*	*3 216*	*3 218*							
1886/87	2 408 657	162 505	110 320	2 571 162	2 681 482	6 484 708	2 088 578	8 573 286	51 820 373	1 900 612	53 720 985	22,30
	2 221	*25*		*2 246*	*2 246*							
1887/88	2 414 407	166 830	110 043	2 581 237	2 691 280	6 948 700	2 318 638	9 267 338	52 729 033	1 865 116	54 594 149	22,59
	1 857	*15*	*4*	*1 872*	*1 876*							
1888/89	2 419 126	165 945	111 011	2 585 071	2 696 082	6 778 785	2 132 669	8 911 454	54 436 025	1 738 614	56 174 639	23,23
	1 667	*15*		*1 682*	*1 682*							
1889/90	2 424 770	164 303	111 633	2 589 073	2 700 706	7 315 213	2 192 536	9 507 749	60 650 879	1 751 512	62 402 391	25,74
	1 667	*15*		*1 682*	*1 682*							
1890/91	2 429 921	166 242	112 308	2 596 163	2 708 471	7 193 735	2 233 434	9 427 169	63 168 080	1 727 472	64 895 552	26,71
	1 667	*15*		*1 682*	*1 682*							
1891/92	2 438 832	168 583	110 841	2 607 415	2 718 256	6 828 430	1 936 097	8 764 527	60 521 024	1 731 960	62 252 984	25,53
	1 667	*14*		*1 681*	*1 681*							
1892/93	2 449 573	169 255	110 532	2 618 828	2 729 360	7 294 616	2 180 618	9 475 234	62 392 240	1 748 496	64 140 736	26,18
	1 503	*11*	*1*	*1 514*	*1 515*							
1893/94	2 455 910	170 838	111 199	2 626 748	2 737 947							
	1 503	*11*	*1*	*1 514*	*1 515*							
1894/95	2 464 750	169 825	112 631	2 634 575	2 747 206							
	1 503	*12*		*1 515*	*1 515*							

Bemerkung. Für die Jahre 1868 und 1869 mußte die Soll-Einnahme und Ausgabe der laufenden Verwaltung der Berechnung zu Grunde gelegt werden, da bei der bis dahin besonders geführten Rest-Verwaltung die Einnahmen und Ausgaben nur summarisch nachgewiesen sind, und eine nachträgliche Theilung derselben nach verschiedenen Etats-Titeln unausführbar ist.

43b.

Erträgen für die Zeit vom 1. Januar 1868 bis Ende März 1893.

Ein Festmeter einschließl. Stock- und Reisigholz ist verwerthet mit	Sonstige Einnahmen für Nebennutzungen, Jagd und Anderes	Gesammter Roh-Ertrag			Dauernde Ausgaben			Rein-Ertrag			Einmalige und außerordentliche Ausgaben	Bleibt Rein-Ertrag	Der Rein-Ertrag		Jahr
		Im Ganzen einschließlich Taxverlust	für das Hektar der nutzbaren Fläche	für das Hektar der gesammten Fläche	Im Ganzen	für das Hektar der nutzbaren Fläche	für das Hektar der gesammten Fläche	Im Ganzen	für das Hektar der nutzbaren Fläche	für das Hektar der gesammten Fläche			ohne Berücksichtigung der einmaligen und außerordentlichen Ausgaben beträgt vom Roh-Ertrage %	nach Abzug der einmaligen und außerordentlichen Ausgaben beträgt vom Roh-Ertrage %	
M	M	M	M	M	M	M	M	M	M	M	M	M	%	%	
14.	15.	16.	17.	18.	19.	20.	21.	22.	23.	24.	25.	26.	27.	28.	29.
5,75	4 765 300	43 396 195	17,49	16,65	21 518 683	8,67	8,26	21 877 512	8,82	8,39	1 778 841	20 098 671	50,41	46,31	1868
5,25	4 886 689	45 059 989	17,94	17,13	22 455 434	8,94	8,54	22 604 555	9,00	8,59	2 101 017	20 503 538	50,17	45,50	1869
5,81	4 959 076	43 555 574	17,30	16,53	20 721 242	8,23	7,86	22 834 332	9,07	8,67	2 128 785	20 705 547	52,43	47,54	1870
5,55	5 110 617	43 177 274	17,14	16,39	20 963 595	8,32	7,96	22 213 679	8,82	8,43	1 707 632	20 506 047	51,45	47,49	1871
5,55	5 226 180	50 191 662	19,89	19,02	23 824 811	9,44	9,03	26 366 851	10,45	9,99	1 168 191	25 198 660	52,53	50,20	1872
6,70	5 804 715	55 161 328	21,86	20,89	24 741 070	9,81	9,37	30 420 258	12,05	11,52	1 275 259	29 144 999	55,15	52,84	1873
7,08	6 066 652	56 385 220	22,47	21,48	27 564 924	10,98	10,50	28 820 296	11,49	10,98	1 345 547	27 474 749	51,11	48,73	1874
7,11	6 409 881	59 505 812	23,67	22,63	28 048 962	11,16	10,67	31 456 850	12,51	11,96	2 035 450	29 421 400	52,86	49,44	1875
6,38	6 504 157	61 547 707	24,50	23,46	30 893 709	12,30	11,78	30 653 998	12,20	11,68	1 082 185	29 571 813	49,81	48,05	1876
5,89	6 339 701	53 687 106	21,33	20,43	31 268 885	12,42	11,90	22 418 221	8,91	8,53	1 752 631	20 665 590	41,76	38,49	1. April 1877/78
5,96	5 922 415	51 161 468	20,06	19,22	29 937 322	11,74	11,25	21 224 146	8,32	7,97	2 065 480	19 158 666	41,48	37,45	1878/79
5,79	5 593 101	49 506 748	19,39	18,54	28 874 857	11,31	10,81	20 631 891	8,08	7,73	3 059 644	17 572 247	41,67	35,49	1879/80
5,99	5 850 483	53 799 874	21,11	20,18	29 156 503	11,44	10,94	24 643 371	9,67	9,24	2 075 863	22 567 508	45,81	41,95	1880/81
5,81	6 314 382	54 944 945	21,61	20,69	29 460 683	11,58	11,09	25 484 262	10,03	9,60	1 326 274	24 157 988	46,46	43,97	1881/82
5,76	6 186 715	53 769 868	21,21	20,29	30 395 766	11,99	11,47	23 374 102	9,22	8,82	1 868 417	21 505 685	43,48	40,00	1882/83
6,27	6 228 309	56 368 617	22,21	21,26	31 582 103	12,44	11,91	24 786 514	9,77	9,35	2 136 632	22 649 882	43,97	40,18	1883/84
6,32	6 161 694	59 978 343	23,57	22,57	32 096 475	12,61	12,08	27 881 868	10,96	10,49	2 304 504	25 577 364	46,49	42,65	1884/85
6,28	5 899 013	60 163 292	23,52	22,53	32 485 918	12,70	12,17	27 677 374	10,82	10,36	2 726 933	24 950 441	46,00	41,47	1885/86
6,28	6 111 986	59 832 971	23,28	22,31	33 336 773	12,97	12,43	26 496 198	10,31	9,88	2 109 894	24 386 304	44,28	40,76	1886/87
5,92	6 075 425	60 669 574	23,50	22,54	33 959 324	13,16	12,61	26 710 250	10,34	9,93	4 392 412	22 317 838	44,03	36,79	1887/88
6,23	5 921 652	62 096 291	24,03	23,03	32 580 463	12,61	12,08	29 515 828	11,42	10,95	466 877	29 048 951	47,53	46,78	1888/89
6,60	6 025 580	68 427 971	26,43	25,34	34 220 787	13,22	12,67	34 207 184	13,21	12,67	2 188 531	32 018 653	49,99	46,79	1889/90
6,87	5 635 687	70 531 239	27,17	26,05	35 186 960	13,56	13,00	35 344 279	13,61	13,05	1 015 207	34 329 072	50,11	48,67	1890/91
7,02	5 322 176	67 575 160	25,91	24,86	35 393 577	13,57	13,02	32 181 583	12,34	11,84	741 976	31 439 607	47,62	46,53	1891/92
6,79	5 640 578	69 781 314	26,65	25,57	36 319 707	13,87	13,31	33 461 607	12,78	12,26	1 505 286	31 956 321	47,95	45,79	1892/93

Vom Jahre 1870 ab sind die wirklichen Ist-Einnahmen und Ausgaben berücksichtigt worden.

In dem Holzertrage ist der gesammte Einschlag aus den dem Staate nur antheilig gehörigen Waldungen enthalten, während in dem Geldertrage für Holz nur der auf den Fiskus entfallende Antheil berücksichtigt ist.

Tabelle

Uebersicht der in den Staatsforsten zum Einschlag gelangten Holzmasse und der dafür gezahlten Werbungs-

Bemerkung. Die verhältnißmäßig geringen Werbungskosten für Torf, Waldstreu ꝛc., soweit diese für Rechnung der Forst-Verwaltung aufgearbeitet geringer, als nachstehend angegeben. Die Tagelohnsätze für die einzelnen Oberförstereien sind in der Tabelle 31 angegeben.

Laufende Nummer	Regierungs-Bezirk	Im Forstwirthschaftsjahre 1. October 1880/81 bezw. im Etatsjahre 1. April 1881/82			Im Forstwirthschaftsjahre 1. October 1881/82 bezw. im Etatsjahre 1. April 1882/83			Im Forstwirthschaftsjahre 1. October 1882/83 bezw. im Etatsjahre 1. April 1883/84			Im Forstwirthschaftsjahre 1. October 1883/84 bezw. im Etatsjahre 1. April 1884/85		
		hat die Material-Abnutzung betragen	dafür sind an Werbungs- und Transportkosten gezahlt		hat die Material-Abnutzung betragen	dafür sind an Werbungs- und Transkosten gezahlt		hat die Material-Abnutzung betragen	dafür sind an Werbungs- und Transportkosten gezahlt		hat die Material-Abnutzung betragen	dafür sind an Werbungs- und Transportkosten gezahlt	
			im Ganzen	durchschnittlich für das Festmeter		im Ganzen	durchschnittlich für das Festmeter		im Ganzen	durchschnittlich für das Festmeter		im Ganzen	durchschnittlich für das Festmeter
		fm	ℳ	ℳ	fm	ℳ	ℳ	fm	ℳ	ℳ	fm	ℳ	ℳ
1	Königsberg	696 539	521 201	0,75	677 810	517 860	0,76	687 092	493 490	0,72	625 432	442 110	0,71
2	Gumbinnen	656 967	523 319	0,80	602 998	489 674	0,81	486 371	408 801	0,84	520 021	432 501	0,83
3	Danzig	204 989	143 362	0,70	228 684	160 560	0,70	214 064	143 638	0,67	226 665	148 796	0,66
4	Marienwerder . . .	535 887	351 359	0,66	528 555	362 131	0,69	507 204	308 774	0,61	553 008	373 000	0,67
5	Potsdam	636 664	675 288	1,06	641 639	698 979	1,09	610 215	622 370	1,02	652 695	663 152	1,02
6	Frankfurt a. O. . .	540 454	402 736	0,75	509 411	381 741	0,75	516 933	384 769	0,74	518 606	376 994	0,73
7	Stettin	456 776	356 926	0,78	432 403	340 810	0,79	419 697	323 942	0,77	430 884	335 684	0,78
8	Köslin	146 075	91 441	0,63	140 408	88 491	0,63	137 902	86 250	0,63	157 978	101 378	0,64
9	Stralsund	105 357	108 654	1,03	100 123	104 461	1,04	95 901	102 022	1,06	106 555	111 587	1,05
10	Posen	173 128	153 809	0,89	195 310	162 665	0,83	169 995	139 034	0,82	191 078	159 016	0,83
11	Bromberg	259 869	168 813	0,65	256 211	168 820	0,66	259 391	145 878	0,56	288 191	179 730	0,62
12	Breslau	267 617	240 906	0,90	282 137	263 229	0,93	234 080	201 852	0,86	273 142	239 909	0,88
13	Liegnitz	81 821	80 476	0,98	73 862	76 564	1,04	82 455	82 943	1,01	94 969	94 589	1,00
14	Oppeln	340 791	255 885	0,75	345 621	239 575	0,69	284 266	181 577	0,64	317 924	209 023	0,66
15	Magdeburg . . .	229 031	237 192	1,04	240 668	248 611	1,03	214 210	212 179	0,99	230 107	226 608	0,98
16	Merseburg	274 424	268 256	0,98	260 208	254 745	0,98	256 801	236 270	0,92	285 534	269 617	0,94
17	Erfurt	161 266	191 342	1,19	168 943	190 127	1,13	174 560	203 430	1,17	203 233	237 208	1,17
18	Schleswig	104 526	134 989	1,29	106 174	137 722	1,30	100 397	127 821	1,27	106 205	134 725	1,27
19	Hannover												
20	Hildesheim												
21	Lüneburg	912 696	1 112 963	1,22	940 563	1 127 090	1,20	909 014	1 076 675	1,18	1 077 686	1 279 255	1,19
22	Stade												
23	Osnabrück mit Aurich .												
24	Münster	13 572	12 599	0,93	13 283	13 339	1,00	11 403	11 550	1,01	11 530	11 936	1,04
25	Minden mit Schaumbg.	138 736	115 286	0,83	136 101	122 508	0,90	134 052	119 592	0,89	137 674	126 070	0,92
26	Arnsberg	65 253	73 818	1,13	67 879	74 316	1,09	67 750	78 696	1,16	72 026	79 278	1,10
27	Cassel ohne Schaumbg.	619 080	682 265	1,10	618 112	666 894	1,08	606 424	647 873	1,07	668 477	719 682	1,08
28	Wiesbaden	203 835	290 499	1,43	211 026	294 002	1,39	215 666	298 762	1,39	229 938	318 988	1,39
29	Coblenz	109 105	147 126	1,35	111 066	150 287	1,35	116 058	157 275	1,36	118 664	163 891	1,38
30	Düsseldorf	63 200	65 540	1,04	68 622	72 741	1,06	66 347	68 833	1,04	76 874	79 902	1,04
31	Cöln	31 597	35 328	1,12	30 689	35 202	1,15	29 450	34 249	1,16	42 587	49 554	1,16
32	Trier	237 814	376 235	1,58	220 266	342 774	1,56	235 053	378 686	1,61	238 669	398 535	1,67
33	Aachen	106 009	73 472	0,69	107 255	78 329	0,73	93 977	65 706	0,70	97 191	67 903	0,70
	Staat	8 373 078	7 891 085	0,94	8 316 027	7 864 247	0,95	7 936 728	7 342 937	0,93	8 553 543	8 030 621	0,94

44.

und Transportkosten für die Forstwirthschaftsjahre 1. October 1880/92 (Etatsjahre 1. April 1881/93).

wurden, sind in den Werbungs- und Transportkosten für Holz mit enthalten. Letztere sind deshalb in Wirklichkeit um einen kleinen Betrag

Im Forstwirthschaftsjahre 1. October 1884/85 bezw. im Etatsjahre 1. April 1885/86			Im Forstwirthschaftsjahre 1. October 1885/86 bezw. im Etatsjahre 1. April 1886/87			Im Forstwirthschaftsjahre 1. October 1886/87 bezw. im Etatsjahre 1. April 1887/88			Im Forstwirthschaftsjahre 1. October 1887/88 bezw. im Etatsjahre 1. April 1888/89			Regierungs-Bezirk	Laufende Nummer
hat die Material-Abnutzung betragen	dafür sind an Werbungs- und Transportkosten gezahlt		hat die Material-Abnutzung betragen	dafür sind an Werbungs- und Transportkosten gezahlt		hat die Material-Abnutzung betragen	dafür sind an Werbungs- und Transportkosten gezahlt		hat die Material-Abnutzung betragen	dafür sind an Werbungs- und Transportkosten gezahlt			
	im Ganzen	durchschnittlich für das Festmeter		im Ganzen	durchschnittlich für das Festmeter		im Ganzen	durchschnittlich für das Festmeter		im Ganzen	durchschnittlich für das Festmeter		
fm	M	M	fm	M	M	fm	M	M	fm	M	M		
610 212	452 718	0,74	597 157	460 642	0,77	693 142	533 269	0,77	571 493	429 338	0,75	Königsberg	1
551 836	477 455	0,87	533 086	464 270	0,87	594 816	517 587	0,87	609 694	519 458	0,85	Gumbinnen	2
242 983	155 820	0,64	248 740	162 845	0,65	276 649	180 464	0,65	226 832	145 017	0,64	Danzig	3
566 583	418 680	0,74	571 625	394 290	0,69	605 879	415 921	0,68	553 330	353 061	0,64	Marienwerder . . .	4
662 941	673 897	1,02	685 231	702 953	1,03	673 642	690 038	1,02	676 775	686 305	1,01	Potsdam	5
568 659	425 727	0,75	612 868	445 423	0,73	638 519	477 155	0,75	631 443	458 701	0,73	Frankfurt a. O. . . .	6
428 005	335 593	0,78	396 571	324 448	0,82	448 393	388 194	0,87	411 652	346 238	0,84	Stettin	7
158 785	101 525	0,63	165 986	108 070	0,65	178 288	112 943	0,63	175 009	106 270	0,61	Köslin	8
94 622	100 913	1,07	94 283	99 550	1,06	99 619	103 014	1,03	98 218	105 362	1,07	Stralsund	9
206 701	173 042	0,84	215 275	178 316	0,83	226 704	189 622	0,84	232 495	182 282	0,78	Posen	10
303 642	186 306	0,61	326 015	196 174	0,60	343 019	202 455	0,59	327 778	182 194	0,56	Bromberg	11
293 240	266 774	0,91	288 892	275 015	0,95	296 807	281 702	0,95	296 532	280 247	0,94	Breslau	12
93 975	92 589	0,99	95 281	90 753	0,95	98 063	98 052	1,00	87 729	81 213	0,93	Liegnitz	13
296 194	202 217	0,68	290 701	196 345	0,68	349 487	231 829	0,66	339 130	229 141	0,67	Oppeln	14
226 301	238 585	1,05	240 381	247 724	1,03	240 029	249 528	1,04	239 136	248 981	1,04	Magdeburg	15
267 004	254 246	0,95	266 065	246 910	0,93	274 874	265 149	0,96	282 957	274 857	0,97	Merseburg	16
196 948	231 468	1,18	176 261	207 798	1,18	202 549	224 131	1,10	183 745	214 562	1,17	Erfurt	17
106 089	135 174	1,27	104 820	132 608	1,26	111 016	141 087	1,27	112 561	141 753	1,26	Schleswig	18
135 739	134 016	0,99	137 583	139 731	1,02	158 510	159 950	1,01	144 028	142 790	0,99	Hannover	19
417 903	798 239	1,91	478 323	659 503	1,36	510 687	688 594	1,35	497 456	688 137	1,38	Hildesheim	20
249 587	288 068	1,15	232 098	269 915	1,16	243 090	276 770	1,13	213 689	237 738	1,11	Lüneburg	21
54 529	53 627	0,98	54 739	54 609	1,00	62 288	60 725	0,97	64 642	63 746	0,98	Stade	22
32 868	31 569	0,96	31 247	30 977	0,99	32 019	30 183	0,94	33 251	30 496	0,92	Osnabrück mit Aurich .	23
10 738	11 067	1,03	10 357	10 531	1,02	12 096	12 580	1,04	13 025	13 033	1,00	Münster	24
140 473	133 574	0,95	140 182	146 937	1,05	158 649	164 799	1,04	152 608	137 887	0,81	Minden mit Schaumbg.	25
70 602	80 042	1,13	70 293	79 336	1,13	74 847	83 241	1,11	78 481	86 310	1,10	Arnsberg	26
680 844	729 212	1,07	713 837	764 397	1,07	785 657	839 629	1,07	792 840	838 780	1,06	Cassel ohne Schaumbg.	27
230 228	319 530	1,39	231 769	321 573	1,39	263 869	369 019	1,39	247 917	349 537	1,49	Wiesbaden	28
114 557	155 836	1,36	115 803	158 528	1,37	132 457	182 399	1,37	126 970	173 692	1,37	Coblenz	29
76 335	81 555	1,07	71 947	77 638	1,08	73 887	76 249	1,03	74 799	79 798	1,06	Düsseldorf	30
61 338	68 385	1,11	42 699	49 398	1,16	39 238	47 396	1,21	37 101	42 656	1,15	Cöln	31
243 084	395 177	1,63	243 515	401 948	1,65	269 723	419 714	1,56	281 353	449 444	1,59	Trier	32
104 730	72 467	0,69	89 656	70 524	0,79	98 826	82 896	0,84	96 785	78 232	0,81	Aachen	33
8 498 275	8 275 093	0,97	8 573 286	8 169 679	0,95	9 267 338	8 796 284	0,95	8 911 454	8 397 236	0,94	Staat.	

Fortsetzung auf Seite 292.

*

Zu Tabelle 44.

Laufende Nummer	Regierungs-Bezirk	Im Forstwirthschaftsjahre 1. October 1888/89 bezw. im Etatsjahre 1. April 1889/90: hat die Material-Abnutzung betragen fm	dafür sind an Werbungs- und Transportkosten gezahlt: im Ganzen M	durchschnittlich für das Festmeter M	Im Forstwirthschaftsjahre 1. October 1889/90 bezw. im Etatsjahre 1. April 1890/91: hat die Material-Abnutzung betragen fm	dafür sind an Werbungs- und Transportkosten gezahlt: im Ganzen M	durchschnittlich für das Festmeter M	Im Forstwirthschaftsjahre 1. October 1890/91 bezw. im Etatsjahre 1. April 1891/92: hat die Material-Abnutzung betragen fm	dafür sind an Werbungs- und Transportkosten gezahlt: im Ganzen M	durchschnittlich für das Festmeter M	Im Forstwirthschaftsjahre 1. October 1891/92 bezw. im Etatsjahre 1. April 1892/93: hat die Material-Abnutzung betragen fm	dafür sind an Werbungs- und Transportkosten gezahlt: im Ganzen M	durchschnittlich für das Festmeter M
1	Königsberg	692 456	525 293	0,76	712 606	572 014	0,80	594 734	479 835	0,81	666 713	544 943	0,82
2	Gumbinnen	738 491	646 991	0,88	634 246	603 411	0,95	560 869	515 255	0,92	595 226	561 234	0,94
3	Danzig	271 830	154 900	0,57	286 276	167 966	0,59	262 509	162 178	0,62	318 137	218 503	0,69
4	Marienwerder	629 687	394 618	0,63	624 682	377 937	0,60	487 372	336 719	0,69	602 625	417 384	0,69
5	Potsdam	730 553	703 318	0,96	668 722	689 818	1,03	693 066	731 672	1,06	745 828	813 682	1,09
6	Frankfurt a. O.	653 794	473 539	0,72	647 248	466 407	0,72	633 150	459 618	0,73	745 014	554 572	0,74
7	Stettin	410 931	342 084	0,83	401 138	343 978	0,85	391 400	347 615	0,89	412 523	377 248	0,91
8	Köslin	202 552	121 099	0,60	206 192	125 803	0,61	194 287	120 508	0,62	207 320	135 954	0,66
9	Stralsund	94 844	101 712	1,07	106 928	101 798	0,95	89 196	98 244	1,10	90 357	100 056	1,11
10	Posen	242 300	197 422	0,81	257 379	207 452	0,81	209 708	171 036	0,82	229 032	193 993	0,85
11	Bromberg	338 361	186 933	0,55	378 479	213 994	0,57	342 307	191 062	0,56	342 329	210 251	0,61
12	Breslau	286 506	263 334	0,91	290 871	272 866	0,94	270 164	255 739	0,95	277 482	293 299	1,06
13	Liegnitz	78 511	76 376	0,97	80 996	70 074	0,86	80 222	72 179	0,90	84 734	80 584	0,95
14	Oppeln	366 035	241 709	0,66	351 305	251 918	0,72	263 781	184 712	0,70	329 185	245 352	0,75
15	Magdeburg	249 469	256 399	1,03	239 698	248 620	1,04	242 654	254 303	1,05	263 835	283 164	1,07
16	Merseburg	285 294	272 411	0,95	337 913	279 867	0,83	316 808	279 912	0,88	294 358	285 693	0,97
17	Erfurt	179 168	220 674	1,23	172 961	211 098	1,22	168 682	211 743	1,26	208 073	253 314	1,22
18	Schleswig	116 184	146 684	1,26	122 973	159 037	1,29	130 338	182 247	1,40	128 775	178 370	1,38
19	Hannover	154 388	161 812	1,07	153 328	164 050	1,06	150 529	165 271	1,10	158 664	178 915	1,13
20	Hildesheim	530 076	763 590	1,44	496 861	776 695	1,56	455 157	712 253	1,56	474 875	784 671	1,65
21	Lüneburg	204 862	230 736	1,13	200 797	231 818	1,15	186 648	219 960	1,18	223 944	271 001	1,21
22	Stade	67 764	61 127	0,90	59 968	57 969	0,97	62 546	64 948	1,04	69 253	73 194	1,06
23	Osnabrück mit Aurich	31 616	30 154	0,95	29 378	27 367	0,93	29 507	28 098	0,95	35 622	34 457	0,97
24	Münster	12 022	12 693	1,06	13 164	13 649	1,04	12 437	12 624	1,02	12 924	14 129	1,09
25	Minden mit Schaumbg.	156 299	137 458	0,88	172 740	153 108	0,89	180 420	162 851	0,90	206 469	190 370	0,92
26	Arnsberg	85 129	94 045	1,10	92 845	103 029	1,11	86 698	94 872	1,09	80 965	88 206	1,09
27	Cassel ohne Schaumbg.	808 070	867 675	1,07	823 748	877 638	1,06	791 766	848 503	1,07	803 111	877 974	1,09
28	Wiesbaden	244 111	344 574	1,41	240 031	340 942	1,42	248 001	359 431	1,45	249 978	366 886	1,47
29	Coblenz	129 336	173 942	1,34	126 958	175 809	1,38	106 379	155 285	1,46	104 599	155 324	1,48
30	Düsseldorf	72 766	82 026	1,13	70 327	77 966	1,18	71 083	80 033	1,13	75 069	86 913	1,16
31	Cöln	42 810	51 452	1,20	46 620	55 160	1,18	46 178	55 684	1,21	51 899	62 502	1,20
32	Trier	294 779	484 769	1,64	271 545	512 077	1,89	306 294	513 317	1,68	278 002	453 256	1,63
33	Aachen	106 755	97 724	0,91	108 246	132 787	1,23	99 637	117 422	1,18	108 314	137 767	1,27
	Staat	9 507 749	8 919 273	0,94	9 427 169	9 064 122	0,96	8 764 527	8 645 129	0,99	9 475 234	9 523 161	1,01

Tabelle 45a.

Uebersicht

des

Ertrages aus der Holznutzung in den einzelnen Regierungs-Bezirken für das Hektar der zur Holzzucht bestimmten Fläche,

betreffend die

Etatsjahre 1850 bis 1. April 1892/93.

Tabelle

Laufende Nummer	Regierungs-Bezirk	1850	1855	1861	1865	1870	1875	1. April 1880/81	1. April 1881/82	1. April 1882/83	1. April 1883/84	1. April 1884/85	1. April 1885/86
		Ertrag aus dem Holze (einschl. des Taxverlustes für Freiholzabgaben) für das											
		Mark											
1	Königsberg	3,93	8,30	8,52	10,02	7,36	14,41	15,32	17,84	17,72	20,22	17,93	16,22
2	Gumbinnen	4,19	5,72	7,43	8,00	6,93	12,93	13,00	13,85	12,85	12,26	12,63	13,55
3	Danzig	2,04	2,86	4,05	6,02	6,26	8,69	8,27	8,71	9,20	9,66	10,15	11,08
4	Marienwerder	2,46	4,20	5,65	7,19	7,43	11,79	13,67	14,89	14,48	16,52	16,80	17,00
5	Potsdam	9,80	11,45	14,65	19,40	16,71	25,49	22,45	22,74	21,87	22,38	26,00	27,07
6	Frankfurt a. O.	8,80	10,56	12,31	17,11	17,46	24,99	21,12	19,88	19,50	20,65	21,00	23,23
7	Stettin	10,38	12,13	14,17	20,00	18,57	28,08	25,01	32,38	29,52	30,14	32,80	33,66
8	Köslin	3,50	4,91	6,39	9,11	9,53	13,18	14,18	13,62	12,95	13,17	14,48	13,72
9	Stralsund	12,38	13,11	17,19	24,18	20,14	27,92	23,23	23,26	21,34	21,93	23,60	21,30
10	Posen	5,50	7,58	9,05	13,33	11,26	16,85	16,36	14,21	14,37	14,32	16,83	17,48
11	Bromberg	3,07	4,07	5,91	8,00	9,89	11,61	12,99	13,80	13,98	14,90	14,53	14,81
12	Breslau	12,96	12,66	14,08	22,05	26,60	33,13	31,37	31,98	31,91	32,49	34,78	36,47
13	Liegnitz	10,20	10,61	14,64	19,56	23,02	24,23	30,22	33,01	29,29	34,07	38,63	37,77
14	Oppeln	8,66	10,00	13,24	13,52	15,76	23,90	23,97	26,64	26,66	28,21	32,78	29,83
15	Magdeburg	19,18	15,89	24,95	27,83	27,94	29,92	25,57	24,12	23,37	25,08	26,63	27,08
16	Merseburg	16,51	16,34	19,95	32,50	26,93	33,25	32,04	31,29	31,30	33,19	34,38	33,04
17	Erfurt	16,56	16,17	22,80	30,77	28,60	46,15	32,04	32,75	32,55	37,78	42,02	39,92
18	Schleswig	die Angaben fehlen				25,61	36,62	25,96	26,03	24,52	24,93	25,63	25,27
19	Hannover												
20	Hildesheim												
21	Lüneburg					22,18	31,80	23,75	24,28	23,97	24,90	28,99	27,39
22	Stade												
23	Osnabrück (mit Aurich)												
24	Münster	27,06	24,81	26,84	34,91	29,94	60,36	52,76	56,40	50,03	43,34	47,83	43,30
25	Minden (von 1870 ab mit Schaumburg)	10,04	10,42	14,93	17,84	15,66	23,00	21,55	21,63	22,24	22,71	21,65	23,24
26	Arnsberg	13,07	14,12	18,17	15,85	14,30	21,78	20,72	18,81	20,07	19,69	21,25	21,07
27	Cassel (ohne Schaumburg)	die Angaben fehlen				14,54	18,33	16,13	14,81	15,57	16,17	17,53	17,87
28	Wiesbaden					27,41	37,42	25,33	23,75	23,02	24,21	25,64	25,96
29	Coblenz	17,64	18,30	19,94	22,96	26,15	35,52	25,64	28,17	28,67	30,25	30,18	30,12
30	Düsseldorf	13,90	15,24	17,96	23,79	26,38	32,41	25,77	25,82	26,77	30,40	33,16	33,81
31	Cöln	16,35	18,11	24,75	24,11	21,18	29,24	21,55	18,32	18,52	18,97	25,07	31,99
32	Trier	13,43	17,02	20,23	29,94	23,72	33,53	28,61	26,91	25,46	27,96	29,73	28,92
33	Aachen	9,21	9,79	14,18	16,16	12,99	18,55	18,97	18,24	17,83	16,64	18,95	20,62
	Im ganzen Staate	8,09	9,48	12,04	15,72	16,30	22,53	20,03	20,44	20,04	21,08	22,57	22,62

45a.

Hektar der zur Holzzucht bestimmten Fläche (einschl. der dem Staate antheilig gehörenden Waldungen)

1. April 1886/87	1. April 1887/88	1. April 1888/89	1. April 1889/90	1. April 1890/91	1. April 1891/92	1. April 1892/93	Gestiegen: 1. April 1892/93 gegen 1850	Gestiegen: 1. April 1892/93 gegen 1870 (in der Provinz Hannover gegen 1886/87)	Gesunken	Reihenfolge der Bezirke nach dem Ertrage aus dem Holze für das ha des Holzbodens im Jahre 1892/93: Lfd. Nr.	Bezirk	ℳ
Mark							von 100 auf					
16,29	16,23	16,63	20,77	20,42	18,31	19,93	507	271	.	1	Osnabrück mit Aurich . .	13,24
12,64	11,83	13,74	16,12	15,85	14,27	15,52	370	224	.	2	Danzig	13,29
11,09	11,49	10,43	12,39	14,21	11,72	13,29	651	212	.	3	Gumbinnen	15,52
17,10	16,74	17,07	20,28	20,96	18,80	18,38	747	247	.	4	Köslin	17,69
28,60	25,07	27,15	30,74	29,03	29,56	30,25	309	181	.	5	Lüneburg	17,90
23,96	24,72	26,13	29,55	31,71	30,33	32,74	372	188	.	6	Marienwerder	18,38
32,11	33,95	32,03	33,66	35,71	33,04	34,67	334	187	.	7	Bromberg	18,49
13,84	14,33	15,79	18,76	18,49	17,61	17,69	505	186	.	8	Posen	19,08
22,17	22,43	22,53	22,41	22,62	22,09	21,65	175	107	.	9	Königsberg	19,93
16,34	15,62	16,70	19,54	21,74	17,83	19,08	346	169	.	10	Stralsund	21,65
14,77	15,46	15,51	17,13	20,31	18,37	18,49	602	187	.	11	Cassel ohne Schaumburg .	22,40
35,05	34,58	35,37	39,99	42,42	39,44	39,12	302	147	.	12	Stade	22,91
39,25	37,59	35,37	35,21	41,12	37,29	38,14	374	166	.	13	Aachen	23,62
26,42	29,57	30,57	38,13	38,83	28,71	34,45	398	218	.	14	Magdeburg	27,08
25,73	25,43	26,58	28,22	28,12	26,45	27,08	141	.	97	15	Arnsberg	27,50
31,88	31,70	33,68	36,08	40,81	40,05	36,95	224	137	.	16	Schleswig	28,59
39,39	48,74	44,13	46,95	44,05	44,27	49,26	297	172	.	17	Potsdam	30,25
24,69	23,56	24,24	26,22	26,46	29,79	28,59	Angabe fehlt	112	.	18	Frankfurt a. O.	32,74
28,66	30,99	29,50	31,40	34,98	36,24	35,07		*122*	.	19	Wiesbaden	33,88
33,15	36,31	40,13	42,83	40,22	39,97	38,90		*117*	.	20	Oppeln	34,45
17,64	17,80	17,83	17,99	17,17	17,41	17,90		*101*	.	21	Coblenz	34,45
17,89	19,39	20,66	19,27	19,29	20,69	22,91		*128*	.	22	Stettin	34,67
10,85	11,73	11,87	11,39	11,43	11,61	13,24		*122*	.	23	Hannover	35,07
46,25	56,49	59,32	53,81	58,73	58,26	60,13	222	201	.	24	Trier	35,69
23,62	25,49	24,12	26,55	30,51	32,91	36,06	359	230	.	25	Minden mit Schaumburg .	36,06
21,37	21,42	24,10	26,89	31,65	29,60	27,50	210	192	.	26	Cöln	36,15
19,22	20,14	19,49	20,60	21,79	22,42	22,40	Angabe fehlt	154	.	27	Merseburg	36,95
27,38	28,35	28,17	28,10	32,26	34,50	33,88		124	.	28	Düsseldorf	38,11
31,49	33,39	31,79	31,61	38,42	35,35	34,45	195	132	.	29	Liegnitz	38,14
29,87	29,60	33,17	31,71	35,78	37,29	38,11	274	144	.	30	Hildesheim	38,90
30,03	27,41	23,72	28,51	31,84	33,19	36,15	221	171	.	31	Breslau	39,12
28,30	29,33	30,61	32,25	35,54	38,33	35,69	266	150	.	32	Erfurt	49,26
17,97	18,33	19,53	21,83	23,55	23,21	23,62	256	182	.	33	Münster	60,13
22,30	22,59	23,23	25,74	26,71	25,53	26,18	324	161	.			

Tabelle

Zusammenstellung der Einnahmen für Holz aus den Staatsforsten

Nr.	Bezirk	Die rechnungsmäßige Soll-Einnahme 1830	1831	1832	1833	1834	1835	1836	1837	1838
1	Königsberg	359 124	417 306	457 818	394 437	308 418	292 416	361 089	386 937	394 479
2	Gumbinnen	410 835	415 020	519 537	506 721	399 600	299 262	394 440	426 687	440 526
3	Danzig	151 359	148 026	143 997	156 684	160 110	137 184	149 814	162 552	143 979
4	Marienwerder . . .	174 921	160 089	163 161	180 648	174 693	174 834	190 794	188 493	203 790
5	Potsdam	1 588 431	1 490 172	1 390 461	1 470 144	1 282 158	1 128 999	1 439 409	1 472 673	1 355 238
6	Frankfurt a. O. . . .	1 146 225	1 052 838	1 013 598	1 136 424	915 090	981 981	1 040 928	970 431	1 159 647
7	Stettin	892 083	849 153	813 894	865 998	928 779	863 754	875 241	1 014 378	858 507
8	Köslin	106 149	102 474	86 112	91 698	112 920	79 365	93 669	92 982	104 100
9	Stralsund	172 068	162 036	147 378	158 931	137 181	167 655	156 633	158 970	163 158
10	Posen	105 477	91 695	112 791	128 814	136 716	143 076	145 782	167 742	189 378
11	Bromberg	119 403	143 700	155 685	151 113	146 256	134 706	153 153	170 466	174 663
12	Breslau	562 116	396 561	559 368	559 818	592 026	494 016	573 168	755 586	510 513
13	Liegnitz	242 583	220 872	226 542	228 579	257 412	207 999	223 614	196 476	207 366
14	Oppeln	610 560	417 957	525 819	536 958	540 783	587 118	407 436	537 171	480 816
15	Magdeburg	1 067 103	918 159	1 000 017	977 436	876 129	783 198	757 530	792 456	813 747
16	Merseburg	1 092 240	1 174 041	1 130 223	1 079 499	1 507 776	1 026 696	882 234	1 068 237	1 176 360
17	Erfurt	483 348	464 823	443 895	492 846	519 498	457 788	435 093	453 219	477 747
18	Schleswig	.	.	.	.	.	.	.	.	.
19	Hannover (Provinz) .	.	.	.	.	.	.	.	.	.
20	Münster	92 868	57 432	61 332	66 438	60 711	52 392	58 791	47 238	50 637
21	Minden	197 019	174 360	181 524	180 669	186 768	154 521	146 931	149 769	151 215
22	Arnsberg	206 646	190 461	185 277	190 026	208 725	212 667	233 772	247 794	255 573
23	Cassel	.	.	.	.	.	.	.	.	.
24	Wiesbaden	.	.	.	.	.	.	.	.	.
25	Coblenz	367 446	369 012	359 493	325 074	385 485	398 829	396 957	423 876	413 832
26	Düsseldorf	248 481	223 272	273 483	208 200	226 839	248 262	225 579	268 110	233 979
27	Cöln	200 502	175 698	160 515	182 091	198 537	178 641	180 309	193 947	207 534
28	Trier	768 210	658 116	649 092	682 500	646 335	624 867	710 640	731 058	754 902
29	Aachen	312 006	326 877	254 214	322 965	304 023	275 004	216 132	264 846	298 509
	Zusammen	11 677 203	10 800 150	11 015 226	11 274 711	11 212 968	10 105 230	10 449 138	11 342 094	11 220 195

Bemerkung: Die neuen Provinzen sind erst vom Jahre 1868 ab mit berücksichtigt.

45b.

nach den einzelnen Bezirken in den Jahren 1830 bis 1892/93.

für Holz hat betragen (in Mark)

1839	1840	1841	1842	1843	1844	1845	1846	1847	1848	Bezirk
448 479	484 089	468 327	443 025	447 156	581 361	606 321	463 863	484 419	379 530	Königsberg.
577 518	607 833	596 556	563 169	559 014	896 985	728 412	641 940	657 081	511 287	Gumbinnen.
144 996	192 546	170 748	176 622	206 565	232 536	242 940	183 774	169 128	158 031	Danzig.
256 527	302 559	324 396	323 445	320 928	355 311	349 041	331 350	355 647	323 076	Marienwerder.
1 313 826	1 379 493	1 763 733	1 618 923	1 618 095	1 527 861	1 647 612	1 931 952	1 996 839	1 494 282	Potsdam.
1 181 445	1 185 156	1 327 368	1 269 693	1 293 657	1 411 179	1 246 653	1 282 587	1 401 660	1 120 548	Frankfurt a. O.
854 991	969 147	988 923	996 123	1 055 670	1 103 595	1 101 555	1 221 294	1 281 141	1 069 992	Stettin.
119 085	141 492	162 945	183 492	195 336	204 462	176 493	148 641	175 590	159 705	Köslin.
199 839	233 514	248 259	245 340	246 162	267 609	282 087	321 852	351 735	357 582	Stralsund.
201 297	194 823	129 807	170 517	185 004	223 623	269 895	278 352	273 501	244 113	Posen.
212 136	232 506	256 095	226 683	221 064	216 723	239 562	236 217	224 766	223 440	Bromberg.
521 658	570 714	644 406	784 758	698 214	761 637	663 024	658 215	648 069	545 088	Breslau.
209 898	228 597	228 690	230 922	235 020	238 815	257 415	275 052	230 403	199 869	Liegnitz.
596 310	707 772	588 717	583 293	705 582	769 914	610 206	747 450	690 987	652 785	Oppeln.
876 393	862 857	919 776	931 113	870 075	811 629	838 563	890 262	1 011 678	989 046	Magdeburg.
1 489 434	1 056 435	1 085 589	1 136 553	1 052 637	1 196 478	1 265 523	1 192 488	1 261 080	1 226 628	Merseburg.
514 938	501 918	534 483	579 747	536 550	509 100	557 154	571 845	575 238	573 630	Erfurt.
.	.	.	.	.	.	.	.	.	.	Schleswig.
.	.	.	.	.	.	.	.	.	.	Hannov. (Prov.)
69 540	86 187	54 642	56 622	48 270	50 436	51 888	52 167	50 205	50 682	Münster.
175 296	164 667	155 889	176 970	166 638	179 430	190 674	200 190	212 337	223 983	Minden.
246 102	244 590	263 295	269 247	225 339	241 773	261 573	289 176	282 558	250 599	Arnsberg.
.	.	.	.	.	.	.	.	.	.	Cassel.
.	.	.	.	.	.	.	.	.	.	Wiesbaden.
439 047	454 965	497 916	460 809	417 555	455 196	511 725	485 631	510 843	363 393	Coblenz.
183 525	228 414	285 717	276 735	246 402	239 565	251 496	262 713	201 102	207 693	Düsseldorf.
187 686	192 915	183 975	188 952	204 567	233 004	236 412	199 893	187 641	185 097	Cöln.
800 052	850 707	885 309	835 413	768 918	757 560	849 795	920 004	870 192	740 619	Trier.
262 815	291 507	329 850	351 213	362 874	347 649	322 503	369 237	307 959	278 925	Aachen.
12 082 833	12 365 403	13 095 411	13 079 379	12 887 292	13 813 431	13 758 522	14 156 145	14 411 799	12 529 623	Zusammen.

Nr	Bezirk	Die rechnungsmäßige Soll-Einnahme								
		1849	1850	1851	1852	1853	1854	1855	1856	1857
1	Königsberg	515 559	615 930	728 463	745 065	842 232	967 623	1 051 257	1 367 415	1 338 493
2	Gumbinnen	700 452	703 113	815 238	815 436	770 478	824 079	962 067	1 389 522	1 462 540
3	Danzig	159 072	154 206	162 486	236 502	201 351	213 387	218 031	293 586	282 762
4	Marienwerder . . .	356 646	363 576	391 176	463 614	535 665	568 317	656 217	695 451	711 209
5	Potsdam	1 713 462	1 762 986	1 959 723	2 050 797	2 103 705	1 980 771	2 121 603	2 524 368	2 665 960
6	Frankfurt a. O. . .	968 166	1 386 432	1 486 047	1 518 951	1 574 196	1 593 624	1 736 508	2 004 189	2 075 613
7	Stettin	1 050 333	1 134 891	824 997	1 213 986	1 200 981	1 265 769	1 307 889	1 630 299	1 677 051
8	Köslin	135 702	150 837	164 868	205 863	172 662	196 821	213 012	248 547	250 691
9	Stralsund	302 520	296 004	303 153	297 864	272 289	286 257	316 119	374 772	382 356
10	Posen	245 634	282 777	282 096	282 534	307 983	330 126	401 868	427 605	446 529
11	Bromberg	239 484	291 000	293 895	296 736	321 438	360 603	378 543	433 863	419 323
12	Breslau	562 425	738 180	618 939	740 163	679 179	729 099	718 812	778 533	953 952
13	Liegnitz	216 831	231 417	212 424	232 260	203 889	223 617	239 082	273 867	264 222
14	Oppeln	533 160	625 359	645 738	713 172	721 131	675 096	714 039	738 459	838 989
15	Magdeburg	975 102	1 050 540	1 247 745	934 818	928 137	978 450	949 110	1 122 330	1 233 747
16	Merseburg	1 117 011	1 216 452	1 141 437	1 082 808	1 116 708	1 129 581	1 181 625	1 213 566	1 287 073
17	Erfurt	500 238	571 074	528 288	533 145	519 777	560 181	557 742	659 613	668 244
18	Schleswig	.	.	.	.	.	.	.	.	.
19	Hannover (Provinz) .	.	.	.	.	.	.	.	.	.
20	Münster	50 133	59 289	55 044	55 107	46 344	47 487	51 981	59 160	67 614
21	Minden	202 752	208 737	195 957	209 187	197 595	189 867	217 953	227 715	249 143
22	Arnsberg	214 560	240 309	238 920	249 108	265 917	275 265	258 408	330 084	360 937
23	Cassel	.	.	.	.	.	.	.	.	.
24	Wiesbaden	.	.	.	.	.	.	.	.	.
25	Coblenz	350 775	430 092	414 111	404 568	396 336	429 732	447 942	479 028	483 667
26	Düsseldorf	194 178	230 463	208 176	198 990	206 235	217 287	242 454	254 397	271 873
27	Cöln	164 661	187 629	179 589	191 673	190 470	205 683	205 947	218 880	271 246
28	Trier	716 622	750 762	872 421	845 106	763 386	854 124	954 183	1 064 016	1 176 211
29	Aachen	237 393	252 672	248 244	247 197	236 793	270 066	267 006	310 347	319 601
	Zusammen	12 422 871	13 934 727	14 219 175	14 764 650	14 774 877	15 372 912	16 369 398	19 119 612	20 159 046

45 b.

für Holz hat betragen (in Mark)										Bezirk
1858	1859	1860	1861	1862	1863	1864	1865	1866	1867	
1 270 833	1 101 035	1 053 018	1 398 999	1 917 888	1 933 044	1 721 304	1 643 757	1 334 723	1 341 572	Königsberg.
1 145 769	1 041 066	1 097 739	1 287 729	1 425 492	1 371 486	1 290 942	1 297 557	865 872	941 543	Gumbinnen.
254 697	269 201	266 787	327 567	372 984	395 415	451 461	488 889	475 653	473 496	Danzig.
643 128	598 702	705 243	852 966	983 172	1 152 966	1 150 074	1 128 297	1 055 558	954 751	Marienwerder.
2 377 146	2 317 968	2 227 164	2 709 648	3 119 469	3 339 126	3 222 687	3 668 535	3 380 194	2 893 124	Potsdam.
1 835 283	1 618 348	1 659 969	2 027 697	2 507 211	2 568 810	2 533 836	2 843 835	2 682 381	2 444 712	Frankfurt a. O.
1 657 014	1 531 633	1 423 519	1 508 490	1 888 416	2 010 687	1 969 479	2 144 730	3 032 448	1 814 610	Stettin.
211 527	209 937	220 853	279 549	292 641	339 357	339 348	400 911	380 725	389 546	Köslin.
314 934	310 280	322 350	403 887	441 057	450 585	507 336	565 557	546 668	596 343	Stralsund.
423 366	486 892	442 968	478 707	550 161	636 033	578 424	664 614	674 110	718 511	Posen.
380 073	377 618	480 354	523 557	674 160	744 963	693 921	718 209	718 047	800 368	Bromberg.
934 878	870 570	759 207	797 982	1 036 884	1 299 021	1 523 019	1 277 814	1 407 499	1 423 549	Breslau.
293 823	303 203	290 310	322 938	384 489	338 643	353 652	387 228	379 754	397 601	Liegnitz.
783 693	741 267	660 561	958 998	975 489	1 172 046	1 039 551	988 158	1 059 291	931 280	Oppeln.
1 342 707	1 220 241	1 229 128	1 479 081	1 531 896	1 596 981	1 612 560	1 665 795	1 538 630	1 591 549	Magdeburg.
1 318 680	1 278 618	1 258 072	1 442 760	1 790 757	1 723 089	1 767 117	2 248 734	1 956 137	1 663 772	Merseburg.
689 448	695 640	744 284	793 218	792 471	859 128	948 168	1 077 285	1 012 860	940 657	Erfurt.
.	.	.	.	.	.	.	.	.	.	Schleswig.
.	.	.	.	.	.	.	.	.	.	Hannover Prov.
66 039	70 245	58 100	56 046	67 254	82 413	68 142	76 761	71 595	84 471	Münster.
277 773	267 330	269 078	303 168	348 666	311 037	316 125	352 116	358 357	336 663	Minden.
331 038	313 494	399 765	331 140	331 314	308 376	283 506	309 501	362 051	303 445	Arnsberg.
.	.	.	.	.	.	.	.	.	.	Cassel.
.	.	.	.	.	.	.	.	.	.	Wiesbaden.
544 002	526 306	470 839	482 730	523 503	551 526	548 313	569 721	489 534	550 582	Coblenz.
247 818	253 522	308 239	286 959	306 003	339 918	342 477	391 845	409 477	407 307	Düsseldorf.
267 345	282 490	306 363	281 508	287 181	277 737	300 216	273 957	252 723	280 628	Cöln.
1 113 192	1 090 547	986 044	1 152 789	1 057 863	1 133 988	1 438 356	1 754 727	1 710 823	1 640 510	Trier.
324 981	297 242	326 287	390 933	392 106	385 284	389 217	448 089	460 644	415 208	Aachen.
19 049 187	18 073 395	17 966 241	20 879 046	23 998 527	25 321 659	25 389 231	27 386 622	25 615 754	24 335 798	Zusammen.

Zu Tabelle 45b.

Nr.	Bezirk	Die rechnungsmäßige Soll-Einnahme für Holz hat betragen (in Mark)		Die Ist-Einnahme für Holz hat betragen (in Mark)						
		1868	1869	1870	1871	1872	1873	1874	1875	1876
1	Königsberg	1 312 955	1 163 671	1 171 749	1 436 051	1 815 663	2 189 070	2 249 274	2 374 486	2 738 111
2	Gumbinnen	1 205 148	959 151	1 155 715	1 339 684	1 753 113	1 782 410	2 005 794	2 224 262	2 067 274
3	Danzig	522 574	522 180	529 728	597 521	622 955	789 108	848 146	756 264	832 577
4	Marienwerder	1 170 423	1 185 454	1 143 737	1 225 028	1 698 697	1 739 847	1 679 686	1 926 992	2 165 406
5	Potsdam	3 403 266	3 077 320	3 157 554	3 436 352	4 907 149	4 657 111	4 292 471	4 922 689	4 669 363
6	Frankfurt a. O.	2 596 604	2 943 139	2 918 725	2 987 718	3 559 883	3 361 769	3 632 821	4 231 520	4 209 902
7	Stettin	2 280 829	1 921 588	1 997 991	2 058 292	2 606 965	2 724 680	2 592 097	2 697 300	2 880 463
8	Köslin	403 036	405 877	416 936	383 859	448 747	535 225	600 234	592 171	590 791
9	Stralsund	474 396	427 932	482 038	462 816	592 307	744 242	693 250	682 104	780 643
10	Posen	859 699	808 756	693 136	634 416	729 011	783 211	936 501	1 090 243	1 075 695
11	Bromberg	848 660	829 536	878 563	1 000 919	1 040 936	1 055 665	1 093 338	1 066 709	1 147 772
12	Breslau	1 363 156	2 202 826	1 555 327	1 521 331	1 850 494	2 065 950	1 834 377	1 905 060	2 042 969
13	Liegnitz	390 756	599 185	458 649	420 778	455 595	486 350	534 172	484 274	642 221
14	Oppeln	1 046 079	1 620 576	1 147 390	1 030 186	1 299 681	1 518 047	1 691 525	1 749 180	1 556 444
15	Magdeburg	1 606 969	1 514 688	1 670 783	1 484 772	1 494 147	1 587 093	1 638 612	1 766 387	1 757 501
16	Merseburg	1 755 033	2 484 070	1 884 576	1 667 955	1 825 010	2 030 558	2 235 239	2 342 538	2 639 249
17	Erfurt	1 006 505	1 142 283	1 001 773	960 384	1 139 811	1 473 064	1 575 582	1 613 742	1 531 554
18	Schleswig	740 794	636 381	615 569	618 141	711 179	835 592	918 138	933 729	974 298
19	Hannover (Provinz)	5 164 511	4 911 452	5 054 468	4 354 134	5 429 353	6 737 730	6 433 318	6 505 145	6 419 925
20	Münster	69 808	72 674	65 848	88 342	98 741	117 193	126 732	133 027	127 856
21	Minden von 1868 ab mit Schaumburg	486 713	504 309	510 760	500 760	555 821	731 222	727 962	730 221	799 923
22	Arnsberg	277 338	284 867	274 390	272 207	325 651	374 401	353 278	422 348	519 727
23	Cassel ohne Schaumburg	2 856 374	3 080 271	2 990 012	2 958 217	3 065 481	3 344 216	3 612 595	3 849 282	4 071 607
24	Wiesbaden	1 198 956	1 256 433	1 344 346	1 342 069	1 439 674	1 680 293	1 730 599	1 838 723	1 979 974
25	Coblenz	603 869	613 012	663 032	626 110	706 366	789 759	861 207	912 283	932 137
26	Düsseldorf	435 762	416 639	426 431	372 202	393 016	426 838	492 790	511 771	520 039
27	Cöln	247 947	256 127	246 336	269 584	315 050	378 887	374 997	337 625	350 301
28	Trier	1 421 109	1 453 098	1 407 744	1 595 510	1 618 769	2 003 265	2 029 543	2 004 114	2 111 077
29	Aachen	410 898	367 560	362 931	380 197	440 932	508 619	493 386	520 180	520 078
	Zusammen	36 160 167	37 661 055	36 226 237	36 025 535	42 940 197	47 451 415	48 287 664	51 124 369	52 654 877

Zu Tabelle 45b.

Nr.	Bezirk	Die Ist-Einnahme für Holz hat betragen (in Mark)								
		1. April 1877/78	1. April 1878/79	1. April 1879/80	1. April 1880/81	1. April 1881/82	1. April 1882/83	1. April 1883/84	1. April 1884/85 Bau- und Nutzholz mit Nutzrinde	1. April 1884/85 Brennholz
1	Königsberg	2 452 519	2 500 905	2 251 148	2 515 024	2 976 741	2 957 857	3 394 658	1 803 302	1 207 604
2	Gumbinnen	1 863 675	1 859 365	1 952 268	2 216 138	2 392 344	2 219 214	2 124 545	1 184 602	1 007 380
3	Danzig	748 018	740 977	756 208	748 556	803 355	859 269	910 893	474 792	486 573
4	Marienwerder . . .	2 101 782	2 066 483	1 952 237	2 270 937	2 492 026	2 418 303	2 784 035	1 722 017	1 123 614
5	Potsdam	4 085 072	4 204 761	3 648 535	4 400 139	4 455 027	4 273 925	4 383 027	2 651 638	2 449 393
6	Frankfurt a. O. . .	3 532 286	3 119 353	3 180 802	3 568 908	3 350 681	3 273 278	3 468 808	1 954 264	1 575 503
7	Stettin	2 480 981	2 374 517	2 491 170	2 792 175	3 094 718	2 817 658	2 873 678	1 764 704	1 367 269
8	Köslin	567 530	567 448	611 799	644 390	655 294	622 855	648 307	336 186	394 797
9	Stralsund	725 739	573 258	531 464	566 653	570 471	524 008	538 954	216 991	363 089
10	Posen	985 674	860 688	961 644	1 044 646	954 046	957 124	955 572	599 259	529 518
11	Bromberg	1 039 060	1 052 696	1 106 198	1 209 166	1 279 646	1 288 699	1 385 593	731 758	651 923
12	Breslau	1 640 180	1 607 663	1 604 641	1 751 768	1 799 200	1 797 432	1 827 370	1 178 300	770 145
13	Liegnitz	580 734	467 462	482 118	609 041	664 842	587 738	683 624	530 224	249 204
14	Oppeln	1 480 288	1 176 265	1 256 386	1 727 780	1 923 450	1 925 188	2 035 758	1 832 474	538 934
15	Magdeburg	1 586 070	1 382 908	1 399 177	1 511 765	1 436 048	1 393 732	1 495 213	821 372	767 865
16	Merseburg	2 085 373	2 100 946	2 137 201	2 305 746	2 247 093	2 248 689	2 386 255	1 461 962	1 016 724
17	Erfurt	1 474 198	1 209 012	1 187 952	1 118 120	1 139 987	1 136 214	1 328 892	733 033	747 852
18	Schleswig	902 833	798 480	702 340	743 347	756 076	716 782	744 480	264 364	526 702
19	Hannover									
20	Hildesheim									
21	Lüneburg . . .	5 266 305	5 130 318	4 807 802	5 013 196	4 976 610	4 925 509	5 179 049	4 191 682	1 993 717
22	Stade									
23	Osnabrück mit Aurich .									
24	Münster	132 482	127 508	117 656	116 441	124 061	109 880	95 041	82 428	22 552
25	Minden mit Schaumbg.	670 788	665 248	658 013	687 386	692 229	709 355	717 091	448 302	234 686
26	Arnsberg	328 356	316 486	398 626	403 766	375 105	401 045	394 664	308 824	118 246
27	Cassel ohne Schaumbg.	3 141 415	3 159 991	2 875 365	3 028 047	2 696 016	2 772 117	2 894 043	1 272 900	1 876 884
28	Wiesbaden	1 430 144	1 186 493	1 123 798	1 229 471	1 157 320	1 121 719	1 185 922	369 549	893 653
29	Coblenz	760 185	657 152	697 620	654 212	720 873	735 261	777 452	389 278	396 415
30	Düsseldorf	431 492	429 666	422 814	405 275	408 157	421 123	480 484	401 042	123 068
31	Cöln	371 151	389 306	257 550	249 810	211 490	215 178	220 317	176 996	115 518
32	Trier	1 793 744	1 738 829	1 818 160	1 720 791	1 615 429	1 525 274	1 679 055	953 353	836 104
33	Aachen	481 059	477 862	475 057	535 190	515 806	505 968	475 134	386 694	156 568
	Zusammen	45 139 133	42 942 046	41 865 749	45 787 884	46 484 141	45 460 394	48 067 914	29 242 290	22 541 500
									51 783 790	

Zu Tabelle

Nr.	Bezirk	Die Ist-Einnahme für Holz							
		1. April 1885/86		1. April 1886/87		1. April 1887/88		1. April 1888/89	
		Bau- und Nutzholz mit Nutzrinde	Brennholz	Bau- und Nutzholz mit Nutzrinde	Brennholz	Bau- und Nutzholz mit Nutzrinde	Brennholz	Bau- und Nutzholz mit Nutzrinde	Brennholz
1	Königsberg	1 496 827	1 220 676	1 458 761	1 220 366	1 352 734	1 313 263	1 537 700	1 183 177
2	Gumbinnen	1 216 427	1 147 144	1 128 317	1 103 357	976 424	1 109 969	1 275 120	1 172 957
3	Danzig	530 883	528 262	579 484	511 476	588 218	530 025	599 111	416 054
4	Marienwerder	1 755 374	1 131 830	1 757 223	1 121 955	1 617 236	1 188 644	1 799 549	1 087 353
5	Potsdam	2 669 919	2 642 217	2 897 407	2 725 221	2 591 716	2 330 086	2 975 017	2 356 263
6	Frankfurt a. O.	2 098 874	1 809 502	2 174 774	1 866 609	2 446 988	1 713 664	2 780 594	1 618 470
7	Stettin	1 774 081	1 454 220	1 842 809	1 297 878	1 951 509	1 365 164	1 972 804	1 162 758
8	Köslin	377 957	364 074	361 893	415 823	410 370	418 757	534 754	379 602
9	Stralsund	185 871	336 492	184 115	362 074	211 549	344 958	227 203	332 266
10	Posen	636 286	591 673	580 419	551 475	535 352	566 693	622 260	564 665
11	Bromberg	743 840	683 623	676 419	769 930	814 387	695 057	892 259	659 638
12	Breslau	1 198 488	861 512	1 164 115	814 301	1 190 383	761 677	1 235 744	763 056
13	Liegnitz	535 738	230 526	547 818	250 307	560 329	202 131	530 900	186 085
14	Oppeln	1 597 404	557 182	1 414 589	490 505	1 562 815	571 085	1 728 654	478 503
15	Magdeburg	863 637	752 596	760 986	772 739	774 116	745 842	862 547	728 710
16	Merseburg	1 447 670	928 189	1 385 035	906 727	1 390 950	903 409	1 527 057	912 098
17	Erfurt	715 993	690 636	718 544	668 948	980 630	742 096	853 323	704 010
18	Schleswig	275 965	525 442	271 530	531 071	284 369	523 411	329 503	509 588
19	Hannover	471 278	291 426	514 355	293 525	553 855	328 305	521 933	319 289
20	Hildesheim	2 236 018	1 046 357	1 946 121	994 495	2 421 344	913 281	2 794 819	950 840
21	Lüneburg	835 298	581 748	771 631	549 988	796 351	536 088	834 876	499 787
22	Stade	197 873	87 483	200 048	88 598	226 431	95 102	242 998	100 185
23	Osnabrück mit Aurich	126 367	41 152	117 821	41 687	124 013	45 922	131 122	44 699
24	Münster	73 378	21 363	79 058	22 149	99 112	24 990	102 010	28 241
25	Minden mit Schaumburg	473 817	265 866	490 513	269 784	533 881	287 032	474 118	309 430
26	Arnsberg	240 958	182 419	257 683	171 924	256 850	173 586	306 834	177 188
27	Cassel ohne Schaumburg	1 384 377	1 851 288	1 489 567	2 022 748	1 563 979	2 121 298	1 494 623	2 155 128
28	Wiesbaden	347 905	932 478	321 792	1 035 075	320 030	1 093 925	361 885	1 044 193
29	Coblenz	406 946	367 350	408 729	401 853	416 692	442 986	407 802	412 460
30	Düsseldorf	421 750	112 110	356 016	117 408	362 883	101 753	418 217	105 844
31	Cöln	268 185	110 827	240 118	115 947	222 045	103 018	189 459	94 398
32	Trier	891 302	848 148	811 122	890 675	882 097	890 642	1 002 278	848 871
33	Aachen	394 723	196 511	344 633	170 310	364 811	160 725	397 350	165 796
	Zusammen	28 891 409	23 392 322	28 253 445	23 566 928	29 384 449	23 344 584	31 964 423	22 471 602
		52 283 731		51 820 373		52 729 033		54 436 025	

45 b.

hat betragen (in Mark)

1. April 1889/90		1. April 1890/91		1. April 1891/92		1. April 1892/93		Bezirk	Nr.
Bau- und Nutzholz mit Nutzrinde	Brennholz	Bau- und Nutzholz mit Nutzrinde	Brennholz	Bau- und Nutzholz mit Nutzrinde	Brennholz	Bau- und Nutzholz mit Nutzrinde	Brennholz		
2 092 614	1 344 997	2 077 536	1 286 674	1 843 480	1 167 303	2 007 720	1 292 257	Königsberg	1
1 559 117	1 330 047	1 681 199	1 169 806	1 525 093	1 013 928	1 723 690	1 061 916	Gumbinnen	2
730 686	475 002	967 300	440 613	729 157	468 665	760 926	610 814	Danzig	3
2 170 844	1 266 667	2 430 019	1 260 605	2 246 118	1 047 615	2 186 561	1 158 743	Marienwerder	4
3 536 097	2 507 285	3 282 472	2 427 103	3 222 318	2 587 834	3 483 395	2 460 578	Potsdam	5
3 321 876	1 665 671	3 750 480	1 600 497	3 470 052	1 637 103	3 950 224	1 719 552	Frankfurt a. O.	6
2 308 670	1 114 278	2 407 054	1 229 277	2 073 271	1 280 512	2 254 162	1 262 518	Stettin	7
652 744	444 446	637 745	446 956	628 600	428 746	607 599	471 960	Köslin	8
251 972	298 275	261 178	296 075	239 830	304 097	241 658	290 693	Stralsund	9
835 550	565 134	583 384	976 756	805 236	498 567	787 156	569 006	Posen	10
1 057 760	653 825	1 229 659	801 516	1 133 175	705 799	1 141 119	708 757	Bromberg	11
1 526 926	743 650	1 706 636	704 464	1 510 939	725 185	1 514 750	702 407	Breslau	12
538 402	175 855	651 765	184 642	584 914	170 507	600 116	175 510	Liegnitz	13
2 322 362	438 801	2 399 231	410 417	1 672 319	396 837	2 007 014	480 175	Oppeln	14
961 658	743 850	951 554	728 720	884 314	744 602	942 639	723 778	Magdeburg	15
1 748 946	865 384	1 919 823	997 507	1 876 186	985 046	1 686 700	950 883	Merseburg	16
977 117	681 532	916 592	611 537	884 037	679 089	1 096 414	652 382	Erfurt	17
375 279	535 948	389 415	531 932	420 708	603 372	417 789	564 472	Schleswig	18
535 310	363 427	653 712	344 549	656 210	379 119	626 081	376 952	Hannover	19
2 987 256	1 049 023	2 749 992	1 048 875	2 735 776	1 032 518	2 607 893	1 009 672	Hildesheim	20
843 997	506 858	810 839	477 914	835 487	480 089	835 647	516 201	Lüneburg	21
222 617	99 678	224 866	97 786	226 144	122 227	277 322	112 038	Stade	22
120 517	46 768	123 807	43 878	122 552	47 359	145 462	48 465	Osnabrück mit Aurich	23
91 529	26 667	97 045	31 509	96 063	31 619	100 535	31 309	Münster	24
565 338	296 192	658 180	335 922	691 102	375 767	742 645	428 189	Minden mit Schaumburg	25
353 780	187 470	389 448	216 548	408 772	197 783	356 497	197 988	Arnsberg	26
1 669 639	2 209 917	1 990 759	2 128 162	2 054 806	2 181 824	2 116 659	2 108 589	Cassel ohne Schaumburg	27
348 395	1 052 755	442 770	1 172 766	452 520	1 282 796	492 337	1 204 454	Wiesbaden	28
409 161	422 916	564 582	449 393	469 550	462 973	502 542	406 154	Coblenz	29
401 109	105 481	435 840	124 845	448 980	147 990	485 351	123 684	Düsseldorf	30
243 171	98 676	274 511	108 727	295 995	105 095	332 844	102 966	Cöln	31
999 706	945 062	1 254 678	892 244	1 264 852	1 050 587	1 096 331	1 059 276	Trier	32
455 208	173 989	482 732	193 062	462 206	207 709	459 843	222 281	Aachen	33
37 215 353	23 435 526	39 396 803	23 771 277	36 970 762	23 550 262	38 587 621	23 804 619		
60 650 879		63 168 080		60 521 024		62 392 240			

Nr.	Bezirk	Außerdem hat der rechnungsmäßige Verlust gegen							
		1850	1851	1852	1853	1854	1855	1856	1857
1	Königsberg	57 945	58 770	65 670	73 515	73 314	78 336	122 955	84 168
2	Gumbinnen	63 708	59 913	65 136	67 386	68 469	77 181	71 122	71 637
3	Danzig	25 749	23 718	21 681	23 856	26 121	32 289	28 902	33 657
4	Marienwerder	39 327	49 248	48 900	51 141	56 628	61 155	64 098	71 613
5	Potsdam	224 892	215 586	211 755	204 468	211 995	210 393	194 457	189 897
6	Frankfurt a. O.	136 749	121 071	121 839	105 738	90 171	96 267	95 902	118 218
7	Stettin	111 777	120 261	115 107	112 230	103 851	106 368	110 427	125 976
8	Köslin	14 370	13 998	18 018	14 613	16 608	12 438	12 228	14 523
9	Stralsund	16 053	17 853	18 348	17 772	20 043	20 607	26 032	21 447
10	Posen	20 799	14 214	22 641	21 495	20 889	23 934	25 209	25 245
11	Bromberg	24 060	21 684	26 997	28 017	23 826	29 031	28 542	35 682
12	Breslau	59 133	53 091	50 568	52 098	51 483	60 666	45 255	46 434
13	Liegnitz	37 200	33 906	43 431	31 929	29 727	41 916	23 895	25 854
14	Oppeln	53 295	52 368	46 860	52 716	62 907	51 816	57 345	50 631
15	Magdeburg	37 662	39 888	36 117	37 575	39 951	42 075	37 083	36 219
16	Merseburg	65 760	62 541	61 800	60 069	58 467	58 611	63 906	59 808
17	Erfurt	19 308	19 398	19 761	19 602	19 374	19 809	19 347	19 683
18	Schleswig	.	.	.	.	.	.	.	.
19	Hannover								
20	Hildesheim								
21	Lüneburg	.	.	.	.	.	.	.	.
22	Stade								
23	Osnabrück mit Aurich . . .								
24	Münster	1 038	1 062	1 104	1 128	1 149	846	939	912
25	Minden v. 1868 ab mit Schaumb.	47 199	49 926	51 681	51 012	53 778	47 604	49 092	57 081
26	Arnsberg	8 514	7 848	8 619	8 301	8 340	8 193	8 337	10 263
27	Cassel ohne Schaumburg . .	.	.	.	.	.	.	.	.
28	Wiesbaden	.	.	.	.	.	.	.	.
29	Coblenz	12 771	13 311	14 052	20 709	16 608	14 469	13 644	12 579
30	Düsseldorf	4 941	4 836	5 472	3 222	7 515	4 569	4 956	5 829
31	Cöln	3 597	3 519	4 179	3 759	3 609	4 263	4 272	4 302
32	Trier	80 496	79 383	84 333	79 218	80 019	95 931	100 521	108 708
33	Aachen	7 899	9 258	5 787	5 298	6 930	8 328	8 877	8 565
	Zusammen	1 174 242	1 146 651	1 169 856	1 146 867	1 151 772	1 207 095	1 217 343	1 238 931

45b.

die Taxe durch Freiholz-Abgaben betragen (in Mark)						Bezirk
1858	1859	1860	1861	1862	1863	
80 823	68 523	70 872	74 013	69 261	79 254	Königsberg.
76 554	61 629	63 606	62 397	74 412	79 116	Gumbinnen.
32 610	29 745	34 872	29 067	29 820	28 293	Danzig.
69 723	71 463	70 809	62 355	62 634	69 192	Marienwerder.
239 991	237 297	229 548	211 383	193 974	227 649	Potsdam.
119 586	116 472	106 107	100 110	90 207	109 335	Frankfurt a. O.
137 361	131 445	118 164	112 899	106 647	109 371	Stettin.
14 208	13 167	13 563	13 443	14 127	13 086	Köslin.
20 712	21 033	23 214	23 937	25 251	24 240	Stralsund.
29 634	29 760	32 139	25 746	27 663	32 934	Posen.
35 733	39 162	38 904	44 397	36 393	47 136	Bromberg.
49 725	49 761	48 459	49 977	49 338	49 047	Breslau.
19 227	18 783	18 810	18 582	18 006	16 623	Liegnitz.
47 007	61 854	48 369	45 936	41 220	44 358	Oppeln.
44 928	44 916	42 273	42 156	44 733	36 390	Magdeburg.
61 644	62 661	53 505	51 513	50 598	51 105	Merseburg.
21 423	21 996	20 331	19 851	18 966	18 672	Erfurt.
.	.	.	.	.	.	Schleswig.
.	.	.	.	.	.	Hannover. Hildesheim. Lüneburg. Stade. Osnabrück mit Aurich.
987	1 338	1 410	1 017	1 197	1 131	Münster.
61 464	60 687	52 479	54 570	53 985	53 244	Minden mit Schaumburg.
11 448	12 531	11 505	11 676	11 763	10 683	Arnsberg.
.	.	.	.	.	.	Cassel ohne Schaumburg.
.	.	.	.	.	.	Wiesbaden.
16 275	45 576	19 080	18 936	21 456	19 686	Coblenz.
7 824	6 249	5 364	3 738	5 286	4 245	Düsseldorf.
4 434	4 614	4 422	4 467	4 917	23 421	Cöln.
105 504	103 575	87 450	89 943	83 838	82 182	Trier.
7 470	6 696	6 876	7 389	7 275	7 374	Aachen.
1 316 295	1 320 933	1 222 131	1 179 498	1 142 967	1 237 767	

Nr.	Bezirk	Außerdem hat der rechnungsmäßige Verlust gegen							
		1864	1865	1866	1867	1868	1869	1870	1871
1	Königsberg	84 975	93 123	108 522	104 034	110 169	103 977	109 896	106 884
2	Gumbinnen	82 059	146 112	99 096	87 831	89 532	93 717	92 628	79 482
3	Danzig	28 539	27 591	27 369	28 515	29 688	30 081	30 759	30 657
4	Marienwerder	78 045	77 334	77 958	80 280	88 110	85 863	93 912	85 239
5	Potsdam	204 759	193 017	180 081	170 361	163 284	152 724	149 307	144 438
6	Frankfurt a. O.	109 428	108 525	103 800	95 055	97 068	96 627	92 130	80 220
7	Stettin	113 865	113 034	109 497	94 692	101 112	85 641	88 197	90 561
8	Köslin	13 182	13 158	12 891	12 456	13 020	12 459	11 001	11 706
9	Stralsund	25 002	23 052	20 169	18 927	16 836	16 353	14 736	15 123
10	Posen	34 188	34 179	37 236	25 245	29 235	22 491	21 615	22 629
11	Bromberg	50 712	50 742	51 711	46 335	54 099	52 209	50 115	50 343
12	Breslau	42 762	40 851	43 254	40 398	41 103	40 968	41 997	42 033
13	Liegnitz	16 962	16 092	18 021	18 462	17 703	18 051	16 143	11 925
14	Oppeln	38 523	39 291	36 267	36 081	36 159	36 606	36 600	35 298
15	Magdeburg	38 898	33 402	40 209	40 728	39 957	37 191	35 337	31 581
16	Merseburg	49 887	49 215	53 736	52 677	48 312	49 719	48 756	46 416
17	Erfurt	18 759	19 500	21 006	20 562	16 878	16 407	17 376	17 898
18	Schleswig	.	.	.	.	21 132	19 785	20 085	17 961
19	Hannover (Provinz)	.	.	.	.	1 129 920	1 229 688	1 096 086	827 640
20	Münster	1 161	1 128	1 248	1 128	1 092	1 221	981	1 053
21	Minden, von 1868 ab mit Schaumburg	53 421	57 291	52 395	52 539	50 736	46 089	42 444	41 046
22	Arnsberg	7 311	7 011	6 894	6 588	6 045	5 544	4 044	4 446
23	Cassel ohne Schaumburg	.	.	.	.	170 025	159 777	155 991	146 265
24	Wiesbaden	.	.	.	.	22 332	29 235	29 541	30 246
25	Coblenz	17 460	14 577	14 673	15 768	14 430	15 105	14 019	14 712
26	Düsseldorf	6 234	4 695	4 572	3 162	5 502	3 465	2 997	2 709
27	Cöln	4 110	3 903	3 576	3 522	3 402	3 078	3 261	3 825
28	Trier	81 183	83 073	58 509	54 420	51 525	45 903	48 123	46 914
29	Aachen	7 464	6 318	7 161	6 324	2 322	2 271	2 184	1 872
	Zusammen	1 208 889	1 256 214	1 189 851	1 116 090	2 470 728	2 512 245	2 370 261	2 041 122

45 b.

die Taxe durch Freiholz-Abgaben betragen (in Mark)									Bezirk
1872	1873	1874	1875	1876	1. April 1877/78	1. April 1878/79	1. April 1879/80	1. April 1880/81	
110 049	113 877	138 663	132 159	124 775	145 178	146 504	127 158	145 724	Königsberg.
95 463	85 236	99 356	101 433	100 446	112 347	142 310	40 939	142 465	Gumbinnen.
31 560	31 962	37 866	31 039	31 329	35 644	37 590	39 136	38 604	Danzig.
85 929	85 179	92 796	82 231	87 109	91 567	89 724	89 321	99 022	Marienwerder.
119 277	98 064	124 497	120 504	119 634	113 525	116 311	116 435	115 477	Potsdam.
81 210	79 614	77 643	78 921	76 079	69 142	63 297	60 410	55 690	Frankfurt a. O.
88 911	74 238	79 701	45 335	43 510	39 792	41 817	39 702	39 276	Stettin.
10 668	10 458	11 352	8 635	8 768	8 890	10 128	9 620	10 131	Köslin.
15 273	14 382	10 323	10 555	10 124	9 402	9 048	9 949	10 082	Stralsund.
23 802	22 545	24 900	22 781	31 089	28 456	20 426	25 629	24 522	Posen.
39 204	30 402	26 963	21 949	20 417	19 767	25 795	19 772	21 877	Bromberg.
39 858	37 629	43 773	43 389	39 806	38 863	34 865	34 831	34 248	Breslau.
13 830	14 718	14 748	11 734	12 281	11 241	10 871	11 325	11 230	Liegnitz.
36 852	35 586	37 152	33 308	30 446	35 341	28 527	30 016	30 652	Oppeln.
34 482	32 193	35 010	40 281	42 687	34 138	37 420	37 618	37 989	Magdeburg.
47 058	44 460	48 438	45 226	39 304	35 734	39 332	37 016	35 442	Merseburg.
17 994	17 793	16 020	20 510	23 753	23 114	22 162	22 061	21 588	Erfurt.
17 994	19 107	19 293	17 781	18 975	18 342	17 884	20 048	17 694	Schleswig.
771 087	744 000	768 427	781 828	831 586	730 883	773 683	672 379	685 948	Hannover (Provinz).
975	972	1 025	1 102	1 149	1 113	1 605	1 002	1 098	Münster.
86 763	73 884	73 836	79 488	81 559	75 878	73 891	63 351	60 724	Minden, von 1868 ab mit Schaumburg.
3 897	3 555	4 539	4 160	3 890	3 698	3 629	3 331	3 138	Arnsberg.
142 899	137 427	132 159	123 890	469 887	408 253	432 963	430 134	411 976	Cassel ohne Schaumbg.
30 252	27 891	34 794	37 021	53 013	56 283	54 424	53 539	52 599	Wiesbaden.
14 622	12 210	12 825	12 813	14 646	13 560	13 977	13 478	14 339	Coblenz.
3 348	2 025	4 599	4 614	2 564	3 464	3 505	3 020	3 562	Düsseldorf.
3 876	3 723	4 425	4 616	4 978	4 032	3 449	3 369	3 552	Cöln.
56 124	50 838	54 087	52 586	62 502	38 856	40 185	31 726	31 003	Trier.
2 028	1 230	1 694	1 673	2 367	1 769	1 685	1 583	1 855	Aachen.
2 025 285	1 905 198	2 030 904	1 971 562	2 388 673	2 208 272	2 297 007	2 047 898	2 161 507	Zusammen.

Nr.	Bezirk	Außerdem hat der rechnungsmäßige Verlust gegen										
		1. April 1881/82	1. April 1882/83	1. April 1883/84	1. April 1884/85		1. April 1885/86		1. April 1886/87		1 April 1887/88	
					Bau- und Nutzholz mit Nutzrinde	Brennholz	Bau- und Nutzholz mit Nutzrinde	Brennholz	Bau- und Nutzholz mit Nutzrinde	Brennholz	Bau- und Nutzholz mit Nutzrinde	Brennholz
1	Königsberg	146 575	150 691	157 682	2 805	138 027	4 487	142 232	9 721	152 426	9 022	159 241
2	Gumbinnen	147 265	141 766	158 887	6 805	154 330	5 373	170 082	6 405	165 473	3 796	164 078
3	Danzig	44 092	48 605	40 371	146	48 199	296	48 656	330	55 367	363	60 165
4	Marienwerder . . .	103 348	108 280	102 480	572	100 613	1 889	101 325	1 918	105 392	1 617	119 618
5	Potsdam	70 663	71 922	69 564	2 123	68 492	1 729	70 373	1 429	65 584	1 129	65 708
6	Frankfurt a. O. . . .	56 031	57 401	55 607	1 076	52 883	2 061	54 232	1 099	51 528	1 346	51 744
7	Stettin	37 042	37 329	37 681	1 085	36 072	812	37 805	123	38 880	324	39 124
8	Köslin	10 091	10 268	9 782	1 026	9 154	278	9 120	602	10 394	716	11 241
9	Stralsund	11 793	10 186	9 987	937	9 176	2 200	9 358	988	10 089	1 384	9 562
10	Posen	16 497	24 978	22 940	415	22 353	2 347	21 384	440	24 938	369	21 253
11	Bromberg	21 916	21 279	21 696	327	19 161	457	19 465	469	20 164	672	20 714
12	Breslau	35 431	35 833	33 076	2 995	30 861	2 578	29 858	3 157	29 733	2 155	29 726
13	Liegnitz	11 585	12 442	12 338	4 674	11 226	1 037	10 867	200	10 694	651	10 810
14	Oppeln	31 923	31 134	34 181	1 832	29 899	960	28 227	985	28 365	2 260	29 559
15	Magdeburg	37 998	33 001	35 323	389	31 480	985	30 800	1 856	32 350	642	28 883
16	Merseburg	33 765	33 418	34 534	1 582	35 077	2 507	35 633	3 237	34 739	1 044	33 959
17	Erfurt	21 397	20 073	19 735	700	18 133	558	17 898	1 092	18 328	216	18 079
18	Schleswig	19 401	21 464	16 797	866	14 095	632	13 616	606	14 081	1 627	14 134
19	Hannover						16 707	32 673	2 566	28 588	1 726	24 028
20	Hildesheim						25 569	500 405	13 866	432 723	12 016	381 045
21	Lüneburg	716 826	708 232	680 652	46 213	605 389	6 136	17 975	3 349	18 483	2 891	17 890
22	Stade						118	2 800	647	2 825	581	2 784
23	Osnabrück mit Aurich .						134	1 309	73	1 330	335	1 474
24	Münster	982	1 097	1 091	47	1 078	48	1 161	38	1 105	6	900
25	Minden mit Schaumbg.	62 853	65 128	62 785	5 633	55 169	6 360	51 342	4 200	44 633	7 265	41 514
26	Arnsberg	3 769	3 348	3 136	221	2 945	333	2 860	290	2 748	656	2 672
27	Cassel ohne Schaumbg.	407 068	376 280	359 346	2 254	367 007	2 432	342 950	2 921	351 106	2 962	362 495
28	Wiesbaden	47 183	48 281	44 536	809	42 945	1 020	41 468	1 577	41 493	1 283	34 123
29	Coblenz	13 363	10 974	11 152	1 295	9 868	877	10 038	1 169	10 248	1 618	10 340
30	Düsseldorf	2 424	3 706	2 196	1 475	1 253	2 295	1 318	604	870	1 706	1 229
31	Cöln	2 813	2 757	3 177	267	2 553	423	2 608	239	2 489	107	2 392
32	Trier	30 687	31 438	29 904	4 705	20 513	3 924	21 534	4 226	21 235	7 517	22 885
33	Aachen	1 641	1 448	1 758	442	1 192	394	1 220	471	1 318	438	1 307
	Zusammen	2 146 422	2 122 759	2 072 394	93 716	1 939 143	97 956	1 182 592	70 893	1 829 719	70 440	1 794 676
					2 032 859		1 980 548		1 900 612		1 865 116	

45 b.

die Taxe durch Freiholz-Abgaben betragen (in Mark)

1. April 1888/89		1. April 1889/90		1. April 1890/91		1. April 1891/92		1. April 1892/93		Bezirk	Nr.
Bau- und Nutzholz mit Nutzrinde	Brennholz	Bau- und Nutzholz mit Nutzrinde	Brennholz	Bau- und Nutzholz mit Nutzrinde	Brennholz	Bau- und Nutzholz mit Nutzrinde	Brennholz	Bau- und Nutzholz mit Nutzrinde	Brennholz		
11 867	165 785	19 847	162 750	23 590	171 218	21 513	169 495	15 422	173 747	Königsberg	1
4 965	165 893	2 446	176 265	3 786	173 671	5 324	181 737	3 808	176 557	Gumbinnen . . .	2
814	58 116	714	71 910	744	61 965	778	65 529	725	68 275	Danzig	3
1 352	99 665	1 358	111 873	1 981	111 584	1 529	114 421	1 108	121 782	Marienwerder . . .	4
1 514	66 568	2 279	68 523	1 837	68 124	4 008	67 368	4 084	68 313	Potsdam	5
1 957	53 360	777	50 227	1 158	52 684	3 355	54 169	4 018	51 206	Frankfurt a. O. . .	6
1 042	38 489	1 105	38 586	111	36 945	208	37 652	45	41 568	Stettin	7
636	11 818	289	11 551	207	11 965	145	11 095	405	11 994	Köslin	8
888	10 095	2 196	10 674	1 238	10 685	1 753	9 282	1 134	10 430	Stralsund	9
355	21 589	290	20 450	447	20 793	187	20 896	228	21 033	Posen	10
447	20 089	363	20 851	383	21 208	305	21 216	208	21 994	Bromberg	11
2 977	29 216	1 748	28 360	2 253	27 963	2 090	26 746	2 296	26 767	Breslau	12
309	10 862	247	10 353	2 009	10 097	4 190	9 810	987	10 034	Liegnitz	13
1 384	28 276	678	27 937	1 379	28 203	957	28 146	414	29 919	Oppeln	14
1 515	27 318	1 086	24 975	1 512	24 937	1 187	24 715	1 069	25 712	Magdeburg . . .	15
1 560	33 294	1 647	29 793	1 350	29 635	828	30 312	479	31 313	Merseburg	16
589	18 583	388	18 169	1 016	17 899	291	18 257	439	18 454	Erfurt	17
820	13 790	679	13 853	852	14 136	1 274	13 856	1 458	13 687	Schleswig	18
1 730	20 671	2 487	20 404	1 815	16 323	1 156	16 632	967	17 269	Hannover	19
13 197	364 710	9 521	355 111	1 691	339 321	1 167	329 352	2 643	331 839	Hildesheim	20
1 748	18 204	3 106	18 769	1 310	19 918	951	19 795	2 718	20 071	Lüneburg	21
652	2 557	599	3 084	517	3 322	990	4 083	349	3 990	Stade	22
79	1 395	47	1 447	71	1 571	102	1 838	158	1 977	Osnabrück mit Aurich.	23
37	857	19	757	23	982	19	813	2	801	Münster	24
3 160	34 694	1 755	33 179	1 511	32 032	1 906	29 758	1 832	29 081	Minden mit Schaumbg.	25
1 220	2 833	412	2 727	533	2 809	507	2 931	331	3 004	Arnsberg	26
3 453	276 479	2 066	283 529	3 045	282 834	3 227	281 213	3 515	284 768	Cassel ohne Schaumbg.	27
1 083	33 317	1 755	33 690	908	33 144	1 312	33 465	1 347	34 214	Wiesbaden	28
1 659	8 773	1 064	8 460	859	8 325	940	8 304	1 197	8 157	Coblenz	29
2 028	1 251	1 793	1 403	2 672	1 447	1 696	1 492	1 890	1 542	Düsseldorf	30
100	1 674	49	1 819	59	1 698	74	1 789	183	1 873	Cöln	31
8 883	22 734	4 443	20 946	6 277	21 525	5 689	24 380	8 222	21 960	Trier	32
351	1 288	650	1 184	180	1 185	462	1 293	275	1 209	Aachen	33
74 371	1 664 243	67 903	1 683 609	67 324	1 660 148	70 120	1 661 840	63 956	1 684 540	Zusammen.	
1 738 614		1 751 512		1 727 472		1 731 960		1 748 496			

Tabelle

Haupt-Uebersicht der Soll-Einnahmen und Ausgaben der Staatsforst-

Laufende Nummer	Jahr	Geld-						
		Für Holz			Für Nebennutzungen	Aus der Jagd	Von größeren Torfgräbereien	Von Flößereien
		Baarer Erlös zur Kasse	Taxverlust durch Freiholz-Abgaben	Zusammen				
		Mark			Mark			
	1.	2.	3.	4.	5.	6.	7.	8.
1	1849 . .	12 422 871	1 401 117	13 823 988	874 689	88 380	135 762	278 460
2	1850 . .	13 934 727	1 174 242	15 108 969	1 202 571	67 101	150 210	320 448
3	1851 . .	14 219 175	1 146 651	15 365 826	1 295 385	67 689	134 316	275 904
4	1852 . .	14 764 650	1 169 856	15 934 506	1 300 791	73 191	148 992	120 990
5	1853 . .	14 774 877	1 146 867	15 921 744	1 390 125	77 871	168 744	149 442
6	1854 . .	15 372 912	1 151 772	16 524 684	1 409 388	79 614	176 085	134 946
7	1855 . .	16 369 398	1 207 095	17 576 493	1 495 527	83 154	200 199	134 367
8	1856 . .	19 119 612	1 217 343	20 336 955	1 636 746	93 258	175 155	126 711
9	1857 . .	20 159 046	1 238 931	21 397 977	1 846 281	91 701	171 258	121 320
10	1858 . .	19 049 187	1 316 295	20 365 482	2 142 654	102 582	170 388	157 929
11	1859 . .	18 073 395	1 320 933	19 394 328	2 020 368	117 954	153 282	68 211
12	1860 . .	17 966 241	1 222 131	19 188 372	2 013 891	127 554	179 250	63 144
13	1861 . .	20 879 046	1 179 498	22 058 544	2 110 155	130 392	227 436	67 248
14	1862 . .	23 998 527	1 142 967	25 141 494	2 230 299	140 955	239 280	71 634
15	1863 . .	25 321 659	1 237 767	26 559 426	2 345 832	142 893	217 269	77 298
16	1864 . .	25 389 231	1 208 889	26 598 120	2 497 614	148 209	269 217	97 887
17	1865 . .	27 386 622	1 256 214	28 642 836	2 791 872	144 912	231 780	76 275
18	1866 . .	25 615 754	1 189 851	26 805 605	2 609 922	148 796	227 577	55 856
19	1867 . .	24 335 798	1 116 090	25 451 888	2 538 447	155 279	224 897	54 809

Bemerkungen. 1. Die Zahlen beziehen sich durchweg auf die Soll-Einnahme und Ausgabe.
2. In den Rechnungen für 1849 und 1850 erscheint für die Forstakademie nur der Staatszuschuß nach Abzug der Honorar- ꝛc. Einnahmen, und vom Clever Thiergarten als durchlaufende Post weder Einnahme noch Ausgabe.

46a.
Verwaltung in den alten Provinzen für die Jahre 1849 bis 1867.

Ertrag								
Von größeren Wiesen-Anlagen	Vom Thiergarten bei Cleve	Pensions-Beiträge (Vom 1. Jan. 1868 ab fortgefallen)	Straf-, Pfand- und Ersatzgelder	Verschiedene andere Einnahmen	Von der Forstakademie	Zusammen (Spalte 4—14)	Jahr	Laufende Nummer
Mark								
9.	10.	11.	12.	13.	14.	15.		
.	.	23 790	152 166	45 984	.	**15 423 219**	1849	1
Skallischen: 17 409	.	25 698	275 139	56 850	.	**17 224 395**	1850	2
18 255	30 702	25 653	278 670	56 475	7 929	**17 556 804**	1851	3
14 244	11 793	26 646	201 009	91 659	9 225	**17 933 046**	1852	4
19 341	11 709	28 761	42 678	59 946	9 690	**17 880 051**	1853	5
12 204	12 006	29 139	Für die Folge auf den Justiz-Etat übernommen:	80 067	10 725	**18 468 858**	1854	6
Skallischen u. Mirau: 25 338	12 573	28 890	.	108 495	9 825	**19 674 861**	1855	7
30 534	15 048	28 938	.	100 968	8 052	**22 552 365**	1856	8
37 278	14 997	28 866	.	127 344	6 630	**23 843 652**	1857	9
65 922	14 952	30 750	.	127 428	7 899	**23 185 986**	1858	10
29 748	17 148	30 699	.	141 516	5 277	**21 978 531**	1859	11
27 675	19 722	30 690	.	125 718	6 240	**21 782 256**	1860	12
25 014	15 831	31 278	.	114 018	8 250	**24 788 166**	1861	13
29 451	15 132	31 011	.	150 825	6 858	**28 056 939**	1862	14
Skallischen, Mirau und Bandsburg: 38 304	16 104	30 459	.	134 262	5 157	**29 567 004**	1863	15
40 029	15 657	30 132	.	110 181	5 496	**29 812 542**	1864	16
44 319	17 943	30 252	.	120 774	8 451	**32 109 414**	1865	17
30 643	15 822	31 181	.	125 194	8 277	**30 058 873**	1866	18
34 823	16 281	38 939	.	181 045	12 070	**28 708 478**	1867	19

Laufende Nummer	Jahr	Dauernde Ausgaben — Kosten der Verwaltung und des Betriebes — Besoldungen, Dienstaufwands- und Mieths-Entschädigungen — Besoldungen und Dienstaufwands-Entschädigungen — Für Oberforstmeister und Forstmeister (Forsträthe), sowie zur Besoldung technischer Hülfs-Arbeiter bei den Provinzial-Behörden — Zahl der Ober-Forstmeister- und Forstmeister-(Forstraths-) Stellen	ℳ	Für Oberförster — Stellenzahl	ℳ	Besoldungen für Förster und Waldwärter (einschließlich Revierförster-, Hegemeister-, Pferdehaltungs- und Schutz-Zulagen) — Stellenzahl	ℳ	Zur Besoldung von Forst-Hülfsaufsehern und zur zeitweisen Verstärkung des Forstschutzes — ℳ	Kosten der Geld-Erhebung und Auszahlung — ℳ	Außerordentliche Vergütungen und Unterstützungen der Beamten, sowie deren Wittwen und Waisen — ℳ
		16.	17.	18.	19.	20.	21.	22.	23.	24.
1	1849 . .	80	458 118	353	942 243	2 457	1 113 690	255 048	264 561	264 456
2	1850 . .	80	455 409	354	959 007	2 457	1 220 706	206 823	297 939	162 783
3	1851 . .	80	433 539	354	968 790	2 457	1 266 369	193 962	306 942	184 500
4	1852 . .	80	465 498	354	977 217	2 460	1 287 690	200 118	312 129	184 500
5	1853 . .	80	464 091	354	986 640	2 461	1 383 324	224 415	315 378	185 184
6	1854 . .	81	468 075	355	990 813	2 461	1 390 644	241 827	323 217	184 500
7	1855 . .	81	468 300	357	997 164	2 465	1 391 088	263 643	340 833	190 050
8	1856 . .	81	468 300	358	1 035 153	2 468	1 399 107	300 222	388 101	188 550
9	1857 . .	81	468 300	358	1 039 989	2 469	1 398 234	326 580	409 605	188 550
10	1858 . .	81	470 100	357	1 027 830	2 467	1 601 655	396 219	394 581	188 550
11	1859 . .	81	470 100	357	1 098 975	2 452	1 581 072	438 954	373 611	188 550
12	1860 . .	82	473 400	357	1 106 268	2 389	1 583 571	469 449	373 578	188 550
13	1861 . .	82	496 275	357	1 104 096	2 395	1 589 799	479 394	424 641	188 550
14	1862 . .	81	493 260	357	1 104 918	2 389	1 586 565	490 899	476 475	175 518
15	1863 . .	81	508 275	356	1 103 421	2 384	1 584 144	499 557	482 325	194 292
16	1864 . .	80	506 025	356	1 105 203	2 382	1 586 337	513 081	478 404	188 550
17	1865 . .	78	497 550	356	1 106 592	2 383	1 589 649	553 473	503 103	188 550
18	1866 . .	77	497 259	357	1 108 774	2 387	1 618 175	582 725	469 939	188 226
19	1867 . .	76	493 650	357	1 110 402	2 386	1 852 899	657 623	437 115	187 828

46 a.

Dauernde Ausgaben — Kosten der Verwaltung und des Betriebes		Materielle Verwaltungs- und Betriebskosten								
			Zur Unterhaltung und zum Neubau							
Miethsentschädigungen wegen fehlender Dienst-Wohnungen für Oberförster, Förster 2c.	Zusammen (Spalte 17, 19, 21—25)	Für Werbung und Transport von Holz und anderen Forst-Erzeugnissen	der Forstdienstgebäude und zur Beschaffung noch fehlender Dienst-Gebäude	der öffentlichen Wege in den Forsten	Beihülfen zum Bau von Chausseen, deren Anlage von Interesse für die Forstverwaltung ist, sowie Beihülfen zu Wege- und Brückenbauten	Zu Wasserbauten in den Forsten	Zu Forst-Kulturen und zur Verbesserung der Forstgrundstücke	Zu Forstvermessungen und Betriebs-Einrichtungen	Jahr	Laufende Nummer
ℳ		ℳ								
25.	26.	27.	28.	29.	30.	31.	32.	33.		
16 000	3 314 116	2 031 003	524 000	218 886	.	91 500	802 425	52 029	1849	1
16 000	3 318 667	1 955 673	464 300	154 896	.	91 500	760 995	69 510	1850	2
16 000	3 370 102	2 131 626	468 869	130 770	28 776	89 937	802 251	54 624	1851	3
16 055	3 443 207	2 134 899	482 266	138 252	.	94 917	814 176	71 529	1852	4
16 296	3 575 328	2 061 555	511 941	141 996	.	35 946	784 509	74 766	1853	5
16 620	3 615 696	2 174 541	512 040	162 939	62 844	53 448	960 882	86 391	1854	6
16 828	3 667 906	2 126 631	543 686	224 238	.	36 000	978 693	61 980	1855	7
16 578	3 796 011	2 795 670	543 840	191 010	30 807	38 682	977 487	65 673	1856	8
16 935	3 348 193	2 706 351	560 175	192 900	36 000	36 000	921 285	119 271	1857	9
16 740	4 095 675	2 813 076	574 905	197 538	36 000	36 000	969 285	75 078	1858	10
16 605	4 167 867	2 673 528	590 145	211 626	36 000	36 000	961 974	75 258	1859	11
16 800	4 211 616	2 449 329	594 375	211 668	27 000	36 000	949 887	99 657	1860	12
16 915	4 299 670	2 668 533	612 269	215 130	36 000	36 675	942 591	100 185	1861	13
16 978	4 344 613	2 993 766	627 974	214 770	.	16 068	951 087	91 638	1862	14
16 860	4 388 874	3 209 355	627 975	214 770	36 000	36 000	974 952	67 794	1863	15
36 273	4 413 873	3 253 254	627 975	269 325	36 000	36 000	991 968	76 548	1864	16
36 154	4 475 071	3 337 698	637 724	336 390	.	36 000	1 039 200	93 189	1865	17
34 480	4 499 578	3 481 381	731 175	300 000	.	36 000	1 129 466	75 000	1866	18
36 215	4 775 732	3 252 219	750 754	337 482	36 000	36 123	1 151 476	75 000	1867	19

Laufende Nummer	Jahr	Dauernde Ausgaben — Kosten der Verwaltung und des Betriebes — Materielle Verwaltungs- und Betriebskosten: Jagdverwaltungs-Kosten	Besoldung des Personals und sonstige Betriebskosten für: Torfgräbereien	Flößereien	Wiesen-Anlagen	den Thiergarten bei Cleve	Zur Bezeichnung und Berichtigung der Grenzen, zu Separationen und Regulirungen	Proceß-kosten	Holzverkaufs- und Verpachtungs-Kosten, Botenlöhne und sonstige kleine Ausgaben der Local-Verwaltung	Druckkosten	Stellvertretungs- und Umzugskosten, Diäten und Reisekosten
		ℳ					ℳ				
		34.	35	36.	37.	38.	39.	40.	41.	42.	43.
1	1849 . .	17 340	67 290	174 954	.	.	53 535	47 982			
2	1850 . .	17 631	66 948	238 584	5 328	.	52 104	48 192			
3	1851 . .	6 642	63 576	105 534	7 719	30 702	45 132	38 022			
4	1852 . .	12 435	59 838	115 797	7 005	11 793	46 365	35 538			
5	1853 . .	11 202	59 658	82 035	7 635	11 709	66 621	35 913			
6	1854 . .	11 184	69 888	130 023	6 153	12 006	73 338	36 846			
7	1855 . .	14 925	64 434	162 258	12 339	12 573	80 673	32 955			
8	1856 . .	13 362	74 457	111 996	10 770	15 048	100 968	30 072			
9	1857 . .	14 415	59 850	106 284	12 465	14 997	109 494	29 691			
10	1858 . .	22 362	64 029	95 490	11 184	14 952	120 399	22 338			
11	1859 . .	12 012	61 614	46 746	10 998	17 148	119 634	35 496			
12	1860 . .	8 370	66 207	75 993	13 194	19 722	134 514	20 559			
13	1861 . .	8 931	69 117	61 038	12 468	15 831	130 758	18 429	80 175	22 416	28 005
14	1862 . .	7 440	71 100	112 992	11 310	15 132	127 344	19 278	92 745	26 862	46 215
15	1863 . .	6 846	79 419	45 159	12 567	16 104	100 521	17 856	74 982	27 012	59 232
16	1864 . .	9 189	76 029	117 750	12 720	15 657	101 925	18 813	71 895	23 394	52 203
17	1865 . .	11 424	87 135	54 981	14 751	17 943	115 467	20 529	116 838	25 062	54 324
18	1866 . .	7 844	84 891	50 280	14 304	15 821	121 213	18 000	97 335	26 468	52 986
19	1867 . .	9 430	87 287	47 386	14 617	16 282	109 264	15 046	83 669	27 493	49 347

46 a.

Dauernde Ausgaben — Kosten der Verwaltung und des Betriebes — Materielle Verwaltungs- und Betriebskosten: Kosten für Vertilgung schädlicher Wald-Insekten	Graben-räumungskosten behufs Beschaffung der Vorfluth	Unterstützungen für Wald-Arbeiter und deren Hinterbliebene	Kosten in Tausch-Angelegenheiten, Baukosten für Wald-Arbeiter-Wohnungen, Entschädigungen für gestattete Holzabfuhr über Privat-Grundstücke, für Löschung von Waldbränden, für Inventarienstücke, Rückerstattungen	Vergütungen an Privatpersonen, welche für den Forstschutz nützliche Dienste geleistet haben, und sonstige außergewöhnliche Ausgaben	Zusammen (Spalte 27 bis 48)	Betrag der Kosten der Verwaltung und des Betriebes (Spalte 26 und 49)	Zu forstwissenschaftlichen und Lehrzwecken	Allgemeine Ausgaben: Real- und Communallasten und Kosten der örtlichen Communal- und Polizei-Verwaltung	Ablösungsrenten und zeitweise Vergütungen an Stelle von Natural-Nutzungen	Jahr	Laufende Nummer
ℳ						ℳ	ℳ				
44.	45.	46.	47.	48.	49.	50.	51.	52.	53.		
392 775					4 473 719	7 787 835	19 689	152 673		1849	1
224 320					4 149 981	7 468 648	19 689	36 798	127 005	1850	2
253 187					4 257 367	7 627 469	27 936	39 522	169 533	1851	3
256 717					4 281 527	7 724 734	27 750	38 508	154 650	1852	4
243 958					4 129 444	7 704 772	28 962	39 246	188 898	1853	5
395 577					4 748 100	8 363 796	29 028	44 301	233 826	1854	6
537 281					4 888 666	8 556 572	28 998	48 093	196 947	1855	7
837 683					6 837 525	9 633 536	27 102	55 164	221 430	1856	8
322 731					5 241 909	9 090 102	26 370	62 568	266 511	1857	9
364 039					5 416 675	9 512 350	27 636	66 435	308 673	1858	10
362 712					5 250 891	9 418 758	24 714	83 565	363 501	1859	11
393 795					5 100 270	9 311 886	24 630	89 850	433 089	1860	12
190 593	2 643	2 442	81 369	4 737	5 340 335	9 640 005	26 640	155 106	460 341	1861	13
204 012	3 645	3 288	54 324	3 384	5 694 374	10 038 987	25 248	117 108	513 807	1862	14
372 717	14 043	2 487	43 236	7 566	6 046 593	10 435 467	23 544	129 456	566 475	1863	15
308 793	5 673	4 170	44 349	4 704	6 158 334	10 572 207	23 883	135 936	578 868	1864	16
47 541	7 035	4 590	56 535	8 478	6 122 834	10 597 905	26 838	126 843	631 293	1865	17
110 168	6 715	3 554	34 419	14 329	6 411 349	10 910 927	32 667	152 277	738 805	1866	18
207 644	10 145	4 344	46 437	12 535	6 379 980	11 155 712	40 960	169 375	742 510	1867	19

Zu Tabelle 46a.

Laufende Nummer	Jahr	Dauernde Ausgaben: Allgemeine Ausgaben: Zum Ankauf von Grundstücken zu den Forsten	Dauernde Ausgaben: Allgemeine Ausgaben: Zusammen (Spalte 52 bis 54)	Betrag der dauernden Ausgaben (Spalte 50, 51 und 55)	Rein-Ertrag (Spalte 15 weniger 56)	Einmalige und außerordentliche Ausgaben: Zur Ablösung von Forstservituten, Reallasten und Passivrenten	Zu Meliorationen	Diäten und Reisekosten für Wahrnehmung auswärtiger Forst-Gerichts-Termine	Zusammen (Spalte 58 bis 60)	Bleibt Rein-Ertrag (Spalte 57 weniger 61)
		ℳ	ℳ	ℳ	ℳ	ℳ	ℳ	ℳ	ℳ	ℳ
		54.	55.	56.	57.	58.	59.	60.	61.	62.
1	1849	.	152 673	**7 960 197**	**7 463 022**	300 000	11 029	33 963	344 992	**7 118 030**
2	1850	.	163 803	**7 652 140**	**9 572 255**	60 000	.	34 334	94 334	**9 477 921**
3	1851	.	209 055	**7 864 460**	**9 692 344**	60 000	.	35 332	95 332	**9 597 012**
4	1852	.	193 158	**7 945 642**	**9 987 404**	150 613	.	34 235	184 848	**9 802 556**
5	1853	.	228 144	**7 961 878**	**9 918 173**	150 000	.	39 197	189 197	**9 728 976**
6	1854	.	278 127	**8 670 951**	**9 797 907**	300 000	8 010	38 373	346 383	**9 451 524**
7	1855	.	245 040	**8 830 610**	**10 844 251**	360 000	.	43 021	403 021	**10 441 230**
8	1856	.	276 594	**9 937 232**	**12 615 133**	420 000	9 126	41 179	470 305	**12 144 828**
9	1857	.	329 079	**9 445 551**	**14 398 101**	450 000	.	40 161	490 161	**13 907 940**
10	1858	.	375 108	**9 915 094**	**13 270 892**	450 000	.	40 496	490 496	**12 780 396**
11	1859	.	447 066	**9 890 538**	**12 087 993**	450 000	.	41 268	491 268	**11 596 725**
12	1860	.	522 939	**9 859 455**	**11 922 801**	450 000	.	41 517	491 517	**11 431 284**
13	1861	.	615 447	**10 282 092**	**14 506 074**	1 189 344	.	37 407	1 226 751	**13 279 323**
14	1862	.	630 915	**10 695 150**	**17 361 789**	1 009 299	.	36 963	1 046 262	**16 315 527**
15	1863	.	695 931	**11 154 942**	**18 412 062**	1 277 631	15 000	10 404	1 303 035	**17 109 027**
16	1864	.	714 804	**11 310 894**	**18 501 648**	1 050 000	.	10 875	1 060 875	**17 440 773**
17	1865	.	758 136	**11 382 879**	**20 726 535**	1 226 781	.	11 730	1 238 511	**19 488 024**
18	1866	.	891 082	**11 834 676**	**18 224 197**	1 260 000	.	11 749	1 271 749	**16 952 448**
19	1867	210 000	1 121 885	**12 318 557**	**16 389 921**	1 829 787	.	10 954	1 840 741	**14 549 180**

Tabelle 46b.

Haupt-Uebersicht

der

Ist-Einnahmen und Ausgaben der Staatsforstverwaltung

für die Jahre 1868 bis 1. April 1892/93.

Bemerkungen:

1. Bei der 1868 und 1869 noch besonders geführten Restverwaltung sind die Einnahmen und Ausgaben mit Ausnahme der Ausgaben für Beihülfen zu Chausseen (Sp. 44) und für den Ankauf von Grundstücken zu den Forsten (Sp. 78) nur summarisch nachgewiesen. Eine Sonderung nach den verschiedenen Etatstiteln läßt sich nachträglich nicht mehr ausführen, und mußte deshalb mit Ausnahme der ebengedachten beiden Ausgabe-Positionen, für welche das wirkliche Ist aus laufender und Rest-Verwaltung nachgewiesen ist, das Soll der laufenden Verwaltung angegeben werden. Die sonach in die folgende Zusammenstellung eingestellten Beträge sind in ihrer Summe und zwar:

für 1868	in der	Einnahme	um 0,6 %	höher,
„	„	Ausgabe	„ 1,5 %	„
für 1869	„	Einnahme	„ 0,05 %	„
„	„	Ausgabe	„ 0,4 %	„

als das wirkliche Ist aus laufender und Rest-Verwaltung.

Da, wo Soll und Ist sich decken, ist dies durch einen * bezeichnet, auch bei verschiedenen Positionen der im Soll der laufenden Verwaltung enthaltene und in den folgenden Jahren beim Ist mit berücksichtigte Rest angegeben.

Vom Jahre 1870 ab ist das wirkliche Ist aus der laufenden und der damit vereinigten Rest-Verwaltung nachgewiesen.

2. In den Jagdverwaltungskosten des Jahres 1868 sind noch die Kosten für die Jagdverwaltung in den Hofjagdrevieren der Provinz Hannover enthalten. Auf Grund der mit dem Haus-Ministerium getroffenen und durch Allerh. Cabinets-Ordre vom 10. Juli 1868 genehmigten Vereinbarung werden diese Ausgaben vom 1. Juli 1868 ab aus der Kronfideikommißkasse bestritten.

3. Unter den dauernden Ausgaben sind der besseren Uebersicht wegen diejenigen, rechnungsmäßig als einmalige und außerordentliche bezeichneten Ausgabebeträge mit nachgewiesen, welche zur Verstärkung dauernder Ausgabefonds dienten. Diese Beträge müssen daher, wenn die Uebersicht in Uebereinstimmung mit den von der Generalstaatskasse gelegten Forstverwaltungs-Rechnungen gebracht werden soll, bei den dauernden Ausgaben (Sp. 80) ab und bei den einmaligen und außerordentlichen bezw. außeretatsmäßigen Ausgaben (Sp. 93) zugesetzt werden. Für die Etatsjahre 1885/86 bis 1892/93 werden diese Beträge, welche in der angegebenen Zeit ausschließlich dem Fonds zum Ankauf von Grundstücken zuzuführen waren, hier nachrichtlich, wie folgt, aufgeführt:

für 1885/86:	1 232 943	ℳ
„ 1886/87:	1 209 180	„
„ 1887/88:	950 000	„
„ 1888/89:	500 000	„
„ 1889/90:	1 100 000	„
„ 1890/91:	1 216 623	„
„ 1891/92:	1 147 709	„
„ 1892/93:	704 560	„

4. Die Beträge, welche in Folge der durch das Budget ertheilten Ermächtigung dem Ankaufsfonds zur Verstärkung des Kulturfonds entnommen worden sind, finden sich bei letzterem nachgewiesen. Dieselben betrugen:

im	Jahre	1885/86:	757 249	ℳ
„	„	1886/87:	865 686	„
„	„	1887/88:	459 287	„
„	„	1888/89:	613 917	„
„	„	1889/90:	958 228	„
„	„	1890/91:	1 144 877	„
„	„	1891/92:	1 146 125	„
„	„	1892/93:	1 340 272	„

Tabelle

Geld=

Laufende Nummer	Jahr	Für Holz: Baarer Erlös zur Kasse	Für Holz: Verlust gegen die Taxe durch Freiholz=Abgaben	Für Holz: Zusammen	Für Neben=Nutzungen	Aus der Jagd	Von größeren Torf=gräbereien	Von Flößereien	Von größeren Wiesen=Anlagen	Von Ablagen	Vom Säge=mühlen=betrieb
		M									
	1.	2.	3.	4.	5.	6.	7.	8.	9.	10.	11.
1	1868	36 160 167	2 470 728	38 630 895	2 974 268	280 868	213 680	*50 001	35 013	101 386	443 472
	Darunter an Resten . .	*219 394*	.	.	*18 188*	*6 752*	*1 269*	.	*174*	*96 540*	*14 337*
2	1869	37 661 055	2 512 245	40 173 300	3 200 237	297 584	204 498	*65 663	45 984	*44 103	528 592
	Darunter an Resten . .	*382 080*	.	.	*12 477*	*324*	*168*	.	*45*	.	*1 877*
3	1870	36 226 237	2 370 261	38 596 498	3 297 758	288 861	241 421	39 955	44 754	79 482	479 456
4	1871	36 025 535	2 041 122	38 066 657	3 376 651	304 879	284 423	65 920	48 342	97 564	462 343
5	1872	42 940 197	2 025 285	44 965 482	3 419 107	319 530	233 064	33 826	54 094	84 093	580 966
6	1873	47 451 415	1 905 198	49 356 613	3 684 745	281 988	352 085	28 830	68 351	158 078	761 541
7	1874	48 287 664	2 030 904	50 318 568	3 894 140	308 249	386 103	37 512	81 449	160 113	695 491
8	1875	51 124 369	1 971 562	53 095 931	4 118 049	313 824	468 632	34 277	98 764	122 269	743 344
9	1876	52 654 877	2 388 673	55 043 550	4 511 636	336 625	391 534	39 897	101 703	17 846	679 912
10	1. April 1877/78 . .	45 139 133	2 208 272	47 347 405	4 440 915	336 470	379 700	32 891	82 203	11 728	651 264
11	1. April 1878/79 . .	42 942 046	2 297 007	45 239 053	3 881 871	342 306	359 988	31 080	66 624	17 191	609 013
12	1. April 1879/80 . .	41 865 749	2 047 898	43 913 647	3 768 439	340 641	373 216	31 514	68 362	20 879	523 516
13	1. April 1880/81 . .	45 787 884	2 161 507	47 949 391	4 036 192	343 426	337 350	39 277	94 902	7 081	558 371
14	1. April 1881/82 . .	46 484 141	2 146 422	48 630 563	4 458 507	334 862	339 261	31 238	110 235	12 331	542 031
15	1. April 1882/83 . .	45 460 394	2 122 759	47 583 153	4 260 232	345 475	295 821	28 630	103 834	2 280	514 289
16	1. April 1883/84 . .	48 067 914	2 072 394	50 140 308	4 135 718	332 236	305 101	21 046	100 819	2 164	623 953
17	1. April 1884/85 . .	51 783 790	2 032 859	53 816 649	4 193 405	349 681	270 682	21 122	85 703	1 661	539 762
18	1. April 1885/86 . .	52 283 731	1 980 548	54 264 279	4 009 093	350 292	289 601	9 384	83 516	1 836	421 825
19	1. April 1886/87 . .	51 820 373	1 900 612	53 720 985	4 284 767	335 068	293 150	10 631	88 380	3 394	369 798
20	1. April 1887/88 . .	52 729 033	1 865 116	54 594 149	4 153 646	349 030	287 552	7 567	91 499	3 487	386 009
21	1. April 1888/89 . .	54 436 025	1 738 614	56 174 639	4 289 708	323 476	294 515	9 449	85 249	3 415	322 786
22	1. April 1889/90 . .	60 650 879	1 751 512	62 402 391	4 460 663	312 757	288 103	8 306	98 106	3 249	288 815
23	1. April 1890/91 . .	63 168 080	1 727 472	64 895 552	4 147 093	336 223	269 335	10 727	81 798	2 640	205 566
24	1. April 1891/92 . .	60 521 024	1 731 960	62 252 984	3 899 902	349 165	254 249	6 503	73 698	1 919	185 296
25	1. April 1892/93 . .	62 392 240	1 748 496	64 140 736	4 121 450	363 115	267 496	8 134	85 236	2 664	189 060

46b.

Ertrag						Dauernde Ausgaben									
						Kosten der Verwaltung und des Betriebes									
						Besoldungen									
Von größeren Baumschulen	Vom Thiergarten bei Cleve und vom Jahre 1878/79 einschl. ab auch von dem Eichholz bei Arnsberg	Gesetzliche Wittwen- und Waisengeld-Beiträge	Verschiedene andere Einnahmen	Von den Forst-Akademien	Rohertrag zusammen (Spalte 4—16)	Für Oberforstmeister und Regierungs- und Forsträthe		Für Oberförster und verwaltende Revierförster		Für vollbeschäftigte Forstkassen-Rendanten		Für Förster und Waldwärter (einschl. Revierförster und Hegemeister-Zulagen)		Für Beamte der Neben-Betriebs-Anstalten	Jahr
ℳ						Stellenzahl	ℳ	Stellenzahl	ℳ	Stellenzahl	ℳ	Stellenzahl	ℳ		
12.	13.	14.	15.	16.	17.	18.	19.	20.	21.	22.	23.	24.	25.	26.	
3 903	*15 674	.	629 810	*17 225	**43 396 195**	149	634 990	761	1 489 194	.	Vergleiche Spalte 30.	3 664	2 578 225	40 405	1868.
.	.	.	*2 964*	.	.	.	.	.	.	.		.	.	.	*Darunter an Resten.*
5 472	*20 044	.	456 390	*18 122	**45 059 989**	144	612 300	756	1 505 858	.		3 640	2 637 995	40 405	1869.
.	.	.	*1 818*	.	.	.	.	.	.	.		.	.	.	*Darunter an Resten.*
10 212	15 859	.	449 879	11 439	**43 555 574**	141	599 074	743	1 510 650	.		3 658	2 711 894	41 046	1870.
13 242	15 946	.	425 579	15 728	**43 177 274**	138	585 134	716	1 487 598	.		3 646	2 753 410	41 038	1871.
13 242	18 932	.	447 459	21 867	**50 191 662**	136	615 695	697	1 693 553	.		3 654	3 331 028	43 506	1872.
20 856	18 989	.	407 661	21 591	**55 161 328**	130	649 530	681	1 720 352	.		3 654	3 338 552	44 896	1873.
14 801	20 952	.	444 788	23 054	**56 385 220**	127	637 065	677	1 724 641	.		3 654	3 354 423	44 043	1874.
24 011	19 736	.	446 467	20 508	**59 505 812**	126	628 195	678	1 722 409	.		3 668	3 373 800	47 029	1875.
25 719	17 206	.	364 218	17 861	**61 547 707**	124	620 400	681	1 729 034	.		3 680	3 401 144	47 655	1876.
27 255	16 771	.	340 858	19 646	**53 687 106**	122	616 608	683	1 737 721	.		3 691	3 409 969	49 624	1. April 1877/78.
20 591	17 168	.	552 799	23 784	**51 161 468**	122	616 775	682	1 738 001	.		3 698	3 416 879	52 429	1. April 1878/79.
17 551	17 116	.	404 980	26 887	**49 506 748**	122	615 503	685	1 746 888	.		3 704	3 417 902	53 771	1. April 1879/80.
18 060	16 951	.	367 263	31 610	**53 799 874**	122	613 592	687	1 739 111	.		3 714	3 428 486	53 724	1. April 1880/81.
27 283	20 075	.	400 151	38 408	**54 944 945**	122	614 264	687	1 733 138	.		3 711	3 433 831	54 252	1. April 1881/82.
16 516	20 862	153 033	399 679	46 064	**53 769 868**	122	614 950	680	1 729 777	.		3 708	3 431 431	51 713	1. April 1882/83.
23 131	18 073	204 812	417 554	43 702	**56 368 617**	122	614 825	678	1 727 238	.		3 710	3 434 657	50 701	1. April 1883/84.
18 349	21 243	205 798	417 752	36 536	**59 978 343**	122	615 150	678	1 728 067	.		3 715	3 443 805	49 216	1. April 1884/85.
14 798	21 913	206 467	459 774	30 514	**60 163 292**	122	613 100	679	1 732 849	.		3 721	3 458 149	45 329	1. April 1885/86.
15 832	21 052	217 138	438 438	34 338	**59 832 971**	122	617 100	681	1 838 041	.		3 732	3 708 986	45 125	1. April 1886/87.
14 474	19 093	227 221	501 810	34 037	**60 669 574**	122	617 400	685	1 939 788	.		3 739	3 938 891	49 400	1. April 1887/88.
13 529	19 987	.	526 710	32 828	**62 096 291**	122	617 400	682	1 943 114	115	147 658	3 742	3 944 794	47 893	1. April 1888/89.
15 317	20 251	.	502 950	27 063	**68 427 971**	122	617 400	683	1 945 022	115	295 525	3 743	3 949 119	44 335	1. April 1889/90.
14 432	19 097	.	523 896	24 880	**70 531 239**	122	617 400	683	2 353 104	114	292 564	3 753	4 651 470	51 527	1. April 1890/91.
13 603	18 575	.	498 153	21 113	**67 575 160**	122	617 400	683	2 360 255	113	288 673	3 770	4 678 566	51 858	1. April 1891/92.
14 687	23 625	.	549 557	15 554	**69 781 314**	122	618 600	689	2 369 300	113	292 200	3 786	4 773 558	49 999	1. April 1892/93.

Laufende Nummer	Jahr	Dauernde							
		Kosten der Verwaltung							
		Andere persönliche Ausgaben						Dienstaufwands-	
		Wohnungsgeldzuschuß für die Beamten	Zur Besoldung technischer Hülfsarbeiter bei den Regierungen	Zur Besoldung von Forst-Hülfsaufsehern und zur zeitweisen Verstärkung des Forstschutzes	Vergütungen für die Gelderhebung und Auszahlung durch nicht voll bezw. nur nebenamtlich beschäftigte Forstkassen-Rendanten und durch Unter-Erheber [1]	Außerordentliche Vergütungen und Unterstützungen	Betrag aller Besoldungen und Vergütungen (Spalte 19, 21, 23 u. 25—31)	Fuhrkosten der Oberforstmeister und Dienstaufwands-Entschädigungen der Regierungs- und Forsträthe	Fuhrkosten, Bureaukosten und Dienstaufwands-Entschädigungen der Oberförster
		ℳ						ℳ	
		27.	28.	29.	30.	31.	32.	33.	34.
1	1868	.	64 800	847 353	607 513	165 630	**6 428 110**	239 040	551 183
	Darunter an Resten . .	.	.	.	*8 783*	*23 295*	.	.	.
2	1869	.	64 800	926 240	647 906	167 685	**6 603 189**	237 000	557 350
	Darunter an Resten . .	.	.	.	*343*	*16 892*	.	.	.
3	1870	.	64 442	891 505	645 777	156 368	**6 620 756**	235 692	559 124
4	1871	.	64 092	860 120	643 770	175 788	**6 610 950**	234 410	582 607
5	1872	.	64 800	986 558	752 187	169 022	**7 656 349**	228 390	804 000
6	1873	94 981	52 082	976 989	814 247	170 139	**7 861 768**	228 000	886 671
7	1874	97 549	55 081	1 139 607	857 178	167 130	**8 076 717**	290 783	1 023 149
8	1875	98 191	55 952	1 126 943	916 303	167 898	**8 136 720**	289 781	1 053 997
9	1876	101 012	55 366	1 141 500	945 424	167 893	**8 212 428**	295 101	1 061 875
10	1. April 1877/78 . .	102 173	62 088	1 147 236	846 718	167 725	**8 139 862**	295 110	1 073 919
11	1. April 1878/79 . .	102 086	60 562	1 156 236	682 201	168 260	**7 993 429**	295 158	1 079 915
12	1. April 1879/80 . .	105 203	58 194	1 178 112	672 366	167 439	**8 015 378**	294 355	1 087 024
13	1. April 1880/81 . .	105 022	58 471	1 193 947	724 088	167 942	**8 084 383**	294 830	1 089 971
14	1. April 1881/82 . .	105 555	60 126	1 193 070	740 883	167 967	**8 103 086**	297 180	1 094 117
15	1. April 1882/83 . .	105 528	53 026	1 216 705	729 501	167 970	**8 100 601**	297 216	1 096 928
16	1. April 1883/84 . .	105 558	55 297	1 217 550	751 966	168 000	**8 125 792**	297 177	1 098 454
17	1. April 1884/85 . .	105 043	55 509	1 232 206	789 636	167 891	**8 186 523**	297 215	1 110 737
18	1. April 1885/86 . .	103 170	54 421	1 258 781	787 170	167 984	**8 220 953**	295 665	1 108 981
19	1. April 1886/87 . .	103 128	54 965	1 308 731	785 385	167 649	**8 629 110**	297 211	1 113 169
20	1. April 1887/88 . .	103 727	53 935	1 333 751	803 905	167 771	**9 008 568**	297 186	1 123 309
21	1. April 1888/89 . .	104 203	55 038	1 335 866	638 022	167 950	**9 001 938**	297 243	1 125 750
22	1. April 1889/90 . .	103 389	54 588	1 352 637	300 061	167 590	**8 829 666**	297 240	1 127 450
23	1. April 1890/91 . .	102 495	55 400	1 497 379	296 368	168 053	**10 085 760**	297 216	1 194 035
24	1. April 1891/92 . .	101 906	59 529	1 543 443	294 598	167 786	**10 164 014**	296 597	1 202 907
25	1. April 1892/93 . .	104 020	63 005	1 574 685	296 069	167 893	**10 309 329**	297 249	1 205 075

[1]) Bis einschl. zum Etatsjahre 1887/88 sind hier sämmtliche Kosten der Gelderhebung und Auszahlung nachgewiesen; von 1888/89 ab vergl. Spalte 22, 23 und 36.

46b.

Ausgaben

und des Betriebes

und Mieths-Entschädigungen						Betriebskosten					
Stellenzulagen für Oberförster	Dienstaufwands-Entschädigungen für die vollbeschäftigten Forstkassen-Rendanten	Stellenzulagen für Förster und Waldwärter, Pferdehaltungs-, Schutz- und Kahn-Unterhaltungs-Zulagen	Fuhrkosten-Vergütungen, Dienstaufwands-Entschädigungen und (seit 1876) Stellenzulagen für Beamte bei den Nebenbetriebs-Anstalten	Mieths-Entschädigungen wegen fehlender Dienstwohnungen für Oberförster, Förster, Torfmeister u. s. w.	Zusammen (Spalte 33—39)	Für Werbung und Transport von Holz und anderen Forstprodukten	Zur Unterhaltung und zum Neubau der Gebäude und zur Beschaffung noch fehlender Gebäude [2])	Zur Unterhaltung und zum Neubau der öffentlichen Wege in den Forsten	Beihülfen zu Chausseen und Eisenbahngüter-Haltestellen, deren Anlage von Interesse f. die Forstverwaltung ist, desgl. Beihülfen zu Wege- und Brückenbau.	Zu Wasserbauten in den Forsten	Jahr
ℳ						ℳ					
35.	36.	37.	38.	39.	40.	41.	42.	43.	44.	45.	
.	Vergleiche Spalte 30.	13 448	7 797	76 497	**887 965**	*5 959 689	1 142 925	551 979	43 200	33 900	1868.
.		.	.	.	.	.	*258 765*	*51 975*	.	*20 938*	*Darunter an Resten.*
.		13 318	7 797	94 420	**909 885**	*6 397 311	1 144 874	582 000	43 557	33 900	1869.
.		.	.	.	.	.	*295 953*	*4 829*	.	*4 154*	*Darunter an Resten.*
.		13 453	7 718	96 740	**912 727**	5 613 624	1 152 063	466 742	83 711	21 497	1870.
.		13 529	7 710	97 641	**935 897**	5 675 584	1 148 076	611 890	67 550	22 660	1871.
.		13 650	8 079	97 886	**1 152 005**	6 753 223	1 274 543	734 509	42 420	42 463	1872.
.		12 774	7 631	98 195	**1 233 271**	6 823 986	1 887 725	806 697	46 000	21 476	1873.
.		12 505	8 099	99 671	**1 434 207**	7 047 181	2 754 732	911 899	23 880	45 051	1874.
.		12 563	8 993	101 007	**1 466 341**	7 178 555	2 591 500	1 069 827	36 792	24 632	1875.
.		264 817	13 748	96 580	**1 732 121**	8 354 260	2 778 990	1 160 961	107 720	32 041	1876.
.		286 197	13 959	99 977	**1 769 162**	7 886 509	3 060 670	1 334 591	103 885	29 016	1. April 1877/78.
.		285 237	13 227	98 917	**1 772 454**	7 450 699	2 575 575	1 229 803	95 421	48 128	1. April 1878/79.
.		285 029	13 585	98 023	**1 778 016**	7 085 810	2 118 372	1 328 244	178 400	71 353	1. April 1879/80.
.		288 570	13 566	98 363	**1 785 300**	7 598 040	2 243 519	1 308 276	168 220	38 916	1. April 1880/81.
.		288 620	13 874	98 529	**1 792 320**	7 891 085	2 186 727	1 252 844	177 129	79 468	1. April 1881/82.
.		289 756	13 305	97 216	**1 794 421**	7 864 247	2 401 685	1 341 411	177 666	49 757	1. April 1882/83.
.		290 448	13 165	96 652	**1 795 896**	7 342 937	2 426 264	1 467 127	103 141	77 983	1. April 1883/84.
.		293 398	13 313	91 470	**1 796 133**	8 030 621	2 297 918	1 509 551	60 013	60 652	1. April 1884/85.
58 697		295 821	13 265	88 628	**1 861 059**	8 275 093	2 281 692	1 347 306	79 665	58 205	1. April 1885/86.
58 783		296 947	13 141	84 493	**1 863 744**	8 169 679	2 367 425	1 502 964	176 743	44 465	1. April 1886/87.
59 623		298 926	13 130	81 384	**1 873 558**	8 796 284	2 291 830	1 591 075	195 004	31 710	1. April 1887/88.
58 406	170 627	298 937	13 219	76 432	**2 040 614**	8 397 235	2 197 471	1 560 874	96 493	85 761	1. April 1888/89.
59 000	149 320	300 185	12 965	74 199	**2 020 359**	8 919 273	2 408 182	1 515 959	42 070	54 034	1. April 1889/90.
59 271	160 924	331 400	12 495	69 982	**2 125 323**	9 064 122	2 399 335	1 497 287	82 793	58 327	1 April 1890/91.
59 825	157 106	334 835	12 158	68 590	**2 132 018**	8 645 129	2 436 790	1 559 224	170 433	53 386	1. April 1891/92.
60 400	158 823	337 770	12 058	67 717	**2 139 092**	9 523 161	2 369 058	1 537 183	144 113	44 741	1. April 1892/93.

[2]) Bis einschl. zum Etatsjahre 1889/90 sind hier nur die zur Beschaffung und Unterhaltung von Dienstgebäuden erforderlichen Kosten nachgewiesen; für die übrigen Forstgebäude finden sich bis dahin die Kosten in den Spalten 46, 49, 50, 51, 53, 54 und 65 mit aufgeführt.

Laufende Nummer	Jahr	Dauernde — Kosten der Verwaltung — Betriebs-										
		Zu Forstkulturen und zur Verbesserung der Forstgrundstücke	Zu Forstvermessungen und Betriebsregulirungen	Jagdverwaltungskosten und Wildschaden-Ersatzgelder	Für Torfgräbereien	Für Flößereien	Für Wiesen-Anlagen	Für Ablagen	Für Sägemühlen	Für größere Baumschulen	Für den Thiergarten bei Cleve und vom Jahre 1878/79 einschl. ab auch für das Eichholz bei Arnsberg	Für Fischereizwecke
		ℳ										
		46.	47.	48.	49.	50.	51.	52.	53.	54.	55.	56.
1	1868	2 375 190	165 990	113 644	*78 442	34 862	*11 291	86 526	*631 450	1 959	11 331	.
	Darunter an Resten . .	*189 443*	*24 384*	*339*	.	*2 066*	.	*86 526*	.	.	*3 495*	.
2	1869	2 502 224	165 990	53 411	*69 917	85 674	*10 807	45 262	*619 555	2 220	15 700	.
	Darunter an Resten . .	*316 759*	*34 460*	*418*	.	*2 252*	.	.	.	.	*7 327*	.
3	1870	2 374 328	126 549	50 962	86 082	38 246	8 567	68 081	455 340	6 045	9 266	.
4	1871	2 408 838	114 212	56 351	76 992	27 235	11 618	76 287	477 241	6 045	7 994	.
5	1872	2 678 509	176 531	53 052	79 134	20 703	13 132	90 013	609 867	8 125	11 659	.
6	1873	2 693 081	213 124	59 645	97 368	20 525	14 452	134 984	760 354	15 456	11 448	.
7	1874	3 248 471	286 836	59 321	105 146	27 235	17 353	160 384	725 135	17 451	10 425	.
8	1875	3 356 448	308 418	68 207	116 432	22 730	19 610	79 894	602 284	17 917	10 067	.
9	1876	3 740 716	350 551	80 649	118 614	37 717	19 969	18 557	608 889	31 126	11 096	.
10	1. April 1877/78 . .	3 828 477	393 576	77 694	126 186	28 699	23 158	1 328	636 961	31 844	14 080	.
11	1. April 1878/79 . .	3 764 186	384 026	70 347	113 593	26 018	19 719	16 513	639 291	23 656	13 910	.
12	1. April 1879/80 . .	3 614 787	352 609	69 801	116 370	22 230	18 734	2 840	523 774	22 568	12 455	.
13	1. April 1880/81 . .	3 604 400	346 527	61 760	113 928	42 975	23 072	19 164	529 941	18 804	12 169	.
14	1. April 1881/82 . .	3 667 349	316 887	59 943	110 155	36 258	25 669	2 746	535 241	20 114	12 352	.
15	1. April 1882/83 . .	3 923 909	301 063	71 797	100 337	42 836	24 839	1 246	521 978	21 144	15 725	.
16	1. April 1883/84 . .	4 252 445	284 742	78 782	110 102	8 974	22 739	748	561 681	22 289	14 812	.
17	1 April 1884/85 . .	4 367 583	306 712	69 451	93 970	17 904	24 330	1 067	470 789	21 096	15 661	.
18	1 April 1885/86 . .	4 805 490	331 916	86 439	104 185	5 967	20 304	821	306 745	20 419	12 441	2 793
19	1. April 1886/87 . .	4 677 597	391 004	82 516	109 610	8 752	21 197	354	301 929	15 910	13 215	8 717
20	1. April 1887/88 . .	4 571 049	331 494	93 823	119 305	10 810	23 250	1 354	295 941	18 839	13 351	4 594
21	1. April 1888/89 . .	4 423 936	324 127	75 656	117 593	13 332	21 734	1 606	311 104	19 622	12 084	6 431
22	1. April 1889/90 . .	4 968 078	382 308	74 473	96 833	10 873	22 080	3 639	254 512	19 109	13 339	4 212
23	1. April 1890/91 . .	4 923 527	440 903	94 688	85 595	10 044	24 519	1 071	179 904	19 908	14 069	6 685
24	1. April 1891/92 . .	5 112 533	416 221	61 051	88 057	15 650	22 577	921	192 148	17 682	16 433	5 490
25	1. April 1892/93 . .	5 229 485	431 474	76 686	85 425	14 421	21 710	1 047	196 594	15 312	17 218	5 872

46 b.

Ausgaben

und des Betriebes

Kosten

Zur Bezeichnung und Berichtigung der Grenzen, zu Separationen, Regulirungen und Prozeßkosten	Holzverkaufs- und Verpachtungskosten, Botenlöhne und sonstige kleine Ausgaben der Lokalverwaltung	Druckkosten	Stellvertretungs- und Umzugskosten, Diäten und Reisekosten	Kosten für Vertilgung der den Forsten schädlichen Thiere	Grabenräumungskosten behufs Beschaffung der Vorfluth	Freiwillige Unterstützungen für Waldarbeiter und deren Hinterbliebene	Beitrag zur Wald- und Wegearbeiter-Unterstützungskasse zu Clausthal	Andere vermischte Ausgaben	Zusammen (Spalte 41—65)	Betrag der Verwaltungs- und Betriebskosten (Spalte 32, 40 und 66)	Jahr
ℳ											
57.	58.	59.	60.	61.	62.	63.	64.	65.	66.	67.	
182 706	185 480	49 295	95 993	529 049	15 965	7 458	18 000	381 108	**12 707 432**	**20 023 507**	1868.
40	.	.	.	.	.	.	.	.	.	.	*Darunter an Resten.*
180 499	128 217	50 619	127 679	884 442	14 037	10 130	18 000	151 696	**13 337 722**	**20 850 796**	1689.
768	.	.	.	.	.	.	.	.	.	.	*Darunter an Resten.*
193 006	121 713	64 213	103 049	422 360	10 717	8 352	18 000	155 437	**11 657 860**	**19 191 343**	1870.
175 742	142 592	63 549	105 722	330 350	9 287	8 820	18 000	162 449	**11 805 084**	**19 351 931**	1871.
188 519	135 594	54 294	97 659	182 995	34 110	10 317	18 000	92 061	**13 400 532**	**22 208 886**	1872.
188 626	128 816	53 724	153 255	104 275	26 582	10 461	18 000	110 318	**14 400 378**	**23 495 417**	1873.
169 708	129 344	49 008	157 374	119 512	17 397	10 881	18 000	100 263	**16 211 987**	**25 722 911**	1874.
189 108	111 982	51 732	174 069	160 999	12 874	11 041	18 000	145 507	**16 378 625**	**25 981 686**	1875.
179 626	129 467	54 018	174 071	482 940	16 591	15 281	14 250	188 272	**18 706 372**	**28 650 921**	1876.
163 766	129 845	53 648	197 507	703 206	10 570	11 568	24 742	147 658	**19 019 184**	**28 928 208**	1. April 1877/78.
175 481	136 307	56 152	184 411	391 489	25 848	12 076	23 976	160 331	**17 636 956**	**27 402 839**	1. April 1878/79.
174 112	132 058	58 414	181 321	156 914	17 099	13 482	23 217	174 879	**16 469 843**	**26 263 237**	1. April 1879/80.
165 573	142 737	56 910	188 742	126 845	16 337	12 052	23 068	123 294	**16 985 279**	**26 854 962**	1. April 1880/81.
132 037	140 360	55 790	192 100	168 804	14 816	15 218	22 152	126 948	**17 242 192**	**27 137 598**	1 April 1881/82.
150 955	137 142	59 689	223 388	276 924	16 225	15 886	25 574	87 496	**17 792 919**	**27 687 941**	1. April 1882/83.
127 718	144 272	66 480	199 008	307 706	19 764	19 793	25 133	94 931	**17 779 572**	**27 701 260**	1. April 1883/84.
107 453	155 286	65 097	203 108	200 551	28 586			99 485	**18 206 884**	**28 189 540**	1. April 1884/85.
94 721	157 027	55 707	240 730	171 404	22 544	Für die Folge auf den Fonds zu Spalte 77 übernommen.	Für die Folge auf den Fonds zu Spalte 76 übernommen.	174 325	**18 655 939**	**28 737 949**	1. April 1885/86.
105 980	170 206	54 375	210 741	191 645	22 384			248 827	**18 896 235**	**29 389 089**	1. April 1886/87.
87 958	168 533	61 387	219 348	354 842	31 282	.	.	140 658	**19 453 721**	**30 335 847**	1. April 1887/88.
94 441	152 966	55 274	225 819	436 751	25 677	.	.	116 792	**18 772 779**	**29 815 331**	1. April 1888/89.
88 118	162 307	59 949	256 618	675 287	28 390	.	.	114 701	**20 174 344**	**31 024 369**	1. April 1889/90.
100 025	147 001	73 368	279 020	241 817	31 763	.	.	56 232	**19 832 003**	**32 043 086**	1. April 1890/91.
87 521	160 205	63 156	314 166	362 148	44 289	.	.	57 284	**19 902 495**	**32 198 526**	1. April 1891/92.
109 192	174 427	62 108	328 137	545 983	52 159	.	.	70 458	**21 055 964**	**33 504 385**	1. April 1892/93.

Laufende Nummer	Jahr	Dauernde						
		Zu forstwissenschaftlichen und Lehrzwecken			Allgemeine			
		Besoldungen und andere persönliche Ausgaben	Sächliche Ausgaben	Zusammen (Spalte 68 und 69)	Real- und Kommunallasten und Kosten der örtlichen Kommunal- und Polizeiverwaltung in fiskalischen Guts- und Amtsbezirken	Ablösungsrenten und zeitweise Vergütungen an Stelle von Naturalabgaben	Gesetzliche Wittwen- und Waisengelder	Beiträge der Forstverwaltung zur gesetzlichen Krankenversicherung der Arbeiter, Ausgaben auf Grund der Unfallversicherungsgesetze rc. und des Gesetzes über die Invaliditäts- und Altersversicherung
		ℳ						
		68.	69.	70.	71.	72.	73.	74.
1	1868	.	.	***76 110**	194 732	771 703	.	.
	Darunter an Resten . .	.	.	.	*3 439*	*7 800*	.	.
2	1869	.	.	**75 000**	253 843	834 146	.	.
	Darunter an Resten . .	.	.	***3 259***	*654*	*1 168*	.	.
3	1870	.	.	**70 372**	289 325	827 058	.	.
4	1871	.	.	**85 197**	359 293	894 416	.	.
5	1872	.	.	**96 837**	299 888	693 611	.	.
6	1873	71 759	51 627	**123 386**	312 864	299 800	.	.
7	1874	73 671	47 906	**121 577**	361 318	363 798	.	.
8	1875	82 558	66 306	**148 864**	527 693	435 099	.	.
9	1876	89 621	65 704	**155 325**	490 359	500 594	.	.
10	1. April 1877/78 . .	92 136	63 153	**155 289**	525 228	677 462	.	.
11	1. April 1878/79 . .	95 548	76 732	**172 280**	590 577	788 785	.	.
12	1. April 1879/80 . .	94 864	65 413	**160 277**	577 908	834 742	.	.
13	1. April 1880/81 . .	99 049	77 148	**176 197**	588 471	818 590	.	.
14	1. April 1881/82 . .	100 117	73 782	**173 899**	619 119	735 103	.	.
15	1. April 1882/83 . .	105 196	68 821	**174 017**	628 049	791 131	3 951	.
16	1. April 1883/84 . .	107 289	67 071	**174 361**	634 032	753 708	28 252	.
17	1. April 1884/85 . .	106 287	70 369	**176 656**	679 423	717 377	45 096	2 492
18	1. April 1885/86 . .	108 954	64 450	**173 404**	700 334	741 646	63 702	7 543
19	1. April 1886/87 . .	113 281	70 719	**184 000**	735 228	781 837	87 147	8 613
20	1. April 1887/88 . .	113 780	69 740	**183 520**	748 305	776 396	112 619	11 158
21	1. April 1888/89 . .	120 074	72 759	**192 833**	747 272	692 264	134 653	20 511
22	1. April 1889/90 . .	120 014	79 119	**199 133**	692 727	797 025	Für die Folge auf Fonds des Finanzministeriums übernommen.	67 545
23	1. April 1890/91 . .	128 724	63 799	**192 523**	694 946	631 876		133 617
24	1. April 1891/92 . .	122 642	71 232	**193 874**	680 717	602 308		293 124
25	1. April 1892/93 . .	123 574	73 193	**196 767**	672 995	610 602		354 538

46b.

Ausgaben

Ausgaben

Zu Unterstützungen für ausgeschiedene Beamte, sowie zu Pensionen und Unterstützungen für Wittwen und Waisen von Beamten	Kosten der dem Forstfiskus auf Grund rechtlicher Verpflichtung obliegenden Armenpflege. *Die hierin enthaltenen, auf Grund statutarischer Verpflichtung an die Forstarbeiter-Unterstützungskasse zu Clausthal gezahlten Beträge sind in schrägem Druck besonders angegeben*	Zu Unterstützungen aus sonstiger Veranlassung, einschließlich zu einmaligen Unterstützungen für Personen, welche, ohne die Eigenschaft von Beamten zu haben, im Dienste der Forstverwaltung beschäftigt sind ꝛc.	Zum Ankauf von Grundstücken zu den Forsten	Zusammen (Spalte 71—78)	Betrag der dauernden Ausgaben (Spalte 67, 70 und 79)	Rein-Ertrag ohne Berücksichtigung der einmaligen Ausgaben (Spalte 17 weniger 80)	Jahr
ℳ					ℳ	ℳ	
75.	76.	77.	78.	79.	80.	81.	
132 390	.	.	320 241	**1 419 066**	**21 518 683**	**21 877 512**	1868.
24 057	.	.	.	.	.	.	*Darunter an Resten.*
132 390	.	.	309 259	**1 529 638**	**22 455 434**	**22 604 555**	1869.
13 920	.	.	.	.	.	.	*Darunter an Resten.*
124 539	.	.	218 605	**1 459 527**	**20 721 242**	**22 834 332**	1870.
136 837	.	.	135 921	**1 526 467**	**20 963 595**	**22 213 679**	1871.
146 995	.	.	378 594	**1 519 088**	**23 824 811**	**26 366 851**	1872.
150 237	.	.	359 366	**1 122 267**	**24 741 070**	**30 420 258**	1873.
197 616	.	.	797 704	**1 720 436**	**27 564 924**	**28 820 296**	1874.
216 225	.	.	739 395	**1 918 412**	**28 048 962**	**31 456 850**	1875.
216 257	.	.	880 253	**2 087 463**	**30 893 709**	**30 653 998**	1876.
208 818	.	.	773 880	**2 185 388**	**31 268 885**	**22 418 221**	1. April 1877/78.
210 022	.	.	772 819	**2 362 203**	**29 937 322**	**21 224 146**	1. April 1878/79.
209 139	.	.	829 554	**2 451 343**	**28 874 857**	**20 631 891**	1. April 1879/80.
207 817	.	.	510 466	**2 125 344**	**29 156 503**	**24 643 371**	1. April 1880/81.
208 376	.	.	586 688	**2 149 186**	**29 460 683**	**25 484 262**	1. April 1881/82.
213 648	.	.	897 029	**2 533 808**	**30 395 766**	**23 374 102**	1. April 1882/83.
207 203	.	.	2 083 287	**3 706 482**	**31 582 103**	**24 786 514**	1. April 1883/84.
197 741	71 548	18 373	1 998 229	**3 730 279**	**32 096 475**	**27 881 868**	1. April 1884/85.
	26 384						
189 073	77 916	18 291	1 776 060	**3 574 565**	**32 485 918**	**27 677 374**	1. April 1885/86.
	25 530						
180 330	84 850	18 869	1 866 808	**3 763 684**	**33 336 773**	**26 496 198**	1. April 1886/87.
	24 323						
175 406	80 596	18 219	1 517 258	**3 439 957**	**33 959 324**	**26 710 250**	1. April 1887/88.
	23 879						
180 938	77 271	18 839	700 551	**2 572 299**	**32 580 463**	**29 515 828**	1. April 1888/89.
	24 377						
181 208	77 172	17 144	1 164 464	**2 997 285**	**34 220 787**	**34 207 184**	1. April 1889/90.
	25 160						
177 714	78 366	18 209	1 216 623	**2 951 341**	**35 186 960**	**35 344 279**	1. April 1890/91.
	24 470						
176 372	81 793	19 154	1 147 709	**3 001 177**	**35 393 577**	**32 181 583**	1. April 1891/92.
	24 400						
170 557	86 855	18 448	704 560	**2 618 555**	**36 319 707**	**33 461 607**	1. April 1892/93.
	25 207						

Laufende Nummer	Jahr	Einmalige und außerordentliche bezw. außer=						
		Zur Ablösung von Forst-Servituten, Reallasten und Passiv-Renten	Zur Melioration von Moor- und Wiesenflächen	Diäten und Reisekosten für Wahrnehmung auswärtiger Forstgerichtstermine	Beitrag zu den Kosten der Regelung der Grundsteuer	Zu Neubauten an Forst-Akademie-Gebäuden	Porto und sonstige Frachtgebühren für dienstliche Sendungen	Erweiterung des Gastwirths-Etablissements Stubbenkammer auf Rügen
		M						
		82.	83.	84.	85.	86.	87.	88.
1	1868	* 1 757 047	* 7 980	13 814	.	.	.	.
	Darunter an Resten . .	.	.	.	.	.	.	.
2	1869	* 1 794 163	.	23 372	215 982	67 500	.	.
	Darunter an Resten . .	.	.	.	.	*60 670*	.	.
3	1870	1 980 836	.	22 940	.	61 514	63 495	.
4	1871	1 500 000	.	112 594	.	29 342	65 696	.
5	1872	900 000	.	145 537	.	52 226	70 428	.
6	1873	857 470	47 460	186 427	.	113 148	70 754	.
7	1874	932 290	.	218 497	.	77 534	69 535	.
8	1875	1 455 240	.	218 783	.	82 448	73 148	.
9	1876	875 071	.	3 378	.	36 902	73 687	.
10	1. April 1877/78 . .	1 368 595	.	Für die Folge auf Fonds des Justiz-Ministeriums übernommen	.	517	72 147	.
11	1. April 1878/79 . .	1 473 272	.		363 371	58 966	72 478	28 389
12	1. April 1879/80 . .	2 936 581	.	.	.	.	73 631	11 124
13	1. April 1880/81 . .	2 073 710	.	.	.	.	Für die Folge auf Fonds des Finanz-Ministeriums übernommen	.
14	1. April 1881/82 . .	1 318 126	.	.	.	.		.
15	1. April 1882/83 . .	1 854 675	13 491	.	.	.	.	.
16	1. April 1883/84 . .	2 124 926	11 706	.	.	.	.	.
17	1. April 1884/85 . .	2 294 190	10 314	.	.	.	.	.
18	1. April 1885/86 . .	2 694 890	448	.	.	.	.	.
19	1. April 1886/87 . .	2 098 117	.	.	.	.	.	.
20	1. April 1887/88 . .	4 392 412	.	.	.	.	.	.
21	1. April 1888/89 . .	466 877	.	.	.	.	.	.
22	1. April 1889/90 . .	2 141 242	47 289	.	.	.	.	.
23	1. April 1890/91 . .	938 400	76 807	.	.	.	.	.
24	1. April 1891/92 . .	633 050	108 926	.	.	.	.	.
25	1. April 1892/93 . .	1 403 603	101 683	.	.	.	.	.

etatsmäßige Ausgaben					Bleibt Rein-Ertrag		Mithin beträgt der Rein-Ertrag (Spalte 95) vom baaren Roh-Ertrage (Spalte 17 weniger 3)	Jahr
Einrichtung des Torfbetriebes auf dem Lütjenstedter Torfmoore, Reg.-Bez. Schleswig	Zu Chaussee-Anlagen im Grunewald bei Berlin	Bau einer Schiffsschleuse bei Guszianka, Reg.-Bez. Gumbinnen	Zur Erweiterung und Verbesserung der Einrichtungen bei der Laatzig'er Ablage in der Oberförsterei Misdroy, Regier.-Bez. Stettin	Zusammen (Spalte 82—92)	a) im Ganzen (Spalte 81 weniger 93)	b) nach Abzug des Werthes der Freiholz-Abgaben (Spalte 94 weniger 3)		
ℳ					ℳ		%	
89.	90.	91.	92.	93.	94.	95.	96.	
.	.	.	.	**1 778 841**	**20 098 671**	**17 627 943**	**43,07**	1868.
.	.	.	.	.	.	.	.	*Darunter an Resten.*
.	.	.	.	**2 101 017**	**20 503 538**	**17 991 293**	**42,29**	1869.
.	.	.	.	.	.	.	.	*Darunter an Resten.*
.	.	.	.	**2 128 785**	**20 705 547**	**18 335 286**	**44,52**	1870.
.	.	.	.	**1 707 632**	**20 506 047**	**18 464 925**	**44,89**	1871.
.	.	.	.	**1 168 191**	**25 198 660**	**23 173 375**	**48,11**	1872.
.	.	.	.	**1 275 259**	**29 144 999**	**27 239 801**	**51,15**	1873.
.	47 691	.	.	**1 345 547**	**27 474 749**	**25 443 845**	**46,81**	1874.
.	205 831	.	.	**2 035 450**	**29 421 400**	**27 449 838**	**47,71**	1875.
.	93 147	.	.	**1 082 185**	**29 571 813**	**27 183 140**	**45,95**	1876.
.	296 605	14 767	.	**1 752 631**	**20 665 590**	**18 457 318**	**35,85**	1. April 1877/78.
36 177	2 195	30 632	.	**2 065 480**	**19 158 666**	**16 861 659**	**34,51**	1. April 1878/79.
13 930	4 171	20 207	.	**3 059 643**	**17 572 247**	**15 524 349**	**32,71**	1. April 1879/80.
2 070	.	83	.	**2 075 863**	**22 567 508**	**20 406 001**	**39,52**	1. April 1880/81.
1 381	.	6 767	.	**1 326 274**	**24 157 988**	**22 011 566**	**41,69**	1. April 1881/82.
.	.	251	.	**1 868 417**	**21 505 685**	**19 382 926**	**37,53**	1. April 1882/83.
.	.	.	.	**2 136 632**	**22 649 882**	**20 577 488**	**37,90**	1. April 1883/84.
.	.	.	.	**2 304 504**	**25 577 364**	**23 544 505**	**40,63**	1. April 1884/85.
.	.	.	31 595	**2 726 933**	**24 950 441**	**22 969 893**	**39,48**	1. April 1885/86.
.	.	.	11 777	**2 109 894**	**24 386 304**	**22 485 692**	**38,81**	1. April 1886/87.
.	.	.	.	**4 392 412**	**22 317 838**	**20 452 722**	**34,78**	1. April 1887/88.
.	.	.	.	**466 877**	**29 048 951**	**27 310 337**	**45,25**	1. April 1888/89.
.	.	.	.	**2 188 531**	**32 018 653**	**30 267 141**	**45,40**	1. April 1889/90.
.	.	.	.	**1 015 207**	**34 329 072**	**32 601 600**	**47,38**	1. April 1890/91.
.	.	.	.	**741 976**	**31 439 607**	**29 707 647**	**45,12**	1. April 1891/92.
.	.	.	.	**1 505 286**	**31 956 321**	**30 207 825**	**44,40**	1. April 1892/93.

Tabelle 47.

Vergleichung der Einnahmen und Ausgaben für größere Torfgräbereien der Staatsforstverwaltung während der Jahre 1849 bis 1892/93

(von 1868 ab mit Einschluß der neuen Provinzen).

Jahr	Einnahme ℳ	Ausgabe ℳ	Ueberschuß ℳ	Jahr	Einnahme ℳ	Ausgabe ℳ	Ueberschuß ℳ
1849	135 762	67 290	68 472	1871	284 423	98 092	186 331
				1872	233 064	101 832	131 232
1850	150 210	66 948	83 262	1873	352 085	119 926	232 159
1851	134 316	63 576	70 740	1874	386 103	128 052	258 051
1852	148 992	59 838	89 154				
1853	168 744	59 658	109 086	1875	468 632	138 392	330 240
1854	176 085	69 888	106 197	1876	391 534	146 573	244 961
				1877/78	379 700	156 303	223 397
1855	200 199	64 434	135 765	1878/79	359 988	143 710	216 278
1856	175 155	74 457	100 698	1879/80	373 216	146 487	226 729
1857	171 258	59 850	111 408				
1858	170 388	64 029	106 359	1880/81	337 350	144 777	192 573
1859	153 282	61 614	91 668	1881/82	339 261	137 399	201 862
				1882/83	295 821	127 068	168 753
1860	179 250	66 207	113 043	1883/84	305 101	139 229	165 872
1861	227 436	69 117	158 319	1884/85	270 682	120 871	149 811
1862	239 280	71 100	168 180				
1863	217 269	79 419	137 850	1885/86	289 601	130 486	159 115
1864	269 217	76 029	193 188	1886/87	293 150	137 305	155 845
1865	231 780	87 135	144 645	1887/88	287 552	146 313	141 239
1866	227 577	84 891	142 686	1888/89	294 515	145 347	149 168
1867	224 897	87 287	137 610	1889/90	288 103	124 400	163 703
1868	214 949	99 542	115 407				
1869	204 666	91 017	113 649	1890/91	269 335	115 439	153 896
				1891/92	254 249	117 183	137 066
1870	241 421	107 182	134 239	1892/93	267 496	112 132	155 364

Tabelle 48a.

Vergleichung der Einnahmen und Ausgaben für größere Wiesenanlagen der Staatsforstverwaltung während der Jahre 1850 bis 1892/93.

(von 1868 ab mit Einschluß der neuen Provinzen).

Jahr	Einnahme ℳ	Ausgabe ℳ	Ueberschuß ℳ
1850	17 409	5 328	12 081
1851	18 255	7 719	10 536
1852	14 244	7 005	7 239
1853	19 341	7 635	11 706
1854	12 204	6 153	6 051
1855	25 338	12 339	12 999
1856	30 534	10 770	19 764
1857	37 278	12 465	24 813
1858	65 922	11 184	54 738
1859	29 748	10 998	18 750
1860	27 675	13 194	14 481
1861	25 014	12 468	12 546
1862	29 451	11 310	18 141
1863	38 304	12 567	25 737
1864	40 029	12 720	27 309
1865	44 319	14 751	29 568
1866	30 643	14 304	16 339
1867	34 823	14 617	20 206
1868	35 187	14 480	20 707
1869	46 029	13 996	32 033
1870	44 754	11 756	32 998
1871	48 342	14 807	33 535

Jahr	Einnahme ℳ	Ausgabe ℳ	Ueberschuß ℳ
1872	54 094	16 522	37 572
1873	68 351	18 127	50 224
1874	81 449	21 047	60 402
1875	98 764	23 360	75 404
1876	101 703	26 069	75 634
1877/78	82 203	29 138	53 065
1878/79	66 624	25 699	40 925
1879/80	68 362	24 714	43 648
1880/81	94 902	29 052	65 850
1881/82	110 235	31 399	78 836
1882/83	103 834	31 629	72 205
1883/84	100 819	28 530	72 289
1884/85	85 703	30 438	55 265
1885/86	83 516	26 412	57 104
1886/87	88 380	26 831	61 549
1887/88	91 499	29 715	61 784
1888/89	85 249	28 198	57 051
1889/90	98 106	28 624	69 482
1890/91	81 798	31 943	49 855
1891/92	73 697	30 001	43 696
1892/93	85 236	30 134	55 102

Tabelle 48b.

Nachweisung der sämmtlichen bis zum Schluß des Jahres 1893 ausgeführten, bezw. genehmigten oder in Aussicht genommenen Moordamm-Kulturen, sowie der seit 1890 ausgeführten anderen Wiesen-Meliorationen im Bereiche der Staatsforstverwaltung.

Laufende Nummer	Regierungs-Bezirk	Moordamm-Kulturen sind: überhaupt ausgeführt			außerdem genehmigt, aber noch nicht vollständig ausgeführt			in Aussicht genommen, aber noch nicht genehmigt auf rund	Wiesen-Meliorationen, bei welchen Moordamm-Kulturen nicht stattgefunden haben, bezw. stattfinden werden, sind: seit 1890 ausgeführt			außerdem genehmigt, aber noch nicht vollständig ausgeführt			in Aussicht genommen aber noch nicht genehmigt auf rund
		auf rund	mit einem Kostenaufwande von		auf rund	zum Kostenbetrage von			auf rund	mit einem Kostenaufwande von		auf rund	zum Kostenbetrage von		
		ha	M	Pf	ha	M	Pf	ha	ha	M	Pf	ha	M	Pf	ha
1	Königsberg	107	58 877	77	15	410	95	26	71	8 125	12	42	9 614	.	32
2	Gumbinnen	443	173 600	.	63	22 129	48	408	378	42 537	68	115	27 456	35	218
3	Danzig	120	58 694	91	64	10 807	95	62	.	.	.	.	.	.	.
4	Marienwerder	66	23 312	74	17	4 783	71	221	.	.	.	.	.	.	.
5	Potsdam	133	101 592	91	.	.	.	22	121	16 890	36	20	1 890	.	352
6	Frankfurt a. O.	147	126 502	36	.	.	.	.	.	.	.	42	7 000	.	10
7	Stettin	5	4 601	36	.	.	.	15	1 014	25 174	19	188	3 779	60	438
8	Köslin	.	.	.	.	.	.	.	72	22 618	98	5	2 728	88	.
9	Stralsund	94	34 049	17	42	15 164		136	45	5 677	12	5	425	06	3
10	Posen	60	57 150	61	.	.	.	58	125	17 688	67	17	1 839	.	24
11	Bromberg	.	.	.	.	.	.	.	124	21 138	71	75	8 853	50	116
12	Breslau	.	.	.	.	.	.	.	29	3 890	12	25	2 973	20	23
13	Liegnitz	2	1 778	17	.	.	.	.	1	177	17	.	.	.	.
14	Oppeln	.	.	.	.	.	.	.	224	53 547	28	.	.	.	.
15	Merseburg	73	29 193	58	24	5 827	79	3	287	60 986	54	28	8 563	90	114
16	Lüneburg	1	275	18	.	.	.	36	59	8 825	35	187	13 570	.	215
	Ueberhaupt	1 251	669 628	76	225	59 123	88	987	2 550	287 277	29	749	88 693	49	1 545

Tabelle 49.

Uebersicht über das Procentverhältniß der einzelnen Ausgabe-Beträge der Staats-Forstverwaltung zur gesammten dauernden Ausgabe für die Etatsjahre 1849 bis 1892/93

(bis 1867 mit Ausschluß, von 1868 ab mit Einschluß der neuen Provinzen).

Laufende Nummer	Etatsjahr	Verwaltungskosten: Unterhaltung der Forstbeamten: Besoldung, Dienstaufwand und Wohnung (Tabelle 46 b, Spalte 19, 21, 25—29, 33, 34, 35, 37, 38, 39 und 43)	Verwaltungskosten: Unterstützung der Beamten und ihrer Hinterbliebenen (Tabelle 46 b, Spalte 31 und 75)	Verwaltungskosten: Gesetzliche Wittwen- und Waisengelder (Tabelle 46 b, Spalte 73)	Verwaltungskosten: Kosten der Gelderhebung und Auszahlung (Tabelle 46 b, Spalte 23, 30 und 36)	Verwaltungskosten: Betrag der Verwaltungskosten	Betriebskosten: Kosten für Werbung und Transport von Holz und anderen Forstproducten (Tabelle 46 b, Spalte 41)	Betriebskosten: Kulturen und Betriebs-Einrichtungen (Tabelle 46 b, Spalte 46 und 47)	Betriebskosten: Steuern, Reallabgaben, Renten (Tabelle 46 b, Spalte 71 und 72)	Betriebskosten: Sonstige Ausgaben (Tabelle 46 b, Spalte 43—45, 48—65, 74, 76, 77 und 78)	Betriebskosten: Betrag der sächlichen Ausgaben (Betriebskosten)	Ausgaben zu forstwissenschaftlichen und Lehrzwecken (Tabelle 46 b, Spalte 70)	Gesammtbetrag aller dauernden Ausgaben
		Procent der gesammten dauernden Ausgabe											
	1.	2.	3.	4.	5.	6.	7.	8.	9.	10.	11.	12.	13.
1	1849	41,6	3,3	.	3,3	48,2	25,5	10,7	1,9	13,4	51,5	0,3	100
2	1850	43,4	2,1	.	3,9	49,4	25,6	10,8	2,1	11,8	50,3	0,3	100
3	1851	42,6	2,3	.	3,9	48,8	27,1	10,9	2,6	10,2	50,8	0,4	100
4	1852	43,2	2,3	.	3,9	49,4	26,9	11,1	2,4	9,8	50,2	0,4	100
5	1853	45,0	2,3	.	4,0	51,3	25,9	10,8	2,9	8,7	48,3	0,4	100
6	1854	41,8	2,1	.	3,7	47,6	25,1	12,1	3,2	11,7	52,1	0,3	100
7	1855	41,7	2,1	.	3,9	47,7	24,1	11,8	2,8	13,3	52,0	0,3	100
8	1856	37,9	1,9	.	3,9	43,7	28,1	10,5	2,8	14,6	56,0	0,3	100
9	1857	40,4	2,0	.	4,3	46,7	28,6	11,0	3,5	9,9	53,0	0,3	100
10	1858	41,2	1,9	.	4,0	47,1	28,4	10,5	3,8	9,9	52,6	0,3	100
11	1859	42,4	1,9	.	3,8	48,1	27,0	10,5	4,5	9,7	51,7	0,2	100
12	1860	43,0	1,9	.	3,8	48,7	24,8	10,7	5,3	10,2	51,0	0,3	100
13	1861	41,8	1,8	.	4,2	47,8	26,0	10,1	6,0	9,9	52,0	0,2	100
14	1862	40,4	1,6	.	4,5	46,5	28,0	9,8	5,9	9,6	53,3	0,2	100
15	1863	38,9	1,8	.	4,3	45,0	28,8	9,3	6,2	10,5	54,8	0,2	100
16	1864	38,7	1,7	.	4,2	44,6	28,8	9,4	6,3	10,7	55,2	0,2	100
17	1865	38,8	1,7	.	4,4	44,9	29,3	10,0	6,7	8,9	54,9	0,2	100
18	1866	38,6	1,6	.	4,0	44,2	29,4	10,2	7,5	8,4	55,5	0,3	100
19	1867	39,8	1,5	.	3,6	44,9	26,4	10,0	7,4	11,0	54,8	0,3	100
20	1868	35,7	1,4	.	2,8	39,9	27,7	11,8	4,5	15,7	59,7	0,4	100
21	1869	35,0	1,3	.	2,9	39,2	28,5	11,9	4,8	15,3	60,5	0,3	100
22	1870	38,0	1,4	.	3,1	42,5	27,1	12,1	5,4	12,6	57,2	0,3	100
23	1871	37,5	1,5	.	3,1	42,1	27,1	12,0	6,0	12,4	57,5	0,4	100
24	1872	38,4	1,3	.	3,2	42,9	28,3	12,0	4,2	12,2	56,7	0,4	100
25	1873	40,4	1,3	.	3,3	45,0	27,6	11,7	2,5	12,7	54,5	0,5	100
26	1874	40,8	1,3	.	3,1	45,2	25,6	12,8	2,6	13,3	54,3	0,5	100
27	1875	39,6	1,4	.	3,3	44,3	25,6	13,1	3,4	13,1	55,2	0,5	100
28	1876	37,6	1,2	.	3,1	41,9	27,0	12,0	3,2	15,4	57,3	0,5	100
29	1. April 1877/78	38,2	1,2	.	2,7	42,1	25,2	12,3	3,9	16,0	57,4	0,5	100
30	1. April 1878/79	38,3	1,3	.	2,3	41,9	24,9	12,6	4,6	15,4	57,5	0,6	100
31	1. April 1879/80	38,4	1,3	.	2,3	42,0	24,5	12,7	4,9	15,3	57,4	0,6	100
32	1. April 1880/81	38,5	1,3	.	2,5	42,3	26,1	12,9	4,8	13,3	57,1	0,6	100
33	1. April 1881/82	37,9	1,3	.	2,5	41,7	26,8	13,5	4,6	12,8	57,7	0,6	100
34	1. April 1882/83	37,5	1,3	0,1	2,4	41,3	25,9	13,9	4,6	13,7	58,1	0,6	100
35	1. April 1883/84	36,2	1,2	0,1	2,4	39,9	23,2	14,4	4,4	17,5	59,5	0,6	100
36	1. April 1884/85	35,0	1,1	0,1	2,4	38,6	24,8	14,5	4,3	17,2	60,8	0,6	100
37	1. April 1885/86	35,1	1,1	0,2	2,4	38,8	25,5	15,8	4,4	15,0	60,7	0,5	100
38	1. April 1886/87	35,7	1,0	0,3	2,3	39,3	24,5	15,2	4,6	15,8	60,1	0,6	100
39	1. April 1887/88	35,9	1,0	0,3	2,4	39,6	25,9	14,4	4,5	15,0	59,8	0,6	100
40	1. April 1888/89	37,2	1,1	0,4	2,9	41,6	25,8	14,6	4,4	13,0	57,8	0,6	100
41	1. April 1889/90	36,10	1,0	Für die Folge auf Fonds des Finanz-ministeriums übernommen	2,15	39,25	26,07	15,64	4,35	14,09	60,15	0,60	100
42	1. April 1890/91	38,91	0,98		2,13	42,02	25,76	15,25	3,77	12,65	57,43	0,55	100
43	1. April 1891/92	39,06	0,97		2,09	42,12	24,42	15,62	3,63	13,66	57,33	0,55	100
44	1. April 1892/93	38,28	0,93		2,06	41,27	26,22	15,59	3,53	12,85	58,19	0,54	100

Tabelle 50.

Nachweisung über Roh- und Reinertrag der Staatsforsten in den einzelnen Provinzen für 1892/93.

Lfde. Nr.	Provinz	Roh-Ertrag	Dauernde Ausgabe	Reinertrag	Ertragsfähige Fläche	Für das ha der ertragsfähigen Fläche: Roh-Ertrag	Dauernde Ausgaben	Reinertrag	Der Reinertrag ergiebt vom Roh-Ertrage
		M	M	M	ha	M	M	M	%
1.	2.	3.	4.	5.	6.	7.	8.	9.	10.
1	Ostpreußen	7 555 341	4 494 758	3 060 583	423 223	17,85	10,62	7,23	40,51
2	Westpreußen	5 233 251	3 321 818	1 911 433	313 608	16,68	10,59	6,09	36,52
3	Brandenburg . . .	12 446 284	4 601 654	7 844 630	389 760	31,93	11,81	20,12	63,03
4	Pommern	5 633 683	2 378 420	3 255 263	205 067	27,47	11,60	15,87	57,78
5	Posen	3 440 704	1 615 969	1 824 735	183 015	18,80	8,83	9,97	53,04
6	Schlesien	5 881 246	2 311 528	3 569 718	158 717	37,05	14,56	22,49	60,70
7	Sachsen	6 710 724	2 801 616	3 909 108	181 381	37,00	15,45	21,55	58,25
8	Schleswig-Holstein . .	1 090 154	646 244	443 910	41 831	26,06	15,45	10,61	40,72
9	Hannover	7 678 911	4 867 944	2 810 967	257 232	29,85	18,92	10,93	36,61
10	Westfalen (mit Schaumburg) . .	1 964 213	1 119 194	845 019	57 251	34,31	19,55	14,76	43,02
11	Hessen-Nassau (ohne Schaumburg) . .	6 830 172	4 843 443	1 986 729	258 651	26,41	18,73	7,68	29,09
12	Rheinprovinz . . .	5 301 077	3 017 890	2 283 187	149 092	35,56	20,24	15,32	43,07
	Staat	69 781 314	36 319 707	33 461 607	2 618 828	26,65	13,87	12,78	47,95
	Diesen Zahlen sind gegenüberzustellen aus anderen Ländern:								
	Sachsen 1892 . . .	11 327 820	4 483 856	6 843 964	172 440	65,69	26,00	39,69	60,42
	Württemberg 1. April 1892/93 . . .	11 291 230	4 766 931	6 524 299	189 260	59,66	25,19	34,47	57,78
	Baden 1892 . . .	5 251 773	2 504 941	2 746 832	90 394	58,10	27,71	30,39	52,30
	Mecklenburg-Schwerin Joh. 1891/92 . .	2 602 307	1 259 098	1 343 209	98 889	26,32	12,74	13,58	51,62
	Bayern 1891 . . .	32 749 395	19 860 817[1])	12 888 578	836 695	39,14	23,74	15,40	39,36

[1]) Einschl. 2 500 000 M außerordentliche Ausgaben in Folge des Nonnenfraßes.

Tabelle 51.

Zusammenstellung

der

Ist-Einnahmen und Ausgaben

des

Rein-Ertrages und der ertragsfähigen Fläche der Staatsforsten in den einzelnen Bezirken für das Etatsjahr 1892/93.

Bemerkungen:

1. Die Angabe der Kapitel und Titel bezieht sich auf das Budget für das Etatsjahr 1892/93.
2. In Uebereinstimmung mit Tabelle 46b sind der besseren Uebersicht wegen die rechnungsmäßig unter Kap. 11 Tit. 2 des Budgets als einmalige und außerordentliche bezeichneten Ausgabebeträge, welche zur Verstärkung des dauernden Ausgabefonds Kap. 4 Tit. 6 dienten, bei letzterem nachgewiesen (vergl. Bemerkung 3 zu Tab. 46b).
3. Die Beträge, welche in Folge der durch das Budget ertheilten Ermächtigung dem Ankaufsfonds Kap. 4 Tit. 6 zur Verstärkung des Kulturfonds Kap. 2 Tit. 21 entnommen worden sind, erscheinen hier, wie in Tabelle 46b, bei dem Kulturfonds (vergl. Bemerkung 4 zu Tab. 46b).

Tabelle

Laufende Nummer	Bezirke	Kap. 2. Geld-Ertrag: Tit. 1. Für Holz: Baarer Erlös zur Kasse	Tit. 1. Für Holz: Taxverlust durch Freiholz-Abgaben	Tit. 1. Für Holz: Zusammen (Spalte 2 und 3)	Tit. 2. Für Nebennutzungen	Tit. 3. Aus der Jagd	Tit. 4. Von Torfgräbereien	Tit. 5. Von Flößereien	Tit. 6. Von Wiesen-Anlagen	Tit. 7. Von Ablagen	Tit. 8. Vom Sägemühlenbetriebe	Tit. 9. Von größeren Baumschulen
		ℳ	ℳ	ℳ	ℳ	ℳ	ℳ	ℳ	ℳ	ℳ	ℳ	ℳ
	1.	2.	3.	4.	5.	6.	7.	8.	9.	10.	11.	12.
1	Königsberg	3 299 977	189 169	3 489 146	441 490	12 158	22 233	.	.	.	.	.
2	Gumbinnen	2 785 606	180 365	2 965 971	498 220	10 671	69 347	.	19 767	.	.	.
3	Danzig	1 371 740	69 000	1 440 740	99 184	5 240	1 202	.	.	.	.	.
4	Marienwerder	3 345 304	122 890	3 468 194	178 583	7 397	.	58	8 404	.	.	.
5	Potsdam	5 943 973	72 397	6 016 370	328 884	37 367	.	.	.	24	.	5 010
6	Frankfurt a. O.	5 669 776	55 224	5 725 000	224 337	25 061	2 743	.	.	.	.	.
7	Stettin	3 516 680	41 613	3 558 293	214 143	12 428	54 255	413	.	2 532	.	4 195
8	Köslin	1 079 559	12 398	1 091 957	68 017	5 178	1 633	.	10 101	.	.	.
9	Stralsund	532 351	11 564	543 915	50 182	7 243	.	.	.	.	.	.
10	Posen	1 356 162	21 261	1 377 423	76 962	6 902	.	.	17 910	.	.	.
11	Bromberg	1 849 876	22 202	1 872 078	64 337	3 254	.	902	4 528	.	.	.
12	Breslau	2 217 157	29 063	2 246 220	153 518	12 929	1 348	152	5 603	.	.	.
13	Liegnitz	775 626	11 021	786 647	38 307	2 031	1 988	.	.	.	.	.
14	Oppeln	2 487 189	30 333	2 517 522	91 806	7 631	.	6 609	.	108	.	.
15	Magdeburg	1 666 417	26 781	1 693 198	203 223	22 718	.	.	.	.	.	.
16	Merseburg	2 637 583	31 792	2 669 375	237 371	16 310	59 479	.	.	.	.	.
17	Erfurt	1 748 796	18 893	1 767 689	18 312	6 140	.	.	.	.	.	.
18	Schleswig	982 261	15 146	997 407	54 425	13 102	15 911	.	.	.	.	.
19	Hannover	1 003 033	18 236	1 021 269	42 748	10 066	14 943	.	.	.	.	5 482
20	Hildesheim	3 617 565	334 482	3 952 047	142 260	19 763	.	.	.	.	189 060	.
21	Lüneburg	1 351 848	22 789	1 374 637	98 389	12 667	10 543	.	683	.	.	.
22	Stade	389 360	4 339	393 699	16 591	2 419	3 118	.	.	.	.	.
23	Osnabrück (mit Aurich)	193 927	2 135	196 062	21 390	1 133	8 674	.	.	.	.	.
24	Münster	131 844	803	132 647	4 729	467	.	.	.	.	.	.
25	Minden (mit Schaumb.)	1 170 834	30 913	1 201 747	35 335	6 161	.	.	.	.	.	.
26	Arnsberg	554 485	3 335	557 820	12 358	2 947	.	.	.	.	.	.
27	Cassel (ohne Schaumb.)	4 225 248	288 283	4 513 531	244 287	36 815	79	.	.	.	.	.
28	Wiesbaden	1 696 791	35 561	1 732 352	74 928	15 317	.	.	18 240	.	.	.
29	Coblenz	908 696	9 354	918 050	23 550	4 598	.	.	.	.	.	.
30	Düsseldorf	609 035	3 432	612 467	193 102	8 775	.	.	.	.	.	.
31	Cöln	435 810	2 056	437 866	24 348	12 778	.	.	.	.	.	.
32	Trier	2 155 607	30 182	2 185 789	129 051	9 476	.	.	.	.	.	.
33	Aachen	682 124	1 484	683 608	17 083	5 973	.	.	.	.	.	.
34	Forstakad. Eberswalde	.	.	.	.	.	.	.	.	.	.	.
35	Forstakademie Münden	.	.	.	.	.	.	.	.	.	.	.
36	Central-Verwaltung	.	.	.	.	.	.	.	.	.	.	.
	Zusammen	62 392 240	1 748 496	64 140 736	4 121 450	363 115	267 496	8 134	85 236	2 664	189 060	14 687

51.

Kap. 2. Geld-Ertrag				Dauernde Ausgaben									
				Kap. 2. Kosten der Verwaltung und des Betriebes									
				Besoldungen									
Tit. 10. Vom Thiergarten bei Cleve und dem Eichholze bei Arnsberg	Tit. 11. Verschiedene andere Einnahmen	Tit. 12 u. 13. Von den Forst-Akademien	Zusammen (Spalte 4 bis 15)	Tit. 1. Für Oberforstmeister und Regierungs- und Forsträthe		Tit. 2. Für Oberförster und zwei verwaltende Revierförster		Tit. 2a. Für vollbeschäftigte Forstkassen-Rendanten		Tit. 3. Für Förster und Waldwärter (einschl. Revierförster- und Hegemeisterzulagen)		Tit. 4. Für Beamte der Nebenbetriebs-Anstalten	Bezirke
M				Stellenzahl	M	Stellenzahl	M	Stellenzahl	M	Stellenzahl	M		
13.	14.	15.	16.	17.	18.	19.	20.	21.	22.	23.	24.	25.	
.	17 982	.	**3 983 009**	6	27 000	35	110 975	13	34 367	224	282 495	2 816	Königsberg.
.	8 356	.	**3 572 332**	6	26 175	39	129 575	12	31 283	213	273 012	10 614	Gumbinnen.
.	5 600	.	**1 551 966**	3	17 700	19	60 015	3	7 400	126	153 651	.	Danzig.
.	18 649	.	**3 681 285**	5	28 050	33	102 335	11	27 500	213	273 640	1 400	Marienwerder.
.	50 154	.	**6 437 809**	6	31 950	40	149 025	9	21 200	241	307 533	4 300	Potsdam.
.	31 334	.	**6 008 475**	5	27 825	33	120 100	12	32 900	194	252 479	.	Frankfurt a. O.
.	6 825	.	**3 853 084**	4	20 475	25	90 225	12	32 400	122	154 620	8 934	Stettin.
.	1 546	.	**1 178 432**	2	10 950	13	43 975	2	6 200	72	92 100	874	Köslin.
.	827	.	**602 167**	1	6 000	6	23 500	3	5 950	43	54 535	.	Stralsund.
.	3 065	.	**1 482 262**	3	15 825	13	41 425	2	4 750	93	120 499	.	Posen.
.	13 343	.	**1 958 442**	3	15 525	18	59 825	4	11 100	104	135 102	1 150	Bromberg.
.	3 444	.	**2 423 214**	3	16 425	14	50 300	4	10 500	106	133 035	3 128	Breslau.
.	798	.	**829 771**	1	5 400	5	17 700	.	.	37	48 062	.	Liegnitz.
.	4 585	.	**2 628 261**	3	15 200	15	55 075	5	10 800	102	131 625	4 590	Oppeln.
.	2 983	.	**1 922 122**	3	17 850	19	75 125	7	17 250	101	132 210	1 400	Magdeburg.
.	9 075	.	**2 991 610**	4	21 900	22	85 300	4	9 000	134	165 737	4 102	Merseburg.
.	4 851	.	**1 796 992**	3	14 150	14	53 875	1	3 100	72	93 423	.	Erfurt.
.	9 309	.	**1 090 154**	3	14 625	15	51 300	.	.	79	88 947	438	Schleswig.
.	100 274	.	**1 194 782**	4	22 450	26	89 685	.	.	117	135 352	1 425	Hannover.
.	32 350	.	**4 335 480**	7	33 750	43	134 350	6	17 700	188	250 728	.	Hildesheim.
.	4 711	.	**1 501 630**	4	18 175	24	81 950	.	.	125	149 883	468	Lüneburg.
.	1 911	.	**417 738**	1	4 650	7	21 750	.	.	40	44 597	.	Stade.
.	2 022	.	**229 281**	1	5 025	5	16 200	.	.	29	33 713	.	Osnabrück (mit Aurich).
.	20	.	**137 863**	.	.	1	3 300	.	.	13	10 404	.	Münster.
.	5 440	.	**1 248 683**	3	15 200	10	33 725	.	.	71	89 781	.	Minden (mit Schaumb.).
1 818	2 724	.	**577 667**	3	15 300	8	28 575	1	2 800	42	55 780	.	Arnsberg.
.	102 856	.	**4 897 568**	15	68 625	86	294 650	.	.	419	548 424	.	Cassel (ohne Schaumb.).
.	91 767	.	**1 932 604**	8	36 000	57	195 450	.	.	156	157 056	.	Wiesbaden.
.	5 386	.	**951 584**	4	19 500	9	26 490	.	.	81	102 548	.	Coblenz.
21 807	584	.	**836 735**	1	5 700	5	19 725	1	3 400	38	50 981	4 360	Düsseldorf.
.	4 538	.	**479 530**	1	5 400	4	16 800	.	.	24	30 675	.	Cöln.
.	642	.	**2 324 958**	4	23 250	16	54 825	1	2 600	119	157 004	.	Trier.
.	1 606	.	**708 270**	2	11 700	8	25 275	.	.	48	63 927	.	Aachen.
.	.	11 867	**11 867**	.	.	.	.	.	.	.	.	.	Forstakad. Eberswalde.
.	.	3 687	**3 687**	.	.	.	.	.	.	.	.	.	Forstakademie Münden.
.	.	.	.	.	850	2	6 900	.	.	.	.	.	Central-Verwaltung.
23 625	549 557	15 554	**69 781 314**	122	618 600	689	2 369 300	113	292 200	3 786	4 773 558	49 999	Zusammen.

Fortgesetzt auf Seite 336.

Laufende Nummer	Bezirke	Dauernde Ausgaben – Kap. 2. Kosten der Verwaltung und des Betriebes – Andere persönliche Ausgaben: Tit. 5. Wohnungsgeldzuschuß für die Beamten (M)	Tit. 6. Zur Besoldung technischer Hülfsarbeiter bei den Regierungen	Tit. 7. Zur Besoldung von Forsthülfsaufsehern und zur Verstärkung des Forstschutzes	Tit. 8. Vergütung an nicht vollbeschäftigte Forstkassen-Rendanten und an Untererheber	Tit. 9. Außerordentliche Vergütungen und Unterstützungen	Betrag aller Besoldungen und Vergütungen (Spalte 18, 20, 22 und 24 bis 30)	Dienstaufwands- und Miethsentschädigungen: Tit. 10. Fuhrkosten-Betrag der Oberforstmeister und Dienstaufwands-Entschädigung der Regierungs- und Forsträthe (M)	Tit. 11. Fuhrkosten, Bureaukosten und Dienstaufwands-Entschädigungen der Oberförster	Tit. 12. Stellenzulagen für Oberförster	Tit. 12a. Dienstaufwands-Entschädigungen für die vollbeschäftigten Forstkassen-Rendanten	Tit. 13. Stellenzulagen für Förster und Waldwärter, Pferdehaltungs-, Schutz- und Kahnunterhaltungszulagen
		26.	27.	28.	29.	30.	31.	32.	33.	34.	35.	36.
1	Königsberg	6 996	4 560	103 374	12 565	9 490	504 638	15 150	64 235	3 650	16 895	13 730
2	Gumbinnen	5 976	2 160	115 025	4 775	11 700	610 295	15 300	69 305	5 600	19 695	15 890
3	Danzig	2 700	2 340	76 454	13 468	4 842	338 570	7 400	36 770	2 650	2 220	9 988
4	Marienwerder	5 136	2 100	138 293	5 850	7 800	592 104	14 225	59 765	4 500	17 894	14 342
5	Potsdam	6 165	2 340	93 255	12 704	10 860	639 332	15 000	73 418	1 700	13 755	20 400
6	Frankfurt a. O.	5 784	1 860	85 666	6 620	9 200	542 434	11 900	58 810	1 050	15 550	13 220
7	Stettin	5 544	2 340	63 977	4 735	4 950	388 200	9 200	44 120	300	14 650	6 270
8	Köslin	1 296	2 160	28 751	6 845	2 450	195 601	4 650	24 730	900	2 310	3 990
9	Stralsund	1 062	2 400	24 799	4 728	1 471	124 445	1 800	10 980	200	2 260	1 788
10	Posen	2 340	1 800	48 754	10 887	3 360	249 640	7 200	25 770	1 400	2 400	8 075
11	Bromberg	3 108	2 052	51 008	7 337	4 110	290 317	6 950	34 850	2 150	7 780	10 443
12	Breslau	3 372	.	47 123	6 358	4 360	274 601	7 050	24 255	900	6 365	8 215
13	Liegnitz	540	2 340	13 169	8 140	1 300	96 651	1 600	8 410	.	.	2 910
14	Oppeln	2 856	.	66 911	3 700	5 470	296 257	6 750	25 485	1 200	7 350	5 950
15	Magdeburg	3 312	1 956	40 853	8 390	4 530	302 876	7 150	29 690	300	6 405	7 980
16	Merseburg	3 141	.	43 712	20 324	5 870	359 086	8 950	35 675	500	4 894	10 204
17	Erfurt	2 280	25	28 449	9 820	3 450	208 572	5 992	20 745	1 350	2 090	8 508
18	Schleswig	2 453	2 400	22 682	6 408	3 950	193 203	7 400	27 340	1 800	.	7 537
19	Hannover	1 920	2 400	33 253	9 150	4 400	300 035	9 872	40 600	1 450	.	7 440
20	Hildesheim	5 490	2 549	72 316	10 690	7 330	534 903	18 255	70 670	3 700	10 600	17 770
21	Lüneburg	2 460	2 087	33 311	11 810	4 850	304 994	10 375	40 960	2 850	.	10 310
22	Stade	780	952	12 540	2 620	1 745	89 634	2 500	12 550	700	.	1 900
23	Osnabrück (mit Aurich)	600	2 400	8 082	2 180	1 480	69 680	2 058	7 790	450	.	2 280
24	Münster	64	.	1 932	2 170	450	18 320	.	2 250	400	.	764
25	Minden (mit Schaumb.)	1 570	2 220	24 705	10 545	2 675	180 421	6 544	19 300	1 900	.	6 200
26	Arnsberg	1 980	2 160	13 153	2 538	3 950	126 236	6 241	12 468	1 000	1 860	6 040
27	Cassel (ohne Schaumb.)	9 900	4 440	148 366	21 835	17 100	1 113 340	33 425	145 019	6 000	.	37 425
28	Wiesbaden	5 265	4 460	26 801	13 280	6 600	444 912	18 026	98 765	4 550	.	13 710
29	Coblenz	2 640	.	11 830	13 550	3 620	180 178	10 250	17 290	1 300	.	14 465
30	Düsseldorf	1 020	2 400	12 606	6 500	2 350	109 042	1 650	9 500	1 050	1 900	6 490
31	Cöln	600	.	12 402	4 600	1 000	71 537	1 500	6 870	700	.	4 534
32	Trier	3 210	2 340	54 640	20 797	7 370	326 036	12 785	31 770	2 850	1 950	27 680
33	Aachen	1 560	1 764	16 463	10 150	3 450	134 289	4 531	14 920	1 350	.	11 322
34	Forstakad. Eberswalde	.	.	.	.	.	.	.	.	.	.	.
35	Forstakademie Münden	.	.	.	.	.	.	.	.	.	.	.
36	Central-Verwaltung	840	.	.	.	360	8 950	5 570	.	.	.	.
	Zusammen	104 020	63 005	1 574 685	296 069	167 893	10 309 329	297 249	1 205 075	60 400	158 823	337 770

51.

Entschädigungen			Materielle Verwaltungs- und Betriebskosten								
Tit. 14. Fuhrkosten-Beträge, Dienstaufwands-Entschädigungen u. Stellenzulagen für Beamte bei den Nebenbetriebs-Anstalten	Tit. 15. Mieths-Entschädigungen wegen fehlender Dienstwohnungen für Oberförster, Förster, Torf- ꝛc. Meister	Zusammen (Spalte 32 bis 38)	Tit. 16. Für Werbung und Transport von Holz und anderen Forstproducten	Tit. 17. Zur Unterhaltung und zum Neubau, sowie zur Beschaffung von Gebäuden	Tit. 18. Zur Unterhaltung und zum Neubau der öffentlichen Wege innerhalb der Forsten	Tit. 19. Beihülfen zu Chausseen außerhalb der Forsten u. zu Eisenbahngüter-Haltestellen, deren Anlage von Interesse für die Forstverwaltung ist	Tit. 20. Zu Wasserbauten in den Forsten	Tit. 21. Zu Forstkulturen und Verbesserungen der Forstgrundstücke, zum Bau und zur Unterhaltung der Holzabfuhrwege	Tit. 21. Zu Forstvermessungen und Betriebs-Einrichtungen	Tit. 22. Jagdverwaltungskosten und Wildschaden-Ersatzgelder	Bezirke
ℳ			ℳ								
37.	38.	39.	40.	41.	42.	43.	44.	45.	46.	47.	
450	90	114 200	544 943	157 426	101 849	.	6 593	323 731	17 007	567	Königsberg.
2 450	505	128 745	561 234	121 747	85 315	17 600	6 046	303 531	30 901	4 286	Gumbinnen.
.	1 608	60 636	218 503	126 075	38 554	160	.	196 713	32 114	14	Danzig.
1 700	450	112 876	417 384	165 541	97 993	6 000	144	281 678	31 577	258	Marienwerder.
350	2 865	127 488	813 682	167 176	188 790	18 966	2 374	351 247	8 247	7 540	Potsdam.
75	1 260	101 865	554 572	108 178	116 661	11 069	1 135	254 719	8 699	3 797	Frankfurt a. O.
1 440	506	76 486	377 248	82 570	38 123	443	7 180	155 800	3 139	8 118	Stettin.
200	150	36 930	135 954	67 371	14 570	20 715	1 083	92 939	6 647	138	Köslin.
.	320	17 348	100 056	37 458	13 794	9 750	.	105 288	4 279	173	Stralsund.
.	.	44 845	193 993	57 892	13 913	287	256	102 598	380	808	Posen.
600	3 629	66 402	210 251	75 691	30 287	400	.	127 159	1 234	30	Bromberg.
150	1 165	48 100	293 299	83 215	69 328	11 057	3 326	153 217	7 313	1 543	Breslau.
.	300	13 220	80 584	19 188	10 785	5 050	11	50 694	1 425	45	Liegnitz.
1 550	90	48 375	245 352	65 249	33 767	.	.	113 265	3 966	1 538	Oppeln.
50	1 670	53 245	283 164	63 907	41 410	1 000	2 930	113 288	3 189	2 289	Magdeburg.
1 030	395	61 648	285 693	48 386	59 307	1 500	2 362	199 046	11 854	666	Merseburg.
.	2 096	40 781	253 314	36 846	29 226	1 600	1 799	79 550	13 407	2 035	Erfurt.
300	2 300	46 677	178 370	29 519	12 750	.	10	123 779	83	209	Schleswig.
580	8 255	68 197	178 915	32 969	9 105	1 294	1 205	112 619	7 359	1 892	Hannover.
.	5 048	126 043	784 671	160 205	84 899	7 000	1 738	353 235	37 396	14 556	Hildesheim.
450	2 533	67 478	271 001	45 006	36 108	2 000	1 487	152 873	12 423	6 436	Lüneburg.
208	.	17 858	73 194	26 403	1 005	.	16	42 844	4 520	342	Stade.
.	200	12 778	34 457	6 953	1 602	.	60	32 322	.	90	Osnabrück (mit Aurich).
.	900	4 314	14 129	401	932	.	.	8 538	.	.	Münster.
.	1 290	35 234	190 370	21 090	30 785	.	.	91 596	6 394	2 957	Minden (mit Schaumb.)
.	355	27 964	88 206	13 342	30 049	3 200	967	59 095	6 800	592	Arnsberg.
.	14 685	236 554	877 974	334 703	164 079	3 290	2 530	639 596	26 081	10 100	Cassel (ohne Schaumb.).
.	4 541	139 592	366 886	71 430	7 009	5 000	201	149 967	4 866	1 542	Wiesbaden.
.	3 295	46 600	155 324	43 232	17 994	1 499	.	97 984	20 784	154	Coblenz.
475	1 137	22 202	86 913	16 509	19 178	.	1 288	49 632	1 783	114	Düsseldorf.
.	928	14 532	62 502	22 423	11 295	300	.	24 519	815	440	Cöln.
.	5 001	82 036	453 256	49 725	89 214	10 157	.	190 502	23 762	2 876	Trier.
.	150	32 273	137 767	11 232	37 507	4 776	.	94 047	13 437	541	Aachen.
.	.	.	.	.	.	.	.	.	.	.	Forstakad. Eberswalde.
.	.	.	.	.	.	.	.	.	.	.	Forstakademie Münden.
.	.	5 570	.	.	.	.	.	1 874	79 593	.	Central-Verwaltung.
12 058	67 717	2 139 092	9 523 161	2 369 058	1 537 183	144 113	44 741	5 229 485	431 474	76 686	Zusammen

Dauernde Ausgaben — Kap. 2. Kosten der Verwaltung und des Betriebes

Laufende Nummer	Bezirke	Tit. 23. Betriebskosten für: Torfgräbereien	Tit. 24. Betriebskosten für: Flößereien	Tit. 25. Betriebskosten für: Wiesen-Anlagen	Tit. 26. Betriebskosten für: Ablagen	Tit. 27. Betriebskosten für: Sägemühlen	Tit. 28. Betriebskosten für: Größere Baumschulen	Tit. 29. Für den Thiergarten bei Cleve und das Eichholz bei Arnsberg	Tit. 30. Für Fischereizwecke	Tit. 31. Zur Bezeichnung und Berichtigung der Grenzen, zu Separationen, Regulirungen und Proceßkosten	Tit. 32. Holzverkaufs- und Verpachtungskosten, Botenlöhne und sonstige kleine Ausgaben der örtlichen Verwaltung	Tit. 33. Druckkosten
		Dauernde Ausgaben – Kap. 2. Kosten der Verwaltung und des Betriebes – Materielle Verwaltungs- und Betriebskosten (ℳ)										
		48.	49.	50.	51.	52.	53.	54.	55.	56.	57.	58.
1	Königsberg	3 814	.	.	.	.	.	.	.	6 667	5 602	4 326
2	Gumbinnen	32 277	.	6 325	.	.	.	.	.	8 972	6 364	3 523
3	Danzig	169	.	.	.	.	.	.	.	1 733	4 334	1 852
4	Marienwerder	.	206	2 085	.	.	.	.	255	3 773	6 726	3 279
5	Potsdam	.	.	.	96	.	6 791	.	.	4 535	15 911	4 533
6	Frankfurt a. O.	1 448	.	.	144	.	.	.	1 499	1 047	8 159	3 825
7	Stettin	15 915	1 662	.	807	.	2 680	.	.	2 582	4 418	2 498
8	Köslin	71	.	2 374	.	.	.	.	50	2 102	1 995	918
9	Stralsund	.	.	.	.	.	.	.	.	1 675	756	736
10	Posen	.	.	1 948	.	.	.	.	99	5 287	3 052	1 305
11	Bromberg	.	43	1 496	.	.	.	.	.	5 184	7 456	1 414
12	Breslau	1 915	3 910	783	.	.	.	.	4	2 356	6 413	1 806
13	Liegnitz	51	.	.	.	.	.	.	319	685	1 959	686
14	Oppeln	.	8 600	.	.	.	.	.	.	1 928	3 366	2 475
15	Magdeburg	.	.	.	.	.	.	.	.	690	4 988	1 458
16	Merseburg	25 110	.	.	.	.	.	.	.	2 323	8 851	1 842
17	Erfurt	.	.	.	.	.	.	.	.	1 426	2 542	1 299
18	Schleswig	1 950	.	.	.	.	.	.	.	2 961	3 649	1 187
19	Hannover	944	.	.	.	.	5 841	.	.	3 420	4 555	1 646
20	Hildesheim	.	.	.	.	196 594	.	.	1 705	8 071	8 297	3 212
21	Lüneburg	892	.	129	.	.	.	.	700	3 875	3 701	1 378
22	Stade	386	.	.	.	.	.	.	.	820	1 772	768
23	Osnabrück (mit Aurich)	431	.	.	.	.	.	.	.	508	1 767	376
24	Münster	.	.	.	.	.	.	.	.	135	597	53
25	Minden (mit Schaumb.)	.	.	.	.	.	.	.	.	9 892	3 549	989
26	Arnsberg	.	.	.	.	.	.	1 780	.	1 106	2 237	487
27	Cassel (ohne Schaumb.)	52	.	.	.	.	.	.	789	13 136	18 535	6 736
28	Wiesbaden	.	.	6 570	.	.	.	.	452	3 031	11 525	1 499
29	Coblenz	.	.	.	.	.	.	.	.	1 215	4 765	878
30	Düsseldorf	.	.	.	.	.	.	15 438	.	1 161	3 609	773
31	Cöln	.	.	.	.	.	.	.	.	352	2 352	269
32	Trier	.	.	.	.	.	.	.	.	2 781	6 465	1 342
33	Aachen	.	.	.	.	.	.	.	.	3 763	4 160	466
34	Forstakad. Eberswalde	.	.	.	.	.	.	.	.	.	.	.
35	Forstakademie Münden	.	.	.	.	.	.	.	.	.	.	.
36	Central-Verwaltung	.	.	.	.	.	.	.	.	.	.	2 274
	Zusammen	85 425	14 421	21 710	1 047	196 594	15 312	17 218	5 872	109 192	174 427	62 108

51.

Dauernde Ausgaben. Kap. 2. Kosten der Verwaltung und des Betriebes. Materielle Verwaltungs- und Betriebskosten. Tit. 34. Stell-vertretungs- und Umzugs-kosten, Diäten und Reisekosten	Tit. 35. Kosten für Vertilgung der den Forsten schädlichen Thiere	Tit. 35. Graben-räumungs-kosten behufs Beschaffung von Vorfluth	Tit. 35. Kosten in Tausch-angelegenheiten, für Löschung von Waldbränden, Entschädigung für gestattete Holzab-fuhr über Privat-grundstücke, für Inventarienstücke, Rückerstattungen 2c.	Zusammen (Spalte 40—62)	Zusammen Kap. 2 Kosten der Verwaltung und des Betriebes (Spalte 31, 39 und 63)	Kap. 3. Zu forstwissenschaftlichen und Lehrzwecken. Tit. 1—6. Besoldungen und andere persönliche Ausgaben	Tit. 7 und 8. Sächliche Ausgaben	Zusammen (Spalte 65 und 66)	Bezirke
ℳ									
59.	60.	61.	62.	63.	64.	65.	66.	67.	
19 617	43 314	8 313	3 275	1 247 044	1 955 882	.	.	.	Königsberg.
21 942	30 042	7 874	9 095	1 257 074	1 996 114	.	.	.	Gumbinnen.
9 017	40 450	356	1 741	671 785	1 070 991	.	.	.	Danzig.
21 162	30 846	1 520	6 472	1 076 899	1 781 879	.	.	.	Marienwerder.
26 148	195 396	1 102	2 595	1 815 129	2 581 949	6 254	2 442	8 696	Potsdam.
22 747	37 361	1 333	1 521	1 137 914	1 782 213	.	.	.	Frankfurt a. O.
7 479	7 739	1 452	466	720 319	1 185 005	.	.	.	Stettin.
7 485	4 507	176	312	359 407	591 938	.	.	.	Köslin.
4 454	1 451	4 537	862	285 269	427 062	.	.	.	Stralsund.
3 940	11 298	2 477	1 611	401 144	695 629	.	.	.	Posen.
12 304	24 969	858	3 379	502 155	858 874	.	.	.	Bromberg.
5 751	11 320	2 518	571	659 645	982 346	.	.	.	Breslau.
5 219	1 402	331	1 772	180 206	290 077	.	.	.	Liegnitz.
5 912	62 629	8 238	1 123	557 408	9 020 040	3 652	1 150	4 802	Oppeln.
4 923	2 881	1 012	1 169	528 298	884 419	.	.	.	Magdeburg.
8 140	6 419	4 038	1 937	667 474	1 088 208	.	.	.	Merseburg.
3 919	1 744	.	527	429 234	678 587	.	.	.	Erfurt.
3 792	1 146	2 341	1 499	363 245	603 125	.	.	.	Schleswig.
7 433	5 477	650	12 872	388 196	756 428	.	.	.	Hannover.
18 525	5 561	175	1 129	1 686 969	2 347 915	.	.	.	Hildesheim.
10 917	9 622	903	2 227	561 678	934 150	.	.	.	Lüneburg.
3 696	177	192	382	156 517	264 009	.	.	.	Stade.
5 715	748	156	509	85 694	168 152	.	.	.	Osnabrück (mit Aurich).
384	.	232	72	25 473	48 107	.	.	.	Münster.
4 056	1 443	202	543	363 866	579 521	.	.	.	Minden (mit Schaumb.).
4 217	291	.	654	213 023	367 223	.	.	.	Arnsberg.
26 494	4 426	.	4 762	2 133 283	3 483 177	.	.	.	Cassel (ohne Schaumb.).
7 936	504	.	2 252	640 670	1 225 174	.	.	.	Wiesbaden.
7 626	319	240	780	352 794	579 572	.	.	.	Coblenz.
4 135	79	872	548	202 032	333 276	.	.	.	Düsseldorf.
4 432	124	.	827	130 650	216 719	.	.	.	Cöln.
12 092	2 046	18	1 327	845 563	1 253 635	.	.	.	Trier.
5 563	252	43	1 569	315 123	481 685	.	.	.	Aachen.
.	.	.	.	.	.	67 916	43 350	111 266	Forstakad. Eberswalde.
.	.	.	.	.	.	42 762	25 351	68 113	Forstakademie Münden.
10 965	.	.	78	94 784	109 304	2 990	900	3 890	Central-Verwaltung.
328 137	545 983	52 159	70 458	21 055 964	33 504 385	123 574	73 193	196 767	Zusammen

Laufende Nummer	Bezirke	Dauernde Ausgaben									Rein-Ertrag ohne Berücksichtigung der einmaligen und außerordentlichen Ausgaben (Spalte 16 weniger 76)
		Kap. 4. Allgemeine Ausgaben								Betrag der dauernden Ausgaben (Spalte 64, 67 und 75)	
		Tit. 1. Real- und Kommunallasten und Kosten der örtlichen Kommunal- und Polizei-Verwaltung in fiskalischen Guts- und Amtsbezirken	Tit. 2. Ablösungsrenten und zeitweise Vergütungen an Stelle von Natural-Abgaben	Tit. 2a. Beiträge zur gesetzlichen Krankenversicherung d. Arbeiter, Ausgaben auf Grund der Unfallversicherungsgesetze, sowie Aszendentenrenten, Heilungskosten und Sterbegelder auf Grund des Unfallfürsorgegesetzes, Ausgaben auf Grund des Gesetzes über die Invaliditäts- und Altersversicherung	Tit. 3. Zu Unterstützungen für ausgeschiedene Beamte, sowie zu Pensionen und Unterstützungen für Wittwen und Waisen von Beamten	Tit. 4. Kosten der dem Fiskus auf Grund rechtlicher Verpflichtung obliegenden Armenpflege	Tit. 5. Zu Unterstützungen aus sonstiger Veranlassung	Tit. 6. Zum Ankauf von Grundstücken zu den Forsten	Zusammen (Spalte 68 bis 74)		
		ℳ								ℳ	ℳ
		68.	69.	70.	71.	72.	73.	74.	75.	76.	77.
1	Königsberg	65 249	74 443	23 496	12 922	15 799	1 505	159 549	352 963	**2 308 845**	**1 674 164**
2	Gumbinnen	70 835	904	20 943	10 780	4 469	1 240	80 628	189 799	**2 185 913**	**1 386 419**
3	Danzig	15 791	14 471	12 293	3 352	2 516	750	126 018	175 191	**1 246 182**	**305 784**
4	Marienwerder	39 061	15 996	15 075	5 299	9 566	1 130	207 630	293 757	**2 075 636**	**1 605 649**
5	Potsdam	52 729	52 296	24 447	19 637	6 350	1 200	2 068	158 727	**2 749 372**	**3 688 437**
6	Frankfurt a. O.	25 748	1 634	25 101	10 146	5 892	1 548	.	70 069	**1 852 282**	**4 156 193**
7	Stettin	18 223	74 130	13 863	5 207	3 837	233	204	115 697	**1 300 702**	**2 552 382**
8	Köslin	5 983	255	6 411	3 070	2 633	610	26 997	45 959	**637 897**	**540 535**
9	Stralsund	5 671	77	2 826	2 642	762	205	576	12 759	**439 821**	**162 346**
10	Posen	14 807	120	7 413	3 686	3 628	450	3 144	33 248	**728 877**	**753 385**
11	Bromberg	9 593	565	7 834	8 161	1 675	390	.	28 218	**887 092**	**1 071 350**
12	Breslau	17 512	43 164	13 169	9 055	220	600	.	83 720	**1 066 066**	**1 357 148**
13	Liegnitz	6 200	2 242	3 756	3 298	.	130	.	15 626	**305 703**	**524 068**
14	Oppeln	12 735	1 236	12 508	5 023	985	430	.	32 917	**939 759**	**1 688 502**
15	Magdeburg	33 537	42 334	9 197	2 915	129	220	4 366	92 698	**977 117**	**945 005**
16	Merseburg	18 536	1 386	13 998	4 594	376	940	.	39 830	**1 128 038**	**1 863 572**
17	Erfurt	3 421	474	8 148	1 933	31	450	3 417	17 874	**696 461**	**1 100 531**
18	Schleswig	9 113	10 832	6 032	4 304	1 870	200	10 768	43 119	**646 244**	**443 910**
19	Hannover	24 223	69 019	6 438	5 892	.	158	269	105 999	**862 427**	**332 355**
20	Hildesheim	26 922	96 675	23 503	5 832	25 379	1 230	9 660	189 201	**2 537 116**	**1 798 364**
21	Lüneburg	46 159	2 524	10 714	2 942	.	550	140	63 029	**997 179**	**504 451**
22	Stade	21 673	784	2 089	626	.	100	.	25 272	**289 281**	**128 457**
23	Osnabrück (mit Aurich)	9 409	807	1 191	262	720	.	1 400	13 789	**181 941**	**47 340**
24	Münster	5 861	74 160	283	300	.	110	.	80 714	**128 821**	**9 042**
25	Minden (mit Schaumb.)	5 667	5 474	7 337	2 632	.	400	.	21 510	**601 031**	**647 652**
26	Arnsberg	15 867	666	3 637	1 156	.	463	330	22 119	**389 342**	**188 325**
27	Cassel (ohne Schaumb.)	11 146	3 185	38 873	14 926	18	1 260	10 981	80 389	**3 563 566**	**1 334 002**
28	Wiesbaden	34 768	5 972	10 268	3 315	.	350	30	54 703	**1 279 877**	**652 727**
29	Coblenz	2 861	1 894	4 383	2 138	.	280	2 936	14 492	**594 064**	**357 520**
30	Düsseldorf	14 966	2 483	2 759	1 695	.	145	450	22 498	**355 774**	**480 961**
31	Cöln	8 285	2 403	1 401	2 534	.	246	2 433	17 302	**234 021**	**245 509**
32	Trier	14 984	5 032	11 621	3 050	.	550	37 482	72 719	**1 326 354**	**998 604**
33	Aachen	5 460	2 965	3 423	840	.	220	13 084	25 992	**507 677**	**200 593**
34	Forstakad. Eberswalde	.	.	55	.	.	.	.	55	**111 321**	— ***99 454***
35	Forstakademie Münden	.	.	29	.	.	.	.	29	**68 142**	— ***64 455***
36	Central-Verwaltung	.	.	24	6 393	.	155	.	6 572	**119 766**	— ***119 766***
	Zusammen	672 995	610 602	354 538	170 557	86 855	18 448	704 560	2 618 555	**36 319 707**	**33 461 607**

51.

Kap. 11. Einmalige und außerordentliche Ausgaben: Tit. 1. Zur Ablösung von Forstservituten, Reallasten und Passivrenten	Tit. 3. Zu Meliorationen von Moor- und Wiesenflächen	Zusammen (Spalte 78 u. 79)	Rein-Ertrag nach Abzug der einmaligen und außerordentlichen Ausgaben (Spalte 77 weniger 80)	Flächeninhalt des ertragsfähigen Bodens: zur Holzzucht bestimmt	zu anderer Nutzung bestimmt	Zusammen	Für das ha der ertragsfähigen Fläche beträgt: die Roh-Einnahme (Spalte 16)	die dauernde Ausgabe (Spalte 76)	der Rein-Ertrag ohne Berücksichtigung der außerordentlichen Ausgaben (Spalte 77)	die Gesammt-Ausgabe (Spalte 76 und 80)	der Rein-Ertrag nach Abzug der außerordentlichen Ausgaben (Spalte 81)	Der Rein-Ertrag ohne Berücksichtigung der einmaligen und außerordentlichen Ausgaben (Spalte 77 bezw. 81) beträgt vom Roh-Ertrage (Spalte 16)	nach Abzug der einmaligen und außerordentlichen Ausgaben (Spalte 77 bezw. 81) beträgt vom Roh-Ertrage (Spalte 16)	Bezirke
				Darunter an dem Staat antheilig gehörenden Waldungen										
ℳ	ℳ	ℳ	ℳ	ha	ha	ha	ℳ	ℳ	ℳ	ℳ	ℳ	%	%	
78.	79.	80.	81.	82.	83.	84.	85.	86.	87.	88.	89.	90.	91.	
56 507	10 340	66 847	**1 607 317**	175 038	20 517	195 555	20,37	11,81	8,56	12,15	8,22	42,03	40,35	Königsberg.
1 687	6 308	7 995	**1 378 424**	191 088	36 580	227 668	15,69	9,60	6,09	9,64	6,05	38,81	38,59	Gumbinnen.
.	11 851	11 851	**293 933**	108 436	6 631	115 067	13,49	10,83	2,66	10,93	2,56	19,70	18,94	Danzig.
36 013	15 048	51 061	**1 554 588**	188 728	9 813	198 541	18,54	10,45	8,09	10,71	7,83	43,62	42,23	Marienwerder.
12 570	5 399	17 969	**3 670 468**	198 917	9 204	208 121	30,93	13,21	17,72	13,29	17,64	57,29	57,01	Potsdam.
9 635	15 393	25 028	**4 131 165**	174 857	6 782	181 639	33,08	10,20	22,88	10,34	22,74	69,17	68,75	Frankfurt a. O.
2 261	.	2 261	**2 550 121**	102 626	9 672	112 298	34,31	11,58	22,73	11,60	22,71	66,24	66,19	Stettin.
720	3 480	4 200	**536 335**	61 729	4 893	66 622	17,69	9,58	8,11	9,64	8,05	45,87	45,51	Köslin.
.	6 106	6 106	**156 240**	25 126	1 021	26 147	23,03	16,82	6,21	17,05	5,98	26,96	25,95	Stralsund.
.	2 400	2 400	**750 985**	72 176	5 676	77 852	19,04	9,36	9,68	9,39	9,65	50,83	50,67	Posen.
2 946	2 377	5 323	**1 066 027**	101 268	3 895	105 163	18,62	8,44	10,18	8,49	10,13	54,70	54,43	Bromberg.
.	1 107	1 107	**1 356 041**	57 426	3 333	60 759	39,88	17,55	22,33	17,56	22,32	56,01	55,96	Breslau.
.	.	.	**524 068**	20 628	1 000	21 628	38,36	14,13	24,23	14,13	24,23	63,16	63,16	Liegnitz.
.	.	.	**1 688 502**	73 085	3 245	76 330	34,43	12,31	22,12	12,31	22,12	63,48	63,48	Oppeln.
51 739	.	51 739	**893 266**	62 531	4 691	67 222	28,59	14,53	14,06	15,31	13,28	49,17	46,47	Magdeburg.
.	21 874	21 874	**1 841 698**	72 240	5 400	77 640	38,53	14,53	24,00	14,81	23,72	62,29	61,56	Merseburg.
.	.	.	**1 100 531**	35 886	633	36 519	49,21	19,07	30,14	19,07	30,14	61,24	61,24	Erfurt.
2 696	.	2 696	**441 214**	34 887	6 944	41 831	26,06	15,45	10,61	15,51	10,55	40,72	40,47	Schleswig.
27 405	.	27 405	**304 950**	29 121	2 676	31 797	37,57	27,12	10,45	27,98	9,59	27,81	25,52	Hannover.
592 765	.	592 765	**1 205 599**	101 585	2 356	103 941	41,71	24,41	17,30	30,11	11,60	41,48	27,81	Hildesheim.
156	.	156	**504 295**	76 779	7 088	83 867	17,90	11,89	6,01	11,89	6,01	33,59	33,58	Lüneburg.
.	.	.	**128 457**	17 183	4 582	21 765	19,11	13,21	5,90	13,21	5,90	30,75	30,75	Stade.
.	.	.	**47 340**	14 805	1 057	15 862	14,75	11,47	2,98	11,47	2,98	11,33	11,33	Osnabrück (mit Aurich).
450 000	.	450 000	***—440 958***	2 206	210	2 416	57,06	53,32	3,74	.	.	6,56	.	Münster.
15 318	.	15 318	**632 334**	33 322	810	34 132	36,58	17,61	18,97	18,06	18,52	51,87	50,64	Minden (mit Schaumburg).
.	.	.	**188 325**	20 283 *1 115*	420 *8*	20 703 *1 123*	27,90	18,80	9,10	18,80	9,10	32,60	32,60	Arnsberg.
44 152	.	44 152	**1 289 850**	201 463 *388*	4 722 *3*	206 185 *391*	23,75	17,28	6,47	17,49	6,26	27,24	26,34	Cassel (ohne Schaumburg).
70 848	.	70 848	**581 879**	51 129	1 337	52 466	36,83	24,39	12,44	25,74	11,09	33,77	30,11	Wiesbaden.
.	.	.	**357 520**	26 649	565	27 214	34,97	21,83	13,14	21,83	13,14	37,57	37,57	Coblenz.
.	.	.	**480 961**	16 071	1 477	17 548	47,68	20,27	27,41	20,27	27,41	57,48	57,48	Düsseldorf.
.	.	.	**245 509**	12 112	435	12 547	38,22	18,65	19,57	18,65	19,57	51,20	51,20	Cöln.
26 185	.	26 185	**972 419**	61 248	1 232	62 480	37,21	21,23	15,98	21,65	15,56	42,95	41,83	Trier.
.	.	.	**200 593**	28 945	358	29 303	24,17	17,33	6,84	17,33	6,84	28,32	28,32	Aachen.
.	.	.	***— 99 454***	.	.	.	.	.	.	.	.	.	.	Forstakademie Eberswalde.
.	.	.	***— 64 455***	.	.	.	.	.	.	.	.	.	.	Forstakademie Münden.
.	.	.	***—119 766***	.	.	.	.	.	.	.	.	.	.	Central-Verwaltung.
1 403 603	101 683	1 505 286	**31 956 321**	2 449 573 *1 503*	169 255 *11*	2 618 828 *1 514*	26,65	13,87	12,78	14,44	12,21	47,95	45,79	Zusammen.

Tabelle

Nachweisung der während der Jahre 1866 bis 1893 vorgekommenen erheblicheren Brände in den Staatswal=

Laufende Nummer	Provinz	1866 Zahl der Brände	1866 Umfang der verbrannten Bestände ha	1866 dec	1867 Zahl der Brände	1867 ha	1867 dec	1868 Zahl der Brände	1868 ha	1868 dec	1869 Zahl der Brände	1869 ha	1869 dec	1870 Zahl der Brände	1870 ha	1870 dec	1871 Zahl der Brände	1871 ha	1871 dec	1872 Zahl der Brände	1872 ha	1872 dec	1873 Zahl der Brände	1873 ha	1873 dec
1	Ostpreußen . .	.	.	.	.	.	.	5	304	.	3	75	.	1	6	.	3	207	.	4	8	.	.	.	.
2	Westpreußen .	7	8	.	1	.	.	1	52	.	3	17	.	.	.	.	.	.	.	1	.	.	7	23	90
3	Brandenburg .	5	7	.	5	151	.	10	80	70	4	33	50	2	10	.	1	.	80	7	47	.	12	279	.
4	Pommern . .	1	1	.	.	.	.	2	25	.	3	1	.	1	.	.	.	.	.	1	176	.	1	12	50
5	Posen . . .	1	.	.	1	.	.	1	.	12	1	80	.	1	21	.	4	14	50	.	.	.	.	.	.
6	Schlesien . .	1	4	.	.	.	.	5	39	.	.	.	.	1	.	.	.	.	.	1	15	.	2	27	.
7	Sachsen . . .	.	.	.	.	.	.	8	616	.	3	11	.	1	10	.	1	1	50	4	250	.	.	.	.
8	Schleswig . .	.	.	.	.	.	.	.	.	.	.	.	.	.	.	.	.	.	.	.	.	.	.	.	.
9	Hannover . .	.	.	.	.	.	.	5	408	.	1	20	.	2	90	.	1	22	.	1	.	20	5	46	50
10	Westfalen (seit 1868 mit Schaumburg).	2	8	.	.	.	.	.	.	.	1	1	.	4	22	50	2	11	.	.	.	.	1	6	.
11	Hessen=Nassau (ohne Schbg.)	.	.	.	.	.	.	.	.	.	5	30	.	13	50	.	4	34	.	2	.	50	1	20	.
12	Rheinprovinz .	2	6	50	.	.	.	11	35	.	2	.	.	7	66	50	3	1	50	1	11	.	1	7	.
	Zusammen	19	34	50	7	151	.	48	1 559	82	26	268	50	33	276	.	19	292	30	22	507	70	30	421	90

Zu Tabelle

Laufende Nummer	Provinz	1882 Zahl der Brände	1882 Umfang der verbrannten Bestände ha	1882 dec	1883 Zahl der Brände	1883 ha	1883 dec	1884 Zahl der Brände	1884 ha	1884 dec	1885 Zahl der Brände	1885 ha	1885 dec	1886 Zahl der Brände	1886 ha	1886 dec	1887 Zahl der Brände	1887 ha	1887 dec	1888 Zahl der Brände	1888 ha	1888 dec
1	Ostpreußen . . .	4	37	50	4	39	.	3	13	.	3	100	75	2	21	.	1	1	90	.	.	.
2	Westpreußen . . .	2	4	30	1	3	.	3	80	.	1	20	.	.	.	.	1	.	60	2	7	50
3	Brandenburg . . .	1	9	50	10	108	49	2	24	15	6	37	87	14	52	55	8	192	35	.	.	.
4	Pommern	2	1	75	.	.	.	.	.	.	2	23	50	2	6	50	2	8	40	.	.	.
5	Posen	.	.	.	.	.	.	1	4	.	3	34	.	5	70	85	1	3	70	.	.	.
6	Schlesien	1	8	30	1	5	.	.	.	.	.	.	.	1	4	.	.	.	.	.	.	.
7	Sachsen	3	.	76	7	58	70	1	1	.	.	.	.	1	20	.	.	.	.	.	.	.
8	Schleswig	.	.	.	.	.	.	.	.	.	.	.	.	.	.	.	1	3	50	.	.	.
9	Hannover	2	193	50	4	200	50	4	10	90	3	6	01	4	281	27	5	27	50	5	3	.
10	Westfalen (mit Schbg.)	1	8	37	.	.	.	.	.	.	1	6	.	.	.	.	4	57	90	.	.	.
11	Hessen=Nassau (ohne Schaumburg) . .	5	17	78	1	1	30	.	.	.	2	40	08	1	5	.	.	.	.	2	4	90
12	Rheinprovinz . . .	1	.	03	5	39	65	1	33	60	2	112	54	1	8	.	3	20	09	1	4	50
	Zusammen	22	281	79	33	455	64	15	166	65	23	380	75	31	469	17	26	315	94	10	19	90

Bemerkungen: In dem Zeitraum von 1866 bis 1893 sind 747 größere Brände in fiskalischen Forsten vorgekommen, welche zusammen Holzbeständen von rund 506 ha Umfang. Zieht man nur die Jahre 1868 bis 1893 in Betracht, so ergeben sich verbrannter Bestände zu rechnen sein.

Brände, bei welchen es sich nur um Lauffeuer handelte, sind in vorstehender Tabelle entweder gar nicht oder wenigstens

52a.

dungen und der hierdurch vernichteten Holzbestände (für 1866 und 1867 mit Ausschluß der neuen Provinzen).

1874			1875			1876			1877			1878			1879			1880			1881			Provinz	Laufende Nummer
Zahl der Brände	Umfang der verbrannten Bestände		Zahl der Brände	Umfang der verbrannten Bestände		Zahl der Brände	Umfang der verbrannten Bestände		Zahl der Brände	Umfang der verbrannten Bestände		Zahl der Brände	Umfang der verbrannten Bestände		Zahl der Brände	Umfang der verbrannten Bestände		Zahl der Brände	Umfang der verbrannten Bestände		Zahl der Brände	Umfang der verbrannten Bestände			
	ha	dec		ha	dec		ha	dec		ha	dec		ha	dec		ha	dec		ha	dec		ha	dec		
3	27	.	6	142	50	1	20	.	1	2	10	14	20	50	.	.	.	2	1	.	7	234	80	Ostpreußen . .	1
10	621	.	3	43	70	2	1	50	.	.	.	1	2	.	1	35	.	.	.	.	6	127	41	Westpreußen .	2
5	46	.	8	120	.	6	15	50	4	28	.	6	79	50	3	50	.	2	3	40	4	46	75	Brandenburg .	3
2	38	.	.	.	.	.	.	.	.	.	.	2	100	60	2	14	.	2	25	.	3	270	.	Pommern . .	4
5	227	.	1	2	.	1	12	.	1	153	.	1	.	.	1	20	.	3	69	.	5	931	.	Posen . . .	5
.	.	.	1	.	.	.	.	.	.	.	.	.	.	.	.	.	.	4	50	25	1	9	.	Schlesien . .	6
1	1	50	1	.	.	2	7	50	.	.	.	.	.	.	1	.	.	8	70	20	3	47	06	Sachsen . . .	7
.	.	.	.	.	.	.	.	.	.	.	.	1	.	.	.	.	.	.	.	.	2	4	.	Schleswig . .	8
4	32	70	6	661	.	4	45	.	5	42	.	3	10	.	5	131	50	4	110	.	10	287	70	Hannover . .	9
.	.	.	.	.	.	.	.	.	.	.	.	.	.	.	.	.	.	.	.	.	4	14	54	Westfalen (seit 1868 mit Schaumburg).	10
6	40	.	7	94	.	6	28	.	1	6	.	1	.	30	.	.	.	4	10	.	3	12	.	Hessen-Nassau (ohne Schbg.)	11
4	15	30	11	83	50	5	75	.	.	.	.	.	.	.	.	.	.	7	188	50	3	25	80	Rheinprovinz .	12
40	1 048	50	44	1 146	70	27	204	50	12	231	10	29	212	90	13	250	50	36	527	35	51	2 010	06	Zusammen.	

52a Fortsetzung.

1889			1890			1891			1892			1893			Zusammen			Provinz	Laufende Nummer
Zahl der Brände	Umfang der verbrannten Bestände		Zahl der Brände	Umfang der verbrannten Bestände		Zahl der Brände	Umfang der verbrannten Bestände		Zahl der Brände	Umfang der verbrannten Bestände		Zahl der Brände	Umfang der verbrannten Bestände		Zahl der Brände	Umfang der verbrannten Bestände			
	ha	dec		ha	dec		ha	dec		ha	dec		ha	dec		ha	dec		
2	16	.	.	.	.	.	.	.	.	.	.	4	43	.	73	1 320	05	Ostpreußen	1
.	.	.	.	.	.	.	.	.	4	187	.	1	10	.	58	1 243	91	Westpreußen	2
2	3	.	.	.	.	.	.	.	14	377	90	9	72	30	150	1 876	26	Brandenburg	3
2	48	50	.	.	.	.	.	.	3	4	90	1	5	.	34	761	65	Pommern	4
2	2	75	.	.	.	1	.	75	4	420	.	3	10	50	47	2 076	17	Posen	5
.	.	.	.	.	.	.	.	.	1	167	30	.	.	.	20	328	85	Schlesien	6
.	.	.	.	.	.	1	.	.	1	14	90	3	48	50	50	1 158	62	Sachsen	7
1	30	.	.	.	.	..	.	.	.	.		3	166	60	8	204	10	Schleswig	8
1	.	.	1	.	20	2	27	50	4	238	10	19	653	80	110	3 548	88	Hannover	9
.	.	.	.	.	.	1	3	76	3	4	50	5	40	50	29	184	07	Westfalen (mit Schaumburg)	10
.	.	.	2	16	.	1	5	40	4	40	50	6	37	.	77	492	76	Hessen-Nassau (ohne Schaumburg)	11
.	.	.	.	.	.	1	1	50	9	169	40	10	81	80	91	986	71	Rheinprovinz	12
10	100	25	3	16	20	7	38	91	47	1 624	50	64	1 169	.	747	14 182	03	Zusammen.	

Holzbestände von rund 14 180 ha Umfang vernichtet haben. Es entfallen demnach auf das Jahr im Durchschnitt 27 Brände mit vernichteten
721 Brände mit rund 14 000 ha verbrannter Bestände. Es würden hiernach auf das Jahr durchschnittlich rund 28 Brände mit rund 538 ha

bei Angaben der Flächen nicht berücksichtigt.

Tabelle 52b.

Nachweisung der Kosten, welche im Etatsjahre 1. April 1892/93 in den Staatsforsten für Vertilgung der den Forsten schädlichen Thiere entstanden sind.

Laufende Nummer	Regierungs-Bezirk	Kosten für Probe-sammlungen	Die Kosten der ausgeführten Vertilgungs-, bezw. Vorbeugungsmaßregeln haben betragen bei								Sonstige Vertilgungs-kosten	Gesammt-betrag der entstandenen Kosten
			der großen Kiefern-raupe Gastropacha Pini	der Nonne Liparis monacha	der Forleule Trachea piniperda und dem Kiefern-Spanner Fidonia piniaria	der Kiefern-Blatt-wespe Lophyrus Pini	dem Maikäfer Melolontha vulgaris u. Hippocastani	dem großen braunen Rüsselkäfer Hylobius Abietis	dem kleinen braunen Rüsselkäfer Pissodes notatus	dem Borkenkäfer Bostrychus typographus und dem Waldgärtner Hylesinus piniperda		
		ℳ	ℳ	ℳ	ℳ	ℳ	ℳ	ℳ	ℳ	ℳ	ℳ	ℳ
1.	2.	3.	4.	5.	6.	7.	8.	9.	10.	11.	12.	13.
1	Königsberg	2 250	.	11 848	.	.	201	5 679	5 143	17 670	523	43 314
2	Gumbinnen	1 002	.	4 046	860	.	2 397	9 563	1 620	10 542	12	30 042
3	Danzig	2 769	27 907	.	.	162	337	5 628	1 355	.	2 292	40 450
4	Marienwerder	2 503	8 283	8	.	2	2 487	13 158	4 115	109	181	30 846
5	Potsdam	5 111	.	171 828	.	58	5 234	11 578	1 088	.	499	195 396
6	Frankfurt a. O.	4 263	.	229	439	17	16 761	12 201	3 241	.	210	37 361
7	Stettin	705	.	1 066	.	9	.	3 814	1 467	25	653	7 739
8	Köslin	622	.	.	.	.	.	2 166	1 703	.	16	4 507
9	Stralsund	140	.	.	.	.	.	462	130	529	190	1 451
10	Posen	1 547	.	30	.	.	97	4 684	4 858	.	82	11 298
11	Bromberg	2 302	8 809	563	180	13	.	8 902	4 027	12	161	24 969
12	Breslau	398	.	175	.	.	198	7 176	386	2 865	122	11 320
13	Liegnitz	220	30	.	.	.	.	1 005	38	109	.	1 402
14	Oppeln	2 580	.	47 337	.	.	.	7 163	1 464	4 083	2	62 629
15	Magdeburg	588	82	17	.	.	.	1 802	325	60	7	2 881
16	Merseburg	903	.	578	.	7	.	4 152	583	29	167	6 419
17	Erfurt	.	.	.	.	.	79	1 453	.	212	.	1 744
18	Schleswig	.	.	.	.	.	145	823	.	.	178	1 146
19	Hannover	.	.	3 181	.	.	8	1 412	.	717	159	5 477
20	Hildesheim	.	.	.	.	.	.	3 372	.	2 187	2	5 561
21	Lüneburg	54	.	8 630	.	.	.	700	.	195	43	9 622
22	Stade	.	.	.	.	.	.	131	.	42	4	177
23	Osnabrück m. Aurich	5	.	.	.	.	.	685	58	.	.	748
24	Münster	.	.	.	.	.	.	.	.	.	.	.
25	Minden mit Schaumb.)	.	.	.	.	.	.	1 248	.	155	40	1 443
26	Arnsberg	.	.	.	.	.	.	282	.	9	.	291
27	Cassel (ohne Schaumb.)	1	.	.	.	.	.	4 302	.	21	102	4 426
28	Wiesbaden	.	.	.	.	.	.	461	.	20	23	504
29	Coblenz	.	.	.	.	.	.	319	.	.	.	319
30	Düsseldorf	.	.	.	.	.	.	79	.	.	.	79
31	Cöln	5	.	.	.	.	.	119	.	.	.	124
32	Trier	31	.	.	.	.	1 745	235	35	.	.	2 046
33	Aachen	.	.	.	.	.	.	252	.	.	.	252
		27 999	45 111	249 536	1 479	268	29 689	115 006	31 636	39 591	5 668	545 983

Tabelle 53.

Uebersicht über das Procent-Verhältniß der verschiedenen Ausgabe-Beträge und des Reinertrages zu der Gesammt-Roh-Einnahme für die Rechnungsjahre 1849 bis 1892/93,

und zwar bis 1867 mit Ausschluß, von 1868 ab mit Einschluß der neuen Provinzen.

im Rechnungsjahre	Von der Gesammt-Roh-Einnahme betragen: die dauernden Ausgaben: persönliche (Tabelle 46b Spalte 32, 40, 42, 73 u. 75)	sächliche: Werbungs- 2c. Kosten (Tabelle 46b Spalte 41)	sächliche: Kultur- 2c. Kosten (Tabelle 46b Spalte 46 u. 47)	sächliche: sonstige Ausgaben (Tabelle 46b Spalte 43—45 48—65, 71, 72, 74, 76—78)	sächliche: Zusammen	für forstwissenschaftliche und Lehrzwecke (Tabelle 46b Spalte 70)	Summe aller dauernden Ausgaben	Der Reinertrag (Tabelle 46b Spalte 81)	Bemerkungen
	Procente								
1.	2.	3.	4.	5.	6.	7.	8.	9.	
1849	24,9	13,2	5,5	7,9	26,6	0,1	51,6	48,4	Mit Ausschluß der neuen Provinzen.
1850	22,0	11,3	4,8	6,2	22,3	0,1	44,4	55,6	
1851	21,9	12,1	4,9	5,7	22,7	0,2	44,8	55,2	
1852	21,9	11,9	4,9	5,4	22,2	0,2	44,3	55,7	
1853	22,8	11,5	4,8	5,2	21,5	0,2	44,5	55,5	
1854	22,3	11,8	5,6	7,0	24,4	0,2	46,9	53,1	
1855	21,4	10,8	5,3	7,2	23,3	0,2	44,9	55,1	
1856	19,3	12,4	4,6	7,7	24,7	0,1	44,1	55,9	
1857	18,5	11,3	4,4	5,3	21,0	0,1	39,6	60,4	
1858	20,2	12,1	4,5	5,9	22,5	0,1	42,8	57,2	
1859	21,6	12,2	4,7	6,4	23,3	0,1	45,0	55,0	
1860	22,1	11,2	4,8	7,0	23,1	0,1	45,3	54,7	
1861	19,8	10,8	4,2	6,6	21,6	0,1	41,5	58,5	
1862	17,7	10,7	3,7	5,9	20,3	0,1	38,1	61,9	
1863	16,9	10,9	3,5	6,3	20,7	0,1	37,7	62,3	
1864	16,9	10,9	3,6	6,4	20,9	0,1	37,9	62,1	
1865	15,9	10,4	3,5	5,5	19,4	0,1	35,4	64,6	
1866	17,4	11,6	4,0	6,3	21,9	0,1	39,4	60,6	
1867	19,3	11,3	4,3	7,9	23,5	0,1	42,9	57,1	
1868	19,8	13,7	5,9	10,0	29,6	0,2	49,6	50,4	Mit Einschluß der neuen Provinzen.
1869	19,5	14,2	5,9	10,0	30,1	0,2	49,8	50,2	
1870	20,2	12,9	5,7	8,6	27,2	0,2	47,6	52,4	
1871	20,5	13,2	5,8	8,9	27,9	0,2	48,6	51,4	
1872	20,4	13,4	5,7	7,8	26,9	0,2	47,5	52,5	
1873	20,2	12,4	5,3	6,8	24,5	0,2	44,9	55,1	
1874	22,1	12,5	6,3	7,8	26,6	0,2	48,9	51,1	
1875	20,9	12,1	6,1	7,8	26,0	0,2	47,1	52,9	
1876	21,0	13,6	6,0	9,3	28,9	0,3	50,2	49,8	
1. April 1877/78	24,5	14,7	7,2	11,5	33,4	0,3	58,2	41,8	
1. April 1878/79	24,5	14,6	7,4	11,7	33,7	0,3	58,5	41,5	
1. April 1879/80	24,5	14,3	7,4	11,8	33,5	0,3	58,3	41,7	
1. April 1880/81	22,9	14,1	7,0	9,9	31,0	0,3	54,2	45,8	
1. April 1881/82	22,4	14,4	7,3	9,2	30,9	0,3	53,6	46,4	
1. April 1882/83	23,3	14,6	7,9	10,4	32,9	0,3	56,5	43,5	
1. April 1883/84	22,3	13,0	8,0	12,4	33,4	0,3	56,0	44,0	
1. April 1884/85	20,9	13,4	7,3	11,6	32,3	0,3	53,5	46,5	
1. April 1885/86	21,0	13,8	8,5	10,4	32,7	0,3	54,0	46,0	
1. April 1886/87	22,0	13,6	8,5	11,3	33,4	0,3	55,7	44,3	
1. April 1887/88	22,2	14,5	8,1	10,9	33,5	0,3	56,0	44,0	
1. April 1888/89	21,8	13,5	7,7	9,2	30,4	0,3	52,5	47,5	
1. April 1889/90	19,6	13,1	7,8	9,2	30,1	0,3	50,0	50,0	
1. April 1890/91	21,0	12,8	7,6	8,2	28,6	0,3	49,9	50,1	
1. April 1891/92	22,1	12,8	8,2	9,0	30,0	0,3	52,4	47,6	
1. April 1892/93	21,5	13,6	8,1	8,5	30,2	0,3	52,0	48,0	

Tabelle 54a.

Vergleichung des Flächeninhalts, des Holzeinschlags, der Einnahme, der Ausgabe und des Rein-Ertrages der Staatsforsten in den Jahren 1850 bis 1868 mit den desfallsigen Zahlen des Jahres 1849, letztere gleich 100 gerechnet,

und zwar für die alten Provinzen bis 1867, für 1868 für den ganzen Staat.

Jahr	Gesammtfläche (Tab. 43a, Sp. 4. Tab. 43b, Sp. 6)	Holzeinschlag		Roh-Ertrag			Dauernde Ausgabe								Rein-Ertrag (Tab. 46a, Sp. 57. Tab. 46b, Sp. 81)
		Derbholz (Tab. 43a, Sp. 5. Tab. 43b, Sp. 7)	Stock- und Reisigholz (Tab. 43a, Sp. 6. Tab. 43b, Sp. 8)	Für Holz (Tab. 43a, Sp. 10. Tab. 43b, Sp. 12)	Sonstige Einnahmen (Tab. 43a, Sp. 13. Tab. 43b, Sp. 15)	Zusammen (Tab. 43a, Sp. 14. Tab. 43b, Sp. 16).	Persönliche Kosten (Tab. 46a, Sp. 26 u. 28. Tab. 46b, Sp. 32, 40, 42 und 75)	sachliche Kosten					Zu forstwissenschaftlichen und Lehrzwecken (Tab. 46a, Sp. 51. Tab. 46b, Sp. 70)	Betrag der Ausgabe (Tab. 46a, Sp. 56. Tab. 46b, Sp. 80)	
								Werbungs- rc. Kosten (Tab. 46a, Sp. 27. Tab. 46b, Sp. 41)	Kultur- rc. Kosten (Tab. 46a, Sp. 32 u. 33. Tab. 46b, Sp. 46 u. 47)	Steuern und Renten (Tab. 46a, Sp. 52 u. 53. Tab. 46b, Sp. 71 u. 72)	Sonstige Ausgaben (Tab. 46a, Sp. 29, 30, 31, 34—48 und 54. Tab. 46b, Sp. 43, 44, 45, 48—65 und 78)	Zusammen (Tab. 46a, Sp. 27, 29 bis 48 und 55. Tab. 46b, Sp. 41, 43 bis 65, 71, 72 und 78)			
1.	2.	3.	4.	5.	6.	7.	8.	9.	10.	11.	12.	13.	14.	15.	16.
1849	100,0	100	100	100	100	100	100	100	100	100	100	100	100	100	100
1850	100,0	98	102	109	132	112	99	96	97	108	85	94	100	96	128
1851	99,8	104	109	111	137	114	100	105	100	137	75	97	142	99	130
1852	99,8	102	119	115	125	116	102	105	104	127	73	97	141	100	134
1853	99,9	97	114	115	122	116	106	102	101	149	65	94	147	100	133
1854	99,9	99	123	120	122	120	108	107	123	182	95	110	147	109	131
1855	99,9	101	115	127	131	128	110	105	122	160	110	112	147	111	145
1856	99,9	136	134	147	139	146	113	138	122	181	137	136	138	125	169
1857	99,7	130	121	155	153	155	115	133	122	216	88	122	134	119	193
1858	99,5	133	122	147	176	150	122	139	122	246	92	127	140	125	178
1859	99,4	121	117	140	162	143	124	132	121	293	89	125	126	124	162
1860	99,4	112	110	139	162	141	125	121	123	343	95	123	125	124	160
1861	99,4	121	128	159	171	161	128	131	122	403	96	130	135	129	194
1862	99,4	138	141	182	182	182	130	147	122	413	97	139	128	134	233
1863	99,1	147	159	192	188	192	131	158	122	456	110	149	120	140	247
1864	99,1	128	171	192	201	193	131	160	125	468	114	152	121	142	248
1865	99,1	121	172	207	217	208	133	164	133	497	95	152	136	143	278
1866	99,1	117	186	194	203	195	136	171	141	584	93	160	166	149	244
1867	99,1	112	166	184	204	186	144	160	144	597	128	165	208	155	220
1868[1])	125,8	170	291	279	298	281	224	293	297	633	318	313	387	270	293

[1]) Mit Einschluß der neuen Provinzen.

Tabelle 54b.

Vergleichung des Flächeninhalts der Jahre 1869 bis 1. April 1894/95, sowie des Holzeinschlags, der Einnahme, der Ausgabe und des Rein=Ertrages in den Jahren 1869 bis 1. April 1892/93 mit den desfallsigen Zahlen des Jahres 1868, letztere gleich 100 gerechnet, für die Staatsforsten.

Jahr	Nutzbare Fläche (Tab. 43b, Sp. 5)	Gesammtfläche (Tab. 43b, Sp. 6)	Holzeinschlag: Derbholz (Tab. 43b, Sp. 7)	Holzeinschlag: Stock- und Reisigholz (Tab. 43b, Sp. 8)	Roh=Ertrag: Für Holz (Tab. 43b, Sp. 12)	Roh=Ertrag: Sonstige Einnahmen (Tab. 43b, Sp. 15)	Roh=Ertrag: Zusammen (Tab. 43b, Sp. 16)	Dauernde Ausgabe: Persönliche Kosten (Tab. 46b, Sp. 32, 40, 42 und 75)	Dauernde Ausgabe: sachliche Kosten: Werbungs- zc. Kosten (Tab. 46b, Sp. 41)	Dauernde Ausgabe: sachliche Kosten: Kultur- zc. Kosten (Tab. 46b, Sp. 46 und 47)	Dauernde Ausgabe: sachliche Kosten: Steuern und Renten (Tab. 46b, Sp. 71 und 72)	Dauernde Ausgabe: sachliche Kosten: Sonstige Ausgaben (Tab. 46b, Sp. 43, 44, 45, 48—66 und 75)	Dauernde Ausgabe: sachliche Kosten: Zusammen (Tab. 46b, Sp. 41, 43—66, 71, 72 und 75)	Dauernde Ausgabe: Zu forstwissenschaftlichen und Lehrzwecken (Tab. 46b, Sp. 70)	Dauernde Ausgabe: Betrag der Ausgabe (Tab. 46b, Sp. 80)	Rein=Ertrag (Tab. 46b, Sp. 81)
1.	2a.	2b.	3.	4.	5.	6.	7.	8.	9.	10.	11.	12.	13.	14.	15.	16.
1868 . . .	100,0	100,0	100	100	100	100	100	100	100	100	100	100	100	100	100	100
1869 . . .	101,2	101,0	124	88	104	103	104	102	107	105	113	102	106	99	104	103
1870 . . .	101,5	101,1	102	91	100	104	100	103	94	98	116	77	92	92	96	104
1871 . . .	101,5	101,1	104	97	99	107	99	103	95	99	130	77	94	112	97	101
1872 . . .	101,7	101,3	122	117	116	110	116	119	113	112	103	86	105	127	111	121
1873 . . .	101,7	101,3	108	113	128	122	127	118	115	118	63	93	105	162	115	139
1874 . . .	101,1	100,8	104	111	130	127	130	145	118	139	75	109	117	160	128	132
1875 . . .	101,3	100,9	104	129	137	135	137	144	120	144	100	109	121	196	130	144
1876 . . .	101,2	100,7	127	132	142	136	142	151	161	129	103	141	138	204	144	140
1. April 1877/78	101,4	100,9	117	126	123	133	124	153	166	137	124	147	140	204	145	102
1. April 1878/79	102,8	102,2	113	114	117	124	118	146	163	125	143	136	134	226	139	97
1. April 1879/80	102,9	102,5	111	118	114	117	114	141	156	122	146	131	129	211	134	94
1. April 1880/81	102,7	102,3	119	119	124	123	124	143	157	111	146	115	130	232	135	113
1. April 1881/82	102,4	101,9	128	117	126	133	127	143	132	157	140	111	132	229	137	116
1. April 1882/83	102,2	101,7	129	111	123	130	124	146	132	166	147	124	138	229	141	106
1. April 1883/84	102,3	101,7	125	101	130	131	130	146	123	179	144	164	146	229	147	113
1. April 1884/85	102,5	102,0	132	114	131	129	138	146	135	184	145	160	153	232	149	127
1. April 1885/86	103,1	102,5	132	113	132	124	139	147	139	202	149	143	153	228	151	127
1. April 1886/87	103,6	102,7	134	110	131	128	138	153	137	199	157	155	156	242	155	121
1. April 1887/88	104,0	103,3	144	123	141	127	140	157	148	192	157	150	158	241	157	122
1. April 1888/89	104,1	103,5	141	113	145	124	143	158	141	187	149	126	146	253	151	135
1. April 1889/90	104,3	103,7	152	116	162	126	158	157	150	211	154	142	160	262	159	156
1. April 1890/91	104,6	104,0	149	118	168	118	163	172	152	211	138	131	157	253	164	162
1. April 1891/92	105,0	104,6	142	102	161	111	156	174	145	218	132	142	158	255	164	147
1. April 1892/93	105,5	104,8	151	115	166	118	161	175	160	223	133	137	164	259	169	153
1. April 1893/94	105,8	105,1	.	.	.	.	.	.	.	.	.	.	.	.	.	.
1. April 1894/95	106,1	105,4	.	.	.	.	.	.	.	.	.	.	.	.	.	.

Tabelle

Uebersicht von der Einnahme, Ausgabe und dem Reinertrage für das ha der ertragsfähigen Staats- im Etatsjahre

Bemerkungen: 1. Dieser Tabelle sind bezüglich der Sp. 3 die Angaben der Tabelle 37b, Sp. 10 u. 11, und bezüglich der übrigen Spalten die Angaben der Tabelle 51 zu Grunde gelegt.

Laufende Nummer	Provinz	Wirkliche Abnutzung an Derbholz für das ha des Holzbodens im Wirthschaftsjahre 1. October 1891/92	Für das ha der ertragsfähigen Fläche ergiebt														
			Roh-Ertrag			Dauernde											
						Verwaltungskosten										Betriebs-	
														Zusammen			
			Aus der Holznutzung	An sonstigen Einnahmen	Zusammen	Für Oberforstmeister, Regierungs- u. Forsträthe u. forsttechnische Hülfsarbeiter bei der Regierung	Für Oberförster	Für Schutzbeamte	Für Beamte der Nebenbetriebsanstalten	Wohnungsgeld-Zuschuß für die Beamten	Kosten der Geldерhebung und Auszahlung	Unterstützungen für active und ausgeschiedene Beamte und deren Hinterbliebene	Für Gebäude (insbesondere für Dienstwohnungen) und für Miethe-Entschädigungen		Macht vom Roh-Ertrage	Für Werbung und Transport von Holz und anderen Forstproducten	Für öffentliche Wege, Chausseen, Eisenbahn-Güter-Haltestellen und Wasserbauten
		fm	ℳ												%	ℳ	
1.	2.	3.	4.	5.	6.	7.	8.	9.	10.	11.	12.	13.	14.	15.	16.	17.	18.
1	Ostpreußen	2,81	15,25	2,60	**17,85**	0,21	0,91	1,90	0,01	0,02	0,28	0,11	0,66	4,13	23,17	2,62	0,51
2	Westpreußen	2,44	15,65	1,03	**16,68**	0,23	0,85	2,12	0,01	0,02	0,24	0,07	0,94	4,48	26,84	2,03	0,46
3	Brandenburg	3,13	30,12	1,81	**31,93**	0,23	1,04	1,98	0,01	0,03	0,26	0,13	0,72	4,40	13,79	3,51	0,87
4	Pommern	3,15	25,33	2,14	**27,47**	0,29	1,61	2,10	0,05	0,04	0,39	0,10	0,92	5,50	20,10	2,99	0,51
5	Posen	2,46	17,76	1,04	**18,80**	0,27	0,90	2,04	0,01	0,03	0,24	0,11	0,75	4,35	23,15	2,21	0,25
6	Schlesien	3,75	34,97	2,08	**37,05**	0,35	1,15	2,88	0,06	0,04	0,34	0,18	1,06	6,06	16,36	3,90	0,84
7	Sachsen	3,27	33,80	3,20	**37,00**	0,43	1,67	2,93	0,04	0,05	0,44	0,13	0,85	6,54	17,66	4,53	0,78
8	Schleswig-Holstein	2,68	23,84	2,22	**26,06**	0,58	1,92	2,85	0,02	0,06	0,15	0,20	0,76	6,54	11,35	4,26	0,31
9	Hannover	2,99	26,97	2,88	**29,85**	0,53	2,05	3,16	0,01	0,04	0,25	0,14	1,12	7,30	24,46	5,22	0,57
10	Westfalen mit Schaumburg	4,12	33,05	1,26	**34,31**	0,83	1,80	3,65	.	0,06	0,35	0,20	0,65	7,54	21,96	5,11	1,15
11	Hessen-Nassau ohne Schaumbg.	2,58	24,15	2,26	**26,41**	0,64	2,53	3,60	.	0,06	0,14	0,16	1,64	8,77	33,22	4,81	0,71
12	Rheinprovinz	3,06	32,45	3,11	**35,56**	0,69	1,55	3,87	0,03	0,06	0,44	0,19	1,03	7,86	22,11	6,01	1,30
	Im ganzen Staat	2,98	24,49	2,16	**26,65**	0,37	1,39	2,55	0,02	0,04	0,29	0,13	0,93	5,72	21,48	3,63	0,66

55.

waldfläche und von der Derbholz=Abnutzung für das ha Holzbodenfläche in den einzelnen Provinzen 1892/93.

2. Da eine Trennung der Kosten für Unterhaltung und Erneuerung der Dienstwohnungen von den für die übrigen Baulichkeiten der Forstverwaltung entstandenen, verhältnißmäßig geringen Ausgaben nicht ausführbar war, so mußten letztere bei Berechnung der Angaben in Sp. 14 mitberücksichtigt werden.

sich für das Etatsjahr 1. April 1892/93

Ausgabe: kosten: Zu Forstkulturen und Verbesserung der Forstgrundstücke	Zu Forstvermessungen und Betriebs-Einrichtungen	Prozeß- und Separations-, sowie Grenzerhaltungskosten	Holzverkaufs- und Verpachtungskosten, Botenlöhne 2c.	Für Vertilgung schädlicher Waldinsekten	Steuern und Renten	Zum Ankauf von Grundstücken	Sonstige Ausgaben	Zusammen	Zusammen: Macht vom Roh-Ertrage	Zu forstwissenschaftlichen und Lehrzwecken	Zu forstwissenschaftlichen und Lehrzwecken: Macht vom Roh-Ertrage	Summa der Ausgabe	Summa der Ausgabe: Macht vom Roh-Ertrage	Rein-Ertrag	Rein-Ertrag: Macht vom Roh-Ertrage	Provinz	Laufende Nummer
ℳ	ℳ	ℳ	ℳ	ℳ	ℳ	ℳ	ℳ	ℳ	%	ℳ	%	ℳ	%	ℳ	%		
19.	20.	21.	22.	23.	24.	25.	26.	27.	28.	29.	30.	31.	32.	33	34.	35.	36.
1,48	0,11	0,04	0,03	0,17	0,50	0,57	0,46	6,49	36,32	.	.	10,62	59,49	7,23	40,51	Ostpreußen	1
1,52	0,20	0,02	0,04	0,23	0,27	1,06	0,28	6,11	36,64	.	.	10,59	63,48	6,09	36,52	Westpreußen	2
1,56	0,04	0,02	0,06	0,60	0,34	0,01	0,38	7,39	23,11	0,02	0,07	11,81	36,97	20,12	63,03	Brandenburg	3
1,73	0,07	0,03	0,03	0,07	0,51	0,14	0,02	6,10	22,21	.	.	11,60	42,22	15,87	57,78	Pommern	4
1,26	0,01	0,05	0,05	0,20	0,14	0,02	0,29	4,48	23,81	.	.	8,83	46,96	9,97	53,04	Posen	5
2,00	0,08	0,03	0,07	0,48	0,52	.	0,55	8,47	22,86	0,03	0,08	14,56	39,30	22,49	60,70	Schlesien	6
2,16	0,16	0,02	0,09	0,06	0,55	0,04	0,52	8,91	24,09	.	.	15,45	41,75	21,55	58,25	Sachsen	7
2,96	0,002	0,07	0,088	0,03	0,48	0,26	0,45	8,91	25,11	.	.	15,45	59,28	10,61	40,72	Schleswig=Holstein	8
2,70	0,24	0,07	0,08	0,08	1,16	0,44	1,46	11,62	38,93	.	.	18,92	63,39	10,93	36,61	Hannover	9
2,78	0,23	0,19	0,11	0,03	1,88	0,01	0,52	12,01	35,02	.	.	19,55	56,98	14,76	43,02	Westfalen mit Schaumburg .	10
3,05	0,12	0,06	0,12	0,02	0,22	0,04	0,81	9,96	37,69	.	.	18,73	70,91	7,68	29,09	Hessen=Nassau ohne Schaumbg.	11
3,06	0,41	0,06	0,14	0,02	0,41	0,38	0,59	12,38	34,82	.	.	20,24	56,93	15,32	43,07	Rheinprovinz	12
2,00	0,16	0,04	0,07	0,21	0,49	0,27	0,54	8,07	30,29	0,08	0,28	13,87	52,05	12,78	47,95	Im ganzen Staat	

Tabelle 56a.

Nachweisung über die Zahl der Studirenden auf der Forst-Akademie zu Eberswalde für die Zeit vom Sommer-Semester 1830 bis zum Winter-Semester 1868/69.

Semester	Civil-Forst-Beflissene	Mitglieder des reitenden Feldjäger-Corps	Mitglieder der Jäger-Bataillone	Ausländer	Zusammen
Sommer 1830	6	13	16	4	39
Winter 1830/31	10	12	7	7	36
Sommer 1831	8	8	7	7	30
Winter 1831/32	12	7	7	3	29
Sommer 1832	9	3	3	8	23
Winter 1832/33	7	2	3	11	23
Sommer 1833	8	6	4	10	28
Winter 1833/34	3	6	2	10	21
Sommer 1834	5	9	5	17	36
Winter 1834/35	5	4	5	16	30
Sommer 1835	9	7	8	12	36
Winter 1835/36	7	8	6	8	29
Sommer 1836	6	11	8	11	36
Winter 1836/37	4	11	8	9	32
Sommer 1837	5	12	6	10	33
Winter 1837/38	7	11	7	7	32
Sommer 1838	10	12	6	12	40
Winter 1838/39	10	11	6	14	41
Sommer 1839	11	12	7	15	45
Winter 1839/40	11	11	7	11	40
Sommer 1840	10	12	7	11	40
Winter 1840/41	10	13	7	4	34
Sommer 1841	13	14	7	6	40
Winter 1841/42	17	15	8	5	45
Sommer 1842	15	14	4	4	37
Winter 1842/43	18	13	4	7	42
Sommer 1843	17	17	4	13	51
Winter 1843/44	13	16	4	15	48
Sommer 1844	16	18	8	9	51
Winter 1844/45	15	18	8	6	47
Sommer 1845	18	18	11	5	52
Winter 1845/46	30	18	11	4	63
Sommer 1846	39	18	7	2	66
Winter 1846/47	36	19	6	4	65
Sommer 1847	46	18	4	3	71
Winter 1847/48	45	18	6	3	72
Sommer 1848	39	20	6	3	68
Winter 1848/49	51	19	10	1	81
Sommer 1849	51	16	10	1	78
Winter 1849/50	58	15	9	1	83
Sommer 1850	57	16	10	1	84
Winter 1850/51	57	16	10	3	86
Sommer 1851	51	16	10	3	80
Winter 1851/52	56	16	10	3	85
Sommer 1852	53	15	9	4	81
Winter 1852/53	52	16	10	2	80
Sommer 1853	57	16	7	4	84
Winter 1853/54	57	16	8	3	84
Sommer 1854	59	15	8	2	84
Winter 1854/55	61	15	6	2	84
Sommer 1855	62	15	4	2	83
Winter 1855/56	53	15	6	2	76
Sommer 1856	40	15	5	2	62
Winter 1856/57	35	15	12	3	65
Sommer 1857	28	15	12	2	57
Winter 1857/58	37	15	10	2	64
Sommer 1858	42	15	10	5	72
Winter 1858/59	42	16	4	5	67
Sommer 1859	44	16	4	4	68
Winter 1859/60	30	15	5	4	54
Sommer 1860	21	16	5	2	44
Winter 1860/61	30	16	4	1	51
Sommer 1861	35	13	4	1	53
Winter 1861/62	41	10	3	1	55
Sommer 1862	34	9	3	1	47
Winter 1862/63	24	9	4	1	38
Sommer 1863	18	9	4	2	33
Winter 1863/64	14	13	3	2	32
Sommer 1864	21	11	3	1	36
Winter 1864/65	21	15	4	2	42
Sommer 1865	34	16	4	3	57
Winter 1865/66	39	16	2	2	59
Sommer 1866	43	16	2	5	66
Winter 1866/67	35	8	1	1	45
Sommer 1867	50	15	2	2	69
Winter 1867/68	66	9	1	2	78
Sommer 1868	71	12	9	1	93
Winter 1868/69	47	12	2	2	63

Tabelle 56b.

Nachweisung über die Zahl der Studirenden auf der Forst-Akademie zu Eberswalde für die Zeit vom Sommer-Semester 1869 bis zum Sommer-Semester 1894.

Semester	Studirende, welche den Vorbedingungen für den Eintritt in die Preußische Forstverwaltungs-Laufbahn Genüge geleistet hatten						Studirende, welche den Vorbedingungen für den Eintritt in die Preußische Forstverwaltungs-Laufbahn nicht Genüge geleistet hatten, und Hospitanten				Zusammen Studirende
	Civil-Forst-Beflissene	Mitglieder des reitenden Feldjäger-Corps	Mitglieder der Jäger-Bataillone	Zusammen	Davon waren Preußen	Davon waren Angehörige anderer deutscher Staaten	Preußen	Angehörige anderer deutscher Staaten	Ausländer	Zusammen	
Sommer 1869 . .	44	13	2	59	59	.	1	4	.	5	64
Winter 1869/70 . .	45	13	1	59	59	.	5	3	.	8	67
Sommer 1870 . .	43	10	4	57	57	.	3	3	2	8	65
Winter 1870/71 . .	.	.	.	.	.	.	.	.	.	.	.
Sommer 1871 . .	48	9	3	60	60	.	1	1	.	2	62
Winter 1871/72 . .	50	9	3	62	62	.	3	1	.	4	66
Sommer 1872 . .	43	13	2	58	57	1	2	1	.	3	61
Winter 1872/73 . .	42	14	2	58	57	1	2	1	2	5	63
Sommer 1873 . .	33	15	.	48	47	1	3	2	5	10	58
Winter 1873/74 . .	31	13	.	44	43	1	3	.	5	8	52
Sommer 1874 . .	35	21	1	57	54	3	4	1	7	12	69
Winter 1874/75 . .	18	14	1	33	30	3	3	3	7	13	46
Sommer 1875 . .	35	16	2	53	47	6	3	4	8	15	68
Winter 1875/76 . .	25	8	2	35	31	4	2	5	8	15	50
Sommer 1876 . .	35	11	2	48	43	5	4	5	9	18	66
Winter 1876/77 . .	25	7	1	33	29	4	5	5	6	16	49
Sommer 1877 . .	52	12	1	65	61	4	5	5	8	18	83
Winter 1877/78 . .	38	9	.	47	42	5	7	3	6	16	63
Sommer 1878 . .	64	15	.	79	72	7	4	3	9	16	95
Winter 1878/79 . .	52	7	.	59	52	7	1	2	4	7	66
Sommer 1879 . .	71	14	.	85	78	7	5	2	6	13	98
Winter 1879/80 . .	58	10	.	68	63	5	4	3	8	15	83
Sommer 1880 . .	113	15	1	129	117	12	4	4	7	15	144
Winter 1880/81 . .	91	19	3	113	104	9	5	2	6	13	126
Sommer 1881 . .	151	29	4	184	172	12	7	10	15	32	216
Winter 1881/82 . .	105	15	2	122	110	12	7	10	12	29	151
Sommer 1882 . .	154	21	5	180	165	15	4	11	13	28	208
Winter 1882/83 . .	116	15	3	134	124	10	5	9	7	21	155
Sommer 1883 . .	161	24	4	189	178	11	8	12	7	27	216
Winter 1883/84 . .	107	16	3	126	122	4	6	13	2	21	147
Sommer 1884 . .	130	21	3	154	146	8	6	16	1	23	177
Winter 1884/85 . .	56	17	1	74	71	3	8	28	1	37	111
Sommer 1885 . .	63	19	.	82	79	3	9	32	7	48	130
Winter 1885/86 . .	81	19	.	100	95	5	12	28	8	48	148
Sommer 1886 . .	86	16	.	102	93	9	16	26	10	52	154
Winter 1886/87 . .	89	18	.	107	97	10	20	19	12	51	158
Sommer 1887 . .	79	14	.	93	84	9	25	18	9	52	145
Winter 1887/88 . .	76	22	.	98	87	11	21	11	20	52	150
Sommer 1888 . .	64	18	.	82	74	8	25	22	10	57	139
Winter 1888/89 . .	71	16	.	87	78	9	20	25	12	57	144
Sommer 1889 . .	65	16	1	82	73	9	18	16	13	47	129
Winter 1889/90 . .	61	21	1	83	75	8	16	21	15	52	135
Sommer 1890 . .	54	10	2	66	62	4	17	29	12	58	124
Winter 1890/91 . .	60	14	2	76	70	6	12	28	12	52	128
Sommer 1891 . .	60	8	2	70	60	10	10	28	14	52	122
Winter 1891/92 . .	38	7	1	46	42	4	8	22	12	42	88
Sommer 1892 . .	26	5	1	32	29	3	12	12	15	39	71
Winter 1892/93 . .	20	4	1	25	24	1	9	11	21	41	66
Sommer 1893 . .	20	3	.	23	21	2	3	6	27	36	59
Winter 1893/94 . .	16	4	.	20	19	1	5	10	27	42	62
Sommer 1894 . .	19	5	1	25	23	2	2	2	22	26	51

Tabelle 56c.

Nachweisung über die Zahl der Studirenden auf der Forst-Akademie zu Münden für die Zeit vom Sommer-Semester 1868 bis zum Sommer-Semester 1894.

Semester	Studirende, welche den Vorbedingungen für den Eintritt in die Preußische Forstverwaltungs-Laufbahn Genüge geleistet hatten						Studirende, welche den Vorbedingungen für den Eintritt in die preußische Forstverwaltungs-Laufbahn nicht Genüge geleistet hatten und Hospitanten				Zusammen Studirende
	Civilforstbeflissene	Mitglieder		Zusammen	Davon waren		Preußen	Angehörige anderer deutscher Staaten	Ausländer	Zusammen	
		des reitenden Feldjäger-Corps	der Jäger-Bataillone		Preußen	Angehörige anderer deutscher Staaten					
Sommer 1868 . .	21	5	11	37	37	.	2	4	1	7	44
Winter 1868/69 . .	29	5	11	45	45	.	3	4	1	8	53
Sommer 1869 . .	40	5	5	50	50	.	6	4	.	10	60
Winter 1869/70 . .	38	5	2	45	45	.	6	9	1	16	61
Sommer 1870 . .	40	5	1	46	44	2	4	8	3	15	61
Winter 1870/71 . .	.	.	.	.	.	.	.	.	.	.	.
Sommer 1871 . .	46	4	1	51	49	2	3	9	1	13	64
Winter 1871/72 . .	52	4	1	57	55	2	5	12	1	18	75
Sommer 1872 . .	63	5	1	69	67	2	4	7	1	12	81
Winter 1872/73 . .	62	5	1	68	66	2	6	4	1	11	79
Sommer 1873 . .	61	7	1	69	65	4	6	8	.	14	83
Winter 1873/74 . .	61	7	.	68	62	6	3	3	.	6	74
Sommer 1874 . .	87	14	.	101	94	7	5	5	2	12	113
Winter 1874/75 . .	64	9	.	73	68	5	4	5	4	13	86
Sommer 1875 . .	72	12	.	84	79	5	5	10	7	22	106
Winter 1875/76 . .	35	11	.	46	45	1	2	9	5	16	62
Sommer 1876 . .	50	13	.	63	60	3	4	8	3	15	78
Winter 1876/77 . .	26	4	.	30	28	2	3	7	3	13	43
Sommer 1877 . .	41	10	.	51	42	9	2	8	3	13	64
Winter 1877/78 . .	27	8	.	35	30	5	1	9	6	16	51
Sommer 1878 . .	53	7	.	60	51	9	1	11	6	18	78
Winter 1878/79 . .	41	6	.	47	38	9	2	7	.	9	56
Sommer 1879 . .	81	11	2	94	82	12	4	8	.	12	106
Winter 1879/80 . .	54	4	2	60	56	4	3	8	.	11	71
Sommer 1880 . .	80	4	2	86	79	7	6	3	.	9	95
Winter 1880/81 . .	45	.	1	46	41	5	7	2	.	9	55
Sommer 1881 . .	75	.	5	80	69	11	8	1	.	9	89
Winter 1881/82 . .	62	.	4	66	57	9	10	5	.	15	81
Sommer 1882 . .	91	.	5	96	86	10	16	5	.	21	117
Winter 1882/83 . .	50	.	5	55	51	4	16	5	.	21	76
Sommer 1883 . .	96	.	7	103	92	11	12	5	.	17	120
Winter 1883/84 . .	66	.	3	69	60	9	14	5	.	19	88
Sommer 1884 . .	82	.	5	87	76	11	18	6	.	24	111
Winter 1884/85 . .	54	.	4	58	49	9	12	6	.	18	76
Sommer 1885 . .	36	.	3	39	37	2	11	7	.	18	57
Winter 1885/86 . .	26	.	4	30	28	2	8	3	.	11	41
Sommer 1886 . .	36	.	3	39	36	3	12	6	1	19	58
Winter 1886/87 . .	32	.	2	34	33	1	21	5	1	27	61
Sommer 1887 . .	43	.	2	45	45	.	23	2	3	28	73
Winter 1887/88 . .	40	.	2	42	41	1	21	5	4	30	72
Sommer 1888 . .	40	.	1	41	37	4	14	4	3	21	62
Winter 1888/89 . .	49	.	1	50	43	7	16	2	1	19	69
Sommer 1889 . .	32	.	.	32	23	9	10	3	2	15	47
Winter 1889/90 . .	42	.	.	42	28	14	13	2	.	15	57
Sommer 1890 . .	32	.	1	33	22	11	6	1	1	8	41
Winter 1890/91 . .	26	.	1	27	23	4	4	.	.	4	31
Sommer 1891 . .	7	.	1	8	7	1	4	1	1	6	14
Winter 1891/92 . .	24	4	1	29	25	4	5	1	1	7	36
Sommer 1892 . .	14	4	.	18	17	1	6	5	1	12	30
Winter 1892/93 . .	11	4	.	15	15	.	8	5	2	15	30
Sommer 1893 . .	7	5	.	12	12	.	6	8	5	19	31
Winter 1893/94 . .	8	4	1	13	13	.	10	5	3	18	31
Sommer 1894 . .	14	4	1	19	19	.	2	10	3	15	34

Tabelle 57a.

Zusammenstellung

der

aus den Staatsforsten erfolgten Abgaben von Streu und Gras, sowie über die gestattete Waldweidenutzung

in der Zeit vom

1. April bis Ende December 1893.

Die schräg gedruckten Zahlen beziehen sich auf das Etatsjahr 1892/93.

	In der Zeit vom 1. April bis Ende December 1893 *Im Etatsjahre 1892/93*	Streu-Abgaben: Raummeter	Karren	Fuder	Erlaubnißscheine zum Schneiden von Haide	Zum Haidhieb verpachtete Flächen: ha	dec	Moorerde und Mergel: cbm	Gras-: Raummeter	Karren
1	Königsberg	10 069,5 *1 453,5*	.	.	.	860 *800*	.	.	.	.
2	Gumbinnen	5 906 *1 821*	.	.	.	.	.	.	217 *56*	.
3	Danzig	39 713 *7 018*	.	.	.	.	.	313 *458*	97 *26*	19 *14*
4	Marienwerder	69 886 *16 430*	.	.	.	.	.	.	.	.
5	Potsdam	32 005 *10 389*	.	.	.	333 *53*	90 *10*	.	1 502 *327*	.
6	Frankfurt a. O.	63 066,9 *22 319*	.	.	.	.	.	.	55,5 *27,0*	.
7	Stettin	20 050 *1 909*	.	.	.	.	.	.	9 201,5 *931,5*	.
8	Köslin	6 660 *3 688*	.	.	.	.	.	.	.	.
9	Stralsund	3 272 *1 741*	.	.	.	.	.	.	1 779 *843*	.
10	Posen	29 563 *3 474*	.	.	.	.	.	.	.	.
11	Bromberg	23 229 *15 747*	.	.	.	.	.	10	664 *217*	.
12	Breslau	20 179,5 *2 307*	.	.	.	2 673 *230*	5 *6*	.	.	6 einsp. F.
13	Liegnitz	.	51 471 *7 647*	.	.	645 *193*	67	.	.	20 965 *15 265*
14	Oppeln	27 309,5 *12 355,5*	.	.	.	.	.	.	2 049	.
15	Magdeburg	65 146 *5 745*	.	.	.	916 *53*	17 *50*	.	78	.
16	Merseburg	149 237 *15 683,5*	.	.	1 135	.	.	.	1 319	.
17	Erfurt	42 425,2 *7 793*	.	.	.	.	.	.	.	.
18	Schleswig	11 622 *5 356*	.	.	.	.	.	.	.	97 zweisp. Fuder *43 " "*
19	Hannover	24 218 *5 301*	.	.	.	.	.	476	363 *122*	.
20	Hildesheim	46 005 *12 340,5*	.	.	.	.	.	.	.	.
21	Lüneburg	24 171 *5 251*	.	.	.	79 *6*	.	.	44 034 *36 512*	.
22	Stade	5 789,5 *3 388*	.	.	20 *24*	4 *6*	24 *55*	.	671 *381*	.
23	Osnabrück (mit Aurich)	2 897 *612*	.	.	61 *29*	.	.	.	446 *357*	.
24	Münster	.	8 *1*	195 zw. 26 einsp. F. *4 " 8 "*	.	.	.	.	.	114 Karren
25	Minden (mit Schaumburg)	4 615 *2 182*	4 Karren 42 Handw. *4 Karren*	10 760 einsp. F. *1 510 "*	.	.	.	.	.	227 einsp. F. *211 " "*
26	Arnsberg	.	2 605 Karren *359*	.	.	.	.	.	.	117 Karren *56 "*
27	Cassel (ohne Schaumburg)	484 404 *69 305*	.	.	1 145 *378*	.	.	.	2 229 Futterlaub	.
28	Wiesbaden	.	.	14 876 einsp. K. *2 448 "*	.	.	.	.	.	2 705 Karren *403 "*
29	Coblenz	68 808 *5 602,5*	.	.	.	.	.	.	785,5 *1 685,6*	.
30	Düsseldorf	.	.	1 662 *8*	215	25	.	.	.	.
31	Cöln	88 258 *1 949*	.	.	.	.	.	.	1 169 *244*	.
32	Trier	164 615 *18 728*	.	.	.	.	.	.	.	.
33	Aachen	16 559 *2 791,5*	.	.	310 *41*	.	.	.	1 414,3 *717,6*	.
	Zusammen für die Zeit vom 1. 4. bis 31. 12. 1893	1 549 679,1	54 088 Karren u. 42 Handwagen	195 zweisp. F. 27 324 einsp. F.	2 886	5 537	48	799	68 073,8	97 zweisp. F. 2 938 einsp. F. 21 215 Karren
	Im Etatsjahre 1892/93	*262 680*	*8 011 Karren*	*4 zweisp. F.* *3 974 einsp. F.*	*472*	*1 342*	*75*	*458*	*42 446,7*	*43 zweisp. F.* *614 einsp. F.* *15 335 Karren*
	Mithin für die Zeit vom 1. 4. bis 31. 12. 1893: Mehr	1 286 999,1	46 077 Karren u. 42 Handw.	191 zweisp. F. 23 350 einsp. F.	2 414	4 194	73	341	25 627,1	54 zweisp. F. 2 324 einsp. F. 5 880 Karren
	Weniger	.	.	.	.	.	.	.	.	.

57a.

Abgaben						Weidenutzung							Bezirk	Nr.
Tragelasten	Erlaubnißscheine zur Sichelgräserei	von Pachtflächen		durch Verkauf auf Bruchflächen, Gestellen		Pferde	Rindvieh	Schafe	Schweine	Ziegen	Verpachtete Flächen			
		ha	dec	M	Pf	Stück	Stück	Stück	Stück	Stück	ha	dec		
.	1 158	.	.	.	.	.	3 490	.	.	.	.	.	Königsberg	1
.	*542*	.	.	.	.	.	*2 210*	.	.	.	.	.		
.	83	.	.	.	.	.	5 418	.	.	.	.	.	Gumbinnen	2
.	*22*	.	.	.	.	.	*4 784*	.	.	.	.	.		
.	2 395	.	.	.	.	.	2 603	.	67	.	.	.	Danzig	3
.	*1 398*	.	.	.	.	.	*1 866*	.	*39*	.	.	.		
.	.	.	.	.	.	.	3 752	.	.	.	.	.	Marienwerder	4
.	.	.	.	.	.	.	*3 237*	.	.	.	.	.		
.	.	332	40	.	.	.	5 111	.	.	.	.	.	Potsdam	5
.	.	*296*	*40*	.	.	.	*1 220*	.	.	.	.	.		
.	630	.	.	.	.	.	1 218	.	.	.	.	.	Frankfurt a. O.	6
.	*331*	.	.	.	.	.	*1 126*	.	.	.	.	.		
.	.	.	.	.	.	.	731	409	100	.	.	.	Stettin	7
.	.	.	.	.	.	.	*194*	.	*100*	.	.	.		
.	.	.	.	.	.	.	293	.	.	.	.	.	Köslin	8
.	.	.	.	.	.	.	*278*	.	.	.	.	.		
.	.	.	.	.	.	13	678	250	.	.	.	.	Stralsund	9
.	.	.	.	.	.	*13*	*660*	.	.	.	.	.		
.	.	.	.	.	.	.	1 209	502	.	.	.	.	Posen	10
.	.	.	.	.	.	.	*1 103*	.	.	.	.	.		
.	1 674	.	.	.	.	.	2 016	.	71	.	.	.	Bromberg	11
.	*677*	.	.	.	.	.	*1 647*	.	*50*	.	.	.		
.	401	428	9	.	.	.	164	.	.	.	.	.	Breslau	12
.	.	*20*	.	.	.	.	*70*	.	.	.	.	.		
.	.	624	80	.	.	.	123	.	.	.	.	.	Liegnitz	13
.	.	*581*	*37*	.	.	.	*129*	.	.	.	.	.		
938	326	688	70	404	40	.	893	.	.	.	.	.	Oppeln	14
35	*259*	*111*	*30*	*193*	.	.	*832*	.	.	.	.	.		
.	1 109	212	76	.	.	.	316	.	.	.	.	.	Magdeburg	15
.	*877*	.	.	.	.	.	*253*	.	.	.	.	.		
.	3 534	.	.	.	.	.	113	4 152	.	.	.	.	Merseburg	16
.	*2 569*	.	.	.	.	.	*41*	*651*	.	.	.	.		
.	.	.	.	.	.	.	529	1 277	.	.	188	.	Erfurt	17
.	.	.	.	.	.	.	*78*	.	.	.	*35*	*30*		
.	303	.	.	.	.	.	228	.	.	.	.	.	Schleswig	18
.	*302*	.	.	.	.	.	*130*	.	.	.	.	.		
.	589	.	.	.	.	.	167	680	2	.	.	.	Hannover	19
.	*340*	.	.	.	.	.	*37*	.	*2*	.	.	.		
.	.	.	.	.	.	.	1 945	924	100	.	.	.	Hildesheim	20
.	.	.	.	.	.	.	*1 469*	*710*	*112*	.	.	.		
.	1 103	548	.	.	.	.	650	820	.	.	.	.	Lüneburg	21
.	*974*	*423*	.	.	.	.	*269*	*350*	.	.	.	.		
.	100	.	.	.	.	.	133	43	.	.	.	.	Stade	22
.	*124*	.	.	.	.	.	*114*	*48*	.	.	.	.		
.	71	.	.	.	.	.	122	.	.	.	.	.	Osnabrück (mit Aurich)	23
.	*69*	.	.	.	.	.	*48*	.	.	.	.	.		
.	37	.	.	.	.	.	26	.	.	.	.	.	Münster	24
.	.	.	.	.	.	.	*26*	.	.	.	.	.		
.	1 154	7	42	.	.	.	5 450	11 589	818	.	63	69	Minden (mit Schaumburg)	25
.	*1 084*	.	.	.	.	.	*487*	*503*	*213*	.	.	.		
.	1 852	.	.	.	.	.	1 078	.	90	.	50	.	Arnsberg	26
.	*546*	.	.	.	.	.	*160*	.	*32*	.	.	.		
.	13 658	.	.	.	.	.	7 548	49 966	.	.	.	.	Cassel (ohne Schaumburg)	27
.	*5 891*	.	.	.	.	.	*2 388*	*19 678*	.	.	.	.		
.	9 511	.	.	.	.	.	948	4 312	92	30	.	.	Wiesbaden	28
.	*3 166*	.	.	.	.	.	*742*	*1 766*	*102*	.	.	.		
6 560	11 858	.	.	.	.	.	112	.	.	.	.	.	Coblenz	29
2 021	*2 896*	.	.	.	.	.	*31*	.	.	.	.	.		
.	639	.	.	.	.	.	238	.	.	.	.	.	Düsseldorf	30
.	*296*	.	.	.	.	.	*94*	.	.	.	.	.		
.	4 143	.	.	.	.	.	16	150	.	.	.	.	Cöln	31
.	*132*	.	.	.	.	.	*11*	.	.	.	.	.		
.	8 634	.	.	.	.	.	1 687	.	2 169	.	.	.	Trier	32
.	*1 766*	.	.	.	.	.	*71*	.	*1 726*	.	.	.		
.	2 883	.	.	.	.	.	1 707	.	.	.	.	.	Aachen	33
.	*1 091*	.	.	.	.	.	*70*	.	.	.	.	.		
7 498	67 795	2 842	98	404	40	13	50 712	75 074	3 509	30	301	69		
2 056	*25 342*	*1 432*	*07*	*193*	.	*13*	*25 875*	*23 706*	*2 376*	.	*35*	*30*		
5 442	42 453	1 410	91	211	40	.	24 837	51 368	1 133	30	266	39		
.	.	.	.	.	.	.	.	.	.	.	.	.		

*

Tabelle

Nachweisung von den im Etatsjahre 1893/94 an Gemeinden, öffentliche Anstalten ꝛc.

Laufende Nummer	Regierungs-Bezirk	Anzahl der abgegebenen Pflanzen															
		An Gemeinden und öffentliche Anstalten				An Privatgrundbesitzer				An Wegebau-Verwaltungen				Zusammen			
		Laubholz Hunderte	dec	Nadelholz Hunderte	dec	Laubholz Hunderte	dec	Nadelholz Hunderte	dec	Laubholz Hunderte	dec	Nadelholz Hunderte	dec	Laubholz Hunderte	dec	Nadelholz Hunderte	dec
1	Königsberg	423	35	14 890	62	573	86	5 125	33	85	87	179	.	1 083	08	20 194	95
2	Gumbinnen	50	35	470	70	467	21	3 512	51	49	05	92	50	566	61	4 075	71
3	Danzig	118	51	316	75	1 369	54	9 778	55	54	27	.	.	1 542	32	10 095	30
4	Marienwerder	191	75	13 809	70	864	27	69 077	53	37	72	.	04	1 093	74	82 887	27
5	Potsdam	522	41	7 826	60	1 193	63	40 267	12	3	79	.	.	1 719	83	48 093	72
6	Frankfurt a. O.	5	50	3	.	243	50	10 214	61	.	.	.	.	249	.	10 217	61
7	Stettin	28	35	1 660	50	594	96	2 468	19	3	20	.	.	626	51	4 128	69
8	Köslin	26	99	161	96	214	98	799	82	16	80	.	.	258	77	961	78
9	Stralsund	53	50	31	70	327	54	1 591	33	2	20	.	.	383	24	1 623	03
10	Posen	87	40	128	10	365	48	1 286	03	.	.	.	.	452	88	1 414	13
11	Bromberg	114	25	11	10	996	51	1 464	73	16	50	.	.	1 127	26	1 475	83
12	Breslau	3	87	450	.	101	82	9 433	84	10	.	.	.	115	69	9 883	84
13	Liegnitz	16	40	88	.	16	10	2 867	74	.	.	.	.	32	50	2 955	74
14	Oppeln	29	15	1 523	30	34	83	2 478	50	2	50	.	.	66	48	4 001	80
15	Magdeburg	72	40	20	.	813	30	290	92	5	10	.	.	890	80	310	92
16	Merseburg	452	80	1 121	55	87	46	7 734	31	26	15	150	.	566	41	9 005	86
17	Erfurt	89	90	263	80	12	97	195	40	16	.	15	.	118	87	474	20
18	Schleswig	5	.	603	.	151	82	892	87	.	.	.	.	156	82	1 495	87
19	Hannover	807	72	6 127	25	1 367	94	11 937	92	1	28	.	.	2 176	94	18 065	17
20	Hildesheim	1 063	64	3 972	90	183	67	1 218	27	1	50	.	.	1 248	81	5 191	17
21	Lüneburg	301	28	5 288	65	1 136	13	30 632	96	8	06	.	.	1 445	47	35 921	61
22	Stade	96	35	176	.	135	37	3 076	28	12	05	5	.	243	77	3 257	28
23	Osnabrück (mit Aurich) . .	7	.	6	60	932	38	2 526	40	6	30	2	.	945	68	2 535	.
24	Münster	.	.	.	.	32	09	283	59	.	.	.	.	32	09	283	59
25	Minden (mit Schaumburg) .	2	.	282	50	217	64	621	86	3	.	.	.	222	64	904	36
26	Arnsberg	.	60	230	.	31	21	3 335	46	.	.	.	.	31	81	3 565	46
27	Cassel (ohne Schaumburg) .	532	09	3 395	60	334	55	2 624	68	3	58	.	.	870	22	6 020	28
28	Wiesbaden	293	90	3 502	49	75	64	558	99	.	50	.	.	370	04	4 061	48
29	Coblenz	47	32	47	.	8	60	66	50	.	.	.	.	55	92	113	50
30	Düsseldorf	131	.	6	25	226	62	39	61	.	.	.	.	357	62	45	86
31	Cöln	58	15	222	.	4	40	795	33	.	.	.	.	62	55	1 017	33
32	Trier	351	.	665	28	156	55	2 446	88	.	.	.	.	507	55	3 112	16
33	Aachen	460	80	1 049	30	295	10	543	70	3	60	.	.	759	50	1 593	.
	Zusammen	6 444	73	68 352	20	13 567	67	230 187	76	369	02	443	54	20 381	42	298 983	50

57 b.

und Privatgrundbesitzer aus den Staatswaldungen abgegebenen Holzpflanzen.

Der Verkaufspreis betrug ℳ	₰	Größe der zum Pflanzen-Verkauf angelegten Kämpe ha	dec	Mithin sind an Pflanzen abgegeben: in der Provinz	Laubholz Hunderte	dec	Nadelholz Hunderte	dec	Zusammen Hunderte	dec	Regierungs-Bezirk	Laufende Nummer
7 324	07	.	07								Königsberg	1
4 680	12	3	25	Ostpreußen	1 649	69	24 270	66	25 920	35	Gumbinnen	2
9 131	86	7	77								Danzig	3
6 715	38	2	.	Westpreußen	2 636	06	92 982	57	95 618	63	Marienwerder	4
11 204	86	7	05								Potsdam	5
1 025	48	.	30	Brandenburg	1 968	83	58 311	33	60 280	16	Frankfurt a. O.	6
1 283	10	.	20								Stettin	7
1 771	52	4	54	Pommern	1 268	52	6 713	50	7 982	02	Köslin	8
885	72	.	.								Stralsund	9
563	53	.	.								Posen	10
1 064	57	.	.	Posen	1 580	14	2 889	96	4 470	10	Bromberg	11
1 338	05	3	.								Breslau	12
673	56	.	.								Liegnitz	13
729	35	2	71	Schlesien	214	67	16 841	38	17 056	05	Oppeln	14
895	08	.	.								Magdeburg	15
1 843	12	.	50								Merseburg	16
288	25	.	.	Sachsen	1 576	08	9 790	98	11 367	06	Erfurt	17
694	01	.	.	Schleswig-Holstein . . .	156	82	1 495	87	1 652	69	Schleswig	18
6 906	67	2	54								Hannover	19
2 659	18	.	50								Hildesheim	20
4 039	46	.	.								Lüneburg	21
863	99	.	.								Stade	22
1 732	10	.	.	Hannover	6 060	67	64 970	23	71 030	90	Osnabrück (mit Aurich) . .	23
147	65	.	.								Münster	24
1 113	05	.	.								Minden (mit Schaumburg) .	25
1 209	98	.	.	Westfalen (mit Schaumburg)	286	54	4 753	41	5 039	95	Arnsberg	26
2 159	43	.	.								Cassel (ohne Schaumburg) .	27
2 403	20	.	05	Hessen-Nassau . . . . (ohne Schaumburg)	1 240	26	10 081	76	11 322	02	Wiesbaden	28
105	80	.	.								Coblenz	29
361	85	.	.								Düsseldorf	30
1 083	45	.	.								Cöln	31
965	71	.	.								Trier	32
726	53	.		Rheinprovinz	1 743	14	5 881	85	7 624	99	Aachen	33
78 589	68	34	48	im ganzen Staate . . .	20 381	42	298 983	50	319 364	92		

Tabelle

Ueberſicht der verausgabten Kultur- und Kommunikations-Wegebau-Gelder

Laufende Nummer	Jahr	Zur Holzzucht bestimmte Fläche mit Ausschluß derjenigen des Thiergartens bei Cleve, *(darunter an gemeinschaftlichen Waldungen)*	Verausgabte											
			für Nachbesserungen				für neue Kulturen				für Anlegung und Unterhaltung von Saat- und Pflanz-Kämpen			
		ha	ha	dec	ℳ	₰	ha	dec	ℳ	₰	ha	dec	ℳ	₰
1	1. April 1883/84 .	2 377 870 *4 633*	16 783	291	634 520	52	19 572	680	879 787	64	912	236	508 407	21
2	1. April 1884/85 .	2 383 818 *3 711*	15 662	809	711 093	15	18 081	277	845 573	83	980	125	556 021	44
3	1. April 1885/86 .	2 398 258 *3 189*	16 926	844	741 255	64	20 373	944	951 944	21	962	887	571 387	42
4	1. April 1886/87 .	2 408 380 *2 221*	14 767	464	681 315	22	18 965	815	949 779	70	973	519	580 156	52
5	1. April 1887/88 .	2 414 117 *1 857*	16 611	747	757 439	97	19 709	429	991 076	14	926	260	556 542	05
6	1. April 1888/89 .	2 418 836 *1 667*	14 504	159	723 793	18	18 476	771	953 966	82	875	081	551 682	85
7	1. April 1889/90 .	2 424 480 *1 667*	21 058	057	818 095	21	18 225	808	951 151	17	887	976	540 968	88
8	1. April 1890/91 .	2 429 631 *1 667*	14 468	002	756 337	07	17 407	728	956 492	54	870	550	576 300	74
9	1. April 1891/92 .	2 438 542 *1 667*	15 401	621	765 357	33	16 936	941	1 022 990	49	841	548	563 426	23
	Zuſammen	21 693 932	146 183	994	6 589 207	29	167 750	393	8 502 762	54	8 230	182	5 004 893	34
	Durchſchnittlich jährlich	2 410 437	16 242	666	732 134	14	18 638	933	944 751	39	914	465	556 099	26

Zu Tabelle

Laufende Nummer	Jahr	Verausgabte Kulturgelder										
		für Unterhaltung alter		für Herstellung neuer			Insgemein		Betrag der verausgabten Kulturgelder. *Werth der verwendeten Forst-Strafarbeiten*		durchschnittlich für das Hektar der Holzbodenfläche	
		Holzabfuhrwege										
		ℳ	₰	lfd. m	ℳ	₰	ℳ	₰	ℳ	₰	ℳ	₰
1	1. April 1883/84 . . .	592 340	15	1 561 286	789 802	59	216 530	93	4 252 445 *22 821*	29 *05*	1	79
2	1. April 1884/85 . . .	551 330	39	1 614 277	797 519	35	199 446	48	4 367 582 *19 974*	93 *87*	1	83
3	1. April 1885/86 . . .	574 844	48	1 697 538	831 164	85	229 750	87	4 805 489 *19 298*	86 *90*	2	00
4	1. April 1886/87 . . .	621 871	40	1 381 002	758 453	86	380 434	52	4 677 597 *16 369*	14 *16*	1	94
5	1. April 1887/88 . . .	526 922	43	1 407 146	731 821	09	230 533	14	4 571 049 *19 447*	24 *42*	1	89
6	1. April 1888/89 . . .	555 374	46	1 450 332	678 379	93	292 069	32	4 423 936 *5 435*	42 *60*	1	83
7	1. April 1889/90 . . .	621 324	26	1 489 072	727 383	60	339 356	25	4 968 077 *10 854*	68 *68*	2	05
8	1. April 1890/91 . . .	720 680	26	1 581 991	863 134	56	404 529	92	4 923 527 *12 078*	10 *05*	2	03
9	1. April 1891/92 . . .	712 456	46	1 374 231	828 430	20	351 550	05	5 112 532 *8 506*	87 *30*	2	10
	Zuſammen	5 477 144	29	13 556 875	7 006 090	03	2 644 201	48	42 102 238	53	.	.
	Durchſchnittlich jährlich	608 571	59	1 506 320	778 454	45	293 800	17	4 678 026	50	1	94

58.
bei der Staats-Forstverwaltung für die Etatsjahre 1883/84 bis 1891/92.

Kulturgelder

für Anschaffung von Samen und Ankauf von Pflanzen		für Bewährungen und Verhegungen		für Unterhaltung alter (Abzugsgräben und sonstiger Entwässerungs-Anlagen)		für Herstellung neuer (Abzugsgräben und sonstiger Entwässerungs-Anlagen)		für Anschaffung und Unterhaltung der Kulturgeräthe		Jahr	Laufende Nummer
ℳ	₰	ℳ	₰	ℳ	₰	ℳ	₰	ℳ	₰		
308 108	13	135 259	68	73 564	29	80 279	82	33 844	33	1. April 1883/84 . . .	1
311 027	55	170 842	40	93 444	57	94 012	53	37 271	24	1. April 1884/85 . . .	2
519 571	47	179 347	07	87 839	97	85 159	92	33 223	96	1. April 1885/86 . . .	3
278 289	88	219 422	13	89 984	15	77 730	26	40 159	50	1. April 1886/87 . . .	4
374 399	30	228 569	27	68 019	28	65 625	49	40 101	08	1. April 1887/88 . . .	5
248 075	07	244 321	21	69 658	83	66 918	37	39 696	38	1. April 1888/89 . . .	6
531 581	30	266 556	81	74 308	77	64 526	53	32 824	90	1. April 1889/90 . . .	7
202 620	07	274 370	82	80 456	55	56 500	20	32 104	37	1. April 1890/91 . . .	8
390 985	15	290 160	93	83 279	71	69 585	28	34 311	04	1. April 1891/92 . . .	9
3 164 657	92	2 008 850	32	720 556	12	660 338	40	323 536	80	Zusammen	
351 628	66	223 205	59	80 061	79	73 370	93	35 948	53	Durchschnittlich jährlich.	

58 Fortsetzung.

Verausgabte Kommunikationswege-Baugelder

für Unterhaltung alter Wege		für Herstellung neuer Wege			für Brücken auf Kommunikations-Wegen		Insgemein		Betrag der verausgabten Kommunikations-wege-Baugelder		durchschnittlich für das Hektar der Holzboden-fläche		Jahr	Laufende Nummer
ℳ	₰	lfd. m	ℳ	₰	ℳ	₰	ℳ	₰	ℳ	₰	ℳ	₰		
876 223	50	339 832	507 949	96	59 641	95	23 311	51	1 467 126	92	.	62	1. April 1883/84 . .	1
911 632	97	290 811	515 093	82	53 013	92	29 809	90	1 509 550	61	.	63	1. April 1884/85 . .	2
879 730	98	309 970	386 025	38	59 935	15	21 614	21	1 347 305	72	.	56	1. April 1885/86 . .	3
966 138	13	277 881	451 446	51	59 739	47	25 639	85	1 502 963	96	.	62	1. April 1886/87 . .	4
1 012 295	24	216 397	492 663	28	60 370	12	25 745	86	1 591 074	50	.	66	1. April 1887/88 . .	5
985 077	72	255 020	463 073	98	81 052	01	31 669	83	1 560 873	54	.	65	1. April 1888/89 . .	6
1 023 339	01	185 300	382 763	87	82 050	81	27 805	37	1 515 959	06	.	63	1. April 1889/90 . .	7
999 538	25	209 969	400 985	86	51 700	94	45 061	89	1 497 286	94	.	62	1. April 1890/91 . .	8
944 955	43	220 329	448 435	80	119 503	13	46 329	96	1 559 224	32	.	64	1. April 1891/92 . .	9
8 598 931	23	9 305 509	4 048 438	46	627 007	50	276 988	38	13 551 365	57	.	.	Zusammen	
955 436	80	1 033 945	449 826	50	69 667	50	30 776	49	1 505 707	29	.	62	Durchschnittlich jährlich.	

Tabelle 59.

Nachweisung

über die

bei der Staatsforstverwaltung vorgekommenen

Erkrankungen von Arbeitern,

welchen Unterstützungen gewährt worden sind, sowie über die unter die Reichsgesetze vom 6. Juli 1884, 28. Mai 1885, 5. Mai 1886, 11. Juli 1887 fallenden

Betriebsunfälle

und

über die Ausgaben auf Grund des Alters- und Invaliditäts-Versicherungsgesetzes vom 22. Juni 1889 für das Etatsjahr 1892/93.

Wie umstehend nachgewiesen, betragen:

1.	Die Ausgaben, zu denen Forstfiscus gesetzlich verpflichtet war (Sp. 10, 12, 15, 16 und 20)	351 871 ℳ	82 ₰
2.	„ Beiträge an Waldarbeiter-Unterstützungskassen (Sp. 18)	25 207 „	35 „
3.	„ freiwilligen Unterstützungen aus forstfiscalischen Fonds (Sp. 17)	16 847 „	25 „
4.	„ Unterstützungen aus dem Gnaden-Pensionsfonds (Sp. 19)	13 942 „	48 „
		407 868 ℳ	90 ₰
	oder für das ha der Gesammtfläche	0 „	15 „

Tabelle

Laufende Nummer	Regierungs-Bezirk	Von der Staatsforst-Verwaltung beschäftigte Arbeiter: Ueberhaupt: Zahl	Ueberhaupt: Ungefähre Gesammtzahl der Arbeitstage	Von der Zahl in Spalte 3 bezw. 4 fallen auf Arbeiter mit Kranken-Versicherung nach §§ 1, 2 des Gesetzes vom 15. Juni 1883, 10. April 1892: Bei forstfiscalischen Betriebs-Krankenkassen: Zahl	Bei forstfiscalischen Betriebs-Krankenkassen: Ungefähre Gesammtzahl der Arbeitstage	Bei Orts-Krankenkassen oder Gemeinde-Krankenkassen versichert: Zahl	Bei Orts-Krankenkassen oder Gemeinde-Krankenkassen versichert: Ungefähre Gesammtzahl der Arbeitstage	Erkrankungen versicherter Arbeiter der Spalte 5: Zahl	der Spalte 5: Aufwendungen des Forstfiscus an Beiträgen 2c. ℳ	₰	Erkrankungen versicherter Arbeiter der Spalte 7: Zahl	der Spalte 7: Aufwendungen des Forstfiscus an Beiträgen 2c. ℳ	₰
1.	2.	3.	4.	5.	6.	7.	8.	9.	10.		11.	12.	
1	Königsberg	11 205	1 073 693	95	11 400	743	113 139	30	.	.	.	.	.
2	Gumbinnen	7 941	769 800	.	.	43	2 409	.	.	.	.	17	44
3	Danzig	6 656	409 767	.	.	1	60	.	.	.	.	.	.
4	Marienwerder	11 612	976 169	.	.	694	88 956	.	.	.	39	.	.
5	Potsdam	10 275	689 640	.	.	5 181	343 920	.	.	.	260	5 852	12
6	Frankfurt a. O.	9 617	622 923	.	.	2 509	168 508	.	.	.	206	1 391	41
7	Stettin	4 263	311 014	.	.	1 845	140 316	.	.	.	201	1 457	44
8	Köslin	2 778	167 177	.	.	.	.	.	.	.	.	.	.
9	Stralsund	1 188	102 341	.	.	847	78 812	.	.	.	61	579	57
10	Posen	5 834	327 518	120	17 000	397	39 292	.	.	.	.	.	.
11	Bromberg	5 443	402 650	.	.	.	.	.	.	.	.	.	.
12	Breslau	5 519	471 719	.	.	858	63 695	.	.	.	62	503	56
13	Liegnitz	1 340	102 400	.	.	473	46 800	.	.	.	41	619	06
14	Oppeln	4 360	489 180	.	.	2 714	387 306	.	.	.	334	2 330	55
15	Magdeburg	1 876	257 978	.	.	1 682	253 657	.	.	.	250	2 518	40
16	Merseburg	4 279	404 229	2 406	298 400	1 066	82 070	377	3 828	87	54	881	12
17	Erfurt	2 674	199 887	472	104 472	669	71 786	192	1 633	91	75	928	10
18	Schleswig	1 738	136 893	.	.	906	87 900	.	.	.	32	1 372	35
19	Hannover	1 516	151 608	.	.	498	61 804	.	.	.	42	276	28
20	Hildesheim	3 738	550 278	.	.	682	86 959	.	.	.	51	511	48
21	Lüneburg	2 379	234 253	.	.	672	50 596	.	.	.	46	596	56
22	Stade	745	68 460	.	.	1	150	.	.	.	.	.	.
23	Osnabrück (mit Aurich)	496	37 259	.	.	.	.	.	.	.	.	.	.
24	Münster und Minden (mit Schaumburg)	2 854	156 009	.	.	962	91 610	.	.	.	86	884	37
25	Arnsberg	833	78 240	.	.	292	24 000	.	.	.	22	263	11
26	Cassel (ohne Schaumburg)	18 833	949 571	.	.	9 739	523 120	.	.	.	869	6 299	71
27	Wiesbaden	6 431	304 251	.	.	1 151	58 033	.	.	.	34	319	41
28	Coblenz	2 476	192 895	.	.	115	4 756	.	.	.	6	56	.
29	Düsseldorf	1 180	89 559	.	.	233	22 150	.	.	.	27	252	41
30	Cöln	700	43 646	.	.	414	26 338	.	.	.	8	221	77
31	Trier	3 591	356 456	.	.	959	114 820	.	.	.	86	7 528	90
32	Aachen	1 637	124 117	.	.	.	.	.	.	.	.	.	.
33	Forst-Akademien und Central-Verwaltung	.	.	.	.	.	.	.	.	.	.	.	.
	Zusammen	146 007	11 251 580	3 093	431 272	36 346	3 032 962	599	5 462	78	2 892	35 660	97

59.

Betriebs-Unfälle						Freiwillige Unterstützungen von Waldarbeitern und deren Hinterbliebenen		Beiträge des Fiscus zur Unterstützung von Waldarbeitern an Kassen, die nicht auf Grund gesetzlicher Bestimmungen errichtet sind		Unterstützungen an Waldarbeiter und deren Hinterbliebene aus dem Gnaden-Pensions-Fonds auf Grund der Allerhöchsten Kabinets-Ordre vom 25. September 1889		Ausgaben auf Grund des Alters- und Invaliditäts-Versicherungs-Gesetzes		Regierungs-Bezirk	Laufende Nummer
Gesammtzahl	Tödtungen bei Betriebs-Unfällen	Aufwendungen des Forstfiscus als Betriebs-Unternehmer		Kosten des Heilverfahrens während der ersten 13 Wochen, soweit sie den forstfiscalischen Gutsbezirken zur Last fallen											
		M	Pf	M	Pf	M	Pf	M	Pf	M	Pf	M	Pf		
13.	14.	15.		16.		17.		18.		19.		20.		21.	22.
143	13	9 371	03	1 488	71	1 400	.	.	.	1 577	89	12 245	61	Königsberg	1
83	6	7 847	55	1 723	53	1 240	.	.	.	1 590	50	11 005	02	Gumbinnen	2
34	3	366	85	613	68	750	.	.	.	366	.	9 116	46	Danzig	3
28	3	3 964	57	911	77	400	.	.	.	986	.	9 255	69	Marienwerder	4
42	.	6 284	97	235	23	1 200	.	.	.	1 734	.	12 075	11	Potsdam	5
41	2	7 515	50	2 461	25	1 548	.	.	.	428	03	13 500	95	Frankfurt a. O.	6
26	1	5 387	20	496	88	203	.	.	.	756	.	6 479	71	Stettin	7
17	.	1 617	22	535	39	610	.	.	.	309	.	4 222	26	Köslin	8
2	.	.	.	85	.	210	.	.	.	.	.	1 802	89	Stralsund	9
25	.	1 845	05	1 026	99	465	.	.	.	342	.	4 420	35	Posen	10
24	4	995	83	794	70	350	.	.	.	.	.	5 742	.	Bromberg	11
36	1	5 137	79	906	14	600	.	.	.	953	.	6 621	20	Breslau	12
12	1	1 627	11	106	30	130	.	.	.	.	.	1 503	87	Liegnitz	13
40	3	510	90	707	29	430	.	.	.	180	.	5 695	62	Oppeln	14
29	.	2 807	92	.	.	70	.	.	.	642	81	3 767	32	Magdeburg	15
36	.	2 401	87	.	.	940	.	.	.	350	.	6 886	63	Merseburg	16
33	.	2 606	65	.	.	450	.	.	.	198	.	3 052	21	Erfurt	17
12	.	1 729	19	119	50	200	.	.	.	302	33	2 695	81	Schleswig	18
21	.	2 178	13	31	20	158	.	.	.	396	.	3 295	28	Hannover	19
129	.	11 077	03	508	51	1 230	.	25 207	35	1 504	.	11 400	91	Hildesheim	20
44	1	3 799	44	667	62	550	.	.	.	306	.	5 538	05	Lüneburg	21
14	1	683	49	51	.	100	.	.	.	.	.	1 355	17	Stade	22
5	.	302	40	.	.	.	.	.	.	.	.	884	90	Osnabrück (mit Aurich)	23
22	.	2 507	09	.	.	470	.	.	.	296	.	1 955	53	Münster und Minden (mit Schaumburg)	24
14	.	1 639	86	.	.	463	25	.	.	.	.	1 843	75	Arnsberg	25
144	2	9 528	41	1 125	19	1 170	.	.	.	744	92	21 186	60	Cassel (ohne Schaumburg)	26
42	.	3 877	17	.	.	350	.	.	.	.	.	9 949	05	Wiesbaden	27
18	.	1 569	56	6	.	280	.	.	.	.	.	2 684	91	Coblenz	28
7	.	728	86	.	.	110	.	.	.	.	.	1 579	86	Düsseldorf	29
4	.	.	.	.	.	100	.	.	.	.	.	791	03	Cöln	30
53	.	4 091	50	.	.	550	.	.	.	.	.	6 061	32	Trier	31
13	.	1 041	95	.	.	120	.	.	.	.	.	2 380	07	Aachen	32
.	.	.	.	.	.	.	.	.	.	.	.	108	26	Forst-Akademien und Central-Verwaltung	33
1 193	41	105 042	79	14 601	88	16 847	25	25 207	35	13 942	48	191 103	40	Zusammen	

Wegen der betr. Zahlen für das Etatsjahr 1893/94 vergl. Seite 364.

*

Zu Tabelle 59.

Die betreffenden Zahlen für das Etatsjahr 1893/94 lauten, wie folgt:

Von der Staatsforst-Verwaltung beschäftigte Arbeiter						Erkrankungen versicherter Arbeiter					
Ueberhaupt		Von der Zahl in Spalte 1 bezw. 2 fallen auf Arbeiter mit Kranken-Versicherung nach §§ 1, 2 des Gesetzes vom 15. Juni 1883, / 10. April 1892				der Spalte 3			der Spalte 5		
		Bei forstfiscalischen Betriebs-Krankenkassen		Bei Orts-Krankenkassen oder Gemeinde-Krankenkassen versichert							
Zahl	Ungefähre Gesammtzahl der Arbeitstage	Zahl	Ungefähre Gesammtzahl der Arbeitstage	Zahl	Ungefähre Gesammtzahl der Arbeitstage	Zahl	Aufwendungen des Forstfiscus an Beiträgen ꝛc.		Zahl	Aufwendungen des Forstfiscus an Beiträgen ꝛc.	
							ℳ	₰		ℳ	₰
149 558	11 499 878	3 547	461 467	39 941	3 222 336	666	5 766	66	3 280	40 189	76

Betriebs-Unfälle						Freiwillige Unterstützungen von Waldarbeitern und deren Hinterbliebenen		Beiträge des Fiscus zur Unterstützung von Waldarbeitern an Kassen, die nicht auf Grund gesetzlicher Bestimmungen errichtet sind		Unterstützungen an Waldarbeiter und deren Hinterbliebene aus dem Gnaden-Pensions-Fonds auf Grund der Allerhöchsten Kabinets-Ordre vom 25. September 1889		Ausgaben auf Grund des Alters- und Invaliditäts-Versicherungs-Gesetzes	
Gesammtzahl	Tödtungen bei Betriebs-Unfällen	Aufwendungen des Forstfiscus als Betriebs-Unternehmer		Kosten des Heilverfahrens während der ersten 13 Wochen, soweit sie den forstfiscalischen Gutsbezirken zur Last fallen									
		ℳ	₰	ℳ	₰	ℳ	₰	ℳ	₰	ℳ	₰	ℳ	₰
1 339	59	126 631	.	16 344	93	17 707	82	25 867	76	12 777	10	208 222	22

Tabelle 60.

Nachweisung

der

aus dem Forstbaufonds zu unterhaltenden Gebäude

für das Jahr 1894.

Wie umstehend nachgewiesen, sind vorhanden:	Für Oberförster	Für Förster
Etatsmäßige Stellen	693	3 441
darunter Stellen, welche als zu einer Privatforst gehörig hier nicht in Betracht kommen	.	2
Aus dem Forstbaufonds zu unterhaltende Forstdienst-Gehöfte	639	3 270
Aus anderen Fonds zu unterhaltende Forstdienst-Gehöfte	3	6
Mithin waren noch Forstdienst-Gehöfte zu beschaffen im Jahre 1894	51	163
oder in Procenten	7,3 %	4,7 %
Procentsatz des Vorjahres	7,1 %	5,5 %

Der größere Procentsatz fehlender Oberförster-Dienst-Gehöfte des Jahres 1894 im Verhältniß zu 1893 erklärt sich durch die Bildung neuer Oberförstereien in Folge von Flächenzugängen.

Laufende Nummer	Regierung-Bezirk	Etatsmäßige Dienststellen für: Oberförster	Etatsmäßige Dienststellen für: Revierförster, Hegemeister, Förster	Dienstgehöfte, bezw. Dienstwohnungen für Forstbeamte und Beamte bei den Forst-Nebenbetriebsanstalten: Oberforstmeister, bezw. Regierungs- und Forsträthe	Oberförster	Revierförster, Hegemeister und Förster	Waldwärter	Forstaufseher	Verwalter (bei den Neben-Betriebsanstalten)	Meister (bei den Neben-Betriebsanstalten)	Wärter (bei den Neben-Betriebsanstalten)	Dienstwohnungen für Forstkassen-Rendanten	Waldarbeiter-Wohnungen: Zahl der Häuser	Waldarbeiter-Wohnungen: Zahl der untergebrachten Familien	Waldarbeiter-Herbergen
1	Königsberg	37	210 [1]	.	35	208	10	7	.	1	.	.	.	.	.
2	Gumbinnen	39	203	.	39	203	9	7	.	5	1	.	1	2	.
3	Danzig	20	116	.	19	112	7	14	.	.	.	.	20	43	1
4	Marienwerder	35	207	.	33	205	10	13	.	1	1	.	38	88	1
5	Potsdam	40	223	.	38	218	6	24 [2]	.	.	.	2	20	58	.
6	Frankfurt a. O.	33	190	.	32	188	3	11	.	.	.	1	11	30	.
7	Stettin	25	119	.	25	118	2	19	1	4	2	.	2	6	.
8	Köslin	13	70	.	13	70	2	3	.	.	2	1	18	35	.
9	Stralsund	6	41	.	6	41	.	1	.	.	.	.	12	21	1
10	Posen	13	86	.	13	86	5	15	.	.	.	.	14	32	.
11	Bromberg	19	103	.	15	102	.	8	.	.	1	.	10	15	.
12	Breslau	14	97	.	13	96	2	5	.	1	.	.	.	.	.
13	Liegnitz	5	36	.	5	34	.	1	.	.	.	.	.	.	.
14	Oppeln	15	98	.	15	98	2	26	1	2	.	.	3	5	.
15	Magdeburg	19	96	.	17	96	4	9	.	.	.	.	2	.	.
16	Merseburg	22	119	.	22	118	4	5	.	1	.	2	3	3	.
17	Erfurt	14	69	.	12	66	.	2	.	.	.	.	.	.	.
18	Schleswig	15	54	.	12	54	15	8	.	1	.	.	39	49	.
19	Hannover	26	83	2	16 [3]	58 [3]	4 [3]	4	.	.	1	.	4	6	1
20	Hildesheim	43	179	.	42	161	1	4	.	3	.	.	12	25	31
21	Lüneburg	24	100	.	22	95	11	8	.	.	.	.	34	64	8
22	Stade	7	28	.	7	28	4	.	.	.	.	.	9	15	1
23	Osnabrück mit Aurich	5	23	.	5	22	3	.	.	.	.	.	4	5	.
24	Münster	1	6	.	.	6	3	.	.	.	.	.	.	.	.
25	Minden mit Schaumburg	10	64	.	9	61	1	.	.	.	.	.	.	.	.
26	Arnsberg	8	39	.	7	38 [4]	1	1	.	.	.	.	.	.	.
27	Cassel ohne Schaumburg	86	393	.	81	338 [5]	4	6	.	1	.	2	3	6	.
28	Wiesbaden	57	104	.	51	94 [6]	4	.	.	.	.	.	.	.	1
29	Coblenz	9	72	.	8	54	1	.	.	.	.	.	.	.	.
30	Düsseldorf	5	36	.	4	35	.	.	.	.	.	.	.	.	.
31	Cöln	4	22	.	3	22	3	.	.	.	.	.	.	.	.
32	Trier	16	112	.	12	103	1	1	.	.	.	.	.	.	15
33	Aachen	8	43	.	8	42	1	.	.	.	.	.	1	1	1
	Zusammen	693 einschl. für 2 verw. Revierförster.	3 441	2	639	3 270	123	202	2	20	8	8	260	509	61

60.

Mühlen: vom Staate verwaltete	Mühlen: verpachtete	Samendarren	Gasthäuser	Armenhäuser	Sonstige vermiethete oder mit Pachtgrundstücken verbundene Wohnungen		Ruinen und Aussichtsthürme	Außerhalb der Forstgehöfte gelegene Gebäude zur Unterbringung von Kulturgeräthen, Wildheu ꝛc.	Sonstige Gebäude		Zu beschaffen sind noch Gehöfte für: Oberförster	Förster ꝛc.	Bemerkungen
.	1	2	.	4	3		.	1	1	Forstpolizei-Serg.-Wohnung	2	.	¹) Einschließlich 2 für eine Privatforst.
.	2	3	2	.	8		.	.	.		.	.	
.	3	2	.	4	10		1	1	9		1	4	
.	4	6	4	3	1		1	4	6		2	2	
.	.	9	2	.	.		.	.	.		2	5	²) Ausschließlich einer Forstaufseher-Wohnung in der Oberförst. Tegel, welche von dem Pächter der sog. Stabholz-Ablage vertragsmäßig unterhalten wird.
.	.	4	.	.	2		.	.	.		1	2	
.	4	6	.	4	22		.	3	1	Spritzenhaus	.	1	
.	1	1	.	.	32		.	1	.		.	.	
.	1	1	3	.	1	Bauernhof Schuenhagen	.	1	1	Samen-Magazin in Born	.	.	
.	.	1	.	.	3		.	1	.		.	.	
.	.	3	.	.	2		1	.	.		4	1	
.	1	3	2	.	.		4	1	.		1	1	
.	.	.	1	.	1	Pachtgehöft Nieder-Briesnitz	1	.	.		.	2	
.	.	3	.	.	.		.	2	.		.	.	
.	.	4	.	.	1		2	1	1	Eisenbahnschuppen	2	.	
.	.	5	.	.	.		2	12	1	Schutzhäuschen	.	1	
.	.	.	1	.	.		.	2	.		2	3	
.	.	.	.	.	3		.	1	.		3	.	
.	.	.	.	.	4		3	16	.		7	22	³) Außerdem 3 Oberförster-, 3 Förster- und 10 Waldwärtergehöfte, welche aus Fonds der Klosterkammer zu Hannover unterhalten werden.
3 (1894 2)	5 (1894 6)	1	.	.	3		6	12	.		1	18	
.	.	.	.	.	4		.	.	.		2	5	
.	.	.	.	.	.		.	.	.		.	.	
.	.	1	.	.	1		.	.	.		.	1	
.	.	.	.	.	.		.	.	.		1	.	
.	.	.	.	.	2	Paschenburg und Schaumburg	.	.	2	Jagdhäuser	1	3	
.	.	.	.	.	.		.	1	1	Das Sieghäuschen	1	.	⁴) Außerdem das aus Fonds der Marken-Interessenten zu unterhaltende Förstergehöft Kaltenscheid.
.	1	1	.	.	2		4	3	1	Fruchtspeicher in Grebenstein	5	54	⁵) Ohne das vom Bergfiskus angepachtete Förstergehöft Meißner.
.	.	.	.	.	1		1	10	1	Fischbruthaus	6	9	⁶) Außerdem das aus dem Centralstudienfonds zu unterhaltende Förstergehöft Obernhain in der Oberförsterei Usingen.
.	.	.	.	.	.		.	.	.		1	18	
.	.	.	.	.	.		.	.	.		1	1	Außerdem 1 Thiergartenverwalter- und 2 Thiergartenförster-Wohnungen und 1 Aussichtsthurm, welche aus Fonds der Thiergarten-Verwaltung unterhalten werden.
.	.	.	.	.	1		.	2	.		1	.	
.	.	.	.	.	2		5	20	.		4	9	
.	.	.	.	.	.		.	.	.		.	1	
3	23	56	15	15	109		31	95	25		51	163	

Tabelle

Zusammenstellung der vom 1. August 1888 bis dahin 1893 erfolgten Anstellungen

Laufende Nummer	Bezirk	Zahl der Anstellungen nach dem Durchschnitt 1888/93 im Staatsdienste	im Gemeindeforstdienste	im Ganzen	Zahl der jetzt notirten forstversorgungsberechtigten Anwärter	Davon sind muthmaßlich zu rechnen	Im laufenden Jahre erhalten muthmaßlich den Forstversorgungsschein	Die Zahl der Anwärter vermehrt sich also auf (Spalte 7 und 8)
1.	2.	3.	4.	5.	6.	7.	8.	9.
1	Königsberg	10,6	0,2	10,8	67	67	16	83
2	Gumbinnen	11,6	0,4	12,0	55	55	20	75
3	Danzig	8,2	.	8,2	52	52	2	54
4	Marienwerder	9,8	.	9,8	55	55	17	72
5	Potsdam	10,0	0,4	10,4	80	80	15	95
6	Frankfurt a. O.	9,4	0,6	10,0	83	83	14	97
7	Stettin	9,8	0,2	10,0	62	62	7	69
8	Köslin	4,2	0,8	5,0	18	18	4	22
9	Stralsund	2,8	.	2,8	15	15	4	19
10	Posen	3,8	0,2	4,0	26	25	5	30
11	Bromberg	6,4	.	6,4	25	25	9	34
12	Breslau	5,0	0,2	5,2	38	37	8	45
13	Liegnitz	1,6	2,4	4,0	21	21	6	27
14	Oppeln	5,4	0,2	5,6	41	41	15	56
15	Magdeburg	4,2	.	4,2	26	26	11	37
16	Merseburg	6,6	0,2	6,8	48	48	5	53
17	Erfurt	2,4	.	2,4	22	22	3	25
18	Schleswig	1,8	0,2	2,0	13	13	4	17
19	Hannover	3,0	.	3,0	28	28	1	29
20	Hildesheim	7,2	0,4	7,6	50	50	13	63
21	Lüneburg	4,8	.	4,8	19	19	20	39
22	Stade	0,8	.	0,8	6	6	5	11
23	Osnabrück mit Aurich	1,4	.	1,4	4	4	2	6
24 25	Münster Minden mit Schaumburg	2,8	0,2	3,0	21	21	2	23
26	Arnsberg	2,0	0,2	2,2	10	10	1	11
27	Cassel ohne Schaumburg	15,4	.	15,4	74	74	22	96
28	Wiesbaden	3,0	0,2	3,2	26	26	16	42
29	Coblenz	4,0	2,2	6,2	22	22	14	36
30	Düsseldorf	1,4	.	1,4	10	10	3	13
31	Cöln	1,4	0,2	1,6	6	6	2	8
32	Trier	6,2	.	6,2	31	31	12	43
33	Aachen	0,8	.	0,8	10	10	2	12
34	Hofkammer der Königlichen Familiengüter	4,2	0,2	4,4	12	12	8	20
	Für den ganzen Staat	172,0	9,6	181,6	1 076	1 074	288	1 362
	Anstellungen nach dem Durchschnitt der Jahre vom 1. August 1889 bis dahin 1894 und Zahl der Anwärter am 1. August 1894	*163,4*	*9,8*	*173,2*	*1 303*	*1 303*	*287*	*1 590*

61.

und der zum Zeitpunkt des 1. August 1893 notirten Anwärter der Jägerklasse A.

Diese werden den **Bedarf decken** auf Jahre	**Zahl der Stellen** im Königl. Dienst mit Einschluß der Torf- und Wiesenmeisterstellen	**Die Zahl der Anwärter** beträgt von der **Zahl der Stellen** %	Zahl der notirten Jäger der Klasse A	Gesammtzahl der forstversorgungsberechtigten und der notirten Jäger (Spalte 7 und 13)	**Der älteste Forstversorgungsschein** datirt vom Jahre	Bezirk	Laufende Nummer
10.	11.	12.	13.	14.	15.		
7,7	210	40	117	184	1889	Königsberg	1
6,3	210	36	127	182	1888	Gumbinnen	2
6,6	116	47	55	107	1890	Danzig	3
7,3	208	35	124	179	1889	Marienwerder	4
9,0	226	42	150	230	1889	Potsdam	5
9,7	190	51	131	214	1888	Frankfurt a. O.	6
6,9	123	56	92	154	1889	Stettin	7
4,1	70	31	41	59	1889	Köslin	8
6,8	41	46	39	54	1888	Stralsund	9
7,5	86	35	73	98	1887	Posen	10
5,3	103	33	56	81	1889	Bromberg	11
8,7	97	46	92	129	1885	Breslau	12
6,8	36	75	37	58	1887	Liegnitz	13
10,0	101	55	91	132	1889	Oppeln	14
8,8	97	38	83	109	1884	Magdeburg	15
7,8	122	43	73	121	1888	Merseburg	16
10,4	69	36	30	52	1888	Erfurt	17
8,5	55	30	29	42	1886	Schleswig	18
9,7	83	35	52	80	1888	Hannover	19
8,3	179	35	109	159	1890	Hildesheim	20
8,0	100	39	54	73	1890	Lüneburg	21
13,8	28	39	18	24	1890	Stade	22
4,3	23	26	13	17	1890	Osnabrück mit Aurich	23
7,7	6	33	37	58	1890	Münster	24
	64					Minden mit Schaumburg	25
5,0	39	28	21	31	1890	Arnsberg	26
6,2	393	24	160	234	1889	Cassel ohne Schaumburg	27
13,1	104	40	74	100	1888	Wiesbaden	28
5,8	72	50	56	78	1890	Coblenz	29
9,3	38	34	26	36	1889	Düsseldorf	30
5,0	22	36	17	23	1890	Cöln	31
6,9	112	38	131	162	1889	Trier	32
15,0	43	28	22	32	1888	Aachen	33
4,5	70	28	63	75	1890	Hofkammer der Königlichen Familiengüter	34
7,5	3 536	39	2 293	3 367		Für den ganzen Staat.	
9,2	*3 540*	*45*	*2 347*	*3 650*		*Anstellungen nach dem Durchschnitt der Jahre vom 1. August 1889 bis dahin 1894 und Zahl der Anwärter am 1. August 1894.*	

Tabelle

Waldbestand des preußischen

(Nach den Aufnahmen über die landwirth-

a. Nach Regierungs-

Nr.	Regierungs-Bezirk	Ueberhaupt bestandene Fläche in Hektar	Holzart: Laubholz: Eichenschälwald	Weidenheger	Sonstiger Stockausschlag ohne Oberbäume	Stockausschlag mit Oberbäumen	Aller sonstiger: Eichen	Birken, Erlen, Aspen
		1.	2.	3.	4.	5.	6.	7.
1	Königsberg	389 095,8	110,2	126,0	3 301,3	2 343,0	5 796,1	47 079,1
2	Gumbinnen	258 567,1	8,0	904,9	4 502,2	1 041,7	2 656,1	35 541,2
3	Danzig	150 428,7	69,6	2 781,4	1 085,3	1 473,4	3 349,5	2 393,7
4	Marienwerder	392 850,9	288,5	4 901,5	2 425,8	896,8	5 746,4	7 030,1
5	Potsdam	619 801,7	174,0	349,6	2 508,6	3 215,8	8 511,4	19 923,9
6	Frankfurt a. O.	698 115,1	401,1	1 632,1	4 513,5	1 093,4	8 818,6	13 310,0
7	Stettin	228 319,1	39,8	149,8	2 382,4	2 368,3	5 815,3	12 887,2
8	Köslin	319 353,0	2 168,1	279,8	4 365,0	2 681,9	11 274,5	10 273,8
9	Stralsund	59 032,0	34,7	45,2	1 348,1	7 233,4	6 853,6	4 253,1
10	Posen	345 832,1	2 750,6	572,2	3 788,4	4 376,9	13 305,2	17 775,6
11	Bromberg	227 570,4	501,8	234,6	1 192,7	1 228,3	2 767,3	7 726,6
12	Breslau	277 755,9	7 430,4	2 212,1	7 551,6	23 306,9	8 022,5	11 853,2
13	Liegnitz	499 472,8	7 631,7	1 296,3	6 562,0	16 388,9	4 173,7	10 661,8
14	Oppeln	384 137,6	971,9	928,4	3 920,6	9 483,7	2 959,3	4 156,1
15	Magdeburg	245 026,2	1 468,1	2 191,9	2 206,0	11 916,5	13 261,5	10 513,9
16	Merseburg	195 110,9	2 473,2	1 200,7	3 633,5	9 632,3	7 654,0	2 328,7
17	Erfurt	85 662,9	728,1	50,8	1 977,0	10 202,4	1 313,3	189,2
18	Schleswig	124 531,0	1 159,4	840,1	4 390,5	6 891,5	7 162,1	7 858,5
19	Hannover	83 093,1	301,9	31,9	758,3	1 936,5	9 111,1	1 754,4
20	Hildesheim	187 720,7	2 072,4	104,0	3 021,7	15 901,0	8 096,9	1 327,5
21	Lüneburg	228 431,1	211,8	1 079,7	3 922,1	2 940,1	10 752,7	11 450,0
22	Stade	42 919,8	518,1	632,7	711,3	548,7	6 787,4	922,8
23	Osnabrück	84 502,6	318,2	180,2	9 692,3	5 964,1	6 525,0	2 608,1
24	Aurich	7 478,5	58,6	50,5	81,7	20,2	792,3	262,4
25	Münster	137 639,6	1 475,9	226,1	12 647,3	10 828,1	26 872,0	5 021,6
26	Minden ohne Schaumburg	104 765,7	529,0	127,5	6 920,6	6 375,7	7 459,1	2 629,3
27	Arnsberg	322 183,5	54 178,6	554,2	49 403,7	23 675,3	23 415,9	15 930,2
28	Cassel mit Schaumburg	391 942,4	12 643,8	410,9	5 164,4	10 807,1	31 527,9	8 044,9
29	Wiesbaden	231 669,1	21 115,5	548,0	9 107,9	11 616,1	14 334,7	6 028,2
30	Coblenz	254 934,5	88 812,9	106,6	17 534,8	12 211,2	20 553,8	5 028,1
31	Düsseldorf	97 506,7	4 551,4	547,2	11 859,0	7 981,7	11 029,6	5 905,2
32	Cöln	120 532,1	21 658,1	399,9	31 548,3	17 780,2	5 657,2	7 616,5
33	Trier	248 122,1	63 257,1	54,7	5 128,7	8 174,1	23 049,1	2 209,0
34	Aachen	109 997,2	22 900,3	806,3	4 491,2	13 299,5	3 605,4	3 187,1
35	Sigmaringen	38 403,2	110,7	10,5	625,6	1 361,0	101,5	120,6
	Staat	8 192 505,1	323 123,5	26 568,6	234 273,4	267 195,7	329 112,0	305 801,6

62.

Staates nach der Holzart.

schaftliche Bodenbenutzung vom Jahre 1893.)

Bezirken geordnet.

in Hektar

Laubholz			Nadelholz					Regierungs-Bezirk	Nr.
Laubwald		Zusammen	Kiefern	Lärchen	Fichten, Tannen	gemischt	Zusammen		
Buchen und sonstiges Laubholz	gemischt								
8.	9.	10.	11.	12.	13.	14.	15.		
15 705,2	8 272,2	82 733,1	165 280,1	1 448,2	109 208,8	30 425,6	306 362,7	Königsberg	1
4 534,7	937,7	50 126,5	126 947,7	413,5	73 053,5	8 025,9	208 440,6	Gumbinnen	2
22 517,2	5 453,7	39 123,8	100 881,0	31,9	3 549,7	6 842,3	111 304,9	Danzig	3
9 322,2	444,9	31 056,2	348 478,1	740,8	7 635,5	4 940,3	361 794,7	Marienwerder . . .	4
25 587,2	2 572,1	62 842,6	542 279,5	143,5	8 544,2	5 991,9	556 959,1	Potsdam	5
9 684,5	827,2	40 280,4	643 659,9	1 838,6	7 062,9	5 273,3	657 834,7	Frankfurt a. O. . . .	6
20 242,8	3 345,1	47 230,7	172 581,9	75,6	5 510,4	2 920,5	181 088,4	Stettin	7
35 664,3	8 624,6	75 332,0	214 427,2	412,3	19 764,9	9 416,6	244 021,0	Köslin	8
10 199,6	5 514,4	35 482,1	20 946,0	6,7	2 113,0	484,2	23 549,9	Stralsund	9
3 196,7	3 066,1	48 831,7	287 198,7	1 082,3	5 741,6	2 977,8	297 000,4	Posen	10
1 325,6	3 127,5	18 104,4	204 632,3	58,4	3 706,9	1 068,4	209 466,0	Bromberg	11
5 207,7	3 449,1	69 033,5	113 398,6	1 288,6	74 851,3	19 183,9	208 722,4	Breslau	12
2 170,9	4 909,8	53 795,1	336 149,9	380,2	64 949,0	44 198,6	445 677,7	Liegnitz	13
1 744,2	2 097,2	26 261,4	224 860,5	288,2	45 404,3	87 323,2	357 876,2	Oppeln	14
8 389,8	1 529,4	51 477,1	170 583,8	311,3	21 457,7	1 196,3	193 549,1	Magdeburg	15
20 269,8	9 092,2	56 284,4	120 968,1	110,3	11 894,0	5 854,1	138 826,5	Merseburg	16
29 823,7	1 799,1	46 083,6	5 718,5	234,3	33 259,9	366,6	39 579,3	Erfurt	17
49 607,5	5 812,2	83 721,8	15 914,9	304,4	17 750,0	6 839,9	40 809,2	Schleswig	18
26 495,2	1 087,4	41 476,7	32 337,0	154,5	8 732,7	392,2	41 616,4	Hannover	19
77 490,3	7 949,5	115 963,3	1 956,8	1 754,0	67 515,7	530,9	71 757,4	Hildesheim	20
8 312,6	1 360,0	40 029,0	169 059,4	388,7	16 036,5	2 917,5	188 402,1	Lüneburg	21
4 282,6	286,6	14 690,2	24 423,4	17,9	3 743,8	44,5	28 229,6	Stade	22
8 398,2	813,6	34 499,7	38 967,9	1 257,0	8 659,1	1 118,9	50 002,9	Osnabrück	23
197,2	31,8	1 494,7	3 182,0	17,5	1 578,6	1 205,7	5 983,8	Aurich	24
19 255,6	911,2	77 237,8	50 485,5	395,4	7 309,7	2 211,2	60 401,8	Münster	25
43 954,9	1 486,1	69 482,2	15 191,6	328,9	19 218,2	544,8	35 283,5	Minden ohne Schaumbg.	26
87 343,7	1 480,9	255 982,5	5 954,0	1 669,1	58 577,9	.	66 201,0	Arnsberg	27
172 954,9	7 451,4	249 005,3	77 824,3	1 761,7	56 463,0	6 888,1	142 937,1	Cassel mit Schaumburg	28
122 470,1	2 502,6	187 723,1	17 108,8	762,4	24 892,9	1 181,9	43 946,0	Wiesbaden	29
66 382,6	6 111,5	216 741,5	13 523,5	673,3	23 284,2	712,0	38 193,0	Coblenz	30
14 378,4	245,2	56 497,7	31 985,8	316,2	8 417,2	289,8	41 009,0	Düsseldorf	31
11 863,8	3 687,9	100 211,9	13 535,5	554,7	6 156,1	73,9	20 320,2	Cöln	32
94 476,4	6 331,6	202 680,7	17 136,0	1 024,4	25 566,6	1 714,4	45 441,4	Trier	33
17 303,8	292,6	65 886,5	15 232,3	301,6	28 453,7	123,1	44 110,7	Aachen	34
14 423,3	.	16 753,2	3 278,1	134,5	18 237,4	.	21 650,0	Sigmaringen . . .	35
1 065 177,2	112 904,4	2 664 156,4	4 346 088,6	20 680,9	898 300,9	263 278,3	5 528 348,7		

Fortsetzung auf Seite 372.

*

Zu Tabelle 62.

b. Nach Provinzen geordnet.

Nr.	Provinz	Ueberhaupt bestandene Fläche	Holzart in Hektar: Laubholz: Eichenschälwald	Weidenheger	Sonstiger Stockausschlag ohne Oberbäume	Stockausschlag mit Oberbäumen	Aller sonstiger Laubwald: Eichen	Birken, Erlen, Aspen	Buchen und sonstiges Laubholz	gemischt	Zusammen	Nadelholz: Kiefern	Lärchen	Fichten, Tannen	gemischt	Zusammen
		1.	2.	3.	4.	5.	6.	7.	8.	9.	10.	11.	12.	13.	14.	15.
1	Ostpreußen . .	647 663	118	1 031	7 804	3 385	8 452	82 620	20 240	9 210	132 860	292 228	1 862	182 262	38 451	514 803
2	Westpreußen . .	543 280	358	7 683	3 511	2 370	9 096	9 424	31 839	5 899	70 180	449 359	773	11 185	11 783	473 100
3	Brandenburg . .	1 317 917	575	1 982	7 022	4 309	17 330	33 234	35 272	3 399	103 123	1 185 939	1 982	15 608	11 265	1 214 794
4	Pommern . . .	606 704	2 243	475	8 095	12 284	23 943	27 414	66 107	17 484	158 045	407 955	495	27 388	12 821	448 659
5	Posen	573 402	3 252	807	4 981	5 605	16 073	25 502	4 522	6 194	66 936	491 831	1 141	9 448	4 046	506 466
6	Schlesien . . .	1 161 366	16 034	4 437	18 034	49 179	15 156	26 671	9 123	10 456	149 090	674 409	1 957	185 204	150 706	1 012 276
7	Sachsen . . .	525 800	4 669	3 443	7 817	31 751	22 229	13 032	58 483	12 421	153 845	297 270	656	66 612	7 417	371 955
8	Schleswig-Holstein	124 531	1 159	840	4 390	6 892	7 162	7 859	49 608	5 812	83 722	15 915	304	17 750	6 840	40 809
9	Hannover . . .	634 146	3 481	2 079	18 187	27 311	42 065	18 325	125 176	11 529	248 153	269 927	3 590	106 266	6 210	385 993
10	Westfalen . . .	564 589	56 184	908	68 972	40 879	57 747	23 581	150 554	3 878	402 703	71 631	2 393	85 106	2 756	161 886
11	Hessen-Nassau .	623 611	33 759	959	14 272	22 423	45 863	14 073	295 425	9 954	436 728	94 933	2 524	81 356	8 070	186 883
12	Rheinland . . .	831 093	201 180	1 915	70 562	59 447	63 895	23 946	204 405	16 669	642 019	91 413	2 870	91 878	2 913	189 074
13	Hohenzollern . .	38 403	111	10	626	1 361	101	121	14 423	.	16 753	3 278	134	18 238	.	21 650
	Staat	8 192 505	323 123	26 569	234 273	267 196	329 112	305 802	1 065 177	112 905	2 664 157 = 32,5 %	4 346 088	20 681	898 301	263 278	5 528 348 = 67,5 %

Bemerkung: In den Spalten 9 und 14 sind nur solche gemischten Bestände aufgeführt worden, bei denen eine vorherrschende Holzart nicht festgestellt werden konnte. Alle übrigen sind bei letzterer mit nachgewiesen.

Tabelle 63.

Verhältnißzahlen

zur

Vergleichung früherer deutscher Maße

mit den jetzigen deutschen (Meter-) Maßen.

(Eine Uebersicht von der Eintheilung der deutschen Maße ꝛc. befindet sich auf der Rückseite dieser Tabelle.)*)

Abgekürzte Maß- und Gewichts-Bezeichnungen.

A. Längenmaße.

Kilometer	km
Meter	m
Centimeter	cm
Millimeter	mm

B. Flächenmaße.

Quadratkilometer	qkm
Hektar	ha
Ar	a
Quadratmeter	qm
Quadratcentimeter	qcm
Quadratmillimeter	qmm

C. Körpermaße.

Kubikmeter	cbm
(Außerdem bei der Forstverwaltung zur Unterscheidung von fester Masse und Schichtmaß:	
Festmeter	fm
Raummeter	rm)
Hektoliter	hl
Liter	l
Kubikcentimeter	ccm
Kubikmillimeter	cmm

D. Gewichte.

Tonne	t
Kilogramm	kg
Gramm	g
Milligramm	mg

*) Zusammengestellt von Herrn Geh. Rechnungs-Rath Behm zu Berlin.

Aeltere deutsche Maße	I. Längenmaße Bezeichnung	Sind in Metermaß	Die betreffende Einheit des Metermaßes beträgt in dem nebenbezeichneten alten Maß
1. Königreich Preußen. (Hohenzollernsche Lande wie Württemberg s. d. — Einzelne Landestheile hatten Bayerisches und Hessen-Darmstädtisches Maß, s. d.)			
a) Provinzen Ostpreußen, Westpreußen, Brandenburg, Pommern, Posen, Schlesien, Sachsen, Rhein . . . . (ausschl. Meisenheim s. ad b.)	1 Fuß (12 Zoll) = 139,13 Pariser Linien	0,31385 m	3,1862
	1 Ruthe = 12 Fuß	3,7662 m	0,26552
	1 alte Meile	7,5325 km	0,13276
b) Meisenheim, Reg.-Bez. Coblenz	1 Fuß (12 Zoll)	0,333... m	3,003
	1 Ruthe = 15 Fuß	5 m	0,2
	1 Stab	1,2 m	0,83333
c) Provinz Schleswig-Holstein . . . . (mit Ausnahme von Lauenburg)	1 Fuß (12 Zoll) = 127,036 Par. Linien	0,28657 m	3,4895
	1 Ruthe = 16 Fuß	4,5851 m	0,2181
	1 Längen-Klafter (Faden)	1,7194 m	0,58159
d) Kreis Herzogthum Lauenburg	1 Fuß (12 Zoll) = 129,9 Par. Linien	0,293032 m	3,41259
	1 Ruthe = 16 Fuß	4,688512 m	0,213288
e) Provinz Hannover	1 Fuß (12 Zoll) = 129,4844 Par. Linien	0,29209 m	3,4235
	1 Ruthe = 16 Fuß	4,6735 m	0,21397
	1 (Längen-) Klafter	1,7526 m	0,57059
Provinz Hessen-Nassau.			
f) Regierungsbezirk Cassel, soweit nicht das Bayerische oder das Hessen-Darmstädtische Maß (s. d.) Geltung hatten, . . (früheres Hessen-Casselsches Maß)	1 Werkfuß (12 Zoll) — 127,5358 Par. Linien	0,2877 m	3,4759
	1 alt. Kataster-Fuß = 126,3 Par. Linien	0,28491 m	3,5099
	1 Kataster-Ruthe = 14 althessische Kataster-Fuß	3,9888 m	0,2507
g) Regierungsbezirk Wiesbaden, soweit nicht die ad h und i verzeichneten Maße oder das Hessen-Darmstädtische Maß Geltung hatten, ... (früheres Nassau'sches Maß)	1 Werkfuß (10 Werkzoll)	0,3 m	3,3333...
	1 Feldschuh (10 Feldzoll)	0,5 m	2
	1 Werkruthe (10 Werkfuß)	3 m	0,3333...
	1 Feldruthe (10 Feldschuh)	5 m	0,2
h) Frankfurt a. M. (Reg.-Bez. Wiesbaden)	1 Fuß (12 Zoll) = 126 1/6 Par. Linien	0,28461 m	3,5136
	1 Feldruthe = 12 1/2 Fuß	3,5576 m	0,28109
	1 Waldruthe = 15,8489 Fuß	4,5108 m	0,22169
i) Amt Homburg (Reg.-Bez. Wiesbaden)	1 Werkfuß (12 Zoll) = 126 1/6 Par. Linien	0,28461 m	3,5136
	1 Ruthe = 12 Werkfuß und 1,54 Werkzoll	3,4519 m	0,2897
2. Königreich Bayern	1 altbayerischer Fuß (12 Zoll) = 129,38 Pariser Linien	0,29186 m	3,4263
	1 geometrische Ruthe = 10 Fuß	2,9186 m	0,34263
	1 Längenklafter = 6 Fuß	1,7512 m	0,57105
3. Königreich Sachsen	1 Fuß = 125,537 Par. Linien (12 Zoll)	0,28319 m	3,5312
	1 Feldruthe = 15 1/6 Fuß	4,29505 m	0,232826
	1 Straßenbauruthe = 16 Fuß	4,53104 m	0,2207

63.

II. Flächenmaße			III. Körpermaße		
Bezeichnung	Sind in Metermaß	Die betreffende Einheit des Metermaßes beträgt in dem nebenbezeichneten alten Maß	Bezeichnung	Sind in Metermaß	Die betreffende Einheit des Metermaßes beträgt in dem nebenbezeichneten alten Maß
1 □Fuß	0,098504 qm	10,152	1 Kubikfuß	0,030916 cbm (fm)	32,346
1 □Ruthe	14,185 qm	0,070499	1 Klafter Holz = 108 Kubikfuß	3,3389 cbm (rm)	0,2995
	= 0,14185 a	7,0499	1 Kummt Torf = 138,36 Kubikfuß	4,2775 rm	0,23378
1 Morgen = 180 □Ruthen	0,25532 ha	3,9166	1 Schachtruthe = 144 Kubikfuß	4,4519 cbm	0,22462
1 □Fuß	0,1111… qm	9	1 Kubikfuß	0,037037 cbm (fm)	27
1 □Ruthe	25 qm	0,4	1 Klafter Holz = 81 Kubikfuß	3 rm	0,3333..
1 Morgen = 100 □Ruthen	0,25 ha	4	1 Malter	1 hl	1
1 □Fuß	0,082123 qm	12,177	1 Kubikfuß	0,023534 fm	42,491
1 □Ruthe	21,024 qm	0,047566	1 Faden Brennholz = 90 Kubikfuß	2,1181 rm	0,47213
1 Steuertonne = 260 □Ruthen	0,54661 ha	1,8295	1 Faden Nutzholz = 108 Kubikfuß	2,5417 rm	0,39344
1 Holsteinsche Tonne = 240 □Ruthen	0,50457 ha	1,9819	1 Schachtwerk = 256 Kubikfuß	6,0247 cbm	0,16598
1 □Fuß	0,0858677 qm	11,6459	1 Kubikfuß	0,025162 cbm (fm)	39,7424
1 □Ruthe	21,98214 qm	0,045491	1 Faden = 168 Kubikfuß	4,227126 rm	0,23656
1 Morgen = 120 □Ruthen	0,2637857 ha	3,790955	1 Faden = 112 Kubikfuß	2,8181439 rm	0,35484
1 □Fuß	0,08531 qm	11,721	1 Kubikfuß	0,024921 fm	40,126
1 □Ruthe	21,842 qm	0,045784	1 Klafter = 144 Kubikfuß	3,5887 rm	0,27865
1 Morgen = 120 □Ruthen	0,2621 ha	3,8153	1 Malter (Harz) = 80 Kubikfuß	1,99371	0,50518
1 □Lachter	3,6856 qm	0,27132			
1 □Fuß	0,082771 qm	12,082	1 Kubikfuß	0,02381 fm	41,994
1 □Ruthe	15,91 qm	0,062853	1 Kubikruthe	63,462 cbm	0,015757
1 Acker = 150 □Ruthen	0,23865 ha	4,1902	1 Klafter = 150 Kubikfuß	3,572 rm	0,27996
			1 Klafter = 144 Kubikfuß	3,4291 rm	0,29162
1 □Werkfuß	0,09 qm	11,111..	1 Kubik-Werkfuß	0,027 cbm (fm)	37,037
1 □Werkruthe	9 qm	0,1111..	1 Kubik-Werkruthe =	27 cbm	0,037037
1 □Feldruthe	25 qm	0,04	1 Klafter = 144 Kubikfuß	3,888 rm	0,2572
1 Morgen = 100 □Feldruthen	0,25 há	4	1 Bütte Holzkohlen	0,54 rm	1,8519
1 □Fuß	0,081003 qm	12,345	1 Kubikfuß	0,023054 fm	43,376
1 □Feldruthe	12,657 qm	0,079009	1 Waldklafter = 126 Kubikfuß	2,9048 rm	0,34425
1 □Waldruthe	20,347 qm	0,049147	1 Malter	1,1474 hl	0,87155
1 Feldmorgen = 160 □Feldruthen	0,20251 ha	4,9381			
1 Waldmorgen = 160 □Waldruthen	0,32555 ha	3,0717			
1 □Fuß	0,081003 qm	12,345	1 Kubikfuß	0,023054 fm	43,376
1 □Ruthe	11,915 qm	0,083926	1 Klafter = 144 Kubikfuß	3,3198 rm	0,30122
1 Morgen = 160 □Ruthen	0,19064 ha	5,2454	1 Malter	1,28 hl	0,78125
1 □Fuß	0,085182 qm	11,740	1 Kubikfuß	0,024861 fm	40,224
1 □Ruthe	8,5182 qm	0,1174	1 Klafter Holz = 126 Kubikfuß	3,1325 rm	0,31923
1 Tagewerk (Morgen oder Juchert)			1 Scheffel = 6 Metzen = 12 Viertel	2,2236 hl	0,44973
= 400 □Ruthen	0,34073 ha	2,9349			
1 □Fuß	0,0802 qm	12,46936	1 Kubikfuß	0,02271 fm	44,03188
1 □Feldruthe	18,4474 qm	0,054208	1 Klafter = 108 Kubikfuß	2,45277 rm	0,4077
1 Acker = 300 □Ruthen	0,55342 ha	1,80694	1 Scheffel = 7900 Kubikzoll	1,03829 hl	0,9631

Aeltere deutsche Maße	I. Längenmaße		
	Bezeichnung	Sind in Metermaß	Die betreffende Einheit des Metermaßes beträgt in dem nebenbezeichneten alten Maß
4. **Königreich Württemberg**	1 Fuß (10 Zoll) = 127 Pariser Linien 1 Ruthe = 10 Fuß 1 Elle = 2,144 Fuß	0,28649 m 2,8649 m 0,61424 m	3,4905 0,34905 1,628
5. **Großherzogthum Baden**	1 Fuß (10 Zoll) = 132,9888 Par. Linien 1 Ruthe = 10 Fuß 1 Längenklafter	0,3 m 3 m 1,8 m	3,3333.. 0,3333.. 0,5555...
6. **Großherzogthum Hessen**	1 Fuß (10 Zoll) = 110,824 Par. Linien 1 Längenklafter	0,25 m 2,5 m	4 0,4
7. **Großherzogthum Mecklenburg-Schwerin** . . . . . (soweit nicht Preußisches Maß s. oben ad 1a zur Anwendung kam)	1 Rostocker Fuß = 127,5358 Par. Linien 1 Mecklenburger Fuß = 129 Par. Linien 1 Fuß Werkmaß = 127,035 Par. Linien 1 Ruthe Werkmaß = 16 Fuß 1 Ruthe Feldmaß = 16 Mecklenburger Fuß (eingetheilt in 10 Decimalfuß)	0,287699 m 0,291 m 0,28649 m 4,58384 m 4,65603 m	3,4759 3,4364 3,49052 0,21875 0,21478
8. **Großherzogthum Sachsen**	1 Fuß (12 Zoll) = 125 Pariser Linien 1 Klafter = 6 Fuß 1 Ruthe = 16 Fuß	0,28198 m 1,69187 m 4,51166 m	3,54637 0,59106 0,22165
9. **Großherzogthum Mecklenburg-Strelitz**	1 Fuß beim Feldmessen = 206,4 Pariser Linien 1 Fuß bei Bau- und Graben-Arbeiten = 139,13 Pariser Linien 1 Ruthe beim Feldmessen 1 Ruthe bei Bauten 1 Ruthe bei Grabenarbeiten	0,465603 m 0,31385 m 4,65603 m 3,7662 m 5,0216 m	2,1478 3,1862 0,21478 0,26552 0,19914
10. **Großherzogthum Oldenburg** . . . . (Fürstenthum Lübeck wie Hamburg; Fürstenthum Birkenfeld wie Preußen)	1 Fuß = 12 Zoll = 131,161964 Pariser Linien 1 Ruthe = 18 Fuß	0,295879 m 5,32582 m	3,3798 0,18776
11. **Herzogthum Braunschweig**	1 Werkfuß = 12 Zoll = 126,5 Pariser Linien 1 Ruthe = 16 Fuß (wurde beim Feldmessen in Zehn- und Hunderttheile getheilt)	0,2853624 m 4,565798 m	3,504316 0,21902
12. **Herzogthum Sachsen-Meiningen** . . . . (bei Vermessungen auch Preußisches Maaß s. ad 1a)	1 Werkfuß = 125,52 Pariser Linien 1 Vermessungsfuß = 134,75 Linien 1 Ruthe = 14 Vermessungsfuß	0,28315 m 0,30397 m 4,25562 m	3,5317 3,2898 0,23498
13. **Herzogthum Sachsen-Altenburg**	1 Altenburger Fuß (Baufuß) 1 Vermessungsfuß = 2 Baufuß 1 Ruthe = 10 Vermessungs- = 20 Baufuß	0,2838 m 0,5676 m 5,676 m	3,5326 1,7663 0,17663
14. **Herzogthum Sachsen-Coburg-Gotha.**			
a) Coburg . . . . (Vermessungs- und Waldflächen-Maß wie Preußen s. ad 1a)	1 Werkfuß (12 Zoll) = 134,75 Pariser Linien 1 Werkruthe = 14 Werkfuß	0,30397 m 4,25562 m	3,2898 0,23498

63.

II. Flächenmaße			III. Körpermaße		
Bezeichnung	Sind in Metermaß	Die betreffende Einheit des Metermaßes beträgt in dem nebenbezeichneten alten Maß	Bezeichnung	Sind in Metermaß	Die betreffende Einheit des Metermaßes beträgt in dem nebenbezeichneten alten Maß
1 □Fuß 1 □Ruthe 1 Morgen = 384 □Ruthen	0,082077 qm 8,2077 qm 0,31517 ha	12,184 0,12184 3,1728	1 Kubikfuß 1 Klafter Brennholz = 144 Kubikfuß 1 Schachtruthe = 100 Kubikfuß	0,023514 fm 3,386 rm 2,3514 cbm	42,528 0,29533 0,42528
1 □Fuß 1 □Ruthe 1 Morgen = 400 □Ruthen	0,09 m 9 m 0,36 ha	11,111.. 0,1111.. 2,777..	1 Kubikfuß 1 Klafter = 144 Kubikfuß 1 Malter	0,027 fm 3,888 rm 1,5 hl	37,037 0,2572 0,666...
1 □Fuß 1 □Klafter 1 Morgen = 400 □Klafter	0,0625 qm 6,25 qm 0,25 ha	16 0,16 4	1 Kubikfuß 1 Stecken = 100 Kubikfuß 1 Malter	0,015625 fm 1,5625 rm 1,28 hl	64 0,64 0,78125
1 □Fuß Werkmaß 1 □Ruthe Werkmaß 1 □Fuß Feldmaß 1 □Ruthe Feldmaß = 100 □Fuß 1 Morgen = 300 □Ruthen	0,08208 qm 21,01163 qm 0,21679 qm 21,67868 qm 0,65036 ha	12,1837 0,04759 4,613 0,04613 1,53761	1 Kubikfuß (Hamburger) 1 Faden = (7. 7. 3) = 147 Kubikfuß (Es gab im Uebrigen etwa 20 Faden von verschiedenem Inhalt.)	0,023514 fm 3,4566 rm	42,528 0,2893
1 □Fuß 1 □Ruthe 1 Acker = 140 □Ruthen	0,07951 qm 20,35506 qm 0,28497 ha	12,5767 0,04913 3,50913	1 Kubikfuß 1 Klafter (6. 6. 3,5) = 126 Kubikfuß	0,022421 fm 2,825 rm	44,602 0,35398
1 □Fuß Feldmaß 1 □Ruthe Feldmaß = 100 □Fuß 1 Morgen = 100 □Ruthen	0,21679 qm 21,67868 qm 0,21679 ha	4,613 0,04613 4,613	1 Kubikfuß (Hamburger) 1 Kubikfuß (Preußischer) 1 Faden = 144 Kubikfuß (Hamb.) 1 Faden = 144 Kubikfuß (Preuß.)	0,023514 fm 0,030916 fm 3,386 rm 4,4519 rm	42,528 32,346 0,29533 0,22462
1 □Fuß 1 □Ruthe 1 Jück = 160 □Ruthen	0,08754 qm 28,36437 qm 0,45383 ha	11,42278 0,03526 2,20347	1 Kubikfuß (Bei Bauten und im Holzhandel war der Hamburger Fuß meist gebräuchlich.)	0,02590 fm	38,60625
1 □Fuß 1 □Ruthe 1 Feldmorgen = 120 □Ruthen 1 Waldmorgen = 160 □Ruthen	0,0814317 qm 20,84652 qm 0,25016 ha 0,33354 ha	12,28023 0,04797 3,99747 2,99811	1 Kubikfuß 1 Malter Brennholz = 80 Kubikfuß 1 Karre Holzkohlen = 100 Kubikfuß Stein- u. Braunkohlenmaß = 2 Kbf.	0,023238 fm 1,859 rm 2,3238 rm 0,046475 rm	43,0338 0,53792 0,43034 21,5169
1 □Werkfuß 1 □Vermessungsfuß 1 □Ruthe 1 Acker = 160 □Ruthen	0,08017 qm 0,0924 qm 18,11031 qm 0,289765 ha	12,47288 10,82256 0,05522 3,45107	1 Kubik-Werkfuß 1 Brennholz-Klafter = 126 Kubikfuß	0,02270 fm 2,8604 rm	44,05053 0,3496
1 □Baufuß zu 144 □Zoll 1 □Vermessungsfuß zu 100 □Zoll 1 □Ruthe 1 Acker = 200 □Ruthen	0,08054 qm 0,32216 qm 32,216 qm 0,64431 ha	12,416 3,1041 1,55205	1 Kubikfuß	0,02286 fm	43,74846
1 □Werkfuß 1 □Werkruthe 1 Acker = 160 □Ruthen 1 Vermess.- od. Waldmorgen (Preuß.)	0,0924 qm 18,11031 qm 0,289765 ha 0,25532 ha	10,82256 0,05522 3,45107 3,9166	1 Kubikfuß	0,02809 fm	35,604

Aeltere deutsche Maße	I. Längenmaße: Bezeichnung	Sind in Metermaß	Die betreffende Einheit des Metermaßes beträgt in dem neben bezeichneten alten Maß
b) Gotha	1 Baufuß (12 Zoll) = 127,5 Par. Linien	0,28762 m	3,4768
	1 Feldruthe = 14 Fuß	4,02666 m	0,24835
	1 Waldruthe = 16 Fuß (eingetheilt in 10 Decimalfuß)	4,60189 m	0,21730
	1 Werkfuß	0,28265 m	3,5379
15. Herzogthum Anhalt. (wie Preußen s. ad A. 1a)			
16. Fürstenthum Schwarzburg-Rudolstadt. Oberherrschaft	1 Fuß (12 Zoll) = 125,098 Par. Linien	0,2822 m	3,5436
	1 Ruthe = 16 Fuß	4,5152 m	0,22147
Unterherrschaft mit Frankenhausen	Werkfuß wie Preußen ad A. 1a.	0,31385 m	3,1862
	Vermessungsfuß	0,2825 m	3,5398
	1 Ruthe = 16 Fuß	4,51996 m	0,22124
17. Fürstenthum Schwarzburg-Sondershausen. (Seit 1849 wie Preußen s. ad 1a.)			
18. Fürstenthümer Waldeck und Pyrmont (Für Bauten und Vermessungen wie Preußen s. ad 1a.)	1 Waldecker Fuß (12 Zoll) = 129,6 Pariser Linien	0,2924 m	3,420
	1 Ruthe = 16 Fuß	4,6784 m	0,2138
19. Fürstenthum Reuß älterer Linie	1 Fuß Geraer Maß (12 Zoll) = 127 Pariser Linien	0,2865 m	3,4904
und	auch 1 Leipziger Fuß	0,2825 m	3,5398
	1 Geraer Ruthe = 16 Fuß	4,584 m	0,21815
20. Fürstenthum Reuß jüngerer Linie	1 Ruthe = 16 Fuß (Leipziger)	4,51996 m	0,22124
21. Fürstenthum Schaumburg-Lippe	1 Fuß (12 Zoll) = 128,6 Par. Linien	0,2901 m	3,4471
	1 Ruthe = 16 Fuß	4,64159 m	0,21544
22. Fürstenthum Lippe	1 Werkfuß = 128,34 Pariser Linien	0,289513 m	3,4541
	1 Ruthe = 16 Fuß = 10 Decimalfuß	4,63221 m	0,21588
23. Freie und Hanse-Stadt Lübeck	1 Fuß (12 Zoll) = 127,5 Par. Linien	0,28762 m	3,4768
	1 Ruthe = 16 Fuß	4,60189 m	0,21730
24. Freie und Hanse-Stadt Bremen	1 Fuß (10 auch 12 Zoll) = 128,268 Par. Linien	0,28935 m	3,4560
	1 Ruthe = 16 Fuß	4,62961 m	0,2160
25. Freie und Hanse-Stadt Hamburg	1 Fuß (12 Zoll) = 127,036 Par. Linien	0,28657 m	3,4895
	1 Geest-Ruthe = 16 Fuß	4,5851 m	0,2181
	1 Marsch-Ruthe = 14 Fuß	4,01198 m	0,24925
26. Elsaß-Lothringen. (Hatte schon früher Metermaß)			

63.

II. Flächenmaße			III. Körpermaße		
Bezeichnung	Sind in Metermaß	Die betreffende Einheit des Metermaßes beträgt in dem nebenbezeichneten alten Maß	Bezeichnung	Sind in Metermaß	Die betreffende Einheit des Metermaßes beträgt in dem nebenbezeichneten alten Maß
1 □Baufuß	0,082725 qm	12,0883	1 Kubik-Baufuß	0,02379 cbm	42,02925
1 □Decimalfuß	0,2117741 qm	4,722	1 Kubikfuß f. d. Wald	0,02258 fm	44,28463
1 □Feldruthe	16,21395 qm	0,06168			
1 □Waldruthe	21,17741 qm	0,04722	1 Klafter Brennholz = 108 Kubikfuß	2,4389 rm	0,41002
1 Feldacker = 140 □Feldruthen	0,227 ha	4,40538			
1 Waldacker = 160 □Waldruthen	0,33884 ha	2,95126			
1 □Werkfuß	0,07989 qm	12,517			
1 □Fuß	0,07964 qm	12,557	1 Kubikfuß	0,022475 fm	44,49482
1 □Ruthe	20,38699 qm	0,04905	1 Brennholz-Klafter = 108 Kubikfuß	2,427 rm	0,41199
1 Acker = 160 □Ruthen	0,32619 ha	3,06568	1 „ „ = 126 Kubikfuß	2,832 rm	0,35313
1 □Werkfuß wie Preußen	0,098504 qm	10,152	1 Kubik-Werkfuß	0,030916 fm	32,346
1 □Vermessungsfuß	0,079805 qm	12,53057	1 Brennholz-Klafter = 108 Kubikfuß	3,3389 rm	0,2995
1 □Ruthe	20,43003 qm	0,04895			
1 Acker = 160 □Ruthen	0,3269 ha	3,05904			
1 Waldecker □Fuß	0,0855 qm	11,69621	1 Waldecker Kubikfuß	0,025 cbm	40,0007
1 □Ruthe	21,881 qm	0,0457			
1 Waldecker Morgen = 120 □Ruthen	0,26257 ha	3,80851			
1 □Fuß (Geraer)	0,08208 qm	12,18291	1 Geraer Kubikfuß	0,023517 fm	42,5232
1 □Fuß (Leipziger)	0,79805 qm	12,53057	1 Leipziger Kubikfuß	0,022545 fm	44,3552
1 Geraer □Ruthe	21,013 qm	0,04758	1 Klafter 6 Fuß hoch und ebenso breit		
1 Leipziger □Ruthe	20,43003 qm	0,04895			
1 Scheffel = 120 Geraer □Ruthen	0,25214 ha	3,96605			
1 Acker = 160 Leipziger □Ruthen	0,3269 ha	3,05904			
1 □Fuß	0,08416 qm	11,88241	1 Kubikfuß	0,02441 fm	40,95972
1 □Ruthe	21,5444 qm	0,04642	1 Klafter = 216 Kubikfuß	5,27346 rm	0,18963
1 Morgen = 120 Ruthen	0,25853 ha	3,868			
1 □Fuß	0,08382 qm	11,93064	1 Kubikfuß	0,02427 fm	41,20934
1 □Ruthe	21,45736 qm	0,04660			
1 Morgen = 120 □Ruthen	0,257488 ha	3,88367			
1 □Fuß	0,082725 qm	12,0883	1 Kubikfuß	0,02379 fm	42,02925
1 □Ruthe	21,17741 qm	0,04722	1 Forstfaden (14. 4. 3) = 168 Kubikf.	3,9973 rm	0,25017
1 Scheffel = 60 □Ruthen	0,12706 ha	7,87029			
1 □Fuß	0,08372 qm	11,94409	1 Kubikfuß	0,02423 fm	41,27903
1 □Ruthe	21,4333 qm	0,04666	1 Faden (6. 6. 2) = 72 Kubikfuß	1,7442 rm	0,57333
1 Morgen = 120 □Ruthen	0,2572 ha	3,88803	1 Repp	2,45 rm	0,40816
1 □Fuß	0,082123 qm	12,177	1 Kubikfuß	0,02353 fm	42,49207
1 □Geest-Ruthe	21,024 qm	0,047566	(1 Klafter 6²/₃ Fuß hoch und 6²/₃ Fuß breit mit verschiedener Klobenlänge)		
1 □Marsch-Ruthe	16,096 qm	0,62127			
1 Morgen = 600 □Marsch-Ruthen	0,96577 ha	1,03544			

*

Zu Tabelle 63.

Uebersicht von der Eintheilung der deutschen Maße und Gewichte.

(Reichsgesetz vom 26. April 1893, betreffend die Abänderung der Artikel 1, 2, 3 und 5 der Maß- und Gewichtsordnung vom 17. August 1868.)

Vorbemerkung: Das **Meter** ist die Einheit des Längenmaßes, das **Kilogramm** die des Gewichtes.

A. Längenmaße.

Meile	Kilometer	**Meter**	Centimeter	Millimeter
1	7,5	7 500	750 000	7 500 000
	1	1 000	100 000	1 000 000
		1	100	1 000
			1	10

B. Flächenmaße.

Hektar	Ar	**Quadrat-Meter**	Quadrat-Centimeter	Quadrat-Millimeter
1	100	10 000	100 000 000	10 000 000 000
	1	100	1 000 000	100 000 000
		1	10 000	1 000 000
			1	100

1 Quadrat-Kilometer = 100 Hektar
1 Quadrat-Meile = 56,25 Quadrat-Kilometer
= 5625 Hektar.

C. Körpermaße.

Kubik-Meter	Hektoliter	Liter	Kubik-Centimeter	Kubik-Millimeter
1	10	1 000	1 000 000	1 000 000 000
	1	100	100 000	100 000 000
		1	1 000	1 000 000
			1	1 000

D. Gewichte.

Tonne	Centner	Kilogramm	Pfund	Dekagramm (Neuloth)	Gramm	Decigramm	Centigramm	Milligramm
1	20	1 000	2 000	100 000	1 000 000	10 000 000	100 000 000	1 000 000 000
	1	50	100	5 000	50 000	500 000	5 000 000	50 000 000
		1	2	100	1 000	10 000	100 000	1 000 000
			1	50	500	5 000	50 000	500 000
				1	10	100	1 000	10 000
					1	10	100	1 000
						1	10	100
							1	10

II. Abschnitt.

Anhang,

enthaltend den Abdruck einiger gesetzlicher und Verwaltungs-Bestimmungen,
auf welche im ersten Bande hingewiesen ist.

Anhang A.

a) Gesetz, betreffend die Verwaltung der den Gemeinden und öffentlichen Anstalten gehörigen Holzungen in den Provinzen Preußen, Brandenburg, Pommern, Posen, Schlesien und Sachsen, vom 14. August 1876.

(Gesetz-Sammlung für 1876, Seite 373.)

Wir Wilhelm, von Gottes Gnaden König von Preußen rc. verordnen, mit Zustimmung beider Häuser des Landtages Unserer Monarchie, für die Provinzen Preußen, Brandenburg, Pommern, Posen, Schlesien und Sachsen, was folgt:

§ 1.

Die Verwaltung der Holzungen der Gemeinden, Kirchen, Pfarren, Küstereien, sonstigen geistlichen Institute, öffentlichen Schulen, höheren Unterrichts- und Erziehungsanstalten, frommen und milden Stiftungen und Wohlthätigkeitsanstalten unterliegt der Oberaufsicht des Staates nach Maßgabe dieses Gesetzes.

Holzungen, welche sich in staatlicher Verwaltung befinden, werden von diesem Gesetze nicht berührt.

§ 2.

Die Benutzung und Bewirthschaftung der in § 1 Absatz 1 bezeichneten Holzungen muß sich innerhalb der Grenzen der Nachhaltigkeit bewegen. Insbesondere darf die Erhaltung der standortsgemäßen Holz- und Betriebsarten nicht durch die Nebennutzungen gefährdet werden.

Ein Betrieb, der eine der im § 2 des Gesetzes vom 6. Juli 1875, betreffend Schutzwaldungen und Waldgenossenschaften (G.-S. S. 416), bezeichneten Gefahren herbeiführen könnte, ist unzuläßig.

§ 3.

Der Bewirthschaftung der im § 1 Absatz 1 bezeichneten Holzungen sind Betriebspläne zu Grunde zu legen, welche der Feststellung durch den Regierungs-Präsidenten bedürfen. Hierbei sind namentlich hinsichtlich der Holz- und Betriebsart, sowie der Umtriebszeit die wirthschaftlichen Bedürfnisse und die Wünsche der Waldeigenthümer zu berücksichtigen, soweit dies mit den Grundsätzen des § 2 vereinbar ist.

Die im Betriebsplan festgesetzte nachhaltige Holzabnutzung (Abnutzungssatz) ist für den jährlichen Holzeinschlag maßgebend.

Wenn die Gesammtfläche des Waldbesitzes einer Gemeinde, beziehungsweise öffentlichen Anstalt so gering ist, daß eine regelmäßige Bewirthschaftung nur mit unverhältnißmäßigen Opfern seitens des Eigenthümers stattfinden kann, oder wenn die Betriebsverhältnisse so einfach sind, daß eine specielle Nutzungsregulirung entbehrlich erscheint, so kann von der Aufstellung förmlicher Wirthschaftspläne Abstand genommen werden. In solchen Fällen genügt eine kurze Darstellung der Standorts- und Betriebsverhältnisse, sowie die Angabe über den Zeitpunkt des Abtriebes und über die Art der Wiederkultur.

§ 4.

Abweichungen von dem festgestellten Betriebsplane (§ 3)

a) durch Rodungen,
b) durch den Abtrieb von Holzbeständen, sofern solcher bei Hochwaldungen für die laufende zwanzigjährige Nutzungsperiode, bei dem eingetheilten Mittel- und Niederwalde für die nächsten fünf Jahre im Betriebsplane nicht vorgesehen ist,
c) durch Holzfällungen, welche den Abnutzungssatz bei Berücksichtigung des seit Festsetzung desselben erfolgten Mehr- oder Mindereinschlages um mehr als zwanzig Procent seines Betrages überschreiten würden,
d) durch Ueberschreitungen des Abnutzungssatzes, welche innerhalb der laufenden Nutzungsperiode nicht wieder eingespart werden können,

bedürfen der Genehmigung des Regierungs-Präsidenten.

Werden Abweichungen der unter a bis d gedachten Art ohne Genehmigung unternommen, so kann der Regierungs-Präsident eine entsprechende Abänderung des Betriebsplanes, insbesondere auch den Wiederanbau gerodeter Flächen mit Holz, anordnen.

§ 5.

Die Betriebspläne sind der Revision und erneuten Feststellung zu unterziehen, wenn dies von dem Regierungs-Präsidenten für erforderlich erachtet oder von dem Waldeigenthümer beantragt wird. Mindestens alle zehn Jahre muß eine Revision stattfinden.

§ 6.

Der Regierungs-Präsident kann den Zustand und die Bewirthschaftung der in § 1 Absatz 1 bezeichneten Holzungen an Ort und Stelle untersuchen lassen. Wenn die Untersuchung ergiebt, daß der Betrieb den Grundsätzen des § 2 oder dem festgestellten Betriebsplan nicht entspricht, so kann der Regierungs-Präsident, unbeschadet der ihm nach § 10 zustehenden Befugnisse, die Einreichung jährlicher Fällungs-, Kultur- und Nebennutzungspläne anordnen. Dieselben sind nach Maßgabe der §§ 2, 3 festzustellen.

§ 7.

Die Eigenthümer der im § 1 Absatz 1 bezeichneten Holzungen sind verpflichtet, für den Schutz und die Bewirthschaftung derselben durch genügend befähigte Personen ausreichende Fürsorge zu treffen.

§ 8.

Die Gemeinden sind verpflichtet, da, wo ihre Kräfte es gestatten und ein dringendes Bedürfniß der Landeskultur dazu vorliegt, unkultivirte Grundstücke, welche nach sachverständigem Gutachten zu dauernder landwirthschaftlicher oder gewerblicher Nutzung nicht geeignet, dagegen mit Nutzen zur Holzzucht zu verwenden sind, mit Holz anzubauen. Zur Erfüllung dieser Verpflichtung können die Gemeinden nach Anhörung ihrer Vertreter und des Kreisausschusses durch Beschluß des Bezirksausschusses[1]) [Bezirksraths] angehalten werden.

Gegen den Beschluß des Bezirksausschusses[1]) [Bezirksraths] findet innerhalb einer Präclusivfrist von zwei Wochen[2]) [einundzwanzig Tagen] die Beschwerde an den Provinzialrath statt.

Die Deckung und Aufforstung der Meeresdünen kann auf Grund dieses Gesetzes nicht gefordert werden.

§ 9.

In den Fällen, in welchen die Kräfte der Gemeinden es nicht gestatten, die im Interesse der Landeskultur vorzunehmenden Aufforstungen unkultivirter Grundstücke aus eigenen Mitteln auszuführen, wird denselben aus der Staatskasse nach Maßgabe der im Staatshaushaltsetat angesetzten Mittel zu diesem Zwecke eine angemessene Beihülfe gewährt.

In allen Fällen ist den Gemeinden, welche auf Grund der im § 8 enthaltenen Verpflichtung Holzkulturen nach forstwirthschaftlichen Regeln ausführen, der zwanzigfache Betrag der auf den betreffenden Grundstücken ruhenden Jahres-Grundsteuer zu den Kosten der ersten Anlage aus der Staatskasse zu überweisen.

§ 10.

Wenn ein Waldeigenthümer einer ihm nach §§ 2 bis 7 dieses Gesetzes obliegenden Verpflichtung trotz geschehener Aufforderung nicht nachkommt, so ist der Regierungs-Präsident befugt, die zur Erfüllung der Verpflichtung erforderlichen Handlungen durch einen Dritten ausführen zu lassen, den Betrag der Kosten vorläufig zu bestimmen und im Wege der Execution von dem Verpflichteten einzuziehen.

§ 11.

Gegen die auf Grund der §§ 2 bis 7 und § 10 von dem Regierungs-Präsidenten erlassenen Verfügungen findet innerhalb einer Präclusivfrist von zwei Wochen[3]) [einundzwanzig Tagen] Beschwerde an den Oberpräsidenten und gegen den Bescheid des Oberpräsidenten die Klage beim Oberverwaltungsgericht statt. Die Klage kann nur darauf gestützt werden:

1. daß der angefochtene Bescheid auf der Nichtanwendung oder unrichtigen Anwendung des bestehenden Rechts, insbesondere auch der von den Behörden innerhalb ihrer Zuständigkeit erlassenen Verordnungen beruhe;
2. daß die thatsächlichen Voraussetzungen nicht vorhanden seien, welche die Polizeibehörde zum Erlasse der Verfügung berechtigt haben würden;
3. auf die Behauptung, daß das Zwangsmittel nach Art und Höhe nicht gerechtfertigt oder nach Lage der Sache zur Erreichung des angeordneten Zweckes überhaupt nicht erforderlich sei.

§ 12.

Die im Staatsforstdienste angestellten Beamten sind den in Ausführung dieses Gesetzes an sie ergehenden Aufträgen des Regierungs-Präsidenten, des Bezirksausschusses[1]) [Bezirksraths] und des Provinzialraths Folge zu leisten verpflichtet.

§ 13.[4])

[In der Provinz Posen tritt bis zur Einsetzung von Kreisausschüssen, Bezirksräthen und eines Provinzialraths an die Stelle des Kreisausschusses der Kreistag, an Stelle des Bezirksraths die Bezirksregierung und an die Stelle des Provinzialraths der Oberpräsident.

Gegen die Verfügungen des Regierungs-Präsidenten findet die Beschwerde an den Oberpräsidenten und gegen dessen Bescheid die Klage bei dem Oberverwaltungsgericht nach Massgabe des § 11 statt.]

§ 14.

Die aus der staatlichen Oberaufsicht erwachsenden Kosten fallen der Staatskasse zur Last.

---

[1]) Vergl. § 153 des Landesverwalt. Ges. vom 30. Juli 1883 (G. S. S. 195).
[2]) „ §§ 51 und 121 des Landesverwalt. Ges. vom 30. Juli 1883.
[3]) „ § 51 des Landesverwalt. Ges. vom 30. Juli 1883.
[4]) § 13 ist unwirksam geworden gemäß Art. I des Ges. v. 19. Mai 1889 (Ges. S. S. 108). Es gelten für die Provinz Posen jetzt dieselben Vorschriften, wie für die anderen Provinzen, für welche dieses Gesetz Geltung hat.

§ 15.

Dieses Gesetz tritt mit dem 1. Januar 1877 in Kraft. Alle demselben entgegenstehenden Bestimmungen, insbesondere die Verordnung vom 24. December 1816, soweit sie für die Provinz Sachsen gilt, sind von diesem Zeitpunkte ab aufgehoben.

§ 16.

Der Finanzminister, der Minister des Innern und der Minister für die landwirthschaftlichen Angelegenheiten sind mit der Ausführungen dieses Gesetzes beauftragt und erlassen die dazu erforderlichen Anordnungen und Instructionen.

Urkundlich unter Unserer Höchsteigenhändigen Unterschrift und beigedrucktem Königlichen Insiegel.

Gegeben Bayreuth, den 14. August 1876.

(L. S.) **Wilhelm.**

ggez. Fürst von Bismarck. Camphausen. Gr. zu Eulenburg. Leonhardt. Falk. von Kameke. Achenbach. Friedenthal. von Bülow. Hofmann.

---

b) Ministerial-Instruction zur Ausführung des vorstehenden Gesetzes vom 21. Juni 1877.

Auf Grund von § 16 des Gesetzes, betreffend die Verwaltung der den Gemeinden und öffentlichen Anstalten gehörigen Holzungen in den Provinzen Preußen, Brandenburg, Pommern, Posen, Schlesien und Sachsen, vom 14. August 1876 (Gesetz-Sammlung Seite 373) wird Folgendes bestimmt:

1.

Zu § 1. Der Regierungs-Präsident, als ausführendes Organ für die durch das Gesetz vom 14. August 1876 geregelte Staatsaufsicht über die Verwaltung der Gemeinde- und Anstaltswaldungen, hat die dem Gesetz unterliegenden Holzungen unter Zuziehung der Eigenthümer nach der Flächengröße und den Besitzverhältnissen festzustellen und das hierüber anzulegende Verzeichniß bei der Gegenwart zu erhalten.

Die Flächengröße der Holzungen ist, sofern sie nicht aus vorhandenen Forstvermessungswerken hervorgeht, aus den Grundsteuer-Büchern zu entnehmen.

Die zufolge Circularerlaß vom 10. Juli 1874 von den Regierungen der Provinzen Preußen, Brandenburg, Pommern, Posen und Schlesien vorgelegten Nachweisungen entbehren zum Theil der Genauigkeit und sind bei den jetzt anzustellenden Ermittelungen nur mit Vorsicht zu benutzen.

2.

Zu §§ 2, 7. Der Regierungs-Präsident hat durch forsttechnische Sachverständige untersuchen zu lassen:

a) wie die unter das Gesetz fallenden Waldungen bestanden sind,
b) welcher Art die Bewirthschaftung derselben ist, insbesondere ob die Bewirthschaftung innerhalb der Grenzen der Nachhaltigkeit sich bewegt und auf der Grundlage genügender Betriebspläne geführt wird, sowie ob die Ausübung der Nebennutzungen innerhalb der Grenzen des Gesetzes stattfindet,
c) welche Personen mit der Betriebsführung und der Wahrnehmung des Forstschutzes beauftragt, und ob diese Personen für den Zweck genügend befähigt sind.

Bei der Untersuchung zu c ist bezüglich der Frage, ob die Benutzung und Bewirthschaftung des betreffenden Waldes sich innerhalb der Grenzen der Nachhaltigkeit bewegt, die Größe des Waldes zu berücksichtigen. Wo dieselbe eine derartige Anordnung und Abnutzungs-Vertheilung der einzelnen Bestände gestattet, daß eine den Boden- und Bestandsverhältnissen entsprechende Abnutzung alljährlich erfolgen kann, ist ein nachhaltiger Betrieb im Sinne des Gesetzes als vorhanden anzunehmen, wenn die Abnutzung und Wiederkultur in dieser Weise geordnet ist (vergl. § 3 Absatz 1 und 2, in Verbindung mit § 4 c, d des Gesetzes.)

Wo der Wald dagegen einen so geringen Umfang hat, daß eine Abtriebsnutzung nur in Zwischenräumen stattfinden kann (aussetzender Betrieb), ist ein nachhaltiger Betrieb dann als vorhanden anzunehmen, wenn für die Wiederergänzung der in angemessenem Alter abgetriebenen Bestände genügend gesorgt ist (vergl. § 2 Absatz 3 des Gesetzes). In beiden Fällen aber muß eine solche wirthschaftliche Behandlung der einzelnen Bestände stattfinden, daß dem Boden die nach den obwaltenden Verhältnissen mögliche höchste Production abgewonnen oder wo dies aus dem einen oder anderen zwingenden Grunde zur Zeit unausführbar ist, die Erzielung einer solchen Production in der wirthschaftlich zulässigen kürzesten Frist angebahnt wird. Bei welcher Größe des Waldes der aussetzende Betrieb gerechtfertigt ist, läßt sich allgemein nicht bestimmen. Der Regierungs-Präsident wird dies in jedem einzelnen Falle nach forsttechnischem Gutachten und nach Anhörung des Waldeigenthümers zu prüfen haben.

Bezüglich der Frage, ob durch die Ausübung der Nebennutzungen die Erhaltung der standortsgemäßen Holz- und Betriebsarten gefährdet wird, ist bei den Untersuchungen zu b als Regel festzuhalten:

a) rücksichtlich der Weide, daß alle Verjüngungs- und Schlagholzbestände und alle Saaten und Pflanzungen so lange mit Vieh nicht betrieben werden dürfen, bis das Holz dem Maule des Viehes entwachsen ist, und daß steile oder aus losem Gerölle bestehende Hänge und Waldorte, deren Boden zum Flüchtigwerden neigt, nicht behütet werden dürfen,
b) rücksichtlich der Streuentnahme, daß, wofern nicht die Entnahme der Streu (Laub, Nadeln, Heide, Beerkräuter) im Interesse der Waldkultur stattfinden muß, dieselbe in Holzbeständen an steilen Hängen und auf armen, zum Flüchtigwerden neigenden Boden gar nicht, in anderen Holzbeständen nur, wo es deren wirthschaftlicher Zustand gestattet, also in Hochwaldbeständen nicht vor vollendetem Höhenwuchse,

in Schlagholzbeständen nicht vor Vollendung des zweiten Drittels des Umtriebsalters, und auch dann nur in angemessenen Zwischenräumen stattfinden, und daß bei der Gewinnung kein Boden entnommen werden darf,

c) rücksichtlich der Mast, daß die Verjüngungsschläge mit dieser Nutzung soweit verschont werden müssen, als dies zur Erzielung und Erhaltung einer vollständigen Ansamung erforderlich ist,

d) rücksichtlich der Grasnutzung, daß dieselbe in jungen Ansamungen, Pflanzungen und Schlagholzbeständen nicht mit schneidenden Instrumenten ausgeübt werden darf, es sei denn, daß das Ausschneiden des Grases im Interesse der Waldkultur oder unter Aufsicht geschieht.

Die Ergebnisse der forsttechnischen Untersuchungen sind in die Verzeichnisse (Nr. 1) einzutragen.

3.

Zu § 3. Wo die forsttechnische Untersuchung (Nr. 2) ergiebt, daß die Grundlagen des Wirthschaftsbetriebes den Vorschriften des Gesetzes (§ 3) nicht entsprechen, hat der Regierungs-Präsident die Beschaffung genügender Wirthschaftsgrundlagen anzuordnen.

Hierbei fragt es sich, in welchen Fällen der Waldbesitz als so gering zu erachten ist, daß gemäß § 3, Absatz 3, des Gesetzes von der Aufstellung eines förmlichen Wirthschaftsplanes Abstand genommen werden darf. Eine allgemeine Vorschrift läßt sich in dieser Beziehung nicht geben, vielmehr wird diese Frage in jedem einzelnen Falle nach Maßgabe der in Betracht kommenden Bestands- und wirthschaftlichen Verhältnisse zu beantworten sein. In der Regel wird jedoch von der Aufstellung förmlicher Wirthschaftspläne nur bei denjenigen Waldungen abzusehen sein, für welche der aussetzende Betrieb (Nr. 2) sich rechtfertigt, während bei Waldungen, für welche die Festsetzung einer jährlich wiederkehrenden Abnutzung angänglich und angezeigt ist, die Aufstellung eines förmlichen Betriebsplanes im Allgemeinen zu verlangen sein wird.

Die anzustellenden Untersuchungen werden voraussichtlich ergeben, daß für zahlreiche unter das Gesetz fallende Waldungen genügende Wirthschafts-Grundlagen nicht vorhanden sind.

Es wird aber kaum ausführbar sein, das Fehlende überall sofort und gleichzeitig zu beschaffen. Wo dies nicht angeht, ist die Aufstellung der fehlenden Betriebspläne und summarischer Betriebs-Gutachten zunächst für diejenigen Waldungen anzuordnen, in denen die Art der Wirthschaftsführung die geringste Garantie für einen ordnungsmäßigen Betrieb bietet. Hinsichtlich der übrigen Waldungen ist dafür zu sorgen, daß die Betriebs-Grundlagen so bald als thunlich beschafft werden.

Die Kosten der Aufstellung der Betriebspläne gehören, wie die Materialien des Gesetzes ergeben, nicht zu den nach § 14 auf die Staats-Kasse zu übernehmenden Oberaufsichts-Kosten, sondern bleiben den Waldeigenthümern zur Last.

4.

Was die Art und Form der zur Feststellung durch den Regierungs-Präsidenten geeigneten förmlichen Betriebspläne betrifft, so wird die in den Staatsforsten übliche und den Sachverständigen geläufige Methode des combinirten Flächen- und Massenfachwerks in der Regel die zweckmäßigste sein.

Bei der Anwendung dieser Methode sind im Allgemeinen die für die Staatsforsten geltenden Vorschriften zur Richtschnur zu nehmen. Doch ist es nicht nöthig, daß die Waldeigenthümer jedesmal den ganzen bei der Staats-Forstverwaltung gebräuchlichen Schematismus zur Anwendung bringen. Vielmehr können je nach der Lage des einzelnen Falles diejenigen Vereinfachungen zugelassen werden, welche mit dem zu erreichenden Zweck verträglich sind. Als Anhalt hierbei ist das Folgende zu beachten:

a) Den zur Aufstellung des Betriebsplanes erforderlichen Vermessungs-Arbeiten sind die vorhandenen Forstkarten, wenn sie für die Zwecke der Betriebsplan-Aufstellung brauchbar sind, sonst die Kataster- oder vorhandenen Separationskarten zu Grunde zu legen.

   Aus den Kataster- (Separations-) Karten ist der Umring der Waldungen und das für die Betriebsregelung verwendbare Vermessungs-Detail (Straßen, Flüsse, Eisenbahnlinien ꝛc.) zu copiren. In diese Copien oder in die vorhandenen brauchbaren Forstkarten ist demnächst das für den Betriebsplan erforderliche Bestands-Detail einzumessen. Auf Grund der in dieser Weise ergänzten Karten ist die Flächen-Berechnung zu bewirken. Die vollständige Neu-Vermessung eines Waldes ist, falls der Besitzer sie nicht selbst wünscht, nur dann zu fordern, wenn auf dem vorstehend bezeichneten Wege eine für die Zwecke der Betriebsregelung hinlänglich genaue Karte nicht zu beschaffen ist.

b) Eine angemessene Eintheilung der Waldungen nach dem für die Staatsforsten üblichen Verfahren (Jagen, Districte, Schläge, Bestandsabtheilungen und wenn nöthig auch Blöcke) muß stets gefordert werden. Bezüglich der Ertrags-Berechnung kann dagegen das Verfahren, was die Hochwaldungen anlangt, eine Einschränkung überall dahin erleiden, daß die Nachhaltigkeit nur durch eine angemessene Vertheilung der Bestandsflächen auf die einzelnen Perioden des angenommenen Umtriebes nachgewiesen wird, und eine Material-Aufnahme und Berechnung nur rücksichtlich der in der 1. Periode zum Abtriebe bestimmten Bestände, sowie rücksichtlich der in dieser Periode zu erwartenden Durchforstungs- und Auszugs-Erträge erfolgt.

c) Ein vollständiger Betriebsplan muß ersehen lassen:

   α) den auf Grund der Karte (a) berechneten Flächen-Bestand des Waldes,

   β) rücksichtlich der Hochwaldungen die vorkommenden Altersklassen der einzelnen Holzarten nach Größe, Boden und Bestand, deren periodische Vertheilung und die in der 1. Periode zur Nutzung gelangenden Material-Erträge;

   rücksichtlich der Mittel-, Nieder- und geordneten Plenterwaldungen die einzelnen Schläge nach Größe, Boden und Bestockung, deren Abtriebszeit und Materialertrag,

   γ) die Art der vorzunehmenden Hauungen und Kulturen in der ersten Hochwaldperiode beziehungsweise während des angenommenen Umtriebes (Schlagholz),

   δ) den Abnutzungssatz und zwar, wenn mehrere Betriebsarten vorkommen, sowohl für jede einzelne derselben getrennt als auch für alle zusammen,

   ε) die Ergebnisse der Betriebs-Regelung, dargestellt auf einer Uebersichts- (Wirthschafts-) Karte.

Zum Anhalte für die formelle Darstellung der einzelnen Theile des Betriebsplanes können die beiliegenden Schemas A, B, C dienen, und zwar das Schema A für den Flächennachweis zu α, die Schemas B und C für die Nachweise zu β und γ. Wo in einem Walde nur eine Betriebs-Art vorkommt, können die Schemas B, C auch zur Führung des Flächennachweises eingerichtet werden, wie dies in dem ebenfalls beiliegenden Schema D für den Hochwald durch ein Beispiel veranschaulicht ist.

5.

Für diejenigen Fälle, in denen gemäß § 3, Absatz 3, des Gesetzes eine kurze Darstellung der Standorts-, Bestands- und Betriebs-Verhältnisse des Waldes, sowie die Angabe über den Zeitpunkt des Abtriebes und die Art der Wiederkultur der einzelnen Bestände desselben genügt, bedarf es keiner besonderen Anweisung über das einzuschlagende Verfahren. Jedoch ist in diesen Fällen von einer Aufmessung der Bestandsflächen nur dann Abstand zu nehmen, wenn aus den Grundsteuerbüchern oder durch gutachtliche Ermittelungen die für das summarische Betriebs-Gutachten erforderlichen Flächenangaben mit hinlänglicher Genauigkeit sich beschaffen lassen.

6.

Nach Absatz 1 im § 3 des Gesetzes sollen die Wünsche und wirthschaftlichen Bedürfnisse der Waldeigenthümer namentlich hinsichtlich der Holz- und Betriebsart und der Umtriebs-Zeit berücksichtigt werden, soweit dies mit den Grundsätzen des § 2 vereinbar ist. Im Hinblick auf diese Vorschrift wird, um der Ausführung vergeblicher Arbeiten vorzubeugen, bezüglich des Verfahrens bei Aufstellung der förmlichen Betriebs-Pläne Folgendes bestimmt:

Bevor zur Aufstellung eines förmlichen Betriebsplanes (sei es auf Anordnung des Regierungs-Präsidenten, sei es aus eigenem Antriebe des Waldeigenthümers) geschritten wird, sind von dem Letzteren Vorschläge zu erfordern, in welcher Weise die geometrischen Grundlagen für den Plan beschafft (Nr. 4a), welche Betriebs- und Holz-Arten Platz greifen, und in welchem Umtriebe die gewünschten Betriebsarten bewirthschaftet werden sollen.

Soweit als thunlich, ist diesen Vorschlägen ein Project der Eintheilung des Waldes (in Wirthschaftsfiguren beziehungsweise Schlägen) beizufügen. Auch hat der Waldeigenthümer den Sachverständigen zu bezeichnen, durch den er den Betriebs-Plan will ausarbeiten lassen.

Der Regierungs-Präsident hat diese Vorschläge durch Sachverständige an Ort und Stelle unter Zuziehung des Waldeigenthümers prüfen zu lassen und auf Grund dieser Prüfung dem Waldeigenthümer die Art und Weise zu bezeichnen, wie bei Anfertigung des Betriebsplans, damit die demnächstige Feststellung desselben keinen Anstand findet, zu verfahren ist. Es wird sich empfehlen, hierbei die Arbeiten, welche zur vollständigen Ausführung des Betriebsplanes zu liefern, und die Form, in welcher die Ergebnisse darzustellen sind, möglichst genau anzugeben. Zugleich wird eine Frist für die Vorlegung des Betriebsplanes zu bestimmen sein.

Wo nur ein summarisches Betriebs-Gutachten aufzustellen ist, wird es der vorgängigen Einforderung von Vorschlägen über Umtrieb 2c. nicht bedürfen. In diesem Falle ist nur die Angabe des Sachverständigen zu verlangen, durch den der Waldeigenthümer das Betriebs-Gutachten ausarbeiten lassen will.

Für die Vorlegung desselben behufs der Feststellung wird auch hier eine Frist zu bestimmen sein.

Wenn der Waldeigenthümer es unterläßt, einen förmlichen Betriebsplan oder ein summarisches Betriebs-Gutachten ausarbeiten zu lassen, hat der Regierungs-Präsident gemäß § 10 des Gesetzes die Ausarbeitung durch einen von ihm zu bestellenden Sachverständigen auf Kosten des Waldeigenthümers anzuordnen. Auch in diesem Falle ist, wenn es sich um einen förmlichen Betriebsplan handelt, vor Beginn der eigentlichen Betriebsregelungs-Arbeiten von dem Sachverständigen ein Gutachten über Holzart, Betriebsart, Umtrieb 2c. abzugeben, welches der Regierungs-Präsident dem Waldeigenthümer zur Erklärung vorlegen läßt.

Abgesehen von dem Falle des § 10 des Gesetzes steht die Wahl der mit der Ausarbeitung der Betriebs-Pläne 2c. zu beauftragenden Sachverständigen dem Waldeigenthümer zu. Zweckmäßig wird es jedoch sein, daß der Regierungs-Präsident dem Waldeigenthümer, falls dieser ihm eine ungeeignete Persönlichkeit bezeichnet, einen besser geeigneten Sachverständigen benennt und dabei auf die Kosten und Weiterungen aufmerksam macht, die dem Waldeigenthümer aus der Vorlegung eines zur Feststellung nicht geeigneten Betriebsplanes erwachsen würden.

Die ihm vorgelegten Betriebspläne und summarischen Betriebs-Gutachten hat der Regierungs-Präsident durch Forsttechniker örtlich unter Zuziehung der Waldbesitzer prüfen zu lassen und nach Erledigung der sich ergebenden Anstände festzustellen.

7.

Behufs der Controle über die vorschriftsmäßige Ausübung der Nebennutzungen hat der Regierungs-Präsident den Waldeigenthümern die Aufstellung von Nebennutzungsplänen aufzugeben, welche als Zubehör der Betriebspläne oder Betriebs-Gutachten mit diesen vorzulegen sind. In dem Nebennutzungsplan sind für die nächsten 10 Jahre die zulässigen Nebennutzungen und die Bestände, in denen sie ausgeübt werden dürfen, zu verzeichnen und gleichzeitig die Bedingungen anzugeben, unter denen die Ausübung statthaft ist, (z. B. ob die Weide nur in ganzer Heerde stattfinden darf, zu welchen Jahreszeiten, an wie viel Tagen und mit welchen Instrumenten die Nebennutzungen auszuüben sind 2c.).

8.

Zu § 4. Um jederzeit ersehen zu können, ob einer der unter c und d im § 4 des Gesetzes bezeichneten Fälle vorliegt, ist den Waldeigenthümern seitens des Regierungs-Präsidenten die Führung eines Controlbuches aufzugeben, welches die Summen des Einschlags, getrennt nach Hauptnutzung und Vornutzung, für jede Bestands-Abtheilung nachweist. Es ergiebt sich dann durch Zusammenrechnung und Balancirung des Material-Einschlages gegen den Betrag des Abnutzungssatzes für die betreffenden Jahre, ob eine Ueberschreitung des Abnutzungssatzes vorhanden ist.

Ist beispielsweise für einen Wald ein Abnutzungssatz von 2000 Festmeter Derbholz vom Jahre 1866 ab festgesetzt und sind in den Jahren

1866 3000 Festmeter Derbholz
1867 4000 " "
1868 1000 " "
2c.
1876 5000 " "

zusammen in 11 Jahren 23000 Festmeter Derbholz geschlagen worden, so ist am Ende des Jahres 1876 gegen den 11jährigen Betrag des Abnutzungssatzes ein Ueberhieb von 1000 Festmetern vorhanden.

Im Jahre 1877 würden dann streng genommen nur 1000 Festmeter Derbholz geschlagen werden dürfen und die Genehmigung des Regierungs-Präsidenten einzuholen sein, wenn der Waldeigenthümer dieses 1000 Festmeter betragende Abnutzungs-Soll um mehr als 20% überschreiten, also etwa 1250 Festmeter Derbholz einschlagen wollte.

Ebenso würde diese Genehmigung erforderlich sein, wenn die beabsichtigte Ueberschreitung des Abnutzungs-Solls zwar weniger als 20% betrüge, z. B. in dem vorliegenden Fall nur 200 Festmeter, wenn aber der Mehrbetrag von 200 Festmetern bis zum Ende der laufenden Nutzungsperiode, etwa deshalb, weil dieselbe mit dem betreffenden Jahre zu Ende geht, nicht würde eingespart werden können. Wo Hoch-, Plenter- und Mittelwaldwirthschaft in derselben Waldung bestehen, wo demnach der Abnutzungssatz für den Hoch- und den Plenterwald und für das Oberholz im Mittelwalde besonders festgesetzt ist, muß die Balance des wirklichen Einschlages gegen den Abnutzungssatz getrennt bewirkt werden.

Eine der Genehmigung bedürfende Ueberschreitung des Abnutzungssatzes wird in diesem Falle aber nur dann anzunehmen sein, wenn der beabsichtigte Einschlag in den vorkommenden Betriebsarten zusammen das aus der Balance für diese Betriebsarten sich ergebende gesammte Abnutzungs-Soll um mehr als 20% übersteigt. Beispielsweise würde, wenn in einer Hoch- und Mittelwald enthaltenden Forst der Abnutzungssatz für den Hochwald auf zusammen 5000, für das Oberholz im Mittelwalde auf zusammen 4000 Festmeter Derbholz vom Jahre 1866 ab festgesetzt worden wäre, die Balance sich folgendermaßen gestalten:

Im Hochwalde hat seit Festsetzung des Abnutzungssatzes die wirkliche Abnutzung betragen:

im Jahre 1866 4000 Festmeter Derbholz
" " 1867 5000 " "
" " 1868 3000 " "
" " 1869 6000 " "
2c.
" " 1876 4000 " "

zusammen in 11 Jahren 56000 Festmeter Derbholz.

Da der Abnutzungssatz für diese 11 Jahre nur 55000 Festmeter Derbholz beträgt, so ist am Ende des Jahres 1876 ein Vorgriff von 1000 Festmetern Derbholz vorhanden; es können deshalb im Jahre 1877 nur 5000 — 1000 = 4000 Festmeter Derbholz im Hochwald geschlagen werden.

Im Oberholze des Mittelwaldes hat seit Festsetzung des Abnutzungssatzes die wirkliche Abnutzung betragen

im Jahre 1866 3000 Festmeter Derbholz
" " 1867 8000 " "
2c.
" " 1876 5000 " "

zusammen in 11 Jahren 45000 Festmeter Derbholz.

Für diese 11 Jahre beträgt der Abnutzungssatz nur 44000 Festmeter Derbholz, am Ende des Jahres 1876 ist mithin ein Vorgriff von 1000 Festmetern Derbholz vorhanden, es können deshalb im Jahre 1877 nur 4000 weniger 1000 = 3000 Festmeter Derbholz im Oberholze eingeschlagen werden.

Für den Hochwald und das Oberholz des Mittelwaldes zusammen ergiebt sich gegen die betreffenden Abnutzungssätze ein Vorgriff von 2000 Festmetern Derbholz, in beiden Betriebsarten können daher im Jahre 1877 im Ganzen nur 9000 — 2000 = 7000 Festmeter geschlagen werden.

Wenn nun der Waldbesitzer im Hochwalde 4000 und im Mittelwalde 4000 Festmeter, im Ganzen 8000 Festmeter einschlagen wollte, so müßte er hierzu die Genehmigung des Regierungs-Präsidenten einholen, weil diese 8000 Festmeter das gesammte Abnutzungs-Soll um 1000 Festmeter, also um mehr als 20% übersteigen.

In Waldungen mit aussetzendem Betriebe, ebenso in Waldungen, wo, wie in reinen Schlagholzwaldungen, die Nachhaltigkeit lediglich auf der Abgrenzung der jährlich abzunutzenden Schlagflächen beruht, kommen die Bestimmungen unter c und d im § 4 des Gesetzes nicht zur Anwendung. Hier ist die Genehmigung des Regierungs-Präsidenten nur erforderlich, wenn die Holzabnutzung entweder einen zum Abtrieb in der laufenden Nutzungsperiode nach dem Betriebs-Gutachten nicht bestimmten Hochwaldbestand oder im Mittel- und Niederwald einen Schlagholzbestand betrifft, der nach der bestehenden Schlageintheilung in den nächsten 5 Jahren nicht zur Abnutzung gelangen sollte.

Die näheren Anordnungen über die Einrichtung der Controlbücher bleiben nach Maßgabe der örtlichen Verschiedenheiten den Regierungs-Präsidenten überlassen. Dieselben haben sich alljährlich zu einer von ihnen zu bestimmenden Zeit eine Abschrift der Controlbücher einreichen zu lassen.

Die bestehenden Vorschriften über die Veräußerung von Gemeinde- und Anstalts-Grundstücken und über die dazu erforderliche Genehmigung sind auch in Ansehung der Waldgrundstücke durch das vorliegende Gesetz unberührt geblieben.

9.

Zu §§ 4, 5. Die Bestimmungen des Gesetzes über Abweichungen von den festgestellten Betriebsplänen und über Revision der Betriebspläne finden, wie aus den Materialien des Gesetzes hervorgeht, nicht nur auf die förmlichen Betriebspläne (§ 3 Absatz 1), sondern auch auf die summarischen Betriebs-Gutachten (§ 3 Absatz 3) Anwendung.

10.

Zu § 6. Die im § 6 des Gesetzes vorgesehene örtliche Untersuchung ist in jeder dem Gesetz unterliegenden Holzung mindestens alle drei Jahre vorzunehmen.

11.

Wo der Regierungs-Präsident es für erforderlich erachtet, die Vorlage jährlicher Fällungs-, Kultur- und Nebennutzungspläne anzuordnen, ist den Waldeigenthümern die Vorlegung dieser Pläne spätestens bis zum 15. August jeden Jahres aufzugeben.

Die Feststellung und Rückgabe der Pläne hat spätestens bis zum 1. October jeden Jahres zu erfolgen.

12.

Zu § 7. Die Art und Weise der Fürsorge für den Schutz und die Bewirthschaftung der Waldungen durch genügend befähigte Personen überläßt das Gesetz zunächst den Waldeigenthümern. Indem es von bestimmten Vorschriften über die Zahl und die Qualification des zu beschaffenden Personals absieht, hat es den mannigfachen Verschiedenheiten, die sich aus der Größe und Lage der Holzungen, aus den Bestands- und Betriebs-Verhältnissen, aus der Gelegenheit zur Mitbenutzung fremden Personals 2c. ergeben, Rechnung tragen und die freie Bewegung der Waldeigenthümer nicht mehr als nöthig beschränken wollen.

Dies gilt jedoch nur, wenn und solange die von dem Waldeigenthümer getroffene Fürsorge eine für den Schutz und die Bewirthschaftung des Waldes ausreichende ist. Darauf, ob dies der Fall ist, hat der Regierungs-Präsident sein besonderes Augenmerk zu richten, wofür die örtlichen Untersuchungen (Nr. 2, 10 dieser Instruction) die Unterlagen bieten werden. Fehlt eine ausreichende Fürsorge, so ist auf die Erfüllung der gesetzlichen Verpflichtung mit Nachdruck zu halten. Das Mittel hierzu gewährt der § 10 des Gesetzes, welcher den Regierungs-Präsidenten ermächtigt, so lange der Waldeigenthümer der Verpflichtung des § 7 in ausreichender Weise nachzukommen unterläßt, auf Kosten desselben den Schutz und die Bewirthschaftung des Waldes durch geeignete Personen zur Ausführung zu bringen (vergleiche die Motive des Gesetzes in Nr. 19 der Drucksachen des Herrenhauses von 1876).

13.

Zu § 8. In Verbindung mit den unter Nr. 1, 2 dieser Instruction angeordneten Feststellungen und Untersuchungen ist zu ermitteln, in welchen Fällen die Voraussetzungen für das Verfahren zur Aufforstung unkultivirter Gemeinde-Grundstücke vorliegen. Die ermittelten Fälle sind in den anzulegenden Verzeichnissen (Nr. 1) zu vermerken und behufs der Beschlußfassung zur Kenntniß des Bezirksausschusses [Bezirksraths] zu bringen.

14.

Zu § 12. Der Regierungs-Präsident hat sich zur Prüfung der jährlichen und periodischen Betriebspläne 2c. sowie zur Ausführung der örtlichen Walduntersuchungen der Regierungs-Forstbeamten zu bedienen. Wenn nach dem Gutachten des Oberforstmeisters die Kräfte dieser Beamten zu den erforderlichen Bereisungen nicht ausreichen, so kann der Regierungs-Präsident hierzu auch die ihm von dem Oberforstmeister bezeichneten Königlichen Oberförster des Bezirks aushülfsweise verwenden.

Zu den örtlichen Waldunterſuchungen haben die betreffenden Beamten die Waldeigenthümer und deren Forstbeamten stets zuzuziehen.

Soweit als thunlich hat der Regierungs-Präsident den Regierungs-Forstbeamten die in dem sonstigen Dienstbezirke derselben gelegenen Gemeinde- 2c. Waldungen zuzuweisen und die Reihenfolge zu bestimmen, in der die Waldungen periodisch zu besichtigen sind, damit diese Beamten auch gelegentlich ihrer sonstigen Dienstreisen die Interessen der Oberaufsicht über die dem Gesetz unterliegenden Waldungen wahrnehmen können.

Für die zur Wahrnehmung der staatlichen Oberaufsicht nach Anweisung des Präsidenten auszuführenden Reisen sind den betreffenden Beamten die Gebühren aus der Staatskasse nach den dieserhalb zu erlassenden besonderen Bestimmungen zu gewähren.

15.

Zu § 14. Die der Staatskasse zur Last fallenden Kosten begreifen im Wesentlichen die Tagegelder und Reisekosten für die zur Wahrnehmung der Oberaufsicht auf Anweisung des Regierungs-Präsidenten ausgeführten Reisen von Forstbeamten.

16.

Abschriften der nach Nr. 1, 2, 13 dieser Instruction anzufertigenden Verzeichnisse sind bis zum 1. November 1877 dem Minister für die landwirthschaftlichen Angelegenheiten einzureichen. Wegen Einreichung von Anzeigen über die in der Folge eintretenden Veränderungen bleibt weitere Anordnung vorbehalten.

Der Finanz-Minister. Der Minister des Innern.
Camphausen. Eulenburg.

Der Minister für die landwirthschaftlichen Angelegenheiten.
Friedenthal.

Anhang B.

Instruction, betreffend die Verwaltung der Waldungen der Gemeinden und öffentlichen Anstalten in den Regierungsbezirken Arnsberg und Minden in Gemäßheit des Gesetzes vom 24. December 1816 und der Allerh. Cabinetsordre vom 28. Mai 1836.

I. Anstellung der Beamten.

a. der Schutzbeamten.

§ 1. Bei Erledigung eines Forstschutzbezirkes der im Besitz von Gemeinden und öffentlichen Anstalten befindlichen Waldungen haben die gesetzlichen Vertreter der Gemeinden und öffentlichen Anstalten ein qualificirtes Subject für die Stelle des Forstschutzbeamten zu wählen und über die Bedingungen, unter denen die Anstellung erfolgen soll, wohin namentlich die Feststellung des Gehaltes und der übrigen Emolumente gehört, Beschluß zu fassen.

Der zum Forstschutzbeamten Gewählte ist der vorgesetzten Regierung zur Bestätigung zu präsentiren; derselben sind zugleich die beschlossenen Anstellungsbedingungen zur Genehmigung vorzulegen.

§ 2. Wenn sich qualificirte Versorgungsberechtigte zu einer erledigten Stelle dieser Art melden, so gebührt ihnen nach § 6 des Gesetzes vom 24. December 1816 der Vorzug, weshalb die Gemeinden und öffentlichen Anstalten bei ihrer Wahl auf solche vorzugsweise zu rücksichtigen haben. Sofern sie dieses ohne zureichenden Grund versäumen, wird die Regierung die Bestätigung des Gewählten versagen.

§ 3. Die Regierung hat die Qualification des Gewählten und die Bedingungen seiner Anstellung zu prüfen. Sie wird zu dem Ende nach Vorschrift des Gesetzes vom 24. December 1816, § 6, in Erwägung ziehen, ob mit Rücksicht auf die Oertlichkeit und Bedeutung der betreffenden Waldungen die Anstellung eines ausgebildeten Forstbeamten nöthig sei oder nicht. Im ersteren Falle muß die Wahl, insofern der Gewählte nicht ein auf Forstversorgung dienender und nach den Bestimmungen der Allerhöchsten Cabinets-Ordre vom 21. Mai 1840 qualificirter Reservejäger ist, auf Lebenszeit erfolgen, und der Anzustellende die nämliche Qualification besitzen, wie ein Königlicher Förster; in letzterem Falle können minder qualificirte Waldwärter oder Forstschutzgehilfen zugelassen werden.[1])

Die Regierungen werden keine Bedingungen gestatten, durch welche der Zweck der Anstellung und ein kräftiger Schutz der Waldungen vereitelt werden könnte.

§ 4. Ist der Schutzbezirk einer Gemeinde oder öffentlichen Anstalt zu klein, um für solchen einen eigenen qualificirten Förster anstellen und besolden zu können, so kann der Schutz der betreffenden Waldungen einem bereits angestellten Gemeinde- oder Königlichen Förster übertragen werden; in letzterem Falle ist jedoch die Einwilligung der Königlichen Forstverwaltung zur Uebernahme des Nebenamts erforderlich.

§ 5. Die Vorschläge wegen einer solchen Einrichtung (§ 4), sowie überhaupt wegen der Modificationen in den Schutzbezirksgrenzen werden von der Communal-Forstverwaltung abgegeben; die Vertreter der betreffenden Gemeinden und Anstalten sind über diese Vorschläge mit ihrer Erklärung zu hören, worauf von der Regierung das dem forstlichen Interesse Entsprechende angeordnet wird.

§ 6. In solchen Fällen, wo der Schutzbezirk einer Gemeinde oder Corporation zu klein ist, um für solchen einen eigenen Beamten anzustellen, zugleich aber die isolirte Lage der Waldungen eine Combinirung mit anderen Königlichen oder Gemeinde-Schutz-Districten nicht gestattet, ist die Regierung ermächtigt, von den Forderungen des § 3 abzugehen und anderweitige Anordnungen zu treffen.

§ 7. Findet die Regierung bei der Qualification des Gewählten und bei den Bedingungen seiner Anstellung nichts zu erinnern, so hat sie die Wahl zu bestätigen. Die auf Lebenszeit anzustellenden Förster haben aber zunächst eine von der Regierung festzusetzende Probezeit zu bestehen; nach Ablauf derselben wird der Vorstand der betreffenden Gemeinde oder Anstalt vernommen, ob gegen die Dienstführung des Angestellten etwas zu erinnern sei. Ergeben sich aus dieser Vernehmung oder aus den eigenen Wahrnehmungen der vorgesetzten Behörde gegründete Klagen gegen den Angestellten, so ist dessen Entlassung zu verfügen; liegen dergleichen Klagen nicht vor, so hat die Regierung die definitive Bestätigung zu ertheilen, durch welche der Angestellte aller Rechte und Pflichten eines Gemeinde-Beamten, namentlich rücksichtlich der Bedingungen, unter welchen er von seinem Posten entfernt werden kann, theilhaft wird.

§ 8. Wegen der Pensionirung können bei der Anstellung mit Genehmigung der Regierung besondere Bestimmungen getroffen werden; in deren Ermangelung haben die auf Kündigung angestellten Beamten keinen Anspruch auf Pension; die auf Lebenszeit angestellten Förster aber haben Anspruch auf Pension nach den für die Pensionirung Königlicher Förster maßgebenden Grundsätzen.

§ 9. Findet die Regierung den Gewählten unqualificirt oder die Bedingungen seiner Anstellung ungeeignet, so hat sie die Vertreter der Gemeinde oder Anstalt zu einer neuen Wahl, oder zur Abänderung der Anstellungs-Bedingungen aufzufordern.

---

[1]) Vergl. Verfügung vom 9. April 1880.

Im Weigerungsfalle, oder wenn zum zweiten Male ein unqualificirtes Subject gewählt, oder ungeeignete Bedingungen beschlossen werden sollten, kann die Regierung vermöge ihres Aufsichtsrechts die Anstellung resp. die Festsetzung des Diensteinkommens selbst verfügen, sowie sie auch befugt ist, die Erhöhung der Besoldung eines bereits angestellten unzulänglich besoldeten Forstbeamten anzuordnen.

§ 10. Nach den Vorschriften der §§ 1 bis 5 und 7 bis 9 ist auch da zu verfahren, wo bis jetzt kein qualificirter Forstschutz-Beamter angestellt gewesen ist, und nicht der in § 6 vorgesehene Fall eintritt.

§ 11. Zur Verstärkung des Forstschutzes, wenn solche nach dem Ermessen der Regierung erforderlich wird, können nach Anhörung der Vertreter der Gemeinden und Anstalten neben den Förstern noch Waldwärter oder Forstschutz-Gehilfen auf bestimmte Zeit oder auf Kündigung angestellt werden.

§ 12. Wo sich unbescholtene Eingesessene bereit finden, das unbesoldete Amt von Ehren-Waldhütern anzunehmen, da ist deren Vereidung nach Anordnung der Regierung zu bewirken; es wird aber dadurch die Anstellung eines qualificirten Försters nicht entbehrlich gemacht.

b. der verwaltenden Beamten.

§ 13. Für jeden der nach den Bestimmungen der §§ 19 und folgende zu bildenden Communal-Oberförster-Bezirke wird zur Bewirthschaftung der Waldungen der Gemeinden und öffentlichen Anstalten ein verwaltender Beamter (Communal-Oberförster) angestellt. Die betheiligten Gemeinden und Anstalten des Bezirkes haben durch die gemäß § 20 zu bestellenden Deputirten unter Vorbehalt der Bestätigung resp. Genehmigung der Regierung (§§ 15 und 16) den Anzustellenden zu wählen und über die Bedingungen seiner Anstellung zu beschließen, wobei das daselbst angegebene Stimmverhältniß maßgebend ist.

§ 14. In den Fällen, wo die Waldungen einer einzelnen Gemeinde oder Anstalt nach ihrem Umfange, ihrer Lage und ihren Betriebsverhältnissen die Anstellung eines besonderen vollständig ausgebildeten verwaltenden Forstbeamten nöthig machen, oder wo eine freiwillige oder von den Behörden für nothwendig erkannte, und auf den Grund der Allerhöchsten Cabinets-Ordre vom 28. Mai 1836 angeordnete Vereinigung mehrerer Gemeinden und Anstalten zur Anstellung eines verwaltenden Forst-Beamten in dem Maße stattfindet, daß der betreffende Wald-Complexus mit Rücksicht auf seinen Flächeninhalt, seine Lage (und zwar sowohl aller Theile zusammengenommen, als der einzelnen Theile zu einander) und Betriebsverhältnisse dem Verwaltungsbezirke eines Königlichen Oberförsters in dem Bezirke der Regierung ungefähr gleich zu achten ist, muß der anzustellende Verwaltungs-Beamte die materielle Qualification eines Königlichen Oberförsters besitzen, worüber sich die Regierung nöthigenfalls durch eine Prüfung Gewißheit verschafft.

§ 15. Das Gehalt eines solchen Beamten wird durch einen Beschluß der Deputirten der betheiligten Gemeinden und Anstalten (§ 20) regulirt, welche verpflichtet sind, einen solchen Gehaltsbetrag zu gewähren, welcher mit Rücksicht auf das Interesse der Forstverwaltung für angemessen zu achten ist; dieser Beschluß unterliegt der Genehmigung der Regierung.

§ 16. Die Regierung hat die Qualification des von der Versammlung der Deputirten (§ 20) gewählten Candidaten und die Bedingungen seiner Anstellung nach den vorstehenden Bestimmungen zu prüfen, und wenn sich dabei nichts zu erinnern findet, zunächst die Annahme auf eine nach ihrem Ermessen zu bestimmende Probezeit zu genehmigen und nach deren Ablauf die definitive Anstellung auf Lebenszeit zu bestätigen; die im § 7 wegen der Bestätigung der auf Lebenszeit anzustellenden Forstschutzbeamten sowie die wegen der Pensionirung im § 8 ertheilten Vorschriften finden hier gleichmäßige Anwendung.

§ 17. Findet die Regierung sich veranlaßt, die Bestätigung des Gewählten oder die Genehmigung der Bedingungen seiner Anstellung zu versagen, so ist in gleicher Weise zu verfahren, wie im § 9 hinsichtlich der Forstschutzbeamten vorgeschrieben ist.

§ 18. Die bisher zur Bewirthschaftung der im Besitze von Gemeinden und öffentlichen Anstalten befindlichen Waldungen angestellten Communal-Oberförster verbleiben in ihren Aemtern und Functionen, sofern ihre Anstellung nicht bloß commissarisch oder widerruflich erfolgt ist.

§ 19. Wird oder ist eine solche Stelle erledigt, so veranlaßt die Regierung, welche inzwischen für die commissarische Verwaltung derselben Sorge zu tragen hat, den Zusammentritt von Deputirten derjenigen Gemeinden und Anstalten, welche bis dahin den Verwaltungs-Verband bildeten, zur Berathung der Frage, ob der Verband beizubehalten oder aufzulösen, oder in welcher anderen Weise die ordnungsmäßige Bewirthschaftung der Waldungen zu sichern sei. Die Berathung über diese Frage muß bei dem ersten, entweder jetzt vorhandenen oder zunächst vorkommenden Erledigungsfalle eintreten, ist aber demnächst nicht weiter nothwendig.

§ 20. Zum Zwecke der im § 19 gedachten Berathung hat jede betheiligte Gemeinde oder Anstalt, sofern sie mindestens 100 Morgen Waldboden besitzt, durch ihre gesetzliche Vertretung und aus deren Mitte einen Deputirten zu wählen. Die so gewählten Deputirten versammeln sich unter dem Vorsitze eines Commissars der Regierung und beschließen über die im § 19 bezeichnete Frage nach Stimmenmehrheit, jedoch in der Art, daß die Deputirten der 100 Morgen und mehr, aber weniger als 500 Morgen besitzenden Gemeinden und Anstalten *eine* Stimme, die Deputirten der 500 bis 2000 Morgen besitzenden Gemeinden und Anstalten *zwei* Stimmen und die Deputirten der Gemeinden und Anstalten mit noch größerem Waldbesitze für jede ferneren *vollen* 2000 Morgen noch eine Stimme mehr haben.

§ 21. Fällt der Beschluß für die Beibehaltung des seitherigen Verbandes aus, oder wird die Bildung neuer mit besonderen verwaltenden Forstbeamten zu besetzender Verbände beschlossen, so sind zugleich die Bedingungen, unter welchen die Anstellung eines oder mehrerer verwaltender Beamten erfolgen soll, festzustellen und die nöthigen Wahlen zu bewirken.

§ 22. Fällt der Beschluß der Versammlung (§ 20) dahin aus, daß besondere Verbände für die Anstellung verwaltender Forstbeamten nicht erforderlich seien, so müssen zugleich die Mittel angezeigt werden, wie die Verwaltung in anderer Weise zu sichern sei.

Dies kann geschehen:

a) dadurch, daß jede einzelne Gemeinde oder Anstalt einen für die Verwaltung geeigneten Beamten, welcher gleichzeitig den Schutz besorgen kann, anstellt; derselbe muß aber seine Qualification nach Vorschrift des § 14 nachweisen;

b) dadurch, daß die Verwaltung der Gemeinde- und Anstalts-Waldungen einem bereits angestellten verwaltenden Gemeinde-Forstbeamten (Kreisförster oder Communal-Oberförster) oder einem Königlichen Oberförster aufgetragen wird; es bedarf aber hierzu der Genehmigung der vorgesetzten Dienstbehörde des betreffenden Beamten.

Hält die Regierung den Beschluß, daß es besonderer Verbände für die Anstellung verwaltender Forstbeamten nicht bedürfe, sowie die für diesen Fall nach den Bestimmungen zu littr. a und b gestellten Anträge dem Interesse einer geregelten Forstwirthschaft nicht für entsprechend, so hat sie darüber, durch Vermittelung des Oberpräsidenten, an die Königlichen Ministerien des Innern und für die landwirthschaftlichen Angelegenheiten zu berichten, welche nach der Allerhöchsten Cabinets-Ordre vom 28. Mai 1836 die Entscheidung zu treffen haben.

II. Bewirthschaftung der Waldungen.

§ 23. Der Verwaltung der Waldungen der Gemeinden und öffentlichen Anstalten soll, soweit solches erforderlich, ein Betriebsplan und eine Ertragsermittelung nach näherer Anordnung der Regierung zum Grunde gelegt werden.

§ 24. Die Ausarbeitung des Betriebsplanes und der Ertragsermittelung (§ 23) liegt in der Regel dem verwaltenden Beamten unter der Controle des Oberforstbeamten der Regierung ob; doch können nach Befinden der Regierung diese Arbeiten auch andern dazu geeigneten Personen übertragen werden.

§ 25. Die Betriebspläne werden vom Oberforstbeamten der Regierung geprüft und festgesetzt, nachdem zuvor die aufzustellenden allgemeinen Wirtschafts- und Kulturpläne der Vertretung der betreffenden Gemeinden und Anstalten zur Einsicht vorgelegt worden; die von der gedachten Vertretung in Beziehung auf die Wirthschaftsführung geäußerten Wünsche sind so weit zu berücksichtigen, als sie mit einer nachhaltigen forstwirthschaftlichen Verwaltung vereinbar sind.

§ 26. Von dem ermittelten nachhaltigen Ertrage der Waldungen wird mindestens, nach dem Ermessen der Regierung, $^1/_{10}$ bis $^1/_6$ als Reserve für außerordentliche Fälle, als: Brand, größere Communalbauten u. s. w. abgesetzt und der Rest als das jährliche Einschlags-Quantum angenommen, welches nicht überschritten werden darf.

Der Ertrag muß steigend regulirt werden, wenn die jüngeren Altersklassen in überwiegendem Umfange vorhanden sind, oder die künftigen Erträge erst noch aufzuforstender Räumden und Blößen die späteren Perioden decken sollen.

§ 27. Ist das Reserve-Quantum in zehn Jahren nicht benutzt, und auch eine Wahrscheinlichkeit des nahen Bedarfs nicht vorhanden, so kann der ursprüngliche jährliche Abzug dem jährlichen Einschlags-Quantum zugesetzt werden, so jedoch, daß das zehnjährige Reserve-Quantum unangegriffen bleibt, ohne sich weiter zu verstärken.

§ 28. Treten Fälle ein, welche einen Angriff des Reserve-Quantums nöthig machen, so hat der Vorstand der Gemeinde oder Anstalt die entsprechenden Anträge an die Regierung zu richten, welche über die Zulässigkeit zu entscheiden hat.

§ 29. Vorgriffe auf den Ertrag künftiger Jahre sind möglichst zu vermeiden und nur in dringenden Nothfällen von der Regierung zu bewilligen; der Vorgriff muß dann in längstens zehn Jahren durch Abzüge an dem ermittelten nachhaltigen Einschlagsquantum wieder gedeckt werden.

§ 30. Alljährlich spätestens bis zum 1. September ist der Holzfällungs-Plan für jede betheiligte Gemeinde und Anstalt von dem verwaltenden Forstbeamten aufzustellen, welchem die Gemeinde- und Anstalts-Vorstände von den etwaigen besonderen Wünschen und Bedürfnissen der Interessenten zeitig vorher Kenntniß zu geben haben, damit hierauf, soweit sie dem generellen Wirthschaftsplane, resp. den Regeln der Holzzucht nicht zuwiderlaufen, bei den Hauungsvorschlägen und der Normirung des Einschlags-Quantums thunlichst Rücksicht genommen werden kann. Der Holzfällungsplan ist zunächst den Gemeindevorständen, welche denselben der Gemeindevertretung, und dem Anstaltsvorstande, welcher denselben den etwaigen Interessenten zur Einsicht vorzulegen hat, mitzutheilen, spätestens aber bis zum 1. October jeden Jahres der Regierung zur Festsetzung einzureichen; dem Plane müssen, soweit die Gegenbemerkungen der Gemeinde- und Anstaltsbehörde nicht haben berücksichtigt werden können, die desfallsigen Verhandlungen beigefügt werden.

§ 31. In gleicher Weise und zu derselben Zeit wird mit Aufstellung des Kulturplanes verfahren; es gilt hierbei als Regel, daß die Gemeinden und öffentlichen Anstalten schuldig sind, ihre Waldungen, wo die natürliche Holzzucht nicht ausreicht, durch Kulturen in solchem Stande zu erhalten, daß der ermittelte nachhaltige Ertrag gesichert bleibt. Die Gemeinden können gleichfalls zur Kultur von Waldblößen in dem Falle angehalten werden, wenn der vorhandene Waldbestand zur Befriedigung der eigenen Bedürfnisse an Brenn- oder Bauholz im Hinblick auf die muthmaßliche Zunahme der Bevölkerung nicht ausreicht.

§ 32. Wenn die Gemeindeglieder die Holzfällungs- und Aufbereitungs- oder die Forstkultur-Arbeiten selbst verrichten wollen, und dies von der Regierung für forstwirthschaftlich zuläßig erkannt wird, so muß in den Fällungs- und Kulturplänen das Erforderliche vermerkt werden; die Gemeindeglieder müssen sich aber alsdann auch in die für dergleichen Arbeiten ertheilten Vorschriften fügen, solche ordnungsmäßig verrichten und sich der Aufsicht der Forstbeamten unterwerfen.

§ 33. Fällungen, welche nicht in dem Hauungsplane vorgesehen sind, dürfen nur in Nothfällen, und dann nur auf den Antrag des Vorstandes nach Anhörung des verwaltenden Forstbeamten mit Erlaubniß der Regierung, oder in dem Falle, wenn das abzugebende Material den Werth von 10 Thlr. nicht übersteigt, mit Erlaubniß des Landraths vorgenommen werden.

Das durch solche außerordentliche Fällungen aufkommende Material ist genau zu notiren und auf das etatsmäßige Einschlags-Quantum des nächsten Jahres in Anrechnung zu bringen.

§ 34. Windfälle und Windbrüche sind, sofern sie nicht Servitutberechtigten gehören, gehörig aufzuklaftern, nach der Quantität zu constatiren, zu verwerthen und ebenso auf das Einschlagsquantum des nächsten Jahres anzurechnen, wie nach § 33 der Ertrag außerordentlicher Fällungen.

§ 35. Wegen der den Gemeinde- und Corporationsmitgliedern zustehenden Nebennutzungen, namentlich der Weide, der Mast, des Streulaubes und des Raff- und Leseholzes, sind, soweit es nicht bereits geschehen, für jede Gemeinde oder Corporation besondere Reglements zu erlassen, welche zuvor der Regierung zur Bestätigung vorgelegt werden müssen; die Bedürfnisse der Betheiligten dürfen dadurch nur insoweit eingeschränkt werden, als die Erhaltung der Waldungen, einschließlich der Hauberge, und die Handhabung des Forstschutzes solches erfordert. Als Regel gilt:

1. Hinsichtlich der Weide, daß alle Besamungs-, Licht- und Abtriebschläge, und überhaupt der junge Nachwuchs in den Hochwaldungen, ingleichen die Niederwaldungen so lange geschont werden müssen, bis nach dem Ermessen der Forstverwaltung das Holz dem Verderben durch das Vieh nicht mehr ausgesetzt ist, sowie daß Ziegen gar nicht in den Wald kommen dürfen.
2. Hinsichtlich der Mast, daß die Besamungs- und Abtriebs-Schläge so weit verschont werden müssen, als es zur Erhaltung einer vollkommenen Besamung erforderlich ist;
3. daß das Einsammeln des Streulaubes, wo solches gestattet wird, nur an ein oder zwei Wochentagen und nur in denjenigen Districten stattfinden darf, in welchen solches wirthschaftlich zulässig ist. Eiserne Rechen dürfen bei Einsammlung desselben nicht gebraucht werden.
4. Die Einsammlung des Raff- und Leseholzes ist gleichfalls auf ein oder zwei Wochentage zu beschränken, und dürfen dabei keine schneidenden Instrumente gebraucht werden.

Außerdem ist in diesen besonderen Reglements festzusetzen: bis zu welchem Alter die jungen Bestände ganz mit der Streunutzung zu verschonen, in welchen Monaten solche ausgeübt werden dürfe u. s. w., und können auch wegen des Köhlereibetriebes die zum Schutz der Waldungen gegen Feuersgefahr und Entwendungen nöthigen polizeilichen Vorschriften eingeschaltet werden. Uebrigens bleibt, neben den in jenen Reglements getroffenen Bestimmungen, ein Jeder, welcher zu vorgedachten Nebennutzungen befugt ist, den bestehenden oder noch zu erlassenden allgemeinen forstpolizeilichen Anordnungen unterworfen.

§ 36. Ueber die Verwerthung und Verwendung der Wald- ꝛc. Producte beschließen die Vertreter der Gemeinden unter Beobachtung der Vorschriften der bezüglichen Gemeinde-Ordnung sowie die Vertreter der öffentlichen Anstalten nach Maßgabe der für diese bestehenden Verfassung; doch muß in der Regel von den Waldproducten so viel verkauft werden, daß aus dem Erlöse die Steuern und die Verwaltungs- und Aufsichtskosten für den Wald gedeckt werden können.

III. Aufsicht der Regierung.

§ 37. Die Regierung hat die regelmäßige Bewirthschaftung und den gehörigen Schutz der Communal-Waldungen nach den in dieser Instruction enthaltenen Vorschriften durch die Oberforstbeamten und die Forstinspectoren, soweit Letzteres ohne Beeinträchtigung des Königlichen Dienstes geschehen kann, genau überwachen und controliren zu lassen. Gegen Anordnungen und Entscheidungen, welche von der Regierung auf Grund der gegenwärtigen Instruction getroffen werden, findet, vorbehaltlich der am Schlusse des § 22 getroffenen Bestimmung, der Recurs an den Oberpräsidenten der Provinz statt; dieser Recurs muß binnen einer Präclusivfrist von vier Wochen nach der Zustellung oder Bekanntmachung der bezüglichen Anordnung oder Entscheidung eingelegt werden.

§ 38. Die Regierungen haben auf Grund und nach Maßgabe der gegenwärtigen Instruction

1. eine Dienstanweisung für die Communal-Oberförster und für das Forstschutz-Personal, und
2. eine Hau-Ordnung zu erlassen.

Münster, den 19. Mai 1857.

Anhang C.

Wildschadengesetz vom 11. Juli 1891.

(Gesetz-Sammlung für 1891 Seite 307.)

Wir Wilhelm, von Gottes Gnaden König von Preußen ꝛc. verordnen, unter Zustimmung beider Häuser des Landtages, für den Umfang Unserer Monarchie, mit Ausschluß der Provinz Hannover und des vormaligen Kurfürstenthums Hessen, was folgt:

§ 1.

Der durch Schwarz-, Roth-, Elch- und Damwild sowie Rehwild und Fasanen auf und an Grundstücken angerichtete Schaden ist dem Nutzungsberechtigten nach Maßgabe der folgenden Bestimmungen zu ersetzen.

§ 2.

Ersatzpflichtig sind in einem gemeinschaftlichen Jagdbezirke die Grundbesitzer des Jagdbezirks nach Verhältniß der Größe der betheiligten Fläche. Dieselben werden durch die Gemeindebehörde vertreten.

Hat bei Verpachtung der Jagd in gemeinschaftlichen Jagdbezirken die Gemeindebehörde die vollständige Wiedererstattung der zu zahlenden Wildschadensbeträge durch den Jagdpächter nicht ausbedungen, so müssen solche Jagdpachtverträge nach ortsüblicher Bekanntmachung eine Woche öffentlich ausgelegt werden. Sie bedürfen zu ihrer Gültigkeit der Genehmigung des Kreisausschusses, in Stadtkreisen des Stadtausschusses, wenn seitens auch nur eines Nutzungsberechtigten innerhalb zwei Wochen nach dieser Auslegung Widerspruch erhoben wird.

§ 3.

Ersatzpflichtig ist bei Enclaven (§ 7 des Jagdpolizeigesetzes vom 7. März 1850, Gesetz-Samml. S. 165, § 9 des Gesetzes vom 30. März 1867, Gesetz-Samml. S. 426, und § 11 des Lauenburgischen Gesetzes vom 17. Juli 1872, Offic. Wochenblatt für Lauenburg S. 218) der Inhaber des umschließenden Jagdbezirks, sofern er die Jagd auf der Enclave angepachtet oder die angebotene Anpachtung abgelehnt hat.

§ 4.

Ein Ersatz für Wildschaden findet nicht statt, wenn die Umstände ergeben, daß die Bodenerzeugnisse in der Absicht gezogen oder erheblich über die gewöhnliche Erntezeit hinaus auf dem Felde belassen sind, um Schadenersatz zu erzielen.

§ 5.

Sofern Bodenerzeugnisse, deren voller Werth sich erst zur Zeit der Ernte bemessen läßt, vor diesem Zeitpunkt beschädigt werden (§ 1), so ist der Schaden in demjenigen Umfange zu erstatten, in welchem er sich zur Zeit der Ernte darstellt.

§ 6.

Der Beschädigte, welcher auf Grund der §§ 1—3 Ersatz für Wildschaden fordern will, hat diesen Anspruch bei der für das geschädigte Grundstück zuständigen Ortspolizeibehörde binnen drei Tagen, nachdem er von der Beschädigung Kenntniß erhalten hat, schriftlich oder zu Protokoll anzumelden. Bei Versäumung dieser Anmeldung findet ein Ersatzanspruch nicht statt.

§ 7.

Nach rechtzeitig erfolgter Anmeldung hat die Ortspolizeibehörde zur Ermittelung und Schätzung des behaupteten Schadens und zur Herbeiführung einer gütlichen Einigung unverzüglich einen Termin an Ort und Stelle anzuberaumen und zu demselben die Betheiligten unter der Verwarnung zu laden, daß im Falle des Nichterscheinens mit der Ermittelung und Schätzung des Schadens dennoch vorgegangen wird. Der Jagdpächter ist zu diesem Termin zu laden.

§ 8.

Jedem Betheiligten steht das Recht zu, in dem Termine zu beantragen, daß die Schätzung des Schadens erst in einem zweiten, kurz vor der Ernte abzuhaltenden Termine erfolgt. Diesem Antrage muß stattgegeben werden.

§ 9.

Auf Grund des Ergebnisses der Vorverhandlungen hat die Ortspolizeibehörde einen Vorbescheid über den Schadensersatzanspruch und die entstandenen Kosten zu erlassen und den Betheiligten in schriftlicher Ausfertigung zuzustellen.

Die Zustellung erfolgt nach Maßgabe der für Zustellungen des Kreisausschusses geltenden Bestimmungen.

§ 10.

Gegen den Vorbescheid findet innerhalb zwei Wochen die Klage bei dem Kreisausschusse, in Stadtkreisen bei dem Bezirksausschusse statt.

Die Entscheidungen des Kreisausschusses und des Bezirksausschusses sind vorläufig vollstreckbar.

Wird innerhalb der zwei Wochen die Klage nicht erhoben, so wird der Vorbescheid endgültig und vollstreckbar.

§ 11.

Als Kosten des Verfahrens kommen nur baare Auslagen, insbesondere Reisekosten und Gebühren der Sachverständigen, Botenlöhne und Portokosten in Ansatz. Die Kosten des Vorverfahrens werden als Theil der Kosten des Verwaltungsstreitverfahrens behandelt.

§ 12.

Ist während des Kalenderjahres wiederholt durch Roth- oder Damwild verursachter Wildschaden durch die Ortspolizeibehörde festgestellt worden, so muß auf Antrag des Ersatzpflichtigen oder der Jagdberechtigten die Aufsichtsbehörde sowohl für den betroffenen, als auch nach Bedürfniß für benachbarte Jagdbezirke die Schonzeit der schädigenden Wildgattung für einen bestimmten Zeitraum aufheben und die Jagdberechtigten zum Abschuß auffordern oder anhalten.

§ 13.

Genügen diese Maßregeln nicht, so hat die Aufsichtsbehörde den Grundbesitzern und sonstigen Nutzungsberechtigten selbst nach Maßgabe der §§ 23 und 24 des Gesetzes vom 7. März 1850 (Gesetz-Samml. S. 165) die Genehmigung zu ertheilen, das auf ihre Grundstücke übertretende Roth- und Damwild auf jede erlaubte Weise zu fangen, namentlich auch mit Anwendung des Schießgewehres zu erlegen.

§ 14.

Schwarzwild darf nur in solchen Einfriedigungen gehegt werden, aus denen es nicht ausbrechen kann. Der Jagdberechtigte, aus dessen Gehege Schwarzwild austritt, haftet für den durch das ausgetretene Schwarzwild verursachten Schaden.

Außer dem Jagdberechtigten darf jeder Grundbesitzer oder Nutzungsberechtigte innerhalb seiner Grundstücke Schwarzwild auf jede erlaubte Art fangen, tödten und behalten.

Die Aufsichtsbehörde kann die Benutzung von Schießwaffen für eine bestimmte Zeit gestatten.

Die Aufsichtsbehörde hat außerdem zur Vertilgung uneingefriedigten Schwarzwildes alles Erforderliche anzuordnen, sei es durch Polizeijagden, sei es durch andere geeignete Maßregeln oder Auflagen an die Jagdberechtigten des Bezirks und der Nachbarforsten.

§ 15.

Wilde Kaninchen unterliegen dem freien Thierfange, mit Ausschluß des Fangens mit Schlingen.

§ 16.

Die Aufsichtsbehörde kann die Besitzer von Obst-, Gemüse-, Blumen- und Baumschulanlagen ermächtigen, Vögel und Wild, welche in den genannten Anlagen Schaden anrichten, zu jeder Zeit mittelst Schußwaffen zu erlegen. Der Jagdberechtigte kann verlangen, daß ihm die erlegten Thiere, soweit sie seinem Jagdrechte unterliegen, gegen das übliche Schußgeld überlassen werden.

Die Ermächtigung vertritt die Stelle des Jagdscheins. Sie darf Personen, welchen der Jagdschein versagt werden muß, nicht ertheilt werden und ist widerruflich.

§ 17.

Gegen die Anordnung oder Versagung obiger Maßregeln (§ 16) seitens der Aufsichtsbehörde (des Landraths, in Stadtkreisen der Ortspolizeibehörde, in Hohenzollern des Oberamtmanns) ist nur die Beschwerde an den Bezirksausschuß, in Hohenzollern an den Regierungs-Präsidenten, und gegen deren Entscheidung die Beschwerde zulässig, welche an den Minister des Innern und den Minister für Landwirthschaft, Domänen und Forsten geht.

§ 18.

Sofern das gegenwärtige Gesetz dem Jagdpächter größere, als die bisherigen Verpflichtungen auferlegt, kann er den Pachtvertrag innerhalb drei Monaten nach Verkündigung dieses Gesetzes derart kündigen, daß das Pachtverhältniß mit Ende des laufenden Pachtjahres erlischt.

Das gleiche Recht steht dem Verpächter zu, sofern der Pächter nicht für die Zeit bis zum Ablaufe der bestehenden Pachtverträge die Vergütung der durch das Gesetz dem Verpächter auferlegten Wildschäden auf sich nimmt.

§ 19.

Der § 25 des Jagdpolizeigesetzes vom 7. März 1850 (Gesetz-Samml. S. 165), § 27 der Verordnung vom 30. März 1867 (Gesetz-Samml. S. 426) und § 28 des Gesetzes vom 17. Juli 1872 (Lauenb. Offic. Wochenblatt Nr. 42) werden aufgehoben.

Wildschadenersatz kann nur auf Grund und nach Maßgabe dieses Gesetzes gefordert werden.

§ 20.

Dieses Gesetz tritt mit dem 1. Januar 1892 in Kraft.

Urkundlich unter Unserer Höchsteigenhändigen Unterschrift und beigedrucktem Königlichen Insiegel.

Gegeben Buckingham Palace London, den 11. Juli 1891.

(L. S.) **Wilhelm.**

gegez. von Caprivi. von Boetticher. Herrfurth. von Schelling. Frhr. von Berlepsch.
Miquel. von Kaltenborn. von Heyden. Gr. von Zedlitz. Thielen.

---

*

Anhang D.

a) Allgemeine Bedingungen für die Verpachtung fiskalischer Jagden.

§ 1.

Für die Richtigkeit der etwa angegebenen Größe und Grenzen der verpachteten Reviere wird keine Gewähr geleistet.

Erwirbt im Laufe der Pachtzeit der Staat die Befugniß zur Jagdausübung auf solchen Grundflächen, welche im Zusammenhange mit dem gepachteten Reviere stehen, so ist der Pächter verpflichtet, auf Verlangen der Königlichen Regierung die Jagd auf denselben gegen eine nach dem Verhältnisse der Fläche zu bemessende Erhöhung des Pachtgeldes mit zu übernehmen.

§ 2.

Die Jagd muß pfleglich und waidmännisch behandelt und daher mäßig benutzt werden.

§ 3.

Das Erlegen der nützlichen resp. für die Jagd nicht überwiegend nachtheiligen Säugethiere und Raubvögel und im Besonderen der Igel, Fledermäuse, Eulen (mit Ausnahme des Uhu), der Bussarde wird dem Pächter bei Vermeidung einer Conventionalstrafe von sechs Mark für jeden Uebertretungsfall untersagt. Imgleichen steht der Königlichen Regierung das Recht zu, behufs Verhütung und Verminderung von Insekten- und Mäusefraß, dem Pächter das Schießen und Wegfangen der Dachse, auch außerhalb der gesetzlichen Schonzeit, und der Füchse bei einer Conventionalstrafe von funfzehn Mark für jeden gefangenen oder getödteten Dachs oder Fuchs zeitweise zu untersagen.

§ 4.

Mit Windhunden, sowie mit lautjagenden Jagdhunden oder Bracken darf die Jagd niemals benutzt werden bei Vermeidung einer Conventionalstrafe von dreißig Mark für jeden einzelnen Contraventionsfall.

Alles Roth- und Damwild darf nur mit der Kugel und daher weder mit Posten noch mit Schrot geschossen werden.

Es sind überhaupt nur waidmännische Jagdarten gestattet und ist insbesondere das Schießen der Hasen auf der Kirre, das Fangen der Rebhühner in Laufdohnen oder Stocknetzen, das Legen von Selbstgeschossen, Schlingen und Schleifen auf Feder- und anderes Wildpret, sowie auch das Anlegen von Dohnensteigen und Vogelheerden verboten, alles bei einer Conventionalstrafe von dreißig Mark für jeden Contraventionsfall neben der gesetzlichen Strafe.

§ 5.

Die Jagd darf bei Vermeidung der gesetzlichen Strafe nicht auf andere, als die im Kontrakt bezeichneten Wildgattungen ausgedehnt werden.

Wenn angeschossenes Hoch-, Dam-, Schwarz- oder Rehwild, sofern dem Pächter die Jagd darauf verpachtet ist, in einen angrenzenden, für diese Wildarten dem Administrationsbeschusse unterliegenden Königlichen Jagdbezirk übergeht, so ist Pächter verpflichtet, sobald solches zu seiner Kenntniß gelangt, davon dem nächsten Königlichen Forstbeamten, bei Vermeidung einer Conventionalstrafe von funfzehn Mark, sobald als möglich, spätestens aber binnen zwölf Stunden, Anzeige zukommen zu lassen, und steht es ihm sodann frei, das angeschossene Wild im Beisein dieses Forstbeamten oder desjenigen, welchen derselbe dazu mitsendet, nachdem sich dieser von der Richtigkeit der Verwundung und des Uebergangs über die Grenze überzeugt hat, mit zu verfolgen. Wird das angeschossene Wild alsdann erlegt oder schon verendet gefunden, so wird es dem Pächter auf Verlangen gegen Erlegung des Betrages verabfolgt, welcher in der für die betreffende Oberförsterei gültigen Wildprets-Taxe als „zur Forstkasse zu entrichtender Nettowerth" festgestellt ist. Andererseits ist aber der Pächter auch verpflichtet, wenn Wild der vorbezeichneten Art in administrirten fiskalischen Jagdrevieren angeschossen wird und auf sein Pachtrevier übertritt, in gleicher Weise dem Oberförster oder Förster dieses fiskalischen Reviers die Folge in sein Pachtrevier und den Erwerb des Wildes, wenn es erlegt oder verendet gefunden wird, gegen den vorstehend bestimmten taxmäßigen Nettowerth zu gestatten.

Der Anstand darf an der Grenze des verpachteten Jagdreviers innerhalb 300 Schritt von der nächsten Königlichen Forst nicht ausgeübt werden, bei Vermeidung einer Conventionalstrafe von fünf und vierzig Mark für jeden Uebertretungsfall.

§ 6.

Pächter darf die Jagd nur in eigener Person, oder durch einen gelernten Jäger, oder wenigstens einen qualifizirten Schützen ausüben, und nur in seiner, oder des Jägers oder Schützen Gegenwart andere Personen zur Jagd zulassen, bei Vermeidung einer Conventionalstrafe von dreißig Mark für jeden Uebertretungsfall.

Als Jäger oder Schütze des Pächters darf kein Individuum angenommen werden, welches schon wegen Wilddiebstahls, Jagd-Contraventionen oder Holzdiebstahls in Untersuchung gewesen und nicht freigesprochen worden ist. Der Jäger oder Schütze des Pächters, zu dessen Annahme bei dem betreffenden Oberförster die Genehmigung schriftlich einzuholen ist, muß bei Ausübung der Jagd stets einen auf seine Person lautenden und vom Oberförster beglaubigten Legitimationsschein bei sich führen, widrigenfalls der Pächter für jeden Uebertretungsfall eine Conventionalstrafe von einer Mark funfzig Pfennigen zu erlegen hat. Auch haftet Pächter für alle Verletzungen des Kontrakts durch seine Jäger, Schützen oder Jagdgenossen.

§ 7.

Ohne besondere Genehmigung der Königlichen Regierung darf der Pächter sein Jagdrecht bei Vermeidung einer Conventionalstrafe von dreißig Mark weder ganz noch theilweise einem Anderen überlassen, auch keine Jagd-Erlaubnißscheine gegen Entgeld ausgeben.

§ 8.

Alle Beschädigungen der Grundstücke, der Holzbestände, der Forstkulturen, der Früchte und der Bewehrungen bei Ausübung der Jagd, sowie die Verletzung der Rechte etwaiger anderer Jagdberechtigten hat Pächter zu vermeiden und allein zu vertreten. Auch hat er, wenn sich die Pacht auf das Jagdrecht in Forsten erstreckt, die Kosten zu tragen, welche durch die nach der Entscheidung der Regierung etwa nothwendig werdenden Vergatterungen der Kulturen, Forstdienst- oder anderer Kulturländereien entstehen.

Wenn nach dem Ermessen der Königlichen Regierung zur Vertilgung des in freier Wildbahn vorhandenen Schwarzwildes die Abhaltung von Jagden und die Verwendung von Jägern angeordnet werden muß, ist der Jagdpächter verpflichtet, solche Jagden zu gestatten.

§ 9.

Wenn der Pächter zur Verhütung etwa zu befürchtenden Wildschadens einen oder mehrere Wildwächter zu halten gesonnen ist, so muß er zuvor dem betreffenden Oberförster eine glaubhafte Bescheinigung vom Landrathe, Ortsbürgermeister oder sonstigen Behörden darüber vorlegen, daß der als Wildwächter zu Bestellende weder wegen Forst- noch wegen Jagdvergehen oder Diebstahl angezeigt und schuldig erkannt worden ist, oder sich deren verdächtig gemacht hat. Für dergleichen Vergehen oder Diebstähle, welche von solchen Wildwächtern verübt werden, liegt dem Pächter die Verantwortlichkeit und solidarische Haftverbindlichkeit ob.

§ 10.

Besondere Jagd-Anstalten und Einrichtungen, als Salzlecken, Wildschneisen, Eingatterungen und dergleichen kann Pächter weder verlangen, noch darf er dergleichen ohne Genehmigung der Königlichen Regierung anlegen. Zur Anlegung von Salzlecken genügt die Genehmigung des Oberförsters.

Auch muß der Pächter sich jede land- und forstwirthschaftliche Veränderung mit den in seinem Jagdbezirke gelegenen Grundstücken, sowie Eintheilungen und Befriedigungen ohne alle Entschädigung wegen angeblicher Nachtheile derselben für den Wildstand gefallen lassen, doch bleibt ihm die Ausübung des Jagdrechts auf diesen befriedigten Grundstücken unbenommen, sofern nicht besondere Verhältnisse es mit sich bringen, dergleichen Grundstücke der Jagd gänzlich zu entziehen und event. so zu verfahren, wie es im § 16 bestimmt ist.

§ 11.

Verletzungen der dem Pächter überlassenen Jagdgerechtigkeit durch Andere hat derselbe als Pächter in seinem Namen gerichtlich zu verfolgen. Sofern aber hierbei ein Anspruch auf die Jagdgerechtigkeit selbst erhoben werden sollte, hat er der Regierung davon sofort Anzeige zu machen, in welchem Falle dieselbe den Rechtsstreit selbst auszuführen sich vorbehält.

§ 12.

Pächter kann die zur Ausübung der dem Königlichen Fiskus etwa vorbehaltenen Jagd, sowie zur Wahrnehmung der Forst- und Jagdpolizei verpflichteten Königlichen Forstbeamten nicht hindern, den ihm verpachteten Jagdbezirk mit Schießgewehr und mit Hunden, welche letztere jedoch, wenn sie nicht zur Ausübung der dem Fiskus etwa vorbehaltenen Jagd erforderlich sind, gekoppelt werden müssen, zu begehen.

Auch hat er, wenn es sich um eine Jagd in Königlichen Forsten handelt, dem Oberförster und dem höheren Forstbeamten, sowie dem etatsmäßigen Schutzbeamten des Reviers die Ausübung der Jagd auf Kaninchen, Dachse, Raubzeug und Zugvögel nach Maßgabe des diesen Bedingungen am Schlusse angehängten Regulativs zu gestatten. Der Pächter hat aber, wenn wider Erwarten dabei von den Forstbeamten irgend eine Verletzung des Pachtverhältnisses stattfinden sollte, auf gehörige Anzeige und Untersuchung, die angemessene Bestrafung des Schuldigen und Schadensersatz zu gewärtigen.

§ 13.

Für den Ertrag der verpachteten Jagd wird keine Gewähr geleistet und haftet Pächter für die richtige Bezahlung des Pachtgeldes und der verwirkten Conventionalstrafen mit seinem gesammten Vermögen, entsagt auch jedem Erlasse am Pachtgelde, aus welchem Grunde solcher auch gefordert werden möchte, sowie der Befugniß zur Kündigung des Vertrages, wenn während der Dauer der Pachtzeit ein Krieg entstehen sollte.

Sollte jedoch der Umfang des verpachteten Jagdreviers durch Veräußerung oder Abtretung eines Theils der Grundfläche des verpachteten Reviers eine Schmälerung erleiden, so erlischt der Pachtvertrag bezüglich des abgehenden Theiles und vermindert sich, ohne Anspruch auf sonstige Entschädigung, das Pachtgeld nach dem Verhältnisse der Größe des ganzen Reviers zu der des übrig bleibenden Theiles, rücksichtlich welches letzteren der Pächter im Uebrigen zur unveränderten Aushaltung des Pachtvertrages verpflichtet ist. Demgemäß erlischt auch der ganze Pachtvertrag ohne Entschädigung, falls der Umfang des verpachteten Jagdreviers sich soweit verringert, daß der übrig bleibende Theil desselben eine zusammenhängende Fläche von der nach den gesetzlichen Bestimmungen zur selbständigen Jagdausübung erforderlichen Größe nicht mehr bildet.

§ 14.

Das gebotene jährliche Pachtgeld muß zum 1. April jeden Jahres an die betreffende Forstkasse oder wohin die Zahlung sonst gewiesen wird, unerinnert und kostenfrei vorausbezahlt werden, widrigenfalls dasselbe nebst den gesetzlichen Verzugszinsen durch administrative Exekution eingezogen wird.

§ 15.

Bleibt Pächter drei Monate mit der Pachtzahlung rückständig, oder wird er, oder werden die im § 6 gedachten Jäger, Schützen und Jagdgenossen resp. seine Leute wegen eines Forst- oder Jagdfrevels rechtskräftig verurtheilt, oder macht Pächter sich einer Zuwiderhandlung gegen §§ 6 und 7 schuldig, so steht es der Königlichen Regierung frei, neben Erhebung der verwirkten Conventionalstrafe die Jagd auf die noch übrige Dauer des Vertrages auf Kosten des Pächters nach Maßgabe der für den Pächter gültig gewesenen Licitationsvorschriften und Bedingungen anderweit öffentlich zu verpachten. Entsteht hierbei ein Ausfall gegen das bisherige Pachtgeld, so muß der bisherige Pächter für solchen aufkommen.

§ 16.

Auch steht der Königlichen Regierung frei, das Pachtverhältniß entweder ganz oder theilweise nach vorgängiger dreimonatlicher Aufkündigung aufzulösen, wofür dem Pächter außer dem Erlasse oder der Zurückzahlung des etwa für längere Zeit vorausgezahlten Pachtgeldes keine weitere Entschädigung zusteht. Bei einer solchergestalt eintretenden theilweisen Zurücknahme des verpachteten Jagd-Distrikts wird das verhältnißmäßig abzusetzende Pachtgeld von dem betreffenden Königlichen Oberförster in einem besonderen Anschlage ermittelt und vom Forstinspektor (Regierungs- und Forstrath) festgestellt. Hält der Pächter diese festgestellte Ermäßigung des Pachtgeldes nicht für genügend, so steht ihm frei, auch den übrigen Theil des Jagdbezirks gleichzeitig mit zurückzugeben, und aus der Pacht ganz auszutreten.

§ 17.

Die Uebergabe der Jagd erfolgt mit dem Tage der beginnenden Pachtzeit oder spätestens vier Wochen nach Vollziehung des etwa später geschlossenen Kontrakts an den Pächter, außergerichtlich durch den betreffenden Königlichen Oberförster, und wird auf den Grund der unter den Vertrag zu setzenden, von beiden Theilen zu vollziehenden desfallsigen Bescheinigung als förmlich und gehörig vollzogen angenommen.

Mit dem Ablaufe der Pachtzeit hört der Vertrag ohne weitere Kündigung und Zurücknahme desselben auf, und muß sich Pächter jeder ferneren Benutzung der Jagd enthalten.

Sollte Pächter während der Pachtzeit sterben, so sind seine Erben verbunden, die Pacht bis zum Ablaufe der Pachtperiode, indessen nie länger als ein Jahr nach Ablauf des Pachtjahrs, in welchem der Todesfall eingetreten ist, fortzusetzen.

Nach dem Ermessen der Königlichen Regierung kann jedoch der Vertrag auch mit dem Ablaufe des Quartals, in welchem der Pächter stirbt, aufgehoben werden.

Ist Pächter ein Staatsforstbeamter, so erlischt der Vertrag für ihn mit dem Tage seines Ausscheidens aus seiner bisherigen Stellung, und tritt für ihn sein Dienstnachfolger, wenn er es wünscht und die vorgesetzte Behörde es genehmigt, mit diesem Zeitpunkt in den Vertrag ein, ohne daß es der Zustimmung oder einer besonderen Cession seitens des Abgehenden bedarf.

§ 18.

Der Pächter trägt alle Kosten der Bekanntmachung des Licitationstermins und der Ausfertigung und Vollziehung des Vertrags, mit Einschluß der gesetzlichen Stempelgebühren, sowie die durch das Pachtgeschäft entstandenen Postportos.

---

b) Regulativ über die Befugnisse der Forstbeamten, bezüglich der Nutzung der kleinen Wildarten und des Raubzeuges bei Verpachtung der Jagden innerhalb der Königlichen Forsten.

§ 1.

Die Forstbeamten dürfen das Raubzeug, sowie Dachse, Kaninchen, Wasserhühner, Enten, Wachteln, Schnepfen, Bekassinen, kleine Brachvögel und Drosseln erlegen und ohne Bezahlung an sich behalten. Diese Befugniß erstreckt sich auf den Oberförster, die höheren Forstbeamten und auf die etatsmäßigen Schutzbeamten des betreffenden Verwaltungs- beziehungsweise Schutzbezirks.

§ 2.

Die Erlegung der im § 1 genannten Wildarten darf auch nur unter nachstehenden Modifikationen stattfinden:

a) Füchse darf der betreffende Forstbeamte, soweit nicht deren Schonung zur Verhütung von Mäusefraß an den jungen Laubholz-Schonungen zeitweise von der Regierung oder dem vorgesetzten Forstbeamten angeordnet ist, zu jeder Zeit innerhalb seines Verwaltungs- oder Schutzbezirks schießen oder fangen, und mit Erlaubniß des Oberförsters auch graben. Treibjagden auf Füchse darf er jedoch nur mit ausdrücklicher Erlaubniß des Pächters unternehmen. Die Disposition über die Füchse, welche auf den vom Pächter auf dessen Kosten veranstalteten Treibjagden geschossen sind, steht dem Pächter allein zu.

b) Dachse darf der Forstschutzbeamte innerhalb seines Schutzbezirks fangen. Um diese immer seltener werdende Wildgattung, welche überhaupt nicht als Raubzeug zu behandeln ist, zu erhalten oder zu vermehren, steht dem Oberförster oder den höheren Vorgesetzten jedoch frei, auch außer der gesetzlichen Schonzeit das Fangen oder Erlegen der Dachse zeitweise ganz zu untersagen. Das Graben derselben darf nur in der Art stattfinden, daß das Zerstören der Hauptbaue vermieden wird, und es ist daher dazu jedesmal die spezielle Erlaubniß des Oberförsters erforderlich.

Das nächtliche Hetzen des Dachses ist gänzlich untersagt. Ebenso ist das Schießen der Dachse auf dem Anstande am Baue, da hierbei erfahrungsmäßig viele Dachse angeschossen den Bau erreichen und dann verloren gehen, verboten.

c) Enten darf der Forstbeamte, unter Beachtung der gesetzlichen Schonzeit, überall in seinem Verwaltungs- oder Schutzbezirke auf dem Zuge schießen. Das Suchen und die Jagd auf junge Enten, sowie auf Mauser-Enten ist demselben jedoch nur mit ausdrücklich dazu vorher eingeholter Genehmigung des Pächters gestattet.

d) Waldschnepfen auf dem Zuge zu schießen ist dem Forstbeamten unter Beachtung der gesetzlichen Schonzeit in seinem Verwaltungs- oder Schutzbezirke gestattet. Das Suchen nach Waldschnepfen darf jedoch nur da, wo es ohne nachtheilige Beunruhigung des Wildstandes geschehen kann, und also jedesmal nur nach vorher von dem Pächter eingeholter Erlaubniß und an den von demselben gestatteten Orten stattfinden.

e) Kleine Schnepfen und Bekassinen darf der Forstbeamte innerhalb seines Verwaltungs- resp. Schutzbezirks suchen und erlegen. Es steht indessen dem Pächter frei, diejenigen Distrikte, auf welchen er diese Jagd für sich reservirt wissen will, von der Mitbenutzung der Forstbeamten auszuschließen, wobei jedoch darauf zu achten ist, daß dadurch den letzteren nicht jede Gelegenheit zur Ausübung dieser Jagd entzogen werde. Entsteht über die Frage, in welchem Umfange diese Jagd den Forstbeamten zu belassen ist, Streit, so entscheidet hierüber der Forstinspektionsbeamte.

f) Den Fang der Drosseln darf der Forstbeamte, sofern solcher nicht durch Gesetz oder Anordnung der Regierung überhaupt ganz untersagt wird, unter Beobachtung der gehörigen Schonung der jungen Holzbestände bei Anlegung des Dohnenstrichs, in seinem Verwaltungs- resp. Schutzbezirke ausüben. Der Dohnenstrich darf jedoch nur in der von der betreffenden Königlichen Regierung hierzu freigegebenen Zeit, und — insofern eine hierauf bezügliche polizeiliche Bestimmung wegen Schonung der Drosseln ꝛc. in dem einen oder anderen Regierungsbezirke noch fehlen sollte — nur in den Monaten Oktober und November ausgeübt werden. — Vogelheerde dürfen die Forstbeamten nicht stellen.

Anhang E.

a) Vorschriften für die Jägerprüfung.

(§§ 11 – 13 des Regulativs über Ausbildung, Prüfung und Anstellung für die unteren Stellen des Forstdienstes, vom 1. October 1893.)

Zusammensetzung des Prüfungs-Ausschusses.

§ 1. Die Mitglieder des für jedes Jäger-Bataillon zu bestellenden „Ausschusses zur Prüfung der Jäger“ werden vom Oberlandforstmeister in der Regel auf je drei Jahre ernannt.

Der Ausschuß besteht der Regel nach

1. aus einem Ministerial-Commissarius, welcher den Vorsitz führt,
2. aus einem oder zwei Forstmeistern (Regierungs- und Forsträthen), von denen der Dienstälteste den Vorsitzenden in Verhinderungsfällen vertritt,
3. aus zwei Oberförstern.

Die Mitglieder des Prüfungs-Ausschusses erhalten, soweit sie zu den Beamten der Königlichen Forstverwaltung gehören, für die zum Zwecke der Prüfung auszuführenden Reisen und die Tage der Abwesenheit von ihrem Wohnorte die gesetzlichen Tagegelder und Reisekosten auf ihre darüber dem Minister für Landwirthschaft, Domänen und Forsten einzureichenden Liquidationen, soweit sie der Gemeinde- oder Anstalts-Forstverwaltung angehören, eine von demselben zu bestimmende Pauschal-Vergütung aus der Staatskasse.

Vorsitzender.

§ 2. Der Vorsitzende hat den Prüfungstermin nach der darüber vom Oberlandforstmeister auf Grund der Vereinbarung mit der Inspection der Jäger und Schützen alljährlich zu treffenden Anordnung anzuberaumen, den Gang der Prüfung und die Zeiteintheilung, sowie die zur Prüfung im Walde zu wählenden Forsten zu bestimmen, den Fortgang der Prüfung zu leiten und für genaue Beachtung dieser Prüfungs-Vorschriften zu sorgen. Es bleibt ihm überlassen, ob und wie weit er selbst examiniren will, und im Uebrigen zu bestimmen, für welche Gegenstände jeder Examinator die Prüfung zu übernehmen hat.

Zweck der Prüfung.

§ 3. Durch die Jägerprüfung soll erforscht werden, welche allgemeine Bildung der Jäger in Beziehung auf Lesen, Schreiben, Rechnen und Abfassung kurzer Aufsätze besitzt, welchen Grad von Vorbildung in Beziehung auf Waldbau, Forstbenutzung, Forstschutz, Jagd, und welches Maß von Kenntnissen in Beziehung auf die Forstdiebstahls-, Forstpolizei- und Jagdgesetzgebung, sowie auf die Vorschriften der Försterdienst-Instruction er sich erworben hat. Es ist ein solches Maß von Kenntnissen und Fertigkeiten zu fordern, wie es von einem mit gewöhnlichen natürlichen Fähigkeiten und genügender Schulbildung (§ 2 des Regulativs) ausgerüsteten jungen Manne bei fleißiger Benutzung einer zweckmäßig geleiteten Lehrzeit und des Unterrichts bei den Jäger-Bataillonen verlangt werden kann.

Ausführung der Prüfung.

§ 4. Die Prüfung ist theils im Zimmer, theils im Walde abzuhalten, und besteht in der schriftlichen Lösung von Aufgaben, sowie in mündlicher Beantwortung von Fragen und Ausführung von Arbeiten im Walde.

Ueberweisung der Examinanden.

§ 5. Die Vorschlagsliste der zu prüfenden Jäger eines jeden Bataillons wird von der Inspection der Jäger und Schützen festgestellt und dem Oberlandforstmeister, in der Regel im Monat Februar oder März, mitgetheilt.

In der Vorschlagsliste sind getrennt aufzuführen

a) diejenigen Jäger, welche die Prüfung wiederholen,
b) die zum erstenmale zu prüfenden Jäger, ausschließlich der Einjährig-Freiwilligen,
c) die Einjährig-Freiwilligen.

Die Aspiranten für den Königlichen Forstverwaltungsdienst sind zwar in die Vorschlagsliste mit aufzunehmen, haben sich indessen der Prüfung nicht zu unterwerfen und werden seiner Zeit so behandelt, als hätten sie die Censur „sehr gut“ erhalten. (Vergl. § 16 Anmerkung.)

Der Oberlandforstmeister veranlaßt auf Grund der Vorschlagsliste die Aufstellung und Vervielfältigung des Verzeichnisses der zu prüfenden Jäger nach beiliegendem Muster A und fertigt dem Vorsitzenden des Prüfungs-Ausschusses die erforderliche Zahl von Exemplaren zu. Der Vorsitzende hat seinerseits jedem Mitgliede des Prüfungs-Ausschusses ein Exemplar zuzustellen.

Der Inspection der Jäger und Schützen werden vom Oberlandforstmeister drei Exemplare zur Mittheilung an das Bataillon übersendet.

Schriftliche Prüfung.

§ 6. Mindestens zwei Monate vor Abhaltung der mündlichen Prüfung werden an zwei von der Inspection der Jäger und Schützen zu bestimmenden, und zwar bei allen Bataillonen gleichen Tagen die schriftlichen Aufgaben gelöst. Diese Aufgaben ertheilt für alle Bataillone gleichlautend der Oberlandforstmeister, mit Bestimmung der zur Lösung jeder einzelnen Aufgabe zu gestattenden Zeit. Sie werden, für jedes Bataillon und jeden Tag in besonderer Ausfertigung mit der Aufschrift: „Aufgaben für die schriftliche Prüfung der Jäger im Jahre 18 . .
Für das N. Jäger-Bataillon"
der Inspection der Jäger und Schützen versiegelt zugestellt und von dieser mit Bestimmung der Tage für die Ausführung den Bataillonen versiegelt zugefertigt.

Die weiteren Anordnungen für die Abhaltung der schriftlichen Prüfung, insbesondere die Sicherstellung der erforderlichen Aufsicht, werden von der Inspection der Jäger und Schützen getroffen. (Vergl. Anlage B.)

Ueber die Ausführung der schriftlichen Prüfung wird eine kurze Verhandlung aufgenommen.

Weitere Behandlung und Censirung der schriftlichen Arbeiten. Personal-Akten.

§ 7. Die Ausarbeitungen jedes einzelnen Examinanden sind zu einem Personal-Aktenstück des Jägers zu heften. Dieses muß auf dem Titel den Namen und die Compagnie, auf dem ersten Blatte das Nationale 2c. des Jägers nach dem Muster A des Regulativs vom 1. Februar 1887 (jetzt vom 1. October 1893), dahinter die Zeugnisse über Lehrzeit (Regulativ § 7 Muster B) und Führung, ferner den schon vor der Prüfung unter Aufsicht vom Examinanden selbst verfaßten und abgelieferten Lebenslauf und dann die schriftlichen Arbeiten in der gegebenen Reihenfolge enthalten.

Die Militärbehörde sorgt dafür, daß die sämmtlichen abgelieferten Arbeiten, ohne nachträgliche Aenderungen, Zusätze oder Vertauschung zu den betreffenden Akten gebracht werden.

Diese sämmtlichen Personal-Akten der Examinanden übersendet das Bataillons-Kommando nebst dem vorerwähnten Protokolle (§ 6) unverzüglich an den Vorsitzenden des Prüfungs-Ausschusses.

Dieser setzt dieselben, nachdem er sie durchgesehen hat, bei den Mitgliedern des Ausschusses in Umlauf. Jedes Mitglied hat die Arbeiten binnen längstens zwölf Tagen weiter zu befördern, und am Schlusse jeder Aufgabe diejenige Censurzahl (§ 11) neben seiner Namensunterschrift zu notiren, welche er als angemessen erachtet.

Zusammentritt des Prüfungs-Ausschusses.

§ 8. Der Vorsitzende beruft sämmtliche Mitglieder des Prüfungs-Ausschusses auf den dazu bestimmten Tag (§ 2) zur Abhaltung der weiteren Prüfung nach der Garnison des Bataillons und giebt zugleich dem Kommandeur desselben hiervon Nachricht.

Die Personal-Akten sind von dem Vorsitzenden beim Zusammentreten dem Prüfungs-Ausschusse vorzulegen. Derselbe beschließt zunächst, ob noch eine weitere schriftliche Prüfung abzuhalten ist, was nur ausnahmsweise erforderlich wird, wenn die gelieferten Arbeiten dazu Veranlassung geben sollten. Die eventuell weitere schriftliche Prüfung, für welche die Aufgaben vom Vorsitzenden des Ausschusses ertheilt werden, darf höchstens auf einen Tag ausgedehnt und kann nach dem Ermessen des Ausschusses auf diejenigen Examinanden, rücksichtlich deren besondere Zweifel obwalten, beschränkt werden.

Mündliche Prüfung.

a) im Zimmer.

§ 9. Die mündliche Prüfung wird theils im Zimmer, theils im Walde ausgeführt.

Bei der Prüfung im Zimmer sind an jeden Examinanden Fragen zu richten:

a) über Waldbau,
b) über Forstbenutzung,
c) über Forstschutz gegen Thiere und Naturkräfte 2c, sowie über Forstpolizei,
d) über Jagdwesen, Schonzeiten 2c.

Die Prüfung im Zimmer ist so einzurichten, daß sie mit Gruppen von höchstens je 15 Examinanden abgehalten wird, und für eine Zahl von 15 zu a, b, c und d zusammen die Zeit von 5 bis 6 Stunden in der Regel nicht überschreitet.

b) im Walde.

§ 10. Die zuletzt abzuhaltende Prüfung im Walde, welche auch noch Gelegenheit bieten wird, die vorherige Prüfung im Zimmer zu ergänzen, ist in naheliegenden Forsten dahin zu richten, daß erforscht wird, ob der Examinand eine auf lebendiger Anschauung und praktischer Uebung beruhende Bekanntschaft mit den Waldgeschäften eines Försters sich erworben hat. Die Aufgaben im Walde werden daher hauptsächlich so zu wählen sein, daß dem Examinanden Gelegenheit gegeben wird, seine Kenntnisse in Unterscheidung und Benennung der einheimischen Holzarten und ihrer Keimlinge und Sämereien, sowie der sich vorfindenden wichtigsten Forstunkräuter, seine Fertigkeit im Säen und Pflanzen nebst allen dabei auszuführenden Arbeiten und Handgriffen, seine Bekanntschaft mit der Fällung, Aufarbeitung, Messung und Sortirung des Holzes, seine Uebung im Ansprechen der Länge, Stärke, des Massen- und Sortimentsgehaltes liegender und stehender Stämme darzulegen, ferner zu zeigen, daß er bei Handhabung des Forstschutzes sowohl gegen Menschen als auch in Beziehung auf Thiere und Naturereignisse sachgemäß zu handeln, daß er Wildfährten richtig anzusprechen versteht, und mit den wichtigsten Regeln und Vorschriften für die Ausübung der Jagd und des Jagdschutzes bekannt ist.

Die Prüfung im Walde ist in der Regel mit sämmtlichen Examinanden zugleich auszuführen und so einzurichten, daß ihre Dauer womöglich nicht über so viel Tage hinausgeht, als je 15 Examinanden sind.

Censurgrade.

§ 11. Die Censuren sind in folgenden Abstufungen zu ertheilen:

sehr gut = 1,
gut = 2,
genügend = 3,
ungenügend = 4.

Abstimmung.

§ 12. Die Feststellung der Censuren erfolgt durch Stimmenmehrheit. Bei Stimmengleichheit entscheidet die Stimme des Vorsitzenden. Ein gleiches Verfahren ist auch bei anderweiten Beschlüssen des Ausschusses maßgebend, sofern etwas Anderes nicht ausdrücklich bestimmt ist.

Censirung.

§ 13. Nach den aus den schriftlichen Arbeiten, insbesondere den Rechnungsaufgaben, sich ergebenden Schulkenntnissen und dem bei der weiteren Prüfung erlangten Urtheile hat der Ausschuß eine Censur über die Schulbildung des Examinanden festzustellen.

In der schriftlichen Prüfung und der Prüfung im Walde ist für jede Aufgabe, in der mündlichen Prüfung im Zimmer für jedes der im § 9 bezeichneten Fächer je eine Censur zu ertheilen. Sodann wird sowohl für die schriftliche, als auch für die Wald-Prüfung hinsichtlich jedes der vier im § 9 bezeichneten Fächer eine Durchschnitts-censur-Ziffer als arithmetisches Mittel der für die betreffenden Einzelaufgaben ertheilten Censuren bis auf eine Decimale berechnet. Ein anderes Verfahren ist bei Einstimmigkeit der Mitglieder des Prüfungsausschusses nur zulässig, wenn die einzelnen Aufgaben ihrer Bedeutung nach sehr verschieden ins Gewicht fallen.

Aus dem arithmetischen Mittel der in den einzelnen Abtheilungen der Prüfung, nämlich der schriftlichen Prüfung, der mündlichen Prüfung und der Prüfung im Walde sich ergebenden Censuren wird für ein jedes der vier im § 9 bezeichneten Fächer eine Hauptcensur-Ziffer und zwar bis auf zwei Decimalen berechnet. (Vergl. Anlage A.)

Endlich hat der Ausschuß aus den Fachcensuren die Gesammtcensur-Ziffer bis auf drei Decimalen zu berechnen, wobei die Hauptcensur für das Jagdwesen einfach, die für die Schulbildung, die Forstbenutzung und den Forstschutz doppelt und die für den Waldbau dreifach in Ansatz kommt.

Von den auf diese Weise rechnungsmäßig festgestellten Gesammtcensur-Ziffern gelten:

1,000 bis 2,000 für sehr gut,
2,001 bis 2,500 für gut,
2,501 bis 3,250 für genügend,
3,251 oder mehr für ungenügend.

Wer hiernach 3,251 oder eine höhere Zahl als Gesammtcensur-Ziffer erhält, hat die Prüfung nicht bestanden.

Von der Festsetzung des Endergebnisses derselben nach Vorstehendem darf ausnahmsweise nur dann abgewichen werden, wenn der Prüfungsausschuß einstimmig der Ansicht ist, daß hervorragende Leistungen des Prüflings oder erhebliche Mängel in seinem Wissen in der rechnungsmäßig ermittelten Gesammtcensur nicht in angemessener Weise zum Ausdruck gelangt sind. In solchen Fällen sind die Gründe für die Festsetzung eines anderen Censurgrades im Prüfungs-Protokoll (§ 18, 1) anzugeben.

Gesammtprädikat „ungenügend".

§ 14. Abgesehen von der in § 13 gegebenen Richtschnur muß die Gesammtcensur auf „ungenügend" lauten, wenn die Schulbildung als ungenügend sich zeigt, d. h. wenn der Examinand nicht im Stande sein sollte, Gedrucktes oder Geschriebenes geläufig und richtig zu lesen, seine Gedanken über eine einfache Aufgabe in einem Aufsatze verständlich und ohne erhebliche Fehler in der Rechtschreibung mit gut leserlicher Handschrift niederzuschreiben, und in den vier Species sowie in der Regel-de-tri mit benannten und unbenannten Zahlen, ferner mit einfachen und Decimal-Brüchen geläufig und richtig zu rechnen.

Ist die Gesammtcensur ungenügend, und der ungünstige Ausfall etwa durch augenblickliche Befangenheit oder vorübergehende Zufälligkeiten herbeigeführt worden, so kann der Ausschuß befürworten, daß eine Wiederholung der Prüfung gestattet werde. Die Wiederholung ist nur einmal und zwar lediglich bei dem nächsten Prüfungstermine zulässig.

Rücktritt bezw. Zurückstellung von der Prüfung.

§ 15. Wenn ein Examinand sich unerlaubter Hülfsmittel bedient, so ist ihm die Fortsetzung des Examens nicht zu gestatten. Dasselbe gilt dann als nicht bestanden.

Verläßt ein Examinand vor dem Schlusse der Prüfung dieselbe, ohne den Nachweis zu führen, daß Unwohlsein ihn an völliger Erledigung des Examens verhindert hat, so wird dasselbe als ungenügend bestanden angesehen. Auch in Erkrankungsfällen kann der Ausschuß beschließen, die Prüfung als ungenügend bestanden anzurechnen, wenn er nach dem Ergebnisse des bereits erledigten Theiles der Prüfung überzeugt ist, daß das Gesammtprädikat auf ungenügend gelautet haben würde, wenn auch der noch übrige Theil der Prüfung völlig befriedigend ausgefallen wäre.

Abschluß der Vorschlagsliste.

§ 16. Die den Examinanden ertheilten, sowie sämmtliche nach Vorschrift des § 13 berechneten Censuren sind in dem Verzeichnisse (Muster A) aufzuführen [1]).

Sodann ist die Reihenfolge derjenigen, welche die Prüfung bestanden haben, nach den rechnungsmäßigen Gesammtcensuren (§ 13) für jede der im § 5 bezeichneten drei Klassen gesondert mit der Maßgabe festzusetzen, daß bei gleichen Prüfungsergebnissen die Aspiranten mit besserer Führung im Militärdienste und, wenn auch diese gleich ist, diejenigen von höherem Lebensalter voranzustellen sind.

In der entsprechenden Rubrik des Verzeichnisses der zu prüfenden Jäger (Muster A) wird diese Reihenfolge durch eine für jede der drei Klassen für sich fortlaufende Nummerfolge angegeben.

Prüfungs-Verzeichniß.

§ 17. Der Ausschuß hat ferner die Ergebnisse der Prüfung in dem „Prüfungs-Verzeichnisse" nach dem unter C anliegenden Muster zusammenzustellen, und zwar in der Weise, daß unter

---

[1]) Anmerkung. Wegen der den Aspiranten des Königlichen Forstverwaltungsdienstes zu ertheilenden Censur vergl. § 5.

I. diejenigen, welche die Prüfung bestanden haben, getrennt nach den drei im § 5 angegebenen Klassen und in jeder Klasse nach der gemäß § 16 festgestellten Reihenfolge, unter

II. diejenigen, welche die Prüfung nicht bestanden haben, aufzuführen sind, und zwar diese gesondert, je nachdem für sie
   a) Zulassung zur Wiederholung befürwortet oder
   b) die Gestattung nochmaliger Prüfung nicht befürwortet wird.

Das Prüfungs-Verzeichniß ist von sämmtlichen Mitgliedern des Ausschusses zu vollziehen und von einem Mitgliede eigenhändig zu schreiben, da es unbedingt vermieden werden muß, die Ergebnisse der Prüfung vor Aushändigung der Zeugnisse resp. Bescheide an die Examinanden bekannt werden zu lassen.

Prüfungs-Protokoll und Schluß der Prüfung.

§ 18. 1. Die über die Prüfung und den Gang derselben aufzunehmende, von sämmtlichen Mitgliedern des Ausschusses zu vollziehende Verhandlung, ferner
2. die Verhandlung über die schriftliche Prüfung (§ 6),
3. ein von einem Mitgliede des Ausschusses eigenhändig auszufüllendes Exemplar des Verzeichnisses der zu prüfenden Jäger, Muster A (§ 16),
4. das Prüfungs-Verzeichniß, Muster C (§ 17)

hat der Vorsitzende des Prüfungs-Ausschusses an den Oberlandforstmeister einzureichen, die Personalakten der Geprüften (§ 7) aber an das Bataillons-Kommando zurückzusenden.

Ausfertigung der Zeugnisse und Bescheide. Gesammt-Rangliste.

§ 19. Der Oberlandforstmeister veranlaßt, daß für diejenigen Jäger, welche die Prüfung bestanden haben, stempelfreie Zeugnisse nach Muster D, für diejenigen, welche dieselbe nicht bestanden haben, Bescheide nach Muster E ausgefertigt werden, und setzt die Ausfertigungen bei den Mitgliedern des Ausschusses zur Vollziehung durch Namensunterschrift (ohne Beisetzung des Amtscharakters) in Umlauf.

Für die Aspiranten des Königlichen Forstverwaltungsdienstes werden Zeugnisse nicht ausgefertigt.

Der Oberlandforstmeister stellt ferner eine nach den drei im § 5 bezeichneten Klassen getrennte Gesammtrangliste derjenigen, welche die Prüfung bestanden haben, auf und übergiebt diese nebst den Zeugnissen und Bescheiden bis spätestens zum 1. August der Inspection der Jäger und Schützen, welche die Zeugnisse und Bescheide den Geprüften zufertigen läßt. In der Gesammtrangliste sind nachrichtlich diejenigen Jäger, welche die Prüfung nicht bestanden haben, gesondert nach den zur Wiederholung der Prüfung zuzulassenden und den zur Wiederholung nicht zuzulassenden, und schließlich diejenigen Jäger aufzuführen, welche zur Ausführung der Prüfung wegen Krankheit 2c. nicht gelangt sind.

§ 20. Soweit es nothwendig wird, für den Zweck der Prüfung durch Anschaffung von Holzsämereien, Annahme von Arbeitern zur Hülfeleistung für die Waldprüfung und dergleichen baare Auslagen zu machen, sind dieselben von einem Mitgliede des Prüfungs-Ausschusses vorzustrecken und, mit den erforderlichen Quittungen und Bescheinigungen belegt, der Liquidation desselben zuzusetzen.

Berlin, den 2. Februar 1887.

Der Minister für Landwirthschaft, Domänen und Forsten.
Lucius.

---

b) Vorschriften für die Försterprüfung.

(§ 20 des Regulativs vom 1. Februar 1887 (jetzt vom 1. October 1893) über Ausbildung, Prüfung und Anstellung für die unteren Stellen des Forstdienstes in Verbindung mit dem Militärdienst im Jäger-Corps.)

Zweck der Prüfung. Maß der Anforderungen.

§ 1. Die Försterprüfung hat den Zweck, zu erforschen, ob und in welchem Maße der Jäger die Befähigung zu künftiger Anstellung als Förster sich erworben hat. Zum Bestehen dieser Prüfung ist es erforderlich, daß der Examinand diejenigen Eigenschaften, Kenntnisse und Fertigkeiten darlegt, welche er besitzen muß, um allen Anforderungen der Dienst-Instruktion für die Königlichen Förster genügen zu können.

Theile der Prüfung.

§ 2. Die Försterprüfung besteht:
   a) in einer mindestens sechsmonatlichen Beschäftigung als Hülfsaufseher (Prüfungsbeschäftigung),
   b) in einem schriftlichen und
   c) in einem mündlichen Examen.

Zeit und Ort der Ausführung.

§ 3. Diejenige Regierung (Hofkammer), bei welcher der Jäger auf Grund des § 16 (jetzt § 15) bezw. 19 des Regulativs vom 1. Februar 1887 (jetzt vom 1. October 1893) notirt ist, hat, sobald sich nach Vollendung des achten Dienstjahres geeignete Gelegenheit zu der Prüfungsbeschäftigung ermitteln läßt, jedenfalls aber spätestens gegen Ende des zehnten Dienstjahres, die Ausführung der Försterprüfung von Amtswegen zu veranlassen. Welche Oberförsterei innerhalb des Regierungs-Bezirks hierzu bestimmt werden soll, bleibt dem Ermessen des Oberforstmeisters überlassen. Ist der Examinand bereits nach § 16 (jetzt § 15) des Regulativs vom 1. Februar 1887 (jetzt vom 1. October 1893) im Königlichen Dienst beschäftigt, oder befindet er sich, wenn die Prüfung abgehalten werden soll, in einer Gemeinde- oder Anstalts-Forststelle, so kann, sofern sich die betreffende Stelle nach dem Ermessen des Oberforstmeisters hierfür eignet, die Prüfungsbeschäftigung in diesem Dienstverhältnisse zugelassen werden. Eine andere Regierung, auch wenn in deren Bezirk der zu Prüfende sich aufhält, um Ausführung der Prüfung anzugehen, ist nicht statthaft.

Der Beginn der Prüfungsbeschäftigung ist thunlichst in die ersten Monate des Wirthschaftsjahres zu legen.

Prüfungsbeschäftigung als Hülfsaufseher.

§ 4. Der Oberforstmeister hat den Examinanden mindestens vier Wochen vor dem zum Beginn der Prüfungsbeschäftigung bestimmten Termine anzuweisen, wann und bei welchem Oberförster er sich zu diesem Behufe persönlich zu melden hat, und zugleich den betreffenden Oberförster dieserhalb mit Anweisung zu versehen. Leistet der Jäger der Aufforderung nicht pünktlich Folge, so hat der Oberförster solches der Regierung anzuzeigen, welche dann nach Vorschrift des § 21 des Regulativs vom 1. Februar 1887 (jetzt vom 1. October 1893) verfährt.

Den rechtzeitig sich einfindenden Examinanden hat der Oberförster als Hülfsaufseher zu beschäftigen und ihm dabei die selbständige Wahrnehmung aller Förstergeschäfte in mindestens einem Holzschlage von angemessenem Umfange, so wie bei mindestens einer größeren Kultur, thunlichst aber bei verschiedenen Kulturen (Saat und Pflanzung), zu übertragen, auch, wo sich Gelegenheit dazu ermitteln läßt, die Ausführung von Durchforstungen, Läuterungshieben und Wegebauten aufzugeben.

Controle während der Beschäftigung. Prüfungsakten.

§ 5. Der Oberförster hat die Leistungen des Examinanden sowohl beim Forstschutze als auch bei den Hauungen und Kulturen, sowie dessen gesammtes Verhalten sorgfältig zu beobachten und seine desfallsigen Wahrnehmungen und Urtheile, so oft sich dazu Veranlassung ergiebt, jedenfalls aber am Schlusse jeden Monats, und außerdem bei der Abnahme der dem Examinanden überwiesenen Schläge und Kulturen oder sonstigen Arbeiten in einem Aktenhefte zu verzeichnen, welches unter der Anschrift: „Prüfungsakten des Jägers N." anzulegen und vom Oberförster geheim unter eigenem Verschlusse zu halten ist. Die dem Examinanden zugetheilten Schläge, Kulturen und sonstigen Arbeiten sind darin nach Ort, Art und Umfang speciell zu verzeichnen. So oft während der Prüfungszeit ein höherer Vorgesetzter im Revier anwesend ist, hat der Oberförster dieses Aktenheft demselben zur Einsicht und event. Beifügung seiner eigenen Wahrnehmungen und Bemerkungen vorzulegen.

Auch dem Forstmeister[1]) und dem Oberforstmeister liegt es ob, bei Anwesenheit auf dem Reviere von dem Verhalten und den Leistungen des Examinanden durch Revision seiner Schläge, Kulturen und Bücher Kenntniß zu nehmen.

Das Augenmerk ist hauptsächlich darauf zu richten, daß ein völlig begründetes Urtheil über die Zuverlässigkeit, die körperliche Rüstigkeit und Ausdauer und die forsttechnische Tüchtigkeit des Examinanden, sowie über seinen Fleiß und Diensteifer und sein Interesse für die Waldgeschäfte erlangt wird. Alle hierzu dienlichen Notizen sind in den Prüfungsakten niederzulegen. Wenn zu erheblicheren Ausstellungen sich Veranlassung ergeben sollte, so ist dem Examinanden darüber protokollarisch Vorhalt zu machen und jede desfallsige Verhandlung zu den Prüfungsakten zu bringen.

Sollte der Oberförster nach Ablauf der für die Prüfungsbeschäftigung festgesetzten Zeit ein genügendes Urheil über den Examinanden ausnahmsweise noch nicht erlangt haben, so hat er durch einen an den Forstmeister[1]) und Oberforstmeister gerichteten Bericht unter Angabe der Gründe eine Verlängerung der Prüfungsbeschäftigung zu beantragen. Eine hiernach vom Oberforstmeister anzuordnende Fortsetzung der Prüfungsbeschäftigung ist jedoch so zu bemessen, daß die Prüfungsbeschäftigung im Ganzen nicht länger als 18 Monate dauert.

Urtheil über die Prüfungsbeschäftigung.

§ 6. Nach Beendigung der Prüfungsbeschäftigung ist vom Oberförster zu den Prüfungsakten eine eingehende Beurtheilung über:

a) Gesundheit und Körperbeschaffenheit,
b) sittliches Verhalten,
c) Zuverlässigkeit und Pünktlichkeit im Dienst,
d) Fleiß, Diensteifer und Interesse für den Wald,
e) Leistungen beim Forstschutz,
f) Leistungen bei den Hauungen 2c,
g) Leistungen bei den Kulturen, der Waldpflege 2c,
h) Befähigung für das Jagdwesen

und demnächst eine Gesammtcensur (§ 11) über die Prüfungsbeschäftigung abzugeben.

Dieser Aeußerung des Oberförsters hat der Forstmeister[1]) auf Grund seiner eigenen Wahrnehmungen und namentlich auf Grund seiner Revision der von dem Examinanden ausgeführten Arbeiten bei den Hauungen und Kulturen und der von ihm geführten Nummerbücher, des Forstrügenbuchs 2c sein eigenes Urtheil für jeden einzelnen Punkt zu a bis h, sowie seine Gesammtcensur hinzuzufügen. Schließlich hat auch der Oberforstmeister diejenigen Bemerkungen zuzusetzen, zu denen er Veranlassung findet, seine Gesammtcensur zu ertheilen und ein Gesammt-Prädikat für die Prüfungsbeschäftigung nach Stimmenmehrheit der Examinatoren festzustellen.

Entbindung von der Prüfungsbeschäftigung.

§ 7. Die Prüfungsbeschäftigung als Hülfsaufseher kann der Oberforstmeister ausnahmsweise ganz oder theilweise erlassen, wenn der Examinand bereits eine in jeder Beziehung vorzügliche Tüchtigkeit und Zuverlässigkeit durch Leistungen während längerer Beschäftigung im Königlichen, Gemeinde-, oder Anstalts-Forstdienste dergestalt bewährt hat, daß der Oberforstmeister die Verantwortlichkeit für Gestattung einer solchen Ausnahme zu übernehmen kein Bedenken trägt.

---

[1]) Jetzt Regierungs- und Forstrath.

Wenn dieser Fall eintritt, so sind die Prüfungsakten bei der Regierung anzulegen. In denselben notirt der Oberforstmeister, während welcher Zeiten und in welchen Revieren die Beschäftigung, auf Grund deren die Prüfungsbeschäftigung erlassen ist, stattgefunden hat, und giebt außerdem eine specielle Aeußerung über jeden der Punkte a bis h des § 6 ab.

Schriftliches und mündliches Examen.

§ 8. Das schriftliche und mündliche Examen ist unter der Leitung des Oberforstmeisters vom Forstmeister[1]) und dem betreffenden Oberförster, in demjenigen Revier abzuhalten, in welchem die Prüfungsbeschäftigung stattfindet.

Im Falle des § 7 hat der Oberforstmeister zu bestimmen, welcher Oberförster zu dem Examen zugezogen, bezw. in welchem Reviere dasselbe abgehalten werden soll. Der Prüfungstermin wird vom Oberforstbeamten so anberaumt, daß er das Examen thunlichst bei Gelegenheit einer Revierbereisung abhalten kann. Das Examen kann sowohl während der Dauer der Prüfungsbeschäftigung, als auch erst nach deren Beendigung abgehalten werden, letzteren Falls ist aber die Schlußprüfung, wenn irgend thunlich, binnen acht Wochen nach dem Ende der Prüfungsbeschäftigung auszuführen. Das schriftliche Examen kann von dem mündlichen getrennt zu einer anderen Zeit als dieses abgehalten werden.

Das schriftliche Examen.

§ 9. Mit Abhaltung des schriftlichen Examens kann der Oberforstmeister den Forstmeister[1]) beauftragen.

Dieses Examen besteht in der unter Aufsicht des Forstmeisters[1]) und Oberförsters zu bewirkenden schriftlichen Lösung einiger innerhalb des Wirkungskreises eines Königl. Försters liegenden Aufgaben aus den Gebieten des Waldbaues, der Forstbenutzung, des Forstschutzes, des Jagdwesens und der praktischen Geschäftskenntniß einschließlich des Rechnens.

Die Ausarbeitungen der Examinanden sind sofort zu dessen Prüfungsakten zu heften, nachdem am Schlusse jeder einzelnen Aufgabe zuerst der Oberförster und dann der Forstmeister[1]) die Censurziffer (§ 11) neben seiner Namensunterschrift notirt hat, welche jeder für die Arbeit als angemessen erachtet.

Schließlich hat jeder dieser beiden Examinatoren sein Votum über das Gesammtergebniß des schriftlichen Examens mit einem der im § 11 vorgeschriebenen Prädikate in die Prüfungsakten niederzuschreiben, worauf der Oberforstmeister seine Censur ertheilt und ein Gesammtprädikat für das schriftliche Examen nach Stimmenmehrheit der Examinatoren feststellt.

Das mündliche Examen.

§ 10. Das mündliche Examen ist vom Oberforstmeister, Forstmeister[1]) und Oberförster gemeinschaftlich, und zwar hauptsächlich im Walde, abzuhalten. Es ist vorzugsweise dahin zu richten, daß erforscht wird, ob der Examinand eine auf praktischer Uebung beruhende Bekanntschaft mit den Waldgeschäften eines Försters sich erworben hat. Die Fragen und Aufgaben werden daher so zu wählen sein, daß dem Examinanden Gelegenheit gegeben wird, seine Kenntnisse in Unterscheidung und Benennung der einheimischen Holzarten und ihrer Sämereien und Keimlinge, seine Fertigkeit im Säen und Pflanzen und in allen dabei auszuführenden Arbeiten und Handgriffen, seine Befähigung zur Anlegung und Anleitung der Holzhauer und Kulturarbeiter, seine Bekanntschaft mit der Fällung, Aufarbeitung, Messung und Sortirung des Holzes, seine Uebung im Berechnen und Ansprechen der Stärke, Länge, des Massen- und Sortimentsgehaltes einzelner liegender und stehender Stämme darzulegen, ferner zu zeigen, daß er bei Handhabung des Forstschutzes sachgemäß zu handeln, daß er Wildfährten richtig anzusprechen versteht und mit den wichtigsten Regeln und Vorschriften für die Ausübung der Jagd und des Jagdschutzes bekannt ist.

Nach Beendigung des mündlichen Examens ist die Ansicht eines jeden Examinators über dessen Gesammtergebniß in einer kurzen Verhandlung zu den Prüfungsakten zu vermerken und schließlich ein Gesammtprädikat für die ganze mündliche Prüfung nach Stimmenmehrheit der Examinatoren festzustellen.

Wenn der Oberforstmeister zugleich auch die Forstmeister- (jetzt Forstraths-) Funktionen in der betreffenden Oberförsterei wahrzunehmen hat, und solchen Falls also nur zwei Examinatoren vorhanden sind, so ist, im Falle der Meinungsverschiedenheit, die Stimme des Oberforstmeisters hier wie auch bei dem Urtheil über die Prüfungsbeschäftigung und über die schriftliche Prüfung die entscheidende.

Censurgrade.

§ 11. Alle Censuren bei der Försterprüfung sind nur in folgenden Abstufungen zu ertheilen:

1. vorzüglich,
2. gut,
3. genügend,
4. nicht genügend.

Schluß der Prüfung. Gesammturtheil.

§ 12. Wenn alle Theile der Försterprüfung beendet sind, hat zuerst der Oberförster nach dem Gesammtergebniß der ganzen Prüfung und nach dem Inbegriff aller seiner Wahrnehmungen über das Verhalten und die Kenntnisse des Examinanden sich zu äußern, ob er denselben zur künftigen Anstellung als Königl. Förster vorzüglich, gut, genügend oder nicht genügend geeignet erachtet. Mit diesem Urtheil gehen die Prüfungsakten an den Forstmeister[1]) und werden von diesem nach Beifügung seines Urtheils dem Oberforstmeister vorgelegt, welcher endlich gleichfalls sein Urtheil darin niederschreibt und das Schlußergebniß feststellt.

Das letztere darf unbedingt nur mit einem der im § 11 vorgeschriebenen Prädikate ausgesprochen werden.

Die Frage, ob der Examinand überhaupt bestanden (Censur 1 bis 3 im § 11) oder nicht bestanden (Censur 4) hat, wird nach Stimmenmehrheit der Urtheile der Examinatoren entschieden, sofern nicht auch hier nach dem Schlußsatze des § 10 zu verfahren ist.

Ob einem Examinanden, welcher hiernach die Prüfung bestanden hat, die schließliche Gesammtcensur „vorzüglich, gut oder genügend“ zu ertheilen ist, bleibt in jedem Falle der Entscheidung des Oberforstmeisters vorbehalten.

---

[1]) Jetzt Regierungs- und Forstrath.

Hat zwar die Prüfungsbeschäftigung, aber nicht das gesammte Examen ein genügendes Ergebniß gehabt, so ist nach Stimmenmehrheit zu entscheiden, ob das mündliche und schriftliche Examen wiederholt werden darf. Die Wiederholung darf nur einmal und zwar binnen Jahresfrist erfolgen.

Eine Wiederholung der gesammten Prüfung ist unzulässig.

Gesammtprädikat „vorzüglich".

§ 13. Die Gesammtcensur „vorzüglich" darf nur ertheilt werden, wenn der Examinand, bei völlig tadellosem dienstlichen und außerdienstlichen Verhalten im Allgemeinen, eine über das Maß der gewöhnlichen Elementar-Schulkenntnisse hinausgehende allgemeine Bildung gezeigt, zweifellose Zuverlässigkeit, ausdauernden Fleiß und lebendiges Interesse für den Wald und die Waldgeschäfte bewährt, durch seine Leistungen beim Forstschutze, den Hauungen und Kulturen völlig befriedigt, und im mündlichen Examen das Gesammtprädikat „vorzüglich" erhalten hat.

Gesammtprädikat „nicht genügend".

§ 14. Ohne für andere Fälle dem Beschlusse des Prüfungs-Ausschusses vorzugreifen, muß die Gesammtcensur auf „nicht genügend" lauten:

a) wenn nach dem einstimmigen Urtheile aller Examinatoren der Examinand nach seiner Gesundheits- und Körperbeschaffenheit den Anforderungen des Forstschutzdienstes für einen Schutzbezirk von mittlerem Umfange und gewöhnlichen Verhältnissen zu genügen sich außer Stande zeigt; oder

b) wenn der Examinand durch seine Führung zu so erheblichem Tadel Anlaß giebt, oder in seinen Leistungen bei der Prüfungsbeschäftigung so ungenügend sich zeigt, daß die Regierung nach § 21 des Regulativs vom 1. Februar 1887 seine Entlassung aus der Jägerklasse A zu beschließen sich veranlaßt findet. In diesem Falle bedarf es der Abhaltung des schriftlichen und mündlichen Examens, wenn solches nicht schon bewirkt ist, nicht mehr.

Endlich ist das Prädikat „nicht genügend" zu ertheilen:

c) wenn das Gesammtergebniß der Försterprüfung die Ueberzeugung begründet, daß der Examinand den Wirkungskreis eines Königl. Försters, wie solcher durch die Dienstinstruktion bestimmt wird, nicht völlig genügend ausfüllen werde.

Rücktritt vor der Prüfung.

§ 15. Wenn ein Examinand vor völlig beendeter Prüfung von derselben zurücktritt, beziehungsweise aus der Prüfungsbeschäftigung freiwillig ausscheidet, so ist die Prüfung als nicht genügend bestanden anzusehen.

Mittheilung und Notirung des Prüfungsergebnisses.

§ 16. Nach schließlicher Feststellung ist das Ergebniß der Prüfung dem Examinanden bekannt zu machen und in der Liste der Reservejäger (vergl. § 22 des Regulativs vom 1. Februar 1887[1]) zu notiren. Auf dem Militärpasse ist zu vermerken:

Die Försterprüfung ist in der Zeit vom . . . . bis . . . . in der (Königl., Gemeinde-, Anstalts-) Oberförsterei . . . . abgelegt und {vorzüglich, gut, genügend / nicht genügend} bestanden.

. . . ., den . . . . ten . . . . 18 . . . .

Königliche Regierung.

Ist eine Wiederholung der Prüfung gestattet worden (§ 12), so wird hierüber eine kurze Notiz in der Liste der Reservejäger der Klasse A und auf dem Militärpasse angebracht.

Wenn das Gesammtprädikat endgültig auf „nicht genügend" lautet, hat die Regierung nach Maßgabe des § 21 des Regulativs vom 1. Februar 1887[1]) die Entlassung des Jägers aus der Klasse A zu veranlassen.

Remunerirung für die Prüfungsbeschäftigung.

§ 17. Wird die Prüfung in einer Königlichen Oberförsterei erledigt, so sind während der Prüfungszeit die dem Dienstalter entsprechenden Tagegelder und das für Hülfsjäger zulässige Brennmaterial zu gewähren.

Für die Zureise und Rückreise kann eine Vergütung nicht bewilligt werden.

Försterprüfung für Forstversorgungsberechtigte.

§ 18. Wenn die Försterprüfung in den Fällen, welche der § 20, Absatz 2 und der § 23 (a und c) des Regulativs vom 1. Februar 1887[1]) erwähnen, erst nach Erlangung des Forstversorgungsscheins abgelegt wird, so ist dieselbe ebenmäßig nach den vorstehenden Vorschriften auszuführen, und der Vermerk über das Ergebniß in den Forstversorgungsschein und die Liste der Forstversorgungsberechtigten einzutragen. Bei nicht genügendem Ausfalle der Prüfung hat die Regierung nach Maßgabe des § 33 zu Nr. 3 des Regulativs vom 1. Februar 1887[1]) den Forstversorgungsberechtigten seiner Ansprüche für verlustig zu erklären.

Wegen der Verbindung der Försterprüfung mit der Probedienstzeit vergl. § 32, Absatz 2 des Regulativs vom 1. Februar 1887[1]).

Berlin, den 3. Februar 1887.

Der Minister für Landwirthschaft, Domänen und Forsten.

Lucius.

---

[1]) Jetzt Regulativ vom 1. October 1893.

Anhang F.

a) Bedingungen zur Aufnahme in das Reitende Feldjäger=Corps (unter Berücksichtigung der neuesten Veränderungen).

Das Reitende Feldjäger=Corps recrutirt sich aus Aspiranten für den preußischen Forstverwaltungsdienst. An dieselben werden für die Einstellung in das Reitende Feldjäger=Corps folgende Anforderungen gestellt:

Der Aspirant muß:

I. In einem der gegenwärtig zum Deutschen Reiche gehörigen Staaten geboren sein und sich zu einer der christlichen Confessionen bekennen.

II. Einen völlig gesunden Körper haben.

III. Von untadelhaften Sitten sein.

IV. Das Zeugniß der Reife als Abiturient von einem Gymnasium des Deutschen Reiches oder einem preußischen Realgymnasium erlangt und in diesem Zeugnisse eine unbedingt genügende Censur in der Mathematik erhalten haben.

V. Die nöthigen Mittel zur Verfolgung der Carrière besitzen.

VI. Patentirter Officier des Friedensstandes oder der Reserve der Jäger=Truppe (bezw. Garde=Schützen) sein.

VII. Eine der künftigen Bestimmung angemessene Prüfung bestanden haben.

Die Meldung zur Aufnahme in das Corps ist von dem Anwärter eigenhändig abzufassen und hat zu erfolgen, sobald derselbe bei einem Jäger=, bezw. dem Garde=Schützen=Bataillon als Einjährig=Freiwilliger eingetreten ist. Es ist dabei die Einreichung folgender Zeugnisse erforderlich:

1. Ein Geburtsschein, welcher außer den Anforderungen ad I nachweist, daß das 23. Lebensjahr noch nicht überschritten ist.
2. Ein von dem Bataillonsarzt ausgestelltes Gesundheitsattest mit ausdrücklicher Aeußerung über gutes Seh=, Hör= und Sprachvermögen.
3. Das Abiturientenzeugniß, welches die Anforderungen ad VI nachweist.
4. Ein notariell oder gerichtlich beglaubigter Vermögensnachweis. Derselbe muß aussprechen, daß der Anwärter das genügende eigene Vermögen zur Verfolgung der Carrière besitzt, oder daß ihm hinreichende Zulagen, selbst nach dem Ableben der Eltern zur fortlaufenden Erhebung sichergestellt sind. Als Anhalt wird bemerkt:
   a) Für den während der ersten 10 Jahre aus eigenen Mitteln zu bestreitenden Unterhalt ist als äußerstes Minimum ein jährliches Einkommen von 1800 Mark nachzuweisen.
   b) Die allernöthigste Equipirung erfordert bei dem Eintritt in das Corps wenigstens 500 Mark und nach etwa 5jähriger Dienstzeit im Corps wenigstens 250 Mark zur Beschaffung einer Pferdeausrüstung.
   c) Ein detaillirter Nachweis des Vermögens ist nicht erforderlich, vielmehr genügt es, wenn vom Notar, bezw. dem Gericht bescheinigt wird, daß auf Grund eines in die Vermögensverhältnisse des Betreffenden gethanen Einblickes die Ueberzeugung von dem Vorhandensein der erforderlichen Mittel gewonnen sei.

Meldung und Zeugnisse ad 1—4 hat der Anwärter gleich nach seinem Eintritt in das Heer seinem Bataillons=Commandeur vorzulegen, welcher dieselben mit einer Aeußerung über die dienstliche und moralische Qualification des Betreffenden am 1. December j. J. zur Prüfung und weiteren Veranlassung dem Commando des Reitenden Feldjäger=Corps einsenden wird.

Ist die Meldung vorschriftsmäßig erfolgt, so wird nach sorgfältiger Erwägung sämmtlicher Verhältnisse der Anwärter seitens des Corps benachrichtigt, daß er für das, in der Regel im Frühjahr jeden Jahres stattfindende Eintrittsexamen notirt, bezw. nicht notirt ist und ersteren Falls s. Z. zu demselben vorgeladen werden wird. Derselbe hat alsdann von jeder Veränderung seines Aufenthaltsortes Meldung an das Commando zu erstatten. Nach erfolgter Vorladung zu der Feldjäger=Prüfung hat er sich dem Chef und dem Commandeur des Corps, sowie den Oberjägern persönlich vorzustellen.

Die hauptsächlichsten Prüfungsgegenstände sind folgende:

1. Neuere Sprachen: Im Französischen die nöthigen Kenntnisse, um mit Geläufigkeit sprechen und ein gegebenes Thema schriftlich bearbeiten zu können. Im Englischen oder Italienischen die erforderliche Uebung, um sich mündlich und schriftlich verständlich machen zu können.
2. Pferdekunde: Kenntniß der Anatomie des Pferdes, der am häufigsten vorkommenden Pferdekrankheiten und der Gegenmittel gegen dieselben, des Hufbeschlages, der Stallpflege und der Fütterung.

3. Reiten: Zäumung und Sattelung des Pferdes. Beim Reiten in der Bahn mit und ohne Bügel sicherer, ruhiger Sitz und feste Führung des Pferdes im Schritt, Trab und Galopp auf geraden und gebogenen Linien. Leichtere Seitengänge. Im Gelände sicheres und entschlossenes Reiten in freien Gangarten, einzeln, sowie zu Zweien und Dreien und Nehmen leichterer Hindernisse.

Die Prüfung, welche einen etwa achttägigen Aufenthalt in Berlin erforderlich macht, wird unter dem Präsidium des Commandeurs von einer aus Professoren der Examinations-Branchen und den drei Oberjägern bezw. ältesten Feldjägern bestehenden Commission abgehalten. Die Fertigkeit im Reiten wird vor dem Commandeur in Gegenwart der Ober- bezw. Feldjäger dargethan.

Der Bescheid über das Bestehen oder Nichtbestehen des Examens erfolgt binnen vier Wochen nach Beendigung desselben. Eine Wiederholung kann auf jeden Fall nur noch einmal ganz oder theilweise stattfinden.

Nach bestandener Prüfung hat der Aspirant durch eine achtwöchentliche, militärische Uebung bei einem Jäger-, bezw. dem Garde-Schützen-Bataillon seine Qualification zum Reserveofficier der Jäger-Truppe darzuthun. Werden die hierüber von dem betreffenden Bataillon ausgefertigten Berichte seitens des Commandos des Reitenden Feldjäger-Corps als genügend erachtet, so stellt dieses dem Aspiranten ein „Annahme-Zeugniß“ aus, auf Grund welches derselbe sich gemäß des kriegsministeriellen Erlasses vom 11. Juni 1888 bei dem Bezirks-Commando seines Wohnsitzes zur Officierswahl stellen lassen kann. Erst nachdem die Beförderung zum Reserveofficier der Jäger-Truppe geschehen ist, erfolgt die Versetzung in das Reitende Feldjäger-Corps auf dem vorschriftsmäßigen Instanzenwege.

Die Anciennetät innerhalb des Corps regelt sich lediglich nach dem Officierpatent.

b) Bestimmungen über die Ausführung der forstlichen Staatsprüfung.

Zusammensetzung der Forst-Ober-Examinations-Commission.

§ 1. Die forstliche Staatsprüfung wird durch die Königliche Forst-Ober-Examinations-Commission in Berlin abgehalten. Die Mitglieder derselben ernennt der Minister für Landwirthschaft, Domänen und Forsten für je zwei Jahre.

Sie besteht aus:

1. dem Oberlandforstmeister, als Vorsitzenden,
2. mindestens zwei forsttechnischen Räthen des Ministeriums für Landwirthschaft, Domänen und Forsten,
3. mindestens zwei forsttechnischen Mitgliedern von Regierungskollegien.

Außerdem können zu den Prüfungen besondere Examinatoren für Rechtskunde, Volkswirthschaftslehre und Finanzwissenschaft zugezogen werden.

Für die Prüfung in der Mathematik und Landmeßkunde ist ein Examinator nur in soweit zuzuziehen, als einzelnen Prüflingen noch nachgelassen ist, die bei der ersten forstlichen Prüfung nicht nachgewiesene Befähigung in diesen Gegenständen bei der forstlichen Staatsprüfung nachträglich darzuthun.

Vorsitzender.

§ 2. Der Vorsitzende hat den Zeitpunkt der Prüfungen festzusetzen, die Mitglieder der Forst-Ober-Examinations-Commission zusammen zu berufen, den Gang der Prüfung und die Zeiteintheilung, sowie die zur Prüfung im Walde zu wählenden Forsten zu bestimmen, den Fortgang der Prüfung zu leiten, und für genaue Beachtung dieser „Bestimmungen“ zu sorgen. Es bleibt ihm überlassen, ob und in wieweit er selbst prüfen will, und im Uebrigen zu bestimmen, welche Mitglieder der Forst-Ober-Examinations-Commission an den einzelnen Prüfungen Theil zu nehmen haben, und für welche Gegenstände jeder Examinator die Prüfung auszuführen hat.

Außer dem Vorsitzenden bezw. dessen von ihm aus der Zahl der Examinatoren zu bestimmenden Stellvertreter müssen mindestens zwei Mitglieder zur mündlichen Prüfung im Zimmer zugezogen werden.

Vorbereitung zur Prüfung.

§ 3. Vor Beginn einer jeden Prüfung hat der Vorsitzende die Personalacten der Prüflinge, in welchen auch die im § 27 der Bestimmungen über Ausbildung und Prüfung für den Königlichen Forst-Verwaltungsdienst vom 1. August 1883 erwähnten Schriftstücke und die daselbst im § 26 vorgeschriebenen Aeußerungen der Oberförster 2c. enthalten sein müssen, nebst den Tagebüchern bei den Mitgliedern der Forst-Ober-Examinations-Commission in Umlauf zu setzen. Dasjenige Mitglied, welches diese Sachen zuerst erhält, ist verpflichtet, das Tagebuch genauer durchzusehen und über dasselbe sein Urtheil schriftlich abzugeben und bei der Weiterbeförderung beizufügen. Auch hat dasselbe bei der Durchsicht des Tagebuchs sich die etwa geeigneten Vermerke zur Anknüpfung von Fragen an den Inhalt des Tagebuchs bei der mündlichen Prüfung zu machen.

Zweck der Prüfung und Maß der Anforderungen.

§ 4. Die forstliche Staatsprüfung hat den Zweck zu erforschen, welchen Grad praktischer Brauchbarkeit für den Forstverwaltungsdienst der Forstreferendar erlangt hat, und wie er die Lehren der Wissenschaft auf die Wirthschaft und Verwaltung anzuwenden versteht. Die Prüfung hat daher eine vorwiegend praktische Richtung zu nehmen, indem die Fragen und Aufgaben hauptsächlich auf solche Gegenstände gerichtet werden, welche in dem Wirkungskreise des verwaltenden Forstbeamten vorkommen, und die zu kennen und zu wissen zur selbständigen sachgemäßen Verwaltung einer Oberförsterei erforderlich ist.

Dabei ist jedoch das Augenmerk zugleich mit darauf zu richten, in wie weit der Prüfling auch mit der Theorie gehörig bekannt, und in der Wissenschaft nicht zurückgeblieben ist, und in welchem Maße ihm Aufmerksamkeit, Beobachtungsgabe, richtige Auffassung und Beurtheilung forstlicher Verhältnisse und die Fähigkeit, die erworbenen theoretischen Kenntnisse auf vorkommende Fälle zweckmäßig anzuwenden, eigen sind.

Ausführung der Prüfung.

§ 5. Die Prüfung wird theils im Zimmer, theils im Walde abgehalten, und zwar theils mündlich, theils schriftlich.

Prüfung im Zimmer.

§ 6. Die Prüfung im Zimmer muß sich auf die beiden Hauptfächer: „Forst- und Jagdwesen" und „Geschäftskunde" erstrecken, und zwar:

A. Beim Forst- und Jagdwesen auf die Einzelfächer:
1. Waldbau,
2. Forstschutz,
3. Forsteinrichtung und Waldwerthberechnung,
4. Forstbenutzung,
5. Jagdkunde und Jagdverwaltung.

B. Bei der Geschäftskunde auf die Einzelfächer:
6. Verwaltungsvorschriften, insbesondere Forst-Etats-, Kassen- und Rechnungswesen,
7. Civilrecht, Civilprozeßverfahren und Verwaltungsrecht,
8. Agrargesetzgebung,
9. Forst- und Jagd-Strafrecht und Strafverfahren,
10. Volkswirthschaftslehre und Finanz-Wissenschaft.

Zur Ergänzung und Unterstützung der mündlichen Prüfung können außerdem schriftliche Aufgaben aus dem Forst- und Jagdwesen (z. B. Aufstellung von Hauungs- und Kulturplänen, Führung des Controlbuches, Ausarbeitung von Jagen- 2c Eintheilungs-Entwürfen, Bestimmen von Holzsämereien, Holzkeimlingen, Holzstücken, forstlich wichtiger Pflanzen, Insekten und Steine 2c), ferner aus der Geschäftskunde, Rechtskunde und der Volkswirthschaftslehre und Finanz-Wissenschaft ertheilt werden. Der Bestimmung des Vorsitzenden bleibt es überlassen, ob die mündliche Prüfung in einem derjenigen Einzelfächer der Geschäftskunde, in welchem die Bearbeitung einer schriftlichen Aufgabe stattgefunden hat, ausnahmsweise fortfallen kann.

Prüfung im Walde.

§ 7. Die Prüfung im Walde soll besonders die praktischen Kenntnisse des Prüflings in der Holzerziehung, Waldpflege, Forstbenutzung, Betriebs-Einrichtung und im Forstschutz erforschen. Es wird daher ein Urtheil über Hauungen und Kulturen nach den vorliegenden Bestandes- und Standortsverhältnissen, die Auszeichnung von Verjüngungsschlägen und Durchforstungen, Ausführung von Saat und Pflanzung, die Angabe der Längen, Stärken und des Inhalts einzelner stehender oder liegender Bäume oder ganzer Bestände, das Ansprechen junger Bestände nach dem zu erwartenden Durchforstungs- und Abtriebs-Ertrage, Angabe und Berechnung des Zuwachses, das Ansprechen einzelner Bäume nach ihrer Verwendbarkeit, die Auswahl bestimmter Sortimente, die Anfertigung von Boden-Bestands-Beschreibungen und Betriebs-Bestimmungen 2c zu verlangen sein.

Auch sind Fragen vorzulegen über wissenschaftliche Benennung und Mischungsverhältnisse des Bodens, über dessen Feuchtigkeitsgrad, wahrscheinlichen Untergrund, über seine Güteklasse, über die Holzart, welche sich für den Boden am besten eignen möchte, über die geeignetste Anbaumethode für denselben, über die daselbst vorkommenden Unkräuter u. dergl. m.

Vorzugsweise ist bei der Prüfung im Walde darauf zu sehen, in wie weit der Prüfling einen praktischen Blick und ein treffendes praktisches Urtheil besitzt.

Zeitdauer der Prüfung.

§ 8. Bei der mündlichen Prüfung im Zimmer sind in der Regel mehr als sieben Prüflinge nicht zusammen zu prüfen.

Soweit es unbeschadet vollständiger Erreichung des Zwecks der Prüfung geschehen kann, ist die Zeit derselben für je sechs bis sieben Prüflinge im Waldbau nicht über $1\frac{1}{2}$ Stunden, in den übrigen im § 6 bezeichneten Gegenstände nicht über eine Stunde, und die Prüfung im Walde nicht über zwei Tage, ausschließlich der Reisezeit, auszunehmen.

Schriftliche Aufgaben.

§ 9. Alle schriftlichen Aufgaben sind unter Aufsicht eines Mitgliedes der Forst-Ober-Examinations-Commission innerhalb der für jede Aufgabe zu bestimmenden Zeit anzufertigen.

Verbot der Benutzung von Hülfsmitteln.

§ 10. Vor Beginn der Prüfung ist den Prüflingen zu eröffnen, daß keiner den anderen unterstützen, und keiner sich irgend eines Hülfsmittels bedienen darf.

Wird die Benutzung von Aufzeichnungen oder sonstigen Hülfsmitteln oder fremder Beihülfe entdeckt, so ist der betreffende Prüfling sofort von weiterer Theilnahme an der Prüfung auszuschließen, und als nicht bestanden zu behandeln.

Beurtheilung.

§ 11. Die Beurtheilung der schriftlichen Arbeiten wird von dem Vorsitzenden der Forst-Ober-Examinations-Commission unter deren Mitglieder vertheilt. Es steht jedoch jedem Mitgliede zu, auch die ihm nicht zugetheilten Arbeiten seiner Beurtheilung zu unterwerfen, und im Falle abweichender Ansicht auf Feststellung des Urtheils durch Mehrheitsbeschluß anzutragen.

Die Beurtheilung der Antworten bei der mündlichen Prüfung liegt dem betreffenden Examinator ob. Es haben jedoch auch die übrigen Mitglieder der Forst-Ober-Examinations-Commission sich über das Ergebniß der Prüfung in jedem Fache für jeden Prüfling Vermerke zu machen, und im Falle der Nichtübereinstimmung mit dem Examinator auf Feststellung des Urtheils durch Mehrheitsbeschluß anzutragen.

Urtheilsgrade.

§ 12. Die Urtheile sind in folgenden Abstufungen zu ertheilen:

1. sehr gut,
2. gut,
3. genügend,
4. ungenügend.

Zusammenstellung und Zusammenfassung der Urtheile.

§ 13. Die Urtheile sind zunächst für jedes der im § 6 bezeichneten einzelnen Fächer der mündlichen Prüfung im Zimmer, und für jede einzelne schriftliche Aufgabe im Zimmer, sowie für jede bei der Prüfung im Walde ertheilte wichtigere Aufgabe festzustellen und tabellarisch zu verzeichnen.

Sodann sind hieraus die Urtheile für die Einzelfächer und demnächst die Urtheile für die Hauptfächer

„Forst- und Jagdwesen“ und
„Geschäftskunde“

herzuleiten und festzustellen.

Schließlich ist auf Grund der Urtheile, welche in den vorbezeichneten zwei Hauptfächern ertheilt sind, das Gesammturtheil, nach den im § 10 angegebenen vier Abstufungen, erforderlichenfalls auch durch nähere Bezeichnung der dargelegten Gesammtbefähigung auszusprechen.

Abstimmung in der Forst-Ober-Examinations-Commission.

§ 14. Die Feststellung der Urtheile und des Zeugnisses erfolgt nach Stimmenmehrheit. Bei Gleichheit der Stimmen entscheidet die Stimme des Vorsitzenden.

Urtheil: „Ungenügend“ für die Hauptfächer.

§ 15. Das Urtheil „ungenügend“ muß für eins der beiden Hauptfächer ertheilt werden, wenn für mehr als die Hälfte der Einzelfächer das Urtheil auf „ungenügend“ lautet; für das Hauptfach „Forst- und Jagdwesen“ aber auch schon dann, wenn im Waldbau und zugleich in der Forsteinrichtung das Urtheil „ungenügend“ ertheilt worden ist.

Gesammt-Urtheil: „Bedingt bestanden“.

§ 16. Wird für eins der beiden Hauptfächer das Urtheil „ungenügend“ ertheilt, ohne daß nach § 18 (Abs. 1) das Gesammt-Urtheil auf „nicht bestanden“ lauten muß, so ist die Bedingung aufzuerlegen, in allen von diesem Hauptfach umfaßten Einzelfächern die Prüfung zu wiederholen, und zwar nach dem Ermessen der Forst-Ober-Examinations-Commission nach Ablauf von sechs oder neun Monaten.

Auch kann, sofern das Tagebuch nicht genügt hat, dem Prüfling die Fortführung desselben bis zur Dauer von sechs Monaten aufgegeben werden.

Sofern eine nur theilweise Wiederholung der Prüfung oder die Fortführung des Tagebuchs verlangt wird, ist das Gesammt-Urtheil „bedingt bestanden“ auszusprechen.

Gesammt-Urtheil: „Sehr gut“.

§ 17. Das Gesammt-Urtheil „sehr gut“ darf nur ausgesprochen werden, wenn der Prüfling in der ersten forstlichen Prüfung mindestens das Urtheil „gut“ erlangt, und bei der Staats-Prüfung in allen Einzelfächern des Forst- und Jagdwesens keine Censur unter „gut“, auch in keinem der Einzelfächer der Geschäftskunde das Urtheil „ungenügend“ erhalten hat.

Gesammt-Urtheil: „Nicht bestanden“.

§ 18. Das Gesammt-Urtheil muß auf „nicht bestanden“ lauten, wenn in den *beiden* Hauptfächern das Urtheil auf „ungenügend“ lautet, oder wenn zwar nur in *einem* derselben dieses Urtheil vorliegt, außerdem aber in *zweien der Einzelfächer* des anderen Hauptfaches das Urtheil „ungenügend“ ertheilt ist.

Die Forst-Ober-Examinations-Commission hat in solchem Falle sorgfältig zu erwägen, ob zu erwarten ist, daß der Forstreferendar die vermißten Kenntnisse sich noch aneignen werde, und dann die vollständige Wiederholung der Prüfung, jedoch frühestens nach Ablauf eines Jahres zu gestatten, oder ob eine solche Erwartung nicht begründet ist, und dann die Ausschließung des Prüflings von der weiteren Laufbahn für den Königlichen Forstverwaltungsdienst beim Minister für Landwirthschaft, Domänen und Forsten zu beantragen.

Dieser Antrag muß ferner von der Forst-Ober-Examinations-Commission gestellt werden, wenn ein Prüfling bei gänzlicher oder theilweiser Wiederholung der Prüfung auch nur in einem der beiden Hauptfächer das Urtheil „ungenügend“ erhält, da dann das Gesammt-Urtheil auf „ungenügend“ lauten muß.

Wird dem Prüfling die Wiederholung der Prüfung gestattet, so kann ihm die Fortführung des Tagebuches in derselben Weise auferlegt werden, wie dies im zweiten Absatz des § 16 ausgesprochen ist.

Bedingung des Probedienstes.

§ 19. In dem Zeugnisse kann die Forst-Ober-Examinations-Commission die Bedingung des Probedienstes, nach Umständen auch auf einer Revierförster-Stelle, aussprechen, wenn die Erprobung des Prüflings, namentlich auch in Beziehung auf seine Zuverlässigkeit und Pünktlichkeit, vor der endgültigen Anstellung für angemessen erachtet wird.

Rücktritt von der Prüfung.

§ 20. Wenn die Prüfung von einem Forstreferendar vor dem Schlusse verlassen wird, und derselbe nicht den Nachweis führt, daß Unwohlsein ihn an völliger Erledigung der Prüfung verhindert hat, so wird die Prüfung als „nicht bestanden“ mit den sich hieraus ergebenden Folgen angesehen. Auch in Erkrankungsfällen kann die Forst-Ober-Examinations-Commission beschließen, daß die Prüfung als „nicht bestanden“ anzurechnen ist, wenn der Prüfling bereits mindestens die Hälfte der Prüfung abgelegt, und dabei überwiegend das Urtheil „ungenügend“ erhalten hat.

§ 21. Für diejenigen Prüflinge, welche die Prüfung vollständig bestanden haben, wird ein Prüfungs-Zeugniß mit Angabe des Prüfungs-Ergebnisses für alle Einzelfächer ertheilt; für diejenigen, welche die Prüfung nicht oder nur bedingt bestanden haben, nur ein einfacher Bescheid.

Prüfungs-Verhandlung und Schluß der Prüfung.

§ 22. Die über die Prüfung und den Gang derselben aufzunehmende, von sämmtlichen Mitgliedern der Forst-Ober-Examinations-Kommission unterschriftlich zu vollziehende Verhandlung, die in gleicher Weise zu vollziehende tabellarische Zusammenstellung der Prüfungsergebnisse, und die ausgefertigten Zeugnisse und Bescheide, welche ebenfalls von sämmtlichen Mitgliedern der Forst-Ober-Examinations-Commission unterschrieben werden, sind von dem Vorsitzenden an den Minister für Landwirthschaft, Domänen und Forsten zur weiteren Verfügung einzureichen.

Aufbewahrung der Prüfungsarbeiten und Tagebücher.

§ 23. Die bei der Prüfung im Zimmer gelieferten schriftlichen Arbeiten und die Tagebücher, sowie die von einzelnen Examinatoren etwa in besonderen Schriftstücken abgegebenen Gutachten hat der Vorsitzende an die Geheime Forst-Registratur des Ministeriums für Landwirthschaft, Domänen und Forsten abzugeben.

Die Aufbewahrung erfolgt bis zur endgültigen Anstellung des Prüflings, längstens aber auf zehn Jahre.

Prüfungsgebühren. Stempel.

§ 24. Gebühren sind von den Prüflingen nicht zu entrichten. Zu den Zeugnissen sind Stempel von 1 Mk. 50 Pf. zu verwenden; die Bescheide und sonstige Eröffnungen in Beziehung auf die Prüfung aber stempelfrei auszufertigen.

Die erforderlichen Schreibarbeiten, Formulare ꝛc für die Forst-Ober-Examinations-Commission werden im Ministerium für Landwirthschaft, Domänen und Forsten gefertigt.

Berlin, den 13. Januar 1891.

Der Minister für Landwirthschaft, Domänen und Forsten.

v. Heyden.

*

Anhang G.

Revidirtes Statut der Forst-Betriebs-Krankenkasse für die Königlichen Oberförstereien Tornau und Söllichau des Regierungs-Bezirks Merseburg.

Auf Grund der §§ 23, 36, 60 des Kranken-Versicherungs-Gesetzes in der Fassung des Gesetzes vom 10. April 1892 (Reichs-Gesetzbl. S. 379, Bekanntmachung des Reichskanzlers vom 10. April 1892, Reichs-Gesetzbl. S. 417) wird für die Forst-Betriebs-Krankenkasse der Königlichen Oberförstereien Tornau und Söllichau auf Beschluß der Generalversammlung das nachstehende revidirte Kassenstatut erlassen. Dasselbe tritt vom 1. Januar 1893 ab an die Stelle des bisherigen Kassenstatuts vom 9. October 1886.

§ 1.

Name und Sitz der Kasse.

Der Königliche Forstfiscus, vertreten durch die Königliche Regierung, Abtheilung für directe Steuern, Domänen und Forsten zu Merseburg, errichtet auf Grund des § 60 des Kranken-Versicherungs-Gesetzes in der Fassung des Gesetzes vom 10. April 1892 für die in den Forsten der Königlichen Oberförstereien Tornau und Söllichau beschäftigten Personen eine Krankenkasse, welche den Namen: „Forst-Betriebs-Krankenkasse für die Königlichen Oberförstereien Tornau und Söllichau" führt und ihren Sitz in Düben hat.

§ 2.

Zwangsweise Mitgliedschaft.

Alle in den Forsten der Königlichen Oberförstereien Tornau und Söllichau gegen Gehalt oder Lohn beschäftigten Personen gehören mit dem Tage des Eintritts in die Beschäftigung kraft Gesetzes als versicherungspflichtige Mitglieder der Kasse an, sofern die Beschäftigung nicht durch die Natur ihres Gegenstandes oder im Voraus durch den Arbeitsvertrag auf einen Zeitraum von weniger als einer Woche beschränkt ist.

Befreit von diesem Zwange sind:

a) Betriebsbeamte,

b) diejenigen Personen, welche den Nachweis erbringen, daß sie Mitglieder einer den Anforderungen des § 75 des Kranken-Versicherungs-Gesetzes genügenden Hülfskasse sind.

Wenn in die Beschäftigung ein Mitglied einer solchen Hülfskasse eintritt, welches in seiner bisherigen Mitgliederklasse weniger als die Hälfte des für den jetzigen Beschäftigungsort festgesetzten ortsüblichen Tagelohns gewöhnlicher Tagearbeiter (§ 8 des Gesetzes) als Krankengeld zu beanspruchen hat, so bleibt dasselbe nur noch für die Dauer von zwei Wochen nach dem Eintritt in die Beschäftigung befreit.

Auf ihren Antrag sind durch den Kassenvorstand von der Mitgliedschaft zu befreien:

1. Personen, welche in Folge von Verletzungen, Gebrechen, chronischen Krankheiten oder Alter nur theilweise oder nur zeitweise erwerbsfähig sind, wenn der unterstützungspflichtige Armenverband der Befreiung zustimmt,
2. Personen, welchen gegen den Forstfiscus für den Fall der Erkrankung ein Rechtsanspruch auf eine den Bestimmungen des § 6 des Kranken-Versicherungs-Gesetzes entsprechende oder gleichwerthige Unterstützung zusteht.

Wird der Antrag auf Befreiung von dem Kassenvorstande abgelehnt, so entscheidet auf Anrufen des Antragstellers die Aufsichtsbehörde endgültig.

In dem Falle zu 2 gilt die eingeräumte Befreiung nur für die Dauer des Arbeitsvertrages. Sie erlischt vor Beendigung des Arbeitsvertrages, wenn die Forstverwaltung die befreite Person zur Krankenversicherung anmeldet. Die Anmeldung ist ohne rechtliche Wirkung, wenn die befreite Person zur Zeit derselben bereits erkrankt war.

Insoweit im Erkrankungsfalle der gegen den Forstfiscus bestehende Anspruch nicht erfüllt wird, ist auf Antrag der befreiten Person von der Kasse die statutenmäßige Krankenunterstützung zu gewähren. Die zu dem Ende gemachten Aufwendungen sind von dem Forstfiscus zu erstatten.

Versicherungspflichtige Mitglieder müssen bei der Kasse verbleiben, so lange ihre Beschäftigung in den Forsten der Königlichen Oberförstereien Tornau und Söllichau dauert, können aber mit dem Schluß des Rechnungsjahres austreten, wenn sie den Austritt spätestens drei Monate vorher bei dem Vorstande beantragen und vor dem Schluß des Rechnungsjahres nachweisen, daß sie Mitglieder einer den Anforderungen des § 75 des Kranken-Versicherungs-Gesetzes genügenden Hülfskasse geworden sind. Sie erhalten spätestens am ersten Löhnungstage nach ihrem Eintritt ein Exemplar dieses Statuts.

§ 3.

Freiwillige Mitgliedschaft.

1. Alle nicht versicherungspflichtigen Personen, welche in den zu den Königlichen Oberförstereien Tornau und Söllichau gehörenden Forsten beschäftigt sind, können der Kasse durch schriftliche oder mündliche Anmeldung bei dem Kassen-Vorstande beitreten, sofern ihr jährliches Gesammteinkommen 2000 ℳ nicht übersteigt, sie erhalten aber keinen Anspruch auf Unterstützung im Falle einer bereits zur Zeit dieser Anmeldung eingetretenen Erkrankung.

   Der Kassen-Vorstand kann den Gesundheitszustand solcher Personen ärztlich untersuchen lassen und die Aufnahme ablehnen, wenn die Untersuchung eine bereits bestehende Krankheit ergiebt. Ergiebt die Untersuchung zwar keine bereits eingetretene Erkrankung aber einen nicht normalen Gesundheitszustand, so wird der Anspruch auf Krankenunterstützung erst nach Ablauf von sechs Wochen von der bewirkten Anmeldung ab erworben.

   Diejenigen versicherungspflichtigen Personen, welche von der Verpflichtung, der Kasse anzugehören, wegen ihrer Betheiligung an einer dem § 75 genügenden Hülfskasse befreit sind (vergleiche § 2 Absatz 2b), sind gleichfalls berechtigt, der Kasse durch Anmeldung freiwillig beizutreten.

   Für die zum Beitritt berechtigten Personen beginnt die Mitgliedschaft mit dem Tage des Eingangs der schriftlichen oder mündlichen Anmeldung. Sofern aber der Kassen-Vorstand binnen drei Tagen nach dem Eingehen der Anmeldung erklärt, daß er die Aufnahme von dem Ergebniß einer ärztlichen Untersuchung abhängig machen will, beginnt die Mitgliedschaft einer nichtversicherungspflichtigen Person erst mit dem Tage, an welchem derselben die Entscheidung des Kassen-Vorstandes zugestellt wird. Ergeht eine Entscheidung nicht binnen zwei Wochen nach Eingang der Anmeldung, so gilt die Aufnahme als bewirkt.

   Freiwillig beitretende Personen erhalten vom Vorstande spätestens am ersten Löhnungstage nach dem Beginn der Mitgliedschaft eine Bescheinigung über dieselbe mit einem Exemplar dieses Statuts.

2. Kassenmitglieder, welche aus der Beschäftigung in den genannten Forsten ausscheiden und nicht zu einer Beschäftigung übergehen, vermöge welcher sie Mitglieder einer andern Betriebs- (Fabrik), einer Orts-, Innungs- oder Baukrankenkasse oder einer Knappschaftskasse werden, bleiben so lange freiwillige Mitglieder, als sie sich im Gebiete des Deutschen Reiches aufhalten, wenn sie ihre dahin gehende Absicht binnen einer Woche dem Kassen-Vorstande anzeigen. Die Zahlung der vollen Kassenbeiträge zum ersten Fälligkeitstermine gilt der ausdrücklichen Anzeige gleich, sofern der Fälligkeitstermin innerhalb der für die letztere vorgeschriebenen einwöchigen Frist liegt.

   Die nach dem Ausscheiden aus der Arbeit in den Königlichen Forsten bei der Kasse verbliebenen Personen können weder Stimmrechte ausüben, noch Kassenämter bekleiden.

3. Die freiwillige Mitgliedschaft erlischt:

   a) durch mündliche oder schriftliche Austrittserklärung an den Kassen-Vorstand,

   b) bei Nichtversicherungspflichtigen dann, wenn an zwei aufeinander folgenden Zahlungsterminen nicht die vollen Beiträge geleistet werden.

§ 4.

Krankenunterstützung für die in der Oberförsterei beschäftigten Mitglieder.

Als Krankenunterstützung gewährt die Kasse den in den genannten Forsten beschäftigten Arbeitern:

1. vom Beginn der Krankheit ab freie ärztliche Behandlung und Arznei, sowie Brillen, Bruchbänder und ähnliche Vorrichtungen oder Heilmittel, welche zur Heilung des Erkrankten oder zur Herstellung und Erhaltung der Erwerbsfähigkeit nach beendigtem Heilverfahren erforderlich sind;

2. im Falle der Erwerbsunfähigkeit vom Tage des Eintritts der Erwerbsunfähigkeit ab für jeden Arbeitstag ein Krankengeld in Höhe der Hälfte des durchschnittlichen Tagelohns der Mitglieder.

   Dieser Tagelohn ist zur Zeit festgesetzt:

   a) für männliche Mitglieder über 16 Jahre auf . 1,50 Mark,

   b) für weibliche Mitglieder über 16 Jahre auf . 0,80 „

   c) für männliche Mitglieder unter 16 Jahren auf 0,80 „

   d) für weibliche Mitglieder unter 16 Jahren auf . 0,60 „

Findet eine anderweitige Feststellung der vorstehenden Sätze durch die höhere Verwaltungsbehörde statt, so treten die neuen Sätze an die Stelle der vorstehenden. Dieselben sind durch Anschlag im Dienstlokale der Königlichen Forstkasse zu Düben, sowie bei den sämmtlichen Förstern bekannt zu machen.

Unter Erkrankungen sind auch Verletzungen einbegriffen. Der Tag der Anmeldung der Krankheit gilt als Tag der Erkrankung, falls nicht ein früherer Tag zweifellos nachgewiesen werden kann.

Das Krankengeld ist wöchentlich postnumerando zu zahlen.

Die Krankenunterstützung wird für die Dauer der Krankheit gewährt; sie endet spätestens mit dem Ablauf der dreizehnten Woche nach dem Beginn der Krankheit, im Falle der Erwerbsunfähigkeit (Absatz 1, Ziffer 2) spätestens mit dem Ablauf der dreizehnten Woche nach Beginn des Krankengeldbezuges. Endet der Bezug des Krankengeldes erst nach Ablauf der dreizehnten Woche nach dem Beginn der Krankheit, so endet mit dem Bezuge des Krankengeldes zugleich auch der Anspruch auf die im Absatz 1 unter Ziffer 1 bezeichneten Leistungen.

§ 5.

Krankenunterstützung für nicht in den Oberförsterei-Bezirken beschäftigte Mitglieder.

Mitglieder, welche nach ihrem Ausscheiden aus der Beschäftigung in den Forsten der Oberförstereien Tornau und Söllichau bei der Kasse verbleiben (§ 3 Ziffer 2), erhalten als Krankenunterstützung:

1. so lange sie sich in den Ortschaften Tornau, Schwemsal, Crina, Rösa, Reinharz, Gommlo, Schköna, bezw. Söllichau, Durchwehna, Cossa, Authausen, Görschlitz, Großwig, Moschwig, Patzschwig, Groß- und Klein-Korgau, Dahlenberg, Wörblitz, Proschwitz aufhalten, die Unterstützung gemäß § 4;
2. wenn sie sich nicht in den vorerwähnten Ortschaften aufhalten unter Wegfall der Unterstützung nach § 4 Absatz 1 Ziffer 1, den anderthalbfachen Betrag des Krankengeldes.

§ 6.

Verpflegung im Krankenhause.

Der Vorstand kann an Stelle der Krankenunterstützung der §§ 4 und 5 freie Kur und Verpflegung in einem Krankenhause gewähren, und zwar:

1. für diejenigen Mitglieder, welche verheirathet sind oder eine eigene Haushaltung haben oder Mitglieder der Haushaltung ihrer Familie sind, mit ihrer Zustimmung; unabhängig von derselben aber dann, wenn die Art der Krankheit Anforderungen an die Behandlung oder Verpflegung stellt, welchen in der Familie des Erkrankten nicht genügt werden kann, oder wenn die Krankheit eine ansteckende ist, oder wenn der Erkrankte wiederholt den im letzten Absatz des § 8 erwähnten Vorschriften zuwidergehandelt hat, oder wenn dessen Zustand oder Verhalten eine fortgesetzte Beobachtung erfordert;
2. für sonstige Erkrankte unbedingt.

Hat der in einem Krankenhause Untergebrachte Angehörige, deren Unterhalt er bisher aus seinem Arbeitsverdienste ganz oder größtentheils bestritten hat, so ist neben der freien Kur und Verpflegung die Hälfte des in den §§ 4 und 5 als Krankengeld festgesetzten Betrages für diese Angehörigen zu zahlen. Die Zahlung kann unmittelbar an die Angehörigen erfolgen.

Hat der in einem Krankenhause Untergebrachte keine solche Angehörige, so erhält derselbe neben freier Kur und Verpflegung ein Krankengeld in Höhe eines Achtels des der Bemessung zu Grunde liegenden durchschnittlichen Tagelohnes.

§ 7.

Gewährung der Krankenunterstützung durch bestimmte Aerzte, Apotheken und Krankenhäuser.

Die im § 6 vorgesehene Kur und Verpflegung erfolgt in dem von der Kasse bestimmten Krankenhause. Soweit die Erkrankten nicht in das Krankenhaus aufgenommen sind, wird denselben die ärztliche Behandlung durch den Kassenarzt bezw. einen der Kassenärzte und die Lieferung der Arznei durch die mit der Kasse in Geschäftsverbindung stehenden Apotheken gewährt. Die Bezahlung der durch Inanspruchnahme anderer Aerzte, Apotheken und Krankenhäuser entstandenen Kosten kann, von dringenden Fällen abgesehen, abgelehnt werden.

§ 8.

Allgemeine Pflichten der Mitglieder bei Krankheitsfällen.

Jede Erkrankung muß alsbald dem Förster des betreffenden Reviers angemeldet werden.

Ueber diese Anmeldung wird eine Bescheinigung ausgestellt, welche als Legitimationsschein beim Kassenarzt dient.

Behufs Erlangung des Krankengeldes muß das Mitglied ein vom Kassenarzt ausgestelltes Attest vorzeigen, in welchem Beginn und bisherige Dauer der Erwerbsunfähigkeit bescheinigt werden. Erkrankte Personen müssen die Vorschriften des Arztes gewissenhaft befolgen, sie dürfen keine Arbeiten, welche nach dem Urtheil des Arztes mit ihrem Zustande unverträglich sind, noch sonstige ihrer Genesung hinderliche Handlungen vornehmen. Ohne Erlaubniß des Vorstandes dürfen erkrankte Personen weder öffentliche Locale noch Schankstellen besuchen, noch Erwerbsarbeiten vornehmen.

Sobald ein Mitglied, welches Krankengeld bezieht, wieder erwerbsfähig wird, oder sobald der Arzt eine erkrankte Person als genesen erklärt, ist dem Förster des betreffenden Reviers hiervon Anzeige zu erstatten.

Die Kassenmitglieder sind verpflichtet, die vorstehend im Absatz 3, sowie die etwa durch weiteren Beschluß der Generalversammlung erlassenen Vorschriften (vergl. § 30, Absatz 1, Ziffer 6 und Absatz 4) über die Krankenmeldung, das Verhalten der Kranken und die Krankenaufsicht, sowie die Anordnungen des behandelnden Arztes zu befolgen. Zuwiderhandlungen ziehen Ordnungsstrafe bis zu 20 Mark nach sich.

§ 9.

Besondere Pflichten der aus der Beschäftigung in den fiscalischen Forsten ausgeschiedenen Mitglieder in Krankheitsfällen.

An Mitglieder der im § 3 Ziffer 2 bezeichneten Art, welche sich nicht in den im § 5 namhaft gemachten Ortschaften aufhalten, erfolgt die Auszahlung des Krankengeldes gegen kostenlose Einlieferung eines von einem approbirten Arzte ausgestellten Krankenscheines, in welchem die Zahl der Tage, während welcher der Erkrankte erwerbsunfähig war, und erstmalig auch der Tag der Erkrankung angegeben sein muß.

Dem erstmaligen Krankenscheine ist eine Bescheinigung der Gemeindebehörde des Aufenthaltsortes darüber beizufügen, daß der Erkrankte nicht vermöge seiner derzeitigen Beschäftigung gesetzlich einer anderen Krankenkasse oder der Gemeinde-Krankenversicherung angehört, und ob er thatsächlich einer anderen Krankenkasse oder der Gemeinde-Krankenversicherung beigetreten ist.

Das Krankengeld ist bei der Kasse durch einen Bevollmächtigten zu erheben, sofern das Mitglied nicht bei Einsendung des Krankenscheines die Uebersendung des Krankengeldes durch Postanweisung auf seine Kosten beantragt.

Der Vorstand ist befugt, die im Absatz 2 bezeichnete Bescheinigung auch von den im § 3 Ziffer 2 bezeichneten Mitgliedern, welche sich nicht in den im § 5 namhaft gemachten Ortschaften aufhalten, vor der Auszahlung des Krankengeldes zu fordern.

§ 10.

Kürzung der Krankenunterstützung wegen Doppelversicherung.

Einem Mitgliede, welches gleichzeitig anderweitig gegen Krankheit versichert ist, wird das Krankengeld soweit gekürzt, als dasselbe zusammen mit dem aus anderweiter Versicherung bezogenen Krankengelde den vollen Betrag seines durchschnittlichen Arbeitsverdienstes übersteigen würde.

Die Mitglieder sind bei Vermeidung einer Ordnungsstrafe bis zu 20 Mark verpflichtet, andere von ihnen eingegangene Versicherungsverhältnisse, aus welchen ihnen Ansprüche auf Krankenunterstützung zustehen, sofern sie zur Zeit des Eintritts in die Kasse bereits bestanden, binnen einer Woche nach dem Eintritt, sofern sie später abgeschlossen werden, binnen einer Woche nach dem Abschlusse, dem Kassenvorstande anzuzeigen.

§ 11.

Sonstige Beschränkungen der Krankenunterstützung.

Mitgliedern, welche die Kasse durch eine mit dem Verlust der bürgerlichen Ehrenrechte bedrohte strafbare Handlung geschädigt haben, wird für die Dauer von 12 Monaten seit Begehung der Strafthat ein Krankengeld nicht gewährt.

Dasselbe gilt für Mitglieder, welche sich eine Krankheit vorsätzlich oder durch schuldhafte Betheiligung bei Schlägereien oder Raufhändeln, durch Trunkfälligkeit oder geschlechtliche Ausschweifungen zugezogen haben, für diese Krankheit.

§ 12.

Unterstützung der Wöchnerinnen.

Weiblichen Mitgliedern, welche innerhalb des letzten Jahres, vom Tage der Entbindung ab gerechnet, mindestens 6 Monate hindurch einer auf Grund des Kranken-Versicherungs-Gesetzes errichteten Kasse oder einer Gemeinde-Kranken-Versicherung angehört haben, wird im Falle der Entbindung auf die Dauer von vier Wochen nach ihrer Niederkunft, und soweit ihre Beschäftigung nach den Bestimmungen der Gewerbeordnung für eine längere Zeit untersagt ist, für diese Zeit eine Unterstützung in Höhe des Krankengeldes gewährt. Erkrankungen, welche bei der Entbindung oder während der Dauer des Wochenbettes eintreten, begründen denselben Anspruch auf Unterstützung, wie andere Erkrankungen.

Die Wöchnerinnen-Unterstützung wird wöchentlich postnumerando gezahlt.

§ 13.

Sterbegeld.

Für den Todesfall eines Mitgliedes gewährt die Kasse ein Sterbegeld im zwanzigfachen Betrage des für die Bemessung des Krankengeldes nach den §§ 4 und 5 maßgebenden durchschnittlichen Tagelohns.

Verstirbt ein als Mitglied der Kasse Erkrankter nach Beendigung der Krankenunterstützung, so ist das Sterbegeld zu gewähren, wenn die Erwerbsunfähigkeit bis zum Tode fortgedauert hat und der Tod in Folge derselben Krankheit vor Ablauf eines Jahres nach Beendigung der Krankenunterstützung eingetreten ist.

Vom Sterbegelde wird gegen Einlieferung der standesamtlichen Sterbeurkunde der zur Deckung der Begräbnißkosten aufgewendete Betrag Demjenigen ausgezahlt, welcher das Begräbniß besorgt. Ein etwaiger Ueberschuß ist dem hinterbliebenen Ehegatten, in Ermangelung eines solchen den nächsten Erben auszuzahlen. Sind solche Personen nicht vorhanden, so verbleibt der Ueberschuß der Kasse.

§ 14.

Unterstützung bei Erwerbslosigkeit.

Mitgliedern, welche in Folge eintretender Erwerbslosigkeit aus der Kasse ausscheiden und sich im Gebiete des Deutschen Reiches aufhalten, verbleibt für ihre Person der Anspruch auf Krankenunterstützung, Wöchnerinnenunterstützung und Sterbegeld in solchen Unterstützungsfällen, welche während der Erwerbslosigkeit und innerhalb eines Zeitraumes von drei Wochen nach dem Ausscheiden aus der Kasse eintreten, wenn diese Personen vor ihrem Ausscheiden mindestens drei Wochen ununterbrochen einer auf Grund des Kranken-Versicherungs-Gesetzes errichteten Krankenkasse angehört haben.

§ 15.

Beiträge.

Die Beiträge werden festgesetzt auf $2^2/_3$ Procent des im § 4 unter 2 festgesetzten durchschnittlichen Tagelohns, d. h. wöchentlich für

die	I. Klasse	auf	24	Pfennige,
„	II. „	„	12	„
„	III. „	„	12	„
„	IV. „	„	9	„

wobei die Beträge auf eine durch 3 theilbare Zahl abgerundet sind.

Die Beiträge sind an jedem Löhnungstage für die abgelaufene Löhnungsperiode für die in den Königlichen Forsten der Oberförstereien Tornau und Söllichau beschäftigten versicherungspflichtigen Mitglieder von dem Königlichen Forstkassen-Rendanten zu Düben zur Kasse abzuführen. Die übrigen Mitglieder haben dieselben wöchentlich postnumerando kostenfrei bei dem Kassenführer einzuzahlen.

Rückständige Beiträge werden in derselben Weise beigetrieben wie Gemeindeabgaben.

Im Falle der Erwerbsunfähigkeit werden für die Dauer der Krankenunterstützung Beiträge nicht entrichtet.

§ 16.

Der Königliche Forstfiscus hat für die von ihm beschäftigten versicherungspflichtigen Mitglieder ein Drittel der Beiträge aus eigenen Mitteln zu leisten. Dagegen sind diese Mitglieder verpflichtet, zwei Drittel der Beiträge bei den Lohnzahlungen sich einbehalten zu lassen. Der Königliche Forstfiscus darf nur auf diesem Wege den auf die Mitglieder entfallenden Betrag wieder einziehen. Die Abzüge für Beiträge sind auf die Lohnzahlungsperioden, auf welche sie entfallen, gleichmäßig zu vertheilen. Diese Theilbeträge dürfen, ohne daß dadurch Mehrbelastungen der Mitglieder herbeigeführt werden, auf volle zehn Pfennige abgerundet werden. Sind Abzüge für eine Lohnzahlungsperiode unterblieben, so dürfen sie nur noch bei der Lohnzahlung für die nächstfolgende Lohnzahlungsperiode nachgeholt werden.

Hat der Forstfiscus Beiträge um deswillen nachzuzahlen, weil die Verpflichtung zur Entrichtung von Beiträgen zwar von ihm anerkannt, von dem Mitgliede oder der Kasse aber bestritten wurde und erst durch einen Rechtsstreit (§ 31) hat festgestellt werden müssen, oder weil die im § 49a des Kranken-Versicherungs-Gesetzes vorgeschriebene Anzeige einer Hülfskasse über das Ausscheiden eines versicherungspflichtigen Mitgliedes aus der Kasse oder das Uebertreten eines solchen in eine niedrigere Mitgliederklasse erst nach Ablauf der im Absatz 1 bezeichneten Zeiträume oder gar nicht erstattet worden ist, so findet die Wiedereinziehung des auf das Mitglied entfallenden Theils der Beiträge ohne die vorstehend angeführten Beschränkungen statt.

Streitigkeiten zwischen dem Königlichen Forstfiscus und den von ihm beschäftigten Personen über die Berechnung und Anrechnung der Beiträge der letzteren werden, sobald ein für den Forstbetrieb zuständiges Gewerbegericht errichtet werden sollte, von diesem, bis dahin aber auf Anrufen einer Partei vorläufig von dem Gemeindevorsteher, oder, sofern derselbe nicht angerufen wird, von dem ordentlichen Richter entschieden.

Gegen die Entscheidung des Gewerbegerichts finden die Rechtsmittel statt, welche in den zur Zuständigkeit der Amtsgerichte gehörigen bürgerlichen Rechtsstreitigkeiten zulässig sind. Die Berufung an das Landgericht ist jedoch nur zulässig, wenn der Werth des Streitgegenstandes den Betrag von 100 Mark übersteigt.

Die Entscheidung des Gemeindevorstehers wird rechtskräftig, wenn nicht binnen 10 Tagen nach der Verkündung von einer der anwesenden Parteien, oder binnen 10 Tagen nach der Behändigung von einer bei der Verkündung nicht zugegen gewesenen Partei Klage bei dem ordentlichen Gericht erhoben wird.

§ 17.

Sonstige Einnahmen der Kasse.

Außer etwaigen freiwilligen Zuwendungen, den auf Grund der Gewerbeordnung und anderer gesetzlichen Bestimmungen ihr zufallenden Beträgen fließen in die Kasse insbesondere die auf Grund dieses Statuts vom Vorstande festgesetzten Strafgelder. Als Strafgelder sind die Ersatzgelder für Beschädigungen nicht anzusehen.

§ 18.

Besondere Rechte der Kasse.

Die Kasse kann unter ihrem Namen Rechte erwerben und Verbindlichkeiten eingehen, vor Gericht klagen und verklagt werden.

Für alle Verbindlichkeiten der Kasse haftet dem Kassengläubiger nur das Vermögen der Kasse.

Die den Unterstützungs-Berechtigten gegen die Kasse zustehenden Forderungen können mit rechtlicher Wirkung weder verpfändet, noch übertragen, noch für andere als die im § 749 Abs. 4 der Civilproceßordnung bezeichneten Forderungen der Ehefrau und ehelichen Kinder und die des ersatzberechtigten Armenverbandes gepfändet werden; sie dürfen nur auf geschuldete Eintrittsgelder und Beiträge, welche von dem Mitgliede selbst einzuzahlen waren, sowie auf Geldstrafen, welche dasselbe durch Zuwiderhandlungen gegen die im letzten Absatz der §§ 8 und 10 erwähnten Vorschriften verwirkt hat, aufgerechnet werden.

§ 19.

Kassenführung und Rechnungslage.

Der Königliche Forstfiscus bestellt unter seiner Verantwortlichkeit und auf seine Kosten den Forstkassen-Rendanten zu Düben zum Kassenführer, welcher die gesammte Rechnungs- und Kassenführung wahrzunehmen hat.

Die Einnahmen und Ausgaben der Kasse sind von allen den Zwecken der Kasse fremden Vereinnahmungen und Verausgabungen getrennt festzustellen; ihre Bestände sind gesondert zu verwahren.

Der Rechnungs- und Kassenführer hat unter Beobachtung der auf Grund des § 41 Absatz 2 des Kranken-Versicherungs-Gesetzes erlassenen Vorschriften der höheren Verwaltungsbehörde über alle Einnahmen und Ausgaben der Kasse Buch und Rechnung zu führen. Er stellt den jährlichen Rechnungsabschluß und die vorgeschriebenen Uebersichten über die Mitglieder, über Krankheits- und Sterbefälle, über die vereinnahmten Beiträge und die geleisteten Unterstützungen auf, welche sämmtlich vom Vorstande geprüft und festgestellt und der Aufsichtsbehörde eingereicht werden.

Der Vorstand hat die vom Kassenführer aufgestellte Jahresrechnung festzustellen, mit allen Belägen dem Revisions-Ausschuß (§ 29 Nr. 1) zur Prüfung vorzulegen und spätestens bis zum 1. April des nächsten Jahres die Abnahme der Jahresrechnung bei der Generalversammlung zu beantragen.

§ 20.

Anlage der Kassengelder.

In der Kasse muß zur Deckung der laufenden Ausgaben stets ein entsprechender Baarbestand vorhanden sein, welcher jedoch der Regel nach den Betrag einer Monats-Ausgabe nicht übersteigen darf. Die hierüber hinausgehenden Bestände müssen auf den Namen der Kasse nach Vorschrift des § 40 des Kranken-Versicherungs-Gesetzes angelegt werden.

Reichen die Bestände nicht aus, um die laufenden Ausgaben der Kasse zu decken, so sind von dem Königlichen Forstfiscus die erforderlichen Vorschüsse zu leisten, welche ihm aus etwaigen späteren Ueberschüssen erstattet werden.

Werthpapiere der Kasse, welche nicht lediglich zur vorübergehenden Anlegung zeitweilig verfügbarer Betriebsgelder für die Kasse erworben werden, sind bei der Aufsichtsbehörde oder nach deren Anweisung verwahrlich niederzulegen; die Hinterlegungsscheine darüber sind mit den Kassenbeständen zu verwahren.

§ 21.

Reservefonds.

Die Kasse hat einen Reservefonds im Mindestbetrage der durchschnittlichen Jahres-Ausgabe der letzten 3 Jahre anzusammeln und erforderlichenfalls bis zu dieser Höhe zu ergänzen. So lange der Reservefonds diesen Betrag nicht erreicht, ist demselben mindestens ein Zehntel des Jahresbetrages der Kassenbeiträge zuzuführen.

§ 22.

Erhöhung der Beiträge und Ermäßigung der Kassenleistungen.

Ergiebt sich aus den Jahres-Abschlüssen, daß die Einnahmen der Kasse zur Deckung ihrer Ausgaben einschließlich der Rücklagen zur Ansammlung und Ergänzung des Reservefonds nicht ausreichen, so müssen entweder die Kassenleistungen bis auf den Mindestbetrag des § 20 des Kranken-Versicherungs-Gesetzes gemindert oder die Beiträge bis auf $4^1/_2$ Procent des durchschnittlichen Tagelohns (§ 4) erhöht werden. Dabei sind die Vorschriften des § 29 Abs. 7 zu beachten.

Werden die gesetzlichen Mindestleistungen der Kasse durch die Beiträge, nachdem diese insgesammt $4^1/_2$ Procent des durchschnittlichen Tagelohns (§ 4) erreicht haben, nicht gedeckt, so hat der Königliche Forstfiscus die zur Deckung derselben erforderlichen Zuschüsse aus eigenen Mitteln zu leisten, für welche Zuschüsse er auch bei späterem besserem Stande der Kasse keine Rückerstattung fordern kann.

§ 23.

Ermäßigung der Beiträge und Erhöhung der Kassenleistungen.

Ergiebt sich aus den Jahres-Abschlüssen, daß die Jahres-Einnahmen die Jahres-Ausgaben übersteigen, so ist, falls der Reservefonds das Doppelte des vorgeschriebenen Mindestbetrages erreicht hat, entweder eine Ermäßigung der Beiträge oder eine Erhöhung oder Erweiterung der Kassenleistungen herbeizuführen.

§ 24.

Allgemeine Bestimmungen über Beiträge und Kassenleistungen.

Die Mitglieder sind der Kasse gegenüber lediglich zu den durch dieses Statut festgestellten Beiträgen verpflichtet. Andere Beiträge dürfen von ihnen nicht erhoben werden.

Zu anderen Zwecken als den statutenmäßigen Unterstützungen, der statutenmäßigen Ansammlung und Ergänzung des Reservefonds und der Deckung der Verwaltungskosten (vergl. § 19 Abs. 1) dürfen Verwendungen aus dem Vermögen der Kasse nicht erfolgen.

§ 25.

Organe der Kasse.

Organe der Kasse sind der Vorstand und die Generalversammlung.

§ 26.

Zusammensetzung des Vorstandes.

Der Vorstand der Kasse besteht:

a) aus einem Vertreter des Königlichen Forstfiscus als Vorsitzenden und dem Kassenführer, welcher zugleich Stellvertreter des Vorsitzenden ist, beide werden auf die Dauer von zwei Jahren vom Königlichen Forstfiscus ernannt;
b) aus sieben von der Generalversammlung ohne Mitwirkung der Vertreter des Königlichen Forstfiscus aus der Mitte der stimmberechtigten Kassenmitglieder auf die Dauer von zwei Jahren gewählten Beisitzern.

Sobald die für Rechnung der Mitglieder zu zahlenden Beiträge $^7/_9$ der Gesammtbeiträge übersteigen, ist bei der nächsten Wahl ein achter Beisitzer und, sobald sie $^8/_{10}$ übersteigen, ein neunter Beisitzer zu wählen.

Die Wahl der Beisitzer ist geheim und erfolgt durch verdeckte Stimmzettel in der Weise, daß jeder Wählende so viele Namen aufschreibt, wie Vorstandsmitglieder zu wählen sind. Gewählt sind diejenigen, welche die meisten Stimmen erhalten. Stimmen, welche auf nicht Wählbare fallen oder die Gewählten nicht deutlich bezeichnen, werden nicht mitgezählt. Bei Stimmengleichheit entscheidet das vom Vorsitzenden zu ziehende Loos.

Die Wahl wird im Auftrage des Vorstandes von dessen Vorsitzenden oder von einem zu diesem Zwecke bestellten Vertreter geleitet. Wahlen, bei welchen ein Vorstand nicht vorhanden ist, werden von einem Beauftragten der Aufsichtsbehörde geleitet.

Die Ablehnung der Wahl zum Vorstandsmitgliede ist aus denselben Gründen zuläßig, aus welchen das Amt eines Vormundes abgelehnt werden kann. Die Wahrnehmung eines auf Grund der Unfallversicherung und der Invaliditätsversicherung übernommenen Ehrenamts steht der Führung einer Vormundschaft gleich. Eine Wiederwahl kann nach mindestens zweijähriger Amtsführung für die nächste Wahlperiode abgelehnt werden. Kassenmitgliedern, welche eine Wahl ohne gesetzlichen Grund ablehnen, kann auf Beschluß der Generalversammlung für bestimmte Zeit, jedoch nicht über die Dauer der Wahlperiode, das Stimmrecht in der Generalversammlung entzogen werden.

Jedes Jahr scheiden abwechselnd vier und drei Beisitzer aus. Die vier Beisitzer, welche am Ende des ersten Kalenderjahres ausscheiden, werden durch das Loos bestimmt. Die Neuwahl findet im Dezember statt. Die Gewählten treten ihr Amt am 1. Januar des folgenden Jahres an. Bis zum Eintritt derselben haben die Ausscheidenden ihr Amt weiter zu führen.

Scheiden mehr wie zwei Beisitzer vor Ablauf ihrer Amtsdauer aus, so muß alsbald eine Generalversammlung zur Ersatzwahl für alle ausgeschiedenen Beisitzer berufen werden. Die Amtsdauer der Ersatzmänner erlischt mit dem Jahre, mit welchem diejenigen der ausgeschiedenen Beisitzer erloschen sein würde.

Ueber jede Wahlverhandlung ist ein Protokoll aufzunehmen.

Der Vorstand hat über jede Aenderung in seiner Zusammensetzung und über das Ergebniß jeder Wahl der Aufsichtsbehörde binnen einer Woche Anzeige zu erstatten. Ist die Anzeige nicht erstattet, so kann die Aenderung dritten Personen nur dann entgegengesetzt werden, wenn bewiesen wird, daß sie letzteren bekannt war.

§ 27.

Rechte und Pflichten des Vorstandes.

Der Vorstand vertritt die Kasse gerichtlich und außergerichtlich. Diese Vertretung erstreckt sich auch auf diejenigen Geschäfte und Rechtshandlungen, für welche nach den Gesetzen eine Specialvollmacht erforderlich ist.

Verträge werden Namens der Kasse von dem Vorsitzenden des Vorstandes und zwei Beisitzern vollzogen. Bei allen übrigen Rechtsgeschäften und Erklärungen vertritt der Vorsitzende den Vorstand nach außen. Gerichtliche Zustellungen an den Vorstand können jedem Mitgliede gemacht werden. Die Legitimation des Vorstandes oder seines Vorsitzenden bei allen Rechtsgeschäften wird durch eine Bescheinigung der Aufsichtsbehörde bewirkt.

Der Vorstand verwaltet alle Angelegenheiten der Kasse, soweit dieselben nicht durch Gesetz oder Statut ausdrücklich der Generalversammlung übertragen sind.

Der Vorsitzende beruft den Vorstand so oft dies die Lage der Geschäfte erfordert. Er muß den Vorstand binnen zehn Tagen berufen, wenn drei Beisitzer dies beantragen. Die Berufung erfolgt durch Circular.

Der Vorsitzende kann ein Vorstandsmitglied, welches ohne genügende Entschuldigung aus der Vorstandssitzung wegbleibt oder zu spät erscheint, in eine Ordnungsstrafe bis zu drei Mark nehmen. Der Vorstand ist beschlußfähig, wenn der Vorsitzende oder seine Stellvertreter und mindestens drei Beisitzer anwesend sind.

Die Beschlüsse werden mit einfacher Stimmenmehrheit gefaßt, bei Stimmengleichheit entscheidet der Vorsitzende. Die Beschlüsse sind in einem besonderen Buche zu protokolliren.

Jedem Vorstandsmitgliede steht das Recht und die Pflicht zu, sich durch Krankenbesuche von dem Gesundheitszustand der als krank gemeldeten Personen zu überzeugen.

Auch kann der Vorstand besondere Kranken-Controleure bestellen.

Die Vorstandsmitglieder versehen ihr Amt unentgeltlich.

Die Mitglieder des Vorstands haften der Kasse für pflichtmäßige Verwaltung, wie Vormünder ihren Mündeln.

§ 28.

Zusammensetzung der Generalversammlung.

Die Generalversammlung besteht aus sämmtlichen Kassenmitgliedern, welche großjährig und im Besitze der bürgerlichen Ehrenrechte sind, mit Ausnahme derjenigen, welche der Kasse auf Grund des § 3 Ziffer 2 angehören, sowie aus zwei Vertretern des Königlichen Forstfiscus.

Jedes Kassenmitglied führt eine Stimme.

Die Vertreter des Forstfiscus führen zusammen für je zwei in den genannten Forsten beschäftigte versicherungspflichtige und stimmberechtigte Mitglieder der Generalversammlung eine Stimme.

§ 29.

Geschäfts-Ordnung und Generalversammlung.

Die Generalversammlung wird vom Vorstande unter Angabe der Verhandlungsgegenstände durch einen mindestens acht Tage vorher im Dienstlocale der Königlichen Forstkasse zu Düben zu bewirkenden Anschlag, sowie durch ein mindestens acht Tage vorher an alle Holzhauermeister des Reviers gerichtetes Schreiben des Vorsitzenden der Kasse zum Zwecke der Benachrichtigung der Kassenmitglieder berufen.

Ordentliche Generalversammlungen finden statt:

1. im December jeden Jahres zur Vornahme der Wahl des Revisions-Ausschusses und der erforderlichen Neuwahlen für den Vorstand,
2. im April jeden Jahres zur Beschlußfassung über die Abnahme der Jahresrechnung.

Außerordentliche Generalversammlungen beruft der Vorstand nach Bedürfniß. Die Berufung der Generalversammlung muß binnen vier Wochen erfolgen, wenn der fünfte Theil ihrer Mitglieder es beantragt.

Jede vorschriftsmäßig berufene Generalversammlung ist beschlußfähig.

Die Leitung der Generalversammlung steht dem von dem Königlichen Forstfiscus zu bezeichnenden Vertreter desselben zu.

Beschlüsse der Generalversammlung werden, soweit für einzelne Gegenstände durch dieses Statut nicht etwas anderes bestimmt ist, mit einfacher Stimmenmehrheit der in der Versammlung vertretenen Stimmen gefaßt. Bei Stimmengleichheit entscheidet die Stimme des Vorsitzenden.

Getrennt von der Vertretung des Forstfiscus und den Kassenmitgliedern muß Beschluß gefaßt werden, wenn es sich handelt:

a) um eine Erhöhung der Gesammtbeiträge über 3 Procent desjenigen Betrages, nach welchem die Unterstützungen zu bemessen sind (§ 4), sofern diese Erhöhung nicht zur Deckung der gesetzlichen Mindestleistungen erforderlich ist (§ 31 des Gesetzes);

b) um die Gewährung des Krankengeldes schon vom Tage des Eintritts der Erwerbsunfähigkeit ab, sowie für Sonn- und Festtage (§ 21 Abs. 1 Ziffer 1a des Gesetzes), sofern der Betrag des gesetzlich vorgeschriebenen Reservefonds nicht erreicht ist.

§ 30.

Obliegenheiten der Generalversammlung.

Außer den von ihr vorzunehmenden Wahlen zum Vorstande liegt der Generalversammlung ob:

1. Abnahme der Jahresrechnung und die Wahl eines Revisions-Ausschusses von drei Personen, welche nicht Kassenmitglieder zu sein brauchen, zur Prüfung der Jahresrechnung;
2. Beschlußnahme über die Verfolgung von Ansprüchen, welche der Kasse gegen Vorstandsmitglieder aus deren Amtsführung erwachsen und die Wahl der damit zu beauftragenden Personen;
3. Beschlußnahme über Abänderungen der Statuten, namentlich auch über Abänderung der Unterstützungen und Beiträge, soweit sie nicht statutenmäßig in Folge einer veränderten Festsetzung der durchschnittlichen Tagelöhne eintreten;
4. Beschlußnahme über Anträge des Königlichen Forstfiscus auf Auflösung der Kasse;
5. Beschlußnahme über Vereinigung der Kasse mit der für einen anderen Betrieb des Forstfiscus errichteten Betriebs-Krankenkasse;
6. Beschlußnahme über Vorschriften, betreffend die Krankenmeldung, das Verhalten der Kranken und die Krankenaufsicht.

Bei der Beschlußnahme und bei den Wahlen zu 1 und 2 ruhen die Stimmen der Vertreter des Forstfiscus. Die Verhandlungen werden in Abwesenheit derselben von einem von der Generalversammlung aus ihrer Mitte zu wählenden Vorsitzenden geleitet. Im Uebrigen finden auf die Vornahme dieser Wahlen die Bestimmungen im § 26 Absatz 3 mit der Maßgabe Anwendung, daß die Wahl, wenn von keinem der Stimmberechtigten Widerspruch erhoben wird, durch Acclamation vorgenommen werden kann.

Die Auflösung der Kasse (Abs. 1 Ziffer 4) kann nur mit zwei Drittel der vertretenen Stimmen beschlossen werden.

Die gemäß Absatz 1 Ziffer 6 beschlossenen Vorschriften bedürfen der Genehmigung der Aufsichtsbehörde und sind durch Anschlag im Dienstlocale der Königlichen Forstkasse zu Düben sowie bei den sämmtlichen Förstern bekannt zu machen.

§ 31.

Streitigkeiten.

Streitigkeiten, welche zwischen den Mitgliedern oder dem Königlichen Forstfiscus einerseits und der Kasse andererseits über das Versicherungsverhältniß oder über die Verpflichtung zur Leistung oder Einzahlung von Beiträgen oder über Unterstützungs-Ansprüche entstehen, werden von der Aufsichtsbehörde entschieden.

Gegen die Entscheidung findet binnen vier Wochen nach deren Zustellung die Erhebung der Klage statt. Die Entscheidung ist vorläufig vollstreckbar, soweit es sich um Streitigkeiten handelt, welche Unterstützungsansprüche betreffen.

§ 32.

Beaufsichtigung der Kasse.

Die Aufsicht über die Kasse wird unter Oberaufsicht des Königlichen Regierungs-Präsidenten zu Merseburg von dem Landrathe des Kreises Bitterfeld wahrgenommen.

Eisenhammer, den 15. November 1892.

Der Vorstand der Forst-Betriebs-Krankenkasse für die Königlichen Oberförstereien Söllichau und Tornau.

(Unterschriften.)

Vorstehendes Statut wird hierdurch genehmigt.

Merseburg, den 6. Januar 1893.

(L. S.)

Namens des Bezirks-Ausschusses.

Der Vorsitzende.
J. V.: Koppe.

B. A. 137.

GPSR Compliance

The European Union's (EU) General Product Safety Regulation (GPSR) is a set of rules that requires consumer products to be safe and our obligations to ensure this.

If you have any concerns about our products, you can contact us on ProductSafety@springernature.com

In case Publisher is established outside the EU, the EU authorized representative is:

Springer Nature Customer Service Center GmbH
Europaplatz 3
69115 Heidelberg, Germany

Batch number: 10684806

Printed by Printforce, the Netherlands